BROCKHAUS NATURWISSENSCHAFTEN UND TECHNIK

BROCKHAUS

NATURWISSENSCHAFTEN UND TECHNIK

ZWEITER BAND

EL – IN

F. A. BROCKHAUS · WIESBADEN

In diesem Buch werden, wie in allgemeinen Nachschlagewerken üblich, etwa bestehende Patente, Gebrauchsmuster oder Warenzeichen nicht erwähnt. Wenn ein solcher Hinweis fehlt, heißt das also nicht, daß eine Ware oder ein Warenname frei ist.

CIP-Kurztitelaufnahme der Deutschen Bibliothek

Brockhaus, Naturwissenschaften und Technik. –
Wiesbaden: Brockhaus – ISBN 3-7653-0357-7
NE: Naturwissenschaften und Technik
Bd. 2. El–In. – 1983

V.-Nr. W 1623 – ISBN für das Gesamtwerk: 3-7653-0357-7
Printed in Germany –
Einband nach Entwurf von Schlotfeldt Market Design, Peter Plasberg, Hamburg –
Satz: Satzzentrum Oldenburg GmbH, Oldenburg – Druck und Bindung: Mohndruck Graphische Betriebe GmbH, Gütersloh

E

ELA-Anlage, Abk. für elektroakustische Anlage.

Eläolith *der,* Mineral, → Nephelin.

Elara, ein Mond des → Planeten → Jupiter.

Elaste, andere Bez. für → Elastomere.

Elastik, Elastic, Gewebe und Gewirke mit Elastomergarnen für Hosen, Mieder, Bandagen, Badekleidung.

Elastin, Strukturprotein, das Hauptprotein elast. Fasern, z. B. der Sehnen oder Arterienwände; chemisch dem Kollagen verwandt.

elastische Deformation, eine → Deformation, die nach dem Wegfall der sie hervorrufenden Kräfte wieder völlig verschwindet (→ Elastizität). Bei einem vollkommen **elastischen Stoß** (→ Stoß) werden die Verformungen der stoßenden Körper vollständig rückgängig gemacht.

elastische Schwingungen. Werden die Moleküle eines elast. Körpers an einer Stelle durch Krafteinwirkung ausgelenkt, so führen die betroffenen Moleküle **Schwingungen** um ihre Ruhelage aus (→ Gitterschwingungen). Die ›Störung‹ der Nachbarmoleküle breitet sich in Form einer fortschreitenden **elastischen Welle** im Körper aus. Es kann eine **Longitudinalwelle (Längswelle, Verdichtungswelle, Kompressionswelle)** sein, bei der die Teilchen in Ausbreitungsrichtung schwingen, oder eine **Transversalwelle (Querwelle, Scherungswelle),** bei der sie senkrecht zu dieser schwingen. Beide Wellentypen breiten sich mit verschiedener Geschwindigkeit aus. Das Verhältnis der Längswellen- zur Querwellengeschwindigkeit hängt nur von der Poisson-Zahl (Querdehnungszahl) ν (→ Dehnung) ab und beträgt für die meisten Metalle ($\nu \approx 0{,}3$) etwa 1,9. Ergibt sich nach Reflexion der Welle an den Körperbegrenzungen ein gleicher Schwingungszustand der Teilchen (Phasengleichheit der Wellenzüge), so entsteht als **stehende Welle** eine → Eigenschwingung des angeregten Körpers. Bei hinreichend großer ›Störungsenergie‹ wird der Körper stets zu einer Eigenschwingung angeregt, da alle nicht in Phase geratenen Wellenzüge sich bald durch Interferenz gegenseitig auslöschen.

Ein Stab (als Ganzes) kann außerdem durch Auslenkung senkrecht zu seiner Achse **Biegeschwingungen** (Stimmgabel) oder durch Drehung um seine Achse **Dreh-, Drill-** oder **Torsionsschwingungen** ausführen. Wird er in Längsrichtung zusammengedrückt, entstehen in ihm **Verdichtungsschwingungen,** bei denen die Dichte an jeder Stelle periodisch um einen Mittelwert schwankt. Bei diesen e. S. bilden sich in der einfachsten Form stehende Wellen aus.

Im Inneren von Flüssigkeiten und Gasen sind nur Längsschwingungen möglich. Solche Schwingungen bilden im Frequenzbereich von 16 bis 20000 Hz die Ursache von Gehörswahrnehmungen (→ Schall).

Hochpolymere Stoffe zeigen bes. im zähelast. Zustandsbereich oberhalb der → Einfriertemperatur eine große Variationsbreite ihrer Verformungseigenschaften in Abhängigkeit von Frequenz und Temperatur.

Elastizität, 1) Eigenschaft fester Körper, ihre unter äußerer Krafteinwirkung angenommene Formänderung (→ Deformation) nach Aufhören der Krafteinwirkung wieder rückgängig zu machen. In ein festes Volumen eingeschlossene flüssige oder gasförmige Stoffe zeigen ein ähnl. Verhalten (Volumenänderung unter Druck), doch spricht man hier von → Kompressibilität. Die elast. Rückbildung kann sofort nach dem Aufhören der Kraftwirkung eintreten oder, wie bes. bei den Hochpolymeren, erst innerhalb einer best. Zeit **(elast. Nachwirkung).**

Typ. Stoffe mit normaler E. sind die Metalle. Bei ihnen sind geringe Formänderungen den wirksamen Kräften proportional **(Hookesches Gesetz** [hʊk-], **E.-Gesetz).** Der bei der → Dehnung auftretende Proportionalitätsfaktor heißt **Dehnungs-** oder **E.-Modul** *E,* der bei → Scherung und Torsion (Drillung) auftretende **Schubmodul** *G* (auch **Scherungs-, Torsions-** oder Gleitmodul).

Diese und entsprechende bei der Querkürzung **(Poisson-Zahl** ν, → Dehnung) und bei allseitiger Dehnung (Volumenveränderung) auftretende Materialkonstanten sind in Wahrheit keine Konstanten im strengen Sinne. Ihre Werte können stark von der Vorbehandlung des Materials und der Beimengung von Fremdstoffen abhängen. *G, E* und ν stehen in folgender Abhängigkeit zueinander: $G = E/2(1+\nu)$.

	E in N/cm^2	G in N/cm^2	ν
Stahl	$\approx 20 \cdot 10^6$	$\approx 7{,}7 \cdot 10^6$	0,3
Grauguß. . .	$\approx 5 \cdot 10^6$ bis $10 \cdot 10^6$	$\approx 2{,}2 \cdot 10^6$ bis $4{,}4 \cdot 10^6$	0,26
Glas		$\approx 1{,}9 \cdot 10^6$ bis $3{,}8 \cdot 10^6$	0,3
Kautschuk .	≈ 300		0,5

Steigert man die auf den Körper wirkenden Kräfte, so nimmt die Formänderung schließlich stärker zu als die Spannung: Der Körper verhält sich plastisch; die Spannung, bei der erste plast. Verformungen auftreten, heißt **E.-Grenze.** In der Technik sind auch die Bezeichnungen **Fließgrenze** und bei Druckbeanspruchung **Quetschgrenze** gebräuchlich. Steigert man die Kräfte weiter, so tritt Trennung ein (→ Festigkeit).

Hochpolymere Kunststoffe und Naturstoffe (z. B. Gummi) verhalten sich so, als ob sie aus einem elast. und einem plast. Anteil zusammengesetzt wären. Der elast. Anteil verhält sich dabei im wesentlichen temperaturunabhängig. Der plast. Anteil ist im kalten Zustand hart, wird mit steigender Temp. weicher, und oberhalb einer best. Erweichungstemperatur verhält er sich wie eine Flüssigkeit.

2) Fahrzeugmotoren: Bez. für einen flachen Drehmomentenverlauf über einen großen Drehzahlbereich (gute E.). Damit ergibt sich z. B. eine geringere Anzahl von Schaltvorgängen im prakt. Fahrbetrieb gegenüber Motoren mit schlechter E.

Elastomechanik, Teilgebiet der Mechanik, befaßt sich mit dem elast. Verhalten fester Körper (→ Elastizität 1) unter der Einwirkung von Kräften, insbesondere beschäftigt sich die **Elastostatik** mit der Berechnung von Spannungen und Verformungen bei stat. äußeren Belastungen, die nur elast. und noch keine überelast. (plast.) Verformungen hervorrufen.

Elastomere, Elaste, Weichgummi, makromolekulare Werkstoffe, die bei niedrigen Temperaturen (unter 0 °C) glasartig hart sind und sich bei Raumtemperatur bis zur Zersetzungstemperatur gummielastisch verhalten. Bei der Herstellung von E. werden die Makromoleküle von Kautschuk durch Vulkanisation weitmaschig vernetzt. E. nehmen deshalb eine Zwischenstellung zw. unvernetzten Thermoplasten (z. B. Kautschuk) und engmaschig vernetzten, starren Thermoduren (z. B. Hartgummi; → Kunststoffe) ein.

Elastomergarne, Oberbegriff für die aus Natur- oder Kunstkautschuk bestehenden Gummifäden **(Elastodien)** sowie für die gummielast. Fäden aus segmentiertem Polyurethan **(Elasthane,** z. B. Lycra).

Elektra-Turbine, Form der → Dampfturbine.

Elektret, i. e. S. ein Dielektrikum mit permanentem elektr. Dipolmoment, i. w. S. jeder Körper, der ein permanentes elektr. Feld erzeugt. Die Bez. ist analog zum Begriff ›Magnet‹ gebildet. E. lassen sich aus Ferroelektrika herstellen, indem in einem Eindomänenkristall die Dipole durch ein starkes äußeres Feld gerichtet werden, oder durch die Erstarrung geschmolzener paraelektr. Substanzen (best. Harze) in einem starken elektr. Feld, wodurch die molekularen Dipole ausgerichtet und fixiert werden. E. mit über Jahrzehnten konstanter elektr. Spannung kann man durch Beschuß hochisolierender Kunststoffe mit Elektronen herstellen.

elektrisch, auf → Elektrizität und ihre Anwendung in der → Elektrotechnik bezüglich, wobei der (untergeordnete) Begriff → elektronisch meist ausgenommen wird.

elektrische Bahnen, durch elektr. Gleich- oder Wechselstrom verschiedener Spannung und Frequenz betriebene Verkehrssysteme, z. B. Straßenbahnen, U-Bahnen, Eisenbahnen, Bergbahnen, Werkbahnen, Grubenbahnen.

Einheitliche Merkmale elektr. Vollbahnen sind: 1) Energieerzeugung in bahneigenen und Gemeinschafts-Wärmekraftwerken, Wasserkraftwerken und Umformerwerken (Umformung von Drehstromenergie aus dem Landesnetz in Bahnstrom), 2) Fernleitung der Energie in bahneigenen Stromverteilungsleitungen (110 kV in der Bundesrep. Dtl. und Österreich, 66 oder 132 kV in der Schweiz, auch im Energieaustausch), 3) Verteilung der Energie aus den Bahnstromleitungen auf mehrere Unterwerke (Speisestellen) in unmittelbarer Nähe der Strecken, 4) Zufuhr der Energie aus der Oberleitung zu den Triebfahrzeugen mit Stromabnehmern und 5) Rückfluß des Stromes durch die Fahrschiene zum Unterwerk.

Nicht einheitlich sind die Stromarten: Gleichstrom mit Oberleitung oder seitlicher dritter Schiene mit 600/800/1 200 V für Straßenbahnen, U- und S-Bahnen (z. B. in Berlin, Hamburg). Mit 1,5 kV Gleichstrom werden umfangreiche Vollbahnnetze betrieben in Frankreich, Großbritannien und den Niederlanden, mit 3 kV in Belgien, Italien und Spanien, in der UdSSR auch mit 6 kV. Dtl., die Schweiz, Österreich, Schweden und Norwegen haben sich 1910–14 für die einheitl. Verwendung von Einphasen-Wechselstrom 16 2/3 Hz (= 1/3 von 50 Hz) entschieden. Diese niedrige Frequenz wurde gewählt, weil die Konstruktion von 50-Hz-Einphasen-Kommutatormotoren damals auf unüberwindlich scheinende Schwierigkeiten stieß, andererseits das Bahnstromsystem sich mit 50-Hz-Umformern der Landesversorgung gut kuppeln läßt.

Einphasen-Wechselstrom mit 50 oder 60 Hz wird beim weiteren Ausbau der elektr. Netze in Großbritannien und im Norden Frankreichs, bei Neuelektrifizierungen in Portugal, Jugoslawien, der Tschechoslowakei, der Türkei und der UdSSR sowie in verschiedenen außereurop. Ländern, z. B. den USA, verwendet. Bei den europ. Bahnen (ohne UdSSR und Türkei) gibt es 44% mit Gleichstrom und 56% mit Einphasen-Wechselstrom betriebene Strecken.

Bei der Dt. Bundesbahn endete die Ära der Dampflokomotiven Nov. 1977. Elektr. Lokomotiven in Drehstromantriebstechnik (Baureihe 120) werden z. Z. (1983) erprobt.

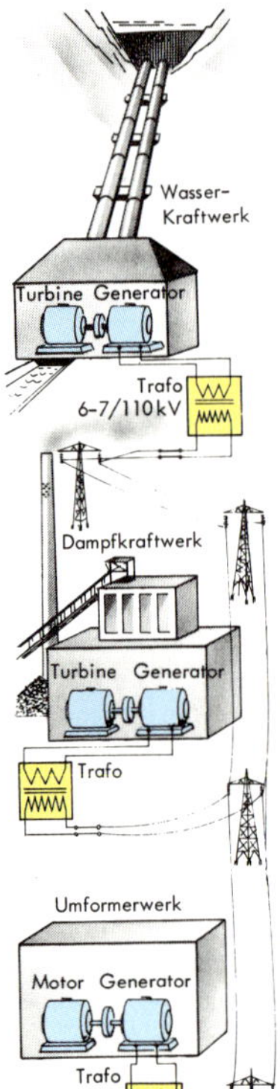

elektrische Bahnen: Schema der Versorgung

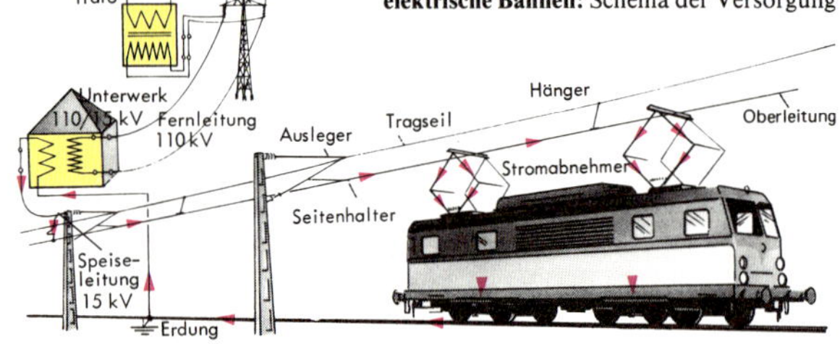

elektrische Energie|erzeugung, Strom|erzeugung, Verstromung, Umwandlung in der Natur vorhandener chem., atomarer, therm. und mechan. Energie in elektrische. Dies geschieht in → Dampfkraftwerken, Dieselkraftwerken, Gasturbinen-Kraftwerken (→ Gasturbosatz, → Luftspeicher-Gasturbinen-Kraftwerk), → Kernkraftwerken, → geothermischen Kraftwerken, → Meereswärmekraftwerken, → Sonnenkraftwerken, → Wasserkraftwerken und → Windkraftwerken.

elektrische Energietechnik, Teilgebiet der → Elektrotechnik, früher auch als Starkstromtechnik bezeichnet.

elektrische Energieübertragung vom Erzeuger in die Nähe der Verbraucher erfolgt über Hoch- und Höchstspannungsleitungen mittels → Freileitungen oder → Kabel meist in Form von Drehstrom (→ Hochspannungs-Drehstrom-Übertragung, HDÜ), in besonderen Fällen, z. B. zur Unterquerung von Meeresarmen, auch mit Gleichstrom (→ Hochspannungs-Gleichstrom-Übertragung, HGÜ); → elektrische Energieverteilung, → Stromverbund.

elektrische Energieversorgung, → Elektrizitätsversorgung.

elektrische Energieverteilung geschieht durch Elektrizitäts-Versorgungs-Unternehmen (EVU). Sie umfaßt Bau und Betrieb von Höchstspannungsleitungen (ab 220 kV) und Hochspannungsnetzen (5 bis 220 kV), von Schalt- und Umspannanlagen zur Speisung von Niederspannungsnetzen (220 bis 525 V) bis zu den Anschlüssen der Niederspannungsabnehmer (Gewerbe, Haushalte). Daneben gibt es auch Hochspannungsabnehmer (Großabnehmer).

elektrische Feldkonstante, → Elektrizität.

elektrische Feldstärke, → Elektrizität.

elektrische Flußdichte, → Elektrizität.

elektrische Kapazität, → Elektrizität, → Kapazität.

elektrische Ladung, → Elektrizität, → Ladung 2).

elektrische Leitungen, → Freileitung, → Kabel 2); in der Hausinstallation → Lichtanlage (Aufputzleitungen, Unterputzleitungen, flexible Leitungen).

elektrische Linse, → Elektronenoptik.

elektrische Maschinen, rotierende Maschinen, die entweder mechan. Energie in elektr. Energie (→ Generator 1) oder elektr. Energie in mechan. Energie (→ Elektromotor) sowie auch elektr. Energie einer Art in solche anderer Art (→ Umformer, → Motorgenerator, → Frequenzwandler) umformen. Die meisten e. M. können sowohl als Generatoren als auch als Motoren verwendet werden. Nach der Stromart unterscheidet man Gleichstrom-, Drehstrom- und Einphasen-Maschinen (letztere für einphasigen Wechselstrom). Nach Aufbau und Wirkungsweise sind zu unterscheiden: unipolare und kommutierende Gleichstrom-Maschinen, Synchron-, Asynchron- und Kommutator-Maschinen.

Für den Aufbau e. M. werden dreierlei Arten von Stoffen verwendet: elektr. Leiter zur Führung des Stromes, Isolierstoffe, die ein Austreten des elektr. Stromes aus dem Leiter verhindern, und Eisen zur Führung des magnet. Feldes. Im Bereich magnet. Wechselflüsse ist der Eisenkörper aus isolierten → Dynamoblechen aufgebaut, um die Wirbelstromverluste klein zu halten.

E. M. bestehen aus einem feststehenden **Ständer (Stator)** und einem rotierenden **Läufer (Rotor).** Ihre Wirkungsweise beruht auf dem Induktionsgesetz (→ Induktion 1) und auf der Kraftwirkung zw. dem Magnetfeld und stromdurchflossenen Leitern (→ Elektrizität). Das magnet. Feld, das für den Betrieb von e. M. notwendig ist, wird bei Gleichstrom- und bei Synchronmaschinen meist durch ein mit Gleichstrom erregtes Polsystem aufrechterhalten. Bei kleinen e. M. kann das Polsystem auch aus Dauermagneten (Permanentmagneten) bestehen. Bei Asynchronmaschinen (Induktionsmaschinen) wird das magnet. Feld durch die von Drehstrom durchflossene Ständerwicklung als → Drehfeld vom speisenden Netz aus erregt. Das magnet. Feld induziert in der Ankerwicklung eine elektr. Spannung, die beim Generator die erzeugte elektr. Spannung darstellt und beim Elektromotor mit den Spannungsabfällen der Netzspannung das Gleichgewicht hält. Die Kräfte des magnet. Feldes auf die stromdurchflossenen Leiter erfordern beim Generator das notwendige Antriebsmoment und bewirken beim Elektromotor das an der Welle abzugebende Drehmoment.

Gleichstrommaschinen. **Unipolare Gleichstrom-Maschinen** (→ Unipolarmaschinen) haben z. Z. im Bereich der Technik nur geringe Bedeutung. **Kommutierende Gleichstrom-Maschinen,** kurz Gleichstrom-Maschinen genannt, werden als Außenpolmaschinen gebaut. Dreht sich der Läufer (Anker) im magnet. Feld des Polsystems, dann wird in den Spulen der Ankerwicklung eine Wechselspannung induziert, die an feststehenden Bürsten, die auf dem mit der Ankerwicklung verbundenen Kommutator schleifen, als Gleichspannung abgegriffen werden kann.

Dreh- und Wechselstrommaschinen. Die **Synchron-Maschine** für Drehstrom oder einphasigen Wechselstrom wird meist als Innenpolmaschine gebaut. Der Anker befindet sich dabei im Ständer. In der Ständerwicklung, die als Drehstrom- oder Einphasenwicklung ausgeführt sein kann, wird eine elektr. Spannung induziert, deren Frequenz starr an die Drehzahl gebunden ist. Nach Vorbeilauf eines Polpaares an irgendeiner Stelle der Ankerwicklung ist eine Periode der induzierten Wechselspannung abgelaufen. Um eine Wechselspannung von 50 Hz zu erzeugen, muß eine zweipolige Synchron-Maschine 50 U/s (r/s) oder 3000 U/min (r/min) machen. Bei einer übermäßigen Belastung ›kippt‹ die Synchron-Maschine aus dem Synchronismus, sie ›fällt aus dem Tritt‹ (→ Kippmoment). Ihre Pole werden mit Gleichstrom erregt.

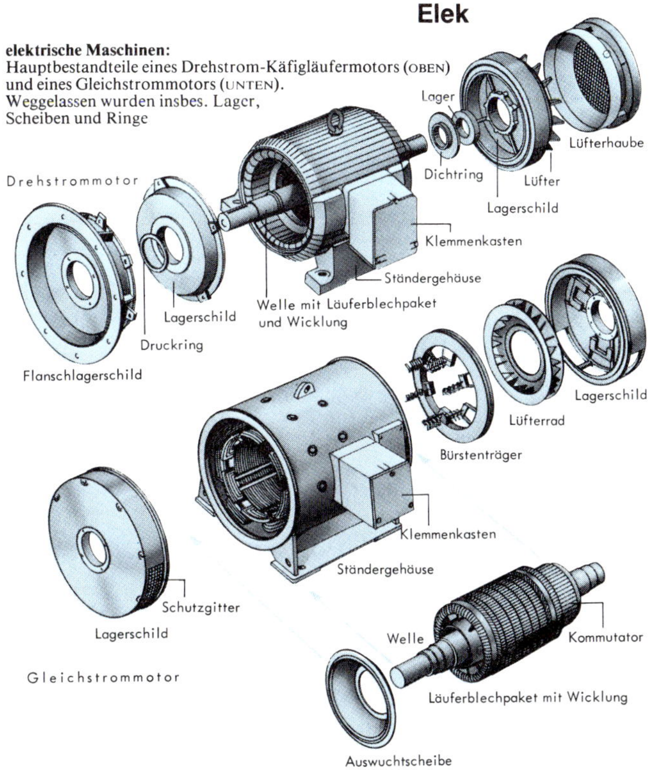

elektrische Maschinen: Hauptbestandteile eines Drehstrom-Käfigläufermotors (OBEN) und eines Gleichstrommotors (UNTEN). Weggelassen wurden insbes. Lager, Scheiben und Ringe

Bei der **Asynchron-** oder **Induktions-Maschine** befinden sich im Ständer und Läufer verteilte Wicklungen, die von Drehstrom, seltener von einphasigem Wechselstrom, durchflossen sind. Die Läuferwicklung kann entweder eine dreiphasige Drehstromwicklung sein, die an Schleifringe geführt ist (Schleifringläufer, Phasenanker), oder eine Käfigwicklung (Kurzschluß- oder Käfigläufer). Die Asynchron-Maschine wird überwiegend als Motor betrieben. Im Generatorbetrieb wird der Läufer mit einer ein wenig höheren Drehzahl angetrieben, als der Umlaufgeschwindigkeit des Ständer-Drehfeldes entspricht. Im Motorbetrieb wiederum liegt die Drehzahl etwas unterhalb der synchronen Drehzahl des Drehfeldes. Diese e. M. läuft somit ›asynchron‹. Dem Drehzahlunterschied zw. Drehfeld und Läufer, der Schlupfdrehzahl, entspricht eine in der Läuferwicklung induzierte schlupffrequente Spannung (daher der Name Induktions-Maschine), die den Läuferstrom treibt. Bei übermäßiger Belastung kann auch die Asynchron-Maschine aus dem stabilen Betriebsbereich ›kippen‹.

Drehstrom-Kommutator-Maschinen sind Drehstrom-Maschinen, die im Läufer einen Kommutator (Stromwender) besitzen. Sie werden entweder als Motoren oder als Frequenzwandler verwendet.

elektrische Meßgeräte dienen zum Anzeigen oder Aufzeichnen der Werte elektr. Meßgrößen oder zur Kontaktgabe bei best. Werten. Sie werden auch für nichtelektr. Meßgrößen eingesetzt. Wenn dazu keine unmittelbare Beziehung, z. B. Temperatur–Thermospannung, pH-Wert–Spannung, Generatordrehzahl–Spannung, gegeben ist, läßt man Teile elektr. Meßschaltungen (→Sensor) durch die nichtelektr. Größe so beeinflussen, daß elektr. meßbare Größen verändert werden, z. B. Kapazität oder Induktivität durch Druck, Widerstand durch Temperatur. Für das **analog anzeigende Meßgerät** werden vorzugsweise solche Wirkungen des elektr. Stromes ausgenutzt, die Drehmomente ergeben. Verglichen wird meist mit einem mechanisch hervorgerufenen Gegendrehmoment (Spiralfeder, Verdrehung eines Spanndrahtes) oder, z. B. im →Kreuzspulinstrument, mit einem anderen, elektrisch hervorgerufenen Drehmoment. Ausnützbare Wirkungen des elektr. Stromes sind:

a) Ablenkung eines stromführenden Leiters im Magnetfeld: →Drehspulinstrument, →Galvanometer, →elektrodynamisches Meßinstrument; b) Abstoßung zweier gleichpolig magnetisierter Eisenkörper: →Dreheiseninstrument; c) An- und Abstoßung eines Magnetankers bei Wechselstrommagnetisierung, →Frequenzmesser (Zungenfrequenzmesser); d) Einstellung eines Magneten auf die Resultierende aus einem Dauer- und einem Elektromagnetfeld: →Drehmagnetinstrument; e) Induktionswirkung, die im Drehfeld auf einen Metallkörper ausgeübt wird; f) Wärmewirkung des elektr. Stromes: →Hitzdrahtinstrument, →Bimetall zur Kontaktgabe; g) Abstoßung oder Anziehung zweier elektr. Ladungen: →Elektrometer; h) elektrochem. Wirkung: →Coulombmeter; i) Ablenkung des Elektronenstrahls im magnet. oder elektr. Feld: →Oszilloskop.

Die **Genauigkeit** der e. M. wird gekennzeichnet durch den Anzeigefehler, der die Differenz zw. dem gemessenen und dem wahren Wert der Meßgröße darstellt. Der Anzeigefehler wird in % des Meßbereichendwertes, % der Skalenlänge oder % des Sollwertes angegeben. Die **Empfindlichkeit** eines e. M. ist das Verhältnis der Verschiebung der Anzeigemarke, z. B. Zeigerspitze, zur Änderung des Meßwertes; hohe Empfindlichkeit bedeutet also einen großen Ausschlag bei kleiner Meßgröße. Der **Eigenverbrauch** eines e. M. ist der Anteil an elektr. Energie, der im Gerät in mechan. Arbeit (z. B. Lagerreibung) oder Wärme (im inneren Widerstand des Meßwerkes) umgesetzt wird. Große Empfindlichkeit entspricht kleinem Eigenverbrauch. Eine wichtige Angabe zur Beurteilung der Einsatzmöglichkeiten eines Meßinstruments ist der **Kennwiderstand,** der das Verhältnis zw. innerem Widerstand und Meßbereich darstellt. Ein Kennwiderstand von 1 000 $\frac{\Omega}{V}$ bei einem Spannungsmesser bedeutet z. B., daß der innere Widerstand im 5V-Bereich einen Wert von 5 000 Ω hat. Der Zeiger eines e. M. muß sich in angemessener Zeit ohne unzulässige große Überschwingungen auf den gemessenen Wert einstellen, was durch die **Dämpfung** bewirkt wird. Üblich sind: elektr. Dämpfung wie bei →Drehspulinstrumenten; wenn diese nicht anwendbar, die Luftdämpfung, bei der ein Flügel in einer Kammer geschwenkt wird; z. B. bei schreibenden Geräten Wirbelstromdämpfung, bei der ein Metallblech zw. den Polen eines Dauermagneten geschwenkt wird.

Digital anzeigende Meßgeräte unterscheiden sich von analogen Meßinstrumenten durch die Umsetzung der gemessenen Größe in digitale Signale und die Darstellung des Meßwertes. Für die Erfassung nichtelektr. Größen sind sie wie alle anderen e. M. auch auf die Verwendung geeigneter Sensoren (Meßfühler) angewiesen. Die i. a. analog vorliegende Meßgröße wird von einem →Analog-Digital-Umsetzer quantisiert, d. h. in digitale Impulsfolgen umgewandelt, einem elektron. Zähler (z. B. einer aus Flipflops aufgebauten Zählerdekade) zugeführt und mit Hilfe elektron. Schaltungen zur Anzeigesteuerung auf einem →Display als Zahlenwert dargestellt. Vorteile digitaler e. M. sind u. a.: hohe Empfindlichkeit (Steigerung durch Meßverstärker), hohe Genauigkeit, (teilweise) automat. Bereichsumschaltung bei Überschreitung des Meßbereichs, Vermeidung von Unsicherheiten und/oder Fehlern beim Ablesen des angezeigten Wertes.

Weite Verbreitung hat das **Digitalvoltmeter** (Abk. **DVM)** gefunden, daß i. a. nicht nur zur Messung von Spannungen eingerichtet ist, sondern auch zur Strom- und Widerstandsmessung. Derartige **Vielfachmeßinstrumente** (Multimeter) werden als handl. Serviceinstrumente und als Einbaugeräte für automat. Meßwerterfassungssysteme verwendet.

elektrische Musik|instrumente, Musikinstrumente mit mechan. Tonerzeugung und elektr. Verstärkung und Wiedergabe (Lautsprecher). I. Ggs. zu den →elektronischen Musikinstrumenten findet bei e. M. eine zweifache Umsetzung der Tonfrequenzschwingungen mittels elektroakust. Wandler statt: Die mechanisch erzeugten Schwingungen werden zunächst in Wechselspannungen umgeformt und dann in akust. Schwingungen zurückverwandelt. Im Zwischenstadium, bei dem die Töne und Klänge als elektr. Schwingungen vorliegen, sind sie sowohl in ihrer Frequenz (Tonhöhe) als auch in ihrer Amplitude (Lautstärke) und Kurvenform (Klangfarbe) leicht zu beeinflussen. Da elektr. Schwingungen in beliebigem Verhältnis überlagert werden können, lassen sich auf diese Weise auch neue Klänge erzeugen. Zur mechanisch-elektr. Umwandlung werden an den bei Musikinstrumenten üblichen Schwingungserzeugern, wie Saiten, Platten, Stäben und Zungen, magnet. oder elektroakust. Tonabnehmer angebracht, die die mechan. Schwingungen in elektr. umformen. Saitenschwingungen werden z. B. bei verschiedenen klavierähnlichen Instrumenten abgenommen **(Neo-Bechsteinflügel** von W. NERNST, **Förster-Elektrochord** von O. VIERLING), ferner bei elektr. Gitarren, z. B. **Hawaii-Gitarre,** Geigen und Zithern. Schwingende Zungen bilden die Grundlage für eine Orgel von R. WURLITZER. Andere e. M. enthalten als mechan. Generatoren umlaufende Scheiben und Platten, so die **Hammond-Orgel** [h'æmənd-] rotierende gezahnte Stahlscheiben vor einer Induktionsspule und die **Welte-Lichttonorgel** Tonscheiben vor einem auf eine Photozelle gerichteten Lichtstrahl. Hierzu gehört auch die elektr. **Vierling-Orgel.**

elektrische Öfen, →Elektroöfen.

elektrische Polarisation, →Elektrizität, →Polarisation 1).

elektrische Raketenantriebe, →Rakete.

elektrischer Berührungsschutz umfaßt alle Maßnahmen zum Schutz von Mensch und Nutztier gegen gefährliche elektr. Durchströmung infolge einer Berührung mit betrieblich unter Spannung stehenden Teilen elektrischer Betriebsmittel **(direktes Berühren)** oder mit leitfähigen Teilen, die durch einen Fehler im Betriebsmittel unter Spannung stehen können **(indirektes Berühren).** Schutzmaßnahmen: 1) gegen direktes Berühren, z. B. Isolieren, Kapseln, Abdecken, Absperren; 2) bei indirektem Berühren, a) z. B. Schutzisolierung, Schutzkleinspannung, Schutztrennung, durch die gefährl. Berührungsspannungen gar nicht auftreten können, b) Maßnahmen, bei denen der auftretende Fehlerstrom über →Schutzleiter (das Verbindungselement bei ortsveränderl. Geräten ist der Schutzkontakt) abgeleitet wird und die Abschaltung des fehlerbehafteten Stromkreises durch Schutzorgane bewirkt wird, z. B. Nullung, Fehlerstromschutzschaltung, Schutzerdung.

elektrischer Fluß, früher **elektrischer Kraftfluß,** Formelzeichen Ψ, das über eine beliebige Fläche $\boldsymbol{A}$ erstreckte Integral der elektr. Flußdichte $\boldsymbol{D}$:

$$\Psi = \int_A \boldsymbol{D}\,\mathrm{d}\boldsymbol{A},$$

z. B. im homogenen elektr. Feld das Skalarprodukt aus $\boldsymbol{D}$ und der durchsetzten Fläche $\boldsymbol{A}$, also

$$\Psi = \boldsymbol{D} \cdot \boldsymbol{A} = D \cdot A \cdot \cos \varphi,$$

wobei φ der Winkel zw. Flächennormale und $\boldsymbol{D}$ ist.

elektrischer Leitwert, Kehrwert des elektr. → Widerstandes.

elektrischer Strom, → Elektrizität.

elektrischer Widerstand, → Widerstand.

elektrische Schwingungen, → elektromagnetische Wellen.

elektrisches Dipolmoment, → Dipol 2).

elektrische Sicht, Bez. für Abstandshaltung aufeinanderfolgender Schienenfahrzeuge (Eisenbahn, U-Bahn, Straßenbahn) mittels → Zugbeeinflussung, bestehend aus Ortungs- und Datenverarbeitungseinrichtungen zur geschwindigkeitsabhängigen Bremsregelung. Das Fahren auf e. S. bietet eine höhere Streckenleistungsfähigkeit als das Fahren auf ortsfeste Signale im Raumabstand (→ Eisenbahnsignale).

elektrisches Klavier, volkstüml. Bez. für ein mechan. Klavier, dessen Saiten mit Hilfe elektr. Antriebsmittel angeschlagen werden und das dadurch ohne Tastenbetätigung spielt. In der einfachsten Ausführung treibt ein Elektromotor eine oder mehrere Nockenwellen an; die Nocken wirken auf die Hämmer und diese auf die Saiten. Dadurch kann zwar die Reihenfolge der Töne bestimmt, nicht aber ihre Lautstärke beeinflußt werden. Der Klang ist dementsprechend starr (mechanisch). Hochwertige e. K. vom System Welte-Mignon werden durch einen elektrisch erzeugten Luftstrom angetrieben, der über Lochstreifen auch in der Intensität gesteuert wird. – Auch Klaviere mit mechan. Betätigung und elektr. Wiedergabe nennt man gelegentlich e. K. (→ elektrische Musikinstrumente).

elektrische Spannung, elektrische Potentialdifferenz, → Elektrizität, → Spannung.

elektrische Stromstärke, → Elektrizität, → Stromstärke.

elektrisches Wärmeäquivalent, die in Wattsekunden gemessene elektr. Arbeit oder Energie, die einer bestimmten Wärmemenge (gewöhnlich 1 Kalorie) entspricht: 1cal = 4,1868 Ws. Das e. W. wird nicht mehr benötigt, da seit der Einführung der SI-Einheiten alle Formen der → Energie in → Joule gemessen werden.

elektrische Trennverfahren, Aufbereitungsverfahren zur Trennung (→ Sortierung) eines Mineralgemisches nach den unterschiedl. Dielektrizitätskonstanten, Ladungen und/oder Leitfähigkeiten im Hochspannungsfeld (30000–100000 V). Geräte: Kammerscheider, Freifallscheider, Walzenscheider mit Sprühelektrode. (→ Entstaubungsverfahren, → Elektrodialyse)

elektrische Ventile, allg. Bez. in der → Leistungselektronik und Energietechnik für Bauelemente mit zwei Hauptanschlüssen, die dem elektr. Strom in der **Durchlaßrichtung** einen sehr kleinen und in **Sperrichtung** einen hohen Widerstand bieten, so daß sie den Strom praktisch nur in einer Richtung leiten (→ Stromrichter).

Man unterscheidet **ungesteuerte Ventile** (→ Diode), die in der Durchlaßrichtung ständig leiten, und **steuerbare Ventile** (→ Thyristor), die in Durchlaßrichtung erst durch einen kurzzeitigen Steuerimpuls auf eine Steuerelektrode leitend werden. **Echte Ventile** sind die heute fast allein verwendeten Leistungs-Halbleiterbauelemente; früher wurden Glühkathodenröhren und Quecksilberdampfgefäße eingesetzt. Als **unechte Ventile** lassen sich spezielle mechan. Schalter, die in einem vorgegebenen Rhythmus betätigt werden, betreiben, z. B. im Kontaktumformer.

elektrische Verschiebungsdichte, (di)elektrische Erregung, veraltet für die **elektr. Flußdichte (elektr. Verschiebung)** D, → Elektrizität.

elektrische Welle, 1) Schaltung, durch die der Gleichlauf zw. zwei oder mehreren elektr. Maschinen auch ohne mechan. Verbindung der Wellen erreicht wird. Diese Bedingung soll meist auch beim Anlauf und beim Auslauf erfüllt sein. E. W. werden verwendet bei Portalkranen, Klappbrücken, Schleusentoren, Papiermaschinen u. ä. Antrieben. Den Gleichlauf erreicht man mittels Asynchronmotoren mit Schleifringläufer (→ Elektromotor), deren Ständerwicklungen vom gleichen Netz gespeist werden und deren Läuferwicklungen über die Schleifringe miteinander verbunden sind.

2) bestimmte → elektromagnetische Wellen.

Elektrisiermaschinen, Geräte zur Erzeugung hoher elektr. Spannungen durch Ladungstrennung. Bei der **Reibungs-E.** wird eine drehbare Glasscheibe (Schwefelkugel, O. v. GUERICKE, 1663) durch ein Reibzeug (Leder mit Zinkamalgam) positiv geladen; diese Ladungen werden durch Spitzenwirkung auf einen Konduktor übertragen. **Influenz-E.** konstruierten W. HOLTZ 1865, A. TÖPLER 1866 und WIMSHURST 1883. Die letztere besitzt zwei Hartgummischeiben mit Stanniolbelegungen, die sich um eine gemeinsame Achse in entgegengesetzter Richtung drehen. Auf den Belegungen werden entgegengesetzte Ladungen influenziert und über Spitzenkämme Konduktoren zugeführt. Mit ihr lassen sich Spannungen bis zu einigen 100000 V erreichen. Zu den E. gehört auch der → Bandgenerator.

Elektrisierung, das Verhältnis $\boldsymbol{P}/\varepsilon_0$ aus elektrischer Polarisation $\boldsymbol{P}$ und elektrischer Feldkonstante ε_0.

Elektrizität, die elektr. Ladungen, aber auch der elektr. Strom, von denen die elektr. Wirkungen ausgehen und – bes. in der Technik – die elektr. Energie (Elektrizitätswerk, Elektrizitätszähler u. a.).

Elektrostatik. In der Natur finden sich zwei Arten **elektr. Ladungen,** zw. denen Kräfte wirken. Sie sind i. d. R. in der Materie gleichmäßig verteilt, können jedoch durch Reiben voneinander getrennt und gesondert angesammelt werden (→ Elektrisiermaschinen). Die beiden Ladungsarten heißen **positiv** und **negativ.** Gleichnamige Ladungen stoßen sich ab, ungleichnamige ziehen sich an (→ Coulombsches Gesetz). Die Kräfte können mit der → Drehwaage gemessen werden. Während lange Zeit die Vorstellung herrschte, daß die Kräfte zw. den Ladungen unvermittelt durch den Raum augenblicklich aufeinander wirken **(Fernwirkungstheorie),** hat sich seit M. FARADAY die **Nahewirkungstheorie** durchgesetzt. Nach ihr ist der Zustand des Raumes in der Umgebung einer Ladung verändert, es besteht ein **elektrisches Feld** (→ Feld), in dem jeder Punkt an den unmittelbar benachbarten die Kraftwirkung weitergibt. Die Richtung, in der die Kraft auf eine Probeladung wirkt, wird durch **Kraftlinien (Feldlinien)** veranschaulicht, ihr Betrag durch deren Dichte (BILD 1–3, S. 10). Entlang den Kraftlinien ändert sich die **elektr. Feldstärke.** Orte gleicher Feldstärken liegen auf zusammenhängenden Flächen senkrecht zu den Kraftlinien, auf denen die potentielle Energie einer Ladung jeweils konstant ist **(Äquipotentialflächen).** Die Energiedifferenz W (Potentialdifferenz) zw. zwei Äquipotentialflächen ist proportional der Ladung Q ($W = QU$). Den Proportionalitätsfaktor U nennt man **elektrische Spannung.** Mißt man die Energiedifferenz in Joule (J), die Ladung in Coulomb (C), so ergibt sich die Spannung in Volt (V).

Ein elektr. Feld läßt sich neben der elektr. Feldstärke $\boldsymbol{E}$ auch durch eine weitere Feldgröße, die **elektr. Flußdichte** $\boldsymbol{D}$ beschreiben. Für diese Größe wird auch der Name **elektr. Verschiebung** verwendet, weil sie im Zusammenhang mit der Verschiebung von Ladungen im elektr. Feld eingeführt wurde. Bringt man z. B. in das homogene elektr. Feld eines Plattenkondensators zwei sich zunächst berührende Metallplatten **(Influenzplatten)** senkrecht zu den Feldlinien und zieht sie auseinander, so sind sie gleich geladen, aber mit entgegengesetztem Vorzeichen. Die Ladungstrennung im elektr. Feld nennt man → Influenz. Ist A die Fläche einer Platte des Kondensators und Q die auf ihr sitzende Ladung, so gilt für die auf der Plattenfläche A_i jeder Influenzplatte influenzierte Ladung Q_i : $Q_i/A_i = Q/A = D$, d. h. der Betrag der elektr. Verschiebung ist der Flächenladungsdichte der durch Influenz verschobenen Ladung gleich. $\boldsymbol{D}$ und $\boldsymbol{E}$ sind im Vakuum einander proportional: $\boldsymbol{D} = \varepsilon_0 \boldsymbol{E}$. Die Proportionalitätskonstante ε_0 heißt **elektr. Feldkonstante** – ältere Bez. sind **Verschiebungs-, Influenz-** oder **(absolute) Dielektrizitätskonstante des Vakuums;** sie hat den Wert $\varepsilon_0 \approx 8{,}854 \cdot 10^{-12}$ As/Vm. In Materie ist der Zusammenhang zw. $\boldsymbol{D}$ und $\boldsymbol{E}$ verwickelter (→ Dielektrizitätskonstante).

In einem Leiter trennen sich durch Influenz so lange Ladungen, bis in ihm kein elektr. Feld mehr besteht, das weitere Ladungen bewegen könnte: Ein Leiter hat überall konstantes Potential, wenn in ihm nicht durch dauernde Energiezufuhr eine Potentialdifferenz aufrechterhalten wird. Ein mit $+Q$ geladener Leiter hält in einer gegenüberstehenden, leitenden Platte die Ladung $-Q$ fest, die positiven Ladungen fließen ab. Im Endzustand haben Leiter und Platte je ein festes Potential. Die Potentialdifferenz (Spannung) U ist proportional zu Q; $Q = CU$. Die Konstante C, die nur von der geometr. Anordnung der Leiter zueinander abhängt, heißt **elektr. Kapazität** (gemessen in Farad). Ist der Zwischenraum mit einem Dielektrikum der Dielektrizitätszahl (relativen → Dielektrizitätskonstante) ε_r ausgefüllt, so multipliziert sich die Vakuumkapazität mit ε_r (→ Kondensator 1). Im Vakuum und in Gasen können räumlich verteilte Ladungen auftreten mit einer von Ort zu Ort verschiedenen Raumladungsdichte.

Elektrischer Strom. Über einen **Leiter** entlädt sich ein Kondensator i. a. sofort, über einen **Halbleiter** nur verhältnismäßig langsam, über einen **Isolator** nicht. Die Stärke des Stromes, die in der Sekunde durch den Leiter fließende Ladungsmenge, wird in Ampere (A = C/s) gemessen. Der Begriff der **elektr. Stromstärke** I wird wichtig, wenn man über längere Zeiten konstante Stromstärken herstellen kann, wenn man also Vorrichtungen hat, die trotz ständiger Ladungsentnahme konstante Spannungen aufrechterhalten, bei sehr kleinen Stromstärken, z. B. Elektrisiermaschinen. Größere Ströme erhält man ohne Benutzung elektrodynam. Vorgänge durch Zusammenschalten von best. **Leitern der 1. Klasse,** z. B. Metallen, zw. denen → Berührungsspannungen 1) bestehen, mit einem **Leiter der 2. Klasse,** einem **Elektrolyten.** Verbindet man z. B. in angesäuertes Wasser getauchte Platten von Kupfer und Zink, so fließt ein Strom. Durch Hintereinanderschalten solcher Elemente kann man große elektr. Spannungen erzielen. Will man die Stromstärke vergrößern, muß man Elemente gleicher Spannung parallel schalten (→ galvanische Elemente, → Akkumulator 1).

Der elektr. Strom kann durch seine **magnetische Wirkung** gemessen werden (H. C. OERSTED, 1820): Jede bewegte elektr. Ladung wird außer von ihrem elektr. Feld zusätzlich von einem Magnetfeld ringförmig umgeben (BILD 4). Die Magnetfeldlinien verlaufen in Richtung des Stromes gesehen im Rechtsschraubensinn (→ Rechte-Faust-Regel). Ein Strom, der von Süden nach Norden über eine Magnetnadel geführt wird, lenkt also den Nordpol der Nadel nach Westen ab, wenn man als Stromrichtung die vom positiven Pol der Batterie zum negativen festsetzt **(konventionelle** oder **techn. Stromrichtung).** Diese in der Physik und Elektrotechnik gebräuchl. (historisch bedingte) Stromrichtung ist der Laufrichtung der Elektronen im Leiter entgegengesetzt. Durch ihre Magnetfelder üben zwei stromführende Leiter Kräfte aufeinander aus (→ Ampèresches Gesetz). Ein Zylinder, auf den der stromführende Draht aufgewickelt ist **(Spule),** verhält sich wie ein Magnet. In dieser Verknüpfung elektr. und magnet. Erscheinungen zeigt sich bereits ein erster Ansatz zu ihrer vollständigen Verschmelzung in der Elektrodynamik.

Durch gleichzeitige Spannungs- und Strommessung gelangt man zum → Ohmschen Gesetz. Eine zweite wichtige Wirkung des elektr. Stromes ist die **Erwärmung des Leiters** bei Stromdurchgang (J. P. JOULE, 1841). Die in einem Draht erzeugte **Joulesche Wärme** läßt sich zur Strommessung benutzen (→ Hitzdrahtinstrument). – Zur Definition der Stromstärke lassen sich schließlich auch die **elektrolyt. Wirkungen** des elektr. Stromes verwenden, → Elektrolyse, → Ampere.

Elektrodynamik heißt die Lehre von den **zeitlich veränderl. elektromagnet. Feldern.** Die Grundlage bildet die Erscheinung der → Induktion (M. FARADAY, 1831–34). Es zeigt sich, daß in einem geschlossenen Leiter eine Spannung induziert wird, wenn sich der die Schleife durchsetzende magnet. Kraftfluß zeitlich ändert (BILD 5). Während die Induktion auch bei **langsam veränderl.** kräftigen Feldern beobachtet werden kann (→ Transformator, → Generator 1), läßt sich die magnet. Wirkung des 1862 von J. C. MAXWELL eingeführten **Verschiebungsstromes,** d. i. die zeitl. Änderung der dielektr. Verschiebung, nur in **schnell veränderl.** Feldern beobachten (H. HERTZ, 1888). Im **Elektromagnetismus** sind die miteinander verknüpften elektr. und magnet. Erscheinungen zusammengefaßt (→ Maxwellsche Theorie), welcher auch die Ausbreitung von Wärme-, Licht-, Röntgen- und Gammastrahlung in Form → elektromagnetischer Wellen erklärt. Die Harmonie der elektromagnet. Grundbeziehungen zeigt sich bes. eindrucksvoll in der vierdimensionalen Darstellungsweise der Relativitätstheorie.

Atomistik der elektrischen Erscheinungen. Die Maxwellsche Theorie der elektromagnet. Felder charakterisiert die Stoffe im wesentl. durch → Dielektrizitätskonstante, → Permeabilität 2) und → spezifischen Widerstand. Sie selbst bietet keine Möglichkeit, die Unterschiede der Stoffe hinsichtlich dieser Konstanten zu erklären. Die elektromagnet. Lichttheorie gibt keine Auskunft

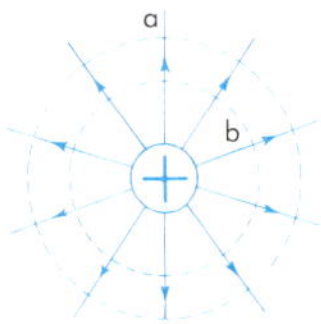

1

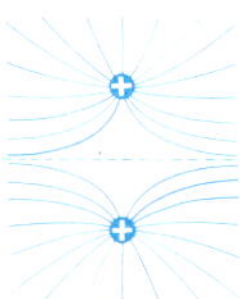
2

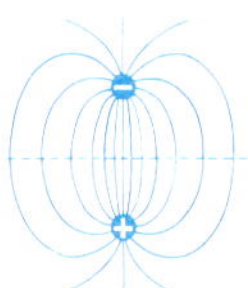
3

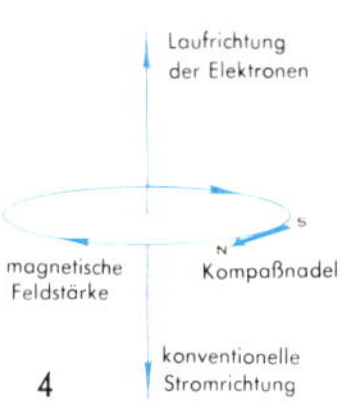

4

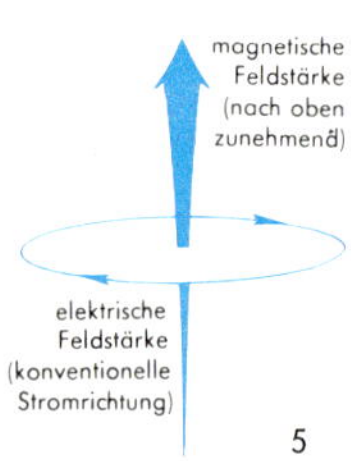

5

Elektrizität: **1** elektr. Feld einer geladenen Kugel; a Kraftlinien, b Äquipotentialflächen (gestrichelt). **2** Feldverlauf bei zwei gleichnamigen, **3** bei zwei ungleichnamigen Ladungen. **4** Magnetfeld eines Stromes. **5** elektr. Feld eines veränderlichen magnetischen Kraftflusses

über die Prozesse, die zur Lichtaussendung führen, vor allem nicht über die diskreten Wellenlängen (Spektrallinien) des von glühenden Gasen ausgesandten Lichtes. Die Antwort auf diese Fragen hat erst die Atomphysik geben können. Danach besteht **Elektrizitätsleitung in Metallen**, allg. in Leitern 1. Klasse, in der Bewegung von Elektronen. Der **Ohmsche Widerstand** kommt dadurch zustande, daß die Elektronen durch Gitterfehlstellen (→ Realkristall), z. B. Fremdatome und Versetzungen, und durch temperaturbedingte → Gitterschwingungen (Phononen) abgelenkt werden und Energie verlieren; sie bewegen sich wie in einem reibenden Medium. Die **Joulesche Wärme** ist also als Reibungswärme zu deuten. In Gasen sowie flüssigen und festen Isolatoren kann neben dieser Leitung durch Elektronen noch, ebenso wie in den Elektrolyten, eine Leitung durch Ionen stattfinden. Bei den **Elektronenleitern** und **-halbleitern** hat man eine Reihe von Effekten beobachtet, die vollständig erst durch die Quantenmechanik aufgeklärt werden konnten, so z. B. den → Gleichrichtereffekt im Übergangsgebiet zw. einem Metall und einem Halbleiter und im Übergangsgebiet zw. p- und n-Halbleitern (→ Halbleiter) und den inneren → Photoeffekt. Neben den Energieverlusten durch Leitung können in Isolatoren noch zusätzl. Verluste auftreten, wenn die Moleküle des Stoffes ein permanentes Dipolmoment besitzen (**polare Moleküle**, P. DEBYE, 1929). Sie werden dann im Wechselfeld hin- und hergedreht und verlieren durch ›Reibung‹ Energie. Diese Reibungsverluste sind i. Ggs. zu den Leitungsverlusten frequenzabhängig. – Bei den **dielektr. Stoffen** mit unpolaren Molekülen verursacht ein außen angelegtes Feld Verschiebungen der Ladungen. Die dielektr. Verschiebung setzt sich also aus der Vakuumverschiebung und dieser → Polarisation 1), die i. a. dem angelegten Feld proportional ist, zusammen. Bei den polaren Stoffen kommt eine weitere Polarisation durch Ausrichten der Dipole hinzu, die mit wachsendem Feld steigt, die **parelektr. Polarisation.** Bei manchen Kristallen (z. B. Quarz) ist die parelektr. Polarisation von mechan. Deformationen begleitet (**umgekehrter Pi|ezo|effekt, Elektrostriktion;** → Piezoelektrizität), wie auch umgekehrt in solchen Kristallen durch geeignete Deformation eine Ladungsverschiebung erzeugt wird, die sich in dem Auftreten von Oberflächenladungen äußert. Eine Folge der parelektr. Polarisation ist der **pyro|elektr. Effekt** (→ Pyroelektrizität).

R. W. POHL: Einführung in die Physik, 2: Elektrizitätslehre ([21]1975); weitere Lit. → Physik.

Elektrizitätsmenge, Formelzeichen Q, svw. elektr. → Ladung (→ Elektrizität); SI-Einheit ist das → Coulomb.

Elektrizitätsversorgung, Stromversorgung, gliedert sich in die Erzeugung (→ elektrische Energieerzeugung), Übertragung (→ elektrische Energieübertragung) und Verteilung (→ elektrische Energieverteilung) elektrischer Energie.

Man unterscheidet die **öffentliche E.** durch Elektrizitätsversorgungsunternehmen (EVU), die **Eigenversorgung** einzelner Industriebetriebe durch eigene Industriekraftwerke und die **Bahnstromversorgung** über eigene Bahnkraftwerke sowie auch aus dem öffentl. Netz über Bahn-Umformerwerke (→ elektrische Bahnen). Zur E. wird heute fast nur Drehstrom mit einer Frequenz von 50 Hz (in den USA 60 Hz) verwendet, in einigen Bereichen dient auch einphasiger Wechselstrom oder Gleichstrom (z. B. für Straßenbahnen) der Elektrizitätsversorgung.

Elektrizitätswerk, Abk. **E-Werk,** früher gleichbedeutend mit Kraftwerk, heute meist i. S. von Elektrizitätsversorgungsunternehmen.

Elektrizitätszähler, Meßgeräte mit Zählwerk zur Messung der elektr. Arbeit. Am weitesten verbreitet sind die **Wechsel-** und **Drehstromzähler** mit Induktionsmeßwerk in der Schaltung als **Wirkverbrauchszähler.** Sie bestehen aus einem Triebsystem, einem Bremsmagneten, dem Zählerläufer (Meßwerkrotor) und einem sechsstelligen Zählwerk. Von einer an der Netzspannung liegenden Spannungsspule und einer vom Verbraucherstrom durchflossenen Stromspule werden zwei Magnetfelder erzeugt, die die Läuferscheibe (Aluminium) durchsetzen und in ihr Wirbelströme induzieren, die ein Drehmoment erzeugen. Das Drehmoment ist am größten, wenn der Spannungsfluß um 90° dem Stromfluß nacheilt. Der Bremsmagnet wirkt dem Antriebsmoment des Triebsystems entgegen. Die Drehzahl entspricht der momentanen Leistung, die Zahl der Umdrehungen dem Verbrauch in der Ablesperiode. Ein **Zweitarifzählwerk** dient zur getrennten Erfassung des Verbrauchs je nach Entnahmezeit (Tag- und Nachtstrom), die Umschaltung geschieht durch eine getrennte Schaltuhr oder einen Rundsteuerempfänger.

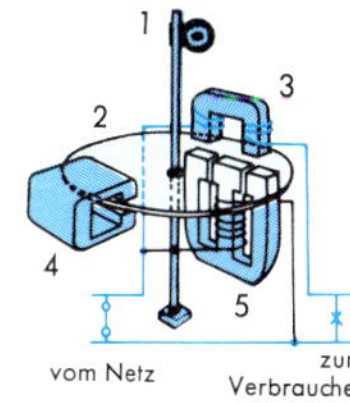

Elektrizitätszähler:
1 Schnecke für das Zählwerk,
2 Läuferscheibe,
3 Stromeisen,
4 Bremsmagnet,
5 Spannungseisen

Elektro|akustik, Teilgebiet der → Elektrotechnik, das sich mit der Umwandlung von Schall (mechan. Energie) in elektr. Schwingungen (elektr. Energie) und umgekehrt befaßt, außerdem mit der synthet. Erzeugung, Verstärkung, Übertragung, Speicherung und Wiedergabe akust. Vorgänge. Betrachtet wird hierbei insbes. der für das menschl. Gehör erfaßbare Frequenzbereich von etwa 16 Hz bis 16 kHz.

Die Umwandlung von einer Energieform in eine andere geschieht durch elektroakust. Wandler, die in **Schallaufnehmer** (→ Mikrophon) und **Schallstrahler** (→ Lautsprecher) unterteilt werden können und je nach Anwendungsbereich verschiedene Bauformen und Funktionsprinzipien aufweisen. Zur Berechnung und Untersuchung ihrer Eigenschaften bedient man sich häufig elektr. (gelegentlich auch mechan.) Ersatzschaltbilder, die auf einem theoret. Analogieschema zw. akust., elektr. und mechan. Größen beruhen. Zur Schallspeicherung sind platten- und bandförmige Träger geeignet; für die Schallaufzeichnung und -wiedergabe werden mechanische (→ Schallplatte, → Plattenspieler), elektromagnet. (→ Tonband, → Tonbandgerät) oder photograph. (→ Film) Verfahren verwendet. Darüber hinaus sind auch optisch und kapazitiv abtastende Wiedergabemethoden (z. B. für die → Compact Disc oder die → Bildplatte) entwickelt worden. Neben der Verarbeitung ›natürlicher‹ Schallereignisse gehört auch die synthet. Erzeugung von Tönen, Klängen und Geräuschen in das Gebiet der E. Zur Erzeugung elektron. Musik werden die Möglichkeiten der Elektronik und Digitaltechnik genutzt (z. B. beim → Synthesizer), die Synthese menschl. Sprache wurde u. a. durch die Fortschritte bei Halbleiterspeichern entscheidend gefördert. Weitere Bereiche sind die → Raumakustik (Bauakustik) und die Meßtechnik, die sich elektroakust. Verfahren und Geräte, z. B. zur Analyse von Schallereignissen, bedient.

elektro|akustische Wandler, alle → Mikrophone und → Lautsprecher; → Elektroakustik.

Elektro|analyse, elektrochemische Analyse, quantitative Bestimmungsmethoden durch Ausnützung chem. und physikal. Vorgänge an → Elektroden einer Elektrolysezelle. Sie wird u. a. zur quantitativen Abscheidung von Metallen an Elektrodenoberflächen und Erkennung des Endpunktes einer Titration (→ Maßanalyse) herangezogen. Die Konzentrationsbestimmung durch Anwendung elektrochem. Gesetze ist nur in einfachen Fällen möglich (z. B. in verdünnten Lösungen starker Elektrolyte). Die wichtigsten Methoden der E. sind → Potentiometrie, → Coulometrie, → Amperometrie, → Elektrogravimetrie, → Konduktometrie und → Polarographie.

Elektroblech, das → Dynamoblech.

Elektrochemie, Teilgebiet der physikal. Chemie, das sich mit chem. Umsetzungen befaßt, bei denen Elektronen über einen äußeren Stromkreis von einem Reaktionspartner zum anderen transportiert werden, an Stelle der normalerweise unmittelbar von Molekül zu Molekül stattfindenden Übergabe. Im Fall freiwillig verlaufender Umsetzungen kann auf diese Weise die chem. Energie in elektr. umgesetzt werden (→ galvanische Elemente), z. B. im Daniell-Element, wo die bei der Auflösung von Zink frei werdenden Elektronen von der Zinkelektrode über den äußeren Stromkreis an die Kupferelektrode gelangen, wo sie die Cu^{++}-Ionen reduzieren können und somit den Ablauf der Reaktion ermöglichen.

Im Fall von erzwungenen Umsetzungen kann umgekehrt der elektr. Strom dazu genutzt werden, erwünschte chem. Produkte herzustellen, z. B. metall. Aluminium durch Schmelzelektrolyse von Bauxit, wobei die zur Reduktion von Al^{+++} benötigten Elektronen durch den Elektrolysestrom an die Kathode gebracht werden (→ Elektrolyse).

Von großer techn. Bedeutung sind die Methoden der elektrochem. Stromerzeugung (→ Brennstoffzelle), elektrothermische Reaktionen wie die Herstellung u. a. von Carbid, Phosphor, best. Legierungen oder künstl. Edelsteinen (z. T. in Lichtbogen), elektrolyt. Verfahren z. B. zur Gewinnung von Aluminium, Chlor, Natronlauge, Wasserstoff oder zur elektrolytischen Raffination von Metallen, die → anodische Oxidation, die → Galvanotechnik, die Entwicklung von Stromsammlern (→ Akkumulator 1) und elektrochemische Metallbearbeitungsverfahren.

elektrochemische Elemente liefern elektr. Strom durch Umwandlung von chemischer in elektr. Energie. Falls diese Umwandlung umkehrbar ist, d. h. falls ein entladenes e. E. erneut geladen werden kann, spricht man von einem **Sekundärelement** (→ Akkumulator 1), falls nur einmalige Entladung möglich ist von einem **Primärelement** (→ galvanische Elemente). Eine dritte Gruppe der **elektrochem. Spannungs- und Stromquellen** sind die → Brennstoffzellen.

elektrochemisches Äquivalent, → Faradaysche Gesetze.

Elektrode, in elektr. Stromleitern die Übergangsstelle von meist metall. Leitern auf Leitung durch Ionen (in Flüssigkeiten und Gasen) oder durch freie Elektronen (im Vakuum). Bei zwei E. heißt die E., in die negative Ladungen, also Elektronen, eintreten, **Anode,** die E., aus der sie austreten, **Kathode.** Zusätzliche E. in → Elektronenröhren heißen Gitter. Bei Halbleiterbauelementen ist eine E. die galvan. Verbindung zw. einer Halbleiterzone und der Zuleitung zum Anschluß. Die Bez. Anode und Kathode werden hier kaum verwendet, bei Transistoren heißen die E. Emitter, Basis und Kollektor.

Elektrochemie: Ionensensitive und -selektive E. bestehen meist aus Membranen oder dünnen Kristallscheiben, an denen sich z. B. auf Grund von Ionenaustauschvorgängen eine von der Aktivität einer best. Ionensorte abhängige Potentialdifferenz ausbildet, die potentiometrisch gemessen werden kann. Ionenselektive E. dienen zur unmittelbaren Konzentrationsbestimmung in Lösungen, z. B. die Glaselektrode. (→ Elektrolyse, → Galvanotechnik, → Lichtbogenofen, → Schweißen)

Elektrodialyse, Verfahren zur Abtrennung von Ionen aus Lösungen mit Hilfe von ionenselektiven Membranen und unter Wirkung einer Gleichspannung, d. h. eine → Dialyse unter Anlegen eines elektr. Feldes, das die Entfernung von Ionen beschleunigt.

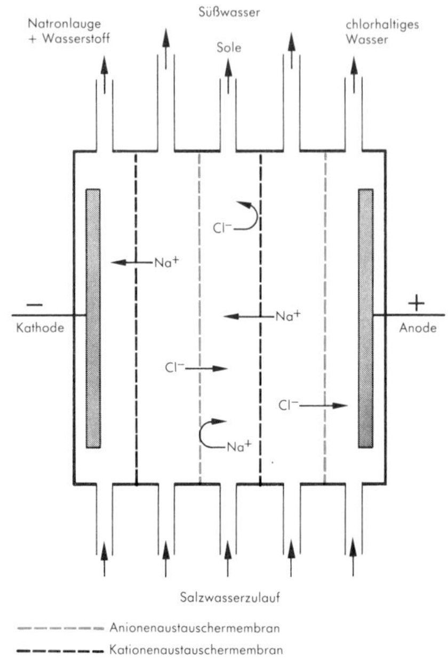

Elektrodialyse

Bei der **E.-Zelle** sind Anode und Kathode durch Kunststoffmembranen voneinander getrennt, die abwechselnd entweder nur für Anionen (Anionenaustauschermembranen) oder nur für Kationen (Kationenaustauschermembranen) durchlässig sind. Die E. wird zur Aufbereitung von Abfallösungen und zur Meerwasserentsalzung verwendet. Das Verfahren bietet auch die Möglichkeit, Elektrolytlösungen zu konzentrieren.

Elektrodynamik, → Elektrizität.

elektrodynamisches Meßinstrument zur Messung elektr. Leistung von Gleich- und Wechselstrom, auch zur Strom- und Spannungsmessung. Eine bewegliche, an der Spannung liegende Spule ist drehbar im magnetischen Feld einer feststehenden, vom Strom durchflossenen Spule angeordnet. Das Meßprinzip beruht auf der Kraftwirkung auf den Leiter (Spule) im Magnetfeld. Der Ablenkung hält die Gegenkraft von (auch der Stromzuführung dienenden) Spiralfedern das Gleichgewicht.

Elektro|erosion, abtragendes Verfahren zur Bearbeitung von harten, schlecht zerspanbaren, elektrisch leitfähigen Werkstoffen. Der Werkstoff wird durch Verdampfen und Abschmelzen (infolge kurzzeitiger elektr. Entladungen) abgetragen. Beim meist angewendeten **Funkenverfahren (Funkenerosion, funkenerosives Senken)** werden die Entladungen zw. Werkstück und Werkzeugelektrode, die sich in einer mit dielektr. Medium (meist Petroleum) gefüllten Wanne befinden, durch einen Generator erzeugt. Dabei wird das Werkzeug entsprechend dem Werkstoffabtrag in das Werkstück abgesenkt, das dadurch die negative Werkzeugkontur erhält. Beim **funkenerosiven Schneiden** wird ein vorschubgesteuerter, umlaufender Kupferdraht als Werkzeugelektrode verwendet.

Elektrofahrzeug, durch Elektromotoren angetriebenes Fahrzeug. Die Antriebsenergie kann durch unmittelbare Umwandlung chemischer in elektr. Energie (Brennstoffzelle), durch mittelbare Umwandlung in elektr. Energie (Verbrennungsmotor mit Generator) gewonnen oder aus einer mitgeführten Akkumulatorenbatterie oder aus einer Oberleitung entnommen werden. Als umweltfreundl. Lösung bietet sich der Elektroantrieb für Stadtfahrzeuge an, da er ohne Abgase, geräuscharm und mit gutem Wirkungsgrad arbeitet. Für Pkw **(Elektrokraftwagen, Elektro|auto)** hat das große Gewicht des Akkumulators erhebl. Nachteile, weniger für Omnibusse u. a. Nutzkraftwagen, die mit rasch und einfach auswechselbaren Batterien schon im Stadtverkehr eingesetzt werden. **Elektro-Mofas (Efa),** Motorfahrräder mit Batterieantrieb, sind im Handel. Seit langem werden batteriegespeiste E. als → Flurfördermittel verwendet.

Elektrofilter, → Entstaubungsverfahren.

Elektroflugzeug, → Sonnenkraftflugzeug.

Elektroformung, Herstellung von Metallgegenständen nach galvanotechn. Verfahren (→ Galvanotechnik).

Elektroglas, Elektrolytglas, entsteht durch Einpassen von Glasscheiben in ein hochkant gestelltes Sprossenwerk aus Kupferstegen und nachfolgende galvanische Verdickung der Stege, so daß diese Verdickungen über die Scheibenflächen greifen und die Scheiben verankern. E. wirkt feuerhemmend.

Elektrographie, Weiterentwicklung der → Elektrophotographie, wobei man ohne Belichtung und ohne Photoleiterschicht arbeitet. Die Vorlage wird elektronisch abgetastet, und die aufzuzeichnenden Impulse werden in Form von Ladungen mittels einer Elektronenstrahlröhre mit eingeschmolzenen Stahlstiften auf ein isolierendes Papier übertragen, das zw. den Stiften und einer Gegenelektrode durchläuft. Zw. Papier und Röhre befindet sich ein Farbnebel, dessen Teilchen durch die aus den Stiften austretenden Elektronen mitgerissen und auf dem Papier abgeschieden werden. Die E. wird insbes. bei Schnelldruckern von Großrechenanlagen und bei der Fernübertragung von Daten oder Bildern (→ Faksimile-Übertragung) verwendet.

Elektrogravimetrie, Teilgebiet der → Elektroanalyse zur quantitativen Abscheidung von Metallen aus wäßrigen Lösungen an einer Elektrode. Die Metalle scheiden sich meist an der Kathode ab, die bevorzugt in Form einer Netzkathode vorliegt (große Oberfläche).

Elektrogravur, Verfahren zum elektromechan. Gravieren von Hoch- und Tiefdruckformen, auch die so hergestellte Druckform. Die Tonwerte der Vorlage werden in Graviermaschinen punktweise lichtelektrisch abgetastet und durch einen elektronisch gesteuerten Stichel (neuerdings auch mit Laserstrahl) in verschieden große Punkte oder Vertiefungen umgesetzt.

elektrokalorischer Effekt, Umkehrung der → Pyroelektrizität.

Elektrokeramik, Sammelbegriff für Bauteile aus keram. Werkstoffen für die Elektrotechnik. **Passive E.** umfaßt die Isolatorwerkstoffe Porzellan, Steatit, Sintertonerde u. ä.; **aktive E.** umfaßt Kondensatoren (Titanoxid, Erdalkalititanate u. ä.), Piezowerkstoffe (Bariumtitanat u. ä.), keram. Magnete (Ferrite), Thermistoren und halbleitende keramische Werkstoffe. (→ Keramik)

elektrokinetische Erscheinungen, Erscheinungen, die auf das Vorhandensein einer elektr. Doppelschicht (→ Berührungsspannung 1) an der Phasengrenze fest/flüssig beruhen und die auftreten, wenn sich die beiden Phasen (infolge äußerer elektr. Felder oder mechan. Kraftfelder) gegeneinander bewegen: 1) Kolloidteilchen wandern im elektr. Feld: **Elektrophorese,** angewandt zur Trennung hochmolekularer Stoffe und zur Oberflächenbeschichtung; **Anaphorese,** Wanderung der Teilchen zur Anode; **Kataphorese,** Wanderung zur Kathode. 2) In einer Flüssigkeit bewegte oder fallende Körper (Kolloidteilchen, Körner aus Metall, Schwefel, Paraffin u. ä.) erzeugen einen elektr. Strom und elektr. Aufladung. 3) Eine durch eine Kapillare gepreßte Flüssigkeit erzeugt eine elektr. Spannung und bei deren Ausgleich einen Strom: **Strömungspotential** und **Strömungsstrom.** 4) Flüssigkeiten wandern im elektr. Feld durch poröse Körper oder Membranen: **Elektro|osmose** (Elektroendosmose), angewandt zur Trocknung poröser Substanzen, z. B. Torf.

Elektrolumineszenz, Lichtemission von Festkörpern (→ Lumineszenz) unter Einfluß eines elektr. Feldes, das Elektronen beschleunigt und in angeregte Zustände anhebt. Bei der anschließenden Rückkehr in den Grundzustand wird die aufgenommene Energie z. T. in Form von Lichtquanten emittiert. E. wird z. B. bei der Injektion von Minoritäts-Ladungsträgern in einen p- oder n-Halbleiter sowie an pn-Übergängen angeregt (→ Lumineszenzdiode). Die bei Anlegen eines elektr. Wechselfeldes an einen Kristall auftretende E. wird als Destriau-Effekt bezeichnet. Sein Wirkungsgrad steigt linear mit der Frequenz und quadratisch mit der Spannung an, die Leuchtdichte ist jedoch gering.

Elektrolyse, chem. Veränderung eines → Elektrolyten beim Anlegen einer elektr. Spannung an zwei → Elektroden, die in die Schmelze oder Lösung des Elektrolyten eintauchen (BILD S. 14). Die positiv geladenen Ionen des Elektrolyten **(Kationen)** wandern zur negativ geladenen **Kathode,** die negativ geladenen Ionen **(Anionen)** zur positiv geladenen **Anode** und bewirken einen Ladungstransport **(Ionenleitung).** An der Kathode findet ein Reduktionsvorgang statt, wobei diese Elektronen abgibt, an der Anode dagegen ein Oxidationsvorgang unter Aufnahme von Elektronen durch die Anode. Die von der Anode aufgenommenen Elektronen wandern über die Spannungsquelle zur Kathode. Befinden sich z. B. im Wasser positive Na^+-Ionen und negative Cl^--Ionen, so scheidet sich an der Anode Chlorgas ab: $2\,Cl^- \longrightarrow Cl_2 + 2e$. Die an der Kathode gebildeten neutralen Natriumatome ($2\,Na^+ + 2e \longrightarrow 2\,Na$) reagieren sofort mit den Wassermolekülen:

$$2\,Na + 2\,H_2O \longrightarrow 2\,Na^+ + 2\,OH^- + H_2,$$

d. h. an der Kathode wird sekundär Wasserstoffgas gebildet. Die Zerlegung von Alkalichloridlösungen (v. a. NaCl-, d. h. Kochsalzlösungen) ist ein wichtiges großtechn. Verfahren zur Gewinnung von Alkalilaugen (v. a. Natronlauge), Chlor und Wasserstoff **(Chloralkali-E.).** – Von großer techn. Bedeutung ist auch die E. geschmolzener Elektrolyte **(Schmelzfluß-E.),** die im Fall der Natriumchloridschmelze metall. Natrium und Chlorgas liefert, im Fall von Tonerde metall. Aluminium. In der → Galvanotechnik wird die E. zur Herstellung von metall. Oberflächenschichten eingesetzt. In der analyt. Chemie beruhen die Verfahren der → Elektroanalyse auf der E. – Der

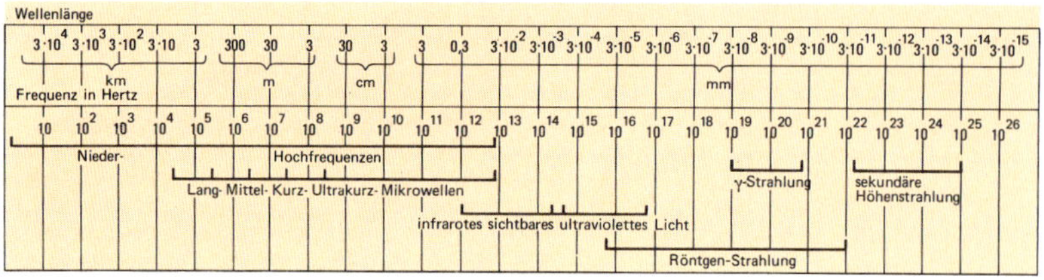

elektromagnetische Wellen 1: elektromagnetisches Spektrum

Zusammenhang zw. der umgesetzten Stoffmenge und der durchflossenen Elektrizitätsmenge wird durch die → Faradayschen Gesetze beschrieben.

Elektrolyt, Stoff, der im geschmolzenen Zustand oder in meist wäßriger Lösung mehr oder weniger vollständig in seine Ionen zerfällt (→ Dissoziation). **Schwache E.** (z. B. organ. Säuren) zerfallen auch in schwachen Konzentrationen nie völlig, **starke E.** sind in höheren Konzentrationen wenig, in schwächeren so gut wie ganz dissoziiert. Der Dissoziationsgrad ist um so größer, je verdünnter die Lösung ist.

Elektrolyt|eisen, durch Elektrolyse abgeschiedenes Eisen mit mindestens 99,9% Fe, ist nach Entfernung des aus der Elektrolyse stammenden Wasserstoffes durch Erwärmung auf 1 000 °C sehr weich und gut schweißbar, hat geringe Koerzitivkraft und hohe Remanenz, also große magnetische Permeabilität.

Elektrolytkondensator, Abk. **ELKO,** ein → Kondensator, dessen Dielektrikum von einem Metalloxid gebildet wird, das die beiden Kondensatorelektroden (Metallfolie und Elektrolyt) voneinander trennt.

Elektrolytschmelzen, svw. → Salzschmelzen.

Elektromagnet, ein an sich unmagnetischer Eisenkern, der vom magnet. Feld einer Spule durchsetzt wird, dieses verstärkt und selbst magnet. Eigenschaften annimmt. E. bestehen aus weichem Eisen und sind entweder massiv oder (bei Betrieb mit Wechselstrom) aus Blechen geschichtet. E. dienen zur Fernbetätigung von Schaltgeräten und Maschinenteilen (z. B. von elektrisch betätigten Weichen), als Lasthebemagnete an Kranen zum Verladen von Schrott und anderen Eisenteilen, ferner finden sie im Elektromaschinenbau Anwendung.

elektromagnetische Methode, → Geoelektrik.

elektromagnetische Pumpe, Anlage zur Förderung flüssiger Metalle mit Hilfe eines Magnetfeldes. Das Metall dient als Stromleiter in einem starken Magnetfeld, das infolge der Lorentz-Kraft den Leiter bewegt, d. h. das Metall transportiert. **Leiterpumpen** arbeiten mit Gleichstrom, **Wanderfeldpumpen** verwenden ein Magnetfeld, das in Förderrichtung wandert.

elektromagnetischer Puls, elektromagnetischer Impuls, → EMP.

elektromagnetische Schwingungen, → elektromagnetische Wellen.

elektromagnetisches Feld, → Elektrizität.

elektromagnetisches Spektrum, → elektromagnetische Wellen, → Spektrum.

elektromagnetische Wellen 2: Übergang vom geschlossenen (›Thomsonschen‹) Schwingkreis (OBEN) zum offenen elektr. (›Hertzschen‹) Dipol (UNTEN)

elektromagnetische Verträglichkeit, Abk. **EMV,** Begriff für ein Teilgebiet der Nachrichtentechnik (Elektrotechnik), das sich mit der Untersuchung der Störbeeinflussung von elektron. Geräten und Anlagen durch leitungsgebundene und -ungebundene elektromagnet. Verkopplungen befaßt und Abhilfemaßnahmen durch konstruktive Änderungen, Abschirmungen, Filter u. a. vorschlägt. Grundsätzlich gilt, daß elektron. Geräte und Systeme nur ein gewisses Maß an Störleistung an ihre Umgebung abgeben dürfen. Auf der anderen Seite müssen diese Geräte aber auch einen Anteil Störleistung aufnehmen können, ohne daß dabei ihre Funktion und Zuverlässigkeit beeinträchtigt werden.

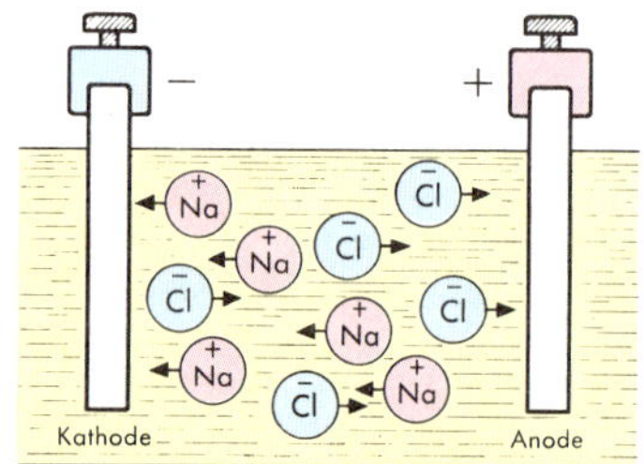

Elektrolyse

elektromagnetische Wechselwirkung, durch elektromagnet. Felder übertragene wechselseitige Einwirkung elektrisch geladener Teilchen aufeinander; ihre Gesetze sind Gegenstand der Elektrodynamik und Quantenelektrodynamik (→ Wechselwirkung, → Elementarteilchen).

elektromagnetische Wellen, period., zeitlich-örtl. Veränderungen des elektromagnet. Feldes (→ Elektrizität), die sich mit Lichtgeschwindigkeit ausbreiten. Ihre Existenz wurde von J. C. MAXWELL (1862) theoretisch begründet (→ Maxwellsche Theorie); H. HERTZ erzeugte und untersuchte als erster (1888) e. W. im Experiment, die G. MARCONI 1896 zur Nachrichtenübermittlung anwandte. Diese Wellen verhalten sich hinsichtlich **Reflexion, Brechung, Beugung (Interferenz)** und **Polarisation** genau so wie die Lichtwellen, die ebenfalls e. W. (sehr kurzer Wellenlänge) sind (Maxwell). Das sichtbare Licht und die e. W. der Nachrichtentechnik (z. B. Rundfunk) sind nur zwei begrenzte Gruppen aus der gesamten Skala (dem **elektromagnet. Spektrum,** BILD 1) der e. W., der auch die **Gammastrahlung, Röntgenstrahlung, Wärmestrahlung** angehören. Alle diese Gruppen unterscheiden sich voneinander nur durch die Wellenlänge λ oder die Frequenz f. λ und f sind durch die Formel $\lambda f = c$ (c = Lichtgeschwindigkeit) miteinander verknüpft.

Nach der Art ihrer Erzeugung lassen sich die e. W. in zwei große Klassen einteilen: Zur einen Klasse gehört alles → Licht i. w. S., von den infraroten Wärmestrahlen bis zu den härtesten γ-Strahlen. Sie entstehen durch molekulare und atomare Vorgänge oder bei Kernprozessen und Elementarteilchenumwandlungen. Die zweite Klasse bilden die e. W. i. e. S. (auch **elektrische Wellen**), die mit Hilfe elektr. Anordnungen (Schwingkreise) erzeugt werden, von den kürzesten Millimeterwellen bis zum techn. Wechselstrom. Beide Klassen überlappen sich im Gebiet der langwelligsten Wärmestrahlen.

Die techn. Geräte, mit denen elektr. Wellen erzeugt werden, enthalten zwei wesentl. Bestandteile: ein schwingungsfähiges Gebilde und ein Schaltorgan, das elektrostat. Energie (Gleichspannung) in Schwingungsenergie umsetzt. Eine Ausnahme bilden die Wechselstromgeneratoren und Hochfrequenzmaschinen, die unmittelbar mechan. Energie in elektr. Schwingungen umwandeln. Das

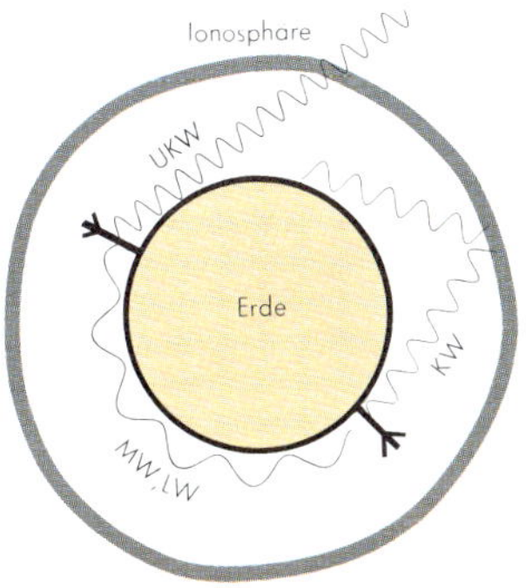

elektromagnetische Wellen 4: Ausbreitung elektromagnetischer Wellen in der Erdumgebung

schwingungsfähige Gebilde ist im einfachsten Fall ein **Thomsonscher Schwingkreis** [t'ɔmsn-], bestehend aus einem Kondensator (Kapazität *C*) und einer Spule (Induktivität *L*). Wird der aufgeladene Kondensator über die Spule entladen, so entstehen gedämpfte **elektr. Schwingungen (elektromagnet. Schwingungen)** mit der Frequenz $f = 1/(2\pi\sqrt{LC})$, **Thomson-Formel.** Der Entladungsstrom erzeugt in der Spule ein Magnetfeld, bei dessen Abbau eine Induktionsspannung entsteht, die den Kondensator entgegengesetzt auflädt, bis die magnet. Energie verbraucht ist und die elektr. Energie im Kondensator ein Maximum erreicht. Dann wiederholt sich der Vorgang in umgekehrter Richtung. Da es praktisch nicht möglich ist, vollkommen verlustfreie Schwingungskreise zu bauen, treten immer mehr oder weniger **gedämpfte Schwingungen** auf. Man kann jedoch **ungedämpfte Schwingungen** erzeugen, indem man nachgelieferte Gleichstromenergie kontinuierlich in Schwingungsenergie umwandelt. Das erreicht man mit einem Röhren- oder Transistorsender. Bei kleinen Wellenlängen ($\lambda < 1$ m) muß man zu anderen Formen der Schwingungskreise übergehen (→ Lecher-Leitung, → Hohlraumresonator, → Hohlleiter, → Klystron, → Wanderfeldröhre, → Magnetron).

Jeder Schwingkreis, der nicht allseitig abgeschirmt ist, strahlt e. W. (und damit Energie) in den Raum ab. Wenn man diese **Abstrahlung** begünstigen will, muß man dem Leiter eine besondere Form geben **(offener Schwingkreis,** BILD 2, → Antenne). Der schwingende Dipol wird auch **Hertzscher Oszillator** genannt. Die Wellenlänge der abgestrahlten e. W. ist gleich der doppelten Dipollänge. Die e. W. breiten sich mit Lichtgeschwindigkeit aus und bestehen aus geschlossenen elektr. und zu diesen senkrecht schwingenden magnet. Feldlinienbündeln (BILD 3). Die Leitfähigkeit des Erdbodens, der Einfluß der Ionosphäre und die Erdkrümmung spielen für die Ausbreitung der elektr. Wellen ebenfalls eine große Rolle (BILD 4). Zu ihrem Empfang ist ebenfalls eine Antenne erforderlich, die aus dem Raum möglichst viel Strahlung aufnimmt (→ Rundfunk).

Elektromagnetismus, → Elektrizität.

Elektrometer, Instrumente zum Feststellen des Vorhandenseins elektr. Ladungen **(Elektroskope)** oder zur Messung von Spannungen **(elektrostatische Spannungsmesser).** Ihre Wirkungsweise beruht auf der zw. Trägern elektr. Ladung auftretenden Kraft. Das Meßwerk stellt einen Kondensator kleinster Kapazität dar, dessen einer Teil beweglich angeordnet ist. Die Meßkraft bewirkt entweder eine Abstandsänderung der Ladungsträger oder eine Veränderung der wirksamen Flächen.

Elektrometerverstärker, nichtinvertierender Verstärker mit bes. hohem Eingangswiderstand, kann mit einem Operationsverstärker, dessen Eingangsstufe mit Feldeffekttransistoren aufgebaut ist, erreicht werden. Der E. dient zur Messung elektr. Ladungen.

Elektromotor, neben dem → Generator 1) die wichtigste → elektrische Maschine. Der E. formt elektr. Energie in mechan. Arbeit um; er ist meist als rotierende Maschine aufgebaut, es gibt jedoch auch den → Linearmotor zur Erzeugung geradliniger Bewegungen. E. werden sehr vielseitig verwendet: vom Antrieb von Haushaltsgeräten, Büromaschinen und Elektrowerkzeugen bis zum Antrieb von Pumpen, Förderanlagen, Walzenstraßen und elektr. Bahnen.

E. dürfen kurzzeitig über ihre Nennleistung hinaus belastet werden. Die Grenze dafür ist das → Kippmoment. Im Dauerbetrieb wird die Belastbarkeit durch die Erwärmung begrenzt. Man unterscheidet **Kurzzeitbetrieb** mit Angabe der zulässigen Betriebsdauer, **Aussetzbetrieb** mit Angabe der relativen Einschaltdauer und **Durchlaufbetrieb** mit kurzzeitiger und aussetzender Belastung.

Gleichstrommotor. Die vom Magnetfeld in der Ankerwicklung induzierte Spannung ist dem Produkt aus der

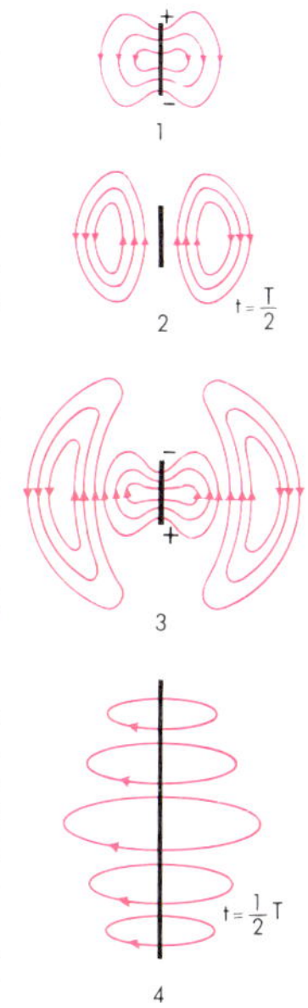

elektromagnetische Wellen 3

elektromagnetische Wellen 3: Abstrahlung elektr. und magnet. Felder durch einen schwingenden Dipol, **1, 2** und **3** elektr. Feldlinien (zeitl. Entwicklung), **4** magnet. Feldlinien

Drehzahl des Ankers und dem magnet. Fluß proportional; die induzierte Spannung muß, zus. mit den Ohmschen Spannungsabfällen im Stromkreis des Ankers, der Klemmenspannung das Gleichgewicht halten. Beim leerlaufenden Gleichstrommotor entspricht daher einem größeren Erregerstrom und damit einem größeren magnet. Fluß eine kleinere Leerlaufdrehzahl und umgekehrt einem kleineren magnet. Fluß eine größere Leerlaufdrehzahl. Das Drehmoment ist dem Produkt aus Ankerstrom und magnet. Fluß proportional. Zur Verbesserung der Kommutierung erhalten Gleichstrommotoren meist Wendepole und bei großen Drehzahlbereichen auch eine Kompensationswicklung; diese hat die Aufgabe, die Rückwirkung des magnet. Ankerfeldes auf das magnet. Hauptfeld zu kompensieren.

Beim E. für Gleichstrom mit **Fremderregung** und auch mit **Nebenschlußerregung** liegt die Erregerwicklung über einen Vorwiderstand an einer konstanten Spannung. Über diesen Vorwiderstand kann der Erregerstrom und damit der magnet. Fluß eingestellt werden. Bei konstantem magnet. Fluß ist der Ankerstrom dem belastenden Drehmoment proportional. Mit zunehmendem Drehmoment und damit zunehmendem Ankerstrom wird die Drehzahl gegenüber der Leerlaufdrehzahl, entsprechend den Ohmschen Spannungsabfällen im Stromkreis des Ankers, nur wenig kleiner (›hartes‹ Drehzahlverhalten). Steigert man den Erregerstrom, dann wird die Leerlaufdrehzahl kleiner, verringert man den Erregerstrom, dann steigt sie. Treibt man einen solchen Motor mit einer größeren als der Leerlaufdrehzahl an, dann wird er zum → Ge-

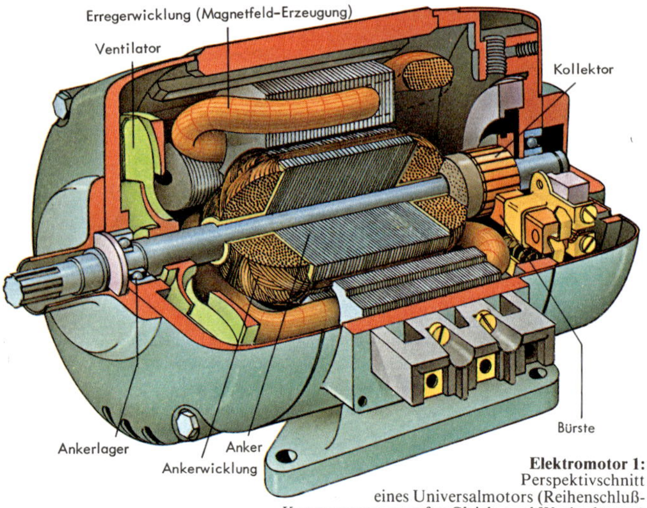

Elektromotor 1: Perspektivschnitt eines Universalmotors (Reihenschluß-Kommutatormotor für Gleich- und Wechselstrom)

nerator. Gleichstrommotoren dieser Schaltung eignen sich für Antriebe, die eine in weiten Grenzen einstellbare Drehzahl erfordern: Werkzeugmaschinen, Aufzüge.

Beim E. für Gleichstrom mit **Reihenschlußerregung** fließt der Ankerstrom auch durch die Erregerwicklung. Der magnet. Fluß nimmt dann nahezu proportional mit dem Strom und damit auch mit dem Drehmoment zu. Dabei muß die Drehzahl mit wachsendem Drehmoment und wachsendem magnet. Fluß immer kleiner werden (›weiches‹ Drehzahlverhalten). Da sich die Drehzahl eines Reihenschlußmotors bei Entlastung unzulässig erhöht (›Durchgehen‹ des Motors), darf er nie im Leerlauf betrieben werden. Wegen seines hohen →Anlaufmoments bei mäßiger Stromaufnahme eignet er sich bes. als Antriebsmotor für Fahrzeuge (elektr. Bahnen), aber auch für Lüfter (Ventilatoren). Kleine Reihenschlußmotoren bis etwa 500 W werden in voll geblechter Ausführung als **Allstrommotoren** oder **Universalmotoren** wahlweise für Gleich- oder Wechselstromspeisung ausgeführt.

Der **Doppelschlußmotor (Verbund-** oder **Compoundmotor)** besitzt außer der Nebenschluß-Erregerwicklung eine zusätzl. Reihenschluß-Erregerwicklung. Wirken beide Wicklungen in gleichem Sinn, dann liegt sein Drehzahlverhalten zw. dem eines Nebenschlußmotors und dem eines Reihenschlußmotors. Er hat eine einstellbare Leerlaufdrehzahl. Mit zunehmender Belastung nimmt die Drehzahl mehr oder weniger stark ab. Doppelschlußmotoren werden bei schweren Schwungradantrieben von Pressen und Schmiedehämmern verwendet.

Drehstrommotor. Der **Drehstrom-Asynchronmotor (Induktionsmotor)** ist der wichtigste und am meisten verbreitete E. Seine Drehzahl liegt nur wenig unter der synchronen Drehzahl. Diese wird durch den Quotienten Netzfrequenz durch Polpaarzahl bestimmt. Die Drehzahl nimmt mit zunehmender Belastung zunächst nur sehr wenig ab bis in die Nähe des →Kippmoments. Das Anlaufmoment hängt vom Ohmschen Widerstand im Läuferkreis ab. Einem kleinen Ohmschen Widerstand entsprechen ein kleiner Schlupf und damit kleine Verluste und ein hoher Wirkungsgrad, aber auch ein kleines Anlaufmoment. Ein genügend großer Ohmscher Widerstand im Läufer hat wohl ein günstiges Anlaufmoment, aber auch höhere Verluste und damit einen ungünstigeren Wirkungsgrad zur Folge. Ein hohes Anlaufmoment bei gutem Wirkungsgrad erreicht man mit einem **Schleifringanker,** wenn beim Anlauf in den Läuferkreis ein Ohmscher Widerstand geschaltet wird, der bei Nenndrehzahl kurzgeschlossen ist. Eine ähnl. Wirkung erzielt man beim **Kurzschlußläufer** in der Ausführung als Doppelkäfigläufer (→Doppelkäfigmotor) oder Wirbelstromläufer. Bei diesem wird während des Anlaufs infolge der hohen Schlupffrequenz der Strom gegen die Läuferoberfläche gedrängt und damit der wirksame Widerstand vergrößert. Kurzschlußläufermotoren sind sehr einfach und robust und werden bis zu den größten Leistungen verwendet. Zum Aufbau des magnet. Feldes benötigt der Asynchronmotor Blindleistung, die er über die Ständerwicklung dem Netz entnimmt. Wird ein Asynchronmotor am Netz mit einer Drehzahl, die wenig über der synchronen Drehzahl liegt, angetrieben, wird er zum Generator.

Der **Drehstrom-Synchronmotor** ist mit seiner Drehzahl genau an die des Drehfeldes gebunden. Sie wird durch den Quotienten Netzfrequenz durch Polpaarzahl bestimmt. Er entnimmt dem Netz keine Blindleistung, da seine Läuferwicklung mit Gleichstrom erregt wird. Bei Übererregung kann er Blindleistung an das Netz abgeben. Das Kippmoment ist kleiner als das des Asynchronmotors. Mittels einer lastabhängigen Erregung kann er auch bei Drehmomentstößen im Synchronismus gehalten werden. Der Anlauf erfolgt asynchron über eine Käfigwicklung, die in den Polschuhen des Läufers untergebracht ist. Zur Verbesserung des Anlaufmoments besteht diese wegen des höheren spezif. Widerstandes meist aus Messing oder Bronze. Synchronmotoren werden z. B. zum Antrieb von Holzschleifern und Kolbenverdichtern verwendet. Treibt man einen Synchronmotor mit seiner synchronen Drehzahl an, wird er zum Synchrongenerator.

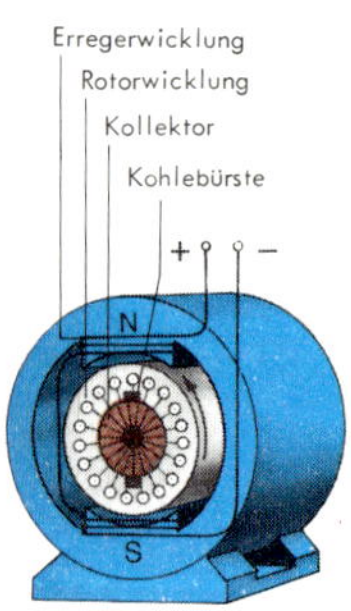

Elektromotor 3: Schema eines Gleichstrommotors

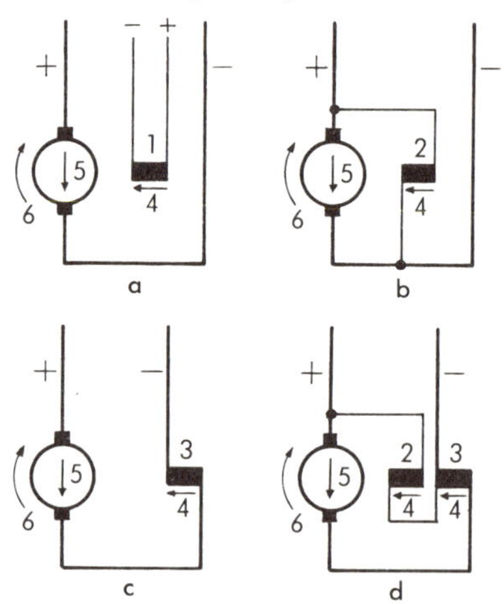

Elektromotor 2: Schaltungen von Gleichstrommotoren; **a** Motor mit Fremderregung, **b** Nebenschlußmotor, **c** Reihenschlußmotor, **d** Doppelschlußmotor; 1 Fremderregerwicklung, 2 Nebenschluß-Erregerwicklung, 3 Reihenschluß-Erregerwicklung, 4 Richtung des magnetischen Feldes, 5 Richtung der Ankerrückwirkung, 6 Drehrichtung (Vorzeichen und Richtungspfeile gelten für rechtsgängige Wicklungen)

Drehstrom-Kommutatormotoren sind Drehfeldmaschinen mit einem Kommutatoranker und drei oder sechs Bürstensätzen je Polpaar. Ihre Drehzahl ist meist mittels Bürstenverschiebung einstellbar. Man unterscheidet Drehstrom-Nebenschlußmotoren und Drehstrom-Reihenschlußmotoren.

Wechselstrommotor. Ein Drehstrom-**Asynchronmotor,** der nur über zwei Klemmen an ein Wechselstromnetz angeschlossen ist, kann im Ständer nur ein Wechselfeld erregen und daher nicht selbst anlaufen. Nach einer beliebigen Seite angeworfen, läuft er in diesem Drehsinn weiter. Leistung und Wirkungsgrad sind schlechter als bei Drehstromspeisung. Selbstanlauf und besseren Wirkungsgrad erhält man, wenn der freie dritte → Strang über einen Kondensator (Hilfsphase) ans Netz angeschlossen wird **(Kondensatormotor).**

Der **Spaltpolmotor** ist ein zweiphasiger Asynchronmotor. Die Hilfsphase umfaßt einen Teil des Wechselfeldes und ist kurzgeschlossen. Dort entsteht ein phasenverschobenes Teilfeld, so daß der Käfigläufer anlaufen kann. Spaltpolmotoren werden häufig zum Antrieb von Plattenspielern verwendet.

Einphasige Synchronmotoren werden meist nur für Leistungen bis 500 W gebaut. Es gibt vielerlei Bauarten: Reluktanzmotoren, Reaktionsmotoren, Impulsmotoren, Hysteresemotoren, Dauermagnetmotoren u. a. Diese Motoren werden in großen Stückzahlen für Geräte der Steuerungs- und Regelungstechnik sowie auch zum Antrieb von Synchronuhren gebaut. Nicht alle von ihnen können selbst anlaufen.

Einphasige Wechselstrom-Kommutatormotoren werden nur als Reihenschlußmotoren zum Antrieb elektr. Vollbahnen (→ elektrische Bahnen) mit Leistungen bis etwa 1000 kW gebaut. Für Leistungen bis etwa 500 W werden sie meist als **Universalmotoren** zum Antrieb von Haushaltsmaschinen, Büromaschinen und Elektrowerkzeugen verwendet.

TH. BÖDEFELD u. H. SEQUENZ: Elektr. Maschinen ([8]1971); H. FLACHMANN: Elektr. Maschinen und Steuerungstechnik (1980); G. LUDA: Drehstrom-Asynchron-Linearantriebe (1981).

Elektromotorische Kraft, Abk. **EMK,** ›eine Kraft, die Elektrizität in Bewegung setzt‹. Historisch bedingte Bez. für die elektr. Spannung (keine ›Kraft‹ im mechan. Sinne), die durch magnet., elektrostat., thermoelektr. oder elektrochem. Vorgänge erzeugt wird **(Quellenspannung).**

Elektron, seltener **Negatron,** Symbol e, e^-, elektrisch negativ geladenes leichtes → Elementarteilchen aus der Klasse der → Leptonen mit folgenden physikal. Eigenschaften: Ruhemasse $m_e \approx 9{,}1095 \cdot 10^{-31}$ kg (das Energieäquivalent $m_e c^2$ beträgt 0,5110 MeV); Ladung $e \approx 1{,}6022 \cdot 10^{-19}$ C (negative **Elementarladung);** Spin $\hbar/2$ ($\hbar = h/2\pi$, h = Planck-Konstante); magnet. Moment $\mu_e \approx 9{,}2848 \cdot 10^{-24}$ A·m² ($\approx 1{,}00116 \cdot \mu_B$, μ_B = Bohrsches Magneton).

Jedes neutrale → Atom enthält so viele E. in der Atomhülle wie Protonen im Kern; die Masse eines E. beträgt ungefähr 1/1836 der Masse eines Protons. Die E. der **E.-Hülle** ordnen sich in Schalen an; sie bewirken die Eigenschaften der chem. Elemente und die Entstehung der Linienspektren (→ Spektrallinien) bei Atomen und Bandenspektren bei den Molekülen. Bei den Kristallen stehen den E. breite Energiebereiche zur Verfügung (→ Bändermodell). Die → chemische Bindung entsteht durch die Verformung der E.-Hüllen bei gegenseitiger Annäherung der Atome. Bei der metall. Bindung können sich die **Valenz-E.** frei durch den Kristall bewegen (→ Elektronengastheorie) und als Träger von elektr. Strömen (→ Elektrizität) in Erscheinung treten. Wird den E. soviel Energie zugeführt, daß die → Austrittsarbeit erreicht wird, können sie aus der Metalloberfläche austreten. Die Energiezufuhr kann durch Temperaturerhöhung erfolgen **(glühelektr. Effekt,** → Glühemission), durch Bestrahlung mit kurzwelligem Licht **(photoelektr. Effekt, Photoemission,** → Photoeffekt) oder durch starke elektr. Felder **(Feldemission,** → Feldelektronen). Bei Beschuß von Materie mit energiereichen E. tritt **Sekundäremission** von E. auf (→ Sekundärelektronen). Freie E. werden auch als → Betastrahlung von den Atomkernen best. radioaktiver Elemente ausgesandt. Auf hohe Energien gebrachte E. finden vielfache Verwendung, z. B. zur Erzeugung von Röntgenstrahlung bei Röntgenröhren, beim Elektronenmikroskop oder bei den mit → Beschleunigern durchgeführten Experimenten der Kern- und Elementarteilchenphysik. Vom Standpunkt der klass. Physik aus verkörpert das E. die Übertragung des atomist. Prinzips auf die Elektrizität. Die → Maxwellsche Theorie der Elektrizität wurde 1895 von H. A. LORENTZ zur **(klassischen) Elektronentheorie (Lorentzsche Elektronentheorie)** fortgebildet, welche die makroskopischen, elektr. und opt. Erscheinungen in Materie erklärt; sie stellt sich die E. als Teilchen vor, die auf Grund ihrer Ladung mit dem an ihrem Ort bestehenden elektromagnet. Feld in Wechselwirkung stehen; das Feld seinerseits ist den von J. C. MAXWELL erkannten Gesetzen unterworfen. Auf diese Weise konnten Erscheinungen verstanden werden (v. a. die auf dem Mitschwingen elastisch gebundener E. beruhende Dispersion des Lichtes), die von der urspr. Maxwellschen Theorie nicht erfaßt wurden.

Obwohl das **Teilchenbild des E.,** wonach das E. als geladener Massenpunkt angesehen wird, der sich in elektromagnet. Feldern nach den Gesetzen der klass. Physik bewegt, zahlreiche Phänomene erklären konnte, versagte es bei der Deutung der 1927 von C. J. DAVISSON und L. H. GERMER durchgeführten E.-Beugungsexperimente an Kristallen, wo hingegen das von L.-V. DE BROGLIE 1924 vorgeschlagene **Wellenbild des E.** die Beugungs- und Interferenzerscheinungen beschreiben konnte (→ Materiewellen). Dieser → Dualismus von Wellen- und Teilchenbild (der zunächst beim Photon gefunden wurde) stellte sich somit als ein charakterist. Merkmal der Mikrophysik heraus. Die Vorstellung, daß sich E. wie Wellen verhalten können **(E.-Wellen),** führte zur → Wellenmechanik von E. SCHRÖDINGER, deren stat. Interpretation zur → Quantenmechanik, die eine widerspruchsfreie Beschreibung aller nichtrelativist. Vorgänge in der Mikrophysik gestattet. Die → Dirac-Gleichung erfaßt auch relativist. Effekte des E., z. B. den Elektronenspin.

Die Wechselwirkung der E. mit den Feldquanten des elektromagnet. Feldes (den Photonen), z. B. den Zerfall eines energiereichen Photons in ein E. und sein → Antiteilchen, das **Positron** (→ Paarerzeugung), beschreibt die → Quantenelektrodynamik. Es werden Versuche unternommen, die Quantenelektrodynamik in eine einheitl. Theorie der → Wechselwirkungen einzubetten (›Große Vereinigung‹), sie liefern z. B. eine Erklärung für die gleiche Größe der Ladungen von E. und Protonen.

Elektro|negativität, Kennzahl zur Charakterisierung der Tendenz einer Atomsorte in Molekülen, die Bindungselektronen an sich zu ziehen.

Elektronen|austauscher, → Redoxionenaustauscher.

Elektronenbeugung, Beugungserscheinungen bei → Elektronen.

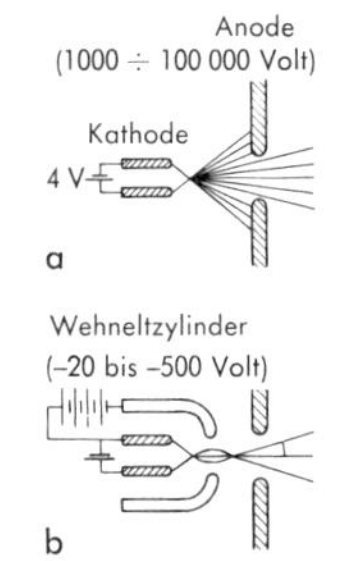

Elektronenkanone: Strahlengang in einer E.; **a** ohne, **b** mit Wehnelt-Zylinder

Elektronenblitzgerät, Gerät zum wiederholten Erzeugen von Lichtblitzen durch Impulszündungen einer mit Xenon oder Quecksilberdampf gefüllten Entladungsröhre. Die elektr. Energie für die Entladung wird von einem Kondensator geliefert, der zuvor mit Hilfe eines Akkumulators, einer Batterie oder über ein Netzgerät aufgeladen wurde. Die Blitzfolge wird von der Zeit, die zur Aufladung des Kondensators notwendig ist, begrenzt. Durch den Einsatz energiesparender Thyristoren als Schaltelemente wird die Ladung jedoch optimal ausgenutzt, so daß handelsübliche E. bis zu fünf Blitze pro Sekunde liefern können. Die hohe Blitzfolge ist wichtig für die Verwendung in Verbindung mit Photoapparaten, die einen motorangetriebenen Filmtransport besitzen. Die Entladungsdauer beträgt etwa zw. 1/500 bis 1/50000 s, für Spezialzwecke bis zu 1/1000000 s. Die erforderl. Blendenöffnung wird bei vorgegebener Filmempfindlichkeit und Entfernung über die → Leitzahl ermittelt. **Computer-Blitzgeräte** besitzen eine eigenständige Elektronik zur Erfassung und Steuerung der für eine Blitzlichtaufnahme notwendigen Lichtmenge. Sie sind mit einem lichtempfindl. Sensor (Photodiode oder Phototransistor) ausgerüstet, der die vom Objekt reflektierte Lichtstrahlung mißt. Hat die gemessene Lichtmenge eine gewisse Größe erreicht, schaltet eine elektron. Regelschaltung die Blitzröhre automatisch ab. Die richtige Belichtung des Films wird also bei vorgegebener Blende durch die Leuchtdauer des Blitzes erzielt. Bei einigen Photoapparaten kann das E. über einen Adapter an die Elektronik der Kamera angeschlossen werden, dann ist z. B. die Einblendung der Blitzbereitschaftsanzeige in den Sucher möglich. Viele E. haben einen schwenkbaren Reflektor, mit dem auch indirektes Blitzen durchgeführt werden kann. Bei Weitwinkelaufnahmen wird eine Streuscheibe vor die Blitzröhre gesetzt, Farbfilterscheiben finden zur Farbkorrektur oder zur Erzielung spezieller Effekte Verwendung.

Elektronendiffraktographie, Verfahren, das die bei Durchstrahlung von Materie mit Elektronenstrahlen entstehenden Beugungs- und Interferenzbilder zur Strukturaufklärung benutzt.

Elektronen|einfang, → Einfangprozesse.

Elektronengas|theorie, Theorie zur Behandlung der physikal. Eigenschaften von Metallen, die von der Annahme ausgeht, daß die Valenzelektronen der einen Kristall aufbauenden Atome sich frei durch das gesamte Volumen bewegen können. Da diese Elektronen den Elektrizitätstransport übernehmen, heißen sie Leitungselektronen. Kräfte zw. Ionenrümpfen und Leitungselektronen sowie die Kopplung der Elektronen an die → Gitterschwingungen werden in der E. vernachlässigt, so daß die Elektronen nur kinet., aber keine potentielle Energie besitzen. Die Gesamtheit der freien Elektronen verhält sich in vieler Hinsicht wie ein Gas aus nichtwechselwirkenden Teilchen **(Elektronengas),** das durch Zustandsgrößen (z. B. Druck und Temperatur) charakterisierbar ist, wobei die Temperatur durchaus verschieden von der des Kristallgitters sein kann. I. Ggs. zu den Partikeln eines gewöhnl. Gases gehorchen die Elektronen als Fermi-Teilchen dem → Pauli-Prinzip, d. h. die quantentheoretisch erlaubten Energieniveaus werden gemäß einer temperaturabhängigen Fermi-Dirac-Verteilungsfunktion besetzt. Man spricht deshalb von einem entarteten Gas oder dem **Fermi-Gas** der freien Elektronen. Das oberste am absoluten Nullpunkt der Temperatur besetzte Niveau wird als **Fermi-Niveau,** seine Energie als **Fermi-Energie** ε_F bezeichnet. Im Impulsraum erfüllen die besetzten Quantenzustände des Systems eine Kugel mit dem Radius k_F. Die Energie der Zustände an der Oberfläche dieser Kugel **(Fermi-Fläche)** ist $\varepsilon_F = \hbar k^2_F$ ($\hbar = h/2\pi$, h = Plancksches Wirkungsquantum). Mit steigender Temperatur wächst die Energie des Elektronengases, d. h. es werden Elektronen auf bei $T = 0$ K unbesetzte Niveaus angehoben und gleichzeitig werden einige der bei $T = 0$ K besetzten Zustände frei.

Das Elektronengas bewirkt die → chemische Bindung der Atome in Metallgittern; seine hohe Beweglichkeit und die große Dichte (etwa 10^{22} Elektronen/cm^3) sind für die hohe elektr. und therm. Leitfähigkeit der Metalle verantwortlich. Zu den großen Erfolgen der E. gehört die Ableitung des Ohmschen Gesetzes sowie des Zusammenhangs zw. elektr. Leitfähigkeit und Wärmeleitfähigkeit (→ Wiedemann-Franzsches Gesetz), sie ist allerdings nicht in der Lage, die Temperaturabhängigkeit der spezif. Wärme oder die paramagnet. Suszeptibilität und die große mittlere freie Weglänge der Leitungselektronen zu erklären. Der in der E. vernachlässigten Wechselwirkung der Leitungselektronen mit dem period. Potential des starren Kristallgitters wird in verbesserten Theorien (→ Bändermodell) durch Einführung einer → effektiven Masse für die Elektronen Rechnung getragen.

Elektronenkanone, das System zur Erzeugung des Elektronenstrahls in einer → Elektronenstrahlröhre. Die E. besteht aus der → Kathode, einer Steuerelektrode (Wehnelt-Elektrode oder Wehnelt-Zylinder), einer oder mehreren Beschleunigungselektroden und evtl. zw. den Anoden angeordneten Fokussierelektroden.

Elektronenleitung, Ladungstransport durch Elektronen im Leitungsband von Festkörpern (→ Bändermodell), z. B. in Metallen und → Halbleitern. Die E. unterscheidet sich von der Ionenleitung (→ Ionenleiter).

Elektronenlinse, → Elektronenoptik.

Elektronenmikroskop, Elektronengerät zur starken Vergrößerung kleinster Objekte mit Hilfe von Elektronenstrahlen.

Da das Auflösungsvermögen eines Mikroskops durch die Wellenlänge der abbildenden ›Strahlen‹ begrenzt ist – beim sichtbaren Licht $0{,}38 \cdot 10^{-6}$ m bis $0{,}75 \cdot 10^{-6}$ m –, können beim Lichtmikroskop Objektpunkte von geringerem Abstand als $0{,}4 \cdot 10^{-6}$ m nicht mehr getrennt wahrgenommen werden, bei Verwendung von langwelligem Ultraviolett bis $0{,}2 \cdot 10^{-6}$ m. Für kurzwelliges Ultraviolett und Röntgenlicht gibt es noch keine durchsichtigen Stoffe für die Herstellung von Linsen (→ Röntgenmikroskop, → Mikroradiographie).

Nach L.-V. DE BROGLIE (1924) kann einem bewegten → Elektron mit der Ruhemasse m_e ein zeitlich und räumlich period. Wellenvorgang zugeordnet werden (→ Materiewellen). Die Wellenlänge λ hängt vom Impuls p bzw. der Energie E des Teilchens ab. Es gilt:

$$\lambda = h/p = h/\sqrt{2m_e \cdot E} \; (h = \text{Planck-Konstante}).$$

Mit $E = eU$ (e = Elementarladung, U = Beschleunigungsspannung) ergibt sich:

$$\lambda = h/\sqrt{2m_e eU} \approx 12{,}3/\sqrt{U/\text{Volt}} \cdot 10^{-10}\,\text{m}.$$

Elektronen, die eine Beschleunigungsspannung von 10^5 V durchlaufen haben, ist demnach eine Wellenlänge von etwa $4 \cdot 10^{-12}$ m = 0,004 nm zuzuordnen, was rein rechnerisch eine Steigerung des Auflösungsvermögens um mindestens vier bis fünf Größenordnungen für ein Mikroskop

Elektronenblitzgerät: Auf drei Blenden einstellbar, computergesteuert, mit stufenlos bis 90° schwenkbarem Reflektor und Energiespeicherung

ergeben würde, das an Stelle von Licht Elektronenstrahlen für die Abbildung benutzt. Die größten bisher gebauten Ultrahochspannungs-E. haben Beschleunigungsspannungen bis 3 MV. Da sich Elektronenlinsen mit vertretbaren Abbildungsfehlern nicht für so weit geöffnete Strahlenbündel herstellen lassen wie opt. Glaslinsen, wegen der Schwingungen der großen Mikroskopsäulen und der begrenzten Stabilität der hohen Spannungen, läßt sich in der Praxis mit dem E. nur eine 100–1000fache Steigerung des Auflösungsvermögens gegenüber dem Lichtmikroskop erreichen.

a) Die größte Bedeutung in der Mikroskopie hat das **Durchstrahlungs-E.**, das in seinem Aufbau dem Lichtmikroskop gleicht. Zur Abbildung werden Elektronen verwendet, die aus einer geheizten Wolframhaarnadelkathode austreten und im Hochvakuum durch eine Anodenspannung zw. 50 kV und 1,5 MV auf einheitl. Geschwindigkeit beschleunigt werden. Nach Bündelung durch die elektr. oder magnet. Elektronenkondensorlinse (→Elektronenoptik) durchstrahlen sie das nur etwa 10^{-4} mm dicke Präparat (Objekt). Dort werden sie je nach Dicke und Dichte der durchstrahlten Präparatzonen etwas absorbiert und gestreut und nach Durchlaufen der Objektivlinse zu einem etwa 100fach vergrößerten reellen Elektronenzwischenbild vereinigt. Von diesem wird ein kleiner Ausschnitt durch die Projektionslinse bei weiterer Vergrößerung auf einen Leuchtschirm oder eine Photoplatte abgebildet. Die Projektionslinse entspricht dem Okular beim normalen Lichtmikroskop oder der Projektionslinse bei Mikroprojektion. Bei Hochleistungs-E., die mit hohen Spannungen und großen Elektronengeschwindigkeiten arbeiten, werden ausschließlich magnet. Elektronenlinsen verwendet. Elektronenstrahlen haben – verglichen mit Röntgenstrahlen – ein geringes Durchdringungsvermögen, so daß nur dünne trockene Präparatschnitte verwendet werden können, die durch ein →Mikrotom hergestellt werden.

b) Beim **Elektronenrastermikroskop (Raster-E.)** wird ein gut gebündelter Elektronenstrahl zeilenweise über eine zu untersuchende Fläche geführt. Die austretenden Elektronen werden in einem Kollektor gesammelt, durch den ein in einer Elektronenstrahlröhre synchron laufender Elektronenstrahl gesteuert wird (es entsteht wie beim Fernsehen ein vergrößertes Bild der bestrahlten Fläche).

c) Zur Untersuchung von Oberflächen setzt man das **Elektronenemissionsmikroskop** (→Emissionsmikroskop) ein.

d) Das linsenlose →Feldelektronenmikroskop ist gegenüber den eigtl. und sehr aufwendigen E. nur ein recht preiswertes Demonstrationsgerät für schulische Zwecke.

Die Entwicklung des E. begann 1931, heute ist es in Physik, Chemie, Technik, Medizin und Biologie wichtiges Hilfsmittel für die Strukturforschung.

Durch Auswertung und Überlagerung vieler elektronenmikroskop. Einzelbilder mit einem Computer, wobei sich gleichzeitig opt. Abbildungsfehler korrigieren lassen, können einzelne Atome und Molekülstrukturen abgebildet werden. Vielfältige Anwendungsmöglichkeiten hat die Elektronenmikroskopie in der Materialforschung u. a. bei der Untersuchung von Korrosions-, Reduktions-, Oxidations-, Verformungs- und Schmelzprozessen gefunden. Durch die Beobachtung von Kristallbaufehlern in Halbleiterbauelementen konnte ein Zusammenhang zw. beobachtbaren Gitterfehlern und von ihnen bewirkten Fehlfunktionen in integrierten Schaltkreisen hergestellt werden. Da die Untersuchungsobjekte während der Beobachtung gleichzeitig einer intensiven Teilchenbe-

Elektronenmikroskop 1: RECHTS Strahlengang

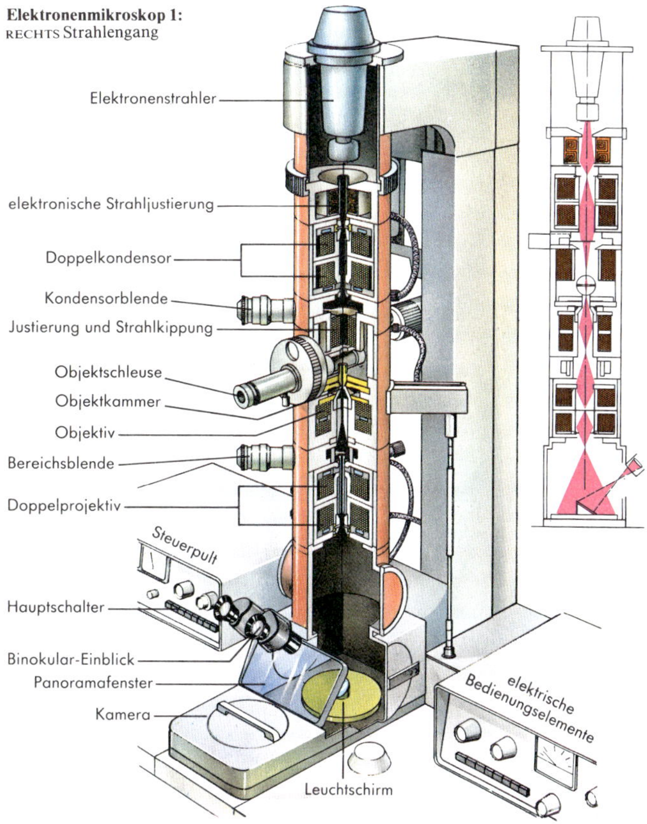

Elektronenmikroskop 2: Einzelne Goldatome einer Einkristallschicht. An den Gitterpunkten sind schwarz die Kerne und als weiße Hüllen der Bereich der umgebenden Elektronen erkennbar. Aufgenommen mit einem 100-keV-Transmissions-E. mit maximalem Auflösungsvermögen von 0,05 nm (diese Auflösung ist nur bei Objekten mit Gitterstruktur möglich)

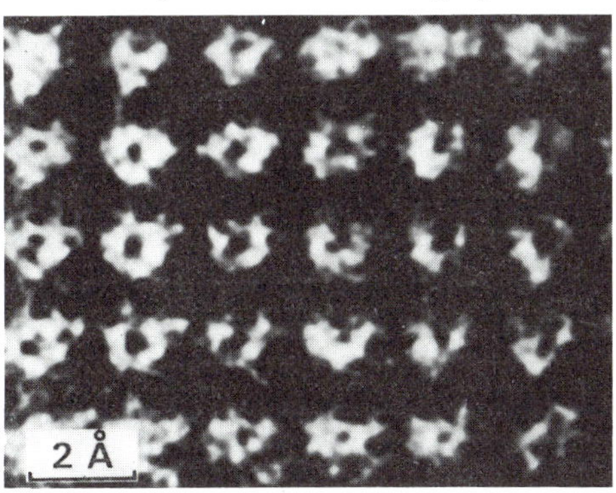

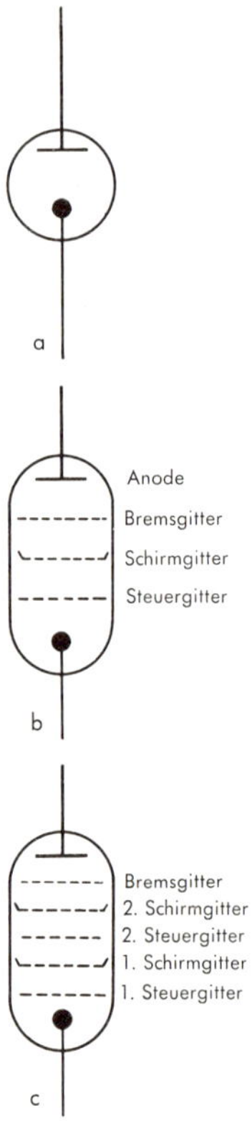

Elektronenröhre 1: **a** Diode, **b** Pentode, **c** Heptode

strahlung durch die Elektronen ausgesetzt sind, bietet die Hochspannungs-Elektronenmikroskopie die Möglichkeit, die dabei entstehenden mikroskop. Strahlenschäden zu analysieren. Die Ergebnisse sind für die Werkstofftechnik beim Bau von Kernreaktoren oder auch Raumfahrzeugen, die der Höhenstrahlung ausgesetzt sind, von höchstem Interesse. In der biolog. und medizin. Forschung ist es mit Hilfe der Hochspannungs-Elektronenmikroskopie gelungen, Strukturen in Gewebekulturzellen nachzuweisen und Viruspartikel in Zellen zu lokalisieren.

E. Ruska: The early development of electron lenses and electron microscopy (Stuttgart 1980).

Elektronenoptik, Teilgebiet der Physik, beschäftigt sich mit der Ablenkung von Elektronenstrahlen durch elektr. und magnet. Felder, bes. mit solchen Feldern und Elektronenbahnen, die zu einer Abbildung führen. Jedes beliebige rotationssymmetrische stetige magnet. oder elektr. Feld besitzt für achsennahe Strahlen geladener Teilchen eine sammelnde Wirkung, also Abbildungseigenschaften.

Entsprechend der gewöhnl. Optik sind die Bauelemente der konstruktiven E. Elektronenlinse, Elektronenspiegel und Elektronenprisma. Im einfachsten Fall wird eine **elektrische Elektronenlinse** von einem negativ aufgeladenen, eine **magnetische Elektronenlinse** von einem stromdurchflossenen Kreisring gebildet. Eine kurzbrennweitige elektr. Elektronenlinse läßt sich durch eine negativ aufgeladene Lochelektrode verwirklichen, der in kleinem Abstand zwei geerdete Lochelektroden gegenüberstehen (Bild 1). Kurzbrennweitige magnet. Elektronenlinsen bestehen aus einer eisengekapselten stromdurchflossenen Spule mit einem ringförmigen Spalt auf der Innenseite des Eisenmantels, der an dieser Stelle mit Polschuhen verbunden ist (Bild 2). Die Brennweite f der Elektronenlinse läßt sich für achsennahe Strahlen in gleicher Weise definieren wie die der Glaslinsen. Sie ist mit der Bildweite b und der Gegenstandsweite g durch die **Linsenformel:** $1/f = 1/g + 1/b$ verknüpft. Die Elektronenlinsen sind mit den gleichen Linsenfehlern behaftet wie sphärische Glaslinsen (→ Abbildungsfehler). Sie dienen im Elektronenmikroskop zur Bilderzeugung und in anderen Elektronengeräten zur Strahlfokussierung, z. B. in → Bildröhren von Fernsehgeräten zur Fokussierung oder Bündelung der Elektronenstrahlen, d. h. zur Erzielung kleiner scharfer Leuchtpunkte auf dem Leuchtschirm. Neben den rotationssymmetr. Elektronenlinsen werden häufig auch → Quadrupollinsen verwendet.

Als **Elektronenspiegel** dient z. B. eine gegen die Elektronenquelle negativ aufgeladene Flächenelektrode, die je nach der Krümmung des negativen Potentialfeldes, in dem die Elektronen reflektiert werden, als Sammel- oder Zerstreuungsspiegel wirkt (Bild 3).

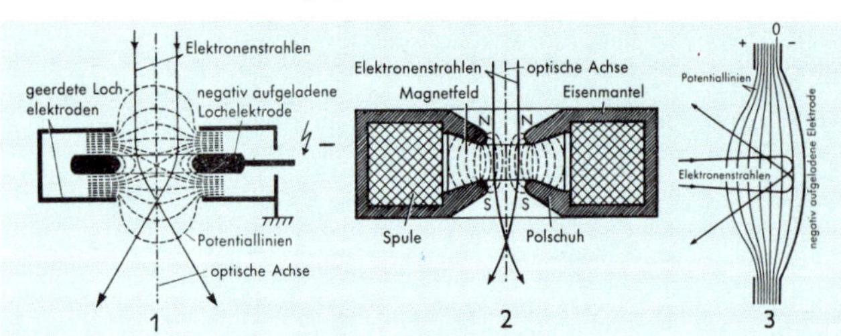

Elektronenoptik: 1 elektrische Dreielektrodenlinse (mit eingezeichnetem Potentialfeld); **2** magnetische Elektronenlinse; **3** Elektronenspiegel

Ein **Elektronenprisma** wird durch ein kurzes elektr. oder magnet. Querfeld dargestellt, durch das Elektronenstrahlen ähnlich wie Lichtstrahlen in einem Glasprisma, jedoch nicht unstetig, sondern allmählich, abgelenkt werden. Da langsame Elektronen stärker abgelenkt werden als schnelle, werden Elektronenstrahlen mit uneinheitl. Geschwindigkeit ebenso spektral zerlegt wie weißes Licht durch ein Glasprisma.

Die Gesetzmäßigkeiten der E. lassen sich mit geringfügigen Modifikationen auch auf Ionen übertragen (**Ionenoptik**).

Elektronenpaarbindung, Art der → chemischen Bindung.

Elektronenprisma, → Elektronenoptik.

Elektronenradius, der bei der Annahme einer kugelförmigen (räuml.) Ausdehnung des Elektrons sich ergebende Halbmesser. Es konnte jedoch experimentell gezeigt werden, daß sich das Elektron bis zu einer Auflösung von 10^{-16} cm wie ein mathemat. Punkt verhält. Daher ist der auf Grund gewisser Annahmen berechnete **klassische E.** $r_e = e^2/4\,\pi\varepsilon_0 m_e c^2 \approx 2{,}8179 \cdot 10^{-13}$ cm nicht i. S. eines wirkl. Radius aufzufassen.

Elektronenresonanz|spektroskopie, svw. → Elektronenspinresonanzspektroskopie.

Elektronenröhre, so stark evakuiertes Glas- oder Metallgefäß mit eingebauten Elektroden, daß zw. wenigstens zwei Elektroden ein Elektronenübergang durch das Vakuum stattfinden kann. Die Kathode wird durch einen Heizfaden zum Glühen gebracht und sendet dadurch Elektronen aus (Glühemission). Die Anode erhält gegenüber der Kathode eine positive Spannung und zieht deshalb die Elektronen an und fängt sie auf. E. sind zur Verstärkung, Gleichrichtung, Mischung, zur Schwingungserzeugung (durch → Rückkopplung) in Oszillatoren und zur Modulation in Sendern geeignet. Bedeutung haben E. noch für spezielle Anwendungen, z. B. als → Laufzeitröhre in der Mikrowellentechnik, ansonsten sind sie überwiegend durch Halbleiterbauelemente ersetzt worden.

Arten. Eine E. mit zwei Elektroden heißt **Diode** (Bild 1 a). Sie dient zur Gleichrichtung. Eine E. mit drei oder mehr Elektroden wird zur Verstärkung von Wechselspannungen (oder von langsamen Gleichspannungsänderungen) verwendet. Die dritte Elektrode liegt zw. **Kathode** und **Anode** (Bild 3) und wird wegen ihrer Durchbrechungen, durch die die Elektronen hindurchfliegen, als **Gitter** bezeichnet. Zw. Gitter (Steuergitter) und Kathode wird die zu verstärkende Wechselspannung angelegt, die den zw. Kathode und Anode fließenden **Elektronenstrom (Anodenstrom)** trägheitslos steuert. Es werden dadurch der Gitterwechselspannung entsprechende Schwankungen des Anodenstromes verursacht, die sich in den urspr. Anodengleichstrom und den Anodenwechselstrom zerlegen lassen. Der Anodenwechselstrom ruft am Widerstand im Anodenkreis (z. B. Ohmscher Widerstand oder Schwingungskreis) eine verstärkte Anodenwechselspannung hervor. Das Gitter erhält i. a. eine negative Spannung (**Gittervorspannung,** Bild 2) von einer Gleichspannungsquelle, um einen Gitterstrom (Elektronenübergang von der Kathode zum Gitter) und damit Verzerrungen zu verhindern. Ebenfalls zur Vermeidung von Verzerrungen dürfen stark gekrümmte Teile der Gitterspannungs-Anodenstrom-Kennlinie (Bild 2) nicht ausgesteuert werden. Die wichtigsten Röhrendaten sind die → Steilheit, der → Durchgriff und der innere Widerstand.

Außer der **Dreielektrodenröhre (Triode)** gibt es auch Röhren mit mehreren Gittern. Ein Schutzgitter (Schirmgitter, BILD 1 b) erhöht die Verstärkung durch Verminderung der Rückwirkung der Anode auf den Elektronenstrom. Ein Bremsgitter (BILD 1 b) hält von der Anode kommende Sekundärelektronen zurück. Solche Röhren mit drei Gittern heißen **Pentoden** (Fünfpolröhren, BILD 1 b, 1 d). Zur Mischung dienen Röhren mit vier Gittern **(Hexoden)** oder fünf Gittern **(Heptoden,** BILD 1 c).

Bei Höchstfrequenzen (Dezimeter- und Zentimeterwellen) erreicht die Laufzeit der Elektronen die gleiche Größenordnung wie die Periode der Wechselspannung, so daß eine Steuerung mit einem Gitter nicht mehr möglich ist. Deshalb werden auf diesem Gebiet andersartige E. verwendet (→ Magnetron, → Laufzeitröhre, → Klystron). Zu den E. zählt auch die → Elektronenstrahlröhre.

Technische Ausführung. Verstärkerröhren sind Allglasröhren und haben einen Boden aus Preßglas (BILD 4). Die Kathode wird zur Vermeidung eines Brummens bei Netzanschluß indirekt geheizt. Die emittierende Schicht ist auf einem Metallröhrchen aufgebracht, das durch eine

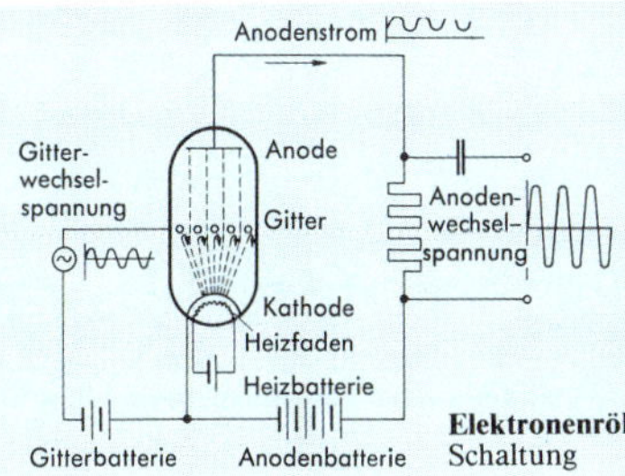

Elektronenröhre 3: Schaltung

im Inneren verlaufende, geheizte Doppelwendel (BILD 5) auf Rotglut gebracht wird. Die Gitter sind entweder wendelförmig ausgebildet oder bestehen bei der Spanngitterröhre aus einem bes. dünnen, um zwei gegenüberliegende Holme eines Rahmens gespannt gewickelten Draht (BILD 6), wodurch ein sehr kleiner Abstand zw. Kathode und Gitter und damit eine große Steilheit und ein geringes Rauschen erreicht werden.

Geschichte. Grundlage für die Entwicklung der E. war die Entdeckung der Glühemission durch T. A. EDISON (1883), die 1901 von O. W. RICHARDSON theoretisch untersucht wurde. P. LENARD verwendete 1903 ein Maschengitter zur Steuerung der Anfangsgeschwindigkeit der Elektronen, und A. WEHNELT stellte die gute Emissionseigenschaft der Oxide von Erdalkalimetallen fest (Oxidkathode). J. A. FLEMING baute 1904 eine Zweielektrodenröhre, R. VON LIEBEN 1906 ein ›Kathodenstrahlen-Relais‹, eine Verstärkerröhre, die er 1907–12 mit E. REISS und S. STRAUSS verbesserte. LEE DE FOREST entwickelte 1906/07 die wesentlich kleinere und gasärmere Audionröhre, die nur als Detektor gedacht war. 1913 konnte A. MEISSNER die Rückkopplung zur Schwingungserzeugung ausnutzen. Mit der Einführung weiterer Gitter war die Entwicklung der Rundfunktechnik gegeben.

H. BARKHAUSEN: Lb. der E., 4 Bde. ([11]1965–69); J. SCHWANDT: RTT-Röhren-Taschen-Tabelle ([13]1974); J. GICHMEIER: Moderne Vakuumelektronik (1981).

Elektronenschleuder, svw. → Betatron.

Elektronenspektroskopie, die spektroskop. Untersuchung der Energieverteilung von Elektronen, die inelastisch an Proben gestreut worden sind oder durch Pri-

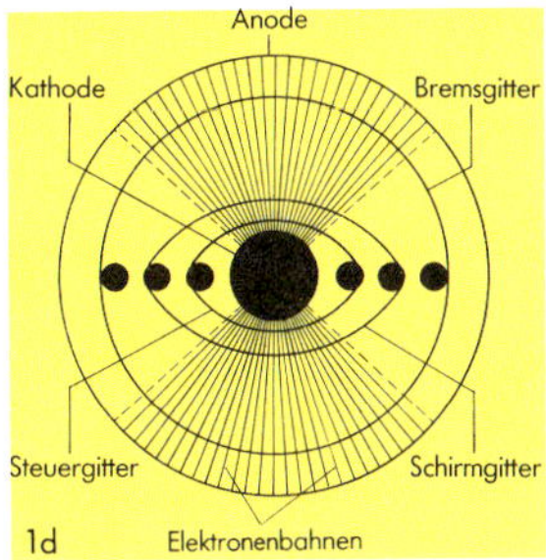

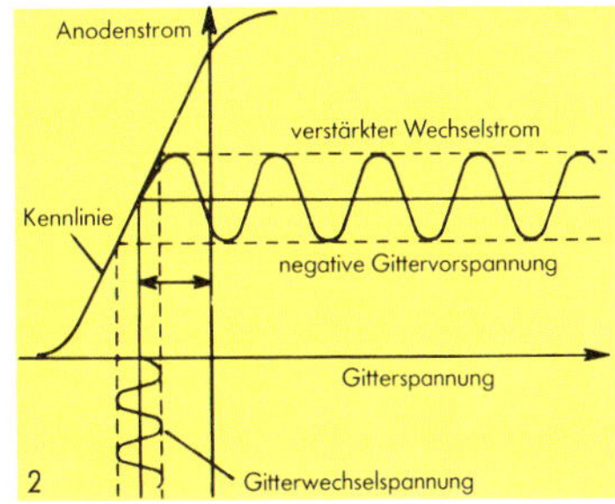

Elektronenröhre 1: d Querschnitt durch das Elektrodensystem einer Pentode. **2:** Gitterspannungs-Anodenstrom-Kennlinie

mär-Elektronen, UV- oder Röntgenstrahlung (Photoelektronenspektroskopie, → ESCA) oder → Auger-Effekt aus Atomen, Molekülen oder Festkörpern abgelöst werden. Die E. liefert Aufschlüsse über Bindungsverhältnisse in Molekülen und Festkörpern und wird zur chem. Analyse von Gasen und Festkörperoberflächen benutzt. Die **winkelaufgelöste E.** mißt die Energie der Elektronen in Abhängigkeit von ihrer Emissions- oder Streurichtung.

Elektronenspiegel, → Elektronenoptik.

Elektronen|spin|resonanz, Abk. **ESR,** durch Mikrowellen ausgelöster Übergang zw. zwei Energieniveaus E_1 und E_2 in einem paramagnet. Material – daher auch als **paramagnet. (Elektronen-)Resonanz,** Abk. **EPR** [von engl. **e**lectron **p**aramagnetic **r**esonance] bezeichnet –, wobei die versch. Energien den versch. Einstellungsmöglichkeiten des Spins eines ungepaarten Elektrons des Systems in einem stat. Magnetfeld entsprechen. Die Resonanzbedingung ist erfüllt, wenn die Energie des Mikrowellenquants $h\nu$ (h = Planck-Konstante, ν = Frequenz) gleich der Energiedifferenz der beiden Zustände E_1, E_2 des Systems ist. – Ein Hauptmerkmal eines ESR-Spektrums (→ Elektronenspinresonanzspektroskopie) ist seine **Hyperfeinstruktur,** d. h. die Aufspaltung der Resonanzlinie (die dem Übergang zw. den beiden Spineinstellungsmöglichkeiten eines Elektrons im Magnetfeld entspricht) in eine Anzahl von Linien, die durch die Wechselwirkung zw. den spinmagnet. Momenten des Elektrons und der Atomkerne zustande kommt.

Elektronen|spin|resonanz|spektroskopie, paramagnetische Resonanzspektroskopie, Abk. **ESR-Spektroskopie,** Verfahren der → Hochfrequenzspektroskopie zur Strukturuntersuchung an (festen, flüssigen oder gasförmigen) paramagnet. Substanzen mit

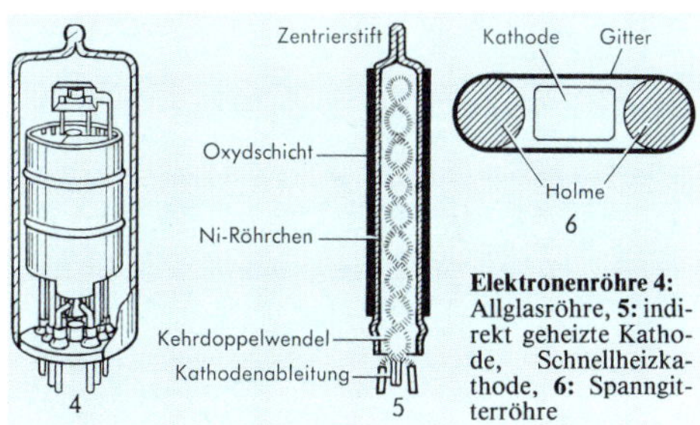

Elektronenröhre 4: Allglasröhre, **5:** indirekt geheizte Kathode, Schnellheizkathode, **6:** Spanngitterröhre

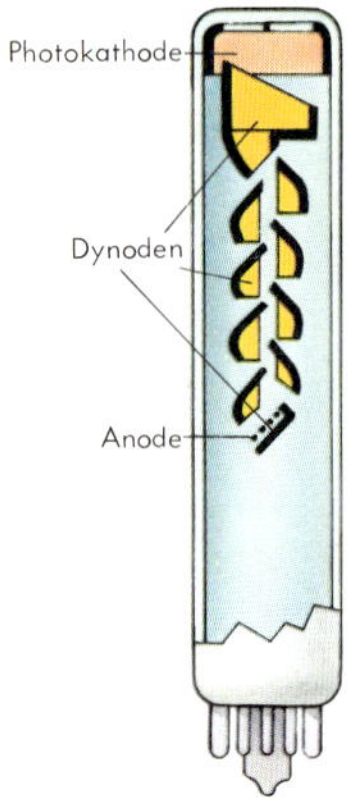

Elektronenvervielfacher

Hilfe der → Elektronenspinresonanz. Resonanz macht sich in einer Änderung der Suszeptibilität des untersuchten Materials bemerkbar, die leicht als Änderung der Transmission oder Reflexion der untersuchten Probe für die eingestrahlten Mikrowellen beobachtet werden kann. Variiert man die Frequenz der Mikrowellen oder das angelegte magnet. Feld, so sieht man ein komplexes Absorptions- oder Reflexionsspektrum, das für das betreffende Atom, Molekül oder Radikal charakteristisch ist. – Die E. hat große Bedeutung bei der Untersuchung komplizierter Moleküle in Chemie, Biologie und Medizin, von Festkörperstrukturen u. a.

Elektronenstrahlbohren, das Herstellen von kleinsten Durchbrüchen in harten, schlecht bearbeitbaren Werkstoffen unter Vakuum mit Hilfe eines gebündelten Elektronenstrahls. Zur Erzeugung eines ausreichenden Elektronenstrahls sind Spannungen bis zu 150000 V nötig. An der Auftreffstelle des Strahls wird der Werkstoff verdampft, jedoch ist ein Wärmeeinfluß auf den stehenbleibenden Rand praktisch nicht vorhanden. Der Strahl läßt sich mit magnet. Linsen (→ Elektronenoptik) lenken; so können beliebige Konturen hergestellt werden. Das E. läßt sich wegen des erforderl. Vakuums und der relativ geringen Abtragsleistung bislang nur bei kleinen, dünnen Werkstücken anwenden.

Elektronenstrahlröhre, Kathodenstrahlröhre, Braunsche Röhre, eine mit Elektronenstrahlen arbeitende evakuierte oder mit geringen Gasmengen gefüllte → Elektronenröhre. Der in der → Elektronenkanone erzeugte Strahl wird gebündelt und auf einen Bildschirm gelenkt. Die Elektronenstrahlbündelung geschieht überwiegend durch elektr. Felder **(elektrostat. Fokussierung),** ist aber auch durch magnet. Felder **(magnet. Fokussierung)** möglich. Der Ablenkung des Elektronenstrahls dient ein Plattensystem, das je nach Anwendung mit elektr. oder magnet. Feldern arbeitet. Dadurch kann der Elektronenstrahl auf jeden Punkt des Bildschirms gerichtet werden

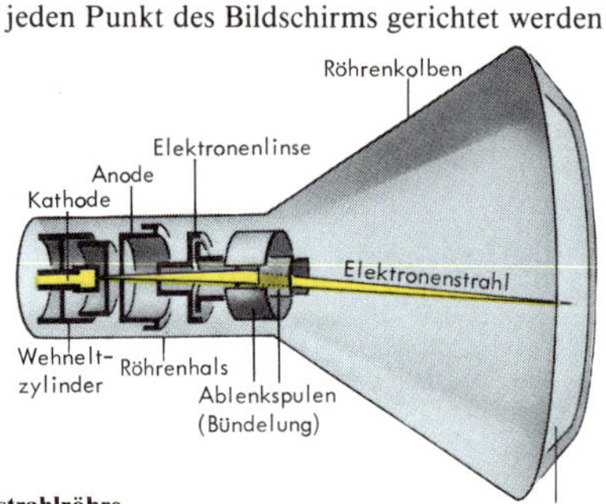

Elektronenstrahlröhre

und dort in Abhängigkeit des zeitl. Verlaufs der angelegten Steuerspannung beliebige Kurven beschreiben. Weitverbreitete Anwendungsgebiete findet die E. als Oszilloskopröhre (→ Oszilloskop) und als Fernsehbildröhre (→ Bildröhre).

Elektronenstrahlschmelzen, Verfahren zur Herstellung hochreiner Metalle und Legierungen durch Umschmelzen im Hochvakuum unter Einwirkung von Elektronenstrahlen als Wärmequelle. Zur Strahlerzeugung werden eine oder mehrere Kathoden (›Strahlkanonen‹) verwendet; maximale Leistung je Kanone etwa 200 kW. Zum Schmelzen von Stahl werden 500–1200 kW Strahlleistung benötigt.

Elektronensynchrotron, ein → Beschleuniger (→ Synchrotron) für Elektronen.

Elektronentheorie, 1) **Lorentzsche E.,** → Elektron. 2) **E. der Metalle,** → Elektronengastheorie.

Elektronenvervielfacher, Verstärkerröhre für kleine Photoströme. Der E. wird meist in Verbindung mit einer Photokathode gebaut und angewendet **(Photo-Multiplier** [-mʹʌltɪplaɪə]). Die durch Lichteinfall aus der Photokathode ausgelösten Photoelektronen werden durch ein elektr. Feld gesammelt und beschleunigt und prallen auf eine Sekundäremissions-Elektrode **(Dynode).** Hierdurch werden aus der Dynode (langsame) → Sekundärelektronen ausgelöst, und zwar mehr, als Primärelektronen aufgetroffen sind, wenn die Dynodenoberfläche aus einem geeigneten Material besteht (z. B. Silber-Magnesium-Cäsiumoxid oder Kupfer-Berylliumoxid). Diese Elektronen werden wieder beschleunigt und treffen auf eine zweite Dynode usw., wobei jedesmal die Elektronenanzahl wächst, der Photostrom also verstärkt wird. Mit zehn Dynoden erreicht man z. B. eine 10^7fache Stromverstärkung und eine entsprechend hohe Photoempfindlichkeit. Photo-Multiplier werden zum Nachweis und zur Messung schwacher Lichtströme benutzt, u. a. im → Szintillationszähler der Kerntechnik und in Spektralphotometern (→ Spektralphotometrie). Für Spezialzwecke (Nachweis von Elektronen in hochevakuierten Geräten) sind auch offene E. ohne Photokathode im Handel.

Elektronenvolt, → Elektronvolt.

Elektronenwellen, → Elektron.

Elektronik, wissenschaftlich-techn. Disziplin innerhalb der → Elektrotechnik, die sich mit den Vorgängen und Anwendungen der Bewegung von geladenen Teilchen im Vakuum, in Gasen oder in Festkörpern befaßt. Hierzu gehört die Untersuchung der Möglichkeiten, die zur Steuerung von Elektronen, Ionen und in Festkörpern auch von Defektelektronen (Löchern) bestehen und sich in technisch realisierbare Anwendungen umsetzen lassen. Unter dem Begriff E. werden außerdem die Entwicklung und der Einsatz elektronischer → Bauelemente verstanden, ebenso die zugehörige Schaltungstechnik, die zum Bau moderner Geräte oder Anlagen (z. B. Computer) notwendig ist. Eine exakte Abgrenzung gegenüber anderen Fachgebieten ist jedoch wegen der vielen Überschneidungen und der schnell fortschreitenden Entwicklung im Bereich der E. nicht möglich.

Bes. starken Einfluß auf die E. haben die Ergebnisse der Festkörperforschung ausgeübt. So haben sich – in vielen Fällen gefördert durch die Anforderungen der Raumfahrt – Halbleiterbauelemente (in erster Linie → Transistoren) in kurzer Zeit zu den dominierenden aktiven Bauelementen der E. entwickelt und die Elektronenröhre bis auf einige spezielle Anwendungen verdrängt. Fortschritte auf dem Gebiet der Halbleitertechnologie (→ Epitaxie, → Dotierung, → Lithographie, → Miniaturisierung) führten zu universell einsetzbaren → integrierten Schaltungen mit kleinen Abmessungen, geringem Stromverbrauch und hoher Zuverlässigkeit, die heute in großen Stückzahlen, weitgehend automatisiert, hergestellt werden. Sie enthalten komplette Funktionseinheiten einschließlich aller internen Verbindungsleitungen und einen Teil der für die Funktion notwendigen passiven Bauelemente (z. B. Widerstände) zusammengefaßt auf einem → Chip. Der → Integrationsgrad liegt bereits weit über 10^5 Transistorfunktionen je Chip. Die früher mögl. klare Unterscheidung zw. Schaltung und Bauelement ist daher nicht mehr immer gegeben. Zus. mit einigen diskreten Bauelementen lassen sich elektron. Geräte bei wesentl. Steigerung ihrer Leistungsfähigkeit (z. B. durch einen →Mikroprozessor) einfacher und schneller aufbauen.

Vom Einsatzgebiet her gesehen läßt sich die E. in **Leistungs-E.** und **Informations-E.** unterteilen. Die →Leistungselektronik stellt die Verbindung zw. Nachrichtentechnik und elektr. Energietechnik dar, weil dort spezielle, für bes. hohe Spannungen und Ströme ausgelegte Halbleiterbauelemente (z. B. →Thyristoren) als Gleichrichter oder als steuerbare Schalter eingesetzt werden. Dient der zu steuernde Strom als Informationsträger (und nicht als Energieträger wie in der Leistungs-E.) spricht man von Informations-E., was sowohl für die digitale als auch die analoge Arbeitsweise gilt. Die nach dem Binärsystem arbeitende Digital-E. kennt nur zwei Zustände (z. B. ein – aus, Strom – kein Strom); sie bildet die Grundlage für →logische Schaltungen und somit für die →elektronische Datenverarbeitung mittels →Computer, außerdem für Nachrichtenübertragung und -verarbeitung in modernen Telekommunikationssystemen, für die Speicherung von Daten (z. B. in einem →RAM) u. a. In der Analog-E. sind für die Ströme und Spannungen innerhalb gewisser Grenzen alle Zwischenwerte möglich und sinnvoll (z. B. →Analogrechner, Unterhaltungs-E.). Oft werden analoge und digitale Schaltungen nebeneinander oder im Zusammenspiel benötigt (z. B. in der Regelungstechnik, Meßtechnik, zukünftigen Fernsprechtechnik), an den Schnittstellen benötigt man dann Analog-Digital- oder Digital-Analog-Umsetzer.

Da die Steuerung des elektr. Stroms in einem elektron. Bauelement (Grundprinzip der E.) neben der bisher beschriebenen rein elektr. Weise auch durch andere physikal. Effekte bewirkt werden kann, haben sich mehrere Teilgebiete herausgebildet. Ein bed. Zweig ist die →Optoelektronik, die sich mit der Umwandlung elektrischer Signale in opt. (z. B. durch eine →Lumineszenzdiode) und umgekehrt (z. B. →Photodiode) beschäftigt. Besondere Bedeutung haben hier auch die Fortschritte bei der Herstellung von →Lichtleitern (Glasfasern) mit geringer Dämpfung gehabt, wodurch deren Einsatz zur opt. Nachrichtenübertragung möglich wurde. In der →Akustoelektronik werden akust. Effekte zur Entwicklung von →Oberflächenwellen-Bauelementen genutzt, die zum Bau von Filtern, Oszillatoren u. a. verwendet werden können. Piezoelektr. Bauelemente sind durch eine auf den Halbleiterkristall wirkende mechan. Kraft (Druck) direkt steuerbar; sie sind dort einsetzbar, wo mechan. Schalter, Tastaturen, Druckaufnehmer u. a. durch weniger verschleißanfällige Bauelemente ersetzt werden sollen.

Es gibt kaum noch einen Bereich, der nicht direkt oder indirekt von der E. beeinflußt worden ist. So werden neben den klass. Gebieten der Elektrotechnik auch solche Bereiche wie Medizin, Raumfahrt, Musik (z. B. Klangerzeugung mittels Synthesizer), Automatisierung, Meßtechnik, Kraftfahrzeugwesen, Photographie in zunehmendem Maß von der techn. Weiterentwicklung elektron. Schaltkreise geprägt.

W. Schmidt u. O. Feustel: Optoelektronik (1975); W. Ackmann: Zuverlässigkeit elektron. Bauelemente (1976); H. Elschner, A. Möschwitzer u. A. Reibiger: Rechnergestützte Analyse in der E. (Berlin-Ost 1977); R. Fritz: Elektron. Meßwertverarbeitung (1977); H. Brümmer: Elektron. Gerätetechnik (1980); A. Möschwitzer u. K. Lunze: Halbleiterelektronik, 2 (⁴1980), 3 (1974); U. Tietze u. C. Schenk: Halbleiter-Schaltungstechnik (⁵1980); O. Limann: E. ohne Ballast (1981); H. Müseler u. Th. Schneider: E., Bauelemente und Schaltungen (²1981); E.-Lexikon, hg. v. W. Baier (²1982); W. Bauer u. H. H. Wagener: Bauelemente und Grundschaltungen der E., 2 Bde. (²1982).

elektronisch, auf dem Teil der →Elektrotechnik beruhend, der sich mit den Vorgängen und Anwendungen der Elektrizitätsleitung im Vakuum, in Gasen oder Halbleitern befaßt und sich dabei bes. **elektronischer Bauelemente** bedient.

elektronische Briefübermittlung, Form der Telekommunikation zur immateriellen Übermittlung von Briefen; →Telebrief.

elektronische Datenverarbeitung, Abk. **EDV,** Informationsverarbeitung mittels digitaler Rechenanlagen (→Computer). Durch Verknüpfungs- und Speicherfunktionen werden in einem informationsverarbeitenden Prozeß aus Eingangsdaten mit Hilfe der Datenverarbeitungsanlage (Hardware) und einem Programm (Software) Ausgangsdaten gewonnen. Der strukturelle Aufbau einer EDV-Anlage besteht aus dem Steuerwerk, den Ein- und Ausgabeeinheiten sowie einem Rechen- und einem Speicherwerk einschließlich aller Verbindungsleitungen. Mit Hilfe des Programms wird der Datenverarbeitungsvorgang im Sinn der festgelegten Lösungs- und Arbeitsstrategie durchgeführt.

Bezüglich der Anwendung unterscheidet man die **kommerzielle Datenverarbeitung** (Buchhaltung, Finanzen, Lagerhaltung usw.), **techn.-wissenschaftl. Datenverarbeitung** (wie Forschung, Bauwesen, Elektrizitätsversorgung) und die **Prozeß-Datenverarbeitung** (z. B. Verkehrs-, Produktionssteuerung, -kontrolle; →Prozeßrechner). Die **integrierte Datenverarbeitung** stellt die umfassendste Form der betriebl. Organisation mittels EDV dar.

elektronische Kampfführung, Abk. **Eloka,** alle Maßnahmen, mit denen die elektron. Hilfsmittel eines Gegners behindert, gestört oder ausgeschaltet **(elektron. Gegenmaßnahmen)** und die eigenen vor derartigen Beeinflussungen geschützt werden **(elektron. Schutzmaßnahmen);** außerdem alle Maßnahmen zur elektron. Aufklärung oder Überwachung. Durch Überwachung der Abstrahlungen gegner. Geräte und Anlagen können Informationen über Tätigkeiten und Absichten eines Gegners sowie über Art und Wirkungsweise seiner elektron. Hilfsmittel gewonnen und damit Grundlagen für deren Störung und Beeinträchtigung geschaffen werden. Mit geeigneten Maßnahmen können Fernmeldegeräte, Funknavigations-, Ortungs- und Frühwarngeräte, elektron. Führungssysteme von Lenkwaffen und →IFF-Geräte beeinflußt oder geschützt werden. Neben den Maßnahmen zur aktiven Störung gegner. elektron. Anlagen gewinnen nichtelektron. passive Schutzmaßnahmen zunehmend an Bedeutung, durch die bes. die Funkortungsgeräte eines Gegners nahezu unwirksam gemacht werden können. Durch besondere Formgebung der zu ortenden Objekte, z. B. von Flugzeugen, deren Radar-Rückstrahlfläche verkleinert wird, sowie durch Verwendung von Werkstoffen und Oberflächenbeschichtungen, die elektromagnet. Strahlungsenergie weitgehend absorbieren, kann eine Entdeckung durch Radargeräte außerordentlich erschwert oder nahezu verhindert werden. Beispiele für Verfahren der e. K.: Rauschstörungen oder elektron. Simulation von Scheinzielen (aktive Gegenmaßnahme), Verwendung materieller Scheinziele (Köder) oder Düppelstreifen (passive Gegenmaßnahme), Springfrequenzverfahren oder die sehr aufwendige Abschirmung gegen einen möglichen →EMP (Schutzmaßnahme), Breitband-Überwachung (Aufklärung).

elektronische Musik, Sammelbegriff für jede Art von Musik, bei deren Entstehung oder Wiedergabe elektron. Baugruppen und -geräte eingesetzt werden. Die e. M.

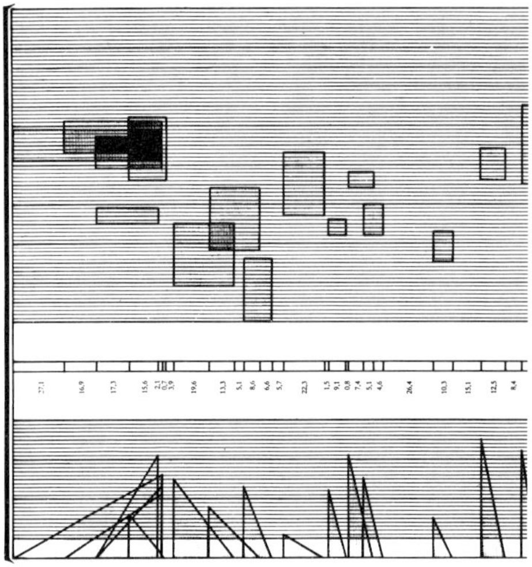

elektronische Musik: Beispiel einer elektron. Partitur; K. Stockhausen: ›Studie II‹. In das Partiturbild sind aufgenommen: Tonhöhen (oberer Teil), Dauern (mittlere Leiste; Angaben in cm bei Tonbandgeschwindigkeit 76,2 cm/s), Lautstärken (unterer Teil)

besteht i. a. aus Tönen und Klängen, die mit → elektronischen Musikinstrumenten erzeugt werden und entweder traditionelle Instrumente nachahmen (→ elektronische Orgel) oder völlig neuartige, künstl. Klangformen aufweisen (→ Synthesizer). I. e. S. versteht man darunter die Art von Musik, die mittels computergesteuerter elektron. Einrichtungen entweder in vorgegebenem Rahmen eigenständig oder durch Eingabe von Programmen und Anweisungen erzeugt, gespeichert und bei Bedarf wiedergegeben werden kann. Im Studio wird die e. M. vom Komponisten am Mischpult hergestellt. Als Grundlage dient ihm die ›Realisationspartitur‹, die schemat. Beschreibungen der techn. Vorgänge enthält. Auch andere Schallquellen (z. B. menschl. Stimme, Musikinstrumente, Umweltgeräusche) können teilweise verfremdet in die Produktion e. M. miteinbezogen werden.

elektronische Musikinstrumente bestehen aus elektron. Baugruppen (in vielen Fällen als integrierte Schaltungen ausgeführt), die der Tonerzeugung, Formung, Filterung, Modulation, Mischung, Verzerrung und Verstärkung dienen. Die wichtigsten Instrumente sind die → elektronische Orgel und der → Synthesizer. Diese unterscheiden sich im wesentl. dadurch, daß bei der polyphon spielbaren Orgel eine feste Zuordnung der Klangfarben zu best. Klangfarbenregistern besteht, während bei dem nur monophon spielbaren Synthesizer beliebige, nahezu unbegrenzte Klangfarbenvariationen möglich sind. Grundsätzlich bestehen zwei Verfahren zur Tonerzeugung: In einem Fall liefern die aus elektron. Bauelementen aufgebauten Wechselspannungsgeneratoren reine Sinusschwingungen, die durch additive Mischung überlagert werden können, im anderen Fall geben die Generatoren stark oberwellenhaltige Schwingungen ab (hier sind bes. Sägezahnschwingungen geeignet), aus denen die Töne und Klänge subtraktiv durch Ausfiltern nicht gewünschter Oberwellenanteile gebildet werden. Die subtraktive Klangformung wird i. a. bevorzugt, da sie mit weniger Generatoren auskommt und eine den meisten gebräuchl. Musikinstrumenten entsprechende Klangbildungsmöglichkeit besitzt. Zu den ersten Instrumenten mit subtraktiver Klangformung gehören das **Hellertion** von HELBERGER und LERTES, das **Trautonium** von TRAUTWEIN, ferner **Heliophon, Melochord** und orgelartige Instrumente wie die **Baldwin-Orgel** [bˈɔ:ldwɪn-], die **Ahlborn-Orgel,** die **Consonata** der Firma CONN und die **Vierling-Glimmlampenorgel.** Ein frühes Instrument mit Sinuswellenerzeugung ist das **Ätherwelleninstrument** oder **Ätherophon** von THEREMIN, das nach Art eines Überlagerungsempfängers aufgebaut ist. Ein ähnl. Instrument ist das **Sphärophon** von MAGER, mit dem auch ein Legatospiel möglich ist. Die **Allen-Orgel** [ˈælən-] enthält für jeden Ton einen Sinusgenerator und formt die Klänge durch additive Mischung der Einzelwellen. Die vollelektron. Kirchenorgel **VO 10** von VIERLING enthält Sinus- wie auch Kippschwingungsgeneratoren, daneben Mittel zur additiven und subtraktiven Klangformung.

elektronische Orgel, ein → elektronisches Musikinstrument, daß sich i. Ggs. zum → Synthesizer polyphon spielen läßt, d. h. es können mehrere Tasten gleichzeitig betätigt und somit Akkorde oder Begleitung und Melodie auf einer Tastatur gespielt werden. Die Tonerzeugung kann durch eine Reihe von Festfrequenzgeneratoren erfolgen, wobei jeder Taste ein Sinusoszillator zugeordnet ist, oder – was heute überwiegend verwendet wird – mit einem ›Muttergenerator‹, dessen hochfrequente Schwingungen mit Hilfe nachgeordneter digitaler Schaltkreise heruntergeteilt werden, bis alle benötigten Frequenzen vorhanden sind. Zu einem auf einer e. O. angeschlagenen Ton gehört neben der Grundschwingung auch eine gewisse Anzahl von Oberschwingungen, die dem Ton die charakterist. Klangfarbe geben; man spricht z. B. von einer zehnchörigen Orgel. Die Klangformung wird i. d. R. mit Registern erreicht. Dies sind Filteranordnungen, die je nach Einsatz best. Oberschwingungen dämpfen oder ausfiltern, was in geeigneter Kombination zur Nachbildung natürl. Musikinstrumente verwendet wird. Zusätzl. Einrichtungen für moderne Orgeln sind: Synthesizer, elektron. Rhythmusgenerator, Nachhalleinrichtung, Begleitautomatik mit Akkordbegleitung und Baßläufen, Equalizer u. a. Effekteinrichtungen.

elektronischer Schreiber, Gerät zur direkten Darstellung von handgeschriebenen Informationen oder handgezeichneten Diagrammen auf einem Bildschirm. Als Eingabeeinheit dient eine Platte aus piezoelektr. Material, auf der mit einem speziellen Griffel geschrieben wird (beim → Lichtstift wird dagegen direkt auf den Bildschirm geschrieben). Die zur synchronen Steuerung des Elektronenstrahls auf der Bildschirmfläche benötigten momentanen Koordinaten des Griffels auf der Platte werden elektronisch durch Ultraschallimpulse mit einer Wiederholfrequenz von etwa 500 Hz ermittelt. Die Laufzeiten der Impulse von den Plattenkanten bis zum Griffel werden von einer Steuereinheit in Signale für die Ansteuerung des Elektronenstrahls im Bildwiedergabegerät umgewandelt.

Elektronvolt, Elektronenvolt, → Einheitenzeichen **eV,** gesetzl. Einheit der → Energie in der Atomphysik: 1 E. ist jene Energie, die ein Elektron beim Durchlaufen einer Potentialdifferenz von 1 Volt im leeren Raum gewinnt: $1\,\text{eV} = 1{,}602\,1892 \cdot 10^{-19}\,\text{J}$, verwendet werden häufig auch $1\,\text{meV} = 10^{-3}\,\text{eV} = 0{,}001\,\text{eV}$, $1\,\text{keV} = 10^{3}\,\text{eV} = 1\,000\,\text{eV}$, $1\,\text{MeV} = 10^{6}\,\text{eV} = 1\,000\,\text{keV}$, $1\,\text{GeV} = 10^{9}\,\text{eV} = 1\,000\,\text{MeV}$.

Elektro|öfen, die am vielseitigsten verwendbare Gruppe von → Industrieöfen. Man unterscheidet: **Licht-**

bogenheizung, die durch Zündung zw. zwei oder drei Elektroden entsteht; Betrieb mit Gleich-, Wechsel- oder Drehstrom, Temperatur des Lichtbogens bis etwa 10000 K. Anwendung zur Gewinnung von Edelstahl, Korund, Carbid u. a. – **Widerstandsheizung:** 1) zur direkten Erwärmung des Gutes, indem der Strom das Gut durchfließt; 2) zur indirekten Erwärmung, indem der Strom besondere Heizelemente durchfließt und die Wärme durch Wärmeleitung, -konvektion und -strahlung auf das Gut übertragen wird. Temperatur bis etwa 2700 °C, Anwendung bei Widerstandserwärmung (Durchlauferhitzer, elektr. Heizgeräte usw.), Stahlknüppel-, Salzbad-, Schmelz-, Härteerwärmung. – **Induktionserwärmung:** Die Wärme entsteht direkt im leitenden Material. Der Strom wird durch Induktion auf das Material übertragen (Transformator im Kurzschluß). Er fließt nicht gleichmäßig über den Querschnitt, sondern je nach der Frequenz (bis zu mehreren 100 kHz) mehr oder weniger tief im Innern des Materials (›Skineffekt‹). Anwendung bei Oberflächenhärtung, Löten, Schmelzen von Stahl, Nichteisenmetallen, Glas, chem. Stoffen. – **Plasmaheizung:** Als Wärmeträger wird ein ionisiertes Gas, d. h. ein Plasma verwendet. Bei hohen Temperaturen bis 40000 K sind die Gase mehrfach ionisiert, im Bereich bis 5000 K meist nur einfach. Sehr hohe Temperaturen ($>10^6$ K) werden zur Kernfusion benötigt. Dabei liegt Gas vollständig ionisiert

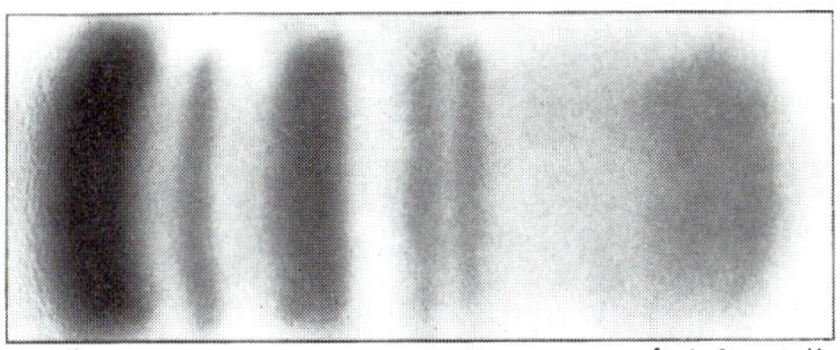

Elektrophorese:
Papierelektrophorese-Streifen mit menschlichem Blutserum (gefärbt mit Amidoschwarz). Von links nach rechts: Albumin (Alb.), Globuline (α_1, α_2, β_1, β_2, γ), Auftragstelle des Serums

vor. Das Plasma wird erzeugt durch Lichtbogenentladung, elektr. Hochfrequenzfeld, hochfrequentes elektromagnet. Feld. Anwendung zum Schweißen, Schneiden, Spritzen, Plasmaschmelzen, Plasmareduzieren. – **Dielektrische Heizung:** Die Wärme wird durch Einwirken von elektr. Wechselfeldern auf elektrisch schlecht oder nichtleitende Stoffe erzeugt, sie entsteht im Gut selber. Bei gut leitenden Stoffen entsteht Stromverdrängung (Skineffekt) und damit ungleichmäßige Erwärmung. Frequenzen des dielektr. Wechselfeldes: 10–100 MHz bei dielektr. Erwärmung, 500 MHz bis etwa 3 GHz bei Mikrowellenerwärmung. Anwendung: Trocknen von Holz, Kunststoffen, Schweißen von Kunststoffen. – **Infrarotheizung** überträgt die Wärme durch Strahlung. Wellenlänge der Infrarotstrahlung: 0,8–14 µm, Erzeugung durch Widerstandserwärmung z. B. eines Drahtes, Quarzrohrs, einer Platte. Der wärmeabgebende Körper kann auch durch Gas, Öl und feste Brennstoffe erhitzt werden. Anwendung zum Trocknen von Holz, Farben und in der Textilindustrie u. a. – **Elektronenstrahlheizung:** Der Elektronenstrahl besteht aus ladungs- und massebehafteten Korpuskeln (Änderung seiner Energie durch Variation der Beschleunigungsspannung). Die Elektronenstrahlheizung dient zum Schweißen (Vakuum), Schmelzen, Abtragen von Oberflächen durch Verdampfen. Durch Bündelung des Elektronenstrahls erreicht man Brennfleckdurchmesser von 3 bis 20 µm. – **Laserstrahlheizung:** Der eigtl. Strahl besteht aus elektromagnet. Wellen (masselos); Änderung der Energie durch Änderung der Wellenlänge. Durch Bündelung des Laserstrahls erreicht man Brennfleckdurchmesser von etwa 3–50 µm. Die Energiedichte ist höher als bei der Elektronenstrahlheizung; Anwendungsgebiete wie bei dieser.

Elektro|optik, Teilgebiet der Physik, das sich mit der Beeinflussung von opt. Materialeigenschaften durch elektrische Felder (→ Stark-Effekt, → Pockels-Effekt, → Kerr-Effekt) sowie deren Anwendung zur Steuerung von Licht beschäftigt. I. w. S. können auch die Effekte der → nichtlinearen Optik, bei denen das elektr. Feld von Lichtwellen die opt. Eigenschaften der durchstrahlten Materie verändert, zur E. gezählt werden. Mit der Variation elektr. Eigenschaften durch Licht befaßt sich die → Optoelektronik.

Elektro|osmose, eine → elektrokinetische Erscheinung, bei der eine Flüssigkeit unter dem Einfluß einer elektr. Spannung durch ein Diaphragma transportiert wird. E. wird angewendet im Erdbau zur Entwässerung von schluffigen Böden mit Hilfe von Gleichstrom, zur Trocknung von Torf und Tonmineralien und beim Gebäudeschutz (Trocknung von feuchten Grundmauern).

Elektrophorese, die Wanderung kolloidaler Teilchen in einem elektr. Feld, eine → elektrokinetische Erscheinung. Sie wird v. a. in der analyt. und klin. Chemie zur Analyse von Stoffgemischen genutzt. Dazu bestimmt man die versch. Wanderungsgeschwindigkeiten der Kolloidteilchen im elektr. Feld mit Filterpapier als Träger **(Papier-E.)** oder in dünnen, zw. Glasplatten befindl. Flüssigkeitsfilmen, durch die man längere Zeit einen elektr. Strom schickt. Hauptanwendungsbereich: Trennung von Aminosäuren, Peptiden, Eiweißen. Um die versch. Fraktionen sichtbar zu machen, wird nach Abschalten des Stromes mit Farbstoffen, bei Eiweißen z. B. mit Amidoschwarz, angefärbt (BILD). Die getrennten Anteile lassen sich photometr. quantitativ bestimmen, wenn das Trägerpapier durch Chemikalien transparent gemacht wird.

Die E. wendet man technisch an zur Trennung von Stoffgemischen, zur Beseitigung von Aerosolen und zum Aufbringen von versch. Materialien auf die Oberfläche von elektrisch leitenden Gegenständen. Das Material befindet sich in kolloider (Teilchengröße $< 0{,}2$ µm) oder nahezu kolloider Verteilung in einer Flüssigkeit hoher Dielektrizitätskonstante und wird daraus mit 20–250 V Gleichspannung abgeschieden. Man erhält Überzüge sehr gleichmäßiger Schichtdicke, z. B. thermionische oder isolierende Beläge auf Drähten für Elektronenröhren, Aluminiumüberzüge auf Stahl, Überzüge aus Tantal-, Molybdän-, Wolframcarbid, -silicid (für Schneidwerkzeuge, Raketentriebwerke und dgl.), Kautschukauskleidungen von Behältern, Graphit- oder Lacküberzüge **(elektrophoretisches Lackieren,** besser **Elektrotauchlackieren).**

Elektrophotographie, Verfahren, bei dem eine photoleitfähige Schicht (z. B. Selen, Zinkoxid) elektrostatisch auf mehrere tausend Volt aufgeladen (z. B. durch Koronaentladung) und dann mittels Projektions-, Kontakt- oder Reflexbelichtung bildmäßig exponiert wird. An den durch die Belichtung leitfähig gewordenen Stellen fließen die Ladungen ab, und man erhält ein ›latentes‹ elektrostat. Ladungsbild. Die Entwicklung zum sichtbaren Bild bewirkt ein fester oder flüssiger ›Toner‹; er enthält entgegengesetzt aufgeladene Farbpigmente, die sich an den unbelichteten Stellen niederschlagen.

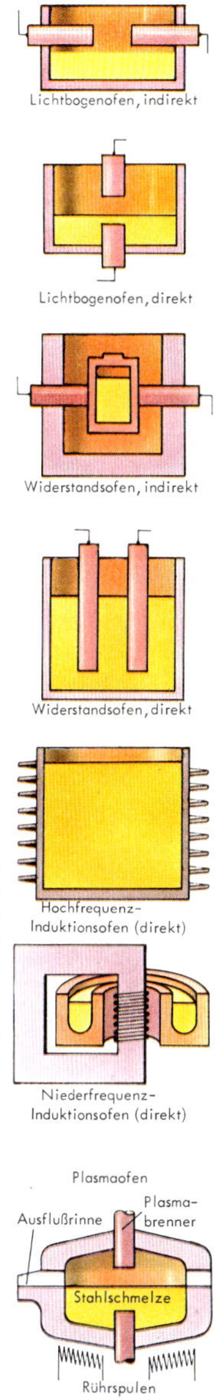

Elektroöfen

Bei den **direkten** elektrophotograph. Verfahren (Photoleiter i. a. Zinkoxid, ›Electrofax-Verfahren‹) benutzt man meist einen flüssigen Entwickler, d. h. eine Dispersion eines farbgebenden (z. B. schwarzen) Materials und eines Bindemittels in einem isolierenden organ. Lösungsmittel. Bei Verdunsten des Lösungsmittels durch Erwärmen verbindet sich das Tonerbild dauerhaft mit der Unterlage (Fixieren). Bei den **indirekten** Verfahren (Transferverfahren) wird das Tonerbild auf eine andere aufgeladene Oberfläche übertragen (→Xerographie). Die E. wird insbes. für die Bürokopie und für die Herstellung von Offset-Druckvorlagen verwendet.

Zur Herstellung mehrfarbiger Kopien werden auf eine photoleitende Schicht nacheinander Farbauszüge (z. B. Kopie durch Blau-, Grün- und Rotfilter) aufbelichtet, und nach jeder Teilbelichtung wird eine Entwicklung mit einem entsprechend gefärbten Toner durchgeführt. (→Elektrographie, →Kirlian-Photographie)

Elektroschiff, 1) Schiff mit batteriegespeistem Elektromotor (z. B. kleinere Forschungs- und konventionelle U-Boote); 2) **Diesel-E.:** Antriebs-Dieselmotor treibt Generator an, Fahren und Umsteuern mittels Elektromotor (z. B. Eisbrecher, konventionelle U-Boote); 3) **Turbo-E.:** Dampfturbine treibt Generator an, Fahren und Umsteuern mittels Elektromotor (heute selten).

Elektroskop, Gerät zum Nachweis elektr. Ladungen (→Elektrometer).

Elektro-Speicherheizung, Heizungsart mit Wärmeerzeugung durch eine elektr. Widerstandsheizung; die erzeugte Wärme wird gespeichert (BILD) und bei Bedarf dem Speicher entnommen.

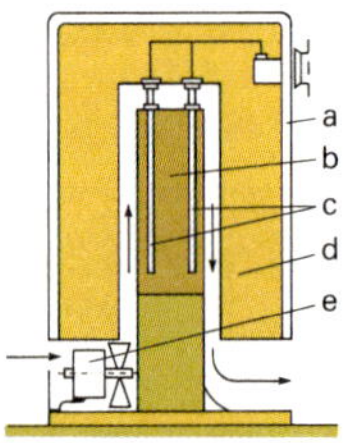

a Außenverkleidung
b Speicherkern
c Heizkörper
d Isolierung
e Ventilator

Elektro-Speicherheizung: Schema eines elektrischen Speicherheizkörpers

Elektro|statik, →Elektrizität.

elektrostatische Aufladung, das Aufnehmen elektr. Ladung durch Stoffe mit hohem elektrostat. Isoliervermögen, bes. durch Kunststoffe (auch entsprechende Folien und Fasern), entsteht durch Berühren und Trennen (→Reibungselektrizität, →Berührungsspannung 1). Die e. A. kann lästige Folgen haben: Gebrauchsartikel ziehen Staub an, Kleidung ›klebt‹ aneinander und am Körper, Entladung wirkt erschreckend. Beseitigung der e. A. durch Präparieren des Kunststoffes mit →Antistatika, vorübergehend auch durch Ionisation der Luft.

elektrostatische Bindung, Art der →chemischen Bindung.

elektrostatischer Druck, Herstellung von Druckerzeugnissen durch Fixierung pulveriger Farbe auf Papier durch dessen elektrostat. Aufladung an den gewünschten Stellen. Das Verfahren ist noch nicht praxisreif.

Elektrosteuerwerk, →Flugsteuersystem.

Elektrostriktion, elast. Kontraktion eines elektr. Nichtleiters (Dielektrikums) im elektr. Feld durch die gegenseitige Anziehung der durch das Feld polarisierten Moleküle. Die E. ist die Umkehrung des piezoelektr. Effekts (→Piezoelektrizität). E. bei Quarz im (hochfrequenten) Wechselfeld läßt Ultraschall entstehen.

Elektrotechnik, anwendungsorientierte ingenieurwissenschaftl. Disziplin, die sich mit der Umsetzung von physikal. Vorgängen und der Ausarbeitung von techn. Lösungsmöglichkeiten befaßt, die auf Erscheinungsformen und Wirkungen der elektr. Strömung in versch. Medien, elektr. und magnet. Feldern sowie deren wechselseitigen Beeinflussungen beruhen.

Die historisch bedingte Unterteilung der E. in Stark- und Schwachstromtechnik wird heute nicht mehr verwendet, gängig ist jedoch die entsprechende Aufteilung in →elektrische Energietechnik und →Nachrichtentechnik.

Zur elektr. Energietechnik rechnen alle Bereiche, die sich mit der Erzeugung, Übertragung und Verteilung elektr. Energie beschäftigen, und den dazugehörigen Anlagen, wie z. B. elektr. Maschinen, Motoren, Generatoren, Transformatoren. Ferner zählen zur elektr. Energietechnik die →Hochspannungstechnik, die →Beleuchtungstechnik und die gleichermaßen auch zur Elektronik gehörige →Leistungselektronik.

Die Nachrichtentechnik umfaßt i. w. S. alle anderen Gebiete, die mit der Umsetzung, Bearbeitung und Übertragung von Signalen (Zeichen, Nachrichten) zu tun haben. I. e. S. gehören zur Nachrichtentechnik die →Nachrichtenverarbeitung, die →Telekommunikation, bisher als Nachrichtenübertragung bezeichnet, die →Vermittlungstechnik (drahtgebunden) und die →Fernwirktechnik. Verfahren der →Hochfrequenztechnik werden für die Sende- und Empfangstechnik bei Funk, Rundfunk und Fernsehen benötigt, für höherfrequente Anwendungen ist die →Mikrowellentechnik zuständig. Von besonderer Bedeutung ist die →Elektronik (speziell die Mikroelektronik), die – aufbauend auf der →Festkörperphysik – zus. mit der →elektronischen Datenverarbeitung die gesamte techn. Entwicklung entscheidend beeinflußt hat. Weitere Bereiche sind die →Elektroakustik und die elektrische →Meßtechnik.

Geschichte. Die Entwicklung der Stromerzeuger setzte kurz nach der Entdeckung der elektromagnet. Induktion durch M. FARADAY mit H. PIXIIS von Hand getriebener magnet. Induktionsmaschine (1832) ein. M. H. VON JACOBI entwickelte seit 1834, J. PH. WAGNER seit 1836 einen Elektromotor. Mit dem Bau des ersten, nach dem dynamoelektr. Prinzip arbeitenden Stromerzeugers, der Dynamomaschine, durch W. v. SIEMENS (1866) nahm die eigtl. Starkstromtechnik ihren Anfang. W. v. Siemens baute 1879 die erste elektr. Lokomotive und 1880 den ersten elektr. Aufzug. 1882 setzte T. A. EDISON in New York das erste elektr. Kraftwerk in Betrieb. Um 1885 gab es Gleichstromanlagen mit brauchbaren Motoren für Ind. und Gewerbe. Etwa gleichzeitig wurde das Drehstromsystem durch G. FERRARIS, C. S. BRADLEY, N. TESLA, F. HASELWANDER, M. DOLIVO-DOBROWOLSKI u. a. entwickelt. 1891 wurde die erste Drehstrom-Übertragung von Lauffen nach Frankfurt a. M. (rd. 150 kW, über 178 km) durchgeführt. Die leichte Transformierbarkeit des Drehstroms und der einfache Bau des Drehstrommotors verhalfen dem Drehstrom zum Sieg.

Die moderne Nachrichtentechnik gründete sich neben der →Telegraphie, dem ältesten Zweig der E., auf die Erfindung des Telephons und erfuhr ihren entscheidenden Impuls durch das Aufkommen der →Elektronenröhre. Seit dem Ende des 2. Weltkriegs nahm die Elektronik einen bedeutenden Aufschwung, v. a. durch die Einführung der Halbleiter (Transistoren u. a.).

H. LINDORF: Elektrolexikon (1971); K. LUNZE: Berechnung elektr. Stromkreise (1973); K. KÜPFMÜLLER: Einf. in die theoret. E. ([10]1973); A. v. WEISS: Allg. E. ([6]1976); Grundlagen der E. (AEG-Hilfsbuch 1976); E. PHILIPPOW: Tb. E., 6 Bde. (1976–81); H. FROHNE: Einführung in die E., 3 Bde. ([3]1977–79).

elektrovalente Bindung, Art der →chemischen Bindung.

Elektroweidezaun, auf leichten Pfosten isoliert verlegter Draht, durch den hochfrequente Stromstöße geschickt werden, die weidende Tiere vom Zaun abhalten.

Elektrowerkzeuge, handgeführte Geräte mit elektromotor. oder elektromagnet. Antrieb zur Betätigung eines meist auswechselbaren Werkzeugs. E. mit Drehbewegung sind z. B.: Elektro-Handbohrmaschinen, -Fräs-, -Schleif-, -Schraubmaschinen. E. mit geradliniger Bewegung sind: Elektro-Hämmer, -Hobel, -Sägen, -Scheren.

Elektrozug, elektrisch angetriebenes Hebezeug, ortsfest aufgehängt, auf einer → Hängebahn oder einem → Kran fahrbar, Tragkraft 100–10000 kg.

Elektrum, 1) im Altertum Legierung aus drei Teilen Gold und einem Teil Silber, 2) auch alte Bez. für → Bernstein. (→ Gold)

Element *das,* Grundstoff; Urstoff; (Grund-)Bestandteil; Einzelteil.

1) Chemie: → chemische Elemente. – E. waren urspr. die einfachsten Bestandteile, aus deren Zusammenfügung oder Trennung man sich Werden und Vergehen der Körperwelt dachte. Die von EMPEDOKLES als unveränderlich betrachteten vier E. (Feuer, Luft, Wasser, Erde) sah ARISTOTELES als ineinander umwandelbar an (Grundlage der späteren alchemist. Transmutationslehre) und als letzte Bausteine der – vergängl. sublunaren – Welt. Eine grundsätzlich von ihnen versch., unveränderl. fünfte Wesenheit **(quinta essentia)** sollte der Äther als Himmelsbaustoff sein. Zu den Lehren von den E. gehören die Schwefel-Quecksilber-Theorie der Alchemisten (seit dem 10. Jh.) und die Lehre des PARACELSUS von den drei Erstheiten Schwefel, Quecksilber und Salz.

2) Elektrochemie: → elektrochemische Elemente.

3) Mathematik: Bestandteil einer → Menge (→ Mengenlehre).

Element 104, das → Unnilquadium.

Element 105, das → Unnilpentium.

Element 106, das → Unnilhexium.

Element 107. Sowjet. Forscher in Dubna gaben 1976 an, das Element durch Bombardieren von Bi^{204} mit schweren Kernen von Cr^{54} künstlich hergestellt zu haben. 1981 wurde das Element bei der Gesellschaft für Schwerionenforschung in Darmstadt eindeutig nachgewiesen. Das erzeugte Isotop mit der Massenzahl 262 zerfällt unter Aussendung eines α-Teilchens.

Element 109. Bei der Gesellschaft für Schwerionenforschung in Darmstadt wurde 1982 das Element durch die Verschmelzung von Fe^{58} mit Bi^{209} erzeugt; es hat eine Halbwertszeit von rd. 0,005 s.

Elementar|analyse, Methoden zur quantitativen Bestimmung der in organ. Verbindungen enthaltenen Elemente Kohlenstoff, Wasserstoff, Sauerstoff, Stickstoff, Schwefel u. a. Die E. geht auf J. v. LIEBIG und J. B. A. DUMAS (um 1840) zurück und wurde von F. PREGL (um 1900) auf kleine Substanzmengen ausgedehnt **(Mikro-E.).** Heute wird meist mit automat. Geräten (z. B. CHN-Automaten) und einigen Milligramm Substanz gearbeitet. Die **Ultramikro-E.** kommt mit 10–100 µg Substanz aus. Bei der E. wird die organ. Substanz durch Verbrennung (z. B. in Gegenwart von Kupfer oder Kupferoxid) oder durch Flüssigkeiten wie Salpetersäure (Naßaufschluß) aufgeschlossen. Die dabei entstehenden Gase (z. B. CO_2, N_2, H_2O) werden durch Wägung (nach Auffangen in einem Absorptionsröhrchen), durch Titration (nach Absorption in einer Lösung), volumetrisch oder gaschromatographisch bestimmt.

Elementar|anregungen, Konzept der → Festkörperphysik zur theoret. Beschreibung der veränderten Eigenschaften und komplizierten Wechselwirkungen in Kristallen bei Anregungsprozessen. Statt für das durch äußere Einflüsse gestörte System die Elektronen- und Atomverteilung sowie alle Wechselwirkungen neu zu berechnen, wird nur die Veränderung gegenüber dem Normalzustand (Grundzustand) betrachtet. Die Anregung wird durch die Erzeugung von → Quasiteilchen, die sich im Kristall bewegen können, beschrieben, wobei i. d. R. Wechselwirkungen der Quasiteilchen untereinander vernachlässigt werden. Die Zustände und Energie der Quasiteilchen sind mit verhältnismäßig geringem Rechenaufwand zu bestimmen. Diese Einteilchennäherung ist bei schwacher Anregung des Kristalls anwendbar. Hochanregungseffekte können nur mit Mehrteilchentheorien exakt beschrieben werden, die die gleichzeitige Existenz von mehreren Quasiteilchensystemen und deren gegenseitige Kopplung berücksichtigen.

Elementarfelder, hypothet. Felder, die den Gesetzen der Quantenfeldtheorie gehorchen und die heuristisch eingeführt werden, um die Vielfalt der Beziehungen zw. den Elementarteilchen auf einfache Grundgesetze zurückzuführen. Ansatzpunkte hierfür bieten Erhaltungssätze und Auswahlregeln, die zu verschiedenen Arten von Symmetrieeigenschaften führen, die den Feldern zugeschrieben werden, die für die Wechselwirkung der Elementarteilchen untereinander verantwortlich sind. Wegen der relativ großen Zahl von Symmetrieeigenschaften, Feldern und Elementarteilchen sucht man nach einigen wenigen E., aus denen sich alle anderen Felder und Teilchen ableiten lassen. Den bisher vorgeschlagenen Modellen wurden i. a. drei E. zugrunde gelegt **(Triplettmodelle).** Das **Sakata-Modell** benutzte Proton, Neutron und Lambdateilchen, um daraus alle anderen stark wechselwirkenden Elementarteilchen durch geeignete Kombinationen aufzubauen. Es lieferte jedoch Voraussagen, die sich mit den Experimenten nicht vereinbaren lassen. Am erfolgreichsten ist heute das **Quarkmodell** (→ Quarks).

Elementargitter, svw. → Bravais-Gitter.

Elementarladung, Formelzeichen *e,* kleinste sicher nachgewiesene elektr. Ladung: $e \approx 1{,}6022 \cdot 10^{-19}$ Coulomb. Das → Elektron und das Antiproton sind Träger einer negativen E., das Positron und das Proton einer positiven E. Die → Quarks, denen drittelzahlige E. ($e/3$, $2e/3$) zugeordnet werden, konnten bisher nicht als freie Teilchen nachgewiesen werden.

Elementarlänge, hypothet. kleinstmögl. Länge, für deren Größenordnung zunächst ein Wert von 10^{-13} cm angenommen wurde, ausgehend vom gegenseitigen Abstand der Nukleonen im Kern, von der Compton-Wellenlänge des Protons ($\lambda_{C,p} \approx 1{,}32 \cdot 10^{-13}$ cm) oder ähnl. Abschätzungen. In der Elementarteilchenphysik treten jedoch wesentlich kleinere Längen auf (→ Wechselwirkung), so daß die E., falls sie tatsächlich existiert, von der Größenordnung 10^{-34} cm sein dürfte.

Elementarmagnete, kleinste Einheiten para- und ferromagnet. Stoffe, die ein konstantes, von äußeren Feldern unabhängiges magnet. Moment haben. In unmagnet. Körpern liegen diese E. regellos durcheinander. Sie werden durch ein äußeres Feld ausgerichtet, soweit die Temperaturbewegung dem nicht entgegenwirkt. Bei paramagnet. Körpern sind die E. die Atome oder Moleküle, deren magnet. Moment dadurch zustande kommt, daß die magnet. Eigen- und Bahnmomente ihrer Elektronen sich nicht gegenseitig aufheben. In ferromagnet. Körpern werden die E. durch größere Gruppen von Atomen, die → Weissschen Bezirke, gebildet.

Elementarprozesse, Vorgänge zw. und an Elementarteilchen; auch: Grundprozesse an den atomaren Bestandteilchen eines Systems, die ein makroskop. Geschehen bestimmen.

1) Chemie: bei der Verbrennung etwa von Kohle ist einer der wesentl. E. die Vereinigung eines Kohlenstoffatoms mit einem Sauerstoffatom zum Kohlenoxid, dem ein zweiter, die weitere Oxidation dieses Moleküls zum Kohlendioxid, folgen kann.

2) Physik: die → Elementarteilchen können sich ineinander umwandeln und dabei neu entstehen oder als Ganzes vergehen. Einfachstes Beispiel solcher E. ist die bei der Emission oder Absorption von Licht eintretende **Bildung** oder **Vernichtung** von massenlosen Lichtquanten in den Elektronenhüllen der Atome. Bei der Streuung dieser Teilchen an Atomkernen können im Prozeß der **Paarbildung** auch massenbehaftete Teilchen neu erzeugt werden. In ähnl. Weise werden Mesonen bei Streuvorgängen von Nukleonen an Atomkernen gebildet. Zu den E. gehören auch die **Austauschvorgänge** bei der Wechselwirkung von Nukleonen untereinander. Die Zahl der bei einem E. entstehenden Teilchen unterliegt keinen direkten Beschränkungen. Wenn die Energie zu ihrer Bildung ausreicht, können in den **Explosionsprozessen** Dutzende von Elementarteilchen in einem Akt gleichzeitig entstehen.

Elementarteilchen, subatomare Existenzformen (›Zustände‹) der Materie, die in der → Hochenergiephysik erforscht werden. Außer den seit 1897, 1910 und 1932 bekannten Bestandteilen der Atome und Moleküle, den → Elektronen, → Protonen und → Neutronen, sind in Beschleunigungsanlagen über 200 weitere, meist sehr schnell zerfallende E. entdeckt worden.

Zur Kennzeichnung der E. verwendete, meßbare Eigenschaften sind Masse, Spin (Eigendrehimpuls), Eigenparität, (mittlere) Lebensdauer, elektr. Ladung Q, elektron. Ladung (e-Leptonenzahl) L_e, myonische Ladung (μ-Leptonenzahl) L_μ, tauonische Ladung (τ-Leptonenzahl) L_τ, baryonische Ladung (Baryonenzahl) B, magnet. Moment und bei den → Hadronen → Isospin, → Strangeness S, Charm C und Beauty b (TABELLE). In der E.-Physik ist es üblich, die Masse eines E. in Energieeinheiten (z. B. MeV, GeV) anzugeben, z. B. schreibt man für die Masse des Elektrons 511 keV, was für 511 keV/c^2 steht, wobei c die Lichtgeschwindigkeit bedeutet.

Das (hypothet.) → Graviton und das Photon (→ Lichtquanten) haben (wahrscheinlich) die Masse Null, für die → Neutrinos, für die bisher ebenfalls die Masse Null angenommen wurde, werden neuerdings von Null verschiedene Ruhmassen in Erwägung gezogen. Die ganz- oder halbzahligen Spinwerte beziehen sich auf die quantenmechan. Drehimpulseinheit $\hbar = h/2\pi$ (h = Plancksches Wirkungsquantum). Teilchen mit ganzzahligem Spin werden → Bosonen, solche mit halbzahligem Spin → Fermionen genannt. Systeme gleicher Bosonen unterscheiden sich von solchen gleicher Fermionen durch ihre Statistik (→ Quantenstatistik). Zu jedem Teilchentyp gibt es einen Antiteilchentyp (→ Antiteilchen), der sich vom Teilchentyp durch die Vorzeichen der Ladungen Q, L_e, L_μ, L_τ, B, S, C, b unterscheidet, während die übrigen Eigenschaften (z. B. die Massen) übereinstimmen. Einige Teilchen sind ihren Antiteilchen gleich. Bei den → Nukleonen p, n sind die elektr. Ladung und das magnet. Moment kugelsymmetrisch über einen Bereich der Größe $0{,}8 \cdot 10^{-13}$ cm verteilt. Elektronen sind kleiner als 10^{-16} cm.

E. sind veränderliche Gebilde. Die meisten zerfallen spontan mit einer charakterist. mittleren Lebensdauer in andere E., wobei meist mehrere Zerfallsarten in best. Häufigkeiten vorkommen. Selbst die ›stabilen‹ E. γ, ν_e, ν_μ, p (neuerdings wird eine begrenzte Lebensdauer des Protons von wahrscheinlich 10^{31} Jahren postuliert) wandeln sich bei Wechselwirkungsprozessen nach Wahrscheinlichkeitsgesetzen in andere Teilchen um.

Die vielen beobachteten Zerfallstypen, -zeiten und Stoßprozesse, bei denen oft andere Teilchen entstehen als vor dem Stoß vorhanden waren, lassen sich durch vier Typen fundamentaler → Wechselwirkungen beschreiben, die sich qualitativ durch → Erhaltungssätze, → Auswahlregeln und → Symmetrien voneinander unterscheiden. Sie werden als starke, elektromagnet., schwache und Gravitations-Wechselwirkung bezeichnet. Quantitativ lassen sich die Wechselwirkungen größenordnungsmäßig durch ihre Stärken unterscheiden, die sich aus Lebensdauern, → Wirkungsquerschnitten und → Kopplungskonstanten ergeben.

Es scheint, daß alle Teilchenarten universell an der Gravitations-Wechselwirkung beteiligt sind. Starke Wechselwirkungen bestehen zw. den Hadronen, dagegen nicht zw. den → Leptonen. Sehr kurzlebige Existenzformen der Materie werden Teilchen- oder → Massenresonanzen genannt. Ein erfolgreiches Modell zur Erklärung der Struktur und der Wechselwirkungen der Hadronen ist das Quarkmodell, wonach die Hadronen aus zwei oder drei eigentlich elementaren Teilchen, den → Quarks, und deren Antiteilchen aufgebaut sind. Andere Ansätze sind die → Bootstrap-Hypothese und die nichtlineare Spinortheorie von W. HEISENBERG. Experimente mit neuen Hochenergie-Beschleunigungsanlagen haben in den letzten Jahren zur Entdeckung einer ganzen Reihe von neuen Teilchen geführt, die nicht in das bisherige Klassifizie-

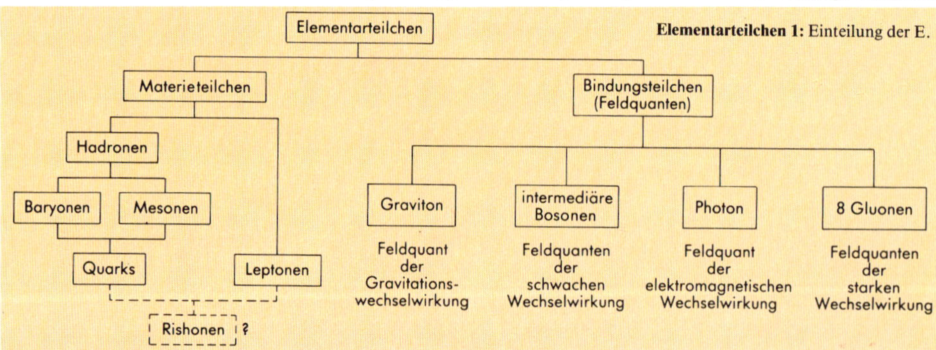

Elementarteilchen 1: Einteilung der E.

Stabile* Elementarteilchen

Klasse	Name	Zeichen	Ladungen Q	B	L_e	L_μ	L_τ	Masse in MeV	Lebensdauer in Sekunden	Spin	magnetisches Moment	Isospin	Strangeness	Zerfallsarten
Photon	Photon	γ	0	0	0	0	0	0	∞	1	—	—	0	—
Leptonen	e-Neutrino	ν_e	0	0	1	0	0	<35 eV	∞ ?	1/2	—	—	0	—
Leptonen	e-Antineutrino	$\bar{\nu}_e$		0	−1									
Leptonen	μ-Neutrino	ν_μ	0	0	0	1	0	<570 keV	∞ ?	1/2	—	—	0	—
Leptonen	μ-Antineutrino	$\bar{\nu}_\mu$		0		−1								
Leptonen	τ-Neutrino	ν_τ	0	0	0	0	1	<250 MeV	∞ ?	1/2	—	—	0	—
Leptonen	τ-Antineutrino	$\bar{\nu}_\tau$		0			−1							
Leptonen	Elektron	e^-	−1	0	1	0	0	0,511006 ± 0,000002	∞	1/2	−1 BM	—	0	—
Leptonen	Positron	e^+	+1	0	−1						+1 BM			
Leptonen	Myon	μ^-	−1	0	0	1	0	105,659 ± 0,002	$2{,}2000 \cdot 10^{-6}$ ± 0,017	1/2	−8,87 KM	—	0	$\mu^- \to e^- + \nu_\mu + \bar{\nu}_e$
Leptonen		μ^+	+1	0		−1					+8,87 KM			$\mu^+ \to e^+ + \bar{\nu}_\mu + \nu_e$
Leptonen	Tauon	τ^-	−1	0	0	0	1	rd. 1800	rd. 10^{-12}	1/2		—	0	$\tau^- \to e^- + \nu_\tau + \bar{\nu}_e$
Leptonen		τ^+	+1	0			−1							$\tau^+ \to \mu^+ + \nu_\mu + \nu_\tau$
Hadronen – Mesonen	Pion	π^+	1	0	0	0	0	139,579 ± 0,014	$2{,}602 \cdot 10^{-8}$ ± 0,004	0	—	1	0	$\pi^+ \to \mu^+ + \nu_\mu$
Hadronen – Mesonen		π^-	−1	0	0	0	0							$\pi^- \to \mu^- + \bar{\nu}_\mu$
Hadronen – Mesonen		π^0	0	0	0	0	0	134,975 ± 0,015	$0{,}89 \cdot 10^{-16}$ ± 0,18					$\pi^0 \to \gamma + \gamma$
Hadronen – Mesonen	Kaon	K^+	+1	0	0	0	0	493,82 ± 0,11	$1{,}235 \cdot 10^{-8}$ ± 0,003	0	—	1/2	+1	$K^+ \to \mu^+ + \nu_\mu$; $K^+ \to \pi^+ + \pi^0$
Hadronen – Mesonen		K^-	−1	0	0	0	0						−1	$K^- \to \mu^- + \bar{\nu}_\mu$; $K^- \to \pi^- + \pi^0$
Hadronen – Mesonen		K_0	0	0	0	0	0	497,82 ± 0,16	50% K_S + 50% K_L	0	—	1/2	+1	siehe K_S und K_L
Hadronen – Mesonen		$\bar{K}_0$		0	0	0	0						−1	
Hadronen – Mesonen	kurzlebiges K°	$K_S \equiv K^0_1$	0	0	0	0	0	—	$0{,}880 \cdot 10^{-10}$ ± 0,017	0	—	—	—	$K_S \to \pi^+ + \pi^-$; $K_S \to \pi^0 + \pi^0$
Hadronen – Mesonen	langlebiges K°	$K_L \equiv K^0_2$		0	0	0	0		$5{,}77 \cdot 10^{-8}$ ± 0,59					$K_L \to \pi^0 + \pi^0 + \pi^0$; $K_L \to \pi^+ + \pi^- + \pi^0$; $K_L \to \pi^+ + \mu^- + \bar{\nu}_\mu$; $K_L \to \pi^+ + e^- + \bar{\nu}_e$
Hadronen – Mesonen	Eta-Meson	η	0	0	0	0	0	548,6 ± 0,4	ca. 10^{-20}	0	—	0	0	$\eta \to \gamma + \gamma$; $\eta \to \pi^0 + \gamma + \gamma$; $\eta \to 3\pi^0$; $\eta \to \pi^+ + \pi^- + \pi^0$
Hadronen – Baryonen – Nukleonen	Proton	p	1	1	0	0	0	938,256 ± 0,005	∞ ?	1/2	± 2,792763 (± 0,000030)	1/2	0	—
Hadronen – Baryonen – Nukleonen	Antiproton	$\bar{p}$	−1	−1	0	0	0							
Hadronen – Baryonen – Nukleonen	Neutron	n	0	1	0	0	0	939,550 ± 0,005	904 s	1/2	∓ 1,913148 (± 0,000066)	1/2	0	$n \to p + e^- + \bar{\nu}_e$
Hadronen – Baryonen – Nukleonen	Antineutron	$\bar{n}$		−1	0	0	0							$\bar{n} \to \bar{p} + e^+ + \nu_e$
Hadronen – Baryonen – Hyperonen	Lambda-Teilchen	Λ	0	1	0	0	0	1115,58 ± 0,10	$2{,}53 \cdot 10^{-10}$ ± 0,05	1/2	−0,79 (± 0,16)	0	−1	$\Lambda \to p + \pi^-$; $\Lambda \to n + \pi^0$
Hadronen – Baryonen – Hyperonen		$\bar{\Lambda}$		−1	0	0	0						+1	$\bar{\Lambda} \to \bar{p} + \pi^+$; $\bar{\Lambda} \to \bar{n} + \pi^0$
Hadronen – Baryonen – Hyperonen	Sigma-Teilchen	Σ^+	1	1	0	0	0	1189,47 ± 0,08	$0{,}810 \cdot 10^{-10}$ ± 0,13	1/2	2,3 ± 0,6	1	−1	$\Sigma^+ \to p + \pi^0$; $\Sigma^+ \to n + \pi^+$
Hadronen – Baryonen – Hyperonen		$\bar{\Sigma}^+$	−1	−1	0	0	0						+1	$\bar{\Sigma}^+ \to \bar{p} + \pi^0$; $\bar{\Sigma}^+ \to \bar{n} + \pi^-$
Hadronen – Baryonen – Hyperonen		Σ^0	0	1	0	0	0	1192,56 ± 0,11	$<1{,}0 \cdot 10^{-14}$				−1	$\Sigma^0 \to \Lambda + \gamma$
Hadronen – Baryonen – Hyperonen		$\bar{\Sigma}^0$		−1	0	0	0						+1	
Hadronen – Baryonen – Hyperonen		Σ^-	−1	1	0	0	0	1197,44 ± 0,09	$1{,}65 \cdot 10^{-10}$ ± 0,3				−1	$\Sigma^- \to n + \pi^-$
Hadronen – Baryonen – Hyperonen		$\bar{\Sigma}^-$	+1	−1	0	0	0						+1	
Hadronen – Baryonen – Hyperonen	Xi-Teilchen	Ξ^0	0	1	0	0	0	1314,7 ± 1,0	$3{,}0 \cdot 10^{-10}$ ± 0,5	1/2	?	1/2	−2	$\Xi^0 \to \Lambda + \pi^0$
Hadronen – Baryonen – Hyperonen		$\bar{\Xi}^0$		−1	0	0	0						+2	
Hadronen – Baryonen – Hyperonen		Ξ^-	−1	1	0	0	0	1321,2 ± 0,2	$1{,}75 \cdot 10^{-10}$ ± 0,05				−2	$\Xi^- \to \Lambda + \pi^-$
Hadronen – Baryonen – Hyperonen		$\bar{\Xi}^-$	+1	−1	0	0	0						+2	
Hadronen – Baryonen – Hyperonen	Omega-Teilchen	Ω^-	−1	1	0	0	0	1674 ± 3	$1{,}5 \cdot 10^{-10}$ ± 0,5	3/2	?	0	−3	$\Omega^- \to \Xi^0 + \pi^-$; $\Omega^- \to \Lambda + K^-$
Hadronen – Baryonen – Hyperonen		$\bar{\Omega}^-$?	1	−1	0	0	0						+3	

Erläuterungen: Q = elektrische Ladung; B = baryonische Ladung, Baryonenzahl; L_e = elektronische Ladung, e-Leptonenzahl; L_μ = myonische Ladung, μ-Leptonenzahl; L_τ = tauonische Ladung, τ-Leptonenzahl.

Die Ladung ist in Einheiten der Elementarladung angegeben (= $1{,}6021 \cdot 10^{-19}$ As). Die Massenangabe in MeV beruht auf der Einsteinschen Äquivalenz-Beziehung zw. Energie und Masse. 1 MeV entspricht danach einer Teilchenmasse von etwa $1{,}79 \cdot 10^{-27}$ g. Die magnet. Momente sind für das Elektron in Einheiten des Bohrschen Magnetons (BM) und für alle anderen Teilchen in Kernmagnetonen (KM) angegeben. Bei den Zerfallsarten wurden nur die wichtigsten Arten angeführt. – * ›stabil‹ im weiteren Sinn: nicht durch starke Wechselwirkung zerfallend.

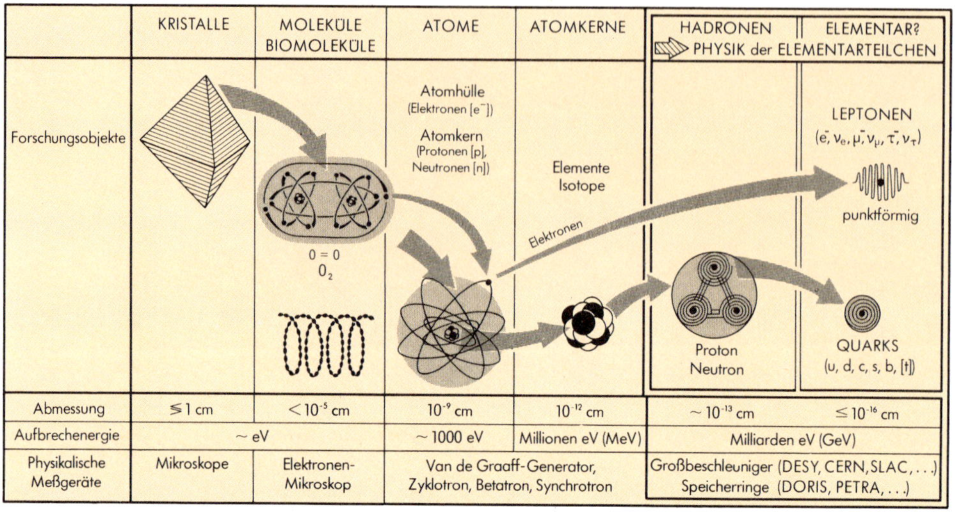

Elementarteilchen 2: Bei dem Versuch, die Materie in immer kleinere Bestandteile zu zerlegen, zeigt sich, daß man um so größere Kräfte und Apparaturen benötigt, je kleiner die Strukturen werden. Im atomaren und subatomaren Bereich gelingt eine Untersuchung der Struktur nur dadurch, daß man die Objekte mit sehr energiereichen Teilchen beschießt. Sie überwinden die inneratomaren Kräfte, können z. B. in ein Proton oder Neutron eindringen, wodurch sich deren Struktur analysieren läßt

rungsschema der E. paßten. Die Eigenschaften des 1974 gefundenen → Psi-Teilchens mit einer bes. langen Lebensdauer als auffälligstem Charakteristikum konnten nur durch die Postulierung eines vierten → Quarks erklärt werden, das sich von den anderen drei durch eine neue ladungsartige Größe (Quantenzahl) unterscheidet, die den Namen ›Charm‹ erhielt. Nach den Vorstellungen der Charm-Theorie ist das Psi-Teilchen ein → Meson, das als Verbindung des Charm-Quarks c und seines Antiteilchens $\bar{c}$ gedeutet werden kann. Die 1976/77 mit den → Beschleunigern SPEAR und DORIS durchgeführte erfolgreiche Suche nach den D^0-, D^+- und F^+-Teilchen mit Massen zw. 1,8 und 2,2 GeV, die der Kombination des Charm-Quarks c mit den drei anderen Antiquarks $\bar{d}$, $\bar{u}$ und $\bar{s}$ entsprechen, bestätigen das Quark-Modell eindrucksvoll. Baryonen mit Charm konnten ebenfalls gefunden werden (Ω_c); Masse 1,8 GeV.

Da das gegenwärtige Verständnis vom Aufbau der Materie eine Symmetrie zw. den Grundbausteinen nahelegt **(Quark-Leptonen-Symmetrie,** → Quarks), löste die Entdeckung eines weiteren geladenen Leptons, das den Namen → Tau-Teilchen (τ-Teilchen, Tauon) erhalten hat, und zu dem auch ein Neutrino existiert, die Suche nach weiteren Quarks aus. Der Nachweis des → Y-Teilchens am Fermilab in den USA und seine anschließende Erzeugung durch Elektron-Positron-Stöße bei DORIS bestätigen die Existenz eines fünften Quarks, das den Namen ›Beauty‹ (oder ›Bottom‹) erhalten hat. Die Eigenschaften des Y-Teilchens lassen sich durch den Aufbau aus Beauty-Quark und seinem Antiquark erklären. Nach dem für die Herstellung der 2 × 6-Symmetrie von Quarks und Leptonen erforderl. sechsten Quark, für das der Name ›Truth‹ oder ›Top‹ vorgeschlagen worden ist, wurde bisher vergeblich gesucht. Ob eventuell noch mehr Quarks existieren können, ist z. Z. nicht zu entscheiden.

Der Ausbau des Quark-Modells und die Entdeckung der → neutralen Ströme haben zu einer Vertiefung der theoret. Vorstellungen über die Natur der starken Wechselwirkung (→ Quantenchromodynamik, → Gluonen) geführt und eine Zusammenfassung der elektromagnet. und schwachen Wechselwirkung in einer einheitl. Theorie (→ Weinberg-Salam-Theorie) ermöglicht. Ein Hauptziel der gegenwärtigen E.-Forschung ist der experimentelle Nachweis der intermediären → Vektorbosonen, um eine Bestätigung der Weinberg-Salam-Theorie zu finden.

Die E. lassen sich in **Materieteilchen** (Hadronen und Leptonen) und **Bindungsteilchen** unterteilen (BILD 1, S. 28). Man geht heute davon aus, daß die **Leptonen** und die **Quarks** die fundamentalen Bausteine der Materie sind; die Hadronen werden als Kombinationen von Quarks angesehen. Neueste Theorien postulieren, daß auch die Quarks und die Leptonen nicht fundamental, sondern wiederum aus den → Rishonen aufgebaut sind. (Es wurden noch weitere solche Teilchen postuliert, wie ›Subquarks‹, ›Metaquarks‹, ›Preonen‹, ›Stratonen‹ oder ›Haplonen‹.) Bisher gibt es aber keine experimentelle Beobachtung, die auf eine innere Struktur der Quarks und Leptonen hindeutet. – Die Wechselwirkungen zw. den Materieteilchen werden nach den Vorstellungen der Quantenfeldtheorie durch die Feldquanten der Strahlungsfelder, die Bindungsteilchen, vermittelt. Es sind dies die Photonen für die elektromagnet., die intermediären Bosonen für die schwache, die Gluonen für die starke und die Gravitonen für die Gravitations-Wechselwirkung. Es werden Anstrengungen unternommen, die elektromagnet., die schwache und die starke Wechselwirkung in einer einheitl. Theorie zusammenzufassen (›Große Vereinigung‹). Ferner gibt es Überlegungen, wie man auch die Gravitation in eine vereinheitlichte Feldtheorie einbeziehen kann (→ Wechselwirkung).

⇨ CP-Invarianz · Kosmologie

E. LOHRMANN: Hochenergiephysik ([2]1981); Current Topics in Elementary Particle Physics, hg. v. K. H. MÜLLER und K. SCHILLING (1981).

Elementarteilchenphysik, die →Hochenergiephysik.

Elementarzeit, die Zeit, die das Licht im Vakuum zum Durchlaufen der →Elementarlänge benötigt.

Elementarzelle, Gitterzelle. Da die Bausteine (Atome, Moleküle, Ionen) eines Kristalls periodisch regelmäßig angeordnet sind, kann man sich einen Kristall aus einer E. durch wiederholten Anbau, d. h. durch Translation (Parallelverschiebung) nach drei verschiedenen Raumrichtungen, aufgebaut denken. Zu einem beliebig herausgegriffenen Punkt einer E. erhält man die gleichwertigen (homologen) Punkte in allen anderen E. durch Verschiebungen um die **Translationsvektoren (Gittervektoren)** $\boldsymbol{R} = n_1\boldsymbol{a} + n_2\boldsymbol{b} + n_3\boldsymbol{c}$ (n_1, n_2, n_3 ganze Zahlen). Die Gesamtheit aller Vektoren $\boldsymbol{R}$ definiert das **Translationsgitter** mit den Basisvektoren $\boldsymbol{a}, \boldsymbol{b}, \boldsymbol{c}$, deren Längen a, b, c als **Perioden** oder **Gitterkonstanten** bezeichnet werden – auch die eingeschlossenen Winkel $\alpha = \sphericalangle(\boldsymbol{b}, \boldsymbol{c})$, $\beta = \sphericalangle(\boldsymbol{c}, \boldsymbol{a})$, $\gamma = \sphericalangle(\boldsymbol{a}, \boldsymbol{b})$ heißen Gitterkonstanten. Die Gesamtheit der Punkte, die aus einem Punkt durch die Translationen des Translationsgitters entstehen, heißt **Punktgitter.**

Die Wahl der E. ist ziemlich willkürlich; sie muß jedes →Symmetrieelement der Punktsymmetrie mindestens einmal enthalten und soll möglichst klein sein. Häufig benutzt man die **Einheitszelle,** d. h. das von den drei Basisvektoren aufgespannte Parallelepiped. Für spezielle Zwecke benötigt man die **Wigner-Seitz-Zelle** (Abk. **WSZ**), deren Punkte dem interessierenden Gitterpunkt näher liegen als alle anderen translationsäquivalenten Punkte. Die WSZ ist ein Polyeder, dessen Begrenzungsflächen von den Mittelebenen gebildet werden, die senkrecht auf den Verbindungsgeraden zw. dem herausgegriffenen Punkt und den benachbarten (bezüglich der Translation) homologen Punkten stehen.

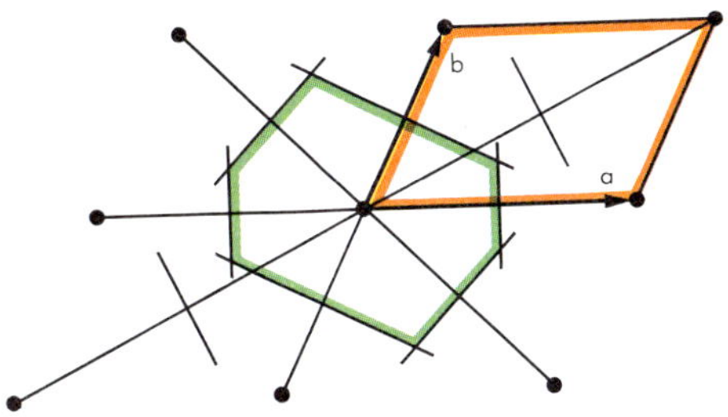

Elementarzelle: Einheitszelle (roter Rand) und Wigner-Seitz-Zelle (grüner Rand) um die linke untere Ecke der Einheitszelle in einem schiefwinkligen zweidimensionalen Gitter mit den Translationsvektoren ***a, b***

Elementierung, Auflösung der konstruktiven Struktur eines Bauwerks oder Bauteils in möglichst gleiche, in Serie industriell herstellbare Einzelteile, die austauschbar sind (→Austauschbau, →Baukastensystem).

Elemi, Sammelname für natürl. Harze der trop. Balsambaumgewächse. **Manila-E.** findet in der Parfümerie Verwendung, **Elemiharz** zur Bereitung von Öllacken, Spezialhautsalben, Räuchermitteln, als Zusatz zu lithograph. und Aquarell-Farben und als Appreturmittel.

Elevation, die →Höhe 1) eines Gestirns.

Elevator, Fördertechnik: →Becherwerk.

Elevator-Ofen, ein meist elektrisch beheizter Temper-Ofen, bei dem in eine Glühkammer ein Herdwagen eingeschoben wird.

Elferprobe, Verfahren zur Nachprüfung einer Rechnung; eine Teilbarkeitsregel: Wenn die alternierende →Quersumme einer Zahl a durch 11 teilbar ist, so ist auch a durch 11 teilbar.

Elimination, Verfahren, um Variable durch Umformungen von Rechenausdrücken zu entfernen, etwa durch Addition der Gleichungen. Beispiel:

$$\begin{array}{r} x + y = 2 \\ x - y = 4\ (+) \\ \hline 2x = 6 \end{array}$$

Ergebnis: $x = 3$, die Variable y wurde eliminiert.

Eliminierung, chem. Reaktion, bei der Atome oder Atomgruppen ohne Ersatz durch andere Gruppen aus einem Molekül entfernt werden. Bei der E., die eine Umkehrung der →Addition 1) ist, wird stets eine neue Doppel- oder Dreifachbindung gebildet. E. sind z. B. →Dehydrierung, →Dehydratisierung und →Dehydrochlorierung.

Ellagsäure

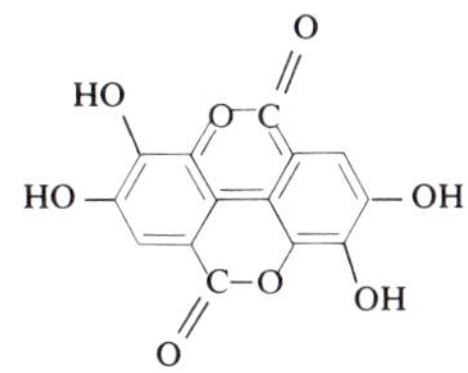

Ellagsäure, gelbl. Kristallpulver, das aus ind. Dividivischoten gewonnen und als Gerbstoff verwendet wird.

Ellipse, eine geschlossene ebene Kurve 2. Ordnung (→Kegelschnitt); sie ergibt sich als Gesamtheit der Punkte P einer Ebene, für die die Summe der Entfernungen von zwei festen Punkten, den **Brennpunkten,** konstant ist, konstruierbar mit der →Fadenkonstruktion. Die Verbindungsgerade der Brennpunkte ist die eine, die Mittelsenkrechte dieser längsten Sehne die andere **Symmetrieachse.** Die Endpunkte der längsten Sehne sind die **Hauptscheitel** der E., die Punkte der stärksten →Krümmung; die Endpunkte der kürzesten Sehne sind die **Nebenscheitel** der E., die Punkte der schwächsten Krümmung. In einem kartes. Koordinatensystem, in dem die Koordinatenachsen mit den Achsen der E. zusammenfallen und die längste Sehne die Länge $2a$, die kürzeste die Länge $2b$ hat (a und b sind die beiden **Halbachsen** der E.), lautet die E.-Gleichung:

$$\frac{x^2}{a^2} + \frac{y^2}{b^2} = 1$$

Für $a = b$ ergibt sich die Gleichung für den Kreis; der Flächeninhalt der E. ist $\pi \cdot ab$. Die Brennpunkte haben die Koordinaten $(e,0)$ und $(-e,0)$ mit $e = \sqrt{a^2 - b^2}$ **(lineare Exzentrizität),** $\varepsilon = e/a$ heißt **numerische Exzentrizität.**

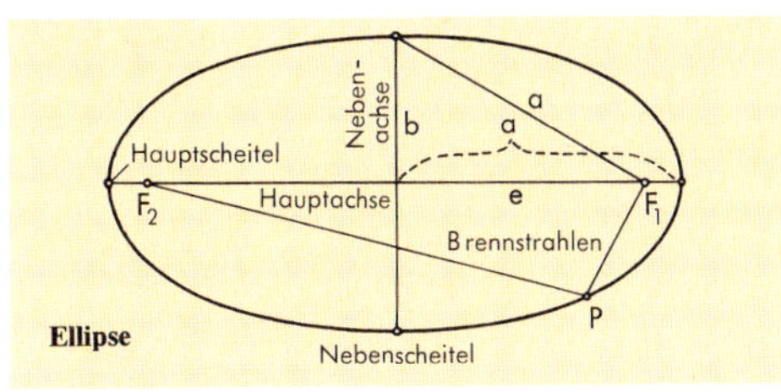

Ellipse

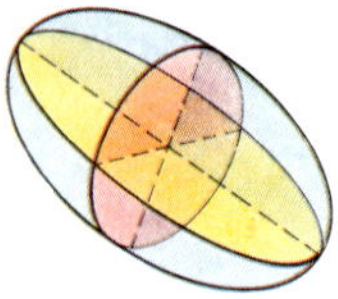

Ellipsoid: Rotationsellipsoid mit zwei gleich langen Hauptachsen

Ellipsenlenker, Gelenkgetriebe zur Geradführung eines Punktes, bes. für schreibende Meßgeräte.

Ellipsenzirkel, Ellipsograph, Gerät zum Aufzeichnen von Ellipsen. (BILD)

Ellipsoid, Fläche 2. Ordnung, die ebenen Schnitte bilden Ellipsen oder Kreise. Das E. hat im rechtwinkligen Koordinatensystem die Gleichung

$$\frac{x^2}{a^2} + \frac{y^2}{b^2} + \frac{z^2}{c^2} = 1,$$

sind zwei der Koordinaten *a, b, c* gleich, erhält man ein **Rotationsellipsoid** (weil es durch Rotation einer Ellipse um eine ihrer Achsen entsteht), für $a = b = c$ ist das E. eine Kugel. Der Rauminhalt eines E. ist $\frac{4}{3}\pi \cdot abc$.

elliptische Funktionen, best. Funktionen, die **doppeltperiodisch** sind, d. h. die den Funktionalgleichungen $f(z+p_1)=f(z)$ und $f(z+p_2)=f(z)$ für alle komplexen Zahlen z mit den beiden (von z unabhängigen) Zahlen p_1 und p_2 (den Perioden von f) genügen. Ihre Umkehrfunktionen sind die →elliptischen Integrale.

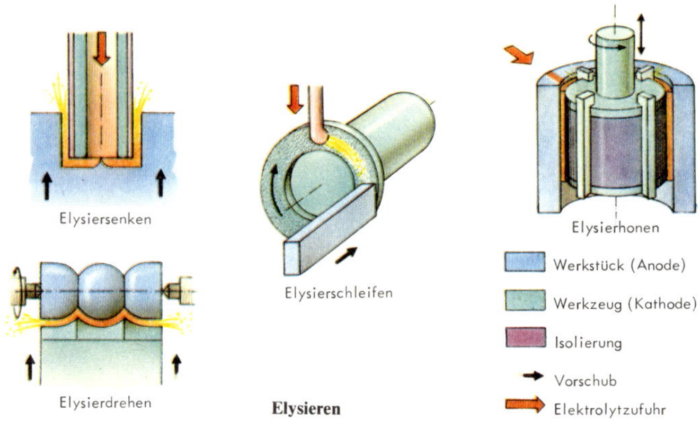

Elysieren

elliptische Geometrie, eine →nichteuklidische Geometrie.

elliptisches Integral, Integral, dessen Integrand eine Quadratwurzel aus einem Polynom dritten oder vierten Grades ohne mehrfache Wurzeln enthält; man bezeichnet die Ausdrücke

$$\int \frac{\mathrm{d}x}{\sqrt{(1-x^2)(1-k^2x^2)}} \quad \text{und} \quad \int \frac{x^2\mathrm{d}x}{\sqrt{(1-x^2)(1-k^2x^2)}},$$

$0 < k^2 < 1$ als **elliptische Normalintegrale erster und zweiter Gattung.** E. I. treten z. B. bei der Bestimmung der Länge eines Ellipsenbogens auf, sie sind die Umkehrfunktionen der →elliptischen Funktionen.

Elmsfeuer, Leuchterscheinung bei Büschelentladungen oder Glimmentladungen, die von hervorragenden Kanten und Spitzen ausströmen und bei hohem luftelektr. Potentialgefälle, bei gewittriger Wetterlage, auch bei Schnee- und Staubstürmen auftreten, am häufigsten auf Berggipfeln und an den Mastspitzen der Schiffe.

Elongation, bei Schwingungen die momentane Auslenkung aus der Ruhelage, in der Astronomie der Winkelabstand eines Gestirns, vornehmlich eines Planeten, von der Sonne in westl. oder östl. Richtung (jeweils 0 bis 180 Grad); je größer die E., desto günstiger sind i. a. die Sichtbarkeitsbedingungen: Die beiden sonnennahen Planeten Merkur und Venus können um die Zeiten der größten östl. und westl. E. am besten beobachtet werden.

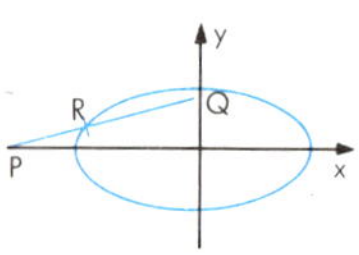

Ellipsenzirkel: Der Punkt R wandert auf einer Ellipse, während P und Q sich auf den Achsen bewegen

Eloxieren, Eloxalverfahren, Handelsname für die →anodische Oxidation von Aluminiumwerkstoffen.

Elysieren, die elektrolyt. Bearbeitung der Oberfläche harter Metalle, wobei das Metall sich als Anode in einem rasch fließenden Elektrolyten einer Kathode in geringem Abstand gegenüber befindet und oberflächlich gelöst (abgetragen) wird. Hierbei erhält das Metall die durch die Form der Kathode und ihre Bewegung bewirkte Gestalt oder Oberfläche. Vorwiegend angewendet als **Elysierschleifen** zur Herstellung ebener oder profilierter Flächen an sehr harten Werkstücken (z. B. Hartmetallwerkzeugen), ferner als **Elysiersenken, -drehen** und **-honen.**

Em, chem. Symbol für Radium-**Em**anation.

Email, Emaille [em'aj, frz.], auf Metall, meist Stahl oder Gußeisen, aufgeschmolzener silikat. Überzug als Oberflächenschutz oder zur Verzierung, ein leichtschmelzendes Spezialglas, das durch TiO_2-Rekristallisation beim Aufschmelzen weiß, mit Schwermetalloxiden oder Farbkörpern gefärbt ist. Quarz, Feldspat, Borax, Aluminiumoxid, Soda, Titandioxid, Flußspat, Salpeter u. a. Stoffe werden bei etwa 1250 °C diskontinuierlich in Drehöfen oder kontinuierlich in Wannenöfen geschmolzen und die feuerflüssige Masse in Wasser oder zw. gekühlten Walzen abgeschreckt. Die erhaltenen Granalien oder Flakes werden unter Zusatz von Wasser und Ton in Kugelmühlen zu einem Schlicker mit einer mittleren Korngröße von etwa 0,05 mm vermahlen.

Vor dem **Emaillieren** muß das Werkstück entfettet und die Oberfläche durch Beizen mit Säuren oder durch Abstrahlen mit Stahlkies gereinigt werden. Die Emaillierung wird durch Eintauchen der Gegenstände in den erhaltenen Schlicker oder durch Aufspritzen mit Spritzpistolen aufgebracht, getrocknet und bei 800–900 °C in **Emaillieröfen** (Muffel- oder Durchlauföfen) eingebrannt. Zur Rationalisierung des Emailauftrags und zur Verbesserung der Emailoberflächen bedient man sich neuerdings der **Elektrotauchemaillierung** und des Auftrags von **Emailpulvern** im elektr. Feld. Die konventionelle Emaillierung arbeitet mit einer **Grundemailschicht,** die das Haften des E. auf dem Metall bewirkt. Dann folgt die **Deckemaillierung,** die Träger der chem. und ästhet. Eigenschaften ist. Bei der Emaillierung von Gußeisen, wie Badewannen oder dgl., wird das trockene Emailpulver mit Rüttelsieben auf die vorher erhitzten Werkstücke aufgepudert.

Bei der **Einschichtemaillierung** werden auf entkohlte Emaillierbleche (etwa 0,003% Kohlenstoff) nach besonderer Beizbehandlung übliche Deckemails direkt auf das Blech aufgetragen. Bei der Verwendung von Titanemails ist es dabei möglich, deckende Emaillierungen mit Schichtstärken von 0,1 mm zu erzielen.

Schmuckemails enthalten im Glasfluß meist Bleioxid. Sie dienen zur Kunstemaillierung von Gegenständen aus Kupfer, Silber u. a. Edelmetallen und werden in Pulverform oder in wäßriger Suspension aufgetragen und eingebrannt.

Geschichte. Früher wurde E. nur in der Schmelzarbeit verwendet. Gußeiserne Apparate und Heizöfen wurden erstmals etwa 1764, Stahlblechgeschirr seit 1810 emailliert. Erst um 1900 entwickelte sich mit dem Aufstieg der Walzstahlerzeugung eine Emailindustrie.

Eman, Einheitenzeichen **eman,** in der Balneologie (Bäderkunde) verwendete, nicht gesetzl. Einheit für die radiolog. Konzentration (Aktivität je Volumen) von Quellwässern. 1 eman = 10^{-10} Ci/l = $3{,}7 \cdot 10^3$ Bq/m^3.

Emanation, veraltete Bez. für die beim Zerfall der radioaktiven Elemente Radium, Actinium und Thorium frei werdenden radioaktiven Gase, sämtlich Isotope des Elements Radon.

EMC, Abk. für **Electromagnetic Compatibility** [ɪlektrəʊmægnˈetɪk kəmpætɪbˈɪlətɪ], engl. Bez. für → elektromagnetische Verträglichkeit.

EMD, Abk. für **Edelmetall-Motor-Drehwähler,** Fernsprechtechnik: → Wähler.

Emersion, 1) Astronomie: Austreten eines Mondes aus dem Schatten seines Planeten.

2) Geologie: Emportauchen des Festlandes beim Rückzug des Meeres **(Regression).** Ggs.: Transgression.

Emetin, dimeres Isochinolin-Alkaloid der Brechwurzel; ist sehr giftig, reizt die Schleimhäute und führt in hohen Dosen zum Erbrechen.

Emission, 1) Physik: Ausstrahlung, Aussendung; z. B. E. des Lichtes durch leuchtende Körper, E. von anderen elektromagnet. Strahlungen (z. B. Röntgenstrahlen, γ-Strahlung), E. von einzelnen Teilchen (α-, β-Strahlung, Neutronen, Neutrinos, Mesonen u. a.) beim radioaktiven Zerfall und bei anderen Kernprozessen, E. von Elektronen aus Festkörperoberflächen hervorgerufen durch hohe Temperatur (→ Glühemission), durch Licht **(Photoemission,** → Photoeffekt) oder durch ein elektr. Feld hoher Feldstärke (Feldemission, → Feldelektronen).

Wird ein Atom in einen angeregten Zustand versetzt, so erfolgt die **spontane E.** eines Photons ohne äußere Einwirkung nach dem Ablauf der Lebensdauer des angeregten Zustands; dagegen kann **induzierte E.** vorzeitig durch Einwirkung einer Strahlung, z. B. Licht beim → Laser, auftreten.

2) Umwelttechnik: feste, flüssige oder gasförmige Stoffe aus Anlagen oder techn. Vorgängen, die Luft, Wasser oder andere Umweltbereiche verunreinigen, sowie Geräusche, Erschütterungen, Licht-, Wärme-, radioaktive Strahlen. Verursacher der E. heißen **Emittenten.** E. führen in der Umwelt zu → Immissionen.

Emissionsgrenzwerte, Höchstmengen des Schadstoffausstoßes von Anlagen, Einrichtungen und Kraftfahrzeugmotoren. E. für genehmigungspflichtige Anlagen sind in der → TA-Luft und der → TA-Lärm enthalten, andere E. sind in zahlreichen Verordnungen zur Durchführung des → Bundes-Immissionsschutzgesetzes festgesetzt. E. für Bleiverbindungen aus Kraftfahrzeugmotoren werden durch das Benzinbleigesetz geregelt, weitere E. für Kraftfahrzeuge bestimmt die Straßenverkehrs-Zulassungs-Ordnung (Geräusche, Kohlenmonoxid, Kohlenwasserstoffe, Schadstoffe aus Dieselmotoren).

Emissionskataster, Datensammlung zur Beschreibung der Emissionssituation in regionalen oder überregionalen Räumen für luftverunreinigende Schadstoffe. Der Zweck des E. ist die Erfassung von Luftverunreinigungen und Emittentengruppen oder die Darstellung der Belastung durch Schadstoffe. Die Emissionen werden standortbezogen (Emittenten werden als Punkt-, Linien- oder Flächenquelle registriert) oder flächenbezogen erfaßt (Aufgliederung des Erhebungsgebietes in Teilflächen, z. B. polit. Einheiten oder kartograph. Raster).

Emissionslinien, → Spektrallinien.

Emissionsmikroskop, ein → Elektronenmikroskop zur direkten Abbildung elektronenemittierender Metalloberflächen. Die Elektronen werden aus dem als Kathode benutzten Objekt durch Aufheizung, UV-Licht, Elektronen- oder Ionenbeschuß oder auch durch starke elektr. Felder herausgelöst und mit Hilfe des Linsensystems des E. abgebildet. Die Untersuchung der Emissionsverteilung liefert Informationen über die Kristallstruktur. – Ein linsenloses E. ist das → Feldelektronenmikroskop.

Emissionsnebel, Bez. für → galaktische Nebel, in denen das interstellare Gas (der → interstellaren Materie) durch eingelagerte oder benachbarte heiße Sterne zum Leuchten angeregt wird, wozu die (neu gebildete Sterne umgebenden) → Gasnebel und die → Planetarischen Nebel gehören.

Emissionsvermögen, Größe, die die Eigenstrahlung eines Körpers kennzeichnet (→ Kirchhoffsches Strahlungsgesetz).

Emitter, eine der drei Anschlußelektroden des bipolaren → Transistors. Die E.-Halbleiterzone ist der am höchsten dotierte Bereich, um eine starke Injektion von Ladungsträgern in die Basis hinein zu erzielen.

Emitterfolger, Verstärkerschaltung, bei der das Emitterpotential einer Transistorstufe dem Basispotential nachfolgt. Die Ausgangsspannung wird an einem in der Emitterleitung des Transistors liegenden Arbeitswiderstand abgegriffen und ist phasengleich mit der Eingangsspannung an der Basis. Die Spannungsverstärkung ist ungefähr gleich 1. Da der E. einen niedrigen Ausgangswiderstand besitzt, ist er zum Einsatz als Impedanzwandler geeignet.

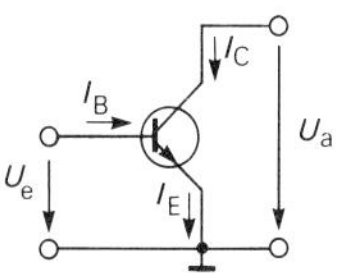

Emitterschaltung

Emitterschaltung am Beispiel eines npn-Transistors; U_e: Eingangsspannung zw. Basis und Emitter; U_a: Ausgangsspannung zw. Kollektor und Emitter; I_C, I_B, I_E: Kollektor-, Basis- und Emitterstrom des Transistors

Emitterschaltung, Grundschaltung des → Transistors, bei der die Eingangs- und Ausgangsseite des Vierpols auf den gemeinsamen Emitteranschluß bezogen sind. Die E. ergibt eine sehr hohe Leistungsverstärkung, resultierend aus hoher Spannungs- und Stromverstärkung. (→ Basisschaltung, → Kollektorschaltung)

EMK, Abk. für → **E**lektro**m**otorische **K**raft.

Emodine, in der Natur verbreitete Anthrachinonabkömmlinge, glykosidisch gebunden oder dimer vorkommend, Verwendung als Abführmittel.

EMP, NEMP, Abk. für **(nuklearer) elektromagnetischer (Im-)Puls,** tritt bei exosphär. Kernwaffenexplosionen auf, ausgelöst durch die dabei entstehende Gammastrahlung, welche beim Auftreffen auf gebundene oder freie Elektronen diese beschleunigt, die dann als beschleunigte Ladungsträger ein elektromagnet. Feld hervorrufen. Da die Gammastrahlung explosionsartig ansteigt, folgt hieraus ein elektromagnet. ›Stoß‹ (Induktionsstoß), der noch in 1000 km Entfernung vom Explosionsort zu einer elektr. Feldstärke von 50 kV/m führen kann, die ihrerseits starke Ströme in elektron. Geräten zu induzieren vermag.

Durch einen EMP kann ein Großteil der techn. Geräte – bes. Steuer- und Regelkreise – der modernen Zivilisation, insbes. der Verteidigungseinrichtungen ausfallen. Eine ›Härtung‹ elektron. Baugruppen gegen EMP ist prinzipiell möglich, jedoch umfangreich und sehr kostenaufwendig; sie geschieht vornehmlich durch Abschirmung in Form eines Faraday-Käfigs.

Der theoretisch vorhergesagte EMP wurde von den Amerikanern erstmalig am 8. 7. 1962 auf Hawaii beobachtet, ausgelöst durch die Explosion einer amerikan. Wasserstoffbombe (mit einer Sprengkraft von 1,4 Mt TNT) in 400 (?) km Höhe über der 1 300 km entfernten Johnston-Insel im Pazifik.

Empfänger, Gerät oder Einrichtung zur Aufnahme und Weiterverarbeitung von Nachrichten, die von einem → Sender erzeugt und abgegeben wurden. Die Nachricht (Signal, Zeichen, Sprache, Musik) kann mittels elektromagnet. Wellen, elektr. Impulse, Lichtstrahlen, Schallwellen u. a. übertragen werden, der Empfang ist dann mit entsprechend eingerichteten Geräten möglich, z. B. mit Rundfunkgeräten, Fernsehgeräten, Mikrophonen, Sensoren, Datenendeinrichtungen usw.

Empfindlichkeit, 1) Meßtechnik: bei einem Meßgerät das Verhältnis der Änderung seiner Anzeige zu der sie verursachenden Änderung der Meßgröße.

2) Nachrichtentechnik: Angabe zur Bewertung eines Empfängers oder einer Empfängerschaltung. Wesentlich ist dabei die Fähigkeit des Empfängers, das Verhältnis zw. dem ihm zugeleiteten Nutz- und Rauschsignal möglichst wenig durch sein Eigenrauschen zu verkleinern. Ein Empfänger mit großer E. hat eine kleine Rauschzahl.

3) Photographie: → Lichtempfindlichkeit.

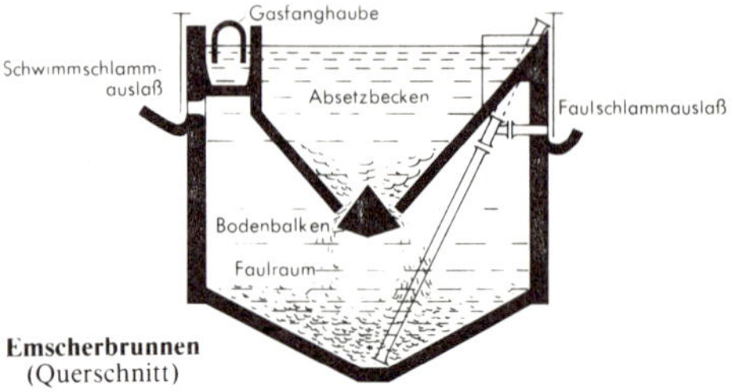

Emscherbrunnen (Querschnitt)

EMP: Wirkungsschema einer in 100 km Höhe über Paris ausgelösten Atomexplosion auf weite Teile Europas

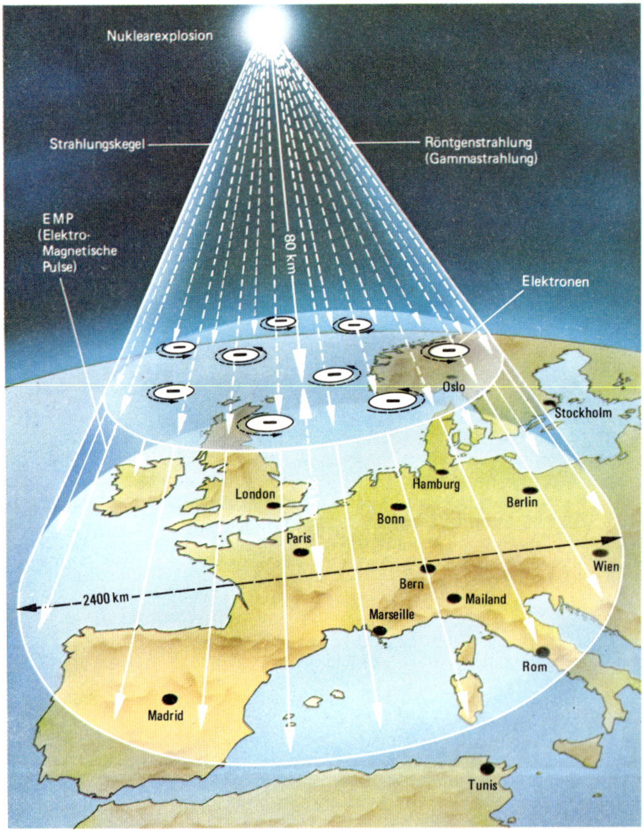

Emscherbrunnen, Imhoff-Tank [n. dem dt. Abwasseringenieur K. Imhoff, * 1876, † 1965], eine zweistöckige Anlage zur Reinigung von → Abwasser (IMHOFF 1906), das im obenliegenden Absetzbecken unter Einwirkung der Schwerkraft zunächst entschlammt wird (mechan. Reinigung). Der abgesetzte Schlamm rutscht auf den geneigten Seitenwänden ab und gleitet durch Schlitze in den darunterliegenden Faulraum, in dem er einer anaeroben (unter Luftabschluß) biolog. Zersetzung unterliegt. Das entstehende Faulgas, das im wesentl. Methan und Kohlendioxid enthält, kann als Energiequelle genutzt werden.

Emulator, Datenverarbeitung: Einrichtung oder Hilfsprogramm(e) zur Sicherstellung der → Kompatibilität zw. Rechenanlagen und Anwendungsprogrammen oder – als Zusatz zur Zentraleinheit eines Computers – zur Erweiterung des Anwendungsbereiches. Durch **Emulation** (auch durch Simulation) vorhandener Programme können diese für eine geänderte, erweiterte oder durch einen anderen Typ ersetzte Datenverarbeitungsanlage verwendet werden.

Emulgatoren, Wirkstoffe zur Herstellung und Stabilisierung von → Emulsionen. E. erniedrigen die Grenzflächenspannung zw. zwei nicht mischbaren Flüssigkeiten und erleichtern damit die Tröpfchenbildung. (→ Tenside)

Emulsin, ein Glykoside spaltendes Ferment.

Emulsion, eine → Dispersion, bei der eine Flüssigkeit in Form feiner Tröpfchen in einer anderen verteilt ist. Zur Bildung von E. ist meist der Zusatz von → Emulgatoren erforderlich. Bei **Öl-in-Wasser (O/W)-E.** (z. B. Milch) ist eine organ. Flüssigkeit (z. B. Fett, Mineralöl) in Wasser verteilt, während bei **Wasser-in-Öl (W/O)-E.** (z. B. Hautcreme) Wasser oder wäßrige Lösungen fein verteilt in einer organ. Flüssigkeit vorliegen. Das Zusammenfließen der einzelnen Tröpfchen (Koaleszenz) wird als Brechen der E. bezeichnet. Es kann mechanisch (z. B. durch Schütteln), durch elektr. Felder und durch Zusatz von Elektrolyten oder Demulgatoren erreicht werden. E. treten – erwünscht oder unerwünscht – bei vielen techn. Verfahren auf (z. B. E.-Polymerisation, ölhaltige Abwässer). Viele Produkte (z. B. Kosmetika, Lebensmittel, Bohröle) werden in Form von E. verwendet.

In der Photographie (fälschlich) Bez. für die stabile Suspension von Silberhalogenidkristallen (∅ < 0,1–3 µm) in einem hydrophilen, makromolekularen Bindemittel (meist → Gelatine), die zur Herstellung der lichtempfindl. Schicht verwendet wird. Die bei der E.-Herstellung zunächst gebildeten sehr kleinen Kristalle werden zur Empfindlichkeitssteigerung ›gereift‹ (Kornwachstum, Ausbildung von Empfindlichkeitszentren) und sensibilisiert.

EMV, Abk. für →**e**lektro**m**agnetische **V**erträglichkeit.

Enantiomerie, Bez. für eine Form der Stereoisomerie (→Stereochemie), bes. der →Chiralität 1) von Molekülen.

Enantiomorphie, Ausbildung spiegelbildlich korrelater, ›linker‹ und ›rechter‹ (enantiomorpher) Formen (wie rechte und linke Hand) der gleichen Kristallart (→Kristall).

Enantiotropie, Modifikationsänderung eines Stoffes (Phasenumwandlung) an scharf definierten Umwandlungspunkten beliebig oft nach beiden Richtungen; z. B. Quarz.

Enceladus, Mond des →Planeten →Saturn.

Enckesche Teilung [n. dem dt. Astronomen J. F. Encke, * 1791, † 1865], eine 1837 entdeckte Lücke im A-Ring des →Saturn.

Encoder [enk'əʊdə, engl.], dt. **Codierer,** elektron. Schaltung oder Baugruppe zur Verschlüsselung (→Codierung) von Informationen, um diese z. B. gegen unbefugten Zugriff zu schützen oder in eine für die Datenübertragung geeignete Form zu überführen.

Endbeseitigung, alle mit dem Abbruch einer Reaktoranlage in Zusammenhang stehenden Maßnahmen.

Endgeräte, Fernmeldewesen: Geräte an den ›Enden‹ der Fernmeldeleitungen, meist kombinierte Sender/Empfänger, zur Umwandlung zw. Originalnachricht und übertragenem Signal. E. können Wandler, Codierer/Decodierer, Modulatoren/Demodulatoren usw. enthalten. E. z. B. für Telephonie und Telegraphie sind Fernsprecher und Fernschreiber.

Endlagerung, Endlager, die sichere Beseitigung von schädl. und giftigen, bes. aber radioaktiven Abfällen im Rahmen der nuklearen →Entsorgung mit dem Ziel, eine dauernde Isolierung der Schadstoffe vom menschl. Lebensbereich zu gewährleisten.

E. in geolog. Formationen des tieferen Untergrunds (Salz, Granit, Ton, Tuff) gilt heute als eine der sichersten Methoden. Die wesentl. Anforderungen an ein solches Endlager sind: geolog. Stabilität über einen Zeitraum von etwa 10000 Jahren, Sicherheit gegenüber dem Zutritt von Wasser, das die Schadstoffe auslaugen und transportieren könnte, gute Wärmeleitfähigkeit zur Abfuhr der beim radioaktiven Zerfall auftretenden Wärme. Man geht vielfach davon aus, daß diese Anforderungen am besten von Salzformationen erfüllt werden. Sicherheitsbarrieren gegenüber dem Austritt von radioaktivem Material sind in diesem Fall: 1) Das E.-Produkt, 2) der Salzstock, der durch seine Plastizität Hohlräume, Bohrlöcher und Risse mit der Zeit von selbst schließt, und 3) das Deckgebirge, dessen Tonschichten die Wanderung von Radionukliden behindern.

Die radioaktiven Abfälle müssen dabei in eine zur E. geeignete, meist feste Form gebracht werden. Die Kriterien, an denen die Eignung eines Materials als E.-Produkt gemessen werden muß, sind Strahlenbeständigkeit, mechan. Festigkeit für eine sichere Handhabung, Temperaturbeständigkeit gegenüber der beim radioaktiven Zerfall freiwerdenden Wärme und chem. Stabilität gegenüber der Auslaugung durch Wasser.

Je nach Abfallart und -form werden verschiedene Strategien eingeschlagen oder diskutiert: Schwach- und mittelaktive Abfälle werden gesammelt und unmittelbar danach verfestigt. Gelöste wäßrige Abfälle werden meist in Zement oder Bitumen eingebunden, während die in organ. Lösungen oder Feststoffen enthaltenen Abfälle in PVC fixiert werden können, feste radioaktive Teile werden ebenfalls einzementiert. Solche Verfestigungsprodukte werden seit vielen Jahren hergestellt und wurden in der Bundesrep. Dtl. in dem ehemaligen Salzbergwerk Asse II bei Wolfenbüttel probeweise gelagert.

Für hochaktive Abfälle werden verschiedene Möglichkeiten der Verfestigung diskutiert, entwickelt und erprobt. Die meisten Erfahrungen liegen mit verglasten radioaktiven Abfällen vor, die entweder als Borosilikatglaszylinder in Edelstahlbehältern oder als Glasperlen in einer Metallmatrix ins Endlager gebracht werden sollen. Alternativ werden Verfahren entwickelt, die einen Einbau der radioaktiven Elemente in kristalline Strukturen verfolgen (Synroc, Calcinat, Supercalcine, Glaskeramik).

E. durch Versenken von Abfällen ins Meer in Tiefen von mehr als 4000 m wird seit etwa zehn Jahren vorwiegend für schwachaktive Abfälle praktiziert. Die wesentl. Sicherheitsbarriere sieht man neben der starken Verdünnung bei einem Austritt von Aktivität in der Tatsache, daß eine vertikale Durchmischung der verschiedenen Tiefenschichten des Meeres kaum stattfindet; der zum Fischfang genutzte Raum würde so unbelastet bleiben. E. im antarkt. Eis oder durch Schuß in den Weltraum erscheint derzeit als zu risikoreich, zu teuer und darüber hinaus als politisch problematisch.

endlich heißt in der Mathematik eine Menge, wenn sie bijektiv (→Abbildung 1) auf eine Teilmenge der natürl. Zahlen abgebildet werden kann.

Endlichkeit, räuml., zeitl. oder zahlenmäßige Begrenztheit von Dingen, Personen, Mengen, kosm. Systemen u. a. i. Ggs. zur Unendlichkeit. Raum, Zeit und die Welt als Ganzes wurden in der Neuzeit zunächst als unendlich angenommen, doch wird im 20. Jh. in der →Kosmologie die Annahme einer räumlich und zeitlich endl. Welt mit empir. und theoret. Argumenten vertreten.

Endlosvordruckpapier, auf Rollenpapier gedruckte, perforierte und leporelloartig endlos gefaltete Vordruck- und Formularsätze. E. wird für Ausgabegeräte (Drucker) von elektron. Datenverarbeitungsanlagen verwendet.

Endmaße, Stahlklötzchen als Längenmaß-Normale mit vorwiegend rechteckigem Querschnitt und parallelen Meßflächen **(Parallel-E.).** Durch Aneinandersetzen mehrerer E. lassen sich beliebige Meßlängen bis auf 0,001 mm genau bilden.

endogener Kreislauf, endogener (innerer) Kreislauf, endogene Dynamik, Gesamtheit der im Erdkörper ablaufenden oder von dort ihren Ausgang nehmenden Vorgänge (z. B. Magmatismus, Vulkanismus, Tektonik, Metamorphose).

Endomorphismus, ein →Homomorphismus einer algebraischen Struktur (z. B. Gruppe, Ring) in sich. Die E. eines Ringes bilden einen Ring **(Endomorphismenring),** wenn man als Multiplikation die Hintereinanderausführung von →Abbildungen und die Addition wertemäßig erklärt, wenn also für zwei E. f und g und ein Element a des Ringes gilt $(f+g)(a) = f(a) + g(a)$ und $(f \circ g)(a) = f(g(a))$.

Endoskop, Instrument zur opt. Untersuchung von Körperinnenräumen (medizin. Untersuchungen) und zur Inspektion schwer zugängl. Stellen und Hohlräume bei der Werkstoffprüfung und bei industriellen Produktionskontrollen. Ein E. enthält meist zwei Glasfaserstränge, den einen zur Beleuchtung, den anderen zur Betrachtung des Objekts (BILD Glasfaser).

endotherm heißen chem. oder physikal. Prozesse, die unter Wärmeverbrauch ablaufen; Ggs.: **exotherm.**

Endvakuum, die niedrigste Gasdichte in einer Vakuumanlage, bei der die Saugleistung der Pumpen der gesamten anfallenden Gasmenge das Gleichgewicht hält.

Endvermittlungsstelle, Fernsprechtechnik: Vermittlungsstelle mit Direktanschluß zum Teilnehmer und Trennstelle zw. Orts- und Fernverkehr (→Fernmeldenetz).

Energie, Formelzeichen E, W, gespeicherte →Arbeit, d. h. die Fähigkeit eines physikal. Systems, Arbeit zu verrichten. Es gibt versch. Erscheinungsformen der E. (die ineinander umgewandelt werden können), z. B. **mechanische E., elektrische** und **magnetische E., thermische E. (Wärmeenergie), chemische E., Kernenergie.** Neben den in Körpern konzentrierten Formen der E. muß man zur Erfüllung des →Energiesatzes allen Feldern (z. B. dem Gravitationsfeld) best. **Feldenergien** zuschreiben.

Mechanik. Ein Körper besitzt auf Grund seiner Lage relativ zu anderen Körpern und der wirkenden Kräfte relativ zu einem Normalzustand eine best. **Lageenergie** oder **potentielle E.** (Formelzeichen E_p, V). So besitzt ein Körper der Masse m im Schwerefeld der Erde in der Höhe h über dem Erdboden die potentielle E.: $E_p = mgh$ (g = Fallbeschleunigung). Bei elast. Körpern tritt bei elast. Deformation eine **Deformationsenergie (Formänderungsenergie)** auf. Diese **elastische E.** kann als besondere Art der potentiellen E. betrachtet werden. Wird z. B. eine Feder mit der Federkonstanten D um die Länge x gedehnt, dann ist in ihr die E. $E_p = \frac{1}{2}Dx^2$ gespeichert. Wenn ein Körper der Masse m relativ zu einem Koordinatensystem die Geschwindigkeit v besitzt, so hat er die **Bewegungsenergie** oder **kinetische E.** $E_k = \frac{1}{2}mv^2$; hat er bei einer Drehbewegung die Winkelgeschwindigkeit ω, so besitzt er die Bewegungs-E. **(Rotations-E.)** $E_{rot} = \frac{1}{2} I\omega^2$ (I = Trägheitsmoment um die Drehachse).

Elektrizitätslehre. E. des elektr. Stromes: Ein stationärer Strom mit der Stromstärke I gibt beim Durchfließen eines Leiters (zw. dessen Enden die Spannung U besteht) während der Zeit t die E. $W = U \cdot I \cdot t$ ab. Wenn der Strom keine mechan. oder chem. Arbeit verrichtet, erscheint diese E. im Leitungsdraht (Widerstand) als Wärme. Energieinhalt des elektr. Feldes: Die in einem auf die Spannung U aufgeladenen Kondensator (der Kapazität C) gespeicherte Energie beträgt: $W_e = \frac{1}{2}CU^2$. Energieinhalt des Magnetfeldes: Ein vom Strom I durchflossener Leiter (z. B. eine Spule) mit der (Selbst-) Induktivität L ist von einem Magnetfeld umgeben, in dem die Energie $W_m = \frac{1}{2}LI^2$ gespeichert ist. Dieser Energiebetrag muß zur Erzeugung des Magnetfeldes aufgewendet werden und wird wieder frei, wenn der Stromfluß unterbrochen wird. Energie des elektromagnet. Feldes: Durch →elektromagnetische Wellen ist auch ohne Trägermedium eine Ausbreitung von **elektromagnet. Feldenergie** (wie z. B. **Lichtenergie)** möglich.

Wärmelehre. Auch die **Wärmemenge** (Formelzeichen Q) ist eine Form der E. Die in einem System gespeicherte Wärmeenergie läßt sich auf mechan. Energieformen zurückführen (→mechanische Wärmetheorie), z. B. bei einem Gas auf drei mögl. Arten der kinet. E., nämlich die **Translationsenergie** der Gasteilchen und (falls es sich dabei um mehratomige Moleküle handelt) auf die **Rotationsenergie** und die **Schwingungsenergie.**

Chemie. Die chem. E. ist die E., die in chem. Verbindungen gespeichert ist, z. B. wird die beim Laden eines →Akkumulators 1) zugeführte elektr. E. in chem. E. umgewandelt und als solche gespeichert, beim Entladen wird die gespeicherte chem. E. in elektr. E. zurückgewandelt.

Kernphysik und Elementarteilchenphysik. In jeder Masse m ist die E. $E = mc^2$ (c = Lichtgeschwindigkeit) gespeichert (→Äquivalenzprinzip); eine vollständige Freisetzung dieser E. erfolgt bei der Paarvernichtung. Beim Aufbau der Atomkerne aus einzelnen Protonen und Neutronen entsteht ein Massenverlust. Zw. der auftretenden Massendifferenz, dem →Massendefekt Δm, und der frei werdenden **Bindungsenergie** (→Bindung) besteht der Zusammenhang $E = \Delta mc^2$. Da die Bindungsenergie pro Nukleon für mittelschwere Kerne am größten ist, kann →Kernenergie sowohl durch Kernfusion leichter Kerne als auch Kernspaltung schwerer Kerne gewonnen werden.

Energieversorgung. Man unterscheidet die in den natürl. Energieträgern wie Kohle, Erdöl, Erdgas, Uran (als Ausgangsstoff für Kernspaltung), Wasser, Wind, Erd- und Sonnenwärme enthaltene **Primärenergie** und die daraus durch Umwandlung gewonnene **Sekundärenergie,** die in erster Linie elektr., aber auch mechan., therm. oder chem. E. ist.

Energieeinheiten. Die SI-Einheit der Energie (und der Arbeit) ist das →Joule (Einheitenzeichen J). Daneben gibt es als Folge der histor. Entwicklung und aus Gründen der Handlichkeit weitere Einheiten der E.

Die mechan. Energie mißt man auch in Newtonmeter (1 Nm = 1 J; SI-Einheit); veraltete, nicht gesetzl. Einheiten sind das Kilopondmeter (→Meterkilopond) und das →Erg. Elektr. und magnet. E. mißt man auch in Wattsekunden (1 Ws = 1 J; SI-Einheit); daneben ist auch die SI-fremde →Kilowattstunde (kWh) gesetzl. Einheit. In der Wärmelehre und der Chemie wurde früher die →Kalorie (cal) verwendet. Eine SI-fremde aber gesetzl. Einheit ist das →Elektronvolt, das v. a. in der Atom-, Kern-, Elementarteilchen- und Festkörperphysik verwendet wird.

Geschichtliches. Die physikal. Bedeutung des Energiebegriffs wurde erst im 19. Jh. nach den Arbeiten von J. R. VON MAYER, J. P. JOULE und H. L. F. VON HELMHOLTZ erkannt und seine Definition herausgearbeitet. Allerdings entwickelte G. W. LEIBNIZ bereits 1686 Vorstellungen, die den Begriffen kinet. und potentieller E. in etwa entsprechen. Der Begriff ›Arbeit‹ wurde 1828 von C. G. DE CORIOLIS und J. V. PONCELET, der der ›Energie‹ 1851/52 von W. THOMSON und W. M. M. RANKINE eingeführt. Eine wesentl. Erweiterung erfuhr der Begriff 1905 durch A. EINSTEINS Folgerung der Äquivalenz von Masse und E. (→Äquivalenzprinzip) aus der speziellen Relativitätstheorie.

Energieauflösung, das energetische →Auflösungsvermögen.

Energiebänder, →Bändermodell.

Energiedosisrate, svw. Energiedosisleistung, →Dosisleistung.

Energieforschung, die Forschung zur Erschließung neuer Energiequellen und zur optimalen Nutzung der vorhandenen. Die bekannten Erdöl- und Erdgasreserven der Erde, aus denen (1979) 65% des Weltenergiebedarfs gedeckt wurden, werden bei Fortsetzung des für die letzten Jahrzehnte typ. exponentiellen Wachstums des Energieverbrauchs Anfang des nächsten Jahrhunderts erschöpft sein. Eine ausschließliche Rückkehr zur noch reichlich vorhandenen Kohle ist kaum denkbar und wegen der Bedeutung der Kohlevorräte als wertvoller Rohstoff für die chem. Industrie auch nicht wünschenswert. Soll die Energieversorgung langfristig gesichert werden, müssen daher durch Forschungs- und Entwicklungsprogramme neue alternative Energiequellen erschlossen werden. Bis 1973 wurde lediglich die Kernenergieforschung (→Kernenergie, →Kernfusion) weltweit finanziell stark gefördert. Wichtigste Schwerpunkte der E. neben der Kernenergieforschung sind: 1) Erschließung neuer Energiequellen (→Erdwärme, →Sonnenenergie, →Gezeitenkraftwerk, →Windkraftanlagen, →Meereswärmekraftwerk, →Wellenkraftwerk, →Biogas). Dabei sind zu berücksichtigen: technolog. Realisierbarkeit, Wirtschaftlichkeit, Sicherheitsrisiko, Umwelteinflüsse sowie die Verfügbarkeit von Rohstoffen. 2) Versorgung mit Motorkraftstoffen. 3) Entwicklung von empfindlicheren Methoden für die Prospektion von Erdöl- und Erdgasvorkommen, die Verbesserung des Wirkungsgrades bei der Ausbeutung von Erdölquellen (z. Z. nur etwa 35%) und Erdgaslagern (z. Z. rd. 70%) sowie die Schaffung von Techniken für den Abbau in größeren Tiefen. 4) Entwicklung verbesserter und neuer Technologien für die →Energieübertragung, →Energiespeicherung und Energieumwandlung. Für Energietransporte, die mit dem Übergang zur Nutzung der Kern- und Sonnenenergie immer mehr an Bedeutung gewinnen werden, bietet sich Wasserstoff als Energieträger an (→Wasserstoffenergietechnik). 5) Techn. Innovationen, die die Wirtschaftlichkeit der Energienutzung steigern. Heute fällt mehr als die Hälfte des Energieverbrauchs als umweltbelastende Abfallwärme an, bleibt also ungenutzt. Deshalb werden Technologien zur Nutzung dieser auf niedrigem Temperaturniveau anfallenden Abwärme entwickelt.

energiegleiches Spektrum, Farbmetrik: eine Strahlung mit gleicher Energiedichte in jedem gleich breiten Wellenlängenband $\Delta\lambda$ innerhalb des sichtbaren Spektralbereichs.

Energie-Impuls-Tensor, aus zehn Komponenten bestehende physikal. Feldgröße, die die raumzeitliche Verteilung von Energie, Impuls und Spannungen in materiellen Körpern und Feldern beschreibt. In der allg. Relativitätstheorie ist der E.-I.-T. zugleich die Quelle des Gravitationsfeldes.

Energielücke, in einem →Supraleiter der ›verbotene‹ Energiebereich in der Nähe des Fermi-Niveaus, in dem keine erlaubten Zustände für ungepaarte Elektronen existieren, da die Wechselwirkung, die nach der →BCS-Theorie zur Bildung von →Cooper-Paaren führt, auch die Zustandsdichte der ungepaarten Elektronen verändert. Da die besetzten Elektronenzustände von den unbesetzten durch die E. mit der Breite Δ getrennt sind, muß zur Anregung einzelner Elektronen mindestens die Energie $2\,\Delta \approx 3{,}5\;k \cdot T_c$ (k = Boltzmann-Konstante, T_c = kritische Temp. des Supraleiters) übertragen werden. Daher können die Cooper-Paare unterhalb einer kritischen kinet. Energie nicht durch Wechselwirkung mit dem Gitter gestreut werden, so daß ein widerstandsloser Strom fließen kann. Die E. kann durch Absorptionsexperimente mit Ultraschall oder elektromagnet. Strahlung sowie durch den →Einelektron-Tunneleffekt nachgewiesen und untersucht werden. – E. beim Festkörper, svw. Bandlücke (→Bändermodell).

Energieniveau [-nivo], Quantentheorie: Die innere Energie eines isolierten, gebundenen quantenmechan. Systems, z. B. eines Atomkerns, →Atoms oder Moleküls, kann in einem stationären Zustand nur Werte aus einer diskreten, abzählbaren Menge annehmen. Diese Werte und i. w. S. auch die zugehörigen Zustände heißen E.

Energiesatz, Energieprinzip. In einem abgeschlossenen System (etwa dem Weltall) ist die Summe von kinetischer und potentieller Energie zeitlich konstant (unveränderlich). Der E. gilt allgemein, wurde aber urspr. (1673) von C. HUYGENS u. a. nur für mechan. Systeme unter Vernachlässigung von Reibungsverlusten formuliert. 1842 wurde er von J. R. v. MAYER auch auf Wärmeenergie und Reibungsvorgänge und 1847 von H. v. HELMHOLTZ auf alle Energieformen bezogen. Folgerungen: 1) →Energie kann nicht aus nichts gewonnen und auch nicht zerstört, sondern nur von einer Form in eine oder mehrere andere umgewandelt werden. 2) Es gibt kein →Perpetuum mobile, d. h. eine Maschine, die nach einmaligem Anwurf ohne weitere Energiezufuhr immer in Bewegung bleibt.

Energieschema, das →Termschema.

Energiespeicherung, Speicherung von Sekundärenergie, die jederzeit in gewünschter Menge rationell zur Verfügung stehen soll, über mehr oder weniger lange Zeit. Speicherung von **thermischer Energie** ist wichtig v. a. für →Heizung oder →Wärmekraftmaschinen (→Wärmespeicher).

Mechanische E. ist möglich im →Pumpspeicherwerk (Wirkungsgrad etwa 60%) und in →Luftspeicher-Gasturbinen-Kraftwerken, in denen Gasturbinen und Generator mit Kavernen als Druckluftspeicher zusammengefaßt sind. Ein mechanischer Kurzzeit-Energiespeicher ist das →Schwungrad.

Elektr. E. geschieht in Akkumulatoren, deren Bleielektroden (Wirkungsgrad etwa 50%) durch solche aus leichteren Werkstoffen ersetzt werden sollen. Elektr. Kurzzeit-Energiespeicher für Sonderzwecke sind supraleitende Magnetspulen.

Die Speicherung von elektr. Energie in Form von Wasserstoff (oder auch Metallhydriden; →Wasserstoffenergietechnik), der durch Elektrolyse von Wasser gewonnen und mit Brennstoffzellen wieder in Elektrizität umgewandelt wird, ist bisher wegen der zu geringen Umwandlungsausbeuten noch unwirtschaftlich.

Die Entwicklung effektiver E.-Methoden ist bes. – wegen der tages- und jahreszeitl. Variationen der Sonneneinstrahlung – eine unumgängl. Voraussetzung für die direkte Nutzung der Sonnenenergie mit Hilfe von Solarzellen und Sonnenkollektoren. Zum Sammeln und zur Langzeitspeicherung der Sonnenwärme bieten sich Solarteiche an, in denen eine mit der Tiefe zunehmende Salzkonzentration die normalerweise auftretende Wärmekonvektion und die Wärmeabgabe an die Umgebung unterdrückt. Die Temperatur der untersten Schicht kann am Ende des Sommers auf 70–90 °C ansteigen. Diese Wärme kann im Winter, z. B. mit einer →Wärmepumpe für Raumheizungszwecke oder zur Warmwasserbereitung, genutzt werden.

Energieübertragung, die Fortleitung von Energie vom Ort der Gewinnung zum Verbraucher. Dies geschieht z. Z. überwiegend in Form von Elektrizität (→elektrische Energieübertragung), in zunehmendem Maß aber auch in Form von Erdöl und Erdgas mittels Rohrleitungen (→Pipeline), z. T. über große Entfernungen.

Umweltschutz- und Kühlwasserversorgungsprobleme sowie Strahlengefährdung und Sicherheitsrisiko werden wahrscheinlich bewirken, daß in Zukunft immer mehr Großkraftwerke entfernt von den Verbrauchszentren in den Ballungsgebieten gebaut werden, z. B. im Meer. Auch die derzeit erforschte großtechn. Nutzung der →Erdwärme und der →Sonnenenergie wird die E. von der Quelle zum Verbraucher über große Entfernungen erfordern. Wegen des Wirkungsgrades und der damit verknüpften Energiekosten dürfte die großtechn. Nutzung nur an speziellen Standorten sinnvoll sein, die einen einfachen Zugang zu geotherm. Energiequellen ermöglichen oder in sonnenreichen Zonen liegen. Die Übertragung von elektr. Strom ist die teuerste Art des Energietransports. Selbst wenn man berücksichtigt, daß fossile Brennstoffe nur mit einer Ausbeute von rd. 35% in elektr. Energie umgewandelt werden können, liegen die Kosten für den Stromtransport über eine Entfernung von mehreren 100 km noch um 70% höher als beim Transport von Erdgas (um 300% höher als beim Erdöl) durch eine Pipeline zu einem am Verbrauchsort stehenden Kraftwerk. Die Verhältnisse werden durch die Umwandlungsverluste noch wesentlich ungünstiger, wenn der elektr. Strom nur für Heizzwecke verwendet wird. Die Rentabilität zukünftiger Kern- und Kohle-Großkraftwerke oder der alternativen Energiequellen (→ Energieforschung) wird entscheidend davon abhängen, ob es gelingt, die Verluste beim Stromtransport zu vermindern oder billigere Methoden der E. zu entwickeln. Während die Elektrizität heute fast ausschließlich über Starkstromfreileitungen übertragen wird, kann der zu erwartende Anstieg des Bedarfs an elektr. Energie in der Zukunft aus Umweltschutz- und Sicherheitsgründen sowie wegen des großen Platzbedarfs von Freileitungen den stärkeren Einsatz von Erdkabeln erzwingen. Da die z. Z. verfügbaren unterird. Kabel eine zu geringe Übertragungsleistung und wegen ihres höheren Blindwiderstands zu hohe Übertragungsverluste haben, um Freileitungen ersetzen zu können, müssen neue Kabeltechnologien gefunden werden. Bei Verwendung von Gas an Stelle von Öl zur Isolation der Kabel könnte mehr Leistung ohne Überschreitung der Sicherheitsgrenzen übertragen werden. Der Widerstand des Leiters kann durch Kühlung auf die Temperatur von flüssigem Stickstoff **(Kryokabel)** oder durch Ausnutzung der → Supraleitung **(supraleitende Kabel)** stark reduziert werden. Obwohl die Einsparungen an Verlustleistung durch den schlechten Wirkungsgrad der Tieftemperaturkältemaschinen wieder aufgehoben werden, versprechen supraleitende Kabel wegen ihrer enormen Übertragungskapazität den gewünschten Nutzeffekt.

Eine neue Technologie ist die E. über große Entfernungen in Form von Wasserstoff (→ Wasserstoffenergietechnik), der selbst kein Primärenergieträger ist, sondern durch Elektrolyse, endotherme chem. Zersetzung, Photolyse oder Biokonversion erzeugt werden muß und mit Hilfe von dezentralisierten Brennstoffzellen in Elektrizität umgewandelt werden kann. Dieses **Wasserstoffsystem** verspricht ein wirksamer Energieträger zu werden. Zusätzl. Vorteile sind die einfachen Möglichkeiten der → Energiespeicherung sowie die Verwendbarkeit als transportabler Energieträger für den Verkehr. Da bei Verbrennung in reinem Sauerstoff Wasser als einziger Rückstand entsteht (bei der Verbrennung an Luft werden in geringerem Maße als bei anderen Brennstoffen auch Stickoxide gebildet), ist Wasserstoff ein sehr umweltfreundl. Energieträger. Ob Wasserstoff einen weitverbreiteten Einsatz zur E. in der Zukunft findet, wird davon abhängen, inwieweit es gelingt, den Wirkungsgrad für die Umwandlung von Wasserstoff in Elektrizität mit Brennstoffzellen und für die Umwandlung von Kern- oder Sonnenenergie in Wasserstoff (bei Elektrolyseanlagen derzeit rund 70%) zu steigern.

Die Wirtschaftlichkeit von Kernkraftwerken ließe sich durch die kombinierte Abgabe von elektr. Strom und Wärme, die für Heizzwecke oder als Prozeßwärme in der Industrie nutzbar ist, erheblich steigern. Da aus techn. Gründen (Wärmeverluste, kostspielige Isolierung) die Transportentfernung für Heißwasser oder Dampf auf etwa 40 km begrenzt ist, müssen neue Methoden für die **Fernübertragung von Wärme** entwickelt werden. Die Wärme kann z. B. dazu genutzt werden, eine endotherme chem. Reaktion in einem Gasgemisch auszuführen (→ Methanisierung). Die in chem. Form gespeicherte Energie läßt sich bei Umgebungstemperatur beliebig weit transportieren und beim Verbraucher wieder freisetzen. Dieses an der Kernforschungsanlage Jülich erprobte neuartige System (›Adam und Eva‹) für den Wärmetransport mit Hilfe thermochem. Kreisprozesse benötigt allerdings einen Hochtemperaturreaktor als Wärmequelle, da das Temperaturniveau der in den Kernkraftwerken verwendeten Leichtwasserreaktoren (maximal 320 °C) für die Auslösung endothermer Reaktionen zu niedrig ist.

Energieverlust, → Bremsvermögen.

Energiewandler, Geräte, die über Energiezwischenformen oder auch direkt chemische, potentielle, solare oder nukleare Energie in elektr. Energie umformen. Nach dem Vorhandensein beweglicher Teile unterscheidet man dynamische und statische Energiewandler. **Dynamische E.** sind z. B. → Verbrennungskraftmaschinen, → Dampfturbinen oder → Wasserturbinen. **Statische E.** sind z. B. → Thermoelemente, → Brennstoffzellen und → magnetohydrodynamische Generatoren.

Engländer, Franzose, ein → Schraubenschlüssel mit verstellbarer Maulweite.

Engobe [ãg'ɔb, frz.] *die,* Beguß einer keram. Grundmasse mit andersgefärbtem Tonschlamm, bes. bei mißfarbig brennenden Tonen. Durch Metalloxide kann die E. künstlich gefärbt werden. Mit E. wurde die Halbfayence (→ Fayence) hergestellt. Die Ziegeleien verwendeten E. besonders bei bunten Dachziegeln.

Engpaßleistung eines Kraftwerkes ist die durch den leistungsschwächsten Anlageteil begrenzte höchste erreichbare Leistung. Sie ist kleiner als die höchste installierte Leistung.

ENIAC, Abk. für **Electronic Numerical Integrator and Computer** [ɪlektr'ɔnɪk nju:m'erɪkl ɪntɪgr'eɪtə ænd kəmpj'u:tə, engl.], Name der ersten größeren elektron. Rechenmaschine (USA, 1945), mit 18000 Elektronenröhren bestückt.

Entenflugzeug:
Saab-Scania 37 Viggen: Einsitziges Kampfflugzeug, 1 Strahltriebwerk, Tiefdecker in Entenbauart, Startgew. rd. 22 t; Bewaffnung: 30-mm-Kanone und bis zu 6000 kg Kampflasten unter Rumpf und Flügel, Höchstgeschw. 2125 km/h in 11000 m Höhe

Enole, → Isomerie 1).

Enometrie, Verfahren zur Bestimmung des ungesättigten Anteils und der Art der Ungesättigtheit beson-

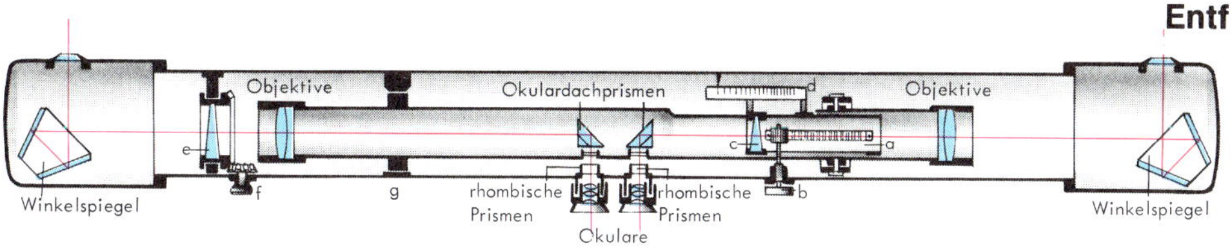

Entfernungsmessung: Schnitt durch einen Raumbild-Entfernungsmesser; **a** Meßeinrichtung; **b** Einstellschraube; **c** Drehkeil; **d** Entfernungsskala; **e** Drehkeil zur Berichtigung der Entfernungseinstellung; **f** Drehknopf. Das Innenrohr ist bei **g** verschiebbar

ders in Fetten, Ölen, Wachsen u. a. durch Anlagerung, z. B. von Jod.

Enstatit, Mineral $Mg_2[Si_2O_6]$, ein → Pyroxen.

Ent|aktivierung, Kerntechnik: svw. → Dekontamination.

Entartung, 1) Quantenstatistik: Gewisse Eigenschaften eines Vielteilchensystems, z. B. die Zustandsgleichung eines Gases bei hoher Dichte und niedriger Temperatur, beruhen auf der durch die Nichtunterscheidbarkeit seiner Bestandteile bedingten, von der → Boltzmann-Statistik verschiedenen → Quantenstatistik. Das Auftreten solcher Abweichungen vom klassisch-physikal. Verhalten heißt Entartung (→ Gasentartung).

2) Quantentheorie: Ein → Eigenwert einer physikal. Größe, z. B. ein → Energieniveau, heißt entartet, wenn es dazu zwei oder mehr → Eigenzustände gibt. Auch diese Zustände nennt man dann entartet. Die E. eines Energieniveaus wird erkennbar, wenn bei einer zusätzl. Beeinflussung des Systems durch äußere Kräfte (z. B. ein Magnetfeld) eine Aufspaltung in zwei oder mehr Zustände verschiedener Energie erfolgt. (→ Atom)

Ent|asphaltierung, Verfahren, bei dem aus Rückständen der Erdöldestillation mit niedrig siedenden Alkanen (bes. flüssigem Propan) Asphaltene ausgefällt werden. Die E. dient zur Gewinnung hochviskoser Schmieröle (Brightstocks).

Entbasten, Degummieren, Abziehen, → Abkochen 1).

Entbitterung, das Auslaugen von Bitterstoffen aus Futtermitteln durch Wässern oder Dämpfen.

Entcarbonisierung, Verfahren der Wasseraufbereitung zur Entfernung der Carbonathärte. Die E. kann durch Zusatz von Kalkmilch oder Säure, Belüftung oder schwach saure Ionenaustauscher erreicht werden. Sie hat bei der Aufbereitung von Kühlwasser, Betriebswasser (z. B. für Papierfabriken, Brauereien, Färbereien) und Trinkwasser Bedeutung.

Ent|eisenung des Wassers, Entfernen des Eisengehaltes bei der → Wasseraufbereitung.

Ent|eisungsmittel, Entfroster, Bez. für Flüssigkeiten, die Eis oder Reif auf Glasoberflächen, in Türschlössern oder an Flugzeugen zum Schmelzen bringen und/oder deren Bildung vermindern oder verzögern.

Enteisungsvorrichtung, → Vereisung.

Entenflugzeug, Flugzeug mit (vor dem Tragflügel liegendem) Höhenleitwerk (Kopfleitwerk). Diese Bauart ergibt eine Verbesserung der Flugeigenschaften bes. von Flugzeugen mit → Deltaflügeln, vorzugsweise im Bereich geringer Geschwindigkeiten (Landeanflug). BILD S. 38

Entero|kinase, Enzym der Darmschleimhaut, das Trypsinogen zu Trypsin umwandelt.

Enterokokken, Gruppe der Streptokokken der Darmflora; z. T. Eitererreger. Die E. können neben den → Colibakterien als zusätzl. Indikatorbakterien für eine fäkale Verunreinigung des Wassers angesehen werden **(Fäkalstreptokokken).**

Entfärben, → Abziehen 4).

Entfernung, der → Abstand zweier Punkte.

Entfernungsmessung, die Bestimmung der Entfernung eines Meßzieles vom eigenen Standpunkt aus.

1) Die **optische E.** beruht auf der optisch-mechan. Ausmessung eines sehr schlanken Dreiecks, das durch eine im Entfernungsmesser vorhandene Meßbasis und zwei von den Endpunkten nach dem Ziel verlaufende Zielstrahlen gebildet wird. Man unterscheidet Zweistand- und Einstand-E. **Zweistand-Entfernungsmesser** bestehen aus getrennt aufgestellten Beobachtungsgeräten zum Anvisieren eines Ziels. Aus den gemessenen Winkeln und der Basis wird die Entfernung rechnerisch, mechanisch oder automatisch bestimmt. Bei der **Hochstand-E.** mißt man von einem Punkt mit bekannter Höhe ü. M. den Tiefenwinkel z. B. eines Schiffs, aus dem die Entfernung bestimmt wird. Beim **Einstand-Entfernungsmesser** wird die Messung von einem Beobachter mit einem Gerät mit zwei Ausblicken, deren Abstand Basis oder Standlinie genannt wird, durchgeführt. Die Meßgenauigkeit wächst mit deren steigendem Abstand. Bei der **Koinzidenz-E.** werden die beiden Bilder im Gesichtsfeld des Beobachters entweder zur Deckung gebracht **(Mischbild-E.)** oder durch eine scharfe Trennungslinie getrennt übereinandergelegt **(Schnittbild-E.).** Durch Bewegung opt. Mittel (Spiegel, Zylinderlinsen, sphärische Linsen, ›Keile‹) werden die beiden Bilder so gegeneinander verschoben, daß sie sich beim Mischbild decken, beim Schnittbild genau gegenüberliegen. Die entsprechende Bewegung der opt. Mittel gibt ein Maß für die Entfernung, die abgelesen oder bei gekoppelten Geräten (z. B. Kameras, Kommandogeräten) weiterverwendet werden kann. Die in Kameras eingebauten opt. Entfernungsmesser sind meist Mischbild- (Schwenkspiegel-, Schwenkkeil-, Drehkeil-Entfernungsmesser; wachsende Meßgenauigkeit in der angegebenen Reihenfolge), in geringerem Maß Schnittbild-Entfernungsmesser.

Bei Spiegelreflex-Kameras (nur ein Ausblick durch das Objektiv) wird die Entfernung nicht nach dem Prinzip der opt. E. bestimmt, sondern über die Scharfeinstellung des Aufnahmegegenstands auf einer Mattscheibe, wobei meist Einstellhilfen vorgesehen sind (z. B. Schnittbildanzeige unter Verwendung von Meßkeilen oder zentrales Mikroprismen-Rasterfeld).

Beim **Raumbild-Entfernungsmesser** werden nicht beide Zielstrahlen in einem Okular beobachtet, sondern der linke Zielstrahl mit dem linken Auge und der rechte Zielstrahl mit dem rechten Auge. Dadurch wird dem Beobachter ein räuml. Bild des Zielbereichs dargeboten, zusammen mit einer im Gesichtsfeld räumlich erscheinenden, bewegl. Meßmarke oder einer unbewegl., gestaffelten Meßmarkenreihe. Der Meßwert folgt dann aus dem Tiefenvergleich von Meßziel und Meßmarke.

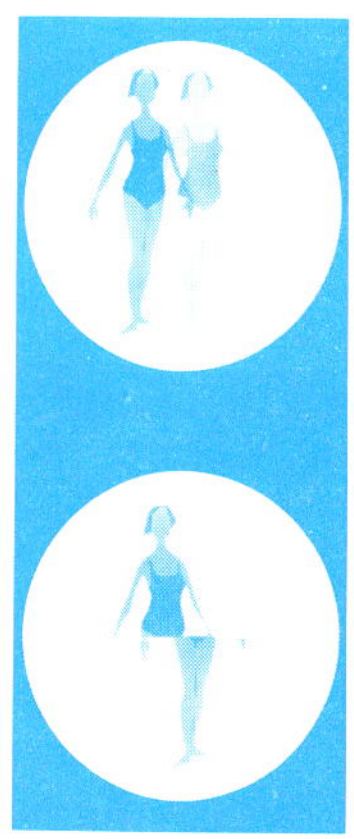

Entfernungsmessung: OBEN Mischbild-Entfernungsmesser; UNTEN Schnittbild-Entfernungsmesser

2) In der **Funknavigation** beruht die E. auf der Laufzeitmessung elektromagnet. Wellen. Bei der **Einweg-E.** wird diese Laufzeit durch Phasenmessung mit Hilfe zweier hochkonstanter Frequenznormale bestimmt (→ Atomuhren mit einer Genauigkeit von 10^{-12} bis 10^{-13}). Das eine Normal steuert die Modulationsfrequenz des Bodenstationssenders, das andere an Bord des Fahrzeugs dient zur Messung der Phasenverschiebung gegenüber der demodulierten Empfangsschwingung. Diese Verschiebung ist ein direktes Maß für die Laufzeit, d. h. die Entfernung zw. Bodensender und Bordempfänger. Vor dem Start muß jeweils das Frequenznormal des Bordgerätes mit dem der Bodenstation phasensynchronisiert werden.

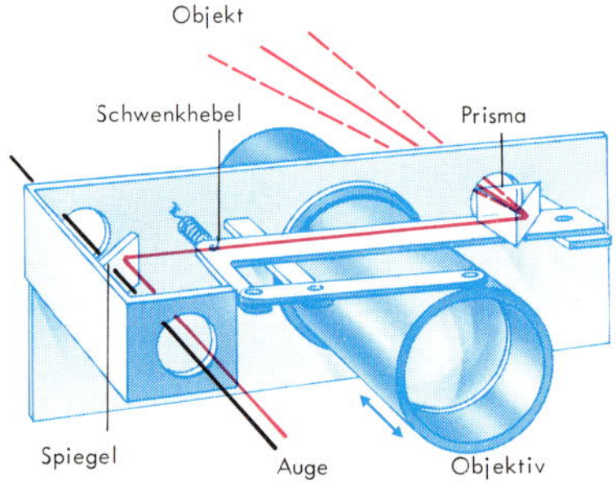

Entfernungsmessung:
Mischbild-Entfernungsmesser mit halbdurchlässigem Spiegel (links) und schwenkbarem Spiegel (rechts), der mit dem Objektivvorschub gekoppelt ist. Der Drehwinkel des Schwenkspiegels hängt von der Entfernung des Objekts ab

Bei der **Zweiweg-E.** durch Rücksendeverfahren (z. B. → DME) wird die Technik der → Abfragefunkfeuer angewendet. In der Radartechnik wird die Entfernung als Laufzeit eines Echos gemessen, das durch Reflexion einer scharf gerichteten, pulsmodulierten elektromagnet. Welle an einem Hindernis im Ausbreitungsweg entsteht. Das gleiche Prinzip wird auch für Vermessungszwecke mittels **Laser-E.** benutzt, bei dem ein Halbleiter-Laser über eine Sendeoptik auf 0,6° gebündelte Infrarot-Lichtimpulse aussendet. Eine Empfangsoptik mit Photodiode registriert das vom Ziel reflektierte Restlicht bis zu einer Entfernung von 120 m mit einer Genauigkeit von 0,1% der Wegstrecke (bis 500 m bei Anwendung einer Reflektorfolie). In Sonderfällen wird das Lasergerät auch in der Schiffahrt bei schwierigen Anlegemanövern benutzt.

3) **E. von Sternen,** → Sternentfernungen.

Entfetten, 1) → Metallreinigung. **2)** → Wolle.

Entflammungspunkt, Temperatur, ab der eine Substanz in Gegenwart von Luft sofort zu brennen beginnt, d. h. nicht mehr weiter erhitzt werden muß, wenn man kurzfristig eine Flamme auf sie richtet.

Entfroster, svw. → Enteisungsmittel.

Entgasung, Entfernung von feinverteilten, gelösten oder gebundenen Gasen aus chem. Stoffen. E. der Kohle geschieht durch trockene Destillation (→ Verkokung, → Pyrolyse), E. von Metall- und Glasschmelzen durch Unterdruck, Ultraschalltauchschwinger oder chem. Zusätze, so auch die E. des Dampfkessel-Speisewassers.

Entgiftung, Behandlungsverfahren, die darauf abzielen, Gifte, die in den Körper eingedrungen sind, zu entfernen, sie zur Ausscheidung zu bringen oder sie durch Bindung unschädlich zu machen. I. w. S. auch die Entseuchung durch → Desinfektionsmittel; auch das Unschädlichmachen von Giftstoffen wird als E. bezeichnet.

Entglasung, Bildung von Kristallen in Glas. E. führt gewöhnlich zu Fabrikationsfehlern, wird jedoch bei der Herstellung von → Glaskeramik als Verfahrensstufe technisch genutzt.

Entgleisung, bei Schienenbahnen das Verlassen des Spurkanals durch die Räder; kann entstehen durch Mängel am Gleis oder am Fahrzeug, durch zu hohe Geschwindigkeit, falsche Weichenstellung, ungleiche Radbelastung, Fremdkörper oder Zusammenstoß (Aufstoß). Die Abnutzungstoleranzen an Schienen und Rädern sind genau vorgeschrieben.

Entgranner, Vorrichtung zum Entfernen der Grannen von Getreidekörnern in Dreschmaschinen oder Mähdreschern.

Enthalpie, Formelzeichen H, thermodynamische → Zustandsgröße **(Zustandsfunktion)** einer Substanz, die sich aus der → inneren Energie U und der Volumenarbeit pV zusammensetzt: $H = U + pV$ (p = Druck, V = Volumen). Sie hat die Dimension einer Energie. Bei reversibler isobarer Prozeßführung (d. h. bei einem unter konstantem Druck ablaufenden Prozeß) ist die Änderung der E. gleich der vom System mit der Umgebung ausgetauschten Wärmemenge Q. Die E.-Änderung bei isobaren Zustandsänderungen, wie (isobarem) Schmelzen, Verdampfen, Kondensieren, Sublimieren u. a., bezeichnet man als **Schmelz-, Verdampfungs-, Kondensations-, Sublimations-E.;** bei chem. Reaktionen spricht man von **Reaktions-E.** E.-Änderungen werden mit Kalorimetern gemessen. Beim → Joule-Thomson-Effekt bleibt die E. konstant. Die E. besitzt techn. Bedeutung bei der Berechnung von Wärmekraftmaschinen und wird in der Praxis meist als Maß für den Energieinhalt eines Systems verwendet. Bei Verwendung der inneren Energie müßte nicht bei konstantem Druck, sondern bei konstantem Volumen gemessen werden, was bei Flüssigkeiten und Festkörpern große experimentelle Schwierigkeiten bereitet. Von der E. zu unterscheiden ist die → freie Enthalpie.

Enthärtung, Verfahren zur Beseitigung der → Wasserhärte aus Wässern zur Dampferzeugung, für Heißwassersysteme, Wäschereien, Geschirrspüler u. a. Zur E. dienen meist Kationenaustauscher in der Natriumform. Dabei werden die Calcium- und Magnesiumionen des Wassers gegen Natriumionen ausgetauscht. Die Regenerierung des Ionenaustauschers erfolgt mit Kochsalz. Eine Teil-E. ist die → Entcarbonisierung.

Entkeimungsstrahler, → Quarzlampe.

Entkohlung, Schädigung von Stählen durch Entzug von Kohlenstoff. E. kann bei Temperaturen oberhalb von 700 °C in Gegenwart von Luft als Begleiterscheinung der Verzunderung oder durch → Druckwasserstoffangriff auftreten; vollständiger Entzug heißt **Auskohlung.**

Entkopplung, schaltungstechnische und/oder konstruktive Maßnahme zur Vermeidung von Beeinflussungen zw. verschiedenen elektr. Nachrichtenkanälen, Baugruppen oder Einrichtungen, um i. d. R. Störungen oder sonstige funktionelle Beeinträchtigungen zu vermeiden oder zu verringern. Zur E. von Signalkreisen sind z. B. Optokoppler wegen ihrer Rückwirkungsfreiheit bes. geeignet.

Entladen, 1) Elektrizität: → Entladung.

2) Energietechnik: → Wasserstoffenergietechnik.

Entladewagen, ein- oder zweiachsiger Ackerwagen zum mechanisierten Entladen von langem oder gehäckseltem Halmgut. Dieses wird mit Hilfe eines → Kratzbodens an ein Wagenende (meist nach vorn) befördert und dort von einem quer zur Fahrtrichtung arbeitenden Förderband übernommen, das es gleichmäßig dosiert auswirft.

Entladung, elektr. Ladungsausgleich zw. entgegengesetzt aufgeladenen, getrennten Leitern, wodurch das elektr. Feld zw. diesen Leitern verschwindet (›zusammenbricht‹). Die E. kann durch Elektronen- oder Ionenstrom, Elektronenemission oder → Gasentladung erfolgen.

Entladungslampe, Gasentladungslampe, gebrauchsfertige, elektr. Lichtquelle, bei der die Leuchterscheinungen von → Gasentladungen ausgenutzt werden. Mit Ausnahme des Kohlebogens (→ Bogenlampe) brennen die Entladungen in einem Entladungsgefäß (meist aus Glas, auch Quarzglas), das mit Gasen gefüllt ist und ggf. im Betrieb verdampfende Zusätze enthält. In **Niederdruck-E.** herrscht ein Betriebsdruck unter, in **Hochdruck-E.** über etwa 0,1 bar.

E. werden weiterhin unterteilt in Bogenlampen und → Glimmlampen. Erstere sind durch einen Kathodenfall (Gasentladung) von etwa 10 V, Glimmlampen durch einen Kathodenfall von etwa 100 bis 200 V gekennzeichnet. Da der Kathodenfall bezüglich Lichterzeugung einen Verlustprozeß bildet, werden bei einem Betrieb am 220-V-Netz Bogenlampen bevorzugt. → Leuchtröhren, in denen Glimmentladungen brennen, werden an höherer Spannung bis 7,5 kV betrieben. Zu den E. zählen auch die → Blitzlampen, die → Spektrallampen und die → Quarzlampen.

Entlastung, Bautechnik: das Abfangen von Lasten, z. B. durch **Entlastungsbogen,** ein über einem Sturzträger angeordnetes Mauergewölbe.

Entlaubungsmittel, Defoliạnten, Chemikalien, die bei Pflanzen das Abfallen der Blätter bewirken, um z. B. Erntemaßnahmen zu erleichtern. E. wurden aber auch als → chemische Kampfstoffe eingesetzt.

Entlüftungsventil, Ventil an hochgelegenen Stellen von Rohrleitungen oder hydraul. Maschinen zum Entfernen von Luftansammlungen (→ Luftsack 1).

Entmagnetisierung, **1)** Elektromagnetismus: a) **Abmagnetisierung,** die Zurückführung in den unmagnet. Zustand; b) die Schwächung eines äußeren Magnetfeldes H_a im Innern eines nicht geschlossenen magnet. Kreises (z. B. bedarf es bei einem nicht ringförmig geschlossenen Eisenkern einer Spule eines höheren Spulenfeldes H_a, um die gleiche Magnetisierung zu erhalten wie bei einem Ring). Zw. H_a und dem für die Magnetisierung M maßgebendem Feld H_i im Innern des Mediums besteht die Beziehung $H_i = H_a - NM$, wobei der **Entmagnetisierungsfaktor** N von der Probenform abhängt.

2) Schiff: → MES.

3) In der Tieftemperaturphysik dient die → adiabatische Entmagnetisierung zur Erzeugung tiefer Temperaturen.

Entmanganung des Wassers, Entfernen des Mangangehaltes bei der → Wasseraufbereitung.

Entmischung, das Zerfallen einer aus mehreren Komponenten bestehenden Mischung in zwei oder mehrere Phasen verschiedener Zusammensetzung.

Entmistungs|anlagen, Förderanlagen zum mechan. Entfernen von Stalldung aus Viehställen und zum Stapeln des Dungs auf der Düngerstätte.

Ent|ölungsgrad, → Erdöl.

Entparaffinierung, Verfahren zur Abtrennung von Paraffinen aus Gasöl- und Schmierölfraktionen, um deren Fließfähigkeit in der Kälte zu verbessern. Bei der **Kälte-E.** werden Schmieröle mit einem Lösemittel verdünnt und zur Kristallisation der Paraffine auf etwa − 20 °C abgekühlt. Bei der **Harnstoff-E.** bilden sich kristalline Einschlußverbindungen zw. geradkettigen Paraffinen und Harnstoff.

Entrindung, Entfernen von Rinde und Bast an Rundholz, im Wald vorwiegend von Hand. **Entrindungsmaschinen** arbeiten mit Messern, Schlageisen, mit scharfem Wasserstrahl u. a.

Entlastung: Entlastungsbogen

En|tropie, Thermodynamik: Formelzeichen S, von R. J. E. CLAUSIUS eingeführte makrophysikal. Zustandsgröße thermodynamischer Systeme, die techn. Bedeutung für die Berechnung von Wärmekraftmaschinen (Wirkungsgrad) besitzt. Mit Hilfe der E. läßt sich der Teil der Wärmeenergie berechnen, der wegen seiner gleichmäßigen Verteilung auf alle Moleküle des Systems nicht in mechan. Arbeit umgesetzt werden kann. Prozesse, bei denen sich die E. nicht ändert oder durch einen entgegengesetzt ablaufenden Prozeß wieder auf ihren urspr. Wert gebracht werden kann, sind **umkehrbar (reversibel).** Die Änderung der E. ist in diesem Fall gegeben durch die zugeführte Wärmemenge dQ dividiert durch die Temperatur T, bei der die Wärme aufgenommen worden ist. Der Absolutwert der E. wird festgelegt durch den 3. Hauptsatz der Wärmelehre, der besagt, daß die E. null ist am absoluten Nullpunkt der Temperatur. Für **nicht umkehrbare (irreversible)** Vorgänge ist die Änderung der E. größer als dQ/T. In einem abgeschlossenen System nimmt die E. bei irreversiblen Prozessen stets zu, während sie für reversible Vorgänge konstant bleibt. Vorgänge, bei denen die E. zunimmt, verlaufen von selbst, können aber nicht ohne anderweitigen Aufwand von Energie rückgängig gemacht werden. Dieses Prinzip legt die Richtung eines Ablaufs fest, und die E.-Änderung ist ein Maß für die Umkehrbarkeit eines Prozesses. In einem **offenen System,** das durch Stoffaustausch mit seiner Umgebung verbunden ist (z. B. ein lebender Organismus), kann die E. sowohl zunehmen wie gleichbleiben oder abnehmen. Trotz der laufenden Aufnahme und Abgabe von Materie und Energie auf mikroskop. Ebene kann der makroskop. Zustand des offenen Systems stationär werden **(Fließgleichgewicht).**

Zu einer anschaulichen Deutung der E. führt die statist. Mechanik, die die Wärmeenergie eines Gases durch die ungeordnete Bewegung der Moleküle erklärt. Von allen Verteilungen der Moleküle auf räuml. Positionen und mögliche Geschwindigkeiten wird sich wegen der Zusammenstöße als Gleichgewicht ein Zustand mit der gleichmäßigen Verteilung einstellen. Dieser Zustand größter Unordnung besitzt die größte Wahrscheinlichkeit. Durch die Wärmebewegung wird ein abgeschlossenes System von selbst in ihn übergehen, und zwar durch irreversible Zustandsänderungen, bei denen die E. zunimmt. Der Zusammenhang zw. der Wahrscheinlichkeit eines Zustandes und seiner E. ist zuerst von L. BOLTZMANN (1866) erkannt worden (→ Boltzmann-Konstante). Schüttelt man z. B. einen Behälter mit vielen weißen und schwarzen Kugeln regellos, so ist die Wahrscheinlichkeit dafür, daß sich alle weißen Kugeln unten und alle schwarzen oben sammeln, verschwindend klein: Der wahrscheinlichste Zustand ist die völlige Unordnung (Mischung).

Die Anwendbarkeit dieser Überlegungen auf das Weltall als Ganzes (betrachtet als abgeschlossenes System) lassen kosmolog. Theorien fraglich erscheinen. Unter laufender E.-Zunahme müßte die Welt einem Endzustand ohne Energie- und Temperaturdifferenzen zustreben, der das Ende allen materiellen Geschehens bedeuten würde (→Wärmetod).

Entroster, Rostlöser, meist Säuren zum Entfernen des Rostes von Eisen- und Stahloberflächen (z. B. als Vorbehandlung für einen Anstrich). Verwendet werden 10- bis 20%ige Salz- oder Schwefelsäure, nach deren Gebrauch sorgfältig gespült und neutralisiert werden muß, oder 5- bis 20%ige Phosphorsäure, die eine gut haftende Phosphatschicht bildet, so daß eine Neutralisation nicht erforderlich ist. (→Rost)

Entsalzung, teilweise oder vollständige Entfernung der im Wasser gelösten Ionenverbindungen, meist zur Gewinnung von salzfreiem Betriebswasser oder salzarmem Trinkwasser (→Wasseraufbereitung). **Voll-E.** ist Voraussetzung für die Herstellung von Kesselspeisewasser in Kraftwerken und Reinstwasser für spezielle Industriebetriebe; **Teil-E.** dient überwiegend dem Zweck, in einigen Gebieten der Erde aus dem salzreichen Meerwasser ein Wasser von Trinkwassergüte herzustellen. – **E.-Verfahren:** Destillation (Kompressionsverdampfung), Gefrierverfahren, Hyperfiltration (Osmose), Ionenaustausch, Elektrodialyse.

Entsäuerung, Verfahren zur Entfernung von überschüssigem Kohlendioxid aus Wasser (→Calciumcarbonatsättigung). Die E. von Trinkwasser wird durch Ausblasen mit Luft, die E. von Kesselspeisewasser durch Ausblasen mit Dampf durchgeführt.

Entschäumung, Beseitigung der meist durch →Detergentien verursachten Schaumbildung im Abwasser durch Zugabe von →Antischaummitteln, wie z. B. Fetten oder Ölen, die später wieder aus dem Abwasser entfernt werden.

Entscheidung, Mathematik: Beantwortung der Frage, ob ein Objekt zu einer best. Menge gehört oder ob es der Wert einer Funktion ist. In einem **Entscheidungsverfahren,** das in endlich vielen Schritten erfolgt, wird eine solche Frage beantwortet. Oft gibt es keine Entscheidungsverfahren. Funktionen, für die es welche gibt, heißen **berechenbar,** Mengen **entscheidbar.** Begriffe heißen **definit,** wenn die entsprechende Menge entscheidbar ist.

Entsalzung: Fließschema verschiedener Verfahren; **a** Osmose-Umkehr-Anlage; **b** Vakuum-Gefrier-Anlage; **c** Brüdenkompressionsverdampfer-Anlage

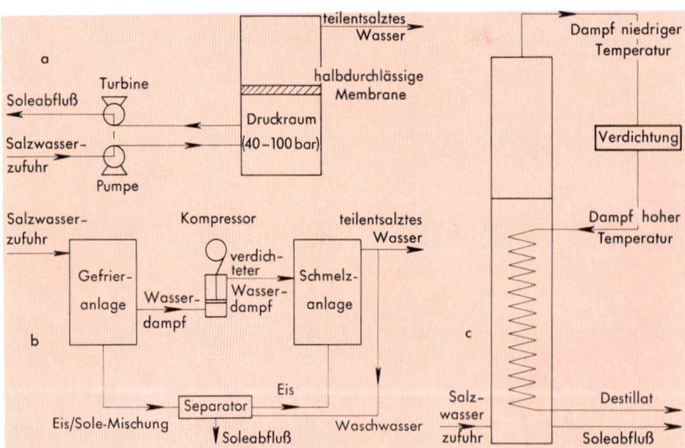

Entscheidungsbefehl, Befehl zur Steuerung des Programmablaufs gemäß log. Entscheidungen.

Entscheidungs|tabelle, Hilfsmittel zur Variantenauswahl, bes. bei der Erstellung von Fertigungs- und Arbeitsunterlagen für die genormte Fertigung.

	x<0			x=0	x>0		
	y<0	y=0	y>0	——	y<0	y=0	y>0
xy	>0	=0	<0	=0	<0	=0	>0

Entscheidungstabelle für versch. Möglichkeiten des Produkts xy

Entschlichten, das Ablösen der vor dem Verweben auf die Kettgarne aufgebrachten Schlichte (→Schlichten), da sie sich bei der späteren Gewebeveredlung (z. B. beim Färben) störend auswirken würde.

Entschwefelung, Sammelbez. für Verfahren zur Entfernung von Schwefelverbindungen aus Brennstoffen (→Kohleentschwefelung), Abgasen (→Rauchgasentschwefelung) u. a. meist zum Zwecke der Luftreinhaltung. Das wichtigste Verfahren zur E. von Erdölprodukten ist das →Hydrotreating.

Entschweißen, →Wolle.

Entsorgung, die Beseitigung von →Abwasser, →Abfallstoffen und →Abgasen. Die Frage der **E. von Kernkraftwerken** ist ein Hauptproblem der Kernkraftnutzung. Es wird angestrebt, von ihrer Lösung in Zukunft die Bau- und die Betriebsgenehmigung für Kernkraftwerke abhängig zu machen. Bei der E. von Kernkraftwerken sind folgende Einzelschritte vorgesehen: die Lagerung der abgebrannten Brennelemente in Wasserbecken (Zwischenlagerung), die →Wiederaufarbeitung dieser Brennelemente, die Refabrikation des hierbei gewonnenen Urans und Plutoniums zu Brennelementen und die Konditionierung und →Endlagerung der radioaktiven Abfälle.

Entspannungsversuch dient zur Ermittlung der Eigenschaften von Metallen bei erhöhter Temperatur, ähnlich wie die Bestimmung der Dauerstandfestigkeit. Ein Probestab wird, bei festgelegter erhöhter Temperatur, um einen bestimmten Betrag gedehnt, dann wird die Dehnung unverändert beibehalten, wobei die erforderl. Last infolge des →Kriechens 2) laufend vermindert wird. Für die Beurteilung der ermittelten Daten wird in einem Diagramm die Spannung über der Zeit aufgetragen. Daraus kann neben dem **Entspannungswiderstand** auch die **Entspannungsgeschwindigkeit** oder die **Entspannungszeit** (Relaxationszeit), bei der der Widerstand auf den Bruchteil $1/e \approx 0{,}368$ abgesunken ist, abgelesen werden.

Entspiegeln von optischen Elementen, z. B. in Linsensystemen und von Brillengläsern, erhöht deren Lichtdurchlässigkeit und vermindert störende Reflexe. E. wird meist erreicht durch Aufdampfen niedrig brechender, dünner Schichten im Vakuum, z. B. von Magnesiumfluorid auf Frontlinsen vergüteter Kameralinsen. Optimale Schichtdicken werden durch Brechzahlen von Unterlage und Schichtmaterialien bestimmt. Die Herabsetzung der Reflexion wird durch →Interferenz der an den Schichtgrenzen reflektierten Teilstrahlen erzeugt.

Entstaubungsverfahren, Verfahren zur Abscheidung von Stäuben aus Gasen, um eine Umweltbelastung z. B. durch Kohle- oder Zementstaub zu vermeiden, um Apparate und Maschinen (z. B. Kolonnen, Gasturbinen) vor Staub zu schützen oder um wertvolle staubförmige Produkte (z. B. Metalloxide, Katalysatoren) zurückzugewinnen. In →Zyklonen können bei Gastemperaturen bis zu 1 600 °C Staubteilchen mit über 3 μm Durchmesser abgeschieden werden. **Elektrofilter (Cottrell-Verfahren)** erfassen noch Teilchen mit weniger als 0,1 μm Korngröße. In ihnen werden die Staubteilchen durch eine Sprühelektrode (Metalldrähte oder -bänder mit 10 bis 80 kV Gleichspannung) negativ aufgeladen und anschließend an einer positiv geladenen Niederschlagselektrode abgeschieden. Der Staub wird bei Trocken-Elektrofiltern (bis 450 °C Gastemperatur) durch Klopfen, bei Naß-Elektrofiltern (bis 80 °C Gastemperatur) durch eine Spülflüssigkeit von der Niederschlagselektrode entfernt. Zur Abscheidung von Feinstaub (unter 0,1 μm) eignen sich auch Faserschichtfilter. Sie enthalten z. B. Schläuche aus geeignetem Gewebe (z. B. aromatisches Polyamid bis 200 °C, Glasfaser bis 280 °C Gastemperatur) zur Abscheidung des Staubes. Aus den Filterschläuchen wird der festgesetzte Staub durch ein Spülgas periodisch entfernt. In **Naßentstaubern (Wäscher)** werden Staubteilchen durch Kontakt mit einer Flüssigkeit abgeschieden. Dabei können gasförmige Verunreinigungen mit ausgewaschen werden.

Entstehungszustand, der → Status nascendi.

Entstörfilter, elektr. Bauelemente, welche die von elektr. Geräten und Anlagen erzeugten Störimpulse soweit abschwächen können, daß bei deren Betrieb keine unzulässig hohen Spannungsspitzen (hervorgerufen z. B. durch Schaltvorgänge bei einer Phasenanschnittsteuerung) an die Umgebung, z. B. über die Versorgungsleitungen des öffentl. Netzes, abgegeben werden. Ein E. ist aus Kapazitäten und Induktivitäten aufgebaut und wirkt im Prinzip als Tiefpaß, der Filter dämpft also alle höherfrequenten Schwingungen. E. müssen immer dann eingesetzt werden, wenn konstruktive (schaltungstechn.) Maßnahmen am störenden Gerät nicht zur Unterdrückung von Störungen ausreichen.

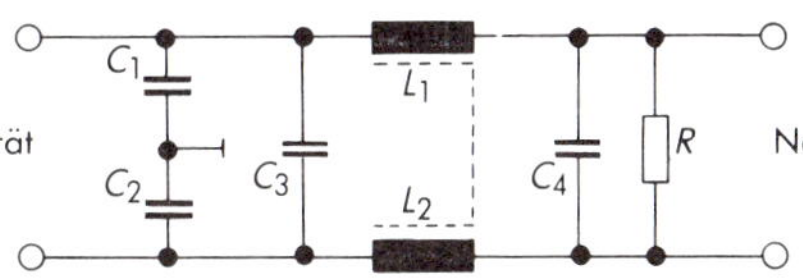

Entstörfilter: Prinzipschaltbild eines Filternetzwerkes zur Funkentstörung (C_1, C_2, C_3, C_4 = Kondensatoren; L_1, L_2 = Drosseln auf einem gemeinsamen Eisenkern; R = Widerstand)

Entstörung, Maßnahmen zur Vermeidung und Beseitigung unerwünschter Beeinflussung bei elektr. Geräten und Anlagen. Bes. anfällig sind die mit geringen Leistungen betriebenen Fernmeldeanlagen gegenüber Störungen durch Anlagen der Energietechnik (Starkstromanlagen, Haushaltsgeräte, Kraftfahrzeug-Zündanlagen u. a.). Die Maßnahmen zur E. umfassen bei leitungsgebundenen Störungen in erster Linie den Einsatz von elektr. Filtern (→ Entstörfilter), bei leitungsungebundenen Störungen die Verwendung metall. Hüllen zur → Abschirmung 3) (→ Funkentstörung).

Enttrübung, Maßnahme gegen den → Antenneneffekt eines Peilrahmens (→ Funkpeiler), wird bewirkt durch eine Gegenspannung, die man phasenrichtig einer unabgestimmten Vertikalantenne entnimmt. Wetterstörungen können auch eine E. des Radarbilds erfordern; durch Differentiation aller Echoimpulse im Videoverstärker lassen sich die Wetterechoimpulse, die sich als milchiger Schleier bemerkbar machen, unterdrücken.

Entwässerung, 1) Aufbereitung: Verfahren zur mechan. (→ Sedimentation, → Filtration) und therm. (→ Trocknung) Fest-Flüssig-Trennung einer Suspension.

2) Bergbau: Maßnahmen zur Absenkung des Grundwasserspiegels und zur Verhinderung von Zuflüssen beim Tagebau. Beim Untertagebetrieb → Wasserwirtschaft.

3) Chemie: Stoffe von Wasser befreien. Feste Stoffe werden z. B. auf höhere Temperaturen erhitzt, Flüssigkeiten mit geeigneten Trocknungsmitteln geschüttelt (z. B. Äther mit metall. Natrium) und feuchte Gase über entsprechende Trocknungsmittel (z. B. Phosphorpentoxid) geleitet (→ Exsikkator, → Calcinieren).

4) Erd- und Straßenbau: Abführung des Oberflächenwassers von Sportplätzen, Straßen u. a. Bei Straßen durch Querneigung der Fahrbahndecke zum Fahrbahnrand, da Pfützenbildung zur Herabsetzung des Kontaktes zw. Reifen und Fahrbahn und somit zur Verminderung der Verkehrssicherheit führt (Aquaplaning). Im Erdbau zur Vermeidung von Frostschäden.

5) Haustechnik: Abführung aller Regen- und Schmutzwässer aus Haushalt und Industrie und deren Sammlung und Ableitung in der → Kanalisation.

6) Landtechnik: **Bodenentwässerung,** Ableitung des Wasserüberschusses im Boden durch Gräben oder unterirdisch verlegte **Dränröhren** aus Ton oder Kunststoff. Die Dränröhren werden mit Gefälle verlegt, heute überwiegend maschinell mit grabenziehenden **Dränbaggern** oder mit grabenlos arbeitenden **Dränpflügen.** Ein **Dränsystem** umfaßt **Saugstränge** (4–5 cm Durchmesser) und **Sammelstränge** (6–16 cm Durchmesser), die das Wasser einem tiefer liegenden **Hauptsammler (Hauptdrän, Vorfluter)** zuführen.

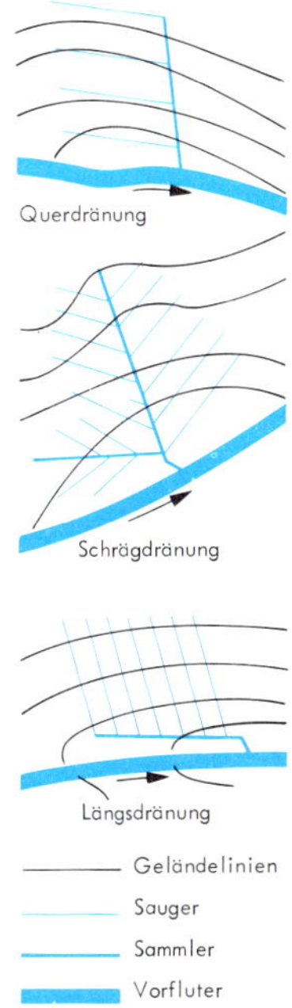

Entwässerung 6): durch Dränung

Entwickler, photographischer Entwickler, → Photographie.

Entwicklung, Behandlung der photograph. Schicht mit chem. Verfahren zum Sichtbarmachen des durch die Belichtung erzeugten unsichtbaren (latenten) Bildes (→ Photographie).

Entwicklungsfarbstoffe, → Farbstoffe, die während des Färbens aus farbstofferzeugenden Komponenten entstehen; z. B. Eisfarben, Anilinschwarz.

Entwicklungspapier, photograph. Papier, das i. Ggs. zum Auskopierpapier (Tageslichtpapier, das bis zur Ausbildung der gewünschten Schwärzung im Kontakt mit dem Negativ belichtet wird) eine photograph. Entwicklung erfordert. Man unterscheidet **Vergrößerungspapier** (Silberbromid) und weniger empfindl. **Kontaktpapier** (Silberchlorid oder -chloridbromid).

Entzerrung, 1) Nachrichtenübertragung, Elektroakustik: Beseitigen oder Verringern übertragungsbedingter Verfälschungen elektr. Signale, die die Erkennbarkeit und Verwertbarkeit der Nachricht beeinträchtigen (→ Verzerrung). Bei der Abtastung von Schallplatten mit magnetodynamischen oder keramischen Tonabnehmern muß die bei der Aufnahme vorgenommene und durch die → Schneidkennlinie festgelegte Verzerrung wieder rückgängig gemacht werden, was mit Hilfe einer frequenzabhängigen Gegenkopplung in speziell für diese Aufgabe ausgelegten Entzerrervorverstärkern erfolgt.

2) Photogrammetrie: optische, graphische oder rechner. Verfahren zur Beseitigung projektiver Verzerrungen von Meßbildern, die bei der photograph. Aufnahme entstehen, wenn Bild- und Objektebene nicht parallel ausge-

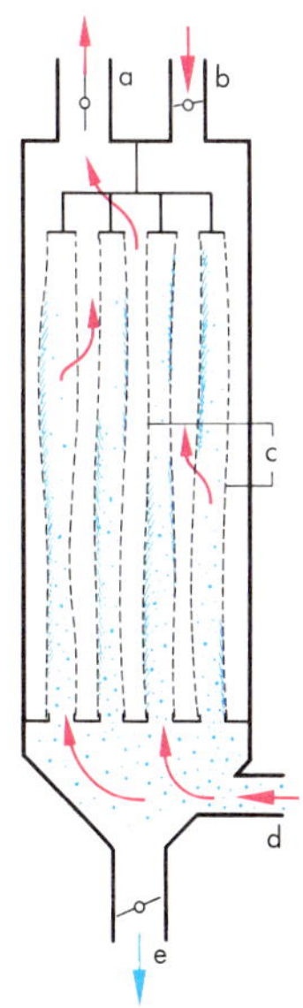

Entstaubungsverfahren: Schlauchfilter (a Reingas, b Spülgas, c Filterschläuche, d Rohgas, e Staub)

Entstaubungsverfahren

richtet sind. Zur opt. E. dienen (z. T. elektronisch gesteuerte) **Entzerrungsgeräte,** mit denen Projektions- und Bild- oder Objektivebene zueinander geneigt werden unter Benutzung von Paßpunkten.

entzundern, → Metallreinigung, → beizen.

Entzündung, Einsetzen eines Verbrennungsprozesses bei Überschreiten einer best. Temperatur **(E.-Temperatur, Brennpunkt),** d. h. Umsetzung einer chem. Substanz mit Sauerstoff durch Wärmezufuhr oder mit Hilfe von Katalysatoren. Es werden selbst-, leicht- und schwerentzündl. Stoffe unterschieden (z. B. Heizöl 250 °C, Leuchtgas rd. 600 °C).

Enveloppe [ãvl'ɔp, frz.], → einhüllende Kurve.

Enzyme, Fermente, intrazellulär gebildete hochmolekulare Eiweißstoffe, die als Biokatalysatoren der Organismen deren gesamte chem. Umsetzungen (Stoffwechsel) katalytisch steuern. Zu ihren Aufgaben gehört es, die Zellversorgung zu gewährleisten, tox. Stoffe zu entfernen oder abzubauen, andere (Fett, Glykogen) aus den Depots zu mobilisieren und die Prozesse zu katalysieren, die zur Gewinnung der für den Organismus nötigen Energie erforderlich sind. E. kommen kolloidal in den Körperflüssigkeiten oder an Membranen gebunden vor. Sie ermöglichen einen raschen Ablauf biochem. Reaktionen bei niedrigen Temperaturen in wäßrigem Medium. Wie ›Schloß und Riegel‹ besteht strenge Spezifität des jeweiligen E. zu seinem Substrat. Viele E. sind kristallisiert in hohem Reinheitsgrad erhalten worden. Von zahlreichen E. sind Molekulargewicht und Aminosäuresequenz bekannt.

Enzyme (Klassifikation)

1. **Oxidoreductasen** (Oxidations-Reduktionsreaktionen).
   - 1.1 ›Auf >CH–OH wirkend‹: 1.1.1 Alkoholdehydrogenase, Lactatdehydrogenase; 1.1.3 Glucose-Oxidase.
   - 1.2 ›Auf Aldehyde wirkend‹: 1.2.1 Glycerinaldehyd-3-phosphatdehydrogenase; 1.2.3 Xanthinoxidase.
   - 1.3 ›Auf >CH–HC<-Gruppen wirkend‹: 1.3.2 Acyl-Coenzym A-Dehydrogenase.
   - 1.4 ›Auf >CH–NH_4-Gruppen wirkend‹: 1.4.3 Aminosäure-Oxidasen.
2. **Transferasen** (Übertragung funktioneller Gruppen)
   - 2.6 ›Stickstoffhaltige Gruppen übertragend‹: 2.6.1 Aminosäuretransferasen: Transaminasen.
   - 2.7 ›Phosphatübertragende Gruppen‹.
3. **Hydrolasen** (hydrolytische Reaktionen)
   - 3.1 ›Esterspaltung‹: 3.1.1 Carboxylesterhydrolasen: Esterasen und Lipasen; 3.1.3 Phosphomonoesterasen: Phosphatasen.
   - 3.2 ›Glycosidspaltung‹: 3.2.1 Glycosidasen: β-Glucosidase, Amylase.
   - 3.4 ›Spaltung von Peptidbindungen‹: 3.4.1 Aminopeptidase; 3.4.2 Carboxypeptidasen; 3.4.4 Proteinasen: Pepsin, Trypsin, Chymotrypsin.
4. **Lyasen** (Addition von Doppelbindungen)
   - 4.1 ›Addition an Kohlenstoffdoppelbindungen‹: 4.1.1 Carboxylasen: Pyruvat-Decarboxylase; 4.1.2 Aldehydlyasen: Aldolase.
5. **Isomerasen** (Isomerisierungsreaktionen)
6. **Ligasen** (Verknüpfung von zwei Molekülen unter Phosphatabspaltung aus Adenosintriphosphat) Carboxylasen.

Einteilung, Benennung und Aufbau. Früher unterschied man zwei Gruppen von organ. Katalysatoren: im Zellsekret gelöste, aber ohne Mitwirkung der Zelle wirksame ›Enzyme‹ (z. B. Pepsin) und die nicht von der erzeugenden Zelle zu trennenden ›Fermente‹ (z. B. der Hefezelle). Mit der Gewinnung eines zellfreien Hefepreßsaftes mit gleicher Wirksamkeit wie die Hefezellen wurde diese Unterscheidung hinfällig, und E. und Ferment wurden ident. Begriffe. Später bezeichnete man die aus den Zellen leicht lösbaren E. als **Lyoenzyme** und die fest in den Zellstrukturen verankerten E. als **Desmoenzyme.**

Heute teilt man die E. nach funktionellen Gesichtspunkten ein, wobei sie nach dem jeweils von ihnen umgesetzten **Substrat** durch Anhängen der Silbe ›-ase‹ an dieses bezeichnet werden: z. B. Peptid/Peptidase, Saccharose/Saccharase. E. mit gleichartiger Wirkung werden als Gruppe benannt, z. B. esterspaltende E. als Esterasen. Daneben sind noch frühere Namen gebräuchlich wie Pepsin, Trypsin. Während früher die E. in den beiden Gruppen **Hydrolasen** und **Desmolasen** zusammengefaßt wurden, hat heute die International Union of Biochemistry (IUB) ein Dezimalklassensystem eingeführt.

In ihrem Aufbau aus den bekannten Aminosäuren unterscheiden sich die E. weder qualitativ noch quantitativ von anderen Eiweißen. Ihre physiolog. Aktivität beruht vielmehr auf der Eigenart der Verknüpfung der Peptidketten (Sekundär-, Tertiär- und Quartärstrukturen), wodurch Zentren und Stellen besonderer Aktivität zu spezif. Substraten entstehen. Die meisten E. bestehen aus dem eigtl. E.-Eiweißanteil, dem **Apoenzym,** und einem Nichteiweißbestandteil, dem **Coenzym** oder der **prosthet. Gruppe.** Beide zus. bilden das **Holoenzym.** Die Coenzyme können den verschiedensten Stoffklassen angehören; sie sind organ. Substanzen, die die Übertragung best. funktioneller Gruppen oder Atome vom oder auf das Substrat bewirken. Chemisch sind sie oft mit Vitaminen verwandt. Zuweilen treten auch Metallionen als Coenzyme auf (z. B. Carboanhydrase mit Zink, Arginase mit Mangan), ein wichtiger Hinweis auf die Bedeutung der → Spurenelemente im Organismus.

Ablauf der Enzymreaktionen. Die E. bilden mit ihrem Substrat an den aktiven Zentren **E.-Substrat-Komplexe.** An diesen erfolgt auch die Umwandlung oder Spaltung des Substrats S, worauf das Reaktionsprodukt P wieder abgespalten wird und das E.-Molekül E für eine neue Umsetzung frei ist nach dem Schema:

$$E + S \longrightarrow ES \longrightarrow E + P.$$

Die Reaktion ist abhängig vom pH-Wert und der Konzentration des Substrats. Sie verläuft im pH-Optimum mit sehr hoher Geschwindigkeit, der für jedes E. spezif. **E.-Umsatzzahl** (veraltet: Wechselzahl). Diese stellt eine Beziehung zw. der Anzahl der umgesetzten Moleküle des Substrats zu denen des E. in der Zeiteinheit (→ Katal) her. Aktivatoren (z. B. best. Metallionen) fördern, Hemmstoffe (Inhibitoren) verzögern die Reaktionsgeschwindigkeit einer E.-Reaktion, indem sie z. B. mit dem Substrat am aktiven Zentrum in Konkurrenz treten; diese Mechanismen werden durch die **E.-Kinetik** beschrieben. Da die Zahl der E. infolge ihrer Spezifität sehr groß ist, erfordern viele Reaktionswege im Organismus ganze **E.-Systeme** wie der Zitronensäure- oder Tricarbonsäurezyklus, die Gärung oder die Atmungskette.

Bei den enzymat. Biosynthesewegen spielen neben Abbau- und Aufbaureaktionen auch **Gruppenübertragungsreaktionen** (Austauschreaktionen zw. zwei Substraten) eine Rolle, so die Übertragung von ›energiereichem‹ Phosphat durch Adenosintriphosphat, die Übertragung von Wasserstoff durch Dehydrogenasen oder der Austausch von Amino- gegen Ketogruppen durch Aminooxydasen.

Darstellung und Verwendung. Die Isolierung und Reindarstellung von E. erfolgen nach den Methoden der Eiweißchemie durch Chromatographie, Elektrophorese, Ionenaustauscher-Chromatographie, Gelfiltration und Affinitäts-Chromatographie. Zur Strukturaufklärung dient die Aminosäuresequenz-Analyse.

Techn. Bedeutung haben E. bes. in der Brauerei- und Gärungsindustrie sowie im Bäckereigewerbe. Medizinisch wichtig sind Präparate zur Unterstützung der Verdauung mit Pepsin- und Lipasewirkung (Eiweiß- und Fettverdauung). Andererseits ist die moderne E.-Diagnostik ein wichtiger Bestandteil der medizin. Diagnostik geworden, z. B. durch Messung von anormalen E.-Konzentrationen im Blut zur schnellen Erkennung von Herzinfarkt, Leberschäden u. a. Erkrankungen.

Klassifikation. Die Klassifikation der IUB kennt sechs E.-Klassen. Jedem E. wird eine Schlüsselzahl (**Notation**) zugeordnet, die aus vier durch Punkte getrennten Zahlen besteht. Nebenstehend eine Auswahl aus dem Dezimalklassensystem.

Enzym|immuno|assay [-əs'eɪ], Abk. **EIA,** dem Radioimmunoassay verwandte Analysenmethode in der klin. Chemie, bei der der Wirkstoff mit einem Enzym markiert wird. Die Konzentration des entstehenden Enzym-Substrat-Systems wird quantitativ bestimmt.

Enzymtechnologie, Verfahren zur Herstellung organ. Produkte unter Einsatz von Enzymen. Die Vorteile dieser neuen Technologie liegen v. a. darin, komplizierte chem. Prozesse durchzuführen, die ohne Enzym-Beteiligung extreme Reaktionsbedingungen bezüglich Temperatur, Druck, pH-Wert u. a. voraussetzen. Auch erlaubt die E., industrielle Abfälle und Nebenprodukte zu verwenden. Als Schwerpunkte der E. zeichnen sich z. Z. die industrielle E., die Anwendung in der Analytik und Medizin ab.

Eokambrium, → Proterozoikum.

Eötvös ['øtvøʃ, n. dem ungar. Physiker L. Eötvös, * 1848, † 1919], Einheitenzeichen **E,** nichtgesetzl. in der Geophysik verwendete Einheit für die auf die Entfernung bezogene Änderung der örtl. Fallbeschleunigung *g* an zwei Orten: $1\,E = 10^{-9} s^{-2}$.

Eötvös-Drehwaage ['øtvøʃ-], eine → Drehwaage.

Eötvös-Effekt ['øtvøʃ-], → Coriolis-Kraft.

Eötvös-Versuch ['øtvøʃ-], 1909 mit einer speziellen → Drehwaage durchgeführtes Experiment, das die Äquivalenz von träger und schwerer Masse (→ Äquivalenzprinzip) mit einer Genauigkeit von 10^{-9} bestätigte. Mit einer verfeinerten Anordnung konnte die Genauigkeit auf 10^{-11} gesteigert werden.

Eozän, Erdgeschichte: mittlere Abteilung des Paläogen; → Tertiär.

Eozoikum, → Proterozoikum.

EP, Abk. für → **Ep**oxidharze.

Epakte *die,* Anzahl der Tage vom letzten Neumond des alten Jahres bis zum Neujahr.

Ephemeriden, geozentr. Örter eines Himmelskörpers an der Himmelskugel mit zeitlich konstantem Abstand, die an astronom. Recheninstituten vorausberechnet und in astronom. oder naut. Jahrbüchern (ebenfalls E. genannt) veröffentlicht werden. Sie dienen zum raschen Aufsuchen der Gestirne und der genauen Positions-, Orts- und Zeitbestimmung. – **E.-Zeit,** theoretisch gleichförmig ablaufende Zeit, die den Gleichungen der Mechanik, insbes. der Himmelsmechanik für das Planetensystem, zugrunde liegt.

Epichlorhydrin, **1-Chlor-2,3-epoxypropan,** farblose Flüssigkeit, die durch Epoxidation von Allylchlorid hergestellt und v. a. zu Epoxidharzen weiterverarbeitet wird.

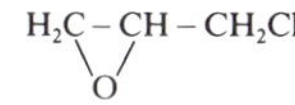

Epichlorhydrin

Epidiaskop, → Projektor.

Epidot *der,* **Pistazit,** Mineral $Ca_2(Al\,Fe^{III})_3\,[(OH)/(SiO_4)_3]$, hell- bis dunkelgrün, H. 6–7, D. um 3,5; gestreckte Kristalle, oft strahlige oder dichte Aggregate; in metamorphen Gesteinen (z. B. **E.-Chloritschiefer,** häufig als Kontaktmineral in Kalksteinen, **E.-Fels**) oder als hydrothermales Zersetzungsprodukt von Silikaten. Wichtigste Varietäten: **Klinozoisit, Piemontit, Orthit.**

Epidot: Kristallstufe (Untersulzbach, Tirol)

Epilimnion *das,* Gewässerkunde: warme Oberflächenschicht in Seen oberhalb der → Sprungschicht in der Sommerstagnation.

Epimere, → Stereochemie.

Epinephrin, Freiname für → Adrenalin.

Epirogenese, umkehrbare, weitgespannte Hebungen und Senkungen von Erdkrustenteilen über lange geolog. Zeiten, wobei das Gesteinsgefüge erhalten bleibt. E. erzeugt → Transgressionen und Meeresrückzüge, Festlandschwellen und Becken.

Episkop, → Projektor.

Epitaxie, das Aufwachsen einer Kristallschicht auf einer Kristalloberfläche der gleichen Substanz (**Homo-E.**) oder einer anderen Substanz (**Hetero-E.**). Zur Herstellung von Bauelementen der Mikroelektronik werden versch. E.-Verfahren angewendet. Bei der **Flüssigkeitsphasen-E.** wird der Trägerkristall (Substratkristall) mit einer gesättigten Lösung und bei der **Gasphasen-E.** mit einer gesättigten Atmosphäre von Atomen des aufwachsenden Kristalls in Kontakt gebracht. Bei langsamer Abkühlung scheiden sich auf der Substratoberfläche einkristalline E.-Schichten ab, deren Orientierung durch die Einkristallstruktur des Substrats bestimmt wird, da die elektrostat. Felder auf der Kristalloberfläche die neuauftreffenden Atome zum Weiterbau derselben räuml. Struktur zwingen. Eigenschaften wie Ladungsträgerdichte, Ladungsträgerbeweglichkeit, elektr. Widerstand, Dicke, Homogenität und Zusammensetzung lassen sich durch Steuerung der experimentellen Bedingungen in weiten Grenzen variieren. Bei der **Molekularstrahl-E.** werden die elementaren Bestandteile des aufwachsenden Kristalls, z. B. Gallium- und Arsenatome im Fall eines GaAs-Kristalls, durch Molekularstrahlen im Ultra-Hochvakuum zur Substratoberfläche transportiert und dort Atom für Atom angelagert. Da sich die E.-Schicht sehr langsam aufbaut (je Sekunde wächst die Schicht nur um etwa 0,1 nm), können sehr perfekte Einkristalle praktisch ohne Störstellen im Gitter mit hervorragenden elektr. und magnet. Eigenschaften hergestellt werden. Durch Einsatz von mehreren Molekularstrahlöfen mit Füllungen unterschiedl. atomarer Zusammensetzung (insbes. unterschiedl. Gehalt an Dotierstoffen), die mit Hilfe von Verschlüssen nacheinander geöffnet werden können, können Schichtenstrukturen aufgedampft werden, deren Zusammensetzung und Eigenschaften sich im Bereich von einigen Atomlagen ändert. Insbes. können dünne Schichten sehr unterschiedl. Leitfähigkeit durch gezielte Steuerung der Dotierstoffkonzentration ohne Unterbrechung des Kristallwachstums übereinander abgeschieden und wesentlich feinere Strukturen als z. B. bei der → Dotierung durch Diffusion hergestellt werden. ›Maßgeschneiderte‹ Halbleiter mit Dotierungsprofilen der beschriebenen Art dienen zur Herstellung integrierter Schaltkreise und optoelektron. Bauelemente, wie Halbleiterdioden oder -laser. Die E. dient auch zur Niederdrucksynthese von Diamanten.

epitropische Fasern, elektrisch leitende Synthesefasern mit antistat. Wirkung durch Beimischung von 0,5 bis 2,5% feinster Rußpartikel zur Spinnlösung.

Epizentrum, → Erdbeben.

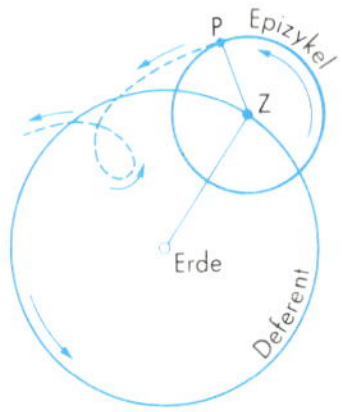

Epizykeltheorie: Epizyklische Bewegung eines Planeten

Epizykeltheorie, wahrscheinlich auf APOLLONIOS VON PERGE zurückgehende Theorie, nach der sich ein Planet notwendig gleichförmig und auf Kreisen bewegt. Zur Erklärung der Ungleichheiten seiner Bewegungen ließ man den Planeten gleichförmig auf einem kleinen Kreis, dem **Epizykel,** kreisen, dessen Mittelpunkt sich gleichförmig auf einem Trägerkreis **(Deferent)** um das Zentrum der Erde (BILD) oder einen Punkt außerhalb des Zentrums **(Exzenter)** bewegt. Die E. wurde spätestens von PTOLEMÄUS mit der → Exzentertheorie kombiniert.

Epizykloide, zykl. Kurve (→ Zykloide), man erhält sie, wenn ein Kreis auf der Außenseite eines anderen Kreises abrollt. (→ Hypozykloide)

Ep|oxidation, Verfahren zur Herstellung von Epoxiden aus Alkenen. Die E. kann direkt mit Sauerstoff (→ Äthylenoxid), mit Chlorwasser über das entsprechende Chlorhydrin (→ Propylenoxid) oder mit organischen Peroxiden durchgeführt werden.

Epoxide

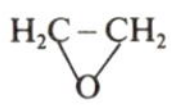

Äthylenoxid (Oxiran)

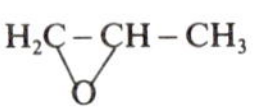

Propylenoxid (1,2-Epoxypropan, Methyloxiran)

Ep|oxide, reaktive organ. Verbindungen, die einen dreigliedrigen Ring mit einem Sauerstoffatom enthalten. Techn. Bedeutung haben → Äthylenoxid, → Propylenoxid und → Epichlorhydrin (→ Epoxidation).

Ep|oxidharze, Abk. **EP,** Kunstharze, deren Moleküle mehr als eine Epoxidgruppe enthalten (Glycidäther, → Glycidol), sowie deren Härtungsprodukte. Besondere Bedeutung haben E., die durch Reaktion von Epichlorhydrin mit Bisphenol A in Gegenwart von Natriumhydroxid entstehen:

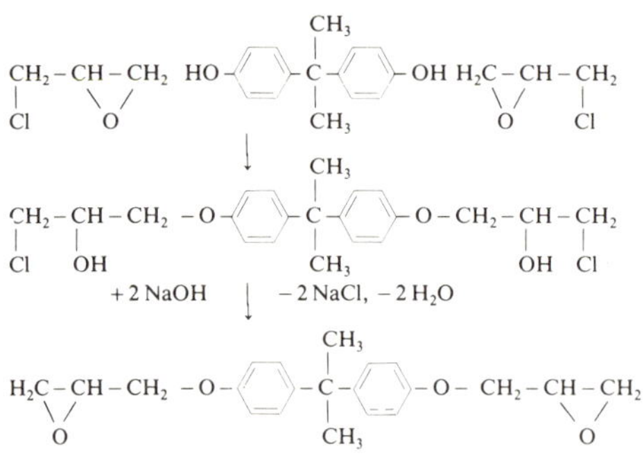

Durch weitere Reaktion mit Bisphenol A entstehen längere Molekülketten (Advancementprodukte). Die flüssigen bis festen Produkte werden zum Zeitpunkt der Verarbeitung mit Härtern versetzt und gegebenenfalls mit Füllstoffen, Weichmachern u. a. modifiziert. Zum Aushärten bei Raumtemperatur **(kalthärtende E.)** werden Amine (z. B. Diäthylentriamin), zum Aushärten bei 120 bis 160 °C **(warmhärtende E.)** Dicarbonsäureanhydride (z. B. Phthalsäureanhydrid) verwendet. Dabei reagieren die Härtemoleküle mit Epoxidgruppen unter Vernetzung der Makromoleküle. Die vernetzten E. sind bis etwa 100 °C formbeständig, in vielen organ. Lösemitteln unlöslich und haben gute mechan. und elektr. Eigenschaften. – E. werden als Bindemittel in Zweikomponenten-Reaktionslacken (große Haftfestigkeit und Chemikalienbeständigkeit) und Einbrennlacken (zus. mit Aminoplasten und/oder Phenolharzen oder als Pulverlacke) verwendet. Wegen ihrer guten Haftfestigkeit (bes. auf Metallen) dienen sie als Zweikomponentenkleber. E. werden auch als Gießharze in der Elektrotechnik und für die Herstellung von glasfaserverstärkten Kunststoffen und Preßmassen verwendet.

EPR, svw. → Elektronenspinresonanz.

EPROM, Abk. für engl. **Erasable Programmable Read Only Memory** [ɪ'eɪzəbl prəʊgr'æməbl ri:d əʊnlɪ m'emərɪ], löschbarer und wieder programmierbarer Festwertspeicher (→ Speicher), der in vielen Computern als Programm- oder Variablenspeicher eingesetzt wird. Jede einzelne Speicherzelle besteht aus einem MOS-Feldeffekttransistor, bei dem durch kurzzeitiges Anlegen einer hohen Spannung an seine Drain-Elektrode eine elektr. Ladung auf die isolierte Gate-Elektrode gebracht und damit die Schwellenspannung des Transistors elektrisch eingestellt wird. Durch Bestrahlen mit ultraviolettem Licht über ein im IC-Gehäuse befindliches Quarzfenster läßt sich der Speicher wieder löschen. EPROMs sind in TTL-kompatibler MOS-Technologie mit einer Integrationsdichte bis zu 8 192 Byte je Chip aufgebaut. Die Zugriffszeit der wortweise organisierten Speicher beträgt 450 ns, die typische Verlustleistung wird mit etwa 50 mW angegeben. Das Gehäuse hat 24 Anschlüsse, die Ausgänge sind i. a. in ›Three-State-Logik‹ ausgeführt, d. h., neben den Zuständen ›low‹ mit Spannungen zw. 0 V und 0,8 V und ›high‹ mit etwa 2 V bis 5 V kann der Ausgang zusätzlich in einen dritten hochohmigen Zustand versetzt werden.

E²PROM, Festwertspeicher, svw. → EAROM.

Epsilon (ε, E), ein → griechischer Buchstabe (ÜBERSICHT).

1) ε, Formelzeichen für Permittivität (→ Dielektrizitätskonstante) und → Dehnung.

2) ε_0, Formelzeichen für die elektr. Feldkonstante (→ Elektrizität).

3) ε_r, Formelzeichen für Permittivitätszahl (→ Dielektrizitätskonstante).

Epsomit, Bittersalz, Mineral $MgSO_4 \cdot 7\,H_2O$, farblos oder weiß, H. 2–2,5, D. 1,68; fast nur in erdigen, faserigen Aggregaten und in Stalaktiten; kommt vor als Umwandlungsprodukt des Kieserits, als Ausblühung in Steppen und trop. Seen, als Verwitterungsprodukt auf Erzlagerstätten; Bestandteil von Mineralwässern (Bad Mergentheim).

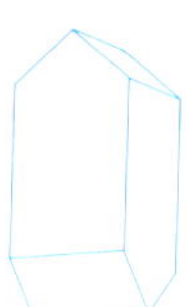

Epsomit

Equalizer ['i:kwəlaɪzə, engl.], Gerät zur Korrektur, Entzerrung oder sonstigen Beeinflussung des Klangbildes einer elektroakust. Darbietung. Im E. wird der gesamte Tonfrequenzbereich in mehrere (z. B. zehn) Bänder aufgeteilt, um deren Mittenfrequenzen herum sich jedes Band einzeln und unabhängig voneinander dämpfen oder hervorheben läßt. Werden als Einstellmittel nebeneinander angeordnete Schieberegler verwendet, erhält man durch die Stellung der Regler auch einen opt. Eindruck von der Bewertung der einzelnen Frequenzbereiche (Graphic-E.). Meist enthält ein E. noch Vorverstärker zum

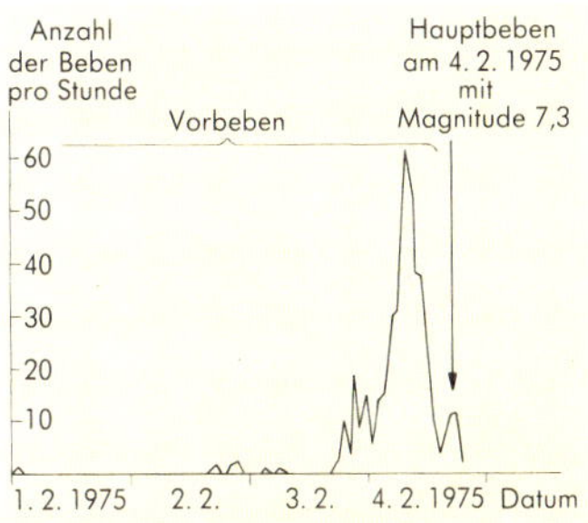

Erdbeben: Erdbebenvorhersage durch Registrierung der Vorbeben (Haicheng-Beben in der Provinz Liaoning, China, am 4. 2. 1975)

Ausgleich etwaiger Verluste und zur geeigneten Ansteuerung des Leistungsverstärkers.

Equu̥le|us, lat. Name des Sternbilds → Füllen.

Er, chem. Symbol für das Element → Erbium.

Erbanlagen, Erbfaktoren, svw. → Gene.

Erbbiologie, svw. → Genetik.

E̥rbium, chem. Symbol **Er,** metall. → chemisches Element aus der Gruppe der Lanthanoide, Ordnungszahl 68. Es sind sechs natürl. stabile (Er^{166} 33,4%, Er^{167} 22,9%, Er^{168} 27,0%) und mehrere künstl. Isotope bekannt. E. kommt in allen Seltenerdmineralen vor. In seinen meist rosarot gefärbten Verbindungen ist E. dreiwertig. E. wurde 1843 von C. G. MOSANDER entdeckt.

Erbsenstein, Mineral, → Aragonit, → Pisolith.

Erd|alkḁlimetalle, Erd|alkḁli|en, die Elemente der zweiten Hauptgruppe des Periodensystems: Beryllium, Magnesium, Calcium, Strontium, Barium und Radium. Die E. sind chemisch sehr reaktionsfähig und in ihren Verbindungen stets zweiwertig.

Erdaltertum, svw. → Paläozoikum.

Erd|anziehung, Anziehungskraft der Erde, ein Sonderfall der Massenanziehung (→ Gravitation).

Erdbau, das Bauen in und mit Lockergesteinen, auch Erde oder Boden genannt, oder mit künstlich aufbereiteten Festgesteinen. Der E. ist ein selbständiger Teil des Bauingenieurwesens; er umfaßt 1) Lösen, Laden, Transportieren, Verkippen und Einbauen von Erdmassen zur Herstellung von Einschnitten, Anschnitten, Dämmen und sonstigen Schüttungen von Verkehrswegen, Wasserwegen, Talsperren und Deichen; 2) Sicherung von E.-Werken, insbes. Böschungsflächen gegen Einwirkungen von Luft, Wasser, Frost und sonstiger Verwitterung; 3) → Bodenverfestigung.

H. GRASSHOFF u. a.: Hb. Erd- und Grundbau, 1 (1982), 2 (1979).

Erdbeben, großräumige Erschütterungen des Erdbodens, bei denen akkumulierte Spannungen in der Erdkruste meist plötzlich ausgeglichen werden. Jährlich finden etwa 150000 fühlbare E. statt, instrumentell sind über 1 Mio. nachzuweisen.

Arten und Ursachen. Es gibt **Einsturzbeben** (etwa 3%) als Folge des Zusammenbrechens unterird. Hohlräume, **Ausbruchs-** oder **vulkan. Beben** (etwa 7%), ausgelöst durch Vulkanausbrüche oder Lavabewegungen, und **tekton.** oder **Dislokationsbeben** (etwa 90%) als Begleiterscheinungen von Verschiebungen oder Bruchbildungen in der Erdkruste und im oberen Erdmantel. Letztere sind auch die stärksten und folgenreichsten E. Auf größere E. folgen oft zahlreiche (bis mehrere Tausend) schwächere **Nachbeben,** zuweilen lösen sie an anderen Stellen der Erde **Relaisbeben** [rəlˈɛ-] aus. **Schwarmbeben** heißen E., die nur aus schwächeren Stößen bestehen.

Ihren Ausgang nehmen E. vom **E.-Herd** oder **Hypozentrum** in Tiefen bis 700 km **(Tiefherdbeben);** Ort stärkster Bewegung an der Erdoberfläche ist das **Epizentrum.** Im **Epizentrḁl-** oder **Schüttergebiet** sind die Bewegungen makroseismisch, d. h. fühlbar oder durch ihre Wirkungen feststellbar. In größerer Entfernung treten mikroseism. Bewegungen auf, die durch → Seismographen der **E.-Warten** registriert werden. Nach der Entfernung vom Beobachtungsort werden **Orts-, Nah-** und **Fernbeben** unterschieden. Bei **Seebeben** liegt der Herd untermeerisch oder küstennah; sie lösen oft große Flutwellen **(Tsunḁmis)** aus, die weite Wege zurücklegen und an den Küsten große Zerstörungen anrichten können. E. sind meist von Schallerscheinungen begleitet **(Bodenknall** oder **Bronti̥di).**

E.-Wellen und E.-Stärke. Die vom Hypozentrum ausgehenden → seismischen Wellen **(E.-Wellen)** werden in E.-Warten durch Seismographen als **Seismogramme** aufgezeichnet, deren Form sich mit der Entfernung vom Bebenherd ändert. ›Erste Vorläufer‹ sind die **P-Wellen,** die als longitudinale Raumwellen mittelhoher Geschwindigkeit (bis 13 km/s) durch das Erdinnere laufen. Die langsameren (bis 7,5 km/s) ›zweiten Vorläufer‹ oder **S-Wellen** sind transversale Raumwellen. Die langsamsten (bis 3,8 km/s), aber energiereichsten **Oberflächen-** oder **L-Wellen** verlaufen an der Erdoberfläche und haben einen longitudinalen und transversalen Anteil unterschiedl.

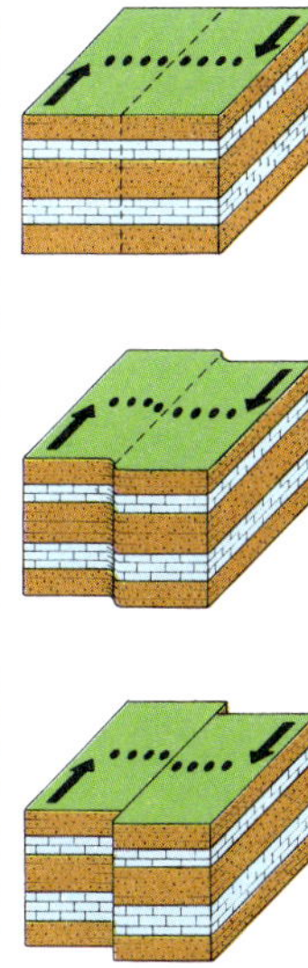

Erdbeben

Erdbeben: Entstehung eines E. nach der Scherbruchhypothese: Die durch ein Spannungsfeld aufgebaute Deformationsenergie führt zur Verbiegung der senkrecht zu einer geolog. Verwerfung verlaufenden Markierung. Übersteigen die verursachten Spannungen die Scherfestigkeit des Gesteins, so bricht dieses und es tritt schlagartig ein E. auf

Erdbeben: Schema der Ausbreitung seismischer Wellen. P (S) = direkte Welle; PP (SS) = einmalige Reflexion; PPP (SSS) = zweimalige Reflexion; K = Bezeichnung für Weganteil durch Erdkern; KIK = Bezeichnung für Weg durch den inneren Erdkern (Schema ist der besseren Verständlichkeit wegen nicht maßstabgerecht)

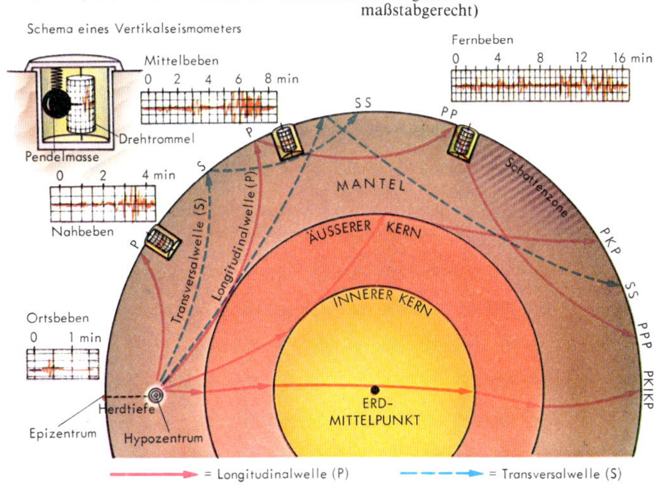

Charakters. Ihnen folgen die **Nachläufer** mit abklingender Amplitude und **Wiederkehrwellen,** die die Erde manchmal mehrfach umkreisen. Aus den **Laufzeitkurven** mehrerer E.-Stationen lassen sich geolog. Lage und Tiefe des Herdes und die Zeit eines Bebens ermitteln. (seismisches →Array 4)

Die Stärke von E. im Schüttergebiet läßt sich nach den feststellbaren Wirkungen z. B. nach der zwölfstufigen **Mercalli-Skala** abschätzen. Mikroseism. Maß für die Bebenstärke ist die von C. F. Richter 1938 vorgeschlagene Einstufung nach Größenklassen (→Magnitude), die sich auf die Registrierung normierter Seismometer stützt (→Richter-Skala). Die bisher größten registrierten E. hatten M = 8,6 (z. B. Alaska-Beben 1964).

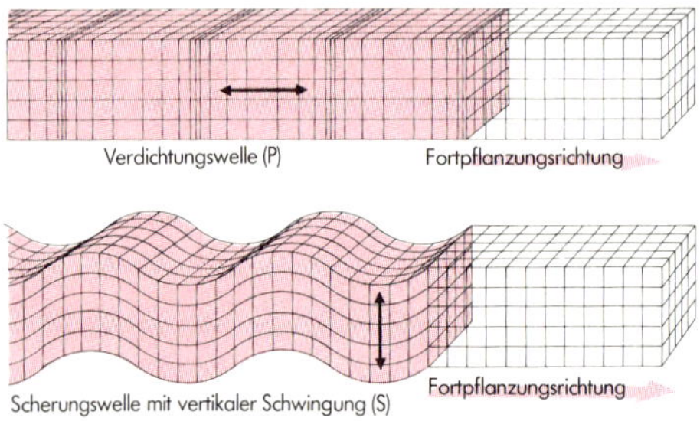

Erdbeben:
Schema der Verdichtungswelle P (oben) und der Scherungswelle S (unten). Die Wellenfront befindet sich jeweils an der Grenzlinie vom schwarzen und roten Gitter. Es wird daran deutlich, daß bei der Verdichtungswelle Verdichtungen und Verdünnungen, bei der Scherungswelle Formveränderungen auftreten

E. können sich mechanisch als Bodenrisse und -spalten, Krater und Verschiebungen auswirken, als Folgeerscheinungen können Bergstürze und -rutsche, Quellverlagerungen und Bauwerkschäden auftreten.

Die bed. **E.-Zonen** liegen im Bereich der jungen Faltengebirge und Bruchzonen, bes. im zirkumpazif. Gürtel (mehr als 80% aller E.) und transatlant. Gürtel (um 10% aller E.). Frei davon sind alte Rumpf- und Tafelländer.

Schadenbeben in bisher seismisch ruhigen Gebieten lassen einen ursächl. Zusammenhang zw. menschl. Eingriffen und diesen E. vermuten **(Man-made-earthquakes** [m'æn meɪd 'ə:θkweɪks]).

G. Schneider: E., Entstehung, Ausbreitung, Wirkung (1975); H. D. Heck: Erdbebengebiet Dtl.; an der Rissnaht Europas; Bebenursachen und Abläufe (1980).

erdbebensichere Bauweisen, Leichtbauweisen oder seitensteife, erschütterungsfeste, meist hochgradig statisch unbestimmte Stahl- und Stahlbetonkonstruktionen mit möglichst geringen Dachlasten.

Erdbebenvorhersage ist bisher noch nicht möglich. Zu den laufenden Forschungsprogrammen gehören statist. Untersuchungen der Erdbebentätigkeit, Feinnivellements und geophysikal. Messungen an aktiven Verwerfungen, Beobachtungen der Höhe des Grundwasserspiegels sowie die Veränderung des Gehaltes an Spurenelementen im Grundwasser und in der Bodenluft.

Erdbeschleunigung, →Fall.

Erdbildmessung, Verfahren der →Photogrammetrie.

Erd|druck, der in der Tiefe vom Erdboden auf Körper, z. B. Bauteile, ausgeübte Druck, i. e. S. die waagerechte Kraftwirkung des Bodens auf Stützmauern. Das Verhältnis des im Baugrund in der Tiefe herrschenden waagerecht wirkenden **Ruhedrucks** zu dem vertikal in gleicher Tiefe wirkenden Überlagerungsdruck **(Ruhedruckbeiwert)** ist aus Versuchen für viele Bodenarten bestimmt worden. Der **aktive E.** stellt sich am Rücken einer unter Wirkung des E. horizontal gleitenden Stützwand ein. Der **passive E.** wirkt bei einer entgegen dem E., z. B. aus Gewölbeschub, entstehenden Bewegung der Stützmauer.

Erde, Zeichen ♁, von der Sonne aus gezählt 3. Planet im →Sonnensystem, der größte der erdähnl.→Planeten. Zusammen mit der Sonne und den übrigen Planeten des Sonnensystems vor etwa 4,6 Mrd. Jahren aus einer kosm. Gas- und Staubwolke entstanden. Die E. ist der einzige Planet im Sonnensystem, der an seiner Oberfläche flüssiges Wasser in beachtl. Mengen enthält.

ASTRONOMISCHES

Die E. bewegt sich in 365,256 Tagen (siderisches →Jahr) auf einer leicht ellipt. Bahn mit einer mittleren Entfernung von 149,6 Mio. km (= 1 Astronom. Einheit) um die Sonne (Periheldistanz 147,1 Mio. km Anfang Januar, Apheldistanz 152,1 Mio. km Anfang Juli); durch diese Umlaufbewegung ist die Ebene der →Ekliptik definiert.

Gleichzeitig dreht sich die E. in 23h 56min 4,09s einmal um ihre Achse **(siderischer Tag, Sterntag),** die um 66°33′ gegen die Ekliptik geneigt ist. Diese Rotation führt zu einer →Abplattung des Erdkörpers, die sich als Äquatorwulst bemerkbar macht; da Äquatorebene und Ekliptikebene infolge der Neigung der Erdachse nicht zusammenfallen, sondern einen Winkel von 23°27′ bilden (Schiefe der Ekliptik), bewirkt die Anziehungskraft der Sonne auf Grund des Äquatorwulstes ein Drehmoment, auf das die rotierende Erde wie ein schiefer Kreisel reagiert (→Präzession).

Die geneigte Erdachse läßt außerdem die →Jahreszeiten entstehen, da die Richtung der Erdachse bis auf den Einfluß der Präzession konstant bleibt: die unterschiedl. Sonnenhöhe im Lauf eines Jahres führt zu wechselnden Bestrahlungsintensitäten (die flach auftreffenden Sonnenstrahlen im Winter wärmen weniger als die steil auftreffenden Sonnenstrahlen im Sommer) und zu wechselnden Bestrahlungsdauern (im Sommer steht die Sonne wegen der größeren Mittagshöhe länger über dem Horizont als im Winter).

Die E. ist umgeben vom →erdmagnetischen Feld (magnet. Moment $8{,}06 \cdot 10^{21}$ Tesla cm^3), das wie ein Schutzschirm gegen die gefährl. Partikelstrahlung der Sonne und der →kosmischen Strahlung wirkt (→Van-Allen-Strahlungsgürtel). Zusätzlichen Schutz liefert die Erdatmosphäre (→Atmosphäre, →Ionosphäre), die auch einen großen Teil der elektromagnet. Strahlung der Sonne absorbiert (→astronomische Fenster).

Die E. wird von einem vergleichsweise großen Trabanten umrundet (→Mond), dessen Durchmesser 27% des Erddurchmessers erreicht (nur der 1978 entdeckte Plutomond ist im Verhältnis zum →Pluto größer); E. und Mond werden daher vielfach auch als Doppelplanet bezeichnet. Die große Nähe des Mondes (mittlere Entfernung 384 403 km) und seine große Masse (rd. 1/81 Erdmasse) führen auf der Erde zu deutlichen Gezeiteneffekten (→Gezeiten); die damit verbundene Gezeitenreibung sorgt für eine allmähliche Abbremsung der Erdrotation, die gegenwärtig bei 0,0016 s pro Jahrhundert liegt. Wegen der Erhaltung des Drehimpulses muß sich als Folge davon der Mond allmählich von der Erde entfernen.

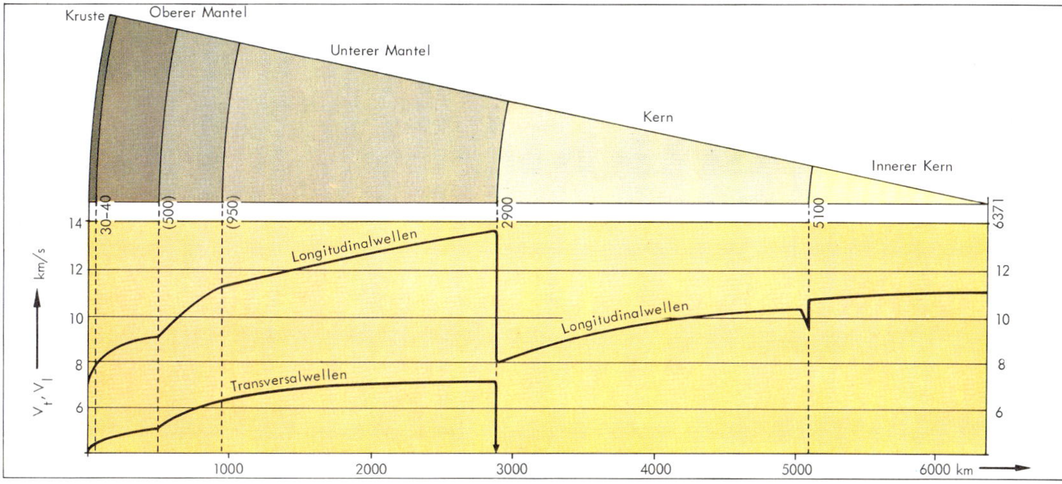

Erde 1: Seismischer Befund zum Aufbau der Erde; oben Erdsektor, unten Geschwindigkeit der Erdbebenwellen

GEOLOGISCHER UND STOFFLICHER AUFBAU

Der Erdkörper besteht aus mehreren Kugelschalen von stofflich unterschiedl. Beschaffenheit. Auf Grund sprunghafter Veränderungen der Ausbreitungsgeschwindigkeit der Erdbebenwellen in 25–40 km und 2900 km Tiefe läßt er sich in Erdkruste, Erdmantel und Erdkern gliedern (BILD Erde 1). – Die **Erdkruste,** in der sich die meisten geolog. Vorgänge abspielen, ist der geowissenschaftl. Forschung am besten zugänglich. In ihr ist eine Oberkruste, die **Sialzone** (nach den chem. Elementen **Si**licium und **Al**uminium, den Hauptgesteinskomponenten), nach ihrem petrograph. Charakter auch **Granit-** oder **Gneisschale** genannt, zu unterscheiden, über der i. d. R. eine dünne Sedimentdecke liegt. Die Dicke des Sials schwankt z. B. in Mitteleuropa zw. 3 und 20 km (unter Gebirgen zw. 30 und 60 km). Es kann unter Ozeanen (Pazifik) aber auch ganz fehlen. Ihre Untergrenze legt man in den Bereich der **Conrad-Diskontinuität** in etwa 20 km Tiefe. – Die untere Erdkruste, die **Simazone** (nach den chem. Elementen **Si**licium und **Ma**gnesium), petrolog. **Gabbro-** oder **Basaltschale (Basaltschicht)** genannt, wird durch die **Mohorovičić** [-vitʃitsj]**-Diskontinuität (Moho, M-Fläche)** nach unten begrenzt. Diese liegt 8–15 km unter der Oberfläche der Tiefsee, 30–40 km unter der von Tiefländern und 50–70 km unter der von Hochgebirgen. Zum Sima wird auch die als **Ultrasima** bezeichnete **Peridotitschale** gezählt, deren Untergrenze die **Mintrop-Diskontinuität** bildet, die im Mittel in 60 km Tiefe liegt.

Allg. wird die M-Fläche als Grenze zw. Erdkruste und **Erdmantel** angenommen, der durch eine seism. Grenze in

Erde 2: Hypothetischer Schnitt durch Erdkruste und oberen Erdmantel (präkambrischer Schild bis Ozeangebiet). Angedeutet sind die Druckzunahme mit der Tiefe, der Verlauf der Isothermen und die Verteilung der Gesteinstypen nach modernen Vorstellungen (nach Boyd und Macgregor)

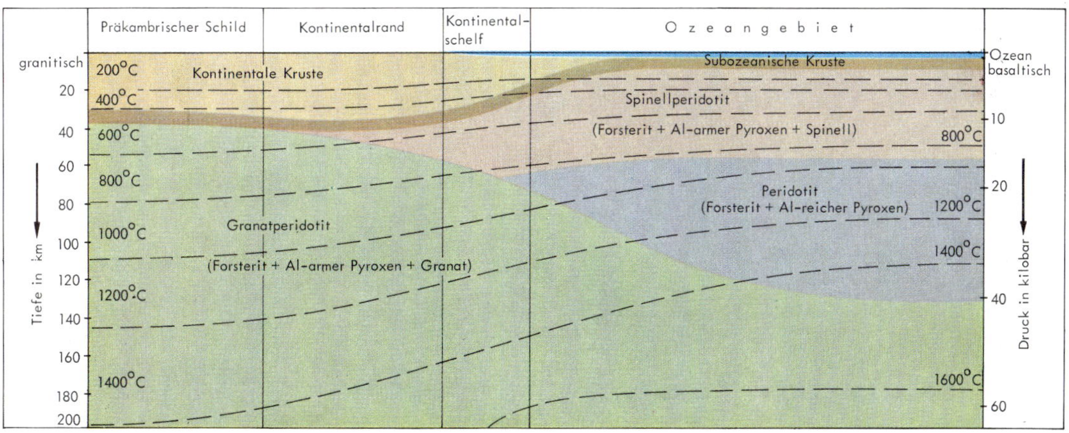

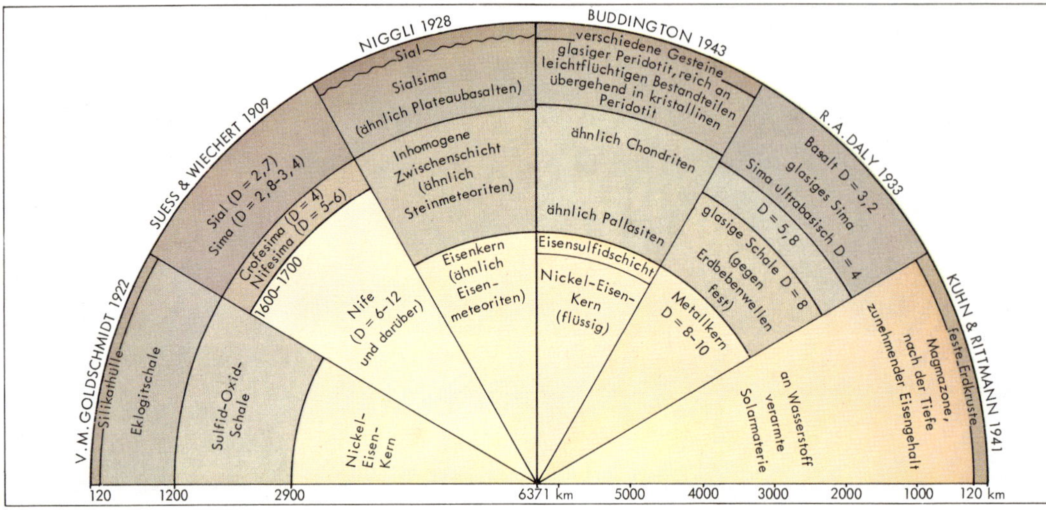

Erde 3: Verschiedene Ansichten über den Bau der Erde (nach einer Zusammenstellung von S. Matthes)

900–1 000 km Tiefe in einen oberen und einen unteren Teil abgetrennt und dessen Untergrenze bei 2700 bis 2900 km Tiefe angesetzt wird. Die Meinungen über seinen Aufbau und den der tieferen Schalen gehen weit auseinander, zumal nicht nur die chem. Zusammensetzung, sondern auch wechselnde Phasenzustände der Materie mit in Betracht zu ziehen sind. Im oberen Erdmantel unter den Kontinenten werden eklogit. **(Griquait),** unter den Ozeanen dunit. oder periodit. Gesteine (BILD 2) vermutet. Fragmente dieser Gesteine sind als Einschlüsse in Vulkaniten nachgewiesen. Der untere Erdmantel wird als **Sulfid-Oxidschale** gedeutet. – Erdkruste und oberer Erdmantel werden zur

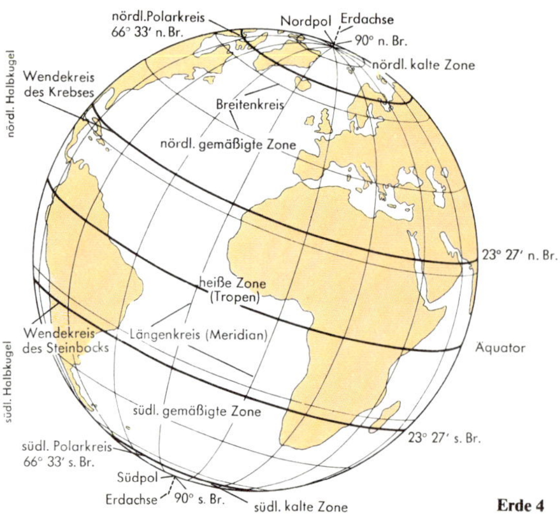

Erde 4

Lithosphäre zusammengefaßt. Von Störungsgebieten abgesehen, ist die Erdkruste im ausgeglichenen Zustand der → Isostasie.

Der innerste Teil der E. wird vom **Erdkern (Barysphäre)** gebildet. An seiner Grenze stoßen festes Gesteinsmaterial des unteren Erdmantels gegen flüssiges des äußeren Erdkerns. Dieser besteht vermutlich aus einer Mischung von 90% Eisen und 10% Nickel. Seine strömende, ionisierte Materie verursacht das permanente erdmagnet. Feld. In 5 100 km Tiefe beginnt der innere Erdkern, der sich wohl im festen Zustand befindet. Von ihm vermutet man eine ähnliche Zusammensetzung **(Eisenkern-Hypothese)** wie vom äußeren (BILD Erde 3).

PHYSIKALISCHE EIGENSCHAFTEN DES ERDINNEREN

Dichte und Druck nehmen mit der Tiefe zu, die **Dichte** von etwa 2,7 g/cm^3 bis etwa 13 g/cm^3, der **Druck** bis etwa 3,5 TPa (3,5 Mio. atm). Gegenüber plötzl. und kurzperiod. Beanspruchungen verhält sich der Erdkörper wie ein fester Körper, mit andauernd wirkenden Kräften gegenüber säkularflüssigen. Aus Dichte und Geschwindigkeit der Erdbebenwellen lassen sich die Elastizitätskonstanten ermitteln. Die Zähigkeit dürfte mit wachsender Temperatur nach dem Erdinneren des Erdmaterials zu abnehmen, doch kann der zunehmende Druck weniger zähe Zwischenschichten hervorrufen **(Asthenosphäre).** Die **Temperatur** nimmt mit einem Gradienten von etwa 30 grd/km (1 grd = 1° Temperaturdifferenz der Celsiusskala) nach der Tiefe hin zu. Die in die Atmosphäre abgestrahlte Wärmeenergie wird durch solche kompensiert, die beim Zerfall radioaktiver Stoffe in der Granitschale entsteht. Darunter nimmt der Temperaturgradient ab. Als Höchsttemperaturen für den Erdkern werden zw. 1000° und 12000 °C angegeben. (BILD Erde 5, 6, 7)

GEODÄTISCHES

Die Erdoberfläche mißt rd. 510 Mio. km^2, davon sind 361 Mio. km^2 (70,8%) Wasserfläche, 149 Mio. km^2

(29,2%) Land. Durch die N-S-Erstreckung der Weltmeere und die W-O-Ausdehnung ihrer Mittelmeere wird die Landfläche in die Kontinente Nordamerika, Südamerika, Eurasien, Afrika und Australien aufgelöst. Um den Südpol liegt Antarktika. Aussehen und Verteilung der Land- und Wasserflächen sind langfristigen Veränderungen unterworfen (Kontinentaldrift, → Plattentektonik).

Die höchste Landerhebung ist der Mount Everest (8848 m), die größte bekannte ozean. Tiefe die Vitiaz-Tiefe (Pazif. Ozean, 11022 m). Als mittlere Höhe der Landfläche wurden 875 m, als mittlere Tiefe der Ozeane 3800 m errechnet (→ hypsographische Kurve).

Größe und Gestalt der E. werden durch die Verfahren der → Geodäsie bestimmt. Die physikal. Erdoberfläche wird im Bereich der Kontinente durch Festpunkte und topograph. → Karten erfaßt. Im ozean. Bereich fällt die mittlere Meeresoberfläche genähert mit dem Geoid als ausgewählter Niveaufläche des Schwerefeldes zusammen. Diese mathemat. Erdoberfläche wird durch die Potentialfunktion der Schwere beschrieben. Das mittlere Erdellipsoid stellt ein das Geoid optimal (Abweichungen weniger als 100 m) approximierendes Ellipsoid dar. Die Werte des internat. empfohlenen Geodätischen → Referenzellipsoids sind (1967):

Äquatorradius = große Halbachse *a*	6 378 160 m
halbe Drehachse = kleine Halbachse *b*	6 356 775 m
Abplattung	1:298,25
Länge des Äquators	40 075 161 m
Länge eines Meridians	40 008 005 m
1 Äquatorgrad	111 320 m
1 mittlerer Meridiangrad	111 133 m
Oberfläche	510 069 300 km²
Volumen	1 083 219 000 000 km³
Masse	$5{,}973 \cdot 10^{27}$ g
mittlere Dichte	$5{,}515$ g · cm^{-3}
Beschleunigung am Äquator	9,78032 ms^{-2}
Beschleunigung am Pol	9,83218 ms^{-2}
durchschnittl. Temperatur an der Erdoberfläche	14,3 °C
Radius der volumengleichen Erdkugel	6 371 km

⇨ Geochemie · Geologie · geologische Systeme · Geotechnik · Kosmologie

Allg. u. physikal. Geologie, Geophysik: Hb. der Physik, 47 u. 48 (1956 u. 1957); B. GUTENBERG: Physics of the earth's interior (New York 1959); F. A. VENING-MEINESZ: The earth's crust and mantle (Amsterdam 1964); M. REICHSTEIN: Die Erde, Planet unter Planeten (1979).

Erde|funkstelle, Bodenstation für Funkverkehr mit → Nachrichtensatelliten, d. h. für eine Richtfunkverbindung mit extrem verschiedenen Bedingungen für die beiden Funkstellen. Durch Gewicht, Energieverbrauch und Antennenabmessungen begrenzte Sendeleistung des Satelliten muß bei der E. mit hohem Aufwand wettgemacht werden: große Antenne mit hoher Richtwirkung, günstiger Standort, bes. rauscharmer Empfänger. Es werden z. B. Parabolspiegel mit 25 m Durchmesser auf hundertstel Grad genau ausgerichtet und günstig gegen terrestr. Störungen in flachen Bodenmulden von mehreren km Durchmesser aufgestellt. Die Empfangsleistung (Größenordnung 1 pW = 10^{-12} W) kann nur durch Spezialverstärker (flüssiggasgekühlte Maser oder parametrische Verstärker) mit ausreichendem Rauschabstand verwertet werden.

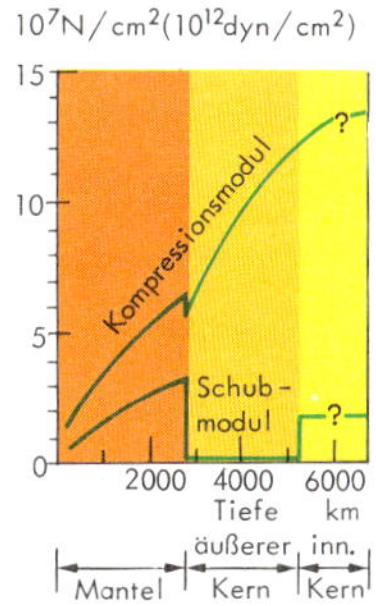

Erde 5: Elastizitätskonstanten im Erdinnern

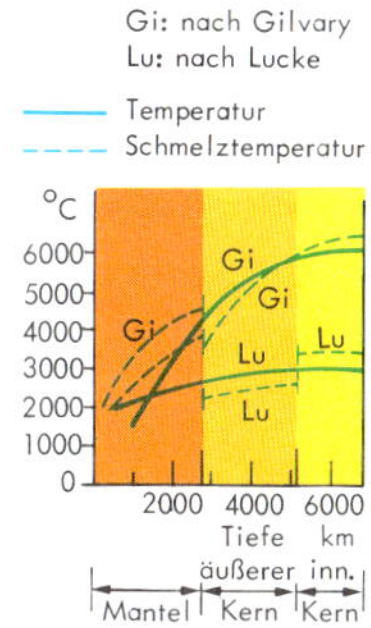

Erde 6: Temperatur im Erdinnern

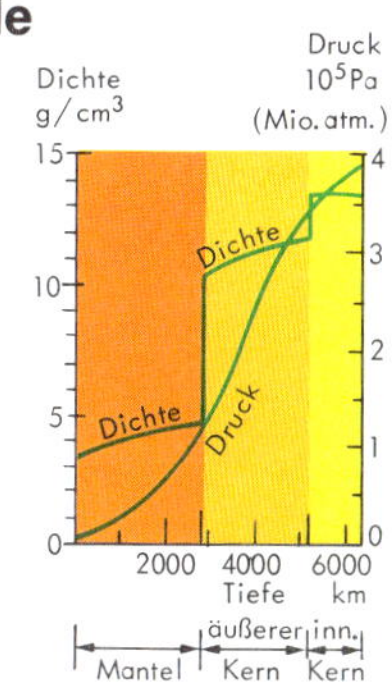

Erde 7: Dichte und Druck im Erdinnern

Nachrichtenübertragung mit Satelliten hat weltweite Verbreitung gefunden. Die Anzahl der E. allein für → INTELSAT liegt bei über 150 in derzeit 107 Ländern; in der Bundesrep. Dtl. z. B. in Raisting. Es werden vornehmlich Bündel von Ferngesprächen und Fernsehprogramme übertragen und über bestehende nationale Netze verteilt. Die Technik erlaubt Mehrfachzugriff verschiedener E. zu einem Satelliten (→ FDMA).

erd|elektrisches Feld, Erd|elektrizität, elektr. Felder an der Oberfläche und im Inneren der Erde, die durch physikochem. Prozesse im Gestein oder durch elektrodynam. Induktion erzeugt werden. Da die Erde ein guter Leiter ist, sind mit dem e. F. stets → Erdströme verbunden. Die für die elektromagnet. Induktion erforderlichen Magnetfelder werden durch die zeitl. veränderlichen Stromsysteme der Ionosphäre erzeugt, deren Ursache die Variabilität des Sonnenwindes ist.

Erden, 1) Chemie: → Erdmetalle.

2) Elektrotechnik: → Erdung.

Erd|erkundungssatelliten, Erd|erforschungssatelliten, Satelliten, die die Erde nahezu kontinuierlich

Erdefunkstelle Raisting mit ihren fünf Antennen

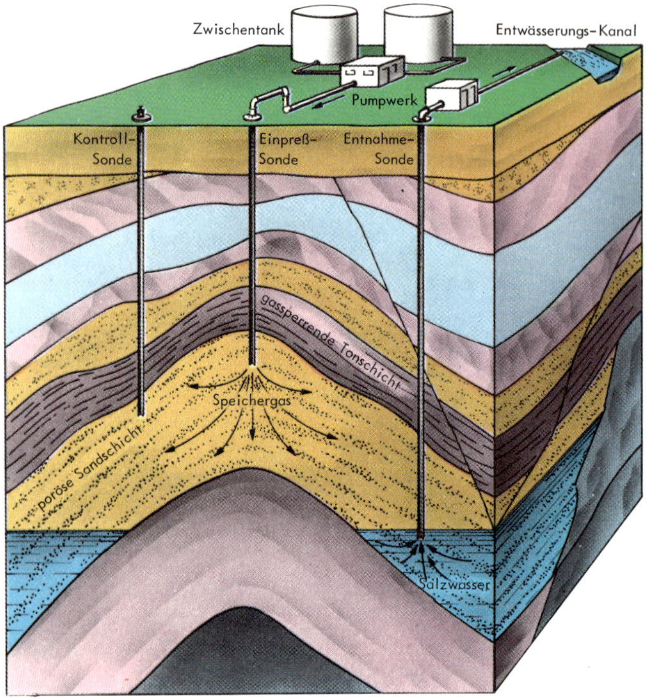

Erdgas: Untertagespeicherung von E., das zur Bevorratung in Porenräume erschöpfter Gas- und Ölfelder und in natürliche Hohlräume der Erdkruste eingepreßt wird. Untertagespeicher sind wirtschaftlicher und umweltfreundlicher als Übertagebehälter

mit ihren Sensoren (z. B. Vidicon-Fernsehsysteme, Multispektralscanner) abtasten und die Informationen in Echtzeit oder auf Abruf zu den Bodenstationen übertragen. So erzeugten die Satelliten vom Typ → Landsat bei jedem Erdumlauf ein 185 km breites Bildband von der Planetenoberfläche. Sie umrundeten die Erde täglich 14mal und befanden sich nach jeweils genau 18 Tagen wieder über dem gleichen Punkt des Erdbodens. Die ständig übertragenen Falschfarbenphotos u. a. Informationen der E. werden vielfältig genutzt (Landwirtschaft und Forstwesen, Wasserhaushalt, Ozeanographie, Kartographie, Meteorologie, Luft- und Wasserverschmutzung, Geologie, Mineralogie, Rohstoffexploration u. a. m.). Viele Nationen haben zum Empfang der Satelliten-Signale Bodenanlagen errichtet.

Erd|expansion, Hypothese über die Erdentwicklung, die i. Ggs. zur älteren **Kontraktionshypothese** eine langsame Ausdehnung des Erdkörpers von etwa 0,6 mm/Jahr behauptet. Die E. wird meist als Folge einer ebenfalls hypothet. langsamen Abnahme der **Gravitationskonstante (Dirac-Hypothese)** gedeutet.

Erdfall, durch unterird. Auslaugung von Salz, Gips oder Carbonatgesteinen an der Erdoberfläche entstandener dolinenartiger Einsturztrichter **(Erdtrichter).**

Erdfarben, natürl. Mineralpigmente, die nach meist mechan. Bearbeitung (Mahlen, Sieben, Schlämmen) in den Handel kommen, z. B. Asphalt, weißer und roter Bolus, Kreide, Ocker, Umbra.

Erdferne, Apogäum, → Apsiden.

Erdfließen, → Solifluktion.

Erdgas, Sammelbegriff für brennbare, in der Erdkruste vorkommende Naturgase, die neben anderen Bestandteilen (z. B. Äthan, Propan, Stickstoff, Kohlendioxid) überwiegend Methan enthalten. E. ist zum Teil gemeinsam mit → Erdöl entstanden, zum Teil hat es sich im Laufe der → Inkohlung aus Kohle gebildet. Neuerdings wird auch die anorgan. Entstehung erörtert. Die Suche nach E.-Lagerstätten und die Ausführung der Bohrungen ist ähnlich wie beim Erdöl. E. tritt aus der Lagerstätte stets mit einem Überdruck (bis zu 400 bar) aus, der mit zunehmender Ausbeutung der Lagerstätte sinkt. Je nach dem Gehalt an sauren Komponenten unterscheidet man **Sauergas** (über 1 Vol.-% Schwefelwasserstoff) und **Süßgas** (unter 2 Vol.-% Kohlendioxid, kein Schwefelwasserstoff). E. nennt man **trocken,** wenn es ohne Abscheidung von Kondensat abgekühlt werden kann. Aus **nassen E.,** die oft zus. mit Erdöl vorkommen, kondensieren bei Abkühlung höhere Kohlenwasserstoffe die (bes. in den USA) Einsatzmaterial für das → Steamcracken sind.

E. wird überwiegend für Heizzwecke, aber auch als chem. Rohstoff (→ Synthesegas) und zur Erzeugung von Reduktionsgas für die Eisengewinnung verwendet. Wichtige Qualitätsnormen sind der Schwefelgehalt (maximal 150 mg/m^3), der Taupunkt (maximal −5 °C) und der Brennwert (32–47 MJ/m^3). Für die Brenneigenschaften ist u. a. der → Wobbe-Index von Bedeutung, der für die E.-Gruppe L um 45, für die E.-Gruppe H um 50 MJ/m^3 liegt (→ Brenngase). Süßgase können, nach der Kondensatabscheidung und Trocknung mit Glykolen, direkt in das Verteilernetz eingespeist werden, während Sauergase durch Gaswäsche z. B. mit Äthanolaminlösungen zusätzlich gereinigt werden müssen. – E. wird unter einem Druck von 65 bis 70 bar über weite Strecken in Rohrleitungen (Pipelines) transportiert. **LNG** (engl. **L**iquefied **N**atural **G**as) ist verflüssigtes E., das bei −162 °C drucklos mit speziellen Tankschiffen transportiert wird.

Erdgasmotor, mit Erdgas betriebener Verbrennungsmotor (→ Gasmotor), zu Versuchszwecken aus Otto- oder Dieselmotoren entwickelt. Das Mitführen des Erdgases im Fahrzeug verlangt wegen der gewünschten großen Energiedichte unter hohem Druck (bis 300 bar) stehende oder tiefgekühlte (etwa −160 °C) Tanks (→ Kryogentank).

Erdgeschichte, historische Geologie, → Stratigraphie, → geologische Systeme.

Erdgeschoß, Parterre [-t'ɛr, frz.], das untere Stockwerk, dessen Fußbodenoberfläche meist höher liegt als das Gelände, das das Haus umgibt. Wird das Kellergeschoß über das umgebende Gelände hochgeführt, heißt das untere Stockwerk **Hochparterre.**

Erdgezeiten, die → Gezeiten der festen Erde.

Erdhobel, Motorstraßenhobel, engl. **Grader** [gr'eɪdə], zwei- oder dreiachsiger Flachbagger mit zw. den Achsen angeordnetem, beweglichem Planierschild. (BILD Bagger)

Erdhülle, die → Geosphäre.

Erd|induktor, Gerät zur Bestimmung der erdmagnet. Inklination. Es besteht im wesentl. aus einer in drehbarem Rahmen gelagerten Drehspule. Wenn der Rahmen mit der rotierenden Spule in die Lage gebracht wird, in der in der Spule keine elektr. Spannung durch das erdmagnet. Feld induziert wird, steht die Spulenachse zu den Magnetfeldlinien parallel und zeigt somit die Inklination an.

Erdkabel, ein → Kabel 2) mit besonderer Bewehrung des Kabelmantels zur Verlegung in der Erde.

Erdkampfflugzeug, Militärflugzeug zur direkten Unterstützung der kämpfenden Bodentruppen (Luftnahunterstützung, Panzerbekämpfung, Gefechtsfeldaufklärung) durch Einsatz von Rohrwaffen, ungelenkten Raketenwaffen, Lenkflugkörpern und Abwurfwaffen. Gefordert werden hohe Nutzlastkapazität, Wendigkeit und Beschußfestigkeit (Panzerung).

Erdkrustenbewegungen, die Gesamtheit der die feste Erdkruste verändernden Vorgänge sowie die Gezeitenbewegung des festen Erdkörpers (→ Gezeiten). Erdkrustenverändernd sind die v. a. vertikalen Bewegungen der → Epirogenese. Großräumige E., bes. mit horizontalem Bewegungssinn, wurden durch die → Plattentektonik nachgewiesen. I. Ggs. dazu gehen die kleinräuml. Vorgänge der → Tektogenese, die das Gesteinsgefüge irreversibel umprägen und Bruchformen (→ Verwerfung) oder Krümmungsformen (→ Falte) hinterlassen, auf relativ kurzzeitige, rupturelle Deformationsakte zurück. Sprunghafte E. treten bes. bei → Erdbeben und im Zusammenhang mit dem → Vulkanismus auf.

Erdkunde, svw. → Geographie.

Erdlicht, der → Erdschein.

erdmagnetische Instrumente, Geräte zur Vermessung des erdmagnet. Feldes. Zur Messung am Erdboden dienen: der **Kompaß** zur Bestimmung der horizontalen Richtung des erdmagnet. Feldes (ältester Gerätetyp dieser Art); **Deklinatorium** und **Inklinatorium** zur Bestimmung von Deklination *D* und Inklination *I* des Erdfeldes; der **Magnettheodolit** zur Messung der Horizontalintensität *H*. Das **Protonenpräzessionsmagnetometer, Rubidium-** oder **Heliumdampfmagnetometer,** für die Totalintensität *F* sowie das **Fluxgate-Magnetometer** [fl'ʌksgeɪt-] oder die **Förster-Sonde** für *H, F* und *Z* (*Z* Vertikalintensität) können auch in Flugkörper eingebaut werden. Die Größen *H, Z, D, I, F* heißen Elemente des erdmagnet. Feldes. – **Lokalvariometer** dienen der Messung der räuml. Variation, **Zeitvariometer** der zeitl. Variation des Erdfeldes. Mit einigen Lokal- und Zeitvariometern können nur Differenzen des Magnetfeldes gegen einen festen Wert gemessen werden. – Zu den Lokalvariometern zählen die **Feldwaagen,** bei denen ein Permanent-Magnet wie ein Waagebalken gelagert ist und als Indikator dient.

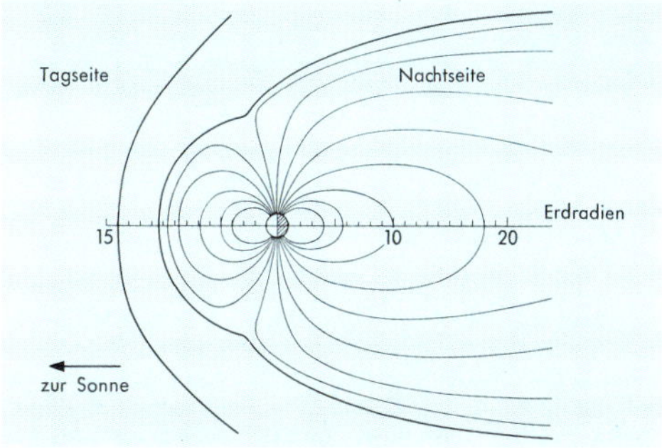

erdmagnetisches Feld 1:
Feldlinien außerhalb der Erde senkrecht zur Ebene des erdmagnetischen Äquators. Bis etwa drei Erdradien Abstand vom Erdmittelpunkt ist das Magnetfeld der Erde in guter Näherung ein Dipolfeld. In größerer Entfernung wird es durch den Sonnenwind stark verzerrt, bes. auf der Tagseite. Im Raum zw. den beiden starken Linien ist die Geometrie des Magnetfeldes sehr kompliziert

erdmagnetisches Feld 2:
Lage und Wanderung des erdmagnetischen Südpols vom Silur (S) über das Permokarbon (PC) zum Mesozoikum (M). Polwanderungskurve der Kontinentalblöcke Gondwana (1) und Euramerika (2) vor dem Silur und Zerfall des Großkontinentes Pangäa und Auseinanderdriften der Kontinentteile nach den Polwanderungskurven für Indien (3), Afrika (4), Europa (5), Nordamerika (6), Südamerika (7), Antarktis (8) und Australien (9)

erdmagnetische Landesaufnahme, Vermessung des erdmagnet. Feldes an der Erdoberfläche. Dabei werden die Horizontal-, Vertikal- und Totalintensität, Deklination und Inklination des Magnetfeldes oder mindestens eines dieser Elemente bestimmt und in Karten dargestellt. Wegen der langfristigen Veränderung der Elemente muß die Vermessung im Abstand von ein oder zwei Jahrzehnten wiederholt werden.

erdmagnetischer Sturm, magnetischer Sturm, relativ starke zeitliche Variation des → erdmagnetischen Feldes. E. S. sind ein Teil der erdmagnet. Aktivität, die durch besondere Stromsysteme in der → Ionosphäre und durch starke Plasma-Schwingungen in der Magnetosphäre angeregt werden. Diese wiederum werden durch die Sonnenaktivität erzeugt.

erdmagnetisches Feld. Das **Hauptfeld** (Anteil von 95%) des Magnetfeldes der Erde hat seinen Ursprung in elektr. Stromsystemen im Erdinneren, unterhalb der Kern-Mantel-Grenze (Tiefe etwa 2900 km), ein Teil des Restes in der Hochatmosphäre, bes. in der Ionosphäre, ein im allg. sehr kleiner, vereinzelt jedoch bed. Anteil wird von Gesteinen der Erdkruste **(Krustenfeld)** erzeugt. – Das Hauptfeld besteht aus einem symmetr. Teil, dem **Dipolfeld,** das durch elektr. Ströme an der Kern-Mantel-Grenze gebildet wird, und einem unsymmetr. Anteil, dem **Nicht-Dipolfeld,** das aus unsymmetr. Stromsystemen entsteht. Mit abnehmender Entfernung von der Erdoberfläche nimmt das Dipolfeld langsamer als das Nicht-Dipolfeld ab und wird in der Hochatmosphäre oberhalb der Ionosphäre infolge des Einflusses der Ladungswolken des Sonnenwindes stark verzerrt. – Das Hauptfeld unterliegt einer langsamen zeitl. Änderung (**Säkularvariation,** Periodizität: mehrere 100 Jahre). Das Magnetfeld der Ionosphäre weist dagegen schnelle zeitl. Variationen mit Perioden von 1 s bis mehr als 24 h auf, gesteuert durch die Sonnenaktivität. Plötzliche, starke Änderungen des Ionosphärenfeldes, deren Intensität jedoch gegenüber dem Hauptfeld relativ klein ist, heißen → erdmagnetische Stürme.

Zur Beschreibung des e. F. genügen drei der folgenden Elemente: Deklination *D*, Inklination *I*, Horizontalintensität *H*, Vertikalintensität *Z* und Totalintensität *F*. Sie müssen an möglichst vielen Stellen der Erde gemessen werden. Die Ergebnisse werden in Karten des e. F. dargestellt. Linien gleicher Deklination heißen **Isogonen,** solche gleicher Inklination **Isoklinen.** Die Isogone für $D = 0$ heißt **Agone,** die Isokline für $I = 0$ **erd(geo)magnet. Äquator (Akline).** Orte mit $I = 90°$ sind **erd(geo)magnet. Pole.** Der **arktische** oder **boreale (geo)magnet. Pol** ist in Wirklichkeit ein magnet. Südpol, der **antarktische** oder **australe (geo)magnet. Pol** ein magnet. Nordpol. So wie das Hauptfeld wandern auch die geomagnetischen Pole (Säkularvariation).

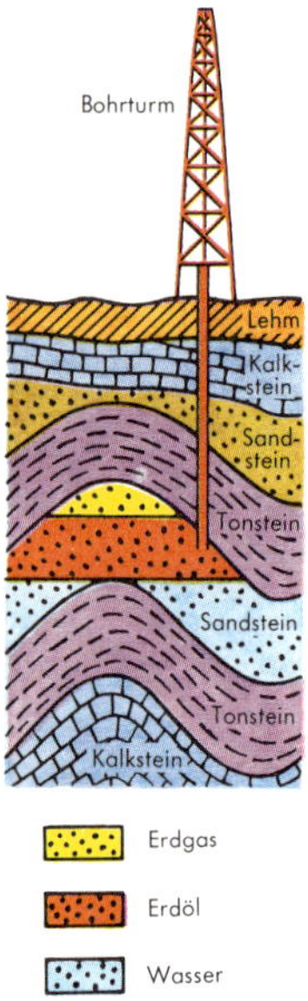

Erdöl 2: Erdöllagerstätte (schematisch); Speichergestein mit Erdgas, E., Wasser

Durch Ausmessen der Magnetisierungsrichtungen (→ Paläomagnetismus) an orientiert entnommenen Gesteinsproben lassen sich die fossilen Richtungen des e. F. ermitteln und daraus die Lage der geomagnet. Pole in best. geolog. Systemen berechnen. Das von allen Kontinenten vorliegende Beobachtungsmaterial erlaubte daraus Polwanderungskurven abzuleiten, die für die Zeit vom Silur bis in das Mesozoikum zusammenfallen, danach jedoch für jeden Kontinent anders aussehen. Dieser Befund gilt als Bestätigung für das Vorhandensein einer einzigen riesigen Kontinentalmasse, der → Pangäa, die seitdem in sich zerfiel.

Die paläomagnet. Untersuchungen ergaben ferner, daß sich im Mittel alle 200000–300000 Jahre, ohne vorhersagbare Gesetzmäßigkeit, das e. F. umpolt. Der Vorgang läuft relativ schnell ab (einige tausend bis einige hundert Jahre). Die Zeitskala dieser Umpolung ist bis zu 80 Mio. Jahre zurück gut erforscht, bes. gut in den ozean. Krustengesteinen (→ Seafloor-Spreading). – Nach den Messungen des internat. Breitendienstes bewegt sich der magnet. Nordpol z. Z. um etwa 10 cm/Jahr in Richtung Labrador. Andererseits nimmt die Feldstärke des Dipolanteils des e. F. um 6% je Jahrhundert ab.

Erdöl 1: Methoden der Förderung

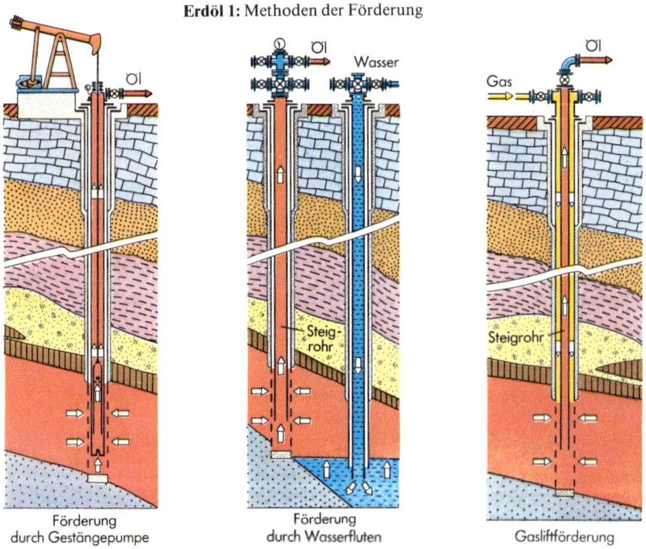

erdmagnetisches Observatorium, wissenschaftliche Einrichtung zur period. Vermessung (alle fünf bis zehn Jahre) des → erdmagnetischen Feldes, um die Säkularvariation des Hauptfeldes zu erfassen sowie zur ständigen Registrierung seiner schnellen zeitl. Variation, die ihren Ursprung in Stromsystemen der Ionosphäre hat.

erdmagnetische Variationen, zeitl. und räuml. Schwankungen des → erdmagnetischen Feldes. Zu den zeitl. e. V. gehören die **erdmagnet. Aktivität,** die ihren Ursprung in Ionosphären-Strömen, Plasma-Schwingungen der Magnetosphäre und in der Sonnenaktivität hat. **Säkulare e. V.** gehen auf Änderung der Stromsysteme im Erdinneren zurück. **Kleinräumige e. V.** werden durch variable Magnetisierung der Erdkrustengesteine erzeugt, ein Teil der **großräumigen e. V.** durch unsymmetr. Stromsysteme im äußeren Erdkern.

Erdmagnetismus, Geomagnetismus, Lehre von der Struktur und Ursache des → erdmagnetischen Feldes und → erdelektrischen Feldes (**Geo|elektromagnetismus**).

Erdmetalle, Bez. für die Elemente Aluminium, Scandium, Yttrium sowie die → Lanthanoide, deren Oxide **Erden** genannt werden.

Erdmittelalter, das → Mesozoikum.

Erdnähe, Perigäum, → Apsiden.

Erdnaht, das → Lineament.

Erdneuzeit, das → Känozoikum.

Erd|öl, amerikan.-internat. **Petrole|um,** flüssiges Gemisch aus Kohlenwasserstoffen und Kohlenwasserstoffderivaten, das unter dem Eigendruck der Lagerstätte oder mittels mechan. Hilfen gefördert werden kann. **Rohes E. (Rohöl)** ist meist dünnflüssig, dunkel- bis schwarzbraun gefärbt und hat eine Dichte zw. 0,78 und 1,0 g/cm³. E. ist je nach Herkunft unterschiedlich zusammengesetzt. Es enthält einfache Verbindungen wie Methan, aber auch komplizierte kolloide Stoffe (→ Asphaltene, → Erdölharze). Die wichtigsten E.-Bestandteile sind Alkane, Cycloalkane und Aromaten. Alkene sind im E. nur in Spuren enthalten. Je nachdem, ob E. überwiegend aus Alkanen (Paraffinen) oder Cycloalkanen (Naphthenen) aufgebaut ist, unterscheidet man paraffinbas. und naphthenbas. E. Es enthält 0,1–7% Schwefel in Form von Thiolen, Thioäthern und heterozykl. Verbindungen, Stickstoffverbindungen, → Naphthensäuren und Spuren von Nickel- und Vanadium-Komplexverbindungen.

Man nimmt an, daß sich E. aus abgestorbenen, bes. plankton. Tieren und Pflanzen in schlecht belüfteten, marinen Ablagerungsräumen durch chem. Reaktionen unter Mithilfe von Bakterien bildet. In dem zunächst entstehenden → Faulschlamm verläuft die Umwandlung der organ. Substanz in E. (**Mikronaphtha**) bei hohem Druck und hoher Temperatur. Aus diesem vorwiegend tonigen **E.-Muttergestein** wandert das feinverteilte E. in Form von Öl-in-Wasser-Emulsionen (**Migration**), wo es sich unter undurchlässigen Deckschichten in **E.-Fallen** oder **E.-Fangstrukturen** zu Lagerstätten anreichern kann. **E.-Lagerstätten** befinden sich häufig in Schichtsätteln (Antiklinalen), an Verwerfungen und Diskordanzen sowie an den Flanken und über dem Dach von Salzstöcken.

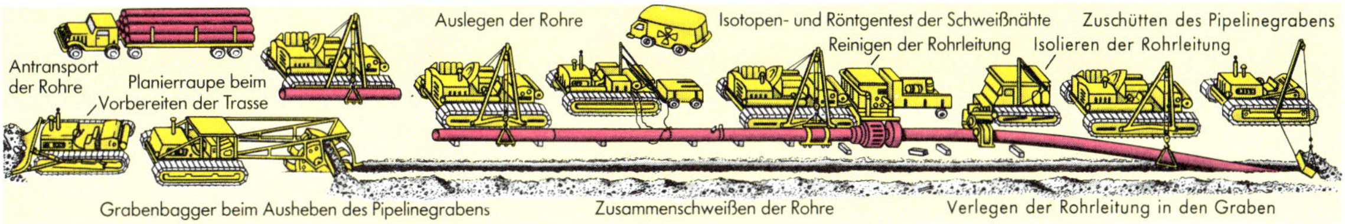

Erdöl 3: Verlegung einer Pipeline im Fließbandverfahren

E. tritt in den Sedimenten der Kontinente (onshore) und Meeresböden (offshore) auf. Bei der Suche nach E.-Lagerstätten **(E.-Exploration)** werden geolog. und geophysikal. Methoden (→ Aufschlußverfahren) angewandt. Bohrproben von Aufschlußbohrungen werden auf die chem. Zusammensetzung, den paläontolog. Inhalt und die Gesteinszusammensetzung untersucht. Bohrungen zur Förderung des E. (Produktionsbohrungen) werden meist nach dem Rotary-Verfahren (→ Bohrverfahren) abgeteuft.

Primäre Gewinnungsmethoden (Primärverfahren) nutzen den natürl. Lagerstättendruck, der v. a. durch sich aus dem E. lösende und ausdehnende Gase erzeugt wird. Der Ausbeutegrad der Lagerstätte **(Entölungsgrad)** liegt in diesem Fall zw. 10 und 30%. Bei **sekundären Gewinnungsmethoden (Sekundärverfahren)** wird der Entölungsgrad durch Injektion von Wasser **(Wasserfluten)** oder Gas **(Gasliftförderung)** erhöht. Eine weitere Verbesserung des Entölungsgrades kann durch tertiäre Gewinnungsmethoden **(Tertiärverfahren)** erreicht werden, bei denen dem Flutwasser Tenside **(Tensidfluten)** oder Polyelektrolyte **(Polymerfluten)** zugesetzt werden oder bei denen Dampf oder Kohlendioxid in die Lagerstätte injiziert wird. Das E.-Trägergestein kann dazu durch Sprengungen für das E. wegsamer gemacht werden. Tertiäre Gewinnungsmethoden sind mit hohen Kosten verbunden. Nach Schätzungen lassen sich die gewinnbaren Gesamtvorräte durch tertiäre Gewinnungsmethoden und Förderung in Tiefwasserregionen und arkt. Bereichen auf 260 Mrd. t steigern.

E. wird über Land meist in Rohrleitungen (Pipelines), über See in Tankern transportiert und vor der Verarbeitung in → Tanks gelagert. – E. wird seit 1859 in großem Ausmaß technisch genutzt. Dazu wird es in Raffinerien zu verkaufsfähigen Produkten verarbeitet, die best. Spezifikationen, d. h. physikal. (z. B. Siedebereich, Stockpunkt) und chem. (z. B. Schwefelgehalt) Anforderungen genügen müssen. In der Regel werden dabei keine chem. Individuen isoliert.

Der erste Schritt der E.-Verarbeitung ist die → Destillation, bei der das E. in Fraktionen mit unterschiedl. Siedebereich zerlegt wird. Die wichtigsten Fraktionen sind → Raffineriegas, → Flüssiggas, → Benzin, → Kerosin und → Gasöl. Die letzten beiden werden als → Mitteldestillate bezeichnet. Da sich Kohlenwasserstoffe bei Temperaturen über 350–400 °C zersetzen, können hochsiedende Fraktionen durch Destillation unter Atmosphärendruck nicht mehr abgetrennt werden. Sie verbleiben als atmosphär. Rückstand, der entweder als Heizöl verwendet oder in der Vakuumdestillation in weitere Fraktionen zerlegt wird. Schwefelverbindungen können als Katalysatorgifte wirken oder bei der Verbrennung in umweltbelastendes Schwefeldioxid umgewandelt werden. E.-Fraktionen werden deshalb durch → Hydrotreating oder → Süßverfahren entschwefelt. Destillatbenzin hat wegen seiner niedrigen → Oktanzahl schlechte Eigenschaften als Ottokraftstoff. Es wird deshalb durch → Reformieren in seiner Klopffestigkeit verbessert. Die E.-Verarbeitung ist eine **Kuppelproduktion**, d. h. neben begehrtem Benzin fallen weniger begehrte Destillationsrückstände an. Durch Konversionsverfahren (→ Cracken, → Hydrocracken) können diese in Benzin und Mitteldestillate umgewandelt werden. – Die wichtigsten E.-Produkte sind → Heizöle, → Ottokraftstoffe, → Dieselkraftstoff, Flugturbinenkraftstoffe und → Bitumen. Benzin ist auch wichtiger Rohstoff für die chemische Industrie (→ Petrochemie). Die → Schmieröle werden aus Vakuumdestillaten in besonders ausgerüsteten Schmierölraffinerien gewonnen.

Erd|ölgas, gasförmige Kohlenwasserstoffe, die mit Erdöl gefördert und bei dessen Gewinnung frei werden.

Erdöl 4: Verarbeitungsschema einer Erdölraffinerie

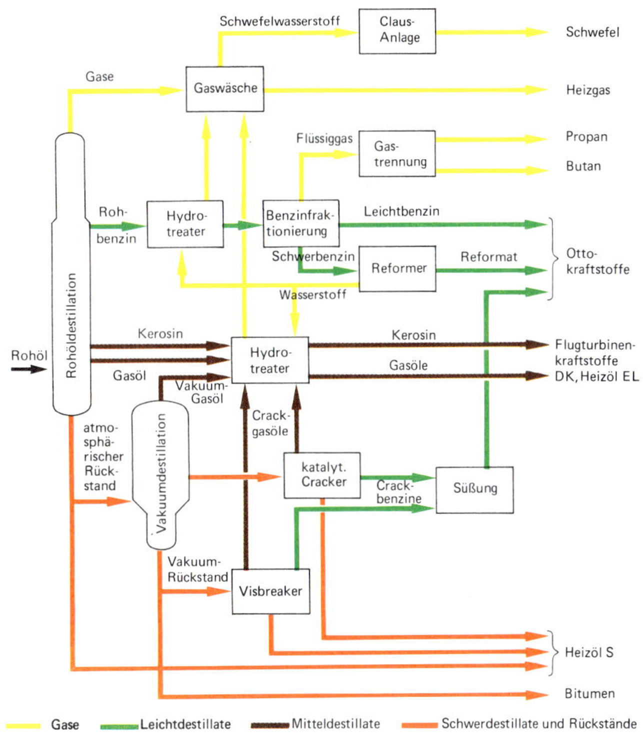

Erd|ölharze, kolloide Erdölbestandteile, die sich aus Erdölrückständen nach Ausfällung der →Asphaltene durch Ultrafiltration oder Fällung mit Essigsäureäthylester abtrennen lassen.

Erd|orgeln, die →geologischen Orgeln.

Erdpyramiden, Erdpfeiler, säulen- bis kegel- und nadelartige Erosionsformen in geröll- und blockdurchsetzten Lockergesteinen (Moräne, Tuff): z. B. die bis 35 m hohen E. bei Bozen und die E. von Göreme (Anatolien).

Erdrutsch, →Bergsturz.

Erdschein, Erdlicht, aschgraues Mondlicht, Aufhellung des dunklen Mondteils (Nachtseite), v. a. bei zunehmender oder abnehmender Mondsichel zu erkennen; wird hervorgerufen durch von der Erde reflektiertes Sonnenlicht: die Erde erhellt die Mondnacht ebenso wie der Mond die Erdnacht. Aus der Helligkeit des E. kann man die →Albedo der Erde ableiten.

Erdschluß, jede ungewollte Verbindung eines spannungsführenden Punktes einer elektr. Anlage mit der Erde, entweder durch mechan. Beschädigung eines Leiters oder der Isolierung oder durch Überbrückung einer Isolationsstrecke durch Verschmutzung, Überspannung oder Blitzschlag.

In Drehstromnetzen mit geerdetem Sternpunkt wird jeder E. zu einem →Kurzschluß. Bei nicht geerdetem Sternpunkt fließt über den E. ein kapazitiver **E.-Strom,** der mit Hilfe einer →Erdschlußspule kompensiert werden kann **(E.-Kompensation).** So kann auch ein – z. B. durch Blitzschlag hervorgerufener – **E.-Lichtbogen** zum Erlöschen gebracht werden.

Erdschlußspule, Löschdrossel, Petersenspule, eine Hochspannungs-Drosselspule mit Eisenkern in einem ölgefüllten Kessel, die zw. den hochspannungsseitigen Sternpunkt eines Transformators und Erde geschaltet wird und deren Induktivität der Kapazität des Hochspannungsnetzes angepaßt ist. So wird der kapazitive Erdschlußstrom (→Erdschluß) kompensiert.

Erdseil, geerdeter zusätzl. Leiter, der bei Hochspannungsfreileitungen die Spitzen der Maste verbindet; schützt die Freileitung gegen Blitzeinschläge.

Erdstrahlen, physikalisch nicht nachweisbare ›Strahlen‹, die einen Einfluß auf Mensch und Tier haben sollen. Naturwissenschaftler und Mediziner lehnen sie als Ursache von Krankheiten oder Wünschelruteneffekten überwiegend ab. E. sind nicht zu verwechseln mit den weitverbreiteten α-, β- und γ-Strahlen radioaktiver Isotope in Gesteinen.

Erdströme, zeitlich und örtlich veränderl., sehr schwache elektr. Ströme in der Erde, die durch Messen der Spannungen zw. je zwei Punkten nachgewiesen werden können. Es gibt drei Arten von E.:

1) **Induzierte** oder **tellurische E.,** elektr. Ströme in der Erde, vorwiegend in der Erdkruste und im oberen Erdmantel, erzeugt durch elektromagnet. Induktion infolge der zeitlichen Variation des erdmagnet. Feldes. Die Stromdichte dieser Wechselströme mit Perioden von 1 s bis zu einigen Stunden ist etwa gleich 1 A/km^2. Durch eine vertikal stehende Fläche von 1 km^2 fließt etwa 1 A.

2) **Elektrochemisch erzeugte E.,** entstehen vorwiegend dicht unter der Erdoberfläche an Grenzen zw. Gesteinskörpern, die in Klüften und Poren Bergwässer enthalten, auch beim Transport des Wassers durch die Poren im Gestein. Die größten Eigenpotentiale (gemessen gegen die ungestörte Umgebung) sind etwa gleich 1 V.

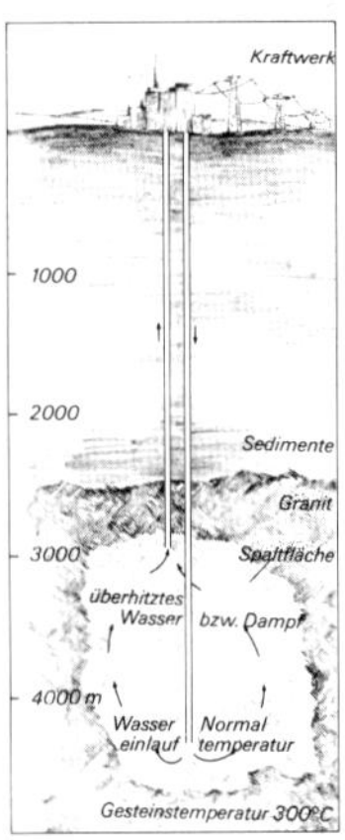

Erdwärme 1:
Hot-Dry-Rock-Verfahren

3) **Vagabundierende Ströme** als Folge elektrotechn. Einrichtungen, z. B. durch Isolationsfehler in Stromverteilungsnetzen, durch Straßen- und Vollbahnen, welche die Schienen als Rückleitung benutzen, oder im Störungsfall bei einem →Erdschluß als Erdschlußstrom.

Erdteil, Kontinent, die großen geschlossenen Landmassen mit den ihnen vorgelagerten und zugerechneten Inseln: Europa, Asien, Afrika (Alte Welt), Nordamerika, Südamerika (Neue Welt), Australien (mit Ozeanien), Südpolargebiet (Antarktika). Europa und Asien bilden zusammen den E. Eurasien.

Erd|trichter, →Erdfall.

Erdung, Erden, Herstellen einer Verbindung (oder die Verbindung selbst) zw. elektrisch leitfähigen Teilen und der Erde mittels **Erdungsleitungen** und **Erdern:** 1) **Betriebserdung,** E. elektr. Netze, Stromkreise, Systeme, um ordnungsgemäßen Betrieb sicherzustellen. 2) **Schutzerdung,** eine Maßnahme des →elektrischen Berührungsschutzes. 3) **Blitzschutzerdung,** E. zum Schutz gegen Gefährdung durch Blitzeinschläge, z. B. bei elektr. Freileitungen, Antennen, →Blitzschutz.

Erdungsmesser, Geräte zur Messung des Erdungswiderstands, der sich aus Zuleitungs-, Übergangswiderstand Erder–Boden und Ausbreitungswiderstand in 20 m Umkreis zusammensetzt. Man schickt einen Strom über den Erder und mißt den Spannungsabfall. E. arbeiten mit Wechselstrom zur Vermeidung von Polarisationseinflüssen.

Erdwachs, 1) natürl. Verdunstungsrest paraffinreicher Erdöle (→Ozokerit); 2) bei der Erdöldestillation abgeschiedenes Paraffin(wachs); zur Kerzenherstellung.

Erdwärme, Geothermik. In der äußeren Erdkruste nimmt die Temperatur mit der Tiefe zu (→geothermische Tiefenstufe). Im Zusammenhang damit besteht ein kontinuierl. Wärmestrom zur Erdoberfläche hin, der auf rd. $6{,}5 \cdot 10^{20}$ J pro Jahr geschätzt wird und durch Zerfallprozesse radioaktiver Elemente in den Gesteinen entsteht. Diese nahezu unerschöpfl. Energiequelle ist bes. hoch in Vulkangebieten, im Bereich großer geotekton. →Störungen, z. B. an mittelozean. Schwellen oder an den Rändern der Erdkrusten-Platten (→Plattentektonik), an geolog. →Gräben, im Rückland junger Faltengebirge, z. B. Ungar. Tiefebene oder Toskana. Diese geotherm. Anomalien werden neuerdings in Zusammenhang gebracht mit dem örtl. kaminartigen Aufsteigen von →Magma oder heißen Flüssigkeiten und Gasen aus dem obersten Erdmantel in die Erdkruste, den →Hot Spots oder →Mantle Plumes. – Kommt im Bereich solcher geotherm. Anomalien ausreichend Grundwasser vor, so wird dieses aufgeheizt und tritt als Heißwasser oder Dampf oberirdisch aus, oder es wird durch relativ flache Bohrungen erschlossen (z. B. auf Island oder in Ungarn).

Größere geotherm. Energiereserven befinden sich auch im heißen trockenen Gestein geotherm. Anomalien. Um diese Gesteinswärme wirtschaftlich zu gewinnen, wurde z. B. das **Hot-Dry-Rock-Verfahren** [hɔt draɪ r'ɔk-, engl.] entwickelt, dessen Prinzip darin besteht, zwei Bohrungen nebeneinander in ausreichende Tiefe niederzubringen. Durch die tiefere von beiden wird Wasser in den Untergrund gepreßt, das aufgeheizt durch die andere als Heißwasser wieder an die Oberfläche gelangt. Um eine möglichst große Gesteinsoberfläche zu schaffen und damit den Wirkungsgrad des Wärmetauschs zw. Gestein und Wasser zu erhöhen, kann das Gebirge z. B. durch Einpressen von Wasser unter hohem Überdruck **(Hydraulic-Fracturing-Verfahren** [haɪdr'ɔːlɪk fr'æktʃərɪŋ-]) zertrüm-

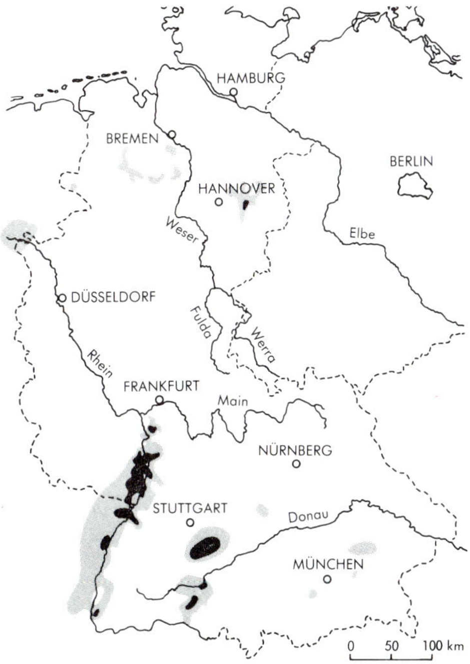

Gesteinstemperatur in 1000 m Tiefe 50° C

Gesteinstemperatur in 1000 m Tiefe 60° C u. mehr

Erdwärme 2: Geothermische Anomalien in der Bundesrep. Dtl.

mert werden; auch an den Einsatz konventioneller oder nuklearer Sprengstoffe wird gedacht.

Erdzeitalter, → Ära, → geologische Systeme.

Ereignis, physikal. Vorgang, dessen räumliche Ausdehnung und zeitliche Dauer vernachlässigbar klein sind; in der Theorie dargestellt als ein Raum-Zeit-Punkt (→ Raumzeit).

Erfassungsgrenze, svw. → Nachweisgrenze.

Erfindung, Einfall der schöpfer. Phantasie, der nach den Naturgesetzen oder den Formgesetzen einer geistigen Wirklichkeit zu einem Ding oder Werk gestaltet wird (Werkzeuge, Maschinen; dichter. Gestalten, künstler. Motive); i. e. S. nur die techn. E. Bis zum 18. Jh. waren viele E. das Werk von Praktikern, z. B. Handwerkern oder Bastlern; seitdem sind sie zunehmend eine Leistung der wissenschaftl. Forschung, wobei techn. Phantasie und Koordinationsgabe bedeutsam bleiben. Die Forschungsinstitute in den Kulturländern streben eine Systematisierung und Zusammenfassung der auf einem best. Teilgebiet anstehenden (und erwünschten) E. an und bemühen sich um eine Organisation der Forschung.

Über große E. und Entdeckungen auf naturwissenschaftl. und techn. Gebiet vgl. ÜBERSICHT S. 58–62.

F. KLEMM: Kurze Gesch. der Technik (1961); F. ZWICKY: Entdecken, Erfinden, Forschen . . . (1966); Buchers illustrierte Gesch. der E., hg. v. E. DE BONO (1975); W. SANDERMANN: Das erste Eisen fiel vom Himmel. Die großen E. der frühen Kulturen (1978); B. JOHANNESSON: Arbeitnehmer-E. (1979); C. BORRMANN: Erfindungsverwertung ([5]1981).

Erg, Einheitenzeichen **erg,** nicht gesetzl. Einheit der → Energie im CGS-System (→ Maßsystem): 1 erg = 1 dyn · cm = 10^{-7} J.

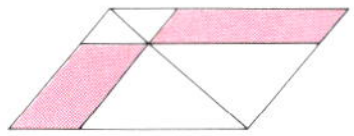

Ergänzungs-parallelogramme

Ergänzungsparallelogramme, in der Geometrie flächengleiche Parallelogramme, die zwei Parallelogrammen so angefügt werden können, daß die Gesamtfigur wieder ein Parallelogramm bildet.

Ergodensatz, Satz, der von L. BOLTZMANN zunächst als mathemat. Hypothese **(Ergodenhypothese)** in die kinet. Gastheorie eingeführt und später von P. und T. EHRENFEST vorsichtiger und genauer als **Quasi-Ergodenhypothese** formuliert wurde. Danach soll in einem sich selbst überlassenen Gas oder sonstigen mechan. System von zahlreichen Atomen oder Molekülen bei Vorhandensein einer best. Gesamtenergie jeder Zustand, der mit dieser verwirklicht werden kann, im Lauf der Zeit tatsächlich mit beliebig großer Annäherung verwirklicht werden können. Moderne mathemat. Methoden haben einen Beweis hierfür ermöglicht, so daß nicht mehr von einer Hypothese, sondern von einem E. zu sprechen ist.

Ergone, andere Bez. für → Biokatalysatoren.

Ergosphäre, best. Umgebung eines rotierenden → Schwarzen Loches, gekennzeichnet dadurch, daß ein von außen einfallendes Teilchen dort so zerfallen kann, daß ein wieder aus der E. auslaufendes Zerfallsprodukt größere Energie hat als das urspr. einfallende Teilchen. Die Existenz einer E. folgt aus der allgemeinen Relativitätstheorie.

Ergosterin, Ergosterol, Provitamin D_2, wichtigstes Mycosterin (→ Sterine), das erstmals aus Mutterkorn isoliert wurde. Hauptsterin der Hefe, das bei UV-Bestrahlung in Vitamin D_2 (→ Vitamine) übergeht.

Ergußgesteine, Effusivgesteine, Effusiva, vulkan. Gesteine, die durch Erstarrung ausgeflossener Lava entstanden (z. B. Basalt, Diabas, Quarzporphyr).

Erhaltungsgröße, physikal. Zustandsgröße, die auch bei Veränderungen innerhalb eines abgeschlossenen, d. h. von seiner Umgebung praktisch isolierten Systems einen konstanten Wert behält.

Mathematisch entsprechen die E. den Invarianten bei Transformationen des entsprechenden Bewegungsgesetzes. So ist der Impuls die invariante Größe bei einer Translation, die Energie bei einer Zeittransformation (Verschiebung in der Zeit) und der Drehimpuls bei einer Rotation. Außer diesen drei (unitären) Transformationen gibt es in der Quantenmechanik noch weitere, die zu Invarianten führen, denen aber kein klass. → Erhaltungssatz entspricht. Die Invarianten solcher Transformationen können dann durch zusätzl. Quantenzahlen beschrieben werden, z. B. die Invarianten der Drehungen im Isospinraum durch Isospin-Quantenzahlen.

Erhaltungssätze, Grundgesetze der Naturwissenschaften über die zeitl. Konstanz (Unveränderbarkeit) der → Erhaltungsgrößen (nach Art und Betrag) in abgeschlossenen Systemen. Eine best. Größe kann danach im Inneren eines abgeschlossenen Systems eine Betragszunahme (oder Abnahme) an einer Stelle nur bei gleichzeitiger und gleich großer Betragsabnahme (oder Zunahme) an einer oder mehreren anderen Stellen erfahren.

Für abgeschlossene klassisch-physikal. Systeme bleiben Energie (→ Energiesatz), Impuls (→ Impulssatz) und → Drehimpuls bei jeder zeitl. Änderung erhalten. Mit dem Impulssatz ist der → Schwerpunktsatz gleichwertig. Der **allg. Energiesatz** umfaßt auch die Massen über die Äquivalenzgleichung $E = mc^2$ (E = Energie, m = Masse,

ERFINDUNGEN, ENTDECKUNGEN U. A. KULTURELLE LEISTUNGEN IN NATURWISSENSCHAFT UND TECHNIK

Kursive Zahlen bedeuten angenäherte oder geschätzte Zeitangaben

v. Chr.		
350000	Gebrauch des Feuers	Sinanthropus
4. Jtsd.	Hölzernes Scheibenrad	Sumer
4. Jtsd.	Hölzerner Pflug	Vorderasien
3800	Schmelzen von Kupfer, Silber und Gold mit Blasrohr	Ägypten
3300	Schnellaufende Töpferscheibe	Mesopotamien
3000	Bronze	Mesopotamien
3000	Segelschiff	Ägypten
3000	Papyrus als Beschreibstoff	Ägypten
2500	Cheopspyramide	Ägypten
2000	Bewässerungskan.	Babylonien
2000	Rad mit Speichen	Kleinasien
1700	Pythagoräischer Lehrsatz	Babylonien
17. Jh.	Stammbrüche, arithmet. und geometr. Reihe	Papyrus Rhind
1600	Blasebalg	Ägypten
1400	Schweißstahlerzeugung, Oberflächenverstählung	Armenien, Südkaukasus
1250	Kanal Nil–Rotes Meer	Ramses II.
690	Aquädukt in Jerwan	Sanherib
600	Röm. Steinbrücke	T. Priscus
600	Magnetismus	Thales
570	Schiefe der Ekliptik, kreisförm. Erdkarte	Anaximander
513	Schiffsbrücke Bosporus	Mandroklos
500	Schweißstahl aus manganhaltigen Eisenerzen	Kelten in Kärnten
500	Schachtofen zur Metallverhüttung	Latènekultur
400	Torsionsgeschütze	Syrakus
4./3. Jh.	Eisenguß	China
312	Röm. Wasserleitung Via Appia	Appius Claudius Caecus
300	Elemente der Geometrie	Euklid
3. Jh.	Wasserorgel, Druckpumpe, Feuerspritze	Ktesibios
3. Jh.	Fußtöpferscheibe	Ägypten
260	Leuchtturm auf Pharos	Sostratos
250	Pneumat. Apparate, Automatentheater	Philon von Byzanz
250	Flaschenzug, Schraubenrad, Hebel-, Schwerpunkt-, Auftriebs-Gesetz	Archimedes
220	Gradmessung	Eratosthenes
200	Kegelschnitte	Apollonios
150	Präzession der Äquinoktien, Astrolab	Hipparch
150	Hydraul. Mörtel	Rom
1. Jh.	Glasblasen	Syrien
89	Fußbodenheizung	Rom
46	Julian. Kalender	Caesar

n. Chr.		
1. Jh.	Glasfenster	Rom
1. Jh.	Papier in China	Ts'ai Lun
50	Brechung der Lichtstrahlen	Kleomedes
150	Systemat. Darstellung des geozentr. Weltsystems	Ptolemäus
3. Jh.	Eiserne Hängebrücken	China
7. Jh.	Porzellan	China
7. Jh.	Windmühle	Persien
8. Jh.	Drehbares hinteres Steuerruder	China
8./9. Jh.	Steigbügel	Europa
10. Jh.	Kummetgeschirr	Europa
1041	Druck mit bewegl. Lettern	China
1115	Planmäßige Seezeichen an Nord- und Ostseeküste	
12. Jh.	Drehbares hinteres Steuerruder	Europa
12. Jh.	Windmühlen	Europa
1200	Magnetnadel als Seeweiser	Europa
1253	Erste Schleuse	Holland
nach 1250	Kompaß mit Windrose	
13. Jh.	Brille	
13. Jh.	Handspinnrad	Europa
13. Jh.	Trittwebstuhl	
13. Jh.	Eisenguß	Europa
13. Jh.	Wippendrehbank	
1300	Räderuhr	
1320	Pulvergeschütz	Europa
1370	Steinbüchse	
1445	Druck mit bewegl. Metall-Lettern	Gutenberg
1450	Federzuguhr	
1483	Kupferradierung	Wenceslaus
1492	Erdglobus	Behaim
1495/96	Trockendock	Portsmouth
1500	Graphitstifte	England
1500	Schraubstock	Nürnberg
1500	Feste Postlinie in Dtl.	v. Taxis
1506	Auflös. kub. Gleichungen	del Ferro
1510	Taschenuhr	Henlein
1543	Heliozentr. Weltsystem	Kopernikus
1553	Kleiner Blutkreislauf	Serveto
1560	Gezogene Gewehrläufe	
1569	Schraubendrehbank	Besson
1582	Kalenderreform	Gregor XIII.
1585	Dezimalrechnung	Stevin
1590	Mikroskop	Janssen
1591	Buchstabenrechnung	Viète
1600	Feuersteinschloß	
1601/02	Brechungsgesetz	Harriot
vor 1608	Fernrohr	Lippershey
1609	Fall- und Pendelgesetze	Galilei
1609–19	Planeten-Gesetz	Kepler
1610	Astron. Fernrohr	Kepler
1614	Logarithmentafel	Napier
1617	Triangulation	Snellius
1623	Rechenmaschine	Schickard
1628	Großer Blutkreislauf	Harvey
1637	Analyt. Geometrie	Fermat, Descartes

1641	Addiermaschine	Pascal
1643	Quecksilberbarometer	Torricelli
1657	Pendeluhr	Huygens
1662	Nürnberger Bleistifte	Städler
1662	Gasgesetz	Boyle
1663	Transp. Luftpumpe	v. Guericke
1665	Lichtbeugung	Grimaldi
1665 ff.	Infinitesimalrechnung	Newton (1665 ff.) Leibniz (1672)
1666	Allg. Gravitationslehre	Newton
1669	Spiegelteleskop	Newton
1669	Doppelbrechung	Bartholinus
1674	Multipliziermaschine	Leibniz
1675	Lichtgeschwindigk.	Römer
1677	Samenfäden	Leeuwenhoek
1679/80	Dampfkochtopf	Papin
1690	Atmosphär. Dampfmaschine	Papin
1693	Porzellan in Europa	v. Tschirnhaus
1694	Geschlechtlichkeit der Pflanzen	Camerarius
vor 1700	Begründung der Wahrscheinlichkeitsrechung und Statistik	Jakob Bernoulli
1711	Dreifarbendruck	Le Blond
1718	Quecksilberthermometer	Fahrenheit
1725	Stereotypie	Ged
1727	Silbersalze in der Photographie	Schulze
1728	Aberration des Lichtes	Bradley
1730	Achromat. Linsen	Hall
1733	Schnellschütze	Kay
1735	Seeuhr	Harrison
1735	›Natürl. System‹	Linné
1735	Eisenerzeugung mit Koks	A. Darby d. J.
1742	100°-Einteilung des Thermometers	Celsius
1742	Gußstahl	Huntsman
1745	Elektr. Verstärkerflasche	Musschenbroek
1747	Zuckergehalt der Rübe	Marggraf
1748	Stahlfedern	Jansen
1751	Hinterladergewehr	Chaumette
1752	Blitzableiter	Franklin
1754	Eisenwalzwerk	Cort
1759	Theorie der Epigenese	Wolff
1759	Zentral- und Parallelprojektion	Lambert
1760	Schädelmessung	Camper
1765	Dampfmaschine	Watt
1766	Wasserstoff	Cavendish
1767	Jenny-Spinnmaschine	Hargreaves
1769	Straßendampfwagen	Cugnot
1769	Flügel-Spinnmaschine	Arkwright
1771	Sauerstoff	Scheele
1772	Stickstoff	Rutherford
1774	Zylinderbohrwerk	Wilkinson

1775	Gußeisernes Gleis in Dtl.	Friedrichs
1775–89	Verbrennungstheorie	Lavoisier
1778	Taucherglocke bei Unterwasserbauten	Smeaton
1779	Mulde-Spinnmaschine	Crompton
1782/84	Dampfmaschine mit Drehbewegung	Watt
1783	Heißluftballon	Montgolfier
1783	Wasserstoffballon	Charles
1784	Puddelprozeß	Cort
1785	Drehwaage	Coulomb
1785	Mechan. Webstuhl	Cartwright
1785	Steinkohlenleuchtgas	Minckelaers
1787	Klangfiguren	Chladni
1789	Berührungselektrizität	Galvani
1790	Holzstich	Bewick
1791	Künstliche Soda	Leblanc
1792	Steinkohlenleuchtgas	Murdock
1793	Baumwoll-Entkernmaschine	Whitney
1796	Pockenschutzimpfung	Jenner
1796	Hydraul. Presse	Bramah
1796	Roman-Zement	Parker
1796	Steindruck	Senefelder
1798	Darstellende Geometrie	Monge
1798	Hochdruckdampfmaschine	Trevithick
1799	Papiermaschine	Robert
1800	Drehbank mit Support	Maudslay
1800	Voltasche Säule	Volta
1800	Elektrolyse des Wassers	Carlisle und Nicholson
1801	Interferenz der Lichtwellen	Young
1803	Gleisdampfwagen	Trevithick
1804	Dampfbagger	Evans
1805	Musterwebstuhl	Jacquard
1805	Rundsiebmaschine	Bramah
1807	Dampfer von New York nach Albany	Fulton
1807	Alkalimetalle	Davy
1808	Polarisation des Lichts	Malus
1809	Transmutationstheorie	Lamarck
1809	Elektrochem. Telegraph	Soemmerring
1812	Schnellpresse	Koenig
1814	Fraunhofersche Linien	Fraunhofer
1815	Sicherheitslampe	Davy
1816/19	Leitfossilien in geolog. Schichten	W. Smith
1817	Lenkbares Laufrad	Drais
1819	Auskultation	Laennec
1820	Entd. der Keimblätter	v. Baer
1820	Elektromagnetismus	Oersted
1821	Thermoelektrizität	Seebeck
1821	Dezimalwaage	Quintenz
1824	Kreisprozeß	Carnot
1824	Kunstleder	Hancock
1825	Benzol im Ölgas	Faraday
1825	Elektromagnet	Sturgeon
1826	Anilin aus Indigo	Unverdorben
1826	Schiffsschraube	Ressel
1826	Ohmsches Gesetz	Ohm
1827	Aluminium	Wöhler
1827	Molekularbewegung	Brown
1827	Schallgeschwindigkeit in Wasser	Colladon und Sturm
1827	Überdruckwasserturbine	Fourneyron
1827	Entd. des Säugetiereis	v. Baer
1828	Ringspinnmasch.	Thorp
1828	Harnstoffsynthese	Wöhler
1829	Nichteuklid. Geometrie	Lobatschefsky
1829	Dampflokomotive	Stephenson
1830	Geolog. Aktualismus	Lyell
1830	Nähmaschine	Madersperger
1830	Eisenbahn Liverpool–Manchester	Stephenson
1830/40	Zündnadelgewehr	Dreyse
1831	Elementaranalyse	Liebig
1831	Elektr. Induktion	Faraday
1831	Entdeckung des Chloroforms	Soubeiran, Liebig Guthrie
1832	Stromerzeuger	Pixii
1832	Nadeltelegraph	Schilling von Canstadt
1833	Elektrolyse	Faraday
1833	Nadeltelegraph	Gauß, Weber
1833	Phenol, Anilin aus Steinkohlenteer	Runge
1834	Elektromotor	v. Jakobi
1834	Mähmaschine	McCormick
1834	Drahtseil	W. A. J. Albert
1835	Eisenbahn Nürnberg–Fürth	
1835	Katalyse	Berzelius
1835	Revolver	Colt
1837/39	Galvanoplastik	v. Jacobi
1837/43	Telegraph	Morse
1839	Photographie	Niepce, Daguerre
1839	Vulkanisation des Kautschuks	Goodyear
1839	Kern in tier. Zellen	Schwann
1839	Dampfhammer	Nasmyth
1839	Karusselldrehbank	Bodmer
1840	Morsealphabet	Morse
1841	Photogr. Kopieren	Talbot
1841	Samenfäden als Träger der Befruchtung	Kölliker
1842	Energieerhaltungssatz, mechan. Wärmeäquivalent	Mayer
1842	Doppler-Effekt	Doppler
1842	Deszendenzlehre	Darwin
1842	Periodische Eireifung	Bischoff
1844	Papier aus Holzschliff	Keller
1844	Portland-Zement	I. C. Johnson
1844	Straßenbeleuchtung mit Bogenlampen	Deleuil
1845	Luftbereifung	Thomson
1845	Doppelsteppstich-Nähmaschine	Howe
1846	Schießbaumwolle	Schönbein
1847	Nitroglycerin	Sobrero
1847	Photogr. Negative auf Glasplatten	Niepce
1848	Sicherheitszündholz	Boettger
1849	Radialturbine	Francis
1850	Tauchboot	Bauer
1851	Stahlformguß	Mayer
1851	Funkeninduktor	Rühmkorff
1853	Nahtl. Gußstahl-Eisenbahnräder	Krupp
1853	Fahrrad mit Tretkurbel	Fischer
1854	Elektr. Glühlampe	Goebel
1855	Typendrucktelegraph	Hughes
1855	Bessemer-Birne	Bessemer
1856	Doppel-T-Anker	W. v. Siemens
1856	Teerfarbstoff	Perkin
1857	Kinetische Gastheorie	Krönig, Clausius
1858	Kathodenstrahlen	Plücker
1858	Entladungsschwingungen bei Kondensatoren	Feddersen
1859	Spektralanalyse	Kirchhoff, Bunsen
1859	Erdölförderung	USA
1859	Akkumulator	Planté
1860	Gasmotor	Lenoir
1861	Seilschwebebahn	v. Dücker
1861	Telephon	Reis
1863	Ammoniak-Soda-Verfahren	Solvay
1863	Rotationsmaschine für Buchdruck	Bullock
1864	Siemens-Martin-Stahl	F. u. Wilhelm Siemens, Martin
1864	Schlafwagen	Pullman
1864/69	Schreibmaschine	Mitterhofer
1865	Benzolring	Kekulé
1865	Elektromagnet. Lichttheorie	Maxwell
1865	Berliner Rohrpost	W. v. Siemens
1865–69	Vererbungsregeln	Mendel
1866	Dynamomaschine	W. v. Siemens u. a.
1866	Torpedo	Whitehead
1866/68	Zahnradbahn (USA)	Marsh
1867	Schreibmaschine	Sholes, Soule, Glidden
1867	Atmosphär. Gasmotor	Otto, Langen
1867	Massenwirkungs-Gesetz	Guldberg, Waage
1867	Dynamit	Nobel
1867	Eisenbeton	Monier
1869	Lichtdruck	Albert
1869	Suezkanal	Negrelli und Lesseps
1869	Margarine	Mège-Mouriès
1869	Periodensystem der Elemente	Mendelejew, Meyer
1869	Ringanker	Gramme
1869/71	Erste europ. Zahnradbahn	Riggenbach
1870/73	Indigo-Synthese	v. Baeyer
1871	Sandstrahlgebläse	Tilghman
1871	Bromsilberplatte	Maddox
1872	Speisewagen	Pullman
1872	Luftdruckbremse	Westinghouse
1874	Stereochemie	van't Hoff, le Bel
1876	Viertaktmotor	Otto
1876	Verbessertes Telephon	Bell, Gray

1876	Ammoniak-Kältemaschine	v. Linde
1877	Sprechmaschine	Edison
1877	Kohlekontakt-Mikrophon	Edison
1878	Mehrlade-Gewehr	Mannlicher
1879	Elektrische Lokomotive	W. v. Siemens
1879	Kohlefaden-Glühlampe mit Schraubsockel	Edison
1879	Entphosphorung des Roheisens	Thomas, Gilchrist
1879	Saccharin	Fahlberg, Remsen
1880	Lochkartenmaschine	Hollerith
1881	Elektr. Straßenbahn	W. v. Siemens
1881	Autotypie	Meisenbach
1882	Tuberkel-Bazillus	Koch
1883	Schnellaufender Benzinmotor	Daimler, Maybach
1883	Maschinengewehr	Maxim
1883	Emissions- und Gleichrichtereffekt der Diode	Edison
1884	Dampfturbine	Parsons
1884	Setzmaschine ›Linotype‹	Mergenthaler
1884	Künstl. Seide	de Chardonnet
1884–88	Film als photograph. Schichtträger	Goodwin, Eastman
1885	Magnet. Drehfeld	Ferraris
1885	Kraftwagen	Benz, Daimler
1885	Spektralseriengesetz des Wasserstoffs	Balmer
1885	Gasglühlicht	Auer v. Welsbach
1885	Röhren-Schrägwalzverfahren	Mannesmann
1886	Kanalstrahlen	Goldstein
1886	Rauchschwaches Schießpulver	Vieille
1886	Elektr. Schmelzofen	Héroult
1887	Elektrolytische Dissoziationstheorie	Arrhenius
1887	Mehrphasiger Wechselstrom-Induktionsmotor	Tesla
1887	Plattenschneider, Plattenspieler, Schallplatte	Berliner
1888	Spannbeton	Doehring
1888	Elektromagnet. Wellen	Hertz
1888	Lichtelektr. Effekt	Hallwachs
1889	Dampfturbine	de Laval
1889	Drehstrommotor	Dolivo-Dobrowolski
1890	Dreifarbendruck	Ulrich, Vogel
1890	Luftreifen	Dunlop
1890	Fritterröhre	Branly
1890	Untergrundbahn	London
1890/94	Gleitflüge	Lilienthal
1891	Stromfernübertragung	Dolivo-Dobrowolski
1891	Stehende Wellen auf Leitungen	Lecher
1891	Drehwähler	Strowger
1891	Rohrrücklauf-Geschütz	Haußner
1892	Heißdampf-Lokomotive	W. Schmidt
1893	Photozelle	Elster, Geitel
1894	Thermitverfahren	Goldschmidt
1895	Röntgenstrahlen	Röntgen
1895	Elektronentheorie	Lorentz
1895	Antenne	Popow
1895	Verflüssigung der Luft	v. Linde
1895	Kinematograph	Lumière
1896	Becquerel-, Uran-Strahlen	Becquerel
1896	Filmvorführung in Berlin und Paris	Meßter, Pathé
1897	Techn. Herstellung von künstlichem Indigo	Bad. Anilin- u. Sodafabr.
1897	Dieselmotor	Diesel
1897	Setzmaschine ›Monotype‹	Lanston
1897	Drahtlose Telegraphie	Marconi
1897	Galalith	Krische Spitteler
1897	Zymase	Buchner
1897	Braunsche Röhre	Braun
1898	Radium, Polonium	Curie
1898	Kalkstickstoff	Frank, Caro, Rothe
1899	Flaschenblasmaschine	Owens
1900	Quantentheorie	Planck
1900	Lenkbares Luftschiff	Zeppelin
1901	Drahtlose Überbrückung des Atlantik	Marconi
1901	Motorflug	Weißkopf (Whitehead)
1901	Abstimmspule	Slaby, Arco
1901	Plattendrehkondensator	Köpsel
1901	Mutationslehre	de Vries
1901	Autogenes Schneiden	Menna
1902	Teerstraße	Gugliemînetti
1902	Bosch-Magnetzündung	Honold
1903	Schnelltelegraph	W. v. Siemens
1903	Motorflug	Gebr. Wright
1903	Schiffskreisel	Schlick
1904	Autochromplatte	Lumière
1904	Bildtelegraphie	Korn
1904	Kreiselkompaß	Anschütz-Kaempfe
1904	Elektronenröhre	Flemming
1904	Offsetdruck	Rubel
1905	Spez. Relativitätstheorie	Einstein
1905	Überlagerungsempfang	Fessenden
1905	Quecksilber-Luftpumpe	Gaede
1905	Turbo-Transformator	Föttinger
1905	›Cellophan‹	Brandenberger
1906	Automat. Eisenbahnkupplung	Scharfenberg
1906	Metallspritzverfahren	Schoop
1906	Bakelit	Baekeland
1906	Gasturbine	Holzwarth
1906	Elektron entdeckt	Thomson
1906–10	Verstärkerröhre	de Forest, v. Lieben
1907	Betongußverfahren	Edison
1907	Ultrafilter	Bechhold
1907	Zeitlupe	Musger
1907	Duralumin	Wilm
1907	Hochfrequenzmaschine	Fessenden, Alexanderson
1909	Salvarsan	Ehrlich, Hata
1909	Überfliegen des Kanals	Blériot
1909	Schlingertank	Frahm
1909	Synthet. Kautschuk	Hofmann
1911	Entwurf von Kampfwagen (Tank)	Burstyn
1911	Hochfrequenzverstärker	v. Bronk
1912	Höhenstrahlung	Heß
1912	Interferenz von Röntgenstrahlen	v. Laue, Friedrich, Knipping
1912	Nebelkammer	Wilson
1912	Echolot	Behm
1912	Schnelle Wasserturbine	Kaplan
1913	Ammoniak-Synthese	Haber, Bosch
1913	Atom-Modell	Bohr
1913	Zustandsdiagramm der Fixsterne	Hertzsprung, Russell
1913	Spitzenzähler	Geiger
1913	Röhrensender	Meißner
1913	Wolframdraht-Glühlampe	Langmuir
1913	Doppelgitterröhre	Langmuir
1913	Kohlehydrierung	Bergius
1915	Allg. Relativitätstheorie	Einstein
1915	Metallflugzeug	Junkers
1916	Gerichtete Kurzwellen	Marconi
1918	Leichtflugzeug	Klemm
1918	Funkverbindung um den Erdball von Nauen aus	
1919	Kernreaktionen	Rutherford
1919	Massenspektrograph	Aston
1919	Flug Neufundland–Irland	Alcock u. Brown
1919	Tonfilm	Vogt, Engl, Massolle
1920	Protonen	Rutherford
1921	Insulin	Banting u. Best
1922	Drehflügelflugzeug	La Cierva
1923	Comptoneffekt	Compton
1923	Flüssigkeitsraketen-Motor	Goddard
1923	Rundfunk in Deutschland	
1924	Projektions-Planetarium	Bauersfeld (Firma Zeiss)
1924	Elektrodynam. Lautsprecher	Riegger
1924	Zeppelinflug nach Amerika	Eckener
1924/26	Wellenmechanik	de Broglie, Schrödinger
1925	Leica	Barnack
1925	Quantenmechanik	Heisenberg
1925	Bildtelegraphie	Korn, Karolus
1925	Kohleverflüssigung im Niederdruckverfahren	Fischer, Tropsch
1925	Kurzwellen 3–8 m	Esau
1925	Ikonoskop	Zworykin
1926	Elektronenoptik	Busch
1926	Nordpolflug	Byrd
1926	Zugfunk Hamburg–Berlin	
1927	Flug New York–Paris	Lindbergh

1927	Hochfrequenz-Mehrfach-telegraphie	Siemens und Halske
1928	Ost-West-Nord-atlantikflug	Köhl, v. Hünefeld, Fitzmaurice
1928	Magnetophon	Pfleumer
1928	Penicillin	Fleming, Chaim
1928	Elektronen-Zählrohr	Geiger, Müller
1928	Acrylglas	W. Bauer
1929	Fernsehen und Fernfilm	Karolus-Telefunken
1929	Luftschiff ›Graf Zeppelin‹ fliegt um die Erde	Eckener
1930	Holzverzuckerung	Bergius, Scholler
1930	Zyklotron	Lawrence
1930	Strahltriebwerk	Schmidt
1930	Öllose Schalter	AEG-Telefunken, Siemens-Schuckertwerke
1932	Neutronen, Positronen	Chadwick, Joliot-Curie
1932	Stratosphären-ballon erreicht 17 km Höhe	Piccard
1932	Schwerer Wasser-stoff (Deuterium)	Urey, Brickwedde, Murphy
1932	Fernsehen	Witzleben
1933	Superhet-Empfänger, Schwundregelung, Richtstrahler für KW-Sender	
1933	Elektronen-mikroskop	Brüche, Johannsen, Knoll, Ruska
1934	Künstliche Radioaktivität	Joliot und Joliot-Curie
1934/35	Stromlinien-Lokomotive 183 km/h	Borsig, Henschel
1935	Ultrakurzwellen-sender	Witzleben
1935	Sulfonamide	Domagk
1936	Fernseh-sprechdienst, Stabantennen	
1937	µ-Mesonen	Anderson
1937	Flug Moskau—Kanada	Tschkalow
1937	Hubschrauber	Focke
1937	Xerographie	Carlson
1938	Künstliche Kernspaltung	Hahn, Straßmann
1938	Hochfrequenz-Magnetophon	v. Braunmühl, W. Weber
1938	Perlonfaser	Schlack
1938	Nylonfaser	Carothers
1939	Raketenflugzeug, Flugzeug mit Luftstrahltriebwerk	Heinkel
1940	Betatron	Kerst
1941	Programm-gesteuerter Relaisrechner	Zuse
1941	Raketenflugzeug	Messerschmitt
1941—45	Ultrakurzwellen-, Dezimeterwellen-technik	
1942	Fernrakete V 2	v. Braun
1942	Kernreaktor	Fermi
1942—46	Elektronische Großrechen-maschine	Mauchly, Eckert
1943	Radargeräte	
1945	Atombombe	USA
1946—50	Allg. Feldtheorie	Einstein
1947	Radiokarbon-Methode	Libby
1947	π-Mesonen	Powell
1947	Raketenflugzeug mit Überschall-geschwindigkeit	USA
1948	Transistor	Bardeen, Brattain, Shockley
1948	5-m-Spiegelfern-rohr	USA
1949	Zweistufenrakete erreicht 412 km Höhe	USA
1949	Holographie	Gábor
1950	Anti-Baby-Pille auf dem Markt	R. E. Marker USA
1950	Feldelektronen-mikroskop	E. W. Müller
1951	Feldionen-mikroskop	E. W. Müller
1951	Farbfernsehen in den USA	
1951/52	Wasserstoff-bombe	USA
1952	Flugzeuge mit Strahlantrieb auf Verkehrslinien	Groß-britannien
1952	Blasenkammer	Glaser
1952	Dreidimensionaler Film	USA
1953	Desoxyribonu-cleinsäure-Modell	Crick, Watson
1954	U-Boot mit Kern-energieantrieb	USA
1954	Lichtsetzmaschine	USA
1955	Antiproton	Chamberlain, Segrè
1955	Synthese Neben-nierenrinden-Hormon Aldosteron	Schmidlin, Anner
1955	Brennstoffelement	Justi
1955	Maser	Townes
1956	Kernenergie-Kraft-werk Calder Hall	England
1957	›Weltformel‹	Heisenberg
1957	Quantenmechan. Deutung der Su-praleitung	Bardeen, Cooper, Schrieffer
1957	Erster Erdsatellit	UdSSR
1957/58	Drehkolben-motor	Wankel
1958	Mößbauer-Effekt	Mößbauer
1959	28-GeV-Proto-nensynchrotron	CERN
1960	Laser	Maiman
1960	Quasare	Sandage
1961	Erster bemannter Weltraumflug	Gagarin
1961	Achtfach-Weg-Modell der Ele-mentarteilchen	Gell-Mann, Ne'eman
1962	Nachrichten-Satellit Telstar	USA
1963	Farbfernsehsystem PAL	Bruch
1964	Element 104	Kurtschatow
1965	Erster Mensch frei im Weltraum	Leonow
1966	Raumsonde landet auf Venus	UdSSR
1966	20-GeV-Linear-beschleuniger	USA
1967	Senkrechtstarter DO 31	Dornier
1967	Plattentektonik	McKenzie und Parker
1967	Pulsare	Groß-britannien
1967	Phototropes Glas	USA
1968	Element 105	USA, UdSSR
1969	Strukturanalyse eines Immun-globulins	Edelman
1969	Einpflanzung künstlicher Arterien	Barnard
1969	Erster Mondlande-flug (Apollo 11)	USA
1969	Schwerkraftwellen (?)	J. Weber
1970	Bild-Ton-Platte	AEG-Telefunken
1970	Containerschiff ›Euroliner‹	Bundesrep. Dtl.
1970	Boeing 747 (Großraum-Passagier-Flug-zeug)	USA
1970	Luna 17 mit Mondfahrzeug Lunochod	UdSSR
1971	Raumstation Saljut 1 und Sojus 11	UdSSR
1971	Marssonde Mariner 9	USA
1972	Abschluß des Apolloprogramms mit Apollo 17	USA
1973	Skylab 1 und 2 (Himmelslabor)	USA
1973	Jupitersonde Pioneer 10	USA
1974	Transatlantikflug in 1 h 55 min (SR-71)	USA
1974	Merkursonde Mariner 10	USA
1974	Element 106	UdSSR/USA
1974	Entdeckung des Psi-Teilchens (Hinweis auf die Existenz einer 4. Quarkart)	Richter, Ting
1975	Kraftrad mit Wankelmotor	Bundesrep. Dtl.
1975	Kopplung Sojus 19 mit Apollokapsel	UdSSR/USA
1976	Landung Marsson-de Viking I und II	USA
1977	Mikroprozessoren	
1977	Neutronenbombe	USA
1977	Elementarteilchen ›schweres Lepton‹	DESY, Hamburg
1977/78	Kopplung Sojus 26 und 27 an Raum-station Saljut 6	UdSSR
1977	Entdeckung des Y-Teilchens (Hinweis auf die Existenz einer 5. Quarkart)	USA
1978	Magnetschwebe-bahn 337 km/h	Japan
1978	Entdeckung eines Plutomondes	USA
1978	Venussonden Pio-neer Venus 1 u. 2	USA
1979	Hinweise auf die Existenz von Gluonen	DESY, Hamburg

1979	Öffentliche Vorstellung der Magnetschwebebahn	Bundesrep. Dtl.	1980	Öffentl. Telephonverkehr über Glasfaserübertragungsstrecke	Berlin (West)	1981	Elektr. Schnelltriebzug TGV 380 km/h	Frankreich
						1981	Erste Tiefbohrung über 10000 m	UdSSR
1979	Vorbeiflug von Voyager 1 und 2 an Jupiter	USA	1980/81	Vorbeiflug von Voyager 1 und 2 an Saturn	USA	1981	Radioaktiver Zerfall von Atomkernen durch Protonenaussendung	GSI, Darmstadt
1980	Beginn des Feldversuchs Bildschirmtext	Bundesrep. Dtl.	1981	2 Starts des Raumtransporters Space Shuttle	USA	1981	Element 107	GSI, Darmstadt
						1982	Element 109	GSI, Darmstadt
						1983	W-Teilchen	CERN, Genf

c = Lichtgeschwindigkeit), da mit jeder Massenänderung eine Energieänderung erfolgt. In der Elektrodynamik bleibt als weitere Größe die Gesamtladung erhalten. In der Elementarteilchenphysik gelten ferner u. a. die Sätze von der Erhaltung des Spins, des Isospins, der Parität, der Baryonenzahl und der Strangeness (nicht uneingeschränkt).

Erholung, Metallkunde: Rückgang der durch plast. Kaltumformung oder Neutronen-Beschuß bewirkten Verfestigung in Metallen und Legierungen; bei höherer Temperatur erfolgt die E. rascher. Unter dem Lichtmikroskop sind die Erholungsvorgänge nicht zu erkennen, erst elektronenmikroskop. Untersuchungen geben Aufschluß über die Bildung von Subkorngrenzen (Polygonisation).

Eridạnus, Fluß Eridạnus, ein → Sternbild am Südhimmel.

Erlanger Programm, von dem dt. Mathematiker CH. F. KLEIN 1872 entworfenes Prinzip zur Ordnung der Geometrie durch den Begriff der → Gruppe 2). Das E. P. hatte großen Einfluß auf die moderne Mathematik.

Erleichterungslöcher, bes. im Leichtbau runde oder eckige Ausschnitte in inneren, tragenden Elementen zur Gewichtsersparnis ohne Festigkeitsminderung.

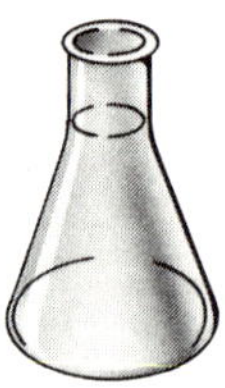

Erlenmeyer-Kolben
mit Stopfenbett

Erlenmeyer-Kolben [n. dem Chemiker R. Erlenmeyer, * 1825, † 1909], kegelförmiger Glaskolben zum Erhitzen von Flüssigkeiten im chem. Laboratorium.

Ermüdung, Werkstoffkunde: durch häufig wiederholte Beanspruchung bewirkte Verminderung der Festigkeit eines Werkstoffs, führt nach einer Belastung, die wesentlich unter der bei Kurzzeitprüfungen ermittelten Festigkeit liegt, zum Bruch.

Erntemaschinen, Maschinen zur Ernte landwirtschaftlicher Güter, wie Halmfutter (→ Halmfuttererntemaschinen), Körner (→ Mähmaschinen, → Dreschmaschinen) und Hackfrüchte (→ Kartoffelerntemaschinen, → Rübenerntemaschinen). Ferner → Vollerntemaschinen, → Vorratserntemaschinen.

Ẹros, 1898 entdeckter → Planetoid, der sich der Erde bis auf 22 Mio. km nähern kann. E. wurde mehrfach zur Bestimmung der → astronomischen Einheit benutzt.

Erosion, 1) Geowissenschaft: im internat. Sprachgebrauch meist i. w. S. für → Abtragung gebraucht; im Deutschen vorzugsweise für die abtragende Tätigkeit fließenden Wassers. Durch Reibung, Stoßkraft und Geschiebeführung wird die Fließrinne nach der Tiefe und den Seiten erweitert, und es entsteht ein Tal. Man unterscheidet daher **Tiefen-E.** (Talvertiefung) von **Seiten-E.** (Talverbreiterung, dabei Unterschneidung der Talgehänge mit Auslösung weiterer Massenbewegungen). Beide können für sich oder gemeinsam wirken. Bei erneuter Tiefen-E. bleiben oft Reste des ehem. Talbodens als flache Teile der Talgehänge in Form von **Erosionsterrassen** (Talterrassen) erhalten, die häufig noch die alten Flußablagerungen besitzen. Die **absolute Erosionsbasis** ist das Endniveau der Tiefen-E., letztlich das Mündungsniveau in den Hauptfluß oder in einen See; sie kann aber auch durch eine Talstufe gebildet werden. Ziel der E. ist die Ausgleichung der Höhenunterschiede im Flußgefälle. Sie schreitet flußaufwärts fort: **rückschreitende Erosion.** – Als **Erosionsschutz** werden Waldstreifen oder Gehölze, die den Wind abschirmen und Wasser speichern sollen, angelegt. Weitere Mittel sind Konturpflügen, ›strip farming‹, Anlage von Verbauungen, Terrassierung.

2) Werkstoffkunde: die von der Oberfläche ausgehende Zerstörung durch mechan. Wirkung, bes. durch Festkörperteilchen enthaltende strömende Gase, Dämpfe oder Flüssigkeiten oder durch Flüssigkeitsteilchen enthaltende strömende Dämpfe oder Gase. Übt das Medium eine korrosive Wirkung aus, so wird der Vorgang als **Erosionskorrosion** bezeichnet. (→ Regenerosion)

3) → Elektroerosion.

errạtische Blöcke, Errạtika, Findlinge, ortsfremdes Gestein v. a. in Gebieten ehemaliger Vereisung; → Geschiebe 1).

Erregermaschine, ein Gleichstrom-Generator, der die → Erregerwicklung einer Hauptmaschine (Drehstrom-, Einphasenwechselstrom- oder Gleichstrom-Maschine) speist. Sie ist viel kleiner als die Hauptmaschine und befindet sich oft mit dieser auf derselben Welle.

Erregerstrom, Strom (Gleich-, Wechsel- oder Drehstrom) zur Erregung eines magnetischen Feldes.

Erregerwicklung, Feldwicklung, in elektr. Maschinen jene Wicklung, durch die der → Erregerstrom fließt (→ Elektromotor, → Generator 1).

Erregung, 1) elektrische E., von M. FARADAY formulierter Begriff für die Feldgröße ***D*** des elektr. Feldes (→ Elektrizität). Seit J. C. MAXWELL war die Bez. **Verschiebungsdichte** gebräuchlicher. Heute wird die Bez. **elektrische Flußdichte** oder **elektrische Verschiebung** verwendet.

2) magnetische E., früher manchmal übliche Bez. für die → magnetische Feldstärke.

ERROR [ˈerə, engl.], Fehlermeldung bei elektron. Datenverarbeitungsanlagen, wenn Programme oder Programmteile eingegeben werden, die logische oder syntaktische Fehler enthalten. Meist wird mit der Meldung ein Fehlercode (Errorcode) angezeigt, so daß der Programmierer mit Hilfe der Betriebsanleitung die Fehlerquelle feststellen und beheben kann.

Ersatzschaltbild. Von elektron., elektromechan. und elektroakust. Bauelementen und Baugruppen werden häufig E. aufgestellt, die in Form eines Stromlaufplanes oder eines Blockschaltbildes der Darstellung der physikal. Eigenschaften dienen und zu überschaubaren Berechnungsverfahren beitragen. In Analogie zu elektr. Zusammenhängen können auch **thermische E.** und **akustische E.** entworfen werden, durch die z. B. therm. Probleme bei der Konstruktion von Leistungstransistoren rechnerisch erfaßt werden.

Ersaufen, Vollaufen eines Bergwerkbetriebes (Grubengebäude oder Tagebau) mit Wasser. Gefahr besteht bes. bei unerwartetem Freilegen von Klüften im Gebirge mit Verbindung zu ober- oder unterird. Wasserspeichern.

Erschweren, Chargieren [ʃarʒ-], Textiltechnik: Volumen- und Gewichtserhöhung durch Aufbringen von Erschwerungssubstanzen, meist Metallverbindungen.

Erstarren, früher **Abbinden,** die erste Phase der Verfestigung von Bindemitteln oder Mörteln; das E. ist nicht identisch mit dem Beginn chem. Reaktionen. Diese setzen normalerweise sofort nach dem Anmachen mit Wasser ein, führen aber erst nach einer gewissen Zeit zu einer Ansteifung. Beginn und Ende des E. sind genormt und können durch Zusätze verzögert werden.

Erstarrungsgesteine, die → magmatischen Gesteine.

Erstarrungspunkt, Temperatur, bei der ein flüssiger Stoff in den festen Zustand übergeht. (→ Gefrierpunkt)

ERTS, Abk. für engl. **Earth Resources Technology Satellite** [əːθ rɪs'ɔːsɪz tekn'ɔlədʒɪ s'ætəlaɪt], später mit → Landsat bezeichnetes amerikan. System von → Erderkundungssatelliten.

Eruption, 1) Astronomie: Strahlungsausbruch, z. B. **chromosphär. E.** (→ Flare) in der Chromosphäre der → Sonne.

2) Geowissenschaften: gewaltsamer vulkan. Ausbruch von festen **(Ejektion),** flüssigen **(Effusion, Extrusion)** oder gasförmigen Stoffen aus dem Erdinnern. Nach der Form der Förderspalte werden **Linear-** und **Zentral-E.,** nach der Lage des Schlotes **Gipfel-** und **Flanken-E.** unterschieden. Der Aufstiegsweg der vulkan. Stoffe wird als **E.-Kanal,** der Ausbruchspunkt als **E.-Spalte** oder **E.-Schlot,** die um diesen aufgeschütteten Massen als **E.-Kegel** bezeichnet.

Eruptivgesteine, Eruptiva, veraltete, irreführende Bez. für → magmatische Gesteine; heute z. T. verwendet für → Vulkanite.

Erweichungstemperatur, Kennzahl für das Erweichungsverhalten von thermoplast. Kunststoffen. Die **Vicat-E.** [vik'a-] ist die Temperatur, bei der ein Eindringkörper (Vicatstift) unter einer best. Kraft 1 mm tief in die Kunststoffprobe eingedrungen ist. Am **Erweichungspunkt** beginnen amorphe Stoffe (z. B. Gläser) und die meisten Polymere in sich zusammenzusinken. Er liegt meist wesentlich niedriger als die Temperatur, bei der die Substanz völlig flüssig geworden ist. Bei unvernetzten Kunststoffen nimmt beim Erwärmen die Festigkeit und Steifigkeit allmählich ab, bis bei der E. ein sprunghafter Abfall unter deutlichem Erweichen den Beginn des Fließens einleitet. (→ Einfriertemperatur)

erweitern, Zähler und Nenner eines → Bruches 2) mit der gleichen (von Null verschiedenen) Zahl multiplizieren. Der Wert des Bruches ändert sich dabei nicht. Ggs.: kürzen. – **Körpererweiterung,** → Körper.

Erythrin *der,* **Kobaltblüte,** das Mineral $Co_3[AsO_4]_2 \cdot 8\,H_2O$, rote Kristalle und strahlig-blättrige Aggregate; entsteht bei der Verwitterung von Cobaltin und Skutterudit und zeigt kobaltreiche Erzgänge an.

Erythrosin, rotbrauner Farbstoff, benutzt u. a. in der Mikroskopiertechnik, in der Lebensmittelindustrie.

Erythrotin, das Vitamin B_{12}, → Vitamine.

Erz, Mineral mit hohem Metallgehalt **(Erzmineral);** oft metallisch glänzend und von hoher Dichte; E. i. e. S.: Mineralaggregat oder Gestein, in dem nutzbares Metall rein (gediegen) oder in Erzmineralen über den geochem. Durchschnitt hinaus so stark angereichert ist, daß es durch hüttenmännische Prozesse gewonnen werden kann. (→ Erzlagerstätten)

Erzeugende, Geometrie: eine Gerade oder Kurve, die bei ihrer Bewegung eine Fläche erzeugt. Kegel und Zylinder lassen sich z. B. durch Geraden erzeugen.

Erzeugendensystem, 1) Menge von Elementen einer → Gruppe 2), durch deren Verknüpfung man alle übrigen Elemente der Gruppe erhält. 2) Menge von Elementen eines → Vektorraums, aus der sich jeder Vektor als Linearkombination darstellen läßt. Ein **minimales E.** ist eine → Basis 6).

Erzeugnis, nach DIN ein durch Produktion entstandener gebrauchsfähiger und/oder verkaufsfähiger Gegenstand; eine der Patentkategorien (→ Patent).

Erzlagerstätten, natürl. Vorkommen von Erz in der Erdkruste. Bauwürdig ist eine E., wenn aus ihr mit wirtschaftl. Nutzen das Metall gewonnen werden kann. Ausschlaggebend hierfür sind: Reichlicher Erzvorrat, Mindestkonzentration (z. B. Eisen 30%, Gold 0,001%) u. a. techn. und wirtschaftl. Faktoren. Die Bildung **(Genese)** der E. entspricht i. a. der der Gesteine, so daß magmat., sedimentäre und metamorphe E. mit verschiedenen Übergängen beobachtet werden können.

Magmat. Erzlagerstätten: Die E. der magmat. Abfolge sind eng mit den Vorgängen bei der Erstarrung des Magmas verknüpft. **Liquidmagmat. E.** (BILD, Ziff. 1) entstehen während der Frühkristallisation zugleich mit bas. und ultrabas. Gesteinen: 1) durch liquide Entmischung spezifisch schwererer Erzschmelzen aus dem Magma, 2) durch Kristallisation und Anreicherung von Schwermetalloxiden **(Kristallisationsdifferentiation).** Es entstehen E. von Nickelmagnetkies, Kupferkies, Titanomagnetit (mit Vanadium), Ilmenit, Chromit; oft hohe Gehalte von gediegenem Platin und Palladium.

Während der Hauptkristallisation der Tiefengesteine findet keine Bildung von E. statt; sie setzt erst wieder mit der **Restkristallisation** ein. In der magmat. Restschmelze sind viele leichtflüchtige Bestandteile (Wasser, Fluor-, Chlor- und Schwefelwasserstoff, Kohlendioxid u. a.) angereichert sowie solche Elemente, die wegen ihrer zu großen oder zu kleinen Ionenradien in die bisher kristallisierten Silikatminerale nicht eingebaut werden konnten (bes. Lithium, Beryllium, Niob, Tantal). Bei der Kristallisation der Restschmelze **(pegmatit. Phase)** reichern sie sich in den spaltenfüllenden **Pegmatiten** (BILD, Ziff. 2) an.

In der folgenden **pneumatolyt. Phase** ist die Restschmelze noch stärker mit flüchtigen Bestandteilen angereichert, so daß es zum Absieden einer Gasphase in das Nebengestein und dort zu starken Umwandlungen kommt. Wichtigste pneumatolyt. E.: 1) Gänge und Imprägnationen von Zinn (→ Greisen), Wolfram, Molybdän, Kupfer u. a. (BILD, Ziff. 3); 2) kontaktpneumatolyt. Verdrängungslagerstätten (Übergang zu metamorphen E.) mit Anreicherung zahlreicher Metalle (BILD, Ziff. 4); 3) bei Einwirkung der pneumatolyt. Dämpfe auf Kalksteine: kontaktmetasomat. E. mit Eisen, Zink, Kupfer u. a. (BILD, Ziff. 5).

Die **hydrothermale Phase** (Temperaturbereich unter 400 °C) ist gekennzeichnet durch eine wäßrige Restlösung mit geringem Dampfdruck. Aus ihr scheidet sich bei sinkender Temperatur eine gesetzmäßige Folge von Mineralparagenesen (›Formationen‹) aus, die als Erz- und Mineralgänge aufgerissene Spalten im Nebengestein füllen (BILD, Ziff. 6). Es werden unterschieden: Gold-(Silber-)

Erythrin: rötliche, nadelförmige Kristalle (Schneeberg, Dt. Dem. Rep.)

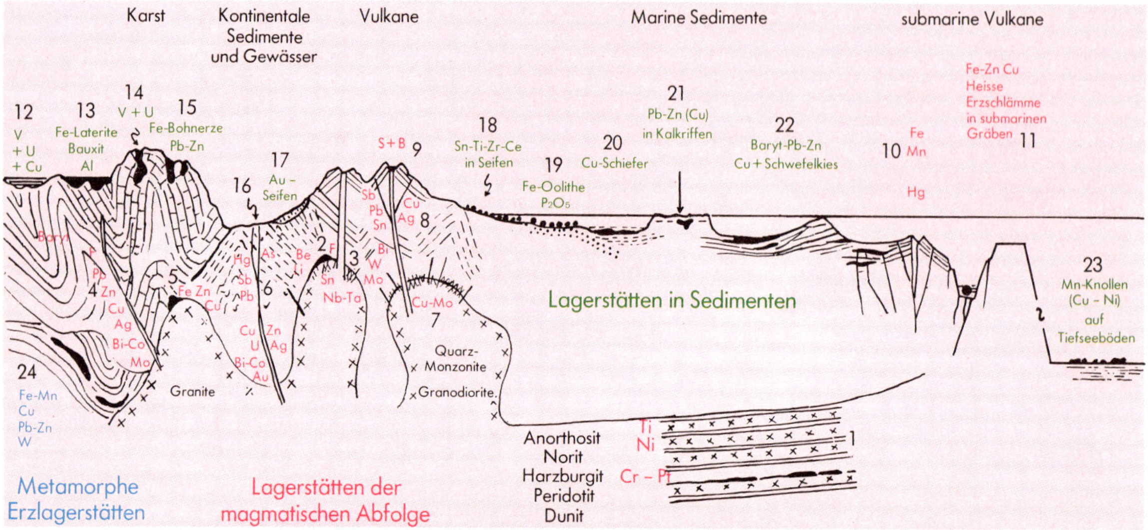

Erzlagerstätten: schematische Darstellung der genetischen Hauptgruppen von Erz- und Minerallagerstätten nach Bildungsbereichen

Eisen-, Kupfer-Arsen-Eisen-, Blei-Zink-Silber-, Kobalt-Nickel-Wismut-Silber-Uran-, Zinn-Silber-Wismut-Wolfram-, Antimon-Quecksilber-Arsen-Selen- und oxid. Eisen-Mangan-Magnesium-Formation und die erzfreie Formation; sie umfaßt die die Erze begleitenden → Gangarten. – Nach der Bildungstemperatur werden unterschieden: **katathermale** (400–300 °C), **mesothermale** (300–200 °C), **epithermale** (200–100 °C) und **telethermale E.** (bis hin zu Ausscheidungen von Thermalquellen). – Außer der Temperaturabnahme sind für die Bildung der **hydrothermalen E.** noch von Bedeutung: Änderung der pH-Werte, Zusammentreffen verschiedenartiger Lösungen **(Erzfälle),** Reaktionen mit dem Nebengestein **(topomineral. Effekt, Fahlband).**

Während bei den an Tiefengesteinskörpern gebundenen Lagerstätten die Bildungsgruppen räumlich getrennt aufeinander folgen, sind sie bei den aus hochliegenden Magmenherden (Bild, Ziff. 7) stammenden **subvulkanisch-hydrothermalen E.** (Bild, Ziff. 8) eng ineinander verschachtelt (**›telescoping‹** [t'elıskəupıŋ]).

In der **vulkan. Phase** der magmat. Abfolge tritt Schmelze in den Bereich der Erdoberfläche ein, wobei flüchtige Bestandteile absieden und Mineral- und E. bilden können: 1) **Exhalationslagerstätten** von Schwefel und Bor (Bild, Ziff. 9), 2) **exhalativ-sedimentäre Eisen- und Mangan-E.** durch submarine Vulkanausbrüche im Flachmeerbereich (Bild, Ziff. 10), 3) **heiße Erzschlämme** z. B. in submarinen Gräben (Bild, Ziff. 11).

Sedimentäre Erzlagerstätten: Die E. des exogenen Kreislaufs weisen je nach Bildungsort (→ Fazies, Klimabereiche) und Bildungsvorgang (Verwitterung-Transport-Ablagerung) eine große Unterschiedlichkeit auf. Wichtigste sind: **Festländ. Verwitterungslagerstätten** (nach chem. Verwitterung): 1) Verwitterungszonen von älteren, magmat. gebildeten E., → Oxidationszone, **Eiserner Hut** (Bild, Ziff. 16); 2) Anreicherung von Nichteisen-Schwermetallen in Wüstengebieten durch Austrocknen herangeführter Lösungen und Imprägnation von Schuttgesteinen (Bild, Ziff. 12); 3) Lagerstätten von Bauxit und Laterit (Bild, Ziff. 13) sowie zugehöriger Eisenerze; 4) Abscheidungen aus metallhaltigen, in der Erdkruste absteigenden (deszendenten) Verwitterungslösungen, z. B. Uran-Vanadium-Erze in Höhlenfüllungen (Bild, Ziff. 14); 5) Karstlagerstätten auf Kalken (Bild, Ziff. 15), wobei sich Erze sowohl durch Austrocknung und Konkretionsbildung von Eisenhydroxiden (Bohnerz) als auch durch hochdisperse Ausfällung ehemals hydrothermal herangeführter, aber dann mehrfach gelöster und umgelagerter Sulfide (Blei, Zink) bilden können.

Seifen- und Trümmerlagerstätten stellen Anreicherungen von Produkten rein mechan. Verwitterung dar, z. B. 1) Anreicherungen von Gold in fluviatilen Seifen als **Nuggets** oder in terrestr. Schuttseifen (Bild, Ziff. 17); 2) Anreicherung best. Elemente in entsprechenden Mineralseifen und -sanden des fluviatilen oder marinlitoralen Bereichs, z. B. Titanit-Zirkon- oder Monazit-Sande (Bild, Ziff. 18).

Ausscheidungslagerstätten in Binnengewässern und Meeren, z. B. 1) biochem. Ausfällung von Eisen im Süßwasser: Raseneisen-, Wiesen-, Sumpferz u. a.; 2) oolith. Eisen- und Manganerze des marinen Bereichs aus phosphorreichen Eisenhydroxiden (Minette) oder aus Eisensilikaten (Chamosit; Bild, Ziff. 19); 3) biochemisch-marine Kupferlagerstätten in Verbindung mit Bakterientätigkeit und Faulschlamm-Bildung (z. B. Kupferschiefer, Bild, Ziff. 20); 4) sedimentäre Kieslagerstätten, z. T. mit vulkan. Zufuhr, in Kalkriffen (Bild, Ziff. 21) oder in Mergeln und Schiefertonen (Bild, Ziff. 22), hier oft mit sedimentären Sulfatlagern (Baryt) verknüpft; 5) im Tiefseebereich sedimentäre Anreicherungen wichtiger Metalle in Form von Manganknollen (Bild, Ziff. 23).

Metamorphe Erzlagerstätten: Zu den durch Vorgänge bei der Metamorphose entstandenen E. gehören außer den bereits erwähnten Kontaktlagerstätten (Bild, Ziff. 4, 5) v. a. 1) umgewandelte E. in kristallinen Schiefern, z. B. Eisenquarzite und Eisenglimmerschiefer (Itabirite), Eisenjaspilite und dislokationsmetamorphe Kieslager; 2) komplexe metamorphe E., deren Bildung z. T. unter dem Einfluß magmat. oder palingener Stoffzufuhr (Ultrametamorphose) erfolgte, z. B. Skarn- und Leptit-Erze (BILD, Ziff. 24).

H. SCHNEIDERHÖHN: Die E. der Erde, 2 Bde. (1958–61); A. CISSARZ: Einführung in die allg. und systemat. Lagerstättenlehre ([2]1965); A. BENTZ u. H.-J. MARTINI: Lb. der angewandten Geologie Bd. 2, Teil 1 (1968); Geotechnische und gesteinsphysikal. Probleme beim Abbau von Lagerstätten, Vorträge . . . (Leipzig 1980).

Erzmikroskopie, Auflicht-Polarisationsmikroskopie zur Untersuchung undurchsichtiger (opaker) Substanzen. Im reflektierten Anteil des senkrecht auf einen planparallelen, hochglanzpolierten Anschliff geführten Lichts werden u. a. das Reflexionsvermögen (Richtungsabhängigkeit), die Farbe und das Gefüge des Erzes untersucht. Die E. wird auch bei anderen opaken Substanzen verwendet, z. B. bei Kohle, Hüttenschlacke, Keramik, Metall **(Metallmikroskopie).**

Erzschiff, Spezial-Massengutschiff für Erze, zur besseren Nutzung oft im Rückreise- oder Dreiecksverkehr eingesetzt (Erz-Öl, Erz-Getreide).

Erzschlämme, rezente, unverfestigte Meeressedimente, z. B. auf dem Grund des Roten Meeres, mit einem hohen Gehalt an Eisen, Mangan, Zink und Kupfer. Die E. sind durchtränkt und werden überlagert von heißen Salzlaugen, **Hot Brines** [hɔt braɪnz, engl.], deren Temperatur bis 55 °C und deren Salzgehalt bis 25,6‰ betragen (Durchschnittsgehalt des Meerwassers 3,5‰) kann. Diese Laugen sind Träger des Schwermetall-Gehaltes, dessen Herkunft durch Auslaugung aus den tonigen Sedimenten des Untergrundes vermutet wird. Die Bildung der heißen Salzlaugen wird mit dem anomal hohen Wärmefluß im Bereich von Plattengrenzen (→ Plattentektonik) in Zusammenhang gebracht.

Es, chem. Symbol für das Element → Einsteinium.

ESA, Abk. für engl. **European Space Agency** [juərəp'i:ən speɪs 'eɪdʒənsɪ], Europ. Weltraumorganisation mit Sitz in Paris zur Koordinierung, Durchführung und Unterstützung europ. Projekte zur friedl. Erforschung und Nutzung des Weltraums; am 15. 4. 1975 als Nachfolgerin der Organisation zur Entwicklung der Europa-Rakete (ELDO) und der Europ. Organisation für Weltraumforschung (ESRO) gegr.; ihr gehören (1982) 13 europ. Nationen an. Sie unterhält drei Außenzentren in Holland (ESTEC), Italien (ESRIN) und der Bundesrep. Dtl. (ESOC). In Entwicklung befindl. oder schon abgeschlossene neuere Projekte sind u. a. die wissenschaftl. Satelliten IUE, ISEE, Exosat, die anwendungstechn. Satelliten → Meteosat, → Marecs, → ECS sowie die Trägerrakete → Ariane und das Raumlaboratorium → Spacelab.

Esaki-Diode [n. dem japan. Physiker L. Esaki, * 1925], seltener verwendete Bez. für die → Tunneldiode.

Esbachs Re|agens [n. dem frz. Arzt G. H. Esbach, * 1843, † 1890], → Pikrinsäure.

ESCA, Abk. für engl. **Electron Spectroscopy for Chemical Analysis** [ɪl'ektrɔn spektr'ɔskəpɪ fɔ: k'emɪkl ən'æləsɪs], **Photoelektronenspektroskopie,** spezielles Verfahren der → Elektronenspektroskopie zur Untersuchung der elektr. und opt. Eigenschaften sowie der Bindungsverhältnisse von Festkörpern, mit deren Hilfe insbes. die Bandstruktur bestimmt werden kann. Die Probe wird mit Photonen (ultraviolettes Licht oder Röntgenstrahlung) bestrahlt, deren Energie größer als die Bindungsenergie der Elektronen ist, so daß einzelne Elektronen aus oberflächennahen Schichten infolge Strahlungsabsorption aus dem Festkörper austreten können. Das Energiespektrum der erzeugten Photoelektronen, das die Energieverteilung der Festkörperelektronen widerspiegelt, wird mit einem geeigneten Elektronenspektrometer registriert. Die Untersuchungen müssen an sauberen Oberflächen im Ultrahochvakuum ausgeführt werden. Bei gezielter Fremdgaszufuhr können mit ESCA auch chem. Reaktionen an der Oberfläche studiert werden.

E-Schicht, Schicht der → Ionosphäre.

Eserin, ein Indolalkaloid, → Physostigmin.

ESFI, Abk. für **Epitaxialer Siliciumfilm auf Isolator,** Technologie zur Herstellung von monolithisch integrierten Schaltungen in MOS-Technologie, bei der die Transistoren in einer dünnen Siliciumschicht, die auf einem nichtleitenden Substrat (Isolator) aufgebracht ist, erzeugt werden. Sie besitzen im Vergleich zu den in herkömmlicher → CMOS-Technologie hergestellten Bauelementen eine bessere Isolation gegenüber anderen Teilen der Schaltung, kleinere parasitäre Kapazitäten und daher sehr kurze Schaltzeiten von 1–5 ns pro Stufe. Als Substrat kommt z. B. Saphir in Frage: **SOS-Technik,** Abk. für engl. **Silicon on Sapphire** [s'ɪlɪkən ɔn s'æfaɪə].

ESR, Abk. für → **Elektronenspinresonanz.**

ESR-Datierung, Verfahren zur → Altersbestimmung prähistor. Objekte. Durch die radioaktive Umgebungsstrahlung werden in der festen kristallinen Materie Defekte in der regulären Gitterstruktur erzeugt, deren Zahl ein Maß für das Alter der Probe ist. I. Ggs. zur → Thermolumineszenzanalyse werden bei der ESR-D. die Defekte nicht ausgeheilt, sondern nur registriert. Die ESR-D. beruht auf der → Elektronenspinresonanz. Sie hat gegenüber der Thermolumineszenzanalyse den Vorteil der Wiederholbarkeit und kann zur Altersbestimmung von einigen tausend bis zu vielen hunderttausend Jahre alten Objekten herangezogen werden, z. B. Tropfsteinen, Tonscherben, Knochen und Zähnen.

essentielle Aminosäuren, bestimmte → Aminosäuren, die von Mensch und Tier mit der Nahrung zugeführt werden müssen, da sie nur von Pflanzen und Mikroorganismen synthetisiert werden können. Die e. A. werden zur Synthese von Peptiden, Proteinen, Hormonen, biogenen Aminen u. a. benötigt.

essentielle Fettsäuren, für den Organismus lebensnotwendige → Fettsäuren, die nur als Nahrungsbestandteile aufgenommen werden können; z. B. Arachidon-, Linol- und Linolinsäure.

Essexit, dunkles, körniges Tiefengestein, → magmatische Gesteine.

Essigsäure, wichtigste → Carbonsäure, die bereits im Altertum bekannt war. Wasserfreie E. **(Eisessig)** ist eine farblose, stechend riechende Flüssigkeit mit einem Siede-P. von 117,9 °C, einem Schmelz-P. von 16,7 °C und einer Dichte von 1,044 g/cm³. E. wird überwiegend synthetisch hergestellt. Techn. Bedeutung haben die Oxidation von Acetaldehyd über Peressigsäure als Zwischenprodukt und die Oxidation von Kohlenwasserstoffen (z. B. Butan, Benzin). Als Oxidationsmittel werden Sauerstoff oder Luft verwendet. Einige Verfahren arbeiten mit Kobalt- oder Manganacetat als Katalysator. Auch die → Carbonylierung von Methanol wird im techn. Maßstab durchgeführt. V. a. für die Herstellung von Speiseessig wird E. durch oxidative Fermentation **(Essiggärung)** von verdünntem Äthanol mit Essigbakterien (Acetobacter)

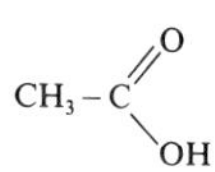

Essigsäure

Ester

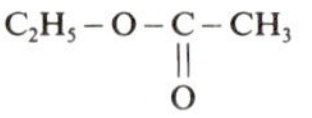

Äthylacetat

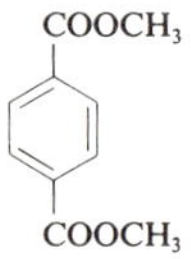

Dimethylterephthalat (Terephthalsäure-dimethylester)

gewonnen. Je nach Rohstoff unterscheidet man Branntweinessig, Weinessig, Apfelessig u. a. Als **Essig** werden wäßrige Lösungen mit 5 bis 15,5 g E. in 100 ml, als **Essigessenz** Lösungen mit 15,5 bis 25 g E. in 100 ml bezeichnet. Durch Holzverkohlung gewonnener **Holzessig** hat keine Bedeutung mehr. E. wird v. a. zu E.-Estern weiterverarbeitet, wobei Vinylacetat (Kunststoffdispersionen), Äthylacetat (Lösemittel), Celluloseacetat und Butylacetate (Lösemittel) die größte Bedeutung haben. E. wird auch als techn. Lösemittel für Oxidationen und Acetylierungen sowie zur Herstellung von Peressigsäure und Chloressigsäuren verwendet. Die Salze der E. heißen wie die Ester **Acetate. Aluminiumhydroxyddiacetat** wird beim Färben und Imprägnieren von Textilien, **Ammoniumacetat** als Egalisierungsmittel in der Färberei und **Natriumacetat** als Elektrolyt für künstl. Nieren und zum Abstumpfen von Säuren verwendet. Als **aktivierte E.** bezeichnet man den E.-Thioester des → Coenzyms A, der bei Stoffwechselvorgängen von Bedeutung ist.

Essigsäure|anhydrid, → Acetanhydrid.

Essigsäure|chlorid, svw. → Acetylchlorid.

Essigsäure|nitril, svw. → Acetonitril.

ESS-Technik, Abk. für **Elektronische Stabilisierung und Steuerung,** neue Methode der Flugzeugsteuerung und -stabilisierung, die die Möglichkeiten künstl. Stabilisierung (→ Stabilität) durch elektron. Flugregler und der elektr. Steuersignalübertragung nützt (→ Flugsteuersystem).

Ester, organ. Verbindungen, die formal aus Säuren und Alkoholen unter Wasseraustritt entstehen. Der Name setzt sich aus dem der Kohlenwasserstoffgruppe des Alkohols und dem der Salze der Säure zusammen. Er kann auch durch Aneinanderreihung des Säurenamens, der Bez. für die Kohlenwasserstoffgruppe des Alkohols und der Endung E. gebildet werden, z. B. Äthylacetat = Essigsäureäthylester, Dimethylsulfat = Schwefelsäuredimethylester. – E. können durch → Veresterung aus Säuren (oder ihren Anhydriden) und Alkoholen, durch Umesterung aus anderen E. oder aus Olefinen (→ Oxyacetylierung) hergestellt werden. Durch Hydrolyse (Verseifung) können E. in Säure und Alkohol zurückgespalten werden. Viele E. sind fruchtartig riechende Flüssigkeiten, die als Lösemittel (z. B. Butylacetat) und Riechstoffe (z. B. Benzylacetat) verwendet werden. Glycerin-E. von Fettsäuren treten in der Natur als Fette, Öle und Wachse auf. Phthalsäure-E. haben als Weichmacher, der Methyl-E. der Terephthalsäure hat bei der Herstellung von → Polyestern Bedeutung.

Esterasen, Gruppe von → Enzymen, die Ester in entsprechende Alkohole und Säuren zerlegen. Die E. werden in sechs Untergruppen aufgeteilt: Carbonsäure-E., Thiol-E., Phosphatasen, Phosphodiesterasen, Triphosphomono-E. und Sulfatasen.

Esterkondensation, → Claisen-Kondensation.

Estriche, dünne Schichten aus Mörtel oder auch Gußasphalt von einigen cm Dicke, die als Fußboden oder Bodenkonstruktion auf den für den jeweils vorgesehenen Zweck nicht unmittelbar benutzbaren, jedoch tragfähigen Untergrund aufgebracht werden. **Verbund-E.** wird mit Haftung auf den Untergrund verlegt, **E. auf Trennschicht** kommt auf dünnen Zwischenlagen, **schwimmender E.** auf Schall- und/oder Wärmedämmschichten zur Ausführung. E. können direkt begehbar und befahrbar sein, wie **Industrie-E.** oder **Hartstoff-E.,** oder mit einem Belag versehen werden, wie **E. im Wohnungsbau.**

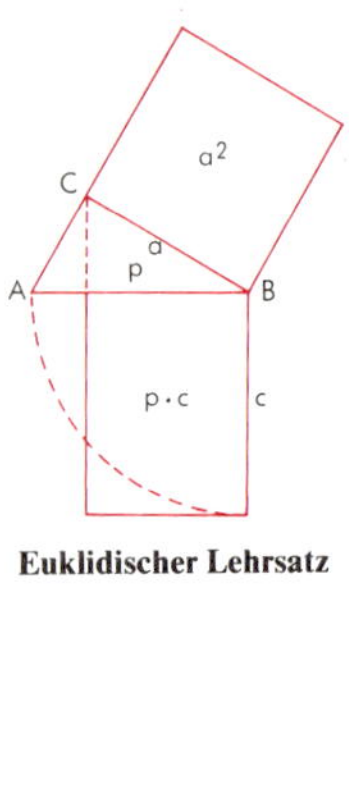

Euklidischer Lehrsatz

ESU-Verfahren, Abk. für **Elektro-Schlacke-Umschmelzverfahren,** Verfahren zur Qualitätsverbesserung und zum Reinigen von Stahl. Ein Block aus dem umzuschmelzenden Stahl taucht als Elektrode in eine Schlacke ein. Zw. Block und Schlacke tritt ein elektr. Strom über, der den Stahl aufschmilzt. Die Verunreinigungen werden von der Schlacke aufgenommen, die gereinigte Stahlschmelze sammelt sich unter der Schlacke in einer Kokille und erstarrt zu einem neuen Block, zu Formteilen wie Rohre oder Profile oder zu Fertigteilen wie Walzen, Kurbelwellen oder Ventilgehäuse.

ESV, Abk. für engl. **Experimental Safety Vehicle** [eksperım'entl s'eıftı v'i:ıkl], entspricht der dt. Abk. **ESF** für **E**xperimentier-**S**icherheits**f**ahrzeug, → Sicherheitskraftwagen.

Eta (η, H), ein → griechischer Buchstabe (ÜBERSICHT).

1) *η*, Formelzeichen für dynamische Viskosität und Wirkungsgrad.

2) η, physikal. Symbol für das Eta-Meson.

Etagenheizung [-ʒ-], Warmwasserheizung (→ Heizung) für eine Wohnung oder ein Stockwerk mit einem eigenen Wärmeerzeuger im gleichen Geschoß oder im Keller.

Etalon [etal'ɔ̃, frz.] *das,* **1)** reproduzierbares Eich- oder Normalmaß, z. B. das Urmeter. **2)** zwei genau parallel montierte Spiegel bester Ebenheit, die in der Interferometrie verwendet werden, z. B. beim → Fabry-Perot-Interferometer.

Eth . . ., internat. Schreibung für Äth . . . in organ. Verbindungen, z. B. Ethanol – Äthanol, etherisch – ätherisch.

Eu, 1) chemisches Symbol für → Europium.

2) *Eu,* Formelzeichen für die → Euler-Zahl.

Eudiometer, einseitig geschlossenes Glasrohr mit einer ml-Einteilung auf der Außenseite zum Auffangen und Messen von Gasen, zur Bestimmung von Dampfdichten und des Molekulargewichts.

Euklidische Geometrie [n. dem grch. Mathematiker Euklid, 4./3. Jh. v. Chr.], Bez. für die ›klassische‹ → Geometrie.

Euklidischer Algorithmus, Verfahren zur Bestimmung des → größten gemeinsamen Teilers zweier Zahlen. Für die Zahlen a und b, $a > b$, $b \neq 0$ bildet man

$a = q_1 \cdot b + r_1$, wobei $0 \leq r_1 \leq b$ und
$b = q_2 \cdot r_1 + r_2$, wobei $0 \leq r_2 < r_1$, dann bildet man
$r_1 = q_3 \cdot r_2 + r_3$, wobei $0 \leq r_3 < r_2$,
$r_2 = q_4 \cdot r_3 + r_4$ usw.

Nach endlich vielen Schritten bricht das Verfahren ab und führt zu der Gleichung $r_n = q_{n+2} \cdot r_{n+1} + 0$, wobei man r_{n+1} als größten gemeinsamen Teiler erhält. Beispiel: $a = 3689$, $b = 1984$, dann ist

$$3689 = 1 \cdot 1984 + 1705,$$
$$1984 = 1 \cdot 1705 + 279,$$
$$1705 = 6 \cdot 279 + 31,$$
$$279 = 9 \cdot 31 + 0;$$

als größter gemeinsamer Teiler ergibt sich also 31.

Euklidischer Lehrsatz, Satz der Geometrie: Im rechtwinkligen Dreieck ist das Quadrat über einer Kathete flächengleich dem Rechteck aus der Hypotenuse und der

Projektion der Kathete auf die Hypotenuse **(Kathetensatz).**

Euklidischer Raum, allg. der anschaul. Raum, definiert als ein →Vektorraum, auf dem eine Metrik erklärt ist, d. h., je zwei Elementen dieses Raumes ist eindeutig eine reelle Zahl, ihr Abstand, zugeordnet.

Euklidischer Ring, ein → Ring, in dem die Division mit Rest definiert ist, ein → Integritätsbereich I mit einer Abbildung f, die jedem von Null verschiedenen Element eine nichtnegative ganze Zahl zuordnet, wobei gilt: 1) Sind a und b aus I, $a \neq b$, $b \neq 0$, dann ist $f(a \cdot b) > f(a)$, und 2) (Divisionsalgorithmus) zu zwei Elementen a und b aus I mit $a \neq 0$ gibt es die Darstellung $b = q \cdot a + r$, mit q und r aus I, wobei entweder $r = 0$ oder $f(r) < f(a)$. Beispiele für E. R. sind der Ring der ganzen Zahlen $\mathbb{Z}$ und der Polynomring (→ Polynom) über einem Körper.

Eulersche Differentialgleichung [n. dem schweizer. Mathematiker L. Euler, *1707, †1783], gewöhnl. Differentialgleichung zweiter Ordnung der Form $\sum_{i=0}^{n} a_i x^i y^{(i)} = f(x)$. Die E. D. wird in der Variationsrechnung gebraucht.

Eulersche Formel, verknüpft die Exponentialfunktion mit den Winkelfunktionen durch die Beziehung $e^{iz} = \cos z + i \sin z$ ($i = \sqrt{-1}$); die E. F. wird verallgemeinert durch den → Moivreschen Satz.

Eulersche Funktion, zahlentheoretische Funktion, die zu einer natürl. Zahl n die Anzahl $\varphi(n)$ der zu n teilerfremden Zahlen k ($k \leq n$) angibt, z. B. ist $\varphi(6) = 2$, da 1 und 5 teilerfremd zu 6 sind. Für eine Primzahl p gilt $\varphi(p) = p-1$.

Eulersche Gerade, Gerade durch Schwerpunkt S, Höhenschnittpunkt H und Mittelpunkt des Umkreises M

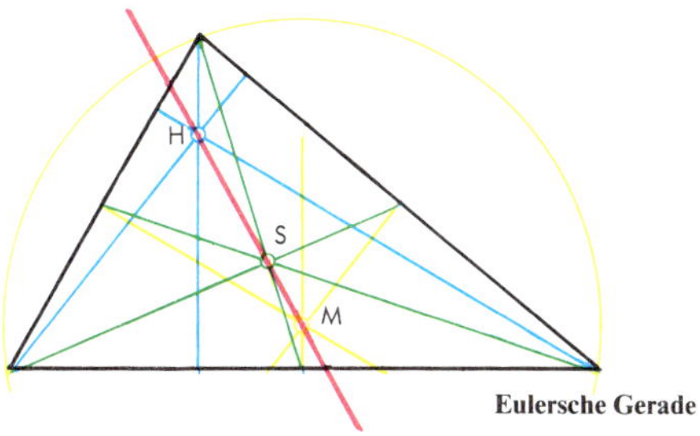

Eulersche Gerade

eines Dreiecks; auf der E. G. liegt auch der Mittelpunkt des → Feuerbachschen Kreises.

Eulersche Konstante, Euler-Mascheronische Konstante [-maske-, n. L. Euler und dem ital. Mathematiker L. Mascheroni, *1750, †1800], **Mascheronische Konstante,** der Grenzwert C der konvergenten Folge (C_n),

$$\lim_{n\to\infty} (C_n) = \lim_{n\to\infty} \left(1 + \tfrac{1}{2} + \tfrac{1}{3} + \ldots + \tfrac{1}{n} - \ln n\right) =$$
$$C = 0{,}57721566 \ldots$$

Eulersche Periode, → Polbewegung.

Eulerscher Polyedersatz. Für ein Polyeder mit e Ecken, k Kanten und f Flächen gilt $e - k + f = z$; $e - k + f$ ist die **Eulersche Charakteristik** eines Polyeders.

Eulerscher Satz, Satz über Drehungen im Raum; zu zwei rechtwinkligen Koordinatensystemen mit gleichem Ursprung gibt es immer eine Gerade durch den Ursprung, so daß das eine Koordinatensystem durch Drehung um diese Gerade in das andere übergeht.

Eulersches Brückenproblem, → Königsberger Brückenproblem.

Eulersches Integral, → Gammafunktion.

Eulersche Winkel, mit φ, ψ und χ bezeichnete Winkel; sie geben die Lage eines mit einem drehbaren Körper verbundenen Koordinatensystem gegenüber dem urspr. Koordinatensystem (mit gleichem Ursprung) an.

Eulersche Zahl, Bez. für die Zahl → e.

Eulersche Zahlen, Bez. für die Koeffizienten E_n der Reihenentwicklung

$$\frac{1}{\cosh x} = \sum_{k=0}^{\infty} E_{2k} \frac{x^{2k}}{(2k)!}$$

Euler-Zahl, Strömungsmechanik: Formelzeichen Eu, die Größe $Eu = \Delta p / \varrho v^2$ (Δp = Druckdifferenz zw. zwei Orten, ϱ = Dichte, v = Geschwindigkeit); in einer Strömung das Verhältnis der Druckkräfte zu den Trägheitskräften.

Eurocontrol, europ. Organisation für Flugsicherung, gegr. 1960, Sitz in Brüssel. Aufgaben: Überwachung, Lenkung und zentrale Steuerung des Flugverkehrs im oberen Luftraum (über rd. 7550 m), Vereinheitlichung der Ausbildung des Flugsicherungspersonals, Forschung und Entwicklung auf dem Gebiet der Flugsicherung. Kontrollzentralen befinden sich in Maastricht, Karlsruhe, Shannon. In einer Übergangszeit werden die Betriebsdienste von den nationalen Verwaltungen, im Auftrag von E., durchgeführt.

Europa, Astronomie: ein Mond des Planeten → Jupiter.

Europa-Band, das 49-m-Kurzwellenband (5,95 bis 6,2 MHz), so genannt wegen der großen Reichweite der Sender bei Tag und Nacht.

Europastraßen, Fernstraßen des internat. Verkehrs, die numeriert und durch Verkehrsschilder (weißes E und weiße Nr. auf grünem Grund) gekennzeichnet sind. Das E.-Netz wurde in erster Linie auf vorhandene nationale Verkehrswege bezogen. Bezüglich ihres Straßenquerschnitts werden die E. in Straßen der Kategorie I (eine Fahrbahn mit zwei Fahrspuren von jeweils 3,50 m Breite), der Kategorie II (mehr als zwei Fahrspuren) und Autobahnen eingeteilt.

Europa-Welle, Bez. für die kürzeren Wellen (1400 bis 1600 kHz) des Mittelwellenbereiches, die sich gut für den Fernempfang in der Dunkelheit eignen. Voraussetzung dafür ist, daß die Senderleistung genügend groß (mehrere 100 kW), der Abstrahlwinkel der Sendeantenne nach oben günstig für die Ausbreitung über die → Raumwelle und die Sendefrequenz nur von einem einzigen Sender belegt ist. Zur Erleichterung der Abstimmung der für die E.-W. eingerichteten Empfänger werden die Sender der E.-W. nach Betätigen einer Taste (›Europa-Taste‹) durch Bandspreizung auf einen größeren Skalenbereich verteilt.

Europium, chem. Symbol **Eu,** chem. Element aus der Gruppe der → Lanthanoide, Ordnungszahl 63 (→ chemische Elemente). Es sind zwei natürl. stabile und mehr als 20 künstl. instabile Isotope bekannt. Die größtenteils dreiwertigen Verbindungen des E. sind gelb bis rot gefärbt, daneben existieren auch farblose, zweiwertige Salze. Darstellung u. a. aus → Monazit. – E. findet techn. Verwendung als Aktivator in den Leuchtmassen der Farb-

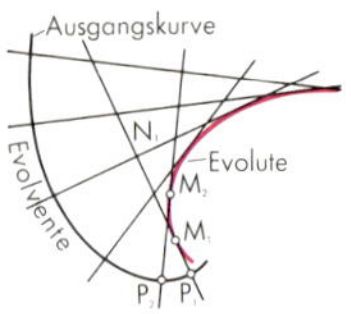

Evolute:
N_1 = Normale auf P_1;
M_1 = Mittelpunkt des Krümmungskreises zu P_1

fernsehschirme sowie als Neutronenabsorber in der Kerntechnik. E. wurde 1901 von dem frz. Chemiker E. DEMARÇAY isoliert und benannt.

eustatische Bewegungen, Schwankungen des Meeresspiegels durch Veränderungen in der Gesamtwassermenge des Weltmeeres, die zum Beispiel durch wechselnde Bindung des Wassers als Schnee oder Eis bedingt sind.

Eutektikum, charakterist. Gefüge zweier oder mehrerer im flüssigen Zustand vollständig mischbarer Stoffe oder Mineralkomponenten (→Mehrstoffsystem), die bei der gleichen Temperatur erstarren und nebeneinander auskristallisieren. Diese **eutektische Temperatur** liegt tiefer als die Schmelztemperatur der Komponenten. **Eutektische Legierungen** haben einen konstanten Erstarrungspunkt und dementsprechend auch einen Schmelzpunkt **(eutektischer Punkt).** Diese Eigenschaft macht sie bes. als Gußlegierungen und Lote geeignet. Zerfällt eine feste Phase bei einer bestimmten Temperatur in zwei oder mehrere andere Phasen, so spricht man von einem **Eutektoid.** Zu den **eutektoiden Legierungen** gehören die Eisen-Kohlenstoff-Legierungen. Bei der Erstarrung eutekt. Stoffsysteme in der Petrologie entstehen Gesteine mit relativ großen Kristallen in einer feinkörnigen Grundmasse, die Gemenge aller beteiligten Komponenten enthält. (→Kryohydrat)

Eutrophierung, Bez. für Überangebot an Pflanzennährstoffen bes. in stehenden und langsam fließenden Oberflächengewässern. Durch E. wird das Algenwachstum (Grün- und Blaualgen) und die Uferverkrautung stark gefördert. Beim biolog. Abbau der verstärkt gebildeten Biomasse verarmt das Gewässer v. a. in tieferen Schichten an Sauerstoff. Die Folgen sind Fischsterben und Auftreten von Fäulnisvorgängen (›Umkippen‹ des Gewässers). Von Algen ausgeschiedene Phytotoxine können auch die Trinkwassergewinnung beeinträchtigen. E. wird v. a. durch Phosphate hervorgerufen, die aus Fäkalien (rd. 27%), Waschmitteln (rd. 40%) und von landwirtschaftl. Flächen (Bodenerosion, Düngemittel, rd. 17%) in die Gewässer gelangen. Phosphate lassen sich aus Abwässern durch Fällung eliminieren (→Abwasserreinigung). Eine VO zur Reduktion des Gehaltes an →Waschmittelphosphaten ist in der Bundesrep. Dtl. seit 1980 in Kraft.

euxinisch heißt ein sauerstoffarmes und schwefelwasserstoffhaltiges Meer und dessen Ablagerungen (→Faulschlamm).

eV, Einheitenzeichen für →Elektronvolt.

evakuieren, ein →Vakuum herstellen.

Evaporation, chem. Stoffausscheidung bei der Eindampfung oder Verdunstung von Lösungen; **Evaporat** ist die eingedampfte Lösung, **Evaporit** ein durch E. gebildetes Gestein (z. B. Gips, Steinsalz).

Evaporographie, Abbildungsverfahren, bei dem die von einem Objekt ausgehenden Infrarotstrahlen auf eine dünne, einseitig geschwärzte Cellulosenitrat-Membran fallen und dort eine leichtflüchtige Substanz (Paraffin- oder Silicon-Öl) auf der Rückseite der Membran, entsprechend der auffallenden Strahlung, d. h. ›bildmäßig‹, verdampfen. Die durch die Bestrahlung erzeugte Schichtdikkenänderung bewirkt eine Veränderung der Interferenzfarben, die beobachtet und photographiert werden können. – Das Verfahren wurde 1840 von F. W. HERSCHEL erfunden; er photographierte auf alkoholgetränktem Papier das Sonnenspektrum im Ultrarotbereich. 1929 benutzte M. CERNY Kampfer und Naphthalin in dünnen Schichten zum gleichen Zweck.

Evektion, von PTOLEMÄUS entdeckte (durch Sonne und Planeten verursachte) Störung der Mondbewegung mit einer Periode von 31,8 Tagen als Folge der Apsidendrehung und der Änderung der Mondbahnexzentrizität.

Evolute, geometr. Ort der Krümmungsmittelpunkte einer ebenen Kurve. Wenn man einen die E. berührenden Faden im Berührungspunkt befestigt und in dauernd gespannter Lage der E. mehr und mehr anschmiegt, so beschreibt der andere Endpunkt die urspr. Kurve, die deshalb auch **Evolvente** heißt.

Evolution, allg. eine Form der Entwicklung: der Vorgang der allmähl., kontinuierl., gerichteten Veränderung, i. Ggs. zur Revolution.

Mit dem Urknall begann die Entwicklungsgeschichte des Universums **(kosmologische E.,** →Kosmologie). Vor etwa 4–5 Mrd. Jahren entstand die Erde zus. mit der Sonne und den übrigen Planeten aus einem kosm. Staub- und Gasnebel. Im Lauf der weiteren Entwicklung traten vor etwa 3 Mrd. Jahren auf der Erde solche Verhältnisse ein, daß sich in chem. Reaktionen hochmolekulare, für Lebewesen charakterist. Verbindungen bilden konnten. Diese **chemische E.** leitete lückenlos in die Entstehung des Lebens über. Es schloß sich die **biologische E.** an, d. h. die Entwicklung der heutigen Formenmannigfaltigkeit der Lebewesen aus primitiven Urformen. Bezüglich der E. psych. Prozesse, bes. auch der Entstehung des Bewußtseins **(psychische E.),** hat die vergleichende Verhaltensforschung gut begründete Evolutionsmodelle erarbeitet.

A. UNSÖLD: E. kosm., biolog. und geistiger Strukturen (1981).

Evolvente, urspr. Kurve einer →Evolute.

Evolventenverzahnung, →Zahnrad.

Evorsion, →Kolk.

EVR, Abk. für engl. **Electronic Video Recording** [ılektr'ɔnık v'ıdəʊ rık'ɔ:dıŋ], elektron. Bildspeicher, bei dem statt der Bilder durch einen Elektronenstrahl Fernsehsignale auf Film gespeichert sind. Für den Begleitton ist eine Magnetspur vorgesehen. (→Audiovision)

EVSt, Abk. für **Endvermittlungsstelle,** →Fernmeldenetz.

Ewaldsche Konstruktion [n. dem dt. Physiker P. P. Ewald, * 1888], graph. Konstruktion zur Ermittlung der Richtungen der gebeugten Wellen bei der Strukturanalyse der Kristalle.

Ewer, plattbodiges Frachtsegelschiff der Nordseeküste und des Unterlaufs der nordwestdt. Flüsse, früher auch Fischereifahrzeug meist mit Hilfsmotor und Seitenschwertern; als Handelsschiff immer seltener, als Sportboot beliebt.

EW-Telephonie, Abk. für **Elektrizitätswerks-Telephonie,** von Energieversorgungsunternehmen auf Hochspannungsleitungen betriebene Sonderform des (trägerfrequenten) Fernsprechens (→TFH-Technik).

Exa, Vorsatzzeichen **E,** ein →Vorsatz vor Einheiten für den Faktor 10^{18} (Trillion); z. B.: 1 Exajoule = 1 EJ = 10^{18} J.

Excimer [ıks'aımə, engl.], i. a. kurzlebige, durch Anlagerung eines angeregten an ein nicht angeregtes Molekül gebildete Molekülkomplexe, die als →Zwischenstufen bei photochem. Reaktionen, Energieübertragungs-Prozessen und bei Chemilumineszenz eine Rolle spielen. Bei **Exciplexen** sind die zusammentretenden Moleküle voneinander verschieden.

Exergie, techn. Thermodynamik: der in wirtschaftlich verwertbare Form umwandelbare Teil der zugeführten Energie (z. B. in Wärmekraftmaschinen). Der für die prakt. Nutzung verlorengehende, wirtschaftlich wertlose Anteil heißt **Anergie.**

Exhalation, Ausströmen von Gasen aus Vulkanen, vulkan. Laven und Spalten; →Fumarole, →Mofette, →Solfatare. – **E.-Lagerstätten** →Erzlagerstätten.

Exhaustionsmethode, Verfahren der antiken Mathematik zur Bestimmung des Inhalts nicht gradlinig begrenzter Flächen und Körper. Z. B. werden dem Kreis nacheinander regelmäßige Vier-, Acht-, Sechzehnecke... einbeschrieben, bis die Kreisfläche ›ausgeschöpft‹ ist, d. h. Kreis- und Vieleckflächen ›übereinstimmen‹. – Die E. ist ein Vorläuferverfahren der Integralrechnung.

Exhaustor, 1) ein →Ventilator der Lüftungstechnik.

2) heizbarer Wasserkasten, durch den Konservendosen oder -gläser hindurchgeführt werden, aus deren Füllgut oder Kopfraum Luft und andere Gase durch Erwärmen entfernt werden. Das **Exhaustieren** geschieht bei 80 bis 90 °C als Vorbereitung vor dem Sterilisieren.

Exinit, Mazeralgruppe der Steinkohle; Gemisch von Sporen, Algen, Cuticulen, Harzen und Wachsen.

Existenz, das Vorhandensein von (mathemat.) Objekten, die vorgegebenen Bedingungen genügen. Sie wird formuliert in **Existenzaussagen,** z. B. ›Es gibt eine reelle Zahl 0, die zu jeder reellen Zahl a addiert werden kann, wobei die Summe $a + 0 = a$ ist.‹; mit Hilfe logischer Quantoren schreibt man dafür: $\exists\, 0 \in \mathbb{R}, a + 0 = a\ \forall\ a \in \mathbb{R}$. Die E. best. Objekte muß in der Mathematik häufig erst mit →Existenzsätzen nachgewiesen werden.

Existenzsätze, Aussagen über die Existenz der Lösung eines gegebenen Problems. Die **Existenzbeweise** weisen nur die Existenz einer Größe nach; dabei muß nicht ein Verfahren angegeben werden, nach dem die fragl. Größe konstruiert werden kann, jedoch gibt es auch Existenzbeweise, die zu einem Lösungsweg verhelfen. Bes. bei der Formulierung physikal. Probleme mit Hilfe von Differentialgleichungen haben E. große Bedeutung.

Exo|elektronen, Elektronen, die ohne äußere Energiezufuhr aus frisch aufgedampften oder polierten Metalloberflächen austreten. Die für die Elektronenemission erforderl. Energie (Austrittsarbeit) wird von an der Oberfläche unter der Einwirkung von Sauerstoff oder Jod ablaufenden exothermen chem. Prozessen geliefert.

exogener Kreislauf, exogener (äußerer) Kreislauf, exogene Dynamik, Gesamtheit der an und auf der Erdoberfläche unter den Bedingungen des Klimas und der Schwerkraft ablaufenden Vorgänge (z. B. Verwitterung, Transport und Ablagerung).

EXOR-Verknüpfung, Abk. für **Exklusiv-ODER,** Grundelement der →Schaltalgebra. Eine EXOR-V. mit zwei Eingängen liefert ausgangsseitig nur dann ein aktives Signal, wenn die Eingangssignale versch. →Logikpegel aufweisen (Antivalenz).

Exo|sphäre, →Atmosphäre 2).

exotherm heißen chem. oder physikal. Prozesse, die unter Freisetzung von Wärme verlaufen. – Ggs.: endotherm.

exotische Atome, Bez. für Atome mit anderen Bestandteilen als gewöhnliche Atome:

1) E. A., bei denen in die Atomhülle für ein Elektron ein schweres, negativ geladenes Teilchen mit meist kurzer Lebensdauer eingebaut ist, während der Atomkern unverändert bleibt: Es sind e. A. mit Myonen ($m = 206\, m_e$), Pionen ($m = 273\ m_e$), Kaonen ($m = 966\ m_e$), Antiprotonen ($m = 1\,836\, m_e$) und mit Sigma-Teilchen ($m = 2\,343\, m_e$) erzeugt worden (m Masse des schweren Teilchens, m_e Elektronenmasse).

Bei einem **myon. Atom** wechselwirkt das Myon elektromagnetisch mit dem Atomkern. Es hält sich wegen seiner größeren Masse sehr viel näher am Atomkern auf als ein Elektron. Bereits für mittelschwere Atomkerne wird der Radius der ersten Bohrschen Bahn des Myons vergleichbar mit der Größe des Atomkerns, der damit die Bindungsenergie des Myons beeinflußt. Die Untersuchung der Energie myon. Röntgenstrahlung gab deshalb eine genaue Auskunft über den Radius und die Form der Ladungsverteilung von Atomkernen. Weiterhin wurden Feinheiten der elektromagnet. Wechselwirkung wie die Vakuumpolarisation nachgewiesen, die durch die Quantentheorie des Elektromagnetismus, die Quantenelektrodynamik, beschrieben werden.

Hadronische Atome: Ein in einem e. A. eingefangenes Hadron wie Pion, Kaon, Antiproton (→Protonium) oder Sigma-Teilchen zeigt neben der langreichweitigen elektromagnet. Wechselwirkung eine kurzreichweitige starke Wechselwirkung mit den Protonen und Neutronen des Atomkerns. Durch sie wird ein hadron. Teilchen aus einer der inneren Bahnen der Atomhülle in den Atomkern eingefangen und dann umgewandelt. Aus der Messung der Energie und der Linienbreite der charakterist. hadron. Röntgenstrahlung konnte man deshalb auf die Stärke der Wechselwirkung und auf die Massenverteilung des Atomkerns schließen. Die Untersuchung der Feinstruktur der Röntgenstrahlung erlaubte eine Bestimmung des magnet. Moments des Antiprotons und des Sigma-Teilchens.

2) E. A., bei denen bei unveränderter Atomhülle ein kurzlebiges positives Teilchen in den Atomkern eingebaut ist, z. B. diejenigen Atome, die man erhält, wenn im Wasserstoff-Atom das Proton durch ein Positron (→Positronium) oder durch ein positives Myon μ^+ (dem Antiteilchen des negativ geladenen Myons μ^-) ersetzt ist (Myonium).

3) **Hyperatome,** deren Atomkerne außer den Nukleonen (Protonen und Neutronen) ein Hyperon enthalten, z. B. ein neutrales Lambda-Teilchen. Die Lebensdauer der Hyperatome liegt im Bereich von 10^{-10}s entsprechend der von Hyperonen.

4) E. A. aus zwei instabilen Teilchen: 1976 wurde beim Zerfall des langlebigen neutralen Kaons K_L^0 das →Pionium nachgewiesen, ein Atom bestehend aus einem Myon und einem Pion.

5) E. A. aus zwei ineinander verschachtelten wasserstoffähnl. Atomen: Dabei wird das ›innere‹ Atom von einem Heliumkern (bestehend aus zwei Protonen und zwei Neutronen), der von einem negativen Myon umlaufen wird, gebildet und als Ganzes von einem Elektron umlaufen. Das ›innere‹ Atom ist so klein (nur $^1/_{400}$ so groß wie ein normales Wasserstoff-Atom), daß es für das Elektron wie ein normaler Atomkern mit einer positiven Elementarladung wirkt, da die Ladung des einen Protons vom Myon kompensiert wird.

Die Untersuchung e. A. gibt Auskunft über Eigenschaften der eingefangenen Teilchen, über die Wechselwirkung dieser Teilchen mit dem Atomkern und über Eigenschaften des Atomkerns.

exp, Bez. und Schreibweise der →Exponentialfunktion.

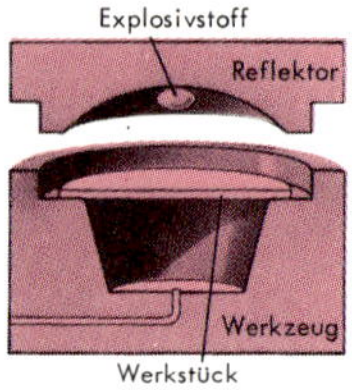

Explosionsumformung

Expansion, 1) Geologie: E. der Ozeanböden, → Sea-floor-Spreading.

2) Kosmologie: E. des Weltalls, → Ausdehnung, E. der Erde, → Erdexpansion.

3) Physik: → Ausdehnung.

Experiment, die künstl. Herbeiführung und Abwandlung von Beobachtungsbedingungen zur Gewinnung wissenschaftl. Daten zwecks Aufstellung, Bestätigung oder Widerlegung von Hypothesen, Gesetzen, Theorien. Das E. ist die wichtigste empirische Methode der Naturwiss., aber auch anderer empirisch vorgehender Wiss. (z. B. empir. Sozialforschung oder Psychologie). Ein E., das unter mehreren Theorien eine bestätigt und die anderen widerlegt, heißt **experimentum crucis. – Gedanken-E.** veranschaulichen eine Theorie oder weisen auf neue Bewährungs- oder Widerlegungsmöglichkeiten hin.

Experimental Safety Vehicle [ıksperım'entl s'eıftı v'i:ıkl, engl.], Abk. **ESV,** der → Sicherheitskraftwagen.

explizit, nach einer best. Variablen aufgelöst, z. B. bei Gleichungen mit mehreren Variablen; Ggs.: → implizit.

Exploitation [-plwa-, frz.], die Ausnutzung und Verwertung von Rohstoffvorkommen u. a. natürl. Ressourcen.

Exploration, Bez. für das Aufsuchen und Erforschen von Lagerstätten.

Explorer [ıkspl'ɔ:rə, engl.], wissenschaftl. Satellitenprogramm der NASA mit breitester Zielsetzung. Explorer 1 (Start am 31. 1. 1958), der erste amerikan. Satellit, entdeckte die Van-Allen-Strahlungsgürtel der Erde. Bis Anfang 1983 wurden etwa 60 E.-Satelliten gestartet, seit 1960 befanden sich darunter kleine Astronomiesatelliten, interplanetare Monitor-Plattformen, Radioastronomiesatelliten, Meteoriten-, Technologie-Satelliten und atmosphär. Forschungssatelliten.

explosible Atmosphäre, → Explosionsschutz.

Explosion, → Explosivstoffe.

Explosionsgrenzen, svw. → Zündgrenzen.

Explosionsschutz, Maßnahmen zur Vermeidung von Gefahren durch explosible Atmosphäre. Nach den Richtlinien der Berufsgenossenschaft der Chem. Ind. in der Bundesrep. Dtl. ist eine **explosible Atmosphäre** ein Gemisch von Gasen, Dämpfen, Nebeln oder Stäuben mit Luft, in dem sich nach erfolgter Zündung eine Reaktion selbständig fortpflanzt. Explosionsgefährdete Bereiche werden nach der Wahrscheinlichkeit des Auftretens gefährl. explosibler Atmosphäre in Zonen eingeteilt. Die Zone 0 umfaßt z. B. Bereiche, in denen explosible Atmosphäre durch Gase, Dämpfe oder Nebel ständig oder langzeitig vorhanden ist, die Zone 2 Bereiche, in denen mit dem kurzzeitigen Auftreten explosibler Atmosphäre gerechnet werden muß.

E.-Maßnahmen sind u. a. die Vermeidung von Stoffen, die explosible Atmosphäre bilden können (z. B. Ersatz von brennbaren Lösemitteln durch nichtbrennbare Chlorkohlenwasserstoffe), die Begrenzung der Konzentration brennbarer Stoffe auf Werte außerhalb der Explosionsgrenzen (Überwachung durch Gaswarngeräte), ausreichende Lüftung und Maßnahmen, die eine Zündung der explosiblen Atmosphäre verhindern (z. B. Vermeidung von offenen Flammen und Funkenbildung durch Schlag- oder Schleifvorgänge, explosionsgeschützte elektr. Anlagen).

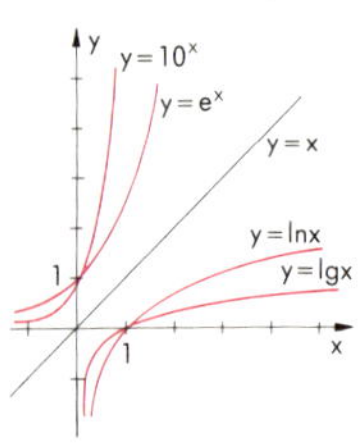

Exponentialfunktion

Explosionsstampfer, Explosionsramme, → Ramme.

Explosions|umformung, das Pressen eines ebenen Bleches oder eines vorgeformten Hohlkörpers in die Form mit Hilfe eines Druckstoßes, der durch Detonation eines Sprengstoffes in einer z. B. mit Wasser gefüllten Hohlform erzeugt wird. Sonderverfahren zum Umformen größerer Bleche (Luftfahrtindustrie) wie auch dickerer Bleche (Behälterfertigung).

Explosionswärme, Wärme, die beim explosiven Zerfall einer bestimmten Menge eines Explosivstoffes frei wird. Sie liegt für Trinitrotoluol bei 4,5, für Hexogen bei 5,7 und für Nitroglycerin bei 6,8 MJ/kg.

Explosionswellen, Knallwellen, durch plötzliche Druckerhöhung eines begrenzten Luftvolumens erzeugte → Druckwellen. Ihre Fortpflanzungsgeschwindigkeit ist bei starken Verdichtungen größer als die normale Schallgeschwindigkeit. Die Druck- und Dichteänderungen der E. lassen sich nur durch besondere Abbildungsverfahren sichtbar machen (→ Schlierenverfahren, → Schattenverfahren, → Interferenzverfahren).

Explosivstoffe, feste, flüssige oder gelatinöse Stoffe, die zum Sprengen **(Sprengstoffe),** Treiben **(Treibmittel** z. B. für Geschosse), Zünden (→ Zündmittel) sowie für pyrotechn. Zwecke (→ Pyrotechnik) hergestellt werden. Nach dem Sprengstoffges. der Bundesrep. Dtl. werden als explosionsgefährlich die festen oder flüssigen Stoffe bezeichnet, die durch Erwärmen (z. B. Funken, heiße Gegenstände) ohne vollständigen festen Einschluß, durch Schlag (z. B. Detonationsstoß eines → Initialsprengstoffes) oder Reibung ohne zusätzl. Erwärmung zu einer chem. Umsetzung gebracht werden, bei der hochgespannte Gase in so kurzer Zeit entstehen, daß eine plötzl. Druckwirkung hervorgerufen wird **(Explosion).** Je nach Geschwindigkeit der Zersetzungsreaktion wird zw. → Deflagration und → Detonation unterschieden. – **Gewerbl. Sprengstoffe** werden im Bergbau, für Straßenbauten, Steinbrüche u. a. verwendet. Zu ihnen gehören Gesteinssprengstoffe (z. B. → Ammonite, → Ammon-Gelite), die für Sprengarbeiten ohne Schlagwettergefahr zugelassen sind, und → Wettersprengstoffe für den Kohlebergbau. Ein im Bohrloch angewendeter E. muß ein hohes Arbeitsvermögen haben, das v. a. von der Gasausbeute (Schwadenvolumen) und der Explosionswärme abhängig ist. Das Arbeitsvermögen kann im → ballistischen Mörser oder aus der Ausbauchung eines Bleiblocks, in dessen Innerem der E. gezündet wird, bestimmt werden. Bei **militär. Sprengstoffen** (z. B. für Granaten, Minen) wird häufig eine hohe → Brisanz angestrebt, die z. B. mit → Hexogen und → Nitropenta erreicht wird. → Trinitrotoluol ist wegen seiner großen Unempfindlichkeit gegenüber Stoß und Schlag bes. für militär. Zwecke geeignet. Die Schlagempfindlichkeit von E. wird mit einem Fallhammer bestimmt. Die niedrigsten **Schlagenergien** (in Joule), die eine Explosion auslösen, sind für Nitroglycerin 0,2, für Ammon-Gelite 2,0, für Nitropenta 3,0, für Hexogen 7,4 und für Trinitrotoluol 15.

Exponent, Hochzahl, Bez. für die hochgesetzte Zahl bei → Potenzen und → Wurzeln.

Exponentialfunktion, jede Funktion $f(x) = a^x$ mit positiver reeller Basis a, wobei die unabhängige Veränderliche als Exponent vorkommt. Besondere Bedeutung hat die E. mit der Basis e **(e-Funktion);** sie wird definiert durch die Reihe $e^x = \exp x = 1 + x + \frac{x^2}{2!} + \frac{x^3}{3!} + \ldots$, die für jeden reellen und komplexen Wert ihres Arguments x konvergiert. Die Ableitung der e-Funktion ist die e-Funktion selbst: $e^{x\,\prime} = e^x$. Die Umkehrfunktion der E. ist die **Logarithmusfunktion** $f(x) = \log_a x$ (→Logarithmus). Mit Hilfe der e-Funktion können die Winkelfunktionen und die Hyperbelfunktionen beschrieben werden (→Eulersche Formel, →Moivrescher Satz). Die E. hat große Bedeutung in Physik und Biologie, viele Naturgesetze verhalten sich exponentiell (→Abklingen, →Halbwertszeit, →Radioaktivität).

Exponentialreaktor, nichtkritische Anordnung aus Kernbrennstoff und Moderator, um experimentell die Neutronenflußverteilung für Reaktorbrennelemente zu messen und Gruppenkonstanten sowie Reaktivität zu bestimmen.

Exponential|trichter, Elektroakustik: Um den akust. Übergangswiderstand zw. Lautsprechermembran und Luft möglichst gering werden zu lassen, also den Wirkungsgrad des Lautsprechers optimal zu gestalten, kann vor den Lautsprecher ein Trichter gesetzt werden, dessen relative Querschnittsänderung konstant bleibt. Dies ist bei einem Öffnungsquerschnitt, der einer Exponentialfunktion gehorcht, der Fall.

Exposition, Photographie: svw. →Belichtung.

Exsikkator, gläsernes, meist evakuierbares Laborgerät zum Trocknen oder zum trockenen Aufbewahren von (feuchtigkeitsempfindl.) Substanzen.

Exsudation, Verdunstung der Bodenfeuchtigkeit durch Sonneneinstrahlung in Trockengebieten, verbunden mit Ausscheidung von Mineralstoffen (z. B. Gips).

Extender, Streckmittel, die teure Rohstoffe ersetzen und damit den Preis eines Produktes verringern, z. B. die in der Gummiind. verwendeten E.-Öle.

extensive Größen, Ggs. zu →intensive Größen.

Extinktion, Schwächung des Lichtes oder einer anderen Strahlung durch Absorption und Streuung. – Für astronom. Beobachtungen ist die E. des Sternenlichts durch die Erdatmosphäre von Bedeutung (→atmosphärische Extinktion). Die E. des Meerwassers wird von gelösten und schwebenden Stoffen beeinflußt, was sich örtlich auf den Wärmehaushalt, die Lichtverteilung im Meer und die Farbe des Meerwassers auswirkt.

Extraktion 2: Schema einer Extraktionsanlage

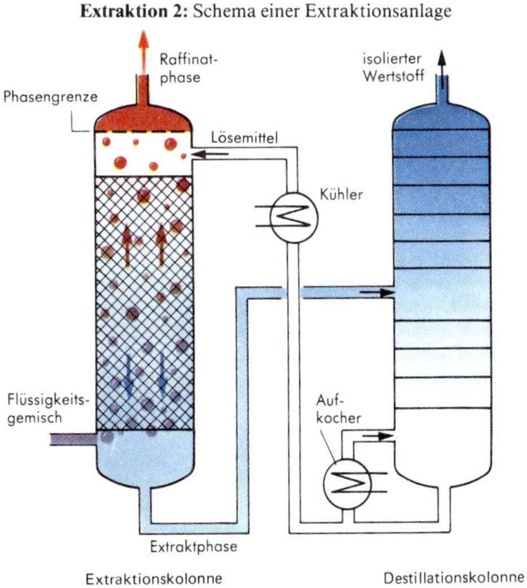

extragalaktisch, außergalaktisch, außerhalb des Milchstraßensystems; Ggs.: galaktisch.

Extraktion, selektives Herauslösen best. Substanzen aus flüssigen **(Flüssig-Flüssig-E., Solvent-E.)** oder festen **(Fest-Flüssig-E.,** ›Auslaugen‹) Stoffgemischen mit Hilfe von Lösemitteln. Die **Flüssig-Flüssig-E.** wird als therm. Trennverfahren gegenüber der →Destillation dann bevorzugt, wenn die zu trennenden Komponenten nahe beieinander liegende Siedepunkte haben, azeotrope Gemische bilden oder wenn mehrere Komponenten mit unterschiedl. Siedepunkten gleichzeitig abgetrennt werden sollen. Technisch wichtige Beispiele sind die Gewinnung von Aromaten aus Erdölfraktionen mit Glykolen oder N-Methylpyrrolidon als Lösemittel und die Abtrennung von Uran- und Plutoniumverbindungen bei der Wiederaufarbeitung von Kernbrennstoffen. Das Lösemittel muß ein gutes Lösevermögen für den abzutrennenden Wertstoff haben, darf sich aber mit dem zu behandelnden Flüssigkeitsgemisch nicht mischen. Eine einfache einstufige Flüssig-Flüssig-E. läßt sich durch Schütteln des zu trennenden Gemisches mit dem Lösemittel in einem Scheidetrichter durchführen (BILD 1). Die techn. Anlagen arbeiten meist mehrstufig. Dazu werden das zu trennende Gemisch und das Lösemittel im Gegenstrom durch mehrere in Serie geschaltete Misch- und Beruhigungsapparate (Mixer-Settler) oder durch →Kolonnen geleitet (BILD 2). Nach der E. muß das ›beladene‹ Lösemittel (Extraktphase) durch Destillation in den Wertstoff und das Lösemittel zerlegt werden. – Beispiele für die **Fest-Flüssig-E.** sind die Gewinnung von Ölen aus Ölfrüchten, von Zucker aus Rübenschnitzeln und von Riechstoffen aus Blüten. Ein neues Verfahren ist die **Hochdruck-E.** mit überkrit. Gasen. Das Verfahren dient zur Zerlegung fester oder flüssiger Stoffgemische mit Gasen, die bei Temperaturen und Drücken oberhalb des krit. Punktes zu Lösemitteln werden. Bei Drücken zw. 100 und 500 bar und Temperaturen zw. 30 und 100 °C läßt sich z. B. mit Kohlendioxid die Reduzierung des Nikotingehaltes von Tabak oder die Entcoffeinierung von Kaffee auf schonende Art durchführen.

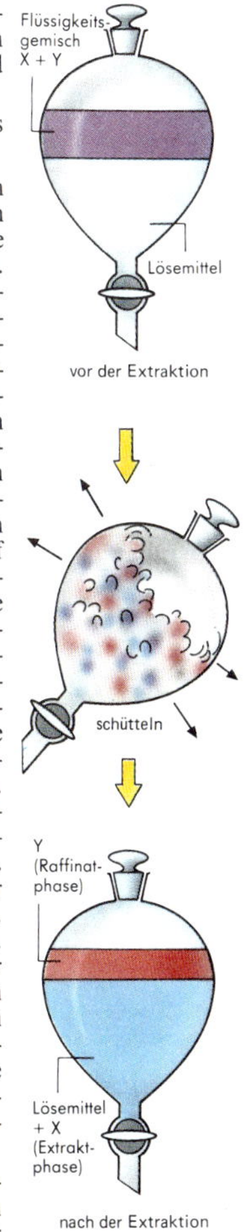

Extraktion 1: einstufige Flüssig-Flüssig-Extraktion im Scheidetrichter

Extraktivdestillation, therm. Verfahren zur Trennung von Flüssigkeitsgemischen, die durch →Destillation nicht trennbar sind. Bei der E. wird ein schwerer siedender Hilfsstoff am Kopf der Kolonne zugegeben, der die zu isolierende Komponente selektiv aus dem Gemischdampf herauslöst. Das Lösemittel wird anschließend durch Destillation von der isolierten Komponente abgetrennt und in den Prozeß zurückgeführt. Ein technisch wichtiges Beispiel ist die Abtrennung von Benzol aus Reformat oder Pyrolysebenzin mit Hilfe von N-Methylpyrrolidon. (BILD S. 72)

Extrapolation, das Ausdehnen einer mathemat. oder statist. Beziehung (z. B. einer Funktionskurve oder einer Zahlenreihe) über den Bereich hinaus, in dem sie urspr. gefunden wurde, im Unterschied zur →Interpolation.

Extrapolationslänge, Kerntechnik: fiktive Länge zur Berechnung der Oberflächenabsorption von Neutronen. E. ist die extrapolierte Strecke, längs der der Neutronenfluß verschwindet.

Extremale, gesuchte Funktion bei Problemen der →Variationsrechnung.

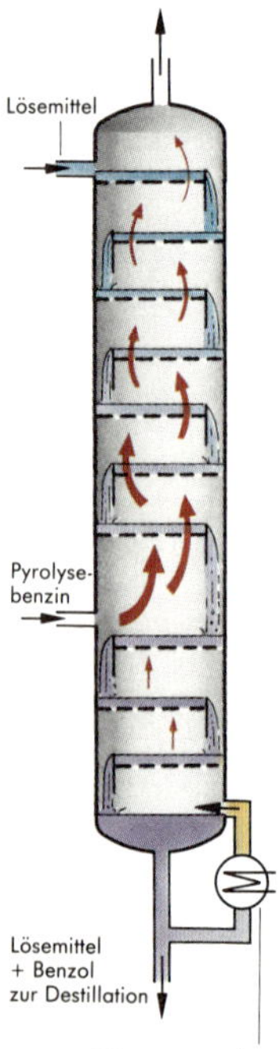

Extraktivdestillation: Schema der Benzolgewinnung durch Extraktivdestillation

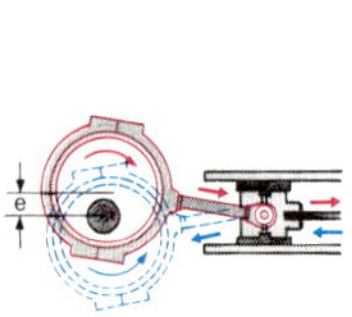

Exzenter

Extremalprinzipi|en, heuristisch konzipierte, in mathemat. Form gekleidete Sätze über das Verhalten mechan. Systeme als Gesamtheit von Massenpunkten. Zwar folgen Ort, Zeit, Geschwindigkeit und Beschleunigung jedes einzelnen Massenpunktes aus den Newtonschen Axiomen, doch ist deren Anwendung auf die Gesamtheit wegen der Vielzahl an Systempunkten allzu aufwendig oder überhaupt nicht durchführbar. Die E. sind dagegen überschaubar und leicht anzuwenden. Sie beziehen sich hauptsächlich auf Bewegungsabläufe, bei denen eine best. Größe einen Extremwert annimmt, meist ein Minimum. Je nach der mathemat. Formulierung unterscheidet man Differential- und Integralprinzipien. Die **Differentialprinzipien** behandeln einen beliebigen Momentanzustand und vergleichen ihn durch ihre Aussagen mit einem zeitlich benachbarten Zustand. Differentialprinzipien sind: das → Prinzip der virtuellen Arbeit, das → Alembertsche Prinzip, das das Prinzip der virtuellen Arbeit durch Einführung der Trägheitskräfte auf dynam. Systeme erweitert, das Jourdainsche Prinzip, das man erhält, wenn man statt der virtuellen Verrückungen Geschwindigkeitsabweichungen einsetzt, das → Gaußsche Prinzip und das davon abgeleitete → Hertzsche Prinzip. Durch die **Integralprinzipien** wird der Bewegungsablauf über eine endliche Zeit längs eines Wegstückes verfolgt und mit einem möglichen örtl. Nachbarweg während der gleichen Zeit verglichen. Integralprinzipien sind: das → Hamiltonsche Prinzip, das Euler-Maupertuis-Prinzip (→ Maupertuissches Prinzip), das → Jacobische Prinzip, das Prinzip des kürzesten Weges, das für die Bewegung eines kräftefreien Massenpunktes die Bahn mit der kürzesten Länge fordert und aus dem Maupertuisschen Prinzip hervorgeht, und das → Fermatsche Prinzip.

Extrema mit Nebenbedingungen, Extremwertaufgaben, Aufgabentyp, bei dem die Lage der mögl. Extremwerte einer abhängigen Variablen f auf ein best. Intervall beschränkt ist. Kann man diese als differenzierbare Funktion der unabhängigen Variablen x ausdrücken, so läßt sich der Wert von f im Extremwert berechnen (→ Differentialrechnung). Beispiel: Welches Rechteck mit gegebenem Umfang u hat den größten Flächeninhalt f? Es gilt $u = 2x + 2y$, $f = x \cdot y$; oder $f = (ux/2) - x^2$. Die Ableitung von f ist $f' = \frac{u}{2} - 2x$; ein Extremwert liegt vor für $f' = 0$, also für $2x = \frac{u}{2}$ oder $x = \frac{u}{4}$. Daraus folgt die Lösung, daß das Quadrat die geforderten Bedingungen erfüllt.

Extremum, Extremwert, Funktionswert, in dessen Umgebung alle benachbarten Werte größer **(Minimum)** oder kleiner **(Maximum)** sind. E. können mit Hilfe der Differentialrechnung ermittelt werden. Eine differenzierbare Funktion $f(x)$ hat an der Stelle x_0 ein (lokales) E., wenn gilt $f'(x_0) = 0$ und $f''(x) \neq 0$; für $f''(x_0) > 0$ liegt ein Minimum, für $f''(x_0) < 0$ ein Maximum vor.

Extruder, Kunststofftechnik: die Schneckenstrangpresse zum **Extrudieren** (→ Strangpressen).

Extrusion, Aufdringen zähflüssiger vulkan. Gesteinsschmelzen, meist unter Bildung von Stau- und Quellkuppen; → Eruption 2).

Extrusivgesteine, Extrusiva, die → Vulkanite.

Exzenter, Kurbeltrieb, der entsteht, wenn eine Kreisscheibe außerhalb des Kreismittelpunktes (außermittig) gelagert wird. Der Abstand zw. Kreismittelpunkt und Mittelpunkt der Lagerung, die **Exzentrizität e,** entspricht dem wirksamen Kurbelradius.

Exzentertheorie, zuerst bei HIPPARCH greifbare Theorie der vorkeplerschen Astronomie, nach der sich ein Planet notwendig gleichförmig und auf Kreisen bewegt. Die geforderte Gleichförmigkeit der vom angenommenen Weltzentrum (Erde) aus ungleichförmig erscheinenden Umlaufgeschwindigkeit wurde erhalten, indem man den Planeten um einen Punkt außerhalb des Zentrums kreisen ließ, wodurch auch sein Apogäum und Perigäum eine Erklärung fand (BILD). Die E. wurde spätestens von PTOLEMÄUS mit der → Epizykeltheorie kombiniert.

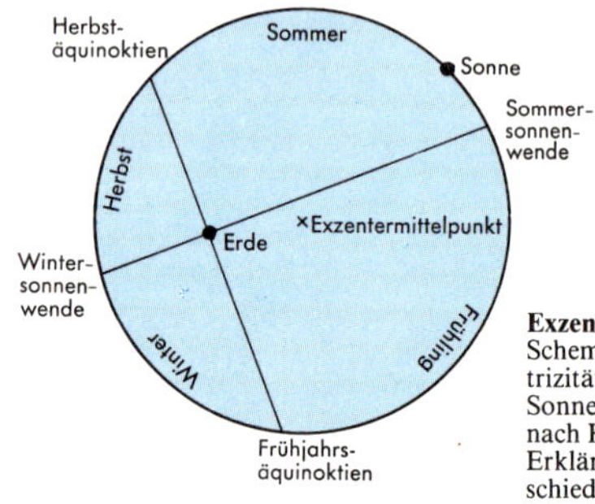

Exzentertheorie: Schema der Exzentrizität der jährlichen Sonnenbewegung nach Hipparch zur Erklärung der verschieden langen Jahreszeiten

exzentrisch, außerhalb des Mittelpunktes liegend. Ggs.: konzentrisch.

Exzentrizität, bei der → Ellipse ein Maß für die Abweichung von der Kreisform, allg. definiert wird für alle → Kegelschnitte die **lineare E.** als der Abstand e der Brennpunkte eines Mittelpunktkegelschnitts vom Mittelpunkt, die **numerische E.** als das Verhältnis der linearen E. zur halben Hauptachse $\varepsilon = e/a$.

Exzeptionalismus, Anschauung, daß früher auf der Erde wirksame geolog. Kräfte von den heutigen verschieden waren. Ggs.: **Aktualismus.**

Exzeß, Mathematik: die Differenz $(\alpha + \beta + \gamma) - 180°$, wobei $\alpha + \beta + \gamma$ die Winkelsumme eines → Kugeldreiecks ist, daher auch **sphärischer E.**

Exzeß-3-Code [-ko:d], auch **Stibitz-Code** genannt, ein → Binärcode, bei dem ausgehend vom BCD-Code die ersten und die letzten drei Tetraden fortfallen. Vorteil dieses Codes ist die einfache Neunerkomplement-Bildung durch Vertauschen von 0 und 1. Die Zuordnung der Dezimalziffern zu den Tetraden des Binärsystems ist in der TABELLE Binärcode dargestellt.

Exziton, ein → Quasiteilchen der Festkörperphysik: der durch die Coulomb-Wechselwirkung erzeugte gebundene Zustand zw. einem Elektron im Leitungsband und einem Loch im Valenzband **(Elektron-Loch-Paar)** eines Halbleiters, der durch den Kristall wandern und dabei Anregungsenergie, nicht aber Ladung transportieren kann. Bei der Rekombination wird die E.-Bildungsenergie, die geringer als die Bandlücke ist, wieder abgegeben.

F

f, 1) Einheitenzeichen für → Fermi.

2) *f*, Formelzeichen für Frequenz und Brennweite.

3) f, *f*, mathemat. Symbol für → Funktion 2).

4) Vorsatzzeichen für → Femto.

F, 1) Chem. Symbol für → Fluor.

2) Einheitenzeichen für → Farad.

3) *F*, Formelzeichen für Faraday-Konstante, freie Energie und Kraft.

4) *F*, Zeichen für Brennpunkt.

°F, Einheitenzeichen für → Grad Fahrenheit.

Faber-du-Faur-Ofen [-dyf'or-, n. dem dt. Bergingenieur F. v. Faber du Faur, * 1786, † 1855], metallurg. Kippofen zur Destillation von Zink-Silber-Legierungen: Eine flaschenförmige Retorte wird schräg eingesetzt und geheizt. Das dampfförmig entweichende Zink sammelt sich in einer Vorlage.

Fabry-Perot-Interferometer [fabr'i per'o-, n. den frz. Physikern C. Fabry, * 1867, † 1945, und A. Perot], ein → Interferometer aus zwei hochreflektierend verspiegelten ebenen Planplatten (dielektr. Vielfachschichten mit Reflexionsvermögen zw. 90 und 99,5%), die exakt parallel zueinander justiert sind. Ein einfallender Lichtstrahl wird durch Vielfachreflexion an den Spiegeln in eine große Zahl von Einzelstrahlen mit konstantem Gangunterschied und abnehmender Intensität aufgespalten. Bei Überlagerung der Teilbündel mit einer Linse entsteht in der Brennebene ein konzentr. Ringsystem von scharfen Intensitätsmaxima und -minima **(Interferenzen gleicher Neigung, Haidingersche Ringe),** deren Radien von der Wellenlänge, dem Spiegelabstand, dem Einfallswinkel sowie dem Brechungsindex des Mediums zw. den Spiegeln abhängen. F.-P.-I. ermöglichen Absolutmessungen von Wellenlängen, die Untersuchung der Fein- und Hyperfeinstruktur von Spektrallinien (→ Spektralapparate) sowie die Bestimmung der Bandbreite von Spektral- und Laserlinien. Das Auflösungsvermögen wird durch die Unebenheiten der Plattenoberflächen (beim derzeitigen Stand der Technik etwa 2 nm oder mehr) und Justierfehler auf etwa 5×10^6 begrenzt. Das modernere sphärische F.-P.-I., das anstelle von Planspiegeln zwei Hohlspiegel verwendet, deren Abstand genau ihrem Krümmungsradius entspricht, stellt geringere Ansprüche an die Oberflächengüte der Spiegelsubstrate und die Justierung. Es liefert bei größeren Spiegelabständen (> 5 cm) eine erheblich höhere Lichtstärke und erreicht ein Auflösungsvermögen von bis zu 10^9.

Fach, in der → Weberei der Zwischenraum zw. hoch- und tiefgeführten Kettfäden (Fadentunnel) beim Durchkreuzen des Schußfadens.

Fachwerk, 1) ebene oder räuml. Baukonstruktion aus starr miteinander verbundenen Stäben **(Fachwerkträger)** aus Holz, Stahl, Leichtmetall, seltener aus Stahlbeton, für den Bau freispannender Hallen, Dachtragwerke, Brücken sowie bes. in der Fahrzeug-, Förder- und Lagertechnik.

2) **Fachwerkbau,** das tragende Gerippe von Wänden, bei dem die einzelnen Fächer eines Stabwerks aus Holz, Stahl oder Stahlbeton mit nicht oder nicht ausreichend tragfähigen Stoffen wie Ziegelsteinen, Schwemmsteinen, Leichtbauplatten oder Lehm (nur beim hölzernen F.) ausgefüllt werden. Die Grundlage des hölzernen F. bildet eine **Schwelle,** in der die **Säulen (Stiele** oder **Ständer)** eingezapft sind. Sie werden waagerecht durch **Riegel** verbunden und durch schräge **Streben** versteift. Die Streben an den End- oder Ecksäulen heißen **Sturmbänder.** Den oberen Abschluß des F. bildet der **Rahmen.**

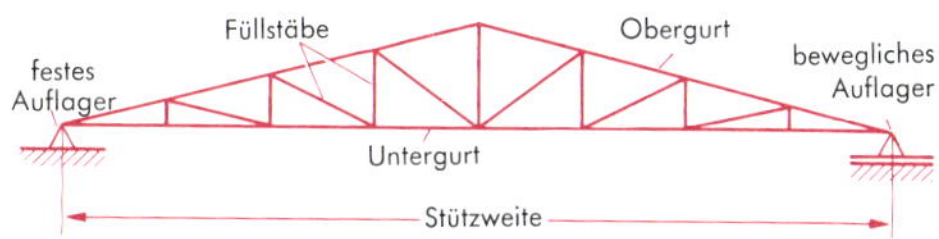

Fachwerk 1): Fachwerkträger

Fackelsystem, in Erdölraffinerien und ähnlichen Betrieben Einrichtung zur gefahrlosen Verbrennung brennbarer Gase, die bei Betriebsstörungen, Undichtigkeiten oder beim normalen An- und Abfahren von Produktionsanlagen anfallen. (→ Abfackeln)

FAD, Abk. für → **F**lavin-**a**denin-**d**inucleotid.

Faden, 1) allg. Bez. von linienförmigen textilen Gebilden wie Garn, Zwirn, wenn die Erscheinungsform (z. B. Kettfaden) und nicht die Erzeugnisart (z. B. Baumwollgarn) gekennzeichnet werden soll.

2) veraltete Einheit der Länge, regional unterschiedlich, meist etwa 1,8–2 m (6 Fuß), v. a. in der Nautik für Tiefenmessungen verwendet.

Fadenheftmaschine, Buchbindereimaschine zum → Heften von Büchern, Broschüren.

Fadenkonstruktion, Verfahren zur Zeichnung einer Kurve; so lassen sich z. B. Kegelschnitte mit Hilfe eines Fadens auf Grund ihrer geometr. Ortseigenschaft konstruieren **(Gärtnerkonstruktion der Ellipse).**

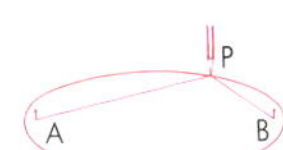

Fadenkonstruktion

Fadenkreuz, 1) Optik: zwei sich auf der Visierlinie senkrecht schneidende dünne Linien auf einer in die Zwischenbildebene (oder Brennebene des Okulars) eines Fernrohres oder Mikroskops justierten Glasplatte.

2) Weberei: **Gelese,** abwechselndes Kreuzen der Webkettfäden über und unter zwei Querstäben.

Fadenmikrometer, Rahmen mit Fadenkreuz, das in der Brennebene des Okulars eines Fernrohres oder Mikroskops durch eine → Meßschraube (Mikrometerschraube) verschoben werden kann.

Fadenmoleküle, Kettenmoleküle, Bez. für → Makromoleküle, bei denen gleiche oder unterschiedl. Monomerbausteine linear angeordnet sind, so daß fadenförmige Riesenmoleküle (etwa 10^3 bis 10^9 Atome) entstehen. Ihre Länge kann die Größe von Kolloidteilchen erreichen oder übertreffen **(Linearkolloide).** Natürlich vorkommende F. sind z. B. Kautschuk, Nucleinsäure, Cellu-

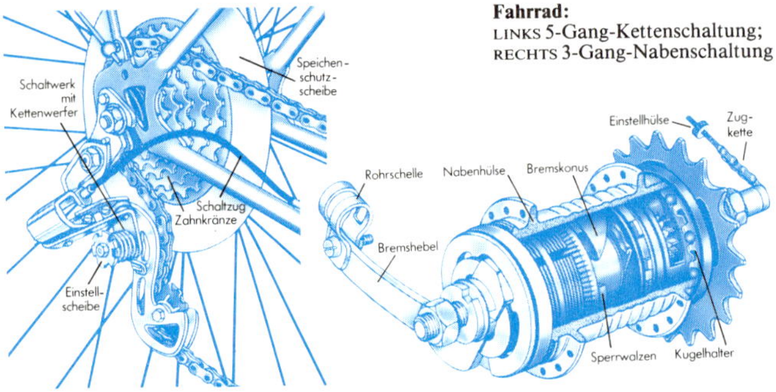

Fahrrad:
LINKS 5-Gang-Kettenschaltung;
RECHTS 3-Gang-Nabenschaltung

lose und Seide; Polyäthylen und Polystyrol sind großtechnisch wichtige F. Im festen Reinzustand können F. z. B. gestreckt und gebündelt (hohe mechan. Festigkeit) sein.

Faden|öffner, Garnette, Spinnerei: Maschine zum Öffnen von Abfallgarnen zur Rückgewinnung von Spinnfasern.

Fadensonde, an einem dünnen Drahtbügel befestigter Wollfaden zur Untersuchung von Strömungen. Mit der F. lassen sich Richtung, Turbulenz und Ablösung der Strömung ermitteln, ohne das Strömungsfeld dabei zu sehr zu stören, z. B. an Flugzeugmodellen.

Fadenwächter, Überwachungsorgane mit mechanisch, elektromagnetisch oder elektronisch ausgelösten Schaltern zum selbsttätigen Stillsetzen von Textilmaschinen bei Fadenbruch.

Fadenzähler, Weberglas, Lupe mit verschiedenen Meßbereichen zum Auszählen der Kett- und Schußfäden von Geweben sowie zum Bestimmen der Maschendichte von Wirkwaren. Ein auf Lichtinterferenz beruhender F. ist das **Lunometer.**

Fading [f'eɪdɪŋ, engl.] *das,* **1)** unerwünschtes Nachlassen der Bremswirkung bei Reibungsbremsen trotz gleichbleibender Betätigungskraft infolge starker Erwärmung. F. wird wesentlich durch die Reibpaarung (Bremsbelag) beeinflußt.

2) Funktechnik: **Schwunderscheinung,** kurzzeitige Schwächung oder Auslöschung des Empfangs durch gleichzeitiges Eintreffen zweier Wellenzüge, die infolge Reflexion an der Ionosphäre verschieden lange Wege zurückgelegt haben (→Mehrwegeausbreitung) und sich überlagern. Die Beseitigung erfolgt i. a. durch selbsttätigen **Schwundausgleich** (selbsttätige Schwund- oder Lautstärkeregelung), bei dem mit der Gleichspannungskomponente des gleichgerichteten Trägers die Verstärkung einer oder mehrerer Verstärkerstufen geregelt wird. Dieser Ausgleich ist jedoch unwirksam gegen den beim Kurzwellenempfang häufig auftretenden **selektiven Schwund** (Schwund einer einzelnen Frequenz, bes. der Trägerfrequenz), daher wird hier der →Mehrfachempfang angewandt.

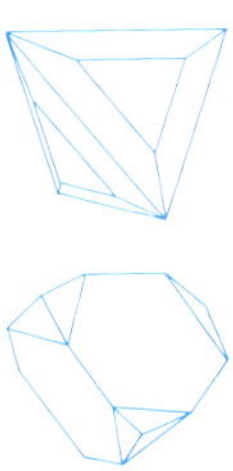
Fahlerze

Fahlband, mit Schwefel- und Magnetkies imprägnierte Lagergänge in metamorphosierten Amphiboliten.

Fahl|erze, Gruppe von Kupfererzmineralen versch. Zusammensetzung; wichtigste: Cu_3SbS_4 **(Tetraedrit, dunkles F.),** Cu_3AsS_4 **(Tennantit, lichtes F.),** grau, metallisch glänzend, H. 3–4, D. 4,4–5,4; meist derb oder licht; weit verbreitet, v. a. auf hydrothermalen Erzlagerstätten.

Fahnenbildung, bei der Fernsehwiedergabe, z. B. durch falschen Abgleich des Zwischenfrequenzverstärkers oder falschen Amplitudengang des Videoverstärkers, auftretender Fehler: im Bild werden senkrechte Kanten in horizontaler Richtung ausgedehnt.

Fahrbahn, für Fahrzeuge bestimmter Teil von Straßen und Straßenbrücken; kann durch Fahrbahnmarkierungen in **Fahrstreifen** (→Fahrspur) aufgeteilt werden.

Fahrbereich, 1) Aktionsbereich, bei Flugzeugen: **Flugbereich,** der →Aktionsradius.

2) Kfz: Wählhebelstellung und damit festgelegte Schaltprogramm-Vorwahl bei automatischen Getrieben.

Fahrdynamik, Sondergebiet der techn. Mechanik, Lehre von den Kräften und Bewegungen beim fahrenden Fahrzeug in den drei Richtungen. **1)** Kfz: **Längsdynamik:** Das Zusammenwirken von Antriebs- oder Bremskräften an den Rädern mit den →Fahrwiderständen, abhängig von den Strecken- und Betriebsverhältnissen, unter →Schlupf führt zum Fahrtverlauf (Weg/Zeit), dem Kraftstoffverbrauch, der Werkstoffbeanspruchung und schließlich zu den Betriebskosten. – **Querdynamik:** Ein Ausgleich von Kräften, die das Fahrzeug von der Fahrtrichtung ablenken (Seitenwind, Fliehkraft), kann nur durch Seitenführungskräfte der Räder erfolgen. Dabei rollt das gummibereifte Rad gegenüber seiner Mittelebene unter einem entsprechenden Schräglaufwinkel; von Einfluß sind auch die dynam. Radlast und etwaige Antriebs- oder Bremskräfte (Reifenkennwerte). Je nach Lage des Schwerpunkts, des Angriffspunkts der Windkräfte, dem →Eigenlenkverhalten der Achsanordnung, den Reifenkennwerten ergeben sich Fahreigenschaften, die zusammen mit Lenkreaktionen des Fahrers auf das Fahrverhalten, die Fahrtrichtungshaltung bei Geradeaus- und die Fahrstabilität bei Kurvenfahrt schließen lassen. – **Vertikaldynamik:** Senkrechte Kräfte und Bewegungen, durch Unebenheiten der Straße erregt, erzeugen unter Zwischenschaltung von Reifen- und Wagenfederung Hubschwingungen und Nickschwingungen um die Querachse. Bei Kurvenfahrt ergibt sich ein von der Achsanordnung abhängiges Wanken um die Längsachse, das durch →Stabilisatoren beeinflußt werden kann. – Die F. wird im Straßenbau angewendet zur fahrdynam. Gradientenuntersuchung und Auffindung der optimalen Gradiente (→Gradient 1); diese wird ermittelt z. B. über effektive Fahrgeschwindigkeit, Fahrzeit und Brennstoffverbrauch.

2) Im Eisenbahnwesen behandelt die F. die physikal. Gesetzmäßigkeiten der Fahrzeugbewegung bei Reibungsbahnen in Abhängigkeit von der Beschaffenheit der Eisenbahnfahrzeuge, insbes. der Triebfahrzeuge und deren Bremseigenschaften, sowie von der Beschaffenheit des Gleises unter Einfluß der Witterungsbedingungen. Bei den Fahrzeugbewegungen werden die Gesetzmäßigkeiten des Zeit-Wege-Verlaufes und die jeweiligen Geschwindigkeiten verfolgt. Zugkraft-, Fahrwiderstandswerte, Haftreibung, auch Betriebsstoffverbrauch, sind Gegenstand weiterer fahrdynam. Untersuchungen.

Fähre, Fährschiff, Wasserfahrzeug mit Spezialeinrichtungen (Rampen u. a.) zum Transport von Personen, Gütern und Landfahrzeugen von Ufer zu Ufer. **Fluß-F.** gibt es als **Ketten-F.** (Antrieb durch Kette unter Wasser), **Seil-F.** (Antrieb durch Seil über Wasser), **Gier-F.** (Antrieb durch stromseitiges Pendelseil und Strömungsdruck), **Schwebe-F.** (unter Brückenkonstruktion hängend) oder F. mit üblichem Motor-/Propeller-Antrieb. – **See-F.** werden meist mit durchlaufenden Decks für Kraftfahrzeuge **(Auto-F.)** oder Eisenbahnen **(Eisenbahn-F.)** oder als kombinierte **Eisenbahn-Kraftwagen-F.** gebaut. Häufige Bauart ist die **Doppelender-F.**, deren Antriebs- und Steuereinrichtung ein Fahren und Anlegen in beiden Richtungen ermöglicht. Bes. für Eisenbahn-F. sind außer Fährbahnhof, Gleis- u. a. Anlagen Übergangseinrichtungen

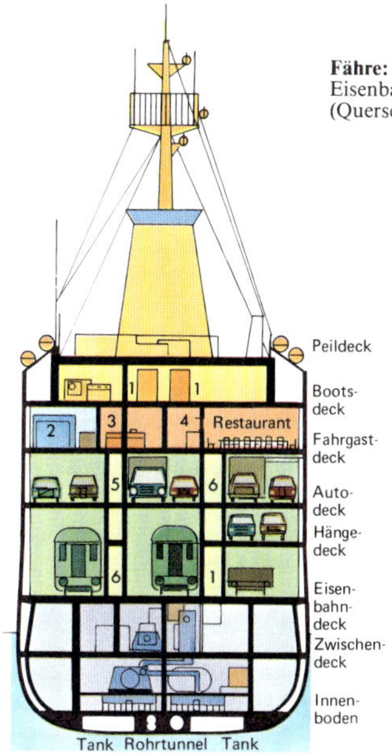

Fähre: Eisenbahn-Kraftwagen-F. (Querschnitt)

erforderlich; diese gleichen unterschiedl. Wasserstände am Fährbett in Form vertikal beweglicher Landungsbrükken aus. In Gewässern mit geringen Wasserstandsschwankungen genügen i. a. schiffsseitige Klappen als Höhenausgleich.

Fahrenheit-Skale, Fahrenheit-Temperatur [n. dem Physiker D. G. Fahrenheit, * 1686, † 1736], → Grad Fahrenheit.

Fahrgeräusch, Kfz: setzt sich zusammen aus Motorgeräusch (Standgeräusch), Rollgeräusch der Reifen und zusätzl. Geräuschen, z. B. Klappern. Meist dominiert je nach Fahrzeugart, -geschwindigkeit und Betriebszustand eine dieser Quellen. F. und Standgeräusch dürfen das nach dem jeweiligen Stand der Technik unvermeidbare Maß nicht übersteigen. Meßverfahren und Grenzwerte sind durch EG-Richtlinien festgelegt. (→ Verkehrslärm)

Fahrkarten-Druckmaschine, Spezialdruckmaschine für kleine Formate und versch. Bedruckstoffe (Papier, Karton, Pappe). F.-D. arbeiten meist im Hochdruck von der Rolle, können gleichzeitig numerieren, beschneiden oder wiederaufrollen. Vereinfachte F.-D. sind auch die Fahrkarten-Automaten; sie drucken von Stahlstempeln auf vorgedruckten Karton (→ Münz-Wertzeichendrucker). Für den modernisierten Fahrkartenverkauf gibt es Vollautomaten und Datenstationen. (→ Bahnhof)

Fahrleitungen für elektr. Bahnen führen den Strom vom Bahnnetz zum elektr. Triebfahrzeug entweder mittels Oberleitung, die an Masten über Gleismitte aufgehängt ist, oder mittels dritter Schiene, die seitlich neben dem Gleis in geringer Höhe verläuft. Es gibt **einpolige F.** mit Schiene als Rückleitung (bei Eisenbahnen und Straßenbahnen üblich) und **zweipolige F.** (bei O-Bussen oder Drehstrombahnen). Bei Eisenbahnen hängt die F. meist an einem besonderen Tragseil und verläuft zur gleichmäßigen Abnutzung des Stromabnehmers zickzackförmig, bei Straßenbahnen ist sie meist in Flachketten an Masten und Gebäuden aufgehängt.

Fahrplan, → Eisenbahnfahrpläne.

Fahrrad, zweirädriges, einspuriges Fahrzeug, das mit Muskelkraft durch Tretkurbeln angetrieben wird. Das Gleichgewicht beim Fahren wird gehalten durch Verlagern des Körpergewichts und durch Lenken des Vorderrades. Die Räder haben eine stabilisierende Kreiselwirkung. Im **Rahmen** aus nahtlos gezogenem Stahlrohr (neuerdings auch aus Leichtmetall wie die Felgen) sind die **Vorderradgabel** mit der **Lenkstange,** das **Tretlager** und das **Hinterrad** gelagert. Die Kröpfung der Vorderradgabel bewirkt den für die Stabilisierung und das Lenken wichtigen → Nachlauf 2). Von der Lenkstange aus sind die Felgenbremsen oder die Vorderradbremse zu betätigen. An den **Naben** der Räder sind die **Speichen** tangential und schräg zur Radebene befestigt. Die Speichen sind durch Nippel an den Felgen gleichgespannt. Die Felgen tragen Schlauch und Mantel (Decke) der **Bereifung.** Das Hinterrad wird durch Kettenübersetzung angetrieben. Die **Übersetzung** beträgt 1:2 bis 1:4, d. h., bei einer Umdrehung der Tretkurbel dreht sich das Hinterrad 2–4mal. Viele F. haben eine **Gangschaltung** zur Änderung des Übersetzungsverhältnisses. Die Getriebe bestehen entweder aus mehreren Planetenzahnrädern (Nabenschaltung) oder aus mehreren Kettenrädern mit versch. Durchmesser (Kettenschaltung); es gibt auch Kombinationen von Naben- und Kettenschaltung. Der → Freilauf ermöglicht es, das F. ohne Betätigen der Tretkurbel rollen zu lassen. Er enthält auch die → Rücktrittbremse. Außer den beiden Grundformen des **Herren-F.** und **Damen-F.,** in der Normalausführung häufig **Tourenrad** [t'u-], in der sportlicheren Ausführung **Sportrad** genannt, gibt es das **Klapprad,** das **Tandemrad** für zwei oder mehr Personen, das **Motor-F.** (Mofa; → Kraftrad), das **Rennrad,** für Artistik und Sport das **Kunst-F.** (auch als Einrad). BILD S. 74

Die Straßenverkehrszulassungsordnung regelt die Benützung von F. auf öffentl. Verkehrswegen.

Geschichtliches. Der bad. Forstmeister C. v. DRAIS baute 1817 eine ›Laufmaschine‹ **(Draisine).** Erst das mit Pedalen versehene **Veloziped** (P. MICHAUX, 1867) setzte sich allmählich durch. Zeitweise vergrößerte man das Vorderrad **(Hochrad),** um bei einer Kurbelumdrehung einen längeren Weg zurückzulegen. Die Anordnung der Pedale zw. den Rädern mit einem Kettenantrieb zum Hinterrad erfand H. J. LAWSON (1879). Seit 1869 wurden Vollgummireifen verwendet; 1888 entwickelte J. P. DUNLOP den Luftreifen, 1900 E. SACHS den Freilauf.

M. RAUCK: Mit dem Rad durch zwei Jahrhunderte (1979); H.-E. LESSING: Das F.-Buch ([3]1980); S. RAUCH u. F. WINKLER: F.-Technik (1980); U. HERZOG: F. für Kenner (1981); Internationaler Fahrradkongress Velo, City; Dokumentation, hg. v. J. I. BOOR (1981).

Fahr|rinne, Teil des → Fahrwassers, in dem für den Schiffsverkehr best. festgelegte Mindestbreiten und -tiefen vorhanden sind, deren Erhaltung angestrebt wird.

Fahrsperre, mechan. Einrichtung zur → Zugbeeinflussung, bringt Züge bei Überfahren eines Haltsignals selbsttätig zum Halten. Ein vom Signal gesteuerter, neben dem Signalmast angebrachter F.-Hebel stößt bei Halt zeigendem Signal gegen das Wagenprofil und löst über einen am Fahrzeug angebrachten Auslösehebel die Bremse aus. Die F. wird z. B. bei der Berliner S-Bahn angewendet; sie ist bei der Dt. Bundesbahn durch die induktive Zugbeeinflussung verdrängt.

Fahrspur, durch Fahrbahnmarkierungen oder baul. Elemente gekennzeichneter Fahrstreifen einer Fahrbahn.

Fahrsteig, Fördermittel für den horizontalen oder leicht geneigten Personentransport **(Personenförderband).** Der F. entspricht in seinem Aufbau der →Rolltreppe und wird in Verbindung mit dieser oder allein in Bahnhöfen, Flughäfen, Ausstellungsgeländen, Sportstadien, Verkehrsanlagen (Fußgängertunneln) verwendet.

Fahrstrahl, Vektor von einem festen Punkt außerhalb einer Kurve zu den Punkten dieser Kurve; z. B. bei einer Zentralbewegung eines Massenpunkts der Vektor vom Kraftzentrum zum jeweiligen Ort dieses Massenpunktes.

Fahrstraße, Eisenbahn: Fahrweg für eine Zug- oder Rangierfahrt über signalmäßig verschlossene Weichen.

Fahrstuhl, →Aufzug.

Fahrt, 1) Bez. für die →Geschwindigkeit eines Luftfahrzeugs relativ zur umgebenden Luft (›wahre‹ Geschwindigkeit). 2) Geschwindigkeit des Schiffes in Knoten (kn), in der Binnenschiffahrt in km/h.

Fahrtmeßanlage, bordseitige Einrichtung zur Bestimmung der Schiffsgeschwindigkeit relativ zum umgebenden Wasser, gemessen als Differenz von zwei hydrodynam. Drücken **(Drucklog)** oder nach der Drehzahl eines Meßpropellers. (→Log)

Fahrtmesser, Luftfahrzeuge: →Geschwindigkeitsmesser.

Fahr|treppe, →Rolltreppe.

Fahrt|richtungsanzeiger, Blinkanlage zur Anzeige der beabsichtigten Fahrtrichtungsänderung von Kraftfahrzeugen: paarweise angebrachte →Blinkleuchten an der Vorder- und Rückseite, Blinkschalter, Blinkgeber und Kontrollampe.

Fahrtschreiber, Tachograph, Meßgerät zur Überwachung der Fahrweise von Kraftfahrzeugen. Auf der Diagrammscheibe werden Geschwindigkeit, Wegstrecke und Zeitgruppen (Fahrt- und Haltezeit oder Lenk-, Arbeits- und Ruhezeit für Fahrer) über der Uhrzeit aufgezeichnet. – Entsprechende F. gibt es bei der Eisenbahn; im Flugzeug als Flugschreiber (→Flugdatenregistriergerät).

Fahrwasser, Teil einer →Wasserstraße oder der Hohen See (beginnt an der Hoheitsgrenze), der den örtlichen Umständen nach vom durchgehenden Schiffsverkehr benutzt wird.

Fahrwerk, bei Kraftfahrzeugen und Flugzeugen die Bauteile, die die kraftschlüssige Fortbewegung auf dem Boden ermöglichen: Räder, Reifen, Radaufhängung, Federung und Dämpfung, Lenkung, Bremsen; bei Schienenfahrzeugen →Laufwerk.

Fahrwiderstand, die Widerstandssumme gegen die Bewegung eines Fahrzeugs, setzt sich bei Straßen- und Schienenfahrzeugen im wesentlichen zusammen aus Roll-, Luft- und Steigungswiderstand, ferner Lagerreibungs-, Beschleunigungs- und Krümmungswiderstand, bei Wasserfahrzeugen aus Wasser- und Luftwiderstand.

Fahrzeitrechner, Fahrdiagraph, Conzen-Ott-Gerät, elektromechan. Integrieranlage zum Berechnen der Fahrzeit von Eisenbahnzügen aus der Zugkraft der Lokomotive, Gewicht der Wagen sowie aus Fahrwiderstand des Zuges.

Fahrzeugmechanik, Fahrmechanik, svw. →Fahrdynamik, beim Flugzeug →Flugmechanik.

Fahrzeug|umgrenzungslinie, Fahrzeugbegrenzungslinie, →Lichtraumprofil 1).

Fail-safe-Prinzip [feɪlsˈeɪf-, engl.], →Ausfallsicherheit.

Fajans-Soddysches Verschiebungsgesetz [n. dem amerikan. Physikochemiker K. Fajans, * 1887, und dem brit. Chemiker F. Soddy, * 1877, † 1956], die radioaktiven →Verschiebungssätze.

Faksimile *das,* vollkommen ähnliche Nachbildung oder Wiedergabe einer Originalvorlage. Es wird durch Stempel, photograph. und drucktechn. Verfahren oder nachrichtentechn. Übertragung hergestellt.

Faksimile-Übertragung, Faksimile-Telegraphie, Festbildübertragung von Vorlagen mit (i. Ggs. zur →Bildtelegraphie) reinen Schwarz-Weiß-Werten oder nur wenigen Grauwerten. F.-Ü. wird auch als Synonym für →Fernkopieren gebraucht.

Faktis, *Mz.* **Faktisse,** mit Schwefel oder ähnlich wirkenden Stoffen umgesetztes ungesättigtes Öl (z. B. Rüböl, Leinöl), das in der Gummiind. zum Strecken von Kautschuk und zur Qualitäts-Beeinflussung verwendet wird.

Faktor, Glied eines Produkts $a \cdot b$; der erste F. heißt **Multiplikand,** der zweite **Multiplikator.**

Faktorgruppe. Zerlegt man eine →Gruppe G in →Nebenklassen nach einem →Normalteiler N, dann bilden diese Nebenklassen eine Gruppe, die als G/N geschrieben wird, und man sagt G/N ist ›F. von G nach N‹. Die F. ist ein homomorphes Bild der Gruppe.

Faktorielle, verallgemeinerte Potenz; Bez. für jedes der beiden Produkte für beliebige komplexe Zahlen x:
1) $x^{(n)} = x(x-1)(x-2) \ldots (x-n+1)$
2) $x^{(-n)} = [x(x+1)(x+2) \ldots (x+n-1)]^{-1}$.

Faktorzerlegung, Zerlegung eines Elements a eines Integritätsbereichs I mit Einselement in seine Faktoren, also $a = \prod_{i=1}^{n} a_i$ mit $a_i \in I$. Sind alle a_i Primzahlen, heißt die F. eine **Primfaktorzerlegung** (Beispiel: 561 hat eine Primfaktorzerlegung, da $561 = 3 \cdot 11 \cdot 17$).

Fakultät, Zeichen **!**, das Produkt $1 \cdot 2 \cdot 3 \cdot \ldots \cdot n = n!$ (gesprochen: n Fakultät). Nach Definition ist $0! = 1$ und $1! = 1$. Der Ausdruck spielt beim Binomischen Lehrsatz und in der Kombinatorik eine wichtige Rolle.

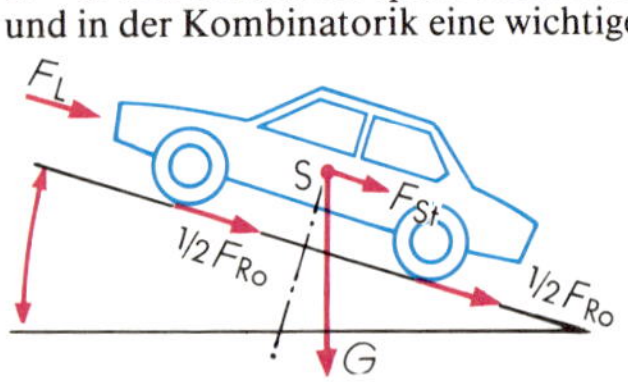

Fahrwiderstand F_w = Rollwiderstand F_{RO} + Luftwiderstand F_L + Steigungswiderstand F_{ST}; G = Gewichtskraft; S = Schwerpunkt

Fall, zum Erdmittelpunkt gerichtete, beschleunigte Bewegung frei bewegl. Körper als Folge der Massenanziehung (→Gravitation) zw. ihrer Masse und der im Erdmittelpunkt vereinigt gedachten Erdmasse. **Frei fallend** heißen Körper, auf die außer der Gravitation keine anderen Kräfte wirken, auch nicht der Luftwiderstand. – Schon 1590 fand GALILEI, daß alle frei fallenden Körper am gleichen Ort die gleiche Beschleunigung g erfahren, unabhängig von ihrer Masse, ihrer Substanz, ihrem Volumen und ihrer Form. Der Luftwiderstand hängt sehr von der Form (z. B. beim Fallschirm) und von der Fallgeschwindigkeit ab. Er kann für Körper nicht zu kleiner Dichte und nicht allzu ausgedehnter Form bei geringer Fallhöhe vernachlässigt werden, so daß auch für sie mit guter Näherung die exakt nur beim **freien Fall** geltenden Formeln benützt werden können: Nach Ablauf der Zeit t beträgt die **Fallgeschwindigkeit** $v = g \cdot t$, der **Fallweg** $s = \frac{1}{2} g \cdot t^2$. Die **örtl. (lokale) Fall-, Schwere-** oder **Erdbeschleunigung** g hängt von der geograph. Breite, von der Höhe über dem Meeresspiegel und von der örtl. Beschaffenheit der Erdrinde ab; sie beträgt am 45. Breitengrad in Meereshöhe 9,81 m/s², am Äquator 9,78 m/s² und an den Polen 9,83 m/s². Die →Normfallbeschleunigung wurde zu $g_n = 9{,}80665$ m/s² festgelegt. SI-Einheit der Fallbeschleunigung ist m/s², eine nicht gesetzl. Einheit der Geophysik ist das →Gal. – Da der Luftwiderstand mit der Geschwindigkeit wächst, fällt ein Körper nur so lange beschleunigt (mit sich verringernder Beschleunigung), bis der Luftwiderstand gleich seiner Gewichtskraft ist, von da an bleibt die Geschwindigkeit konstant, was beim Fallschirm genutzt wird.

Fallbügelprinzip, Konstruktionsprinzip in elektr. Meßgeräten, das zusätzl. mechan. Vorgänge bewirkt, wenn das Drehmoment eines Meßwerks zur Anzeige nicht ausreicht. Der Zeiger kann sich zunächst frei einstellen, er wird dann periodisch von einem mechanisch angetriebenen Bügel gegen eine Unterlage gedrückt und löst so den gewünschten Vorgang aus. Das F. wird angewendet in (mehrfarbigen) Punktschreibern, wo sich die Farbpunkte zu einem Kurvenzug aneinanderreihen, und zur Auslösung von Schaltvorgängen für regelungstechn. Zwecke (z. B. Grenzwertgeber).

Fallen *das,* Geologie: →Streichen und Fallen. – Form der →Hangbewegung.

Fallhammer, ein →Maschinenhammer.

Fallhärte, aus der Rückprallhöhe eines Probekörpers ermittelbare Werkstoffeigenschaft (→Härteprüfung).

Fallhöhe, Wasserbau: Energiehöhenunterschied vor und hinter einer →Fallstufe. Bei Vernachlässigung der Fließgeschwindigkeit ist dieser gleich der Höhendifferenz beider Wasserspiegel.

Fallini|e, auf einer geneigten Fläche die Richtung des größten Gefälles (auch: **Fallrichtung);** →Streichen und Fallen.

Fallmaschine, svw. →Atwoodsche Fallmaschine.

Fallout [f'ɔ:laʊt, engl.] *der,* →radioaktiver Niederschlag.

Fallreep *das,* bei Bedarf ein- und ausbringbare Holz- oder Leichtmetalltreppe an der Bordwand von Schiffen. **See-F.,** Strickleiter mit eingebundenen hölzernen Stufen.

Fallschirm, schirmförmiges Gebilde aus Naturseide, Baumwolle oder Chemiefasern zur Minderung der Sinkgeschwindigkeit fallender Körper. Neben den bislang überwiegend verwendeten **Rundkappenschirmen,** die allein durch Vergrößerung des Luftwiderstands die gewünschte Sinkgeschwindigkeit von etwa 5 m/s erreichen, werden zunehmend F. verwendet, deren Schirmkappe sich in Form einer rechteckigen gewölbten Fläche entfaltet, die bei einer der Fallbewegung überlagerten Horizontalbewegung noch eine aerodynamisch erzeugte Auftriebskraft liefert **(Flügelschirm** oder **Rechteck-Gleiter).** Zufolge dieser zusätzl. Kraftwirkung erreicht der Rechteckschirm die geforderte Sinkgeschwindigkeit mit kleinerer Kappenfläche und dementsprechend geringerem Baugewicht als der Rundkappenschirm und ist außerdem besser steuerbar.

Die Schirmkappe ist in geöffnetem Zustand durch Fangleinen und eine trennbare Kupplung mit dem Gurtzeug verbunden, das am fallenden Körper befestigt wird. Bei Sport-F. kann die Form der Kappe über Steuerleinen während des Falles verändert und damit die Fallrichtung beeinflußt werden. Kappe und Fangleinen werden in gefaltetem Zustand in einen Packsack eingelegt; zur Entfaltung des Schirmes wird der Packsack durch manuelle Betätigung **(manueller F.)** oder durch eine mit dem Luftfahrzeug verbundene Aufziehleine **(automat. F.)** geöffnet; das Ausziehen oder Auswerfen der Schirmkappe wird oft durch einen kleinen Hilfsschirm unterstützt. Nach der Verwendung unterscheidet man **Rettungs-F., Sprung-F.** (für sportl. und militär. Zwecke) und **Lasten-F.,** nach Anordnung des Packsacks am Körper des Trägers **Brust-F., Rücken-F.** und **Sitz-F.**

Geschichte. Einer Überlieferung nach ließen sich 1306 chines. Akrobaten mit F. von Türmen fallen. Die Zeichnung eines F. findet man zuerst bei LEONARDO DA VINCI (1495), später bei FAUSTO VERANZIO (1616). J. MONTGOLFIER führte 1779 einen erfolgreichen Versuch mit einem Hammel an einem F. aus 35 m Höhe aus. Den nachweislich ersten F.-Absprung eines Menschen wagte S. LENORMAND 1783. Aus rd. 1000 m Höhe sprang A. J. GARNERIN 1797 mit einem F. Der moderne zusammenlegbare F. wurde von KÄTCHEN PAULUS (1893 ff.) und LATTEMANN, der Rücken-F. von G. J. KOTELNIKOW (1911) entwickelt, das Verpackungsproblem von O. HEINICKE 1913 gelöst.

T. W. WILLANS: Parachuting and skydiving (London 1964); O. KJER und R. PAKUSA: F., Gleiter, Flugmodell (1974); K. HELLER: Fallschirmspringen (1979).

Fallstufe, natürliche oder künstliche Stufe in einem Fließgewässer. (→Gewässerstufe)

Fällung, Ausfällen, Präzipitation, Abscheiden eines gelösten Stoffes durch Zugabe geeigneter fester, flüssiger oder gasförmiger **Fällungsmittel** als unlösl. →Niederschlag 1). F. kann u. a. ausgelöst werden durch Reaktion des F.-Mittels mit der zu fällenden Substanz, durch Änderung des →pH-Wertes oder durch Überschreiten des →Löslichkeitsprodukts. F. kann stufenweise **(fraktionierte F.)** erfolgen. – **Fällungsanalysen,** Verfahren der →Maßanalyse, werden zur gravimetr. Bestimmung (→Gewichtsanalyse), v. a. aber als **Fällungstitrationen** ausgeführt.

Fallversuch, Prüfverfahren an Bauteilen oder Werkstoffen. Entweder wird das Bauteil (z. B. aus Gußeisen) aus best. Höhe auf harten Boden fallen gelassen, oder ein best. Körper wird aus vorgegebener Höhe auf das zu untersuchende Teil fallen gelassen. Bruch und/oder relative Rückprallhöhe sind Maß für die Eigenschaften des Teils.

Fallwind, großräumige, abwärts gerichtete Strömung in der Atmosphäre, wie Föhn oder katabat. Wind.

Falschdrahtverfahren, Verfahren zur Umformung von strukturlosen Chemie-Endlosgarnen in gekräuselte (texturierte) Garne mit textilem Erscheinungsbild. **Kräuselgarne** haben hohe Elastizität und viel Volumen. Die Endlosgarne werden durch Drallgeber gedreht und gleichzeitig thermisch behandelt, so daß die Drehungen fixiert werden. Danach hat das Garn keine Drehung mehr (›falscher Draht‹), behält jedoch seine Kräuselung.

Falschfarbenphotographie, ein Verfahren der →Farbphotographie, bei dem mehrfarbige Bilder erzeugt

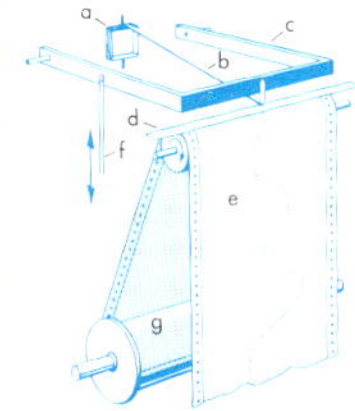

Fallbügelprinzip: Meßwertaufzeichnung (schematisch); a Drehspule, b Zeiger, c Fallbügel, d Farbband, e Registrierpapier, f Fallbügelantrieb, g Papiervorratsrolle

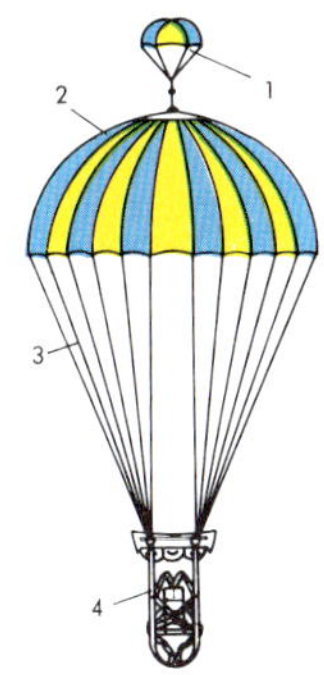

Fallschirm: Rundkappenschirm; **1** Hilfsschirm, **2** Schirmkappe, **3** Fangleinen, **4** Tragegurt

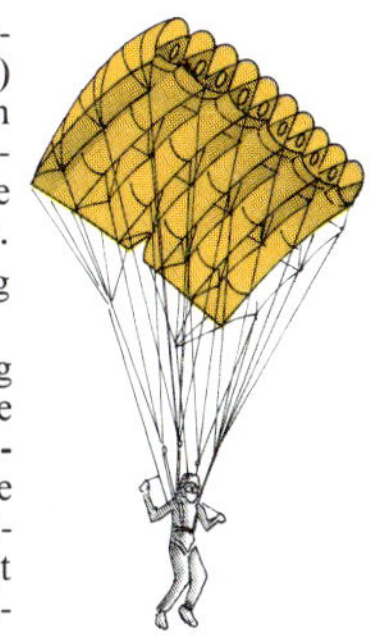
Fallschirm: Flügelschirm oder Rechteck-Gleiter

1

2

Falschfarbenphotographie im Luftbild: **1** farbentreue Aufnahme; **2** Infrarot-Aufnahme des gleichen Bildausschnitts

werden, deren Farben absichtlich von denen des Aufnahmegegenstands abweichen. Dies wird z. B. durch Anwendung von Farbkupplern erzielt, die eine von der Komplementärfarbe zur spektralen Sensibilisierung der zugehörigen lichtempfindl. Schicht abweichende Farbe liefern. Die F. kann z. B. in der Luftbildphotographie verwendet werden (besseres Erkennen von Einzelheiten durch stärkere Farbkontraste). Ferner lassen sich nach diesem Prinzip Infrarot-, Röntgen-, Elektronenstrahlaufnahmen u. a. in sichtbare, farbige Bilder umsetzen.

Faltdipol, →Antenne, →Dipol 1).

Falte, beschreibende Bez. für Verbiegungen urspr. ebener Schichten oder Vorzeichnungen z. B. im Gestein. Es werden unterschieden: a) **Biege-** oder **Knick-F.:** wellenartige Schichtverbiegungen durch seitl. Einengung; b) **Scher-F.:** Gesteinszerscherung an Schiefrigkeitsflächen; durch Biegung und Scherung entstehen **Biegescher-F.;** c) **Fließ-** oder **Gleit-F.:** Verbiegung plast. Massen unter dem Einfluß der Schwerkraft (subaquat. Rutschungen), zum Ausgleich von Dichteunterschieden (Salze), Volumenänderungen (Quellfaltung bei Schlangengips) oder beim Fließen magmat. Schmelzen. – F. gibt es vom mm- bis km-Bereich. Ihre Formen, **Sattel** und **Mulde,** hängen vom Krümmungsradius ab **(Rund-, Knick-F.),** von Spannweite und Höhe, vom Öffnungswinkel der Schenkel (flache, steile, isoklinale, fächerförmige F.). Nach ihrer Form unterscheidet man: **Isoklinal-** (parallelschenklige), **Pilz-, Zickzack-, Koffer-** und **Kulissen-F.** (vertikale Achse). – Wichtige F.-Elemente sind: die **F.-Achse,** eine längs des **F.-Scheitels** oder Scharniers gedachte Linie; die **F.-Achsenebene,** in ihr liegen die F.-Achsen sämtl. Schichten einer F.; die **F.-Schenkel** oder **F.-Flügel** umschließen den **F.-Kern;** der **First,** die höchste Sattelerhebung, die **Basis,** das Muldentiefste; der **F.-Spiegel,** eine gedachte Ebene als Verbindung der First- oder Basislinien; die **Vergenz,** die Neigungsrichtung der Achsenebene, wonach stehende oder aufrechte, schiefe, überkippte, liegende und **Tauch-F.** unterschieden werden. Benachbarte parallele F. bilden **F.-Bündel** oder **F.-Systeme.** – Neben der Faltungsintensität ist die Form der F. auch vom mechan. Verhalten des betroffenen Gesteins abhängig. So werden **kompetente,** meist dickbankige massige Gesteine, von **inkompetenten** plastischen, verformbaren, wie Salze, Ton(stein), unterschieden. **F.-Gebirge,** → Gebirge. (BILDER S. 79, 81)

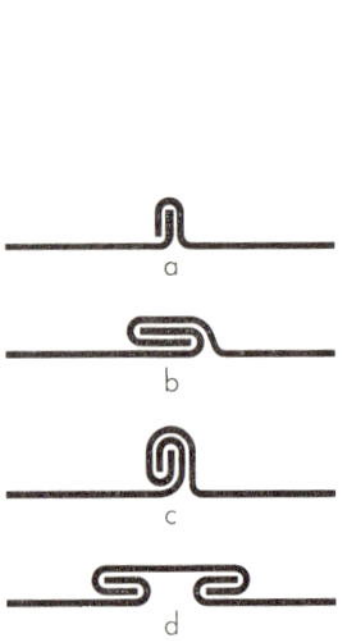

falzen 1): **a** stehender einfacher Falz, **b** liegender einfacher Falz, **c** stehender doppelter Falz, **d** Deckfalz (Falzung mit besonderem Falzstreifen)

Faltung, 1) Geowiss.: Grundform der Gesteinsdeformation (→Falte); Vorgang der Verbiegung von urspr. ebenen Vorzeichnungen (z. B. Gesteinsschichten).

2) Mathematik: **Faltungs|integral,** auf einer Menge der stetigen, im Bereich $-\infty < x < +\infty$ integrierbaren Funktionen erklärte Operation; sie besteht darin, daß das als ›Sternprodukt‹ (∗-Produkt) geschriebene Integral von f_1 und f_2 als die Funktion

$$(f_1 * f_2)(x) = \int_{-\infty}^{+\infty} f_1(x-t) \cdot f_2(t)\,dt$$

von x definiert wird.

Faltungs|phasen, Zeiten stärkerer gebirgsbildender Tätigkeit, die, verhältnismäßig kurzfristig, längere Zeiten tekton. Ruhe unterbrechen. Die angenommene Gleichzeitigkeit und weltweite Verbreitung einzelner Phasen hat sich nicht bestätigt, dagegen lassen sich **Faltungsären** mit zusammengehörenden F. unterscheiden, z. B. die kaledon., die varisk. oder die alpid. Ära. F. werden v. a. durch Winkeldiskordanzen erkannt. (ÜBERSICHT S. 80)

Faltversuch, Prüfung an Feinblechen und Kesselrohren zum Nachweis ausreichender Verformungsfähigkeit, bei Blechen auch zur Beurteilung der Bördelfähigkeit.

Faltwerk, räuml. Flächentragwerk, das aus zwei oder mehr ebenen dünnen →Scheiben, die an den Rändern kraftschlüssig miteinander verbunden sind, in Form eines Prismas oder eines schlanken Pyramidenstumpfes zusammengesetzt ist. Anwendung: Stahl- und Stahlbetonbau, insbesondere Behälter- und Hallenbau.

Falz, 1) Blechbearbeitung: →falzen 1).

2) Buchbinderei: a) jede Stelle, die durch →falzen 2) des Materials entstanden ist. b) Gelenklinie (Scharnier) an der Einbanddecke zw. Rücken und Deckel. c) Papierstreifen, an die Einzelblätter angeklebt sind, um sie heften zu können.

3) eine →Holzverbindung.

Falzbautafel, Rohfilzpapptafel mit trapezförmig gepreßten Falznuten, teer- oder bitumengetränkt, zum Absperren feuchter Wände und Decken. Die beim Aufbringen auf die Unterlage entstehenden Luftkanäle müssen mit der Außenluft in Verbindung bleiben.

Falzdraht, Einlage im Rand gefalzter Blechteile zur Versteifung. (→falzen 1)

falzen, 1) Blechbearbeitung: die Ränder dünnwandiger Bleche zusammenfügen, wobei sie zunächst so umgebogen werden, daß sie sich ineinanderhaken lassen, dann werden sie zusammengedrückt und gekröpft; Blechrohre (Ofenrohr), Konservendosen u. ä. (BILD S. 78)

2) Buchbinderei: bedruckte Planbogen von Hand oder mit Maschine durch ein- oder mehrmaliges Falten auf das gewünschte Format bringen. Zum Falzen von Hand dient das **Falzbein,** ein handliches messerähnl. Stäbchen aus Knochen. Größere Auflagen werden auf **Falzmaschinen** gefalzt.

3) Lederherstellung: Chromleder nach der Gerbung maschinell auf gleiche Stärke bringen.

Famili|e, Synonym für →Menge, bes. wird eine ›Menge von Mengen‹ als ›F. von Mengen‹ bezeichnet. (→Filter 3)

Fangedamm, wasserdichte Umschließung zum Schutz von Baugruben im oder am Wasser. Gewöhnlich besteht ein F. aus einer doppelten, gegenseitig verankerten →Spundwand und einer Füllung des Zwischenraums mit Sand, Kies, Schotter oder Steinen.

Fangjäger, svw. →Abfangjäger.

Fanglomerat, Schlammbreccie [-brɛtʃə], fächerartig ausgebreitete, ungeschichtete, aus eckigen bis wenig gerundeten Gesteinsbrocken, im feinkörnigen Material bestehende Ablagerungen, die i. d. R. im ariden Klimabereich bei den seltenen, aber bed. Regengüssen aus Schlammströmen entstehen. – Fossile F. z. B. im Rotliegenden.

Fango *der,* Mineralschlamm vulkan. Ursprungs, Ablagerung auf dem Boden heißer Quellseen oder aus verwittertem Basalttuff. Der mit heißem Wasser zu Brei angerührte Mineralschlamm dient zu Einpackungen und Aufschlägen.

Fangschaltung, vermittlungstechnische Einrichtung der Bundespost zur Feststellung der Rufnummer eines anrufenden Fernsprechteilnehmers. Mit einer F. kann der Verbindungsweg auch nach Auflegen des Handapparates, wobei die Verbindung normalerweise gelöst wird, verfolgt werden.

Fan-Out [f'æn aʊt, engl.], bei →integrierten Schaltungen die Kennzeichnung eines Ausgangs, die besagt, wie viele nachgeschaltete Eingänge er treiben kann. Ein F.-O. von 10 gibt z. B. an, daß der betreffende Ausgang zehn Eingänge derselben Logikfamilie ansteuern kann, ohne daß die Pegeldefinitionen an der Schnittstelle verletzt werden.

Farad [n. dem engl. Physiker und Chemiker M. Faraday, * 1791, † 1867], Einheitenzeichen **F,** gesetzl. Einheit der elektrischen Kapazität: $1\ F = 1\ C/V = 1\ s/\Omega$. 1 F ist ein sehr großer Kapazitätswert. Oft verwendet werden Millifarad: $1 mF = 10^{-3}\ F = 0{,}001\ F$, Mikrofarad: $1 \mu F = 10^{-6}\ F = 0{,}001\ mF$, Nanofarad: $1 nF = 10^{-9}\ F = 0{,}001\ \mu F$, Pikofarad: $1 pF = 10^{-12}\ F = 0{,}001\ nF$. – Handelsübliche Kondensatoren weisen i. a. Kapazitäten nicht über 10 mF auf.

Faraday-Effekt [f'ærədɪ-], →Magnetooptik.

Faraday-Käfig [f'ærədɪ-], allseitig geschlossene Umhüllung eines Raumes aus Blech oder Maschendraht zur →Abschirmung gegen äußere elektr. Felder. Auto, Flugzeug und auch das ein Gebäude umgebende Drahtsystem einer Blitzableiteranlage sind F.-K.

Faraday-Konstante [f'ærədɪ-], Formelzeichen F, bei der theoretischen Beschreibung der Elektrolyse (→Faradaysche Gesetze) auftretende Konstante. Es gilt $F = N_A e \approx 96485$ C/mol (N_A = Avogadro-Konstante, e = Elementarladung; ÜBERSICHT Naturkonstanten). Die F.-K. gibt die Ladungsmenge **(Faraday-Ladung)** an, die nötig ist, um 1 Mol eines einwertigen Stoffes, d. h. 1 Val, elektrolytisch abzuscheiden (nämlich 96485 C), man schreibt daher auch $F = 96485$ C/val.

Faradaysche Gesetze [f'ærədɪ-]. Die 1833/34 von M. FARADAY aufgestellten Gesetze beschreiben bei der Elektrolyse den Zusammenhang zw. dem Stromfluß und den an den Elektroden abgeschiedenen Stoffmengen. Das 1. F. G. besagt, daß die Masse m einer aus einem Elektrolyten abgeschiedenen Stoffmenge der während der Abscheidung durchgeflossenen Elektrizitätsmenge (Ladung) Q proportional ist, $m = \ddot{A}\ Q$. Der Proportionalitätsfaktor $\ddot{A}$ heißt das **elektrochemische Äquivalent** des abgeschiedenen Stoffes. Nach dem 2. F. G. gilt unabhängig von der chem. Natur des abgeschiedenen Stoffes für das elektrochem. Äquivalent $\ddot{A} = M/zF$, wobei M die molare Masse, z die Wertigkeit des betreffenden chem. Elements und F die →Faraday-Konstante ist. Die beiden F. G. können folgendermaßen zusammengefaßt werden: Für die an einer Elektrode abgeschiedene Masse m gilt $m = MQ/zF$. Die durch die gleiche Ladung an den beiden Elektroden abgeschiedenen Massen m_1 und m_2 verhalten sich wie ihre valaren Massen, $m_1/m_2 = M_{val,1}/M_{val,2}$, wobei die valare Masse M_{val} der Quotient aus molarer Masse M und Wertigkeit z ist, $M_{val} = M/z$.

Farb|abweichungen, chromat. →Abbildungsfehler als Folge der Abhängigkeit des Brechwertes opt. Glases von der Lichtwellenlänge. Bei **Farbortsfehlern** besitzt ein axialer Objektpunkt bei der Brechung eine Reihe von Bildpunkten. Beim **Farbvergrößerungsfehler** ändert sich der Abbildungsmaßstab mit der Wellenlänge. Treten Farbfehler bei Abbildung außeraxialer Objektpunkte auf, spricht man von **Farbquerfehlern.**

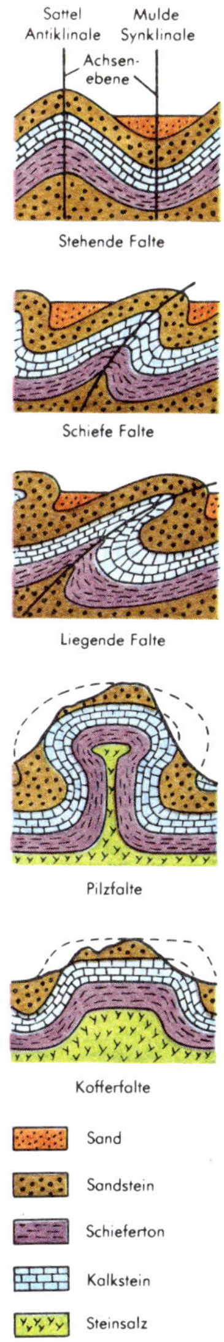

Falte 1

Wichtige Faltungsphasen

Ära	Faltungsphasen		Zeitabschnitt	Periode
(Beginn und Ende vor . . . Mio. Jahren)	pasadenische		Pleistozän	Quartär
	rhodanische/wallachische		Mittl. Pliozän	
	attische		Miozän/Pliozän	
	steirische		Mittl. bis Ob. Miozän	Tertiär
	savische		Oligozän/Miozän	
	pyrenäische		Eozän/Oligozän	
Alpidische 190–1	laramische		Kreide/Tertiär	
	Wernigeröder	subherzynische	Oberkreide bis Ob. Senon	
	Ilseder		Oberkreide, Unt. Emscher	Kreide
	austrische		Unterkreide bis Cenoman	
	Hilsphase	jungkimmerische	Jura/Kreide	
	Osterwaldphase		Ob. Portland	Jura
	Deisterphase		Kimmeridge/Portland	
	altkimmerische		Ob. Trias, Nor bis Rät	
				Trias
Variskische 370–220	labinische		Mittl. Trias bis Karn	
	pfälzische		Ende Perm	
	saalische		Unt./Ob. Rotliegendes	Perm
	esterelische		unterstes Perm	
	asturische		Ob. Westfal	
	erzgebirgische		Namur bis Westfal	Karbon
	sudetische		Unterkarbon/Oberkarbon	
	bretonische		Oberdevon/Unterkarbon	
				Devon
Kaledonische 490–400	jungkaledonische (ardennische/erische)		Silur/Devon	
				Silur
	takonische		Ordovizium/Silur	
	sardische			Ordovizium
			Kambrium/Ordovizium	
				Kambrium
Assyntische 1000–580	assyntische		Proterozoikum/Kambrium	
	eisengebirgische		Ob. Proterozoikum	
	baikalische		Mittl./Ob. Proterozoikum	
				Proterozoikum
	dalslandidische		Mittl. Proterozoikum	
	gotidische		Mittl. Proterozoikum	
	karelidisch/svekofinnische		Unt./Mittl. Proterozoikum	
	belomorische		Unt. Proterozoikum	
	saamidische		Archaikum/Proterozoikum	
				Archaikum

Farb|art, gemeinsame Eigenschaft aller Farben, die sich nur durch ihre Helligkeit voneinander unterscheiden. Farbartgleiche Farben haben also den gleichen → Farbton und die gleiche → Sättigung und in der → Farbtafel den gleichen Farbort.

Farb|band, mit Druckfarbe getränktes Seiden-, Baumwoll- oder Chemiefaserband für Büromaschinen.

Farbcodierung, 1) Bildverarbeitung: die Sichtbarmachung von Details oder des Verlaufs von Parametern wie Temperatur, opt. Dichte, elektr. Feldstärke, die mit dem Auge normalerweise nicht erfaßt werden können, durch Kennzeichnung mit spezif. Farbtönen. Die F. dient der Steigerung des Informationsgehalts und wird z. B. bei der Darstellung von Aufnahmen in der Röntgentechnik, Thermographie, Mikroskopie, Kartographie, Weltraumphotographie u. a. eingesetzt.

2) Elektronik: Kennzeichnung des Sollwertes und der Toleranz auf Widerständen und Kondensatoren durch eine Kombination von Farbringen oder -punkten.

Farbdiffusionsverfahren, → Sofortbildphotographie.

Farbdreieck, → Farbtafel.

Farbe, 1) Gesichtsempfindung, die durch Licht ausgelöst und durch das Auge vermittelt wird. In der Umgangssprache wird das Wort F. fälschlich oft für die Strahlung selbst oder auch für stoffl. → Farbmittel (Farbstoffe, Pigmente) verwendet. Als Wahrnehmung gehört die F. wissenschaftlich zur physiolog. und psycholog. Optik. Ihre Gesetzmäßigkeiten werden in der → Farbmetrik behandelt, die ein Teil der Farbenlehre ist. Man unterscheidet **bunte** (z. B. Blau, Grün, Gelb, Rot) und **unbunte Farben** (Schwarz, Weiß und ihre Mischungen, die Graureihe). Während die unbunten F. durch ihre Helligkeit allein (Leuchtdichte, Remission) eindeutig beschrieben werden können, müssen zur Beschreibung einer bunten F. jeweils drei voneinander unabhängige Merkmale angegeben werden, z. B. Farbton, Sättigung, Helligkeit, d. h. bunte F. sind dreidimensionale Größen (→ Farbmetrik). Es kommt zur **Farbempfindung,** wenn sichtbare Strahlung (Wellenlänge etwa von 380 bis 750 nm) als → Farbreiz im Auge auf die lichtempfindl. Organe der Netzhaut trifft und diese erregt (→ Farbensehen). Die spektrale Zusammensetzung der erregenden Strahlung, die Farbreizfunktion, bestimmt, in welchem Maß die drei Empfängerarten in der Augennetzhaut erregt werden, d. h. sie bestimmt die → Farbvalenz der Strahlung. Die Farbempfindung hängt jedoch nicht eindeutig von der Farbvalenz ab, sondern wird durch physiolog. (Farbstimmung, Umfeld) und psycholog. Faktoren (Erwartung) stark beeinflußt. Eine **Spektral-F.** wird durch nahezu monochromat. Strahlung, z. B. einer → Spektrallinie, hervorgerufen.

F. haben zwei Erscheinungsformen (→ Farbreiz): **farbiges Licht** (von Lichtquellen direkt ins Auge fallende Strahlung) und → Körperfarben (erst durch Beleuchtung eines Körpers sichtbar). Zw. beiden gibt es Übergänge (z. B. fluoreszierende oder phosphoreszierende Flächen). Nach der Erscheinungsweise gibt es: **Oberflächen-F.** an den Grenzflächen der Körper; **Raum-F.** scheinen einen Raum zu erfüllen, **freie F.** erscheinen strukturlos, in unbestimmter Entfernung vom Auge in einer ebenen Fläche senkrecht zur Blickrichtung. Die Maßbeziehungen zw. den F., genauer zw. den → Farbvalenzen, werden im → Farbenraum (›Farbkörper‹) oder in der → Farbtafel graphisch veranschaulicht.

⇨ Farbkreis · Farbmessung · Farbmischung · Farbphotographie · Farbstofftheorie · Farbtemperatur · Optimalfarben

2) Farbladung, ein Freiheitsgrad der → Quarks (→ Quantenchromodynamik).

3) Mineralogie: Die **Eigenfarbe** der Minerale ist als Folge der an ihrem Aufbau beteiligten Gitterbausteine, z. T. auch der Bindungsart anzusehen. **Färbung** kann durch Einschlüsse feinstverteilter Fremdkörper **(Pigmentfärbung)** oder durch diadoche Vertretung ungefärbter Gitterbausteine durch gefärbte verursacht sein. **Bestrahlungsfärbung** tritt bei manchen Mineralen bei künstl. Bestrahlung mit lang- oder kurzwelligen Strahlen auf. Durch Zersetzungserscheinungen an der Mineraloberfläche können **Anlauffarben** entstehen (→ Strichprobe).

Farb|echtheit, Widerstandsfähigkeit von Färbungen und Drucken gegen Beanspruchungen bei Herstellung, Gebrauch und Pflege, z. B. gegen Licht, Säuren, Laugen, Schweiß, Reiben, Waschen. Die Echtheitsprüfungen sind genormt.

Farbendruck, Mehrfarbendruck, Buntdruck, die Herstellung von bunten Drucken in allen Druckverfahren. Hierzu benutzt man bei **Dreifarbendruck** drei Platten: je eine für Gelb, Rot und Blau. Durch Übereinanderdrucken dieser drei Farben lassen sich alle Zwischentöne (z. B. Orange, Grün) erzielen. Die Herstellung der

Farbendruck: Vierfarbendruck (von links nach rechts); OBEN Gelb-Platte, Blau-Platte, Rot-Platte; UNTEN Zusammendruck Gelb und Blau, Zusammendruck Gelb, Blau und Rot, Zusammendruck der drei Farbplatten mit der Schwarzplatte

drei Druckplatten geschieht durch photograph. Ausfilterung der einzelnen Farbpartien bei der Aufnahme (›Farbauszug‹) und durch Ätzung der einzelnen Farbplatten als Autotypien. Beim **Vierfarbendruck** wird noch eine Schwarzplatte aufgedruckt, die die Schatten im Bild vertieft. Die Dreifarbenskala dient vorwiegend bei der Herstellung farbiger Zeitschriften im Tiefdruck. Am häufigsten findet die Vierfarbenskala Anwendung (Buch-, Offset- und Tiefdruck). Zur absolut naturgetreuen Wiedergabe von Gemälden, Stoffmustern u. a. ist oft Zerlegung in mehr als vier Farben nötig (Offset-, Lichtdruck).

Geschichtliches. Die ersten Buntdrucke (Spielkarten) erschienen schon bald nach Erfindung der Buchdrukkerkunst, wobei die Farben noch nebeneinanderstanden. Anfang des 16. Jh. kamen teilweise übereinandergedruckte Buntdrucke vor. Der heutige Bilderdruck wurde erstmals um 1820 von W. SAVAGE in London ausgeführt. A. SENEFELDER wandte schon alle Arten des lithograph. Buntdruckes an. E. VOGEL und H. KURTZ veröffentlichten 1893 den ersten gelungenen Dreifarbendruck nach Rasteraufnahmen.

Farben dünner Blättchen, → Interferenz.

Farben-Helligkeits-Diagramm, Abk. **FHD,** dem → Hertzsprung-Russell-Diagramm gleichwertiges Zustandsdiagramm, in dem der Farbenindex und die absolute (bei Sternen gleicher Entfernung auch die scheinbare) Helligkeit als Koordinaten gewählt sind.

Farben|index, Differenz der Helligkeit eines Sterns in zwei versch. Spektralbereichen. Der F. kennzeichnet die Farbtemperatur der Oberfläche des Sterns. Der gebräuchlichste F. ergibt sich aus der Differenz Blau- zu Gelbhelligkeit. – Der **internationale F.** ist die Differenz der photographischen und photovisuellen Helligkeit.

Farbenkarte, unter dem Gesichtspunkt eines Materials oder Zweckes (z. B. Mode-F., Haut-F., Lack-F.) oder vom systemat. Standpunkt aus getroffene Auswahl aus der Gesamtheit aller → Körperfarben (→ Farbe 1) und ihre Darstellung durch Farbmuster.

Farbenlehre, die Wissenschaft von den → Farben als opt. Erscheinung und deren spezif. Gesetzmäßigkeiten. Sie ist keine rein physikal., sondern i. w. S. auch eine biolog. und psycholog. Wissenschaft; sie ist insbes. der physiolog. Optik zuzurechnen. – Die wesentl. Teilgebiete der F. sind 1) die Lehre vom → Farbreiz, 2) die Lehre vom → Farbensehen, die die Fragen der Kontrastfarben und der Farbenfehlsichtigkeit einschließt, 3) die → Farbmetrik und → Farbmessung, 4) die Lehre vom Sinneserlebnis und seinen Wirkungen, wohin auch die Fragen der Farbästhetik, des Farbklimas und der Farbenharmonie gerechnet werden müssen.

W. OSTWALD: Die F., 4 Bde. (1918–21); M. RICHTER: Grundriß der F. der Gegenwart (Neudr. 1953); ders.: Internat. Bibliographie der F., I: 1940–49 (1952), II: 1950–55 (1963); ders.: Einf. in die Farbmetrik (²1981); G. WYSZECKI u. W. S. STILES: Color science (New York 1967); Sources of color science, hg. v. D. L. MACADAM (Cambridge, Mass., 1970); J. PAWLIK: Theorie der Farbe (³1973). – Ztschr.: Journal of the Optical Society of America (seit 1917); Die Farbe (seit 1952).

Farbenraum, Raumgebilde zur mathemat. Darstellung der → Farbvalenzen. Entsprechend der Dreidimensionalität der Farbvalenzen ist auch der F. ein dreidimensionaler Raum mit den → Primärvalenzen als Basisvektoren. Jede Farbvalenz ist darin durch die Raumkoordinaten eines Punktes oder durch den vom **Schwarzpunkt** ausgehenden und im **Farbpunkt (Farbort)** endenden **Farbvektor** dargestellt (→ Farbgleichung). Die reellen Farben liegen innerhalb des kegelförmigen Gebildes (›Farbtüte‹), das von den Farbvektoren der Spektral- und Purpurfarben geformt wird (→ Farbtafel). Der Teil des Raumes der reellen Farben, der durch die → Körperfarben erfüllt wird, ist der metr. **Farbkörper.** Auf der Oberfläche des Farbkörpers liegen die → Optimalfarben.

Für industrielle Anwendungen hat die Internationale Beleuchtungskommission (Abk. CIE) spezielle F. empfohlen: CIE-F. 1964 zur Farbabstandsbewertung bei additiver Mischung; CIE-F. 1976 zur Bewertung bei Mischungen von → Farbmitteln.

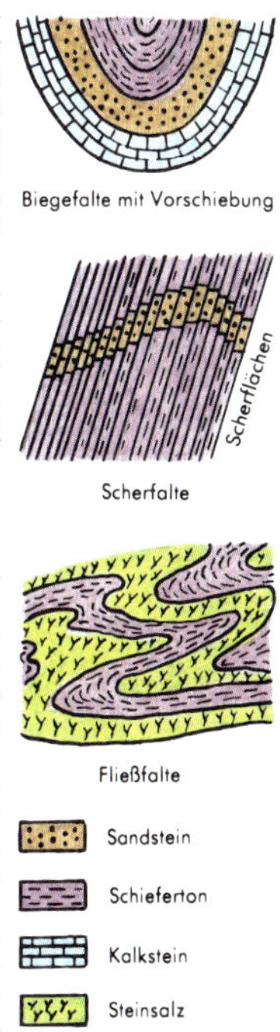

Falte 2

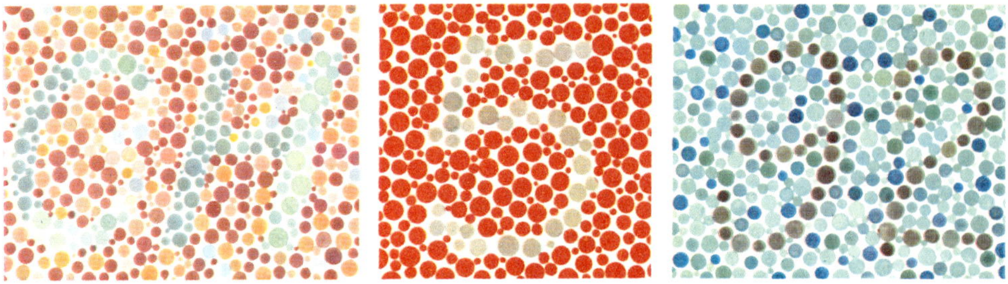

Farbensehen: LINKS Normalsichtige erkennen in erster Linie die Farbunterschiede und lesen CH; Farbuntüchtige lesen nach den Helligkeitsunterschieden 31. MITTE die graue 5 wird bei Rot-Grün-Störung infolge der hierbei erhöhten Kontrastwirkung als grünlich angesehen. RECHTS bei Blau-Gelb-Störung ist die 92 nicht erkennbar (nach Stilling-Hertel)

Farbensehen, Farbensinn, die Fähigkeit, Farben unabhängig von ihren Helligkeitswerten zu unterscheiden. Beim Menschen entsteht abgesehen von Ausnahmefällen (mechan. oder elektr. Reizung des Auges, Farbensehen im Traum, Nachbilder) der Farbeindruck durch Erregung der Sinneszellen in der Netzhaut des Auges durch die einfallende Strahlung aus dem ›sichtbaren‹ Spektralbereich (etwa zw. 380 und 750 nm). Diese Strahlung zersetzt in den lichtempfindl. Sinneszellen des helladaptierten Auges, den Zapfen, drei versch. Sehstoffe mit unterschiedl. spektralen Absorptionsvermögen verschieden stark, d. h. ihr Farbreiz wird mit drei spektral versch. Wirkungsfunktionen bewertet. Durch die Zersetzungsprodukte werden die Nervenendigungen in versch. Stärke erregt. Diese drei Teilerregungen, je eine Rot-, Grün- und Blauerregung, bestimmen die einheitl. Empfindung F., die aus ihnen im Gehirn gebildet wird. Ein und dieselbe Farbempfindung kann durch physikalisch recht versch. Farbreize zustande kommen (›bedingtgleiche‹ oder ›metamere‹ Farben). Die **Dreikomponenten-Theorie (Trichromasie),** die von T. YOUNG und H. V. HELMHOLTZ aufgestellt wurde, ist bis in die jüngste Zeit immer wieder angezweifelt worden, muß aber heute als gesicherte Tatsache anerkannt werden. Vor ihrer Weiterleitung ans Gehirn werden vermutlich die drei Teilerregungen i. S. einer Gegenfarben-Theorie (E. HERING) ähnlich wie die drei Signale beim Farbfernsehen in den vorgeschalteten Ganglienzellen umgeformt und verschlüsselt, wobei physiolog. und psycholog. Einflüsse der Vorgeschichte des Empfängerapparates und der Umgebung mitverarbeitet werden. Weil dadurch keine eindeutige Beziehung zw. Farbempfindung und Erregung mehr besteht, hat man für die Summe der Teilerregungen einen besonderen Begriff einführen müssen: die → Farbvalenz. Allein für diese gelten unmittelbar die Gesetze der additiven → Farbmischung. Das Empfindlichkeitsverhältnis der versch. Zapfen ist den normalen äußeren Beleuchtungsverhältnissen angepaßt. Wirkt für längere Zeit eine Strahlung mit anderer Farbvalenz als das Tageslicht auf das Auge ein, kann jedoch eine → Umstimmung eintreten. Störungen der spektralen Empfindlichkeit der drei Zapfen führen zu **Farbenfehlsichtigkeit.** Auch nach Beendigung der Strahleneinwirkung können Farben empfunden werden, die langsam verblassen **(Nachbild-Farben, Sukzessiv-Kontrast-Farben).** In der Nachbarschaft erregter Netzhautstellen können Farbempfindungen induziert werden **(Simultan-Kontrast-Farben).**

Farb|erden, svw. → Erdfarben.

Färberei, techn. Verfahren, mit denen Textilien in jeder Aufmachung (z. B. Flocke, Kardenband, Kammzug, Garn, Strang, Stück als Web- oder Strickware) eine best. Farbe gegeben wird. Für die Anfärbung der Fasersubstanz (z. B. Cellulose-, Eiweiß-, Synthesefasern; → Faserstoffe) sind jeweils geeignete Farbstoffsortimente (z. B. Direkt-, Säure-, 1:1- und 1:2-Metallkomplex-, basische, Schwefel-, Küpen-, Entwicklungs-, Dispersions-, Reaktiv-, Pigmentfarbstoffe) zu verwenden (→ Textilfarbstoffe). Während urspr. Naturfarbstoffe eingesetzt wurden, gebraucht man heute nahezu ausschließlich synthetisch hergestellte Farbstoffe. I. d. R. wird mit einer wäßrigen Lösung gefärbt, die neben Farbstoff die zur Färbung erforderl. Chemikalien wie Säuren, Salze, Tenside (→ Egalisieren) oder auch Carrier (Trägersubstanzen) als Färbebeschleuniger enthält. Durch Nachbehandlung lassen sich je nach vorgesehener Verwendung der Textilien die Echtheiten der Färbungen verbessern (→ Farbechtheit). Der Aufmachung entsprechend werden in der F. unterschiedl. Färbeapparate oder -maschinen verwendet, z. B. Kreuzspulfärbapparate, Haspelkufe, Jigger, Foulard, Rollenkufe, Jet. Die Färbeverfahren können nach ihrem Ablauf unterteilt werden in kontinuierl., diskontinuierl. und semikontinuierl. Verfahren. Je nach Färbetemperatur unterscheidet man Normalverfahren (bis 100 °C) und Hochtemperatur-Verfahren (HT-Verfahren, über 100 °C). Durch Temperaturerhöhung wird die Durchfärbung der Fasern verbessert, die Färbezeit verkürzt, die Farbstoffausbeute gesteigert und der Einsatz von Carriern vermieden.

Geschichtliches. Die urspr. Farbstoffe entstammten ausschließlich der Natur, z. B. Purpur, Indigo, Krapp, Katechu. Um 1200 war eine Blütezeit der Färbekunst am Mittelmeer, bes. in Italien, die sich von hier über ganz Europa ausbreitete. Nach der Entdeckung Amerikas bekam die europ. F. durch Farbhölzer neuen Auftrieb. Um die Mitte des 19. Jh. fand man die ersten künstl. organ. Farbstoffe, die zu einer völligen Umwälzung der Färbemethoden führten. Die wichtigsten Entwicklungsstufen sind: 1856 Mauvein (W. PERKIN), 1859 Fuchsin (E. VERGUIN), 1868 Türkisch-, Alizarinrot (A. GRAEBE und C. LIEBERMANN), 1880 Indigo (A. V. BAEYER), 1884 Kongorot (P. BÖTTIGER), 1888 Anthrachinonfarbstoffe (R. BOHN und R. E. SCHMIDT), 1893 Schwefelfarben (H. VIDAL), 1901 Indanthren (R. BOHN), 1912 Naphthol AS und 1920 Acetatfarben (A. CLAVEL).

W. BERNARD: Bleichen und Färben von Textilien ([2]1970); C.-H. FISCHER-BOBSIEN: Internat. Lexikon Textilveredlung und Grenzgebiete ([4]1975); E. E. PLOSS: Ein Buch von alten Farben ([4]1977); GRETEL FIELER: Farben aus der Natur (1978); M. Peter: Grundlagen der Textilveredelung ([11]1980).

Farb|exzeß, Differenz zw. dem gemessenen → Farbenindex und dem aus den Spektrallinien bestimmten normalen Farbenindex, Maß für die Verfärbung des Sternlichts durch interstellare Materie.

Farbfernsehen, wurde 1954 zuerst in den USA, 1967 in der Bundesrep. Dtl. neben dem Schwarzweiß-Fernsehen (→ Fernsehen) eingeführt. Voraussetzung dafür war, daß die ausgestrahlten Farbsendungen auch von den Schwarzweiß-Empfängern störungsfrei und helligkeitsrichtig (aber unbunt) wiedergegeben wurden (Kompatibilität).

Die Technik bedient sich grundsätzlich der gleichen Verfahren wie beim Schwarzweiß-Fernsehen, jedoch werden entsprechend den Gesetzen der → Farbmetrik mit elektron. Mitteln je ein Rot-, ein Grün- und ein Blauauszug erzeugt, die am Ende des Übertragungsweges durch additive → Farbmischung ein farbrichtiges Fernsehbild liefern. Die drei Farbauszüge werden allerdings nicht unmittelbar übertragen, sondern in einer Matrix in drei andere Signale umgeformt (codiert): Das eine entspricht der Leuchtdichte **(Luminanz)** und dient auch für den Schwarzweiß-Fernsehempfänger als Helligkeitsinformation; die anderen beiden Signale entsprechen der → Farbart **(Chrominanz** = Farbton und Sättigung). Da für das F. nur die Bandbreite des Schwarzweiß-Senders zur Verfügung steht, wird die Trägerfrequenz mit dem Leuchtdichtesignal Y moduliert, während die Farbartsignale, für die geringere Bandbreite genügt, einem Farbträger aufmoduliert werden und so in die Übertragungslücken gelegt sind (Frequenzverkämmung), wodurch die Kompatibilitätsbedingung erfüllt wird.

Systeme. Die Modulation des Farbträgers ist beim → NTSC (u. a. USA, Kanada, Japan) und beim → PAL (Bundesrep. Dtl. und viele weitere Staaten) eine → Quadraturmodulation. Die Farbsignale werden gleichzeitig übertragen **(Simultansystem).** Der Farbträger wird vor der Aussendung unterdrückt, es werden nur die Seitenbänder übertragen. Die Empfänger benötigen zusätzl. **Farbsynchronsignale** zur Decodierung, die auf der Schwarzschulter (→ Schwarzpegel) als kurzer Schwingungszug mit der Frequenz des Farbträgers übertragen werden. Die beiden Farbsignale sind **Farbdifferenzsignale** $U_R - U_Y$; $U_B - U_Y$ (rote Farbspannung U_R, blaue Farbspannung U_B, Leuchtdichtesignal U_Y). Sie bilden zusammen das **Farbartsignal.** Nach der Decodierung stehen die Farbdifferenzsignale gleichzeitig zur Verfügung. Durch Überlagerung der Farbdifferenzsignale mit dem **Leuchtdichtesignal** Y werden die Farbsignale U_R, U_B und U_G (grüne Farbspannung) gewonnen. Durch Fehler in den Übertragungsstrecken entstehen beim NTSC-System infolge der Quadraturmodulation Farbfehler.

Die in Europa entwickelten Systeme (PAL, SECAM) sind Abwandlungen des NTSC. Bei ihnen sind die Farbfehler vermieden. Beim PAL wird der Farbträger im Sender und im Empfänger von Zeile zu Zeile in seiner Phase um ±90° umgeschaltet; dadurch wirken sich Fehler in entgegengesetzter Richtung aus und können durch Mittelung kompensiert werden. Beim → SECAM (u. a. Frankreich, Ostblockstaaten) wird der Farbträger mit den beiden Farbdifferenzsignalen zeilenweise abwechselnd moduliert **(Sequential-System).** In jeder Zeile wird also stets nur ein Farbdifferenzsignal übertragen. Im SECAM-Empfänger werden die Farbdifferenzsignale um jeweils eine Zeile verzögert, so daß immer zwei verschiedene Farbdifferenzsignale gleichzeitig zur Verfügung stehen; aus ihnen und dem Leuchtdichtesignal wird das dritte Farbsignal (grün) gewonnen. (BILD S. 84)

Farbfernsehtechnik (Telefunken-Fachbuch), 2 (1973); O. ACKERMANN: Fernsehen in Farben ([3]1976); B. MORGENSTERN: Farbfernsehtechnik (1977); H. LANG: Farbmetrik und F. (1978). Weitere Lit.: → Fernsehen.

Farbfilm, → Farbphotographie, → Film.

Farbfilter, ein → Lichtfilter, das infolge selektiver Absorption, Reflexion oder Interferenz nur Strahlung best. Wellenlängenbereiche durchläßt.

In der photograph. Aufnahmetechnik werden Filter aus eingefärbtem Material (Glas, Gelatine, Kunststoff) verwendet, die i. d. R. vor das Kameraobjektiv gesetzt werden.

Die eigtl. F. finden in der Schwarzweißphotographie Anwendung und haben die Aufgabe, bei der Umsetzung der Objektfarben in Grauwerte deren Abstufung zu beeinflussen (Kontrastverstärkung oder -verminderung, Farbtrennung). Die Wirkung der F. beruht auf der teilweisen Absorption des zur Eigenfarbe komplementären Spektralbereiches, z. B. bewirkt ein gelbes F. eine dunklere Wiedergabe von Blau bei praktisch unverändert heller Wiedergabe von Gelb und Weiß (verbesserte Abbildung von Wolken am blauen Himmel).

Farbfilter in der Schwarzweißphotographie

Filterfarbe	Wirkung und Anwendung
gelb	gibt Blau dunkler wieder, trennt Gelb, Weiß und Blau; für Aufnahmen mit großen Anteilen von Himmel, Wasserflächen, Schneeschatten sowie Kaschierung von Hautunreinheiten bei Porträtaufnahmen; vollwertiges UV-Sperrfilter.
gelbgrün	steht in der Wirkung zw. einem kräftigen Gelbfilter und einem UV-Filter, Rot und Blau werden z. T. absorbiert; für Landschaftsaufnahmen zur verbesserten Wiedergabe von Grün, dunklere Abbildung von Himmel und Wasserflächen.
grün	absorbiert Rot; für Pflanzenaufnahmen und Landschaften mit hohem Grünanteil.
orange	absorbiert Blau, gibt Tonwerte der anderen Farben kontrastreich wieder, vermindert den Dunst bei Fernaufnahmen.
rot	Blau und Grün werden stark absorbiert, Rot erscheint weiß; zur Ausschaltung von Dunst bei Fernaufnahmen, für besondere Effekte wie ›Gewitterstimmung‹, ›Mondschein‹, ›Nachtaufnahme‹; für Anwendungen in der Infrarotphotographie.
blau	Rot erscheint dunkler, bei Landschaftsaufnahmen wird die Luftperspektive durch Verstärkung des atmosphär. Dunstes betont.

In der Farbphotographie werden farbige **Korrekturfilter** eingesetzt, wenn das verwendete Filmmaterial nicht auf die Farbtemperatur der Lichtquelle abgestimmt ist (Kunstlichtfilm bei Tageslicht oder Tageslichtfilm bei Kunstlicht). **Kompensationsfilter** werden angewendet, um unerwünschte Farbstiche zu vermeiden: UV-Filter gegen Blaustich bei Hochgebirgs- oder Strandaufnahmen, Skylightfilter mit gleicher Wirkung und zusätzl. Betonung warmer Farben sowie Milderung von störendem Dunst. Das Polarisationsfilter wird einerseits als neutral wirkendes Effektfilter zur Ausschaltung unerwünschter Spiegelungen, für Schwarzweiß- und Farbaufnahmen benutzt und dient zum anderen in der Farbphotographie ähnl. Zwecken wie das Gelbfilter in der Schwarzweißphotographie (die Wiedergabe des Himmels erscheint dunkler, die der anderen Farben kontrastreicher).

Farbgitter, aus vielen parallelen Drähten bestehendes Gitter in einer → Bildröhre, das im Strahlweg vor dem

FARBFERNSEHEN

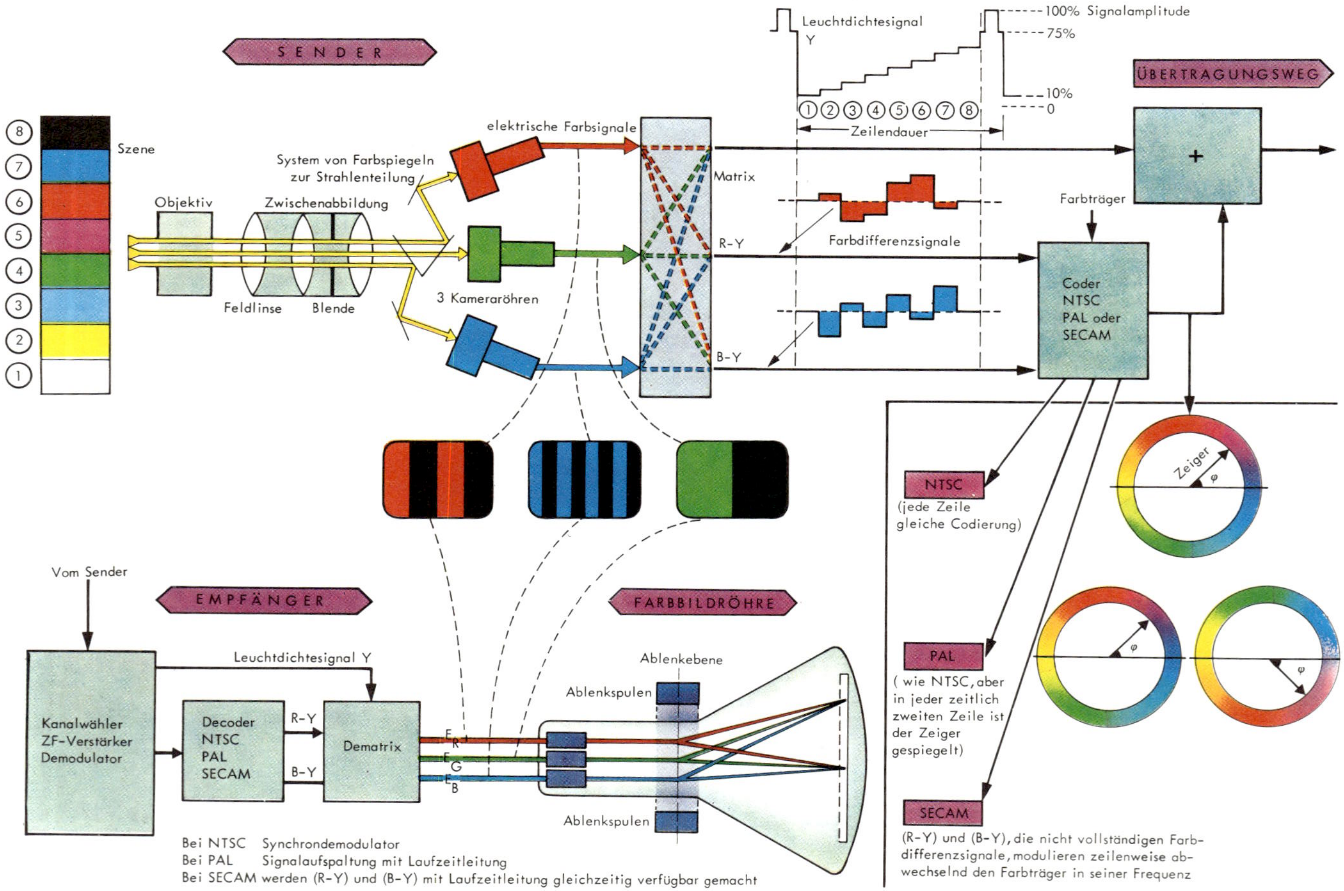

Bildschirm angeordnet ist und durch seine Potentialverhältnisse den Elektronenstrahl jeweils auf die roten, blauen oder grünen Leuchtstoffe des Bildschirmes lenkt.

Farbgläser entstehen durch gewisse Ionen, die in eigtl. farblosen Gläsern gelöst sind, oder durch dispergierte submikroskopische Kristalle (→Anlaufglas). – Beispiele färbender Ionen: Kobalt (blau), Eisen (gelb, braun, blaugrün), Kupfer (grün), Neodym (violett), Uran (gelbgrün). Beispiele von Anlaufgläsern: Goldrubin (rosa bis purpur), Kupferrubin (rot).

Farbgleichung, Darstellung des Ergebnisses einer additiven →Farbmischung in der Form einer linearen Vektorgleichung. Die an der Mischung beteiligten →Primärvalenzen werden in der F. wie Vektoren (häufig durch große Fraktur-Buchstaben) bezeichnet, die Mischungsbeträge **(Farbwerte)** durch die entsprechenden großen Antiqua-Buchstaben, z. B. $\boldsymbol{F} = \mathrm{K}\boldsymbol{K} + \mathrm{L}\boldsymbol{L} + \mathrm{M}\boldsymbol{M}$, d. h., die Farbe ***F*** sieht genauso aus wie eine additive Mischung der drei Primärvalenzen ***K***, ***L***, ***M*** mit den Farbwerten K, L, M. Eine F. bleibt durch →Umstimmung weitgehend erhalten (Persistenz-Satz von J. v. KRIES).

Farbkörper, 1) Teil des →Farbenraumes.

2) veraltet für →Farbmittel oder Pigmente.

Farbkreis, Farbtonkreis, die in sich zurücklaufende Folge der Farbtöne, z. B. von Gelb über Orange, Rot, Purpur, Violett, Blau, Blaugrün, Grün, Gelbgrün zurück nach Gelb. Die Anordnung als F. besitzt keine farbmetr. Bedeutung; sie kann z. B. so geschehen, daß sich kompensative Farbtöne (→Kompensationsfarbe) diametral gegenüberliegen (z. B. im Ostwaldschen F., BILD) oder daß die einzelnen Farbtöne mit gleich großen Abständen im Kreis jeweils als voneinander gleich verschieden empfunden werden (›empfindungsgemäß gleichabständiger F.‹, z. B. im Farbsystem nach DIN). Beide Prinzipien sind nicht gleichzeitig zu verwirklichen.

Farbkreisel, Vorrichtung zur additiven Farbmischung durch rasche Rotation ebener Farbscheiben. Von J. C. MAXWELL wurden dazu die radial geschlitzten und dadurch ineinandersteckbaren und in der Sektorgröße veränderlichen **Farbscheiben** erfunden.

Farblack, durch Umsetzung von lösl. Farbstoffen (meist Beizenfarbstoffe) mit Metallsalzen, Tannin oder Brechweinstein auf der Faser erzeugte Pigmente; keine Lacke i. S. der Anstrichtechnik.

Farbladung, →Farbe 2).

Farbmessung, Bestimmung der drei Maßzahlen einer →Farbvalenz. Es gibt drei mögliche Verfahren **(valenzmetrische Verfahren):** 1) Beim **Gleichheitsverfahren** wird ein visueller Farbabgleich zw. der zu messenden Farbe und einer valenzmetrisch bekannten Farbe hergestellt (z. B. Farbenkarten nach DIN, visuelle Dreifarbenmeßgeräte). 2) Beim **Spektralverfahren** wird die Farbreizfunktion spektralphotometrisch gemessen. Die Normfarbwerte (X, Y, Z) werden daraus und aus den →Normspektralwertfunktionen berechnet. 3) Beim **Dreibereichsverfahren** werden die drei Normfarbwerte visuell festgestellt oder durch drei photoelektr. Empfänger direkt gemessen. Die spektrale Empfindlichkeit dieser Empfänger muß dabei sehr genau den Spektralwertkurven des Normalbeobachters entsprechen (Luther-Bedingung). Praktisch erreicht man dies durch Vorschalten geeigneter Farbfilterkombinationen (Dresler-Prinzip). Industrielle Farbmeßgeräte arbeiten heute hauptsächlich nach dem Dreibereichsverfahren.

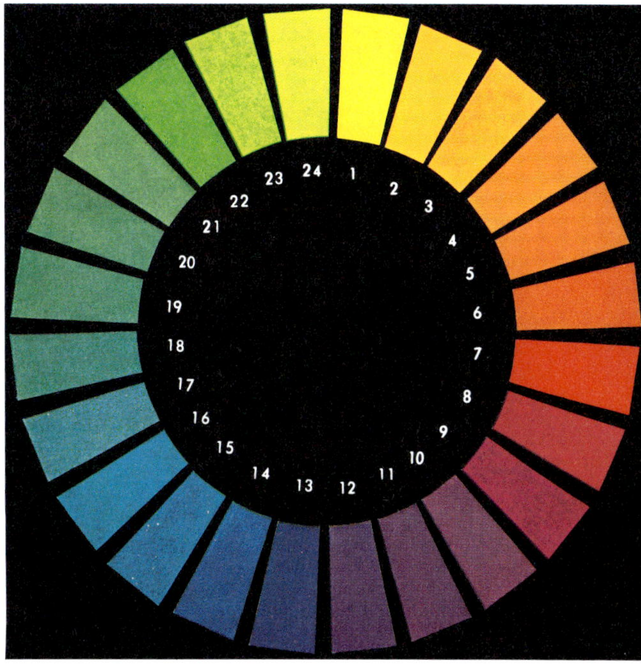

Farbkreis: vierundzwanzigteiliger Farbtonkreis; er entsteht durch Zusammenbiegen des Spektrums von weißem Licht unter der Einschaltung von Purpur zw. Violett und Rot; nach W. Ostwald werden die Farben 1 bis 24 mit 00 bis 96 bezeichnet

Bei der F. von Lichtquellen genügt die Angabe der Normfarbwertanteile (Maßzahlen zur Kennzeichnung der Farbart). Bei Körperfarben wird zur Kennzeichnung der Helligkeit der Probe der →Hellbezugswert angegeben; außerdem sind die bei der Messung der spektralen Remissionswerte angewendete Beleuchtungsgeometrie (z. B. 45/0, d. h. Beleuchtung unter 45°, Messung unter 0° gegen die Probennormale) sowie die beleuchtende Lichtart (z. B. Normlichtart A, d. h. Glühlampenlicht der Farbtemperatur von ca. 2850 K) anzugeben. Bei der F. von Lichtquellen bezieht man sich auf die Normspektralwertfunktionen für das 2° große Gesichtsfeld (Kleinfeldsystem), bei Körperfarben kommen das 2°- und das 10°-System (Großfeld-System) in Frage.

Farbmetrik, die Lehre von den Maßbeziehungen zw. den Farben, die die Grundlage der →Farbmessung ist.

In der Farbvalenzmetrik **(niedere F.** nach E. SCHRÖDINGER, **Farbreizmetrik** nach R. LUTHER) beruhen die Maßbeziehungen lediglich auf dem vom Auge gefällten Gleichheitsurteil; die Maßbeziehungen gründen sich auf die Gesetze der additiven →Farbmischung. Die dafür möglichen Maßsysteme sind sehr vielfältig. In der Praxis haben sich jedoch nur einige wenige durchgesetzt: a) die Normfarbwerte X, Y, Z des 2°- oder des 10°-Normvalenzsystems nach DIN; b) die Helmholtz-Maßzahlen, d. h. die Kennzeichnung einer Farbvalenz durch die farbtongleiche Wellenlänge (→Farbton), den spektralen Farbanteil (Sättigung) und den Hellbezugswert; c) die Maßzahlen nach einem als Farbenkarte ausgeführten

Farbsystem, z. B. dem der DIN-Farbenkarte oder dem Munsell-System; d) die Ostwald-Maßzahlen auf Grund der Vorstellung, daß jede Körperfarbe als additive Mischung einer ›Vollfarbe‹ bestimmten Farbtons mit idealem Weiß und idealem Schwarz erzeugt werden könne.

Die Farbempfindungsmetrik (**höhere F.** nach E. SCHRÖDINGER) benutzt Urteile des Auges über spezifische (partielle) Gleichheiten, z. B. über Helligkeitsgleichheit bei versch. Farbarten, über Farbton- oder Sättigungs-Gleichheit u. a. ohne gleichzeitige Übereinstimmung auch in den anderen beiden Maßgrößen. Sie benutzt ferner Urteile über gleich groß empfundene Farbunterschiede (**empfindungsgemäße Gleichabständigkeit**) u. a. Die Farbempfindungsmetrik beherrscht heute die experimentelle Arbeit auf dem Gebiet der F.

Praktisch wird die F. in der Industrie angewendet (Festlegung von Farbtoleranzen bei Färbeaufträgen, Anstrichen u. a., Berechnung von Rezepturen, Badzusammensetzungen u. a.). Für die Theorie des Farbfernsehens, der Farbphotographie und des Farbendruckes hat sie sich als fruchtbar erwiesen.

Farbmischung umfaßt zwei versch. Vorgänge, deren Namen eine Verwandtschaft vortäuschen.

Die **additive (optische) F.** ist die Kombination mehrerer → Farbvalenzen zu einer neuen, von denen der Komponenten versch. Farbempfindung (BILD). Die additive F. wird durch eine gleichzeitige oder rasch periodisch wechselnde Erregung derselben Netzhautstelle durch versch. → Farbreize bewirkt. Die gleichzeitige Einwirkung kann dabei verursacht sein durch räuml. Überlagerung der Farbreize (z. B. durch Übereinanderprojektion) oder durch verschiedenfarbige Flächenelemente, die unter so kleinem Gesichtswinkel erscheinen, daß sie vom Auge nicht mehr getrennt werden können (›Kollektivfarbe‹ im Rasterdruck und Farbfernsehen, bei Beobachtung von Gegenständen aus großer Entfernung). Eine weitere Möglichkeit der additiven F. ist die period. Einwirkung aufeinanderfolgender Farbvalenzen oberhalb der Verschmelzungsfrequenz des Auges (z. B. beim → Farbkreisel).

Zur zahlenmäßigen Beschreibung einer Farbvalenz sind drei voneinander unabhängige Bestimmungsstücke notwendig (**Dreidimensionalität der Farben, 1. Graßmannsches Gesetz**; → Farbgleichung). Für das Ergebnis

Farbmischung:
links additive Farbmischung (Farbeindruck, der durch Überlagerung von Farbvalenzen entsteht); rechts subtraktive Farbmischung (Farbeindruck, der durch Mischung von Farben entsteht)

einer additiven F. ist ausschließlich das Aussehen der Komponenten, nicht ihre spektrale Zusammensetzung maßgebend, d. h., maßgebend für eine additive F. sind die Farbvalenzen (**2. Graßmannsches Gesetz**). Zw. den Farben bestehen stetige Übergänge (**3. Graßmannsches Gesetz**). Diese drei empirisch gefundenen, auf der Natur des normalen menschl. Farbensehens beruhenden Gesetze bilden die Grundlage der → Farbmetrik und → Farbmessung.

Aus den Gesetzen der additiven F. folgt, daß die Leuchtdichte einer additiven F. gleich der Summe der Leuchtdichten der Mischungskomponenten ist (**Abneysches Gesetz**).

Im Unterschied zur additiven F. ist die **subtraktive F.** ein physikalisch-opt. Vorgang. Werden Farbstofflösungen ineinandergegossen oder Farbfilter hintereinandergeschaltet, so erleidet das hindurchtretende Licht in seiner spektralen Zusammensetzung Veränderungen, die sich durch das Zusammenwirken der Einflüsse der einzelnen Lösungen oder Farbfilter auffassen lassen (**substantielle** oder **materielle F.**). Da schon die Einzellösungen oder Einzelfilter je eine eigene Farbe zeigen und die Kombinationen eine andere, deutet man bei naiver Betrachtung das Ergebnis der Kombination als ›F.‹. In Wahrheit findet aber keine F. statt, sondern eine Kombination der spektralen Absorptionen der Komponenten. Auch ist diese Kombination nicht ›subtraktiv‹, sondern die spektralen Transmissions- und Remissionsgrade der Komponenten müssen für alle Wellenlängen miteinander multipliziert werden, um die Wirkung der Kombination zu finden (daher mitunter **multiplikative F.** genannt). Für das Ergebnis sind nicht die Farben der Komponenten, sondern nur deren spektrale Transmissions- und Reflektionskurven maßgebend.

Farbmittel, nach DIN Sammelname für alle farbgebenden Stoffe. Die → Pigmente sind im Anwendungsmedium praktisch unlösliche anorgan. (z. B. Ruß, Ocker) oder organ. (z. B. Anilinschwarz, Phthalocyanine) F., die → Farbstoffe sind im Anwendungsmedium lösl. organ. F. (z. B. Azofarbstoffe, Carotin).

Farbphotographie, Colorphotographie, photograph. Verfahren zur Herstellung von Abbildungen in (meist) natürlichen Farben. Grundlage aller Verf. ist bei der Aufnahme die Zerlegung des vom Motiv reflektierten Farbgemischs (→ Farbmischung) in drei Spektralbereiche (Blau, Grün, Rot). Dies kann geschehen durch drei nacheinanderfolgende Aufnahmen auf Schwarzweiß-Material hinter drei entsprechenden Farbfiltern (Farbauszugfilter) oder durch Belichtung in einer Strahlenteilungskamera oder durch das Aufnahmematerial mit drei jeweils für eine der Grundfarben empfindl. Schichten. Die heutigen Verfahren bedienen sich fast ausschließlich der letzten Möglichkeit.

Bei der Wiedergabe werden die Farbtöne aus drei einfarbigen Bildern ermischt gemäß der Erkenntnis über das Farbensehen von I. NEWTON (1672) und T. YOUNG (1802). Dazu läßt man entweder die Farbtöne der drei Einzelbilder, die Teilauszüge, gemeinsam auf das Auge wirken (**additive** Farbmischung, J. C. MAXWELL 1855), oder die drei verschiedenfarbigen Einzelbilder werden vom weißen Projektionslicht durchdrungen oder, auf eine weiße Unterlage montiert, in der Aufsicht betrachtet (**subtraktives** Verfahren).

Verfahren. Die **additiven Farbverfahren** liefern nur Projektions- und Durchsichtsbilder. Sie waren früher die einzigen praktisch ausgeübten Verfahren, insbes. das **Kornrasterverfahren** (ein Farbrasterverfahren), bei dem

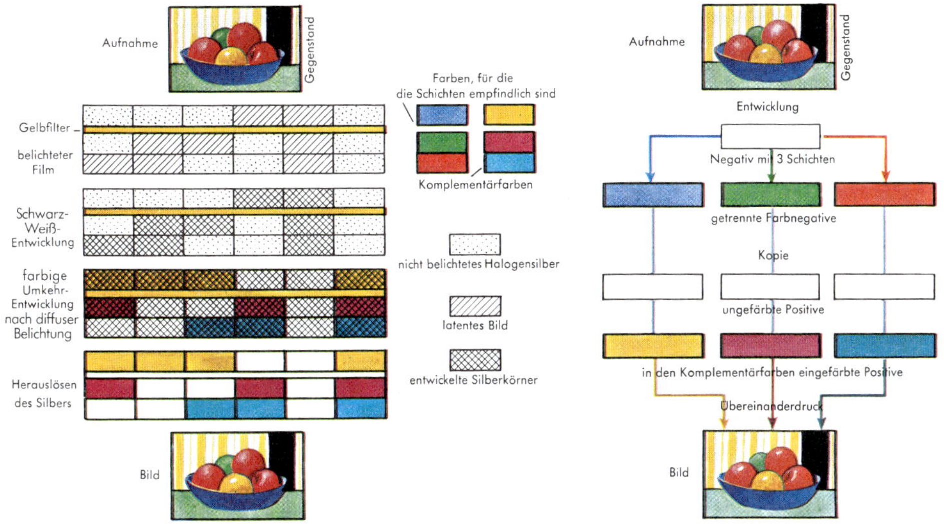

Farbphotographie: LINKS die schematische Darstellung des Agfacolor-Umkehrverfahrens (Aufnahme bis zum Bild); RECHTS Schema des Technicolor-Verfahrens

zw. lichtempfindl. Schicht und Schichtträger eine Farbrasterschicht mit in einer Ebene nebeneinanderliegenden, mikroskopisch kleinen, blau, grün und rot angefärbten Körnern aufgebracht war (Autochrom-Platte der Gebr. LUMIÈRE 1907, Agfa-Farbrasterplatte 1916, Agfacolor-Farbrasterfilm 1932, Dufaycolor-Verfahren mit regelmäßig angeordnetem Druckraster). Bei den **Linsenrasterverfahren** trägt das Objektiv ein aus den drei Grundfarben stufenförmig zusammengesetztes Filter, der Film besitzt auf der Rückseite eine dem Objektiv zugewandte Prägung von Zylinderlinsen, die den Streifen des Filters parallel laufen. In der panchromat. Emulsionsschicht entstehen drei streifenförmig nebeneinander angeordnete Farbauszüge. Zur Wiedergabe wird der Strahlengang umgekehrt (Linsenrasterfilme für die Amateurkinematographie: Kodak 1928, Agfa 1931; Siemens-Berthon-Verfahren für die Projektion im Kinotheater 1936). Wegen des starken Lichtverlustes beim Projizieren sind die additiven Verfahren heute fast vollständig durch subtraktive Verfahren verdrängt worden.

Die **subtraktiven Farbverfahren** verzichten auf Farbfilter und benutzen ein mehrschichtiges photograph. Material mit einer blauempfindl. oberen Schicht, einer Gelbfilterschicht zur Absorption des restl. blauen Lichtes, einer grünempfindl. Schicht und einer rotempfindl. Unterschicht. Bei den heute meist üblichen Verfahren mit **Farbstoffaufbau** enthalten die drei lichtempfindl. Schichten jeweils **Farbkuppler** oder Komponenten (R. FISCHER 1911), die bei der Entwicklung mit einem Farbentwickler (p-Phenylendiaminderivate) einen Bildfarbstoff ergeben **(chromogene Entwicklung).** So wird z. B. in der blauempfindl. Schicht der komplementäre Gelbfarbstoff erzeugt. Die Kuppler müssen in den hydrophilen Gelatineschichten diffusionsfest verankert werden. Dies geschieht z. B. durch Verwendung von hydrophilen Kupplern, die langkettige Alkylreste mit 10–20 Kohlenstoffatomen tragen **(Fettschwanzprinzip, Agfacolor** 1936). Man kann auch hydrophobe Kuppler einsetzen, die man in hochsiedenden Lösungsmitteln löst. Die Lösung wird dann in Gelatine einemulgiert **(Emulgierprinzip, Kodacolor** 1942). Es besteht auch die Möglichkeit, von kupplerfreien lichtempfindl. Materialien auszugehen. Die Emulsionsschichten werden zuerst mit einem Schwarzweiß-Entwickler und dann nach diffuser Nachbelichtung in der entsprechenden Grundfarbe mit getrennten Farbentwicklungsbädern behandelt, die den zugehörigen Kuppler enthalten **(Einentwicklungsprinzip, Kodachrome-Umkehrverfahren).** Zur Farbfehlerkorrektur verwendet man zusätzlich gefärbte Kuppler **(Maskenkuppler,** →Maske).

Je nach Aufbau des Films und angewendeter Entwicklungsmethode lassen sich nach dem Mehrschichtenverfahren komplementärfarbige Negative **(Negativfilm),** die wie üblich auf einen entsprechenden Kopierfilm oder auf ein entsprechendes Mehrschichtenpapier zu Positiven kopiert werden können, oder aber bei →Umkehrentwicklung direkt farbige Positive erhalten **(Umkehrfilm).** Die Filmmaterialien für projizierbare Dias oder Schmalfilmaufnahmen werden meist nach dem Prinzip der Umkehrentwicklung verarbeitet. Zur →Sofortbildphotographie dienen Negativfilme besonderer Art.

Bei den Verfahren mit **Farbstoffabbau** hat das **Farbausbleichverfahren** (LIESEGANG 1889), bei dem Farbstoffe während der Belichtung jeweils selektiv entsprechend ihrer Eigenabsorption ausgebleicht werden, keine Bedeutung erlangt. Beim **Silberfarbbleichverfahren (Azofarbbleichverfahren),** das heute noch angewendet wird, werden den drei Silberhalogenid-Emulsionsschichten lichtechte Azofarbstoffe einverleibt, die in einem Farbbleichbad an den Stellen, an denen bei der vorangegangenen Schwarzweiß-Entwicklung metallisches Silber gebildet wurde, selektiv zerstört werden **(Cibachrome,** frühere Materialien: Gaspacolor, Agfa-Pantachrom).

Zu den **photomechan. Mehrfarbenreproduktionsverfahren** zählt das für die Kinematographie bedeutsame **Technicolor-Verfahren,** bei dem aus drei Schwarzweiß-Farbauszugsnegativen drei positive Gelatine-Auswaschreliefs hergestellt werden. Diese dienen nach Einfärbung mit den subtraktiven Farben Gelb, Purpur und Blaugrün als Druckmatrizen. Die drei Reliefbilder werden dann auf einen Film übereinandergedruckt. Die Herstellung der Auszugsnegative geschah früher mittels einer aufwendigen Strahlenteilerkamera, heute verwendet man eine normale Filmkamera.

Zur Vervielfältigung von Diapositiven ist ein Verfahren entwickelt worden, bei dem ein aus drei Schichten zusammengesetzter Film Verwendung findet, das → ZOD-Dia.

Die photomechan. Herstellung von Druckplatten und -formen für den → Farbendruck erfolgt ebenfalls über Farbauszugsnegative oder -positive.

E. MUTTER: Die wissenschaftl. und angewandte Photographie (1967); J. S. FRIEDMAN: History of color photography (London [2]1968); G. TEICHER: Hb. der Fototechnik ([5]1972); H. BERGER: Agfacolor ([9]1972, Erg. 1976); A. FEININGER: Feiningers Farbfotokurs; eine Einf. in die F. (a. d. Amerik., [3]1981); ders.: Grosse Fotolehre (a. d. Amerik., Neuausg. 1981); G. KOSHOFER: F., 3 Bde. (1981). – Weitere Lit. → Photographie.

Farbreiz, durch elektromagnet. Strahlung des sichtbaren Spektralgebiets (Wellenlänge λ etwa zw. 380 und 750 nm), die die Netzhaut im Auge trifft, ausgelöste Farbempfindung. Der F. wird durch die Strahlungsverteilung auf die einzelnen Wellenlängen, die **Farbreiz-Funktion** $\varphi(\lambda)$ bestimmt.

Stammt der F. direkt von einem Selbstleuchter (beim direkten Anblick einer Lichtquelle), so ist $\varphi(\lambda)$ mit der Strahlungsfunktion dieser Lichtquelle identisch **(Lichtfarbe).** Wird ein nicht selbstleuchtender Gegenstand betrachtet, so wird die von der beleuchtenden Lichtquelle stammende Strahlung $S(\lambda)$ durch die spektrale Lichtremissions- oder Lichttransmissions-Eigenschaft verändert; das Auge erhält als Farbreiz-Funktion $\varphi(\lambda) = S(\lambda) \cdot \beta(\lambda)$ (→ Körperfarbe). $\beta(\lambda)$ ist der spektrale **Leuchtdichtefaktor** (spektraler Remissionsgrad für ›Aufsichtfarben‹; spektraler Transmissionsgrad $\tau(\lambda)$ bei ›Durchsichtfarben‹). Für die Kennzeichnung einer Körperfarbe ist die spektrale Remissionskurve ($\beta(\lambda)$ über λ aufgetragen) oder die spektrale Transmissionskurve ($\tau(\lambda)$ über λ) wichtig, die jedoch über die Farbe nur in Verbindung mit der beleuchtenden Lichtart $S(\lambda)$ und den spektralen Eigenschaften des Empfängerapparates im Auge Aussagen gibt.

Farbscheibe, → Farbkreisel.

Farbschnitt, Farbaufstrich an der oberen oder an allen Beschnittkanten eingebundener Bücher, entsprechend dem → Goldschnitt.

Farbskala, in Farbtönung, Farbsättigung und Druckreihenfolge abgestimmter Satz von Druckfarben für den → Farbendruck.

Farbstich, die in einer Farbe schwach merkliche Neigung zu einer Nachbarfarbe. In der Farbphotographie bedeutet F. eine ungenaue → Farbwiedergabe, die durch falsche Belichtung oder Beleuchtung, fehlerhaftes Photomaterial oder Verarbeitungsfehler verursacht sein kann. Der F. läßt sich z. T. durch Filter und/oder chemische Nachbehandlung beheben.

Farbstoffe, organ. → Farbmittel, die i. Ggs. zu → Pigmenten im Anwendungsmedium löslich sind. F. können nach dem Verwendungszweck in Textil-F., Leder-F., Lebensmittel-F., F. für photograph. Zwecke u. a. eingeteilt werden. – **Natürl. F.** sind pflanzl. oder tier. Ursprungs. Je nach Herkunft unterscheidet man Holz-F., Blüten-F., Blut-F. u. a. Natürl. F. kommen in freier Form, aber auch mit Zuckern (glykosidisch) oder Eiweißstoffen (proteidartig) verknüpft vor. Einige (z. B. → Purpur) waren schon im Altertum bekannt, → Indigo und → Krapp waren über Jahrhunderte die beherrschenden F. zum Färben von Textilien. Die Anwendung natürl. F. ist heute auf Spezialfälle beschränkt. Bedeutung haben → Betanin, → Bixin, → Carotin, → Crocin und → Curcumin als Lebensmittel-F., → Carminsäure wird für Schminken und Lippenstifte verwendet. Aus Walnußschalen gewonnenes **Juglon** ist die färbende Komponente von Sonnenschutzölen. – Das rotviolette → Mauvein war der erste **synthet. F.,** der Mitte des 19. Jh. aus Produkten des Steinkohlenteers hergestellt wurde. Synthet. F. beherrschen heute mit mehreren tausend Produkten den Markt. F. lassen sich nach charakterist. chem. Gruppen in → Acridinfarbstoffe, → Anthrachinonfarbstoffe, → Azinfarbstoffe, → Azonfarbstoffe, → Formazanfarbstoffe, → Methinfarbstoffe und → Triarylmethanfarbstoffe einteilen. **Textil-F.** müssen aus dem Färbebad (Flotte) gleichmäßig auf die Faser aufziehen. Best. Textil-F. lassen sich nur für best. Fasern verwenden.

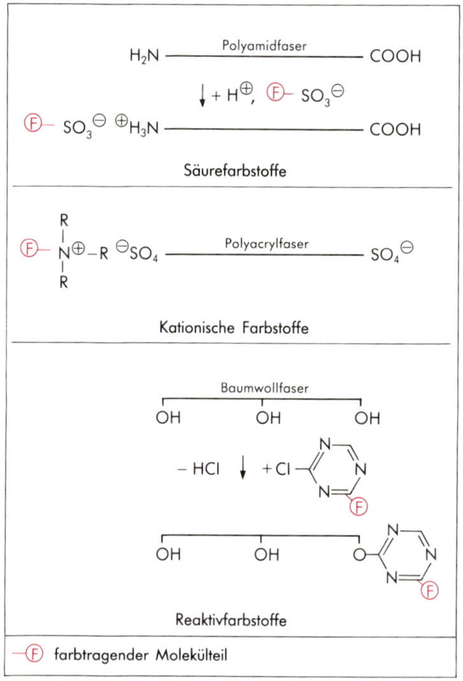

Farbstoffe: Fixierung von Farbstoffen auf Textilfasern

Zum Färben von Polyamidfasern (Wolle, Nylon) sind **Säure-F.** geeignet, die sich mit ihrer Sulfogruppe im sauren Färbebad an die Aminogruppen von Polyamiden anlagern. Polyacrylfasern enthalten von der Polymerisation her einige Sulfatgruppen. Sie lassen sich deshalb mit positiv geladenen **kationischen F.** färben. Für Polyesterfasern werden **Dispersions-F.** verwendet, die sich kaum in Wasser, aber gut in organ. Medien (z. B. synthet. Fasern) lösen. Sie werden, fein gemahlen, unter Zusatz von Dispergatoren im Färbebad aufgeschlämmt. Baumwolle hat als Cellulosefaser nur Hydroxylgruppen mit geringen Anziehungskräften. Früher wurde Baumwolle mit Aluminiumsalzen oder Tannin gebeizt. Die so vorbehandelte Faser konnte mit **Beizen-F.** (z. B. →Alizarin) gefärbt werden. **Küpen-F.** (z. B. Indigo) sind wasserunlösl. Stoffe, die durch Reduktion (Verküpung) in wasserlösl. Verbindungen **(Leukokörper)** überführt werden können. Nach dem Aufziehen auf die Faser bildet sich durch Luftoxidation der F. zurück. **Entwicklungs-F.** werden erst auf der Faser synthetisiert. Beispiele sind die Naphtol-AS-Azo-F., bei denen die Kupplungskomponente auf die Faser aufgezogen wird. Durch Reaktion mit der lösl. Diazokomponente entsteht auf der Faser der F. **Direkt-F. (substantive F.)** lassen sich aus neutraler, wäßriger Lösung direkt auf Baumwolle aufziehen. Baumwolle wird heute meist mit **Reaktiv-F.** gefärbt oder bedruckt. Bei diesen ist der eigtl. Farbträger mit einem reaktiven Anker (z. B. chlorierte Triazine) verbunden, der eine chem. Verbindung mit der Faser eingeht. Dadurch wird eine hohe Waschechtheit erreicht.

Farbstofftheorie sucht den Zusammenhang zw. Farbe, Farbstoffcharakter und chem. Konstitution eines Körpers zu erfassen. So hängt die Fähigkeit zur selektiven Lichtabsorption mit der ungesättigten Bindung der Moleküle zusammen und ist an chromophore Atomgruppen gebunden (u. a. die Kohlenstoffdoppelbindung, die Carbonyl-, Nitro-, Nitroso-, Azo- und chinoide Gruppe). – Verbindungen mit chromophoren Gruppen heißen **Chromogene.** An der Verschiebung der Farbe sind neben chromophoren Gruppen auxochrome (farbvertiefende) Atomgruppen beteiligt (z. B. Aminogruppe). Sie vermögen die Farbe eines Chromogens zu beeinflussen, wenn sie in sein Molekül eintreten **(Auxochromtheorie).**

Farbstrahldruckverfahren, Tintenstrahldruckverfahren, Ink jet printing ['ɪŋkdʒet-, engl.], Druckverfahren, bei dem durch viele feinste Düsen, die eng neben- und übereinander angeordnet sind, Strahlen flüssiger Farbe unter hohem Druck auf das zu beschriftende Material gespritzt werden. Je nachdem, welche Düsen geöffnet oder geschlossen sind, entsteht auf dem Beschriftungsmaterial aus Farbpünktchen das Bild der gewünschten Buchstaben und Ziffern. Es gibt mehrere techn. Anordnungen zum Schließen der Düsen oder zum elektrostat. oder magnet. Ablenken der nicht gewünschten Farbstrahlen. Beim Schreiben wandern Düsen und Steuervorrichtung zeilenweise am Beschriftungsmaterial vorbei und spritzen ein Zeichen nach dem anderen. Schriftformen und Größen können je nach Maschinentyp in gewissen Grenzen binnen Sekunden verändert werden. Die Schreibgeschwindigkeit beim F. ist sehr groß, die Konturenschärfe ist geringer als bei gedruckten Buchstaben.

Farbtafel, zweidimensionale graph. Darstellung der durch additive Farbmischung herstellbaren Beziehungen zw. den → Farbarten. Die F. ist eine durch die Endpunkte der Primärvalenzen gebildete Ebene des → Farbenraumes, d. h. eine Projektion des Farbenraumes, bei der auf die Darstellung der Helligkeit der Farbvalenzen verzichtet wird. Die Durchstoßpunkte der Farbvektoren bilden die **Farbörter** der F. Jedem Punkt in der F. ist eine Farbart umkehrbar eindeutig zugeordnet. Die additiven Mischungen zweier Farben liegen auf der geraden Verbindungslinie zw. den Farbörtern (Farbpunkten) der Mischungskomponenten. Die aus drei Komponenten herstellbaren Mischfarben liegen im Innern des durch die drei Farbörter der Komponenten gebildeten Dreiecks **(Farbdreieck),** außerhalb dieses Dreiecks diejenigen Farben, die nur durch äußere Farbmischung zu den drei Komponenten in Beziehung gesetzt werden können. Die Farbarten der

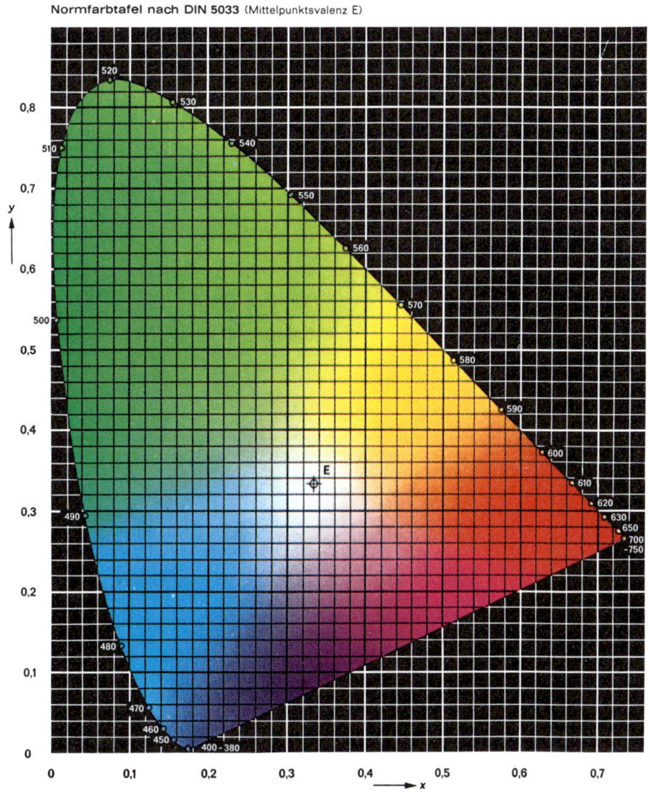

Farbtafel: Normfarbtafel (Farbdreieck), in die Farben ihrer Farbart nach eindeutig eingeordnet sind. Die Normfarbwertanteile (→ Normvalenzen) *x, y* bestimmen den Farbort einer Farbart. Bei E ($x = 0,333$; $y = 0,333$) liegt Unbunt (Weiß, Grau bis Schwarz je nach Helligkeit). Die Randkurve setzt sich aus dem Spektralfarbenzug und der Purpurlinie zusammen

Spektrallichter ordnen sich auf einem nach dem Mittelpunkt hin konkaven, ungeschlossenen Kurvenzug **(Spektralfarbenzug)** nach den Wellenlängen, die jedoch in ganz unregelmäßig großen Abständen darauf verteilt sind. Die Verbindungslinie der Farbörter der beiden Spektrumsenden enthält die reinsten Purpurfarben **(Purpurlinie).** Im Mittelpunkt des Dreiecks oder in seiner Nähe liegt der **Unbuntpunkt.** Farbarten, die ihren Ort auf einem vom Unbuntpunkt ausgehenden Strahl haben, besitzen den gleichen Farbton; auf dem um 180° dagegen verdrehten Strahl liegen die dazu kompensativen Farbarten (→ Kompensationsfarbe). Längs eines jeden solchen Farbtonstrahles steigt die Sättigung (der spektrale Farbanteil) von 0 im Unbuntpunkt bis zu 1 bei der Spektralfarbe oder Purpurfarbe. Innerhalb der vom Spektralfarbenzug und der Purpurlinie umschlossenen Teile liegen alle **reellen** (d. h. durch Farbreize erzeugbaren) **Farbarten,** außerhalb die **virtuellen,** die nur als Zahlenbeziehungen zu den anderen Farbarten gedacht, aber nicht hergestellt werden können.

Das aus den virtuellen Normvalenzen ***X, Y, Z*** (→ Farbmetrik) gebildete Dreieck (an sich willkürlich gestaltbar)

wird üblicherweise als rechtwinklig-gleichschenkliges Dreieck mit dem rechten Winkel bei *Z* genommen **(Norm-F.)**. Zum Eintragen der Farbpunkte benutzt man die Farbwertanteile als Dreieckskoordinaten. Nach Empfehlung der Internationalen Beleuchtungskommission wird auch eine solche Verzerrung der Norm-Farbtafel benutzt, in der angenähert die geometrischen Abstände den Empfindungsunterschieden gleich heller Farben entsprechen.

Farbtemperatur einer Lichtquelle wird nach E. P. HYDE (1910) diejenige Temperatur des → schwarzen Körpers genannt, bei der dieser ein Licht gleicher Farbe (Farbart) wie die betreffende Lichtquelle aussendet. Die F. soll also nur die Farbe einer Lichtstrahlung beschreiben, nicht deren spektrale Zusammensetzung. Die F. wird in K angegeben und graphisch aus der → Farbtafel ermittelt. Sie kann sowohl größer (z. B. bei großem Blauanteil der emittierten Strahlung) als auch kleiner (z. B. bei großem Rotanteil) als die wahre Temp. der Lichtquelle sein. Für photograph. Zwecke sind photoelektr. **F.-Meßgeräte** im Handel.

Farbton, eine der unmittelbar empfundenen Eigenschaften einer → Farbe (Farbempfindung), durch deren Vorhandensein sich eine bunte Farbe von einer unbunten grundsätzlich unterscheidet. In der Valenzmetrik (→ Farbmetrik) ist eine Folge von Farbvalenzen gleichen F. dadurch definiert, daß alle diese Farbvalenzen durch ein und dieselbe Farbvalenz zu Unbunt kompensiert werden können (→ Kompensationsfarbe). Der F. kann durch die farbtongleiche Wellenlänge, durch Bezug auf einen → Farbkreis oder auch durch eine aus den Farbwerten (→ Farbgleichung) abgeleitete Kennzahl beschrieben werden. – Der in der Praxis der Färberei und Anstrichtechnik sowie in der Kunst noch übliche Gebrauch des Wortes F. für Farbe, farbiges Aussehen, ist unkorrekt.

Farbvalenz, die unmittelbare Auswirkung eines → Farbreizes auf den Empfängermechanismus des Auges (→ Farbensehen), der den Farbreiz nach (normalerweise) drei voneinander unabhängigen, spektral verschiedenen Wirkungsfunktionen linear und stetig bewertet. Diese Einzelwirkungen setzen sich zu einer einheitlich empfundenen, unauflösbaren Gesamtwirkung, der F., additiv zusammen **(farbmetrisches Grundgesetz)**. Sie bestimmt das Verhalten der Farbreize bei additiver → Farbmischung. Die F. wird durch einen vom Schwarzpunkt ausgehenden **Farbvektor** im dreidimensionalen **Farbenraum** dargestellt. Eine → Farbmessung bezieht sich stets nur auf F.

Farbwechselhormone, Gruppe von Hormonen, die bei Tieren durch Wanderung von Pigmentkörperchen Farbänderungen hervorrufen, z. B. das Melanophoren-Hormon.

Farbwerk, Teil der Druckmaschine, der mit Hilfe des Farbkastens und der Farbübertragungswalzen das Einfärben der Druckform besorgt.

Farbwiedergabe, Beziehung zw. der Originalfarbe eines Objektes und dessen farbiger Wiedergabe. F.-Eigenschaften können sich auf Lichtquellen, farbphotograph. Prozesse, Mehrfarbendruck, Farbfernsehtechnik u. dgl. beziehen. Die F.-Eigenschaften von techn. Lichtquellen werden durch einen Farbwiedergabe-Index gekennzeichnet.

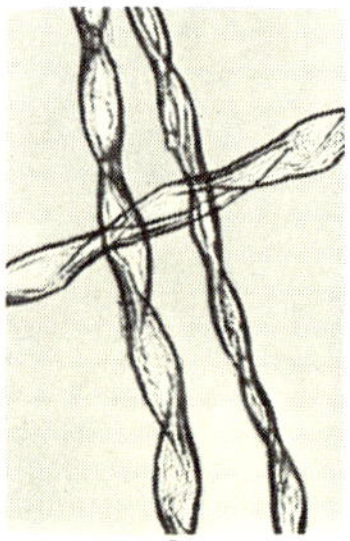
1

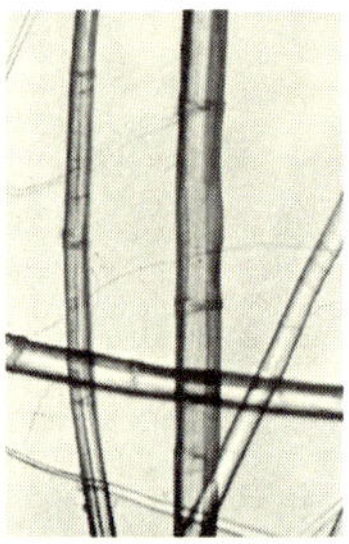
2

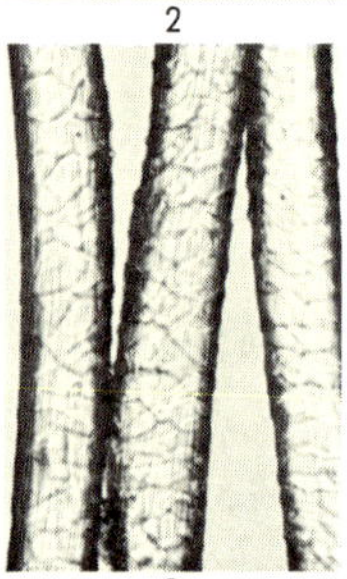
3

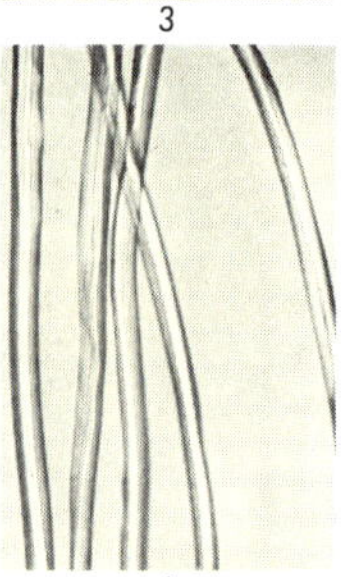
4

Faserstoffe: Mikroskopische Längsansichten der wichtigsten Faserarten (Vergr. etwa 150:1); **1** Baumwolle, **2** Flachs, **3** Schafwolle, **4** Naturseide

Farnesol, Sesquiterpen-Alkohol (→ Terpene), der in vielen höheren Pflanzen vorkommt. Verwendung in der Parfümerie.

Faschine, 3–6 m langes und etwa 0,3 m dickes, durch Bindedraht zusammengehaltenes Bündel aus frischem, nicht sperrigem Reisig, verwendet zur Ufer- und Sohlenbefestigung bei der → Flußregelung. Eine besondere Form ist die **Faschinensenkwalze** oder → Senkfaschine.

Fase, gebrochene Kante, eine Abflächung **(Abfasung)** an Gegenständen und Werkstücken zur Vermeidung der Verletzungsgefahr und zur Verschönerung. F. dienen auch zur Gewährleistung von Funktionseigenschaften von Werkstücken (Montage, Passungen, Schmierung) und spanabhebenden Werkzeugen, indem Werkzeugstandzeit und Werkstückoberfläche verbessert werden.

Faser, Textilrohstoff, i. e. S. die kurzen faserigen Gebilde **(Spinnfasern)**, heute allg. alle textilen → Faserstoffe, unabhängig davon, ob sie praktisch endlose Gebilde **(Endlosgarne)** oder längenbegrenzte Spinnfasern sind.

Faserbeton, Fasermörtel, mit Mineralfasern (→ Asbestzement), Glasfasern, Stahlfasern oder Kunststoffasern bewehrter Beton oder Mörtel.

Fasermetall, durch → Sintern verdichtete Formkörper aus Draht, Metallwolle oder -fasern, die den Durchtritt von Kühl- und Schmiermitteln zulassen. Aus F. werden z. B. Filter, Lagerschalen und gekühlte Turbinenschaufeln hergestellt. F. wird auch als Skelett in Kunststoff zur Erhöhung der Festigkeit eingelagert.

Faser|optik, Fiber|optik, Vorrichtung aus einzelnen oder mehreren zusammengefaßten flexiblen → Glasfasern, die Lichtenergie und Bildinformationen übertragen können.

Faserplatten, → Holzfaserplatten.

Faserschreiber, Filzschreiber, urspr. aus Japan stammendes Schreibgerät mit Schreibspitze aus Chemiefasern.

Faserschutzmittel, Textilhilfsmittel, die zur Faserschonung, insbes. tierischer Fasern, bei Veredlungsprozessen wie Bleichen, Färben, Abziehen mitverwendet werden; im weitesten Sinn auch Mittel zum Schutz des Textils beim Gebrauch, z. B. gegen Mottenfraß, Entflammbarkeit, Lichteinwirkung.

Faserstoffe, alle zur textilen Verarbeitung geeigneten Fasergebilde mit dem gemeinsamen Kennzeichen einer im Vergleich zu ihrem Querschnitt großen Länge sowie ausreichender Festigkeit und Biegsamkeit. Man unterscheidet nach ihrer Herkunft: 1) **pflanzliche F.:** Baumwolle und Kapok als Samenhaare, Flachs, Hanf, Jute und Ramie als Stengelfasern, Sisalfaser, Manilafaser (Abacá) und Neuseelandfaser (Phormium) als Blattfasern sowie Kokos als Fruchtfaser; 2) **tierische F.:** Schafwolle, Ziegenhaare, Schafkamelwolle, Kamelhaar, Angorakaninwolle, Roßhaar, Maulbeer- und wilde Seide; 3) **mineralische F.:** Asbest; 4) **Chemie-F.:** → Chemiefasern; 5) industriell hergestellte **F. auf anorgan. Grundlage:** Glasfasern, Gesteinsfasern, Metallfasern.

Für die Untersuchung der F. benutzt man chem. Reaktionen (›Reagenzglasversuche‹), Methoden der Mikroskopie, Elektronenmikroskopie und röntgenograph. Analyse sowie die Infrarot-Spektroskopie und Pyrolyse-Kapillargaschromatographie. Alle F. zeigen eine mehr oder weniger weitgehende Parallelorientierung ihrer Moleküle zur Faserachse (Fasertextur oder -struktur). Die

Röntgen-Interferenzbilder von F., die diesen Effekt der Feinbauteilchen zeigen, werden als **Faserdiagramme** bezeichnet.

Prüfen von Textilien, hg. v. W. Döcke 1 (³1977), 2 (²1974); H. W. Haudek und Erna Viti: Textilfasern (1980); Z. A. Rogovin: Chemiefasern (a. d. Russ., 1982).

Faserstoffprüfung dient zur Ermittlung der textilen Eigenschaften der Faserstoffe an Einzelfasern, Garnen oder Geweben.

Die **Zugfestigkeit** der Fasern und Garne entspricht der Gewichtsbelastung, die zum Zerreißen führt; die diesem Gewicht entsprechende Länge der Fasern, Garne u. a. ist die **Reißlänge.** Die **Dehnung** ist die in % der Einspannlänge ausgedrückte Längung bei Zugbeanspruchung bis zum Zerreißen. Die **mittlere Faserlänge** ergibt sich aus dem Faserlängendiagramm (Stapeldiagramm). Die **Feinheit** von Fasern oder Garnen (→ Garnfeinheit) wird durch den metrischen → Titer (Tt) in tex gekennzeichnet. Die **Abriebfestigkeit (Scheuerfestigkeit)** wird durch Scheuern von Gewebe gegen Gewebe (entsprechend eingespannt) oder Gewebe gegen Schmirgelscheiben oder geriffelte Stahlscheiben bis zum Durchscheuern oder bis zu einem best. Gewichtsverlust bestimmt. Die **Berstfestigkeit** ergibt sich aus der Druckbelastung (mit Druckluft oder Stempeldruck), die das Gewebe zum Zerplatzen bringt. Die **Bauschelastizität** ergibt sich aus der aufzuwendenden Arbeit, mit der entsprechende Faserbüschel durch einen Stempel zusammengedrückt werden. Die **Quellung** in Wasser wird entweder mikroskopisch aus der Dicken- und Längenzunahme oder aus der Gewichtszunahme (nach Abzentrifugieren) bestimmt. Die **Luftdurchlässigkeit (Porosität)** ergibt sich aus der Anzahl cm^3 Luft, die in 1 s durch 1 cm^2 Gewebe hindurchgeht, oder aus der Druckdifferenz beim Durchsaugen von Luft durch das Gewebe, oberhalb und unterhalb desselben gemessen. Für alle F. werden besondere Apparate verwendet. Daneben spielt die mikroskop. Prüfung eine wichtige Rolle.

Faß, urspr. aus Holzdauben gefertigter, bauchiger Behälter, der an zwei Seiten durch je einen Boden geschlossen ist, dient noch heute zur Lagerung und zum Transport von Wein, Branntwein, Bier u. a., wird aber immer mehr durch Metall- und Kunststoffässer, auch Stahl- und Glasbehälter, ersetzt.

Fassa|it *der,* Mineral, grüner Augit; → Pyroxene.

Fassung, 1) Elektrotechnik: bei elektr. Leuchten die Vorrichtung zum Einsetzen der Lampen (Lichtquellen). Sie ist gleichzeitig Halte- und elektr. Kontaktvorrichtung für die Lampensockel, ausgeführt als **Schraub-F.** (Edison-F.), **Bajonett-F.** (gebräuchlich z. B. bei Fahrzeugen, weil erschütterungssicher, und für Leuchtstofflampen) oder **Soffitten-F.**

2) Wasserbau: auch **Wasserfassung,** Wasserentnahmebauwerk, bei Entnahme aus Seen i. d. R. bestehend aus Einlaufbauwerk, bei Entnahme aus Wasserläufen und Quellen zusätzlich aus Staubauwerk, bei der Grundwasserentnahme aus Brunnen und Pumpanlage.

fast alle, in der Mathematik übliche Bez. für ›alle mit Ausnahme von endlich vielen‹.

Fastebene, die → Rumpffläche.

fastperiodische Funktionen, mathemat. Funktionen, die durch Verallgemeinerung der Fourier-Entwicklung period. Funktionen (bes. Fourier-Reihen) entstehen und best. Stetigkeitsvoraussetzungen genügen. Die Funktionen cos nx und sin nx sind f. F., jedoch sind nicht alle period. Funktionen auch fastperiod. Funktionen. F. F. treten auf bei Zusammensetzungen von Schwingungen mit inkommensurablen Frequenzen.

Fata morgana, eine → Luftspiegelung.

fathom [f'æðəm], Längeneinheit in Großbritannien und den USA: 1 fathom = 2 yd = 1,8288 m. (Übersicht Einheiten, angloamerikanische)

Faujasit, Mineral, ein → Zeolith.

Faulbehälter, Faulraum, Behälter oder Raum zum anaeroben Ausfaulen von Abwasser und Abwasserschlamm; → Schlammfaulanlagen.

Faulgas, svw. → Biogas.

Fäulnis, anaerobe, bakterielle Zersetzung organ., v. a. stickstoffhaltiger Verbindungen (z. B. Eiweiße). Die Stoffe werden nur teilweise abgebaut. Es entstehen u. a. Aminosäuren, Amine, Methan, übelriechende Stoffe und Gase wie Schwefelwasserstoff; einige wirken giftig (Leichengift). – F. kommt im Darm der Fleischfresser und im Dickdarm des Menschen vor.

Faulschlamm, Sapropel, feinkörniges, graues bis schwarzes, bitumenreiches Sediment mit organ. Resten aus euxin. Meeresteilen oder stehenden Gewässern, durch biochem. Umwandlung entstanden (→ Erdöl). Verfestigt ergeben sich **F.-** oder **Sapropelgesteine** (best. Kohlen, Öl- und Kupferschiefer). – Als F. wird auch der in Kläranlagen im Faulbehälter entstehende → Schlamm bezeichnet, der bereits weitgehend zersetzte organische Substanzen enthält. (→ Klärschlamm)

Fäustel, bergmänn. Werkzeug (Gezähe), Hammer mit schlankem, leicht gekrümmtem Hammerkörper.

Faustfeuerwaffe, einhändig zu gebrauchende Handfeuerwaffe (Pistole, Revolver).

Fayalit *der,* Mineral, ein → Olivin.

Fayence [faj'ãs, frz.] *die,* tonkeram. Erzeugnis der Gattung Irdengut (→ Keramik), dessen poröser roter oder ockerfarbener Scherben mit einer farbigen oder weißdekkenden → Glasur überzogen ist. Zum Trüben der Glasur dient Zinnoxid. F. ist benannt nach der Stadt Faenza; die ital. Bez. ist **Majolica,** nach der Insel Mallorca. **Halbfayencen** oder **Mezzomajoliken** sind Tonwaren, deren Scherben mit einem Anguß von weißer Erde überzogen und einer durchsichtigen Bleiglasur überschmolzen sind.

Fazi|es, Gesamtheit der petrograph. und paläontolog. Merkmale eines Sediments, die von den geograph. und geolog. Verhältnissen des Abtragungs- und Ablagerungsraumes bestimmt werden. Die **Petro-F.** kennzeichnet den petrograph. Aufbau, die **Bio-F.** den Fossilinhalt des Gesteins. Häufig lassen sich mit Hilfe von **F.-Fossilien** folgende F.-Bereiche unterscheiden: 1) **terrestr. F. (kontinentale F.),** die u. a. in fluviatile, lagunäre, limnische, glaziale, glaziofluviatile F. untergliedert wird; 2) **brack. F.** in der Grenzzone zw. Süß- und Salzwasser; 3) **marine F. (Meeres-F.)** mit Strand-, litoraler (Küsten-), nerit. (Flachmeer-), bathyaler (Hochsee-) und abyss. (Tiefsee-)F. – Nach dem Ges. der **F.-Korrelation** (J. Walther, 1894) können nur solche F. übereinander vorkommen, die sich auch räumlich gleichzeitig nebeneinander bilden können. (→ Mineralfazies)

FDMA, Abk. für **Frequency Division Multiple Access** [fr'i:kwənsı dıv'ıʃn m'ʌltıpl 'ækses, engl.], besonderes → Multiplex-System für Mehrfachzugriff zu ei-

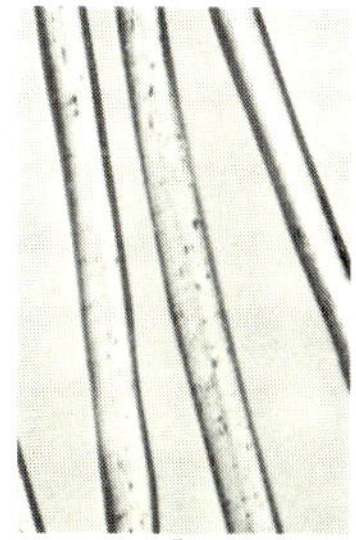
5

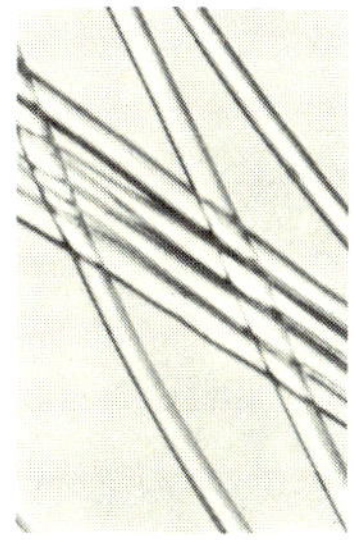
6

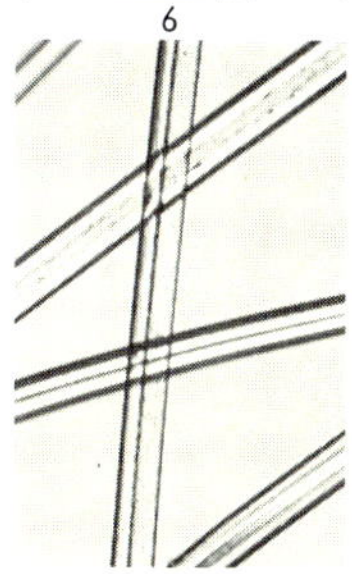
7

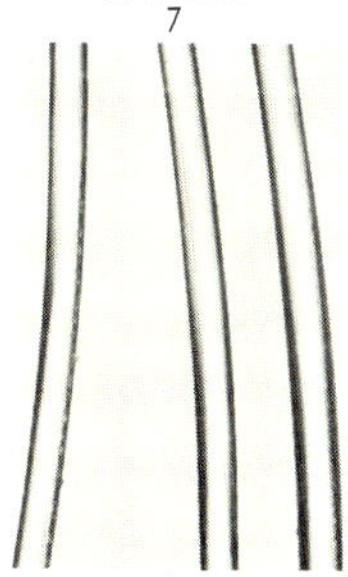
8

Faserstoffe

Faserstoffe: Mikroskopische Längsansichten der wichtigsten Faserarten (Vergr. etwa 150:1); **5** Spezialviskosewolle, **6** Kupferchemieseide, **7** Acrylfaser, **8** Polyamidfaser (ähnlich auch Polyesterfaser)

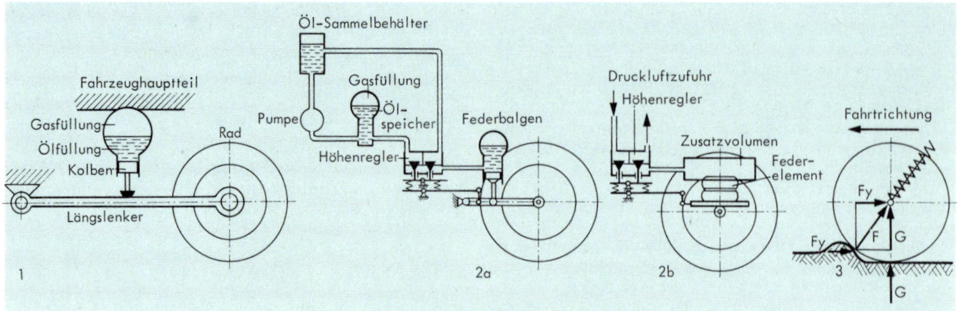

Federung und Dämpfung:
1 Hydropneumatische Feder an Längslenkerachse. **2 a** Niveauregelung bei hydropneumatischer und **2 b** einfacher Luftfederung; der Höhenregler ist zwischen Achse oder Lenker und Fahrzeughauptteil eingebaut. **3** Schrägfederung. Die Schräglage der Feder macht Abfederung auch von Kräften *Fy* möglich, die vom Anlaufen an ein Hindernis herrühren. Im günstigsten Fall stimmt die Resultierende von *Fy* und Vertikalkraft *G* mit der Federungsrichtung überein (im Bild Vorderrad eines Kraftrades)

nem Fernmeldesystem, insbes. bei Nachrichtensatelliten. Jeder Verbindung zw. je zwei Erdefunkstellen wird ein best. Frequenzbereich zugeteilt. Andere Möglichkeiten sind die Unterteilung der Zeit, **TDMA, Time Division Multiple Access** [taɪm-], und die des Raumes, **SDMA, Space Division Multiple Access** [speɪs-].

Fe, chem. Symbol für das Element → Eisen.

Feasibility-Studie [fi:zəbˈɪlətɪ-, engl.], Untersuchung über die wirtschaftl. Realisierbarkeit einer verfahrenstechn. oder sonstigen Produktionsanlage oder eines techn. Projektes. Im Rahmen der F.-S. spielen neben Marktanalysen, Standortfragen, Rohstoffpreisen auch der Anfall von Nebenprodukten und Schadstoffen eine Rolle.

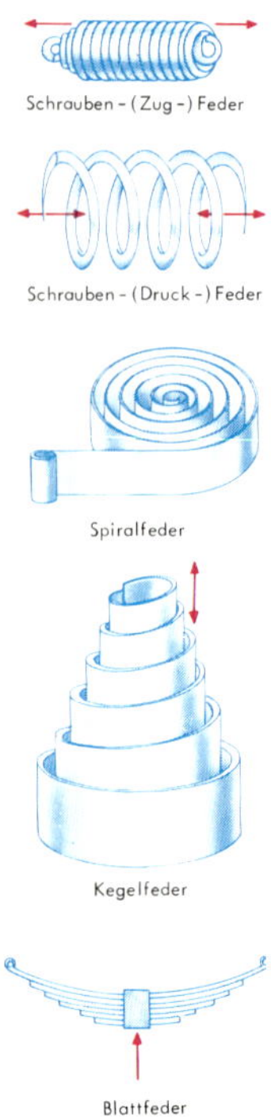

Feder 1) 1

Feder, 1) Maschinenbau: ein Maschinenelement, das infolge seiner elast. Eigenschaften bei Verformung Arbeit aufnehmen kann und beim Entlasten diese mit Reibungsverlusten (Dämpfung) wieder abgibt. Entsprechend dienen F. als Arbeitsspeicher (Uhrwerk), Kraftmesser (F.-Waagen) und zur Stoßdämpfung (Fahrzeugbau). F. werden bezeichnet nach dem elast. Mittel **(Gummi-, Luft-, Stahl-F.),** nach der Art des Kraftangriffes **(Zug-, Druck-, Biegungs-** oder **Drehungs-, Torsions-F.)** oder nach der Form des F.-Körpers. So entsteht durch Aufeinanderlegen mehrerer rechteckiger F. die **Blatt-F.** Eine besondere Form der Biegungs-F. ist die **Spiral-F.** Gerade Drehungs-F. sind **Drehstab-F.** (oder **Federstab),** gewundene Drehungs-F. sind **Schrauben-** und **Kegel-F.** Eine Säule aus abwechselnd innen und außen doppelkon. Ringen bildet eine als **Puffer-F.** und Wellen-Naben-Verbindung verwendete **Ring-F. Teller-F.** sind als Biegungs-F. wirkende, zu einem flachen Kegel gebogene kreisförmige Ringe. – Kennzeichnend für jede F. ist die **F.-Kennlinie,** die progressiv, linear oder degressiv verlaufen kann. Die Kennlinien für Be- und Entlastung fallen bei dämpfungsarmen (reibungsfreien) F. zusammen. (Weitere BILDER S. 93)

Federnormen (DIN-Tb., ^{4}1979).

2) eine → Holzverbindung, angefräste Leiste zur Verbindung zweier Brettkanten durch Eingreifen in den ausgearbeiteten Schlitz **(Nut).**

3) Schreibfeder, Schreibwerkzeug aus Stahl oder Metallegierungen.

Federbein, 1) Flugzeug: radtragendes und mit gedämpfter Teleskopfederung versehenes Bauteil eines → Fahrwerkes; beansprucht durch Landestoß, Brems- und Seitenkräfte.

2) Kfz: Zusammenbau von Tragfeder und Schwingungsdämpfer zu einem Element, das auch einen Teil der Radführung übernehmen kann (→ Achsanordnung 2).

Federkonstante, → Rückstellkraft.

Feder|ring, eine → Schraubensicherung aus Federstahl in Form eines geschlitzten, schraubenförmig verwundenen Stahlringes von quadratischem Querschnitt mit glatten oder aufgebogenen Ringenden.

Federscheibe, eine → Schraubensicherung aus Federstahl in Form einer gewölbten oder verwundenen Scheibe.

Federstähle, für die Herstellung von → Federn 1) besonders geeignete Werkstoffe, die ein großes elast. Formänderungsvermögen besitzen, somit also einen hohen Elastizitätsgrenzwert im → Spannungs-Dehnungs-Diagramm zeigen. Verwendete F. sind z. B. Si-Stähle, Cr-Si-Stähle, Mn-Si-Stähle, Cr-V-Stähle.

Federung und Dämpfung, die elast. Aufhängung, Stützung, Pufferung durch Federn sowie die Dämpfung der Federbewegungen, bes. wichtig für Fahrzeuge, insbes. Straßenfahrzeuge. Maßgebend für die Auslegung sind eine für Fahrkomfort und Fahrsicherheit gleich günstige Schwingfrequenz des Fahrzeughauptteils (um 1 Hz) und die Unterbringung des Federweges; angestrebt wird Unabhängigkeit der Federungsbedingungen von der Beladung.

F e d e r u n g. Allgemein ist jede Federbauart für jede → Achsanordnung verwendbar. Häufigste Stahlfedern sind die (meist geschichtete) **Blattfeder,** die selbst als Lenker dienen kann, und die **Schraubenfeder,** die keine Reibung aufweist. Die Federkennlinie wird oft durch zusätzl. Maßnahmen verändert (Hebelübersetzung, Lenkeranordnung, Federungsrichtung, BILD 3). Bei der **Luftfederung** (bes. bei Omnibussen, auch bei Lkw) ist an Stelle der Feder ein Federbalg angeordnet, der unter einem der Last entsprechenden Luftdruck gehalten wird. Bei **hydropneumatischer Federung** (allein oder als Zusatz im Pkw) ist ein relativ kleines Gasvolumen unter hohem Druck in einem im übrigen mit Öl gefüllten Gefäß eingeschlossen, auf das ein Kolben die Last überträgt (BILD 1). Mittels Pumpe und Höhenregler ist bei beiden Ausführungen Niveauregelung möglich, die unabhängig von der Beladung eine unveränderl. Höhenlage des Fahrzeughauptteils erzielt (Bild 2), und zwar bei Luftfederung durch Zupumpen oder Ablassen von Luft, bei hydropneumat. Federung durch Ändern des Ölvolumens.

Dämpfung. Die durch Achsanordnung und Federung möglichen Schwingungen des Fahrzeughauptteils und der Räder müssen durch Energieentzug gedämpft werden. **Eigendämpfung,** z. B. durch Reibung, ist unzureichend und ungenügend regulierbar. Fahrzeuge erhalten daher →Schwingungsdämpfer, fälschlich meist als →Stoßdämpfer bezeichnet. Regelbauart ist der **hydraulische Dämpfer** in Teleskopbauweise, in dem Öl bei Bewegung eines Kolbens im Dämpferrohr entsprechend der Federungsbewegung durch enge Durchlässe gepreßt wird. Das durch die eintauchende Kolbenstange verdrängte Öl gelangt beim **Zweirohrdämpfer** in einen Ringraum zw. Dämpfer- und einem Außenrohr; beim **Einrohrdämpfer** wird ein zum Ausgleich eingebautes, vorgespanntes Gasvolumen zusammengepreßt, was diesem Dämpfer eine ›gasfeder‹-artige Wirkung gibt.

Federwaage, →Waage, bei der die Last aus der Verformung einer Feder ermittelt wird. F. sind Kraftmesser.

Federweg, Federungsbewegung des Rades gegenüber dem Fahrzeughauptteil. Ausgehend von der Normallage unter dem statischen Fahrzeuggewicht muß ein ausreichender Ein- und Ausfederweg für die dynam. Radlastschwankungen gewährleistet sein.

Federwolken, federförmige Eiswolken, →Wolken.

Feedback [f'i:dbæk, engl.] *der,* die →Rückkopplung.

Feeder [f'i:də, engl.] *der,* Speiseleitung, z. B. Energiezuleitung vom Sender zur Antenne.

Fehler, der Betrag, um den ein unrichtiger Wert x_i vom richtigen oder mittleren Wert x abweicht. Der **absolute F.** ist der F. ohne Rücksicht auf sein Vorzeichen oder der F. schlechthin, $f_i = |x - x_i|$, i. Ggs. zum **relativen F.,** dem durch den richtigen Wert geteilten F., $r_i = f_i/x$, wird oft in

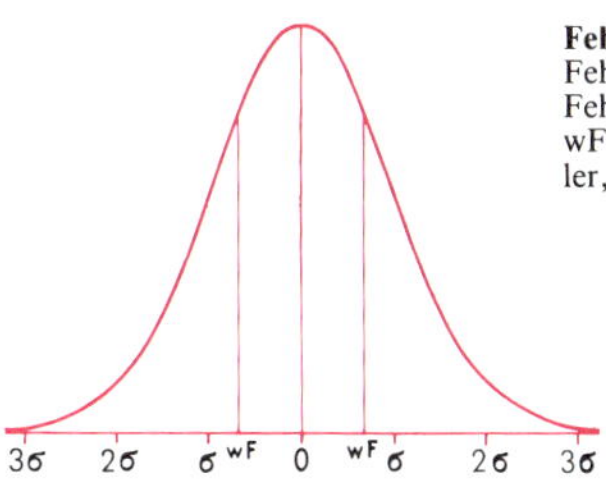

Fehler: Fehlerkurve nach dem Fehlergesetz von Gauß; wF wahrscheinlicher Fehler, σ Streuung

Prozent angegeben. Der **durchschnittliche F.** ist das arithmet. Mittel der absoluten F. bei mehreren Messungen des gleichen Gegenstandes $d = (f_1 + f_2 + \ldots f_n)/n$. **Mittlerer F.** m oder Standardabweichung ist die Quadratwurzel aus dem arithmet. Mittel aller Fehlerquadrate

$$m = \pm\sqrt{\frac{f_1^2 + f_2^2 + \ldots f_n^2}{n}}$$

Es werden nach ihrer Entstehung unterschieden: Rundungsfehler, Verfahrensfehler, Abbrechfehler und Datenfehler. Der statist. F. ist die Abweichung des Ergebnisses eines Experiments von seinem mittleren Wert. Der wahre Wert kann höchstens approximativ in Erfahrung gebracht werden. Der statist. F. tritt in zwei Formen auf: als zufälliger F. und als systemat. (verzerrender) F. Der statist. Gesamtfehler ist die Quadratwurzel aus der Summe der Quadrate von zufälligem und systemat. F.

Fehlerfortpflanzung ist die Übertragung der F. irgendwelcher Größen auf eine von diesen abgeleitete andere Größe. Bei Addition (Subtraktion) addieren (subtrahieren) sich die absoluten F., bei Multiplikation (Division) die relativen F. Potenzierung einer Größe vervielfacht, Wurzelziehen vermindert den fortgepflanzten relativen F. Der absolute F. kann bei Multiplikation mit großen Zahlen oder Division durch kleine Zahlen stark anwachsen, der relative F. bei der Subtraktion annähernd gleichgroßer Zahlen durch Auslöschung führender Ziffern.

Die Fortpflanzung von F. wird oft nur näherungsweise behandelt, z. B.: Wie genau kann der Inhalt I einer Blechbüchse angegeben werden, wenn der Innendurchmesser D auf 1%, die Höhe h auf 0,5% festliegt? Der Inhalt I berechnet sich nach der Formel $I = D^2 \cdot h \cdot \pi/4$. Statt die bei I mögliche Abweichung ΔI zu berechnen, benutzt man näherungsweise das vollständige Differential dI (→Differentialrechnung) und die für einfache Formeln leicht angebbaren partiellen Ableitungen:

$$\Delta I \approx \mathrm{d}I = \frac{\partial I}{\partial D}\,\mathrm{d}D + \frac{\partial I}{\partial h}\,\mathrm{d}h;$$

Relativer F. im Beispiel:

$$\frac{\Delta I}{I} \approx \frac{\mathrm{d}I}{I} = 2\frac{\mathrm{d}D}{D} + \frac{\mathrm{d}h}{h} = 2 \cdot 1\% + 0{,}5\% = 2{,}5\%.$$

Fehlerabschätzung ist die Bestimmung einer Größe **(Fehlerschranke),** die mit Sicherheit vom Betrag des F. nicht übertroffen werden kann.

Fehlerdreieck, Navigation: Dreieck, das sich ergibt, wenn sich drei Standlinien nicht in einem Punkt schneiden. (→Funkortung)

Fehler|erkennung, Nachrichtentechnik, Informationsverarbeitung: Erkennung von Übertragungsfehlern auf der Empfängerseite einer Nachrichtenstrecke. Bei den Fehlern kann es sich um gestörte oder verfälschte Zeichen handeln, die entweder nicht der zw. Sender und Empfänger vereinbarten Codierungsvorschrift (→Codierung) entsprechen oder falsche Informationen liefern. Es werden **fehlererkennende Codes** verwendet, die auf Grund ihres Aufbaus und mit ihrer Redundanz, d. h. mit den zusätzl. nicht der eigtl. Informationsübermittlung dienenden Zeichen oder Zeichengruppen, den Empfänger in die Lage versetzen, Fehler zu erkennen und auch zu korrigieren (→Fehlerkorrektur).

Fehlergrenze, Höchstwert einer absoluten oder relativen Abweichung eines mit einem Meßgerät bestimmten Wertes vom wahren oder vom Sollwert. Bei amtlich geeichten Geräten (Uhren, Waagen, Elektrizitätszähler) ist die F. oder **Toleranzgrenze** meist vorgeschrieben **(Eich-F.);** allg. gehört sie zu den von der Herstellerfirma mitgelieferten Gebrauchsdaten **(Verkehrs-F.).** Die Angabe der **relativen F.** erfolgt in Bruchteilen oder in % der ermittelten Meßwerte (z. B. ± 5% oder ± 2 s pro Tag). Die selten angegebene **absolute F.** gilt für den gesamten Meßbereich (z. B. ± 0,01 g).

Fehlerkorrektur, Nachrichtentechnik: erweiterte Form der →Fehlererkennung; durch erhöhte Redundanz werden Übertragungsfehler dadurch korrigiert, daß gestörte (unzulässige) Zeichen nicht nur erkannt, sondern jenen zulässigen Zeichen gleichgesetzt werden, von denen sie sich am wenigsten unterscheiden.

Fehler|ortsbestimmung, Ermittlung der Lage und ggf. Art von Fehlern in Fernmeldeleitungen (Erdschluß,

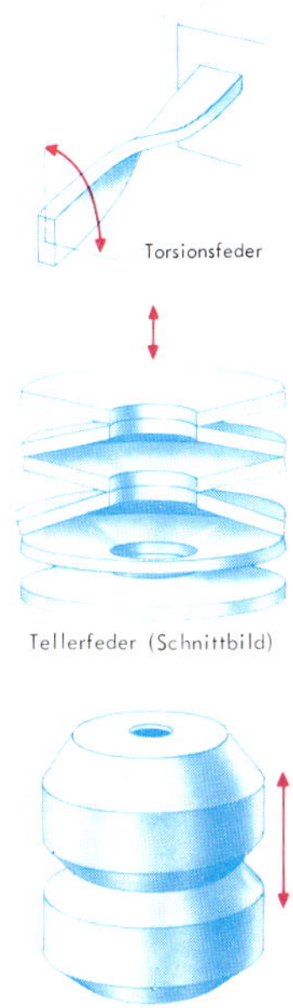

Feder 1) 2

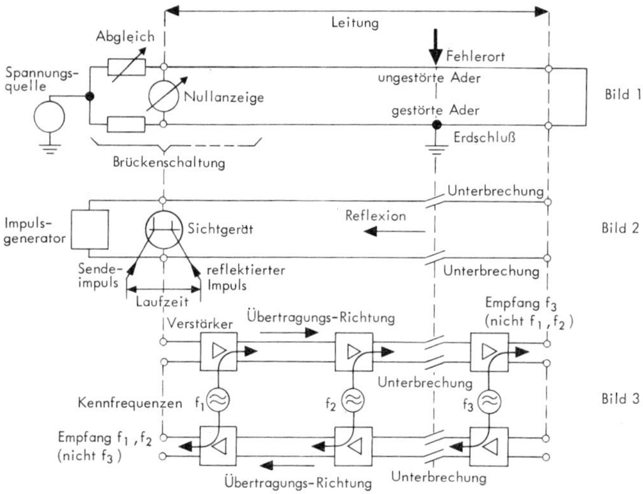

Fehlerortsbestimmung

Aderschluß, Unterbrechung u. a.) durch Messung an den zugängl. Leitungsenden. Die vielfältigen Meßverfahren richten sich nach Art der Leitung und des Fehlers. Ganz grob unterscheidet man Impedanz-, Laufzeit- und Kennungsmessungen. **Impedanzmessungen** ermitteln den Fehlerort aus dem Verhältnis der Widerstände oder Kapazitäten des fehlerhaften und ungestörten Teiles der Leitung, die zu einer Brückenschaltung ergänzt werden (BILD 1). **Laufzeitmessungen (Impulsortungsverfahren)** beruhen auf Reflexion von Impulsen an Inhomogenitäten (→Echo 2) und bestimmen den Fehlerort aus der Zeitdifferenz und die Fehlerart aus dem Formunterschied zw. gesendetem und empfangenem Impuls (BILD 2). **Kennungsmessungen** werden bei Trägerfrequenz-Vierdrahtleitungen benutzt und ermitteln den Fehlerort an Hand unterschiedl. Kennfrequenzen, die am Ort jedes Verstärkers erzeugt und auf die Leitung gegeben werden (BILD 3). An den Leitungsenden fehlen dann jeweils die Kennfrequenzen von den Verstärkern jenseits des Fehlerortes, der damit bis auf eine Verstärkerfeldlänge lokalisierbar ist. Die Stromversorgung der Verstärker muß dabei durch besondere Schaltungsmaßnahmen aufrechterhalten werden.

Fehlerspannung, Spannung, die bei einem Isolationsfehler zw. nicht zum Betriebsstromkreis gehörenden Metallteilen untereinander oder zw. diesen und der Erde auftritt.

Fehlerspannungsschutzschalter, FU-Schutzschalter, Schalteinrichtung, die bei Auftreten einer für Mensch und Tier gefährl. →Berührungsspannung 2) an Gehäusen, Gestellen, Metallabdeckungen u. ä. diese mit Erde verbindet und dadurch die Spannung ableitet.

Fehlerstrom, der bei Isolationsfehlern auftretende Strom über die Fehlerstelle, insbes. bei →Erdschluß.

Fehlerstromschutzschalter, FI-Schutzschalter, dem →elektrischen Berührungsschutz dienende Einrichtung, die einen elektr. Stromkreis in weniger als 0,2 s abschaltet, sobald ein durch Körperschluß oder anderweitigen Erdschluß hervorgerufener Fehlerstrom best. Höhe auftritt. Die Arbeitsweise eines F. beruht darauf, daß alle mit dem Netz verbundenen Leitungen eines Geräts oder einer Anlage durch einen Stromwandler geführt werden, der die Summe aller in dem Leitungssystem fließenden Ströme ermittelt. Diese ist in einem fehlerfreien System gleich Null. Erst wenn ein Teil des vom Netz abgenommenen Stromes über eine Fehlverbindung zur Erde fließt, wird die im Wandler gemessene Stromsumme ungleich Null, wodurch eine nachgeordnete Schaltstufe ausgelöst wird.

Feilkloben

Fehlerwahrscheinlichkeit, Nachrichtenübertragung: infolge von Störungen zu erwartende relative Häufigkeit falsch empfangener Zeichen. Die F. ist ein Maß für die Qualität digitaler Signalübertragung, wird mit Hilfe der Wahrscheinlichkeitsrechnung aus den statist. Eigenschaften der Störung berechnet und als Erwartungswert des Verhältnisses der Anzahl gestörter zur Gesamtzahl übertragener Zeichen angegeben. Eine F. von z. B. 10^{-6} bedeutet, daß im Durchschnitt bei 1 Mio. übertragener ein verfälschtes Zeichen zu erwarten ist.

Fehlingsche Lösung [n. dem dt. Chemiker H. v. Fehling, * 1812, † 1885], Reagenz zum quantitativen und qualitativen Nachweis reduzierender Zucker und Aldehyde, z. B. im Harn.

Fehl|ordnung, Gitter(bau)fehler, Baufehler, Abweichungen vom idealkristallinen Aufbau der Festkörper. **Nulldimensionale F.** (Punktdefekte) sind Gitterleerstellen (→Schottky-Defekt, →Frenkel-Defekt), besetzte Zwischengitterplätze, Fremdatome und Unordnungen in binären Kristallen. Sie beeinflussen bes. viele physikal. Eigenschaften von Metallen und Halbleitern. **Eindimensionale F.** sind Versetzungen, die bes. das elast. Verhalten ändern. **Zweidimensionale F.** sind Kristalloberflächen, Korngrenzen und Stapelfehler, **dreidimensionale F.** Phaseneinschlüsse. Zwei- und dreidimensionale F. bestimmen meistens die mechan. Eigenschaften. (→Realkristall)

Fehlzündung, Entzündung des →Luft-Kraftstoff-Gemischs erst im Auspuff von Ottomotoren, nicht im Zylinder durch die Zündkerze.

Feilen, die Bearbeitung eines Werkstücks mit der Feile von Hand oder auf der Feilmaschine. Die **Feile** ist ein spanabhebendes Werkzeug aus Stahl zur Bearbeitung von Metall, Holz, Kunststoffen u. a. Werkstoffen; ihre Oberfläche ist mit einer Vielzahl von Schneiden besetzt. Sie werden mit dem Haumeißel oder der **Feilenhaumaschine** (daher ›Hiebe‹) oder durch Fräsen erzeugt. Feilen mit Einzelhieben (für weiche Werkstoffe) tragen nur eine Schar paralleler Hiebe, Feilen mit Doppelhieb zwei sich kreuzende Scharen paralleler Hiebe, solche mit Raspelhieb haben als Schneiden einzelne Erhöhungen. Die Feilen werden nach dem Hauen oder Fräsen gehärtet.

Nach dem Querschnitt unterscheidet man **Flach-, Vierkant-, Dreikant-, Rund-, Halbrund-, Schwert-, Messerfeile** u. a. Nach der zu erreichenden Oberflächengüte unterscheidet man **Schrupp-, Halbschlicht-, Schlichtfeile** u. a. (BILD S. 95)

Bei der **Feilmaschine** mit hin- und hergehender Bewegung hat die eingespannte Feile etwa die Form einer Handfeile. Bei der umlaufenden Feilmaschine wird eine **Feilscheibe** (zum Feilen an der Seite der Scheibe) oder ein **Feilring** (zum Feilen am Umfang des Ringes) verwendet.

Feilkloben, Werkzeug zum Einspannen und Festhalten kleiner Arbeitsstücke, ähnelt dem Schraubstock, wird aber in der Hand gehalten.

Fein|eisen, in großen Stablängen gewalzte Profile,

z. B. Rund-, Quadrat-, Flach-, Halbrund-, Sechskantstahl, kleinere Winkel, I-Eisen; heute **Walzerzeugnisse in Profilform** genannt.

Feingehalt, Feinheit, der Gehalt an Edelmetall in einer Legierung, bei Gold und Silber in Tausendsteln, z. B. $^{1000}/_{1000}$ Gold = 100% Gold, 800 Silber = 80% Silber. Früher wurde der F. bei Gold in Karat, z. B. 24 Karat = 100% Gold, 18 Karat = 75% Gold angegeben, bei Silber in Lot, z. B. 16 Lot = 100% Silber, 12 Lot = 75% Silber. Demgegenüber bezieht sich die Angabe des **Feingewichts** (Gewicht des in einer Legierung enthaltenen Edelmetalls) auf die absolute Menge des Goldes oder Silbers.

Feinguß, Präzisionsguß, →Gießerei.

Feinheit, Textiltechnik: a) Maschenstäbchendichte von Maschenwaren. b) die Entfernung von Nadelmitte zu Nadelmitte zweier benachbarter Nadeln in einer Reihe an Wirk- und Strickmaschinen. Die F. von Strick- und Wirkmaschinen gibt die Anzahl Nadeln an, die auf eine best. Bezugslänge (z. B. 1 oder $1^1/_2$ Zoll) angeordnet sind. Entsprechend ist die **Nadelteilung** = Bezugslänge in mm geteilt durch die F.

Feinmechanik, Teilgebiet der →Feinwerktechnik, das sich mit der Konstruktion und Fertigung von mechan. Geräten hoher Präzision befaßt (mechan. Meß-, Steuer- und Regelgeräte, optische Geräte, Büromaschinen).

Feinmeßokular wird am Ablesemikroskop verwendet, um die Intervalle von Meßskalen in optischen Längen- und Winkelmeßgeräten weiter zu unterteilen. Ein F. auf mechan. Grundlage ist das **Okularschraubmikrometer,** bei dem eine Strichplattenskala in Tausendstel nach Art der Mikrometerschraube unterteilt ist. Beim **Koordinatenmeßokular** sind zwei Strichplattenskalen senkrecht gegeneinander verschiebbar. Bei F. auf opt. Grundlage werden ein oder mehrere Maßstabstriche durch opt. Mittel gegen die Okularstrichplatte verschoben.

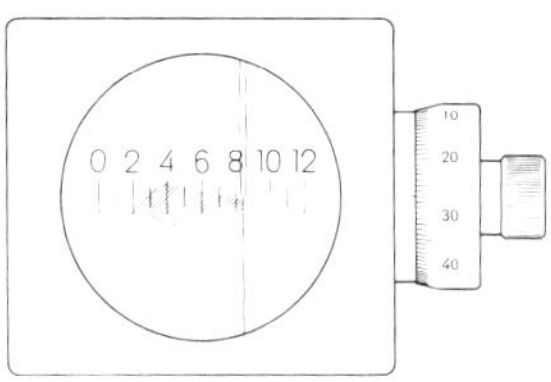

Feinmeßokular: Schema eines Okularschraubmikrometers

fein|optische Fertigung, Teilgebiet der Feinwerktechnik, Herstellung von Linsen, Spiegeln, Planscheiben, Filtern, Prismen, Gittern u. a., die für den Bau hochwertiger opt. Geräte ganz besondere Ansprüche erfüllen müssen.

Feinstaub, Staubfraktion mit Teilchengrößen zwischen 1 und 10 µm; →Staub.

Feinstruktur, die bei genügend hoher Auflösung erkennbare Aufspaltung der Spektrallinien von Atomen und Molekülen in mehrere benachbarte Linien **(Linienmultiplett)** infolge der F. der Energieniveaus, die durch die Spin-Bahn-Wechselwirkung der Hüllenelektronen bewirkt wird. Auf Grund der Kopplung zw. dem Spin und dem Bahndrehimpuls haben die zu einem Multiplett gehörenden Terme (→Termschema) etwas verschiedene Energiewerte. Die energet. Abstände der Linien eines Multipletts liegen beim Wasserstoffatom im Energiebereich von 10^{-3} eV. Eine zusätzliche, noch feinere Aufspaltung ist die →Hyperfeinstruktur.

Feinstrukturanalyse, die →Röntgenstrukturanalyse.

Feinstrukturkonstante, svw. →Sommerfeld-Feinstrukturkonstante.

Feintaster, Feinzeiger, Sammelbegriff für Meßgeräte zur Bestimmung kleiner Längenunterschiede, bes. in der Metallbearbeitung. F. arbeiten mit einem mechan. Taststift und vergrößern dessen Bewegung sehr stark mit mechan., elektr., opt. oder anderen Mitteln. Aber auch andere Tastprinzipien, z. B. induktive, kapazitive, opt., pneumatische, sind möglich.

Feinwerktechnik, Fachgebiet innerhalb des Maschinenbaus, das sich mit der Konstruktion und Fertigung feiner meßtechn., mechan., elektr., opt. und akust. Geräte befaßt, z. B. Feinmeß-, Schreib-, Registrier-, Zählgeräte, Laufwerke (Plattenspieler, Tonbandgeräte), Geschwindigkeits- (Tachometer, Zeitschreiber), Kraft- und Drehmoment-Meßgeräte, Waagen, Tastaturen, elektroakust. und medizin. Geräte, optische Verschlüsse, Uhren, Näh- und Strickmaschinen, Musikinstrumente, Präzisionswerkzeuge. Das Gebiet der F. läßt sich nicht genau abgrenzen, kennzeichnende Merkmale der F. sind meist Kleinheit der Teile, hohe, absolute Präzision, signalorientierte Geräte, Massenfertigung und hoher Veredlungsgrad der Werkstoffe. Die F. geht über die urspr. →Feinmechanik hinaus und ist mit vielen Bereichen eng verflochten.

W. SCHWEIZER: Moderne Fertigungsverfahren in der F. (1981)

Feld, Physik: von Ort und Zeit i. a. stetig abhängige Wertverteilung einer (u. U. auch mehrkomponentigen) physikal. Größe, der **Feldgröße.** Die Feldgröße kann ein Skalar, ein Vektor, ein Tensor, ein Spinor oder ein Operator sein; entsprechend unterscheidet man **Skalar-F., Vektor-F.** usw.; ein Beispiel für ein Skalar-F. ist das Temperatur-F., bei dem jedem Punkt des Raumes ein Temperaturwert zugeordnet ist. Hängen die Feldgrößen nicht von der Zeit ab, spricht man von einem **statischen F.**

Vektor-F. lassen sich durch Feldlinienbilder veranschaulichen. Dabei stimmen die Tangenten der **Feldlinien** in jedem Raumpunkt mit der Richtung der Feldgrößen überein, während die Feldliniendichte ein Maß für den Betrag der Feldgröße **(Feldstärke)** ist, z. B. nimmt beim elektr. F. einer geladenen Kugel (BILD Elektrizität) die Feldliniendichte und damit der Betrag der elektr. Feldstärke *E* nach außen hin ab; *E* ist die Feldgröße (der Feldvektor) des elektr. F.

Kraftfelder sind solche F., die auf Probekörper Kräfte ausüben; deren Feldlinien heißen auch Kraftlinien; z. B. lassen sich die Kraftlinien von magnet. F. mit Eisenfeilspänen sichtbar machen (BILD Magnetismus).

Bei **Quellenfeldern** gehen die Feldlinien von **Quellen** aus und enden in **Senken,** z. B. beginnen die Feldlinien bei zwei ungleichenamigen Ladungen (BILD Elektrizität) bei der positiven Ladung und enden bei der negativen Ladung. Wenn nur in sich geschlossene Feldlinien auftreten, handelt es sich um ein **Wirbelfeld.**

Die physikalisch möglichen räumlich-zeitl. Änderungen der Feldwerte werden durch **Feldgleichungen** eingeschränkt. Lokale Feldgleichungen verknüpfen nur Feldwerte in benachbarten Raum- und Zeitpunkten und drükken damit die jetzt allg. angenommene Vorstellung der Nahewirkung aus i. Ggs. zur →Fernwirkung.

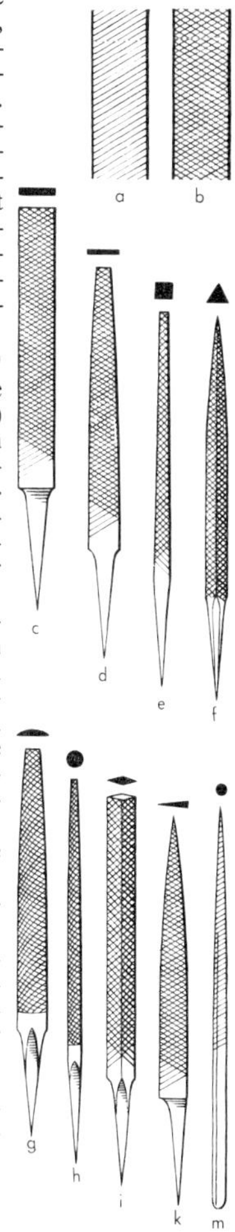

Feilen

Feilen: Formen verschiedener Feilen; a einhiebige Feile, b zweihiebige Feile, c flachstumpfe Feile, d flachspitze Feile, e Vierkantfeile, f Dreikantfeile, g halbrunde Feile, h Rundfeile, i Schwertfeile, k Messerfeile, m Nadelfeile

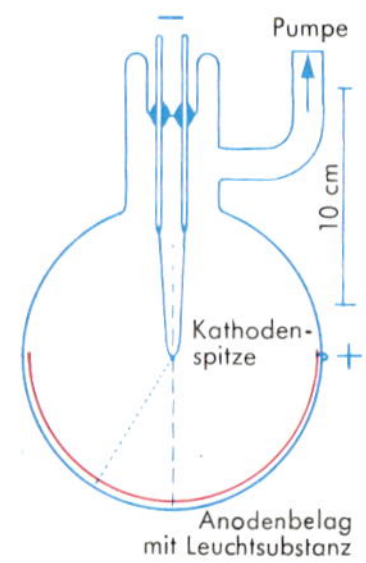

Feldelektronenmikroskop: Schema eines F.

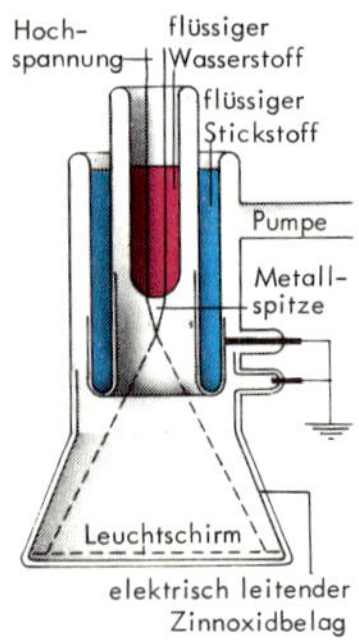

Feldionenmikroskop: Schema eines F.

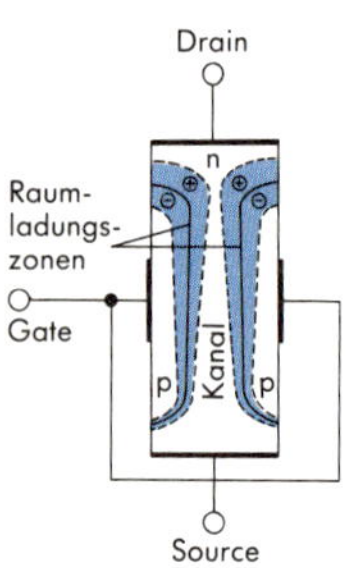

Feldeffekttransistor: n-Kanal-Sperrschicht-F.

Während Dichte-, Geschwindigkeits-, Temperaturfelder u. ä. seit der Erkenntnis von der atomist. Struktur der Materie als nur für eine grobe makroskop. Beschreibung der Materie brauchbare, auf mikroskop. Strukturen zurückführbare Hilfsbegriffe angesehen werden, werden das elektromagnet. Feld (→Maxwellsche Theorie), das Gravitationsfeld (→Gravitation) u. a., die schwache und die starke →Wechselwirkung und die Elementarteilchen beschreibenden Felder gegenwärtig als fundamentale physikal. Gebilde betrachtet.

Nach den Vorstellungen der klass. **Feldtheorie** gehört zu einem Vorgang jeweils ein genau festgelegter und im Prinzip durch Wirkungen auf Probekörper nachweisbarer Werteverlauf der betreffenden Felder. Danach haben z. B. in einer Radiowelle die elektr. und die magnet. Feldstärke an jedem Ort und zu jeder Zeit best. vektorielle Werte. Nach der →Quantenfeldtheorie ist die klass. Feldtheorie nur eine, allerdings oft ausreichende, Näherung. Die beobachtbaren Werte der mit Elementarteilchen verknüpften F. sind dagegen nur statistisch bestimmt und unterliegen Schwankungen und (analog zu den Koordinaten und Impulsen der Teilchen) Unschärferelationen. Trotz großer Erfolge v. a. in der →Quantenelektrodynamik sind die Grundannahmen der Quantenfeldtheorie noch nicht in einer mathematisch und physikalisch voll befriedigenden Weise formuliert worden, und die Anwendbarkeit der Theorie auf wichtige Fragen ist offen.

Versuche, mehrere oder alle Wechselwirkungen aus einer einheitl. Feldtheorie abzuleiten, sind im Rahmen der klass. Theorie von G. Mie, A. Einstein, H. Weyl, A. S. Eddington, E. Schrödinger u. a. unternommen worden, haben aber nicht zu wesentl. Erfolgen geführt. Im Rahmen der Quantenfeldtheorie sind ähnl. Versuche gemacht worden, z. B. in Heisenbergs nichtlinearer Spinortheorie. Seit 1956 sind von C. N. Yang, R. L. Mills, R. Utiyama, A. Salam, S. Weinberg, G. t'Hofft u. a. mit →Eichtheorien Teilerfolge auf diesem Gebiet der Grundlagenforschung erzielt worden.

Feldbahnen, leicht verlegbare Schmalspurbahnen für untergeordnete Transportaufgaben (Forst-, Landwirtschaft, Baustellen); Spurweiten 500–900 mm.

Feld|effekt|transistor, Abk. **FET,** ein unipolarer →Transistor, bei dem i. Ggs. zum bipolaren Transistor nur Ladungsträger einer Polarität (Elektronen oder Löcher) wirksam sind. Zur Unterscheidung von den →MOSFETs werden alle anderen F. auch als **Sperrschicht-F.** oder **JFET** (Junction, engl. Sperrschicht) bezeichnet. Ein F. besteht aus einer Kristallstrecke (n- oder p-leitender Kanal, engl. ›Channel‹) mit den Anschlüssen ›Source‹ (Quelle) und ›Drain‹ (Senke), in die seitlich zwei Zonen eindotiert sind, die elektr. miteinander verbunden die Steuerelektrode (›Gate‹) bilden. Mittels einer von außen an das Gate angelegten Spannung kann die Breite der beiden Raumladungszonen und somit die Größe des Kanalquerschnitts gesteuert werden, was einen mehr oder weniger großen Stromfluß durch das Bauelement zur Folge hat. Das Gate übernimmt hier dieselbe Funktion wie das Steuergitter einer Elektronenröhre. Da die Steuerung von F. nahezu leistungslos erfolgt, sind sie bes. zur Verstärkung von schwachen, analogen Signalen geeignet. Wegen ihres hohen Eingangswiderstandes werden sie vielfach in Verstärkern, Schalterstufen, Oszillatoren und als spannungsgesteuerte Widerstände eingesetzt.

Feld|elektronen, durch hohe elektr. Feldstärken (aus kalten Metallen) ausgelöste Elektronen. **F.-Emission (Feldemission)** tritt (abhängig von der Austrittsarbeit) ab Feldstärken von 10^6 bis 10^7 V/cm auf, v. a. an Kanten und scharfen Spitzen, vor denen es in einem elektr. Feld zu einer beträchtl. Feldstärkenerhöhung kommt.

Feld|elektronenmikroskop, linsenloses →Emissionsmikroskop nach E. W. Müller zur direkten Abbildung elektronenemittierender Metallspitzen. In einem Vakuumgefäß ist eine sehr feine Wolframdrahtspitze als Kathode einem Zinksulfid-Leuchtschirm gegenübergestellt (Bild). Wird an den Anodenbelag des Glaskolbens positive Spannung gelegt (1000–10000 V), so tritt vor der Kathodenspitze eine so hohe Feldstärke auf, daß es zur Emission von Elektronen kommt **(Feldemission).** Die Elektronen verlassen die Spitzenoberfläche praktisch senkrecht und erzeugen auf dem Leuchtschirm ein Bild von der Emissionsverteilung der emittierenden Spitzenkuppe in einer Vergrößerung, die gleich dem Verhältnis vom Schirmabstand zum Krümmungsradius der Spitze ist. Das Auflösungsvermögen reicht mit etwa $2 \cdot 10^{-9}$ m bis in den molekularen Bereich. Mit dem F. gelingt die Abbildung der Emissionsverteilung von einzelnen größeren Molekülen, wie Kupfer-Phthalocyanin, die auf der Wolframspitze adsorbiert werden.

Feld|emission, Feld|elektronenemission, →Feldelektronen.

Feldfabrik, in einer transportablen Halle neben der Baustelle untergebrachte Fertigungseinrichtungen für die Baustellenvorfertigung. Vorstufe zur Werksvorfertigung.

Feldfernsprecher, tragbarer →Fernsprecher für Geländebetrieb mit Ortsbatterie zur Stromversorgung sowie Kurbelinduktor zur Rufererzeugung. Verbindung zur Gegenstelle meist einadrig mit Erde als Rückleiter.

Feldgleichung, →Feld.

Feldhäcksler, Feldmaschinen, die Halmgut mähen **(Mähhäcksler)** oder aufnehmen **(Aufsammelhäcksler),** mit einer Scheiben- oder Trommelhäckselvorrichtung zerhäckseln und mittels →Wurfgebläse auf den angehängten Wagen auswerfen. Der F. ermöglicht die Halmfutterernte mit nur einer Arbeitskraft (Schlepperfahrer), und er erzeugt ein leicht zu förderndes ›fließfähiges‹ Gut. Der F. kann an Stelle des Mähwerkes oder des Aufsammlers wechselweise auch mit einem Maismähvorsatz (Maisgebiß) versehen werden (→Maishäcksler). Es gibt vom Schlepper gezogene, zapfwellengetriebene und größere selbstfahrende Feldhäcksler.

Feld|ionenmikroskop, Abk. **FIM,** dem →Feldelektronenmikroskop ähnl. Gerät zur vergrößerten Abbildung und Strukturuntersuchung bes. von Metallen mit Hilfe von Ionenstrahlen. Dabei wird die atomare Struktur einer sehr feinen Metallspitze (Krümmungsradius $< 0{,}1$ µm) sichtbar gemacht, die an positiver Hochspannung liegt und zur Unterdrückung der →Gitterschwingungen auf die Temperatur von flüssigem Helium oder Wasserstoff abgekühlt ist. Im F. befindet sich ein Edelgas unter geringem Druck ($< 10^{-2}$ Pa). Im starken Feld dicht vor der Spitze werden Gasatome ionisiert **(Feldionisation),** die zu einem Ionenstrom zw. Probe und einem gegenüber aufgestellten, als Kathode geschalteten Bildschirm führen. Entsprechend der Ordnung der Atome an der Oberfläche wird dieser Ionenstrom räumlich moduliert. Durch die **Feldverdampfung** können Oberflächenatome von der Probe abgetragen werden. Das F. liefert millionenfache Vergrößerungen, die die einzelnen Atome erkennen lassen. (Bild S. 97)

Feldkonstanten, für physikal. Felder charakteristische Naturkonstanten, z. B. die elektr. F. ε_0 (→Elektrizität) und die →magnetische Feldkonstante μ_0.

Feldlinien, →Feld.

Feldlinse, Kollektivlinse, Linse, die bei opt. Instrumenten am Ort des reellen Bildes oder in dessen Nähe angeordnet ist. Sie hat auf die geometr. Größe und Lage des Bildes keinen Einfluß, sondern dient zur Bündelung der abbildenden Strahlen und Erweiterung des Gesichtsfeldes.

Feldmaschinen, →Landmaschinen.

Feldplatte, ein Halbleiterbauelement, dessen elektr. Widerstand durch ein äußeres Magnetfeld gesteuert werden kann. F. bestehen i. a. aus einem Kunststoff- oder Keramikträger, der mit Indiumantimonit (In_5Sb_3) beschichtet ist. Verwendung: In Regelkreisen als stufenlos steuerbare Widerstände, zum Messen von elektromagnet. Feldern u. a.

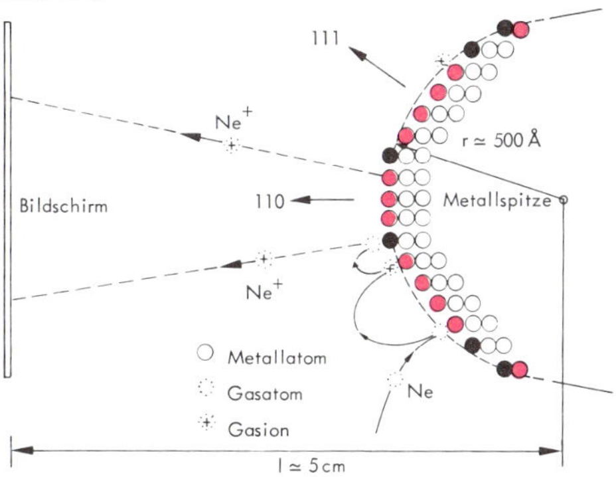

Feldionenmikroskop: Wirkungsweise eines F. Die Zahlentripel 110 und 111 kennzeichnen Kristallflächen (→Millersche Indizes)

Feldquanten, Quantenfeldtheorie: allg. für Teilchen als Feldzustände gebrauchte Bez.; i. e. S. verwendet für Bosonen, die Wechselwirkungen zw. anderen Teilchen (Materieteilchen) vermitteln **(Bindungsteilchen).** Im zweiten Sinn ist das **F. der elektromagnet. Wechselwirkung** das Photon. Die **F. der starken Wechselwirkungen** sind die →Gluonen. Als **F. der schwachen Wechselwirkungen** werden hypothet. intermediäre Bosonen (→Vektorbosonen), als das **F. der Gravitation** wird das ebenfalls hypothet. Graviton angesehen. (→Elementarteilchen, →Wechselwirkungen)

Feldspate, Feldspäte, Gruppe der wichtigsten gesteinsbildenden Minerale; in ihrer Gerüststruktur (→Silikate) sind bis zu 50% der SiO^{4+}-Ionen durch Al^{3+}-Ionen ersetzt, der Valenzausgleich erfolgt durch die Kationen K^+, Na^+, Ca^{2+}, zuweilen durch Ba^{2+}, Rb^+, Sr^{2+}. Die F. gehören dem monoklinen oder triklinen Kristallsystem an; nach der Lagebeziehung der zwei bevorzugten Spaltflächen heißen der häufigste monokline F. ›Geradspalter‹, **Orthoklas,** die wichtigsten triklinen F. ›Schiefspalter‹, **Plagioklase.** Die F. sind Hauptbestandteil fast aller magmat. und vieler metamorpher Gesteine; große Kristalle treten bes. in Pegmatiten auf. F. verwittern zu Kalkspat und Tonmineralen (Kaolin). – Nach der chem. Zusammensetzung werden unterschieden:

1) **Kali-F.** $K[AlSi_3O_8]$: a) **Orthoklas** (Abk. Or), wichtigste Abart, fast undurchsichtig, weiß, grau, gelblich, oft rötlich; H. 6, D. 2,53–2,56; prismat. oder dickplattige Kristalle, sehr häufig Zwillingsbildung nach verschiedenen Gesetzen (meist Karlsbader, seltener Bavenoer Ges.). – Der **Adular** ist ein glasklarer, hydrothermal auf alpinen Klüften gebildeter Or; als **Mondstein** wird ein milchig trüber Adular (auch Sanidin oder Plagioklas) mit bläulichem Schimmer bezeichnet (Edelstein). – Mit dem seltenen, ebenfalls monoklinen **Celsian,** Barium-F. $Ba[Al_2Si_2O_8]$, bildet Or isomorphe, äußerlich kaum zu unterscheidende Mischkristalle **(Hyalophan).** b) Die trikline Abart des Kali-F. ist der **Mikroklin,** der meist nur mikroskopisch an Hand einer gekreuzten Zwillingslamellierung (›Mikroklin-Gitterung‹) vom Or zu unterscheiden ist; seine intensiv grüne Varietät heißt **Amazonit** (z. T. Schmuckstein). c) Das Kali-F.-Molekül enthält oft Na^+ (Natrium), d. h. einen **Albit-**(Abk.: Ab)Anteil. Diese Mischung ist nur bei hoher Temperatur stabil, bei Abkühlung findet Entmischung statt, wobei sich **Perthit** (Ab-Schnüre im Or), **Antiperthit** (Or-Schnüre im Ab) oder **Mikroklinperthit** bildet. Entmischung unterbleibt nur bei sehr rascher Abkühlung in Ergußgesteinen; hierbei entstehen der monokline **Sanidin** als lichtgraue, glasige, oft große Kristalle, z. B. in Trachyt, und der trikline **Anorthoklas** (K, Na)$[AlSi_3O_8]$.

2) **Kalknatron-F.: Plagioklase,** Sammelname für die bei allen Temperaturen stabilen Phasen der Mischungsreihe von **Anorthit** (Abk. An) $Ca[Al_2Si_2O_8]$ und **Albit** (Abk. Ab) $Na[AlSi_3O_8]$. Hierher gehören: **Oligoklas** (10–30% An), **Andesin** (30–50% An), **Labradorit** (50–70% An), **Bytownit** (70–90% An). Die Plagioklase sind farblos, weiß bis mattgrün, selten rötlich; H. 6–6,5, D. 2,6 (Ab) bis 2,77 (An); Kristalle meist eingewachsen, körnig oder tafelig; fast stets Zwillingsbildung, bes. in Form deutlicher Zwillingslamellierung. Besonderheiten: u. a. das bunte Farbenspiel (›Labradorisieren‹) dunkler, derber Aggregate des Labradorits. Kalknatron-F. sind außerdem: **Aventurin, Sonnenstein, Maskelynit, Saussurit.**

Feldspatvertreter, Feldspatoide, Foide, Gruppe wichtiger gesteinsbildender Minerale, die in kieselsäureärmeren Magmatiten an die Stelle der Feldspate treten. Zu diesen Gerüstsilikaten, die nie mit Quarz gemeinsam vorkommen, gehören: Leucit, Nephelin, Analcim, Sodalith, Hauyn, Nosean und Cancrinit.

Feldstärke, →Feld. – Die **elektr. F.** E (am Ort des Prüfkörpers) ist definiert durch $E = F/Q$, wobei F die Kraft ist, die ein kleiner isolierter Prüfkörper, der die

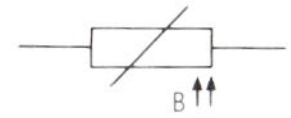

Feldplatte: Schaltzeichen (B ≙ magnet. Feld)

1

2

3

Feldspate:
1 Orthoklas, Karlsbader Zwilling (Karlsbad, ČSSR); **2** Labradorit, angeschliffen (Norwegen); **3** Mikroklin (Usakos, Namibia); **4** Amazonit, Spaltstück (Colorado, USA); **5** Albit, Kristallstufe (Vals, Graubünden); **6** Adular, Kristallstufe (Maderaner Tal, Uri)

4

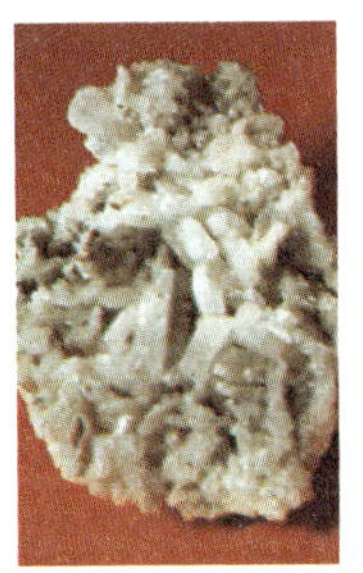

5

6

elektr. Ladung Q trägt, in einem elektr. Feld erfährt. E und F haben die gleiche Richtung, falls Q positiv ist. – Die **magnet. F.** H wird mit Hilfe des Durchflutungsgesetzes definiert (→ Durchflutung).

Feldstecher, kleineres Prismendoppelfernrohr mit 10- bis 20facher Vergrößerung (→ Fernrohr).

Feldstern, Einzelstern, der nicht zu Sternhaufen oder Sternassoziationen gehört, sondern zu dem allg. Sternfeld des Sternsystems.

Feldtheorie, Theorie, die zur Beschreibung physikal. Vorgänge → Felder benutzt.

Feldverdampfung, → Feldionenmikroskop.

Feldwaage, erdmagnetische F., Magnetometer zum Messen der Differenzen der vertikalen oder horizontalen Komponenten des erdmagnet. Feldes zw. 2 Punkten.

Feldwellenwiderstand, das Verhältnis Z_F von elektrischer Feldstärke E und magnetischer Feldstärke H einer freien, ebenen elektromagnet. Welle,

$$Z_F = \sqrt{\mu_r \mu_0/(\varepsilon_r \varepsilon_0 - j\sigma/\omega)};$$

hierbei bedeuten ε_0 und μ_0 die elektrische bzw. magnetische Feldkonstante, ε_r die Dielektrizitätszahl, μ_r die Permeabilitätszahl, j die imaginäre Einheit ($j^2 = -1$), σ die elektrische Leitfähigkeit und ω die Kreisfrequenz. Für das Vakuum ($\sigma = 0$, $\mu_r = 1$, $\varepsilon_r = 1$) erhält man $Z_F = Z_0 = \sqrt{\mu_0/\varepsilon_0} = 120\ \pi\ \Omega \approx 377\ \Omega$ **(F. des leeren Raumes).**

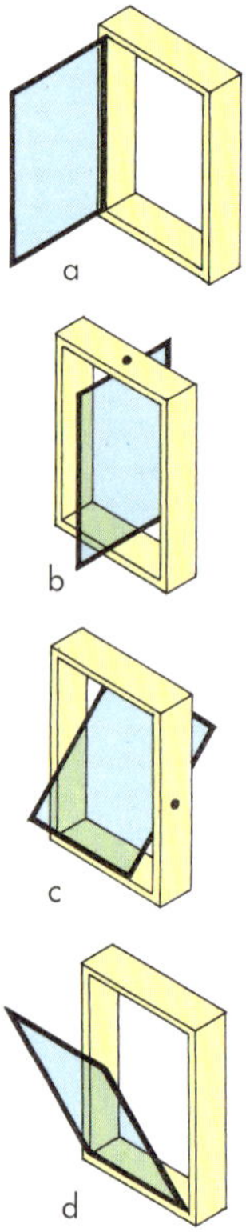

Fenster 1) 1: Öffnungsarten; **a** drehen, **b** wenden, **c** schwingen, **d** kippen

Feldwicklung, → Erregerwicklung.

f-Elektron, → f-Zustand.

Felge, der Teil eines Rades, der die Bereifung trägt: früher Holz-F. mit Eisenreifen, heute gepreßte, gegossene oder geschmiedete Metall-F. (Stahl, Leichtmetall), z. T. geteilt für die Reifenmontage, mit Gummibereifung.

Fels, Festgestein, in der techn. Gesteinskunde und in Bau- und Bohrtechnik als Ggs. zu Lockergestein.

felsisch heißen die hellen Minerale in magmat. und metamorphen Gesteinen sowie diese selbst, wenn solche Minerale überwiegen; Ggs.: → mafisch.

Felsmechanik, Gebirgsmechanik, Lehre von den physikal. Eigenschaften der Felsen, insbes. vom Verhalten von Gesteinsmassen gegenüber Bauwerken. Der **Felsbau** und **Felshohlraumbau** sind die praktisch-techn. Anwendungen der F. Auf Grund theoret. Erkenntnisse und praktisch festgestellter Materialeigenschaften der versch. Felsarten (standfester, gebrächer, druckhafter Fels) können Aussagen über die Gründung von Bauwerken auf Fels (z. B. Staumauern, Brückenfundamente) oder die Ausführung von Felshohlraumbauten (z. B. Tunnel, Stollen, Kavernen) gemacht werden. Der Schwerpunkt der Theorie liegt in der Mechanik zerklüfteter Körper. Von der → Bodenmechanik unterscheidet sich die F. durch die anderen Materialeigenschaften von Fels gegenüber Sanden und Tonen.

Felssturz, → Bergsturz.

Femto, Vorsatzzeichen **f**, → Vorsatz vor Einheiten, steht für den Faktor 10^{-15} (Billiardstel); z. B.: 1 Femtometer = 1 fm = 10^{-15} m.

Fender *der,* ein- und ausbringbarer elast. Körper aus Tauwerk, Holz, Gummi o. ä. zum Schutz gegen Stoßbeanspruchung zw. Bordwand und Anlegestelle von Schiffen oder zw. zwei Schiffen.

Fenitisierung, Art der Metasomatose, wobei in Grundgebirgsgesteinen Kalifeldspat und Oligoklas unter Quarzverbrauch in Albit umgewandelt werden; die neuen Gesteine heißen **Fenite.**

Fenno|sarmatia, seit Anfang des Jungproterozoikums bestehendes Festland im Bereich der → Osteuropäischen Tafel (›Ureuropa‹).

Fennoskandia, das Gebiet der nordeurop. Vereisungen. In der Geologie das finn. (präkambr.) und norwegisch-schwed. (präkambr. und kaledon.) Grundgebirge.

Fenster, 1) Lichtöffnung (in Gebäuden oder Fahrzeugen), die meist gleichzeitig zur Lüftung dient. Beim F. als architekton. Element heißt die obere Begrenzung der F.-Öffnung **F.-Sturz,** die seitliche **Leibung,** die untere **F.-Bank** oder **Sohlbank;** der Wandteil unter der Sohlbank ist die **Brüstung.** Die Brüstung wird innen durch das **F.-Brett (Lateibrett)** aus Holz, Natur- oder Kunststein abgedeckt, außen durch einen Wetterschutz aus gleichem Material oder aus Blech. Das F. besteht aus einem fest mit der Wand verbundenen Holz- oder Metallrahmen, dem bei **Doppel-F. (Kasten-F.)** das **F.-Futter** als Auskleidung der vier Seiten zugesetzt wird, und den zum Drehen, Kippen, Wenden oder Schieben eingerichteten **Flügeln.** Der F.-Rahmen wird entweder in eine innere oder äußere Ausfälzung der Leibung (F.-Anschlag) versetzt oder stumpf in die Wandöffnung eingesetzt. – Einfache F. sind meist **Blendrahmen-F.** (→ Blendrahmen), ebenso F. mit doppelter Verglasung (innerem und äußerem Glasfalz). **Verbund-F.** haben aufeinanderliegende Flügel, die gemeinsam geöffnet werden. Das über den Blendrahmen vorspringende untere Flügelrahmholz heißt **Wasserschenkel;** die auf seiner Unterseite durch eine Längsnut hergestellte **Wassernase** verhindert das Eindringen von Wasser nach innen.

Der einfachste **F.-Verschluß** ist der **Vorreiber,** der sich um eine im Blendrahmen befestigte Schraube dreht und die Flügel an den Blendrahmen preßt. Beim **Einreiber** ist eine drehbare Zunge in einen seitl. Schlitz des Flügelrahmens eingebaut, die durch einen Griff (Olive) in das Schließblech am Blendrahmen eingedreht wird. Ein weiterer Verschluß ist das **Ruder,** das in einen Schließhaken auf dem Mittelpfosten eingreift und dadurch auch den andern Flügel festhält. Bei zweiflügeligen F. ohne festen Mittelpfosten verwendet man **Stangenverschlüsse,** die oben, unten und in der Mitte schließen; der gebräuchlichste ist der → Basküleverschluß in vielen Abwandlungen. Bei den **Hebeverschlüssen** wird der Flügel durch Hebelwirkung angehoben und kann dann erst geöffnet werden. Kipp- und Klappflügel als obere Lüftungs-F. erhalten besondere Verschlüsse. – **Metall-** oder **Kunststoff-F.** werden hauptsächlich in Büro- und Industriebauten angewandt.

Nach der Bewegungsart der F.-Flügel unterscheidet man: nach innen oder außen öffnende **Drehflügel,** unten gelagerte **Kippflügel,** kombinierte **Dreh-Kippflügel,** oben gelagerte **Klappflügel,** in der Mitte gelagerte **Schwingflügel,** um eine senkrechte Achse drehbare **Wendeflügel,** horizontal oder vertikal hintereinandergeschobene **Schiebe-F.**

Die **Fugendurchlässigkeit** eines F. kennzeichnet den über die Fugen zw. Flügel und Blendrahmen je Zeiteinheit stattfindenden Luftaustausch, der durch eine am Fenster vorhandene Luftdruckdifferenz verursacht wird. **Schlagregensicherheit** ist der Schutz, den ein F. bei gegebener Windstärke, Regenmenge und Beanspruchungsdauer gegen das Eindringen von Wasser in das Innere des Gebäudes bietet.

WALTER SCHMIDT: Fensterbau mit Aluminium (1977); W. MEYER-BOHE: F. ([2]1978); L. B. KLINDT u. R. KÖNIG: Die Konstruktion von Kunststoff-F. (1980); U. REITMAYER: Holz-F. (1980).

2) Astronomie: kurz für → astronomische Fenster.

3) Geowiss.: a) meist durch Erosion entstandene Lücke in einer Deckschicht, durch die der Untergrund sichtbar wird. b) **Tekton. F.** sind F. in Überschiebungsdecken.

Fensterglas, gezogenes Flachglas (→ Tafelglas), das in versch. Dicken für Bauzwecke eingesetzt wird. Chem. Zusammensetzung → Glas, TABELLE.

Ferberit, Mineral, svw. → Wolframit.

Fergusit, ein → magmatisches Gestein.

Fermatscher Satz [fɛrm'a-, n. dem frz. Mathematiker P. de Fermat, * 1601, † 1665], 1) **kleiner Fermatscher Satz,** Satz der Zahlentheorie: Ist a eine ganze Zahl, die sich durch die Primzahl p nicht teilen läßt, so ist $a^{p-1}-1$ durch p teilbar; Beispiel: $a=13$, $p=5$ und $a^{p-1}=13^4-1=28560$ ist durch 5 teilbar. 2) **großer Fermatscher Satz,** Bez. für die → Fermatsche Vermutung.

Fermatsches Prinzip [fɛrm'a-], Grundgesetz für den Strahlenverlauf in der geometr. Optik, aus dem sich u. a. das Reflexions- und Brechungsgesetz ableiten lassen. Nach dem F. P. erfolgt die Lichtausbreitung zw. zwei Punkten so, daß der opt. Lichtweg (d. h. das Produkt der geometr. Weglänge mit dem Brechungsindex) einen Extremwert, meist ein Minimum, annimmt.

Fermatsche Vermutung [fɛrm'a-], die bisher unbewiesene Vermutung, daß die diophant. Gleichung $a^n+b^n=c^n$ in ganzen Zahlen a, b, c für natürl. Zahlen $n>2$ nicht lösbar ist. Für $n=2$ wird die Gleichung durch die Pythagoreischen Zahlen gelöst, z. B. ist $3^2+4^2=5^2$.

Fermatsche Zahlen [fɛrm'a-], auch **Gaußsche Zahlen,** Bez. für Zahlen der Form $2^{2^n}+1$, z. B. ist $2^{2^2}+1=17$ eine Fermatsche Primzahl.

Fermentation, Umsetzung biolog. Materialien, die durch Enzyme katalysiert und durch Sauerstoffentzug, Belüftung, Wärme, Licht oder Dunkelheit beeinflußt oder gelenkt wird. Durch F. werden die Aroma- und Farbstoffe gebildet und allg. die Qualität in techn. und ernährungsphysiolog. Hinsicht vorteilhaft verändert. Die Enzyme werden entweder aus dem biolog. Material selbst freigesetzt oder durch Mikroorganismen (Hefen, Pilze, Bakterien) eingeführt. – F. finden z. B. statt: bei Gärungen, bei der Käsebereitung, bei der Silierung von Gras oder Klee und bei der Herstellung von Getränken und Lebensmitteln. – I. e. S. wird der Begriff F. bei der techn. Aufarbeitung von Leder, Flachs, Tabak, Kakao, Kaffee und Tee benutzt.

Fermente, svw. → Enzyme.

Fermenter, Bio|reaktor, Reaktionsapparat zur Durchführung biochem. Reaktionen (→ Biotechnologie). Für die bes. wichtigen Submersverfahren, bei denen die Mikroorganismen (Hefen, Pilze, Bakterien) in der Nährlösung suspendiert sind, werden meist geschlossene Behälter aus Edelstahl verwendet, die u. a. mit Vorrichtungen zur Durchmischung und Kühlung sowie für die Zuführung von steriler Luft (für aerobe Prozesse), Nähr- und Impflösungen ausgestattet sind.

Fermi [n. dem ital. Physiker E. Fermi, * 1901, † 1954], Einheitenzeichen **f,** nicht gesetzl. Einheit in der Atom- und Kernphysik, $1\ f=10^{-15}$ m; wird ersetzt durch das **Femtometer** (→ Femto): $1\ fm=10^{-15}$ m.

Fermi-Alter, in der Reaktortheorie die Kenngröße für die Neutronen-Abbremsung. Die Wurzel aus dem F. ist ein Maß für diejenige Strecke, auf der im Mittel ein schnelles Quellneutron bis zu der betrachteten Neutronengeschwindigkeit abgebremst wurde. Wenn man das F. für die Abbremsung bis zur thermischen Geschwindigkeit des Neutrons betrachtet, spricht man von der **Bremslänge.** Bei der therm. Geschwindigkeit werden die Neutronen nicht weiter abgebremst, da sie dann im Geschwindigkeits-Gleichgewicht mit der Umgebung sind.

Fermi-Dirac-Statistik, Fermi-Statistik [n. E. Fermi und dem engl. Physiker P. Dirac, * 1902], Form der → Quantenstatistik, die für Teilchen mit halbzahligem Spin gilt, z. B. für Elektronen, Protonen, Neutronen. (→ Elementarteilchen, → Pauli-Prinzip)

Fermi-Energie, in der quantenstatistischen Theorie der Festkörper die Energiegrenze der besetzten Elektronenzustände bei der Temperatur $T=0$ K.

Fermi-Fläche, → Elektronengastheorie.

Fermi-Gas, ein Gas aus → Fermionen; z. B. das Elektronengas (→ Elektronengastheorie) und das Neutronengas.

Fermion *das,* ein Teilchen, das der → Fermi-Dirac-Statistik genügt. Nach der Erfahrung und der Quantenfeldtheorie ist das genau dann der Fall, wenn das Teilchen halbzahligen → Spin hat. (→ Elementarteilchen)

Fermium, chem. Symbol **Fm,** künstl. radioaktives → chemisches Element, ein → Transuran, Ordnungszahl 100. Es sind mehr als 15 instabile Isotope bekannt, das langlebigste ^{257}Fm hat eine Halbwertszeit von 100,5 Tagen. Das nach E. FERMI benannte Element wurde von A. GHIORSO und Mitarbeitern 1952 in den Reaktionsprodukten einer Wasserstoffbombenexplosion entdeckt. In seinen Verbindungen ist F. als Actinoid dreiwertig.

Fern|amt, Fernvermittlungsstelle (→ Vermittlungstechnik).

Fern|auslöser, mechan. oder elektr. (mit Kontaktkabel oder drahtlose) Vorrichtung zum Auslösen z. B. des Kameraverschlusses oder des Blitzlichtes aus einiger Entfernung.

Fernbedienung, Einrichtung zur Übermittlung von Anweisungen (Befehlen) an ein Gerät oder eine Anlage mittels versch. physikal. Methoden, z. B. mit Ultraschall bei Fernseh- und Hifi-Geräten.

Fern|erkundung, die Gesamtheit von Aufnahme- und Meßverfahren ohne direkten Kontakt mit dem Aufnahmeobjekt, z. B. mittels Luftbildern, Satellitenbildern, Radar- und Sonarverfahren (→ Photogrammetrie). Auch weite Bereiche des nicht sichtbaren elektromagnet. Spektrums werden genutzt: Infrarotaufnahmen, Mikrowellen- bis Radarverfahren. Die F. ermittelt Daten über Zustände und Vorgänge an der Erd- und Wasseroberfläche sowie in der Atmosphäre. – Die militär. Aufklärung bedient sich auch der Mittel der F.

Ferngas, Brenngas (heute v. a. Erdgas), das zur **F.-Versorgung** durch Hochdruck-Fernleitungen von den Gewinnungsstätten (Kokerei, Raffinerie, Gasfeld) an die Verbraucherstellen (Industrie, kommunale Abnehmer) geführt wird.

Fernglas, Prismenglas (→ Fernrohr).

Fernheizung, Fernwärmeversorgung mehrerer Gebäude oder ganzer Städte mit zentraler Wärmeerzeugung in Heizwerken oder Heizkraftwerken. Das Heizmittel (Heißwasser oder Dampf) wird durch ein Rohrleitungssystem den Verbrauchern zugeleitet.

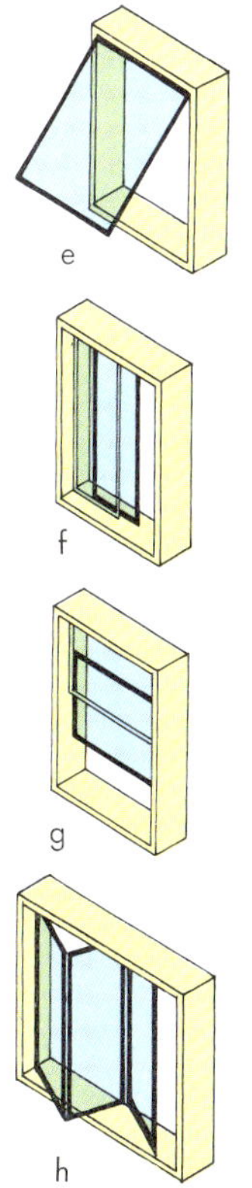

Fenster 1) 2: **e** klappen, **f** waagerecht schieben, **g** senkrecht schieben, **h** falten

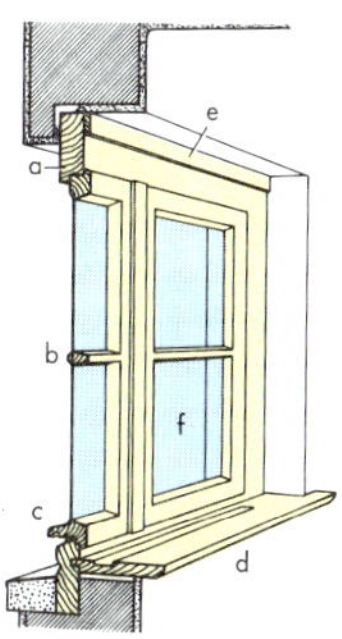

Fenster 1) 3: Einfach-F. in Holz; a Blendrahmen, b Sprosse, c Wasserschenkel, d Fensterbrett, e Deckleiste, f Scheibe

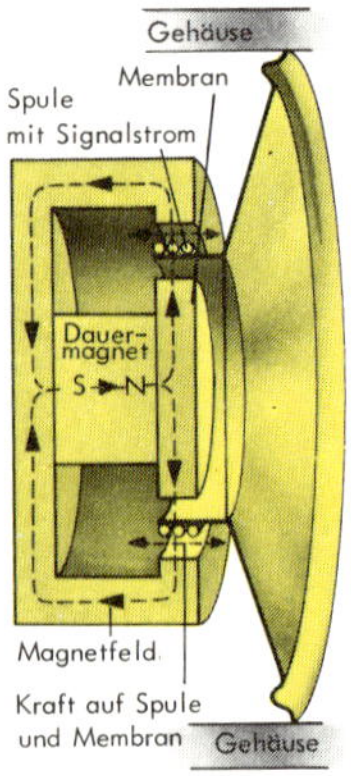

Fernhörer

Fernhörer, Wandler elektr. in akust. Signale, neben Kopfhörern aller Art insbes. die Hörkapsel im → Fernsprecher. Bisher verwendete elektromagnet. F. werden (z. B. bei der Dt. Bundespost) durch höherwertige elektrodynam. F. verdrängt. Ihr Prinzip entspricht dem des elektrodynam. Lautsprechers: Die vom Signalstrom durchflossene Spule erfährt im Magnetfeld eine ablenkende Kraft und versetzt die Membran in Schwingungen.

Fernkompaß, an magnetisch günstiger Stelle im Inneren eines Schiffes oder Flugzeuges (meist im Rumpfende) untergebrachter Magnet-Mutterkompaß. Die Kursanzeige wird elektrisch an Tochterkompasse übertragen.

Fernkopieren, Faksimile, Telefax, Telekopie, Festbildübertragung von Vorlagen in Schwarzweiß oder mit begrenzter Anzahl von Graustufen (ggf. auch mit Farben) über das öffentl. Fernsprechnetz. **Fernkopierer** sind Zusatzgeräte zum Fernsprecher und geben am Empfangsort eine Papierkopie (engl. ›hardcopy‹) aus. Ältere Geräte arbeiten nach dem Prinzip der → Bildtelegraphie, neuere nach dem Flachbettverfahren; Übertragung analog oder digital nach Umsetzung in den Tonfrequenzbereich; Aufzeichnung nach versch. Verfahren (elektrochemisch, elektrosensitiv, elektrographisch) meist auf Spezialpapier. Dauer einer DIN-A4-Kopie je nach Gerätetyp 1, 3 oder 6 Minuten. Bedienung manuell oder automatisch (z. B. für Nachtbetrieb).

Fernleitung, Fernverkehrsnetz, → Fernmeldenetz.

Fernlenkflugzeug, engl. **Remotely Piloted Vehicle** [rɪmˈəʊtlɪ pˈaɪlətɪd vˈiːɪkl], Abk. **RPV,** mit → Fernlenkung versehenes unbemanntes Kleinflugzeug mit Eigenantrieb, meist nicht eigenstartfähig (Katapultstart oder Abwurf von Trägerflugzeugen), rückführbar und bergungsfähig (Fallschirm- oder Flugbergung). Fernlenkung durch Fernlenkpiloten von Trägerflugzeug oder von Bodenführungsstelle aus, Verwendung überwiegend für militär. Aufgaben (Luftaufklärung, elektron. Kampfführung, Luftangriff und -verteidigung). Schwerpunkt der Entwicklung sind zunächst relativ kleine Geräte (100–200 kg Eigenmasse) für die Einsatzaufgaben Gefechtsfeld-Aufklärung, Zielerfassung, Zielzuweisung, Zielmarkierung und elektron. Kampfführung vorzugsweise zur Unterdrückung der gegner. Luftabwehr durch Sättigung, Störung und Waffeneinsatz gegen gegner. Radarsysteme. F. sind in den Flugeigenschaften bemannten Flugzeugen oft überlegen.

Fernlenkhubschrauber, engl. **remotely piloted helicopter** [rɪmˈəʊtlɪ pˈaɪlətɪd hˈelɪkɔptə], Abk. **RPH,** unbemannte und mit Fernlenkung versehene frei fliegende oder gefesselte Kleinhubschrauber, vorzugsweise für militär. Aufklärungsaufgaben. Gegenüber → Fernlenkflugzeugen bieten F. Vorteile durch ihre besonderen Start- und Landeeigenschaften, die den Einsatz von Schiffen aus ermöglichen. Ihre Schwebeflugfähigkeit erleichtert Ausrichtung und Stabilisierung der Aufklärungssensoren; Fesselung erleichtert die Bergung, verbessert die Landegenauigkeit und ermöglicht eine störsichere Datenübertragung durch Kabel.

Fernkopieren: Prinzip eines Fernkopierverfahrens (Flachbettabtastung und -aufzeichnung)

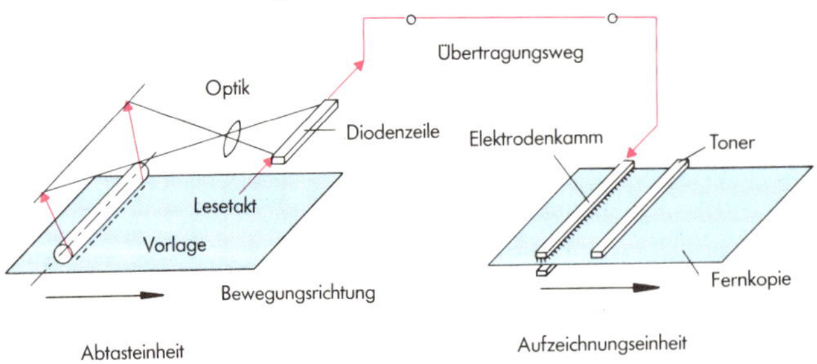

Fernlenkung, Beeinflussung der Bewegung eines Fahrzeugs (Land-, Wasser-, Luft- oder Raumfahrzeug) von außen. Neben dem Begriff F. wird auch der etwa gleichbedeutende Begriff **Fernsteuerung** verwendet (Oberbegriff → Fernwirktechnik).

Zur F. werden in einem außerhalb des Lenkobjekts befindl. Fernlenkstand aus dem durch Messungen bestimmten Bewegungszustand und Standort des Fahrzeugs F.-Kommandos gebildet, die nach Übertragung auf das Fahrzeug mit Hilfe von Lenkanlagen dessen Bewegungsrichtung, Lage, Geschwindigkeit oder Beschleunigung in gewünschter Weise verändern. Dieses Verfahren wird als **Kommandolenkung** bezeichnet, wobei kennzeichnend ist, daß alle notwendigen Messungen im Fernlenkstand selbst ausgeführt werden oder dort verfügbar sind. Besondere Formen der Kommandolenkung sind das **Leitstrahlverfahren,** bei dem die Bewegungsbahn des Lenkobjekts durch einen funktechnisch erzeugten Leitstrahl (Schnittlinie zweier gerichteter Strahlungsfelder) vorgeschrieben wird, sowie das **Zieldeckungsverfahren,** bei dem die Lenkkommandos aus den Abweichungen des Lenkobjekts aus einer optisch kontrollierten Visierlinie zum Ziel gewonnen werden. Die Lenkkommandos werden über größere Entfernungen ganz überwiegend funktechnisch übertragen **(Funk-F.).** Bei geringeren Entfernungen ist auch eine Übertragung durch elektr. Impulse über vom Lenkobjekt nachgeschleppte Lenkdrähte üblich **(Draht-F.,** funktechnisch nicht störbar). Bei noch geringeren Entfernungen können Lenkkommandos auch mechanisch, optisch oder akustisch übertragen werden.

F. wird angewendet: 1) bei Fahrzeugen, die zu klein sind, um eine Lenkperson aufzunehmen (z. B. → Flugmodelle); 2) bei Fahrzeugen, deren Bewegung oder Funktion von einem außerhalb gelegenen Führerstand besser beurteilt werden kann (z. B. Bagger im Tagebau); 3) bei Gefährdung des Lenkpersonals (→ Fernlenkflugzeug); 4) zur Führung von → Fernlenkwaffen; 5) zur Steuerung von Raumfahrzeugen; 6) zur Einsparung von Lenkpersonal.

Neben der F. werden auch Verfahren der → Eigenlenkung zur Beeinflussung der Bewegung von Fahrzeugen verwendet.

Fernlenkwaffen, durch → Fernlenkung geführte Waffen oder gelenkte Fernwaffen (Waffen großer Reichweite mit Fern- oder → Eigenlenkung), die i. Ggs. zu → Fernlenkflugzeugen nur zum einmaligen Gebrauch bestimmt sind (Verlustgeräte). Beim Einsatz gegen ruhende Ziele, deren Lage bekannt ist oder die erkennbar oder markiert sind, haben gelenkte Waffen (bes. bei großen Entfernungen) eine bessere Treffgenauigkeit und beim Einsatz gegen bewegte Ziele wegen der Nachführmöglichkeit eine größere Treffwahrscheinlichkeit als ungelenkte Waffen. Verwendet werden überwiegend angetriebene → Flugkörper, in geringerem Umfang auch antriebslose Flugkörper und Schwimmkörper (Torpedos); sie werden gegen Landziele, Land-, See- oder Luftfahrzeuge eingesetzt und durch unterschiedl. Verfahren der Fernlenkung (Kommandolenkung, Leitstrahlverfahren, Zieldekkungsverfahren) oder der Eigenlenkung (Programmlenkung mit Trägheitsführungssystemen oder Zielsuchverfahren) geführt.

Fernlicht, Kfz: → Abblenden 1).

Fernmelde|amt, Dienststelle der Dt. Bundespost, der der Fernmeldedienst für einen Bereich unterstellt ist.

Fernmeldenetz, Telekommunikationsnetz, Gesamtheit der Übertragungswege für eine best. Form der → Telekommunikation. Es gibt öffentl. oder private, drahtgebundene oder drahtlose oder opt. F., → Vermittlungsnetze oder → Verteilnetze, feste oder bewegl. F. (→ Funkdienst), Simplex- oder Halbduplex- oder Duplexnetze (→ Nachrichtenübertragung).

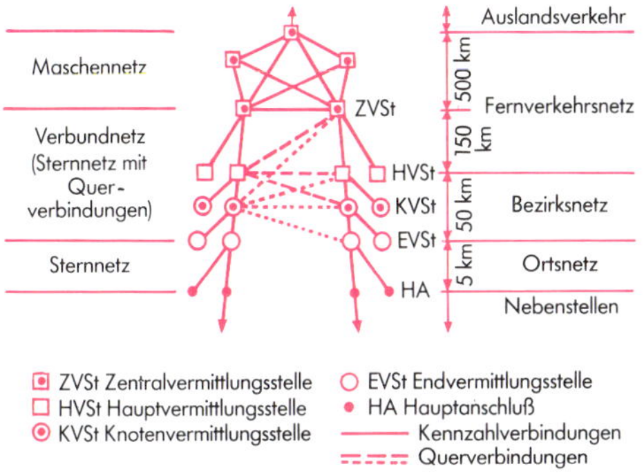

Fernmeldenetz: Aufbau des F. (schematisch, mit typischen Entfernungen)

Das **Fernsprechnetz** ist das umfangreichste F., es verbindet die weltweit verteilten Sprechstellen über nationale, kontinentale und interkontinentale Strecken miteinander. Grundbausteine sind die nationalen Netze, z. B. das Fernwahlnetz im **Selbstwählverkehr** der Dt. Bundespost. Vermittlungsstellen unterschiedl. Ranges bilden die Knoten des hierarchisch gegliederten Netzes. Die höchstrangige Netzebene besteht aus acht **Zentralvermittlungsstellen (ZVSt),** die maschenförmig miteinander durch starke Leitungsbündel verbunden sind. Von den ZVSt gehen auch die Verbindungen ins Ausland, und hier treffen sie vom Ausland ein. An die acht ZVSt sind 56 **Hauptvermittlungen (HVSt)** sternförmig angeschlossen, daran die 416 **Knotenvermittlungen (KVSt)** und daran schließlich die 5963 **Endvermittlungen (EVSt),** an die dann die Teilnehmer angeschlossen sind. – Bei den Ortskennummern bedeutet die erste Ziffer die ZVSt, die zweite die HVSt, die dritte die KVSt und die vierte die EVSt, an die der Teilnehmer angeschlossen ist. Endvermittlungen am Sitz von ZVSt und HVSt haben Kennummern, die um eine Ziffer verkürzt sind, weil es sich meistens um große Ortsnetze mit entsprechend vielstelligen Teilnehmer-Rufnummern handelt.

Die Übertragung im Ortsnetz erfolgt niederfrequent im → Zweidrahtbetrieb, im Bezirksnetz gemischt mit → Trägerfrequenztechnik im Zweidrahtbetrieb und → Vierdrahtbetrieb und im Fernverkehrsnetz trägerfrequent im Vierdrahtbetrieb. Im Orts- und Bezirksverkehr werden zunehmend auch PCM-Systeme (→ Puls-Code-Modulation) verwendet.

Das **Fernschreibnetz** und z. T. das **Datennetz** besitzen zwar eigene Vermittlungen, bedienen sich jedoch zur Übertragung weitgehend des Fernsprechnetzes (→ Dateldienste). Ton- und Fernsehrundfunk betreiben Verteilnetze unterschiedl. Ausbaustufen. Neben den öffentl. F. gibt es zahlreiche, vom öffentl. Nachrichtenverkehr unabhängige (private) Sondernetze, z. B. die F. der Eisenbahnverwaltungen (→ Eisenbahn-Fernmeldeanlagen), Energieversorgungsunternehmen (→ TFH-Technik), Behörden, Polizei und des Militärs.

Fernmeldesatellit, → Nachrichtensatellit.

Fernmeldetechnik, Bereich der Nachrichtentechnik, der sich mit den Verfahren und Ausführungsformen der Kommunikation zw. Menschen, Maschinen u. a. Systemen mit Hilfe elektr. Übertragungstechniken befaßt. International gebräuchlich ist jetzt der Ausdruck → Telekommunikation.

Fernmeldetechnisches Zentralamt, Abk. **FTZ,** Mittelbehörde der Dt. Bundespost (Sitz: Darmstadt) mit Zuständigkeit für alle zentralen fernmeldetechn. Fragen: Forschung, Entwicklung und Erprobung neuer Verfahren und Geräte, Erarbeiten techn. Vorschriften und Lieferbedingungen, Prüfung und Abnahme von Lieferungen und Leistungen.

Fernmessung, elektr. Übertragung von Meßwerten über größere räuml. Entfernungen (→ Fernwirktechnik) unter Anwendung besonderer Verfahren, die die Information übertragen und gegen Störungen sichern. Die Meßgröße wird am Sendeort in eine proportionale elektr. Größe (Strom, Spannung, Frequenz) umgeformt. Je nach Anforderungen an Informationsmenge, Schnelligkeit und Sicherheit werden unterschiedl. Kabel- oder Funkverfahren angewandt: → Kompensationsmethode mit Meßumformern für Strom und Spannung; Impulsfrequenzverfahren; → Zeitmultiplex; → Puls-Code-Modulation.

Fern|ordnung, geordnete Aneinanderreihung der Atome in einem kristallinen Festkörper (→ Kristall) über makroskop. Bereiche hinweg; ein besonderes Kennzeichen der kristallinen Materie. In Flüssigkeiten ist Ordnung nur in kleinsten Bereichen möglich **(Nahordnung).**

Fernpunkt, derjenige am weitesten entfernte Punkt, den das → Auge noch scharf zu sehen vermag. In der Jugend liegt er im Unendlichen, im Alter rückt er näher an das Auge heran. (→ Brechungsfehler des Auges)

Fernrohr, Teleskop, 1) opt. Gerät, das unter Verwendung von Linsen und/oder Spiegeln entfernte Gegenstände unter einem vergrößerten Sehwinkel zeigt, sie also scheinbar näher rückt. Bei **dioptrischen F.** entwirft die **Gegenstandslinse (Objektiv),** bei **katoptrischen F.** ein Hohlspiegel ein Bild des Gegenstandes in der **Gesichtsfeldblende.** Die **katadioptrischen F.** verwenden Linsen und Spiegel gleichzeitig. Das Bild wird durch die **Augenlinse (Okular)** betrachtet, die bei Teilung des vom Objektiv kommenden Strahlenganges auch als Doppelokular für die Betrachtung mit beiden Augen eingerichtet sein kann. Besseres Tiefenunterscheidungsvermögen liefern **Doppel-F.** (z. B. Feldstecher, Scheren-F.), bei denen beidäugige Beobachtung durch zwei miteinander verbundene identische F. erfolgt.

Das Okular hat meist eine wesentl. kürzere Brennweite als das Objektiv. Das in ihm sichtbare Feld nennt man das **Gesichtssehfeld,** dessen Helligkeit **(Lichtstärke)** mit dem Durchmesser **(Öffnung)** des Objekts zu-, mit wachsender Vergrößerung aber abnimmt. Die F.-Leistung wird durch Vergrößerung V und Objektivdurchmesser D in mm charakterisiert, die als Zahlenpaar in der Form $V \times D$ (z. B. 8×50) angegeben werden. Die Vergrößerung ist gleich

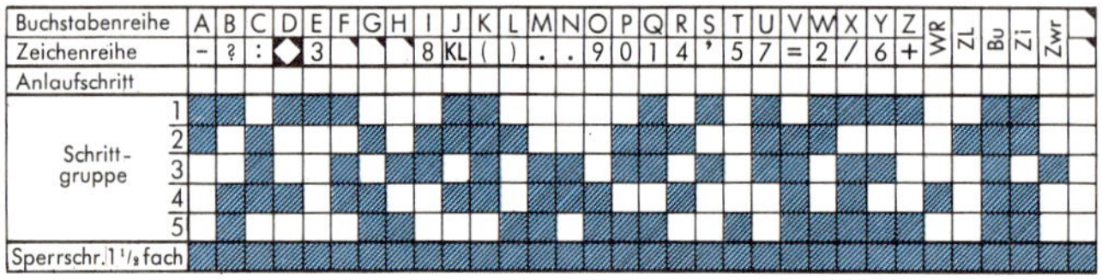

Pausenschritt-Kontakt offen
Stromschritt-Kontakt geschlossen
Bu Buchstaben-Umschaltung
Zi Ziffern- und Zeichen-Umschaltung
Zwr Zwischenraum

KL = Klingel
WR = Wagenrücklauf
ZL = Zeilenvorschub
= Wer da?

frei für den internen Betrieb eines jeden Landes, aber im zwischenstaatl. Verkehr nicht zugelassen

Fernschreiben 1:
Internationales Telegraphenalphabet Nr. 2 (Fünferalphabet)

dem Verhältnis der Brennweiten von Objektiv und Okular und kann bei gleichem Objektiv durch verschiedene Okulare verändert werden. Die geometr. Lichtstärke des F. ist gleich dem Quotienten D^2/V^2. Dieser Wert muß noch mit dem Transmissionsgrad τ der F.-Optik multipliziert werden, um die tatsächl. (physikal.) F.-Lichtstärke zu bestimmen. τ ist etwa 0,8 für vergütete und 0,56 für unvergütete opt. Komponenten. Die Bildhelligkeit auf der Netzhaut ist proportional dem Quadrat des Okulardurchmessers, sofern die Augenpupille nicht kleiner ist als dieser. Objektiv oder Spiegel und Okular befinden sich an den beiden Enden eines Rohres **(Tubus)** derart, daß die Mittelsenkrechte auf das Objektiv, die **opt. Achse,** mit der des Tubus zusammenfällt. Dieser kann von Hand gehalten oder bei F. mit starker Vergrößerung (über 10fach) auf einem Stativ befestigt werden. (→ Fernrohrmontierung)

Arten. **Dioptrische F.:** Das **holländische** oder **Galileische F.** (→ astronomische Instrumente, BILD) hat eine Sammellinse als Objektiv und eine Zerstreuungslinse als Okular, die um die Differenz ihrer Brennweiten voneinander entfernt sind, weswegen dieser F.-Typ ziemlich kurz ist. Als lichtstarkes Doppelrohr wird es als **Opern-, Jagd-** und **Nachtglas** benutzt, mit zwei- bis zehnfacher Vergrößerung.

Das **astronomische** oder **Keplersche F.** verwendet als Objektiv und Okular Sammellinsen, deren Abstand voneinander gleich der Summe ihrer Brennweiten ist. Es erzeugt ein umgekehrtes, reelles Bild.

Beim **terrestrischen F.** wird mit einer dritten Linse eine zweite Umkehrung des Bildes und damit dessen aufrechte Stellung erreicht. Bei 10–30facher Vergrößerung wird es als **Ziel-F.** und in **Theodoliten** verwendet. – Aufrechtstellen des Bildes und Verkürzung des F. läßt sich auch mit einem Porroschen Prismensatz statt einer dritten Sammellinse erzielen. In dieser Form ist das terrestr. F. als **Prismenglas** mit typischerweise sechs- bis achtfacher Vergrößerung bekannt, das i. a. als Doppelglas gebaut ist. Dadurch wird eine plast. Wirkung erzielt, die man beim **Scherenfernrohr** durch Erhöhung des Abstandes der Objektive wesentlich verstärkt. Mit Zusatzeinrichtungen wird es zur Entfernungsmessung benutzt. Sind die Arme des Scherenfernrohrs so gedreht, daß beide Objektive oberhalb des Beobachters nahe beisammen stehen, bezeichnet man es als **Periskop.** Beim **Doppelblickfernrohr** wird der Strahlengang geteilt und zwei verschiedenen Okularen zugeleitet, so daß zwei Beobachter gleichzeitig denselben Gegenstand betrachten können.

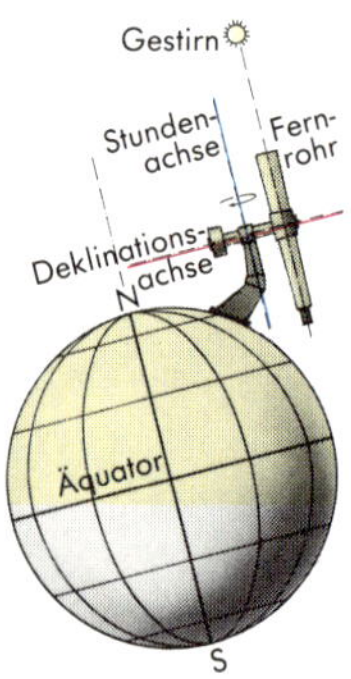

Fernrohrmontierung 1: schematischer Aufbau parallaktischer Fernrohrmontierung. Die Stundenachse steht parallel zur Erdachse, sie wird von einem Motor angetrieben. Senkrecht zu ihr steht eine zweite bewegliche Achse, die Deklinationsachse

Beim **katoptrischen F.** erzeugt ein meist parabol. Spiegel (Durchmesser bis zu 6 m) ein umgekehrtes, reelles Bild, das mit einem Okular betrachtet wird. Der Spiegel befindet sich auf der vom Gegenstand abgewandten Seite, das Okular auf der diesem zugewandten Seite des Tubus. Um eine Abdeckung des Strahlenganges durch den Beobachter zu vermeiden, wird das Zwischenbild entweder über einen kleinen Planspiegel seitlich aus dem Tubus gelenkt oder mit einem zweiten kleinen Konkav- oder Konvexspiegel durch ein kleines Loch im Hauptspiegel hinter den Hauptspiegel abgebildet (→ Spiegelteleskop). Die einem sphär. Spiegel eigene sphär. Aberration wird durch das 1931 von B. SCHMIDT entwickelte opt. System behoben (→ Schmidt-Spiegel), das im **Baker-Schmidt-System** oder **Maksutow-Teleskop** verbessert wurde (→ astronomische Instrumente).

Größere Teleskope, meist Kepler-F. und Spiegel ohne Bildaufrichtung, dienen in der Astronomie visueller, photograph. oder photoelektr. Beobachtung. Die größten dioptr. F. haben Linsen von 1 m Durchmesser; die Spiegeldurchmesser der Spiegelteleskope können erheblich größer sein, da sie ganz auf fester Unterlage ruhen, während die Linsen nur am Rand gefaßt sind und sich infolge ihrer eigenen Schwere durchbiegen können. In der Physik und für Meßzwecke benutzt man Kepler-F. z. B. am Spektrometer oder bei der Fernrohrablesung. In der Feinmeßtechnik, vor allem in Anwendung auf den Großmaschinenbau, dienen F. zur Fluchtung von Lagern oder anderen Bauteilen **(Flucht-F.).** In der Verbindung mit einem Kollimator oder einer Einrichtung zur Autokollimation dienen sie zur Richtungsprüfung, zum Einstellen spiegelnder Flächen auf Meßmarken oder zur Messung kleiner Winkelabweichungen **(Richtungsprüf-** und **Autokollimations-F.).**

2) lat. **Telescopium,** ein → Sternbild am Südhimmel.

Fernrohrmontierung, erschütterungsfreie Aufstellung eines astronom. Fernrohrs, durch die dieses auf alle Punkte des Himmels gerichtet werden kann.

Bei der **parallakt.** oder **äquatorialen F.** ist die Rektaszensions- oder Stundenachse parallel der Erdachse und damit auf den Himmelspol gerichtet. An der dazu senkrechten Deklinationsachse ist das Fernrohr befestigt. Durch ein Uhrwerk oder einen Synchronmotor wird die Rektaszensionsachse mit der Winkelgeschwindigkeit der Erdrotation, aber entgegengesetzt, bewegt, so daß die Drehung des Himmelsgewölbes aufgehoben wird und ein Objekt ständig im Gesichtsfeld bleibt. – Die **azimutale** oder **horizontale F.** findet sich oft bei kleineren Fernrohren und bei den großen Radioteleskopen. Sie hat eine vertikale und eine horizontale Achse, deren Nachführung schwierig ist, heute jedoch meist von Computern gesteuert wird. – Der **Meridiankreis** wird zur genauen Positionsbestimmung der Gestirne und zur Zeitbestimmung eingesetzt. Da der dazu benutzte Refraktor um eine Waagerechte (W-O-Achse) bewegt werden kann, läßt sich das Fernrohr längs des durch Himmelspol und Zenit laufenden Größtkreises ausrichten. – Ähnlich, aber einfacher ist das **Durchgangs-** oder **Passageinstrument.** (Weitere BILDER S. 103)

Fernschreiben, Form der → Telegraphie, für Textkommunikation von gleicher Bedeutung wie das Fernsprechen für Sprachkommunikation.

Fernschreibzeichen (Buchstaben, Ziffern und Sonderzeichen) werden im → Binärcode nach dem **Internationalen Telegraphenalphabet Nr. 2 (CCITT-Code Nr. 2, Fünferalphabet)** übertragen (BILD 1). Jedes Zeichen besteht aus fünf Binärentscheidungen, womit $2^5 = 32$ Kombinationen unterscheidbar sind. Man verwendet zwei davon (Bu und Zi) zur wechselweisen Umschaltung zw. Buchstaben und Ziffern und kann damit 26 Buchstaben, 26 Ziffern und Sonderzeichen sowie vier weitere, von der Umschaltung nicht betroffene, zus. also 56 Zeichen übertragen.

Endgerät ist der → Fernschreiber, zu dessen Steuerung nach dem Start-Stop-Prinzip noch ein Start-(Anlauf-) und ein längerer Stop-(Sperr-)Schritt nötig sind (BILD 2).

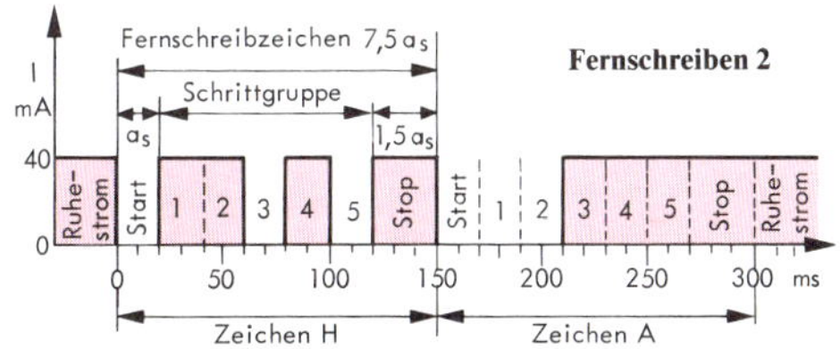

Fernschreiben 2

Die Schrittgeschwindigkeit (Telegraphiergeschwindigkeit) beträgt 50 → Baud, die Schrittdauer somit 20 ms. Ein Zeichen mit 7,5 Schritten dauert 150 ms; es lassen sich in der Sekunde bis zu 6,6 Zeichen übertragen.

Das **Fernschreibsignal** benötigt ein Frequenzband von 0 bis mindestens 25 Hz, praktisch werden 0–40 Hz vorgesehen. In dieser Frequenzlage **(Gleichstromtelegraphie, GT)** werden nur Anschlüsse und Vermittlungen betrieben. Weitverkehr erfolgt dagegen über **Wechselstromtelegraphie (WT),** wobei die Signale durch Amplituden- oder Frequenzumtastung (Modulation) in andere Frequenzlagen umgesetzt werden. Im → Multiplex-System können damit bis zu 24 Fernschreibsignale über einen Fernsprechkanal übertragen werden.

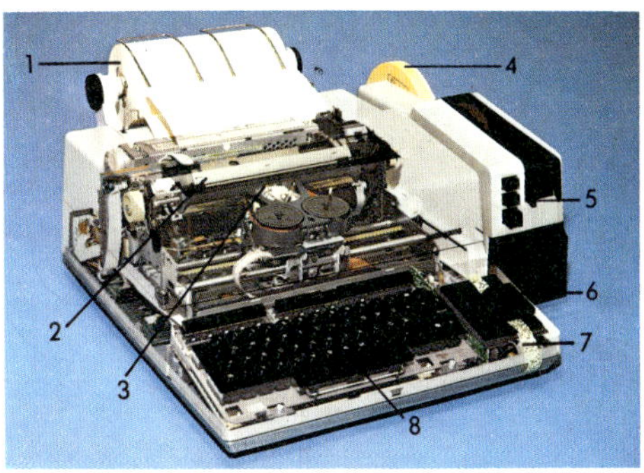

Fernschreiber,
elektronischer F.: **1** Schreibpapierrolle, **2** Schreibwalze, **3** Druckwerk mit Typenscheibe, **4** Lochstreifen-Papierrolle, **5** Locher, **6** Lochstreifenleser, **7** Lochstreifen, **8** Tastatur

Das **Fernschreibnetz** besteht daher aus Fernsprechleitungen, die jedoch vom Fernsprechverkehr völlig getrennt sind und mit eigenen Vermittlungsstellen betrieben werden (→ Fernmeldenetz). Man unterscheidet Sondernetze (Behörden, Militär und Privatgesellschaften), das **Gentex-Netz,** Abk. für **General Telegraph Exchange** [dʒ'enərəl t'elɪgrɑ:f ɪkstʃ'eɪndʒ, engl.], der Postverwaltungen für die Übermittlung von Telegrammen sowie das **Telex-Netz** (Abk. für **Teleprinter Exchange** [t'elɪprɪntə-]), das ein weltweites öffentl. Wählnetz darstellt.

Fernschreibverbindungen werden auch für die → Datenübertragung ausgenutzt, wobei höhere Schrittgeschwindigkeit (100 Bd, 200 Bd) und zur Datensicherung das **Internationale Telegraphenalphabet Nr. 5 (CCITT-Code Nr. 5, Siebeneralphabet)** mit Fehlererkennung verwendet werden. Beim → Funkfernschreiben wird das **Internationale Telegraphenalphabet Nr. 3 (CCITT-Code Nr. 3)** mit automatischer Rückfrage verwendet.

Eine Weiterentwicklung des F. ist das Bürofernschreiben (→ Teletex).

Fernschreiber, als Endgerät der Fernschreibtechnik benutzter schreibmaschinenähnlicher Drucktelegraph (Ein- und Ausgabe im Klartext).

F. arbeiten als Sender und Empfänger: Ein über Tastatur eingegebener Text wird vom Sender in Codesignale verwandelt (→ Fernschreiben), die als Stromschritte übertragen und vom Empfänger zurückverwandelt und ausgedruckt werden. Die Wirkungsweise ist durch das **Start-Stop-Prinzip** gekennzeichnet. Der Sender stellt auf Tastendruck einen dem zugehörigen Codewort entsprechenden fünfstelligen Binärzustand mechanischer oder elektronischer Glieder her, tastet das Codewort ab, gibt es mit einem vorhergehenden Startschritt und einem abschließenden Stopschritt in Form von Stromimpulsen auf die Leitung und geht bis zum nächsten Tastendruck in den Ruhezustand. Der Empfänger läuft mit Eintreffen des Startschrittes an, tastet die ankommenden Stromschritte ab, rekonstruiert das Codewort mit mechan. oder elektron. Gliedern, druckt das dazugehörige Zeichen aus und geht bis zum nächsten Startschritt in den Ruhezustand. Durch dieses Start-Stop-Prinzip ist ein Gleichlauf der Abtastvorrichtungen bei Sender und Empfänger nur über die kurze Dauer eines Zeichens (150 ms bei 50 Baud) erforderlich, so daß komplizierte Synchronisationsmaßnahmen entfallen.

Herkömmliche F. arbeiten vorwiegend mechanisch (Speicherung des Binärzustandes mit Hebelstellungen, mechanische Abtastung). Sei 1976 gibt es F., die bis auf die Ein- und Ausgabe elektronisch arbeiten, kompakter, bedienungsfreundlicher und leiser sind.

F. sind wie Fernsprecher mit Selbstwähleinrichtungen ausgestattet. Zusätzlich haben sie automat. Kennungsgeber zur Identifizierung der Teilnehmer. Zum Empfang ist daher kein Bedienungspersonal erforderlich. Textspeicherungen über Zusatzgeräte (Lochstreifen- oder Magnetbandgeräte) ermöglicht Textvorbereitung und Korrektur sowie Übertragung zu günstigen Tageszeiten und mit der manuell kaum erreichbaren höchstmöglichen Telegraphiergeschwindigkeit. F. (mit Zusatzgeräten) werden auch zur Datenübertragung sowie als Ein-/Ausgabegeräte elektronischer Rechenanlagen verwendet, z. T. mit höherer Telegraphiergeschwindigkeit (100 → Baud) und mit anderem Code (Telegraphenalphabet Nr. 5).

Geschichtliches. Die ersten mechan. F. wurden vor 1914 in den USA gebaut; dort entwickelte der in Dtl. geborene E. F. KLEINSCHMIDT seit 1914 das Springschreiber-System. In Dtl. begann Siemens & Halske um dieselbe Zeit mit der Herstellung eines Tastenschnelltelegraphen, dessen Weiterentwicklung in den elektr. F. der heutigen Form mündete. 1928 gestattete die Reichspost die Benutzung des F. auf Postleitungen.

Fernsehen, engl. **Television** [t'elɪvɪʒn], Abk. **TV,** die Aufnahme, ggf. Speicherung, Übertragung und Wiedergabe bewegter Bilder (schwarz-weiß oder in Farbe, → Farbfernsehen) und des zugehörigen Tons mit Mitteln der Funktechnik.

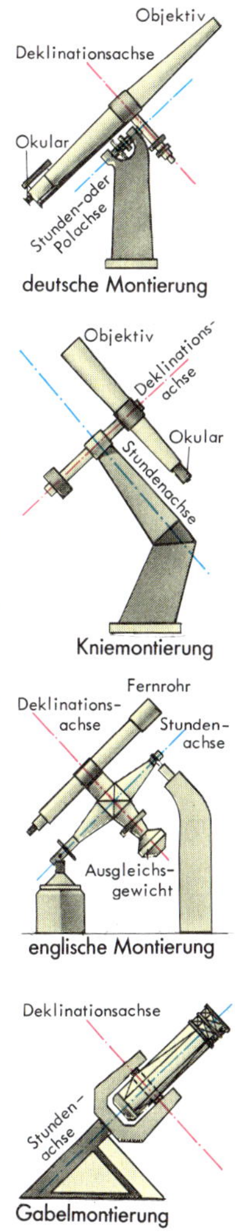

Fernrohrmontierung 2: Grundformen parallaktischer Montierungen

Prinzip. Zur Erzielung der Verschmelzungsfrequenz werden wie beim Film in der Sekunde mehrere aufeinanderfolgende Bilder des Bewegungsvorgangs übertragen, und zwar in Anlehnung an die Frequenz der elektr. Energieversorgungsnetze in Europa 25, in USA 30 vollständige Bilder (beim Film 24). Anders als beim Film wird jedes Bild in eine Anzahl Zeilen (z. B. in Dtl. 625, in den USA 525) zerlegt, die nacheinander punktweise abgetastet, übertragen und wieder zusammengesetzt werden (BILD 1). Das geschieht auf der Aufnahmeseite (Senderseite)

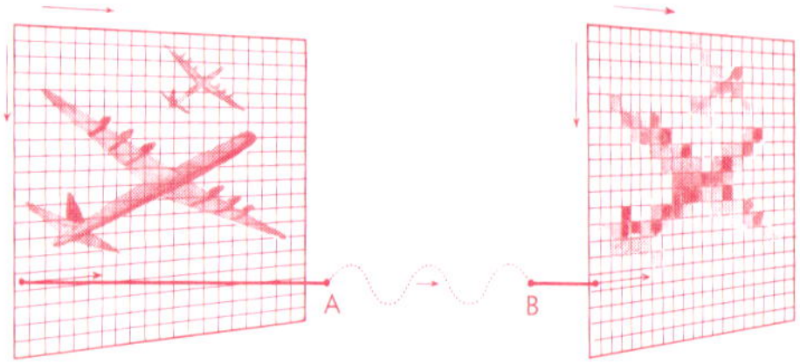

Fernsehen 1: Grundvorgang;
A Aufnahmeeinrichtung, **B** Wiedergabeeinrichtung

durch eine → Bildaufnahmeröhre, die die Helligkeit eines jeden Bildpunktes abtastet und das räuml. Nebeneinander der so erhaltenen verschiedenen Helligkeitswerte (Bildelemente) in ein zeitl. Nacheinander elektrischer Spannungswerte **(Bildsignale)** verwandelt. Das Bildsignal wird einer Trägerwelle aufmoduliert und von der Sendeantenne ausgestrahlt. Auf der Empfangsseite wird die von der Empfangsantenne aufgenommene Strahlung gleichgerichtet (demoduliert), das Bildsignal zurückgewonnen und durch die Wiedergabeeinrichtung in die Bildelemente zurückverwandelt, die auf dem Bildschirm in richtiger Anordnung und Helligkeit wieder erscheinen (BILD 2).

Fernsehsendungen können nur mit hohen Sendefrequenzen (ultrakurze Wellen) übertragen werden, denn das Bildsignal selbst enthält schon Schwingungen sehr hoher Frequenz (bis zu mehreren MHz). Bei 25 Bildern je s und 625 Zeilen je Bild müssen 15625 Zeilen je s übertragen werden (→ Fernsehnormen). Sollen in jeder Zeile noch rd. 800 Punkte verschiedener Helligkeit unterschieden werden können, so enthält das Bildsignal für jede Zeile 800/2 Schwingungen. Das Bildsignal kann also bis zu $15625 \cdot 800/2 = 6{,}25 \cdot 10^6$ Schwingungen je s aufweisen, das ist eine Frequenz von 6,25 MHz. Die Senderfrequenz muß höher sein als die zu übertragende Bildfrequenz. Man verwendet im Fernseh-Rundfunk Frequenzen zw. 44 und 216 MHz (Wellenlängen zw. 7 und 1,4 m, Band I/III) sowie zw. 470 und 790 MHz (0,64 bis 0,38 m, Band IV, V; **Dezimeterwellen).**

Diese Wellen breiten sich nur nahezu geradlinig aus, so daß man guten Empfang nur bei direkter Sicht (optische Sicht) zw. Sende- und Empfangsantenne erhält (hohe Aufstellung der Antennen). Die Reichweite eines Fernsehsenders beträgt daher meist nur etwa 50 km. Es ist möglich, das Programm eines Senders über seine eigene Reichweite hinaus zu verbreiten. Die zur Übertragung verwendeten Dezimeterwellen lassen sich leicht bündeln und in bestimmter Richtung ausstrahlen. In Dtl. sind weitverzweigte **Dezi-Strecken (Fernsehbrücke)** in Betrieb. Sie sind in einzelne Abschnitte von rd. 50 km Länge (Reichweite) aufgeteilt, an deren Endpunkten sich → Relaisstationen auf hohen Fernmeldetürmen befinden; diese sind mit Hohlspiegeln (3 m ∅) als Sende- und Empfangsantennen ausgestattet und geben die Sendung von Turm zu Turm weiter. In den USA ist der ganze Kontinent von Ost nach West durch eine 4600 km lange Dezi-Strecke überbrückt. In Großbritannien werden z. T. auch Breitbandkabel zur Verbindung der Fernsehsender untereinander benutzt. In Europa verbinden Dezi-Strecken alle in der Eurovision zusammengeschlossenen westeurop. Rundfunkgesellschaften. Zur Zeit wird die Einführung von → Lichtleitern diskutiert. Weitere Verbindungen bestehen zur entsprechenden osteurop. Vereinigung, der Intervision.

Zur Überbrückung großer Entfernungen (z. B. von Kontinent zu Kontinent) werden → Nachrichtensatelliten eingesetzt, die als Relaisstationen zw. Sende- und weiterverteilenden Empfangsstationen dienen. Auch eine Direktversorgung des einzelnen Fernsehteilnehmers wäre mit derartigen Satelliten möglich.

Sender. Zur Aufnahme von Sendungen im Fernsehstudio werden elektron. **Fernsehkameras** verwendet. Diese sind mit einem → Vario-Objektiv (oder mehreren auswechselbaren Objektiven), einem Sucher (meist als kleiner Bildschirm ausgeführt) und einer Bildaufnahmeröhre zur optoelektron. Abtastung und Erzeugung der Bildsignale ausgerüstet. Die heute meist verwendete Bildaufnahmeröhre ist das → Vidikon, Vorläufer waren das → Superorthikon und das → Ikonoskop. Die Fernsehkamera enthält eine Ablenkschaltung, die den Elektronenstrahl der Abtaströhre in vertikaler und horizontaler Richtung zeilenweise über den Schirm, z. B. über die Halbleiter-Speicherplatte beim Vidikon, führt, auf dem die zu sendende Szene abgebildet ist. Die Ablenkimpulse

Fernsehen 2: Gesamtvorgang (schematisch)

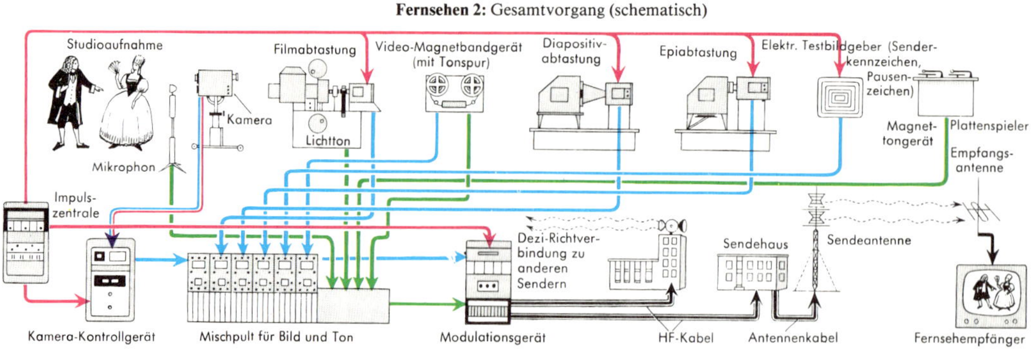

erhält die Kamera über ein Kabel von der Impulszentrale des Senders, die den Takt der Abtastung angibt. Die Impulszentrale liefert außerdem die → Gleichlaufsignale, die dem Bildsignal nach seiner Verstärkung zugemischt werden. Das Gemisch, das **Videosignal,** wird weiter verstärkt und dann der Senderwelle aufmoduliert, die entweder direkt von der Sendeantenne ausgestrahlt oder der Endstelle einer Dezi-Strecke zur Weiterleitung der Sendung an andere Sender zugeführt wird.

Der die Fernsehsendung begleitende Ton wird in der bei Rundfunksendern üblichen Art aufgenommen und einem zweiten Sender aufmoduliert, dessen Frequenz in bestimmter Beziehung zur Frequenz des Bildsenders steht (→ Fernsehnormen). Bei Zwischenschaltung von Relaisstationen wird der Ton gewöhnlich nicht über diese, sondern über Kabel an die letzte Sendestation gegeben. Bild und Ton werden heute allgemein über die gleiche Antenne abgestrahlt, wobei zur Entkopplung von Bild- und Tonsender Brückenschaltungen **(Diplexer)** dienen.

Für **Fernseh-Reportagen** gibt es tragbare Anlagen, bei denen die einzelnen Einheiten in Koffern eingebaut sind, und fest in einen Omnibus eingebaute Anlagen, die mit mehreren Kameras sowie einer vollständigen Sendeausrüstung mit ausziehbarer Antenne versehen sein können, so daß sie auch zur direkten Fernsehsendung an Orten ohne ständigen Fernsehsender eingesetzt werden können. Der Wiedergabe von Filmen oder Bildern dienen **Leuchtschirmabtaster.** Die Weiterentwicklung auf dem Sektor der Halbleitertechnologie hat zu der Möglichkeit geführt, ladungsgekoppelte Schaltungen (→ CCD) zur Erzeugung der Bildsignale zu verwenden und somit kleine, handliche Fernsehkameras aufzubauen. Diese sind als → Videokameras auch für Amateurzwecke geeignet.

Aufzeichnung und Speicherung von Fernsehaufnahmen geschieht durch → magnetische Aufzeichnung **(magnet. Bildaufzeichnung,** Abk. **MAZ),** → Videorecorder, → Bildplatte. Fernsehübertragung über Kabel → Kabelfernsehen.

Empfänger. Der Fernsehempfänger ist als Überlagerungsempfänger aufgebaut (BILD 3). Die hochfrequenten Bild- und Tonsignale werden von der Antenne gemeinsam einem auf die Sendefrequenz abgestimmten Hochfrequenzverstärker zugeführt, mit einer im Empfänger erzeugten Oszillatorfrequenz gemischt und daraus die Bild- und Ton-Zwischenfrequenz (ZF) gebildet. Darauf folgen entweder getrennte ZF-Verstärker oder (beim → Differenzträgerverfahren) ein gemeinsamer ZF-Verstärker. Die Tondemodulation geschieht in gleicher Weise wie bei UKW-Rundfunkempfängern. Aus der verstärkten Bild-ZF wird durch Gleichrichtung das Videosignal wiedergewonnen und nach weiterer Verstärkung der Helligkeitssteuerelektrode der → Bildröhre zugeführt. Der Leuchtschirm der Bildröhre wird direkt betrachtet **(Direktsichtempfänger)** oder durch eine Projektionsoptik auf einen transparenten Schirm oder eine Leinwand projiziert **(Projektionsempfänger).** Vor der Steuerelektrode der Bildröhre werden die Gleichlaufsignale, die sich durch ihre Amplitude von den Bildsignalen unterscheiden, von dem Videosignal abgetrennt und den Bild- und Zeilenablenkgeräten zur Synchronisierung zugeführt; sie erzeugen die sägezahnförmigen Ablenkströme für die vertikale und horizontale Ablenkung des Elektronenstrahls der Bildröhre.

Bei Empfängern nach dem Differenzträgerverfahren wird am Bildgleichrichter oder einem zusätzlichen Gleichrichter (bei Farbfernsehgeräten wegen besserer Störbefreiung) durch Mischung von Bild-Zwischenfrequenz-

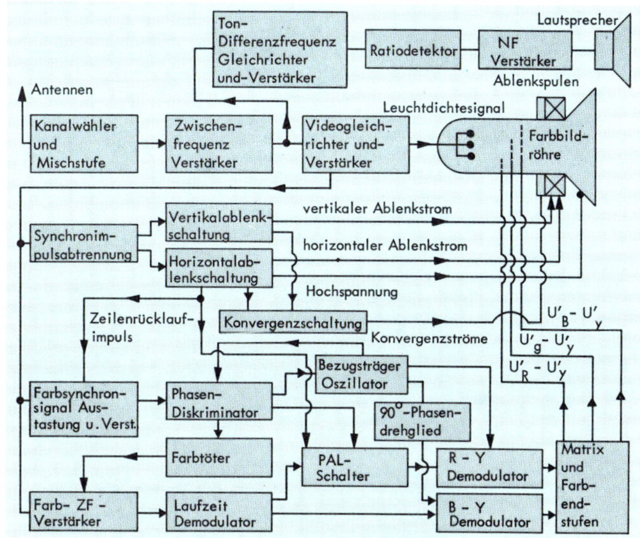

Fernsehen 3: Blockschaltbild eines PAL-Farbfernsehempfängers

Träger und Ton-Zwischenfrequenz-Träger eine zweite Ton-Zwischenfrequenz, der Differenzträger, gewonnen, aus diesem durch Demodulation die Ton-Niederfrequenz.

Ein Fernsehempfänger besitzt neben den vom Rundfunkempfänger her bekannten Einstellmöglichkeiten für Lautstärke und Klangblende einen **Kanalwähler** (Sensor-, Drucktasten, Knebelschalter) mit Feinabstimmung zur Einstellung auf den gewünschten Sender oder mit fest eingestellten Empfangsfrequenzen. Außerdem gibt es zumindest einen **Kontrastregler** zur Einstellung des Helligkeitsunterschiedes zw. Bildschwarz und Bildweiß und einen **Helligkeitsregler** zur Einstellung der mittleren Helligkeit des Bildes. Farbfernsehgeräte haben noch eine Einstellmöglichkeit der Farbintensität. Oft können diese Funktionen auch über eine Ultraschall-Fernbedienung gesteuert werden. Die → Bildröhre ist implosionssicher aufgebaut oder zuweilen durch eine Schutzscheibe aus Sicherheitsglas gegen Stoß gesichert. Moderne Fernsehgeräte sind in Modultechnik aufgebaut. Es werden → integrierte Schaltungen, → Hybridschaltungen, Halbleiterbauelemente u. a. verwendet, die platzsparende Konstruktionen erlauben. An der Entwicklung serienreifer Bildröhren oder Displays, die wesentlich flacher sind als die bisher üblichen, wird gearbeitet (z. B. Röhre mit ›geknicktem‹ Elektronenstrahl, Plasmaanzeige, Flüssigkristallmatrixanzeige). Seit 1981 gibt es in der Bundesrep. Dtl. Fernsehempfänger für den Empfang von Fernsehsendungen mit stereophonem Ton. Im Ggs. zum UKW-Rundfunk wird hierbei mit einem getrennten Zweitonträger gearbeitet. Damit können sowohl stereophone Sendungen als auch z. B. ausländ. Filmproduktionen auf dem einen Kanal in Originalfassung, auf dem anderen in synchronisierter Übersetzung empfangen werden. Mit bestimmten Zusatzgeräten (Decoder) ist neben dem Empfang der Fernsehprogramme auch die Nutzung weiterer Telekommunikationsdienste möglich; → Bildschirmtext, → Videotext. Außerdem kann das Fernsehgerät zur Darstellung von → Telespielen verwendet werden. Über die Entwicklung von dreidimensionalen Fernsehbildern (3-D-F.): → Stereoskopie.

Als **Empfangsantenne** (→ Antenne) verwendet man zumindest in größerer Entfernung vom Sender eine Richtantenne auf dem Dach des Hauses. Die eingebaute Antenne des Empfängers oder eine Zimmerantenne geben oft bei ungünstiger Lage im Raum Anlaß zu verwaschenen Bildern oder zu ›Geisterbildern‹ (schwächere Wiederholungen des Bildes in seitlicher Verschiebung). Sie sind auf mehrfachen Empfang der Sendewelle auf verschieden langen Wegen, z. B. durch Reflexionen an Häuserfronten u. dgl. zurückzuführen.

Geschichtliches. 1843 gab A. BAIN für elektrisch übertragende Bilder das Prinzip der zeilenweisen Abtastung an. 1884 erfand P. NIPKOW den ersten praktisch brauchbaren mechan. Bildfeldzerleger, eine Spirallochscheibe **(Nipkowscheibe),** die zur Filmabtastung noch bis 1943 verwendet wurde. 1906 führten M. DIECKMANN und G. GLAGE die Braunsche Röhre für 20zeilige Schattenbilder ein. Wesentliche Fortschritte machte das F. erst nach dem 1. Weltkrieg durch Einführung des Röhrenverstärkers. 1919 konnte D. v. MIHÁLY mit einem oszillograph. Bildfeldzerleger einfache Schattenbilder und Buchstaben über mehrere Kilometer sichtbar machen. Ähnliche Ergebnisse erzielte M. Dieckmann in München 1925 mit einer Braunschen Röhre. Die ersten prakt. Fernsehvorführungen wurden 1925 in Dtl. von A. KAROLUS, in Großbritannien von J. L. BAIRD und in den USA von C. F. JENKINS durchgeführt, 1927 übertrug H. F. IVES in den USA 50zeilige Fernsehbilder sowohl drahtlos über 40 km als auch über eine 330 km lange Freileitung. V. K. ZWORYKIN schuf 1923–24 den ersten brauchbaren elektronischen Bildabtaster, die Ikonoskop-Röhre, die seit 1934 serienmäßig hergestellt werden konnte. Erste Versuche mit farbigen und stereograph. Fernsehbildern führte J. L. BAIRD 1928 vor. Die Weiterentwicklung des Farb-F. wurde wesentlich von W. BRUCH beeinflußt.

Seit 1929 strahlte das Reichszentralamt (RPZ) in Berlin Versuchssendungen aus. Die ›Reichs-Rundfunk-Gesellschaft‹ (RRG) begann 1934 mit der techn. Entwicklung. Ein regelmäßiger Versuchsbetrieb beider Stellen wurde 1935 eröffnet. Nach dem 2. Weltkrieg wurde in der Bundesrep. Dtl. der Versuchsbetrieb Ende 1950 wieder aufgenommen. Der tägliche Programmbetrieb begann am 25. 12. 1952 im NWDR-Sendebereich, dem die weiteren Anstalten folgten.

Technik. W. DILLENBURGER: Einf. in die Fernsehtechnik, 1 ([4]1974), 2 ([3]1968); O. LIMANN: Fernsehtechnik ohne Ballast, Einf. in die Schaltungstechnik ([13]1979); P. ZASTROW: Fernsehempfangstechnik ([3]1980); C. J. BOTH: Große Sendertabelle. Rundfunksender der Welt und europ. Fernsehsender ([5]1981); R. MÄUSL: Fernsehtechnik. Von der Kamera bis zum Bildschirm (1981); W. ARING u. E. MASKOS: Fernseh-Bildfehler-Fibel ([7]1982); K. W. BERNATH: Grundlagen der Fernseh-System- und Schaltungstechnik (1982).

Geschichte. W. B. LERG: Zur Entstehung des F. in Dtl., in: Rundfunk u. F., 15 (1967); W. BRUCH: Kl. Geschichte des dt. F. (1967); ders.: Die Fernseh-Story (1969).

Fernsehnormen, die Vorschriften über die für eine Fernsehübertragung notwendigen Größen wie Bildwechselzahl, Modulationsart, Gleichlaufsignale u. a. In den

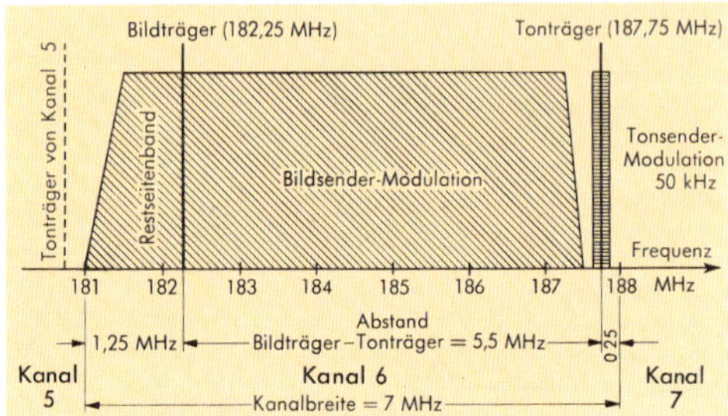

Fernsehnormen:
Frequenzband einer Fernsehsendung am Beispiel des Kanals 6

verschiedenen Ländern gelten aus histor. Gründen heute noch verschiedene Normen. In Europa gibt es mehrere, von einem Ausschuß (CCIR) der Internat. Fernmeldeunion festgelegte Normen (ÜBERSICHT), die zur Kurzbez. mit Großbuchstaben benannt werden. Sie geben u. a. Vorschriften über folgende Größen:

Zeilenzahl je Bild (Z), Videobandbreite eines Fernsehkanals (VB), Bild-Ton-Träger-Abstand (BT), Modulationsart für Bild (BM) und Ton (TM), Leistungsverhältnis Bild-/Tonsender (LBT), Restseitenband (RB), Bandbreite eines Fernseh-Kanals (KB). Die CCIR-Norm B (EBU 1) ist von folgenden Staaten angenommen: Belgien (mit Ausnahmen), Dänemark, Bundesrep. Dtl., Dt. Dem. Rep., Niederlande, Norwegen, Italien, Jugoslawien, Österreich, Schweden, Schweiz, Spanien. Die Normen G-L betreffen die Bereiche IV/V, also die europ. Farb-F.

Nach dem Stockholmer Wellenplan (1952) sind für Fernsehen die Bänder I, III (VHF) sowie IV, V (UHF) vorgesehen. Zw. Band I und Band III liegt Band II, das dem UKW-Rundfunk vorbehalten ist. In jedem Kanal liegt die Bildsendefrequenz in 1,25 MHz Abstand von der unteren Kanalgrenze, die Tonsendefrequenz in 0,25 MHz Abstand von der oberen Kanalgrenze. Das untere Seitenband ist bis auf ein Restseitenband unterdrückt (BILD). In den UHF-Bändern ist für alle europ. Normen die gleiche Kanalbreite vorgesehen.

Europäische Fernsehnormen in den Bereichen I und III

Standard 50 Bilder/s	Z	VB (MHz)	BT (MHz)	BM AM	TM	LBT	RB (MHz)	KB (MHz)
A (Engl. 1)	405	3	−3,5	Pos.	AM	4:1	+0,75	5
B (EBU 1)	625	5	+5,5	Neg.	FM	5:1	−0,75	7
C (Belg. 1)	625	5	+5,5	Pos.	AM	4:1	−0,75	7
D (OIRT)	625	6	+6,5	Neg.	FM	5:1	−0,75	8
E (Frankr. 1)	819	10	±11,15	Pos.	AM	4:1	±2	14
F (Belg. 2)	819	5	+5,5	Pos.	AM	4:1	−0,75	7

Europäische Fernsehnormen in den Bereichen IV/V

Standard 50 Bilder/s 625 Zeilen	VB (MHz)	BT (MHz)	BM AM	TM	LBT	RB (MHz)	Farb-Übertragungs-system
G (EBU 2)	5	5,5	Neg.	FM	10:1	0,75	PAL/SECAM-3
H (EBU 3)	5	5,5	Neg.	FM	10:1	1,25	PAL/SECAM-3
I (Engl. 2)	5,5	6	Neg.	FM	10:1	1,25	PAL
K (OIRT)	6	6,5	Neg.	FM	10:1	0,75	SECAM-3
L (Frankr. 2)	6	6,5	Pos.	AM	8:1	1,25	SECAM-3

Fernsehsatellit, als aktiver Sender oder Umsetzer wirkender → Nachrichtensatellit zur Übertragung von Fernsehprogrammen. Für die Übertragung der Programme zw. zwei Endstellen sind seit 1962 Nachrichtensatelliten wie → INTELSAT im Einsatz. Für die direkte Ausstrahlung von Fernsehrundfunkprogrammen an eine Vielzahl von Empfängern ist der Einsatz von F. etwa ab 1985 geplant. Wegen des für diesen Zweck vorgesehenen

Frequenzbereiches (GHZ) werden Spezialempfangseinrichtungen erforderlich werden. Die Kombination mit Gemeinschafts-Antennenanlagen oder Anlagen für →Breitbandkommunikation (→Kabelfernsehen) kann die Versorgung mit vielen Fernsehprogrammen sicherstellen. – Als Annäherung an die Versorgung mit F. waren hochfliegende, d. h. in Flugzeugen untergebrachte Sender im Gespräch. In geringeren Höhen könnten auch Fesselballone als Fernsehrelaisstation dienen.

Fernsehspiel, →Telespiel.

Fernsprech-Einzelbild, Form der →Telekommunikation zur Festbildübertragung von Einzelbildern oder Bildfolgen über das Fernsprechnetz mit Wiedergabe auf einem Bildschirm (z. B. Fernsehgerät).

Fernsprechen, Form der →Telekommunikation zur Sprachübertragung zw. je zwei Teilnehmern. Die Technik des F. umfaßt die Endgeräte, die Vermittlungs- und die Übertragungstechnik.

Endgerät ist der →Fernsprecher als Wandler zw. akust. und elektr. Signalen. Verständliche Sprache mit erkennbarer Klangfarbe erfordert die Übertragung elektr. Signale im Frequenzband 300–3400 Hz (Bandbreite 3100 Hz). Gewünschte Verbindungen werden mit Hilfe der →Vermittlungstechnik hergestellt. Dank internat. Normung (→CCITT) kann weltweit ›jeder mit jedem‹ sprechen.

Fernsprechsignale werden im Fernsprechnetz übertragen. Grundelement sind die nationalen Netze (→Fernmeldenetz), die über internat. und interkontinentale Verbindungen (Kabel- und Funkverbindungen) zusammengeschlossen sind. Die Übertragungstechnik richtet sich nach Anzahl und Entfernung der Verbindungen. Der Fernsprechverkehr unterscheidet zw. Sprechstellen desselben Ortsnetzes **(Ortsdienst)** und zw. Sprechstellen verschiedener Ortsnetze **(Nah-** und **Ferndienst).** Die meisten Gespräche werden im Ortsverkehr geführt und direkt übertragen: Jedes Gespräch benötigt eine Leitung. Im Fernverkehr wäre das unwirtschaftlich. Hier wird jede Verbindung mit Hilfe eines →Multiplex-Systems mehrfach ausgenutzt. Dazu dient hauptsächlich die →Trägerfrequenztechnik mit der Möglichkeit, viele Tausend Ferngespräche im Frequenzmultiplex über eine Verbindung zu übertragen. Zur Mehrfachausnutzung bestehender Verbindungen im Orts- und Bezirksverkehr dient zunehmend die Zeitmultiplex-Technik der →Puls-Code-Modulation (PCM). Eine Fernsprechverbindung kann grundsätzlich drahtgebunden (Freileitung, Kabel, Wellenleiter), drahtlos (Funk-, Richtfunk-, Satellitenstrecke) und optisch (→Lichtleiter) erfolgen.

Neben weltweiter Kommunikation zw. festen Teilnehmern ermöglicht das F. Verbindungen zw. beweglichen Teilnehmern (→Funkdienst), Auskunfts- und Auftragsdienste, →Konferenzschaltungen und eine Anzahl anderer Formen der Telekommunikation.

Geschichte. P. REIS war es 1861 gelungen, die menschl. Sprache elektrisch zu übertragen. Die Fernsprechtechnik setzte mit großem Aufschwung ein nach der Erfindung des elektromagnet. Telephons durch G. BELL (1876) und des Kohlemikrophons durch T. A. EDISON (1877) und D. E. HUGHES (1878). Das Hauptentwicklungsgebiet lag in der Vermittlungstechnik, da die Zahl der miteinander zu verbindenden Teilnehmer sehr rasch wuchs. 1889 erfand A. B. STROWGER ein auf dekad. Grundlage beruhendes System zur automat. Herstellung der Verbindung durch den Teilnehmer mit Hilfe von Wählern, das im Prinzip noch heute verwendet wird. Die Erfindung der Elektronenröhre und ihr prakt. Einsatz nach dem 1. Weltkrieg gaben den Anstoß zur Ausbildung der heutigen Übertragungstechnik.

Auswirkung neuer Technologien auf die Nachrichtentechnik, hg. v. K. FLECK (1979); D. SCHULTZ u. a.: Grundlagen der Fernsprechtechnik ([2]1980); W. BEER: Große Wählstellennebenanlage mit EMD-Wählern ([2]1981).

Fernsprech|entstörungsdienst, Dienststelle der Fernmeldeämter der Dt. Bundespost, zuständig für Auffinden und Beseitigen von Störungen in Fernsprechanlagen (meist als ›Störungsannahme‹ unter Rufnummer 117 erreichbar).

Fernsprecher, Telephon, Telefon, Endgerät der Fernsprechtechnik, Wandler zw. akust. und elektr. Signalen mit Einrichtungen für den Verbindungsaufbau (Wählen, Rufen), für Rückfragen in Nebenstellenanlagen u. a.

F. benötigen eine Stromquelle zur Speisung des Mikrophons. Die veralteten Ortsbatterie-(OB-)Geräte, die durch lokale Stromquellen gespeist sind, zum Rufen einen →Kurbelinduktor benötigen und keine Selbstwähleinrichtung haben, werden nur noch in (vorzugsweise bewegl.) Sondernetzen verwendet (→Feldfernsprecher). Standard-F. sind Zentralbatterie-(ZB-)Geräte, die über die Anschlußleitung von der Vermittlungsstelle gespeist werden und Wähleinrichtungen (Nummern- oder Tastwahl) haben (BILD).

Bei ankommendem Verkehr fließt zunächst Rufwechselstrom (25 Hz) über Kondensator C durch Wecker W1 und ggf. über Anschluß W durch einen zweiten (externen) Wecker. Bei Abnehmen des Handapparates schließt der Gabelumschalter GU die Gleichstromschleife über das Mikrophon M, worauf in der Vermittlungsstelle die Verbindung durchgeschaltet wird. Ankommende Sprechströme gelangen über den Übertrager Ü zum →Fernhörer F. Vom →Mikrophon M erzeugte Sprechströme gehen je etwa zur Hälfte auf die Leitung und auf die Nachbildung N und infolge dieser Brückenschaltung nur zu geringem Teil auf den Fernhörer F (Rückhördämpfung).

Bei abgehendem Verkehr wird der durch GU geschlossene Stromkreis nach Aufziehen der Wählscheibe durch den Impulskontakt ›nsi‹ entsprechend der gewählten Ziffer unterbrochen. Während Abgabe dieser Wählinformation schließt der Ruhekontakt ›nsa‹ die Schleife und hält Wählimpulse vom übrigen Teil fern. Kondensator C und Widerstand R dienen dabei der Funkenlöschung. Die Wählimpulse stellen in der Vermittlungsstelle die Verbindung her (→Vermittlungstechnik).

Die Wählgeschwindigkeit des Nummernschalters entspricht herkömml. Wählern. In Nebenstellenanlagen werden seit Jahren auch F. mit Tastwahl verwendet, wobei die Ziffern direkt über zehn Tasten eingegeben werden. Seit 1976 ist Tastwahl auch im öffentl. Netz möglich, bedarf jedoch vorläufig noch der Umsetzung in Wählimpulse. Trotzdem ergibt sich dadurch eine Verkürzung der mittleren Wähldauer von 15 auf 7 Sekunden. Eine weitere Zeitersparnis bietet die Möglichkeit, Rufnummern zu speichern und durch Druck einer best. Taste einzuwählen.

F. gibt es als Tisch- und Wandapparate; Tischapparate können umgesteckt werden. Zusatzgeräte sind zweiter Hörer, Gebührenanzeiger, Lautsprecher u. a. Erweite-

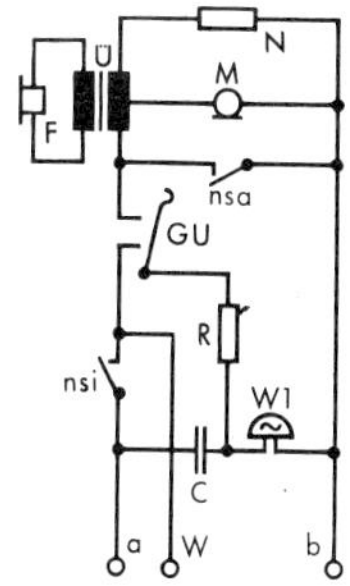

Fernsprecher 1

Fernsprecher 1: Prinzipschaltung des Standard-F. a, b Leitungen zur Vermittlungsstelle, W Anschluß für zweiten Wecker, W1 eingebauter Wecker, C, R Kondensator und Widerstand, GU Gabelumschalter, Ü Übertrager, nsi Nummernschalter Impulskontakt, nsa Nummernschalter Arbeitskontakt, M Mikrophon, F Fernhörer, N Nachbildung

Fernsprecher 2

rungen sind durch zweiten Sprechapparat möglich. F. lassen sich mit automat. Anrufbeantwortern ausrüsten, zu Nebenstellenanlagen ausbauen und zu weiteren Formen der →Telekommunikation heranziehen. (Weitere BILDER S. 109)

Fernsprech-Konferenz, Zusammenschaltung (→Konferenzschaltung) von mehr als zwei Fernsprechteilnehmern.

Fernsprech-Notrufsäulen, jedermann gebührenfrei zugängl. Fernsprechstellen für →Notrufe bei Überfall, Unfall, Panne u. a. Sie stellen bei Betätigen eine Direktverbindung zur Hilfsstelle her. **Polizeirufsäulen** stellen auf Tastendruck eine Sofortverbindung mit automat. Standortmeldung zu einer Polizeidienststelle her. Andere F.-N. stehen alle 2 km entlang der Autobahnen; bei Hochheben der Sprechklappe alarmieren sie die nächste Autobahnmeisterei. Die Richtung zur nächstgelegenen F.-N. ist durch Pfeile an den Leitpfosten angegeben.

Fernsprechtechnik, Teilbereich der Nachrichtentechnik, der sich mit den zum →Fernsprechen erforderl. techn. Verfahren und Einrichtungen befaßt. Die F. stellt eine der Grundlagen für die →Telekommunikation dar.

Fernsprechzelle, geschlossener und z. T. schallgedämmter Raum innerhalb von Gebäuden oder im Freien **(Fernsprechhäuschen)** zur Aufnahme einer (meist öffentl.) Sprechstelle, insbes. von →Münzfernsprechern.

Fernsteuern, Begriff aus der →Fernwirktechnik, der das Eingeben, Umsetzen, Übertragen und Ausgeben von Informationen zur Beeinflussung räumlich entfernter Objekte umfaßt. In einigen Anwendungsbereichen wird hierfür dem Begriff →Fernlenkung der Vorzug gegeben.

Fern|überwachen, →Fernwirktechnik.

Fernverkehrsnetz, Weitverkehrsnetz, →Fernmeldenetz.

Fernwahl, →Vermittlungstechnik.

Fernwärme, Wärme, die von einem Heizwerk oder Heizkraftwerk über längere Strecken zum Verbraucher transportiert wird. (→Energieübertragung)

Fernwasserversorgung, die Heranführung von Trink- und Betriebswasser durch Rohrleitungen in ein Gebiet, in dem die Wasservorkommen den Bedarf nicht dekken; in der Bundesrep. Dtl. bes. die Harzwasserleitung nach Bremen und die Wasserleitung vom Bodensee in den Raum von Stuttgart (je etwa 200 km lang).

Fernwirktechnik, Fernwirken, Teilgebiet der Nachrichtentechnik (neben Übertragungs-, Regelungs- und Steuerungstechnik). Die F. wird nach folgendem Schema gegliedert:

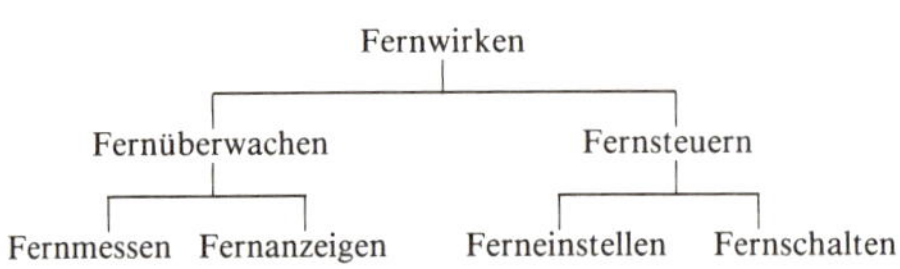

Für Fernsteuern wird in einigen Fachgebieten auch der Begriff **Fernlenken** verwendet.

Die F. umfaßt das Überwachen und Steuern räumlich entfernter Objekte mit signalumsetzenden Verfahren hoher Zuverlässigkeit. **Fernüberwachen** bedeutet Erfassen, Übertragen und Auswerten von ›Überwachungsinformation‹ über den Zustand der Objekte, wobei man **Fernmessen** (Information ist ›Meßwert‹ mit mehr als zwei Zuständen) und **Fernanzeigen** (Information ist binäre ›Meldung‹) unterscheidet. **Fernsteuern** ist Eingeben, Übertragen und Ausgeben von ›Steuerinformation‹ zur Beeinflussung der Objekte, wobei man **Ferneinstellen** (Information ist ›Stellwert‹ mit mehr als zwei Zuständen) und **Fernschalten** (Information ist binärer ›Befehl‹) unterscheidet.

Fernwirkanlagen umfassen die Gesamtheit der Stationen, Verbindungen und Warten für einen Funktionsablauf. Sie verwenden vorwiegend elektr. Signale als Träger der Information sowie die Methoden und Verkehrsarten der Nachrichtentechnik (Codierung, Modulation und Puls-Code-Modulation, Multiplex-Systeme).

Anwendungsbeispiele: a) Meldung von Schaltzuständen, Erfassen von Meßwerten und Zählerständen, Erteilen von Schaltbefehlen in der elektr. Energieversorgung; b) Erfassen der Betriebsdaten und Übertragen von Stell- und Steuerbefehlen bei transkontinentalen Fernleitungen für Öl, Gas und Wasser; c) Verbinden von Stellwerken verschiedener Bahnhöfe mit zentralen Stellwerken im Schienenverkehr; d) Steuerung von Ampelanlagen im Straßenverkehr; e) Überwachung und Steuerung im industriellen Bereich, bei chem. Prozessen und in gefährdeten (z. B. radioaktiven) Zonen; f) Lenken und Betreiben unbemannter Land-, Wasser-, Luft- und Raumfahrzeuge (→Fernlenkung, →Fernlenkflugzeug, →Fernlenkwaffen).

Fernwirkung, von einem Körper auf einen anderen ohne Berührung und ohne Beteiligung eines Mediums oder Feldes ausgeübte Kraft. Bis etwa zur Mitte des 19. Jh. wurden die Schwerkraft und die elektr. und magnet. Kräfte überwiegend als F. aufgefaßt **(Fernwirkungstheorie).** Diese Auffassung wurde für die elektromagnet. Erscheinungen unter dem Einfluß der Experimente und der Kraftlinienvorstellung von M. FARADAY und der Erfolge der von J. C. MAXWELL entwickelten (durch die Experimente von H. HERTZ entscheidend gestützten) Theorien der elektromagnet. Felder von der Vorstellung der Kraftübertragung durch Felder abgelöst **(Nahewirkungstheorie,** →Elektrizität). Auch die Gravitation, deren von I. NEWTON formuliertes Gesetz das Vorbild aller Fernwirkungstheorien war, wird in A. EINSTEINS allg. Relativitätstheorie auf Nahewirkungen zurückgeführt. (→Feld)

Ferrate, →Eisenverbindungen.

Ferri..., ältere Bez. für Verbindungen des dreiwertigen Eisens, heute Eisen(III)-Verbindungen.

Ferrimagnetismus, Sonderform des →Antiferromagnetismus. Der F. hat zwar gleiche Spinorientierung wie dieser, zeigt aber nach außen wegen nicht vollständiger Übereinstimmung der Untergitter ferromagnet. Verhalten. Wichtige ferrimagnetische Stoffe sind der Magnetit sowie alle Ferrite.

Ferrit, 1) ein oxidkeram. Werkstoff der allg. Zusammensetzung $Me^{II}O \cdot Fe_2O_3$ (Me^{II} ist ein zweiwertiges Metall), z. B. **Ferroferrit** $FeO \cdot Fe_2O_3$. F. besitzt gute magnet. Eigenschaften und findet in der Hochfrequenztechnik, in der Magnettontechnik und in der elektron. Datenverarbeitung Anwendung. Als Halbleiter werden Eisenmischoxide verwendet, in denen Zink, Cadmium, Kobalt, Mangan oder Nickel an die Stelle des zweiwertigen Metallatoms tritt. 2) das bei Temperaturen unter 911 °C auftretende Eisen mit kubisch-raumzentriertem Kristallgitter; kann unter Bildung von Mischkristallen andere Elemente, insbesondere Kohlenstoff, lösen. 3) →Eisenverbindungen.

Ferritgelb, ein Eisenoxidpigment, →Eisenpigmente.

Ferritstab|antenne, kurz **Ferrit|antenne,** bes. in tragbaren Rundfunkempfängern (Kofferradios) eingebaute →Antenne zum Empfang der LW-, MW- und KW-Bereiche; sie besitzt eine hohe Richtwirkung. Die F. besteht aus einem Stab gesinterter Eisenoxide (→Ferrit 1), um den eine Spule gewickelt ist, die den induktiven Teil des Empfangskreises im Empfänger bildet.

Ferro . . ., ältere Bez. für Verbindungen des zweiwertigen Eisens; heute Eisen(II)-Verbindungen.

Ferrocen, →Sandwich-Verbindungen.

Ferro|elektrikum, Stoff der →Ferroelektrizität zeigt.

ferro|elektrischer Wandler, Gerät zur unmittelbaren Umwandlung von Wärme in elektr. Energie durch Ausnutzung der Temperaturabhängigkeit der Kapazität eines Kondensators aus ferroelektr. Material (→Ferroelektrizität), z. B. Bariumtitanat. Wird ein Kondensator mit diesem Dielektrikum auf eine bestimmte Spannung aufgeladen und dann bei konstant gehaltener Ladung auf dessen Curie-Temperatur (etwa 110 °C) erwärmt, dann sinkt die Permittivität ε des Dielektrikums – und damit auch die Kapazität des Kondensators – auf $\frac{1}{3}$ bis $\frac{1}{4}$ ab. Dadurch steigt die Spannung am Kondensator und damit auch sein Energieinhalt auf das drei- bis vierfache an. F. W. können, z. B. in der Raumfahrttechnik, zur Umwandlung von Sonnenenergie in elektr. Energie verwendet werden.

Ferro|elektrizität, Erscheinung, die bei gewissen pyroelektr. Substanzen, den **Ferro|elektrika,** auftritt. Pyroelektr. Kristalle haben eine polare Struktur und zeigen spontane elektr. Polarisation, d. h. sie sind bereits ohne ein angelegtes elektr. Feld polarisiert. Ein Ferroelektrikum ist dadurch gekennzeichnet, daß die Richtung der spontanen Polarisation durch ein angelegtes genügend starkes elektr. Feld in die Gegenrichtung umgeklappt werden kann. Die phänomenolog. makroskop. Beschreibung der F. steht in Analogie zu der des Ferromagnetismus, es treten Domänen (Bereiche mit homogener Polarisation) auf. Beim Erhöhen der elektr. Feldstärke wächst die Polarisation nur bis zu einem bestimmten Wert (Sättigung); die Polarisation durchläuft in Abhängigkeit von der elektr. Feldstärke eine Hysteresekurve. Beim Überschreiten der **ferroelektrischen Curie-Temperatur** [kyr′i] bricht die spontane Polarisation zusammen, die Substanz verhält sich nicht mehr ferroelektrisch, sondern wie ein unpolarer Kristall. Diese Phase wird analog zum Ferromagnetismus **para|elektrisch** oder **par|elektrisch** genannt. Atomistisch wird die spontane Polarisation durch spontane Ionenverschiebung im Kristallgitter verursacht.

Die F. wurde früher **Seignette-Elektrizität** [sɛɲ′ɛt-] genannt, weil sie zuerst am Seignette-Salz (Kaliumnatriumtartrat) entdeckt wurde, das zwei Curie-Temperaturen aufweist, zw. denen es polar ist. Ein weiterer wichtiger ferroelektr. Stoff ist Bariumtitanat.

Die Permittivitätszahl ε_r kann bei den Ferroelektrika (analog wie die Permeabilitätszahl bei den Ferromagnetika) sehr hohe Werte annehmen (bis einige zehntausend); daher werden sie als Dielektrika in Kondensatoren verwendet. Wegen der permanenten Polarisierbarkeit sind sie auch als →Elektrete geeignet. Da sie auch den piezoelektrischen Effekt zeigen, werden sie auch als elektroakustische Wandler benutzt.

Ferroflüssigkeit, magnetische Flüssigkeit, Suspension von Magnetit- oder Ferritpartikeln mit Abmessungen von etwa 10 nm in einer Trägerflüssigkeit, meist Fluorkarbone oder Ester. Die Zusammenlagerung der Ferritpartikel wird durch einen Belag auf ihrer Oberfläche verhindert. Durch ein äußeres magnet. Feld können die Partikel ausgerichtet und in Richtung des Feldgradienten bewegt werden, wobei durch innere Reibung die Bewegung auf die gesamte Flüssigkeit übertragen wird. F., urspr. für Raumfahrtzwecke entwickelt, können als Dichtmaterialien, bes. zur reibungsarmen Abdichtung schnell rotierender Wellen, als Schmiermittel und zur Dämpfung von Schwingungen eingesetzt werden. Durch Einbringen von F. in den Raum zw. Schwingspule und Permanentmagnet von Lautsprechern wird eine erhebl. Verbesserung der Klangwiedergabe zu erreichen sein. Die Dämpfung der Membran durch die Flüssigkeit reduziert unerwünschte Klangverfärbungen und senkt den Klirrfaktor. Die Flüssigkeitskühlung der Spule erhöht deren Belastbarkeit, die Schmierwirkung ihre Lebensdauer.

Ferrolegierungen, Legierungen des Eisens mit anderen Metallen oder Nichtmetallen, bei denen der Anteil an Nichteisenbestandteilen relativ hoch ist. So enthält z. B. **Ferromangan** 75–95% Mangan, **Ferrochrom** 60–75% Chrom. F. werden als Desoxidationslegierungen und →Vorlegierungen verwendet.

Ferromagnetismus, bereits im Altertum bekannte Erscheinungsform des Magnetismus, die sich in einer spontanen Magnetisierung best. Feststoffe **(Ferromagnetika)** äußert. Zu ihnen gehören die Elemente Eisen, Nickel und Kobalt sowie Legierungen, deren Komponenten z. T. oder alle **(Heuslersche Legierung)** nicht ferromagnetisch sind. Im Magnetfeld haben diese um Zehnerpotenzen größere Magnetisierung als para- oder diamagnet. Stoffe. Diese nimmt mit zunehmender Temperatur ab und verschwindet bei einer für den Stoff kennzeichnenden Temperatur, der →Curie-Temperatur, oberhalb der dann die Substanz nur noch paramagnetisch ist. Auch im flüssigen und gasförmigen Zustand sind diese Stoffe paramagnetisch. Die Magnetisierung wächst nicht proportional zum erregenden magnet. Feld, sondern hängt von der Vorgeschichte ab (→Hysterese); sie erreicht einen Sättigungswert. Beim Abschalten des Feldes bleibt eine Restmagnetisierung **(Remanenz).** Ein magnetisierter Körper kann durch ein geeignetes magnet. Gegenfeld, die **Ko|erzitivkraft,** entmagnetisiert werden. Ferromagnet. Stoffe können nach außen unmagnetisch wirken, da sich viele spontan magnetisierte, durch →Bloch-Wände getrennte homogene Bereiche (→Domänen), die →Weissschen Bezirke, bilden, deren Magnetisierung sich gegenseitig aufhebt. – Die atomtheoret. Betrachtung zeigt, daß der F.

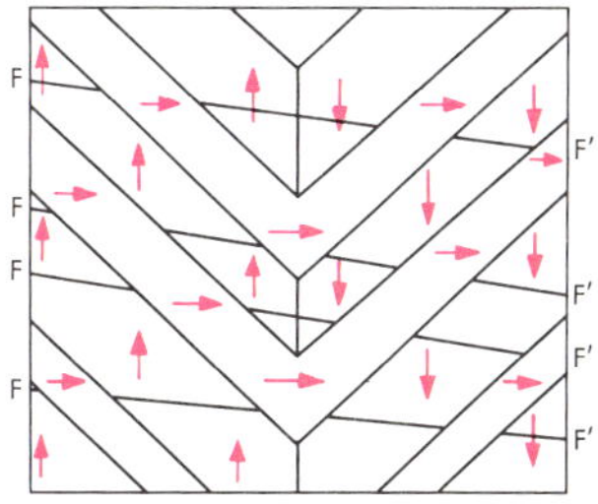

Ferromagnetismus: Domänengrenzen eines Eiseneinkristalls, durch eine Aufschwemmung sehr feinen Fe_2O_3-Pulvers sichtbar gemacht. Die feinen Kratzer *F-F′* auf der elektrolytisch polierten Oberfläche machen sich als Grenze nur bemerkbar, wenn die Magnetisierung senkrecht zu ihnen steht

durch die magnet. Momente der Elektronenspins hervorgerufen wird. Austauschkräfte begünstigen eine Parallelstellung der Spinmomente, die zur Magnetisierung führt. Am absoluten Nullpunkt ist diese Ordnung vollständig

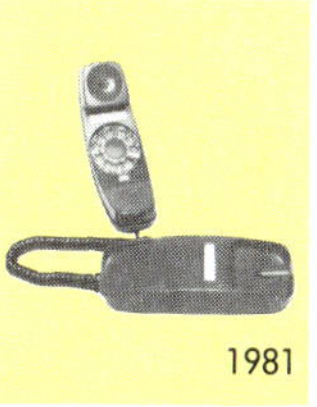

Fernsprecher 3

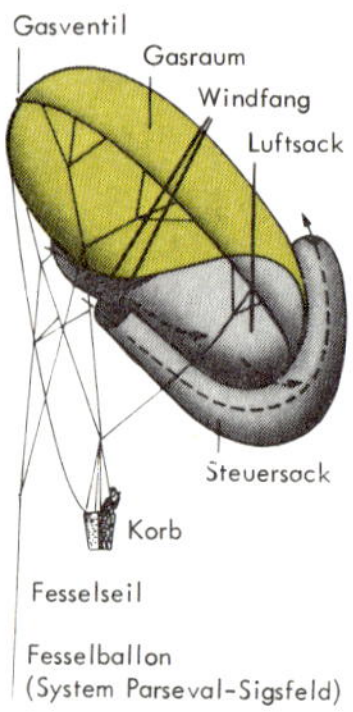

Fesselballon

und wird durch die Wärmebewegung mit zunehmender Temperatur mehr und mehr gestört.

Ferrotypie, früheres photograph. Verfahren zur Herstellung von Bildern auf einem mit einer lichtempfindl. Kollodiumschicht versehenen schwarzlackierten Eisenblech.

Fertigbau, Fertigteilbau, Bauwerk, das auf der Baustelle unter Verwendung vorgefertigter Bauelemente, wie Decken- und Wandplatten (→Großtafelbau), sowie von Trägern, Platten und Bindern bei Gebäuden, Fahrbahnplatten und Trägerteilen bei Brücken zum Gesamtbauwerk zusammengefügt (montiert) ist **(Montagebau).**

Beim F. des Hochbaus **(Fertighaus)** werden die geschoßhohen vorgefertigten Elemente **(Fertigbauteile, Fertigteile)** aus Beton, Holz, Kunststoffen u. a. in Fabriken serienmäßig hergestellt. Als Vorteile des F. gegenüber konventionellen Baumethoden gelten v. a. kürzere Bauzeit und niedrigere Kosten.

Fertigung, Vorbereitung, Durchführung und Überwachung aller techn. Verfahren zur qualitäts-, quantitäts- und termingemäßen Bereitstellung der für fremden und betriebseigenen Bedarf bestimmten Erzeugnisse und Versorgungsleistungen im Rahmen eines Industriebetriebs. Nach der Zahl gleichartig hergestellter Erzeugnisse unterscheidet man **Einzel-F., Serien-F., Sorten-F.** und **Massen-F.** Zahl und Art der gleichartig herzustellenden Erzeugnisse bestimmen das anzuwendende →Fertigungsverfahren.

Fertigungstechnik, Betriebstechnik, neben der Energie- und der Verfahrenstechnik Teil der industriellen Produktionstechnik. Die F. beschäftigt sich mit der Herstellung geometrisch bestimmter Körper und ihrer Zusammensetzung zu Produkten. Hierzu bedient sie sich der →Fertigungsverfahren, deren Wesen darin besteht, Werkstoffe durch Ändern ihrer geometrischen Form oder ihrer Stoffeigenschaften oder beider von einem Rohzustand in einen Fertigzustand zu überführen. Dies geschieht mit Hilfe entsprechender Fertigungsmittel (Werkzeuge, Werkzeugmaschinen), die für jedes Fertigungsverfahren kennzeichnend sind.

Kleines Hb. der modernen F., hg. v. K. LANGE (1976); Fertigungsverfahren (DIN-Tb., 1978); F., 1, hg. v. A. REICHARD ([5]1980); 2, hg. v. W. GEISER ([3]1978); G. SPUR u. T. STÖFERLE: Hb. der F., 6 Bde. (1979 ff.).

Fertigungsverfahren bilden die Grundlage der →Fertigungstechnik. Sie werden eingeteilt nach technolog. Merkmalen (mechan. Formänderung und chemisch-physikal. Substanzänderung), nach dem Mechanisierungsgrad (manuelle, maschinelle und automatische F.) und nach der Organisation des Fertigungsablaufs (→Fertigung). Es werden unterschieden:

1) **Urformen** wie Gießen, Pressen, Sintern; 2) **Umformen** wie Schmieden, Ziehen, Biegen; 3) **Trennen** mit den Untergruppen a) **Zerteilen** wie Abschneiden, b) **Spanen** wie Drehen, Bohren, Fräsen, Schleifen und c) **Abtragen** wie Elysieren, Ätzen, Erodieren sowie d) Zerlegen, Reinigen und Evakuieren; 4) **Fügen** wie Nieten, Schweißen, Kleben; 5) **Beschichten** wie Aufdampfen, Anstreichen, Galvanisieren; 6) **Stoffeigenschaft ändern** wie Härten, Entkohlen, Nitrieren.

Die richtige Zuordnung zw. Aufgabenstellung und dem zur Lösung der Aufgabe eingesetzten F. bildet die Voraussetzung für die Funktionserfüllung des Fertigteils im Hinblick auf seine Zweckbestimmung und die Wirtschaftlichkeit seiner Herstellung.

Fesselballon, durch ein Fesselseil über einem festen Ort gehaltener →Ballon; entweder kugelförmig oder von langgestreckter Form mit Stabilisierungsflächen am Heck **(Drachenballon).** Heute fast nur noch als Instrumententräger für meteorolog. Untersuchungen der unteren Luftschichten oder für Zwecke der Luftwerbung verwendet; früher im Krieg zur Beobachtung der Kampffront und des Artilleriefeuers, als unbemannte Träger von Luftsperren gegen Flugzeugangriffe.

Fesselflug, 1) Flug eines →Flugmodells, das durch eine Fesselleine zu einem Kreisbahnflug gezwungen wird.

2) Sicherungsmaßnahme bei der Erprobung von Vertikalstartern: Das Fluggerät wird durch Aufhängung an losen Fesselseilen gegen Absturz bei Triebwerksausfall gesichert.

Festbettreaktor, Reaktionsapparat mit fest angeordneter Katalysatorschüttung, in dem ein strömendes Medium (Gas oder Flüssigkeit) chemisch umgesetzt wird.

Festbild|übertragung, Sammelbegriff für alle Formen der →Telekommunikation zur Übertragung stehender Bilder (z. B. →Bildtelegraphie, →Fernkopieren, →Fernsprech-Einzelbild, →Video-Einzelbild). Die Signale beanspruchen i. d. R. geringe Bandbreiten (z. B. Fernsprech-Bandbreite 3100 Hz). Ggs.: →Bewegtbildübertragung.

feste Lösung, →Mischkristalle.

Festgestein, der →Fels.

Festigkeit, die Widerstandsfähigkeit fester Stoffe gegen Bruch. In der Werkstoffkunde gilt die quantitative Definition der F. als Spannungshöhe, bei der ein Bruch eintritt. Man unterscheidet nach Zahl der Wiederholungen der Belastung bis zum Bruch: **statische F.,** unter einmaliger Belastung im →Zerreißversuch gemessen, und **dynamische F.,** auch →Dauerfestigkeit genannt, im →Dauerschwingversuch ermittelt. Unterscheidung nach Art der Belastung: **Zug-F., Druck-F., Schub-F.** (Torsion, Scherung); für Metalle, die insbes. bei hoher Temperatur unter Last ›kriechen‹: **Dauerstand-F.**

Festigkeitslehre, Teil der techn. Mechanik. Ihr Ziel ist die Ermittlung der mechan. Belastbarkeit von Bauteilen aus allen Gebieten der Technik. Die in einem Bauteil bestimmter Form durch die Last verursachten Spannungen sollen niedriger sein als die für den betreffenden Fall gültige oder zugelassene Festigkeit des Werkstoffs. Zur Ermittlung der Spannungen dienen die analyt. Verfahren der Elastizitätslehre, numerische Verfahren der Spannungsberechnung und experimentelle Verfahren, z. B. Messungen an den Bauteilen oder ihren Modellen mit →Dehnungsmeßstreifen oder mit Methoden der →Spannungsoptik.

Festkommarechnung, Festpunktrechnung, Rechnung, bei der das Dezimalkomma der beteiligten Zahlen an einer festen Stelle dieser Zahlen, bezogen auf ihren Anfang oder auf ihr Ende, angenommen wird (Ggs.: →Gleitkommarechnung). – In der Datenverarbeitung erscheint bei **Festkommaoperationen** das Komma einer Dezimalzahl nicht als eigenes Zeichen, sondern nur als Ort zw. Speicherstellen.

20,85	→	2 085
3,5	→	350
24,35	←	2 435

Festkommarechnung

Festkörper, Stoffe im festen Aggregatzustand, die eine definierte Form und ein definiertes Volumen besitzen. Bei Einwirkung von äußeren Kräften setzen sie einer Form- oder Volumenänderung einen großen Widerstand entgegen, da die Einzelbausteine (Atome, Ionen oder Moleküle) durch (ausschließlich elektromagnet.) Wechselwirkungen miteinander sehr fest an best. Plätze gebunden werden. In vielen Fällen kehren diese Bausteine nach einer

Formänderung unter äußerem Zwang in ihren urspr. Zustand zurück, sobald die Kraft wegfällt **(Elastizität).** Nach der inneren Struktur lassen sich die F. in zwei große Klassen einteilen: 1) Die →Kristalle mit einem regelmäßigen Aufbau **(Gitterstruktur)** und einer ausgeprägten Fernordnung, wobei die →Realkristalle infolge der Anregung von →Gitterschwingungen und durch Defekte mehr oder weniger stark von den Idealkristallen abweichen. 2) Die **amorphen (nichtkristallinen) F.**, bei denen die Atome und Moleküle regellos statistisch angeordnet sind; sie sind Flüssigkeiten mit einer sehr hohen Zähigkeit ähnlich. Da die Bindungskräfte in amorphen F. sehr viel schwächer als in Kristallen sind, lassen sie sich leichter verformen. Außerdem zeigen sie unterschiedl. Verhalten beim Schmelzen: kristalline F. besitzen einen wohldefinierten Schmelzpunkt (z. B. wandelt sich Eis bei einem Druck von 101 325 N/m^2 bei 0 °C in Wasser um, →Eispunkt), amorphe F. (z. B. Glas, Siegellack, Pech oder Teer) gehen bei Temperatursteigerung allmählich innerhalb eines größeren Temperaturintervalls in den zäh- und dann dünnflüssigen Zustand über. Amorphe F. liefern i. Ggs. zu Kristallen wegen der fehlenden Regelmäßigkeit im Aufbau bei der Beugung von Röntgenstrahlen, Elektronen oder Neutronen keine scharfen Interferenzen, sondern höchstens sehr diffuse Beugungsbilder. I. d. R. haben sie das Bestreben, durch Rekristallisation in den thermodynamisch stabileren, kristallinen Zustand überzugehen; sie lassen sich durch schnelles Abkühlen von Schmelzen oder durch Kondensation aus der Gasphase auf die Oberfläche eines tiefgekühlten Substrats herstellen (→Glasmetalle).

Nach den Bindungsverhältnissen (→chemische Bindung) können die F. in Metalle, Ionenkristalle (z. B. Kochsalz), Valenzkristalle (z. B. Germanium oder Silicium), van-der-Waals-Kristalle und Kristalle mit Wasserstoffbindungen (z. B. Eis oder Eiweißmoleküle) eingeteilt werden. Die Größenordnung der Bindungskräfte kann durch Messung der Sublimationswärme bestimmt werden. Die physikal. und chem. Eigenschaften der F. werden nicht allein von der chem. Natur ihrer Bausteine bestimmt, sondern hängen in starkem Maße von der Kristallstruktur, d. h. der komplizierten Wechselwirkung von rd. 10^{23} Atomen pro cm^3 und von kleinen Störungen des streng period., idealsymmetr. Aufbaus ab (→Festkörperchemie, →Festkörperphysik). Typische an den festen Aggregatzustand gebundene physikal. Phänomene sind der →Ferromagnetismus und die →Supraleitung.

Festkörperchemie, Teilgebiet der anorgan. Chemie, das sich mit der Darstellung und Untersuchung fester Stoffe beschäftigt, deren chem. und physikal. Eigenschaften stark durch die period. Anordnung der Bausteine in einem ausgedehnten Kristallgitter bestimmt werden. So kann ein und dieselbe Substanz in Abhängigkeit von äußeren Zustandsbedingungen, wie Druck und Temperatur, in mehreren Modifikationen auftreten (z. B. der Kohlenstoff als Graphit und Diamant), deren unterschiedl. Verhalten auf der verschiedenen räuml. Anordnung der Atome beruht. Die wichtigsten Vertreter dieser Stoffklasse sind Verbindungen zw. Metallen und Nichtmetallen sowie von Metallen untereinander. Sie sind meist unlöslich und schwer flüchtig.

Der perfekte fehlerfreie Kristall ist ein Idealzustand, der aus thermodynam. Gründen nur am absoluten Nullpunkt stabil wäre. Bei höheren Temperaturen ist der stabilste Zustand mit der Existenz einer bestimmten Zahl von Fehlstellen verknüpft. Damit stellt jeder reale Kristall eine nichtstöchiometr. Verbindung dar. Je nach Fehlordnungsgrad sind minimale Änderungen der Zusammensetzung realisierbar, durch die die chem. und physikal. Eigenschaften kontinuierlich variiert werden können. Diese Variationsmöglichkeiten werden z. B. bei der →Dotierung von Halbleitern (Ausnutzung von Fremdfehlordnung) technisch angewendet. Defekte im Kristallgitter sind darüber hinaus die Voraussetzung für **Festkörperreaktionen** (chem. Reaktion in der festen Phase), weil sie zur Gleichgewichtseinstellung notwendige Platzwechselvorgänge ermöglichen.

Die Entwicklung der F. wurde durch die vielen techn. Anwendungsmöglichkeiten von Festkörpern (→Halbleiter, Hartstoffe, Hochtemperaturstoffe, Opto- und Elektrokeramik, →Supraleiter, →Superionenleiter u. a.) gefördert. Durch die Entwicklung neuer Präparationsverfahren (→Kristallzüchtung, →Epitaxie, Hochdruck-, Hochtemperatur-, Hochvakuumanlagen) sowie die Verbesserung und Erweiterung der Untersuchungsmethoden (Messung opt., elektr. oder magnet. Eigenschaften, Röntgenstrukturanalyse, Transportreaktionen) ist die F. in der Lage, die Aufbauprinzipien fester Stoffe sowie die Abhängigkeit ihrer Eigenschaften von der Kristallstruktur systematisch zu analysieren, wobei auch solche Festkörper in die Untersuchung einbezogen werden können, die nur in geringen Mengen oder als winzige Einkristalle herstellbar sind oder deren Handhabung problematisch ist, weil sie luftempfindlich, explosiv oder bei Raumtemperatur flüssig sind. So ist das Verständnis der chem. Bindung erheblich vertieft worden. Es konnte gezeigt werden, daß fast alle Elemente homonukleare Element-Element-Bindungen bilden können, die für die Vielfalt der Kohlenstoffverbindungen in der organ. Chemie verantwortlich sind. Das Auftreten von Gruppen gleichartiger Atome (Clustern), die auch zu sehr großen Struktureinheiten polymerisiert sein können, führt zu Verbindungen mit nach klass. Betrachtungsweise ungewöhnl. Zusammensetzung. So sind z. B. in den metallreichen Verbindungen, die auch anwendungstechnisch von Bedeutung sind (etwa Alkalimetallsuboxide als Photokathoden oder Molybdänclusterverbindungen als Supraleiter mit extrem hoher krit. Feldstärke), so viele Metallatome untereinander verknüpft, daß Bereiche mit der Metallgitterstruktur im Gesamtaufbau vorliegen. Die Darstellung und Erforschung amorpher Festkörper, die z. B. als →Halbleiter, →Solarzellen oder →Glasmetall Anwendung finden, gewinnt an Bedeutung.

Festkörperphysik, Physik der festen Körper, die sich mit der Aufklärung der Kristallstrukturen, den Bindungsverhältnissen zw. benachbarten Atomen sowie der Messung, Interpretation und techn. Anwendung der mechan., elektr., magnet., opt. und anderen physikal. Eigenschaften von ein- und polykristallinen sowie amorphen →Festkörpern befaßt und versucht, diese makroskop. Phänomene aus dem mikroskop. Aufbau zu erklären. Viele Eigenschaften, z. B. die Piezoelektrizität, nichtlineare opt. Eigenschaften oder die Auswahlregeln für die Ramanstreuung sind an die Existenz gewisser Symmetrien im Kristallaufbau geknüpft, so daß schon die Bestimmung der Kristallsymmetrie (→Kristallklassen, →Symmetrieoperation) z. B. mit Hilfe der →Röntgenstrukturanalyse wertvolle Informationen über das physikal. Verhalten liefert.

Die theoret. Modelle gehen meist von Einkristallen mit einer hohen räuml. Symmetrie aus. Da ein Festkörper von einem cm^3 ein aus rd. 10^{23} miteinander wechselwirkenden Partikeln aufgebautes Vielteilchensystem darstellt, ist eine theoret. Beschreibung nur mit Methoden der →Quantenstatistik möglich. Schon die Vorhersage der stabilsten und energetisch bevorzugten räuml. Anordnung der Atome im dreidimensionalen Kristallgitter sowie die Ableitung der aus dieser Anordnung folgenden Eigenschaften allein aus den Eigenschaften der einzelnen Atome und ihrer Wechselwirkungen ist ein äußerst kompliziertes Problem, von dessen allg. Lösung die F. noch weit entfernt ist. Durch Messung der physikal. Eigenschaften bei Temperaturen nahe dem absoluten Nullpunkt der Temperaturskala ist aber eine hinreichend genaue empirische Beschreibung dieses Grundzustands möglich.

Die Anregungen des Festkörpers durch verschiedenste äußere Einflüsse (Druck, Wärmezufuhr, Licht, elektr. oder magnet. Felder u. a.) führen zu Übergängen in höhere Energiezustände, die durch das Konzept der → Elementaranregungen, d. h. die Erzeugung und Vernichtung von → Quasiteilchen, erfaßt werden. Die wichtigsten Modelle zur quantitativen Behandlung der quasifreien Elektronen und zur Berechnung ihrer Energiezustände sind die → Elektronengastheorie und das quantenmechan. → Bändermodell. Die komplizierten Einzelbewegungen der Atome im Kristall (→ Gitterschwingungen), z. B. bei der Wärmezufuhr oder Schallausbreitung, werden durch Zerlegung in Elementarschwingungen (Phononen) mit wohldefinierter Energie, Wellenlänge und Ausbreitungsrichtung beschrieben. Viele physikal. Phänomene werden aber erst auf Grund der starken Wechselwirkung zw. Elektronen, Phononen und weiteren Quasiteilchen verständlich. Diese Kopplung bewirkt, daß die Anregungsenergie sich im therm. Gleichgewicht auf alle Quasiteilchensysteme des Festkörpers verteilt. Z. B. kommt der elektr. Widerstand der Metalle durch Streuung der Elektronen an Phononen zustande. Die Supraleitung bei tiefen Temperaturen kann durch den Austausch virtueller Phononen zw. Elektronen beschrieben werden (→ BCS-Theorie). Die therm. Ausdehnung der Kristalle hängt mit der Wechselwirkung von Phononen untereinander zusammen.

Großes Interesse im Hinblick auf die Anwendung findet die Untersuchung von Störstellen im Kristall (Versetzungen, Leerstellen im Kristallgitter, Einbau von Fremdatomen) sowie deren Auswirkung auf die physikal. Eigenschaften. Aktuelle Themen der F. sind die → Halbleiterphysik, die → Metallphysik, die → Supraleitung, die Eigenschaften von Festkörperoberflächen (→ Oberflächenphysik) sowie die Wechselwirkungen zw. Licht und Materie, die bei der Entwicklung von Halbleiterlasern, Lumineszenzdioden, Photodetektoren, Solarzellen und anderen optoelektron. Bauelementen techn. Anwendung finden.

CH. KITTEL: Einf. in die F. (a. d. Amerikan., [5]1980); K.-H. HELLWEGE: Einf. in die F. ([2]1981); H. IBACH u. H. LÜTH: F. – Eine Einf. in die Grundlagen (1981).

Festkörperreaktionen, → Festkörperchemie.

Festkörperschaltung, monolithische Schaltung, Ausführungsform der → integrierten Schaltung, bei der ein Halbleiter- oder Isolator-Einkristall als Grundkörper (Substrat) dient.

Festlandsockel, Kontinentalsockel, vom Meer überspülter Saum der Kontinente (→ Schelf); im Völkerrecht (Genfer Übereinkommen über den F. vom 29. 4. 1958) der Meeresgrund und der Meeresuntergrund der an die Küste grenzenden Unterwasserzonen außerhalb der Territorialgewässer bis zu einer Tiefe von 200 Metern oder darüber hinaus, soweit eine Ausbeutung der Naturschätze (bes. Erdölvorkommen) möglich ist. Der F. gehört zur Hohen See, doch darf der Küstenstaat für die Meeresforschung und die Ausbeutung von Naturschätzen Hoheitsrechte ausüben und ausschließlich Rechte in Anspruch nehmen. Allerdings würde diese Regelung über die seewärtige Begrenzung des F. und über die Befugnisse des Küstenstaates weitgehend gegenstandslos werden, wenn sich das Konzept einer auf 200 Seemeilen bemessenen Wirtschaftszone des Küstenstaates endgültig durchsetzen würde, das auf der dritten Seerechtskonferenz der UNO weite Anerkennung gefunden hat und von dem die Staatenpraxis zunehmend Gebrauch macht.

Festmeter, Abk. **Fm,** nicht gesetzlicher, in der Forstwirtschaft bisher üblicher Name für 1 m^3 feste Holzmasse, dient bes. für die Messung von Langnutzhölzern. (→ Raummeter)

Festpunkt, 1) Thermodynamik: leicht einstellbare Temperaturpunkte (Schmelzpunkte, Siedepunkte) zur gesetzl. Festlegung der Temperaturskale und zur Eichung von Thermometern. Neben den beiden → Fundamentalpunkten, dem → Eispunkt und dem → Dampfpunkt sind in der internat. Temperaturskale noch vier **primäre** und 22 **sekundäre Fixpunkte** vereinbart worden.

2) Vermessungstechnik: jeder Punkt, der in seiner geodät. Lage und/oder Höhe bestimmt und durch ein Bauwerk (z. B. Kirchturm), durch Steinpfeiler o. ä. dauerhaft bezeichnet ist.

Feststoff-Raketenantrieb, → Rakete.

Festwellensender, Impulssender für die Ionosphärenforschung zur Untersuchung der zeitlich veränderl. Reflexionsfähigkeit der Ionosphäre, die i. Ggs. zu den → Ionosonden nur mit festen Frequenzen arbeiten.

Festwertregelung, → Führungsgröße.

Festwertspeicher, Festspeicher, ein → Speicher für elektron. Datenverarbeitungsanlagen, deren Inhalt nicht veränderbar ist (z. B. → ROM). Die Befehle und Daten sind bereits während der Fertigung fest eingegeben und können im Betrieb von der Zentraleinheit oder der Steuereinheit des Computers beliebig oft ausgelesen werden. F. sind daher bes. für die Bereitstellung von → Mikroprogrammen und häufig wiederkehrenden Unterprogrammen, z. B. zur Berechnung mathemat. Funktionen, geeignet.

FET, Abk. für engl. **Field Effect Transistor** [fi:ld ɪf'ekt træns'ɪstə], → Feldeffekttransistor.

Fett, → Fette.

Fett|abscheider, Vorrichtung zur Abscheidung von Fett und Öl aus den Abwässern von Schlachtbetrieben, Wollwäschereien, Tankstellen u. a. Das Fett wird vor der Einleitung des Abwassers in die → Kanalisation zum Aufschwimmen durch Verminderung der Fließgeschwindigkeit und Beruhigung der Oberfläche gebracht und kann in vielen Fällen nach dem Abschöpfen weiterverwertet werden. Großdimensionierte F. in Kläranlagen (→ Abwasserreinigung) werden als **Fettfänger** bezeichnet und funktionieren nach dem gleichen Prinzip.

Fett|alkohole, geradkettige höhere primäre → Alkohole mit 8–22 C-Atomen (z. B. Decanol, Dodecanol). F. werden durch Hydrierung von Fettsäuren aus Fetten und Ölen (z. B. Kokosnußöl) oder synthetisch (→ Alfol-Prozeß) hergestellt. Die Schwefelsäureester **(F.-Sulfate)** und die durch Reaktion mit Äthylenoxid gewonnenen **F.-Äthoxylate** haben große Bedeutung als biologisch abbaubare → Tenside.

Fett|amine, Sammelbegriff für geradkettige Alkylamine mit 8–24 C-Atomen, die meist als Gemische aus natürl. Fettsäuren hergestellt werden, z. B. Kokosamin, Talgamin, Oleylamin. F. werden als Korrosionsschutzmittel, Weichspülmittel, Antibackmittel für Düngemittel, Bitumenemulgatoren und Sammler bei der Flotation verwendet. Von den F. leiten sich Fettaminoxide ab, die als Waschrohstoffe dienen.

Fette, fette Öle, Ester des Glycerins mit ein bis drei Molekülen Fettsäure. Am häufigsten sind Triglyceride mit drei Fettsäuremolekülen, darunter Palmitin-, Stearin-, ungesättigte Öl- und ungesättigte Linolensäure. Die natürl. F. enthalten stets Gemische von Glyceriden, die Öle Glyceride der Öl-, Linol- und Linolensäure, die festen F. solche der Stearin- und Palmitinsäure. In vielen F. finden sich auch gesättigte Fettsäuren geringerer Molekülgröße. Alle natürl. F. enthalten überwiegend Fettsäuren mit gerader Anzahl von Kohlenstoffatomen, daneben in wechselnden Mengen (meist 0,1–2%) Begleitstoffe verschiedener Art. F. sind unlöslich in Wasser, aber löslich in Lösungsmitteln wie Benzol, Benzin, Tetrachlorkohlenstoff. Diese Lösungen liefern, mit Wasser zusammengeschüttelt, mehr oder weniger stabile Emulsionen. Die Gesamtheit aller die F. zusammensetzenden Stoffe werden als **Lipide** bezeichnet, die sich in die eigtl. F. und die **Lipoide** gliedern. Zu letzteren zählen: Wachse, Phosphatide, Cerebroside, Sterine, fettlösliche Vitamine, Carotinoide u. a.

Eigenschaften. Die F. sind in reinem Zustand farb-, geruch- und geschmacklos, sie können aber **ranzig** werden. Man unterscheidet ein chem. und ein biochem. Verderben. Ersteres kommt bes. durch Autoxidation zustande, wobei unangenehm riechende Verbindungen entstehen. Höhere Temperatur, Licht und Spuren mancher Metalle beschleunigen den Vorgang. Man schützt daher Speisefette durch Kühllagern, Licht- und Luftabschluß und Verwendung unschädl. Metalle bei der Herstellung und Aufbewahrung. Das biochem. Verderben geht auf den Einfluß von noch im F. enthaltenen Enzymen, bes. Lipasen, zurück, die es in Glycerin und freie Fettsäuren spalten **(Sauer-, Seifigwerden).** Der gleiche Vorgang kann durch Mikroorganismen hervorgerufen werden. Manche Schimmelpilze bauen die Fettsäuren zu Methylketonen ab, die höchst unangenehm riechen **(Ketonranzigkeit).** F. sind leichter als Wasser. In äußerst feiner Verteilung bilden sie Emulsionen, die durch Eiweiß und andere Emulgatoren vor der Trennung, dem **Aufrahmen,** geschützt werden können (Lebertranemulsion, Milch). Manche Öle erstarren durch Autoxidation zu einer festen Masse. Mit diesen **trocknenden Ölen** (Lein-, Mohn-, chines. Holzöl), deren Eigenschaften auf ihrem Gehalt an Linol-, Linolen- und Aleuritinsäure beruhen, stellt man Firnisse und Lacke her.

Vorkommen und Gewinnung. F. sind in jeder menschl., tier. und pflanzl. Zelle enthalten und werden in der Zelle durch Umformung von Kohlenhydraten gebildet. Manche Zellen haben eine besondere Fähigkeit zur Fettbildung. Für den Organismus sind die F. eine wichtige Energiequelle; ihre Verbrennungswärme beträgt etwa 39 kJ (9,3 kcal) für 1 g. Ferner sind sie ernährungsphysiologisch wichtig als Träger der fettlösl. Vitamine A, D und E. Bei Mensch, Tier und Pflanze sind sie wichtige Reservestoffe. – Tierische F. werden ausgeschmolzen, pflanzliche gepreßt, geschlagen oder extrahiert mit Benzin, Benzol, Trichloräthylen und anderen Fettlösungsmitteln. Die gewonnenen Rohöle müssen raffiniert, d. h. von Schleim-, Farb-, Geruchs- und Geschmacksstoffen befreit werden. Zur Verwendung als Speisefette werden sie gehärtet (→ Fetthärtung).

Synthetische F. gewinnt man aus den bei der Kohlenhydrierung nach dem Fischer-Tropsch-Verfahren anfallenden Kohlenwasserstoffen **(Gatsch).** Für industrielle Zwecke sind sie von großer Bedeutung als Rohstoff zur Herstellung von Seife, Waschmitteln, Kunststoffen, Lakken, Firnis, Ölfarben, Textilhilfsmitteln u. a.

Fettfarbstoffe, fett- und öllösl. Farbstoffe zum Färben von Schmier- und Hydrauliköl, Schmierfetten, Wachsen, für die kunststoffverarbeitende Industrie und zur Markierung z. B. von Otto- und Dieselkraftstoffen.

Fettfleckphotometer, Bunsen-Photometer [n. dem dt. Chemiker R. W. Bunsen, * 1811, † 1899], einfachste Form eines → Photometers, bestehend aus einem weißen Blatt Papier, auf dem sich ein Fettfleck befindet. Bei gleicher Beleuchtungsstärke von beiden Seiten wird der Fettfleck (fast) unsichtbar. Aus den dabei auftretenden Abständen der Lichtquellen kann dann das Verhältnis der Lichtstärken berechnet werden.

Fetthärtung, Ölhärtung, lebensmittelchem. Verfahren zur Umwandlung von flüssigen, ungesättigten, pflanzl. und tier. Fetten (Ölen) in feste Glyceridgemische. Beim **Normann-Verfahren** wird Wasserstoff an die Kohlenstoff-Doppelbindungen angelagert unter Verwendung von Nickel als Katalysator. Bei der F. durch **Umesterung** werden die im Glyceridmolekül enthaltenen Fettsäureester in Gegenwart von Alkali als Katalysator ausgetauscht. Bei der **Fraktionierung** erfolgt die (mechan. oder therm.) Entfernung der niedrigschmelzenden Fettkomponente. – Gehärtete Fette dienen als techn. Fette (Seifen, Kerzen) und als Speisefette.

Fettsäuren, in Fetten und Ölen vorkommende → Carbonsäuren, Bausteine der → Lipide. Grobe Aufteilung in niedere (1–7 C-Atome), mittlere (8–12 C-Atome) und höhere (über 12 C-Atome) F. Von physiolog. und medizin. Bedeutung ist die Unterteilung in **gesättigte** (allg. Summenformel $C_nH_{2n+1}-COOH$) und **ungesättigte F.,** für die keine allg. gültige Summenformel aufgestellt werden kann. Die **essentiellen F.** werden unter dem Begriff Vitamin F (→ Vitamine) zusammengefaßt.

Biosynthese: F. werden schrittweise aus Essigsäure aufgebaut. Dabei wird die entstehende Kohlenstoffkette um je zwei C-Atome verlängert. Dies geschieht über einen äußerst verwickelten Multienzymmechanismus. Es entstehen geradzahlige, gesättigte F. Die Startreaktion am Enzymkomplex besteht in der Bindung von Acetyl-CoA an eine Thiol-(SH-)Gruppe. An einer zweiten Thiolgruppe wird ein Malonyl-Rest angelagert. Unter Decarboxylierung werden beide Reste kondensiert. Die Reaktion bricht meist bei C_{16}-Ketten ab (Palmitin- oder Stearinsäure). Es sind jedoch auch F. mit mehr als C_{20}-Ketten bekannt. Zum Aufbau ungeradzahliger F. wird statt des Acetyl-CoA ein Propionyl-CoA an das Enzym gebunden.

Im tier. Organismus können auch höhere (20 bis 24 C-Atome) F. mit mehreren Doppelbindungen gebildet werden. Für die Regulation der Biosynthese im tier. Organismus ist das Enzym Acetyl-CoA-Carboxylase verantwortlich. Die Steuerung ist damit von der Adenosintriphosphat-(ATP-)Spaltung abhängig.

Der Abbau erfolgt über drei verschiedene Mechanismen. 1) **β-Oxidation:** Die F. werden dabei um jeweils zwei C-Atome verkürzt (Ggs. zur Biosynthese). Dabei wird ein mehrstufiger Reaktionszyklus durchlaufen, wobei unter Einwirkung von → Flavin-adenin-dinucleotid (FAD) eine Doppelbindung in der Kohlenstoffkette gebildet wird. Am Ende steht die um zwei C-Atome verkürzte F. und ein Molekül Acetyl-CoA. Dieses wird schließlich im → Zitro-

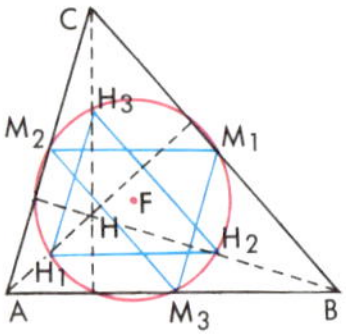

Feuerbachscher Kreis

nensäurezyklus weiter abgebaut. So können z. B. aus einem Molekül Stearinsäure ($CH_3-(CH_2)_{16}-COOH$) nach vollständigem Abbau neun Acetyl-CoA gebildet werden. Damit liefert der Abbau Energie zur Bildung von 148 ATP, was etwa 50% der Verbrennungsenergie der Säure entspricht. 2) **α-Oxidation:** Abbau von F. durch Oxidation des Kohlenstoffatoms, das neben der Carboxyl-Gruppe liegt. Dabei entsteht CO_2. Wichtig v. a. beim Abbau von ungeradzahligen F. 3) **ω-Oxidation:** Abbau durch tier. sowie mikrobielle Enzyme in den Mikrosomen.

Mehrfach ungesättigte F. haben für den Fettstoffwechsel (Gesamtheit aller Abbauvorgänge, Stoffumwandlungen und Aufbauvorgänge der Fettsubstanzen im Organismus) große Bedeutung, sie können vom Körper nicht synthetisiert werden.

Fettspaltung, Aufspaltung (→Verseifung) von Fetten und fetten Ölen in Glycerin und Fettsäuren, z. B. im menschl. und tier. Stoffwechsel (i. d. R. durch Hydrolyse). In der Technik werden unterschieden: Autoklaven-, Säure-, Enzym-, Reaktiv-(Twitchel-)Spaltung und Verseifung mit Alkalilaugen.

feucht-adiabatisch, Zustandsänderung eines Luftvolumens, dem durch Kondensation im Innern Wärme zugeführt wird. Bei 0 °C und einer Druckabnahme von 1 000 auf 900 mbar ergibt feucht-adiabatische Abkühlung −5,5 °C, →adiabatische dagegen −8 °C.

Feuchtigkeit, Feuchte, Maß für die Wasser- oder Wasserdampfkonzentration in Feststoffen, Flüssigkeiten und Gasen, z. B. der Luft (→Luftfeuchtigkeit). Die **absolute F.** ist die Masse Wasser oder Wasserdampf pro Volumen. Die **spezif. F.** ist die Masse Wasser oder Wasserdampf pro Gesamtmasse (z. B. g Wasserdampf pro kg feuchter Luft). Die **relative F.** ist das Verhältnis von vorhandener zur bei der vorliegenden Temperatur maximal aufnehmbaren Wasser(dampf)menge; sie wird meist in % angegeben. (→Trocknung)

Feucht|raumleitung, →isolierte Starkstromleitungen.

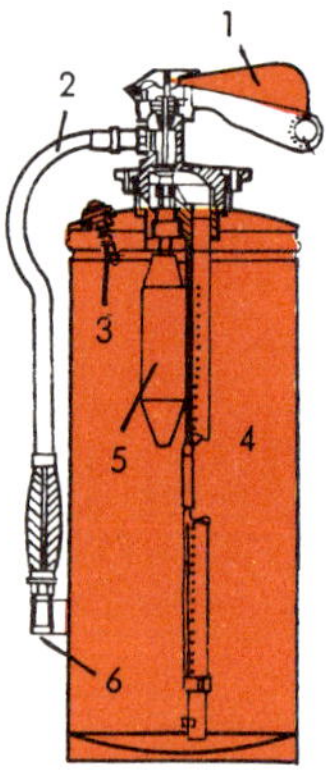

Feuerlöscher: Schema eines Pulverlöschers, **1** Griff mit Bedienungseinrichtung, **2** Schlauch, **3** Sicherheitseinrichtung, **4** Löschmittelbehälter, **5** Kohlensäureflasche, **6** Spritzdüse

Feuer, die äußere, sichtbare Begleiterscheinung einer Verbrennung (Feuer ist ein physikal., Verbrennung ein chem. Vorgang), tritt in zwei verschiedenen Formen auf: Flamme oder Glut oder Flamme und Glut. Es verbrennen: gasförmige und flüssige Stoffe sowie deren Dämpfe mit Flammen, feste Stoffe mit Flammen und/oder Glut. Es wird zw. Nutz- und Schadens-F. unterschieden.

Geschichtliches zur Erzeugung von F.: Urspr. wurde ein Zunder zum Glimmen gebracht, entweder durch Funken beim Zusammenschlagen harter Materialien (z. B. Feuerstein und Pyrit; **Schlagfeuerzeug),** durch Hitze, die beim Zusammenpressen von Luft in einem Zylinder **(F.-Pumpe)** oder bei Reibung von Holz erzeugt wird: Beim **F.-Bohrer** wird ein Stab in einer Vertiefung hin- und hergequirlt, bei der **F.-Säge** ein Stab in einer Rille hin- und hergeschoben, beim **F.-Pflug** ein Holzstück im rechten Winkel über ein anderes gestrichen, jeweils bis das entstehende Sägemehl zu glimmen beginnt.

Feuerlöschanlagen 1: Sprinkler

Feuer|alarm, Alarmierung der Feuerwehrkräfte zur Bekämpfung von Bränden, bei techn. Hilfeleistungen oder Notständen. Außerhalb der Wache durch **laute Alarmierung:** früher durch Hornsignale oder Glockenläuten, heute durch Sirenen. **Stille Alarmierung:** Weckerlinien (Anschluß an Feuermeldeanlagen), Rundsteueranlagen (Anschluß über Stromnetz), Funkmeldeempfänger (über UKW); Alarmierung innerhalb der Feuerwachen durch akust. Signale (Wecker, Lautsprecher, Gong) oder optische Anzeige auf Leuchttafeln.

Feuer|anzünder, 1) aus Holzspänen, Harzen, Teer, Bitumen u. a. leicht brennbaren Stoffen zusammengepreßte Masse, deren kräftige Flamme schwerer entflammbare Brennstoffe zu entzünden vermag. 2) Vorrichtung, die mit einer Gas-Stichflamme oder durch Funkenzündung Brennstoffe unter Kesseln oder Großküchenherden zum Brennen bringt. 3) →Gasanzünder.

Feuerbachscher Kreis [n. dem dt. Mathematiker K. W. Feuerbach, * 1800, † 1834], **Neunpunktekreis,** geht durch die Seitenmitten (M_1, M_2, M_3) des Dreiecks ABC, die Höhenfußpunkte und die Mitten der von den Ecken ausgehenden Höhenabschnitte (H_1, H_2, H_3). Der F. K. berührt den Inkreis und die drei Ankreise des Dreiecks. Sein Mittelpunkt liegt auf der Eulerschen Geraden, sein Radius ist gleich dem halben Umkreisradius.

Feuerbeton, hydraulisch oder chemisch gebundener Beton aus feuerfestem Zuschlag (Schamotte, Chromerz) für die Anwendung bei sehr hohen Temperaturen. **Hitzebeständiger F.** (Fallpunkt des Segerkegels unter 1 500 °C) wird von 200 °C bis 1 100 °C, **feuerbeständiger F.** (Kegelfallpunkt zw. 1 500 °C und 1 800 °C) von 1 100 °C bis 1 300 °C und **hochfeuerbeständiger F.** (Kegelfallpunkt über 1 800 °C) über 1 300 °C eingesetzt.

Feuerblende, Modifikation des →Rotgültigerz.

feuerfeste Stoffe widerstehen hohen Gebrauchstemperaturen, z. B. in Heizanlagen, Schmelzöfen, Asbestgeweben, Hitzeschilden. Bei **feuerfesten keramischen Werkstoffen** liegt der Schmelzpunkt über 1 500 °C, bei hochfeuerfesten über 1 800 °C. Nach internat. Klassifikation werden f. S. in tonerdereiche Erzeugnisse (über 45% Al_2O_3), Schamotteerzeugnisse (30–45% Al_2O_3), Silikaterzeugnisse (über 93% SiO_2) und basische Erzeugnisse (z. B. Magnesit mit über 80% MgO) eingeteilt. Bes. hohe Feuerfestigkeit haben zirkonoxidhaltige f. S. **Feuerfeste Steine** werden u. a. aus Bauxit, Magnesit, Dolomit, Schamotte, Quarz und Siliciumcarbid hergestellt.

Feuerkugeln, 1) Astronomie: **Bolide,** durch ihre helle Lichterscheinung bes. auffallende Meteore, die heller als die −4. Größe (mittlere Venushelligkeit, →Helligkeit) sind.

2) Bez. für Kugelblitze.

Feuerleiter, Metalleiter an Außenseiten von Bauten besonderer Art und Nutzung (z. B. Theater, Hotels oder Industrieanlagen), kann der Feuerwehr als Angriffsweg, gefährdeten Personen als Rückzugsweg dienen.

Feuerleitsystem, →Waffenleitsystem.

Feuerlösch|anlagen, ortsfest installierte Anlagen, die einen Brand unmittelbar nach seinem Ausbruch durch selbsttätig oder von Hand ausgelöste Abgabe speziell geeigneter Löschmittel wirksam bekämpfen oder zumindest begrenzen sollen. Unterscheidung nach Grad der Automatisierung und nach Art des Löschmittels: **Halbstationäre F.** haben ein ortsfest installiertes Rohrleitungssystem, während der Löschmittelvorrat oder die Löscheinrichtung transportabel ist. **Selbsttätige, ortsfeste F.** sprechen auf Bildung von Wärme, Rauch oder optisch auf Flackern der Flamme an. F. werden als **Raumschutzanlagen** und **Objektschutzanlagen** (Maschinen, Förderbänder usw.) eingesetzt.

Feuerlöschboot:
›Löschkreuzer Weser‹

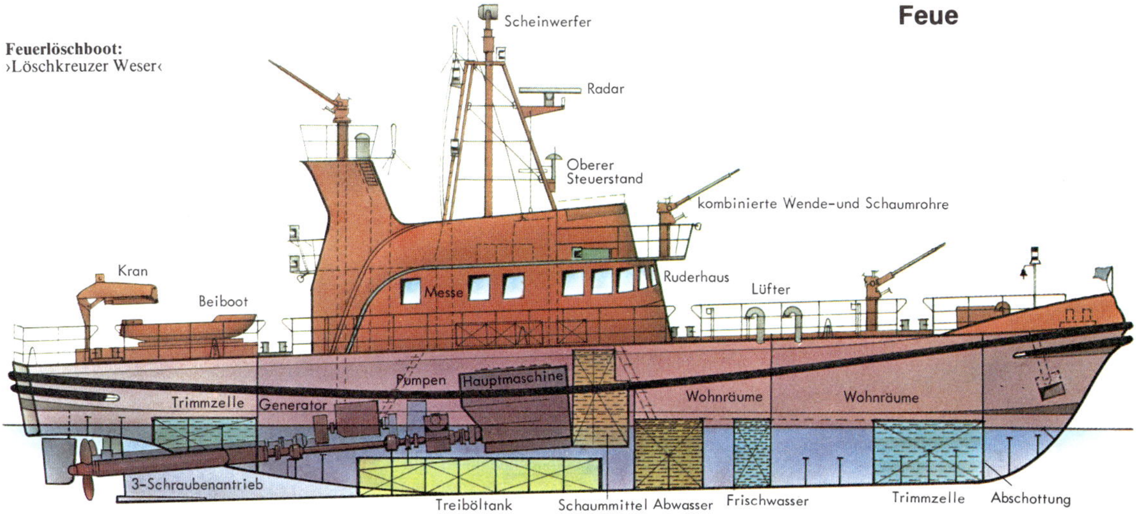

Wasser wird in Sprinkleranlagen, Sprühwasseranlagen, Regenvorhängen oder Berieselungsanlagen verwendet. **Sprinkleranlagen** schützen Gebäude durch ein inner- oder unterhalb der Decke geführtes Rohrnetz, das in regelmäßigen Abständen mit Sprühdüsen (Sprinklern) versehen ist, die bei best. Temperaturen ausgelöst werden (Arten: Glasfaß-, Schmelzlot-, Schmelzkristallsprinkler, in stehender oder hängender Ausführung). **Schaumlöschanlagen** für Schwer- oder Leichtschaum dienen insbes. zum Schutz von Tankanlagen für brennbare Flüssigkeiten. **Kohlendioxid-(Kohlensäure-)Löschanlagen** gibt es als Niederdruck- oder Hochdruckanlagen mit Ausstoß von Kohlendioxid als Schnee, Gas oder Nebel. **Löschpulveranlagen** eignen sich bes. für Raffinerien, **Halon-Löschanlagen** (mit leichtverdampfenden halogenierten Kohlenwasserstoffen) z. B. für Rechenzentren.

Feuerlöschboot, Spezialwasserfahrzeug mit Wasserwerfern, Schaumrohren u. a. zur Bekämpfung von Bränden auf Schiffen und in Ufernähe. Seetüchtige F. werden auch **Löschkreuzer** genannt.

Feuerlöschdecke aus Asbest, Glasfasern oder imprägniertem Wollstoff, dient in Betrieben, Laboratorien und Theatern zum schnellen Ersticken der Flammen bei Kleidungsbränden durch Umhüllen der brennenden Person (griffbereite Aufbewahrung in Wandkästen).

Feuerlöschen, als Selbsthilfe-Maßnahmen bei Ausbruch eines Brandes: Feuerwehr oder Polizei benachrichtigen; gefährdete Personen, insbes. Kinder und Gebrechliche, in Sicherheit bringen, Ruhe bewahren.

Kleinere Brände behelfsmäßig mit Wasser, Sand oder Asche löschen; Feuerlöscher erst am Brandherd in Betrieb setzen; mit den Löschgeräten möglichst nahe zum Brandherd gebückt oder kriechend vordringen, da am Boden meist noch atembare Luft vorhanden ist; nasse Decken oder Mäntel schützen behelfsmäßig gegen Flammen und Hitze; den Brandherd von unten und vorn beginnend ablöschen; falls die Kleidung am Körper brennt, nicht laufen, sondern Flammen durch Wälzen am Boden, durch Überwerfen von Decken u. ä. zu ersticken versuchen; Brandwunden durch den Arzt versorgen lassen, bis dahin in kaltes Wasser halten; Wandhydranten zum Löschen benutzen; Brände von Flüssigkeiten (Benzin, Öl, Wachs u. a.) nie mit Wasser, sondern mit Feuerlöschern der → Brandklasse B löschen. Behelfsmäßig können kleinere Behälter durch Zudecken, brennende Pfützen mit Sand oder Asche gelöscht werden. Falls die Löschversuche aussichtslos erscheinen oder zu gefährlich sind, den Luftzutritt zum Brandherd durch Schließen aller umgebenden Fenster und Türen möglichst unterbinden und den Raum verlassen.

Feuerlöscher, bis zu 20 kg Einsatzgewicht von Hand tragbare, über 30 kg fahrbare Feuerlöschgeräte, die ihren Löschmittelinhalt (→ Feuerlöschmittel) durch gespeicherten oder bei der Inbetriebsetzung erzeugten Druck selbsttätig ausstoßen. Sie dienen zur sofortigen Bekämpfung von Kleinbränden und müssen auch von wenig geübten Personen gehandhabt werden können. Sie sind typprüfungs- und zulassungspflichtig (Zulassung nach → Brandklassen). Für den Betrieb im Inland zugelassene Baugrößen: Wasser-F. 10 l, Pulver-F. 6 und 12 kg, Pkw-F. (Pulver) 1 kg, Halon-F. 0,8 und 2 kg, Kohlendioxid-F. 1,5

Feuerlöschanlagen 2:
Prinzip eines vollautomatischen Halon-Objektschutzes, z. B. für eine EDV-Anlage (LINKS); Schema einer Sprinkleranlage (RECHTS)

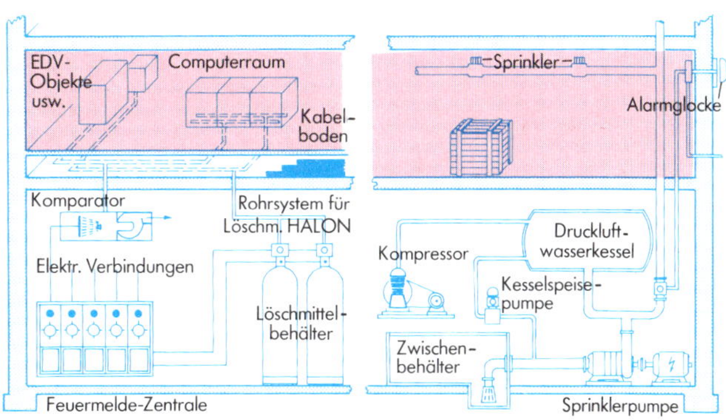

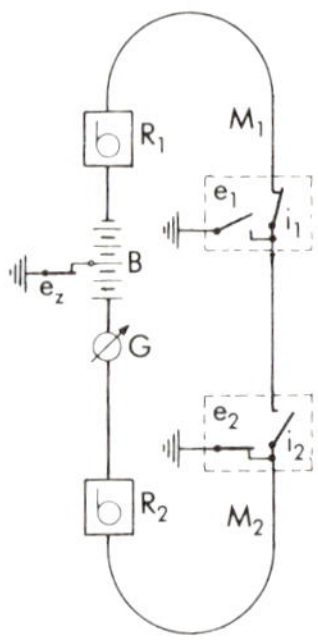

Feuermeldeanlagen 1: Feuermeldeschleife in Sicherheitsschaltung. Funktionsweise: Die Feuermelder M_1, M_2 und die Registriergeräte R_1, R_2 liegen mit der Stromquelle B und dem Milliamperemeter G in Reihe und werden im Normalzustand von einem ständigen Kontroll-Ruhestrom durchflossen. Wird bei Betätigung eines Melders (M_2) dessen Impulskontakt (i_2) im Rhythmus der Typenscheibe geöffnet, so legt gleichzeitig ein Kontakt e_2 im Melder Erde an den Schleifenzweig des Melders, während Kontakt e_z in der Zentrale den Mittelabgriff der Batterie erdet. Infolgedessen geht die Meldung auch bei Drahtbruch, Erdschluß oder bei gleichzeitiger Auslösung zweier Melder in derselben Schleife bei der Zentrale ein

und 6 kg, ferner Sonderlöscher. F. bestehen aus: Löschmittelbehälter, ggf. Treibmittelbehälter, Betätigungs- und Sicherheitseinrichtungen, Löschmittelfüllung, Treibmittelfüllung und Aufhängevorrichtung. (BILD S. 114)

Feuerlöschmittel, flüssige oder dampfförmige Stoffe sowie mehrphasige Systeme (z. B. Schäume, Pulverwolken) zur Brandbekämpfung. Die Löschwirkung kommt durch Stickeffekt (Trennung des Brandstoffes von Luftsauerstoff, z. B. durch Kohlensäure), Kühleffekt (Entzug von Wärme, z. B. durch Verdampfung von Wasser) und katalyt. Effekt (Abbruch der über Radikale verlaufenden Verbrennungsreaktion, z. B. durch Löschpulver und Halone) zustande. Das wichtigste F. ist **Wasser** (Vollstrahl, Sprühstrahl oder Wassernebel), das in speziellen Fällen mit Netzmitteln (Netzwasser) oder Verdickungsmitteln (Zähwasser) versetzt werden kann. Flüssige Halogenkohlenwasserstoffe **(Halone,** z. B. Halon 1211 = CF_2ClBr) werden v. a. in der Luftfahrt eingesetzt. **Kohlensäure** und aus Natriumhydrogencarbonat bestehendes **Standardlöschpulver** sind zum Ablöschen von Gas- und Flüssigkeitsbränden geeignet. **ABCD-Löschpulver,** das Ammoniumphosphat, Ammoniumsulfat und Bariumsulfat enthält, ist auch für Glut- und Metallbrände geeignet. Großflächige Brände von Erdölprodukten werden v. a. mit **Schaumlöschmitteln** bekämpft. Man unterscheidet Proteinschaummittel, die teilweise hydrolysierte Eiweißprodukte (z. B. Tierhufe und -haare) enthalten, und Tensidschaummittel. Ihre wäßrigen Lösungen werden in einem Luftschaumstrahlrohr verschäumt.

Feuerluft|erhitzer, ein → Lufterhitzer mit unmittelbarer Wärmeübertragung vom Feuerraum an vorbeigeführte Luft.

Feuerluftheizung, eine → Luftheizung durch zentral in → Feuerlufterhitzern erwärmte Luft.

Feuermelde|anlagen zeigen einen Gefahrenzustand unter Angabe des Meldeortes an eine Zentralstelle an. **Hauptmelderanlagen** übermitteln eine Feuermeldung über **Meldungsgeber (Feuermelder)** und ein öffentl. Leitungssystem zur Feuerwache. Der Meldungsgeber kann als öffentl. Feuermelder jedermann zugänglich sein, oder er befindet sich in einem Gebäude **(Hauptfeuermelder).**

Eine F. besteht aus einer Anzahl von Meldungsgebern, dem Leitungsnetz und der Feuermelde-Empfangszentrale in der Einsatzzentrale der Feuerwehr mit der erforderl. Stromversorgung. Es gibt zwei Möglichkeiten der Verbindung zur Feuerwehr: 1) das **Schleifensystem,** bei dem bis zu 30 Melder in einer Leitungsschleife oder Ringleitung hintereinander geschaltet und vom gleichen Strom durchflossen werden (BILD 1). Sollen mehr als 30 Melder angeschlossen werden, ist die Anlage mit entsprechend mehr Schleifen auszurüsten; 2) das **Liniensystem,** das für jeden Melder einen separaten Stromweg in der Form eines Adernpaares oder einer Doppelader erfordert.

An F. werden folgende Anforderungen gestellt: ständige Überwachung der Leitungen und Melderkontakte, unterschiedl. Anzeige von Meldungen und Leitungsfehlern; eindeutige Anzeige des betätigten Melders; Signalisierung von Leitungsfehlern, bevor sie eine einwandfreie Meldung beeinträchtigen; volle Betriebsbereitschaft auch bei Netzausfall. Für Anlagen nach dem Schleifensystem gilt außerdem: sichere Meldungserkennung auch bei zwei gleichzeitig betätigten Meldern, sichere Aufnahme einer Meldung auch bei Leitungsstörungen (Drahtbruch oder Erdschluß). **Nebenmelderanlagen** werden in gefährdeten Gebäuden eingerichtet; sie bestehen aus den Brandmeldern, dem Leitungsnetz, der Nebenmelderzentrale mit Stromversorgung und der Auslöseleitung zum Hauptmelder.

Meldungsgeber sind handbetätigte Melder **(Druckknopfmelder)** oder **automat. Melder. Wärmemelder** schließen oder öffnen bei Erreichen einer bestimmten Höchsttemperatur **(Maximalmelder)** oder reagieren auf den durch den Brandausbruch entstandenen Temperaturanstieg je Zeiteinheit **(Differentialmelder). Flammenmelder** reagieren auf die von den Flammen ausgehende, typisch flackernde Infrarotstrahlung. Zu den **Rauchmeldern** gehören **optische Melder,** die nach dem Tyndalleffekt arbeiten (Lichtquelle und Photozelle), und **Ionisationsmelder,** die die Feststellung von Brandausbrüchen ermöglichen, lange bevor Flammenbildung oder gefährl. Temperaturerhöhung auftreten. – Sprechmöglichkeit bieten Melder in → Fernsprech-Notrufsäulen. Notrufmelder für zwei Richtungen (Polizei und Feuerwehr) gibt es als Zusatzgerät zum Münzfernsprecher.

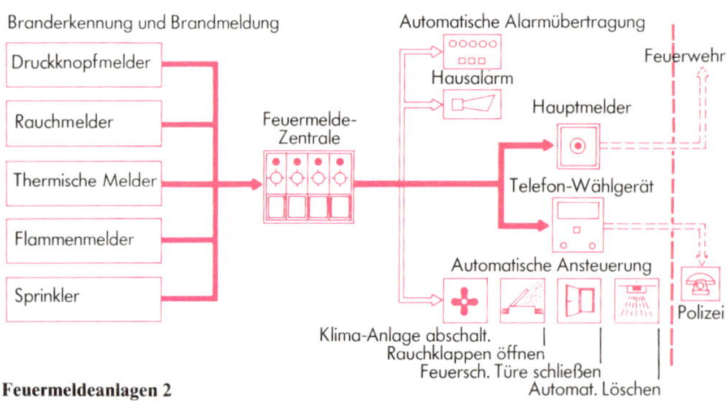

Feuermeldeanlagen 2

Feuerpolitur, die wasserglatte Oberfläche eines geschmolzenen Glasgegenstandes, die auch im erkalteten Zustand erhalten bleibt.

Feuerschiff, an navigatorisch wichtigen oder gefährl. Stellen verankertes, bemanntes Spezialschiff als → Leuchtfeuer.

Feuerschutz, → Brandschutz.

Feuerstein, Flint, dichtes Kieselgestein (Gemenge aus Chalcedon und Opal), entstanden bei der Diagenese von Sedimenten durch Auflösung eingebetteter Kieselorganismen (z. B. Schwämme, Radiolarien) und Wiederausfällung der Kieselsäure als Konkretionen. – F. ist blauschwarz, grau oder gelblich, oft mit weißer Verwitterungsrinde; splittriger Bruch. **F.-Knollen** bilden oft Lagen (z. B. in der Schreibkreide) und enthalten verkieselte Fossilien (z. B. Seeigel). – F. und einige ihm engverwandte Gesteinsarten bildeten den ältesten Rohstoff, der vom Menschen zur Herstellung von Geräten verwendet wurde.

Feuersturm, Sturm durch einen Flächenbrand mit hoher Brandbelastung (mit viel brennbarem Inhalt). Der Sog der aufwärts strömenden, überaus großen Masse von heißen Brandgasen bewirkt intensive, zum Zentrum des Brandes gerichtete Windströmung, die meteorologisch bekannte Orkanstärken übertreffen kann.

Feuerton, mit → Schamotte gemagerter, weiß engobierter keramischer Scherben (mit weißdeckender Glasur) zur Herstellung von großformatigen sanitärkeramischen Erzeugnissen (→ Engobe, → Keramik).

Feuerung, Einrichtung zur Erzeugung von Wärme durch Verbrennung von festen, grobkörnigen oder staubförmigen, flüssigen oder gasförmigen Brennstoffen. Die Wärme dient zur Erzeugung von Wasserdampf (→ Dampferzeuger) oder zur Erhitzung und ggf. Verdampfung von anderen Stoffen (chemische Industrie, metallurg. Prozesse), zum Trocknen oder Heizen. Art und Größe der Feuerungsanlage richten sich nach ihrem Zweck und der Art des Brennstoffes. Die Teile der eigtl. F. sind in feuerfest ummauerten Räumen angeordnet.

F. für feste Brennstoffe. Zur Verbrennung grobkörniger Steinkohle, Braunkohle u. a. dient ein Rost aus Eisenstäben, durch dessen Zwischenräume (meist vorgewärmte) Luft an den brennenden Kohlestücken vorbeistreicht. Je nach Schornsteinzugstärke werden neben dem natürl. Druckunterschied zusätzl. Einrichtungen, z. B. Saugzugventilator oder Druckbelüftung durch ›Unterwindfeuerung‹ benutzt, um die erforderl. Zugstärke herbeizuführen. Im Veloxkessel (Dampferzeuger) wird der Brennraum außerdem unter erhöhten Druck gesetzt. Als **Rost** dient entweder ein ruhender **Planrost,** bei dem die gleichmäßige Verteilung der Kohle durch eine mechan. Schürvorrichtung herbeigeführt werden kann, oder bei großen Kesseln ein **Wanderrost,** bei dem die Roststäbe und damit die Kohle so bewegt werden, daß die auf der einen Seite zugeführten Stücke bis zum anderen Ende des Brennraums verbrannt sind. Die Bewegung der Kohle kann auch durch ihr Eigengewicht in einem **Treppenrost** herbeigeführt werden. Bei einem mechan. **Schrägrost** wird die Bewegung der Kohlestücke durch zusätzl. Einrichtungen verbessert, u. a. durch abwechselnd aufwärts und abwärts bewegte Roststäbe.

Bei Staubfeuerungen wird die Kohle vor dem Eintritt in den Brennraum (oder in einer Vorkammer des eigtl. Brenners) gemahlen und ggf. getrocknet. Zur Verbrennung wird der Staub mit Luft gemischt dem Brenner zugeführt. Der Flamme wird dort i. a. noch weitere Luft zugeführt, um eine vollständige Verbrennung zu erreichen. In der **Schmelz-F.** wird die Verbrennungstemperatur auf mindestens 1700 °C gebracht, so daß die anfallende Schlacke schmilzt und dann in flüssigem Zustand abgeführt werden kann. In der **Zyklon-F.** wird dieses Ausscheiden der Schlacke bereits in dem eigtl. Brenner herbeigeführt. In F. für flüssige Brennstoffe (meist Mineralöl unterschiedl. Viskosität bis zum Teer) werden diese vor der Zuführung zum Brenner verdampft oder zerstäubt, wobei sie zur Verminderung der Viskosität zuvor erwärmt werden.

Als gasförmiger Brennstoff wird Hochofengas, Koksgas, Erdgas oder Stadtgas benutzt. Die Gase können – ähnlich wie flüssige Brennstoffe – durch eine Düse, mit Luft vermischt, der F. zugeführt werden. Eine Besonderheit ist die **flammenlose Oberflächenverbrennung** nach BONE-SCHNABEL. Hier verbrennt ein Gas-Luft-Gemisch unter Druck in einer porösen Masse, wobei hohe Temperaturen entstehen.

Die Industrie-F., Schriftenreihe hg. v. H. P. NIEPENBERG, 1–20 (1972–81); R. GÜNTHER: Verbrennung und F. (1974); O. BEEDGEN: Öl- und Gasfeuerungstechnik (1978); Tb. Öl- und Gasfeuerung 1981 (1980).

Feuerwaffe, Waffe, aus der ein Geschoß durch Gasdruck, der beim Verbrennen der Pulverladung entsteht, herausgeschleudert wird, z. B. Gewehr, Geschütz.

Feuerwehr, Einrichtung, deren Hauptaufgabe die Bekämpfung von Bränden ist. Daneben hat die F. bei Unglücksfällen und bei öffentl. Notständen, die durch Naturereignisse, Explosionen oder ähnliche Vorkommnisse verursacht werden, Hilfe zu leisten.

Gliederung und Ausrüstung: Einheiten der F. sind der **Löschtrupp** (ein Führer/zwei Mann, Kurzbez. 1/2), die **Löschstaffel** (1/5) und der **Löschzug** (1/18). Der Löschzug besteht z. B. aus einem Einsatzleiterfahrzeug, einem Trockentanklöschfahrzeug, einem Hilfeleistungslöschfahrzeug, einer Hubrettungsfahrzeug-Drehleiter, Leiterbühne, Gelenk- oder Teleskopmastbühne. Für Sonderaufgaben stehen Spezialfahrzeuge zur Verfügung: Schlauchwagen, Atemschutzwagen, Rüstwagen, Kranwagen, Strahlenmeßwagen, Wasserrettungs- und Bootswagen, mobile Leitstellen, Großtanklöschfahrzeuge, Rüstwagen für Öleinsätze, für Schieneneinsätze, Erdbewegungsgeräte, Löschpulver- und Schaumfahrzeuge, Notarztwagen u. a. Die persönl. Ausrüstung der Feuerwehrleute soll einheitlich sein: Schutzkleidung, Feuerwehrhelm, Hakengurt u. a.

Organisation: Der örtl. Brandschutz obliegt in der Bundesrep. Dtl. den Gemeinden als Selbstverwaltungsangelegenheit. Die Länder sind Träger aller überörtl. Brandschutzaufgaben, sie gewähren Beihilfen zur Verstärkung des Brandschutzes aus dem Aufkommen der Feuerschutzsteuer und üben die Dienstaufsicht aus. Öffentliche F. sind: **Berufs-F., Freiwillige F.** und **Pflicht-F.,** nichtöffentliche F.: **Betriebs-** und **Werk-F.**

Feuerwerkskörper, → Pyrotechnik.

Feuerwiderstand, im baulichen Brandschutz Bez. zur Beurteilung des Brandverhaltens von Bauteilen. Bauteile der Feuerwiderstandsklasse F 30 (früher: **feuerhemmend)** dürfen während eines Brandversuchs von 30 min Dauer nicht in Brand geraten und müssen den Durchgang des Feuers in dieser Zeit derart verhindern, daß tragende Bauteile dabei ihre Tragfähigkeit nicht verlieren; analog F 60, F 90 (früher: **feuerbeständig),** F 120 und F 180 (früher: **hochfeuerbeständig).**

Feuerzeug, Gerät zur Feuererzeugung. Moderne Taschen- und Tisch-F. enthalten meist verflüssigtes Butan als Brennstoff. Der Zündfunke wird durch Reiben eines Stahlrädchens an einem Zündstein aus Cereisen, mit Hilfe einer Batterie über eine Zündspule oder durch Piezoelektrizität erzeugt.

Feynman-Graphen, Feynman-Diagramme [fˈeɪnmən-, n. dem amerikan. Physiker R. Ph. Feynman, * 1918], bildl. Darstellungen von Wechselwirkungsprozessen zw. Elementarteilchen. Ihre Bedeutung beruht auf der Möglichkeit, aus den F.-G. die Wahrscheinlichkeit oder den Wirkungsquerschnitt für einen vorgegebenen Prozeß zw. Elementarteilchen berechnen zu können. Dies gilt bes. für Prozesse, die von der Quantenelektrodynamik beschrieben werden. Ein häufig vorkommendes Beispiel eines F.-G. stellt die Streuung von Elektronen an Elektronen dar (BILD). Das Diagramm ist von unten nach oben zu lesen: zwei Elektronen e_1 und e_2 laufen aufeinander zu. Wenn sie aneinander gestreut werden, verändern sich ihre Bahnen, und sie laufen wieder voneinander fort:

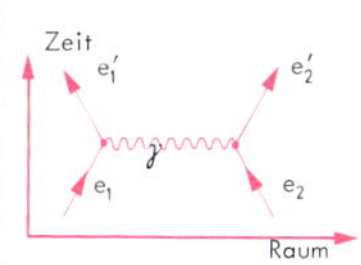

Feynman-Graphen

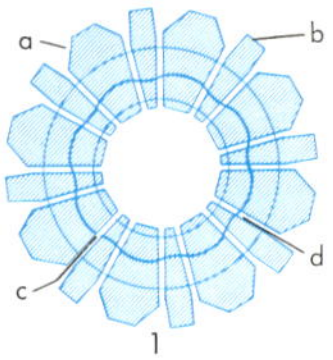

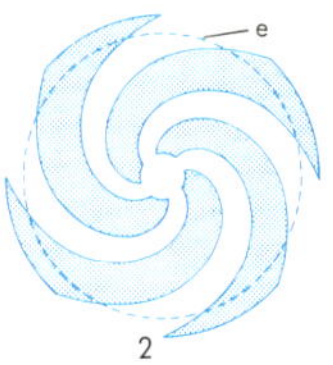

FFAG-Beschleuniger: horizontaler Querschnitt; **1** Radialsektortyp, a positiver Feldmagnet, b negativer Feldmagnet, c momentane Sollbahn, d Vakuumkammer. **2** Spiralfeldtyp, e äußere Umlaufbahn der Teilchen

e_1' und e_2'; die entsprechenden Linien sind also abgeknickt. Die beiden Knickpunkte sind durch ein (virtuelles) Gammaquant (Wellenlinie) miteinander verbunden, das die Wechselwirkungskraft zw. den beiden Elektronen bei der Streuung vermittelt. Man bezeichnet den Knickpunkt, an dem drei Linien zusammentreffen, als **Vertex,** die Verbindungslinie zw. zwei Vertices als **Propagator.**

Pfeile von realen Teilchen müssen schräg oder vertikal verlaufen, da diese, wenn sie sich bewegen, sich zeitlich und räumlich verändern; ein ruhendes Teilchen wird nur älter und daher durch einen vertikalen Pfeil dargestellt. Für virtuelle Teilchen werden horizontale Linien verwendet, die von Vertices eingeschlossen sind, für Antiteilchen Linien mit umgekehrter Richtung, also z. B. schräg von oben nach unten.

FFAG-Beschleuniger, Abk. für **Fixed Field Alternating Gradient-Beschleuniger** [fɪkst fiːld 'ɔltəneɪtɪŋ gr'eɪdɪənt-, engl.], Ringbeschleuniger mit hohem Wirkungsgrad und zeitlich konstantem magnet. Führungsfeld (fixed field), das gleichzeitig Teilchen der verschiedensten Energien in nebeneinanderliegenden Bahnen Platz bietet und damit hohe Strahlungsintensitäten ermöglicht. Das Führungsfeld verstärkt sich nach außen, so daß die Sollbahnen von Teilchen höherer Energie außen liegen. – Der bevorzugte **Radialsektortyp** besteht aus abwechselnd entgegengesetzt gerichteten starken Sektormagnetfeldern (alternating gradient), der **Spiralfeldtyp** hat ein spiralförmiges Führungsfeld, wobei die Teilchen ebenfalls Gebiete mit alternierendem Gradienten durchlaufen. Mit dem FFAG-B. können Protonen und Elektronen beschleunigt werden.

Fiber|optik, die → Faseroptik.

Fibonacci-Folge [-n'attʃi-, n. dem ital. Mathematiker L. Fibonacci, * um 1180, † um 1250], die Folge der Zahlen 1, 1, 2, 3, 5, 8, 13, . . .; wobei jedes Glied gleich der Summe der beiden vorangehenden Glieder ist, $a_{n+1} = a_{n-1} + a_n$ und es gilt $a_1 = a_2 = 1$.

Fibrin, Blutfaserstoff, Plasmaprotein, das bei der Blutgerinnung auftritt. Er entsteht aus Fibrinogen, das unter dem Einfluß von Thrombin Peptide abspaltet und sich zum unlöslichen F. polymerisiert.

Ficksche Gesetze [n. dem dt. Physiologen A. Fick, * 1829, † 1901], → Diffusion.

FIFO, Abk. für engl. **First In/First Out** [fəːst 'ɪn/ fəːst 'aʊt], ähnlich einem Schieberegister aufgebauter → Speicher, bei dem die zuerst eingegebenen Daten als erste wieder ausgelesen werden. Ggs.: → LIFO.

Film 3) 2: LINKS Schlägerwerk; a Filmband, b Filmkanal, c Schlägerwelle, d Schlägerstift, e Nachwickel-Zahntrommel. RECHTS Malteserkreuzgetriebe; a offener Ring auf Drehscheibe, b Antriebswelle, c Drehscheibenstifte, d Malteserkreuz, e Filmschaltrolle

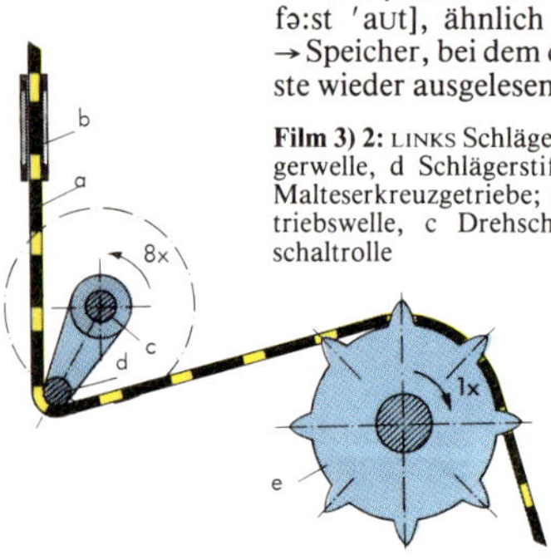

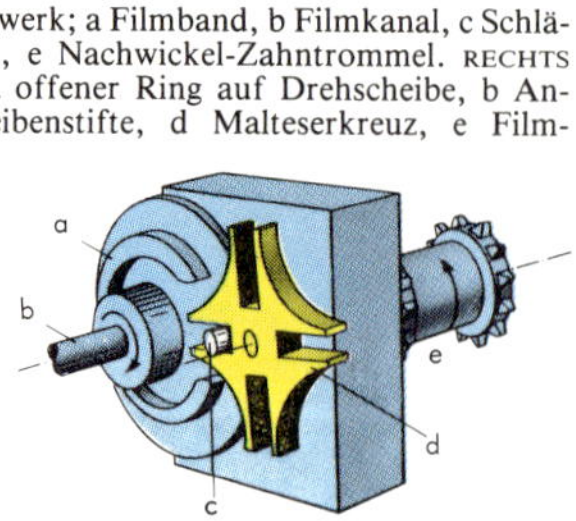

figurierte Zahlen, Polygonalzahlen, heißen die Teilsummen der mit 1 beginnenden arithmet. Reihen mit den Differenzen $d = 1, 2, 3, \ldots$, weil sie sich als Figuren (Dreieck, Quadrat usw.) darstellen lassen. So ergeben die Teilsummen $s_n(3)$ der arithmetischen Reihe mit $d = 1$ $(1+2+3+4+\ldots)$ die Folge der **Dreieckszahlen:** 1, 3, 6, 10, . . . Allg.: $s_n(m) = n + \frac{1}{2} n\,(n-1)\,(m-2)$ ist die n-te Zahl in der Folge der **m-Eck-Zahlen** $(m = d + 2)$.

Filament, 1) Astronomie: Bez. für eine längliche, über die Chromosphäre der Sonne herausragende (unregelmäßig begrenzte) Gaswolke, die am Sonnenrand als → Protuberanz sichtbar wird, oder für eine leuchtende Materiebrücke zw. Galaxien **(intergalakt. F.).**

2) endlose Chemiefaser. **Filamentgarn,** Garn aus endlosen Chemiefasern.

File [faɪl], engl. Ausdruck für → Datei.

Film, 1) dünne Haut, die oft eine Oberflächenschicht auf andersartigem Material **(Lack-F., Öl-F., Schmier-F.)** bildet.

2) Filmmaterial: **Rohfilm,** photograph. Emulsionsschicht(en) auf einem Träger aus Cellulosetriacetat oder Polyester (Polyäthylenterephthalat, sehr dimensionsstabil; Polycarbonat). Diese Filmträgermaterialien sind schwer entflammbar und werden daher auch als ›Sicherheitsfilme‹ (Acetatfilme) bezeichnet. Das leicht brennbare Cellulosenitrat (Nitrocellulose) wird heute nicht mehr verwendet. Beim Beguß wird außer der Emulsion eine Lichthofschutzrückschicht oder -unterschicht und ggf. eine Antiroll-Rückschicht auf den Träger (Blankfilm) aufgebracht. Dann wird geschnitten und ggf. perforiert. Filmarten sind z. B. Stehbildnegativ- und -diapositivfilm, Schmal-, Kino-, Röntgen-, Mikrofilm und graphische Filme.

3) Filmtechnik: Sammelbegriff für rohes oder verarbeitetes Aufnahmematerial eines Stumm- oder Tonfilms. Die Filmtechnik umfaßt ferner alle zur Herstellung und Vorführung notwendigen Arbeiten, Anlagen, Geräte und deren Wirkungsweise. Ein **Stumm-F.** zeigt nur die Handlung, der **Ton-F.** gibt auch Geräusche, Musik und Sprache wieder. Grundlegend für den **Farb-F.** ist die Tatsache, daß man mit drei Grundfarben (Rot, Grün, Blau) alle vorkommenden Farben hinreichend genau wiedergeben kann (→ Farbphotographie). Der **Breitwand-** und **Stereo-(3D-)F.** vermittelt einen räumlichen Eindruck (→ Breitwandverfahren, → Stereoskopie).

Nach Inhalt, Herstellungsweise oder Verwendungszweck werden im wesentlichen unterschieden: **Spiel-F., Kurz-F., Trick-F., Dokumentar-F. (Kultur-F.), Lehr-F., Unterrichts-F., Wissenschaftl. F., Industrie-F.** und **Werbe-F.**

Physikalische Grundlagen. Werden dem Auge in genügend schneller Folge Bilder der einzelnen Bewegungszustände dargeboten, so verschmelzen die Bilder für den Betrachter zu einem bewegten Bild. Die **Verschmelzungsfrequenz (kritische Frequenz),** d. h. die Bildwechselzahl je Zeiteinheit, bei der kein Flimmern mehr auftritt, ist von der Beleuchtungsstärke abhängig. Beim Kinofilm sind bei der üblichen Leuchtdichte von 30 cd/m² rd. 48 Bilder je s (B/s) erforderlich. Aus Filmersparnisgründen unterbricht man den Lichtstrom eines mit 24 B/s aufgenommenen F. während der Stillstandsprojektion noch einmal durch eine Flügelblende und erhält so ein flimmerfreies Bild mit vorgetäuschten 2×24 Bildwechseln. Schmalfilme, die mit 16 B/s aufgenommen worden sind, werden entsprechend mit einer Dreiflügelblende vorgeführt ($3 \times 16 = 48$ B/s).

Technik der Filmaufnahme. Der Filmstreifen für den Normal-**Kinofilm** ist 35 mm breit (Bildformat 17 × 22 mm); Sonderbreiten sind 65 und 70 mm. **Schmalfilme** haben 16 mm (Bildformat z. B. 7 × 9,6 mm, insbes. für Technik, Industrie und Fernsehen) oder als **Amateurschmalfilm** 8 mm Breite (Bildformat 3,5 × 4,8 mm beim ›Doppel-Acht‹, 4,2 × 5,6 mm beim moderneren ›Super-Acht‹). Zur F.-Aufnahme dient die durch einen Elektromotor angetriebene **Filmkamera** (Kinokamera, Schmalfilmkamera). Es gibt für Ton-F. die geräuscharme, gekapselte **Studiokamera** und für die Reportage die **Handkamera.** Während des ruckweisen Weitertransports des F. wird der Strahlengang durch die einstellbare, rotierende Sektorenblende unterbrochen. Für Ton-F. muß wegen der Synchronisation eine Bildwechselzahl von 24 B/s eingehalten werden. Für besondere Effekte läßt sich die Bildwechselzahl in weitem Ausmaß variieren (→ Zeitdehner, → Zeitraffer). Kinokameras und moderne Schmalfilmkameras besitzen eine Reihe von Einrichtungen für Trickaufnahmen: Einzelbildschaltung, Rückwärtsgang, Auf- und Abblendvorrichtungen. Als Sonnenblende dient ein → Kompendium. Die Belichtung wird über → Belichtungsmesser automatisch gesteuert (Öffnen und Schließen der Blende).

Durch Filmschaltwerke wird der F. bei Aufnahme und Projektion ruckweise transportiert. In Kameras und Schmalfilmprojektoren verwendet man **Greifersysteme,** bei denen exzentrisch gesteuerte Greifer eine D-förmige Kurve beschreiben. Schmalfilmprojektoren können auch mit **Schlägerschaltwerken** arbeiten, bei denen ein Hebel, der am Ende ein Kurvenstück oder Rad trägt, auf die Filmschleife unterhalb der Bildbühne schlägt und den F. dabei ruckartig fortbewegt. In Normalfilmprojektoren wird ein **Malteserkreuzgetriebe** (BILD 2) verwendet, wenn man nicht mit → optischem Ausgleich arbeitet. Ein auf einer Scheibe sitzender Stift greift in das Malteserkreuz ein und dreht es ein Stück, bis der Stift die Führung verläßt. Der offene Ring verhindert anschließend das Weiterdrehen des Kreuzes. Das Malteserkreuz sitzt auf der Achse der Filmschaltrolle.

Technik der Tonaufnahme. Außerhalb des von der Kamera erfaßten Bildausschnittes wird ein Mikrophon (am ›Galgen‹) nahe an den Aufnahmegegenstand herangebracht. Musik wird getrennt aufgenommen. Der Ton kann photographisch **(Lichtton),** elektromagnetisch **(Magnetton)** oder mechanisch **(Nadelton,** veraltet) aufgenommen werden. Zur Erleichterung der späteren → Synchronisation dient die **Synchronklappe,** die beim Zusammenklappen zu Beginn einer Szene charakteristische Markierungen auf Bild- und Tonstreifen ergibt. Nur bei Reportagen, Forschungsreisen und dgl. wird in einer **Bild-Ton-Kamera** ein einziger F. aufgenommen. Auch Super-8-Kameras gibt es mit Live-Tonaufnahmeeinrichtung, die bei Aufnahmen mit erhöhter oder verminderter Bildfrequenz und bei Trickaufnahmen abgeschaltet ist (F. mit Magnettonspur). Nachträgliches Vertonen und Überspielen mißglückter Tonaufnahmen sind möglich. Bei der Wiedergabe sorgt das Tonlaufwerk für eine Umwandlung der ruckweisen in eine gleichförmige Filmbewegung, wenn der F. die Tonabnahmestelle **(Tonoptik)** passiert.

Neben der photograph. Aufzeichnung auf einen Filmträger hat die → magnetische Aufzeichnung von Bild und Ton durch die Weiterentwicklungen auf dem Sektor der **Videotechnik** auch für Amateure an Bedeutung gewonnen. I. Ggs. zur konventionellen Filmtechnik werden hier die Bilder elektronisch mit einer → Videokamera aufgenommen, auf dem Magnetband eines → Videorecorders

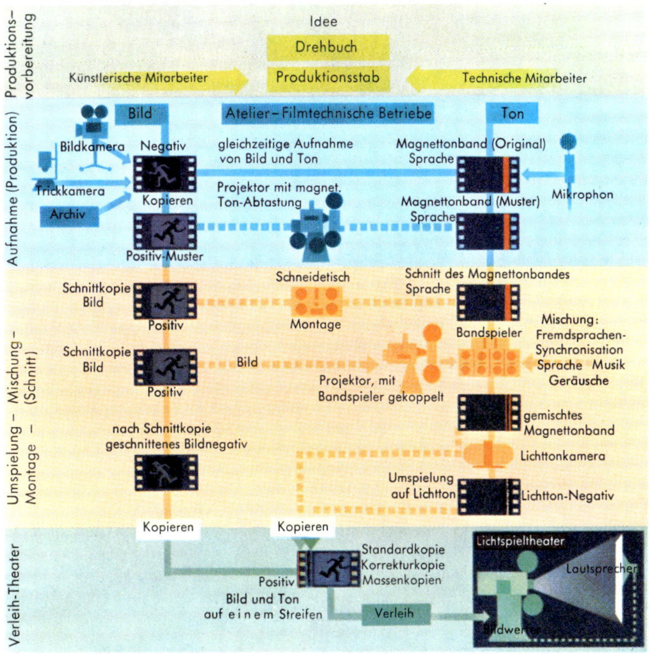

Film 3) 1: künstlerische und technische Arbeiten bis zur Vorführung eines Spielfilms (schematisch)

gespeichert und über einen Fernsehbildschirm wiedergegeben.

Geschichtliches. Vorläufer des F. waren u. a. die Abblätterbücher (J. B. LINNETT, 1868) und photograph. Reihenaufnahmen laufender Tiere (E. MUYBRIDGE, 1877/78). 1887 erfand O. ANSCHÜTZ für solche Reihenbilder den elektr. ›Schnellseher‹, bei dem die kranz- oder scheibenförmig angeordneten Bilder kurz durch Lichtblitze einer Geißlerröhre beleuchtet wurden, so daß die Bewegung des Bildes nicht mehr störte. 1882 baute CH.-E. REYNAUD sein ›Projektions-Praxinoskop‹ (mit optischem Ausgleich) für die Verwendung eines Bandes aus Gelatinefolien mit gezeichneten Bildern aus. Die heute noch benutzte Filmbreite von 35 mm und die Art der Perforation wurden 1893 von TH. A. EDISON eingeführt. 1895 bauten die Brüder L. und A. LUMIÈRE (Lyon), W. LATHAM (New York), M. SKLADANOWSKY, O. MESSTER (Berlin) u. a. die ersten brauchbaren Aufnahme- und Wiedergabe-Apparate. Der Gedanke des Tonfilms stammt ebenfalls aus dieser Zeit. 1903 führte Meßter in Berlin erstmalig die Verbindung seines ›Kosmographen‹ mit dem Grammophon öffentlich vor. Seit 1916 wurden Versuche von E. RUHMER mit Lichttelephonie fruchtbringend von D. v. MIHALY, ferner von J. ENGL, H. VOGT, J. MASSOLLE (Triergon-Verfahren), weiter in Schweden von S. A. BERGLUND, in Dänemark von V. POULSEN und P. O. PEDERSEN, in Amerika von LEE DE FOREST fortgesetzt. 1922 fand die erste Vorführung des Triergon-Verfahrens statt, 1929 wurden die ersten theaterreifen Tonfilme in Dtl. aufgeführt. Von Hand kolorierte Filmstreifen kamen schon um die Jahrhundertwende auf, seit 1930 dreifarbig bedruckte Farbfilme nach dem Technicolor-Verfahren. Auf die von R. FISCHER 1912 geschaffenen Grundlagen gehen die Dreischichten-Farbfilme von Kodak (1935) und Agfa (1936) zurück. Um 1900 gab es schon Vorläufer der Breitwandverfahren, die nach 1950 weite Verbreitung fanden.

Filmbildner, Bestandteil eines Lackbindemittels, der ohne Zusatz weiterer Substanzen (selbständiger F., z. B. Nitrocellulose) oder in geeigneten Gemischen (nichtselbständiger F., z. B. Epoxidharz) einen Anstrichfilm bilden kann.

Filmdruck, →Textildruck.

Filmkamera, →Film 3).

Filmklebepresse, Vorrichtung zum Schweißen oder Zusammenkleben von Filmen mit Filmkitt, gelöstem Kunststoff oder Klebestreifen unter Druck und/oder Wärme.

Filmplakette, ein →Dosimeter.

Filmprojektor, →Projektor.

Filter, 1) Elektrotechnik: Schaltung mit frequenzabhängigem Übertragungsverhalten. F. bestehen aus einer Zusammenschaltung von Kapazitäten C (Kondensatoren), Induktivitäten L (Spulen), Widerständen R und bei speziellen Anwendungsfällen auch Schwingquarzen und keram. Resonatoren zu mehr oder weniger aufwendigen Netzwerken, deren Frequenzgang von dem je nach Aufgabe bevorzugten Schaltungstyp abhängt. Ein F. dient dazu, aus einem Frequenzgemisch einen bestimmten Frequenzbereich hervorzuheben und einen anderen zu unterdrücken. Nicht oder kaum gedämpft werden Frequenzen im **Durchlaßbereich,** stark gedämpft werden sie hingegen im **Sperrbereich** des F. Anfang und Ende dieser Bereiche sind durch die **Grenzfrequenzen** gegeben, die i. a. die Punkte darstellen, an denen die Filterdämpfung einen Wert von 3 dB erreicht hat; es sind jedoch auch andere Definitionen möglich.

Nach der Lage der Sperr- und Durchlaßbereiche unterscheidet man vier verschiedene Grundtypen: 1) Der →Tiefpaß (im einfachsten Fall aus einem RC-Glied gebildet) läßt tiefe, unterhalb der Grenzfrequenz liegende Schwingungen passieren, hohe werden unterdrückt. Anwendung z. B. als Siebglied zur →Glättung von gleichgerichteten Wechselspannungen. 2) Der →Hochpaß (ebenfalls aus Kondensator und Widerstand aufbaubar) sperrt tiefe Frequenzen, läßt jedoch alle Schwingungen oberhalb seiner Grenzfrequenz durch. Anwendung z. B. als Rumpelfilter (→Rumpeln) für elektroakust. Anlagen. 3) Ein →Bandpaß (gebildet z. B. aus einem Parallelschwingkreis) besitzt einen bestimmten Durchlaßbereich, Frequenzen unter- oder oberhalb dieses Bereiches werden unterdrückt; Anwendung z. B. als →Bandfilter. 4) Bei der →Bandsperre (im Prinzip dargestellt durch einen Serienschwingkreis) werden alle Frequenzen ober- und unterhalb des Sperrbereichs übertragen; sie dient zum Ausfiltern bestimmter unerwünschter Frequenzen.

Filterschaltungen werden in allen Bereichen der Elektrotechnik und Elektronik eingesetzt. I. a. ist ein möglichst steiler Verlauf der Filtercharakteristik im Gebiet der Grenzfrequenz erwünscht, um so genauer ist die Abtrennung eines oder mehrerer Frequenzbereiche möglich. Dies wird erreicht durch eine **Kettenschaltung** (Serienschaltung) von RC-, LC- oder Schwingkreisgliedern.

2) Licht- und Beleuchtungstechnik: →Lichtfilter.

3) Mathematik: eine Familie F von Mengen mit folgenden Eigenschaften: 1) die leere Menge gehört nicht zu F, 2) jede Obermenge eines Elementes von F gehört zu F, 3) der Durchschnitt zweier Elemente von F gehört zu F. Z. B. bilden die Umgebungen eines Punktes einen Filter.

4) Photographie: →Farbfilter, →Lichtfilter.

5) Umwelttechnik: Geräte zur Reinigung von Flüssigkeiten und Gasen. 1) F. zur Wasseraufbereitung (→Wassergewinnung) sind meist Sand-, Kies-, Anthrazit- oder Aktivkohlefilter zur Abtrennung ungelöster und gelöster Stoffe (z. B. Enteisenung, Entmanganung, Entsäuerung, Entfernung von Farb-, Geruchs- und Geschmacksstoffen). 2) F. zur →Abgasreinigung sind v. a. Vorrichtungen mit schlauch- oder scheibenförmigen Filterelementen zur →Staubabscheidung, Elektrofilter, Aktivkohlefilter zur Abtrennung gasförmiger Schadstoffe.

6) Verfahrenstechnik: →Filtration.

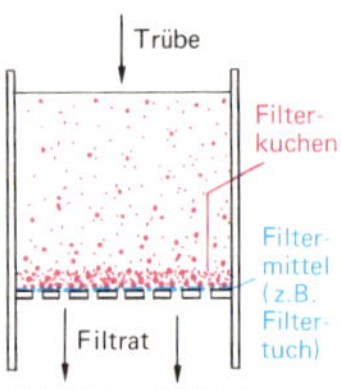

Oberflächenfiltration

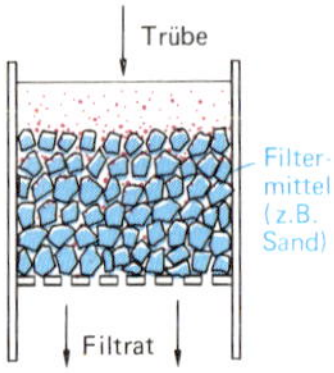

Tiefenfiltration

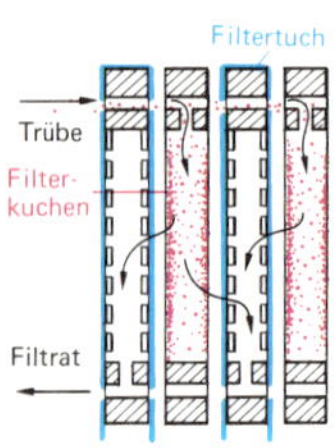

Funktionsweise einer Rahmenfilterpresse

Filtration 1

Filterselbstretter

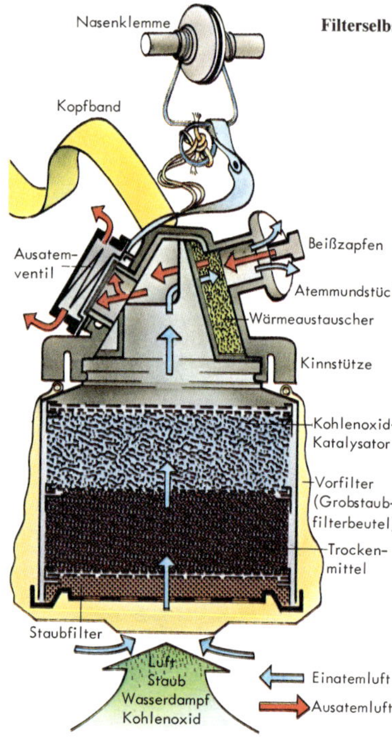

Filtergeräte, leichte →Atemschutzgeräte, die schädl. Bestandteile (→Atemgifte) aus der Einatemluft durch mechan. Siebung, Adsorption oder chem. Bindung fernhalten. F. sind nur im Freien verwendbar und wenn die Umgebungsatmosphäre mindestens 17% Sauerstoff, kein Kohlenmonoxid, Giftstoffe bis zur maximalen Konzentration von 2% enthält. Die **Atemfilter** (Filtereinsätze) werden in Atemanschlüsse (Halbmaske, Vollmaske, →Atemschutzmaske) eingeschraubt. Als Filtermaterial dienen: Papier-, Watte- oder Zellstoffschichten gegen Schwebstoffe, gekörnte Aktivkohle v. a. gegen organ. Dämpfe, best. Chemikalien vorwiegend gegen anorgan. Gase und Dämpfe. F. schützen nicht gegen Stickstoff, Methan oder Kohlenmonoxid. Gegen letzteres gibt es Spezialfilter (CO-Filterselbstretter, →Filterselbstretter).

Filterglas, Glas, das bei gegebener Dicke eine definierte Lichtdurchlässigkeit für eine best. Wellenlänge innerhalb des opt. Spektralbereiches (ultraviolett, sichtbar, infrarot) hat. F. sind meist Farbgläser. Interferenzfilter sind nicht als F. anzusehen.

Filterhilfsmittel, feste Stoffe (z. B. Asche, Holzmehl), die bei der → Filtration zugesetzt werden, um bei feinen, schlammartigen Suspensionen ein schnelles Verstopfen des Filters zu verhindern oder um bei niedrigem Feststoffgehalt der Suspension die Ausbildung eines Filterkuchens zu ermöglichen. – **Filtermittel,** → Filtration.

Filterpapier, aus Zellstoff, Kunststoff- oder Glasfasern hergestelltes Papier für Filtrationen in Haushalt, Technik und für Analysen.

Filterselbstretter, Atemschutzgerät als Fluchtgerät für Bergleute, soll bei plötzlich auftretenden Grubenbränden und Explosionen vor Atemgiften, bes. Kohlenmonoxid **(CO-Filterselbstretter),** schützen. Heute werden auch Sauerstoff-Fluchtgeräte, F. mit Mundstück und Nasenklemme, verwendet. (BILD S. 120)

Filtration, Filtrieren, mechan. Trennverfahren zur Abscheidung von meist festen Teilchen aus einer Flüssigkeit oder einem Gas mit Hilfe eines porösen Filtermittels. Das **Filtermittel** kann ein flaches Gebilde (z. B. Filtertuch, Drahtgewebe) oder eine dicke Schicht (z. B. Kiesschüttung) sein. Die Teilchen können auf der Oberfläche des Filtermittels als zusammenhängender Filterkuchen abgesetzt **(Oberflächen-F., Kuchen-F.)** oder an der Oberfläche der einzelnen Filtermittelteilchen adsorbiert werden **(Tiefen-F.).** Eine durch F. zu trennende Suspension wird als **Trübe,** die ablaufende klare Flüssigkeit als **Filtrat** bezeichnet. Die Triebkraft für die F. kann durch Überdruck auf der Seite der Trübe **(Druck-F.),** durch Unterdruck auf der Filtratseite **(Vakuum-F.)** oder durch die Schwere der Trübe **(Schwerkraft-F.)** erzeugt werden.

Im Labor werden v. a. **Filterpapiere** (Rund- oder Faltenfilter) und durch Sintern von Glasgrieß hergestellte **Glasfilter** unterschiedl. Porosität verwendet. Zur Wasseraufbereitung dienen Schüttungen von Sand oder Kies als Filtermittel. In **Langsamfiltern** wird das Filtermittel in Betonbecken unter dem Einfluß der Schwerkraft vom Rohwasser durchflossen. Neben der eigtl. F. laufen dabei auch biolog. Vorgänge (z. B. Entfernung anorgan. Stoffe durch Algen und oxidativer Abbau von Krankheitserregern durch Bakterien) ab. **Schnellfilter** sind Stahlbehälter, durch die das Wasser hindurchgepumpt wird und die nach der Beladung durch Spülen regeneriert werden können. Eine bessere Ausnutzung der Filterkapazität kann durch Filtermittel mit abgestufter Körnung **(Mehrschichtenfilter)** erreicht werden. **Trommelzellenfilter** bestehen aus einer drehbaren, in Zellen eingeteilten Trommel, deren gelochte Mantelfläche mit Filtertuch bespannt ist und die in einen Trog mit der Trübe eintaucht. Durch einen Steuerkopf können die Zellen abwechselnd unter Vakuum (Ansaugen der Flüssigkeit) und Druck (Abwerfen des Filterkuchens) gesetzt werden. **Filterpressen** bestehen aus einer großen Anzahl von Platten, die mit Filtertüchern bespannt und mit Vorrichtungen für den Zulauf der Trübe und den Ablauf des Filtrats versehen sind. Je nach Bauform unterscheidet man ferner **Band-, Scheiben-** und **Kerzenfilter.** In Zentrifugen wird das Filtrat unter dem Einfluß der Zentrifugalkraft durch eine Siebtrommel geschleudert. Der auf der Trommel verbleibende Filterkuchen wird z. B. durch eine Schubvorrichtung kontinuierlich entfernt. **Schlauchfilter** werden bei → Entstaubungsverfahren angewendet. Bei Fahrzeugmotoren (Kraftstoff-, Öl-, Luftfilter) benutzt man Filtertöpfe, heute meist mit Papiereinsätzen, die nach Verschmutzung durch neue ersetzt werden. Die **Ultra-F.** erlaubt die Abtrennung kolloider Teilchen (→ Membranverfahren). Weiteres BILD S. 120

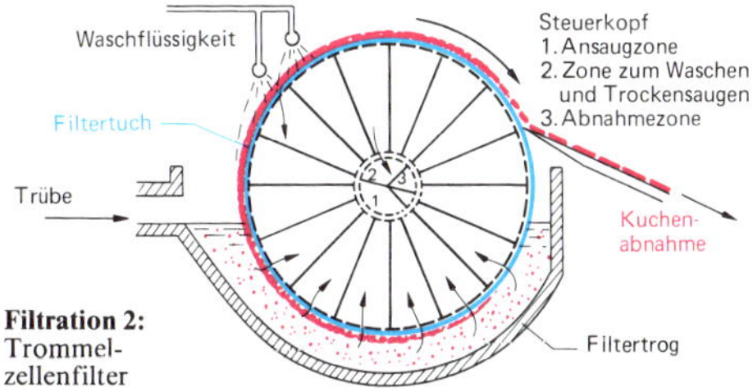

Filtration 2: Trommelzellenfilter

Filz, Textilerzeugnis aus Wolle und/oder anderen Tierhaaren, die sich beim Walken unter Einwirkung von feuchter Wärme, Druck und Seife umschlingen. Man unterscheidet ungewebten **Preß-** oder **Walk-F.** vom **Web-F.** und **Tuch-F.** für Sieb-, Filter-, Dichtungs- und Bekleidungszwecke. (→ Verbundstoffe)

Filzschreiber, der → Faserschreiber.

Finanzmathematik, Teilgebiet der Mathematik für Fragen der Volks- und Betriebswirtschaftslehre, umfaßt u. a. Zinseszins- und Rentenrechnung, Tilgungs- und Abschreibungsrechnung sowie Versicherungsmathematik.

Findlinge, sehr große → Geschiebe 1).

Finite-Elemente-Verfahren, numerisches Verfahren unter Einsatz von Computern zur Ermittlung von Spannungen und Dehnungen an komplizierten, analytisch nicht berechenbaren belasteten Bauteilen. Das Bauteil wird dabei durch eine Anzahl von Teilstücken (Elementen) endlicher (finiter) Größe (z. B. Stäbe, Dreieckelemente) idealisiert. Das urspr. für den Flugzeugbau entwickelte Verfahren wird heute im gesamten ingenieurtechn. Bereich eingesetzt. (→ numerische Spannungsberechnung)

Finsternis, Astronomie: Erscheinung, bei der für einen Beobachter ein Himmelskörper zeitweilig von einem anderen ganz **(totale F.)** oder teilweise **(partielle F.)** abgedunkelt wird (Verfinsterung), entweder durch Eintritt in den Schatten des anderen (z. B. tritt bei einer → Mondfinsternis der Mond in den Schatten der Erde) oder durch das Dazwischenbewegen des anderen, z. B. des Mondes vor die Sonne (→ Sonnenfinsternis) und vor Sterne (→ Sternbedeckung), der inneren Planeten vor die Sonne (→ Durchgang) oder der einen Komponente vor die andere bei → Bedeckungsveränderlichen.

FIR, Abk. für **fernes Infrarot,** → Infrarotstrahlung.

Firmament, der → Himmel.

Firmware [f'ə:mweə, engl.], EDV: Programmabläufe oder Teile davon, die dem Computer nicht wie bei der Speicherprogrammierung durch die Software, sondern als Hardware in Form von Festwertspeichern (z. B. ROM, PROM) zur Verfügung gestellt werden. Die Bedeutung der F. steigt, da Festwertspeicher immer preisgünstiger produziert werden können und somit Abläufe bei Anwenderprogrammen vorteilhaft von der Software auf die Hardware verlagert werden können.

Firn *der,* der ewige Schnee des Hochgebirges. Der frisch gefallene Schnee (D. um 0,1) verdichtet sich zu-

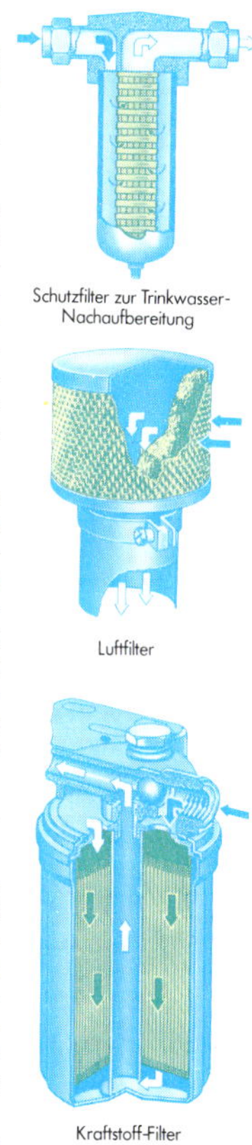

Filtration 3

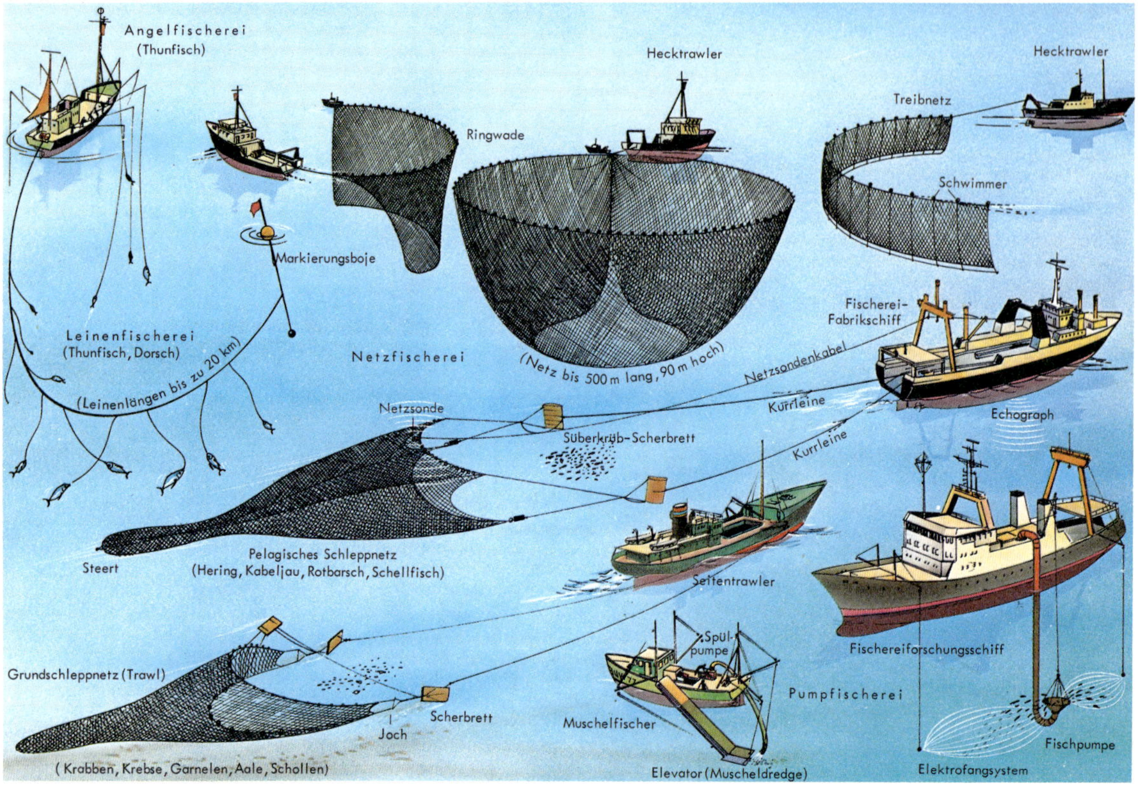

Fischerei: schematisierte Darstellung der verschiedenen Fischfangtechniken

nächst zu **F.-Schnee** und durch weiteres wiederholtes Auftauen und Gefrieren zu dem noch aus einzelnen Körnern zusammengesetzten, lufthaltigen und daher weißen, aber schon deutlich geschichteten **F.-Eis** (D. 0,4–0,7). Dieses verfestigt sich schließlich zu Gletschereis (→ Gletscher).

Firnis, Sammelbegriff für nichtpigmentierte Anstrichstoffe, die aus trocknenden Ölen oder Harzlösungen bestehen (z. B. Leinöl-F., Harz-F.). Eine gute Trocknungsfähigkeit wird i. a. durch Zugabe von Trockenstoffen erreicht. F. wird z.B. zum Schutz von Ölbildern verwendet.

First, 1) Bauwesen: **Dachfirst,** die oberste waagerechte Begrenzungslinie einer geneigten Dachfläche (Pultdach, → Dach) oder die waagerechte Schnittlinie zweier aneinanderstoßender, schräger Dachflächen **(F.-Linie).**

2) Bergbau: auch **Firste,** obere Begrenzungsfläche eines Grubenbaues.

Firstenbau, ein → Abbauverfahren für steilstehende, geringmächtige Lagerstätten, von unten nach oben jeweils in horizontalen Gangabschnitten geführt. Zum Abbau wird die Firste hereingewonnen. Eine besondere Art des F. ist der **Firstenstoßbau.**

Fisch, Astronomie: a) **Fliegender F.,** lat. **Volans,** ein → Sternbild am Südhimmel. b) **Südlicher F.,** lat. **Piscis austrinus,** Sternbild am Südhimmel. c) → Fische.

Fische, lat. **Pisces,** Astronomie: zum → Tierkreis gehörendes → Sternbild der Äquatorzone, im Herbst am Abendhimmel sichtbar; enthält den → Frühlingspunkt.

Fischerei, der gewerbl. Fang von Fischen, Weich- und Krustentieren, auch Gewinnung von Seemoos, Naturperlen, Bernstein. Man unterscheidet Hochsee-, bes. Dampfer-(Trawler-) und Logger-, Küsten- und Binnenfischerei einschl. Teichwirtschaft. In F.-Gesetzen und VO werden i. d. R. Fang und Hege von Schildkröten, Fröschen u. ä. auch als F. bezeichnet, Walfang dagegen nicht. Im Ostseeraum u. a. ist auch Stein-F. für Küstenschutzbauten üblich.

Fischereifahrzeuge, Schiffe verschiedener Größen für den Fischfang, vom Fischkutter bis zum Fischfabrikschiff. Nach 1900 wurden die **Kutter** mit Motoren ausgerüstet; vor dem 2. Weltkrieg wurde der ›Reichs-Fischkutter‹ (24 m lang, 6,25 m breit, Tiefgang 3,1 m, 250 PS) entwickelt, der noch heute benutzt werden kann. **Motorlogger** (rd. 40 m lang, 7,9 m breit) werden zu Heringsfang und Schleppnetzfischerei verwendet. **Trawler** [trˈɔ:lər] sind geeignet für Hochsee- und Fernfischerei (rd. 60 m lang, rd. 1 000 BRT, rd. 1 350 kW). **Fabrikschiffe,** die den Fang sofort verarbeiten, sind meist Hecktrawler (das Netz wird vom Heck aus aufgenommen; 70 m lang, 10 m breit, 1 000 BRT, 1 500 kW, rd. 50 Mann Besatzung).

Fischer-Projektionsformel [n. dem dt. Chemiker E. Fischer, * 1852, † 1918], → Stereochemie.

Fischer-Tropsch-Synthese [n. den dt. Chemikern F. Fischer, * 1877, † 1947, und H. Tropsch, * 1889, † 1935], ein 1925 entdecktes und in den 30er und 40er Jahren in Dtl. technisch durchgeführtes Verfahren zur Herstellung von Kohlenwasserstoffen aus Synthesegas. Da Synthesegas aus Kohle hergestellt werden kann, ist die F.-T.-S. eine Möglichkeit zur Kohleverflüssigung **(Benzinsynthese).** Die Bildung aliphat. Kohlenwasserstoffe nach der Gleichung

$$n\,CO + 2n\,H_2 \longrightarrow (-CH_2-)_n + nH_2O$$

erfolgt an Eisenkatalysatoren bei Temperaturen zw. 220 und 340 °C und Drücken von 20 bis 25 bar. Techn. Anlagen arbeiten mit Festbettreaktoren **(Arge-Prozeß)** oder Flugstaubreaktoren **(Synthol-Prozeß).** Neben Benzin entstehen beim Arge-Prozeß vorzugsweise feste Paraffine, beim Synthol-Prozeß gasförmige Kohlenwasserstoffe. Bei der F.-T.-S. bilden sich außerdem in geringer Ausbeute Alkohole und andere Sauerstoffverbindungen.

Fischtest, Methode, um die Giftigkeit eines Abwassers gegenüber Fischen nach dem Abwasserabgabengesetz zu bestimmen. Dabei wird der kleinste Verdünnungsfaktor des Abwassers festgestellt, bei dem unter genormten Bedingungen innerhalb von 48 Stunden alle Testfische überleben.

Fischung, Fisch *die,* breite Mittelplanke des Decks bei Holzbooten im Vor- und Hinterschiff mit grätenförmigen Einschnitten zum Einlauf der Decksplanken.

FI-Schutzschalter, → Fehlerstromschutzschalter.

Fission, die → Kernspaltung.

Fission-Track-Methode [fɪʃn træk-, engl.], die → Kernspaltungsspuren-Methode der → Altersbestimmung.

Fissium, Legierung von Uran mit leichten Elementen, die als Spaltprodukte bei der Kernspaltung frei werden. In nichtradioaktiver Form zum Testen von Aufbereitungsanlagen der Kerntechnik verwendet.

Fitting [engl.] *das,* → Formstück.

Fitzgerald-Lorentz-Kontraktion, Lorentz-Kontraktion [fɪtsdʒ'ərəld-, n. dem irischen Physiker G. F. Fitzgerald, * 1851, † 1901, und dem niederländ. Physiker H. A. Lorentz, * 1853, † 1928], die (von Fitzgerald zugrunde gelegte) Annahme, daß alle gegenüber dem (als ruhend angenommenen) → Äther 2) bewegten Körper eine Kontraktion erleiden. Lorentz konnte mit dieser (falschen) Vorstellung formal gesehen denselben Verkürzungsfaktor herleiten wie er bei der relativistischen → Längenkontraktion auftritt, weshalb diese häufig auch als Lorentz-Kontraktion bezeichnet wird.

Fixgerade, → Fixpunkt 1).

fixieren, 1) Biochemie: durch Reagentien (z. B. Äthanol, Formol, Osmiumsäure) das Eiweiß des Protoplasmas so zum Gerinnen bringen, daß die Feinstruktur organ. Präparate erhalten bleibt.

2) Photographie: unbelichtetes, nicht entwickeltes Silberhalogenid entfernen durch Auflösen in einer neutralen oder schwach sauren Lösung **(Fixierbad)** von vorzugsweise Natriumthiosulfat, $Na_2S_2O_3$ **(Fixiersalz).** Durch diesen Vorgang wird das photograph. Bild (auf Film oder Papier) lichtbeständig gemacht und ist nach anschließendem Wässern und Trocknen lagerfähig.

Fixier|entwicklung, Einbad|entwicklung, Photographie: Entwickeln und Fixieren in einem Bad zusammengefaßt (→ Diffusionskopierverfahren).

Fixpunkt, 1) Mathematik: Punkt, der bei Abbildung einer Punktmenge in sich mit seinem Bildpunkt zusammenfällt. Bei Spiegelung einer Ebene an einer Geraden (Achsenspiegelung) sind alle Punkte dieser Geraden F. **(Fixgerade).**

2) Thermodynamik: → Festpunkt.

Fixsterne, selbstleuchtende Gaskugeln, die als unregelmäßig verteilte Lichtpunkte an der Himmelskugel ›fixiert‹ erscheinen und die i. Ggs. zu den **Wandelsternen** (oder → Planeten) ihre Position am Himmel scheinbar nicht verändern (abgesehen von der tägl. Bewegung des gesamten Himmels vom Ost- zum Westhorizont infolge der Erdrotation). Nach den F. richten sich Zeit- und Ortsbestimmung, bes. für die Navigation. – Seit dem 18. Jh. ist bekannt, daß die F. eine → Eigenbewegung aufweisen, die infolge der großen → Sternentfernungen nur bei nahen F. mit sehr genauen Meßmethoden nachweisbar ist. Mit freiem Auge sind an jeder Hemisphäre knapp 3 000 F. (bei idealen Sichtverhältnissen) sichtbar, die alle zu unserem Milchstraßensystem gehören; mit großen Teleskopen lassen sich etwa 2 Mrd. F. erkennen. Bei manchen F. ändert sich die Helligkeit (→ Veränderliche). Statt von F. spricht man häufig einfach von → Sternen.

Fixsternparallaxe, → Parallaxe, → Sternentfernungen.

Fizeau-Versuch [n. dem frz. Physiker A. H. L. Fizeau, * 1819, † 1896], 1851 durchgeführter Versuch zur Messung der Lichtgeschwindigkeit in strömendem Wasser, der das Ergebnis $c_w = c/n \pm (1 - 1/n^2)v_w$ lieferte (c = Vakuumlichtgeschwindigkeit, n = Brechzahl des Wassers, v_w = Geschwindigkeit des strömenden Wassers, → Mitführungskoeffizient). Daraus folgt für die Lichtgeschwindigkeit in strömender Luft ($n = 1$), $c_L = c$, was die Mitnahme eines angenommenen → Äthers 2) durch die strömende Luft ausschließt. Der F.-V. schloß somit auch eine Erklärung des → Michelson-Versuchs durch Mitführung des angenommenen Äthers durch die Lufthülle der Erde aus. Dies führte dazu, daß die Ätherhypothese verworfen und durch die spezielle Relativitätstheorie abgelöst wurde.

Fjord, lange, schmale, meist tiefe, vielfach sich verzweigende Bucht, bes. an felsigen Steilküsten; entstanden aus mündungsnahen Strecken glazial übertiefter → Trogtäler ehemaliger Vereisungsgebiete, in die das Meer eingedrungen ist.

FK 4, Abk. für **4. Fundamentalkatalog des Berliner Astronomischen Jahrbuchs,** ein → Sternkatalog.

Flachdruckverfahren, → Druckverfahren, bei denen druckende und nichtdruckende Teile in einer Ebene liegen (→ Offsetdruck, → Lithographie, → Lichtdruck 2).

Fläche, ebenes oder gekrümmtes Gebilde im Raum, wobei man i. a. die Gebilde betrachtet, die ein eindeutiges und stetiges Bild eines Gebietes der Zahlenebene sind. In der Mathematik wird die F. als eine → Mannigfaltigkeit der Dimension 2 definiert. Legt man ein Koordinatensystem im Raum zugrunde, dann genügen die Koordinaten (x, y, z) der Punkte der F. einer Gleichung $F(x, y, z) = 0$ (analytische Darstellung). Die Ordnung einer Fläche wird angegeben durch den Grad der algebraischen Gleichung, die sie beschreibt. Demnach ist z. B. die Kugeloberfläche eine **F. 2. Ordnung,** da sie durch die Gleichung $x^2 + y^2 + z^2 - r^2 = 0$ beschrieben wird (r = Radius der Kugel). Die **F. 1. Ordnung** sind die →Ebenen 2), die sich durch Gleichungen 1. Grades beschreiben lassen. Besondere Flächen sind u. a. die abwickelbaren Flächen, die Rotationsflächen, Schraubenflächen, Wendelfläche.

Flächenbelastung, Verhältnis des Fluggewichts eines Flugzeuges zu seiner Flügelfläche; wichtiger und leistungsbestimmender Entwurfsparameter.

Flächengewicht, bei Papier, Karton und Pappe die flächenbezogene Masse in g je m^2.

Flächenheizung, Heizungsart zur Erwärmung des Raumes durch Wärmeabgabe beheizter Raumumgrenzungsflächen (Decke, Wand, Fußboden). Die Beheizung der Flächen ist durch eingebettete Warmwasser-Heizrohre, Warmluftkanäle oder elektr. Widerstandsheizung möglich.

Flächen|inhalt, Anzahl von Flächeneinheiten (cm^2, km^2), die in einem ebenen oder gekrümmten Flächenstück enthalten ist. Die Elementarmathematik liefert Formeln für die Berechnung des F. einfacher geometr. Figuren (→Dreieck 2, →Kreis), der F. krummlinig begrenzter Flächenstücke kann mit Hilfe der →Integralrechnung angegeben werden (→Inhalt).

Flächenladung, flächenhaft verteilte elektr. Ladung.

Flächenladungsdichte, Ladungsbedeckung, Formelzeichen σ, bei einer gleichmäßigen Ladungsverteilung der Quotient aus der auf einer Fläche A befindl. Ladung Q und der Fläche, $\sigma = Q/A$; allg. $\sigma = \mathrm{d}Q/\mathrm{d}A$.

Flächenmaße, veraltete Bez. für →Einheiten zur Angabe des Flächeninhalts.

Flächenmesser, Gerät zum Messen des Flächeninhalts (→Planimeter).

Flächenregel, Flugzeug: →Querschnittsregel.

Flächensatz, Sonderfall des Satzes von der Erhaltung des Drehimpulses, von J. KEPLER aus der Planetenbewegung abgeleitet: Ein Körper bewegt sich unter dem Einfluß einer Zentralkraft so, daß die Verbindungslinie zum Kraftzentrum in gleichen Zeiten gleiche Flächeninhalte überstreicht. (BILD Keplersche Gesetze)

Flächentragwerk, Tragwerk aus platten-, scheiben- oder schalenartigen Teilen, die so miteinander verbunden sind, daß das Ganze als freigespanntes Hallendach, rippenloser Turmschaft u. ä. angewendet werden kann. Im Hochbau bilden die F. gleichzeitig den Raumabschluß. Die Dicke des F. ist sehr klein gegenüber den übrigen Abmessungen. Die inneren Spannungen verlaufen in den Flächen des F., nicht nur längs bestimmter Achsen. Besondere F. sind →Faltwerk und →Schale.

flächentreu, 1) Kartographie: →Kartennetzentwürfe.

2) Mathematik: Bez. für eine Abbildung einer stetig differenzierbaren Fläche, bei der der Flächeninhalt jedes Flächenstücks erhalten bleibt, z. B. ist die Kongruenzabbildung flächentreu.

flächenzentriert, →Bravais-Gitter.

Flachglas, alle platten- oder tafelförmigen Glaserzeugnisse (→Tafelglas), z. B. Fensterglas. Ggs.: →Hohlglas.

Flachheizkörper, ein →Heizkörper mit ebenen oder mit Sicken versehenen Heizflächen, die den größten Teil der Wärme durch Strahlung abgeben.

Flachland, Landgebiet mit flacher Bodengestaltung, bei ganz geringen oder fehlenden Höhenunterschieden →Ebene 1) genannt. Am häufigsten als Tiefländer, z. B. Küstenebenen, aufgeschüttete Stromtiefländer (Po, Euphrat und Tigris, Amazonas) oder vom Inlandeis geprägte Landschaften (Nord-Dtl.). F. sind auch als Folge langer Abtragung in tektonisch stabilen Gebieten entstanden. In größerer Meereshöhe gelegenes F. nennt man **Hochland.** – Die große Bedeutung des F. für die Entwicklung der menschl. Kultur ergibt sich aus den Möglichkeiten leichten Verkehrs und ergiebigen Ackerbaus, oft unter Verwendung von Bewässerung.

Flachs, Lein, Linum, Gatt. der Leingewächse mit rd. 200 Arten, deren 0,6–1,2 m hohe Kulturpflanze bes. im gemäßigt feuchten Klima der nördl. Hemisphäre angebaut wird. Die ölhaltigen Samen liefern das **Leinöl,** das zur Lack-(Firnis-)Gewinnung und diätetisch wertvoll ist. Die Sklerenchymfasern unter der Epidermis des Stengels werden als Bastfasern oder **Flachsfasern** zur Herstellung von Textilien verwendet. Zur Aufbereitung werden die Faserbündel durch →Rösten freigelegt. Dann wird das mürbe gewordene Holz mit den Riffelwalzen der **F.-Brechmaschine** und mit dem Schlägerwerk der **F.-Schwingmaschine** von dem Bast gelöst, und die Fasern werden voneinander getrennt. Für die Weiterverarbeitung in der Spinnerei wird der F. mit der **F.-Hechelmaschine,** einem System von Nadelkämmen, ausgekämmt.

Die Faserbündel (techn. Faser, Länge: 60–70 cm) bestehen aus 20–40 feinen Fasern (Einzelfasern), die durch Pektinstoffe (Pflanzenleim) miteinander verbunden sind. Ihre Länge beträgt 4–6 cm, die Breite 12–26 µm.

Flachsee, topographische Großform des →Meeresbodens.

Flach|straße, →Stahlflachstraße.

Flach|strickmaschine, Flachwirkmaschine, →Strickerei, →Wirkerei.

Flackersterne, Flare-Sterne [flˈɛə-, engl.], **UV Ceti-Sterne,** Veränderliche, die einen plötzl. Helligkeitsanstieg (in 3–100 s bis zu 6 Größenklassen) erfahren, der innerhalb von 30 min auf den urspr. Zustand zurückgeht. Die Lichtausbrüche (Flares) der zu späten →Spektralklassen gehörenden F. erfolgen i. d. R. unregelmäßig.

Flag [flæg, engl.], **Flagge,** Zustandssignal (1 Bit) bei Datenverarbeitungsanlagen, das bestimmte Ergebnisse (z. B. Übertrag bei einer arithmet. Operation) oder Zustände (z. B. Nullzustand eines Wertes beim Datentransport) anzeigt, die bei der Weiterverarbeitung berücksichtigt werden. Bei tastencode-programmierbaren Taschenrechnern erfüllen die F. wichtige Aufgaben zur Ablaufsteuerung des Programms, ohne hierzu Registerabfragen durchführen zu müssen.

Flak, Abk. für **Flugabwehrkanone,** →Flugabwehr.

Flamme, unter Licht- und Wärmeausstrahlung brennendes Gas, wobei im Fall fester und flüssiger Stoffe die Bildung brennbarer Gase oder Dämpfe vorausgeht. Es werden unterschieden: **vorgemischte F.,** bei denen ein homogenes Gemisch der reagierenden Gase vorliegt (z. B. Bunsenbrenner), **Diffusions-F.,** bei denen Brennstoffe und Oxidationsmittel getrennt zugeführt werden (z. B. Kerze) und die **turbulenten F.** bei nicht laminaren Gasströmen. Die bei F. auftretenden Temperaturen hängen von der Verbrennungswärme und den spezif. Wärmen der Reaktionsprodukte ab.

Das Leuchten von F. rührt entweder von glühenden Stoffteilchen her oder von Elementen, die im sichtbaren Bereich Licht aussenden. (→Flammenfärbung)

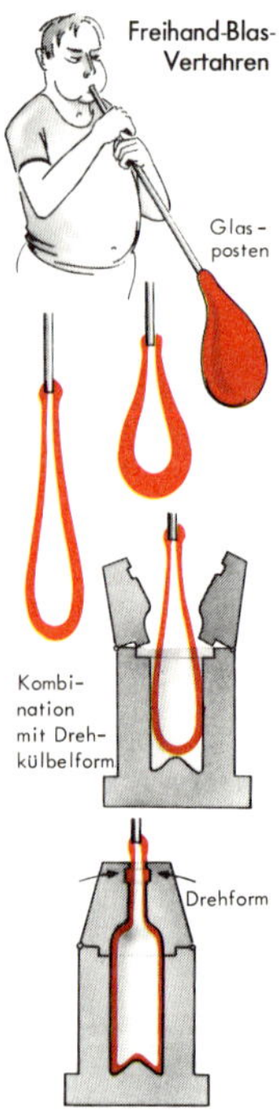

Flasche 1) 1

Flammenfärbung, kennzeichnende Färbung der nichtleuchtenden Bunsenbrennerflamme durch Salze einiger Elemente, z. B. Alkali- und Erdalkalimetalle, die so niedrige Ionisierungsenergien besitzen, daß bereits in Flammen von chem. Verbrennungsvorgängen Licht der Spektrallinien ausgestrahlt wird (etwa die gelbe Natriumflamme; → Flammenphotometrie, → Pyrotechnik).

Flammenphotometrie, Flammenspektrometrie, Verfahren der Spektralanalyse, bei dem zur Anregung der Spektren Flammen benutzt werden, in die die gelöste Substanz durch Zerstäuber eingebracht wird. Da die Anregungsenergie der Flamme gering ist, sind die **Flammenspektren** eines Elementes linienärmer und daher einfacher auszuwerten. – Die F. findet wegen ihrer hohen Nachweisempfindlichkeit v. a. Anwendung in der Spurenanalyse. Als Geräte werden mit Filter ausgerüstete **Flammenphotometer** oder mit Monochromaten ausgestattete **Flammenspektrometer** benutzt.

Flammenwerfer, militär. Gerät für brennbare Stoffe, die, entzündet und durch Düsen verspritzt, als Feuerstrahl den Gegner auf kurze Entfernung bekämpfen.

flammfeste Ausrüstung, Flammenschutzausrüstung, Behandlung von speziellen Textilien, z. B. für Theater, Kinos und Museen, sowie Feuerwehrkleidung u. a. mit wasch- und reinigungsfesten Hilfsmitteln, z. B. konzentrierten Lösungen anorgan. Salze, die die Entflammbarkeit zumindest wesentlich herabsetzen. (→ Appretur)

Flamm|ofen, Herdofen zum Schmelzen von Metallen. Das Schmelzgut wird durch eine Tür eingebracht und auf dem schrägen Herd ausgebreitet. An der tiefsten Stelle des Ofens, an der sich das geschmolzene Metall sammelt (Sumpf), befindet sich das Stichloch. Die heißen Feuergase ziehen über das Schmelzgut hinweg und verlassen den Ofen mit hoher Temperatur. Anwendung für Metallguß, schweren Grauguß.

Flammpunkt, Kriterium für die Entflammbarkeit brennbarer Flüssigkeiten und ihre Einteilung in Gefahrenklassen. Der F. ist die niedrigste Temperatur, bei der sich in einem geschlossenen (z. B. Methode nach ABEL-PENSKY) oder offenen (z. B. Methode nach PENSKY-MARTENS) Tiegel aus der Flüssigkeit Dämpfe in solcher Menge entwickeln, daß sich ein durch Fremdzündung entflammbares Dampf-Luft-Gemisch bildet.

Flammrohrkessel, ein → Dampferzeuger.

Flammschutzmittel, Sammelbegriff für Stoffe, die Kunststoffe, Holz oder Textilien flammfest machen (→ flammfeste Ausrüstung). Für Kunststoffe werden z. B. Antimontrioxid (z. B. für PVC), bromierte Aromaten (z. B. für Polystyrol) oder Kombinationen von beiden (z. B. für Polyäthylen) verwendet. Zur Beschichtung von Holz dienen v. a. Ammoniumphosphate.

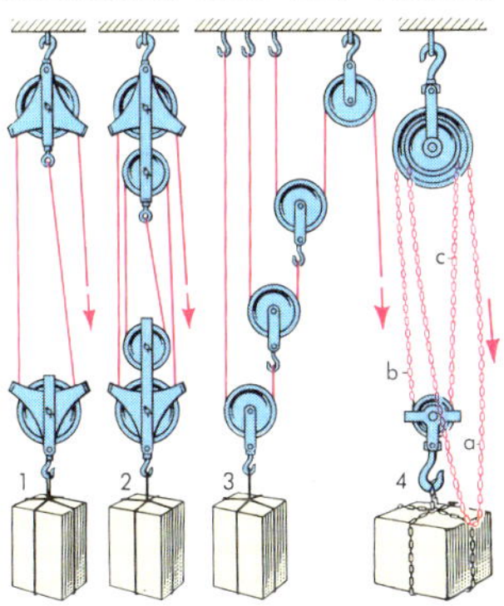

Flaschenzug: **1** einfacher Flaschenzug (die Kraft beträgt 1/2 der Last); **2** vierrolliger Flaschenzug (die Kraft beträgt 1/4 der Last); **3** Potenzflaschenzug (die Kraft beträgt 1/8 der Last); **4** Differentialflaschenzug (die Kraft beträgt 1/2 der Last, multipliziert mit dem Verhältnis der Differenz der Radien der beiden oberen Rollen zum Radius der größeren dieser Rollen)

flammspritzen, auf Metalle Überzüge von Kunststoffen oder Metallen aufbringen, die in einer Flamme oder durch elektr. Heizung geschmolzen und mit Druckluft oder einem Schutzgas zerstäubt werden.

flammstrahlen, eine Metalloberfläche örtlich erhitzen mit Flammen, deren Form durch bestimmte Brenner erzeugt wird. Die Oberfläche wird kurzzeitig erhitzt, um Rost, Zunder oder Anstrichreste zu beseitigen.

Flansch, plattenförmiger Ansatz an Rohren, Gehäusen, Zylindern zur Befestigung, Abdichtung, auch Versteifung. Mit einem Deckel verschlossene Rohr-F. heißen **Blind-F.** Bei Trägern und anderen Bauteilen heißen die abstehenden Teile der Gurte F.

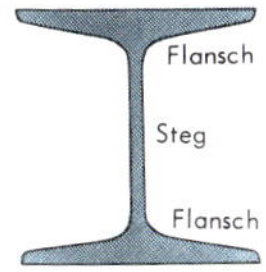

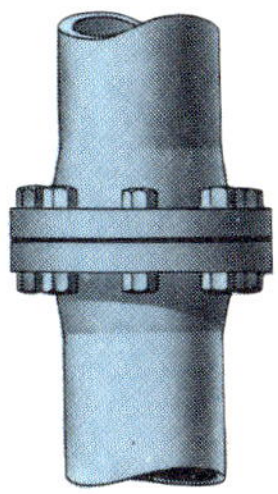

Flansch: OBEN F. an einem Doppel-T-Träger, UNTEN F. an einer Rohrverbindung

Flare [flɛə, engl.] *die,* 1) **Sonneneruption, chromosphärische Eruption,** intensiver, stürmisch verlaufender Strahlungsausbruch in der Chromosphäre der Sonne, der im Zusammenhang mit Sonnenflecken auftritt. Die Dauer wächst mit der Ausdehnung und reicht von 1 s bei den **Mikroflares** (∅ ≈ 1″) bis zu mehreren Stunden bei den größten F., die bis 3/1000 der Sonnenscheibe einnehmen. 2) kurzer Helligkeitsausbruch bei best. Fixsternen, den **Flare-Sternen** (→ Flackersterne).

Flasche, 1) Gefäß aus Glas, Metall, Keramik, Kunststoffen u. a. zur Aufnahme von Flüssigkeiten und Gasen. **Glasflaschen** werden geblasen entweder durch Mundblasen **(Glasmacherpfeife)** oder maschinell (an **Preß-Blas-, Saug-Blas-** oder **Speiser-Blas-Maschinen).** Glasmacherpfeife und Glasblasen wurden um etwa 50 v. Chr. erfunden, halbautomat. Vorrichtungen sind seit etwa 1870 bekannt. Seit Ende des MA. wird das an der Pfeife frei vorgeformte → Külbel in aufklappbaren Holzformen fertiggeblasen. Heute werden Metallformen (Gußeisen, Stähle, Berylliumlegierungen) an Maschinen, aber auch beim Mundblasen verwendet. **Stahlflaschen** (→ Gasbehälter) zur Aufnahme komprimierter Gase werden über einen Dorn nahtlos gezogen. **Kunststoffflaschen** werden meist im Blasverfahren hergestellt. Sie besitzen sehr gute Stoßfestigkeit. Mit Kunststoff überzogene dünnwandige Glas-F. vereinigen die hervorragende chem. Widerstandsfähigkeit von Glas mit der Stoßfestigkeit und dem niedrigen Gewicht von Kunststoff-F. (Weitere BILDER S. 124, 126, 127)

2) Aufhängevorrichtung mit einer oder mehreren Seilrollen (→ Flaschenzug).

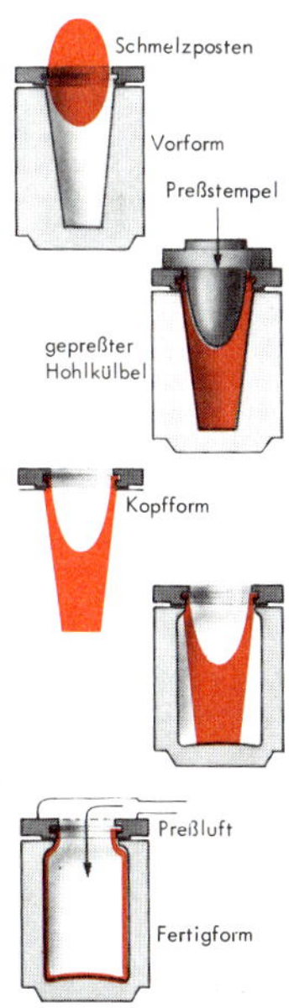

Preß-Blas-Verfahren

Flasche 1) 2

Flaschenfüllmaschine, → Abfüllmaschinen.

Flaschenreinigungsmaschinen reinigen hüttenneue oder benutzte Flaschen in weitgehend automatisierten und nach außen hygienisch abgeschlossenen Anlagen. Arbeitsgänge: Luftwaschung (Ausblasmaschine), Restentleerung, Vorwärmung, Laugenweichung, Etikettlösen durch Überschwallung, Laugenausspritzen (bis zu 80 °C), Warmwasser- und Frischwasserspülung, ggf. Desinfektion. Leistung: mehrere 1 000 Flaschen je Stunde. Meist werden die gereinigten Flaschen direkt der → Abfüllmaschine und Verschließmaschine (→ Verpackungsmaschinen) zugeführt. Diese Arbeitsgänge sind häufig mit Leergutauspack- und Sortieranlagen, Kastenwaschern, Etikettier- und Einpackmaschinen zusammengefaßt.

Flaschenzug, Vorrichtung zum Heben von Lasten, manuell oder elektrisch (→ Elektrozug). Der F. besteht im einfachsten Fall aus oberer befestigter Rolle und unterer loser Rolle. Nach dem Gesetz ›Kraft × Kraftweg = Last × Lastweg‹ erfolgt eine Übersetzung der Wege und eine Untersetzung der Kräfte zw. Seil und Last. **Differential-F.,** besondere Bauform mit großer Hubkraft bei einfacher Konstruktion und Selbsthemmung der gehobenen Last. Um alle drei Rollen ist eine endlose Kette geschlungen (BILD). Zieht man an dem losen Kettentrum a, so wird das Trum b verkürzt, das Trum c aber gleichzeitig nachgelassen. Die Last hebt sich also immer nur um die halbe Differenz der beiden Kettenstücke.

Flash-Spektrum [flæʃ-, engl.], bei Sonnenfinsternis unmittelbar vor und nach der Totalität blitzartig aufleuchtendes Emissionsspektrum der Chromosphäre.

Flattern, selbsterregte Schwingungen elastomechan. Systeme, die bei Luft- und Raumfahrzeugen infolge der Wechselwirkungen zw. instationären Luftkräften, elast. Rückstellkräften und Trägheitskräften in best. Geschwindigkeitsbereichen angeregt werden können, was meist zu Überbeanspruchung und Bruch tragender Bauteile führt. Bei Kraftfahrzeugen ist F. der elastisch bereiften Vorderräder um die Lenkzapfen möglich. Diese unerwünschten Schwingungen können beim schnellfahrenden Kraftwagen infolge Anregung durch Fahrbahnunebenheiten gelegentlich auftreten. Dadurch werden Fahrsicherheit und Reifenverschleiß ungünstig beeinflußt.

Flattersatz, Satzanordnung, bei der Zeilen unterschiedl. Länge i. d. R. auf links ausgerichtete Satzkante gestellt werden, nach rechts frei auslaufen.

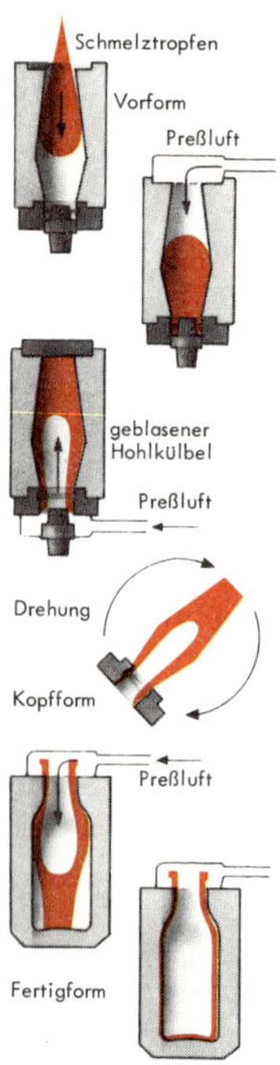

Speiser-Blas-Verfahren

Flasche 1) 3

Flavin-adenin-dinucleotid, Abk. **FAD,** wasserlösl., in Alkohol, Aceton u. a. weniger gut lösl. **Flavinnucleotid,** amorphes gelbes Pulver, u. a. aus Leber, Herz, Niere isolierbar. FAD spielt im Organismus als prosthet. Gruppe zahlreicher **Flavoproteine (Flavoenzyme)** eine Rolle als Wasserstoffüberträger, z. B. in der Atmungskette und im Zitronensäurezyklus.

Flavine, Trivialname für niedrigmolekulare Verbindungen, die das gleiche Grundgerüst wie trisubstituierte Isoalloxazine haben, z. B. Riboflavin, Lumiflavin. (→ Flavin-adenin-dinucleotid)

Flavone, Grundstoffe vieler gelber Pflanzenfarbstoffe; verbreitet in Blüten, Hölzern und Wurzeln.

flavour [fl'eɪvə, engl.], **flavor** [amerikan.], auch → Geschmack, Bez. für die versch. Arten der → Quarks.

flechten, Flechtmaterialien von Hand verkreuzen; die Flächen- und Körperbildung erfolgt gleichzeitig durch umfangreiche und schwierige Verbände (in der Korbflechterei über Stuhlrohr-, Weidenstock-, Stahl- und Holzgestelle). Für Matten, Korbwaren, Sitzmöbel, Hüte, Gürtel u. a. werden gespaltene und gehobelte Weidenruten (bes. der Korbweide), Stroh, Bast, Binsen, Schilf, Blattstreifen, Rotang u. a. verwendet. – Von ausländ. Flechtpflanzen werden u. a. verwendet: Stuhlrohr (Calamus rotang), Cubapalmblatt, Raffiabast, Chinabinsenschnur, Bambus. (→ Flechtwerk)

Flechtströmung, → Fließen.

Flechtwerk, 1) Bautechnik: a) **Flechtwerkbau,** ein Wandbau aus um Pfähle, Stangen u. dgl. gewundenem (Weiden- oder Hasel-)Geflecht, das mit Lehm verkleidet wird; die einfachste, schon in vorgeschichtl. Zeit angewendete Bautechnik. – b) In der Baustatik ein Stabwerk (→ Fachwerk), dessen Knotenpunkte und Stäbe sämtlich auf einem Mantel liegen, der einen zusammenhängenden Raum umschließt. Nach der Mantelform gibt es **Kugel-, Tonnen-** oder **Pyramiden-F.** Verwendung im Hochbau, z. B. Turmbau, beim Gerippe von Starrluftschiffen.

2) Erdbau: aus Reisig geflochtene Matten und Zäune zur Befestigung und Sicherung von Böschungen gegen Wasser, Frost und Verwitterung.

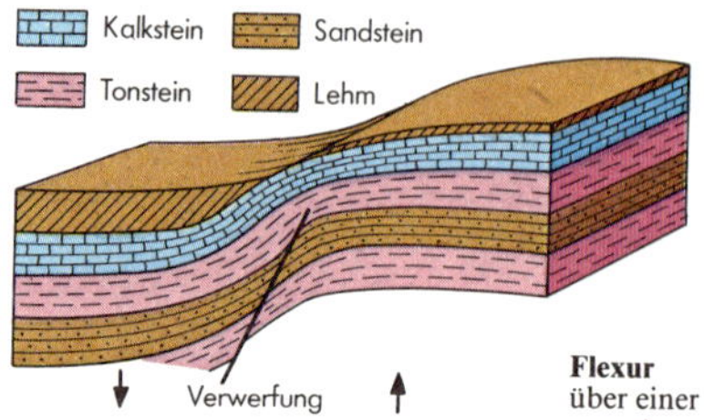

Flexur über einer Verwerfung

Fleckentfernung. Flecke von Fett, Milch, Rost, Gras, Chemikalien u. a. auf Textilien oder anderen Materialien lassen sich um so leichter entfernen, je jünger sie sind. Beim Altern verändert sich die Flecksubstanz meist so, daß sie nur schwer entfernt werden kann. Beim sofortigen Einschreiten genügt in vielen Fällen heißes Wasser. Fettflecke können mit Benzin oder Chlorkohlenwasserstoffen (z. B. Trichloräthan) entfernt werden. Blutflecke werden im frischen Zustand durch Einweichen in kaltem Wasser, im angetrockneten Zustand mit der Lösung eines enzymhaltigen Waschmittels entfernt. Farbstoffe von Filz- und Kugelschreibern sowie Grasflecke können mit Alkohol, Rostflecke mit Lösungen von Zitronen- oder Phosphorsäure aus Textilien entfernt werden (→ Bleichmittel). Bei Flecken unbekannter Art kann man in folgender Weise vorgehen: 1) F. mit Hilfe von saugfähigem, trockenem Papier. 2) F. mit lauwarmem Wasser, dem geringe Mengen an Feinwaschmittel zugegeben werden können. 3) F. mit vorzugsweise nicht brennbaren organ. Lösungsmitteln. 4) F. mit handelsüblichen Spezialmitteln. Hartnäckige Flecke sind durch → Detachieren (→ Chemischreinigung) zu entfernen.

Fleckschiefer, Fruchtschiefer, kontaktmetamorphes Schiefergestein mit fleckenartigen Anreicherungen neugebildeter Minerale. (→ Garbenschiefer)

Fleet, 1) Hauptentwässerungsgraben oder -kanal. 2) Zufahrtskanal zu Lagerhäusern, Werften u. a. maritimen Anlagen in Seehäfen. 3) Miteinander verbundene Treibnetze zum Fischfang.

flechten: LINKS Schema einer einfachen Flechttechnik; RECHTS einfache Flechtarbeit (dehnbar)

Flettner-Rotor [n. dem Ingenieur A. Flettner, * 1885, † 1961], Vortriebseinrichtung, die den → Magnus-Effekt ausnutzt. Ein in einem strömenden Medium angeordneter rotierender Zylinder (als Schiffsantrieb masthohe Blechzylinder) erzeugt aus dem Sog und den Staudruckkräften eine Kraft quer zur Strömung. Der zw. 1922 und 1926 eingeführte Rotor konnte sich aus prakt. Erwägungen nicht durchsetzen.

Flettner-Ruder, Flugzeug: Hilfsruder an der Hinterkante eines Hauptruders, das die Verstellung des antriebslosen Hauptruders bewirkt (aerodynam. Servosteuerung).

Flexodruck, früher **Anilingummidruck, Gummidruck,** Hochdruckverfahren, bei dem die flexiblen Druckformen (Gummistereos) auf den Druckzylinder geklebt werden; man verwendet dünnflüssige, spirituslösl. Druckfarben; heute bes. als Rollenrotationsdruck.

Flexur, S-förmige Verbiegung von Gesteinsschichten, entstanden durch gegenläufige relative Verschiebung zweier Schollen ohne Bildung größerer Brüche. (BILD S. 126)

Fliege, lat. **Musca,** ein → Sternbild am Südhimmel.

fliegen, → Flug, → Luftfahrt.

Fliegender Fisch, lat. **Volans,** ein → Sternbild des Südhimmels.

Fliegende Untertassen, umgangssprachlich für fliegende Objekte unbekannter Herkunft, → UFO.

Fliehkraft, die → Zentrifugalkraft.

Fliehkraftmühle, Maschine zum Mahlen harter Stoffe mit Hilfe der Fliehkraft; besteht aus an Pendeln hängenden Walzen **(Pendelmühle)** oder aus durch Mitnehmer bewegten Stahlkugeln **(Kugelmühle).** Die Walzen oder Kugeln rollen auf einer zylinderförmigen Siebfläche ab und zerkleinern das Mahlgut.

Fliehkraftregler, einer der ersten techn. → Regler (J. WATT, 1788), benutzt als → Drehzahlregler, z. B. bei Dampfmaschinen. Wirkungsweise: zwei Fliehpendel werden bei steigender Drehzahl der Maschine ausgelenkt. Diese Bewegung wird über ein Gestänge auf das Dampfeinlaßventil so übertragen, daß die Dampfzufuhr gedrosselt und damit dem Anwachsen der Drehzahl entgegengewirkt wird. Somit liegt der für → Regelkreise typische geschlossene Wirkungskreislauf vor.

Fliesen, dünne Steinplatten zur Bekleidung von Wänden und Fußböden. **Keramische Wand-F.** haben porösen Scherben (Irdengut, → Steingut) und sind stets glasiert. **Boden-F.** bestehen i. d. R. aus → Steinzeug; früher verwendete man sie meist unglasiert, doch sind inzwischen genügend abriebfeste Bodenfliesenglasuren entwickelt worden. Die heutigen Wand- und Boden-F. werden im Trockenpreßverfahren (→ Keramik) geformt und bei 1200–1300 °C in Tunnelöfen gebrannt. Historische F. werden oft unkorrekt als ›Kacheln‹ bezeichnet.

Fließarbeit, Fließfertigung, Organisationstyp des Produktionsprozesses, bei dem in örtlich fortschreitender, zeitlich bestimmter und lückenloser Folge von Arbeitsvorgängen das Arbeitsobjekt von Stufe zu Stufe (z. B. durch ein **Fließband)** befördert wird. Die F. ist die höchste Verwirklichung des Prinzips fortlaufender Arbeitszerlegung; sie vermeidet weitgehend Zwischenlagerbildung. Sinnvoll ist sie nur bei großen Serien einheitlicher Werkstücke (→ Fertigung). Ihr reibungsloser Ablauf muß durch ausgereifte und fertigungsgerechte Konstruktionen und durch sorgfältige Arbeitsvorbereitung gesichert werden.

Fließbett, → Wirbelschicht.

Fließbild, Fließschema, zeichner. Darstellung verfahrenstechn. Anlagen. Einfache F. werden häufig als **Blockschema** dargestellt, das die Hauptverfahrensschritte als Kästchen, die wichtigsten Stoffströme als Pfeile wiedergibt (Beispiel → Synthesegas). Das **Verfahrens-F.** enthält alle für das Verfahren erforderlichen Apparate und Maschinen sowie die wesentlichen Stoffströme mit Benennung der Ein- und Ausgangsstoffe (Beispiele → Cracken, → Hydrotreating). Das **Rohrleitungs-** und **Instrumenten-F. (RI-F.)** enthält darüber hinaus v. a. sämtliche Rohrleitungen (mit Angaben über Nennweite, Werkstoff, Isolation u. a.), Armaturen sowie Meß- und Regelstellen. In F. werden Apparate, Maschinen, Armaturen u. a. meist durch genormte Bildzeichen wiedergegeben. (BILDER S. 128, 129)

Fließen, 1) Geographie: Form der → Hangbewegungen.

2) Physik: Eigenschaft flüssiger, viskoser, plast. Stoffe und der Festkörper (kristallinen Stoffe) mit geringer Festigkeit (geringer Elastizitätsgrenze), bei höheren Temperaturen oder hohen Drücken.

Bei normalen Flüssigkeiten (→ Newtonschen Flüssigkeiten), z. B. Wasser, setzt das F. sofort bei Beginn der Krafteinwirkung (also schon durch das eigene Gewicht) ein; solche Stoffe haben keine → Fließgrenze. Beim **laminaren** F. des Wassers, das bei Strömungsgeschwindigkeiten unter 0,1 m/s auftritt, schieben sich Flüssigkeitsschichten aneinander vorbei, ohne sich zu mischen. Bei größeren Geschwindigkeiten herrscht die **(turbulente) Flechtströmung,** bei der die Wasserteilchen durcheinanderwirbeln. Bei dieser kann das Wasser im offenen Gerinne sich **strömend** oder **schießend** bewegen. Im ersteren Fall ist die Wellengeschwindigkeit kleiner, im letzteren Fall größer als die Wassergeschwindigkeit. Der Übergang vom Strömen zum Schießen erfolgt durch einen **Wassersprung,** der an einer plötzl. Hebung des Wasserspiegels zu erkennen ist, meist verbunden mit einer → Wasserwalze. Die Gesetzmäßigkeiten Newtonscher Flüssigkeiten untersucht die **Hydrodynamik.**

Nichtnewtonsche Flüssigkeiten sind viskose Stoffe mit unscharfer bis scharfer Fließgrenze oder stark temperaturabhängigem Fließverhalten. Zu ihnen gehören Kolloide, Dispersionen, Suspensionen, polymere Lösungen, Schmelzen u. a. Das nichtnewtonsche F. beschreibt die **Fließkunde** oder **Rheologie** durch eine allg. rheolog. Zustandsgleichung, welche die Beziehung zw. Spannungs-, Dehnungs- oder Deformationsvorgeschichte wiedergibt.

3) Werkstoffkunde: Metalle und Legierungen unterliegen bei hohen Belastungen (z. B. Drücken) den gleichen Gesetzmäßigkeiten wie viskose Flüssigkeiten. Bei Metallen im kalten Zustand tritt i. a. nach einem begrenzten F. eine Verfestigung des Werkstoffs ein. Bei hohen Temperaturen und hohen Drücken ist die Verfestigung vernachlässigbar klein. Dies wird bei den Strangpreßverfahren und beim Fließpressen technisch genutzt.

Fließ|erde, → Solifluktion.

Fließfiguren, Fließlini|en, bei Beginn der plast. Verformung auf der Oberfläche glatter Teile, insbes. am geglühten Stahl, auftretende Linien. Sie verlaufen in Richtung der größten Schubspannung. Mit Fortschreiten der Verformung verschwinden sie z. T. wieder. Eingeschränkt wird ihre Entstehung durch kühle Lagerung und rasche Verarbeitung der Bleche nach dem Walzen sowie zusätzl. Kaltnachwalzen.

Fließgleichgewicht, nach L. v. BERTALANFFY der stationäre Zustand offener (d. h. in Materieaustausch mit der Umgebung stehender) Systeme (→ Entropie), z. B. offener Reaktionssysteme der techn. Chemie. Geschlossene Systeme müssen einem Zustand des Gleichgewichts

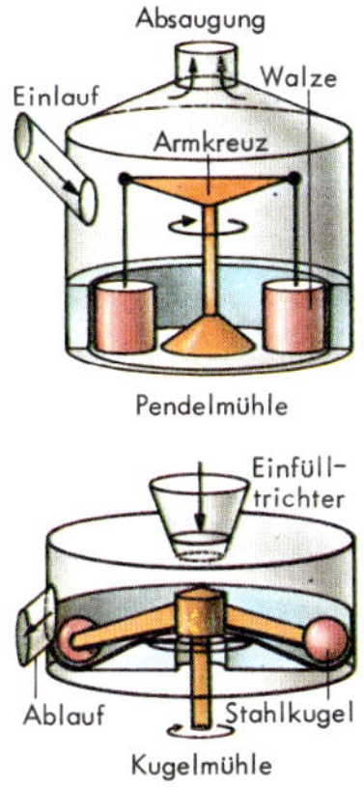

Fliehkraftmühle: OBEN Pendelmühle, UNTEN Kugelmühle

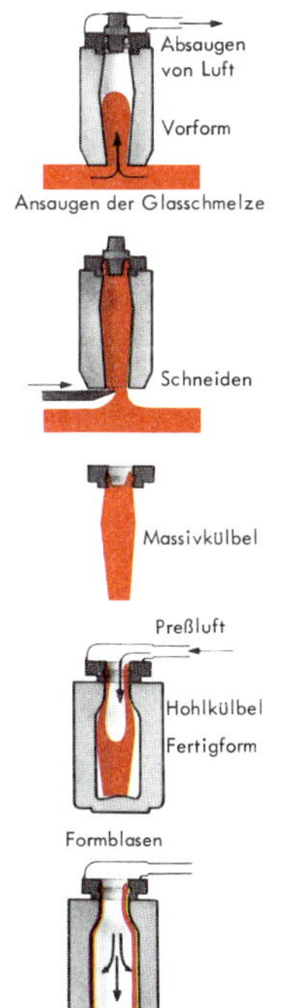

Saug-Blas-Verfahren

Flasche 1) 4

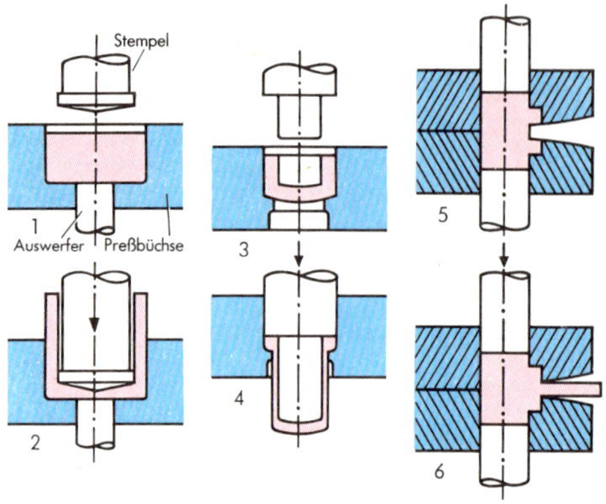

Fließpressen: 1 und **2** Rückwärtsfließpressen eines Napfes, **3** und **4** Vorwärtsfließpressen einer Hülse, **5** und **6** Querfließpressen

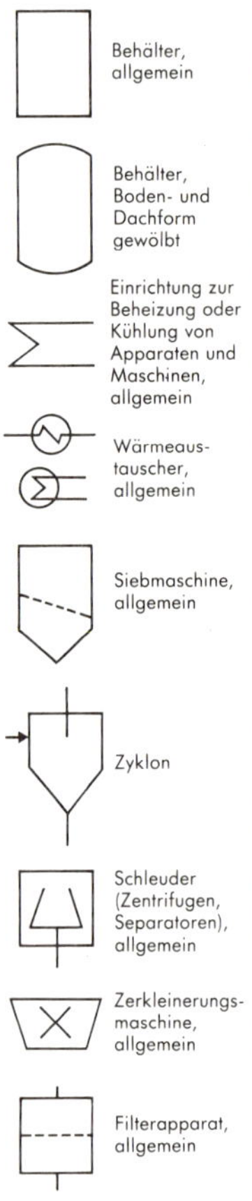

Fließbild 1: Bildzeichen für F. verfahrenstechn. Anlagen

zugehen, der nach dem 2. Hauptsatz als Zustand maximaler Entropie bestimmt ist. Offene Systeme können einem F. zugehen, worin sich das System trotz ständiger und veränderlicher Stoff-, Energie- und Entropiezufuhr und -abfuhr auch bei veränderlichen Außenbedingungen und trotz Ablaufes irreversibler Prozesse in einem Zustand hoher Ordnung erhält. F. sind kennzeichnend für den Zustand lebender Systeme (Einzelorganismen und Organismengemeinschaften), die sich in ständigem Wechsel ihrer Komponenten erhalten.

Fließgrenze, Werkstoffkunde: Spannungshöhe, bei deren Überschreiten der Werkstoff von dem elast. in den plast. Zustand übergeht, auch **Streck-** oder **Dehngrenze** genannt, bei Druckbeanspruchung **Quetschgrenze.** Bei Metallen sinkt die F. mit zunehmender Temperatur ab.

Fließkunde, die → Rheologie.

Fließkurve, Darstellung des Zusammenhangs zw. Verformung und Formänderungsfestigkeit von Metallen. Diese Werte dienen zur Vorausbestimmung des Kraft- und Arbeitsbedarfs bei der bildsamen Umformung.

Fließmittel, mobile Phase in der → Chromatographie.

Fließpapier, Löschpapier, ungeleimtes, wenig gepreßtes, sehr voluminöses, saugfähiges Papier.

Fließpressen, das → Durchdrücken eines Werkstücks durch eine formgebende Werkzeugöffnung, wobei das → Fließen 3) des Werkstoffes durch von außen aufgebrachte Druckkräfte bewirkt wird. Das F. ist ein bes. in der Massenfertigung zum Kaltumformen von Hohl- und Massivkörpern aus Aluminium, Zinn, Kupfer, Messing und best. Stählen verwendetes Fertigungsverfahren. Beim **Rückwärts-F.** (vorzugsweise von Näpfen, Hülsen, Tuben aus Aluminium, Blei, Zinn) fließt unter dem Druck des Stempels der als Scheibe eingelegte Werkstoff durch den Spalt zw. Stempel und Preßbüchse entgegen der Wirkrichtung des Stempels. Beim **Vorwärts-F.** (bes. von Stahl zu Hülsen oder abgesetzten Schrauben- und Bolzenschäften) fließt der Werkstoff durch den Druck auf den Rand eines Napfes oder die Stirnfläche eines Stangenabschnittes in Wirkrichtung der Maschine. Wellen mit Rädern, Kurvenscheiben, Stangenabschnitte mit seitl. Ansätzen u. a. Kleinteile können durch **Quer-F.** mit geteilter Preßbüchse gefertigt werden.

Fließverbesserer, Zusätze für Dieselkraftstoff und Heizöl EL, die die Filtrierbarkeit und Pumpbarkeit bei tiefen Temperaturen verbessern. Die Wirkung beruht auf einer Änderung der Struktur der in der Kälte auskristallisierenden Paraffine.

Fließwechsel, Wasserbau: Übergang vom strömenden zum schießenden Gerinnedurchfluß (kontinuierlich) oder umgekehrt (diskontinuierlich in Form eines → Wechselsprungs). → Grenztiefe, → Durchfluß

Fließzone, svw. → Asthenosphäre.

Flight Level [flaɪt lˈevl, engl.], → Flugfläche.

Flimmern, der period. Wechsel von Lichtreizen (z. B. Hell und Dunkel), die vom Auge weder als getrennte Einzelreize noch als voll verschmolzen wahrgenommen werden können. Die Flimmerverschmelzungsfrequenz, bei der der Reizwechsel nicht mehr wahrgenommen wird, liegt bei 15–25 Einzelreizen je Sekunde. – **F. der Luft,** → Luftunruhe.

Flint, Flintstein, svw. → Feuerstein.

Flintglas, ein → optisches Glas.

Flinz *der,* 1) dunkle, feinkörnige, bituminöse Plattenkalke **(F.-Kalke)** und **F.-Schiefer** im Oberdevon des Rhein. Schiefergebirges. 2) feinsandige und mergelige Gesteine im Miozän des dt. Alpenvorlands. 3) Varietät des → Graphit.

Flip|flop, Digitaltechnik: eine → bistabile Kippschaltung, die in Abhängigkeit von den angelegten Eingangssignalen zwei verschiedene innere Schaltzustände annehmen kann. F. sind die Grundbausteine sequentieller Schaltungen der Digitaltechnik (z. B. Schieberegister), bei denen neben der kombinator. Verknüpfung von Signalen noch die Zeitabhängigkeit und Informationsspeicherung hinzukommt. Jedes F. ist in der Lage, den Informationsgehalt von 1 Bit zu speichern. Am einfachsten kann ein F. aus zwei NAND- oder NOR-Gliedern (→ Verknüpfungsglieder der → Schaltalgebra) aufgebaut werden. Dazu verbindet man kreuzweise jeweils den Ausgang des einen mit dem Eingang des anderen Schaltgliedes.

Es lassen sich drei Grundtypen von F. unterscheiden: 1) **Speicher-F.** werden als Register für kurzzeitige Informationen eingesetzt, sie haben weder Takteingang noch Zwischenspeicherelemente. 2) **Auffang-F.** sind getaktete F. ohne Zwischenspeicherelemente, der Takteingang entsteht durch zwei zusätzliche Verknüpfungsglieder. 3) **Zwischenspeicher-F.** sind ebenfalls getaktete F., bestehen jedoch aus zweizelligen Registereinheiten, die eine neue Information so lange im Zwischenregister speichern können, bis die vorhergehende Information mit Sicherheit aus dem Hauptregister ausgelesen wurde.

Diese F. werden i. a. auch nach den für ihre Eingänge benutzten Buchstabensymbolen als **RS-F.** bezeichnet (S: Setzeingang, engl. ›set‹; R: Rücksetzeingang, engl. ›reset‹). Des weiteren gibt es **D-F.**, die außer dem Takteingang noch einen Verzögerungseingang (engl. ›delay‹, Abk. D) besitzen, und **JK-F.** mit den Eingängen J und K, bei denen keine undefinierten Zustände am Ausgang auftreten können.

Flittergold, → Rauschgold.

Floatglas [fləʊt-, engl.], ein → Tafelglas, das auf einer Metallschmelze schwimmend erstarrt. Schleifen und Polieren erübrigen sich. F. wird kontinuierlich in großem Maßstab hergestellt.

Flọcculi *Mz.,* die hellen Strukturelemente der netzförmigen Hell-Dunkel-Struktur der obersten Sonnenchromosphäre. Sie haben im Bereich von Sonnenflecken wirbelförmigen Verlauf.

Flockseide, frz. **Frisons** [fris'ɔ̃], der äußere, unregelmäßig gesponnene Teil der Seidenkokons, wichtigster Rohstoff für die Schappespinnerei.

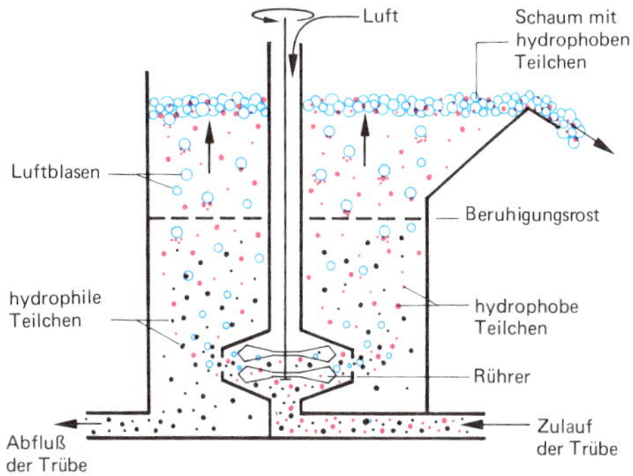

Flotation: Flotationszelle

Flockung, Ausflockung, Sammelbez. für alle Vorgänge, die die Abscheidung der in einem kolloiden System suspendierten Teilchen in Form von Flocken bewirken. Die Kolloidteilchen treten dabei unter den Einfluß von →Flockungsmitteln und Flockungshilfsmitteln infolge Elektrolyt- oder Adsorptions-Koagulation und **Flockulation** (Zusammenschluß der Teilchen unter Einwirkung intermolekularer brückenbildender Makromoleküle) zu größeren Einheiten zusammen. Die →Aggregation zu Flocken erfolgt in ruhenden Systemen durch Brownsche Molekularbewegungen in bewegten Systemen z. B. durch Rühren. In der Technik erreicht man die Ausflockung oft durch →Aussalzen. Die Flocken werden durch Filtration oder Sedimentation in Absetzern abgetrennt. – Die F. wird angewendet bei der Butter- und Käsebereitung, bei der Wasseraufbereitung und →Abwasserreinigung, bei der Härtung von Kunstseidenfasern, in der bergbaul. und anderen Rohstoff-Aufbereitungen zur Beschleunigung des Absetzens feinster sandiger und toniger Teilchen.

Flockungsmittel, Stoffe, welche die elektrostat. Abstoßung der im Wasser meist negativ aufgeladenen Teilchen eines kolloidalen Systems überwinden. Häufig werden dazu Metallsalze (bevorzugt Chloride und/oder Sulfate von Eisen und Aluminium) verwendet, die in best. pH-Bereichen voluminöse Niederschläge kation. Hydroxide bilden. Um die Sedimentationsgeschwindigkeit zu erhöhen, werden oft **Flockungshilfsmittel** zugesetzt, die die Zusammenballung von Feststoffteilchen zu Flocken bewirken. Diese Flockungshilfsmittel sind Makromoleküle, die sich an den suspendierten Teilchen unter Brückenbildung **(Flockulation)** anlagern. Neben Stärke und Leim haben sich bes. synthet. Stoffe auf der Bais von z. B. Polyacrylamid, Polyacrylat durchgesetzt.

Floppy-Disk [fl'ɔpı dısk, engl.], kassettenartiger →Speicher mit einer flexiblen Magnetplatte zur Aufnahme von Daten und Programmen, →Diskette.

Flor, Vlies, Spinnerei: der geöffnete, längsorientierte, dünn ausgebreitete Faserverband als Produkt der →Krempel.

Florgewebe, Gewebe, bei denen durch Einarbeiten eines zweiten Kett- oder Schußfadensystems eine Fadendecke entsteht, deren Schlingen bei **Schnittflor** (Samt, Plüsch, Velours, Coupé, Genuacord) aufgeschnitten, bei **Schlingenflor** (Bouclé, Frottiergewebe) erhalten sind.

Floß, flaches, aus Schwimmkörpern aller Art (Binsen, Holzstämme, Fässer u. a.) zusammengesetztes Wasserfahrzeug geringer Lebensdauer. Sonderfall: →Rettungsfloß, →Rettungsinsel.

Flosse, Luftfahrt: der Stabilisierung der Flugbewegungen dienende feste Fläche am →Leitwerk 1) eines Flugzeuges.

Flotation, mechan. Verfahren zur Trennung feinkörniger Gemenge in einer wäßrigen Suspension mit Hilfe von Luftblasen (auch als **Schaum-** oder **Schwimmaufbereitung** bezeichnet). Durch Zusatz von Sammlern (z. B. Fettamine für Kaliumchlorid, Xanthogenate und Dialkyldithiophosphate für Sulfide) wird eine Feststoffkomponente durch Wasser schwer benetzbar **(hydrophob)** gemacht, während die andere benetzbar **(hydrophil)** bleibt. In die Trübe eingebrachte Luftblasen haften an den hydrophoben Teilchen und tragen sie zur Wasseroberfläche, während die hydrophilen Teilchen suspendiert bleiben. Zur Stabilisierung der Luftblasen werden Schäumer zugesetzt (z. B. Terpene, Kresol). Die F. wird u. a. zur Aufarbeitung von sulfid. Erzen und Kalisalzen angewandt. Zur Abwasserreinigung können durch F. auch Sinkstoffteilchen abgeschieden werden, wenn Druckluft ins Abwasser eingeblasen wird: Die Teilchen werden durch die aufsteigenden Luftblasen mitgerissen und in dem an der Oberfläche entstehenden Schaum festgehalten.

Flotte, Behandlungsbad für Textilien bei Veredlungsprozessen wie Bleichen, Färben, Waschen, Chemischreinigung. **Flottenverhältnis** ist die Beziehung vom Gewicht des Behandlungsgutes (in kg) zur Flottenmenge (in l).

Flottierung, Flottung, 1) Weberei: weitbindende Kett- oder Schußfäden.

2) Wirkerei: direkte Fadenverbindung von Maschen und/oder Henkeln.

Flottsand, 1) tonfreier Sand, der durch Wasseraufnahme flüssig wird **(Schwimm-** oder **Treibsand).** 2) entkalktes Gemenge von Löß und Flugsand in mitteleurop. Jungmoränengebieten, auch **Flottlehm** genannt.

Flow Chart [fləʊ tʃa:t, engl.], →Ablaufplan.

Flöz, Schicht nutzbarer Minerale (Kohle, Braunkohle, Kupferschiefer), die sich bei relativ geringer Mächtigkeit über große Flächen erstreckt; meist durch Sedimentation entstanden.

Fluate, Kurzwort aus **Fluorsilikate,** technisch wichtige Salze der Hexafluorokieselsäure, H_2SiF_6. Die Säure und die F. sind giftig, wirken gärungshemmend und werden als Schwamm- und Schädlingsvernichtungsmittel, für Oberflächen- und Holzschutz und als Flammenschutzmittel verwendet. In der Bautechnik finden sie Anwendung für die Härtung kalkhaltiger Baustoffe und zum Dichten und Härten von Zement **(Fluatieren).** Neben den Metall-F., z. B. dem wasserlösl. **Natrium-F.,** Na_2SiF_6, werden auch organ. F. hergestellt, z. B. **Bis(methylammonium)-fluorosilikat,** $[H_3C{-}NH_3]_2\,[SiF_6]$.

Fluchtbewegung, die Feststellung, daß sich die Sternsysteme vom Milchstraßensystem entfernen. (→Hubble-Effekt)

Fluchtgeschwindigkeit, 2. kosmische Geschwindigkeit, zum Verlassen des Schwerefeldes eines Himmelskörpers erforderl. Mindestgeschwindigkeit; für die Erde 11,2 km/s, für Merkur 4,2, Venus 10,2, Mars 5,0

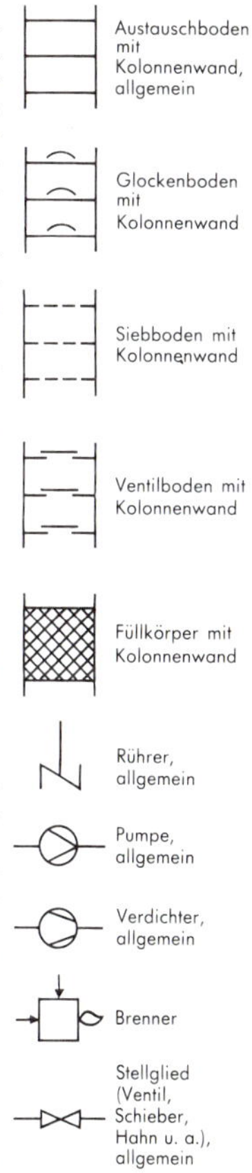

Fließbild 2: Bildzeichen für F. verfahrenstechn. Anlagen

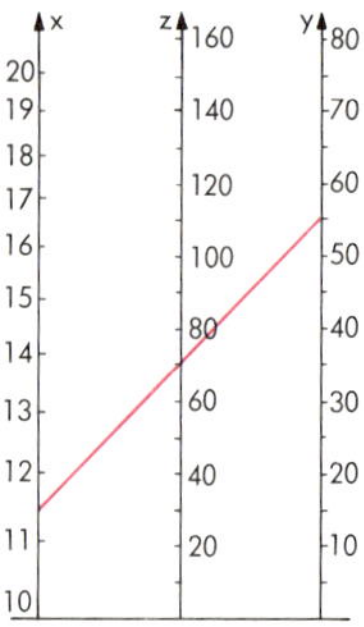

Fluchtlinientafel: Beispiel einer F. für die Funktion $z = 250 \cdot \lg(\frac{x}{10}) + y$: Für $x = 11{,}5$ und $y = 55$ ergibt sich $z \approx 70$

und für den Erdmond 2,37 km/s. (→kosmische Geschwindigkeiten)

flüchtig heißen in der Chemie Stoffe mit relativ hohem Dampfdruck, bes. solche, die bereits bei gewöhnl. Temperatur in den gasförmigen Zustand übergehen.

Flüchtigkeit, Datenverarbeitung: die Eigenschaft eines Speichers, seine Informationen nach dem Abschalten der Versorgungsspannung zu verlieren. Halbleiter-RAM-Speicher sind flüchtig (engl. ›volatile‹), während z. B. Speicher mit magnet. Datenträger und Halbleiter-ROM-Speicher nicht flüchtig (engl. ›non-volatile‹) sind, d. h., sie behalten ihre Informationen auch ohne Versorgungsspannung so lange, bis eine gezielte Ummagnetisierung vorgenommen wird.

Fluchtlinientafel, Fluchtentafel, Leitertafel zur Darstellung von Funktionen mehrerer Veränderlicher und zur graph. Ermittlung einzelner Funktionswerte (meist nur näherungsweise); Sonderfall: Rechenschieber. (→Nomographie)

Fluchtpunkt, 1) Astronomie: a) der →Apex (bei der Sonne). b) der →Vertex (bei Sterngruppen).

2) Mathematik: bei einer →Perspektivität der Bildpunkt eines unendlich fernen Punktes.

Fluchtstab, Bake, meist 2 m langer und 3 cm dicker Stab aus Holz, abwechselnd weiß und rot (oder seltener schwarz) gestrichen; bei Vermessungen zur Bezeichnung von Punkten und zum Abstecken (Ausfluchten) von Linien benutzt.

Flug, 1) Fliegen, die freizügige Bewegung von Körpern innerhalb der Lufthülle der Erde ohne direkte Stützung von der Erdoberfläche aus. Dabei muß die Erdanziehungskraft durch eine Gegenkraft (Auftriebskraft) ausgeglichen oder überwunden werden. Diese kann durch Dichteunterschiede zw. fliegendem Körper und umgebender Luft **(aerostat. Auftrieb,** z. B. beim Ballon), durch die Bewegung eines geeignet geformten Körpers durch die Luft **(aerodynam. Auftrieb,** z. B. beim Flugzeug oder Vogel) oder durch **Reaktionskräfte** von Strahlantrieben (z. B. Hubtriebwerke von Senkrechtstartflugzeugen) erzeugt werden.

Beim F. unterscheidet man **stationäre (unbeschleunigte)** und **instationäre (beschleunigte) Flugzustände.** Jedem Flugzustand ist ein bestimmtes Kräfte- und Momentengleichgewicht zugeordnet. In den unbeschleunigten Zuständen treten als Massenkräfte nur die Gewichtskräfte auf, während bei beschleunigten Zuständen Massenkräfte wirksam werden, die gegenüber den Gewichtskräften um ein Lastvielfaches vergrößert sind. Spezielle Flugzustände sind der Horizontalflug, der Steig- und Sinkflug, der Kurvenflug, der Sturzflug und der Gleitflug.

Flug 1) bei Tieren: **1** Flug einer Möwe in gleichen Intervallen; **1a** von der Seite, **1b** von oben gesehen. **2a** Rüttelflug des Kolibris (Pfeile = Auftriebskraft). **2b** Am Ort schwirrender Kolobri

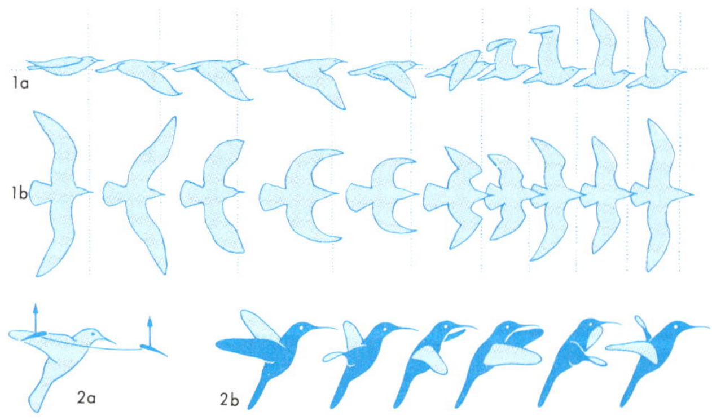

Eine Bewegung außerhalb der Erdatmosphäre ist möglich durch Ausnützung der Bewegungsenergie des Körpers, der Gravitationskräfte anderer Himmelskörper und durch die Erzeugung von Antriebskräften mit Hilfe von Raumantrieben (Massenausstoß). Allerdings ist die Auffassung, ob die Bewegung im Weltraum als ›Fliegen‹ oder ›Fahren‹ (Raumflug-Raumfahrt) zu bezeichnen sei, nicht einheitlich.

Die nicht freizügige Bewegung des geworfenen Körpers (z. B. Geschoß, Ball, Staubteilchen) wird häufig auch als F. bezeichnet (→Flugbahn).

Flug bei Tieren. Beim **Gleit-F.** kann die Anfangshöhe nicht aktiv überschritten werden; der Auftrieb mindert die Abwärtsbewegung; z. B. können Flughörnchen so einen weiten ›Sprung‹ ausführen. **Flatter-F.** entsteht durch flatternde Bewegungen der Gleitflächen, z. B. bei einigen Fliegenden Fischen; für den **freien F.** sind meist Flügel mit kräftiger Muskulatur erforderlich. Der **Segel-F.** entwickelt sich aus dem freien Flug durch Ausnutzung der Luftströmungen, wie bes. bei Greif- und Seevögeln. Beim **Schwirr-F.** der Insekten sind Flügelschlagfrequenzen über 1000/s beobachtet worden, die durch Eigenschwingung der sich kontrahierenden Muskeln zustande kommen.

Der Flügel der Vögel wird so durch die strömende Luft geführt, daß diese sich ohne Wirbelbildung annähernd flächenparallel an ihm entlang bewegt. Dabei nehmen die Teilflächen des Flügels versch. und wechselnde Anstellwinkel zur Luftströmung ein. Beim **Ruder-F.** wird der rumpfnahe Teil (Armschwingen) der Flügel nur wenig auf und nieder, der rumpfferne ruderartig bewegt (Handschwingen); beim **Rüttel-F.** ›verwindet‹ der Kolibri seine Schwingen derart, daß beim Aufschlag die Oberseite nach unten gekehrt ist und Auftrieb erzeugt.

Flug bei Pflanzen ist keine freizügige Bewegung, wird aber häufig so genannt, weil Samen, Früchte, Pollen, Sporen beträchtl. Entfernungen und Startüberhöhungen (auf biotechnisch interessante Weise) erzielen können. Die **Windflieger** sind z. B. Pollenkörner, Bakterien, Pilz-, Moos- und Farnsporen; Früchte des Blasenstrauches mit luftgefüllten Hohlräumen; Birken- und Ahornfrüchte mit Flügeln; Samen der Baumwolle mit allseitigem Haarkleid oder Früchte des Löwenzahns mit Haarschirmen. Bei den **Schleuder-** oder **Körnchenfliegern** werden Samen, Pollenkörner oder Pilzsporen explosionsartig durch Turgormechanismen (z. B. Samen der Spritzgurke, Sporen höherer Pilze) oder durch Austrocknungs- oder Kohäsionsmechanismen (z. B. Samen vom Storchschnabel, Pollenstaub) fortgeschleudert. **Ballisten** sind Samen aus Früchten an verholzenden, elastisch federnden Stengeln, die durch Wind oder Tierberührung katapultartig die Samen durch Öffnungen der Fruchtkapseln hindurch fortschleudern (z. B. Mohn).

2) Spinnerei: störende Kurzfasern, die sich bei der Verarbeitung absondern und nur z. T. abgesaugt werden können.

Flug|abwehr, Flieger|abwehr, alle gegen feindl. Angriffs- und Aufklärungsflugzeuge gerichteten Abwehrmaßnahmen mit bodengebundenen Kampfmitteln der Luftverteidigung. Die urspr. vorherrschenden Rohrwaffen (F.-Kanonen, Flak; → Geschütz) wurden zunehmend durch → Raketenwaffen **(F.-Raketen, Fla-Rak)** ergänzt oder ersetzt, wodurch größere Reichweiten und bei Verwendung von → Lenkflugkörpern eine bessere Treffgenauigkeit erzielt wurden. Zur Abwehr tieffliegender Flugzeuge haben sich jedoch kleinkalibrige Rohrwaffen (Maschinenkanonen mit hoher Schußfolge und großer Richtgeschwindigkeit, z. T. radargesteuert) als wirksamer erwiesen. Zum Riegel- und Objektschutz werden ortsfeste F.-Anlagen verwendet, während in der Feldflugabwehr (Sicherung der Operationsfreiheit der Landstreitkräfte) mobile Anlagen bevorzugt werden (Rohrwaffen oder Flugkörperstartvorrichtungen auf gepanzerten Kettenfahrzeugen, Flakpanzer). Zur Abwehr ballist. Raketen dienen → ABM-Systeme.

Flug|asche, feine, von den Rauchgasen einer Feuerung mitgerissene, nicht brennbare Bestandteile eines Brennstoffes. Die Rauchgase werden bei größeren Anlagen durch mechan. oder elektr. Filter bis 95% und höher entstaubt. F. wird als pulverförmiges industrielles Nebenprodukt der Kohleverbrennung im Straßenbau und Grundbau sowie bei der Baustoffherstellung verwendet. F. (Elektrofilterasche) aus Steinkohle mit hohem Anteil an glasigen Bestandteilen dient als puzzolanischer Betonzusatzstoff (→ Betonzusätze).

Flugbahn, Bez., die bislang überwiegend für die Bewegungsbahn des geworfenen Körpers verwendet wurde, d. h. für eine Bewegung, die von Massenkräften sowie von tangential zur Bahn wirkenden Strömungskräften (Luftwiderstand) bestimmt wird. Zunehmend bürgert sich dafür der Begriff **Wurfbahn** (auch **ballistische F.**) ein, während F. als Bez. für die Bahn des fliegenden Körpers gewählt wird, der dem Einfluß von Massen-, Antriebs-, Steuerkräften sowie tangential und normal zur Bahn wirkenden Strömungskräften (Widerstand und Auftrieb) unterworfen ist.

Flugboot: Grumman Turbo Albatross, 2 Propellerturbinen, 2 seitliche Stützschwimmer, militär. Patrouillen- und U-Boot-Bekämpfungsflugzeug, bewaffnet mit Torpedos, Wasserbomben und/oder Raketen, Startgewicht 16200 kg, Reichweite 5300 km

Die Wurfbahn ist im wesentl. durch die Anfangsparameter der Bewegung bestimmt und danach nicht mehr beeinflußbar. Ein von der Erdoberfläche aus abgeschossener Körper z. B. erfährt eine Anfangsgeschwindigkeit v_0 mit dem Startwinkel α gegen die Horizontale. Nach dem Schuß wirken Schwerkraft, Luftwiderstand und Coriolis-Kraft auf ihn ein. Bei nicht zu kleiner Masse und nicht zu großem v_0 können Coriolis-Kraft und Luftwiderstand vernachlässigt werden, und es ergibt sich unter Annahme einer ebenen Erdoberfläche eine **Wurfparabel,** deren steigender und fallender Ast zueinander symmetrisch sind. Die Wurfweite ist

$$W = \frac{v_0^2 \cdot \sin 2\alpha}{g}$$

($g \approx 9{,}81\ \mathrm{m/s^2}$ ist die Erdbeschleunigung); die Wurfhöhe ist

$$H = \frac{v_0^2 \cdot \sin^2 \alpha}{2g}$$

Für die Anstiegswinkel α und $(90° - \alpha)$ ergeben sich gleiche Werte für W, für $\alpha > 45°$ steile Wurfparabeln und für $\alpha < 45°$ flache. Bei $\alpha = 45°$ ergibt sich die größtmögliche Wurfweite

$$W_{max} = v_0^2/g.$$

Die maximale Steighöhe $H_{max} = v_0^2/2g$ ergibt sich für den vertikalen Wurf nach oben ($\alpha = 90°$). Für die kugelförmige Erde und unter Berücksichtigung der höhenabhängigen Fallbeschleunigung ergibt sich als Wurfbahn eine Ellipse (BILD 2).

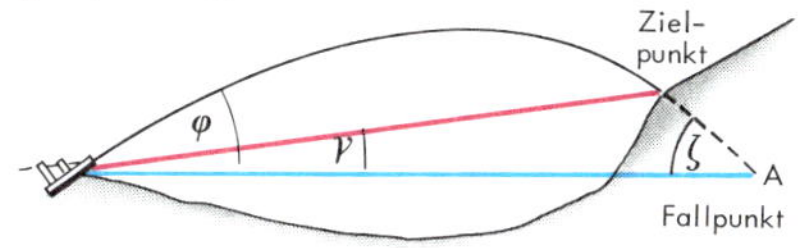

Flugbahn 1:
ballistische Kurve; tatsächliche Schußweite rot, waagerechte oder schußtafelmäßige Schußweite blau, φ Abgangswinkel, γ Geländewinkel oder Zielhöhenwinkel, ζ schußtafelmäßiger Fallwinkel

Für größere v_0 kann der Luftwiderstand nicht mehr vernachlässigt werden, so daß die Wurfbahn zur **ballistischen Kurve** deformiert wird, die bei gleichem α die Werte für W und H der Wurfparabel nicht erreicht. Ihr fallender Ast ist steiler und kürzer als der steigende.

I. Ggs. zur Wurfbahn kann die F. während der gesamten Bewegungsdauer durch Steuerkräfte und Veränderung von Antriebs- und Auftriebskräften beeinflußt und damit einer gegebenen Aufgabenstellung optimal angepaßt werden. Auf Wurfbahnen bewegen sich Geschosse und frei fallende Bomben, auf F. hingegen Flugzeuge und Flugkörper. Eine schwer zu definierende Zwischenstellung nehmen Raketen ein, die während der Antriebsphase einer F., nach Brennschluß der Triebwerke (Freiflugphase) jedoch einer Wurfbahn folgen, an die sich wiederum (bei Ausrichtung auf ein Ziel) ein F.-Ast anschließen kann. – Der Gebrauch der Begriffe F. und Wurfbahn ist noch keineswegs einheitlich.

Die Bewegungsbahnen von Raumfahrzeugen werden als **Raumflugbahnen** bezeichnet; sie unterscheiden sich durch das Fehlen von Luftkräften und das Hinzutreten von Gravitationskräften anderer Himmelskörper wesentlich von den F. im erdnahen Raum.

Erreicht v_0 (auf der Erdoberfläche) sehr große Werte zw. 7,9 km/s und 11,2 km/s, so wird die F. eine kreis- oder ellipsenförmige Satellitenbahn um die Erde (BILD 2), für Werte größer gleich 11,2 km/s verläßt der Raumflugkörper den Anziehungsbereich der Erde (→ kosmische Geschwindigkeiten).

Flugboot, Wasserflugzeug, dessen Rumpf als schwimmfähiger Bootskörper ausgebildet ist, mit Flossenstummeln am Rumpf oder Stützschwimmern unter der Tragfläche zur Schwimmstabilisierung; bevorzugte Bauart für große und seetüchtige Wasserflugzeuge (verwendet als Seeaufklärer und Seenotflugzeug).

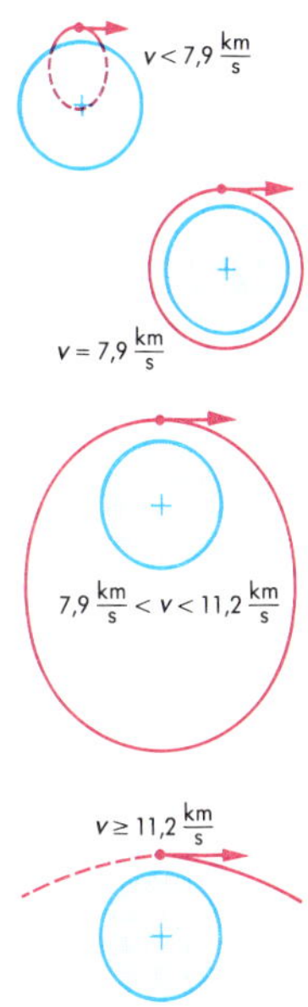

Flugbahn 2

Flugbahn 2: Raumflugbahnen mit verschiedenen Anfangsgeschwindigkeiten v

Flugdatenregistriergerät, Flugschreiber, Flugzeugbordgerät zur fortwährenden Aufzeichnung wichtiger Flugdaten (Kurs, Flughöhe, Geschwindigkeit, Beschleunigungen und Fluglagen). Bruch- und feuersichere Gehäuse und Datenträger sollen einen Datenverlust bei Flugunfällen verhindern, um nachträglich aus den aufgezeichneten Daten einen Unfallhergang rekonstruieren und aufklären zu können.

Flügel, der eine Teil von paarigen, spiegelbildlich angeordneten Gegenständen (z. B. bei Türen, Fenstern); beim Flugzeug: → Tragflügel, im Bauwesen: Teile eines zusammenhängenden Gebäudekomplexes.

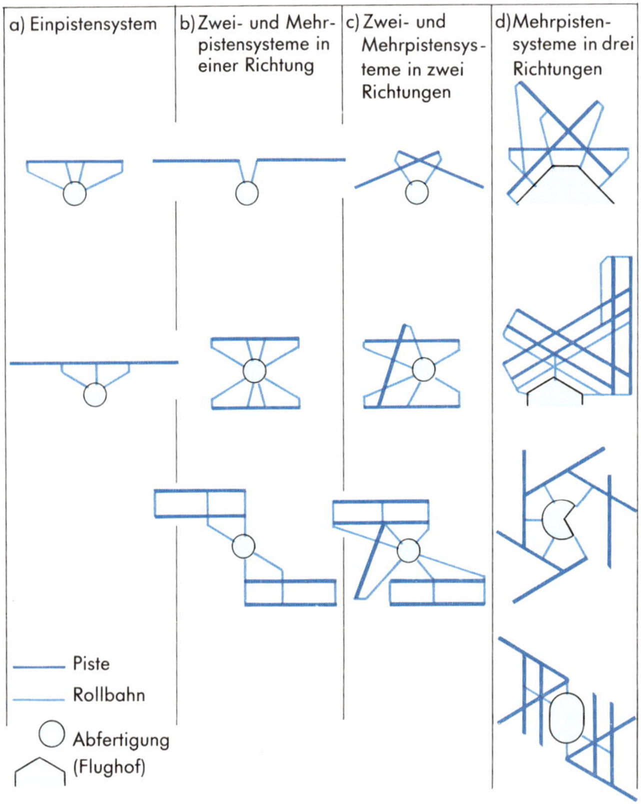

Flughafen 1: Start- und Landebahn-Systeme (schematisch)

Flügelfläche, Flächeninhalt des auf die Ebene der Profilsehne projizierten Flügelumrisses eines Flugzeugtragflügels. (→ Flächenbelastung)

Flügelpumpe, eine Verdrängerpumpe mit hin- und herschwingendem Plattenkolben.

Flügelstreckung, am Flugzeugtragflügel das Verhältnis von Spannweite zur mittleren → Flügeltiefe. Wichtiger Entwurfsparameter mit Einfluß auf den → induzierten Widerstand und das Baugewicht des Flügels.

Flügeltiefe, am Flugzeugtragflügel die Länge der Profilsehne, d. h. die Erstreckung des Flügels in Flugrichtung. Die F. eines Flügels ist meist nicht konstant, weshalb als Bezugswert eine **mittlere F.** dient.

Flugfläche, engl. **Flight Level** [flaɪt l'evl], Abk. **FL,** Fläche gleichen Luftdruckes, die auf den Druck der → Normalatmosphäre in Seehöhe bezogen ist. F. werden in der Flugsicherung durch best. Druckabstände (500 Fuß = 150 m) voneinander getrennt. Eine best. F. erhält man, wenn man die Anzeigewerte in Fuß eines auf 1013,2 mbar eingestellten Höhenmessers um die Einer- und Zehnerstellen kürzt, z. B.: Flughöhe 24500 Fuß = FL 245 (Grenze zw. dem unteren und oberen Luftraum in Westeuropa). Die F. kann somit vom Flugzeugführer nach der Anzeige eines auf Normaldruck eingestellten barometr. Höhenmessers eingehalten werden. Die F. ist i. d. R. weder eine ebene noch eine zur Erdoberfläche parallele Fläche.

Fluggeschwindigkeit, Geschwindigkeit eines Luftfahrzeuges im Flug. Die Relativgeschwindigkeit gegenüber der umgebenden Luft heißt **wahre F.** oder **Eigengeschwindigkeit;** zus. mit der Eigengeschwindigkeit der Luftmasse (Windgeschwindigkeit) ergibt sich daraus die **Absolutgeschwindigkeit** oder **Geschwindigkeit über Grund. Höchstgeschwindigkeit** ist die größte im Horizontalflug erreichbare Eigengeschwindigkeit, während die durchschnittl. F. **Reisegeschwindigkeit** heißt (→ Blockgeschwindigkeit). Die auf die → Schallgeschwindigkeit der umgebenden Luft bezogene F. heißt **Flugmachzahl.**

Flughafen, Geländefläche mit Anlagen zum Starten (→ Start) und Landen (→ Landeführungssysteme) von Luftfahrzeugen **(Flugplatz)** sowie mit Anlagen zur Abwicklung des zivilen gewerbsmäßigen Luftverkehrs **(Verkehrs-F.,** engl. **Airport** [ˈɛəpɔ:t]) oder des militär. Flugbetriebs **(Militär-F., Fliegerhorst,** engl. **Airbase** [ˈɛəbeɪs]).

Verkehrs-F. liegen meist in Gebieten großer Bevölkerungsdichte (Industrie-, Handels- und Verwaltungszentren), die mit der näheren Umgebung (Einzugsbereich) eine für den Betrieb eines F. erforderl. Luftverkehrsnachfrage bieten müssen. Anforderungen an die benötigten Geländeflächen sind Hindernisfreiheit, günstige meteorolog. Verhältnisse (möglichst Nebelfreiheit), nicht oder nur schwach besiedelte Gebiete sowie keine anderen Flugplätze in den An- und Abflugwegen und gute Anschlußmöglichkeiten an das Bodenverkehrsnetz, das bei sehr großen F. beträchtl. Passagierströme bewältigen muß.

Die wichtigsten Einrichtungen eines Verkehrs-F. sind: Start- und Landebahnen mit Rollwegen und Vorfeldern, Abfertigungsgebäude für Passagiere, Fracht und Luftpost, Hallen und techn. Werkstätten für Wartungs- und Reparaturarbeiten, Tanklager und Betankungsanlagen, Flugsicherungs- und Wetterdienststellen, Feuerlösch- und Rettungsfahrzeuge, Dienststellen von Grenzpolizei, Zoll und Gesundheitsbehörden, Gaststätten, Parkplätze und -häuser und ggf. Bahnhöfe für schienengebundene Zubringerverkehrsmittel.

Die **Start-** und **Landebahnen** haben sich aus den urspr. grasbewachsenen und in vielen Richtungen benutzbaren Rollfeldern zu befestigten Pisten entwickelt, die nur in den Hauptwindrichtungen angelegt werden. Bes. verkehrsreiche F. benötigen Parallelpistensysteme, um den Start- und Landebetrieb mit den notwendigen zeitl. Sicherheitsabständen abwickeln zu können (derzeit werden Spitzenwerte von nahezu 2000 Flugzeugbewegungen pro Tag erreicht). Üblich sind Pistenlängen von etwa 2000 bis 4000 m und Breiten von 45 bis 60 m. Befestigte **Rollwege** verbinden die Pisten mit dem **Vorfeld,** auf dem sich

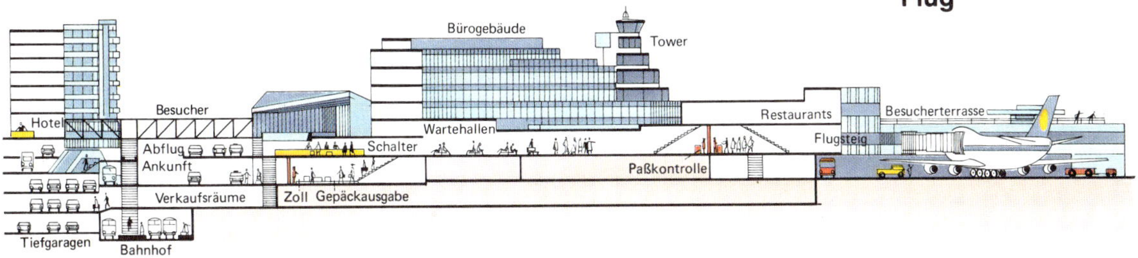

Flughafen 2: schemat. Schnittbild durch die Abfertigungsanlagen des Rhein-Main-F., Frankfurt a. M.

die Abfertigungs- und Abstellplätze für die Flugzeuge befinden.

An das Vorfeld grenzen die **Abfertigungsgebäude** mit möglichst großer Berührungsfront an. Sie enthalten die eigtl. Abfertigungsschalter für Passagiere und Gepäck, Verteilungs- und Ausgabeanlagen für Reisegepäck sowie die Flugsteige und Warteräume, aus denen die Fluggäste mit Omnibussen zu den Flugzeugstandplätzen gebracht werden oder über gedeckte Fluggastbrücken (Teleskopbrücken) direkt an Bord der Flugzeuge gelangen. Zur Frachtabfertigung werden spezielle Luftfracht-Container verwendet; die Abfertigungsanlagen sind hoch mechanisiert und automatisiert. Die **Tankanlagen** umfassen unterirdische Kraftstofflager sowie Unterflurzapfanschlüsse auf dem Vorfeld, aus denen die Flugzeuge über → Dispenser betankt werden. Die für Lenkung und Überwachung des Verkehrs erforderl. Flugsicherungsanlagen und Einrichtungen für die Nachrichtenübermittlung sind im **Kontrollturm,** engl. **Tower** [tˈaʊə], untergebracht, der Überblick über Vorfeld, Rollwege und Pisten gewährt. Vom Kontrollturm aus werden auch die bodenseitigen → Landehilfen bedient und überwacht.

Flugkörper, Sammelbez. für unbemannte Fluggeräte, die sich innerhalb oder außerhalb der Lufthülle der Erde auf → Flugbahnen **(aerodynam. F.)** oder auf Bahnen bewegen, die aus Flugbahnen und Wurfbahnen **(ballist. F.)** bestehen. Die Flugbahnen aerodynam. F. sind gegenüber den Bewegungsbahnen ballist. F. durch Einwirkung aerodynam. Kräfte stärker (und auch im antriebslosen Flug) beeinflußbar, was als Vorteil gilt und z. B. den → Konturenflug militär. F. ermöglicht. Gegenüber Erdsatelliten und Raumfahrzeugen sind F. dadurch abgegrenzt, daß ihre Geschwindigkeit kleiner als die → Kreisbahngeschwindigkeit oder die → Fluchtgeschwindigkeit bleibt.

F. können gelenkt (→ Lenkflugkörper) oder ungelenkt sein. Ballist. F. sind stets angetrieben (Raketentriebwerk), während aerodynam. F. antriebslos (Gleitflugkörper) oder angetrieben sind, wobei Raketentriebwerke überwiegen, Luftstrahlantriebe an Bedeutung gewinnen (→ Cruise missile) und Propellerantriebe nur noch selten verwendet werden. Das Geschwindigkeitsspektrum aerodynam. F. reicht von der Geschwindigkeit null (schwebefähige F.) bis zur mehrfachen Schallgeschwindigkeit; die Masse liegt zw. einigen Kilogramm und mehreren Tonnen. F. erfüllen überwiegend militär. Aufgaben. Als Lenkwaffen werden sie von Startanlagen am Boden, auf Schiffen oder an Flugzeugen gegen Land-, See- oder Luftziele eingesetzt und entsprechend bezeichnet (z. B. Boden-Luft-F., Luft-Luft-F., Luft-Boden-F.). Sie dienen weiter als Aufklärungs- und Zieldarstellungs-F. (→ Drohnen), als → Köderflugkörper sowie als Geräteträger in der → elektronischen Kampfführung. In begrenztem Umfang werden sie auch für Forschungs- und Versuchsaufgaben verwendet.

Fluglärm, störender Schall von Luftfahrzeugen. Der F. wird im Unterschall-Geschwindigkeitsbereich überwiegend von der Antriebsanlage erzeugt. Bei Strahlflugzeugen unterscheidet man zw. **Strahllärm** (der aus dem Triebwerk austretenden Gase) und **Triebwerkslärm** (Strömungsvorgänge in den rotierenden Triebwerksteilen). Technisch am wirksamsten wird der Strahllärm vermindert durch Reduzierung der Strahlgeschwindigkeit bei gleichzeitiger Vergrößerung der Düsenfläche (Mantelstromtriebwerk). Der Triebwerkslärm kann durch geeignete Ausführung der Schaufelgitter sowie schalldämpfende Behandlung der Triebwerksgondeln gemindert werden. Beim → Überschallflug tritt als weitere Komponente des F. der Überschallknall auf. Deshalb ist der zivile Überschallflug über dem Gebiet vieler Staaten, auch der Bundesrep. Dtl., verboten. – Flugbetriebl. Maßnahmen zur Minderung des F. sind Flugbetriebsbeschränkungen (z. B. Nachtflugverbote), spezielle An- und Abflugverfahren (best. Streckenführungen, Starts mit verminderter Leistung, Steillandungen).

Flugleistungen, meßbare Größen, die die Eignung eines Fluggerätes für einen vorgesehenen Anwendungszweck beschreiben (der Begriff ›Leistung‹ wird hier nicht in physikal. Bedeutung gebraucht). Zu den F. gehören: Fluggeschwindigkeiten (Höchst-, Reise-, Start- und Landegeschwindigkeiten), Steig- und Sinkgeschwindigkeiten, Steigzeiten, Gleitzahlen, Gipfelhöhe, Reichweite, Flugdauer, Tragfähigkeit, Start- und Landestrecken.

Flugmechanik, Lehre von den Bewegungszuständen der Luft- und Raumfahrzeuge unter Anwendung der Bewegungsgesetze der Mechanik. I. a. bestehen keinerlei Einschränkungen bezüglich der sechs Freiheitsgrade eines Körpers; dieser Fall wird ›freie Flugbewegung‹ genannt. Betrachtet man nur kleine Störungen, so können versch. Koppelungen zw. den Einzelbewegungen vernachlässigt werden, und es können statt der freien Flugbewegung zwei voneinander unabhängige Einzelbewegungen behandelt werden: Die Längsbewegung mit zwei translator. Freiheitsgraden (Bewegung in Flugbahnrichtung und vertikal dazu) und einem Freiheitsgrad der Rotation (Drehung um die Querachse: **Nicken)** und die Seitenbewegung mit einem translator. Freiheitsgrad (Bewegung quer zur Bahnrichtung) und zwei Freiheitsgraden der Rotation (Drehung um die Längsachse: **Rollen,** Drehen um die Hochachse: **Gieren).** Die Bewegung von Hubschraubern sowie von Flugzeugen bei großen Machzahlen muß als freie Flugbewegung behandelt werden.

Die Bewegung wird bestimmt durch das Zusammenwirken von Luft-, Massen-, Antriebs- und Steuerkräften sowie den daraus herrührenden Momenten. Aus den flugmechan. Berechnungen werden Aussagen über zu erwar-

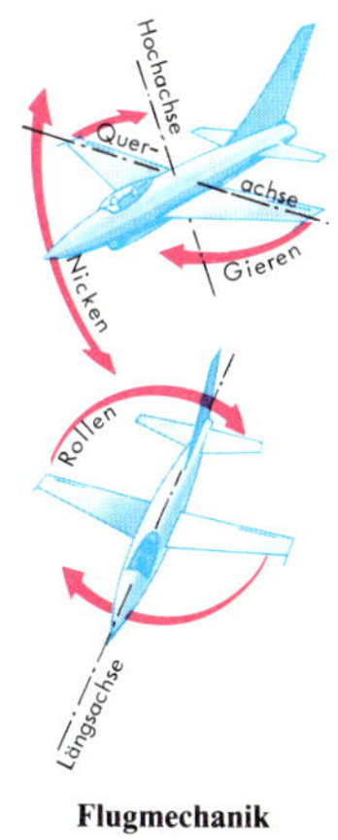

Flugmechanik

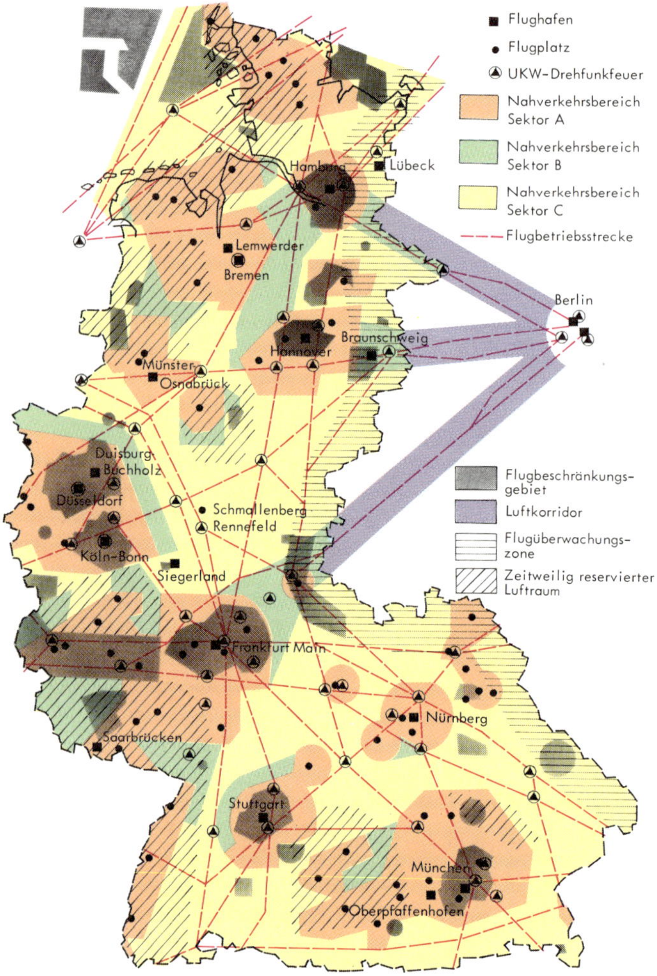

Flugnavigation · Flugsicherung 1: Der Luftraum über der Bundesrep. Dtl. ist in viele Kontroll- und Beschränkungszonen eingeteilt und von Luftstraßen (Flugbetriebsstrecken) überzogen, um alle Flugbewegungen in sichere Bahnen zu lenken. Auf der Karte der Bundesrep. Dtl. (BILD 1) und im schemat. Aufriß des Luftraums (BILD 2, Seite 135) sind diese Bereiche in gleicher Farbe wiedergegeben. Dargestellt ist der untere Luftraum, der bis zur Flugfläche FL 245 (= 24500 ft ≈ 7500 m) reicht. Der obere Luftraum hat ähnliche Struktur, die aber nicht so mannigfaltig ist, v. a. wegen des Wegfalls der Flughafenkontrollzonen, des militär. Tiefflugbandes und des Sichtflugbereichs (nur bis FL 100)

tende Flugeigenschaften (Stabilitäts- und Steuerungseigenschaften) und über Flugleistungen gewonnen. Die Bewegungen der Raumfahrzeuge werden weitgehend durch die Gesetze der Himmelsmechanik bestimmt **(Raumflugmechanik).**

C. A. TRAENKLE: F., 1 (²1978), 2 (1977); X. HAFER: F. (1980).

Flugmeteorologie, Teilgebiet der angewandten Meteorologie zur Bearbeitung meteorolog. Problemstellungen der Luftfahrt, bes. zur Durchführung der **Flugwetterberatung** durch den **Flugwetterdienst.** Dieser wird von den amtl. Wetterdiensten der Länder wahrgenommen und unterhält auf zivilen und militär. Flughäfen Dienststellen **(Flugwetterwarten),** die das in internat. Zusammenarbeit gesammelte Datenmaterial empfangen, durch eigene Beobachtungen ergänzen und zur Beratung aufbereiten. Die Beratung erfolgt individuell für jeden Flug unter Berücksichtigung des Flugzeugtyps und enthält die auf der geplanten Strecke für Sicherheit und Wirtschaftlichkeit wichtigen Wetterbedingungen. Sie gibt Auskunft über das auf der Flugstrecke zu erwartende Wetter **(Streckenvorhersage)** sowie über das auf dem Ziel- oder Ausweichflughafen herrschende Wetter **(Landewetter).** Wichtige Elemente sind Sichtverhältnisse, Windgeschwindigkeiten und -richtungen, Temperaturen und Drücke, Bewölkungsverhältnisse sowie Hinweise auf fluggefährdende Wettererscheinungen. Für den meist in großen Höhen abgewickelten Verkehr mit Strahlflugzeugen sind Auskünfte über die dort herrschenden Starkwindfelder sowie die darin herrschende Turbulenz bes. wichtig. Ein spezieller Zweig der F. ist die **Flugklimatologie,** die das zur Planung (Flughafenbau, Flugpläne) notwendige statist. Material über wichtige Wetterelemente liefert.

Flugmodell, flugfähiges und eigenstabiles Kleinstflugzeug, dessen Masse nach internat. Vorschriften 5 kg nicht überschreiten darf. Zur Erzielung optimaler Flugleistungen ist meist eine vom Großflugzeug abweichende Formgebung erforderlich. Naturgetreue Nachbildungen heißen **Flugzeugmodelle** oder **Modellflugzeuge.**

Man unterscheidet freifliegende, leinengesteuerte, ferngelenkte und Saal-F.; nach der Bauart wird unterteilt in Normal-F., Nurflügel-F. und Hubschrauber. Außerdem werden antriebslose (Segel-F.) und angetriebene Modelle (Motor-F.) unterschieden, wobei Kleinst-Verbrennungsmotoren, Elektromotoren oder verdrillte Gummischnüre als Antrieb dienen. Als Baustoffe werden überwiegend Leichthölzer (Balsaholz) sowie zunehmend Kunststoffe verwendet.

Mit F. werden flugsportl. Wettbewerbe durchgeführt, wobei die angegebenen Unterscheidungsmerkmale sowie zusätzl. Merkmale zur Klassifizierung einer Vielzahl von Wettbewerbsklassen dienen.

Flugmotoren, Verbrennungsmotoren, die den Anforderungen des Flugbetriebes angepaßt sind, bes. durch unbedingte Betriebssicherheit, Betriebsfähigkeit in großen Höhen, geringes Gewicht. Für höhere Leistungen sind die F. durch → Strahltriebwerke ersetzt worden.

Flugnavigation, Verfahren zur Standortbestimmung und Kursführung von Luftfahrzeugen. Bei ausreichenden Sichtbedingungen wird der Standort durch Betrachtung der Erdoberfläche und Vergleich charakterist. Landmarken mit einer Navigationskarte bestimmt und der Kurs nach Kompaßanzeige geflogen **(Sicht-** oder **terrestrische Navigation;** bes. gebräuchlich bei Segel- und Sportflugzeugen). Sichtnavigation ist nur innerhalb des für Sichtflüge zugelassenen Luftraumes sowie bei Erfüllung der Sichtflugbedingungen und Einhaltung der **Sichtflugregeln** (→ Sichtflug) anwendbar.

Sind wegen Tageszeit (Nachtflüge) oder Wetterbedingungen keine Landmarken erkennbar, so sind zur Standortbestimmung und Kursführung **Navigationsgeräte** und **-verfahren** erforderlich, nach denen der Luftfahrzeugführer einen gewünschten Kurs zu einem geforderten Zielpunkt fliegen kann. Außerdem sollen die Flugführungsinformationen der Navigationsgeräte auch auf das Flugsteuersystem aufschaltbar sein, um eine automatische Flugführung zu ermöglichen. Flugdurchführung nach sichtunabhängigen Navigationsverfahren erfolgt fast ausschließlich unter Überwachung durch den Flugverkehrskontrolldienst einer Flugsicherungsbehörde (→ Flugsicherung) sowie unter Einhaltung der **Instrumentenflugregeln** (→ Instrumentenflug). Zur sichtunabhängigen F. werden weitgehend versch. Verfahren der → Funknavigation verwendet. Da diese zum größten Teil die Mitwirkung von bodengebundenen Funknavigationshilfen benötigen, werden diese nichtautonomen Verfahren aus Gründen der Betriebssicherheit und der Störfestigkeit zunehmend durch autonome (bodenunabhängige) Verfahren, vorzugsweise → Doppler-Navigationsverfahren und → Trägheitsnavigation, ergänzt oder ersetzt.

Die für die Funknavigation erforderl. Bodenanlagen sind nur entlang der durch den Flugverkehrskontrolldienst überwachten → Luftstraßen installiert. Deshalb konzentriert sich der Instrumentenflugverkehr nur auf einen sehr begrenzten Teil des gesamten Luftraumes, was bei zunehmender Verkehrsdichte zu Verkehrsbehinderungen und -beschränkungen führt. Zur besseren Luftraumausnutzung wurden deshalb **Flächennavigations-Verfahren** entwickelt, die eine Navigation für beliebige Flugwege auch abseits des Luftstraßennetzes mit Kursführung und laufender Standortanzeige ermöglichen. Mit Hilfe besonderer Navigationsrechner und Anzeigegeräte können auch die bisherigen boden- und luftstraßengebundenen Funknavigationsanlagen (insbes. das VOR/DME-Netz) zur Flächennavigation herangezogen werden und dem Luftfahrzeugführer ständige Direktinformationen über Kurs und Standort liefern. Die autonomen F.-Verfahren erlauben ohnehin die luftstraßenunabhängige Flächennavigation.

Zur vertikalen Kursführung wurden **Vertikal-Navigationsgeräte** entwickelt, die Führungsinformationen für geforderte Steig- und Sinkflugwege liefern. Eine Kombination aus Vertikal- und Flächennavigationssystemen ermöglicht eine **dreidimensionale F.** (3D-Navigationsgeräte), womit best. Steig- und Sinkflugprofile auf vorgegebenen An- und Abflugwegen in den Kontrollzonen von Flughäfen präzise erflogen werden können.

Verfahren zur F. mit Hilfe von → Navigationssatelliten werden noch entwickelt und erprobt und treten erst in das Stadium breiterer Anwendung.

Als **meteorolog. Navigation** bezeichnet man Verfahren zur Flugwegoptimierung unter Berücksichtigung bes. vorteilhafter Wetterbedingungen (Ausnützung von Strahlströmen im Luftverkehr oder von Aufwindgebieten beim Segelflug).

Flugplatz, für Start und Landung von Luftfahrzeugen bestimmte und behördlich zugelassene Land- oder Wasserfläche. (→ Flughafen)

Flugregler, Systemteil einer automat. Flugzeugsteuerung, das die von Meßgebern ermittelten Istwerte der Flugbewegung mit vorgewählten oder von Navigationsanlagen, Landeführungssystemen, Fernlenkanlagen oder Flugprogrammen vorgegebenen Sollwerten vergleicht und daraus Korrektursignale bestimmt, die über eine Kraftsteuerung die Istbewegung in die Sollbewegung überführen.

Flugschrauber, ein → Drehflügler mit einem angetriebenen Rotor zur Auftriebserzeugung, der durch zusätzl. Antriebsanlagen von der Vortriebserzeugung entlastet wird, wodurch höhere Fluggeschwindigkeiten als mit Hubschraubern erreicht werden können.

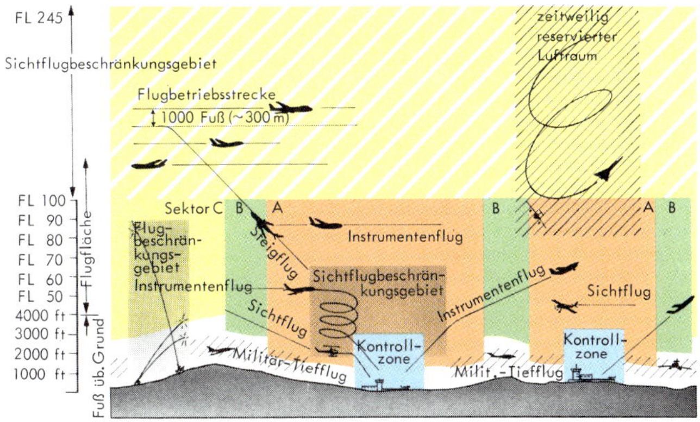

Flugnavigation · Flugsicherung 2:
(Bildunterschrift S. 134, Flugnavigation · Flugsicherheit 1)

Flugschreiber, → Flugdatenregistriergerät.

Flugsicherheit, Ausdruck für die Wahrscheinlichkeit von **Flugunfällen,** dargestellt durch die relative Unfall- oder Schadenshäufigkeit (Unfallrate), wobei die Zahl der Unfälle meist auf die in 100 Mio. Passagierkilometer ausgedrückte Verkehrsleistung bezogen wird.

Flugunfälle ereignen sich am häufigsten in der Anflug- und Landephase durch Berührung von Bodenhindernissen. Auf den Streckenflug entfallen etwa 20 bis 35% der Unfälle. Hauptursache der Unfälle ist menschl. Versagen bei gehäuftem Auftreten unfallträchtiger Umstände; techn. Mängel und ungünstige Wetterverhältnisse sind nur in je rd. 10% der Fälle Unfallursache.

Flugsicherung, Sammelbez. für alle Maßnahmen, die der sicheren Abwicklung des zivilen und militär. Flugbetriebs dienen. Zuständige Behörde ist in der Bundesrep. Dtl. die dem Bundesverkehrsministerium nachgeordnete **Bundesanstalt für Flugsicherung,** die mit der Errichtung, Unterhaltung und dem Betrieb geeigneter F.-Anlagen sowie mit der Durchführung folgender Betriebsdienste beauftragt ist: Flugverkehrskontroll-, Fluginformations-, Flugberatungs-, Flugfernmelde-, Flugnavigations-, Flugalarm-, Such- und Rettungsdienst und Technischer Dienst. Aufgabe des Flugverkehrskontrolldienstes ist die Bewegungslenkung der im kontrollierten Luftraum (Flugplatzkontrollzonen, Nahverkehrsbereiche und Luftstraßen) nach Instrumentenflugregeln fliegenden Flugzeuge mit dem Ziel, Zusammenstöße und gefährl. Begegnungen zu vermeiden sowie für eine schnelle und konfliktfreie Verkehrsabwicklung zu sorgen (→ Flugnavigation, → Eurocontrol). Zu diesem Zweck werden die Flugzeuge nach Höhe, Seite und Abstand gestaffelt; die Einhaltung dieser Sicherheitsabstände wird überwacht und – falls erforderlich – durch Anweisungen an die Luftfahrzeugführer sichergestellt. Für die Aufgabe des Flugverkehrskontrolldienstes ist das Radargerät die wichtigste Einrichtung. (BILDER Flugnavigation · Flugsicherung)

Flugsteuersystem, Gesamtheit der zur Steuerung eines Flugzeuges erforderl. Bauteile und Geräte (vom Piloten betätigte Steuerorgane, Übertragungsorgane für

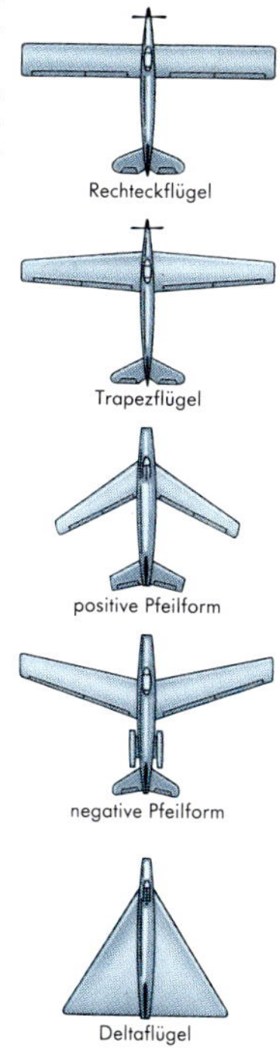

Flugzeug 1: Tragflügelumrißformen

Kräfte und Bewegungen, Kraftverstärker, Regler, Steuerflächen). Bei herkömml. F. werden die Steuerbewegungen mechanisch direkt (Handkraftsteuerung) oder über hydraul. Stellmotoren (kraftverstärkte Steuerung) auf die Steuerflächen übertragen. Durch die Stellung des Steuerorgans werden best. Steuerflächenstellungen befohlen, deren Wirkungen auf die Flugbewegung vom Piloten im voraus richtig beurteilt werden müssen, um eine gewünschte Bewegung herbeizuführen. Bei neuzeitl. F. (→Direktkraftsteuerung, künstl. →Stabilität, →Überziehflugfähigkeit) wird hingegen durch die Stellung des Steuerorgans ein best. Flugmanöver befohlen, für das ein Flugregler in Abhängigkeit vom jeweiligen Flugzustand die notwendigen Steuerflächenstellungen auswählt und über elektr. Steuersignale die Stellmotoren der ausgewählten Steuerflächen anspricht. Die Reaktion des Flugzeuges wird durch Signale von Bewegungsmeßsensoren dem Flugregler zurückgemeldet, der daraus erforderl. Korrektursignale so ermittelt, daß das befohlene Flugmanöver erfüllt wird. Steuer- und Stabilisierungssignale werden digital verarbeitet und elektrisch zu den Stellmotoren übertragen **(Elektrosteuerwerk).**

Flugüberwachungsgeräte, →Bordinstrumente zur Überwachung von Fluglage und Flugzustand.

Flugwetterdienst, →Flugmeteorologie.

Flugzeitspektrometer, Gerät zur Bestimmung der Energie von atomaren Teilchen, v. a. Neutronen (→Neutronenspektrometer) durch Laufzeitmessungen (→Laufzeit). Die Methode ist auch zur Herstellung von monochromat. Teilchenstrahlen geeignet, indem aus einem vorgegebenen Strahl, z. B. mit Hilfe von zwei in einem best. Abstand angeordneten rotierenden Blenden, Teilchen einer best. Geschwindigkeit selektiert werden.

Flugzeug, ein →Luftfahrzeug schwerer als Luft, das durch den aerodynam. →Auftrieb fester oder umlaufender Flügel (→Tragflügel) oder durch die Reaktionskräfte von Strahlantrieben getragen wird. Der durch die Bewegung des F. und durch die Auftriebserzeugung verursachte Luftwiderstand (→induzierter Widerstand) wird durch eine Vortriebskraft überwunden, die von einem Flugtriebwerk oder im antriebslosen Flug (→Gleitflug) durch die in Flugrichtung liegende Komponente des Eigengewichts geliefert wird. Auftriebs- und Vortriebserzeugung durch schlagende Flügel (→Schlagflügelflugzeug) sowie Antrieb durch Muskelkraft (→Muskelkraftflugzeug) wurden bislang nur in Versuchsgeräten realisiert.

Luftkräfte, Massenkräfte und Antriebskräfte sowie die sich daraus ergebenden Momente bezüglich des F.-Schwerpunktes sind miteinander im Gleichgewicht und bestimmen in ihrer Zuordnung den jeweiligen Flugzustand, für den außerdem stat. und dynam. →Stabilität gefordert wird. (Weiteres BILD S. 135)

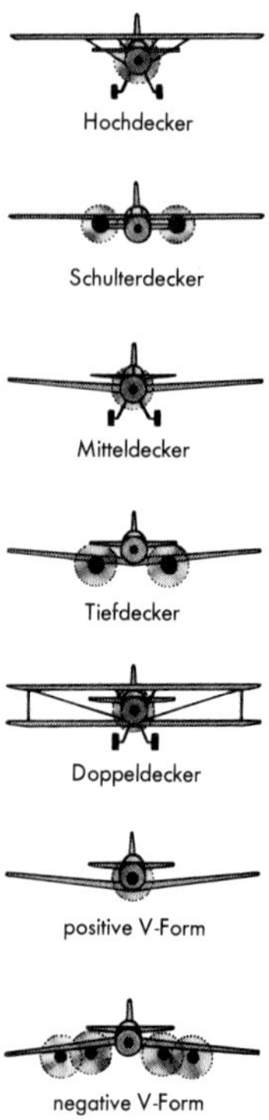

Flugzeug 2:
Tragflügelanordnungen

UNTERSCHEIDUNGSMERKMALE

Art der Auftriebserzeugung. Beim **Starrflügel-F.** sind die Tragflügel fest mit dem F. verbunden, weshalb Auftrieb nur bei Bewegung des gesamten F. erzeugt werden kann. Beim **Drehflügel-F.** ist die Bewegung der auftriebliefernden Flügelblätter unabhängig von der Bewegung des F., was den Schwebeflug ermöglicht, der auch mit strahlgetragenen F. erreichbar ist (→Hubstrahler).

Art der Vortriebserzeugung. **Gleit-** und **Segel-F.** sind antriebslos. **Motorsegler** sind Segel-F. mit einem Hilfsmotor. F. mit Vortriebserzeugung durch →Luftschrauben heißen nach Art der Antriebsmaschine **(Kolben-)Motor-F.** oder **Propellerturbinen-(Turboprop-)F.**; bei Vortriebserzeugung durch →Strahltriebwerke spricht man von **Strahl-** oder **Düsen-F.** oder von **Raketen-F.**

Start- und Landetechnik. **Flachstart-F.** benötigen eine horizontale Beschleunigungs- und Verzögerungsstrecke, die bei →Kurzstartflugzeugen von sehr geringer Länge sein kann; →Senkrechtstartflugzeuge können ohne horizontale Bewegung senkrecht aufsteigen und landen. **Land-F.** starten oder landen auf Bodenflächen, **Wasser-F.** oder →Flugboote auf Wasserflächen, →Amphibienflugzeuge auf Land- oder Wasserflächen.

Verwendungszweck. Unterschieden werden F. für zivile oder militär. Verwendung mit den Untergruppen **Schul-** und **Übungs-F.**, **Sport-F.**, **Geschäfts-F.**, **Arbeits-F.**, **Verkehrs-F.**, **Fracht-F.**, **Transport-F.**, **Kampf-F.** sowie **Forschungs-** und **Versuchs-F.**

Weitere Unterscheidungsmerkmale ergeben sich aus dem allgemeinen Aufbau der Flugzeuge.

ALLGEMEINER AUFBAU

Ein F. besteht aus einzelnen Bauteilen, die zu Baugruppen und Hauptbaugruppen zusammengefaßt werden können. Nach der Anordnung der einzelnen Baugruppen zueinander unterscheidet man **F.-Bauarten,** nach der Materialwahl sowie nach Art des Aufbaues von Bauteilen und Baugruppen **Bauweisen.**

Bauarten. Hauptbaugruppen sind das Flugwerk, die Triebwerksanlage und die Ausrüstung.

Zum Flugwerk gehören die Baugruppen Tragwerk, Rumpf, Leitwerk (die zus. die Zelle bilden) sowie Steuerwerk und Fahrwerk. Das **Tragwerk** umfaßt alle zur Erzeugung und Aufnahme der tragenden →Luftkräfte erforderl. Bauteile: Die →Tragflügel einschließlich aller Anschluß- und Versteifungsglieder (Abstrebungen, Verspannungen), die →Querruder, alle →Hochauftriebsmittel, →Störklappen, Grenzschichtzäune (→Grenzschichtbeeinflussung) und am Flügel angebrachte →Bremsklappen. Nach der Art der Tragflügel unterscheidet man Geradflügel- und →Ringflügelflugzeuge, nach deren Anzahl →Eindecker und Mehrdecker (z. B. →Doppeldecker) und nach der Lage der Flügel zum Rumpf Tiefdecker, Mitteldecker, Schulterdecker und Hochdecker. Der oder die Tragflügel können durch Verstrebung oder Spannkabel zum Rumpf abgestützt oder freitragend sein. Das Tandemflügel-F. besitzt zwei hintereinanderliegende Flügel, während F. ohne Rumpf und Leitwerk →Nurflügelflugzeuge genannt werden.

Der **Rumpf** nimmt Besatzung, Fluggäste, Nutzlast, Ausrüstung und häufig auch Triebwerke sowie Betriebsstoffe auf und verbindet das Tragwerk mit dem Leitwerk sowie mit dem Fahr- oder Schwimmwerk. Er wird bei Verkehrs-F. meist als →Druckkabine ausgebildet und enthält bei Fracht-F. große Ladepforten an Bug oder Heck. Ausschließlich durch Hubstrahltriebwerke getragene F. benötigen keine Tragflügel und häufig auch kein Leitwerk und können deshalb als Nurrumpf-F. gebaut werden.

Das **Leitwerk** dient der Stabilisierung sowie auch der willkürl. Beeinflussung der Flugbewegung. Es besteht aus starr mit dem Rumpf oder besonderen Leitwerksträgern verbundenen Flächen (Flossen oder Dämpfungsflächen) sowie den bewegl. Rudern, die im ausgeschlagenen Zustand am fliegenden F. Luftkräfte erzeugen, welche Momente um die Hauptachsen ausüben und entsprechende Drehbewegungen hervorrufen (um die Längsachse vorzugsweise durch die Querruder an den Tragflügeln, um die Querachse durch das Höhenruder und um die Hochachse durch das Seitenruder). Bei der Normalbauart sind Höhen- und Seitenleitwerk hinter dem Tragflügel angeordnet, beim →Entenflugzeug liegt das Höhenleitwerk vor dem Tragflügel. Beim Nurflügel-F. befinden sich auch die Höhenruder an der Hinterkante der Tragflügel.

Das **Steuerwerk** dient zur Betätigung der Ruder durch Übertragung der vom Flugzeugführer an den Steuerorganen (Steuerknüppel oder -säule für Höhen- und Querruder und Pedale für Seitenruder) aufgebrachten Steuerbewegungen. Die Steuerkräfte werden entweder direkt durch Seilzüge, Stoßstangen oder Drehwellen auf die Ruder übertragen (Handkraftsteuerung), oder die Ruder werden (bei großen F. oder bei hohen Fluggeschwindigkeiten) durch mechanisch oder elektrisch aktivierte →Steuermaschinen verstellt (→Flugsteuersystem). Neuere Steuerverfahren (→Direktkraftsteuerung) ermöglichen ›entkoppelte‹ Flugbewegungen, bei denen Flugbahn und Lagewinkel des F. unabhängig voneinander verändert werden können. Auch die Betätigungsvorrichtungen für →Hochauftriebsmittel, →Störklappen, →Bremsklappen und →Trimmklappen gehören zum Steuerwerk.

Das **Fahrwerk** besteht aus den aus Streben, Federbeinen und Radträgern gebildeten Fahrgestellen, den Laufrädern, den Radbremsen sowie ggf. einem →Sporn. Das Zweirad- oder Spornfahrwerk (nur noch bei Leicht-F.) besitzt zwei Radsätze kurz vor dem Schwerpunkt und einen Sporn zur Abstützung des Rumpfhecks. Beim heute überwiegenden Dreirad- oder Bugradfahrwerk befinden sich zwei Radeinheiten kurz hinter dem Schwerpunkt und ein lenkbarer Radsatz unter dem Rumpfbug. Beim selteneren Tandemfahrwerk sind zwei Radsätze hintereinander unter dem Rumpf angeordnet, während leichte Stützräder unter den Tragflächen dieselben horizontal halten. Das Fahrwerk kann entweder starr am Trag- oder Rumpfwerk angeschlossen sein, oder es wird zur Minderung des Luftwiderstandes im Flug in Flügel oder Rumpf eingezogen (Einziehfahrwerk). Das **Schwimmwerk** von Wasser-F. besteht aus zwei durch Streben angeschlossenen Einzelschwimmern oder einem Zentralschwimmer mit seitl. Stützschwimmern. (→Flugboot)

Die Triebwerksanlage liefert die Vortriebskraft durch Beschleunigung eines durchgesetzten Luftstromes. **Luftschrauben (Propeller)** erteilen einer großen Luftmenge eine kleinere Zusatzgeschwindigkeit, **Strahltriebwerke** erteilen einer kleineren Luftmenge eine größere Zusatzgeschwindigkeit. Strahltriebwerke sind zur Überwindung des im Schallgrenz- und Überschallbereich sehr hohen Luftwiderstandes besser geeignet als Luftschraubentriebwerke und ermöglichen damit höhere Fluggeschwindigkeiten. Luftschrauben werden durch **Kolbenmotoren** oder **Gasturbinentriebwerke** angetrieben; als Strahltriebwerke kommen luftatmende Triebwerke **(Turbinenluftstrahl-** oder **Staustrahltriebwerke)** und **Raketentriebwerke** zur Anwendung. Nach Anzahl der Triebwerke unterscheidet man **ein-** oder **mehrmotorige** bzw. **ein-** oder **mehrstrahlige F.** Luftschraubentriebwerke werden meist in der Rumpfspitze oder an den Tragflügelvorderkanten (seltener im Heck oder an den Flügelhinterkanten) eingebaut; Strahltriebwerke befinden sich in den Tragflügeln oder in Gondeln unter oder über dem Flügel, im Rumpf oder in Gondeln am Rumpf (meist seitlich am Heck). Zur Triebwerksanlage gehören weiterhin die Triebwerkaufhängung, Kühlanlagen, Lufteinlauf- und Schubumkehranlagen sowie die Betriebsstoffbehälter, die als Innenbehälter in Rumpf und Tragflügeln untergebracht (→Integraltank) oder als zusätzl. Außenbehälter außerhalb der Zelle aufgehängt sind (bes. bei militärischen F.).

Die Ausrüstung umfaßt Energieversorgungsanlagen (elektrische, hydraulische, pneumatische), Überwachungsgeräte (Flug-, F.- und Triebwerküberwachungsgeräte), Regelungsgeräte, Nachrichten- und Navigationsgeräte, Druckhaltungs- und Klimaanlagen, Sicherheitsanlagen und Rettungsgeräte (Enteisungs- und Feuerlöschanlagen, Sauerstoffversorgung, Fallschirme, Schleudersitze, Schwimmwesten, Schlauchboote) sowie auf den jeweiligen Verwendungszweck ausgerichtete Sonderausrüstungen (Fluggastsitze, Bordküchen, Wasch- und Toilettenanlagen bei Verkehrsflugzeugen; militär. Ausrüstungen, Luftbildausrüstungen, Anlagen und Geräte für Forschungs- und Versuchsaufgaben).

Bauweisen. a) Nach Art der zum Aufbau des Flugwerks verwendeten Werkstoffe unterscheidet man die **Holzbauweise,** die **Gemischtbauweise** (Holz, Stahl, Leichtmetalle), die **Ganzmetallbauweise** (Aluminiumlegierungen, Titan, Stahl) und die **Verbundwerkstoff-** oder **Kunststoffbauweise** (Glas-, Kohlenstoff- oder Borfasern in Kunstharz- oder Leichtmetallbindung). b) Nach Art der Kräfteaufnahme in den tragenden Bauteilen unterscheidet man die **Gerüst-** oder **Fachwerkbauweise** mit kräfteaufnehmenden Holz- oder Stahlrohrfachwerken und Hauptträgern (Holmen und Gurten), tragenden und formgebenden Bauteilen (Rippen, Spanten) und der überwiegend formgebenden Außenhaut sowie die **Schalenbauweise,** bei der die durch viele Längs- und Querprofile versteifte Außenhaut weitgehend zur Kraftaufnahme herangezogen wird, wodurch verdreh- und biegefeste rohrförmige Bauteile gebildet werden. c) Nach der Herstellungsart der Schalenbauteile unterscheidet man weiterhin die **Differentialbauweise** (Schale aus einzelnen durch Nietung oder Verschraubung verbundenen Bauteilen), die **integrierende Bauweise** (durch Metallkleben oder Schweißen verbundene einzelne Bauteile) und die **Integralbauweise** (Außenhaut mit den Versteifungen aus einem Stück durch Fräsen, Strangpressen oder chem. Abtragung hergestellt). Bei der **Doppelschalen-** oder **Sandwichbauweise** werden sehr beulsteife Schalen verwendet, die aus zwei außenliegenden festen Deckschichten (Bleche oder Verbundwerkstoffe) und einer damit verklebten zwischenliegenden Stützschicht geringer Festigkeit bestehen.

Die Gestaltung der Bauteile im einzelnen wird durch die Grundprinzipien des Leichtbaues und häufig auch die der →Ausfallsicherheit bestimmt.

ANFORDERUNGEN · BEDEUTUNG

Jeder **F.-Entwurf** muß best. Forderungen genügen, die entweder vom künftigen Betreiber im Hinblick auf die vorgesehene Verwendung gestellt werden (üblich bei militär. Mustern) oder die vom Hersteller auf Grund von Bedarfsanalysen so erarbeitet werden, daß sie möglichst weitgehend den zu erwartenden Forderungen noch unbekannter Betreiber entsprechen (meist üblich bei zivilen Mustern).

Zuladung, Eindringtiefe und best. Flugleistungen, weitgehende Unempfindlichkeit gegen gegner. Abwehrmaßnahmen sowie Zuverlässigkeit und geringe Wartungsansprüche sind die wichtigsten Anforderungen an militär. F., während bei zivilen F. (bes. bei Verkehrs-F.) Nutzlast, Reichweite, Reisegeschwindigkeit und niedrige Betriebskosten über einen möglichst großen Einsatzbereich sowie hohe Betriebssicherheit die Hauptforderungen sind. Da kein eindeutiger Zusammenhang zw. gestellten Forderungen und der dafür erforderl. Bauform besteht, wird eine Vielzahl von Vorentwürfen bearbeitet, aus denen sich durch vergleichende Beurteilung der end-

Flugzeug 3: Anordnung der Triebwerke

4

5

6

7

Flugzeug 4–7: 4 Boeing 747: Langstrecken-Verkehrs-F., 4 Strahltriebwerke, Tiefdecker, Pfeilflügel, Startgew. 350 t, Reisegeschw. 950 km/h. **5** Airbus A 310: Kurz- bis Mittelstrecken-Verkehrs-F., 2 Strahltriebwerke, Tiefdecker, Pfeilflügel, Startgew. 138 t, Reisegeschw. 900 km/h. **6** Dassault-Breguet Falcon 10: Geschäftsreise-F., 2 Strahltriebwerke, Tiefdecker, Startgew. 8500 kg, Reisegeschw. 900 km/h. **7** Dornier Do 228: Zubringer- und Mehrzwecktransport-F., STOL, 2 Propellerturbinen, Schulterdecker, ›Tragflügel Neuer Technologie‹ (TNT), Startgew. 5700 kg, Reisegeschw. 370 km/h

gültige Entwurf entwickelt, von dem ein oder mehrere **Muster-F.** gebaut und eingehend erprobt werden. Kann mit diesen Versuchsmustern die Erfüllung der gestellten Forderungen nachgewiesen werden, so ist der Weg zum Serienbau des F.-Musters frei.

In einer Zeitspanne von etwa 80 Jahren seit den ersten gesteuerten Flügen mit angetriebenen F. konnte das F. zu einem Transportgerät entwickelt werden, das alle transkontinentalen und interkontinentalen Entfernungen zu überbrücken und alle gewünschten Reiseziele direkt zu verbinden vermag, wobei oberhalb best. Mindestentfernungen Reisezeiten erreicht werden, die von keinem anderen Verkehrsmittel unterschritten werden. Auf dem Gebiet der Personenbeförderung hat das F. auf bevorzugten Strecken (z. B. über den Nordatlantik) andere Verkehrsmittel nahezu vollständig verdrängt; daneben wird der größte Teil der Post über mittlere und große Entfernungen befördert, während für die Frachtbeförderung wirtschaftl. Grenzen – v. a. beim Transport von Massengütern – bestehen. Auf Sondergebieten (z. B. → Landwirtschaftsfliegerei, Luftbild- und Luftrettungswesen) erfüllt das F. Aufgaben, die mit anderen Transportgeräten nicht zu bewältigen sind. Im militär. Einsatz hat sich das F. häufig als kampfentscheidende Waffe erwiesen und gilt in Verbindung mit → Flugkörpern, die den gleichen physikal. Bedingungen genügen, als unverzichtbarer Bestandteil der Ausrüstung leistungsfähiger Streitkräfte.

Geschichtliches → Luftfahrt.

Allgemeines: HEINZ A. F. SCHMIDT: Lexikon der Luftfahrt (1972); W. DIERICH: Das große Hb. der Flieger ([4]1973); N. KRIVINYI: Tb. der Luftflotten ([2]1976); G. BRÜTTING: Hb. für den Motorflieger ([5]1979); Weltenzyklopädie der F., hg. v. E. ANGELUCCI (a. d. Ital., 2 Bde. 1981/83); – Jb. der Luft- und Raumfahrt, hg. v. K.-F. REUSS (seit 1956, u. d. T. Jb. der Luftfahrt 1951–55); Jane's All the World's Aircraft (London, jährlich, seit 1913).

Technik: E. GÖTSCH: Einführung in die Luftfahrzeugtechnik (1975); K. HÜNECKE: Flugtriebwerke (1976); H. SCHNEIDER: Flugzeugbau ([3]1979); Grundlagen der Luftfahrzeugtechnik in Theorie und Praxis, hg. v. Luftfahrt-Bundesamt, 3 Bde., Loseblattausg. (1980 ff.); X. HAFER u. G. SACHS: Flugmechanik (1980).

Geschichte: P. SUPF: Das Buch der dt. Fluggeschichte 1 (1956), 2 (1958), 3 (1979); A. GORDON: Die Fliegerei (a. d. Engl., 1964);

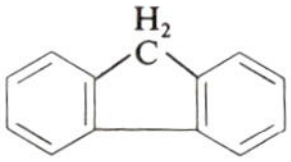

Fluoren

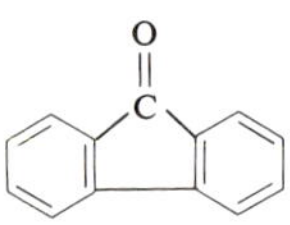

Fluorenon

Flugzeug 8 und 9: 8 Piper PA-38 Tomahawk: zweisitziges Grundschulungs- und Sport-F., Boxermotor, Tiefdecker, Rechteckflügel, starres Bugradfahrwerk, Startgew. 757 kg, Reisegeschw. 200 km/h. **9** Weedhopper: Ultraleicht-F., motorisierter Hängegleiter, Leergew. 72 kg, Reisegeschw. 48 km/h

8

9

W. GREEN: Warplanes of the Third Reich (London 1970); KURT W. STREIT u. J. W. R. TAYLOR: Geschichte der Luftfahrt (1975); D. MONDEY: Illustrierte Gesch. der Luftfahrt (a. d. Engl., 1980).
Zeitschriften: Der Flieger (seit 1920); Interavia (seit 1946); Zeitschrift für Flugwissenschaften (seit 1953); Flug-Revue mit Flugwelt (seit 1956 bzw. 1949); Aerokurier (seit 1957).

Flugzeugbordwaffen, i. e. S. die in militär. Flugzeugen (meist starr) eingebauten Rohrwaffen, die fest in der Zelle oder in außerhalb aufhängbaren Waffenbehältern untergebracht sind. Bevorzugt werden **Maschinenkanonen** mit hoher Schußfolge (1000–6000 Schuß/min) und Kalibern von 20 bis 30 mm. Rohrwaffen sind fremdstörsicher, wetterunabhängig und erlauben die Zielbekämpfung auch auf kurze Entfernungen. I. w. S. werden auch von Kampfflugzeugen mitgeführte Abwurfwaffen und → Flugzeugraketen als F. bezeichnet.

Flugzeugraketen, ungelenkte oder gelenkte → Raketenwaffen, die an Bord von Kampfflugzeugen mitgeführt und gegen Land-, Luft- und Seeziele eingesetzt werden. Sie werden meist von außenbords (unterhalb des Tragflügels oder am Rumpf) angebrachten Trag- und Abschußvorrichtungen aus gestartet. Vorteile gegenüber Rohrwaffen sind rückstoßfreier Abschuß (erlaubt schwerere Gefechtsköpfe), größere Reichweite (Verwendung als → Abstandswaffen) und größere Treffwahrscheinlichkeit bei gelenkten F.

Flugzeugtorpedo, von Seekampfflugzeugen mitgeführter und durch Abwurf im Tiefflug gegen Schiffsziele eingesetzter Torpedo, der heute meist durch einen akust. Zielsuchkopf ins Ziel gelenkt wird.

Flugzeugträger, Kriegsschiff zum Einsatz von Radflugzeugen auf See. Es gibt Große F., Leichte F. und Hubschrauberträger. Start- und Landebahn ist das (schiffslange) Flugdeck, Kommandozentrale die seitlich angeordnete ›Insel‹. Zur Verkürzung der Startstrecke dienen Flugzeugschleudern und Startraketen; zum Auffangen der landenden Flugzeuge querschiffs angebrachte Halteltaue, in die ein Haken an der Maschine faßt. – Der F. verdrängte im 2. Weltkrieg das Schlachtschiff als Hauptwaffe. Obwohl durch Flugkörper verwundbarer geworden, spielen F., ausgestattet mit hochentwickelten Ortungs- und Waffensystemen, als Kern schlagkräftiger Flotten auch heute noch eine wichtige Rolle. – Größte F. der Erde sind die der ›Nimitz‹-Klasse der USA (BILD S. 140). – Zum ersten Mal startete ein Flugzeug von einem Kriegsschiff der USA 1910.

Flugzeugüberwachungsgeräte, → Bordinstrumente zur Überwachung des Zustandes des Flugwerkes eines Flugzeuges.

Fluid *das,* Strömungslehre: Oberbegriff für Flüssigkeiten und Gase.

Fluidik, Fluidiktechnik, strömungsmechanische Schaltkreistechnik, die Verwendung strömungsmechan. (statt elektron.) Elemente in Analog- und Digitalschaltungen für Steuer- und Verknüpfungsaufgaben. Beim **Impulsverstärker** (BILD 1 S. 141) wird ein kräftiger freier Flüssigkeits- oder Gasstrom durch schwache, von E_1 oder E_2 ausgehende Steuerströme auf die Austrittsöffnungen A_1 und A_2 verteilt. Im **Wandstrahlelement** ziehen Randwirbel den Strahl zu einer Wand hin, an der er vorbeifließt (Coanda-Effekt, BILD 2 S. 141). Im **Wandstrahl-Kippglied (Flipflop)** hält sich der Strahl durch diesen Effekt in demjenigen der Ausgänge A_1 oder A_2, zu dem ihn ein kurzer Impuls an E_1 oder E_2 geleitet hat (BILD 3 S. 141). Ähnlich sind binäre Verknüpfungsglieder mit und ohne Verstärkung aufgebaut (BILD 4 S. 141). Die Umschaltzeit liegt bei 1 ms; einfache Schaltgeräte wie Vergleicher, Codeumsetzer oder Zähler erreichen Arbeitsfrequenzen von 100 bis 1000 Hz bei Gasstrahlen von etwa 1 mm Durchmesser. Die Kanäle werden meist in Kunststoff geätzt oder gepreßt. – Neben reinen Freistrahl-Elementen werden auch Schalteinrichtungen mit sehr leichten Kolben und Ventilen verwendet.

Anwendungen in der Luftfahrt-, Raumfahrt- und Reaktortechnik wegen der Unempfindlichkeit gegen Strahlung, Magnetfelder und Beschleunigungen, bei Wärmekraft- und Werkzeugmaschinen, bei medizin. Geräten.

Flugzeug 10: Bauweisen

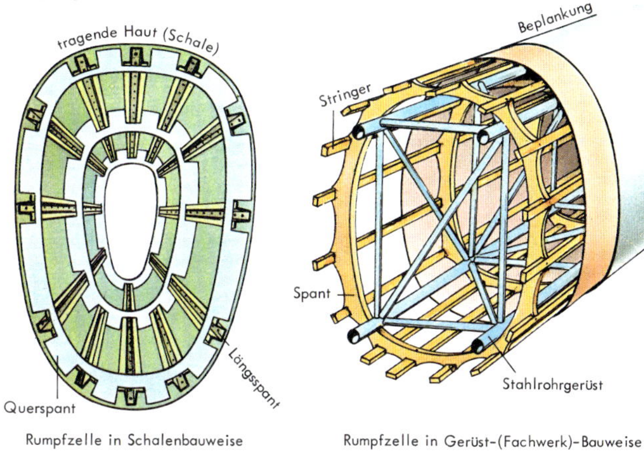

Flunken, → Anker 3).

Fluor *das,* chem. Symbol **F**, chem. Element aus der Gruppe der Halogene, Ordnungszahl 9 (→ chemische Elemente), ein natürl. stabiles Isotop, mehrere instabile künstl. Isotope. F. ist ein schwach gelbgrünes, stark ätzendes, stechend riechendes giftiges Gas, es besitzt die größte Elektronegativität und reagiert lebhaft mit zahlreichen Elementen und Verbindungen. Natürl. Vorkommen v. a. als **Fluorit,** CaF_2, und **Kryolith,** Na_3AlF_6, daneben verbreitet in zahlreichen Mineralen und Gesteinen. In den Zähnen sind 0,2% F. als **Apatit** enthalten (→ Fluoridierung). – Darstellung durch Elektrolyse einer Lösung von Kaliumfluorid, KF, in wasserfreier Flußsäure in Stahl- oder Nickelgefäßen mit Nickel- oder Kohleanoden. F. wurde erstmals von H. MOISSAN 1886 auf diesem Weg hergestellt. – Verwendung als Raketentreibmittel und zur Darstellung von → Fluorverbindungen, → Fluaten, → Chlorfluorkohlenstoffen, Uranhexafluorid (→ Uranverbindungen) u. a.

Fluorchlorkohlenwasserstoffe, svw. → Chlorfluorkohlenstoffe.

Fluoren, kondensierter polyzykl. Kohlenwasserstoff, der im Steinkohlenteer enthalten ist. Durch Oxidation der farblosen Kristalle entsteht **Fluorenon.** (FORMELN S. 138)

Fluorescein, gelbrotes Pulver, das in Wasser schwer, in Alkohol, Äther und Alkalien leichter löslich ist und schon in stärkster Verdünnung deutlich grüne Fluoreszenz aufweist. F. wird u. a. als Indikator, Farbzusatz bei Badetabletten, zur Beobachtung von Abwässern und unterirdischen Wasserläufen benutzt.

Flugzeug 11: Bauweisen

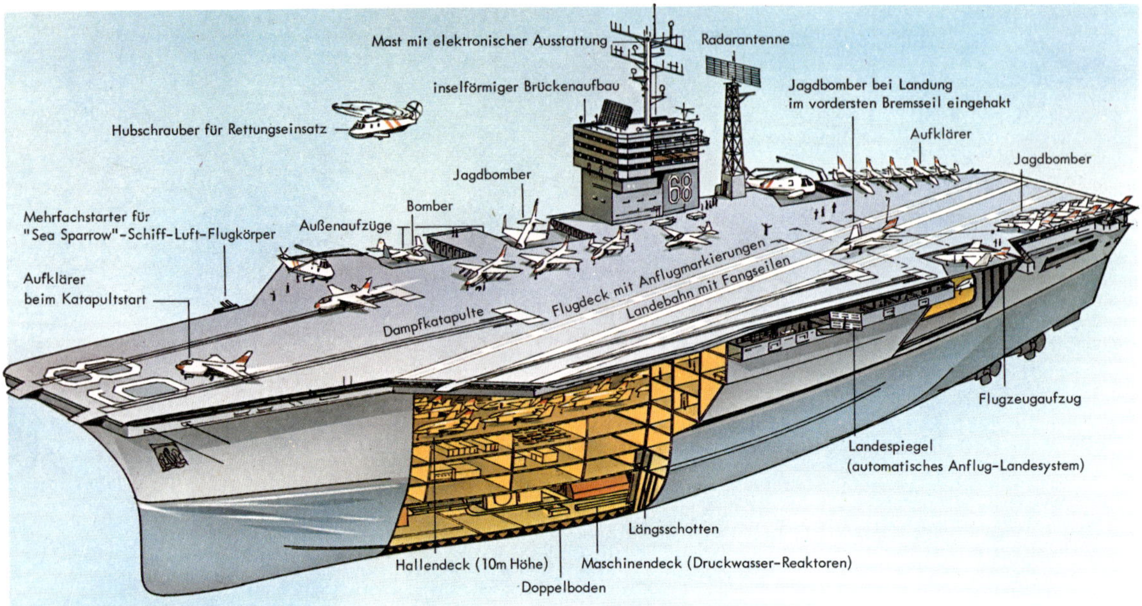

Flugzeugträger: ›Chester N. Nimitz‹, USA (Einsatzverdrängung: 91 400 t, Länge: 338,85 m, Breite: 76,80 m, Nuklearantrieb: 280 000 PS [205 940 kW], Kriegsbesatzungsstärke: 6 290 Mann, Anzahl der Flugzeuge: 97)

Fluoreszenz, nach dem Fluorit benannte Form der → Lumineszenz von gasförmigen, flüssigen oder festen Stoffen, die nach Bestrahlung mit Licht, Röntgen- oder Elektronenstrahlen innerhalb 10^{-6} s nach der Anregung die absorbierte Energie in Form von elektromagnet. Strahlung gleicher **(Resonanz-F.)** oder längerer Wellenlänge (→ Stokessche Regel) wieder abgeben. Bei **optischer F.** liegt die emittierte Strahlung im sichtbaren Spektralbereich im Unterschied zur **Röntgen-F.** Diese läßt sich mit **F.-Schirmen** sichtbar machen. Infolge **F.-Löschung** kann die Aussendung von F.-Lichtquanten ausbleiben (strahlungslose Desaktivierung) oder als **sensibilisierte** F. auf andere Moleküle übertragen werden.

Neben Fluorit zeigen v. a. Uranverbindungen, Salze von Seltenerdmetallen und Dämpfe von Quecksilber, Natrium sowie organ. Stoffe F.

Da die **F.-Spektren** charakteristisch für die Energieniveaus der fluoreszierenden Atome und Moleküle sind, hat sich die → Fluoreszenzanalyse zu einer wichtigen Methode der chem. Analyse entwickelt.

Für die **Röntgendurchleuchtung** werden fluoreszierende Stoffe mit einem gelbgrünen F.-Licht, das dem Empfindlichkeitsmaximum des menschl. Auges entspricht, verwendet (Bariumplatincyanür, Zinksilikat, Cadmiumsulfid). Bei **Röntgenaufnahmen** bevorzugt man Verstärkerfolien mit blauviolettem F.-Licht, dessen Spektrum sich mit dem Empfindlichkeitsmaximum einer photograph. Emulsion deckt (Calciumwolframat, Bariumplatinsulfat, Zinksulfid). Die Güte der Bildwiedergabe wird wesentlich von der Eigenschaft der Folien bestimmt. Strahlensparend bei hohem Auflösungsvermögen sind Folien auf der Basis seltener Erden (Lanthan).

Fluoreszenz|analyse, Sammelbez. für analyt. Methoden, bei denen die charakterist. → Fluoreszenz bestrahlter Stoffe zur Identifizierung sowie zum qualitativen und quantitativen Nachweis von Substanzen in Verbindungen und Gemischen ausgenutzt wird. Hierzu gehören die → Fluoreszenzspektroskopie, die → Fluorimetrie, die → Röntgenfluoreszenzanalyse, die **Fluoreszenzmikroskopie** (→ Mikroskop) sowie die fluorimetr. Bestimmung des Endpunkts von Titrationen **(Fluoreszenztitration).**

Fluoreszenzspektroskopie, Lumineszenzspektroskopie, die Messung und Auswertung der charakterist. Fluoreszenzspektren von Gasen, Flüssigkeiten sowie Festkörpern für Strukturbestimmungen von Atomen, Molekülen und Kristallen oder zum analyt. Nachweis (→ Spektralanalyse, → Fluorimetrie). Man unterscheidet **Anregungsspektroskopie,** bei der die Fluoreszenzintensität bei einer festen Wellenlänge in Abhängigkeit von der Wellenlänge der Anregungsstrahlung registriert wird, und **Emissionsspektroskopie,** bei der die Probe mit Licht einer festen Wellenlänge (meist im Ultravioletten) angeregt und die Intensität der Fluoreszenzstrahlung über einen großen Spektralbereich vermessen wird. Für die Aufnahme der Fluoreszenzspektren werden spezielle Spektralphotometer benutzt.

Fluoride, → Fluorverbindungen.

Fluoridierung, Zusatz von Fluorverbindungen zu Lebensmitteln (z. B. Wasser) und Zahnpflegemitteln als Kariesprophylaxe. Von der Weltgesundheitsorganisation WHO werden für Trinkwasser Fluoridgehalte von 1,0 bis 1,2 ppm für gemäßigte Klimate, von 0,6 ppm für die Tropen empfohlen.

Fluorimetrie, Fluorometrie, Verfahren der chem. Analyse, bei dem aus der Fluoreszenzintensität auf die Menge des zu bestimmenden Stoffes in einer Lösung geschlossen wird, wenn die Abhängigkeit der Fluoreszenz von der Konzentration bekannt ist; gelegentlich wird F. auch als Oberbegriff für **Fluoreszenzspektralanalyse** und **Fluorphotometrie** verwendet. Zur Analyse dienen **Fluorimeter** oder **Fluorphotometer.** – Die F. wird zur Bestimmung von Eiweiß, Alkaloiden, Vitaminen, Hormonen u. a. angewendet.

Fluorit, Flußspat, Mineral CaF_2, farblos oder sehr verschieden gefärbt, durchsichtig, H. 4, D. 3,2, häufig fluoreszierend; meist derb, auf Klüften auch in Würfeln, oft Zwillingsbildung; in Pegmatiten und auf hydrothermalen Gängen. F. wird zur Herstellung von Flußsäure und Fluor, für Email und Glasuren, als Flußmittel in der Metallurgie sowie in der opt. Ind. verwendet.

Fluorkohlenwasserstoffe, aliphat., alizykl. und aromat. Kohlenwasserstoffe, in denen Wasserstoffatome durch Fluoratome ersetzt sind. Die i. d. R. untox. F. unterscheiden sich von den entsprechenden Kohlenwasserstoffen durch größere therm. und chem. Stabilität, niedrigere Oberflächenenergie, Dielektrizitätskonstanten und Brechungsindizes, geringere Löslichkeit und höhere Dichte. Deshalb werden F. in vielen techn. Bereichen angewendet, z. B. als Treibgase für Aerosole, Schmiermittel, Hydraulikflüssigkeiten, Isolier-, Löse- und Feuerlöschmittel, Hydrophobierungs-, Oleophobierungs- und Imprägniermittel für Textilien, Leder und Papier, Netz- und Metallbehandlungsmittel. Per- oder teilfluorierte Olefine werden zu Fluorelastomeren und Fluorkunststoffen polymerisiert. (→ Chlorfluorkohlenstoffe, → Fluorofasern)

Fluormethode, Fluortest, Hilfsmittel zur Bestimmung des relativen Alters fossiler Knochen. Das im Grundwasser enthaltene Fluor ersetzt im Lauf der Zeit die Hydroxylionen des Hydroxylapatits der Knochen. Dieser Fluorgehalt der Knochen einer best. Fundstelle erlaubt eine relative → Altersbestimmung, durch die spätere Einschlüsse und Fälschungen erkannt werden können.

Fluorofasern, aus polymerisiertem Tetrafluoräthylen hergestellte hochhitzebeständige, chemikalienbeständige, gleitfähige Spinnstoffe (Handelsnamen z. B. ›Teflon‹, ›Phtorlon‹, ›Vulflon‹) für techn. Spezialzwecke.

Fluorokieselsäure, Kieselfluorwasserstoffsäure, Hexafluorkieselsäure, $H_2[SiF_6]$, starke anorgan. Säure, die in reinem wasserfreiem Zustand nicht darstellbar ist; wird als Desinfektions- und Konservierungsmittel verwendet. Ihre Salze, die **Fluorosilikate,** dienen als → Fluate in der Technik und zur → Fluoridierung.

Fluorometrie, svw. → Fluorimetrie.

Fluorverbindungen. Wichtigste F. ist der **Fluorwasserstoff,** HF, eine stark ätzende, stechend riechende, sehr giftige (MAK 2 mg/m^3), farblose Flüssigkeit, die bei 19,54 °C siedet und bei – 83,7 °C erstarrt. Im Fluorwasserstoffdampf liegen infolge Assoziation (Wasserstoffbrückenbindung) $(HF)_n$ ($n = 2$–8) Moleküle vor. Mit Wasser ist Fluorwasserstoff unbeschränkt mischbar; die Lösung, **Fluorwasserstoff-** oder **Flußsäure** genannt, ist eine mittelstarke, stechend riechende, ätzende, giftige, farblose Säure. 40%ige Flußsäure siedet bei 110 °C als Azeotrop. – Die techn. Darstellung von Fluorwasserstoff erfolgt aus → Fluorit, CaF_2, und Schwefelsäure. Wasserfreie HF greift Glas und Metalle kaum an. Es wird verwendet als Katalysator, als Lösungsmittel, zur Herstellung von Fluorkohlenwasserstoffen u. a. – Zum Aufbewahren von Flußsäure sind Kunststoff-, Eisen- und Bleigefäße geeignet. Glas wird unter Bildung von **Siliciumtetrafluorid,** SiF_4, angegriffen. Flußsäure wird v. a. zum Ätzen von Glas und Metallen, zur Herstellung von Fluorverbindungen und in der Galvanotechnik verwendet. Die Salze der Flußsäure sind die **Fluoride.** Sie sind vielfach wasserlöslich. Zahlreiche Fluoride der Nichtmetalle und Halbmetalle enthalten kovalente Bindungen und sind häufig flüchtig, z. B. **Bortrifluorid,** BF_3, ein farbloses Gas, das u. a. als Fluß- und Räuchermittel dient. Mit überschüssigen Fluoridionen bilden viele Metall- und Nichtmetallfluoride komplexe **Fluoro-anionen,** z. B. $[AlF_6]^{2-}$, das Hexafluoroaluminat-Ion. Die **Hexafluorosilikate** haben techn. Bedeutung (→ Fluate). – Von den Oxiden des Fluors sind **Difluoroxid,** F_2O, und **Difluordioxid,** F_2O_2, bekannt. Mit anderen Halogenen bilden sich aus den Elementen zahlreiche F. Die aliphat., alizykl. und aromat. **Fluorkohlenstoffe,** in denen Wasserstoff durch Fluor ersetzt ist, sind thermisch und chemisch meist sehr stabil und finden vielfache techn. Anwendung: fluorhaltige **Alkylhalogenide** z. B. als Kälte- und Treibmittel, **Fluoralkohole** als Lösungsmittel für Polymere. Fluorhaltige **Kunststoffe** sind das thermoplast. **Polytetrafluoräthylen** (Handelsnamen z. B. ›Teflon‹, ›Hostaflon‹) und das **Polytrifluorchloräthylen.**

Flurfördermittel, flurgebundene Drei- oder Vierradfahrzeuge mit Handsteuerung oder Automatikbetrieb. Antrieb durch Elektro-, Diesel- oder Ottomotor (letzterer für Flüssiggasbetrieb). F. gibt es ohne Ladefläche **(Schlepper),** mit Ladefläche **(Plattformkarren),** mit heb- oder senkbarer Ladefläche **(Hubkarren)** oder mit Stapeleinrichtung (→ Gabelstapler).

Flurwasser, Teil des Niederschlagswassers, der in den Boden einsickert.

Fluß, 1) Elektrizitätslehre: a) → elektrischer Fluß, b) → magnetischer Fluß.

2) Geowissenschaft: jedes fließende Gewässer des Festlandes; allg. werden bedeutendere F. **Ströme,** kleinere **Bäche** und kleinste **Rinnsale** genannt. Der **Neben-F.** mündet in einen anderen F., der **Haupt-F.** in einen Endsee oder ins Meer. Das zu einem F. gehörige Gewässernetz bildet dessen **F.-System,** das von diesem entwässerte Landgebiet sein **F.-, Strom-, Entwässerungs-** oder **Einzugsgebiet,** das durch eine **Wasserscheide** vom nächsten getrennt wird. – **Küsten-F.** münden schon nach kurzem Lauf ins Meer, **Wüsten-F.** versickern oder verdunsten oft schon vor ihrer in Sümpfen oder Endseen liegenden Mündung. Dauer-F. in Trockengebieten heißen **Fremdlings-F.;** sie werden aus feuchteren Gebieten gespeist. In Kalkgebieten verschwinden **Karst-F.** in **F.-Schwinden,** fließen aber oft unterirdisch als **Höhlen-F.** weiter. Ein F. mit nur zeitl. Wasserführung ist ein **period.** oder **intermittierender F.** oder ein **episod. F.,** z. B. ein Wadi. Die **perennierenden** oder **Dauer-F.** haben ständige Wasserführung. Den Gletschern entströmen **Gletscher-** oder **Schmelzwasser-F.**

Der F. fließt bei normaler Wasserführung im **F.-Bett,** das innerhalb eines Tales von der F.-Sohle und den F.-

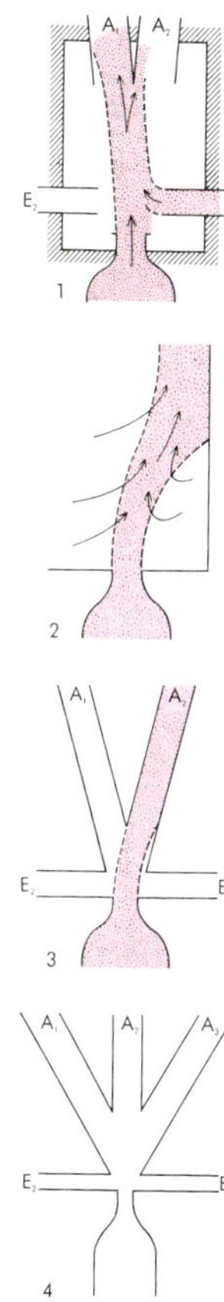

Fluidik: 1 Impulsverstärker; entsprechend dem Impulsverhältnis der Steuerstrahlen E_1 und E_2 wird der Hauptstrahl auf die Ausgänge A_1 und A_2 verteilt. **2** Freistrahl an fester Wand. **3** Wandstrahl-Kippglied. **4** Verknüpfungsglied mit drei Ausgängen; $A_1 = E_1 \wedge \bar{E}_2$ ($\bar{E}_2$: kein Steuerstrahl von E_2), $A_2 = E_1 \wedge E_2$, $A_3 = \bar{E}_1 \wedge E_2$ ($\bar{E}_1$: kein Steuerstrahl von E_1; ($\wedge$: UND-Zeichen der → Schaltalgebra)

Fluidik

Ufern gebildet wird. Das Hochwasserbett ist das von Deichen, Hochufern, Terrassen oder Talhängen begrenzte Überschwemmungsgebiet, die Talaue, in der bei Hochwasser, Geröllmassen oder fruchtbarer Schlamm abgesetzt werden. – Der F. formt sein Bett je nach Gefälle, Wasserführung und Geschiebelast durch Erosion oder durch Ablagerung. Die stärkste Strömung **(Stromstrich)** liegt bei geradlinigem Bett in der Mitte dicht unter dem Wasserspiegel, bei Windungen nahe den Außenseiten, wo Auskolkungen und **Prallhänge** entstehen können; die strömungsschwächere Innenseite bildet **Gleithänge.** Bei stärkeren Krümmungen ergeben sich **Mäander,** im extremen Fall fast kreisförmige Schleifen, deren engste Stelle, der Mäanderhals, durchbrochen werden kann; der abgeschnittene Rest stagniert als **Altwasser.**

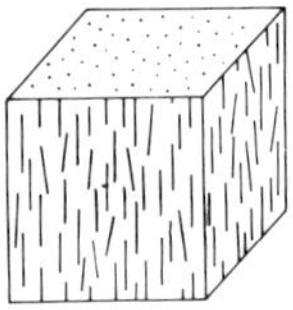

flüssige Kristalle 1: Struktur des nematischen Zustandes

Die Wasserführung schwankt jahreszeitlich mit der Menge der Niederschläge im Einzugsgebiet. Nach der Wasserführung werden Hoch-, Mittel-, Niedrigwasser (→ Wasserstand, → Pegel 1) unterschieden. Für jeden F. ist ein best. Wasserhaushalt **(F.-Regime)** kennzeichnend.

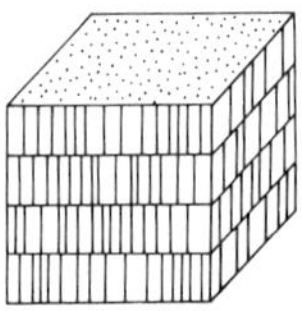

flüssige Kristalle 2: Struktur des smektischen Zustandes

F. transportieren Geschiebe- oder Geröllfracht aller Größen, Schweb- oder Suspensionsfracht und gelöste Stoffe (Lösungsfracht). Sie werden bei sinkender Transportkraft nach Größe als Kies, Sand und Schlamm abgelagert. Im gefällschwachen Unterlauf werden die feinen Sink- und Schwebstoffe als Barren, Sand- und Schlickbänke abgesetzt oder als **Delta** ins Meer vorgebaut. An Gezeitenküsten hat der F. eine trichterartige Mündung **(Ästuar).** Häufig erhöht der F. sein Bett so weit, daß er über der Umgebung liegt und zw. Dämmen fließt **(Damm-F.).** – Das **Flußgefälle** im Längsprofil erstrebt Ausgleich aller Gefällsunterschiede; i. a. ist der Unterlauf am gefällschwächsten. Eingeschaltete Seen oder den Lauf querende harte Gesteinsschichten bewirken Gefällsbrüche, unterhalb von diesen oft Wasserfälle oder Stromschnellen, oberhalb davon kommt es zu Gefällsverflachungen. – Eine **F.-Verwilderung** setzt ein, wenn sich das F.-Bett bei wechselnder Wasserführung oft verlagert; durch Flußregelung wird dies zu verhindern versucht. Zeugen früherer F.-Tätigkeit sind die **Talterrassen.** Durch Rückverlegen der Oberläufe benachbarter F.-Systeme kann es zur **Anzapfung** eines schwächeren F. durch einen stärkeren kommen.

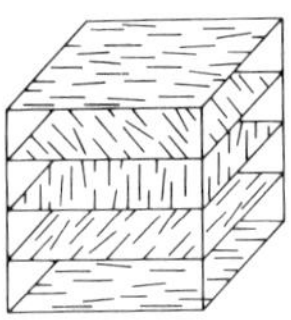

flüssige Kristalle 3: Struktur des cholesterinischen Zustandes

3) Kerntechnik: → Neutronenfluß.

Flußdiagramm, Datenverarbeitung: → Ablaufplan.

Flußdichte, Elektrizitätslehre: 1) elektrische F., → Elektrizität. 2) → magnetische Flußdichte.

Fluß Eridanus, Eridanus, ein → Sternbild am Südhimmel.

flüssige Kristalle, Flüssigkristalle, homogene Flüssigkeiten, meist organ. Verbindungen, bei denen in best. Temperaturbereichen ein definierter Ordnungszustand besteht, da sich die Moleküle durch Wechselwirkung mit ihrer Umgebung in größeren Domänen mindestens in einer Raumrichtung **(nematische Phasen)** oder zusätzlich in Schichten **(smektische Phasen, cholesterinische Phasen)** einheitlich orientieren. Beim nemat. Zustand sind die langgestreckten, fadenförmigen Moleküle mit ihren Längsachsen parallel zueinander ausgerichtet, wobei sie sich umeinander drehen und längs dieser Achse gegeneinander verschoben sein können (BILD 1). Beim smekt. Zustand haben sich die Moleküle zusätzlich in Schichten mit ihren Längsachsen parallel ausgerichtet, wobei sie in den Schichten beweglich sind und um die Längsachse rotieren können (BILD 2). Beim cholesterin. Zustand sind die Moleküle in parallelen Schichten senkrecht zur Molekülorientierung nematisch ausgerichtet, wobei die Längsachsen der Moleküle von Schicht zu Schicht um einen Winkel gegeneinander versetzt sind (BILD 3).

Die Ordnung führt zu den von den Kristallen bekannten Anisotropieerscheinungen (→ Doppelbrechung, → optische Aktivität). F. K. bilden eine Übergangsstufe **(Mesophase)** zw. dreidimensional geordneten Phasen (Kristalle) und isotropen Flüssigkeitsphasen. F. K. werden in **Flüssigkristallzellen** (BILD Display) zur → Flüssigkristallanzeige verwendet. Dabei befindet sich eine dünne (transparente) Schicht nematischer f. K. zw. zwei durchsichtigen, leitenden Platten. Wird ein elektr. Feld angelegt, so erfahren die Kristalle eine Turbulenz, die eine Trübung der Schicht zur Folge hat, die auftreffendes Licht diffus macht oder reflektiert und so zum Leuchten der Zelle führt (dynam. Streuung).

flüssige Luft, die durch → Luftverflüssigung gewonnene f. L. ist in festem Zustand fast farblos; sie wird im Lauf der Zeit durch Verdampfen des leichter flüssigen Stickstoffs und Anreicherung des Sauerstoffs hellblau. F. L. bildet mit brennbaren Stoffen feuergefährl. Mischungen; wird in Dewar-Gefäßen oder Tanks aufbewahrt. F. L. dient in kleinen Mengen als Kühlmittel, im techn. Maßstab als Ausgangsstoff für die destillative → Luftzerlegung.

Flüssig|gase, engl. **Liquefied Petroleum Gases** [lˈɪkwɪfaɪd pɪtrˈəʊljəm gˈæsɪz], Abk. **LPG,** Kohlenwasserstoffe mit drei und vier C-Atomen (v. a. Propan und Butan), die sich bei Raumtemperatur und einem Druck bis 25 bar verflüssigen lassen. F. werden bei der Verarbeitung von Erdöl und Erdgas erhalten und als chem. Rohstoffe, → Brenngase für Haushalt, Gewerbe und Industrie sowie als Kraftstoffe für Ottomotoren (Autogas) verwendet.

Flüssig|gas|tanker, → Gastanker, → Tanker.

Flüssigkeit, Materie, die im flüssigen → Aggregatzustand vorliegt und i. Ggs. zu Feststoffen und ähnlich wie Gase keine Formkonstanz zeigt; bei Belastung fließt sie. Im Unterschied zu Gasen können F. jedoch wie Feststoffe stabile Oberflächen ausbilden. In ihrer Dichte ähneln F. normalerweise mehr den Feststoffen als den Gasen, da die Volumenzunahme beim Schmelzen i. d. R. nur etwa 10% beträgt. In F. liegt bei nicht zu hohen Temperaturen noch weitgehend die Nahordnung des Kristalls vor, d. h., der Abstand der nächsten Nachbarmoleküle unterscheidet sich nur wenig von dem des festen Zustands; die geringere Dichte folgt aus der Gegenwart von Löchern molekularer Dimension. Die Fernordnung des Kristalls fehlt dagegen in F. (Ausnahme: → flüssige Kristalle).

Bei genügend hohen, für einen betrachteten Reinstoff charakterist. Werten von Druck und Temperatur (→ kritischer Zustand) werden die Eigenschaften der F. und des Gases identisch, im überkritischen Zustandsgebiet ist eine Unterscheidung zw. F. und Gas nicht mehr möglich. Die Gemeinsamkeiten von F. und Gas kommen auch im **Theorem der übereinstimmenden Zustände** zum Ausdruck, das von einer Reihe von Stoffen recht gut befolgt wird und besagt, daß sich die Abhängigkeit des Volumens oder der inneren Energie von den Zustandsvariablen Temperatur und Druck für die fluiden Zustände flüssig und gasförmig mit Hilfe stoffspezif. Reduktionsgrößen in allgemeingültiger Form darstellen läßt.

Bei → Newtonschen Flüssigkeiten ist die Viskosität vom Spannungs- oder Deformationszustand unabhängig, i. Ggs. zu nichtnewtonschen F. (→ Fließen).

Flüssigkeits|chromatographie, Trennverfahren mit Flüssigkeiten als mobile Phase (→ Chromatographie). Die Trennung findet an einem Trägermaterial (z. B. Kieselgel, Aluminiumoxid) statt. Folgende Trennprinzipien der F. sind bekannt: 1) Unterschiedl. Löslichkeit der Komponenten in verschiedenen Lösungsmitteln, d. h. Verteilung der einzelnen Komponenten (flüssig/flüssig-Chromatographie), 2) Adsorption der Substanzen an einer festen Oberfläche (flüssig/fest-Chromatographie), 3) → Ionenaustauschchromatographie und 4) → Gelchromatographie, bei der unterschiedl. Molekulargrößen und -formen ausgenutzt werden.

Flüssigkeitsgetriebe, ein → Druckmittelgetriebe.

Flüssigkeitskühlung, die Abführung der Wärme von heiß werdenden Maschinenteilen durch eine Flüssigkeit (bei Verbrennungsmotoren z. B. durch Wasser).

Flüssigkeits|phasen|epitaxie, Halbleitertechnologie: → Epitaxie.

Flüssigkeitsraketen-Antrieb, → Rakete.

Flüssigkristall|anzeige, engl. **Liquid Crystal Display** [lˈɪkwɪd krɪstl dɪsplˈeɪ], Abk. **LCD**, eine bei elektron. Geräten zur Darstellung von Buchstaben, Ziffern und Zeichen dienende Anzeigeeinheit (→ Display). Bei der F. wird der zw. kristalliner und flüssiger Phase liegende Zwischenzustand (Mesophase im Bereich von ca. −20 . . . +70 °C) ausgenutzt, um Zonen fadenförmiger (nematischer) Moleküle (→ flüssige Kristalle) in einem elektr. Feld definiert so zu beeinflussen, daß sich deren Lichtbrechung im Vergleich zum Umfeld ändert. F. bieten gegenüber herkömml. (LED- oder fluoreszierenden) Anzeigen den Vorteil der extrem leistungsarmen Ansteuerung, die im Bereich von einigen $\mu W/cm^2$ liegt.

Flüssigluft-Sprengstoff, aus Holz- und Korkmehl, Ruß, Torfmull u. a. und flüssiger Luft oder flüssigem Sauerstoff bestehender, sehr energiereicher Sprengstoff.

Flüssigmetalle, Kerntechnik: Metalle mit Schmelzpunkten unterhalb 350 °C, die der Wärmeübertragung dienen.

Flußmittel, **1)** Fertigungstechnik: nichtmetall. Zusatzstoffe, die beim Löten, Verzinnen, Verzinken und dgl. Oberflächenfilme aus Oxiden und Rückständen beseitigen, damit das geschmolzene Lot oder Überzugsmetall die Werkstoffoberfläche gut benetzen und sich besser ausbreiten kann. Neben Zinkchlorid, Lötfett, Salmiak und Kolophonium zum Weichlöten, Borax und Borsäure zum Hartlöten werden viele organ. und anorgan. Stoffe als F. benutzt.

In der Elektronikfertigung wird als F. zum Löten überwiegend Kolophonium verwendet, da es keine derart korrosive Wirkung wie die anderen genannten F. hat.

2) Glastechnik: eine dem Glasgemenge oder der Emaille beigegebene Substanz, die das Schmelzen erleichtert, z. B. Flußspat.

3) Keramik: F. dienen zur Schmelzpunkterniedrigung; verwandt werden alkalihaltige Rohstoffe (Feldspate), bei der Herstellung von Glasuren z. B. Soda, Pottasche, Borax oder Lithiumverbindungen.

4) Metallkunde: Stoffe, die beim Schmelzen von Metallen zugegeben werden, damit sich eine leichtflüssige Schlacke bildet. Neutrale F. sind z. B. Flußspat, Kochsalz und Borax.

Flußquantisierung, Bez. für die Erscheinung, daß der magnet. Fluß Φ in einem supraleitenden Ring mit Dauerstrom nur diskrete Zustände annehmen kann, die einem ganzzahligen Vielfachen des **Flußquants**, Formelzeichen Φ_0, entsprechen, für das die → BCS-Theorie den Wert $\Phi_0 = h/2e \approx 2 \cdot 10^{-15}$ Vs liefert (h = Plancksche Konstante, e = Elementarladung). Das Auftreten der Größe $2e$ weist darauf hin, daß der Suprastrom durch Elektronenpaare (→ Cooper-Paare) getragen wird.

Flußregelung, Bachregelung, eine Art des → Gewässerausbaus zur Verbesserung der Wasserstands- und Abflußverhältnisse, jedoch nicht mit Staustufen (→ Stauregelung).

Flußsäure, Fluorwasserstoffsäure, sehr stechend riechende, farblose Lösung von Fluorwasserstoff in Wasser; verursacht auf der Haut schwer heilende, schmerzhafte Wunden. Die Dämpfe greifen die Atmungsorgane an. Da neben den meisten Metallen auch Glas und Silikate angegriffen werden, wird F. in Hartparaffin- oder Kunststoffgefäßen aufbewahrt.

Flußschwinde, → Karst.

Flußspat, Mineral, svw. → Fluorit.

Flüstergewölbe, Flüstergalerie, Gewölbe, die Schallwellen durch Zurückwerfen gebündelt leiten und in größerer Entfernung brennpunktartig vereinigen, so daß Töne oder Worte ungewöhnlich weit von der Schallquelle deutlich vernehmbar werden.

Flut, → Gezeiten.

Fluten, **1)** Erdölförderung: Wasser-, Tensid- und Polymer-F., → Erdöl.

2) Schiff: das Füllen leerer Räume von Schiffen durch Pumpen oder Öffnen von Außenbordventilen mit Wasser, a) zum Tauchen bei U-Booten, b) zur Tiefgangsvergrößerung oder Verbesserung von Stabilität und Lage von Überwasserschiffen, c) zum Gegenfluten (Aufrichten) bei einseitigen Wassereinbrüchen.

Flutkraftwerk, veraltet für → Gezeitenkraftwerk.

Flutlicht, Beleuchtung von Anlagen im Freien und Anstrahlung von Gebäuden durch lichtstarke Scheinwerfer. Lichtverteilung und Beleuchtungsniveau hängen von der jeweiligen Verwendung ab. Bei Flutlichtanlagen von Sportstadien z. B. ist in Richtung der Fernsehkamera eine mittlere Vertikalbeleuchtungsstärke von 1 000 Lux erforderlich. Angestrahlte Bauwerke heben sich aus der Umgebung bei mittleren Leuchtdichten von 3 bis 15 cd/m^2 genügend heraus.

Flutter [flˈʌtə, engl.], Gleichlaufschwankungen im Bereich zw. 5 Hz und 100 Hz bei Plattenspielern und Tonbandgeräten; in Datenblättern oder Gerätebeschreibungen als → Wow and Flutter angegeben.

Flutwellen, lange → Meereswellen, die durch meteorolog. Ursachen (Wind- und Luftdruckschwankungen, → Sturmflut) oder Seebeben (→ Tsunamis) hervorgerufen werden und die in Küstengebieten, gelegentlich im Zusammenwirken mit → Gezeiten, zu katastrophalen Überschwemmungen führen können.

fluviatil, von Flüssen gebildet, abgetragen, abgelagert, in Flüssen lebend.

fluvioglazial, durch Gletscherschmelzwasser entstanden, z. B. → Sander; **glaziofluviatil**, während der Eiszeit durch das Wirken eines Flusses (ohne Zusammenhang mit einem Gletscher) entstanden.

Fluxmeter, Flußmesser, spezielles Galvanometer, mit dem der magnetische Fluß (engl. ›flux‹) gemessen werden kann. Das F. ist z. B. zur Aufnahme der Hysteresekurve bei magnet. Werkstoffen geeignet.

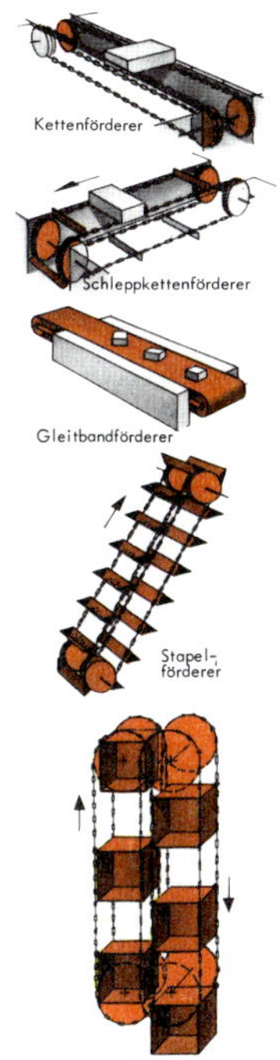

Fördermittel 1: Stetigförderer für Stückgut

Fly-by [flaɪ baɪ, engl.], **Swing-by,** Technik in der Raumfahrt, bei der die → Freiflugbahn eines Raumflugkörpers bei Annäherung an einen Planeten durch dessen Gravitation und Bewegung geändert wird. Dadurch können erhebl. Treibstoffeinsparungen und Flugzeitverkürzungen erzielt werden. Beispiel: Flugdauer zum Planeten Pluto direkt mit einer chem. Rakete ca. 40 Jahre, bei Anwendung der F.-b.-Technik mit Vorbeiflug an Jupiter und Saturn nur ca. 7 Jahre. – Mitunter wird unter F.-b. der bloße Vorüberflug an einem Planeten verstanden, während nur beim Swing-by eine gewollte Bahnänderung herbeigeführt wird. I. a. ist diese Unterscheidung nicht üblich.

Flyer [fl'aɪə(r), engl.], **Fleier,** Spinnerei: Vorspinnmaschine, auf der aus Streckenband durch Verziehen im Streckwerk und leichtes Drehen über einen Flügel eine **Vorgarnspule** gebildet wird. Das **Vorgarn (Lunte)** wird auf Ringspinnmaschinen zum Garn verarbeitet.

Flysch, Faziesbegriff für wechsellagernde, im wesentl. marine Sandsteine, Schiefertone, Mergel und Kalksteine. Fossilien sind selten, Lebensspuren und Anzeichen von Strömung und Materialtransport häufig. Der F. ist Abtragungsprodukt intrageosynklinaler aufsteigender Schwellen (→ Geosynklinale). Deshalb sind Anzeichen subaquat. Rutschungen und gestörter Schichtung mit z. T. sehr grobem Geröll **(Wildflysch)** häufig. F. ist weltweit verbreitet, in den Alpen von Kreide bis Alttertiär.

fm, Einheitenzeichen für **Femtometer** (→ Meter).

Fm, 1) chem. Symbol für → **Fer**mium.

2) Einheitenzeichen für → **Fest**m**eter.

FM, Abk. für **Frequenzmodulation,** → Modulation.

FM-Verfahren, → Dieselmotor.

FOBS, Abk. für engl. **Fractional Orbital Bombardment System** [fr'ækʃənl 'ɔ:bɪtl bɔmb'ɑ:dmənt s'ɪstɪm], Angriffsverfahren für Interkontinentalraketen, die nach dem Abschuß zunächst in eine (Teil-)Umlaufbahn um die Erde gebracht werden, aus der sie durch Bremsraketen wieder in eine erdwärts gerichtete Flugbahn und auf das vorgesehene Ziel gelenkt werden.

Föhn, warmer, trockener, böiger Fallwind im Lee von Gebirgen, oft mit guter Fernsicht. Er entsteht, wenn Luft, dem großräumigen Druckgradienten folgend, ein Gebirge überströmt. Diese kühlt sich beim Aufstieg unter Wolkenbildung → feucht-adiabatisch ab, wobei ein Teil der Feuchte als Niederschlag ausfällt. Nach Überqueren des Gebirgskammes löst sich die Luvwolke entlang einer stationären Grenze auf, die von Lee her gesehen als mächtige Wolkenwand **(Föhnmauer)** erscheint. Der weitere Abstieg der Luft erfolgt unter trocken-adiabat. Erwärmung. – F. wurde erstmals in den Alpen beschrieben und erklärt, wo er vielfach im Winterhalbjahr als südlicher Wind in Tallagen Tauwetter bringt. Die Bez. F. wurde dann für dieses Phänomen, das an fast allen Gebirgen beobachtet wird, allgemein verwendet; so auch für dynamisch bedingte Fallwinde in der freien Atmosphäre **(freier Föhn).**

Foide, Kurzwort aus **Feldspatoide,** svw. → Feldspatvertreter.

Fo|idit, ein Tiefengestein, → magmatische Gesteine.

Fokus, svw. → Brennpunkt 3).

Folge, Funktion, durch die der Menge der natürl. Zahlen $1, 2, 3, \ldots, k$ die Elemente $a_1, a_2, \ldots$ oder $b_1, b_2, \ldots, b_k$ zugeordnet werden. Die Funktionswerte können reelle Zahlen, Funktionen, Punkte u. ä. sein. Bei den **Zahlenfolgen** unterscheidet man arithmet. F., z. B. die F. $1, 3, 5, 7, 9, \ldots$; allg. $a_n = a_1 + (n-1) \cdot d$ und die geometr. F. z. B. $1, \frac{1}{2}, \frac{1}{4}, \frac{1}{8}, \ldots$; allgemein $a_n = a_1 \cdot q^{n-1}$. In der Analysis werden das Konvergenzverhalten (→ Konvergenz) und der → Grenzwert von F. untersucht, besondere Bedeutung haben die → Cauchy-Folgen.

Folge|regelung, → Führungsgröße.

Foli|en, flächige, in sich homogene, sich selbst tragende und flexible Gebilde mit Dicken zw. 2 μm und 1 mm. **Metall-F.** (z. B. Aluminium-F., Zinn-F. = Stanniol) werden meist durch Walzen hergestellt. Zur Herstellung von **Kunststoff-F.** nach dem Trockengießverfahren werden die in einem Lösemittel gelösten Rohstoffe durch eine schlitzförmige Düse in F.-Form auf ein Metallband gebracht, auf dem das Lösemittel durch warme Luft verdampft wird. Thermoplast. Kunststoffe können als Schmelze durch eine ringförmige Schlitzdüse zu einem Schlauch geformt werden, der durch Luft unter Dehnung aufgeblasen wird. **Verbund-F.** werden durch Verkleben oder Verschweißen verschiedener F. (z. B. Kunststoff und Aluminium) hergestellt. – F. werden z. B. für Verpackungszwecke, zur elektr. Isolierung, als Abdeck-F., zur Herstellung von Klebebändern und im graph. Gewerbe verwendet.

Foli|enbändchen für metall. Glitzereffekte in Textilien entstehen durch Schmalschneiden von **Zellglas,** von **Verbundstoffen,** wie Aluminiumfolien mit Polyesterfilm kaschiert (Lurex, Metlon, Mylar, Bedor), sowie von Folien aus **Thermoplasten** (Polyäthylen und Polypropylen). Letztere ergeben nach dem Verstrecken und Fixieren sehr leichte und reißfeste **Webbändchen** (→ Foliengarne) für Verpackungssäcke, Teppichböden, Seilerwaren u. a.

Foli|endruck, Druckverfahren, bei dem eine Farbschicht von einer dünnen Kunststoff-Folie oder eine dünne Metallfolie selbst in der Prägepresse auf die Unterlage (Bucheinbände, Kartonagen) übertragen wird.

Foli|engarne, aus hochverstreckten Polyäthylen- oder Polypropylen-Folien geschnittene **Flachgarne** oder durch Drellieren gerundete Folien-**Rundgarne** sowie durch Splitten oder Spalten der Folien fibrillierte, grobe **Splittflach-** und **Spaltfasergarne.**

Foli|enlack, 1) geruchs- und geschmacksfreier Schutzlack für Verpackungsfolien; 2) Abzugslack, dessen Film sich nach dem Trocknen von der Unterlage lösen läßt, z. B. in der Bodenkunde (→ Lackfilmmethode).

Foli|enspeicher, Fernsehen: Gerät zur magnet. Aufzeichnung eines einzelnen Fernsehbildes, das eine kontinuierl. Wiedergabe eines stehenden Bildes gestattet. Beim F. rotiert eine magnetisierbare Folie, auf der das Bild gespeichert werden soll, mit hoher Drehzahl über einer ebenen Platte auf einem einstellbaren Polster strömender Luft (ähnlich der → Bildplatte). Fest angeordnete Magnetköpfe zur Magnetisierung der Folie, dem Bild entsprechend, ragen durch Öffnungen an die polierte Folie heran, berühren diese aber infolge der Luftströmung nie ganz.

Folsäure, ein zum Vitamin-B_2-Komplex gehörendes → Vitamin.

Fontur, an der Wirk- und Strickmaschine die Anordnung der Nadeln **(Nadel-F.),** z. B. in einer Reihe oder kreisförmig.

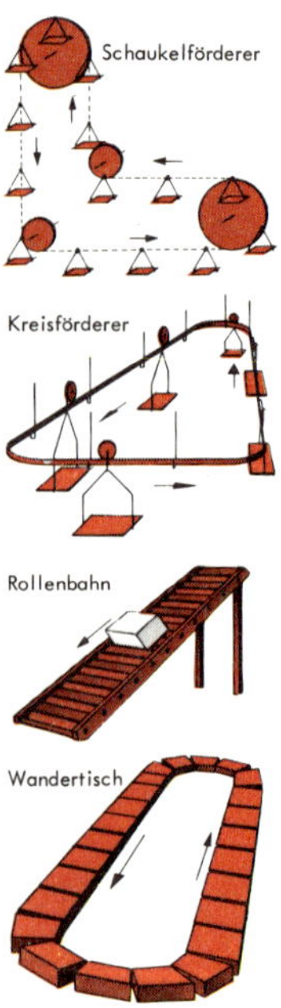

Fördermittel 2: Stetigförderer für Stückgut

foot [fʊt], *Mz.* **feet** [fiːt], Einheitenzeichen **ft,** Längeneinheit in Großbritannien und den USA: 1 ft = 12 in = 0,3048 m. (ÜBERSICHT Einheiten, angloamerikanische)

Forbush-Effekt [fˈɔːbʊʃ-, n. dem amerikan. Geophysiker S. E. Forbush, * 1904], Abnahme der i. a. konstanten Intensität der → kosmischen Strahlung um einige Prozent des Normalwertes, die 20 bis 30 Stunden nach starken chromosphär. Eruptionen auf der Sonne etwa gleichzeitig mit dem Ausbruch eines magnet. Sturmes beobachtet wird. Die allmähl. Rückkehr zum ungestörten Zustand dauert mehrere Tage. Gleichzeitige Beobachtungen durch Satelliten außerhalb der Erdatmosphäre (mehrere 100000 km Abstand) zeigten den gleichen Effekt. Daraus schließt man, daß die kosm. Strahlung schon im interplanetarischen Raum beeinflußt wird.

Förde, tief in das Festland eingreifende, langgestreckte Meeresbucht, aus subglazialen Schmelzwasserrinnen entstanden.

Förderband, → Gurtförderer.

Fördergerüst, → Fördermaschine.

Förderhöhe, 1) **geodätische F.:** Höhenunterschied zw. saugseitigem und druckseitigem Wasserspiegel einer Pumpe; 2) **manometrische F.:** Differenz der Energiehöhen (unter Berücksichtigung der Fließgeschwindigkeiten) vor und hinter einer Pumpe. Neben der geodät. F. sind darin v. a. die Reibungsverlusthöhen der Pumpe, Armaturen und Rohrleitungen enthalten.

Fördermaschine, Einrichtung zum Heben und Senken von Lasten in Schächten (Förderung), besteht aus Antriebsmaschine und Treibmittel. Die **Maschinen** sind heute nur noch elektrisch betrieben, kleinere von Hand, moderne Großanlagen vollautomatisch geregelt. **Treibmittel** dienen der Halterung des Förderseils und der Kraftübertragung von der Maschine auf das Seil; sie bestehen aus Seiltrommeln oder gekerbten Scheiben (z. B. Koepe-Scheibe). **Seiltrommeln** wickeln das mit einem Ende an ihnen befestigte Seil auf und ab. Auf **Koepe-Scheiben** wird das Seil nach einer Umschlingung in die Kerbe eingelegt, an beide freien Enden des Seils eine Last gehängt; Kraftübertragung nur durch Reibung. **Flur-F.** stehen neben dem Schacht, sie erfordern ein **Fördergerüst** über dem Schacht mit Seilscheiben zur Umlenkung der Förderseile. **Turm-F.** stehen auf einem **Förderturm** über dem Schacht.

Fördermittel, Einrichtungen zum stetigen oder absetzenden Transportieren von Schütt- und Stückgütern. Gebräuchlich ist die Einteilung in Stetigförderer und Unstetigförderer. Bei **Stetigförderern** bewegen sich Tragorgan, Fördergut oder beides auf festgelegtem Förderweg von Auf- zur Abgabestelle stetig, mit wechselnder Geschwindigkeit oder im Takt. Die Vorteile von Stetigförderern liegen im geringen Energiebedarf, in leichter Bedienbarkeit und großer Betriebssicherheit. Zur Gruppe der Stetigförderer gehören → Absetzer, → Becherwerk, → Kettenförderer, → Gurtförderer, → hydraulische Förderung, → Kreisförderer, → pneumatische Förderung, → Rollenförderer, → Rutsche, → Schneckenförderer, → Schwingförderer.

Fördermittelgruppen der **Unstetigförderer** sind → Flurfördermittel, → Regalförderzeuge zum Ein- und Auslagern in → Hochregallagern, **Hebezeuge** (→ Kran, → Elektrozug, → Flaschenzug) zum vorwiegend senkrechten Fördern von Lasten, → Seilbahnen, → Hängebahnen und → Aufzüge. Über das Zusammenwirken von F. → Fördersystem. (Weitere BILDER S. 143, 144)

G. REITOR: Fördertechnik. Hebezeuge, Stetigförderer, Lagertechnik (1979); H.-J. ZEBISCH: Fördertechnik, 2 Bde. (1980); H. PFEIFER: Grundlagen der Fördertechnik (3 1981).

Förderstrom, bei Pumpen und Verdichtern die in einer Zeiteinheit geförderte Flüssigkeits- oder Gasmenge, z. B. in m^3/s oder m^3/h.

Fördersystem, eine Anzahl auch unterschiedlicher → Fördermittel, die eine innerbetriebl. Transportaufgabe gemeinsam erfüllen. Außerbetriebl. Transportaufgaben übernimmt die → Transportkette.

Fördertechnik, Teilgebiet des Maschinenbaus, befaßt sich mit Entwicklung, Bau und Einsatz von → Fördermitteln.

Förderturm, → Fördermaschine.

Förderwagen, Transportmittel der → Grubenbahnen zum schienengebundenen Transport von Schüttgütern und Langmaterial. Für Schüttgüter: Muldenwagen, Boden-, Seitenentleerer, Kippwagen; Fassungsvermögen einige hundert bis einige tausend Liter. Für Langmaterial: Rungenwagen.

Forensische Chemie, Zweig der Chemie, der chem. und physikalisch-chem., meist sehr spezif. und empfindl. Nachweisverfahren zur Aufklärung von Kriminalfällen (Vergiftungen, Spurensuche) einsetzt.

Form, 1) Buchdruckerei: die → Druckform.

2) Kristallographie: kurz für **Kristallform** (→ Kristall).

3) Mathematik: Summe von Produkten von Variablen, wobei der Grad in jedem Produkt gleich ist. – Beispiele: **Linear-Form** (Grad 1): $ax + by + cz$; **quadratische Form** (Grad 2): $ax^2 + by^2 + cz^2 + dxy + exz + fyz$.

4) Werkzeug zum Gewinnen einer ersten F., z. B. **Gieß-F.** für Metalle, **Spritz-F.** für Thermoplaste, **Vulkanisier-F.** für Gummi, **Preß-F.** für Duroplaste, **Sinter-F.** für keram. Werkstoffe.

formal, Logik: auf die Form (logische Struktur) einer Aussage (z. B. Zusammensetzung durch logische Partikel, Verknüpfung von Prämissen) bezogen, nicht auf den Inhalt.

Form|aldehyd, Methanal, farbloses, stechend riechendes Gas, dessen Geruch bei Konzentrationen unter 1 ml in 1 m^3 Luft noch wahrnehmbar ist. Der Siede-P. liegt bei −19,2 °C. 35–40%ige wäßrige, durch Zusatz von Methanol stabilisierte Lösungen heißen **Formalin** oder **Formol.** F. ist ein wichtiges chem. Zwischenprodukt, das überwiegend durch Dehydrierung von Methanol bei 600–720 °C in Gegenwart von Luft hergestellt wird:

$$CH_3OH + {}^1/_2\,O_2 \longrightarrow HCHO + H_2O$$

Als Katalysator wird metall. Silber verwendet. F. ist eine sehr reaktionsfähige Verbindung. Er polymerisiert leicht zu **Para-F.,** $H(-OCH_2-)_nOH$, aus dem er durch Erhitzen wieder zurückgewonnen werden kann. F. ist ein Zellgift mit ätzenden und eiweißdenaturierenden Wirkungen, eine mögliche krebserzeugende Wirkung wird diskutiert. F. wird als Desinfektions- und Konservierungsmittel sowie als Hilfsmittel in der Textil-, Leder- und Papierind. verwendet. Die größten Anteile werden zu Kunststoffen wie → Aminoplasten und → Phenolharzen weiterverarbeitet.

Formalin, → Formaldehyd.

Formalismus, Mathematik: Der von D. HILBERT i. Ggs. zum → Intuitionismus vertretene Standpunkt, daß zur Rechtfertigung einer axiomat. Theorie (z. B. der axiomat. Mengenlehre) die Widerspruchsfreiheit allein hinreichend sei (→ Axiom).

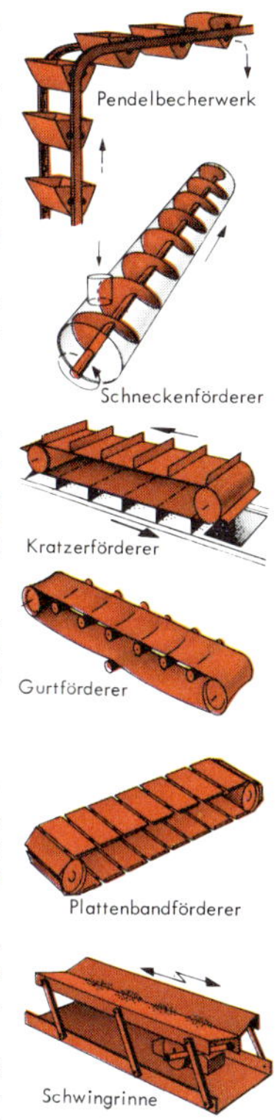

Fördermittel 3: Stetigförderer für Stückgut

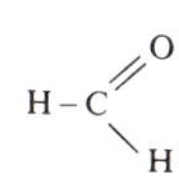

Formaldehyd

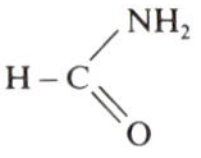

Formamid

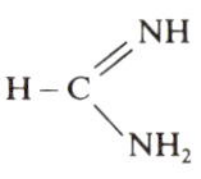

Formamidin

Form|amid, Ameisensäure|amid, farblose Flüssigkeit, die u. a. aus Methanol, Kohlenoxid und Ammoniak über Methylformiat hergestellt wird. F. ist Zwischenprodukt bei der Herstellung von Ameisensäure, Blausäure und Heterocyclen. Als Lösemittel zeichnet es sich durch eine hohe Dielektrizitätskonstante aus.

Form|amidin, Verbindung, die sich aus Formamid ableiten läßt, indem der Carbonylsauerstoff durch eine Iminogruppe ersetzt wird. F.-Derivate werden als →Akarizide verwendet.

Form|änderungswiderstand, qualitativer Begriff für die Spannungshöhe, die zur Einleitung und Durchführung plast. Formänderungen, z. B. bei Metallen, erforderlich ist. Der F. ist durch die →Fließgrenze, die →Verfestigung im plast. Bereich und durch die Bruchfestigkeit bedingt. Er nimmt mit steigender Temperatur ab.

Formantsynthese, Verfahren zur →Sprachsynthese.

Formatieren, Anordnen und Zusammenstellen von Daten nach verbindlich vorgegebenen Vorschriften **(festes Format)** oder – in gewissen Grenzen – nach den Bedürfnissen des Benutzers **(freies Format).** F. dient der Vereinfachung bei der Verarbeitung von Daten, da die mögliche Vielzahl von Ausdrucksformen auf einige der jeweiligen Aufgabe angepaßte Strukturen begrenzt wird. – Plattenförmige Datenträger (→Diskette) lassen sich ebenfalls formatieren. Dazu wird die zur Aufnahme von Daten geeignete Plattenoberfläche außer in Spuren noch in **Sektoren** aufgeteilt, jede Spur führt also durch mehrere (z. B. 26) Sektoren. Der Vorteil des F. von Datenträgern liegt in der Möglichkeit, direkt und in kürzester Zeit auf bestimmte Informationen zugreifen zu können, ohne alle gespeicherten Daten von Anfang an absuchen zu müssen. Um einen sicheren Zugriff auf die in den einzelnen Sektoren untergebrachten Daten zu erhalten, muß jedem Sektor ein Vorspann mit einer **Sektornummer** vorangesetzt werden. Zusätzlich sind besondere **Aufzeichnungsmarken** erforderlich: die **Indexmarke** am Spuranfang, die **Adressenmarke** vor jedem Sektorvorspann und die **Datenmarke** vor jeder Datenaufzeichnung. Darüberhinaus eingeführte **Aufzeichnungslücken** gewährleisten ein sicheres Einschreiben und Auslesen von Daten, auch wenn Geschwindigkeitsschwankungen des Laufwerks mögliche Verschiebungen des Kopfes gegenüber den Sektoren zur Folge haben. Diese Art der Formatierung wird als **Softsektorierung** bezeichnet, da sie durch spezielle Markierungsdaten (Software) erfolgt. Ohne zusätzl. Platzbedarf an Speicherplätzen kommt die **Hardsektorierung** aus, die bes. bei Minidisketten angewendet wird. Jeder Sektoranfang wird durch ein in die Magnetplatte (Hardware) gestanztes Loch gekennzeichnet. Dadurch entfällt der bei der Softsektorierung notwendige Sektorvorspann.

Formation, Geologie: 1) Bez. für genetisch zusammengehörende Bildungen (z. B. Erz-F., →Erzlagerstätten). In den USA u. a. Ländern i. S. von Schicht. 2) →System.

Form|azanfarbstoffe, orangefarbene, rote oder violette Farbstoffe, die sich von dem Gerüst –N=N–C=N–NH– (mit einer weiteren Bindung am C) ableiten und teilweise Metallatome enthalten. F. werden als Textilfarbstoffe und in der Photographie verwendet.

Formdehngrenze, Grenze der zulässigen Formänderung unter Last bei örtl. Überschreitung der →Fließgrenze in Bauteilen mit ungleicher Spannungshöhe (Biegung, Kerbwirkung), bes. aus hochfestem Stahl. Die Formänderung unter Last setzt sich aus der bis zur Fließgrenze elast. Formänderung und der plastischen Formänderung zusammen.

Formel, 1) →chemische Zeichensprache.

2) Mathematik: allg. eine Reihe von Zeichen (Zahlen, Vektoren u. a.), ›zulässig‹ verknüpft durch mathemat. Zeichen (z. B. +, –); auch eine Rechenvorschrift oder ein mathemat. Lehrsatz, z. B. die →binomischen Formeln.

Formelzeichen, Buchstaben, die in Gleichungen (Formeln) physikal. →Größen 2) darstellen. F. (Symbole) sollen Einzelbuchstaben des latein. oder grch. Alphabets mit oder ohne modifizierende Zeichen wie tief- oder hochgestellte Indizes, Striche u. a. sein. Eine Ausnahme von dieser Regel bilden aus zwei Buchstaben bestehende F., die zur Darstellung von Kombinationen physikal. Größen mit der Dimension 1 verwendet werden, z. B. *Re* für die dimensionslose Reynolds-Zahl.

F. sollen kursiv (in schrägen Typen) gedruckt werden. Indizes von F. sollen nur dann kursiv gedruckt werden, wenn sie F. für physikal. Größen sind, z. B. wird der Index k beim F. E_k (für kinet. Energie) steil gedruckt, weil er für **k**inetisch steht. Dagegen wird der Index *p* beim F. C_p (für Wärmekapazität) kursiv gedruckt, weil er darauf hindeutet, daß die Wärmekapazität bei konstantem Druck *p* gemeint ist.

Formerei, Teilbetrieb einer →Gießerei, in dem die Gußformen hergestellt werden.

Formfaktoren, Physik: experimentell zu bestimmende Funktionen, die in Formeln für Streuwahrscheinlichkeiten vorkommen und den Einfluß der inneren Struktur der Teilchen auf Streu- und Stoßvorgänge beschreiben. Die theoret. Beschreibung wird i. a. für punktförmige Teilchen durchgeführt. Die entsprechenden Gleichungen werden durch F. korrigiert, die die endliche Ausdehnung der Teilchen berücksichtigen. So berücksichtigt der **Atomformfaktor** die räuml. Ausdehnung der einzelnen Atome bei der Streuung von Röntgen-, Elektronen- oder Neutronenstrahlen und die **elektr.** und **magnet. F.** der Nukleonen beschreiben den Einfluß der Verteilung der elektr. Ladung bzw. des magnet. Moments innerhalb eines Nukleons auf die Streuung von Elektronen an Nukleonen. Die Messungen der F. liefern somit Informationen über die Struktur der betreffenden Teilchen.

Formiate, Salze und Ester der →Ameisensäure.

Formierung, Erzeugung oder Veränderung von Oberflächenschichten durch eine Strombehandlung, die bei elektrotechn. Bauelementen die Funktionsfähigkeit herbeiführt oder verbessert. Blei-Akkumulatoren mit dickeren Platten erfordern für das vollständige ›Durchformieren‹ (Erzielung der größtmöglichen Kapazität) ein wiederholtes Laden und Entladen. Das Dielektrikum von Elektrolytkondensatoren wird durch anodische Oxidation einer Aluminiumfolie in einem ›Formier-Elektrolyten‹ hergestellt. Spitzengleichrichter aus elektronenleitendem Germanium werden zur Verbesserung ihrer elektr. Eigenschaften und der mechan. Stabilität durch überkrit. Stromstöße ›formiert‹. In der Randzone des Halbleiters entstehen durch therm. Anregung Defektelektronen, so daß sich ein ›pn-Übergang‹ ausbildet. Ähnl. Vorgänge führen beim Formieren von Selen-Flächengleichrichtern durch Anlegen einer Spannung zu einer Sperrwirkung.

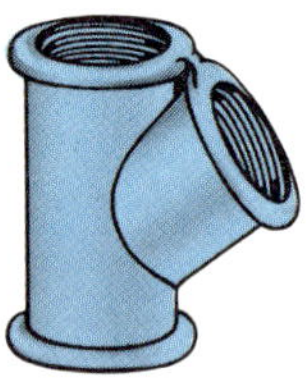

45°- T-Stück

2-Bogen-T-Stück

Kreuzstück

Reduktionsmuffe

Formstück 1

Form|massen, ungeformte Kunststofferzeugnisse, die innerhalb eines best. Temperaturbereiches durch Druck spanlos zu Formteilen oder Halbzeug geformt werden können. Die aus F. hergestellten Werkstoffe werden **Formstoffe** genannt. F. bestehen aus Bindemitteln (z. B. Phenolharze, Aminoplaste), Füll- (z. B. Holzmehl, Zellstoff) u. a. Zusatzstoffen (z. B. Farbstoffe, Gleitmittel).

Thermoplastische F. **(Thermoplaste)** sind schmelzbar, nichthärtend, meist in Form von Pulver oder Granulat; Verarbeitung vorwiegend durch → Spritzgießen oder → Strangpressen. Die wichtigsten thermoplastischen F. (in Klammern die genormten Abkürzungen): **Polyolefine** wie Polyäthylen (PE) und Polypropylen (PP) sind weichflexibel (PE weich) bis steif (PE hart, PP), PP auch mit Glas- oder Asbestfasern versteift. Aus PE fertigt man u. a. Flaschen, Schüsseln, Eimer, Behälter, Flaschenkästen, Mülltonnen, aus PP Armaturen, Koffer, Kraftfahrzeugteile, heißlaugenbeständige Funktionsteile für Wasch- und Spülmaschinen; durch Strangpressen stellt man Folien sowie Rohre und anderes Profilmaterial her. **Polystyrol** (PS) und schlagzähe Copolymere von Styrol mit Butadien (SB), Acrylnitril (SAN) oder Acrylnitril-Butadien (ABS). PS ist hart, steif und relativ spröde, SAN steif, aber zäher, SB und ABS gibt es in unterschiedlich flexiblen Sorten, glasfaserverstärkte sind steifer. Anwendungen: Haushalt- und Gebrauchsartikel aller Art, Kühlmöbelteile, Kraftfahrzeugbau, Elektrotechnik (z. B. Telephon: Gehäuse aus ABS, Innenteile aus SB und SAN). **Polyvinylchlorid** (PVC), Verarbeitung vielfach auch durch Kalandrieren; PVC mit Weichmacher **(PVC weich)** ist weich-flexibel, es dient z. B. für Dichtungen, Haftsauger, Fahrradgriffe, Steckerummantelungen, Schläuche, Folien, Bodenbelag; weichmacherfreies **PVC hart** ist steif und findet Verwendung u. a. als Folien, Tafeln, Rohre, Armaturen. **Polymethylmethacrylat** (PMMA) hat hervorragende opt. Eigenschaften, Oberflächenhärte, Witterungsbeständigkeit; es wird eingesetzt für opt. Linsen, Blinker- und Rücklichtabdeckung am Kraftfahrzeug, modische Artikel, Werbeartikel u. a. **Polyamid** (PA), **Polyacetal** (Polyoxymethylen, POM), lineares **Polyurethan** (PUR), **Polyäthylenterephthalat** (PETP) werden wegen Festigkeit, Zähigkeit und Wärmebeständigkeit für hochbeanspruchte Teile in Feinwerktechnik, Bauind., Fahrzeugbau, Maschinenbau, Haushaltstechnik, Elektrotechnik eingesetzt. Dank guter Gleiteigenschaften eignen sie sich für ein Lager, Gleitführungen, Zahnräder. Glasfaserverstärkte Sorten bieten erhöhte Steifheit. **Polycarbonat** (PC) ist hart, steif, zäh, witterungsbeständig, elektrisch hochwertig; Verwendung u. a. für bruchsichere Gehäuse, transparente Abdeckungen, Elektroteile, Formteile für Haushalt und Technik. Auch PC gibt es in glasfaserarmierten Sorten. **Celluloseester** wie Celluloseacetat (CA) und -acetobutyrat (CAB) sind relativ steif und zäh; man verwendet CA u. a. für Spielwaren, Kämme, Brillengestelle, Schuhabsätze, CAB u. a. für Griffe, Beschläge, Gehäuse, Ummantelung von Kraftwagenlenkrädern.

Härtbare F., Preßmassen **(Thermodure, duroplast., duromere F.)** sind Gemische aus härtbaren Kunstharzen (Bindemittel) und Füll- und Verstärkerstoffen (Harzträger). Bindemittel sind u. a. Phenol(PF)-, Harnstoff (UF)-, Melamin(MF)-, Epoxid(EP)-, ungesättigte Polyester (UP)-Harze; als Harzträger dienen u. a. Holzmehl, Cellulose (als Mehl oder Faser), Textilfäden, Gewebeschnitzel, Gesteinsmehl, Glimmer, Asbest, Glasfasern. Bindemittel und Harzträger zusammen bestimmen die Eigenschaften der F. und der daraus gefertigten Formteile. Beim Verarbeiten durch Pressen, → Spritzpressen, Spritzgießen zu Formteilen wird die härtbare F. unter Hitze und Druck geformt und zugleich durch chem. Umwandlung gehärtet; der gehärtete Formstoff kann nicht wieder geschmolzen werden. Durch Strangpressen werden härtbare F. nicht verarbeitet; duroplast. Halbzeug → Schichtpreßstoffe. Kennzeichnende Eigenschaften der duroplast. Formstoffe (abgestuft je nach Bindemittel und Harzträger) gegenüber Thermoplasten sind Steifheit, Oberflächenhärte, Flammwidrigkeit sowie Beständigkeit gegen Wärme und Lösungsmittel. Verwendet werden härtbare F. bes. in der Elektrotechnik für Installationsteile, Grundplatten, Gehäuse, Kontaktleisten, Isolierteile aller Art, Bauteile für Kraftfahrzeug-Zündanlagen, ferner im Fahrzeug- und Maschinenbau, bei Haushaltgeräten (einschließlich Eß- und Trinkgeschirr), für wärmebeständige Topfgriffe u. a.

R. VIEWEG: Kunststoff-Hb., 12 Bde. (1963–75); DIN-TB. 21: Kunststoffnormen: F. ([8]1979); H. SAECHTLING u. W. ZEBROWSKI: Kunststoff-Tb. ([21]1979); Kunststoff-Lexikon, hg. v. K. STOECKHERT ([7]1981).

Formol, → Formaldehyd.

Formsand, in der → Gießerei zur Herstellung von Gießformen gebrauchter feinkörniger Sand bestimmter Verformbarkeit (Tongehalt), Korngröße, Luft-, Wasserdurchlässigkeit, Feuerfestigkeit, bedingt durch Kalk- und Feldspatfreiheit.

Formschluß, i. S. der Getriebelehre die Art, die Berührung der beiden Teile eines Gelenks durch die Formgebung zu sichern; darüber hinaus die Verbindung zweier Maschinenteile durch ihre Formgebung. F. besteht z. B. zw. den Zähnen zweier Zahnräder, den Klauen einer Klauenkupplung, zw. Schraubenmutter und Schraubenschlüssel. (→ Kraftschluß, → Stoffschluß)

Formstück, Fitting *das,* Verbindungsstück für Rohrleitungen wie Reduktionsstück, Muffe, Krümmer, Kniestück (Winkelstück), Abzweigstück (T-Stück), Kreuzstück; teils mit Gewindeanschluß, teils zum Einschweißen oder Löten. (Weiteres BILD S. 146)

Formulardruck, der Druck von Formularen, meist auf kleinen, z. T. Spezialrotationsmaschinen, die in einem Arbeitsgang Druck (ggf. mehrfarbig), Perforation (Lochreihen zum Abreißen), Führungs- und Registerlöcher, Ausstanzungen, laufende Numerierung u. a. anbringen, falzen, Kohlepapier einfügen, beschneiden usw. Techn. Merkmale des modernen F. sind hohe Präzision, dehnarme Papiere (wichtig bei Verwendung in Rechenanlagen), genaue Abstimmung von Papier- und Druckfarbe bei Verwendung in Lesemaschinen, ggf. Sicherheitsfärbungen oder geheime Kennzeichen zur Erschwerung von Fälschungen.

Fornax, Chemischer Ofen, ein → Sternbild am Südhimmel.

Forschung, die Gesamtheit der methodisch-systemat., schöpferisch-geistigen Bemühungen im Rahmen der Wissenschaft zur Gewinnung neuer, allgemein nachprüfbarer Erkenntnisse. Nach dem Forschungsanliegen werden unterschieden die **Grundlagenforschung,** die an der Vervollkommnung der Erkenntnisgrundlagen und Theorien, die **zweckfreie** oder **reine F.,** die sich unabhängig von jeder pragmat. äußeren Zielorientierung um die Ausweitung des Erkenntnisstands bemüht, und die **angewandte** oder **Zweckforschung,** die an der Lösung einzelner, praktischer Anliegen (auch **Projekt-F.**) durch zielgerichtete Ausweitung und Anwendung von F.-Ergebnissen arbeitet; nach dem Forschungsträger die **Hochschulforschung** (bes. Grundlagenforschung), die F. an staatl. Ein-

Stopfen

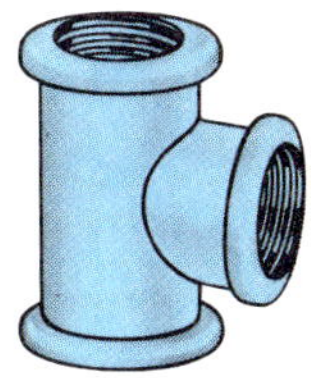
T-Stück

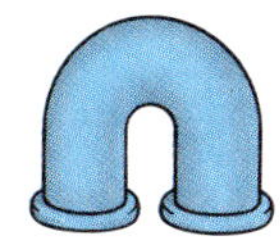
180°-Krümmer

Winkelstück

Formstück 2

richtungen (bes. Bundes- und Landesforschungsanstalten, z. T. auch wissenschaftl. Museen, Bibliotheken) und an staatlich geförderten (hochschulfreien) Institutionen, bes. den Akademien der Wiss., der Max-Planck-Ges. sowie zahlreichen Forschungsanstalten, daneben auch im Rahmen der Beteiligung des Bundes an internat. Organisationen und Einzelobjekten. Einen wesentl. Bereich nimmt auch die F. in der gewerbl. Wirtschaft **(Industrieforschung)** ein, die sich meist als unternehmenseigene F. oder als Gemeinschafts-F. in eigenen oder durch Verträge gebundenen Institutionen **(Vertragsforschung)** abspielt. Große Bedeutung besitzt die internat. Zusammenarbeit; die einzelnen Fachverbände sind im ›International Council of Scientific Unions‹ (Abk. ICSU, gegr. 1931, Sitz: Paris) zusammengeschlossen, in dem seit 1952 die dt. F. durch die Dt. Forschungsgemeinschaft und die Dt. Akademie der Wiss. vertreten ist.

Forschungsreaktor, Kernreaktor mit sehr geringer Leistung für kernphysikal. und Bestrahlungsversuche in Physik, Chemie, Biologie, Medizin und Technik.

Forschungssatelliten, wissenschaftl. Satelliten für eine Vielzahl von Aufgabenstellungen; sie umlaufen die Erde in einer geschlossenen Bahn (→Satellit).

Forschungsschiff, speziell für Aufgaben der Meeresforschung konstruiertes Schiff (früher meist umgebautes Fracht- oder Marineschiff) mit besonderen Einrichtungen zum Einsatz →ozeanographischer Instrumente sowie mit Arbeitsmöglichkeiten (Labors) für Wissenschaftler. **Mehrzweck-F.** sind vielseitig für alle meereskundl. Arbeiten einsetzbar. **Spezial-F.** erfüllen best. Aufgaben wie Vermessung, Rohstoffsuche o. ä.

Forsterit [n. dem Naturforscher J. R. Forster, * 1729, † 1798] *der,* Mineral, →Olivin.

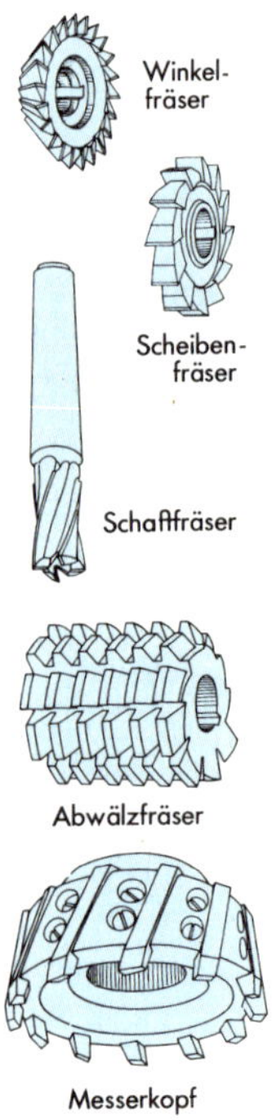

Fräsen 1

Förster-Sonde [n. F. Förster], 1938 entwickeltes Gerät zur Messung von Magnetfeldern, bes. auch des erdmagnet. Feldes. Sie findet Verwendung im Labor, Gelände und bei Flugmessungen, auch in Raketen. Die kleinste noch meßbare Feldstärke ist etwa 10^{-3} A/m.

Fortpflanzungsgeschwindigkeit, Ausbreitungsgeschwindigkeit, 1) Geschwindigkeit, mit der sich eine physikal. Wirkung fortpflanzt, z. B. die →Lichtgeschwindigkeit oder die →Schallgeschwindigkeit. Wirkungen brauchen zu ihrer Fortpflanzung eine endliche Zeit (→Nahewirkung); nach der Relativitätstheorie kann dabei die Lichtgeschwindigkeit ($c \approx 300000$ km/s) niemals übertroffen werden. 2) die →Phasengeschwindigkeit, d. h. die Geschwindigkeit mit der sich die Phase einer Welle ausbreitet, und die, i. Ggs. zur Gruppengeschwindigkeit, mit der sich die Wirkungen ausbreiten, auch größer als die Lichtgeschwindigkeit sein kann.

FORTRAN, Kw. aus engl. **formula translator** [f'ɔ:mjʊlə trænsl'eɪtə], problemorientierte →Programmiersprache zur Formulierung mathemat., naturwissenschaftl. und ingenieurwissenschaftl. Aufgabenstellungen. FORTRAN wurde 1954 von der Firma IBM in einer ersten vorläufigen Fassung veröffentlicht und in der Folgezeit über mehrere, durch röm. Ziffern gekennzeichnete Entwicklungsstufen, FORTRAN II (1958), FORTRAN IV (1962), FORTRAN V (1980), dem Leistungsvermögen der Rechner angepaßt.

Fortrat-Diagramm, Atomphysik: Darstellung der Abhängigkeiten der Frequenzen einer Elektronenbande eines Moleküls von der Gesamt-Drehimpulsquantenzahl für die drei Rotationszweige, die den erlaubten Änderungen des Drehimpulses entsprechen. Die Form des Diagramms erlaubt Rückschlüsse auf die Struktur des Moleküls in den beteiligten Elektronenzuständen.

Fortsetzung, →analytische Fortsetzung.

fossil, Erscheinungen und Bildungen der geolog. Vergangenheit, i. Ggs. zu →rezent; **f. Brennstoffe,** gasförmige, flüssige und feste Brennstoffe aus der geolog. Vergangenheit wie Erdgas, Erdöl, Braun- und Steinkohle, Torf.

Fossil *das, Mz.* **Fossilien, Petrefakt, Versteinerung,** Überrest von Tieren oder Pflanzen der geolog. Vergangenheit. Neben Schalen- und Knochenerhaltung sind u. a. auch Abdrücke verbreitet; Lebensspuren sind z. B. Wohn- und Freßbauten, Weide-, Ruhe- und Kriechspuren. Die Lehre von den F. ist die **Paläontologie. – Fossilisation,** der Vorgang der Fossilwerdung.

Föttinger-Getriebe [n. dem dt. Maschineningenieur H. Föttinger, * 1877, † 1945], ein Strömungsgetriebe (→Druckmittelgetriebe). **Föttinger-Kupplung,** eine →Strömungskupplung.

Foucaultscher Pendelversuch [fuk'o-, n. dem frz. Physiker L. Foucault, * 1819, † 1868], →Pendel.

Foucaultsches Schneidenverfahren [fuk'o-], opt. Verfahren zur Kontrolle von Linsenoberflächen und sphär. Spiegelflächen auf Polierfehler und Aberrationen (→Abbildungsfehler).

Foulard [ful'a:r, frz.], Vorrichtung mit mehreren Quetschwalzen für die Durchführung von – meist kontinuierlichen – Naßprozessen in der →Färberei und →Appretur.

Fouling [f'aʊlɪŋ, engl.], nachträgl. Veränderung von Farben, Lacken u. a. auf Holz oder Metall durch den Einfluß von Bakterien, Mikro- und Meeresorganismen.

Fourier-Analyse [furj'e-, n. dem frz. Physiker J. de Fourier, * 1768, † 1830], die →harmonische Analyse.

Fourier-Reihe, Fouriersche Reihe [furj'e-], Mathematik: Einer integrierbaren und period. Funktion f, die die Periode 2π besitzt, kann man die unendl. Reihe

$$\tfrac{1}{2}a_0 + a_1 \cos x + b_1 \sin x + a_2 \cos 2x + b_2 \sin 2x + \ldots$$

als ihre F.-R. zuordnen. Sie schreitet nach $\cos nx$ und $\sin nx$ fort, wobei n die natürl. Zahlen durchläuft und die **Fourier-Koeffizienten** a_n und b_n von f durch die Integralausdrücke

$$a_n = \frac{1}{\pi}\int_{-\pi}^{+\pi} f(t)\cos nt\,dt,\quad b_n = \frac{1}{\pi}\int_{-\pi}^{+\pi} f(t)\sin nt\,dt$$

definiert sind. Man kennt eine Reihe von Voraussetzungen, unter denen die F.-R. der Funktion f für einen reellen Wert x_0 der Variablen x gegen den Wert $f(x_0)$ der Funktion f an dieser Stelle konvergiert; ist z. B. f stetig differenzierbar, dann konvergiert die zugehörige F.-R. gleichmäßig gegen f.

Fouriersches Integral [furj'e-], unter best. Voraussetzungen mögl. Integraldarstellung einer Funktion f durch eine Funktion φ in der Form

$$f(x) = \frac{1}{\sqrt{2\pi}}\int_{-\infty}^{+\infty} \varphi(y)\, e^{ixy}\, dy.$$

Diese Beziehung bleibt richtig bei Vertauschung von φ mit f, wenn man dabei auf der rechten Seite noch statt x schreibt $-x$; sie gestattet also, beliebig zw. φ und f hin und her zu gehen.

Fourier-Spektrometer [furj'e-], →Spektralapparate.

Fourier-Synthese [furj'e-], **harmonische Synthese,** die Umkehrung der → harmonischen Analyse.

Fourier-Transformation [furj'e-], eine Erweiterung der → Fourier-Reihe. Mit ihr läßt sich die Transformation einer von der Zeit t abhängigen Funktion $f(t)$ in die von der Frequenz abhängige Fourier-Transformierte $F(\mathrm{j}\omega)$ durchführen und umgekehrt. Das sich daraus ergebende **Transformationspaar** ist wie folgt definiert:

$$F(\mathrm{j}\omega) = \int_{-\infty}^{+\infty} f(t)\,\mathrm{e}^{-\mathrm{j}\omega t}\mathrm{d}t, \quad f(t) = \frac{1}{2\pi}\int_{-\infty}^{+\infty} F(\mathrm{j}\omega)\,\mathrm{e}^{\mathrm{j}\omega t}\mathrm{d}\omega$$

Da $F(\mathrm{j}\omega)$ eine Funktion von ω an Stelle von t ist, sieht man die F.-T. als eine Operation an, die aus $f(t)$ eine Funktion $F(\mathrm{j}\omega)$ im Frequenzbereich erzeugt, also einen Übergang vom Zeit- in den Frequenzbereich bewirkt und umgekehrt. Angewendet wird die F.-T. bei den klassischen Aufgabenstellungen der Spektralanalyse.

Die **diskrete F.-T.**, Abk. **DFT,** bildet die Grundlage für die → digitale Signalverarbeitung. Sie ist anwendbar, wenn die Abtastwerte einer kontinuierl. Funktion benutzt werden. Sie hat die gleiche Beziehung zu dem digitalen System, wie sie die F.-T. zu dem analogen System hat. Anwendung findet die diskrete F.-T. bei der Berechnung von Leistungsspektren, Kurzzeitspektren, der Korrelationsanalyse und bei der Realisierung von Filtern und Filterbänken.

Die **schnelle F.-T.**, Abk. **FFT,** von engl. Fast Fourier Transform, stellt einen Algorithmus dar, um die diskrete F.-T. zu berechnen. Sie ist deswegen wichtig, weil sie durch Eliminierung der meisten Wiederholungen in der DFT-Formel eine viel schnellere Berechnung der diskreten F.-T. erlaubt. Für eine Vielzahl von Anwendungen ist der Algorithmus von COOLEY und TUKEY hinsichtlich der Rechengeschwindigkeit, des Speicherbedarfs der einfachen Programmstruktur und des Rundungsrauschens ein bes. gut geeignetes Verfahren zur Berechnung der DFT. Die schnelle F.-T. findet im Bereich der digitalen Signalverarbeitung, z. B. bei der Spracherkennung, Sprachübertragung, Seismologie, Schwingungsmechanik, vielfältige Anwendung.

Fowler-Flügel [faulə-, n. dem amerikan. Flugzeugkonstrukteur H. D. Fowler], als Flügel-Hinterkantenklappe ausgebildetes → Hochauftriebsmittel. Durch Vergrößerung der Profilwölbung (Klappenausschlag nach unten) und gleichzeitige Vergrößerung der Flügelfläche (Ausfahren der Klappe nach hinten) wird eine sehr wirksame Auftriebssteigerung erreicht.

Foyait, ein Tiefengestein, → magmatische Gesteine.

FOZ, svw. **F**ront-**O**ktan**z**ahl, → Oktanzahl.

FP-Kontakt, Photographie: → Synchronverschluß.

Fr, chem. Symbol für das Element → **Fr**ancium.

Frachtschiff, Frachter, Handelsschiff zum Transport von Gütern aller Art (Stückgut, Schüttgut, Container usw.), heute meist Sammelbegriff für die zunehmend mehr für best. Aufgaben konstruierten **Trockenfrachter,** die im Unterschied zum → Tanker feste Ladung befördern. F. sind Dampf- oder (zunehmend) Motorschiffe, vereinzelt auch Gasturbinenschiffe. Man unterscheidet fahrplanmäßig verkehrende **Linien-F.** und **Tramp-F.** [træmp-, engl.]. Gelegentlich befördern F. auch (wenige) Fahrgäste. (BILD Schiff)

Fractals [fr'æktəlz, engl.], von B. MANDELBROT eingeführte mathemat. Objekte, die zur mathemat. Simulierung komplexer Naturerscheinungen (z. B. das Adernetz der Lungen oder die Brownsche Molekularbewegung) geeignet sind.

Fraktile *die,* **Ausfallwahrscheinlichkeit,** der bei einer Serienfertigung auf die Gesamtprobenzahl bezogene Anteil von Proben, bei dem die Prüfungsergebnisse kleinere Werte aufweisen als die geforderten Mindestwerte. Bei Betonbauwerken z. B. schwankt je nach der Bedeutung des Bauwerkes die F. in bezug auf die Betonfestigkeit zw. 5 und 15%.

Fraktionierung, Chemie: 1) Trennung eines Stoffgemisches in mehrere Teilgemische (Fraktionen), z. B. durch → Destillation, Extraktion oder Kristallisation. 2) Verfahren der Fetthärtung.

Francis-Turbine [fr'ɑ:nsɪs-, n. dem brit. Ingenieur J. B. Francis, * 1815, † 1892], radial beaufschlagte Überdruckturbine (→ Wasserturbine).

Francium, chem. Symbol **Fr,** radioaktives → chemisches Element, ein Alkalimetall, chemisch dem Caesium ähnlich, Ordnungszahl 87. Von den mehr als 25 instabilen Isotopen hat das langlebigste ^{223}Fr eine Halbwertszeit von 22 min. Es kommt als Zwischenprodukt der Uran-Actinium-Zerfallsreihe (→ Radioaktivität) in der Natur vor. – F. wurde 1939 von M. PEREY entdeckt.

Franck-Condon-Prinzip [-k'ɔndən-, n. dem dt.-amerikan. Physiker J. Franck, * 1882, † 1964, und dem amerikan. Physiker E. U. Condon, * 1902, † 1974], erklärt die Intensitätsverteilung innerhalb der Spektrallinien eines Molekülspektrums; es wurde 1926 von J. FRANCK auf Grund anschaulicher Überlegungen entwickelt und von E. U. CONDON quantenmechanisch begründet.

Franck-Hertz-Versuch [n. J. Franck und dem dt. Physiker G. Hertz, * 1887, † 1975], eine 1913 durchgeführte Untersuchung über die Energieabgabe von Elektronen beim Zusammenstoß mit Gasatomen **(Elektronenstoßversuch).** Der F.-H.-V. zeigte, daß durch Elektronenstöße nur ganz bestimmte, für die betreffende Atomart charakterist. Energiebeträge übertragen werden können. Er bestätigte die Plancksche Quantenhypothese sowie die 1913 aufgestellte Bohrsche Theorie der Spektrallinien und war somit für die Entwicklung der Vorstellung vom Bau der Atomhüllen wichtig. – Beim F.-H.-V. werden die Leuchtelektronen der Gasatome durch unelast. Stoß erst dann auf das erste Anregungsniveau gehoben, wenn die durch das Anlegen einer elektr. Spannung beschleunigten (stoßenden) Elektronen die für die betreffenden Atome charakterist. Anregungsenergie erreicht haben (z. B. 4,9 eV bei Quecksilber).

Franklinit, Mineral, → Spinell.

Franzose, Engländer, ein → Schraubenschlüssel mit verstellbarer Maulweite.

Frasch-Verfahren [n. dem Chemiker H. Frasch, * 1851, † 1914], in den USA entwickeltes Verfahren zur Schwefelgewinnung aus tiefgelegenen Lagerstätten; der durch überhitzten Wasserdampf verflüssigte Schwefel wird durch Druckluft zu Tage gefördert, wo er erstarrt.

Fräsen, ein → Fertigungsverfahren der spanenden Formgebung mit kreisförmiger Schnittbewegung des **Fräsers** und beliebiger, quer zur Drehachse der Arbeitsspindel liegender Vorschubbewegung. Erzeugt werden ebene oder gekrümmte Flächen. Beim **Umfangsfräsen** (mit Walzenfräser) liegt die Drehachse des Fräsers parallel zu der zu erzeugenden Fläche. Beim **Stirnfräsen** (mit Stirnfräser) liegt die Fräserachse senkrecht zu der zu erzeugenden Flä-

Fräsen 2

Fraunhofersche Linien: Sonnenspektrum mit F. L.

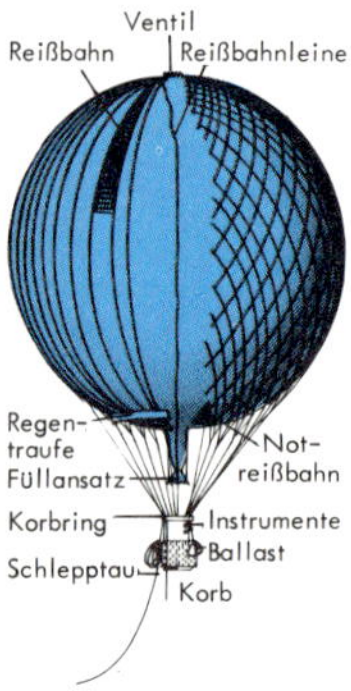

Freiballon:
OBEN Wasserstoffballon
UNTEN Heißluftballon

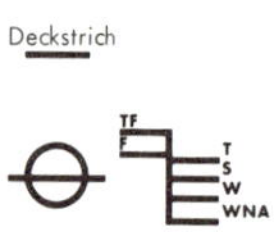

Freibord 1):
Freibordmarke
TF = Frischwasser (Tropen),
F = Frischwasser (Sommer),
T = Tropen,
S = Sommer,
W = Winter,
WNA = Winter (Nordatlantik)

che. **Gegenlauffräsen** liegt vor, wenn an der Eingriffstelle Vorschubbewegung und Drehbewegung des Fräsers einander entgegengerichtet sind; sind sie gleichgerichtet, so liegt **Gleichlauffräsen** vor.

Bei den **Fräserwerkzeugen** unterscheidet man spitzgezahnte oder gefräste Fräser wie **Walzen-, Scheiben-, Stirnfräser,** hinterdrehte Fräser wie **Form-, Wälz-, Gewinde-, Zahnformfräser,** ferner **Messerköpfe** als Fräser mit eingesetzten Messern, **Satzfräser** aus mehreren (beliebig kombinierbaren), auf einer Achse montierten Scheibenfräsern, **Schaftfräser** (Fingerfräser), **Formfräser,** deren Mantellinie die zu erzeugende Werkstückform besitzt, **Abwälzfräser** zur Herstellung von Verzahnungen (→ Zahnrad).

Bei der **Fräsmaschine** trägt die im Gestell gelagerte Hauptspindel den Fräser. Die Schnittgeschwindigkeit wird meist durch ein gestuftes Hauptgetriebe sowie ein Getriebe für den automat. Tischvorschub in zwei oder drei Koordinaten eingestellt. Der Tisch ist oft schwenk- oder drehbar. Auf der **Waagerecht-(Horizontal-)Fräsmaschine** werden hauptsächlich Walzenfräser, Scheibenfräser oder Formfräser verwendet, auf der **Senkrecht-(Vertikal-)Fräsmaschine** Stirnfräser oder Messerköpfe. **Universalfräsmaschinen** lassen sich durch einfachen Umbau in beiden Formen verwenden. Fräsmaschinen werden ferner als **Nachform-, Konsol-, Portal-** und **Sonderfräsmaschinen** gebaut. (Weiteres BILD S. 148)

D. H. BRUINS: Werkzeuge und Werkzeugmaschinen für die spanende Metallbearbeitung, 1 ([2]1980), 2 ([2]1980), 3 (1978).

Fraßgifte, → Insektizide, → Pestizide.

Fraunhofersche Linien [n. dem dt. Physiker J. von Fraunhofer, * 1787, † 1826], dunkle Absorptionslinien im Sonnenspektrum, die auf die Selbstabsorption der emittierten Strahlung durch Atome in der Photosphäre der Sonne zurückzuführen sind und, i. Ggs. zu den durch Absorption des Sonnenlichts in der Erdatmosphäre verursachten terrestrischen Linien, den durch die Sonnenrotation bedingten Doppler-Effekt zeigen.

Fraunhofersches Beugungsgitter, → Gitter 5).

Fregatte, im 2. Weltkrieg zerstörerähnl. Geleitfahrzeuge zur U-Boot- und Luftabwehr. Heute erreichen F. Zerstörergröße und sind mit Lenkwaffen ausgerüstet. Der Übergang zw. Zerstörer und F. ist bes. in den europ. Marinen fließend. (BILD S. 151)

Freiballon, bemannter → Ballon, der sich frei (d. h. ungefesselt) und beschränkt steuerbar im Luftraum bewegen kann; er wird überwiegend für sportl. Zwecke verwendet. Die beim **Wasserstoffballon** mit Gas gefüllte Ballonhülle trägt am unteren Pol den Füllansatz und am oberen Pol ein Ventil zum Ablassen von Gas. Durch Abreißen einer über einen Schlitz der Hülle geklebten Reißbahn kann das Gas bei der Landung schnell entleert werden. Ein Netz über der Hülle verteilt das Gewicht des daran aufgehängten Korbes, der die Besatzung und den Ballast aufnimmt. Durch Ablassen von Gas kann das Sinken und durch Abwurf von Ballast das Steigen bewirkt und dadurch eine Höhe aufgesucht werden, in der eine Luftströmung gewünschter Richtung herrscht.

Neben wasserstoffgefüllten F. werden zunehmend **Heißluftballone** verwendet, bei denen der Auftrieb durch period. Aufheizen der in der Ballonhülle enthaltenen Luft mit einem mitgeführten Propangasbrenner erzeugt wird. Vorteile sind die Möglichkeit willkürl. Beeinflussung des Auftriebes während der Fahrt (kein Ballast erforderlich), wesentlich geringere Füllungskosten gegenüber Wasserstoff, Unabhängigkeit von speziellen Füllplätzen, kürzere Aufrüst- und Füllzeiten; Nachteile: starkes Geräusch bei Brennerbetätigung, stärkere Windempfindlichkeit beim Aufrüsten und Füllen. Heißluftballone waren die ersten Luftfahrzeuge überhaupt (Montgolfière, → Luftfahrt).

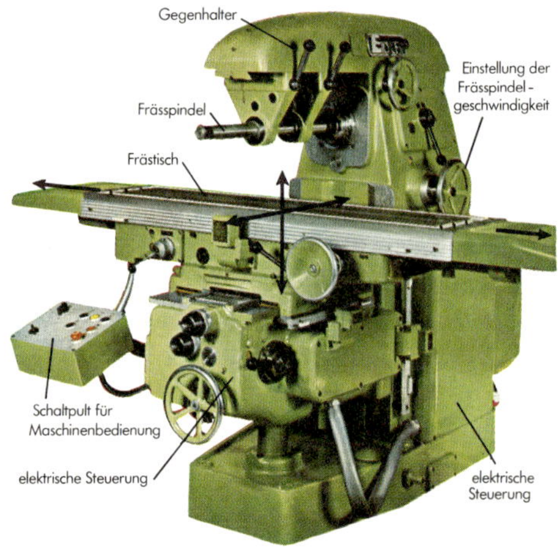

Fräsen 3: Waagerecht-Fräsmaschine

Freibord, 1) Schiffbau: Abstand zw. der Freibordmarke und dem Freiborddeck von Handelsschiffen. Die **Freibordmarke (Plimsoll-Marke)** ist eine im Rahmen der Internat. Freibordvorschriften gesetzlich festgelegte Markierung des höchstzulässigen Tiefgangs von Handelsschiffen, angebracht auf beiden Schiffsseiten (auf halber Schiffslänge).

2) Wasserbau: Abstand zw. einem Wasserspiegel und der Oberkante eines Ufers oder Deiches oder der Konstruktionsunterkante eines Überbaus (Kreuzungsbauwerks).

freie Energie, Helmholtz-Funktion, Formelzeichen F, thermodynam. → Zustandsgröße **(Zustandsfunktion),** die durch $F = U - TS$ gegeben ist (U = innere Energie, T = absolute Temperatur, S = Entropie). Bei einem reversiblen isothermen Prozeß (d. h. T = const.) ist die f. E. derjenige Teil der inneren Energie U eines Systems, der bei einer Zustandsänderung als Arbeit nach außen abgegeben werden kann, während der Rest der Energie $U - F = TS$, die **gebundene Energie,** nicht in Arbeit ver-

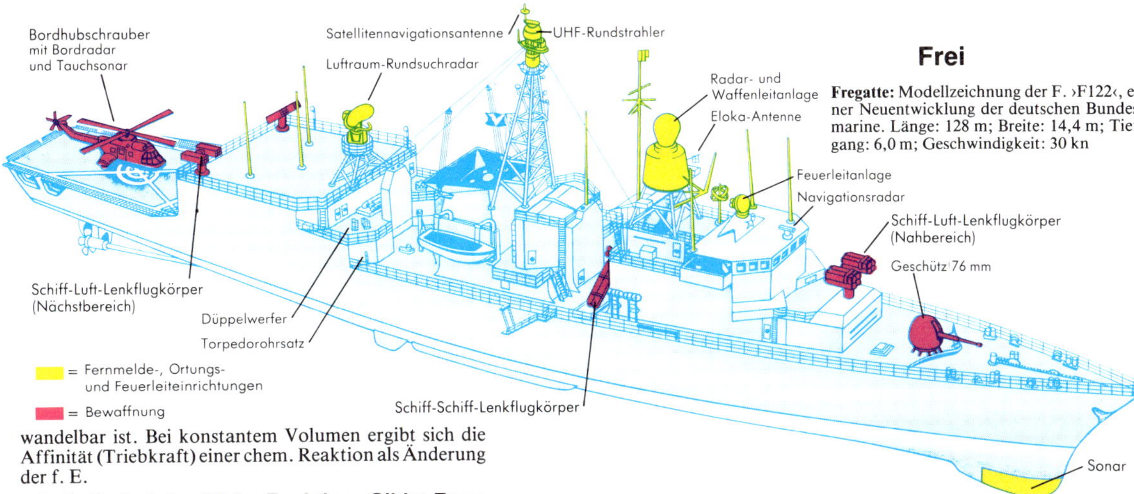

Fregatte: Modellzeichnung der F. ›F122‹, einer Neuentwicklung der deutschen Bundesmarine. Länge: 128 m; Breite: 14,4 m; Tiefgang: 6,0 m; Geschwindigkeit: 30 kn

wandelbar ist. Bei konstantem Volumen ergibt sich die Affinität (Triebkraft) einer chem. Reaktion als Änderung der f. E.

freie Enthalpie, Gibbs-Funktion, Gibbs-Energie, Formelzeichen G, thermodynam. → Zustandsgröße **(Zustandsfunktion)**, die durch $G = H - TS$ definiert ist (H = Enthalpie, T = absolute Temperatur, S = Entropie). Die f. E. ist derjenige Teil der → Enthalpie, der bei reversibler isobarer Prozeßführung in einem thermodynam. System in jede beliebige Energieform umwandelbar ist. In einem isotherm-isobaren System (d. h. T = const., Druck p = const.) nimmt im Gleichgewicht die f. E. ihren Minimalwert an: $(\mathrm{d}G)_{p,T} = 0$.

freie Weglänge, → mittlere freie Weglänge.

Freifläche, bei einem Werkzeug der spanenden Formung (Bohrer, Fräser, Meißel) die gegen die Schnittfläche gerichtete Fläche des Schneidenkopfes (→ Zerspanung).

Freiflugbahn, vom Brennschlußpunkt an beginnende Flugphase einer Rakete oder eines Raumflugkörpers.

freiformen, ein Werkstück unter Druck formen zw. Werkzeugen, die die Form des Werkstückes nicht oder nur teilweise enthalten, wie **Freiformschmieden** mit dem Hammer auf dem Amboß oder unter hydraul. Pressen und **Freiform-Schmiedehämmern.**

Freihafen, Teil eines See- oder Flußhafengebietes, in den (als Zollausland) Waren ohne Zahlung eines Ein- oder Ausfuhrzolls ein- und ausgeführt werden können. Zoll ist erst zu zahlen, wenn die Waren in das gegen den F. **(F.-Grenze)** abgegrenzte Zollinland gebracht werden. Die F. dienen dem Umschlag und der Lagerung von Waren für Zwecke des Außenhandels sowie dem Schiffbau.

Freiheitsgrad, Physik: in der Mechanik die Bewegungsmöglichkeit eines Körpers oder materiellen Systems. Die Zahl der F. eines Systems ist die Zahl der unabhängigen (verallgemeinerten) Koordinaten des Systems. Ein im Raum frei beweglicher Massenpunkt hat drei **F. der Translation (Translations-F., translatorische F.).** Bewegt er sich längs einer Fläche, besitzt er zwei F., auf einer Kurve nur einen F. Ein aus n Massenpunkten bestehendes System hat $3n$ F.; falls jedoch r starre Bindungen zw. den Massenpunkten bestehen nur noch $3n$-r F. Ein freier → starrer Körper hat drei F. der Translation und drei **F. der Rotation (Rotations-F., rotatorische F.).** Ein deformierbarer fester Körper oder eine Flüssigkeit haben unendlich viele F.

In der kinetischen Wärmetheorie wird als Anzahl der F. die Gesamtzahl der Phasenkoordinaten (Lage- und Impulskoordinaten) bezeichnet, von denen die Energie eines Moleküls abhängt, soweit sie am Wärmegeschehen beteiligt sind, z. B. haben zweiatomige Gasmoleküle als starres Hantelmodell aufgefaßt drei Translations-F. und zwei Rotations-F. (die Rotation um die Verbindungslinie ist bei normaler Temperatur nicht angeregt). Als Hantelmodell mit Schwingungsmöglichkeit als linearer Oszillator in der Verbindungslinie kommen bei angeregter Schwingung (T > 500 °C) noch zwei **Schwingungs-F.** hinzu und zwar je einer der kinet. und der potentiellen Energie. Nach dem → Gleichverteilungssatz der Energie soll auf jeden angeregten F. im Mittel dieselbe Energie entfallen.

In der Thermodynamik sind F. die frei wählbaren Zustandsgrößen (z. B. Temperatur, Druck), deren Zahl durch die → Gibbssche Phasenregel festgelegt wird.

Freikolbenmotor, Freikolbenverdichter, ein → Gegenkolbenmotor ohne Pleuel und Kurbelwelle, bei dem die Kolben eines Zweitakt-Dieselmotors mit den Stufenkolben eines Verdichters verbunden sind. Durch den Verbrennungsdruck werden die Kolben nach außen geschleudert, verdichtete Luft treibt die Kolben wieder nach innen. Der F. dient zur Erzeugung von Druckluft oder als Gaserzeuger für Turboanlagen.

Freilauf, Vorrichtung, die die Verbindung zweier Wellen löst, wenn die angetriebene Welle sich schneller dreht als die treibende. Dadurch ist die Übertragung eines Drehmoments nur in einer Drehrichtung möglich; Anwendung z. B. beim → Fahrrad.

Freileitung, oberirdisch geführte elektr. Leitung.

1) Energietechnik: F. zur Fortleitung elektr. Energie im Freien. Die Leiter bestehen aus blanken Kupfer-, Aluminium- oder Bronzedrähten oder -seilen. Stalu-Leiter sind Aluminiumseile mit einer Seele aus Stahldrähten. Bei Spannungen über 110 kV werden oft → Bündelleiter verwendet. Die Leitungen werden von Masten aus Holz, Stahlbeton oder Stahlgitterkonstruktionen (BILD) getragen, von denen sie durch Stütz- oder Hängeisolatoren elektrisch getrennt sind. Bei **Drehstrom-F.** unterscheidet man Einfach-, Doppel- oder Mehrfachleitungen, je nachdem, wie viele Systeme von je drei Leitern von den Masten einer Leitung getragen werden. Die Masten können **Tragmaste** bei geradlinigem Leitungsverlauf, **Eckmaste** bei einer Richtungsänderung der Leitung und **Abspannmaste** an deren Enden sein. Auf **Verdrillungsmasten** wird die Anordnung der den drei Phasen zugeordneten Leiter ver-

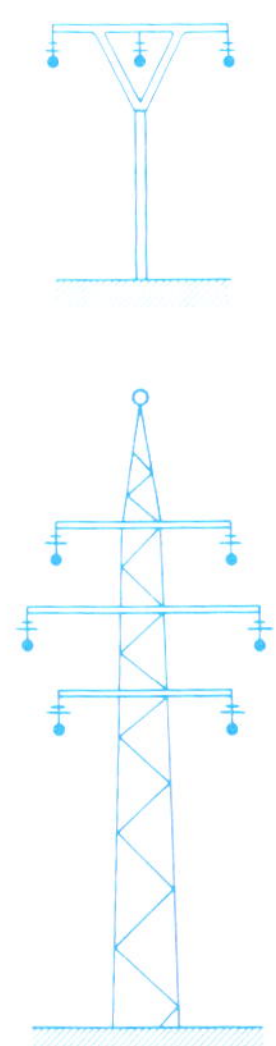

Freileitung 1):
1 Einfachleitung für Mittelspannungen bis 60 kV;
2 Doppelleitung bis 400 kV

tauscht. Zum Schutz der Leitung werden auf den Mastspitzen ein bis zwei → Erdseile geführt. – Als **natürliche Leistung** einer F. bezeichnet man jene, bei der sich die Wirkungen von Induktivität und Kapazität aufheben. Sie wächst mit dem Quadrat der Spannung und beträgt bei 400 kV mit Bündelleitern etwa 600 MW.

2) Fernmeldetechnik: ältester Leitungstyp im → Fernmeldenetz, symmetr. Paralleldrahtleitung aus zwei blanken Kupfer- oder Bronzedrähten von 3 mm ∅, im gegenseitigen Abstand von 200 mm (Wellenwiderstand 600 Ω) oberirdisch über Masten verlegt. Wegen Platzbedarf, Störanfälligkeit und Witterungsabhängigkeit fast völlig durch unterirdische → Kabel 2) verdrängt und nur noch für weit abliegende Einzelteilnehmer verwendet. Selbst hierfür werden zunehmend Kabel oberirdisch über Masten geführt.

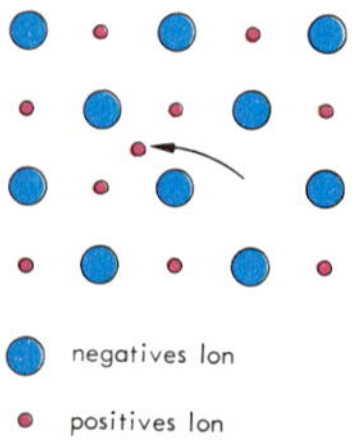

Frenkel-Defekt in einem zweiatomigen Gitter

Freinamen, Warennamen, die nicht für einen einzelnen Hersteller oder Verteiler geschützt sind, z. B. Trivialnamen wie Alizarin, Carbolineum. Bei Bildzeichen spricht man von **Freizeichen.** F. sind bes. für Arznei- und Schädlingsbekämpfungsmittel eingeführt.

Freispiegel|leitung, mit Flüssigkeit beschickte, nur teilgefüllte Leitung. Ggs.: → Druckleitung. Ein **Freispiegelstollen** ist eine F. zur Triebwasserzuführung zu Wasserkraftwerken.

Freistrahl, aus einer Düse strömender Flüssigkeits- oder Gasstrahl, der nicht von Führungswänden begrenzt wird. Seine Form wird im wesentl. durch das ihn umgebende Medium bestimmt. Angewendet z. B. bei der **Freistrahlpumpe** (einer Gleichdruckkreiselpumpe, → Kreiselpumpe), der **Freistrahl-** oder **Peltonturbine** (einer Gleichdruckwasserturbine, → Wasserturbine), der **Freifahr-** oder **Freilaufturbine** (→ Gasturbine).

Freivorbau, Montagebau bei Spannbeton- und Stahlbrücken: Der Überbau über große Öffnungen hinweg wird ohne Gerüste mit Hilfe eines F.-Krans oder besonderer Montagetechniken vorgebaut, bis der nächste Pfeiler oder Hilfspfeiler erreicht ist. F. wird bes. bei durchlaufenden Trägern angewendet.

Freizeichen, 1) Fernmeldetechnik: → Signaltöne.

2) Warenzeichen: → Freinamen.

Frequenzbereiche

Bereich	Abk.	Wellenlänge	Frequenz
Millimeterwellen (extremely high frequency)	(EHF)	10 mm ··· 1 mm	30 GHz ··· 300 GHz
Zentimeterwellen (super high frequency)	(SHF)	10 cm ··· 1 cm	3 GHz ··· 30 GHz
Dezimeterwellen (ultra high frequency)	(UHF)	10 dm ··· 1 dm	300 MHz ··· 3 GHz
Ultrakurzwellen (very high frequency)	UKW (VHF)	10 m ··· 1 m	30 MHz ··· 300 MHz
Kurzwellen (high frequency)	KW (HF)	100 m ··· 10 m	3 MHz ··· 30 MHz
Mittelwellen (medium frequency)	MW (MF)	1 000 m ··· 100 m	300 kHz ··· 3 MHz
Langwellen (low frequency)	LW (LF)	10 km ··· 1 km	30 kHz ··· 300 kHz
Längstwellen (very low frequency)	(VLF)	100 km ··· 10 km	3 kHz ··· 30 kHz

Fremdatome, chemische → Fehlordnungen in einem Kristallgitter, d. h. auf Gitter- oder Zwischengitterplätzen eingebaute, dem Idealkristall (→ Realkristall) fremde Atome; jeder reale Kristall enthält eine gewisse Menge an F. Durch → Dotierung mit F. können Kristalleigenschaften gezielt verändert werden.

Fremd|erregung, magnet. Erregung einer Gleichstrommaschine (→ Elektromotor, → Generator 1) aus einem anderen Netz.

Fremdgasdiffusion, → Diffusionstrennverfahren.

Fremdstoffe, Lebensmittelrecht: → Zusatzstoffe.

Fremdwasser, 1) Bez. für Wasser (meist Grundwasser), das durch undichte Stellen in die → Kanalisation eindringt oder über eine → Dränung eingeleitet wird. 2) Einem Gewässer künstlich ober- oder unterirdisch zugeleitetes Wasser fremder Einzugsgebiete.

Frénetsche Formeln [fren'ɛʃə-, n. dem frz. Mathematiker F.-I. Frénet, * 1816, † 1900] bestimmen das Verhalten einer Kurve im Raum in unmittelbarer Umgebung eines Punktes durch Krümmung und Windung der Kurve in diesem Punkt; ähnlich bei Flächen. (→ Differentialgeometrie)

Frenkel-Defekt [n. dem sowjet. Physiker J. I. Frenkel, * 1894, † 1952], Abwandern eines in einen Kristall eingebauten Atoms von seinem normalen Platz im Kristallgitter auf einen Zwischengitterplatz (z. B. in zweiatomigen Gittern: BILD); eine nulldimensionale → Fehlordnung.

Freon, Warenzeichen für → Chlorfluorkohlenstoffe.

Frequenz, Formelzeichen ν, f, bei period. Vorgängen (wie → Schwingungen oder → Wellen) die Anzahl der Schwingungen pro Zeiteinheit, d. h. der reziproke Wert der → Periodendauer T: $\nu = 1/T$. Einheit der F. ist das → Hertz (in den USA auch → cycle per second). Für alle Wellenvorgänge gilt: Frequenz × Wellenlänge = Ausbreitungsgeschwindigkeit.

Frequenzband, zusammenhängender, relativ kleiner Teilbereich des Spektrums → elektromagnetischer Wellen. Die → Frequenzbereiche (Wellenbereiche) sind für best. Anwendungen (Rundfunk, Richtfunk u. a. Funkdienste) in F. unterteilt. Auch jedes einzelne Signal belegt ein bestimmtes F., das bei der Übertragung zur Verfügung stehen muß. Man kennzeichnet ein F. durch **Frequenzlage** und **Bandbreite.** Die Bandbreite ist die für Signale charakterist. Größe, da die Frequenzlage durch Frequenzumsetzung (→ Modulation, → Multiplex-System) geändert werden kann. Ein Fernsprechsignal z. B. belegt das F. von 0,3 bis 3,4 kHz (Bandbreite 3,1 kHz), kann jedoch bei der → Trägerfrequenztechnik auch in der Frequenzlage 60,6 bis 63,7 kHz (gleiche Bandbreite) übertragen werden.

Frequenzbereich, Wellenbereich, Funktechnik: Teilbereich (→ Frequenzband) aus der Gesamtheit der elektromagnet. Wellen. Innerhalb ihrer Einteilung (ÜBERSICHT) gibt es eine international vereinbarte detaillierte Zuordnung der verschiedenen Dienste im → Funkverkehr zu diesen F. Z. B. gilt für den Ton-Rundfunk in Europa als **Mittel-Wellenbereich** (MW) der Bereich von 187 bis 570 m (1 605 bis 525 kHz), als **Lang-Wellenbereich** (LW) 1 050 bis 2 000 m (285 bis 150 kHz), als **Kurz-Wellenbereich** (KW) 11 bis 49 m (26 bis 6,1 MHz) und als **Ultrakurz-Wellenbereich** (UKW) 2,9 bis 3,4 m (104 bis 87,5 MHz). – Über F. des Fernseh-Rundfunks → Fernsehen.

Frequenzgang, komplexe Funktion, die das Zeitverhalten zeitinvarianter linearer → Übertragungsglieder der

Nachrichten- oder →Regelungstechnik kennzeichnet. Ein solches Glied antwortet auf ein sinusförmiges Dauersignal der Kreisfrequenz ω (Eingangssignal $x_e(t) = \sin \omega t$) mit einem sinusförmigen Ausgangssignal gleicher Frequenz: $x_a(t) = A(\omega) \sin(\omega t + \varphi(\omega))$, aber i. a. veränderter Amplitude $A(\omega)$ und Phase $\varphi(\omega)$. $A(\omega)$ und $\varphi(\omega)$ als Funktionen von ω $(0 \leq \omega < \infty)$ heißen **Amplituden-** bzw. **Phasengang.** Ihre Zusammenfassung zu der komplexen Funktion

$$F(\mathrm{j}\omega) = A(\omega)\, \mathrm{e}^{\mathrm{j}\varphi(\omega)}, \ (\mathrm{j} = \sqrt{-1})$$

ergibt den F. Seine graph. Darstellung in der komplexen Zahlenebene wird als **Ortskurve** bezeichnet. Bei den Phasenminimumsystemen kann $\varphi(\omega)$ aus $A(\omega)$ berechnet werden, so daß das Zeitverhalten hier schon durch den Amplitudengang allein bestimmt ist.

Frequenzhub, →Modulation.

Frequenzlage, →Multiplex-System.

Frequenzmesser, Meßgeräte für die Frequenz (Schwingungszahl) von Wechselströmen. Für Messungen im Bereich des techn. Wechselstroms (bis 1 500 Hz) sind

Frequenzmesser

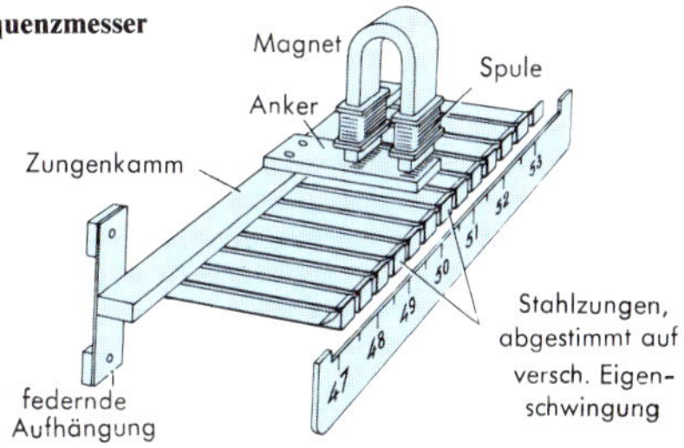

Zungen-F. mit Vibrationsmeßwerk gut geeignet. Der Strom durchfließt die Wicklung eines Magneten, vor dessen Polen auf einem Anker eine Anzahl federnder Stahlzungen mit best. Eigenresonanzen angebracht ist. Die mit der Frequenz in Resonanz stehende Zunge schwingt mit großer Schwingweite. Meßschaltungen für **Zeiger-F.** beruhen meist auf der Kondensatorlademethode. Während jeder Wechselstromperiode wird ein Kondensator einmal auf konstante Spannung aufgeladen und dann über ein Meßinstrument entladen. Der angezeigte zeitl. Mittelwert des Stromes hängt nur von der Frequenz ab. Mit **elektronischen Zählern** werden die Wechselstromperioden über eine best. Zeit gezählt. Der Frequenzwert wird dann digital angezeigt. Laborgeräte als **Wechselstrom-Meßbrükken** ermöglichen große Genauigkeit.

Frequenzmodulation, Abk. **FM,** →Modulation.

Frequenzmultiplex, Nachrichtentechnik: Bündelung von mehreren gleichartigen Signalen in einem →Multiplex-System derart, daß die Signale durch ihre Frequenzlage unterscheidbar sind.

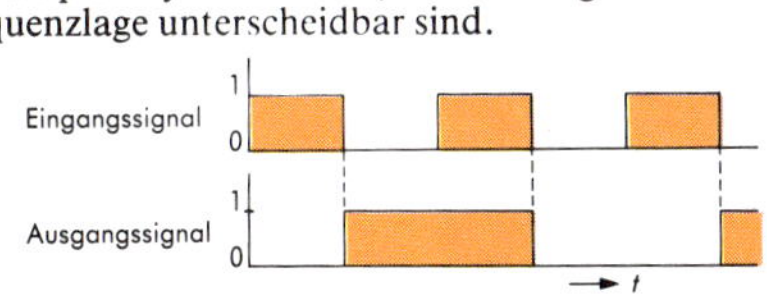

Frequenzteiler: Impulsdiagramm für ein als F. im Verhältnis 1:2 arbeitendes Flipflop

Frequenzteiler, elektron. Schaltung, mit der eine Impulsfolge im Verhältnis $1:n$ (wobei n ganzzahlig ist) heruntergeteilt werden kann. Im Prinzip läßt sich ein F. aus einem →Flipflop aufbauen. Da der Ausgang dieses Flipflops mit der negativen Flanke des Eingangssignals umschaltet, ist der Ausgangsimpuls doppelt so breit wie der Eingangsimpuls (BILD). Man spricht in diesem Fall von einer Frequenzteilung im Verhältnis 1:2. Der F. stellt die einfachste Form eines →Zählers dar. Er addiert jeweils eine bestimmte Anzahl von Impulsen und zeigt am Ausgang das Erreichen der Summe an.

Frequenz|umsetzer, auf Bergen errichtete Kleinsender (Leistung bis etwa 50 W) zur Fernsehversorgung von Tälern, in denen der Empfang der Großsender wegen der Schattenwirkung der Berge zu schwach ist. Die Trägerfrequenz des Großsenders wird umgesetzt und das Signal auf der neuen Frequenz verstärkt ausgesandt.

Frequenzverdopplung, →nichtlineare Optik.

Frequenzvervielfacher, elektron. Schaltung zur Erzeugung eines Vielfachen der Frequenz einer erregenden Schwingung. Dies kann erreicht werden durch einen auf die entsprechende Oberschwingung abgeglichenen Schwingkreis eines Schmalbandverstärkers bei nichtlinearer Aussteuerung oder durch Anwendung eines Multiplizierers für sinusförmige Eingangssignale. Eine Frequenzverdopplung entsprechend der mathemat. Beziehung

$$\sin^2 \omega t = \tfrac{1}{2}(1 - \cos 2\omega t)$$

erhält man z. B. mit der im BILD angegebenen Schaltung.

Frequenzwandler, Anordnungen zur Änderung der Frequenz eines Wechsel- oder Drehstromes. Man unterscheidet:

1) **Rotierende F.,** die ohne den Umweg über mechan. Energie zu einer Frequenzänderung führen: Hierher gehören der asynchrone →Einanker-Umformer und der **Induktions-Umformer.** Letzterer ist eine Asynchronmaschine mit Schleifringläufer, die auf einer nichtsynchronen Drehzahl gehalten wird. An den Schleifringen kann schlupffrequente elektr. Energie abgegriffen werden, deren Frequenz unter, aber auch über der speisenden Netzfrequenz liegen kann.

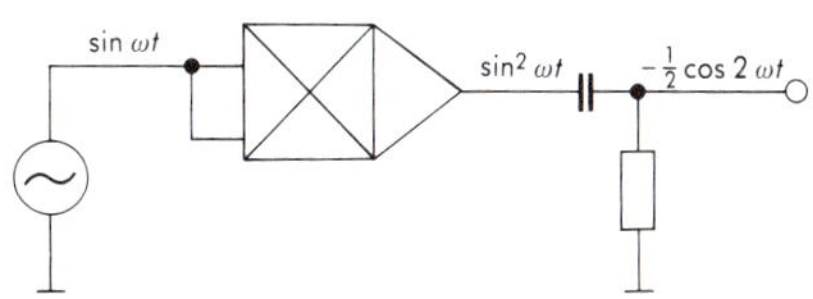

Frequenzvervielfacher: Schaltung zur Frequenzverdopplung

2) **Rotierende Frequenzumformer** sind →Motorgeneratoren 2). **Starre Frequenzumformer** bestehen aus zwei Synchronmaschinen verschiedener Polzahl, die miteinander starr gekuppelt sind. Das Verhältnis der beiden Frequenzen ist dem Kehrwert des Verhältnisses der Polzahlen gleich. Soll das Frequenzverhältnis innerhalb eines begrenzten Bereiches – z. B. ± 3% – einstellbar sein, verwendet man **gleitende Frequenzumformer.** Bei diesen ist die Maschine mit der größeren Polzahl eine Asynchronmaschine mit Schleifringläufer, deren Ständerfrequenz über eine →Hintermaschine verändert werden kann. Diese →Umformer wurden mehrfach zur Kupplung von Netzen (→Netzkupplung) verwendet.

3) **Ruhende F.:** Hier unterscheidet man **Frequenzvervielfacher,** bei denen Vielfache der Netzfrequenz (Oberschwingungen) unter Ausnützung von Nichtlinearitäten – z. B. bei hochgesättigten Transformatoren oder Dros-

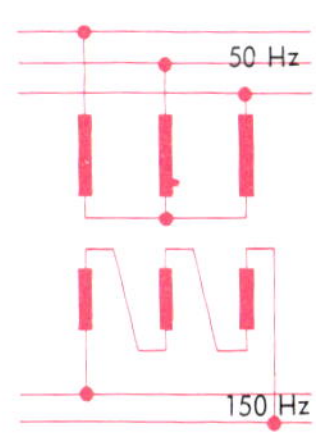

Frequenzwandler 3: Frequenzvervielfacher, Schaltung eines Triduktors zur Gewinnung von Wechselstrom 150 Hz

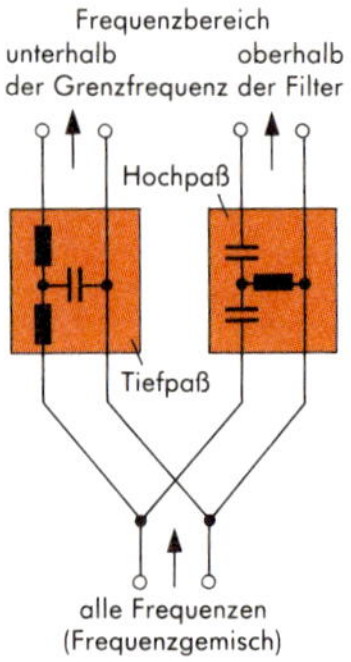

Frequenzweiche

selspulen – erhalten werden können, und → Umrichter, bei denen elektr. Ventile und elektron. Bauelemente zur Frequenzänderung herangezogen werden.

Frequenzweiche, Filteranordnung zur Trennung zweier Frequenzbereiche (BILD) oder zur Aufteilung eines Frequenzgemisches in mehrere Bereiche. F. werden z. B. benötigt bei der Übertragung mehrerer Gespräche über einen Kanal unter Benutzung versch. Trägerfrequenzen oder zur Aufteilung der von einem Antennenverstärker gelieferten Signale auf die versch. Hörfunk- und Fernsehkanäle. Lautsprecherboxen enthalten – sofern sie nicht nur aus einem Lautsprecher bestehen – ebenfalls F., damit dem jeweiligen Tief-, Mittelhoch- oder Hochtöner nur das für ihn verarbeitbare Frequenzband zugeleitet wird.

Fresnel-Linse, Fresnelsche Stufenlinse [frɛn'ɛl-, n. dem frz. Physiker A. J. Fresnel, * 1788, † 1827], Linse hohen Öffnungsverhältnisses bei kleiner Mittendicke, verwendet in opt. Geräten als Sammellinse, bes. für Beleuchtungs- (z. B. Scheinwerfer) und Signalzwecke (z. B. Seezeichen). Linsen hohen Öffnungsverhältnisses würden bei normaler Ausführung sehr dick und schwer ausfallen. Die F.-L. ist in Ringzonen gleicher maximaler Dicke unterteilt, so daß ein stufenartiger Aufbau entsteht. Bei passend gewählten Krümmungsradien der versch. Ringzonen fallen die Brennpunkte aller Zonen zusammen. Zur weiteren Erhöhung des Öffnungsverhältnisses kann die Hauptlinse durch Prismenringe umgeben werden. Bei Kunstharzgläsern (Acrylglas) lassen sich die einzelnen Zonen sehr schmal ausführen und in eine dünne Folie einprägen. F.-L. in Folienform werden z. B. im Overhead-Projektor verwendet.

Fresnelsches Biprisma [frɛn'ɛl-], flaches, gleichschenkliges Prisma mit einem Winkel von fast 180°, mit dem sich von einer Lichtquelle zwei kohärente, interferenzfähige Lichtbündel erzeugen lassen (→ Fresnelscher Spiegelversuch).

Fresnelscher Spiegelversuch [frɛn'ɛl-], Optik: klass. Versuch (1816) zum Nachweis der Interferenz des Lichtes. Zwei sehr wenig gegeneinander geneigte Planspiegel S_1 und S_2 entwerfen je das virtuelle Bild einer punktförmigen monochromat. Lichtquelle. Die von diesen Bildern E_1 und E_2 ausgehend gedachten Strahlenbündel sind kohärent und erzeugen in dem gemeinsam überdeckten Bereich ein Interferenzsystem von hellen und dunklen Streifen, die auf einem Schirm beobachtet werden können (BILD).

Fresnelsche Zonenkonstruktion [frɛn'ɛl-], aus der Verbindung von Huygensschem Prinzip und Interferenzprinzip **(Huygens-Fresnelsches Prinzip** [h'œjxəns-]) 1818 entwickeltes Hilfsmittel zur Bestimmung und Erklärung von Beugungserscheinungen bes. hinter kreisförmigen Blenden oder Schirmen. – Eine punktförmige, monochromat. Lichtquelle erzeugt eine kreisförmige Wellenfront, die an den ringförmigen Zonen A_1, A_2, A_3 . . . (BILD) Elementarwellen auslöst, die im Aufpunkt *P* miteinander interferieren. Die Abstände der Zonen A_1, A_2, A_3, A_4 . . . sind so gewählt, daß sie von *P* um $^1/_2\lambda$, λ, $^3/_2\lambda$, 2λ . . . weiter entfernt sind als A_0 (λ = Wellenlänge des Lichtes). Die Intensität in *P* erhält man durch Summation über die Beiträge aller Elementarwellen aus den Zonen. Bei ungestörter Wellenausbreitung trägt nur das Zentrum der inneren Zone mit dem halben Radius A_1 zur Erregung in *P* bei, alle übrigen Beiträge löschen sich durch Interferenz aus. Wird im Abstand *y* von *P* eine Lochblende aufgestellt, die den Bereich der innersten Zone freiläßt, so tragen alle von dieser Zone ausgehenden Elementarwellen

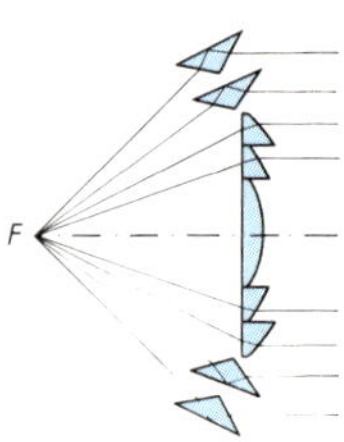

Fresnel-Linse: Meridianschnitt einer F.-L. mit zwei reflektierenden (katoptrischen) Ringen; *F* Brennpunkt

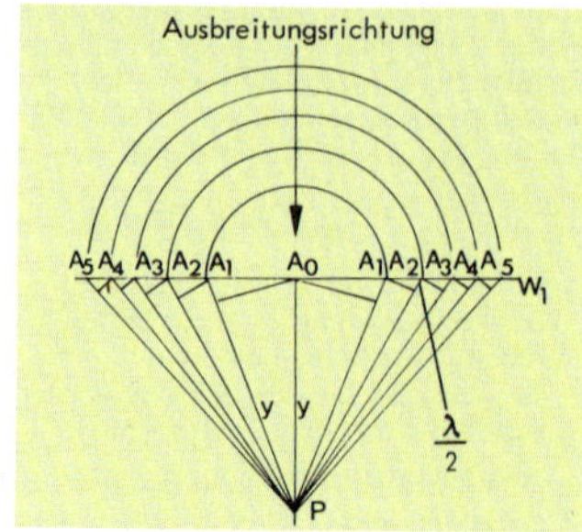

Fresnelsche Zonenkonstruktion

zur Erregung in *P* bei, so daß die Helligkeit größer als bei fehlender Blende wird. Ist der Radius der Lochblende gleich dem der Zonen A_0 und A_1, wird in *P* Dunkelheit beobachtet, da sich die Strahlen aus den beiden Zonen infolge des Gangunterschieds $\lambda/2$ auslöschen. Bei stufenweiser Vergrößerung der Blende auf den Durchmesser aufeinanderfolgender Fresnel-Zonen tritt in *P* abwechselnd Helligkeit und Dunkelheit ein. Statt des Blendendurchmessers kann auch der Abstand zw. Blende und Auffangschirm variiert werden. Wird anstelle der Blende ein Schirm aufgestellt, der gerade die innerste Zone abdeckt, wird in *P* trotzdem Helligkeit beobachtet, da bei Summierung der Beiträge aus den Zonen A_1, A_2, A_3, . . . als resultierende Intensität die Wirkung der halben Zone A_1 übrigbleibt. Ist die Blende so ausgebildet, daß nur die Elementarwellenbündel der geradzahligen Zonen A_0, A_2, A_4, A_6 . . . oder die der ungeradzahligen Zonen A_1, A_3, A_5, A_7 . . . in *P* miteinander interferieren können, so verstärken sich die Lichtbündel.

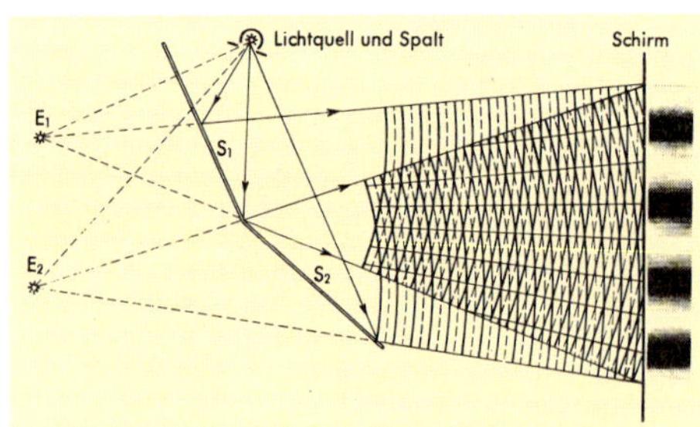

Fresnelscher Spiegelversuch

Friedel-Crafts-Reaktion [-kra:fts-, n. dem frz. Chemiker Ch. Friedel, * 1832, † 1899, und dem amerikan. Chemiker J. M. Crafts, * 1839, † 1917], 1877 entwickelte Methode zur Alkylierung und Acylierung von aromat. Ringsystemen.

Alkylierung:

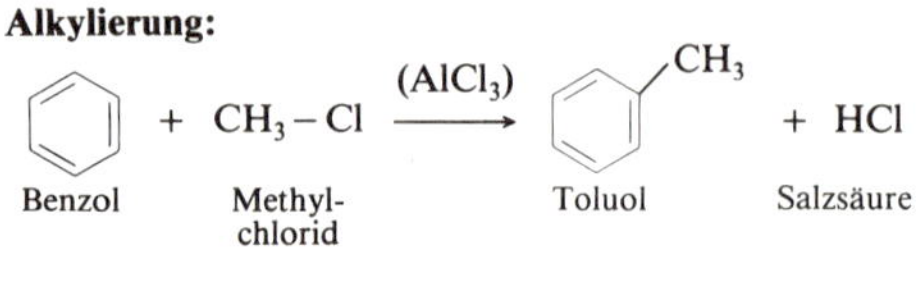

Aus dem Alkylhalogenid und dem als Katalysator zugesetzten Aluminiumchlorid bildet sich zunächst ein →Carbeniumion (CH_3^+), das in der Lage ist, den aromat. Ring anzugreifen: $CH_3Cl + AlCl_3 \rightleftharpoons CH_3^+ + AlCl_4^-$

Acylierung:

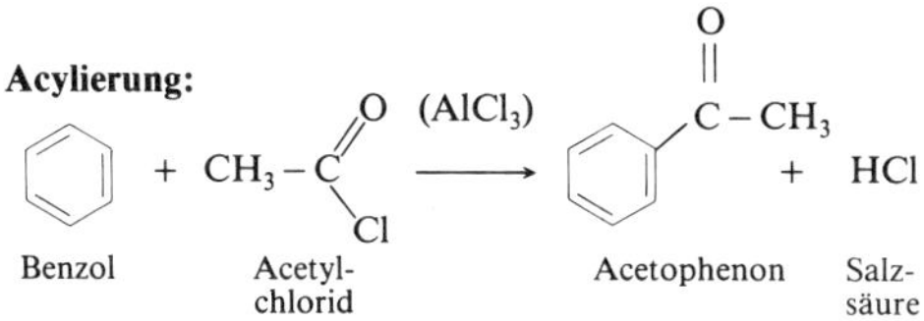

friemeln, Stabstahl oder Rohre zw. schräggestellten, in gleichem Sinn umlaufenden Walzen rollend drehen, um sie geradezurichten und die Oberfläche zu verbessern.

Frigen, Handelsname für →Chlorfluorkohlenstoffe.

Frischen, metallurg. Vorgang bei der Stahlherstellung (→Eisen).

Frischluftgeräte sind →Atemschutzgeräte, die den Träger über einen an eine →Atemschutzmaske angeschraubten Schlauch von außen mit frischer Luft versorgen. Bis 20 m Länge: Luftansaugung durch eigene Lungenkraft **(Frischluft-Schlauchgerät),** bis 60 m Länge: Luftzufuhr durch Blasebalg oder Druckluftflasche, bis 200 m Länge: Luftzufuhr durch eine mit Druckluft oder verdichtetem Sauerstoff beaufschlagte Injektordüse. Anwendung bei Arbeiten in Tanks, Kesseln, Silos, Brunnen, Kanalisation u. a.

Frischwasser, 1) seemännisch für Süßwasser (im Ggs. zu Salzwasser); die Mischung beider wird als →Brackwasser bezeichnet. 2) Industrie: das in eine Fabrikation neu eingeleitete Grund- oder Oberflächenwasser.

frisieren, Kfz: →Tuning.

fritten, eine Glasschmelze abschrecken, meist durch Eingießen in Wasser zur Erzeugung von grobkörnigem Glaspulver. Die so entstandene **Fritte** dient in pulverisierter Form als Ausgangsstoff zur Herstellung bestimmter →Glasuren.

Front, Meteorologie: Grenze zw. zwei Luftmassen ungleicher Dichte bei gleichem Druck, vorwiegend bedingt durch Temperaturdifferenz. Reicht meist durch die ganze Troposphäre hindurch, wobei sie sich von einer Breite um 20 km am Boden mit Werten von über 100 km in der Höhe zur →Frontalzone ausweitet. Als Bereich intensiven Wettergeschehens ist die F. wichtig für die Wettervorhersage. Bes. ausgeprägt ist sie in →Tiefdruckgebieten der mittleren Breiten. Dringt dabei warme gegen kalte Luft vor, so entsteht eine **Warmfront.** Da sie um etwa 1:100 gegen die Zugrichtung geneigt ist, sind die an ihr entstehenden Schichtwolken bereits mehrere 100 km vor ihrem Eintreffen am Boden zu beobachten. An der **Kaltfront** setzt sich die kalte Luft zuerst in den unteren Schichten durch, begleitet von starker Quellbewölkung (→Wolken). An der F. treten vielfach Druckfall, plötzliche Winddrehung und Niederschlag auf, wobei die Intensität von der Geschwindigkeit des Frontdurchganges sowie der Größe der Temperatur- und Feuchteänderung abhängt. Darüber hinaus wird eine Warmfront durch die Zunahme des geostroph. Windes mit der Höhe, eine Kaltfront durch die Zunahme des geostroph. Windes zum Boden hin verstärkt.

Frontalzone, 1) ausgedehntes Übergangsgebiet zw. zwei Luftmassen (→Front). 2) die rd. 1 000 km breite Zone zw. subtropischer und arktischer Luft, in der intensive Westwinde herrschen (→Strahlstrom) und das troposphärische Temperaturgefälle vom Äquator zum Pol sein Maximum erreicht.

Front|antrieb, →Vorderradantrieb.

Front-Fan-Triebwerk [frʌnt fæn-, engl.], ein Zweistrom-(Zweikreis-)Turbinen-Luftstrahltriebwerk (→Strahltriebwerk) mit Bläseranordnung im vorderen Teil des Verdichters.

Frontlader, Fahrzeug mit hydraulisch betätigter Frontschaufel oder -gabel zum Heben, Transportieren und Laden von Gütern.

Frost, Auftreten von Temperaturen unter 0 °C und damit Gefrieren des Wassers im Boden oder in mit dem Boden verbundenen Objekten. – **Strahlungsfrost** tritt bei klarem windstillem Wetter meist nachts **(Nachtfrost)** auf durch →Ausstrahlung von Oberflächen, wie der des Erdbodens (Bodenfrost). Einströmen ortsfremder Kaltluft führt zu **Advektivfrost.**

Frostboden, Boden mit zeitweilig oder dauernd (→Dauerfrostboden) gefrorenem Bodenwasser. Durch die Volumenvermehrung des gefrierenden Wassers entstehen Druckkräfte **(Frosthub, Frostschub),** deren Ausmaß von der Quellfähigkeit, der Wasserdurchtränkung und der Körnung des Bodens abhängig ist. Feinkörnige Böden (Ton, Löß, Lehm) weisen hohe Quellfähigkeit und damit hohe Frostgefährdung auf. Bei Böden mit unterschiedl. Körnung genügt ein rd. 3%iger Ton-Anteil, um →Frostschäden hervorzurufen. In Mooren und sumpfigen Wiesen entstehen im Frostbereich des Bodens oft von unten mit Wasser genährte Eislinsen. In der nordsibir. Torfhügeltundra erreichen die Auftreibungen bis zu 7 m Höhe (→Pingo, →Strukturboden).

Froster, Einrichtung zum Gefrieren von Lebensmitteln unter Anwendung verschiedener Gefrierverfahren: Gefrieren im Kaltluftstrom, Kontaktgefrieren, Tauch- und Sprühgefrierverfahren.

Frostschäden, durch Gefrieren des Bodenwassers in feinkörnigen Böden mit hoher Kapillarität entstehende Schäden in Form unregelmäßig verteilter, reiner Eislinsen (→Frostboden). An Bauwerken (z. B. Straßen) auf derartigen Böden ergeben sich F. (z. B. an der Straßenoberfläche) in Form von Rissen, Wellen, Beulen infolge unterschiedlicher Bodenhebungen.

Frostschutzmittel, svw. →Gefrierschutzmittel.

Frostschutzschicht, Straßenbau: die Kapillarität unterbrechende Schicht aus verwitterungsbeständigem, kornabgestuftem Kiessand oder gebrochenem Gestein zur Verhinderung von →Frostschäden. Die F. ist Teil der Tragschicht einer Straßenkonstruktion, ihre Dicke ist u. a. abhängig von der Frostempfindlichkeit des Bodens, vom Tragverhalten des Untergrundes und von den Klimaverhältnissen.

Frostsprengung, Frostverwitterung, svw. →Spaltenfrost.

Fruchtschiefer, svw. →Fleckschiefer.

Fruchtzucker, D-Fructọse, Lävulọse, wichtigste Ketohexose (→Zuckerarten), die isoliert (z. B. in Früchten und Honig) und gebunden (z. B. im Disaccharid Saccharose und im Polysaccharid Insulin) in der Natur vorkommt. Das Molekül liegt bei der reinen Substanz als sechsgliedriger Ring **(Pyranọse),** im gebundenen Zustand als fünfgliedriger Ring **(Furanọse)** vor. F. bildet farblose Kristalle mit etwas höherer Süßkraft als Saccharose (Rohrzucker). Sie wird – auch von Diabetikern – unter

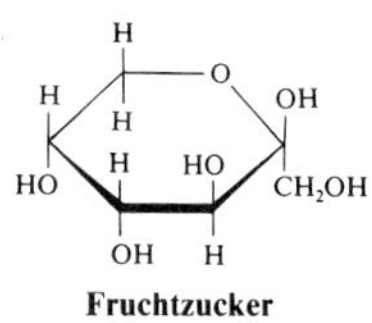

Fruchtzucker
(Pyranose)

dem Einfluß des Enzyms Fructokinase v. a. in der Leber abgebaut. Gemische von F. und Glucose werden durch Säurehydrolyse oder mit dem Enzym Invertase aus Saccharose hergestellt. Da die Gemische eine höhere Süßkraft haben als Glucose allein, stellt man sie auch durch Isomerisierung von Glucose mit dem Enzym Glucose-Isomerase her.

Frühaufgang, → Aufgang.

Früh|ausfälle, → Ausfallrate.

Frühjahrsdreieck, großräumige Figur am Frühjahrshimmel, bestehend aus den Hauptsternen der drei bekanntesten Frühjahrssternbilder; Regulus im Löwen, Arktur im Bootes und Spica in der Jungfrau.

Frühkristallisation, Frühstadium der Erstarrung eines Magmas, das zur Bildung der bas. und ultrabas. Tiefengesteine und bestimmter Erzlagerstätten führt.

Frühling, eine → Jahreszeit.

Frühlingspunkt, Widderpunkt, Schnittpunkt des Himmelsäquators und der Ekliptik (BILD Ekliptik), an dem die Sonne den Himmelsäquator in nördl. Richtung überschreitet (Ggs.: **Herbstpunkt, Waagepunkt).** Der F., der heute im Sternbild Fische liegt (→ Präzession 1), ist der Nullpunkt der Rektaszensionszählung und der ekliptikalen Längenzählung (→ astronomische Koordinaten). – Wenn die Sonne im Frühlingspunkt und damit auf dem Himmelsäquator steht, bleibt sie für jeden Ort an der Erdoberfläche 12 Stunden über dem Horizont und 12 Stunden unter dem Horizont **(Frühlings-Tagundnachtgleiche, Frühlingsäquinoktium)**; auf der Nordhalbkugel der Erde beginnt damit der Frühling, auf der Südhalbkugel der Herbst (Ggs.: **Herbst-Tagundnachtgleiche, Herbstäquinoktium).**

Frühuntergang, → Aufgang.

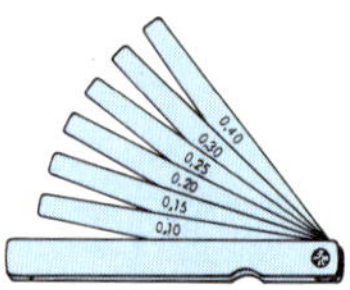

Fühllehre

Frühwarnflugzeug, mit einem weitreichenden Radargerät ausgerüstetes Militärflugzeug, das zur Luftraumüberwachung und Einsatzleitung eingesetzt wird. Wegen vergrößerter Erfassungsreichweite können Luftziele früher als durch Bodenradaranlagen erfaßt werden; auch können Ziele entdeckt werden, die den Erfassungsbereich von Bodenradaranlagen zu unterfliegen versuchen (Draufsichtradar).

Frühwarnsystem, engl. **Early Warning System** [ˈəːlɪ wˈɔːnɪŋ sˈɪstɪm], militär. System zur Überwachung des Luftraumes und des erdnahen außerirdischen Raumes mit dem Ziel, gegner. Flugzeuge, Fernlenkwaffen oder Raumwaffen möglichst frühzeitig zu entdecken und zu erkennen, deren Bewegungen zu verfolgen und Daten für die Führungssysteme der Luftverteidigung zu liefern. Als Mittel zur Entdeckung werden v. a. bodengebundene Radarsysteme verwendet, die möglichst nah an den Grenzen eines möglichen Gegners sowie bevorzugt in den zu erwartenden Angriffswegen errichtet werden. In das F. integrierte radartragende → Frühwarnflugzeuge können Objekte entdecken, die den Erfassungsbereich bodengebundener Radaranlagen zu unterfliegen versuchen. Da Raketentriebwerke aufsteigender Fernwaffen die Ausbreitungsbedingungen von Funksignalen in der Ionosphäre beeinflussen, können solche Waffen auf sehr große Entfernungen durch Überwachung dieser Ausbreitungsbedingungen entdeckt werden. Durch Infrarot- und opt. Sensoren in Erdsatelliten kann der überwachbare Raum über die gesamte Erdoberfläche ausgedehnt werden.

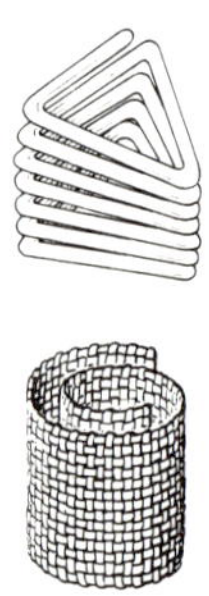

Füllkörper: Strukturen von F.: OBEN Drahtspirale mit Dreieckquerschnitt; UNTEN Raschigring aus Drahtnetz

F-Schicht, obere Schicht der → Ionosphäre.

FSK, Abk. für engl. **Frequency Shift Keying** [frˈiːkwənsɪ ʃɪft kˈiːɪŋ], Nachrichtenübertragung: Frequenzumtastung (digitale Frequenzmodulation); jeder Amplitudenstufe eines digitalen Signals wird eine best. Frequenz der Trägerschwingung zugeordnet (→ Modulation).

ft, Einheitenzeichen für → foot.

FTZ, Abk. für → **F**ernmelde**t**echnisches **Z**entralamt.

Fuchs, 1) Astronomie: lat. **Vulpecula,** ein → Sternbild des Nordhimmels, im Sommer am Abendhimmel sichtbar; enthält den → Hantelnebel.

2) Technik: Kanal, der einen Industrieofen oder einen durch Feuerung beheizten Kessel mit dem Schornstein verbindet. Im F. befindet sich meist auch der Rauchschieber zur Regelung der Zugstärke der Feuerung.

Fuchsin, Teerfarbstoff. Die **F.-Farbstoffe** (Rosanilin, Pararosanilin u. a.) dienen zum Rotfärben von Wolle, Seide, Leder, Papier und zur Färbung mikroskop. Präparate.

Fuchsit [n. dem Mineralogen J. v. Fuchs, * 1774, † 1856], Mineral, → Glimmer.

Fuchsschwanz, eine Säge (→ Sägen).

Fuder|aufzug, Heu|aufzug, Fördergerät, das Halmgutportionen oder ganze Ladungen aus einem Wagen entnimmt und in den meist höher gelegenen Lagerraum fördert. F. sind mit einem über Seil und Seilwinde angetriebenen Greifer ausgerüstet, der über einen Schwenkarm oder über eine Laufkatze (z. B. im Scheunendach) geführt wird.

Fuel Coker [fjˈʊəl kˈəʊkə, engl.], Gerät zur Prüfung der Wärmestabilität von Flugturbinenkraftstoffen. Der Kraftstoff wird durch einen Vorerhitzer und ein beheiztes Filter gepumpt. Die Verfärbung des Vorerhitzerrohres und die durch Ablagerungen hervorgerufene Vergrößerung des Strömungswiderstandes am Filter sind ein Maß für die thermische Schädigung des Kraftstoffes.

Fugazität, → Aktivität 3).

Fuge, Bautechnik: der Zwischenraum zw. aneinanderstoßenden, festen Bauteilen. Zum Ausgleich von Längenänderungen durch Temperaturschwankungen, Quellen und Schwinden des Baumaterials werden **Trenn-** oder **Dehnungs-F.** als **Bewegungs-F.** angeordnet. Die F. werden i. a. durch thermoplast. Fugeneinlagen oder Fugenvergußmassen gegen Eindringen von Fremdkörpern geschützt.

fügen, 1) metall. Werkstücke durch Schrauben, Nieten, Schrumpfen, Löten, Schweißen, Falzen, Kleben, Schmelzen, Umgießen u. a. Verfahren verbinden.

2) Holzbearbeitung: planparallele Brett- oder Furnierseitenkanten herstellen, um bei der späteren Verleimung dichte Fugen zu erhalten.

Fühl|lehre, Dickenschablone, Spion, Meßmittel im Maschinenbau zum Bestimmen der Breite von Spalten und Rissen sowie zum Einstellen des Spiels bei Lagern u. a. Eine F. besteht aus Stahlblech-Zungen verschiedener Dicke von 0,05 bis 1 mm.

Fuhrmann, lat. **Auriga,** ein → Sternbild am Nordhimmel, im Winter am Abendhimmel sichtbar.

Führung, Technik: Teil einer Maschine, das einem beweglichen Teil die Bahn und/oder die Lage bei seiner Bewegung vorschreibt, z. B. die → Geradführung.

Führungsgröße, Größe im → Regelkreis, die den gewünschten Zeitverlauf der → Regelgröße angibt. Die Abweichung der Regelgröße von der F. wird laufend gemessen und vom → Regler zu einem Korrektursignal verarbeitet. Bei zeitlich veränderlicher F. spricht man von **Folgeregelung,** bei konstanter F. von **Festwertregelung.**

Füll|element, galvan. Primärelement, bei dem der Elektrolyt erst unmittelbar vor Gebrauch zugegeben wird (deshalb bes. lagerfähig). – Ein sehr leistungsfähiges F., das für Notlampen in der Seefahrt eingesetzt wird, bedient sich z. B. der Reaktion

$$Mg + 2\,AgCl \longrightarrow MgCl_2 + 2\,Ag.$$

Zur Inbetriebnahme muß der zw. der Silber-Silberchlorid- und der Magnesiumelektrode liegende Raum des F. lediglich mit Meerwasser gefüllt werden.

Füllen, lat. **Equule|us,** ein → Sternbild der Äquatorzone, im Herbst am Abendhimmel sichtbar.

Fuller|erde, → Bleicherde 1).

Füllfederhalter, mit Tintenvorrat versehenes Schreibgerät, als **Kolben-** oder **Patronen-F.** gebräuchlich. Beim Schreiben fließt die Tinte durch feine Kanäle zur Schreibfeder. Der verfügbare Tintenvorrat ist bei Kolben-F. häufig durch ein Sichtfenster erkennbar.

Füllkörper, meist ring- oder sattelförmige Körper (z. B. Raschigringe) aus Glas, Metall, Keramik u. a. F. werden als lose Schüttungen in → Kolonnen z. B. bei therm. Trennverfahren (Destillation, Extraktion) verwendet, um die Grenzfläche zw. den beteiligten Phasen (z. B. Dampf und Flüssigkeit) zu vergrößern und damit den Stoffübergang zu beschleunigen. (BILD S. 156)

Füll|ort, Grubenbau von meist großem Querschnitt und mit Einrichtungen zum Umschlag von der Streckenförderung auf die → Schachtförderung.

Füllschriftverfahren, → Schallplatte.

Full-slice-Technik [fʊl slaɪs-, engl.], → Chip.

Füllstoffe, meist billige Feststoffe wie Holz- und Gesteinsmehl, Metallpulver, Ruß, Kaolin, Asbest, Cellulose, Glasfasern, die in Kautschuk, Form- und Dichtungsmassen, Baustoffen, Lacken, Klebern, Kitten, Papier, Karton u. a. enthalten sind. Sie erhöhen das Volumen und/oder Gewicht des Ausgangsmaterials und verbessern best. Eigenschaften, z. B. Härte, Festigkeit, Steifheit, Glanz, elektr. und Wärme-Leitfähigkeit, die chemische, Wasser- und Alterungs-Beständigkeit.

Fulminate, Bez. für die sehr explosiven und zersetzlichen Salze der → Knallsäure.

Fumarole, Gas- und Wasserdampfexhalation aus Spalten und Öffnungen tätiger Vulkane und erkaltender Lavaströme mit Temperaturen von 200 bis 800 °C. Sie enthalten die vom Magma abgegebenen leichtflüchtigen Bestandteile: Wasserdampf, Kohlendioxid, schweflige Säure, Schwefelwasserstoff, Chloride u. a.

Fumarsäure, trans-Butendisäure, kristalline organ. Säure, die in verschiedenen Pflanzen (z. B. Erdrauch) vorkommt, in denen sie im Zitronensäurezyklus aus Bernsteinsäure gebildet wird. F. wird durch Isomerisierung der stereoisomeren Maleinsäure hergestellt und dient v. a. zur Herstellung von Polyestern und Apfelsäure.

Fumiganti|en, → Nematizide.

Fundament, Grund(lage); in der Bautechnik die → Gründung.

Fundamentalabstand, → Fundamentalpunkte.

Fundamentalfolge, die → Cauchy-Folge.

Fundamentalkatalog, ein → Sternkatalog.

Fundamentalkonstanten, → Naturkonstanten.

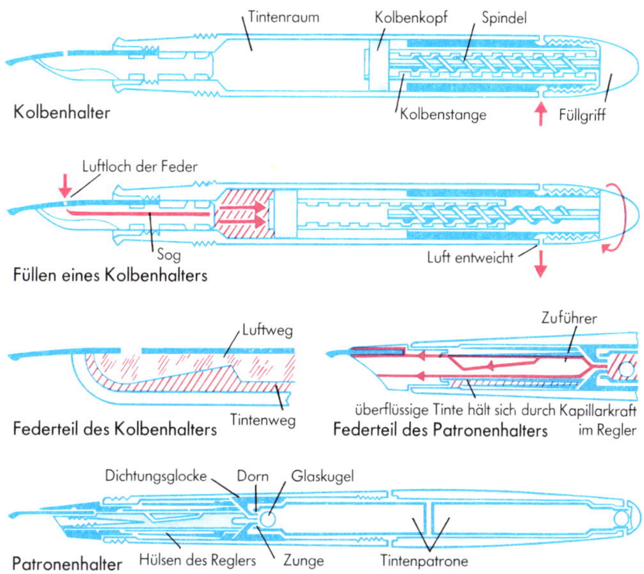

Füllfederhalter

Fundamentalpunkte nennt man den → Eispunkt und den → Dampfpunkt. Die Temperaturdifferenz zw. den beiden F. heißt der **Fundamentalabstand.** Er beträgt auf der Celsius-Skale 100 °C.

Fundamentalsatz der Algebra, → algebraische Gleichung.

Fundamentalsatz der Zahlentheorie, → Zahlentheorie.

Fundamentalsterne, → Sternkatalog.

Fundamentalsystem, → Sternkatalog.

fündig werden, eine Lagerstätte auffinden, z. B. durch Schürfen oder durch Prospektion.

Fünf|eck, Pentagon, Geometrie: durch fünf Punkte, **Fünfseit,** durch fünf Seiten bestimmte Figur. Reguläre F. bilden die Seiten eines Pentagon-Dodekaeders. (BILD Dodekaeder)

Fünfer|alphabet, das Internationale Telegraphenalphabet Nr. 2, → Fernschreiben.

Fungizide, Wirkstoffe zur Bekämpfung von Schadpilzen. Im Pflanzenbau werden als **anorgan. F.** Schwefel (z. B. gegen Apfelmehltau und Obstschorf) und Kupferoxidchlorid (z. B. gegen falschen Mehltau bei Hopfen und Wein) angewandt. Als **organ. F.** finden Derivate der Dithiocarbamidsäure (z. B. Maneb gegen Kraut- und Knollenfäule bei Kartoffeln), des Thioharnstoffs (z. B. Thiophanate-methyl gegen Halmbruchkrankheit) und heterozykl. Verbindungen (z. B. Tridemorph gegen Getreidemehltau) Verwendung. Quecksilberhaltige F. sind in der Bundesrep. Dtl. verboten. F. finden auch zur Konservierung von Lebensmitteln (z. B. Propionsäure gegen Schimmelpilze) und zum Holzschutz Verwendung.

fungizide Ausrüstung, Behandlung von speziellen Textilien wie Planen, Schläuchen u. a. mit solchen Hilfsmitteln, die sie vor Schimmel- und Schwammbefall und somit vor Verrottung schützen.

Fumarsäure

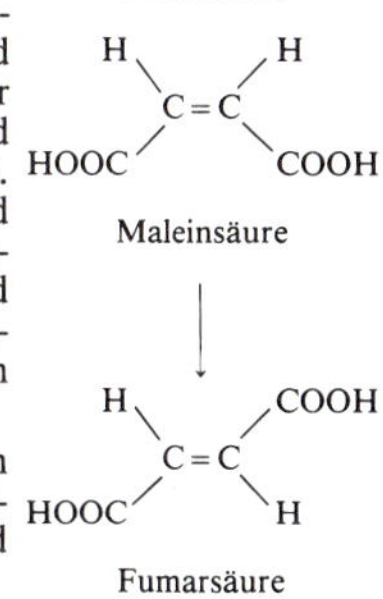

Funk, Kurzwort für alle Gebiete des → Funkverkehrs, der → Funktechnik, der → Funkdienste u. a.

Funkdienst, drahtlose Nachrichtenübertragung (vorwiegend Fernsprechen und Fernschreiben) zw. zwei oder mehreren Funkstellen. Man unterscheidet feste F. (alle Funkstellen ortsfest) und bewegliche F. (mindestens eine Funkstelle ortsveränderlich, z. B. tragbar oder in einem Fahrzeug eingebaut).

Zu den **festen F.** zählen die → Richtfunkverbindungen, Funkwege über → Nachrichtensatelliten sowie noch einige Verbindungen über Lang- und Kurzwellen im Europa- und Überseeverkehr. Daneben gibt es **nichtöffentl. feste F.** für Militär, Behörden, Presse, Banken und → Rundfunk sowie den → Amateurfunk.

Bei **beweglichen F.** unterscheidet man Land-, See- und Flugfunkdienste. Hierbei befindet sich die eine Funkstelle in einem Fahrzeug, die andere ist ortsfest. Je nachdem ob die ortsfeste Funkstelle Verbindung zu einem öffentl. Fernmeldenetz (z. B. Fernsprechnetz) hat oder nicht, spricht man von einem **öffentl.** oder **nichtöffentl. bewegl. F.** Die Verbindungen werden teils handvermittelt, teils in Selbstwahl hergestellt.

Beim **Landfunkdienst** befindet sich die bewegl. Funkstelle in einem Straßen-, Schienen- oder Wasserfahrzeug der Binnenschiffahrt **(Funkfernsprechen).** Zum öffentl. bewegl. Landfunkdienst gehört der **Landstraßenfunk (Autotelephon),** der **Schiffs-** und der **Zugfunk.** Besonderheiten in Europa sind der Internationale Rheinfunk, der auch ausländ. Schiffen Sprechfunkverkehr ermöglicht, sowie der Europäische → Funkrufdienst. Der nichtöffentl. bewegl. Landfunkdienst dient dem internen Verkehr besonderer Teilnehmergruppen wie Polizei, Militär, Feuerwehr, Rettungsdienst, Eisenbahn (z. B. Rangierfunk), Verkehrsbetriebe, Taxiunternehmen (Taxifunk) und Privatpersonen **(Funksprechverkehr).** Auch gibt es nichtöffentliche Funkrufdienste.

Der **Seefunkdienst** ermöglicht weltweite Fernsprech- und Fernschreibverbindungen zw. den ortsfesten Küstenfunkstellen und den Seefunkstellen an Bord von Schiffen. Außerdem werden Nachrichten, Wetter- und Eisberichte, Zeitzeichen, Gefahren- und Seenotmeldungen übertragen und durch Peilung Standortbestimmungen vorgenommen.

Der **Flugfunkdienst** ermöglicht Funksprechverkehr zw. Luftfahrzeugen untereinander und mit Bodenfunkstellen. Er wird hauptsächl. zur Sicherung der zivilen und militär. Luftfahrt von Flugsicherungsanstalten betrieben, steht aber auch der Privat- und Sportfliegerei zur Verfügung.

Die F. bedienen sich je nach erforderl. Reichweite geeigneter Frequenzen und Übertragungsverfahren. Hauptproblem ist der große Bedarf an → Frequenzbändern, der zu intensivster Ausnutzung der Frequenzbereiche durch moderne Verfahren und Geräte sowie zur Erprobung neuer Möglichkeiten (z. B. See- und Flugfunk über Satelliten) zwingt. Frequenzpläne und Spezifikationen für F. sind von der Internationalen Fernmelde-Union (Genf) durch die ›Vollzugsordnung für den Funkdienst‹ international vereinbart und werden laufend ergänzt und überarbeitet. Auf nationaler Ebene sind i. d. R. die Post- und Fernmeldeverwaltungen für die F. zuständig (z. B. die Dt. Bundespost in der Bundesrep. Dtl.).

Funke, 1) glühendes Teilchen bei der Verbrennung. **2)** → Gasentladung.

Funken|entladung, selbständige elektr. Entladung von nur kurzer Dauer (10^{-9} s), die in Gasen abläuft (→ Gasentladung) und sich bei Drücken ab etwa 10000 Pa (≈ 100 Torr) ausbildet, sobald die angelegte Spannung einen charakterist. Mindestwert, die **Zündspannung,** übersteigt. Der in Gewittern zu beobachtende Blitz stellt beispielsweise eine F. dar. In der Technik werden F. zur Messung hoher Spannungen benutzt.

Funken|induktor, Hochspannungstransformator aus zwei über einen stabförmigen Eisenkern gewickelten

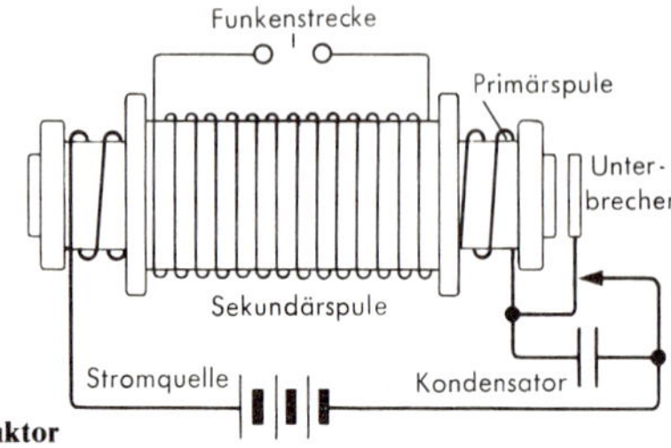

Funkeninduktor (Schema)

Zylinderspulen. Durch die Primärspule fließt ein zerhackter Gleichstrom, der durch einen selbsttätigen Unterbrecher (Wagnerscher Hammer) erzeugt wird. In der Sekundärspule wird eine Wechselspannung stark unsymmetrischer Kurvenform induziert, die durch eine hohe sekundäre Windungszahl und einen leistungsfähigen Unterbrecher Werte bis zu mehreren 100000 Volt erreichen kann. F. dienten früher hauptsächlich dem Betrieb von Röntgenröhren, heute arbeiten lediglich noch die Zündspulen der Ottomotoren, die die Hochspannungsimpulse für die Zündkerzen liefern, und Geräte niedriger Spannung etwa zum Betrieb elektr. Weidezäune nach dem Prinzip des F.

Funkenkammer, Hochenergiephysik: Gerät zum Nachweis oder zur Sichtbarmachung der Spuren von geladenen energiereichen Teilchen; eine Weiterentwicklung des → Funkenzählers. Die **Parallelplatten-F.** besteht aus einer Reihe flächenförmiger, parallel angeordneter Elektroden, z. B. Metallplatten, in einer Gasatmosphäre. Die Elektroden 1, 3, 5 usw. sind geerdet; an die Platten 2, 4, 6 usw. wird kurzzeitig Hochspannung angelegt. Ein hindurchfliegendes geladenes Elementarteilchen erzeugt

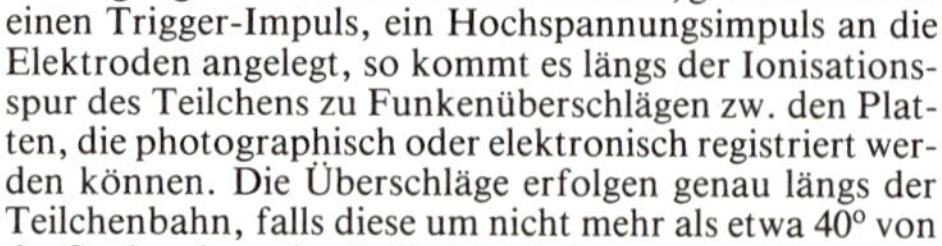

Funkenkammer: Streamerkammer

längs seiner Spur Ionen und Elektronen. Wird kurz nach Durchgang eines ionisierenden Teilchens, gesteuert durch einen Trigger-Impuls, ein Hochspannungsimpuls an die Elektroden angelegt, so kommt es längs der Ionisationsspur des Teilchens zu Funkenüberschlägen zw. den Platten, die photographisch oder elektronisch registriert werden können. Die Überschläge erfolgen genau längs der Teilchenbahn, falls diese um nicht mehr als etwa 40° von der Senkrechten durch die Metallplatten abweicht. – Der Vorteil der F. gegenüber der Blasen- und Nebelkammer besteht in ihrer sehr kurzen Totzeit, der freien Wahl des Absorptionsvermögens und in der gesteuerten Registrierung durch die Triggerung.

Bei **Streamerkammern** [str'i:mə-, engl.] macht man wegen der besseren Ortsauflösung den Hochspannungsimpuls so kurz, daß sich keine die Platten verbindenden Funken bilden, sondern nur kurze Funkenstriche, die ›streamer‹. Bei **Draht-F.** bestehen die Elektroden aus dünnen Drähten. Der Funke erzeugt in den zugehörigen Drähten einen Stromfluß, der zur Festlegung der Drahtnummer und damit einer Ortskoordinate dient. Die zweite Koordinate erhält man durch Drähte, die um 90° gegen die ersten verdreht aufgespannt sind.

Funkenlöschung, Maßnahme zur Vermeidung der beim Öffnen von induktiv belasteten Stromkreisen auftretenden hohen Überspannungen und den dadurch hervorgerufenen Öffnungsfunken an den Schalterkontakten. Man hat hierzu grundsätzlich die Möglichkeit, eine Reihenschaltung von Kondensator und Widerstand parallel zum Kontakt in die Schaltung einzubauen oder eine Diode (›Freilaufdiode‹) parallel zur Induktivität zu schalten. Zur Vermeidung von Abfallverzögerungen bei Relaisschaltungen verwendet man eine Z-Diode, deren Zenerspannung den zwei- bis fünffachen Wert der Nennspannung des Schaltkreises hat.

Funkenphotographie, Verfahren zur Herstellung von Halbtonbildern auf Wachsmatrizen, bei dem die Vorlage punktweise abgetastet wird und entsprechende Bildpunkte mit elektr. Funken in die Matrize ›eingestanzt‹ werden. Belichtungszeiten etwa 10^{-7} s.

Funkenprüfer, → Hochspannungsanzeiger.

Funk|entstörung, Maßnahmen zur Verminderung oder Beseitigung von → Funkstörungen, die sowohl das störende als auch das gestörte Gerät betreffen. Beim störenden Gerät verhindert man das Entstehen (z. B. durch → Funkenlöschung) und das Abstrahlen (z. B. durch → Abschirmung 3) sowie das Austreten von Störungen in die Stromversorgung durch → Entstörfilter; beim gestörten Gerät vermeidet man mit gleichen Mitteln das Eindringen von Störungen. Die Dt. Bundespost sorgt mit ihrem **Funkmeßdienst** für Einhaltung der Bestimmungen zur F.

Funkenzähler, Nachweisgerät für geladene Teilchen, das aus zwei parallelen, isolierten Metallplatten besteht, die sich im Abstand von etwa 1 cm gegenüberstehen, eine hohe Spannung führen und sich in einem mit einem Gas-Dampf-Gemisch gefüllten Gefäß befinden. Ein durchtretendes geladenes Teilchen erzeugt Ionen längs seiner Bahn zw. den Platten. Bei genügend hoher Spannung bricht an der Stelle des Teilchendurchgangs ein sichtbarer Funke durch, der zu einem elektr. Impuls an den Platten führt und elektronisch gezählt werden kann. Eine Weiterentwicklung des F. ist die → Funkenkammer.

Funkfernschreiben, Funktelegraphie, → Fernschreiben über herkömmliche Funkverbindungen, hauptsächlich über Kurzwellen im Überseeverkehr und Seefunk (→ Funkdienst). Wegen der Ausbreitungseigenschaften elektromagnetischer Wellen sind für zuverlässiges F. besondere Maßnahmen erforderlich (→ Funkverkehr). Mit Ausbau der Verbindungen über Seekabel und Nachrichtensatelliten verliert das F. an Bedeutung.

Funkfernsprechen, das → Fernsprechen über Funkverbindungen sowohl herkömmlicher Art (Kurzwellenverbindungen im Überseeverkehr und Seefunk) als auch insbes. Fernsprechen im öffentl. beweglichen Landfunkdienst (→ Funkdienst).

Funkfernsteuerung, drahtlose → Fernlenkung von Fahrzeugen (auch Modellen) durch Steuerimpulse, die mittels elektromagnet. Wellen übertragen werden.

Funkfeuer, Navigation: ungerichtete oder gerichtete Sendestationen, die für die → Funkortung mit ihrer Sendefrequenz und Kennung in Navigationskarten eingezeichnet sind. **Ungerichtete** oder **Kreis-F.** dienen an für die Navigation wichtigen Stellen der Eigenpeilung für Fahrzeuge mit Richtempfangs-Bordgerät. Für die Schiffahrt senden diese F., in gewissen Gebieten zu Gruppen zusammengefaßt, abwechselnd auf der gleichen Frequenz (time sharing), so daß zur Standortbestimmung → Kreuzpeilungen ohne Frequenzwechsel an Bord durchgeführt werden könnten. **Richt-** oder **Kurs-F.** zur Kursführung auf bestimmten, bodenseitig festgelegten Luft- oder Wasserstraßen arbeiten meist als → Leitstrahlfunkfeuer, durch die sowohl eine ausgezeichnete Richtung als auch Abweichungen von derselben mit einfachen Bordempfängern festgestellt werden können. Auch die zur Bildung von ›Wänden‹ quer zur Strecke mit scharfer Bündelung arbeitenden **UKW-Markierungs-F.** zur Kennzeichnung bestimmter geograph. Punkte oder Entfernungsmarken (wie beim ILS) sowie zur Markierung von Meldepunkten auf der Strecke gehören zu dieser Gruppe. Sonderausführung der F. sind → Drehfunkfeuer, die eine Kursführung auf einer beliebigen Anzahl von An- und Abflugrichtungen zu dieser Funkhilfe ermöglichen.

Funkmeßtechnik, → Radar.

Funknavigation, Navigationsverfahren, mit deren Hilfe ein Fahrzeug bei fehlender Sicht auf einem vorbestimmten Weg vom Ausgangsort (Start) zu einem Bestimmungsort (Ziel) geführt werden kann. Hierzu werden durch Funkhilfen laufend oder von Zeit zu Zeit Standortbestimmungen durchgeführt, die insbes. in der Luftfahrt automatisch durch Rechner die Kursführung erleichtern. In der Seefahrt wird der momentane geograph. Standort meist durch → Koppeln aus Kurs und Distanz (Zeit) zeichnerisch in Seekarten ermittelt und ein neuer Kurs abgesetzt. Die Funkortung wird nur gelegentlich zur Kontrolle, ggf. zur Kurskorrektur herangezogen. Die → Flugnavigation fordert der hohen Geschwindigkeiten wegen momentane Angaben, die je nach Aufgabenstellung (z. B. Instrumentenlandung) sinnfällige Anzeigen über Abweichungen von dem vorgeschriebenen Flugweg vermitteln und zur Aufschaltung auf die automat. Flugzeugsteuerung geeignet sein müssen. Den Lande- und Startmanövern der Luftfahrt, die bei fehlender Sicht ohne Funkhilfen nicht denkbar wären, entsprechen in der Schiffahrt navigatorische Aufgaben im **Nahbereich** (Kanäle, enge Seestraßen) und im Revier (Hafengebiete), die zwar meist mit Lotsenhilfe durchgeführt werden, aber außerdem Radarberatung von Land erfordern. Im **Mittelbereich** (Kurzstrecke) der Luftfahrt und entsprechend bei der Ansteuerung sowie Küstenfahrt auf See werden Drehfunkfeuer, Hyperbelverfahren (→ Funkortung) sowie Fremd- und Eigenpeilung eingesetzt, im **Fernbereich** (Langstrecke) nimmt in der Luftfahrt die Bedeutung der F. durch Einführung der → Trägheitsnavigation ab, doch müssen wegen der kumulativen Fehler dieses Verfahrens von Zeit zu Zeit Standortberichtigungen mit Funkhilfen durchgeführt werden. So wird zur Navigation in diesem Bereich das Längstwellen-Omega-Verfahren (→ Omega-Verfahren) mit weltweiter Bedeckung ausgebaut. (→ Satellitennavigation)

Funk|ortung, Navigation: Sammelbegriff für Funkverfahren zur Standortermittlung bei fehlender Sicht. Ein **Standort** (SO) liegt im Schnittpunkt zweier **Standlinien** (SL); das sind Kurven auf der Erdoberfläche, auf denen eine, an Bord meßbare, mit Hilfe eines F.-Verfahrens in Form optischer oder akustischer Anzeigen gelieferte

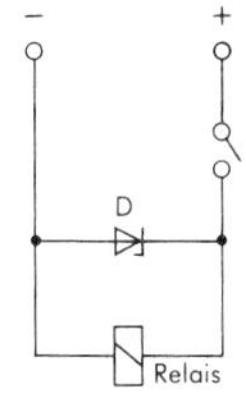

Funkenlöschung 1: Z-Diode D als Kontaktschutzdiode zur F.

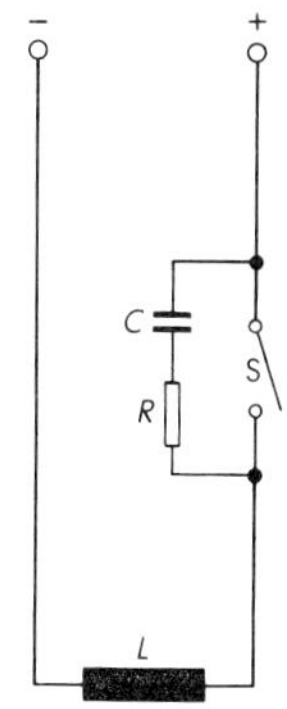

L = Induktivität
S = Schalter
C = Kondensator
R = Widerstand

Funkenlöschung 2

Größe (›Funkkoordinate‹) konstant bleibt. Um eine SL navigatorisch nutzbar zu machen, wird sie durch Kartenaufdruck zu geograph. Koordinaten in Beziehung gesetzt. Bei der **Winkel-** oder **Radial-SL,** einer Geraden, ist der Winkel Θ gegenüber Nord (Azimut) konstant, bei der **Kreis-SL** der Abstand ρ von einem Festpunkt (gemessen als Laufzeit der Signale), bei der **Hyperbel-SL** die Entfernungs-(Laufzeit-)Differenz von 2 Festpunkten.

Verfahren. Die von einem →Funkpeiler gefundene Richtung zu einem Sender ist eine Radial-SL. Bei der **Fremdpeilung** wird der SO des Fahrzeugsenders als Schnittpunkt zweier Peil-SL von zwei Stationen an Land durch Einzeichnung in eine Karte bestimmt. Die so gewonnenen geograph. Koordinaten werden dem Verkehrsteilnehmer über einen Nachrichtenkanal übermittelt. – Bei der **Eigenpeilung** werden zur SO-Bestimmung die Richtungen zu zwei →Funkfeuern durch einen Bordpeiler gegenüber der Fahrzeuglängsachse gemessen; um den geograph. SO zu finden, muß der Winkel der Fahrzeuglängsachse gegenüber N (Steuerkurs) unter Zuhilfenahme des Kompasses sinngemäß zu den Winkeln der beiden Peil-SL hinzugesetzt werden. – Vor- und Nachteile der Fremdpeilung: einfaches Sende-Empfangs-Gerät an Bord, aber Beschränkung der Teilnehmerzahl wegen der erforderl. Boden-Bord-Übertragung des Peilergebnisses durch Funk. – Vor- und Nachteile der Eigenpeilung: keine Beschränkung der Teilnehmerzahl, da Messung und Auswertung der Peilungen an Bord geschehen, kein Aussenden von Signalen vom Fahrzeug (Geheimhaltung des eigenen SO), aber größerer Bordaufwand durch Peiler erforderlich und Genauigkeit der SO-Bestimmung vom Kompaß abhängig.

Eine beliebig hohe Zahl von **Radial-SL** wird von →Drehfunkfeuern abgestrahlt, die von einer unbegrenzten Teilnehmerzahl mit Nachrichtenempfängern aufgenommen und teilweise ohne Bordzusatzgeräte ausgewertet werden können (z. B. →Consol) und z. T. bei Schnellumlauf des Drehfunkfeuers durch spezielle Bordgeräte direkt das Fahrzeugazimut, bezogen auf den SO des Funkfeuers, anzeigen (→VOR, →TACAN). – **Kreis-SL** können als geometr. Ort gleicher Entfernung von einem Festpunkt durch →Entfernungsmessung (→DME) zur Ortung herangezogen werden. Der Schnitt zweier Kreis-SL von zwei Festpunkten wird wegen der Doppeldeutigkeit wenig angewendet, dagegen ist die Kombination von Kreis- und Radial-SL vom gleichen Festpunkt aus zur SO-Bestimmung bes. geeignet, da nur eine einzige kombinierte Sendestation erforderlich ist und der rechtwinklige Schnitt der beiden SL die beste Ortungsgenauigkeit gibt (ρ-Θ-[Rho-Theta-] oder Polarkoordinaten-Verfahren wie VOR/DME, TACAN). – **Hyperbel-SL** entstehen als geometr. Ort gleicher Entfernungsdifferenzen von zwei Sendern, die bei Pulsmodulation als Zeitdifferenzen direkt und eindeutig gemessen werden können (→LORAN); bei Dauerstrichsendung (→Decca-Navigationsverfahren, →Omega-Verfahren) kann die ›Feinortungs‹-Genauigkeit durch Phasenmessung zwar sehr hoch getrieben werden, die Vieldeutigkeit der Anzeigen muß aber durch ein im →Zeitmultiplex überlagertes Hyperbelfeld mit entsprechend niedrigeren Frequenzen (›Grobortung‹) reduziert oder aufgelöst werden.

Funkpeiler, Funkempfänger mit einer Richtantenne zur Bestimmung und Anzeige der Richtung zu einem Sender.

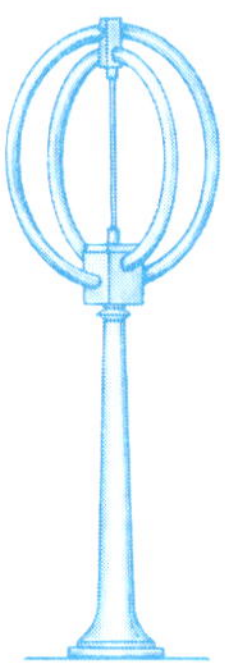

Funkpeiler 1: Kreuzrahmenpeiler

Ausführungsformen. Beim **Drehrahmen-** oder **Minimum-Peiler** dient als Richtantenne ein Mehrwindungsrahmen mit einer Doppelkreis-Richtcharakteristik, die Peilrichtung wird durch das Minimum der Empfangsspannung angezeigt. Durch Zuschaltung einer Stab-(Hilfs-)Antenne kann das Minimum ›geschärft‹ (Enttrübung) und die Einfallsrichtung eindeutig bestimmt werden (Seitenbestimmung). – Beim **Kreuzrahmen-** oder **Goniometer-Peiler** wird durch zwei gekreuzte Rahmenantennen das Feld der einfallenden Welle in zwei Komponenten zerlegt und über zwei HF-Leitungen zu einem

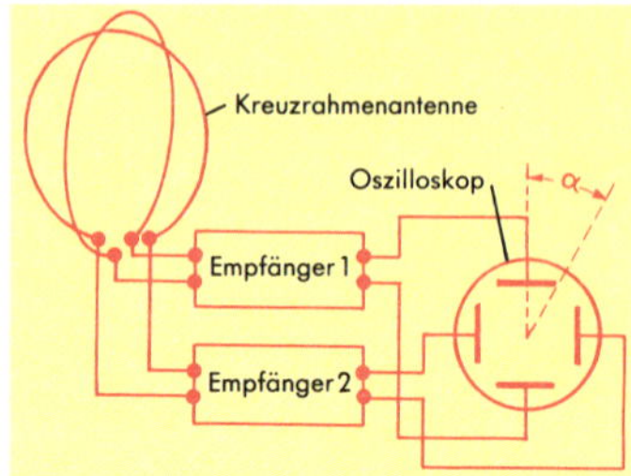

Funkpeiler 2: Prinzipschaltbild eines Watson-Watt-Peilers; zwei gleiche Empfänger liefern die Ausgangsspannungen, die auf einem Oszilloskop einen Strich erzeugen, dessen Abweichung (Winkel α) ein Maß für die Richtung der einfallenden Wellen darstellt

→Goniometer übertragen, einer Kreuzspulenanordnung mit einer drehbaren Suchspule, die an den Empfänger angeschlossen ist. Durch diese Anordnung kann der Kreuzrahmen an einem von elektr. Rückstrahlern freien Ort (z. B. Mastspitze auf Schiffen) aufgestellt werden. – Beim **Radiokompaß** für Flugzeuge wird die Suchspule des Goniometers durch eine automat. Nachstellschaltung fortlaufend in die Peilrichtung gedreht. Diese Einstellung wird durch eine Winkelwertübertragung in einem Spezialinstrument (Radio Magnetic Indicator, Abk. RMI) mit der Kompaßanzeige kombiniert, so daß der Zeiger dem Flugzeugführer sowohl den Peilwert gegenüber der Flugzeuglängsachse als auch am Kompaß gegenüber dem magnet. Nordpol anzeigt. – Der **Adcock-Peiler** (→Adcock) unterdrückt den durch den →Dämmerungseffekt entstehenden Peilfehler. – Der **Doppler-Peiler** beseitigt weitgehend durch seine →Großbasisantenne die durch →Mehrwegeausbreitung entstehenden Peilfehler: Durch den simulierten Umlauf einer Empfangsantenne auf einer Kreisbahn wird das Empfangssignal durch den →Doppler-Effekt von der Einfallsrichtung in seiner Phase abhängig mit der Umlauffrequenz frequenzmoduliert. Zum Phasenvergleich dient eine von der Umlaufschaltung abgeleitete, in ihrer Phase richtungsunabhängige Bezugsschwingung. Der gemessene Phasenwinkel ist direkt der Peilrichtung proportional, bezogen auf die N-Richtung der Empfangsanlage. – Beim **Zweikanal-Peiler (Watson-Watt-Peiler** [wˈɔtsən wˈɔt-]) werden die beiden Ausgangsspannungen eines Kreuzrahmens oder Adcock in getrennten Empfangskanälen verstärkt und der x- und y-Ablenkung eines Oszilloskops zugeführt, auf dessen Schirm der Leuchtstrich direkt die Peilrichtung anzeigt (BILD). Zur Seitenbestimmung wird die in einem dritten Kanal verstärkte Spannung einer Hilfsantenne verwendet. Dem Nachteil, daß vor jeder Peilung durch einen kurzen Eichvorgang gleicher Verstärkungsgrad und Laufzeit in beiden Kanälen auf der Empfangsfrequenz kontrolliert werden müssen, steht der große Vorteil gegenüber, daß am Schirmbild die Qualität des Peilergebnisses beurteilt werden kann. Das ist von besonderer Wichtigkeit bei Kurz- und Grenzwellenpeilungen.

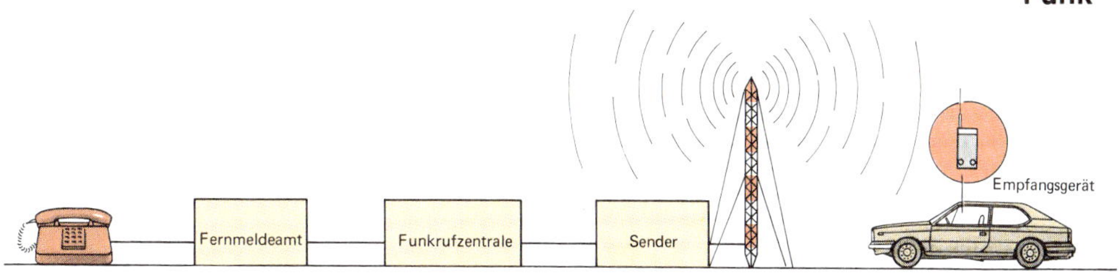

Funkrufdienst: Den Teilnehmern am Funkrufsystem ›Eurosignal‹ können über mobile Empfänger codierte Signale übermittelt werden

Funkrufdienst, ein →Funkdienst mit einseitig gerichteter Übertragung codierter Zeichen von ortsfesten Funkstellen an bewegl. Empfangsgeräte (tragbar oder in Fahrzeuge eingebaut). Die Bedeutung der Zeichen muß verabredet sein; sie übermitteln dem Empfänger eine Information oder veranlassen ihn zur Rückfrage über einen anderen Nachrichtenweg (z. B. Fernsprechen). Die Teilnehmer können über →Selektivruf individuell erreicht werden. Vorteile des F. gegenüber einem Funkdienst mit gegenseitiger Verständigung sind die Einfachheit, Preiswürdigkeit und Tragbarkeit des Empfangsgerätes. Der **nichtöffentl. F.** wird zum Rufen von Personen in begrenzten Bereichen (Betrieben, Krankenhäusern) angewendet. Der **öffentliche F.** gestattet das Rufen von Personen über Fernsprechanschlüsse.

Beispiel ist der **Europäische F. (Eurosignal):** Von jedem Fernsprechanschluß innerhalb der beteiligten Länder können dem bewegl. Teilnehmer bis zu vier versch. Signale mit individuell verabredbarer Bedeutung übermittelt werden. Das System wurde 1974 von der Dt. Bundespost eröffnet und umfaßt die drei **Funkrufbereiche** Nord mit Berlin, Mitte und Süd mit **Funkrufzentralen** in Hannover, Siegen und Stuttgart.

Funksprechgerät, Einrichtung für den beweglichen Funkdienst. Sender, Empfänger und Antenne sind meist zu einer Einheit zusammengebaut. Leicht tragbare F. werden auch **Walky-Talky** [w'ɔ: kɪ t'ɔ:kɪ, engl.] genannt. Man unterscheidet einseitigen Verkehr, Wechselsprechen (nur eine Frequenz für abwechselndes Sprechen in beiden Richtungen, Sprechtaste schaltet Sender ein) und Gegensprechen (zwei Frequenzen zum gleichzeitigen Sprechen in beiden Richtungen nötig). Wegen der sehr beschränkten Anzahl der verfügbaren Funkkanäle sind Modulationsverfahren, die wenig Frequenzband brauchen, hohe Frequenzstabilität und große Empfängerselektivität erforderlich. Bei F. für größere Teilnehmerkreise sind mehrere, leicht umschaltbare Frequenzen üblich. Die Sendeleistungen sind relativ gering, die Reichweite auf kurze und mittlere Entfernungen begrenzt. F. sind meist für Wechsel-, seltener für Gegensprechen eingerichtet, sie werden für Kurz- und Ultrakurzwellen gebaut und im öffentl. und nichtöffentl. beweglichen →Funkdienst (Land-, See- und Flugfunkdienst) verwendet.

Funkstille, Unterbrechung des Sendebetriebs aller Funkstellen eines Dienstes, hauptsächlich um Prioritäten für Notfälle einzuräumen. Im Seefunkdienst ist regelmäßig wiederholte F. zum Abhören der Notfrequenzen international vereinbart (500 kHz für SOS, 2182 kHz für Sprech-Notruf). Bei Empfang eines →Notsignals muß jederzeit sofortige F. einsetzen, z. B. im Flugfunkdienst (Luftnotruf auf 121,5 MHz).

Funkstörungen, Störungen des Funkverkehrs entweder durch natürl. Ursachen wie therm. Rauschen, atmosphär. und kosm. Störungen (Sonnenflecken) oder durch künstl. Ursachen, hauptsächlich durch elektr. Anlagen aller Art. F. machen sich bei Übertragung analoger Signale durch Nebeneffekte (Rauschen, Prasseln, Krachen beim Hörfunk; Grieß, Flecken, Störmuster und verzerrte Konturen beim Bildfunk) und bei digitalen Signalen durch Fehler (falsch empfangene Zeichen) bemerkbar.

Funktechnik, Radiotechnik, die Technik der drahtlosen Übertragung von Signalen (hörbaren oder sichtbaren Nachrichten) durch elektromagnet. Wellen.

Funktion, 1) Logik: →Wahrheitsfunktion.

2) Mathematik: F. und →Abbildung 1) werden in der Mathematik für denselben Sachverhalt verwendet. Eine F. ist in strengem Sinn eine Zuordnungsvorschrift. Sie läßt sich mitunter durch eine ebene Kurve veranschaulichen (BILD 1): Der Zahl x_0 auf der x-Achse ist durch die Kurve eine Zahl y_0 auf der y-Achse zugeordnet, der Zahl x_1 eine Zahl y_1 usw. Unabhängig von dieser Veranschaulichung, deren Genauigkeit schon durch die Dicke des Striches begrenzt ist, ordnet eine F. jeder Zahl (allgemeiner: jedem Element) einer bestimmten Menge **(Definitionsbereich** der F.) eindeutig eine Zahl (ein Element) als **Funktionswert** zu. Die Menge aller von der F. angenommenen Werte heißt der **Wertevorrat** der F. In der symbol. Schreibweise $x \longrightarrow f(x)$ für diese Zuordnung nennt man x die **Veränderliche** oder **Variable** oder das **Argument** der F. f. Beispiele von F. sind die Rechenausdrücke (Polynome)

$$f(x) = 3x^5 + 7, \; f(x) = \frac{7x^2 + 2x}{9x^3 + 1}$$ oder die Vorschriften

$f(x) = \sin x$, $f(x) = \log x$; F. müssen aber nicht immer durch derartige ›explizite‹ Ausdrücke gegeben sein, sie können auch →implizit definiert sein.

Neben **F. einer Veränderlichen** betrachtet man auch **F. zweier oder mehrerer Veränderlicher.** F. zweier Veränderlicher lassen sich mitunter durch Flächen im Raum darstellen, die jeder Stelle (x_0, y_0) eines gewissen Bereiches der x-y-Ebene (des Definitionsbereiches der F. f) eine Zahl z_0 eindeutig zuordnen (BILD 2).

Definitionsbereich D und Wertevorrat W brauchen durchaus nicht Mengen reeller Zahlen zu sein wie in den obigen Beispielen. Z. B. kann D auch eine Menge von Vektoren sein, und die Zuordnung f darin bestehen, daß jedem Vektor seine Länge als F.-Wert zugeordnet wird; in diesem Falle besteht W wieder aus reellen Zahlen. Beim Vektorprodukt dagegen besteht D aus Paaren von Vektoren und W aus Vektoren. Ein anderes Beispiel bieten die **F. einer komplexen Veränderlichen,** bei denen jeder →komplexen Zahl als F.-Wert wieder eine komplexe Zahl zugeordnet wird. Eine große Rolle spielen auch diejenigen F., deren Definitionsbereich ein topolog. Raum (→Topologie) ist, und deren Wertevorrat aus reellen Zahlen besteht.

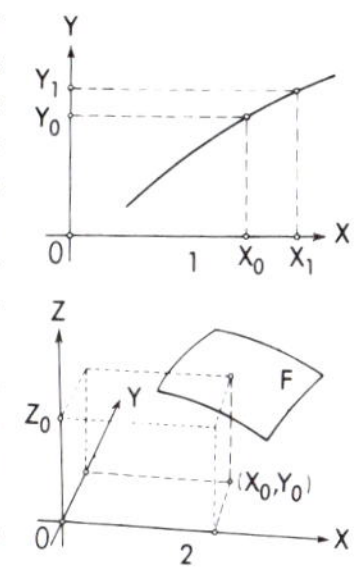

Funktion 2)

Eine weitere Verallgemeinerung ist der Übergang zu mehrdeutigen Funktionen. So ist z. B. die durch den Rechenausdruck $\sqrt{x}$ definierte F. $f(x) = \sqrt{x}$ im obigen Sinn so lange keine F., wie noch nicht über das Vorzeichen der Wurzel entschieden ist. Man sagt aber, daß auch $\sqrt{x}$ eine F., genauer eine zweideutige F. sei, indem man auch solche Zuordnungsvorschriften als F. definiert **(mehrdeutige F.)**, bei denen die Zuordnung zwar nicht mehr eindeutig, aber doch in einer genau zu übersehenden Weise vieldeutig ist. – Wenn nicht nur jedem Wert x_0 der Veränderlichen x eindeutig ein F.-Wert $f(x_0)$ zugeordnet ist, sondern darüber hinaus noch jeder F.-Wert nur an einer Stelle x_0 des Definitionsbereiches D angenommen wird, spricht man von einer umkehrbar eindeutigen F., $f(x)$ besitzt dann eine **Umkehrfunktion** $\varphi(y)$, die darin besteht, daß man jedem Element y_0 des Wertevorrates W von f als F.-Wert $\varphi(y_0)$ jetzt diejenige, nach Voraussetzung einzige, Stelle x_0 des Definitionsbereiches D von f zuordnet, für die $f(x_0) = y_0$ gilt. Z. B. sind die monoton zunehmenden Funktionen umkehrbar. Sind Wertevorrat und Definitionsbereich Teilmengen der reellen Zahlen, so erhält man in einem rechtwinkligen Koordinatensystem die graph. Darstellung der Umkehr-F. aus der ursprünglichen durch Spiegelung an der Winkelhalbierenden des 1. und 3. Quadranten.

Periodisch mit der Periode a nennt man eine F. $f(x)$, wenn für jede Stelle des Definitionsbereiches der F. f gilt $f(x+a) = f(x)$. Z. B. ist die →Winkelfunktion $f = \sin x$ periodisch mit der Periode 2π, da $\sin x = \sin(x + 2\pi)$ für alle x gilt. – Große Bedeutung besitzen die **stetigen F.** (→ Stetigkeit), z. B. zur Beschreibung von Bewegungen, bei denen man den zurückgelegten Weg der vergangenen Zeit zuordnet. Es ist keineswegs jede F. stetig, z. B. ist die durch den Rechenausdruck $f(x) = \sin \frac{1}{x}$ gegebene F. bei $x_0 = 0$ unstetig. Unter den stetigen F. spielen die differenzierbaren F. (→ Differentialrechnung) in der Mathematik und deren Anwendungen eine besondere Rolle. (→ Funktionentheorie)

Funktional *das,* eine Funktion, deren Definitionsbereich eine beliebige Menge und deren Wertevorrat aus reellen oder komplexen Zahlen besteht, z. B. das bestimmte Integral (→ Integralrechnung).

Funktional|analysis, Teilgebiet der Mathematik, die Theorie von topolog. Vektorräumen (über $\mathbb{R}$ oder $\mathbb{C}$) und von Abbildungen solcher Räume. Sie entstand durch Verallgemeinerung der Untersuchung von Funktionenräumen, z. B. kann man Strukturen von Funktionenfolgen und ihr Konvergenzverhalten abstrakt in einem normierten Raum zusammenfassen. Beispiele für solche Räume sind der Banach-Raum und der Hilbert-Raum. Die F. verwendet Methoden der Analysis (die dann weiterentwickelt werden), der linearen Algebra, der Algebra und der Geometrie. Die dadurch erzielten allg. Resultate können in den verschiedensten Gebieten der Mathematik verwendet werden. Probleme der Differentialgleichungen, der Integralgleichungen oder der numerischen Mathematik werden vielfach in solche der F. umformuliert und können dort übersichtlich behandelt werden, in der theoret. Physik, bes. in der Quantenmechanik, wird die F. angewandt.

Funktionaldeterminante, aus den partiellen Ableitungen (→ Differentialrechnung) $\frac{\partial y_i}{\partial x_k} = y_{ik}$ eines Funktionensystems $y_i\,(x_1, x_2, \ldots, x_n)$ $(i = 1, 2, \ldots, n)$ bestehende Determinante

$$D = \begin{vmatrix} y_{11}\, y_{12} & \ldots\ldots\ldots\ldots & y_{1n} \\ y_{21}\, y_{22} & \ldots\ldots\ldots\ldots & y_{2n} \\ & \vdots & \\ y_{n1}\, y_{n2} & \ldots\ldots\ldots\ldots & y_{nn} \end{vmatrix}$$

Der Wert von D hat Bedeutung bei der Transformation mehrfacher Integrale.

Funktionalgleichung, speziell eine Gleichung, die die Eigenschaft einer Funktion beschreibt: z. B. ist $f(x \cdot y) = f(x) + f(y)$ eine F. für die Logarithmusfunktion; allg. eine Gleichung, die Elemente eines Funktionsraums sowie Funktionale und Operatoren enthalten kann, Beispiele sind die Differentialgleichungen und Integralgleichungen.

funktionelle Gruppe, Atom oder Atomgruppierungen, die ein Wasserstoffatom einer Stammverbindung ersetzen kann. Die f. G. verleiht einer Verbindungsklasse charakteristische physikal. und chem. Eigenschaften und wird deshalb auch **charakterist. Gruppe** genannt. Beispiele sind die Carboxylgruppe $-COOH$ (Carbonsäuren), die Hydroxylgruppe $-OH$ (Alkohole) und die Aminogruppe $-NH_2$ (Amine).

Funktionen|theorie, Teilgebiet der Mathematik, Bez. für die komplexe Analysis, die Theorie der Funktionen, deren Definitionsbereich eine Teilmenge der komplexen Zahlen $\mathbb{C}$ oder einer → Riemannschen Fläche und deren Wertebereich die Menge $\mathbb{C}$ oder eine Riemannsche Fläche ist. Eine Funktion f: $U \to \mathbb{C}$ (U offen in $\mathbb{C}$) heißt (komplex) differenzierbar in $z_0 \in U$, wenn

$$\lim_{\substack{z \to z_0 \\ z \neq z_0}} \frac{f(z) - f(z_0)}{z - z_0}$$

existiert. Äquivalent dazu ist die Gültigkeit der → Cauchy-Riemannschen Differentialgleichungen. Differenzierbare komplexe Funktionen werden auch als holomorphe oder analyt. Funktionen bezeichnet.

Der wesentl. Unterschied zur reellen Analysis besteht darin, daß komplexe Funktionen, die (auf offenen Mengen) einmal komplex differenzierbar sind, dann auch beliebig oft differenzierbar sind; sie lassen sich in der Umgebung eines jeden Punktes in Potenzreihen entwickeln (d. h. sie sind dort analytisch oder holomorph). Dieses Ergebnis stellt den – für die Theorie zentralen – Zusammenhang zw. zwei verschiedenen Zugängen zur F. her, nämlich zw. der Cauchy-Riemannschen Theorie, die von komplex differenzierbaren Funktionen, deren Kurvenintegralen und der Theorie der Stammfunktionen ausgeht, und der Weierstraßschen Theorie, die Funktionen betrachtet, die in der Umgebung eines jeden Punktes in Potenzreihen entwickelbar sind, wobei z. B. auch die Taylorreihen reeller Funktionen ins Komplexe fortgesetzt werden und dort die Funktion definieren. Bes. bei der Potenzreihenentwicklung spielen die verschiedenen Arten der Singularitäten eine große Rolle (→ singulär). Für die Integration komplexer Funktionen gelten die → Cauchysche Integralformel und der Residuensatz (→ Residuum).

Die F. ist deshalb für die →Analysis und deren Anwendungen so wichtig, weil viele Sachverhalte der reellen Analysis durch die Betrachtung der entsprechenden komplexen abgerundet werden konnten.

Komplexe Funktionen können z. B. mit Hilfe der Gaußschen Zahlenebene beschrieben werden. Man denkt sich den Definitionsbereich in einem Exemplar der Gaußschen Zahlenebene (z-Ebene, $z = x + iy$) und den Wertebereich als ein anderes Exemplar (w-Ebene, $w = u + iv$) dargestellt, wobei $f(z)$ als $w = u + iv$ geschrieben wird. Ist f komplex differenzierbar und die Ableitung $\neq 0$ **(konforme Abbildung)**, so werden Urbildkurven in der z-Ebene auf Bildkurven in der w-Ebene so abgebildet, daß die Schnittwinkel zw. den Kurven erhalten bleiben (f ist ›winkeltreu‹). Daher kann man die Abbildungseigenschaften von f z. B. dadurch untersuchen, daß man die Bilder orthogonaler Kurvennetze der z-Ebene in der w-Ebene betrachtet (oder auch umgekehrt). Dies wird u. a. in den Anwendungen (z. B. Strömungslehre) ausgenutzt.

Die Entwicklung der F. wurde wesentlich durch die Arbeiten von C. F. GAUSS, A. L. CAUCHY, K. T. W. WEIERSTRASS und G. F. B. RIEMANN vorangetrieben. Zur Entwicklung der F. mehrerer Veränderlicher bedurfte es abstrakter Begriffsbildungen, die dann zu intensiver Bearbeitung in den letzten Jahrzehnten führten.

E. PESCHL: F. (1967); K. KNOPP: Funktionentheorie 1 ([13]1976), 2 ([13]1981); L. AHLFORS: Complex Analysis ([3]1979); K. JÄNICH: Einf. in die F. ([2]1980); W. FISCHER u. J. LIEB: F., hg. v. G. FISCHER ([2]1981).

Funktionsgenerator, elektron. Gerät, das Wechselspannungen erzeugen und – z. B. zu Meßzwecken – abgeben kann. Bei den meisten Geräten besteht die Möglichkeit, zw. verschiedenen Kurvenformen zu wählen, z. B. Sinus, Rechteck, Sägezahn, Impulsfolgen u. a. Die Frequenz der Wechselspannung ist in weiten Grenzen einstellbar.

In Analogrechnern werden ebenfalls als F. bezeichnete Schaltungen eingesetzt, mit denen ein Eingangssignal in eine funktionsgerechte Ausgangsspannung umgesetzt werden kann. Dadurch lassen sich mathemat. Funktionen (z. B. Sinusfunktion) in Form von Wechselspannungen erzeugen, die im Rechner weiterverarbeitet werden.

Funktionsnetz, Verallgemeinerung des für Kurveneintragungen dienenden Zeichennetzes (→ Nomographie).

Funktions|papier, Zeichenpapier mit einer Einteilung, die durch eine Funktion festgelegt wird (→ mathematische Papiere).

Funktor, Logik: Bez. für → Junktoren und → Quantoren.

Funkverkehr, drahtlose Nachrichtenübertragung mit elektromagnet. Wellen. Wichtig sind die Ausbreitungseigenschaften und die auftretenden Störungen.

Elektromagnet. Wellen jeder Frequenz breiten sich im Vakuum geradlinig mit Lichtgeschwindigkeit aus. Die Energie nimmt mit dem Quadrat der Entfernung ab, wodurch die Reichweite prinzipiell begrenzt wird. Auf der Erde wird die Ausbreitung durch Erdoberfläche und Atmosphäre (Funkwetter) infolge Beugung, Brechung, Reflexion, Streuung und Absorption beeinflußt. Die Einflüsse hängen von der Frequenz ab, weswegen für die verschiedenen → Frequenzbereiche unterschiedliche Bedingungen gelten.

Lang-, Mittel- und **Kurzwellen** (bis etwa 30 MHz) werden einerseits stark gebeugt und folgen damit als **Bodenwelle** der Erdkrümmung, andererseits werden sie von der Ionosphäre reflektiert und erreichen den Empfänger als **Raumwelle,** so daß F. bis weit jenseits der opt. Sicht möglich ist. Dabei überwiegt bei Langwelle immer, bei Mittelwelle nur tagsüber die Bodenwelle, deren Reichweite von der Absorption des Erdbodens abhängt. Nachts wird die Reichweite durch Hinzukommen der Raumwelle beträchtlich erhöht, wobei es aber durch Interferenz zu unerwünschten Schwunderscheinungen kommen kann (→ Mehrfachempfang). Kurzwellen breiten sich praktisch nur über die Raumwelle im Zickzack zw. Ionosphäre und Erdboden mit nahezu beliebiger Reichweite aus, sind aber den ständigen Schwankungen der Ionosphäre unterworfen und erfahren durch Mehrwegeausbreitung ebenfalls Schwunderscheinungen.

Ultrakurz- und **Mikrowellen** (oberhalb etwa 30 MHz) werden kaum gebeugt und an der Ionosphäre nicht reflektiert, breiten sich also nach den Gesetzen der Optik aus und ermöglichen praktisch nur Sichtverbindungen. Sie werden jedoch durch die Troposphäre beeinflußt: Absorption durch Regen, Wasserdampf und Sauerstoff, Brechung durch inhomogene Luftschichten mit z. T. extremen Überreichweiten durch Reflexion an Inversionsschichten. Durch Streuung an atmosphär. Turbulenzen kommt es ebenfalls zu (technisch auch ausnutzbaren) Überhorizontverbindungen.

Störungen im F. entstehen unterhalb etwa 30 MHz hauptsächlich durch atmosphär. Einflüsse, oberhalb im wesentl. durch Rauschen (→ Funkstörungen). Ein Minimum der Rauscheinflüsse ergibt sich im Frequenzbereich zw. 1 und 10 GHz, den man **Radiofenster** nennt. F. extrem großer Reichweite, z. B. mit Satelliten oder Raumsonden, findet in diesem Bereich statt.

Funkwetter, Gesamtheit der atmosphär. und kosm. Bedingungen, die den → Funkverkehr beeinflussen. Viele Staaten haben **Funkwetterdienste,** die in internat. Zusammenarbeit Funkprognosen geben.

Furan, farblose, chloroformartig riechende Flüssigkeit. Das wichtigste Derivat der heterozyklischen Verbindung ist → Furfurol.

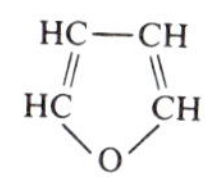

Furan

Furanosen, → Zuckerarten.

Furfurol, Furfural, farblose, sich leicht braun färbende, die Schleimhäute reizende Flüssigkeit. F. wird aus landwirtschaftl. Abfallprodukten, die Pentosane (→ Hemicellulosen) enthalten (z. B. Haferschalen, Maiskolbenrückstände), durch Umsetzung mit Schwefelsäure und Wasserdampf hergestellt. Es dient als Lösemittel für Trennverfahren (z. B. Extraktion), Zwischenprodukt (z. B. für die Herstellung von Tetrahydrofuran und Furanharzen) und zur Kennzeichnung von Heizöl EL.

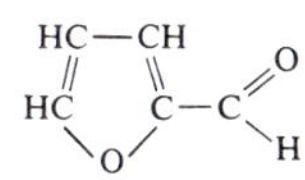

Furfurol

furlong [f'əːlɔŋ, engl.], Einheitenzeichen **fur,** Längeneinheit der Landwirtschaft in Großbritannien und den USA: 1 fur = 220 yd = 201,**168** m. (ÜBERSICHT Einheiten, angloamerikanische)

Furnace-Prozeß [f'əːnɪs-], Verfahren zur Herstellung von → Ruß.

Furnier, dünnes Holzblatt (maximal 10 mm), das durch Messern **(F.-Messermaschine),** Schälen **(F.-Schälmaschine)** oder Sägen hergestellt wird. **Deck-F.** bilden an furnierten Hölzern und Holzwerkstoffen die Sichtfläche;

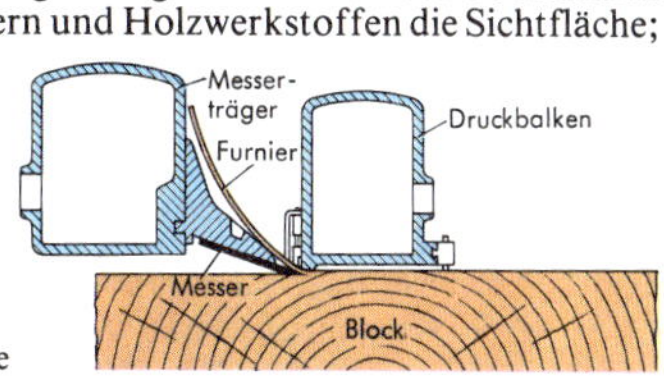

Furnier: Herstellung von Furnieren mit F.-Messermaschine

Außen-F. sind an furnierten Werkstücken (z. B. Möbeln) auf die Außenfläche, **Innen-F.** auf die Innenfläche geleimt. **Blind-F. (Unter-F.)** befinden sich unter dem Deck-F., während **Absperr-F.** auf Mittellagen aufgeleimt werden (→ absperren), um die Formstabilität des Verbundwerkstoffes zu verbessern. Deck-F. aus wertvollen Hölzern mit dekorativem Holzbild, z. B. Mahagoni, Nußbaum, Eiche, Palisander, sind meist sehr dünn (0,5–0,7 mm). – **F.-Imitationen** sind Kunststoff-Folien, Kunstharzfilme oder Kunstharz-Schichtpreßstoffe mit aufgedruckten Holzmustern.

Furnierplatte, Sperrplatte, Sperrholz, ein → Lagenholz, dessen Lagen aus kreuzweise aufeinandergeleimten, parallel zur Plattenebene angeordneten Furnieren bestehen. Für die Herstellung von F. sind die wichtigsten Holzarten: Okoume, Abachi, Limba, Meranti, Douglasie, Birke, Buche, Kiefer. Für die Anwendung im Bauwesen bes. geeignete F. heißen **Bau-F.** – F. für allg. Zwecke dienen v. a. zur Herstellung von Möbeln, zum Innenausbau von Räumen sowie für Verkleidungen.

FU-Schutzschalter, kurz für → Fehlerspannungsschutzschalter.

Fusel|öl, im wesentlichen aus n-Propanol, Isobutanol und Pentanolen bestehendes Alkoholgemisch, das bei der alkohol. Gärung als Nebenprodukt aus den Begleitproteinen der Stärke und Hefe besteht.

Fusion, die → Kernfusion.

Fusionsreaktor, Anlage zur Erzeugung von Energie durch → Kernfusion.

Fusit, Faserkohle, faseriger Anteil der Steinkohle (→ Streifenart).

Fußboden, die ebene, begehbare Fläche eines Raumes, v. a. → Estrich (bes. Betonestrich als Unterboden) und Holzdielung auf Balken oder Lagerhölzern. Die oberste Nutzschicht eines F. ist der → Bodenbelag. Als **F.-Kleber** benützt man für Parkett Bitumenkitte, für Tafelparkett Polyvinylacetat-Dispersionen, für Linoleum Sulfitablauge- oder Kopalharz-Kitte, für PVC-Beläge und Gummiplatten Neopren-Kleber oder Polyvinylacetat-Acrylat-Dispersionen, für Teppichböden ebenfalls Dispersionen. In nicht unterkellerten Aufenthaltsräumen und Lagerräumen müssen die F. durch → Dämmstoffe gegen aufsteigende Feuchtigkeit geschützt werden. In Wohn- und Arbeitsräumen sollen F. ausreichend schall- und wärmedämmend sein. In Bädern, Küchen, Schlachthäusern u. a. sowie in Räumen, die von Zeit zu Zeit zu entkeimen sind (Krankenhäuser), müssen die F. widerstandsfähig gegen Wasser und Chemikalien, u. U. auch gasdicht sein.

Fußbodenheizung, eine → Flächenheizung mit Wärmeabgabe (30–40% Strahlung) über den geheizten Fußboden (→ Strahlungsheizung).

Fußpunkt, 1) Astronomie: der → Nadir.

2) Geometrie: der Punkt, auf dem das → Lot 3) errichtet wird.

Fußpunktkurve einer Kurve in bezug auf einen Punkt P ist die Menge aller Fußpunkte der Lote von P auf allen Tangenten der Kurve. Entsprechend definiert ist die **Fußpunktfläche** einer Fläche in bezug auf einen Punkt P.

Futter, 1) Bauwesen: die Holzverkleidung der Leibung bei Fenstern und Türen.

2) Bekleidung: Innenauskleidung für Oberbekleidung und Schuhe; muß eine hohe Saugfähigkeit und Schweißbeständigkeit haben.

3) Technik: Vorrichtung zur Aufnahme eines Werkstückes oder Werkzeuges. (→ spannen)

Fuzz-Booster [fʌz bˈu:stə, engl.], elektron. Einrichtung zur Klangverzerrung mit nachfolgendem Verstärker, bes. für elektr. Gitarren. Der **Fuzz-Effekt** wird hervorgerufen durch eine Amplitudenbegrenzung des Wellenverlaufs der erzeugten Schwingungen, z. B. durch Übersteuern eines Verstärkers oder durch eine Begrenzerschaltung mit Dioden. Das daraus entstandene sehr oberwellenreiche Klangspektrum kann durch nachgeschaltete Filter in seiner Zusammensetzung variiert werden.

f-Zustand, Energiezustand eines Elektrons mit der Nebenquantenzahl $l = 3$ **(f-Elektron)** in einem → Atom.

G

g, 1) Einheitenzeichen für → Gramm.

2) g, Formelzeichen für Fallbeschleunigung und Gegenstandsweite (→ Abbildung 2).

^{g}, Einheitenzeichen für → Neugrad (gon).

G, 1) Einheitenzeichen für → Gauß.

2) G, Formelzeichen für elektr. Leitwert, Gewichtskraft, Gravitationskonstante und Gegenstandsgröße (→ Abbildung 2).

3) Vorsatzzeichen für → Giga.

Ga, chem. Symbol für → Gallium.

GA, Abk. für **Gemeinschaftsantennenanlage.** Die Anlage dient der gemeinsamen Versorgung mehrerer Teilnehmer (z. B. in einem Mehrfamilienhaus) mit einer ausreichenden Eingangsspannung für den Betrieb von Rundfunk- und/oder Fernsehempfängern. Die GA besteht im Prinzip aus einer Antennenanlage, einem Verstärker für die verschiedenen Frequenzbereiche und einem Verteilernetz. Werden größere Gebiete versorgt (z. B. Stadtteile oder ganze Ortschaften), spricht man von **Groß-Gemeinschaftsantennenanlagen,** Abk. **GGA.**

GaAs-Bauelemente, Halbleiterbauelemente, deren Grundmaterial aus Galliumarsenid (GaAs) besteht. Besondere Bedeutung hat dieses Material für die Herstellung von optoelektron. und Mikrowellen-Bauelementen (z. B. → Lumineszenzdiode und → IMPATT-Diode). GaAs ist auch für die Fertigung monolithisch integrierter Schaltungen (z. B. Breitbandverstärker) geeignet, da derartige Bauelemente wegen der hohen Ladungsträgerbeweglichkeit (in GaAs etwa um den Faktor 6 höher als in Silicium) geringeres Rauschen und eine höhere Grenzfrequenz aufweisen. – Für den Bau von schnelleren Computer-Schaltkreisen scheint GaAs gegenüber dem → Silicium geeigneter zu sein.

Gabbro, Sammelbez. für eine Gruppe dunkler, fast schwarzer, auch blaugrüner → Tiefengesteine mit Plagioklas (55% Anorthit), Pyroxen (Diallag) und/oder Hornblende sowie Olivin. Varietäten: **Olivin-G., Hornblende-G.** und **Norit.** Nach Umwandlung des Plagioklas in → Saussurit wird G. zum **Grünstein,** metamorph überprägt zu **G.-Amphibolit.** An das Vorkommen von G. sind wichtige Erzlagerstätten (Nickelmagnetkies, Titanmagnetit) geknüpft.

Gabbroschale, Gabbroschicht, Basaltschale, Bez. für den unteren Teil der Erdkruste, → Erde.

Gabelhubwagen, ein → Hubkarren.

Gabelschaltung, Vermittlungstechnik: schaltungstechn. Einrichtung (Übertrager mit einer Mittelanzapfung) zur Gabelung der Gesprächsrichtungen. Bei → Zweidrahtbetrieb ist an jedem Verstärker eine G. notwendig, bei → Vierdrahtbetrieb am Anfang und am Ende jeder Leitung.

Gabelstapler, gleisloses → Flurfördermittel mit senkrechtem Führungsgerüst für eine Hubgabel oder andere Lastträger wie Schaufel, Dorn, Zangengreifer; mit

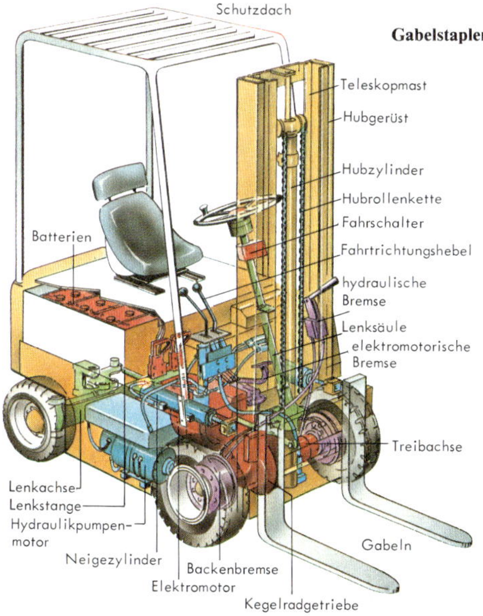

Gabelstapler

Elektro- oder Verbrennungsmotorantrieb. Die Hubhöhe beträgt mehrere Meter, Tragfähigkeit bis 6 t, in Sonderfällen bis 50 t.

Gadolinium [n. dem finn. Chemiker J. Gadolin, * 1760, † 1852], chem. Symbol **Gd,** metall. → chemisches Element, ein → Lanthanoid, mit denen es stets zus. vorkommt; Ordnungszahl 64. Sieben natürlich vorkommende stabile (158: 24,78%; 160: 21,79%; 156: 20,59%) und mehrere instabile künstl. Isotope sind bekannt. G. ist ferromagnetisch und zeigt Supraleitfähigkeit. Wegen seines hohen Neutroneneinfangquerschnittes wird es in der Kerntechnik verwendet; außerdem als Legierungsbestandteil für Eisen- und Chromstähle. In seinen Verbindungen ist G. stets dreiwertig. G. wurde von J. C. G. MARIGNAC 1880 entdeckt.

Gagat *der,* **Jet** [dʒet, engl.], bitumenreiche, tiefschwarze Braunkohle, aus eingeschwemmten, mit Bitumen getränkten Holzresten entstanden. Der samtartige Wachs- oder Fettglanz kann durch Politur mit Tripel und Öl gesteigert werden. Wegen seines Glanzes und seiner Eignung zum Schnitzen bereits in vorgeschichtl. Zeit z. B. zu Schmuck verarbeitet.

Gahnit, Mineral, grüner oder bläul. → Spinell.

gal, Einheitenzeichen für → gallon.

Gal, in Geophysik und Geodäsie die nicht gesetzl. CGS-Einheit der Schwerebeschleunigung (Fallbeschleunigung): $1\ \mathrm{Gal} = 1\ \mathrm{cm/s^2}$; SI-Einheit ist $\mathrm{m/s^2}$.

Galactane, meist unverzweigte, aus D-Galactose aufgebaute pflanzl. Polysaccharide (z. B. → Agar-Agar).

Galactose, D-Galactose, Aldohexose, Zuckerart, die als Bestandteil der Lactose und einiger Polysaccharide (Galactane) in der Natur vorkommt.

Galactoside, die → Glykoside der Galactose.

Galacturonsäure, von der Galactose abgeleitete kristalline Verbindung, die als Baustein der Pektine in der Natur vorkommt.

galaktisch, dem Milchstraßensystem zugehörig. **g. Breite, g. Länge, g. Äquator, g. Pol,** → astronomische Koordinaten; **g. Halo,** → Halo 2).

galaktische Nebel, relativ dichte Ansammlungen von → interstellarer Materie im Milchstraßensystem. **Diffuse Nebel** haben i. Ggs. zu → Planetarischen Nebeln eine unregelmäßige Form. G. N., die durch eingelagerte oder benachbarte heiße Sterne zum Leuchten angeregt werden, heißen → Emissionsnebel (→ Gasnebel); **Reflexionsnebel** leuchten selbst nicht, sondern reflektieren nur das Licht benachbarter Sterne. **Dunkelnebel** (→ Dunkelwolken) absorbieren das Sternlicht. (BILDER interstellare Materie)

Galalith, eines der ersten Kunstharze, das 1897 erstmalig aus Casein und Formaldehyd hergestellt wurde. G. ist heute ohne Bedeutung.

Galaxis, auch **Galaxie,** *Mz.* **Galaxien,** i. e. S. das → Milchstraßensystem; i. w. S. auch Bez. für andere → Sternsysteme.

Galenit, Bleiglanz, Mineral PbS, wichtigstes und häufigstes Bleierz mit 86,6% Blei und bis zu 1% Silber; bleigrau, Spaltflächen metallglänzend; H. 2, D. um 7,5; Würfel und Oktaeder, oft auch derb; meist zus. mit Zinkblende auf hydrothermalen Gängen und Verdrängungslagerstätten, auch als Vererzung in Sandsteinen.

Galilei-Invarianz [n. dem ital. Mathematiker und Philosophen G. Galilei, * 1564, † 1642]. Ein physikal. Gesetz heißt galileiinvariant, wenn die mathemat. Beschreibung der Gesamtheit der Vorgänge, die diesem Gesetz genügen, relativ zu einem Inertialsystem unabhängig ist von der Wahl dieses Inertialsystems, d. h. wenn es mit Hilfe von Vorgängen, die nach diesem Gesetz verlaufen, nicht möglich ist, irgendzwei Inertialsysteme voneinander zu unterscheiden. Die Gesetze der nichtrelativist. klass. und Quantenmechanik haben diese Invarianzeigenschaft. Nach der Erfahrung und der speziellen Relativitätstheorie gelten die entsprechenden Gesetze tatsächlich nur für Bewegungen, bei denen alle Geschwindigkeiten klein gegenüber der Vakuum-Lichtgeschwindigkeit sind.

Galileische Monde, die von G. GALILEI 1610 entdeckten vier größten Monde des Planeten → Jupiter (Io, Europa, Ganymed, Kallisto).

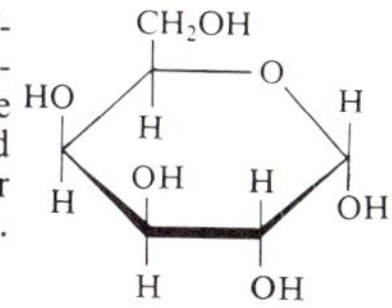

α-D-Galactose

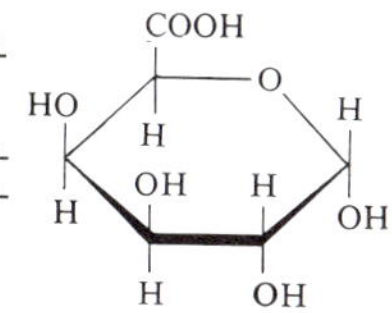

Galacturonsäure

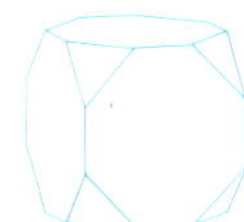

Galenit

Galenit: OBEN Kristallstufe (Bad Ems); UNTEN dicht (Siegerland)

Galilei-Transformation, eine →Transformation, die die Raum- und Zeitkoordinaten zweier Inertialsysteme gemäß der klass. nichtrelativist. Mechanik miteinander verknüpft. Für die Umrechnung von einem Inertialsystem auf ein anderes gelten bei Parallelität der neuen Koordinatenachsen x', y', z' mit den alten x, y, z und bei einer Relativgeschwindigkeit v parallel zur x-Achse die Transformationsgleichungen

$$x' = x - vt, \; y' = y, \; z' = z, \; t' = t.$$

Kennzeichen der G.-T. ist die Invarianz der Zeit t. Die Gesetze der Newtonschen Mechanik sind invariant gegenüber einer G.-T. (→Relativitätstheorie, →Lorentz-Transformation)

Galileo, amerikan. Planetenforschungsprojekt, das eine intensive Erforschung des Planeten Jupiter, seiner Magnetosphäre und seines Satellitensystems ermöglichen soll. Für frühestens 1986 ist der Start der G.-Sonde mit dem →Raumtransporter vorgesehen. 150 Tage vor Erreichen des Ziels wird eine atmosphärische Eintauchsonde abgestoßen. G. selbst soll Jupiter etwa zwei Jahre als künstlicher Mond umkreisen. Wegen wirtschaftlicher Schwierigkeiten bei der NASA ist die Verwirklichung des Projekts ungewiß.

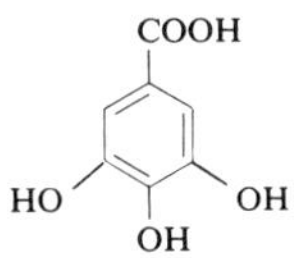

Gallussäure

Gallate, Salze und Ester der →Gallussäure.

Gallenfarbstoffe, Abbaustoffe des →Hämoglobins. G. bilden sich in, aber auch außerhalb der Leber. Durch Oxidation des Hämoglobins entsteht das grüne **Biliverdin,** aus diesem durch Reduktion das rote **Bilirubin,** das frei oder an Glucuronsäure gebunden mit der Galle in den Darm abgeschieden wird. Dort wird es bakteriell z. T. zu anderen G. umgebaut. Als Folge patholog. Veränderungen (Gelbsucht) treten sie im Blutserum und im Harn auf.

Gallensäuren, physiologisch wichtige →Carbonsäuren, die zu den →Steroiden gehören und peptidartig an Taurin **(Taurocholsäuren)** oder Glycin **(Glycocholsäuren)** gebunden sind. Ihre Salze haben verdauungsfördernde Wirkung (durch Emulgierung von Fetten, wodurch diese durch die Darmwand resorbiert werden können). – Die Biosynthese geht vom →Cholesterin aus. G. sind Ausgangsmaterial für die Teilsynthese medizinisch wichtiger Steroidhormone.

Gallerte, zäh-elast. Masse in fest-flüssigem Aggregatzustand, den die Kolloide annehmen, wenn sie mit Wasser in Berührung kommen. G. entsteht z. B. aus Agar-Agar, Pektin, Gelatine, Leder- und Knochenleim. G. hat die Fähigkeit, unter best. Bedingungen, z. B. bei Abkühlung, homogen zu erstarren.

Gallium, chem. Symbol **Ga,** metallisch chem. Element aus der 3. Gruppe des Periodensystems, Ordnungszahl 31 (→chemische Elemente), mit zwei stabilen und mehr als zehn künstlichen, instabilen Isotopen. G. ist ein silberweiß glänzendes, an der Luft beständiges, weiches, dehnbares Metall und hat in seinen Verbindungen ähnliche Eigenschaften wie Aluminium und Indium. – In Gesteinen und Erzen ist G. weit verbreitet (0,0015% der Erdkruste), bildet aber praktisch keine eigenen Minerale. Hauptquelle für die G.-Erzeugung sind der Bauxit sowie einige Zinkblende-Konzentrate und Kohlenflugaschen. – Die techn. Gewinnung erfolgt v. a. aus Nebenprodukten der Zink- und Aluminiumgewinnung, z. B. der Natrium-Aluminatlauge des Bayer-Verfahren, aus der es elektrolytisch an (mit Quecksilber überzogenen) Eisenelektroden abgeschieden wird. Zur Anreicherung kann auch eine Extraktion des Gallium(III)chlorids mit Äther dienen. Hochreines G. wird durch fraktionierte Kristallisation und durch →Zonenschmelzen erhalten. Im größeren Umfang wird es seit 1950 hergestellt.

G. dient zur Füllung von Hochtemperatur-Thermometern (Temperatur zw. –15 °C und 1200 °C), für G.-Dampflampen, als Sperrflüssigkeit für Gasvolumen-Messungen; in der Spektroskopie und als Wärmeaustauscher in Kernreaktoren. Hauptverwendungszweck des G. ist jedoch die Herstellung von G.-Verbindungen, die wichtige →Halbleiter sind. Die III-V-Verbindungshalbleiter **Galliumarsenid** (GaAs) und **Galliumphosphid** (GaP) werden zum Bau von elektron. Bauelementen (→GaAs-Bauelemente) verwendet, v. a. für die →Optoelektronik. Einige niedrig schmelzende Legierungen haben techn. Bedeutung; so ist das intermetall. V_3Ga ein Supraleiter. Einkristalle aus Gadolinium-G.-Granat dienen als Magnetblasenspeicher. – G. wurde 1875 von dem frz. Chemiker P.-É. Lecoq de Boisbaudran entdeckt und erstmals rein dargestellt. D. I. Mendelejew hatte die wesentl. Eigenschaften des G. als **Eka-Aluminium** bereits 1869 vorausgesagt.

gallon [g'ælən, engl.], **Gallone,** Einheitenzeichen **gal,** in Großbritannien ein Hohlmaß für Flüssigkeiten und feste Stoffe: 1 gal (UK) = 4,54609 dm^3; in den USA ein Hohlmaß für Flüssigkeiten (auch im Apothekengebrauch): 1 gal (US) = 3,78543 dm^3. (Übersicht Einheiten, angloamerikanische)

Gallus|säure, 3,4,5-Trihydroxybenzoe|säure, kristalline organ. Säure, die als Bestandteil von Gerbstoffen z. B. in Galläpfeln, Eichenrinde und Tee vorkommt. G. gibt mit Eisen(III)-salzen eine blaue Komplexverbindung, die zur Herstellung von Eisengallustinten verwendet wird. Ester der G. (z. B. Propyl- und Octylgallat) haben als Antioxidantien für Lebensmittel Bedeutung.

Galmei, Sammelbez. für karbonat. und silikat. Zinkerze; gelbrote, verwitterte und verunreinigte Massen.

Galoische Gruppe [galw'a-, n. dem frz. Mathematiker É. Galois, * 1811, † 1832], Gruppe der Automorphismen einer endl. Körpererweiterung L, wobei die Automorphismen den Grundkörper K elementweise festlassen. Hat ein Polynom mit Koeffizienten aus K die einfachen Nullstellen $a_1, a_2, \ldots, a_n$, so entsprechen die Permutationen dieser Nullstellen eindeutig den Automorphismen des →Zerfällungskörpers $K(a_1, a_2, \ldots, a_n)$, d. h. die G. G. des Zerfällungskörpers ist der Gruppe der Permutationen, die auch als symmetr. Gruppe bezeichnet wird, isomorph. In der →Galois-Theorie wird jeder Gleichung ihre G. G. zugeordnet; wenn die G. G. auflösbar ist, d. h., wenn sie eine →Normalreihe besitzt, in der alle Faktoren abelsch sind, ist auch die Gleichung auflösbar.

Galois-Feld [galw'a-], ein →Körper mit endlich vielen Elementen.

Galois-Theorie [galw'a-], Theorie, die sich mit Körpererweiterungen eines gegebenen Körpers und ihrer →Galoischen Gruppen beschäftigt, um die Auflösbarkeit algebraischer Gleichungen zu untersuchen, indem man als Grundkörper den Körper der Koeffizienten der Gleichung annimmt und ihn durch Adjunktion der gesuchten Lösungselemente erweitert. Damit konnten auch die Probleme der Antike (→Konstruktion mit Zirkel und Lineal, →Quadratur des Kreises, →Dreiteilung des Winkels, →Delisches Problem) gelöst werden. Ein für die Algebra bes. wichtiges Ergebnis der G.-T. ist die Tatsache, daß man für eine allgemeine algebraische Gleichung von höherem als 4. Grad keine Lösungsformel mehr angeben kann, weil die zugehörige Galois-Gruppe nicht auflösbar ist.

Galton-Pfeife [gˈɔ:ltn-, n. dem brit. Naturforscher F. Galton, * 1822, † 1911], Pfeife zur mechan. Erzeugung sehr hoher noch hörbarer Töne und von (nicht hörbarem)

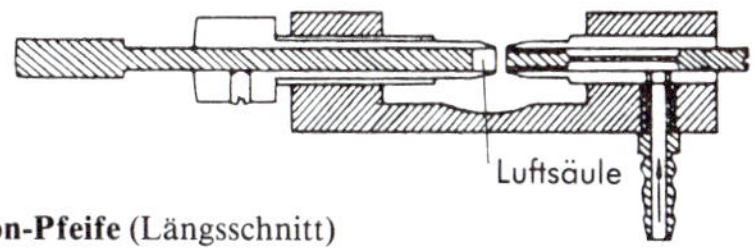

Galton-Pfeife (Längsschnitt)

Ultraschall (bis 100 kHz). Sie ist eine kurze, gedackte (d. h. an einem Ende geschlossene) Lippenpfeife, die mit Druckluft angeblasen wird. Dabei strömt die Luft auf eine scharfe kreisförmige Schneide (BILD); die entstehenden Wirbel regen die eingeschlossene Luftsäule zu Eigenschwingungen an. Mit einer Mikrometerschraube läßt sich die Länge der Luftsäule und damit die Tonhöhe ändern.

Galtonsches Brett [gˈɔ:ltn-], Modell zur Darstellung der → Binomialverteilung. Beim G. B. werden Kugeln durch gleichmäßig angeordnete Hindernisse in gleich breite Kammern verteilt. Bei einer feineren Aufteilung der Kammern wird die Normalverteilung näherungsweise erreicht.

Galtonsches Brett

galvanische Elemente, galvanische Zellen [n. dem ital. Arzt und Naturforscher L. Galvani, * 1737, † 1798], Stromquellen, denen eine chem. Umsetzung zugrunde liegt und die nach Ablauf dieser Reaktion nicht mehr Verwendung finden (deshalb auch die Bez. **Primärelemente)**, im Unterschied zu → Akkumulatoren, bei deren Ladung die chem. Reaktion immer wieder rückgängig gemacht werden kann **(Sekundärelemente)**. Eine dritte Gruppe der elektrochem. Spannungs- und Stromquellen sind die → Brennstoffzellen.

G. E. bestehen aus zwei Elektroden (Metall oder Kohle), an denen die Halbzellenreaktionen ablaufen, in die eine chem. Umsetzung zerlegbar sein muß, damit sie direkt elektr. Arbeit verrichten kann. Die an einer Elektrode zum Ablauf der freiwilligen Reaktionen benötigten Elektronen werden an der anderen Elektrode produziert und über den äußeren Stromkreis an den Reaktionsort gebracht. Zw. den Elektroden befindet sich der Elektrolyt, der die Leitfähigkeit im inneren Stromkreis gewährleistet.

Das älteste g. E. ist das → Volta-Element, das bekannteste das 1835 von J. F. DANIELL erfundene **Daniell-Element.** Es besteht aus einer in Zinksulfatlösung tauchenden Zinkelektrode und einer in Kupfersulfatlösung tauchenden Kupferelektrode. Beide Lösungen sind durch eine poröse Scheidewand getrennt. Schließt man den äußeren Stromkreis, indem man die beiden Elektroden durch einen Leiter (z. B. einen Kupferdraht) verbindet, so fließt durch den Leiter ein Strom, weil an der Kupferelektrode Cu^{++}-Ionen entladen werden (es scheidet sich Cu ab: $Cu^{++} + 2e^- \rightarrow Cu$) und an der Zinkelektrode eine äquivalente Menge Zn^{++}-Ionen gebildet werden (Zn geht in Lösung: $Zn \rightarrow Zn^{++} + 2e^-$). Die Elektroneutralität innerhalb des Elektrolyten wird durch diffundierende Sulfationen (SO_4^{--}) gewahrt.

Als → Batterien finden Primärelemente mit pastenartigem Elektrolyten **(Trockenelemente)** breite prakt. Anwendung; am bekanntesten ist das 1867 von G. LECLANCHÉ entwickelte **Leclanché-Element** (→ Kohle-Zink-Zelle). Besonders lagerfähig sind → Füllelemente.

Normalelemente dienen als Spannungsnormal; das **Weston-Element** [wˈestən-, BILD], das eine sehr konstante Spannung liefert, wurde 1908 als Norm für die Einheit der elektr. Spannung festgelegt. Es hat bei 20 °C eine Spannung von 1,01865 V.

galvanische Kopplung, Gleichstromkopplung, Elektronik: direkte Verbindung zweier Verstärkerstufen miteinander ohne Zwischenschaltung von Bauelementen gleich welcher Art. Im Ggs. zu anderen Kopplungsmöglichkeiten (→ induktive Kopplung, → kapazitive Kopplung) werden bei der g. K. außer Wechselspannungen auch Gleichspannungen übertragen. Der Vorteil dieser Kopplungsart liegt u. a. darin, daß der für die Arbeitspunkteinstellung der folgenden Stufe notwendige Basisspannungsteiler entfallen kann, nachteilig wirkt sich aus, daß Arbeitspunktschwankungen von einer Stufe auf die folgenden übertragen werden und der Aussteuerbereich mit jeder Stufe kleiner wird.

Galvano *das,* eine auf galvanoplast. Weg hergestellte Abformung (Duplikat) einer Druckplatte oder eines Klischees (→ Galvanoplastik).

galvanomagnetische Effekte, Reihe von Effekten, die in einem von elektr. Strom durchflossenen Leiter oder Halbleiter beim Zusammenwirken mit einem homogenen Magnetfeld entstehen. Da die Ladungsträger auch Träger von Wärmeenergie sind, treten auch Temperaturgefälle auf. Man unterscheidet Effekte, die senkrecht zum elektr. Strom (oder dem elektr. Feld) auftreten **(transversale Effekte)** und solche, die in Richtung des elektr. Stromes erscheinen **(longitudinale Effekte).** Bei g. E. kann das Magnetfeld senkrecht zum elektr. Strom und dem Effekt stehen (transversales Magnetfeld) oder in Richtung des elektr. Stromes angelegt sein (longitudinales Magnetfeld). Transversale g. E. sind der **Hall-** [hɔ:l-] und der **Ettingshausen-Effekt;** longitudinale g. E. in einem transversalen Magnetfeld sind der **galvanomagnet. Thomson-Effekt** und der **Nernst-Effekt;** unbenannt sind die beiden longitudinalen g. E. in einem longitudinalen Magnetfeld, bei denen eine longitudinale Spannungsdifferenz (Widerstandsänderung) bzw. longitudinale Temperaturdifferenz auftritt.

Beim → Hall-Effekt tritt senkrecht zum Stromfluß und senkrecht zum Magnetfeld eine Spannung auf, die Hall-Spannung, beim Ettingshausen-Effekt senkrecht zum Stromfluß und senkrecht zum Magnetfeld eine Temperaturdifferenz. Beim galvanomagnet. Thomson-Effekt tritt in Richtung des Stromflusses und senkrecht zum Magnetfeld eine Spannungsdifferenz (Widerstandsänderung) auf. Beim Nernst-Effekt tritt in Richtung des Stromflusses und senkrecht zum Magnetfeld eine Temperaturdifferenz auf. Alle g. E. sind proportional zum Strom. Zw. den einzelnen Effekten existieren Beziehungen, wie die **Bridgman-** [brˈɪdʒmæn-] und die **Heulinger-Relationen.**

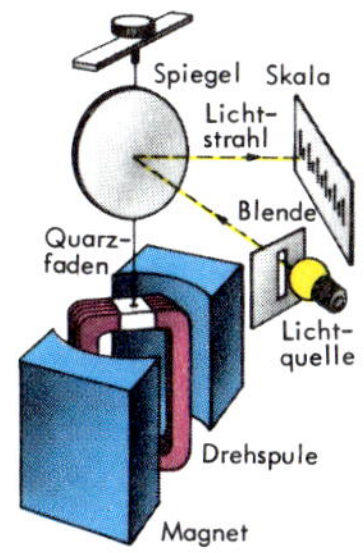

Galvanometer: Spiegel-G.

Galvanometer, hochempfindliches Instrument zum Messen kleiner Gleichströme und -spannungen, gut als Nullinstrument geeignet zum Nachweis der Stromlosigkeit in → Meßbrücken und bei der → Kompensationsmethode. G. sind meist mit spannbandgelagerten Drehspulmeßwerken ausgerüstet. Die Dämpfung der schwingenden Spule ist vom Widerstand des Meßkreises abhängig und so der Meßaufgabe anpaßbar. Bei kleinem Gesamtwiderstand wird der Endwert nur langsam erreicht; bei großem Widerstand treten Überschwingungen auf.

Man unterscheidet **Zeiger-, Lichtmarken-** und **Spiegel-G.** (BILD); letzteres trägt am bewegl. Organ einen kleinen Spiegel zur opt. Vergrößerung der Anzeige. Kurze

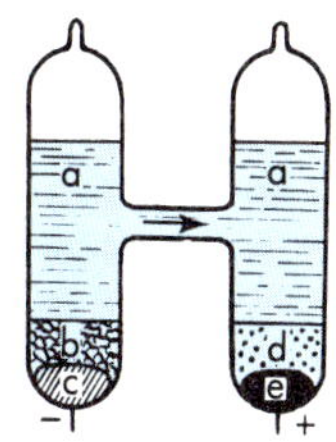

galvanische Elemente

galvanische Elemente: Weston-Element; a Cadmiumsulfat-Elektrolyt, b Cadmiumsulfat-Kristalle, c Cadmium-Amalgam, d Paste aus Merkurosulfat, e Quecksilber

Strom- und Spannungsstöße werden mit **ballistischen G.** gemessen, deren Drehspule ein erhöhtes Trägheitsmoment hat. Die Ausschlagweite (Umkehrpunkt) entspricht dem Energieinhalt der Bewegung; diese ist der Energie des Stromstoßes proportional.

Galvanoplastik, elektrolyt. Abscheidung (→Galvanotechnik) von dicken Metallschichten, die einen Verbundkörper mit dem Grundwerkstoff bilden, z. B. als Galvanos, oder von ihm losgelöst verschiedenen Zwecken dienen, z. B. als Preßformen **(Elektroformung).** In der G. häufig verwendete Metalle sind Kupfer und Nickel, für techn. Zwecke auch elektrolytisch abgeschiedene Legierungen.

Galvanotechnik, die elektrolyt. Abscheidung von Metall- und die Erzeugung von Nichtmetallüberzügen, z. B. Oxiden (→anodische Oxidation). Ferner gehören zur G. die Metallabscheidung ohne äußere Stromquelle sowie Vor- und Nachbehandlungsverfahren (Schleifen, Polieren, Glänzen, Entfetten, Beizen, Chromatieren, Phosphatieren, Metallfärbung). – Die G. dient zur Erzeugung von best. Oberflächeneigenschaften auf Werkstücken (Korrosionsschutz, Verbesserung des Aussehens, der physikal. Eigenschaften u. a.) sowie zur elektrolyt. Herstellung von Metallgegenständen, die nach anderen Verfahren schwierig zu fertigen sind (›Elektroformung‹, →Galvanoplastik).

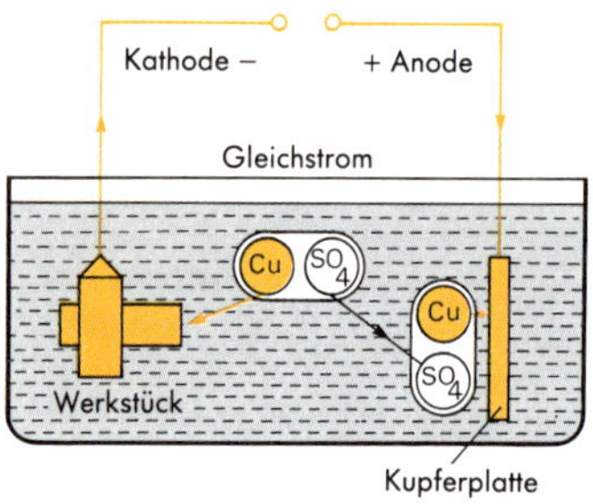

Galvanotechnik: galvanisches Verkupfern

Zur Abscheidung der Metallüberzüge werden die mechanisch, chemisch oder elektrochemisch vorbereiteten Gegenstände als Kathode in eine Lösung **(galvanisches Bad)** eingehängt, die Salze des abzuscheidenden Metalls und weitere Bestandteile enthält. Durch Gleichstrom bei etwa 1 bis 15 V wird Metall an der Kathode abgeschieden und eine entsprechende Menge an der Anode gelöst. Die Überzugsdicke beträgt für die meisten Zwecke etwa 0,001 bis 0,05 mm. Es gibt saure, neutrale und alkal. Bäder, letztere mit oder ohne Gehalt an Cyaniden oder anderen Komplexbildnern, sowie Glanzzusätze, Leitsalze, Netzmittel, Härtebildner und dgl.; sie werden bei Raumtemperatur oder bei Temperaturen bis etwa 80 °C betrieben.

Ohne äußere Stromquelle lassen sich unedle Werkstoffe mit edleren Metallen dünn überziehen, indem man die Werkstoffe in geeignete Lösungen des edleren Metalls, meist bei höherer Temperatur, taucht **(Sudverfahren).** Dickere Überzüge kann man mit Reduktionsmitteln (z. B. Formaldehyd, Hypophosphit oder Natriumborhydrid) abscheiden. So versilbert und verkupfert man z. B. Glas und Kunststoffe (Leiterplatten, gedruckte Schaltungen) oder vernickelt Hohlkörper (z. B. das Innere von Tanks) und Gegenstände schwieriger Form, die sich galvanisch schlecht behandeln lassen. Chemisch abgeschiedene Nickelüberzüge weisen besondere Eigenschaften auf: hohe Härte, die durch Tempern bei z. B. 450 °C noch gesteigert werden kann, hohe Verschleißbeständigkeit, gute Lötbarkeit.

Für die galvan. Behandlung nichtleitender Gegenstände (z. B. Glas, Kunststoffe) werden diese nach verschiedenen Verfahren leitend gemacht, dann i. d. R. in einem sauren Kupferbad verkupfert und anschließend mit dem gewünschten Überzug (z. B. Nickel, Silber, Gold) versehen. Die Galvanisierung von Kunststoffen, bes. von →ABS-Polymerisaten hat erhebl. techn. Bedeutung.

Hb. der G., hg. v. H. W. Dettner u. J. Elze, 3 Bde. (1964–68); Prakt. G., bearb. v. einem Mitarbeiter-Team der Fachzeitschr. ›G.‹ (31975); B. Gaida: Einführung in die G. (41980).

Gamma (γ, Γ), ein →griechischer Buchstabe (Übersicht).

1) Einheitenzeichen γ, veraltete Masseneinheit der Chemie: $1\gamma = 1\mu g = 10^{-9}$ kg.

2) Einheitenzeichen Γ und γ, →Gauß.

3) *γ*, Formelzeichen für therm. Volumenausdehnungskoeffizienten (→Ausdehnung), elektrische Leitfähigkeit und gyromagnetisches Verhältnis.

4) γ, physikal. Symbol für das Photon.

Gamma|astronomie, Abk. **γ-Astronomie,** auch **Gammastrahlenastronomie,** Teilgebiet der →Astronomie, das sich mit der von kosm. γ-Quellen ausgehenden elektromagnet. γ-Strahlung beschäftigt. Da die →kosmische Strahlung, die vorwiegend aus Protonen, Elektronen und einem kleinen Anteil schwerer Atomkerne besteht, beim Auftreffen auf die Erdatmosphäre zur Aussendung von sekundärer γ-Strahlung führt, konnte die G., welche die direkt aus dem Kosmos kommende γ-Strahlung untersucht, erst mit Hilfe der →Satellitenastronomie zur vollen Entfaltung gelangen, da Ballonsonden (→Ballonastronomie) nicht genügend hoch steigen, um von der sekundären γ-Strahlung nicht überlagerte Messungen der primären γ-Strahlung durchführen zu können.

Den ersten γ-Strahlendetektor trug der 1967 gestartete Satellit OSO-3. Wesentl. Fortschritte brachten der amerikan. Satellit SAS-2 (Start 1972) und der europ. Satellit COS-B (Start 1975).

Hauptvorteil der energiereichen γ-Strahlen ist, daß sie i. Ggs. zu anderen Bereichen des elektromagnet. Spektrums durch interstellare Gas- und Staubwolken kaum beeinflußt werden, so daß sie auch Daten von optisch unzugängl. Himmelsregionen liefern, z. B. der Zone des Milchstraßenzentrums. Während das sichtbare Licht normaler Sterne eine Temperaturstrahlung ist, werden die γ-Strahlen durch andere Prozesse erzeugt (Radioaktivität, Bremsstrahlung, Synchrotronstrahlung, inverser Comptoneffekt, Annihilation, Pionen-Produktion, evtl. Materieeinfang durch schwarze Löcher), so daß deren Untersuchung wesentl. neue Erkenntnisse liefert.

Gamma-Aufheizung, Reaktortechnik: durch Absorption von Gammastrahlen bewirkte Aufheizung.

Gamma-Dichtemesser. Meßgerät zur Dichtebestimmung eines Materials mit Hilfe von γ-Strahlen. Da die Absorption von γ-Strahlen beim Durchgang durch Materie der Atommasse und damit der Dichte proportional ist, stellt die Schwächung des γ-Strahles ein Maß für die Dichte der Materie dar. Angewendet im **Gamma-Niveaumesser** und **Gamma-Füllstandsanzeiger.**

Gammafunktion, in der Funktionentheorie und deren Anwendungen vielgebrauchte meromorphe Funktion, die eine Art Verallgemeinerung des Fakultätsbegriffes auf nichtnatürl. Zahlen darstellt. Eine Integraldarstellung der G. ist das **Eulersche Integral**

$$\Gamma(z) = \int_0^\infty e^{-t}\, t^{z-1}\, dt, \quad \mathrm{Re}(z) > 0;$$

weiter gibt es Produktdarstellungen von GAUSS und WEIERSTRASS. Für die G. gilt die Funktionalgleichung $\Gamma(z+1) = z \cdot \Gamma(z)$, aus der für natürl. Zahlen mit $\Gamma(1) = 1$ dann $\Gamma\ (n+1) = n!$ folgt. Zur Berechnung spezieller Werte der G. dient die Funktionalgleichung

$$\Gamma(z)\,\Gamma(1-z) = -z\,\Gamma(z)\Gamma(-z) = \frac{\pi}{\sin \pi z}.$$

Gammamessung, radiometr. Bohrlochmessung, mit der die natürl. Gammastrahlung radioaktiver Minerale zu deren Aufsuchen oder zur Unterscheidung best. Gesteine (z. B. tonige von nichttonigen Gesteinen) gemessen wird. Zu Porositätsmessungen und Aussagen über die chem. Zusammensetzung **(Gammastrahlenspektrometrie)** wird mit künstl. Radioaktivität gearbeitet.

Gammaquanten, γ-Quanten, die energiereichen Photonen (→Lichtquanten) der →Gammastrahlung.

Gammaspektrometer, Gerät zum Nachweis und zur Messung von Gammaquanten unter Ausnutzung der Wechselwirkungen von γ-Strahlen mit Materie. – Im **Szintillations-G.** erzeugen die γ-Quanten durch Photoeffekt, Paarerzeugung oder Compton-Effekt Elektronen, deren Energie von derjenigen der absorbierten oder gestreuten γ-Quanten abhängt. Sie werden im Szintillationskristall als Lichtblitz sichtbar, der verstärkt und gemessen wird (→Szintillationsspektrometer). Je nach Größe des →Szintillators können γ-Quanten mit Energien von wenigen keV bis 100 MeV bestimmt werden. – Bei **Halbleiter-G.** (z. B. Germanium-Diode) verursachen die durch die γ-Strahlen erzeugten Elektronen einen Spannungsstoß, der registriert wird. Geeignet für Quantenenergien < 2 MeV sind →Kristallspektrometer. Bes. intensive Beugungsbilder liefert das **Dumond-Spektrometer,** bei dem der Gammastrahl an der Oberfläche eines gekrümmten Quarzkristalls gebeugt wird. Darüber hinaus kann jede Art von Zählrohr und Filmdosimeter auf Grund der Sekundärelektronenerzeugung als G. Verwendung finden.

Gammaspektroskopie, die Messung, Auswertung und Deutung der Energiespektren von Gammaquanten (→Gammaspektrometer).

Gammastrahlendetektor, Nachweisgerät für Gammastrahlen. Bei Wechselwirkungsprozessen von Gammastrahlung mit Materie werden Elektronen aus den Atomen des Detektormaterials herausgelöst, die die gesamte oder einen Teil der Gammaenergie übernehmen und im G. einen elektr. Impuls erzeugen, der in elektron. Zählanordnungen registriert werden kann. Der älteste G., das →Zählrohr, besitzt ein außerordentlich schlechtes Ansprechvermögen (Zählwahrscheinlichkeit) und läßt keinen Schluß auf die Energie der Gammaquanten zu. Gutes Ansprechvermögen und Energieauflösung haben dagegen →Szintillationszähler und →Halbleiterdetektoren. (→Gammaspektrometer)

Gammastrahlung, γ-Strahlung, i. e. S. die bei Atomkernumwandlungen (→Radioaktivität) auftretende elektromagnet. Strahlung mit Energien der Größenordnung von i. a. etwa 10 keV bis 25 MeV (entsprechend Wellenlängen von 10^{-8} cm bis $5 \cdot 10^{-12}$ cm). G. unterscheidet sich nicht qualitativ von anderen →elektromagnetischen Wellen, wie Radiowellen, Licht, Röntgenstrahlung; die Bez. G. kennzeichnet lediglich ihre Entstehungsweise. G. entsteht, wenn ein Atomkern von einem angeregten Zustand (der Energie E_2) in einen niedrigeren (der Energie E_1) übergeht. Ihre Quantenenergie beträgt dann $E_\gamma = E_2 - E_1$, und die Frequenz ν berechnet sich mit Hilfe der Planckschen Konstanten h aus $h\,\nu = E_\gamma$. Die Wellenlänge λ beträgt $\lambda = c/\nu$ (c = Lichtgeschwindigkeit).

Wie beim Licht gibt es, entsprechend dem Dualismus Welle-Teilchen, Meßanordnungen, mit denen die Wellennatur der G., und andere, mit denen deren quantenhafter Charakter zu beobachten ist. Wegen der extrem kurzen Wellenlängen macht sich die Quanteneigenschaft jedoch weit häufiger als bei Licht bemerkbar. Man spricht daher auch von **Gammaquanten.** Beim Auftreffen auf Materie wird G. entweder durchgelassen oder durch →Photoeffekt, →Compton-Effekt, →Paarerzeugung oder durch andere Wechselwirkungsprozesse absorbiert. Auf diesen Prozessen beruht der Nachweis der G. (→Gammastrahlendetektor, →Gammaspektrometer). Die Wahrscheinlichkeit der Absorptionsprozesse nimmt mit der Ordnungszahl des absorbierenden Materials zu. Daher eignen sich schwere Elemente, wie etwa Blei, besser als Abschirmmaterialien als leichte, z. B. Aluminium. Die Intensität von G. nimmt exponentiell mit der durchsetzten Schichtdicke ab.

I. w. S. wird auch die beim Zerfall von Elementarteilchen und die bei der Paarvernichtung entstehende elektromagnet. Strahlung zur G. gezählt.

Gammexan, das →Hexachlorcyclohexan.

Gamowsche Theorie [gˈeɪməʊ-, n. dem amerikan. Physiker G. Gamow, * 1904, † 1968], Theorie des Zerfalls von Atomkernen durch α-Teilchenabgabe. Sie gründet sich auf ein einfaches Kernmodell, in dem das α-Teilchen bereits existiert. Im Kern unterliegt es den anziehenden Kernkräften (Coulomb-Kräfte) außerhalb der elektrostat. Abstoßung. Durch den **Gamow-Berg** (→Coulomb-Wall) wird es im Kern festgehalten, und die Emission ist nur nach dem quantenmechanischen →Tunneleffekt möglich.

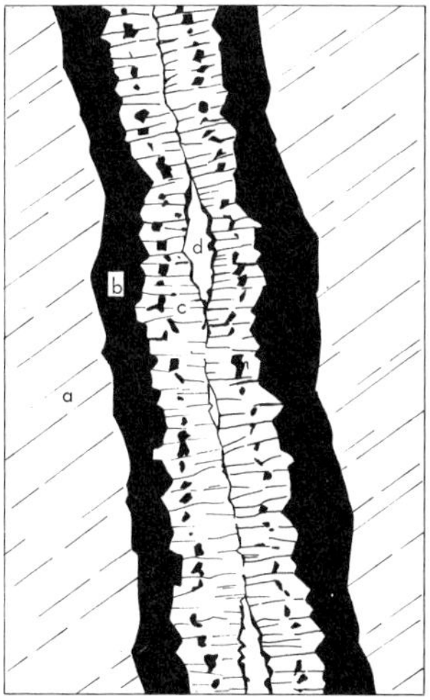

Gang 1): Erzgang; a Nebengestein, b Erz, c Gangart, d Drusenraum

Gang, 1) Geologie: Ausfüllung meist plattenförmiger Spalten in Gesteinen durch später gebildete Minerale, Erze oder Gesteine. In **Mineral-G.** besteht die Füllung meist aus Quarz, Kalk-, Fluß- oder Schwerspat, die in den **Erz-G.** als →Gangart die Erzminerale begleiten. **Gesteins-G.** sind mit →Ganggesteinen **(Eruptiv-G.)**, sehr selten mit Sedimentgesteinen **(Sediment-G.)**, gefüllt. Ein G. kann das Nebengestein schneiden **(Quer-G.**, durchgreifende Lagerung) oder schichtparallel dazu verlaufen **(Lager-G.)**. Mehrere G. bilden G.-Scharen, G.-Systeme, G.-Netze oder G.-Schwärme.

2) Kfz: das durch Umschalten des →Kraftwagengetriebes wählbare Übersetzungsverhältnis zw. Motor und Radantrieb. Üblich sind bei Personenkraftwagen drei bis fünf (vorwiegend vier) Vorwärts-G. und ein Rückwärts-G., bei Nutzfahrzeugen vier bis zwölf (meist fünf bis sechs) Vorwärts-G. und ein oder zwei Rückwärts-G. Beim ersten G. ist das Übersetzungsverhältnis am größten, beim höchsten G. am kleinsten.

3) Uhr: a) die Größe, deren Zahlenwert angibt, wieviel eine Prüfuhr gegenüber einer Normaluhr in einer bestimmten Zeit vor- oder nachgeht, meist in Sekunden je Tag gemessen. b) ältere Bez. für die →Hemmung einer Uhr.

Gang|art, Lagerstättenkunde: die nicht metallhaltigen Begleitminerale auf Erzgängen; z. B. Quarz, Kalkspat, auch Fluß- und Schwerspat.

Gang|gesteine, Gruppe der →magmatischen Gesteine, nach Entstehung und Ausbildung vermittelnd zw. Tiefengesteinen und Vulkaniten. G. entstehen im subvulkanischen Niveau der Erdkruste **(hypabyssisch)**, meist in Form von Gängen oder Stöcken. Grundsätzlich kann jedes magmat. Gestein als G. auftreten.

Gang|regler, das zeitbestimmende Organ einer Uhr.

Gang|reserve, bei einer mechan. Uhr der Überschuß der tatsächl. Laufdauer über die normale Laufdauer, nach der die Uhr aufgezogen werden sollte.

Gang|unterschied, Differenz der opt. Weglänge zweier Wellenzüge (→Interferenz).

Ganymed, der größte Mond des Planeten →Jupiter.

ganze Zahlen, ganzrationale Zahlen, die Zahlen . . . −3, −2, −1, 0, +1, +2, +3, ... Die Menge ℤ der g. Z. kann man aufteilen in die Menge der **negativen g. Z.** ($a < 0$), die Null und die Menge der **positiven g. Z.** ($a > 0$), sie stellen die →natürlichen Zahlen dar. Die g. Z. bilden bezüglich der Addition und Multiplikation einen Ring, bezüglich der Addition eine Gruppe.

Ganzkörperzähler, Meßgerät zur Bestimmung der vom ganzen Körper einer Person aufgenommenen Radioaktivität.

Gap-Energie, →Bändermodell.

Garbenschiefer, kontaktmetamorphes Schiefergestein mit um- oder neugebildeten, großen, garbenförmigen Kristallaggregaten von Hornblende oder stengeligen Mineralen wie Staurolith, Disthen oder Cordierit.

Garn, in bestimmter Feinheit (Nummer, Titer) ausgesponnenes, praktisch endloses fadenförmiges Gebilde. Dieses entsteht entweder in einem mechan. Spinnverfahren durch Zusammendrehen von kurzen Einzelfasern (Baumwolle, Schafwolle, Schappe, Chemiespinnfasern) oder von Faserbündeln (Flachs, Hanf, Jute) oder in einem chemisch-physikal. Spinnprozeß durch Ausziehen einer Spinnlösung (cellulosische →Chemiefasern, Eiweiß-Chemiefasern, Synthesefasern auf Vinylchlorid- oder Acrylbasis) oder einer Spinnschmelze (Synthesefasern auf Polyester-, Polyamid- oder Polyolefin-Basis, Glasfasern u. a.).

Garnarten. Man unterscheidet 1) nach der Faserart: G. aus **pflanzl. Fasern** (Baumwolle, Flachs, Hanf, Jute, Ramie), G. aus **tier. Haaren** (Wolle, Ziegenhaare, Kamelhaar) sowie aus **Seide** (Grège, Trame, Organzin, Schappe, Bourette) und aus **Chemiefasern** (G. auf Cellulosebasis, Synthesefaser-G.); 2) nach dem Spinnverfahren: Fein-G. nach dem Dreizylinderverfahren (beste Qualitäten gekämmt) und **Grob-** sowie **Abfall-G.** nach dem Zweizylinderverfahren aus Baumwolle und Chemiespinnfasern, **Langfaser-** (Hechel-) sowie **Kurzfaser-**(Werg-)**G.** nach dem Trocken-, Halbnaß- oder Naßspinnverfahren bei den Bastfasern, **Woll-G.** nach dem Streichgarn- und Kammgarnverfahren; 3) nach der Höhe der Drehung: weich gedrehte **Schuß-G.**, **Kett-G.** mit fester Drehung, **gezwirnte G.** (glatte und Effektgarne) sowie überdrehte **Spezial-G.** (Voile- und Kreppgarne); nach der Richtung der Drehung: G., deren Faserschräglage bei senkrecht gehaltenem Faden dem Schrägstrich des Buchstabens Z parallel ist **(Z-Drehung)**, seltener auch G. mit **S-Drehung;** 4) nach der Veredlung: rohe, gebleichte, gefärbte, melierte, gasierte, mercerisierte, lüstrierte G.; 5) nach dem Verwendungszweck: **Web-G., G. für Wirkerei** und **Strickerei, Teppich-G., Handarbeits-G., Stopf-** und **Stick-G., Hand-** und **Maschinennäh-G., Netz-** und **Binde-G.**

Garnette, Spinnerei: →Fadenöffner.

Garnfeinheit, Quotient aus Masse und Länge eines Garnes (Numerierung). Man unterscheidet zwei Systeme: das **Tex-System** (→Tex) als längenbezogene Masse in Gramm, Bezugslänge = 1000 m, z. B. 20 tex = 20 g/1000 m; das **metrische System** (Nummer metrisch, Abk. Nm) als massenbezogene Länge, Bezugsmasse = 1 Gramm, z. B. Nm 20 = 20 m/1 g. Veraltete Numerierungen sind →Denier (den) und die engl. Feinheitsbezeichnungen wie Ne_B, Ne_L u. a.

Garni|erit [n. dem frz. Geologen J. Garnier, * 1839, † 1904], Mineral $(Ni,Mg)_6[(OH)_8|Si_4O_{10}]$, smaragdgelb- oder blaugrün; gelartig gefällte, z. T. achatartig gebänderte feinste Faseraggregate; H. 2–4, D. 2,2–2,7; wichtiges Nickelerz, Verwitterungsprodukt von Olivingesteinen.

Garnitur, Spinnerei: häkchen- oder sägezahnförmiger Beschlag auf den Walzen der Karde u. a. Spinnereimaschinen zum Öffnen der Faserflocken.

Garnprüfung, →Faserstoffprüfung.

Gartenschlepper, kleiner Vierradschlepper von etwa 6–9 kW (8–12 PS) zur Gartenpflege, ausrüstbar mit verschiedenen Wechselgeräten; meist zum Rasenmähen.

Gärtnerkonstruktion der Ellipse, →Fadenkonstruktion.

Gärung, Bez. für den aeroben oder anaeroben biolog. Abbau von organ. Material durch Mikroorganismen oder Enzyme. Die **alkohol. G.** ist die wichtigste (anaerobe) G., bei der aus Hexosen durch Enzyme der Hefe Äthylalkohol gebildet wird:

$$C_6H_{12}O_6 \rightleftharpoons 2\,C_2H_5OH + 2\,CO_2.$$

Dabei wird eine Reihe von Zwischenreaktionen unter Mitwirkung best. Enzyme durchlaufen. Bei der **Milchsäure-G.** wird durch Milchsäurebakterien Brenztraubensäure zu Milchsäure hydriert. Sie ist lebensmitteltechnologisch von großer Bedeutung, so bei der Käsebereitung, der Silierung von Grünfutter, der Sauerkrautbereitung und der Haltbarmachung von Gemüse.

Gas, Materie, die sich im gasförmigen →Aggregatzustand befindet. Die zwischenmolekularen Kräfte, die bei den Flüssigkeiten den Zusammenhang bewirken, treten beim G. sehr stark oder vollständig zurück, so daß die Gasmoleküle sich frei im Raum bewegen können. Ein G. übt auf die Gefäßwände allseitig einen Druck aus, der bei einer gegebenen Gasmenge um so größer wird, je kleiner das Volumen und je höher die Temperatur sind. Man unterscheidet ideale und reale G. Die **idealen G.** stellen den Grenzzustand der Materie bei hoher Temperatur und großer Verdünnung dar, der wegen seiner einfachen Gesetze große theoret. Bedeutung besitzt, aber nicht wirklich vorkommt, sondern nur angenähert erreicht werden kann. Trotzdem verhalten sich viele wirkl. G. schon unter gewöhnl. Bedingungen nahezu wie ideale. Die **realen G.** unterscheiden sich von den idealen durch ihre Kondensierbarkeit. Daher weichen sie um so mehr vom idealen Verhalten ab, je näher sie dem → kritischen Zustand kommen, wo der Unterschied zw. Flüssigkeit und G. aufhört. Als **permanente G.** bezeichnete man früher solche, die mit den damals erreichbaren Tieftemperaturen noch nicht verflüssigt werden konnten, wie Helium und Wasserstoff. Heute können alle gewöhnl. G. in den flüssigen oder festen Zustand übergeführt werden. Für atomaren Wasserstoff jedoch sagt die Quantentheorie voraus, daß dieser bis zum absoluten Nullpunkt der Temperatur gasförmig bleibt, und spricht von einem **Quantengas** (→ Bose-Einstein-Kondensation).

Die gegenseitige Abhängigkeit von Druck, Volumen und Temperatur wird durch die Zustandsgleichung beschrieben. Die **Zustandsgleichung der G. (allg. Gasgleichung)** lautet für alle G. gleich, wenn man eine Gasmenge von einem Mol zugrunde legt: $p \cdot V_m = R \cdot T$. Dabei ist p der Druck, V_m das molare Volumen (Volumen je Stoffmenge), R die universelle (allgemeine) Gaskonstante, T die absolute Temperatur. Die allg. Gasgleichung gilt strenggenommen nur für ideale G. Da sich aber viele reale G. nahezu wie ideale G. verhalten, kann auch für reale G. oft die allg. Gasgleichung angewendet werden. Der Wert der universellen (molaren) Gaskonstante beträgt $R \approx 8{,}314\ \mathrm{J\,mol^{-1}K^{-1}}$.

In dem allg. Gesetz für ideale G. sind das → Boyle-Mariottesche Gesetz und das 1. → Gay-Lussacsche Gesetz enthalten. Diese Gesetze lassen sich aus allg. statistischen Überlegungen ableiten (→ kinetische Gastheorie), wenn man annimmt, daß die Gasmoleküle 1) sich auf geradlinigen Bahnen frei im Raum bewegen, 2) wie mathemat. Punkte ohne räuml. Ausdehnung behandelt werden können und 3) keine anziehenden Kraftwirkungen aufeinander ausüben. Der Gasdruck entspricht dem bei der Reflexion auf die Wand übertragenen Impuls.

Die Zustandsgleichungen **realer G.** tragen der Nichtidealität Rechnung und enthalten stoffspezif. Parameter für das Eigenvolumen der Teilchen und für die zwischenmolekularen Kräfte. Im Falle der realen G. ist es nicht mehr möglich, eine allg. gültige Zustandsgleichung anzugeben. Von vielen Stoffen wird die → Van-der-Waals-Gleichung gut erfüllt; sie bietet die Möglichkeit, mit Hilfe eines einfachen analyt. Ausdruckes die Phänomene der Verflüssigung und des Auftretens von krit. Punkten zu erklären. Im Ggs. zu den idealen G., bei denen weder Nah- noch Fernordnung auftritt (d. h. die Anordnung der Massenpunkte erfolgt rein statistisch) tritt in realen G. mit zunehmender Annäherung an den flüssigen Zustand Nahordnung auf. – Unter dem → Normzustand versteht man den Zustand eines Gases, der durch die Normtemperatur (0 °C) und den Normdruck (1,01325 bar) bestimmt ist.

Während die klass. kinet. Gastheorie, der die → Boltzmann-Statistik zugrunde liegt, das Verhalten der ›klassischen‹ G. befriedigend beschreiben kann, muß beim Auftreten von Quanteneffekten die → Quantenstatistik berücksichtigt werden. Dann lassen sich auch G. beschreiben, deren Gaspartikel Elementarteilchen sind. Handelt es sich dabei um Fermionen, spricht man von einem **Fermi-G.**, ein solches ist z. B. das **Elektronengas** (→ Elektronengastheorie), bei Bosonen spricht man von einem **Bose-G.** (→ Gasentartung). → Brenngase, → Flüssiggase.

Über G. im Bereich der Geologie → Erdgas, → Exhalation, Grubengas, → Methan; in der Kriegführung → chemische Kampfstoffe.

Lexikon der Gastechnik, hg. v. Dt. Verein des Gas- und Wasserfachs ([2]1982).

Gas|analyse, qualitative und quantitative Untersuchung von Gasen und Gasgemischen. Besondere Bedeutung hat die Analyse von Stadtgas, Verbrennungs- und Explosionsgasen, gasförmigen Kohlenwasserstoffen sowie in der Medizin die Atem-G. – Häufig werden noch die klass. chem. Methoden der G. angewendet. Dazu wird das zu trennende Gemisch zuerst mit verdünnter Schwefelsäure geschüttelt, so daß **alkal. Gase** (z. B. Ammoniak und gasförmige Amine) gebunden werden. Das verbleibende Gasgemisch wird mit Kalilauge geschüttelt, die die **sauren Gase** (z. B. Kohlenoxid, Chlor, Schwefelwasserstoff) bindet. Es bleiben **neutrale Gase** (Kohlenwasserstoffe) übrig. Für die einzelnen Gase gibt es spezielle Nachweisreaktionen. – Von den modernen physikochem. Verfahren wird die → Gaschromatographie zur qualitativen und quantitativen Bestimmung verwendet, häufig auch die → Infrarotspektroskopie.

Gas|anzünder, Gerät zum Zünden eines Gas-Luft-Gemisches. Beim **Reibzünder** werden durch Reiben einer pyrophoren Legierung (z. B. Cereisen) Funken erzeugt. **Elektr. G.** benutzen einen elektrisch geheizten Glühdraht oder elektr. Öffnungsfunken. Bei piezo-elektr. Zündern wird dieser Funken durch einen kräftigen Schlag auf einen Kristall erzeugt (→ Piezoelektrizität). Die **katalytischen G.** (mit Platinpulver) erwärmen sich im Gas-Luft-Gemisch bis zum Glühen.

Gas|automat, Münzgaszähler, → Gaszähler.

Gasbehälter, 1) ortsbewegl. G. (Druck-G., → Druckbehälter) sind Flaschen, Fässer und Fahrzeugbehälter. **Flaschen** haben einen Rauminhalt bis zu 150 Liter. Sie sind zur schnellen Unterscheidung mit einem Farbanstrich versehen (z. B. blau = Sauerstoff, grün = Stickstoff, gelb = Acetylen, rot = andere brennbare Gase). Flaschen für verdichtete Gase (z. B. Wasserstoff, Stickstoff) werden bis zu einem Fülldruck von 200 bar, solche für verflüssigte Gase (z. B. Propan, Kohlendioxid) je nach Prüfdruck (z. B. 25 bar für Propylen) nach Gewicht befüllt. Für Großverbraucher werden mehrere Druckgasflaschen zu Bündeln vereinigt. 2) Ortsfeste Niederdruck-G. sind z. B. **Glocken-G.**, in denen das Gas unter einer Glocke gespeichert wird, die in ein Wasserbecken eintaucht. **Scheiben-G.** sind zylindr. Behälter, die durch eine bewegliche Scheibenkonstruktion in zwei Räume unterteilt sind. Unterhalb der Scheibe, die zur Behälterwand hin mit einer ölgefüllten Abdichteinrichtung ausgestattet ist, befindet sich das Gas. Ortsfeste Druck-G. sind z. B. oberird. **Kugelbehälter** (z. B. für Flüssiggas, Äthylen) oder unterird. **Röhrenspeicher** (z. B. für Erdgas), die aus Röhren von etwa 1 km Länge bestehen können. Viele Gase (z. B. Stickstoff, Ammoniak, Erdgas) werden heute auch tiefkalt verflüssigt und drucklos in isolierten Behältern gelagert. Zur Speicherung großer Erdgasvorräte dienen unterird. Gaskavernen in Salzstöcken.

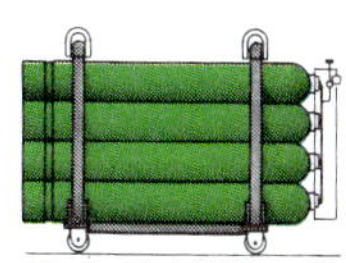
Flaschenbündel (Stickstoff)

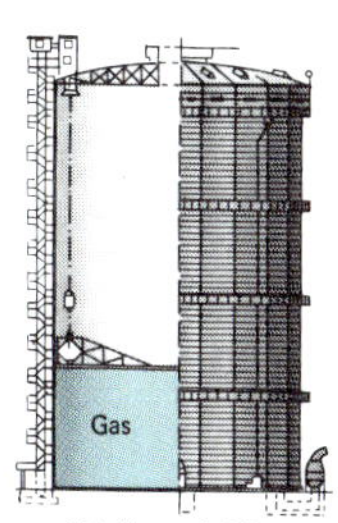

Scheibengasbehälter

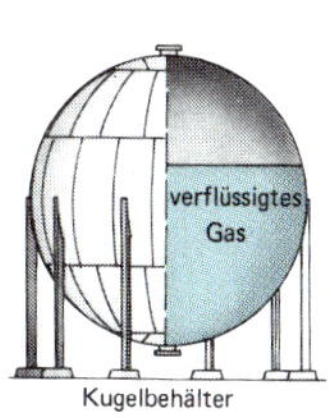

Kugelbehälter

Gasbehälter

Gasbeleuchtung, Lichterzeugung mit brennbaren Gasen. Früher benutzte man das Leuchten der glühenden Kohleteilchen in der Gasflamme, z. B. Acetylenflamme. Heute wird fast ausschließlich das **Gasglühlicht (Auerlicht)** verwendet. Nach der Erfindung des Chemikers Carl Freiherr Auer von Welsbach (1892) wird ein Glühkörper (Glühstrumpf) durch eine Gasflamme erhitzt und dadurch zum Leuchten gebracht. Außer Stadtgas werden Spiritusgas, Petroleumgas, Wassergas, heute auch (bes. in ortsveränderl. Anlagen) Propangas verwendet. Der **Glühstrumpf** besteht aus textilem Gewebe, das mit Thorium- und etwa 1% Cernitrat getränkt ist. Das Gewebe wird vor der Benutzung durch Abbrennen verascht, und es bleibt ein Gerüst aus den mineral. Bestandteilen stehen, das bei Erhitzung durch die Gasflamme leuchtet.

Hauptanwendungsgebiet der G. war zunächst die Innenraumbeleuchtung, später die Straßenbeleuchtung. Für neu zu installierende ortsfeste Anlagen ist die G. heute gegenüber der elektr. Beleuchtung nicht mehr konkurrenzfähig.

Gasbeton, Leichtbeton mit guter Wärmedämmung. G. entsteht aus einem geblähten (Aluminiumpulver) Bindemittelleim aus Kalk, Zement und sehr feinem Sand durch Dampfdruckhärtung (Autoklavbehandlung).

Gas|chromatographie, weit verbreitetes Verfahren zur Trennung und quantitativen Bestimmung verdampfbarer Stoffgemische. Der **Gaschromatograph** besteht aus einer Druckgasflasche mit inertem Trägergas (Helium, Stickstoff), dem Probeneingabesystem, der Trennsäule, einem Detektor und einem Schreiber. Meist wird noch ein Integrator zur rechner. Auswertung zugeschaltet. Die **Trennsäule** ist mit feinkörnigem Material (z. B. Kieselgur-Präparate) gefüllt, auf das eine dünne Schicht Siliconöl aufgetragen wird. Das **Trägergas** durchströmt die Säule mit dem Stoffgemisch. Durch unterschiedl. Löslichkeiten und Verteilungskoeffizienten der einzelnen Komponenten kommt es zur Trennung. Am Ende der Trennsäule befindet sich der **Detektor,** der jede Komponente anzeigt. Die Zeit von der Eingabe bis zur Detektion heißt **Retentionszeit.** Als Detektor wird heute meist ein Flammenionisationsdetektor (FLD) verwendet. Er liefert in Verbindung mit einem elektron. Kompensationsbandschreiber das **Chromatogramm.** Zur quantitativen Auswertung der Signale wird mit Hilfe von Integratoren die Fläche unter den Substanzpeaks vermessen. Bei entsprechender Dimensionierung der Säule kann die G. auch präparativ durchgeführt werden.

Gasdichtewaage, Gerät zur Ermittlung der Dichte eines Gases durch Wägung eines Gasvolumens.

Gasdiffusionsverfahren, ein →Diffusionstrennverfahren zur →Isotopentrennung, bes. zur Anreicherung des spaltbaren ^{235}U-Isotops aus natürl. Uran.

Gasdruckregler, Einrichtungen in den öffentl. Versorgungsleitungen und in Hausanschlüssen, die den Gasdruck so regeln, daß das Gas auch bei stark schwankender Entnahme an den Verbrauchsstellen mit möglichst gleichbleibendem Druck verfügbar ist.

Gasdynamik beschreibt die Mechanik der Gase unter besonderer Berücksichtigung ihrer Zusammendrückbarkeit (Kompressibilität). Diese macht sich bemerkbar, wenn die Geschwindigkeit der in dem Gas bewegten Körper ansteigt und vergleichbar mit der →Schallgeschwindigkeit wird. Die für die G. wichtige Kennzahl ist das Verhältnis der Geschwindigkeit zur Schallgeschwindigkeit, die →Mach-Zahl *Ma*. Bei **transson. Geschwindigkeiten** (*Ma* zw. 0,8 und 1,2) und bei **superson. Geschwindigkeiten** ($Ma > 1{,}2$) ändern sich Strömungsgesetz und Strömungsbild, weil Kopfwellen und andere Verdichtungsstöße, d. h. unstetige Änderungen von Druck und Dichte des Gases, auftreten. Bei Erreichen der Schallgeschwindigkeit steigt die Widerstandszahl (→Strömungswiderstand) stark an (→Schallmauer). **Hyperson. (Hyperschall-)Strömungen** ($Ma > 5$) sind außerdem mit starken Temperaturerhöhungen in der →Grenzschicht und bei hohen Temperaturen mit Ionisation und Dissoziation der Gasmoleküle verbunden.

Bei geringen Gasdichten (z. B. Luft in großen Höhen) ist die zum Verhältnis von Mach-Zahl zu →Reynolds-Zahl proportionale →Knudsen-Zahl *Kn* eine wichtige Kennzahl, deren Größe erkennen läßt, ob überhaupt noch eine Kontinuumsströmung ($Kn \longrightarrow 0$) vorliegt oder ob die Gesetze der freien Molekülströmung ($Kn \longrightarrow \infty$) gelten.

Die G. war zuerst von Interesse für die Ballistik, später für den Dampfturbinenbau, für die Bewegung schneller Flugzeuge und von Raketen und Raumflugkörpern.

Gas|elektroden, elektrochem. Elektroden, bei denen die Größe des elektr. Potentials durch den reversiblen Übergang von Gasen in ihre Ionen bestimmt wird. Am bekanntesten sind Wasserstoff- und Sauerstoffelektroden →Normalwasserstoffelektrode.

Gas|elemente, Gasketten, sind →galvanische Elemente, bei denen ein Gas eine Elektrode umspült und die Größe des elektr. Potentials bestimmt.

Gas|entartung, durch die →Quantenstatistik bedingte Abweichungen der Eigenschaften eines →Gases von den aus der klassischen →Boltzmann-Statistik abgeleiteten – z. B. die Tatsache, daß der Druck eines aus gleichen Fermionen bestehenden Gases bei konstanter Dichte mit abnehmender Temperatur nicht gegen Null strebt, sondern einen von der Dichte abhängenden Wert **(Entartungsdruck)** annimmt. Die G. der ein- und mehratomigen Gase ist bei normalen Temperaturen unmerklich. Dagegen bilden die die elektrische Leitfähigkeit bedingenden Elektronen in Metallen schon bei normalen Temperaturen ein merklich entartetes **Fermi-Gas,** und im Zustand der →Supraleitung liegt ein aus Elektronenpaaren gebildetes, stark entartetes **Bose-Gas** vor. Die G. des Elektronengases ist wesentlich für den Aufbau der →Weißen Zwerge, die des Neutronengases für den Aufbau der →Neutronensterne.

Gas|entladung, Durchgang eines Stromes von elektr. Ladungen (Ionen und Elektronen) durch ein Gas. Bei der **unselbständigen Entladung** werden die Ladungen durch äußere Mittel (z. B. Glüh-, Photokathode) dauernd erzeugt, bei der **selbständigen Entladung** durch die Entladung selbst nachgeliefert: durch Stoß- oder Photoionisation der Gasmoleküle, durch Auslösung von Elektronen aus der Kathode, durch die kinet. Energie der positiven Ionen oder durch die bei der Ionisation gebildeten Photonen.

Die auftretenden Erscheinungen sind stark von der Stromdichte und vom Gasdruck abhängig. Für den häufig benutzten Gasdruck von etwa 10–1000 Pa unterscheidet man nach der Stärke des Stromes drei Formen der G.: 1) Die **Dunkel-** oder **Townsend-**[t'aʊnzənd-]**Entladung** (bis etwa 10^{-6} A/cm^2) bei sehr kleiner Raumladung; 2) die **Glimmentladung** (bis etwa 10^{-1} A/cm^2), bei der der Verlauf der elektr. Feldstärke durch die Ladungen im Entladungsraum bestimmt wird; 3) die **Bogenentladung** (bei Stromdichten über 1 A/cm^2 bis zu einigen 1000 A/cm^2), bei der die hoch erhitzte Kathode durch Glühemission Elektronen aussendet.

In der Entladungsstrecke unterscheidet man aufeinanderfolgende **Dunkel-** und **Leuchträume,** die dadurch zustande kommen, daß die Elektronen nach einem unelast. Zusammenstoß mit den Gasmolekülen im elektr. Feld erst wieder eine zu einer weiteren Anregung hinreichende kinetische Energie aufnehmen müssen.

Auf Grund des Verlaufs der elektr. Feldstärke im Entladungsraum sind zu unterscheiden: der Raum unmittelbar neben der Kathode, in dem fast die gesamte, an den Elektroden liegende Spannung abfällt **(Kathodenfall),** und ein kleiner Abfall an der Anode **(Anodenfall).** Zw. diesen beiden **Fallräumen** liegt bei hinreichend langer Entladungsstrecke der **Entladungsrumpf** (positive Säule), ein hochionisiertes Gemisch aus neutralen Gasmolekülen, positiven und negativen Ionen, Elektronen und Photonen **(Plasma).** Besondere Formen der Entladung im Gasraum sind die **Korona,** eine Glimmhaut, aus der bei höherer Spannung **Büschel** hervorwachsen können, und der **Funken** (Blitz), eine kurzdauernde Lichtbogenentladung, die sich aus der Dunkelentladung über Glimmentladung entwickelt.

Wichtig für die prakt. Anwendung und Handhabung von Glimm- und Gasentladungslampen ist die Kenntnis der **Zündspannung,** bei der die selbständige Entladung anspringt, die **Brennspannung,** die in einem weiten Bereich vom Entladungsstrom praktisch unabhängige Elektrodenspannung, und die **Löschspannung,** die unterschritten werden muß, um die Entladung zu löschen. Für Thyratrons haben ferner die **Sperrspannung** (höchstzulässige Spannung in Sperrichtung), die Strombelastbarkeit in der Durchgangsrichtung und die Überlastbarkeit wesentliche Bedeutung.

Gas|entladungsröhre, evakuierbares meist aus Glas bestehendes Gefäß mit mindestens zwei Elektroden zur Untersuchung von → Gasentladungen oder zur Erzeugung von Kathodenstrahlen. Besondere G. sind die **Geißlersche Röhre** und die **Crookesche Röhre; Gasentladungslampen** (→ Entladungslampe) sind G., die zu Beleuchtungszwecken verwendet werden.

Gasfamili|en, → Brenngase.

Gasfernzündung, Zündung der Gas-Straßenbeleuchtung von einer zentralen Stelle aus. Durch eine kurze Druckerhöhung wird durch eine Membran am Brenner ein Ventil betätigt. Mit einer Zündflamme wird das ausströmende Gas gezündet.

Gasgenerator, Gas|erzeuger, Anlage zur Erzeugung von → Generatorgas. Ein G. ist ein geschlossener, ausgemauerter Schachtofen, dessen Brennstoff, meist Anthrazit, Koks oder würfelförmige Braunkohlenbriketts, mit einer beschränkten, von der Außenluft abgeschlossenen Luftmenge unter Zusatz von Wasserdampf vergast wird. Bei reichl. Zuführung von Wasserdampf entsteht statt Generatorgas das im Heizwert höhere Wassergas. – Man unterscheidet **Festrost-G., Drehrost-G.** und **rostlose G.** oder **Abstich-G.** Im 2. Weltkrieg wurden mit Holz betriebene G. auch in Kraftwagen eingebaut. (→ Gasmotor, → Kohlevergasung, → Verkokung).

Gasgesetze, → Gas.

Gashebel dient zur Regelung der Leistung von Verbrennungsmotoren. Der G. ist beim Kraftfahrzeug als schwenkbare Fußplatte ausgeführt, wobei über ein Gestänge beim Vergasermotor die Drosselklappe betätigt und beim Einspritzmotor die Regelstange der Einspritzpumpe verstellt wird.

Gasheizung, Heizungssystem unter Verwendung von Brenngas (Erdgas o. ä.) zur Wärmeerzeugung (→ Heizung).

Gasi̯ermaschine, Sengmaschine, Textiltechnik: → sengen.

Gaskessel, gasbefeuerter → Heizkessel.

Gaskoch|einrichtungen, durch Gasflammen mit Hilfe von → Brennern beheizte Geräte mit Stadtgas, Erdgas, Flüssiggas (Butan, Propan) oder vergasten Flüssigkeiten (Spiritus, Benzin, Petroleum) als Brennstoff. G. für gasförmige Brennstoffe sind meist ortsfest, der Brennstoff wird dem Versorgungsnetz oder auswechselbaren Flaschen entnommen. G. für flüssige Brennstoffe können den Brennstoffvorrat in angebauten Behältern mit sich führen (Spirituskocher). – Der **Gasherd** vereinigt **Gaskocher** und **Gasbackofen** (häufig mit Grill).

Gaskonstante, → Gas.

Gasleitungen, Leitungen für Brenngase (Stadtgas, Erdgas), die zu den Verbrauchern als Straßenleitungen **(Versorgungsleitungen)** und innerhalb von Gebäuden verlegt sind. An die Versorgungsleitung schließt die **Hausanschlußleitung** an. Zu den **Innenleitungen** (im Gebäude) gehören Verteilungs-, Abzweig- und Geräteanschlußleitungen. Senkrechte Leitungsteile werden als Steigleitung bezeichnet. (→ Ferngas, → Pipeline)

Gasmaschine, der → Gasmotor.

Gasmaske, der → Atemschutzmaske entsprechender Atemanschluß an ein leichtes → Atemschutzgerät (Filtergerät) zum Schutz der Atmungsorgane und der Augen gegen die Einwirkung giftiger Gase und Schwebstoffe.

Gasmesser, der → Gaszähler.

Gasmischheber, eine Pumpe, die aus einem in die Flüssigkeit eintauchenden Rohr besteht, in das am unteren Ende durch Düsen Luft zugeführt wird. Das leichtere Luft-Flüssigkeits-Gemisch steigt im G. bis über den Druckstutzen (Prinzip der kommunizierenden Gefäße).

Gasmotor, ein → Verbrennungsmotor, betrieben mit gasförmigen Kraftstoffen. Das Luft-Gas-Gemisch kann entweder durch einen elektr. Funken gezündet werden oder dadurch, daß Zündöl in das durch die Verdichtung erhitzte Gemisch gespritzt wird. **Zweistoffmotoren** können sowohl mit Gas als auch mit Dieselkraftstoff betrieben werden. G. sind die ältesten Verbrennungskraftmaschinen. Neuerdings interessiert der G. als Fahrzeugantrieb wegen seiner Vorteile: Verwendung von Alternativkraftstoffen (Methan, Wasserstoff, Propan, Butan, Erdgas, früher Generatorgas), Verbesserung der Abgasqualität, Geräuschminderung. Nachteil: Das Gas muß bei Umgebungstemperatur flüssig oder gasförmig in Druckbehältern oder bei Umgebungsdruck tiefgekühlt flüssig in → Kryogentanks mitgeführt werden.

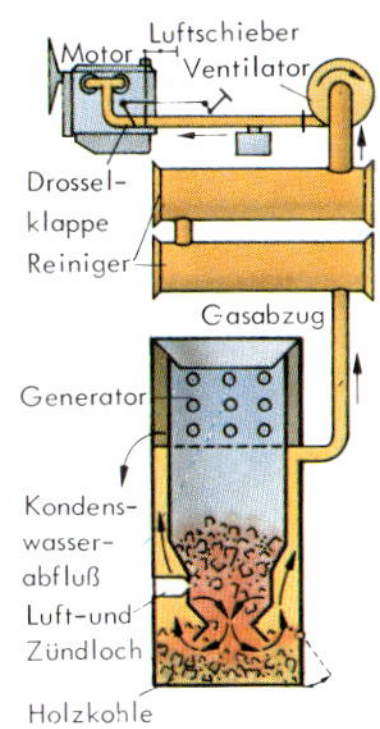

Gasgenerator

Gasmultiplikation, die → Gasverstärkung.

Gasnebel sind → galaktische Nebel, die aus heißen, mehr oder weniger kugelförmigen Wolken ionisierten Gases (∅ einige Lichtjahre) bestehen, die neugebildete Sterne oder Sternhaufen mit Oberflächentemperaturen über 30000 K umgeben und oft vielfältige Farben aufweisen (→ Emissionsnebel). Die starke ultraviolette Strahlung des Sterns im Zentrum des Nebels heizt das Gas auf und ionisiert die Atome. Die Energie der freien Elektronen des Plasmas wird bei der Wechselwirkung mit den Ionen (Rekombination, Abbremsung, Stoßanregung) in sichtbare, Infrarot- und Radiostrahlung umgesetzt, die Informationen über Temperatur, Dichte, Zusammensetzung und Geschwindigkeit des Gases liefern. Da sichtbare

Gassteckdose

und infrarote Strahlung durch den interstellaren Staub absorbiert werden, sind viele G. unsichtbar und können nur durch Analyse der Radiowellen, die den interstellaren Staub durchdringen, studiert werden. Auch Rückschlüsse auf die Eigenschaften des unsichtbaren, im Kern des Nebels sitzenden Sterns sind möglich. Bekannte G. im Milchstraßensystem sind **Orion-**, **Lagunen-**, **Adler-** und **Omega-Nebel** (BILD interstellare Materie). → Tarantelnebel.

Gas|ofen, mit Gas beheizter Einzelofen für die Raumheizung, i. d. R. ausgeführt mit Abgasführung durch die Außenwand ins Freie (Außenwandofen) und Zuführung der Verbrennungsluft von außen (BILD Heizung).

Gasohol, Gemisch aus 10–20% reinem Alkohol und bleifreiem Benzin, das in allen Benzinmotoren verwendet werden kann und bessere Brenneigenschaften als gewöhnl. Benzin hat. – **G.-Programm**, → Ottokraftstoffe.

Gas|öle, zw. etwa 250 und 400 °C siedende Erdölfraktionen. Vakuum-G. wird durch Vakuumdestillation gewonnen. G., die urspr. zu Stadtgas gespalten wurden, dienen heute zur Herstellung von Heizöl EL und Dieselkraftstoff.

Gasometer *das* oder *der,* ein → Gasbehälter, der auch zur Volumenmessung dient.

Gasprüfer, Geräte zur Analyse von Gasgemischen. Tragbare Handgeräte für besondere Prüfzwecke und Überwachungsaufgaben arbeiten nach überwiegend chem. Methoden. Bei dem **Orsatgerät** wird zur Bestimmung von z. B. Sauerstoff, Kohlendioxid und Kohlenmonoxid eine spezif. Absorptionsflüssigkeit verwendet und der gesuchte Konzentrationswert volumetrisch ermittelt. Mit dem **Explosimeter** werden brennbare Gase in Luft bestimmt. Die Gase werden katalytisch verbrannt; die durch die Erwärmung hervorgerufene Widerstandsänderung wird zur Anzeige gebracht. **Prüfröhrchen** zur Bestimmung der Gaskonzentration sind mit Chemikalien gefüllt, die mit dem zu messenden Gas weitgehend spezifisch reagieren, wobei eine Farbänderung entsteht. Die Intensität der Färbung oder die Fläche der gefärbten Zone ist ein Maß für die Gaskonzentration. Beispiel sind → Gasspürgeräte und der → Alkoholtest, bei dem die zu untersuchende Atemluft durch das Meßröhrchen gedrückt wird.

Gasreinigung, Isolierung, Aufbereitung und Reinigung techn. Gase, → Absorption 2), → Abgasreinigung, → Entstaubungsverfahren.

Gas|sicherungen, Sicherheitseinrichtungen zur Unterbrechung der Gaszufuhr von Gasverbrauchseinrichtungen bei unzureichendem Gasdruck **(Gasmangelsicherung)**, schadhafter Zündeinrichtung **(Zündsicherung)** oder fehlendem oder unzureichendem Wasserstrom (Durchlauferhitzer, → Heißwasserbereiter). Nach dem Prinzip der Zündsicherung wird die Gaszufuhr auch gesperrt, wenn die Brennerflamme erlischt.

Gas|spürgeräte, tragbare Geräte zur Feststellung giftiger und/oder explosionsgefährlicher Gas- und Dampfkonzentrationen an Einsatz- und Arbeitsstellen (→ MAK-Wert); besteht aus einer durch Handdruck betätigten Saugpumpe (Balg oder Ball) und aufsteckbaren speziellen Glasprüfröhrchen (→ Gasprüfer).

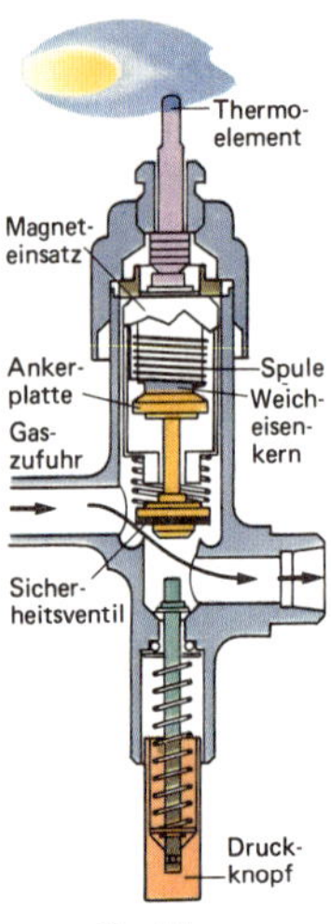

Gassicherungen: Funktion der thermoelektrischen Zündsicherung: Der im Thermoelement erzeugte Thermostrom erregt im Weicheisenkern des Magneteinsatzes ein Feld. Der U-Magnet des Magneteinsatzes hält nach Eindrücken des Druckknopfes die angelegte Ankerplatte fest, so daß das Sicherheitsventil offen bleibt, solange ein Thermostrom fließt. Das Schnittbild zeigt das Sicherheitsventil in offener Stellung

Gas|steckdose, lösbarer Anschluß einer Gasverbrauchseinrichtung (Gasherd oder dgl.) an die Versorgungsleitung. Der Anschluß besteht aus der Sicherheits-Anschlußarmatur und dem Gasschlauch. Die Trennung beider ist nur in geschlossener Stellung möglich.

Gas|strahler, Gasglühstrahler, Raumheizgerät, bei dem ein Strahl eines Brenngases durch eine Düse strömt und mit angesaugter Verbrennungsluft ein brennbares Gemisch bildet, das durch eine mit vielen kleinen Bohrungen versehene Katalytplatte gedrückt wird und an deren Oberfläche verbrennt. Dadurch entsteht eine Oberflächentemperatur von 800 bis 900 °C mit einer Wärmeabgabe durch Infrarotstrahlung.

Gas|tanker, Flüssiggas|tanker, Spezialschiff zum Transport von Erdgas o. ä. in flüssigem Zustand unter hohem Druck oder niedriger Temperatur (→ Flüssiggase, → Tanker).

Gas|therme, Gas-Wasserheizer, gasbeheizter Durchlauf- oder Umlauf-Wasserheizer zur Erwärmung von Wasser z. B. im → Heißwasserbereiter oder des Heizwassers kleiner Heizungsanlagen.

Gas|thermometer, Meßgerät, das die therm. Ausdehnung eines sich praktisch ideal verhaltenden → Gases (Helium, Wasserstoff, Luft) zur Messung der Temperatur benutzt. (→ Gay-Lussacsche Gesetze)

Gas|triebverfahren, sekundäre Gewinnungsmethode bei der Förderung von → Erdöl, wobei das Lösungsvermögen der Gasphase für Erdöl unter Druck ausgenutzt wird. Verwendet wird dazu Erdgas, das wieder in die Lagerstätte eingepreßt wird.

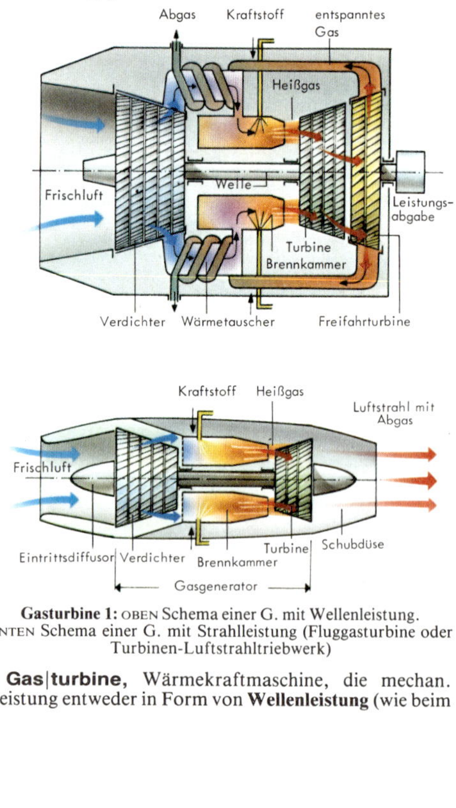

Gasturbine 1: OBEN Schema einer G. mit Wellenleistung. UNTEN Schema einer G. mit Strahlleistung (Fluggasturbine oder Turbinen-Luftstrahltriebwerk)

Gas|turbine, Wärmekraftmaschine, die mechan. Leistung entweder in Form von **Wellenleistung** (wie beim

Verbrennungsmotor) abgibt oder **Strahlleistung** liefert. Dabei wird die kinetische und therm. Energie von Heißgas oder Verbrennungsgasen zum Antrieb von Turbinenrädern ausgenutzt.

Aufbau, Arbeitsverfahren. Im Normalfall komprimieren ein oder mehrere **Verdichter** atmosphär. Luft und fördern sie in eine oder mehrere **Brennkammern,** wo Brennstoff eingesprüht und entzündet wird. Eine Fremdzündung ist nur beim Anfahren der G. nötig. Das energiereiche, abströmende Gas wird in einer oder mehreren **Turbinen** zunächst so weit entspannt, daß die aufzubringende Verdichterleistung gerade gedeckt wird. Die verbleibende Enthalpiedifferenz kann durch eine weitere Turbine – heute meist als **Freifahrturbine** ausgeführt – in Wellenleistung verwandelt werden. Die Freifahrturbine ist mit dem **Gasgenerator** (zusammenfassende Bez. für die Einzelkomponenten Verdichter, Brennkammer, Turbine) nicht mechanisch, sondern aerothermodynamisch gekoppelt. Diese frei zur Verfügung stehende Nutzleistung kann z. B. einen Generator zur Stromerzeugung, einen Gasverdichter, eine Pumpe oder Fahrzeuge antreiben. Statt der Wellenleistung benutzt man in →Strahltriebwerken die Strahlleistung, d. h. die im Austritt des Gasgenerators noch zur Verfügung stehende Druckenergie, um die Verbrennungsgase in einer Schubdüse auf Umgebungsdruck zu entspannen und damit Strahlgeschwindigkeiten zw. 500 und 800 m/s zu erreichen (beim Start, im Flug sind die Geschwindigkeiten noch höher).

Die Verdichtung kann prinzipiell in einem Kolbenverdichter, durch Gasschwingungen (→Freikolbenmotor) oder (meist) in einem Turboverdichter (→Verdichter) erzeugt werden. Moderne G. arbeiten fast ausschließlich nach dem Gleichdruckverfahren, bei dem sich der Druck während der Wärmezufuhr oder Verbrennung nur sehr wenig ändert. Das thermodynam. Arbeitsverfahren aus Verdichtung, Wärmezufuhr und Entspannung nennt man auch ›Joule-Prozeß‹. Der Wirkungsgrad einer G. ist um so besser, je höher die Temperatur der in die Turbine eintretenden Verbrennungsgase und je niedriger die Temperatur der ins Freie ausströmenden Gase ist.

Statt der durch Verbrennung (Brennkammer) erreichten Wärmezufuhr kann Wärmeenergie auch mittels eines →Wärmetauschers dem (den Verdichter verlassenden) ›Kaltgas‹ zugeführt werden. Dies ist z. B. bei **G. mit geschlossenem Kreislauf** der Fall, bei dem das umlaufende Arbeitsmedium verdichtet, erhitzt, entspannt und rückgekühlt wird. Der geschlossene Kreisprozeß, von J. ACKERET und C. KELLER in der Schweiz eingeführt, ist wegen der hohen Anlagekosten bisher noch wenig angewendet worden.

Bei der **G. mit offenem Kreislauf** wird Luft aus der Atmosphäre angesaugt, verdichtet, erhitzt; die heißen Gase treten nach Arbeitsleistung in der Turbine wieder in die Atmosphäre aus. Bei diesem offenen Prozeß wird Wärme häufig sowohl in der Brennkammer als auch im Wärmetauscher zugeführt.

Leistungsmerkmale. Die Entwicklung und Weiterentwicklung der G. hat entscheidende Impulse aus zwei Bereichen bezogen: der großen Lebensdauer von **ortsfesten Anlagen** (es wurden Laufzeiten von über 100000 h erreicht) und der Entwicklung der **Strahltriebwerkstechnik** für die Luftfahrt. G. sind heute praktisch für alle Leistungsbereiche brauchbar. Kleinstaggregaten von einigen kW, z. B. für Geräteantriebe, stehen Anlagen von über 100000 kW zur Stromerzeugung gegenüber. Die wirtschaftl. **Wirkungsgrade** liegen zw. 15% (niedrig verdichtete Einfachstanlagen) und 40% (Anlagen mit großem Druckverhältnis und hoher Verbrennungstemperatur). Mit Abgasverwertung (→Abgasturbine) sind noch wesentlich höhere Wirkungsgrade zu erreichen. Die **Druckverhältnisse** der Gesamtverdichtung liegen zw. 3 und 40, die **Brennkammertemperatur** zw. 900 K (= 627 °C) und 1 800 K (= 1 527 °C). Heute ist man in der Lage, bei G. größerer Leistungen (z. B. 5000 kW) den spezif. **Brennstoffverbrauch** des Dieselmotors vergleichbarer Leistung zu erreichen und zu unterschreiten. Zu den seit langem bekannten Eigenschaften der G., hohe **Leistungskonzentration** (Leistung je Bauvolumen) und niedriges **Einheitsgewicht** (Gewicht auf Leistung bezogen), kommt somit eine hohe **Wirtschaftlichkeit** hinzu. Die Messungen der **Schadstoffemissionen** zeigen, daß heutige G. bereits erheblich umweltfreundlicher als Verbrennungskolbenmotoren sein können. Schließlich werden an den Kraftstoff keine hohen Qualitätsanforderungen gestellt (→Kerosin).

Anwendungen. Die schuberzeugende Flug-G. dient als Antriebsaggregat für über 90% der Transportkapazität der Weltluftfahrt, sie ist in den meisten Militärflugzeugen der Gegenwart eingebaut. Als Wellentriebwerk findet die G. vornehmlich in Hubschraubern, im Schiffbau, bei Pumpstationen (z. B. für Pipelines), Luftspeicher-Gasturbinenkraftwerken, kombinierten Gasturbinen-Dampfturbinen-Kraftwerken, Notstrom-, Spitzenstrom- und transportablen Kraftwerken (→Gasturbosatz) Anwendung. Als Lokomotivantrieb bewährt sich die G. vielerorts, für Straßenfahrzeuge kommt sie in gewissen Grenzen in Frage. Eine weitere Einsatzmöglichkeit wären Kernkraftwerke auf der Basis des Hochtemperaturreaktors.

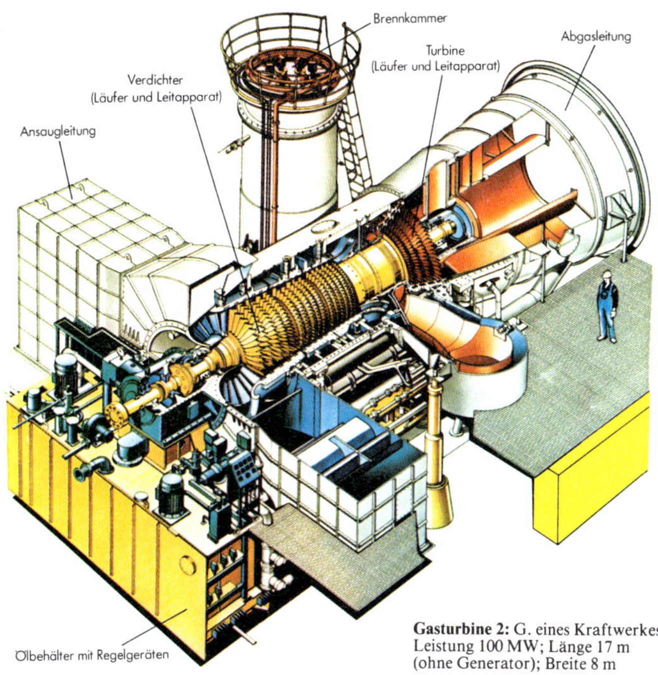

Gasturbine 2: G. eines Kraftwerkes: Leistung 100 MW; Länge 17 m (ohne Generator); Breite 8 m

Geschichte. Bereits das erste Patent von J. BARBER 1791 in Großbritannien und dann die Entwicklungsarbeiten von F. STOLZE in Berlin Ende des 19. Jh. zeigten eine entscheidende Schwierigkeit: Eine Nutzleistung nach außen kann nur dann abgegeben werden, wenn die gesamte Expansionsleistung in der Turbine größer als die Kompressionsleistung des Verdichters ist. Bei Stolze war diese Leistung noch negativ, d. h., die Maschine konnte nicht selbständig laufen. Die erste wirklich laufende Anlage wurde in Paris 1905 durch R. ARMENGAUD und C. LEMÂLE gebaut. Sie hatte einen Wirkungsgrad von 2 bis 3%. Die Schwierigkeit, einen aerodynamisch einwandfrei arbeitenden Verdichter zu bauen, war Anfang des 20. Jh. so groß, daß man sich zu einem diskontinuierl. Arbeitsverfahren entschloß, bei dem die Druckerhöhung z. T. in einem Verdichter und z. T. in einer kurzzeitig allseits geschlossenen Brennkammer (Verpuffungsbrennkammer) erreicht wurde (H. HOLZWARTH). Die ersten einsatzfähigen G. liefen in den 20er Jahren nach diesem Prinzip. Ende der 30er Jahre lieferte die erste G. nach dem kontinuierlich arbeitenden Verfahren mit Gleichdruckverbrennung (Patent Stolze) Strom. Diese von Brown, Boveri & Cie. gebaute ortsfeste Anlage (4000 kW, ohne Wärmetauscher Wirkungsgrad etwa 18%) war ein großer techn. Erfolg. Mitte bis Ende der 30er Jahre setzte unabhängig voneinander in Großbritannien (F. WHITTLE) und in Dtl. die Strahltriebwerksentwicklung ein, hier durch H.-J. PABST V. OHAIN (Ernst-Heinkel-Flugzeugwerke), A. FRANZ (Junkers Flugzeug- und Motorenwerke AG) und H. OESTRICH (Bayer. Motorenwerke AG).

G., hg. v. N. GAŠPAROVIĆ (1967); H. G. MÜNZBERG: Flugantriebe (1972); ders. u. J. KURZKE: G., Betriebsverhalten und Optimierung (1977); F. WHITTLE: Gas turbine aero-thermodynamics (Frankfurt a. M. 1981).

Gas|turbosatz, eine → Gasturbine, direkt gekuppelt mit einem → Turbogenerator einschließlich → Erregermaschinen. Wegen der raschen Einsatzbereitschaft werden G. zur Deckung von Lastspitzen verwendet.

Gas|uhr, der → Gaszähler.

Gasverflüssigung, Überführung von Stoffen, die bei → Normalbedingungen gasförmig sind, in den flüssigen Aggregatzustand. Eine Verdichtung von Gasen kann durch isobare Temperaturerniedrigung oder durch isotherme Druckerhöhung bewirkt werden. Flüssigkeitströpfchen scheiden sich jedoch nur aus, wenn der vorgegebene Druck oder die vorgegebene Temperatur unterhalb der krit. Werte liegen (→ kritischer Punkt), ansonsten gelangt man kontinuierlich zu flüssigkeitsähnl. Dichten **(überkritische Gase).** In der Praxis werden meist Druck und Temperatur in geeigneter Weise gleichzeitig geändert, wobei man sich zur G. häufig der adiabatischen Entspannung des Gases bedient und v. a. den → Joule-Thomson-Effekt (→ Luftverflüssigung) ausnutzt, doch werden auch → Kältemaschinen eingesetzt.

Die G. besitzt große techn. Bedeutung zur destillativen Trennung von Gasen (z. B. von Luftsauerstoff und Luftstickstoff), für die Verwendung von Flüssiggasen und zur Erzielung niedriger Temperaturen. Um 1 Liter Luft zu verflüssigen, benötigt man etwa 1 kWh an Energie.

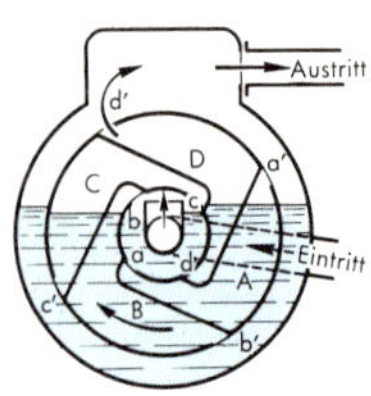

Gaszähler: Das Gas strömt durch die Eintrittsöffnungen b und c in die Kammern B und C, deren Entleerungsöffnungen b' und c' durch Öl oder Glycerin verschlossen sind. D wird durch Drehung der Trommel über d' entleert. Kammer A enthält noch Gas, das durch Öffnung a' entweicht. Eintrittsöffnungen a und d sind durch Öl oder Glycerin verschlossen

Gasverstärkung, Gasmultiplikation, Vervielfachung von elektr. Ladungsträgern in Gasen durch Stoßionisation bei Gasentladungen, z. B. in Zählrohren.

Gaswechsel, Verbrennungsmotor: → Ladungswechsel.

Gaswerk, Anlage zur Erzeugung von → Stadtgas.

Gaszähler, Einrichtung zur Gas-Volumenmessung. Als Haushalts-G. werden durchweg **trockene G.** mit zwei Lederbälgen verwendet, die sich abwechselnd füllen und leeren und jede Entleerung auf ein Zählwerk übertragen. **Nasse G.** enthalten als Meßelement ein aus einzelnen Kammern bestehendes Schaufelrad, das in eine Sperrflüssigkeit (Wasser, Öl) eintaucht. Die beim Durchgang des Gases einsetzende Drehbewegung wird auf ein Zählwerk übertragen. – **Münzgaszähler (Gasautomaten)** sind mit einem Sperrwerk versehen, das nach Einwurf einer Münze die Entnahme eines vorgegebenen Gasvolumens gestattet.

Gaszentrifuge, Reaktortechnik: Gerät zur Anreicherung des spaltbaren Uranisotops ^{235}U, das im Natururan nur zu 0,7% enthalten ist. Dazu wird gasförmiges Uranhexafluorid in einen schnell rotierenden Hohlzylinder gegeben. Auf Grund der Zentrifugalkräfte und des unterschiedl. Molekulargewichts des Isotopengemisches tritt eine Entmischung ein. (→ Isotopentrennung)

Gat, Gatt *das,* seemänn. Ausdruck für Loch, z. B. eingenähte Löcher im Segeltuch **(Gatchen)** oder Loch zum Wasserabfluß **(Speigatt);** für enge Durchfahrten **(Seegat,** z. B. **Kattegat),** veraltet auch für einen Wasserlauf im Watt (heute Wattstrom und Priel); für kleine Räume an Bord, z. B. **Hellegatt** (Vorratsraum), **Kabelgatt** (Raum für Tauwerk); für die Heckform eines Bootes, z. B. **Spitzgatt, Plattgatt;** für ein hinten tiefer **(im G.)** liegendes Schiff.

Gate [geɪt, engl.] *das,* Steuerelektrode des → Feldeffekttransistors.

Gatsch, Bez. für das Gemisch höherer Kohlenwasserstoffe (Kettenlänge etwa C_{18} bis C_{30}), das z. B. bei der Fischer-Tropsch-Synthese (Fischer-G.) anfällt. Durch Oxidation von G. erhielt man früher feste, gesättigte Fettsäuren, die zu Seifen, Fettalkoholen und techn. Fetten weiterverarbeitet wurden.

Gatter, 1) Elektronik: Schaltkreis, in dem logische Verknüpfungen i. S. der Booleschen Algebra so vorgenommen werden können, daß der Ausgang des Bauteils eine logische Grundfunktion in Abhängigkeit von einem oder mehreren Eingängen erfüllt.

2) Holzbearbeitung: eine Sägemaschine, → Sägen.

3) Textiltechnik: Vorrichtung zum Aufstecken oder Aufhängen der Spulen an Spinnerei- und Weberei-Vorbereitungs-Maschinen.

Gattieren, das Zusammenstellen und Mischen der Ausgangsstoffe im richtigen Mengenverhältnis, z. B. in der Gießerei und der Baumwollspinnerei.

GAU, Abk. für **größter anzunehmender Unfall,** engl. **MCA, maximum credible accident** [mˈæksɪməm krˈedɪbl ˈæksɪdənt], der schwerste mögliche Unfall in einem Kernreaktor oder einer Kernenergieanlage, der bei der Planung von Schutzmaßnahmen in Betracht gezogen wird.

gaufrieren [go-, frz.], auf Papier, Textilien, Kunstleder oder Kunststoff-Folien bei hohem Druck und hoher Temperatur ein Muster prägen oder eine Oberflächenstruktur mit einem → Kalander herstellen.

Gauge [geɪdʒ, engl.] *das,* Abk. **gg,** Feinheitsbez. für den Nadelabstand (Teilung) bei Cotton- und Raschelmaschinen, auch für deren Erzeugnisse (Zahl der Maschen auf 1,5 Zoll).

Gauß [n. dem dt. Mathematiker und Astronomen C. F. Gauß, * 1777, † 1855] *das,* 1) Einheitenzeichen G, nicht gesetzl. Einheit der magnetischen Flußdichte im elektromagnet. CGS-System: $1\ \mathrm{G} = 10^{-8}\ \mathrm{Vs/cm^2} = 10^{-4}\ \mathrm{T}$. 2) Einheitenzeichen Γ (Großgauß) und γ (Kleingauß), veraltete SI-fremde Einheit der magnetischen Feldstärke in der Geophysik: $1\ \Gamma = 1\ \mathrm{Oe} = 10^5\ \gamma = 0{,}7958\ \mathrm{A/cm}$.

Gauß-Krüger-Systeme, Gauß-Krüger-Ko|ordinaten-Systeme, Gauß-Krüger-Netz [n. C. F. Gauß und L. Krüger, * 1857, † 1923], im dt. amtl. Vermessungswesen eingeführte Systeme auf der Grundlage → Gaußscher Koordinaten. Beim G.-K.-S. werden die Hauptmeridiane 6°, 9°, 12° östl. Länge des Bessel-Normalellipsoids längentreu abgebildet; die Systembreite beträgt also 3° (etwa 200 km). Im jeweiligen G.-K.-S. wird ein Punkt durch seine auf die Abszissenachse (Bild des Hauptmeridians) bezogenen rechtwinkligen Koordinaten (als **Rechts-** und **Hochwert** bezeichnet) festgelegt, wobei der Hochwert der Abstand vom Äquator ist.

Gaußsche Ko|ordinaten, rechtwinklige Koordinaten einer konformen Abbildung des Erdellipsoids in die Ebene, wobei ein → Hauptmeridian als i. a. längentreue Abszissenachse abgebildet wird. Die Abbildung wurde von C. F. GAUSS zur Berechnung der hannoverschen Landesvermessung entwickelt und zusammenhängend von O. SCHREIBER (1866) und L. KRÜGER (1912) veröffentlicht; sie heißt in Dtl. **Gauß-Krüger-Abbildung.** Um die Abbildungsverzerrungen klein zu halten, werden in der Landesvermessung Systeme begrenzter O-W-Ausdehnung benutzt (→ Gauß-Krüger-Systeme).

Gaußscher Integralsatz, Satz über die Möglichkeit, Oberflächenintegrale in Volumenintegrale umzuwandeln; es gilt

$$\iint_S \frac{\partial V}{\partial n}\, d\sigma = \iiint_T \Delta V\, d\tau,$$

wobei S die Oberfläche des dreidimensionalen Gebiets T ist, $d\sigma$ die Oberflächenelemente, $d\tau$ die Volumenelemente bedeuten; $\frac{\partial V}{\partial n}$ sind die partiellen Ableitungen der zweimal stetig differenzierbaren Funktion V in Normalenrichtung, und Δ stellt den → Laplace-Operator dar. Der G. I. wird u. a. in der Theorie der Potentialgleichungen und in der Elektrodynamik häufig angewandt.

Gaußsches CGS-System, ein → Maßsystem.

Gaußsches Prinzip, Prinzip des kleinsten Zwanges, von C. F. GAUSS seiner Methode der kleinsten Quadrate nachgebildetes → Extremalprinzip der klass. Mechanik. Danach müssen zur Bestimmung der Bewegung in einem System von Massenpunkten nur deren Beschleunigungen, nicht aber ihre Lagen und Geschwindigkeiten verändert werden. Die tatsächl. Bewegung erfolgt so, daß ihr von den äußeren Kräften abhängiger ›Zwang‹ minimal ist. Dabei ist der Zwang definiert als Produkt aus Masse und dem Quadrat der Differenz zw. der tatsächl. Beschleunigung und der Beschleunigung bei völlig freier Bewegung.

Gaußsche Verteilung, die → Normalverteilung.

Gaußsche Zahlen, die → Fermatschen Zahlen.

Gaußsche Zahlen|ebene, Gaußsche Ebene, Ebene, in der jeder Punkt mit den kartes. Koordinaten x, y durch die eindeutige Zuordnung $(x, y) \leftrightarrow x + iy = z$ mit einer komplexen Zahl identifiziert werden kann. Die G. Z. kann durch die stereograph. Projektion auf die → Riemannsche Zahlenkugel abgebildet werden.

gautschen, zusammenpressen von zwei oder mehreren Faserstofflagen im feuchten Zustand zur Herstellung von mehrlagigem → Karton.

Gay-Lussacsche Gesetze [gelysˈak-, n. dem frz. Physiker und Chemiker J. L. Gay-Lussac, * 1778, † 1850]. Das **erste G.-L. G.** (1802) ist als Teilgesetz in dem allg. Gesetz für ideale → Gase enthalten; es beschreibt die Abhängigkeit des Druckes oder des Volumens von der Temperatur. Ist p_0 der Druck einer Gasmenge bei 0 °C, so ist bei demselben Volumen für die Temperatur t (in °C) der Druck $p = p_0 \cdot (1 + t/273{,}15\ °\mathrm{C})$. Hält man den Druck konstant, so gilt analog für das Volumen $V = V_0 \cdot (1 + t/273{,}15\ °\mathrm{C})$; Anwendung beim Gasthermometer. Das **zweite G.-L. G.** (1807) besagt, daß die → innere Energie eines idealen Gases nur von der Temperatur abhängt, nicht von Druck und Volumen.

Gb, Einheitenzeichen für → **Gilb**ert.

GCA, Abk. für **Ground Controlled Approach** [graʊnd kəntrˈəʊld əprˈəʊtʃ, engl.], militär. → Landeführungssystem bei niedriger Wolkenhöhe, bei dem der Flugzeugführer von einem Fluglotsen am Boden mit Hilfe eines Radar-Rundsichtgerätes über Funksprechverkehr in die Einflugschneise eingewiesen wird und an Hand der Anzeigen eines Präzisionsradars laufend Anweisungen (Korrekturen gegenüber Sollkurs und Gleitweg) während des Landevorganges erhält. Vorteil: kein spezielles Bordgerät erforderlich. Das Verfahren wird heute noch auf einigen Flughäfen zur Überwachung von Landungen nach dem ILS angewendet.

Gd, chem. Symbol für → Gadolinium.

Ge, chem. Symbol für → Germanium.

Ge|antikline, Ge|antiklinale, durch säkulare weitspannige Aufwölbung entstandenes Schwellengebiet der Erdkruste. Ggs.: **Geosynklinale.**

Gebäude|automation, die automat. Überwachung, Messung und Regelung haustechn. Anlagen. Die für das Leiten der gesamten haustechn. Anlagen erforderl. Daten und Steuerbefehle werden in der Datenzentrale (→ Leitwarte) zusammengefaßt. Die Daten werden von der Bedienungsperson oder einem Rechner analysiert; diese leiten Maßnahmen zur Korrektur, ggf. zur Optimierung der Betriebszustände ein.

Geber, Meßtechnik: der → Sensor.

Gebiet, Mathematik: offene und zusammenhängende Menge von Punkten in der Ebene, bei der also zu jedem ihrer Punkte eine offene → Umgebung dieses Punktes ganz zur Menge gehört und in der sich je zwei Punkte durch eine ganz der Menge angehörende Kurve verbinden lassen. Für die Funktionentheorie sind bes. wichtig die **einfach zusammenhängenden G.,** d. h. diejenigen, in denen sich jede geschlossene Kurve auf einen Punkt stetig zusammenziehen läßt. Anschaulich dargestellt ist ein G. einfach zusammenhängend, wenn es keine ›Löcher‹ besitzt. (→ konforme Abbildung)

Gebinde, Holzbau: abgebundenes, d. h. zusammengefügtes Tragwerk aus bearbeiteten Hölzern, z. B. Gespärre.

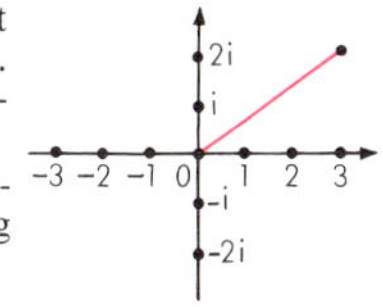

Gaußsche Zahlenebene

Gebiet

Gebiet: einfach zusammenhängendes G. (oben); nicht einfach zusammenhängendes G. (unten). Die Punkte des Randes gehören nicht zur Menge

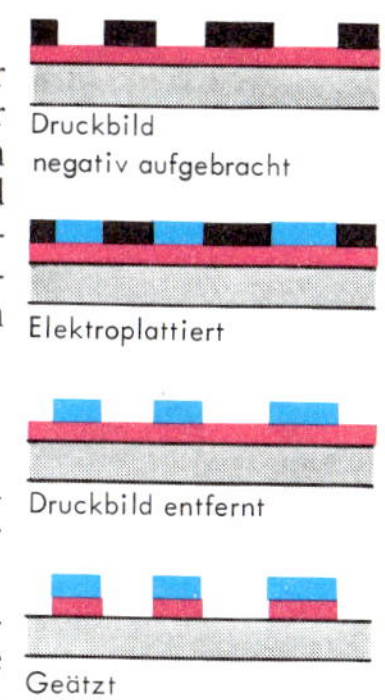

gedruckte Schaltung 1: galvanische Plattierung

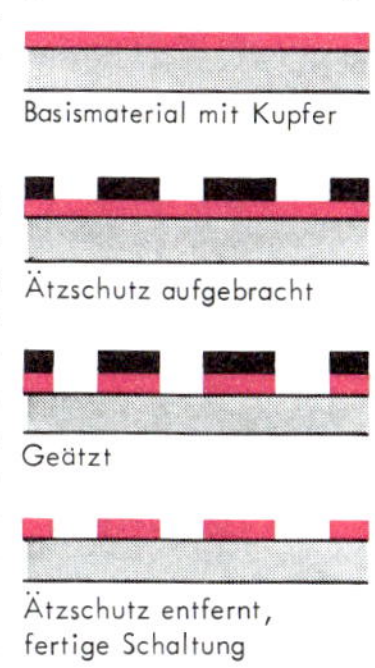

gedruckte Schaltung 2: Ätzvorgang

Warnung vor schwebender Last

Warnung vor Flurförderzeugen!

Warnung vor gefährlicher elektrischer Spannung

Warnung vor einer Gefahrenstelle

Warnung vor Laserstrahl

Gefahrensymbole 1

Gebirge, 1) räumlich geschlossene, höhere Teile der Erdoberfläche, die sich von der tieferen, ebeneren Umgebung durch einen mehr oder weniger deutlichen **Gebirgsfuß** absetzen. – Am gebräuchlichsten ist die Einteilung der G. nach den relativen Höhenunterschieden (Höhe über seiner Umgebung) in Hoch-G. und **Mittel-G.** Bei letzteren übersteigt die relative Höhe kaum 1 000 m; Grate sind selten, Gipfel abgerundet, breite Kämme und gewölbte Rücken herrschen vor (z. B. Schwarzwald). Die Formen des **Hoch-G.** sind steile Hänge, schmale Grate und schroffe Gipfel; in Mitteleuropa ab 1 500 bis 2 000 m ü. M. Fast immer ragen Hoch-G. über die Waldgrenze auf, meist reichen sie noch in die Zone des ewigen Schnees, wo Eis und Gletscher das Steilrelief verstärken (z. B. Alpen).

Nach der Gestaltung der Gipfelregion werden **Grat-** (Taunus), **Kamm-** (Riesengebirge), **Kuppen-** (Frankenwald) und **Plateau-G.** (Schwäbische Alb) unterschieden, nach dem Grundriß **Ketten-G.** (fast alle G. vom alpinen Typ) und **Massen-G.** oder **Massive** mit gedrungenem Grundriß (Harz). Nach Entstehung und innerem Bau werden vulkan. und tekton. G. unterschieden. **Rumpf-G.** sind tekton. G., deren ursprüngl. Formen durch Verwitterung und Abtragung zerstört worden sind (z. B. das Rhein. Schiefergebirge; → Orogenese, → Geotektonik).

2) a) alter Name für Gesteinsverband (z. B. Flöz-G.). b) Ingenieurgeologie: natürl. Verband von Felsgestein.

Gebirgsbahnen sind → Eisenbahnen zur Überwindung großer Höhenunterschiede im Gebirge für den Durchgangsverkehr (im Unterschied zu den → Bergbahnen), z. B. Schwarzwaldbahn, Brennerbahn, Gotthardbahn, oder für den Anschluß einzelner Verkehrsgebiete an das Hauptverkehrsnetz (Harzbahn). Die G. erhalten mitunter künstl. Längenentwicklung in Form von Schleifen, Kehrtunneln oder Spitzkehren (bei älteren G.), um die zulässige Steigung der als → Reibungsbahnen angelegten G. einhalten zu können.

Gebirgsbildung, die → Orogenese.

Gebirgsmechanik, die → Felsmechanik.

Gebirgsschlag, schlagartig auftretende Bewegungen und Verstürzungen in bergmännisch geschaffenen Hohlräumen als Folge von Entspannungsvorgängen.

Gebläse, ein → Verdichter mit niedrigem Druckverhältnis (Enddruck zu Ansaugdruck wie 1,1 : 1 bis 3 : 1), für pneumat. Förderanlagen, zur Aufladung von Verbrennungsmotoren (→ Aufladegebläse), zur Luftlieferung bei Kupol- und Hochöfen.

gebräch, Bergmanns-, Geologensprache: leicht brechend, brüchig, z. B. ›gebräches Hangendes‹.

Gebühren|erfassung, Fernmeldetechnik: Feststellung der gebührenpflichtigen Zeiteinheiten, beim Selbstwählverkehr mittels → Gesprächszählern.

gedackte Pfeifen, die geschlossenen → Pfeifen.

gediegen heißt das mineral. (natürl.) Auftreten chem. Elemente in reiner, nicht gebundener Form.

gedruckte Schaltung, elektr. Schaltung, die unter Verwendung eines Druckverfahrens auf eine Isolierstoffplatte aufgebracht ist. Zur Herstellung einer g. S. wird meist eine kupferkaschierte, dünne Isolierstoffplatte aus Schichtpreßstoff (z. B. Hartpapier auf Epoxidharzbasis) entsprechend den Leiterzügen mit einem säurefesten Lack bedruckt (meist nach dem Siebdruckverfahren). Die nicht bedruckten Teile der Kupferschicht werden mit Säure weggeätzt. Bei einem anderen Verfahren wird eine Isolierstoffplatte entsprechend den Leiterzügen mit einem leitenden Lack bedruckt, und die Leiterzüge werden galvanisch verstärkt. In beiden Fällen bilden die flachen Leiterzüge zusammen mit der Isolierstoffplatte eine **Leiterplatte (Platine).** In der Platte sind an den Stellen, die mit Bauelementen (Widerständen, Kondensatoren, Spulen, Transistoren, ICs) bestückt werden sollen, Löcher vorgesehen,

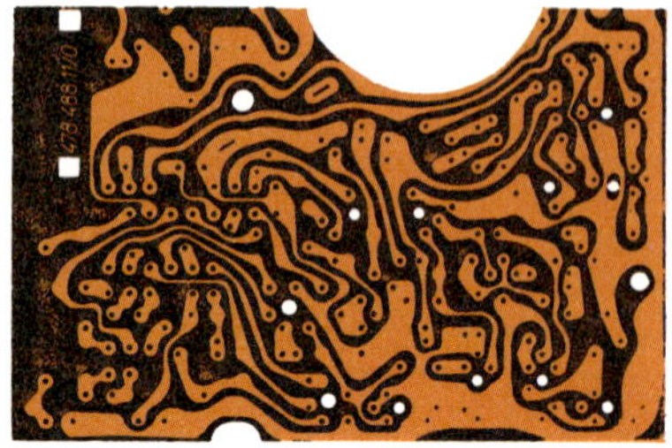

gedruckte Schaltung 3: Gesamtbild einer Leiterplatte

durch die die Anschlußdrähte der Bauelemente gesteckt werden. Neben den einfachen Leiterplatten mit einseitigem Leiterbild werden auch solche mit zweiseitigem Leiterbild hergestellt. Dabei ist es möglich, einen Leiterzug der Vorderseite mittels einer durchplattierten (d. h. kupferkaschierten) Bohrung auf der Rückseite der Platte weiterzuführen und somit die erreichbare Komplexität von g. S. zu erhöhen.

Die Lötverbindungen können alle gleichzeitig durch Tauchlötverfahren hergestellt werden oder einzeln mit dem Lötkolben (z. B. hochzuverlässige Lötungen für raumfahrttechnische Anwendungen). Als Weiterentwicklung der g. S. wird die → integrierte Schaltung angesehen (Weitere BILDER S. 177).

Geest, Landschaftstyp im nordwestdt. Küstengebiet, meist aus trockenen, sandigen, wenig fruchtbaren, eiszeitl. Ablagerungen bestehend; Unterschied zur fruchtbaren → Marsch.

Gefahrenfeuer, → Hindernisfeuer.

Gefahrenklassen, Gefahrklassen, Einteilung **gefährl. Güter** in best. Klassen, nach denen die Bedingungen für ihre Beförderung, Lagerung und der Umgang mit ihnen durch VO festgelegt ist. Klasse 1a: Explosive Stoffe und Gegenstände; Klasse 1b: Mit explosiven Stoffen geladene Gegenstände; Klasse 1c: Zündwaren, Feuerwerkskörper u. ä. Güter; Klasse 2: Verdichtete, verflüssigte oder unter Druck gelöste Gase; Klasse 3: Entzündbare flüssige Stoffe; Klasse 4.1: Entzündbare feste Stoffe; Klasse 4.2: Selbstentzündl. Stoffe; Klasse 4.3: Stoffe, die in Berührung mit Wasser entzündl. Gase entwickeln; Klasse 5.1: Entzündend (oxidierend) wirkende Stoffe; Klasse 5.2: Organ. Peroxide; Klasse 6.1: Giftige Stoffe; Klasse 6.2: Ekelerregende oder ansteckungsgefährl. Stoffe; Klasse 7: Radioaktive Stoffe; Klasse 8: Ätzende Stoffe. Fahrzeuge mit gefährl. Ladungen tragen neben einer orangefarbenen Warntafel (30 × 40 cm), auf der der transportierte Stoff gekennzeichnet ist, meist auch noch das → Gefahrensymbol des betreffenden Stoffes. (→ brennbare Flüssigkeiten)

Gefahrensymbole, internat. festgelegte bildhafte Symbole zur Kennzeichnung → gefährlicher Arbeitsstoffe. Sie werden in **Sicherheitszeichen** zur Unfallverhütung als leicht deutbare Kennzeichnungen verwendet. Als

Gebots- und Verbotszeichen haben diese kreisrunde, als Hinweiszeichen quadrat. Form, als Warnzeichen erscheinen sie in einem gleichschenkligen Dreieck. Festgelegt sind in diesen Zeichen als

Sicherheitsfarbe	Kontrastfarbe	Farbe des Bildzeichens
rot	weiß	schwarz
gelb	schwarz	schwarz
grün	weiß	weiß
blau	weiß	weiß

gefährliche Arbeitsstoffe, nach der Arbeitsstoff-VO der Bundesrep. Dtl. Ausgangs-, Hilfs- und Betriebsstoffe, aus denen oder mit deren Hilfe Gegenstände erzeugt oder Dienstleistungen erbracht werden, wenn sie eine der folgenden Eigenschaften aufweisen: explosionsgefährlich, brandfördernd, leicht entzündlich (z. B. Flammpunkt unter 21 °C), entzündlich (Flammpunkt zw. 21 und 55 °C), giftig, gesundheitsschädlich (mindergiftig), ätzend oder reizend. Für das Inverkehrbringen von g. A. besteht gegenüber den Behörden Auskunftspflicht. Die Verpackung muß u. a. mit dem Gefahrensymbol und der Gefahrenbez. versehen sein. Bei Umgang mit g. A. hat der Arbeitgeber die erforderl. Arbeitsschutz- und Unfallverhütungsmaßnahmen zu treffen.

Gefälle, 1) der Höhenunterschied zweier Punkte in einer best. horizontalen Entfernung, ausgedrückt durch den Höhenunterschied auf eine best. Entfernung (z. B. 2% für 2 m Höhenunterschied auf 100 m oder 20‰ für 20 m Höhenunterschied auf 1000 m) oder durch den Höhenunterschied von 1 m auf die zugehörige Entfernung (z. B. 1:50 bei 1 m Höhenunterschied auf 50 m Entfernung). Es entspricht also 2% = 20‰ = 1:50. Zum Messen von G. benutzt man z. B. das Nivellierinstrument.

2) Mathematik: → Gradient.

3) Wasserbau: Höhenunterschied zweier Punkte eines Wasserspiegels **(Wasserspiegel-G.),** einer Wasserlaufsohle **(Sohlen-G.)** oder einer Energiehöhenlinie **(Energiehöhen-G.),** bezogen auf ihre horizontale Entfernung. – Bei Wasserkraftanlagen oft (nicht korrekt) für → Fallhöhe. Bei Stufenbauwerken (→ Stauregelung) oft (nicht korrekt) für Stufenhöhe.

Geflecht, → flechten, → Flechtwerk.

Gefrier|anlage, Gefrier|apparat, Einrichtung zum Gefrieren von Lebensmitteln und anderen Stoffen bei niedrigen Temperaturen (– 20 bis – 50 °C) mit Hilfe von → Kältemaschinen (→ Froster).

gefrieren, Übergang von Wasser, einer wäßrigen Lösung oder einer anderen Flüssigkeit in den festen Aggregatzustand (→ Gefrierpunkt).

In der Lebensmitteltechnologie Verfahren zur langfristigen Konservierung wasserhaltiger Lebensmittel durch Temperatursenkung unter ihren Gefrierpunkt.

Gefrierpunkt, Temperatur, bei der sich unter Normaldruck durch Abkühlen aus einer Flüssigkeit erstmals im Gleichgewicht eine feste Phase ausscheidet. Im Fall von Reinsubstanzen bleibt bei weiterer Wärmeabfuhr die Temperatur durch Freisetzung der Kristallisationswärme (Schmelzwärme) konstant, bis die Flüssigkeit vollständig aufgebraucht ist. Bei Lösungen sinkt der G. dagegen i.d.R. kontinuierlich bis zum Eutektikum (→ Kryohydrat) ab. Durch Druckerhöhung verschiebt sich der Gefrierpunkt in fast allen Fällen zu höheren Temperaturen, da das System nach dem → Le Chatelierschen Prinzip in den Aggregatzustand mit dem geringeren Volumenbedarf ausweicht (Ausnahme z. B. → Anomalie des Wassers).

Allg. bezeichnet man die Temperatur, bei der ein flüssiger Stoff in den festen Zustand übergeht, als **Erstarrungspunkt;** bei Stoffen, die bei Normaldruck und Raumtemperatur flüssig sind, wird auch die Bez. G. verwendet.

Gefrierpunkts|erniedrigung. Löst man in einer gegebenen Flüssigkeit einen Reinstoff, der beim Gefrieren nicht in den Kristall des Lösungsmittels eingebaut werden kann, so beobachtet man an der Lösung eine G. bezüglich des Lösungsmittels. Da diese Temperaturdifferenz bei konstantem Druck (wie die → Dampfdruckerniedrigung bei konstanter Temperatur) proportional der pro Volumen gelösten Zahl der Moleküle oder Ionen ist, kann aus ihr bei Kenntnis der Proportionalitätskonstanten **(kryoskop. Konstante)** des Lösungsmittels die Molmasse des Gelösten bestimmt werden. Die G. findet z. B. prakt. Verwendung zur Vermeidung von Eisbildung auf Straßen durch Streuen von Viehsalz oder bei Herstellung von → Kältemischungen. (→ Gefrierschutzmittel)

Gefrierschachtverfahren, → Schachtabteufen.

Gefrierschutzmittel, Frostschutzmittel, Stoffe, die den Gefrierpunkt von Wasser herabsetzen. Techn. Bedeutung haben v. a. Alkohole. Äthylenglykol wird zus. mit Korrosionsschutzmitteln in Kühlkreisläufen von Verbrennungsmotoren und in Warmwasserheizungen verwendet. Mischungen eines Glykols mit Methanol, Äthanol oder Isopropylalkohol dienen als Enteisungsmittel für Scheibenwaschanlagen und Flugzeugstart- und -landebahnen. Propylenglykol, Glycerin und Äthanol finden in Lebensmitteln, pharmazeut. und kosmet. Produkten Verwendung. – Die Wirkung eines G. ist durch den **Eisflockenpunkt** gegeben, d. h. durch die Temperatur, bei der sich beim langsamen Abkühlen erste Eiskristalle bilden. Um einen Eisflockenpunkt von – 25 °C zu erreichen, muß Wasser 35 Vol.-% Methanol, 40 Vol.-% Äthylenglykol oder 45 Vol.-% Äthanol enthalten.

Gefüge, Ineinandergreifen von Teilen oder Gliedern eines Ganzen.

1) Geologie: Das G. von Gesteinen umfaßt folgende, nicht scharf gegeneinander abzugrenzende Begriffe: 1) **Struktur,** die Art des Aufbaus aus den Einzelkomponenten (Mineralen), d. h. Gestalt, Größe, Größenverteilung, Bindung der Einzelkörner sowie Grad der Kristallinität (z. B. holokristallin, hyalin); 2) **Textur,** die Anordnung der Gefügeelemente im Raum infolge der Gefügeregelung. Diese ist meist durch Bewegungen bei der Gesteinsbildung verursacht, z. B. a) bei magmat. Gesteinen durch das Fließen der Schmelze während der Erstarrung **(Fließ-G.),** b) bei Sedimentgesteinen durch Einregelung von Teilchen während der Sedimentation im fließenden Wasser, c) bei metamorphen Gesteinen durch Neuwachstum von Mineralen in best. Richtung **(Wachstumsregelung).** – Neben dem **Gesteins-G. (Korn-G.)** tritt ein Groß-G. als **Primär-G.** (Absonderung bei Magmatiten; Schichtung, Bankung bei Sedimenten) oder als tektonisch entstandenes **Sekundär-G.** (z. B. Schiefrigkeit, Klüftigkeit) auf. Groß- und Kleingefügeuntersuchungen sind Gegenstand der **Gefügekunde.** (BILD S. 180)

2) Metallkunde: kristalliner Aufbau eines Metalles oder einer Legierung im Hinblick auf Art (chem. Zusammen-

Warnung vor feuergefährlichen Stoffen

Warnung vor explosionsgefährlichen Stoffen

Warnung vor giftigen Stoffen

Warnung vor ätzenden Stoffen

Warnung vor radioaktiven Stoffen oder ionisierenden Strahlen

Gefahrensymbole 2

setzung), Form, Größe und Anordnung der einzelnen Kristalle. **Homogene G.** bestehen aus einer einzigen Kristallart, **heterogene G.** aus Kristallen verschiedener Zusammensetzung. Eine in weit überwiegendem Anteil auftretende Kristallart wird als **Matrix** bezeichnet, Kristalle, die wie Oxide, Silikate u. dgl. schon in der Schmelze vorlagen, werden als **Einschlüsse**, solche, die im festen Zustand v. a. durch Wärmebehandlung entstanden, als **Ausscheidungen** bezeichnet. Durch **G.-Untersuchungen** werden Phasen, Größe und Orientierung der Kristallite und Korngrenzen ermittelt, und zwar aus dem Schliffbild nach Ätzen der geschliffenen Oberfläche mittels mikroskop. Beobachtung bei 50- bis 1000facher Vergrößerung oder mittels Elektronenmikroskop bei Vergrößerung über 1000fach. Auch Röntgen-Interferenzaufnahmen geben Einblick in den Aufbau des G. (BILDER S. 181)

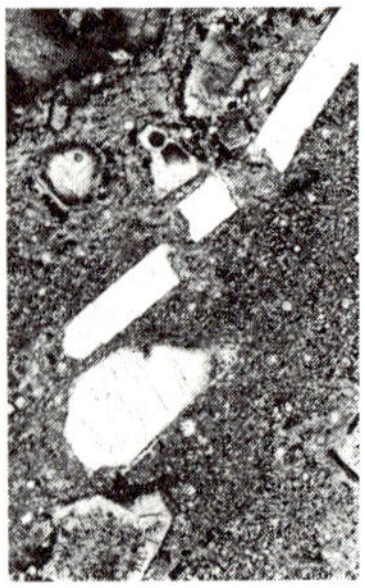

Gefüge 1): porphyrisches G. im Nosean-Phonolith, Brenk, Eifel. Einsprenglinge von Nosean und Alkalifeldspat (weiß) in einer äußerst feinkörnigen Grundmasse (Vergrößerung 24:1)

Gefüge|untersuchung, werkstoffkundl. Untersuchung an Metallen und Legierungen, → Gefüge 2).

Gegenfarbe, eine Farbe größter Unähnlichkeit oder Gegensätzlichkeit zu einer gegebenen Farbe. Vielfach werden unter G. → Kompensationsfarben und → Komplementärfarben, oft auch Kontrastfarben verstanden. **Gegenfarben-Theorie,** eine physiolog. Theorie des → Farbensehens.

Gegenfeldmethode, Verfahren zur Bestimmung der Geschwindigkeit geladener Teilchen, z. B. Elektronen. Dabei läßt man die Teilchen ein elektr. **Gegenfeld** durchlaufen, dessen Stärke so lange erhöht wird, bis kein Teilchen das Feld mehr überwinden kann. Die Gegenspannung ist ein Maß für die Teilchengeschwindigkeit.

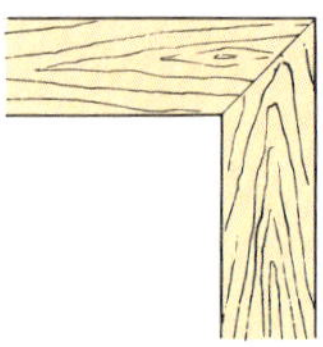

Gehrung: auf G. gefügte Bretter

Gegengewicht, Gewicht zum → Massenausgleich einseitiger Belastungen, z. B. an Kranen, zum Ausgleich von Fliehkräften, z. B. an Kurbelwellen, Rädern, an den Läufern von elektr. Maschinen, bei Turbinen. Durch → Auswuchten werden Größe und Lage des G. ermittelt.

Gegen|induktivität, → Induktion.

Gegenkathete, im rechtwinkligen Dreieck eine Kathete, die einem spitzen Winkel gegenüberliegt.

Gegenkolbenmotor, ein → Doppelkolbenmotor, bei dem zwei gegenläufige Kolben in einem Zylinder arbeiten. Ein Kolben steuert die Spül-, der andere Kolben die Auspuffschlitze, wobei durch Versetzen der Kurbeln ein unsymmetr. Steuerdiagramm erreicht werden kann. Der Raum zw. den Kolben bildet den Brennraum. Der G. besitzt entweder zwei Kurbelwellen, die wegen des Gleichlaufs durch Zahnräder verbunden sind, oder nur eine Kurbelwelle, wobei der zweite Kolben durch zwei lange Pleuelstangen links und rechts des Zylinders mit der Kurbelwelle verbunden ist.

Geißfuß 1)

Gegenkopplung, Schaltungsprinzip bei elektron. Verstärkerschaltungen (z. B. bei einem Operationsverstärker), mit dem unabhängig von größeren Exemplarstreuungen und Temperatureinflüssen definierte Verstärkereigenschaften erreichbar sind. Hierzu wird ein Teil der Ausgangsspannung einer Verstärkerstufe durch Rückführung (Rückführfaktor k) auf den Eingang von der Eingangsspannung subtrahiert, so daß als resultierende Eingangsspannung nur noch die Differenz wirksam bleibt. Infolge der G. ergibt sich eine Betriebsverstärkung V_B, die in der Praxis erheblich kleiner als die innere Verstärkung V_0 ist.

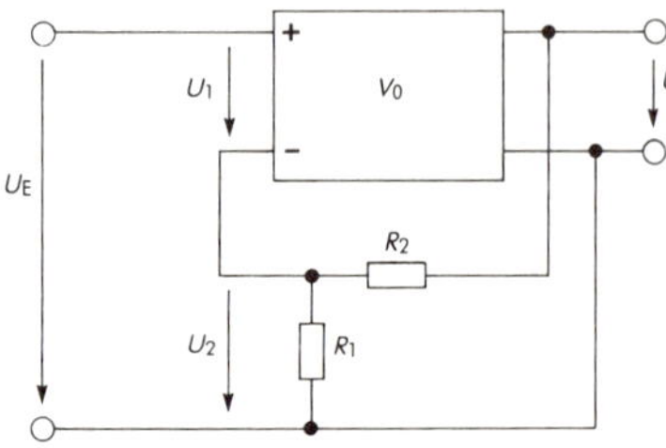

Gegenkopplung:
Gegengekoppelter Verstärker mit einer Betriebsverstärkung von

$$V_B = \frac{U_A}{U_E} = \frac{V_0}{1 + k\,V_0}\,,\ \text{mit}\ k = \frac{R_1}{R_1 + R_2}$$

Gegenlicht|aufnahme, photograph. Aufnahme, bei der die Lichtquelle hinter dem Objekt steht, angewendet bes. für Stimmungsaufnahmen. Zum Schutz vor direktem Lichteinfall ins Objektiv verwendet man eine Gegenlichtblende (→ Sonnenblende), in der Berufsphotographie ein → Kompendium.

Gegenmond, eine Halo-Erscheinung (→ Halo 1).

Gegenschein, Astronomie: 1) → Zodiakallicht, 2) eine → Konstellation 1).

Gegensonne, eine Halo-Erscheinung (→ Halo 1).

Gegensprech|anlage, Fernsprechanlage mit gleichzeitiger (Ggs.: → Wechselsprechanlage) Übertragung in beiden oder allen Richtungen zw. zwei oder mehreren Teilnehmern (Duplex, → Nachrichtenübertragung). Anwendung auch z. B. bei Funksprechgeräten und innerbetriebl. Sprechanlagen.

Gegenstandsgröße, → Abbildung 2).

Gegenstandslinse, → Fernrohr.

Gegenstandsweite, → Abbildung 2 (BILD).

Gegenstromprinzip, verfahrenstechn. Prinzip, bei dem die Strömungsrichtung zweier Phasen, die miteinander im Stoff- und Wärmeaustausch stehen, entgegengesetzt ist. Das G. wird u. a. in Wärmeaustauschern, bei der Destillation (Rektifikation) und bei der Extraktion angewandt (→ Gleichstromprinzip).

Gegenstromverteilung, Verfahren der Flüssig-Flüssig-Extraktion zur quantitativen Trennung von Substanzen mit geringen Löslichkeitsunterschieden unter Ausnutzung des Gegenstromprinzips.

Gegentaktverstärker, Schaltungsart für Niederfrequenz-Leistungsverstärker, bei der i. Ggs. zum → Eintaktverstärker das zu verstärkende Wechselstromsignal in die positiven und negativen Halbwellen aufgeteilt wird. Für die getrennten Halbwellen steht jeweils ein Verstärkerelement (Transistor) zur Verfügung, das nur die ihm zugeleiteten Halbwellen verarbeitet. Dazu ist es notwendig, den → Arbeitspunkt der Transistoren nicht wie beim Eintaktverstärker in die Mitte, sondern ans Ende der Arbeitsgeraden zu legen. Die verstärkten Halbwellen werden anschließend wieder zu einem Signal zusammengefügt, das dann z. B. einem Lautsprecher zugeführt werden kann. Mit einem G. lassen sich hohe Ausgangsleistungen erzielen, allerdings besteht der Nachteil, daß sich bei Aussteuerung mit kleinen Signalen die Verzerrungen im Bereich des Nulldurchgangs störend bemerkbar machen.

Gehänge, ein → Lastaufnahmemittel.

Gehäuse, Behälter für elektron., elektr., elektromechan., opt., mechan., pneumat. u. a. Bauteile und Baugruppen. Aus Kunststoff und/oder Blech bestehende G. gibt es in unterschiedl. Abmessungen und in vielfältigen Ausführungen, z. B. Pult-, Frontplatten-, Tisch-, Wand-, Einbaugehäuse (→ Einschub). Je nach Verwendung können G. mit Profilschienen, z. B. zum Einsetzen von Platinen, Montagewinkeln, Gewindeeinsätzen, Abschirmungen ausgerüstet sein.

Geheimsatellit, → militärische Satelliten.

Geheimschrift, Chiffre [ʃ'ifrə], Schrift zur Geheimhaltung von Aufzeichnungen oder Mitteilungen, die nur Eingeweihten zugänglich sein soll. Es gibt diplomatisch-militär., kaufmänn. und kriminelle G. **Chiffrierverfahren** heißen die Methoden, mit denen man einen Text **(Klartext)** unter Zuhilfenahme eines ›**Schlüssels**‹ in einen **Geheimtext** umsetzt (chiffriert, verschlüsselt). Beim **Dechiffrieren** wird der Geheimtext in den Klartext zurückverwandelt. Bei einem **Ersetzungsverfahren (Tauschverfahren)** werden die Klartext-Elemente durch Zeichen gleicher oder versch. Art ersetzt, z. B. Buchstaben durch Buchstaben oder Ziffern durch Ziffern oder Buchstaben durch Ziffern. Bei einem **Wortverfahren (Codeverfahren)** werden Elementgruppen des Klartextes umgesetzt mit Hilfe eines Satzbuchs **(Code),** das zu den wichtigsten Elementgruppen wie ein Wörterbuch Übersetzungen in Geheimworte (Codegruppen) enthält. Bei einem **Versetzungsverfahren (Verwürfelung)** bleiben die Klartext-Elemente erhalten, werden aber in ihrer Reihenfolge verändert. Beim **Verschleierungsverfahren** ist z. B. die Schrift durch Verwendung best. Chemikalien (sympathet. Tinte) unsichtbar und muß erst durch entsprechende Behandlung sichtbar gemacht werden. Verschlüsselung und Verschleierung von Texten und Daten bei der Nachrichtenübertragung mit modernen Mitteln der elektron. Datenverarbeitung: → Kryptologie.

Geheimtinten, Bez. für Flüssigkeiten, die beim Schreiben eine unsichtbare Schrift hinterlassen, die durch besondere physikal. oder chem. Verfahren (z. B. Erwärmen, UV-Bestrahlung) sichtbar gemacht werden kann.

Gehrung, Eckfuge oder Eckverbindung zweier im Winkel aufeinanderstoßender längl. Teile, wobei die Fuge meist in der Winkelhalbierenden liegt, z. B. die winklige Verbindung von Profilstählen durch Schweißen, die Eckverbindung von Holzrahmen, auch die Zurichtung von Steinen so, daß sie in beliebigem Winkel zusammengefügt werden können. G. heißt auch das halbe Maß des Winkels, mit dem die beiden Teile zusammenstoßen. (BILD S. 180)

Gehweg, Bürgersteig, frz. **Trottoir** [trɔtw'a:r] *das,* der dem Fußgänger vorbehaltene Teil einer Straße, meist etwas erhöht und nach der Straße hin durch die **Bordkante** abgegrenzt. Zw. G. und Fahrbahn ist meist der **Bordstein** (Rinnstein, Gosse).

Geiger-Nuttallsche Regel [n. den dt. Physikern H. Geiger, * 1882, † 1945, und J. Nuttall], eine 1911 aufgestellte empir. Beziehung zw. der Zerfallskonstanten λ und der mittleren Reichweite $\bar{R}_{\mathrm{Luft}}$ der von einem Radionuklid emittierten Alphateilchen in Luft:

$$\lg \lambda \approx A + B \lg \bar{R}_{\mathrm{Luft}}.$$

A und B sind Konstanten, die für die einzelnen radioaktiven Zerfallsreihen unterschiedl. Werte annehmen. Die G.-N. R. ist nur näherungsweise gültig, G. GAMOW konnte sie 1928 auf der Basis der quantenmechan. Beschreibung des Alphazerfalls im Rahmen des Tunneleffekts begründen.

Geiger-Zähler, Geiger-Müller-Zählrohr [n. H. Geiger und dem dt. Physiker W. Müller, * 1905, † 1979], → Zählrohr.

Geiser, Geisir, → Geysir.

Geißfuß, 1) ein gabelförmig ausgeschmiedetes Handwerkszeug zum Ausziehen von Nägeln (BILD S. 180). 2) für die Holzbearbeitung und Bildhauerei ein Meißel oder Stechwerkzeug mit einer winkligen Schneide zum Ausarbeiten innerer Ecken und Furchen.

Geißlersche Röhre [n. dem dt. Mechaniker H. Geißler, * 1815, † 1879], eine Gasentladungsröhre.

Geister, Physik: ›falsche‹ Linien in einem mit einem Gitterspektrometer aufgenommenen Spektrum, die nicht in der analysierten Strahlung enthalten sind, sondern durch Fehler des Beugungsgitters (→ Gitter 5) verursacht werden.

Geisterbild, Fernsehen: durch Mehrfachempfang gleichartiger, jedoch gegeneinander verzögerter Fernsehsignale bewirkter Bildfehler, bei dem Bildkonturen mehrfach erscheinen. G. lassen sich durch Richtantennen vermeiden.

Gel, → Gele.

Gelände, Landoberfläche der Erde mit ihren Formen, Gewässern und unterschiedl. Bedeckungen.

Geländedarstellung, Wiedergabe der Oberflächenformen in Karten durch → Höhenlinien, → Schummerungen, farbige → Höhenschichten, → Schraffen und einzelne Formzeichen (für Kleinformen).

Geländefahrzeug, Kraftfahrzeug mit großer Bodenfreiheit, Allradantrieb, vielen Gangstufen, hoher Antriebsübersetzung, oft auch Allradlenkung zum Fahren im wegelosen Gelände **(Geländegängigkeit).**

Gelatine [ʒe-], Hydrolyseprodukt des tier. Proteins Kollagen. Zur Herstellung werden entmineralisierte Knochen, Felle von Kalbs- und Rindsköpfen u. a. nach einer Reinigung bei niedriger Temperatur mit Calciumhydroxid behandelt (Äscherung). Die dabei gebildete G. wird mit heißem Wasser extrahiert. G. ist verdauliches Eiweiß, das außer Tryptophan alle essentiellen Aminosäuren enthält. Heiße wäßrige kolloidale Lösungen mit über 0,5% G. bilden bei Abkühlung unter 30 °C ein Gel. Von **Speise-G.** (für Sülzen, Süßspeisen) wird neben Geschmacksneutralität und Keimfreiheit v. a. eine hohe Gelierfähigkeit verlangt. G. dient außerdem als Bindemittel für photograph. Schichten, als Blutplasmaersatz und zur Herstellung von Kapseln für Arzneimittel.

Gelb|blei|erz, das Mineral $PbMoO_4$, der → Wulfenit.

Gelb|erde, gelber Latosol, Boden subtrop. feuchter Gebiete (z. B. sowjet. Schwarzmeerküste) mit geringerem Eisen- und höherem Aluminiumgehalt.

Gelbfilter, Photographie: → Farbfilter.

Gelbguß, ältere Bez. für gegossene Kupfer-Zink-Legierungen, → Messing.

Gelbkreuz, im 1. Weltkrieg eingesetzter chem. Kampfstoff; svw. → Lost.

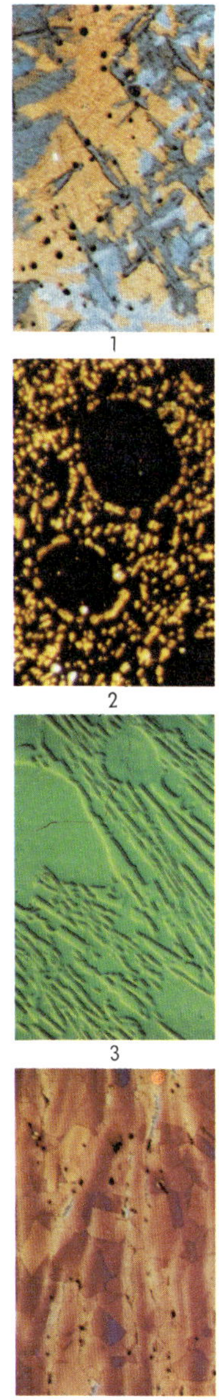

1 2 3 4

Gefüge 2)

Gefüge 2): 1 Zirkonlegierung (etwa 35fach vergr.), **2** Rohgares Kupfer, gegossen ungeätzt (etwa 350fach vergr.), **3** Hartguß (etwa 75fach vergr.), **4** Sicromal, Chrom-Nickel-Legierung (etwa 40fach vergr.)

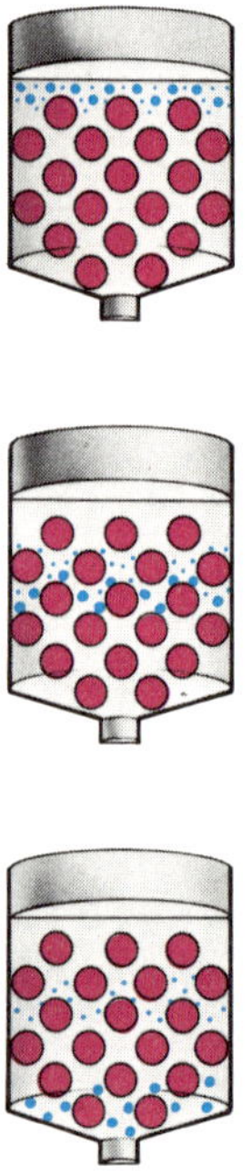

Gelchromatographie: blau = Moleküle der Polymere; rot = Gelperlen

Gel|chromatographie, Gelfiltration, Molekularsiebchromatographie, ein zur → Flüssigkeitschromatographie gehörendes Verfahren zur Molekulargewichtsbestimmung, das v. a. in der Biochemie und der Kunststoffchemie eingesetzt wird. – Bei der G. wird die stationäre Phase aus Perlen eines Gels, dessen Porengrößenverteilung über mehrere Größenordnungen variiert, gebildet. Wird eine flüssige Phase mit dem gelösten Polymer durch das Gel gegeben, so diffundieren die Polymermoleküle in die Teile, die ihnen auf Grund ihrer Größe zugänglich sind. Kleinere Moleküle des Gelösten dringen dabei tiefer ein und werden deshalb länger in der Säule zurückgehalten als größere. Moleküle, die größer sind als die größten Poren des gequollenen Gels, wandern an diesen vorbei und verlassen die Säule zuerst. Die Moleküle erscheinen im Eluat (dem Ablauf aus der Trennsäule) in der Reihenfolge abnehmender Molekülgröße, und da diese i. a. dem Molekulargewicht proportional ist, läßt sich die G. zur Trennung und Reinigung von Stoffen verschiedener Molekülmasse und zur Molekulargewichtsbestimmung einsetzen.

Gele, von Gelatine abgeleitete Bez. aus der Kolloidchemie für formbeständige, leicht deformierbare, an Flüssigkeiten und/oder Gasen reiche disperse Systeme aus mindestens zwei Komponenten. Der dispergierte feste Bestandteil, aus langen oder stark verzweigten Teilchen bestehend, ist netz- oder wabenartig im Dispersionsmittel verteilt, wobei die Teilchen durch Neben- oder Hauptvalenzen an Haftpunkten miteinander verbunden sind. Ist der dazwischen befindliche Kapillarraum mit Flüssigkeit ausgefüllt, so liegt ein **Lyogel** (Gallerte) vor, der sich thixotrop verhält. Durch Trocknen bilden sich die festen **Xerogele** (z. B. Leim), die durch Quellung bei Zugabe des Dispersionsmittels wieder in Lyogele übergehen (→ Säurerest). Besteht das Dispersionsmittel aus Wasser, spricht man von **Hydrogel,** bei Luft von **Aerogel.**

Gelenk, 1) Bautechnik: bewegl. Verbindung von Bauteilen, die Druck- und Zugkräfte, nicht jedoch Drehmomente zu übertragen gestattet. Es gibt **verschiebliche** und **unverschiebliche (feste) G.** Sie werden u. a. angewendet bei **Zwei-** und **Dreigelenkbögen** (→ Bogen 1) und bei **G.-Trägern** (→ Gerberträger).

2) Maschinenbau: Verbindung zweier Maschinenteile derart, daß eine gegenseitige ebene oder räuml. Bewegung möglich ist **(Elementenpaar).** Beim **Achsen-G.** und beim **Gabel-G.** ist die Verbindung durch zylindr. Bolzen vollzogen, die nur eine ebene Bewegung beider Teile zulassen. Beim **Kugel-G.** greift das kugelige Ende des einen Teils in die hohlkugelförmige Pfanne des andern Teils ein, wodurch ein Schwingen nach allen Seiten möglich wird. Das **Kreuz-** oder **Kardan-G.** gestattet eine Bewegung in zwei aufeinander senkrecht stehenden Ebenen. Beim **Hardy-G.** dienen als Kuppelstück Stahlblechringe mit Gummi- oder Lederzwischenlagen. Durch konstruktive Gestaltung der Zwischenglieder wird beim **Gleichlauf-G.** (Antriebswellen von Kraftfahrzeugen) für An- und Abtriebsseite auch bei Auslenkung gleiche Winkelgeschwindigkeit erreicht. (BILD S. 183)

Gelenkfahrzeug, Straßen- oder Schienenfahrzeug, das aus zwei oder mehreren, betriebsmäßig untrennbaren Teilfahrzeugen besteht, die durch Gelenkkonstruktionen, Drehgestelle oder Aufsattelung miteinander verbunden sind. Den Übergang zw. den Teilen von G., z. B. Gelenkomnibussen oder -straßenbahnen, ermöglichen ein Faltenbalg und eine bei Kurvenfahrt mitschwenkende kreisförmige Fußboden-Drehplatte. Eisenbahn-G. sind z. B. die Glieder-, Talgo- oder Triebzüge.

Gelenkgetriebe, auch **Kurbel-** oder **Koppelgetriebe,** Art von → Getrieben, bei der alle Glieder in Gelenken miteinander verbunden sind. **Kurbel** oder **Schwinge** heißen die im Gestell, dem festen Rahmen, angelenkten voll oder nur teilweise umlaufenden, **Koppel** die nicht im Gestell direkt geführten Glieder. G. dienen neben Kurvengetrieben zur Erzeugung periodisch veränderl. Bewegungen. Die einfachsten G. sind **Kurbelschwinge, Doppelkurbel, Doppelschwinge.** Der Austausch von Gelenken durch Schiebepaare führt zur **Kurbelschleife, Schubkurbel** u. a.

Gelenkwelle, Welle mit Gelenken an den Enden, wodurch die Übertragung einer Drehbewegung zw. zwei versetzten Wellen möglich wird. Bei Fahrzeugen erlaubt die zw. Getriebe und Achsantrieb eingebaute G. **(Kardanwelle)** eine Vertikalbewegung der Antriebsachse beim Durchfedern (Kraftwagen, Diesellokomotiven).

Geleucht, tragbare → Grubenlampe, auch ortsfeste Beleuchtung unter Tage.

Gel|filtration, svw. → Gelchromatographie.

Gell-Mann-Nishijima-Gleichung [gˈel mˈæn nɪʃɪdʒˈiːma-, n. dem amerikan. Physiker M. Gell-Mann, * 1929, und dem japan. Physiker K. Nishijima, * 1926], von GELL-MANN und NISHIJIMA 1953 gefundene Beziehung, die für stark wechselwirkende Elementarteilchen (Hadronen) die elektr. Ladungszahl Q (elektr. Ladung in Einheiten der Elementarladung), die Baryonenzahl B, die dritte Komponente I_3 des Isospins und die Strangeness S miteinander verknüpft:

$$Q = I_3 + \frac{1}{2}(B+S) = I_3 + \frac{1}{2}\,Y.$$

$B + S = Y$ heißt **Hyperladung.**

gemäßigte Zonen, Klimatologie: a) Gebiete zw. den Wendekreisen und → Polarkreisen, in denen die Sonne täglich den ebenen Horizont quert, jedoch nie im Zenit steht; rd. 52% der Erdoberfläche. b) Gebiete, deren Monatsmitteltemperatur des wärmsten Monats + 10 °C überschreitet, des kältesten Monats aber + 18 °C nicht erreicht (nach W. KÖPPEN).

Gemenge, Bez. für heterogene → Gemische, bei denen die Einzelkomponenten ihre kennzeichnenden Eigenschaften stets behalten, z. B. Rauch, Gesteine, Suspensionen, Emulsionen, Nebel, Schaum, Leim.

Gemini, lat. Name des Sternbilds → Zwillinge.

Geminiden, aus dem Sternbild Zwillinge (lat. Gemini) kommender → Meteorstrom um den 12. Dezember.

Gemini-Programm [engl. dʒ-], nach dem → Mercury-Programm zweites Raumfahrtprogramm der NASA auf dem Weg zur bemannten Mondlandung (→ Apollo-Programm). Die Zwei-Mann-Kapsel Gemini hatte 5,8 m Länge, 3,05 m Basisdurchmesser und eine Masse von etwa 3 800 kg. Als Trägerrakete wurde eine modifizierte Version der zweistufigen militär. Rakete Titan II (→ Titan) verwendet. Nach drei Vorversuchen mit unbemannten Raumkapseln (Gemini 1, 2, 2 A) fanden zw. März 1965 (Gemini 3) und Nov. 1966 (Gemini 12) insgesamt zehn Gemini-Missionen statt (ÜBERSICHT S. 183). Das G.-P. demonstrierte erfolgreich die Möglichkeit langdauernder bemannter Raumflüge, erprobte Maßnahmen für Rendezvous- und Koppelungsmanöver in der Umlaufbahn sowie für Arbeiten außerhalb der Kapsel und wies die Fähigkeit zum exakt gesteuerten Wiedereintritt in die Atmosphäre mit Punktlandung nach.

Gemisch|bildung, Gemisch|aufbereitung, beim Verbrennungsmotor die Herstellung eines brennbaren Gemisches aus Kraftstoff und Luft. Bei der **äußeren G.** saugt der Motor schon ein fertiges brennbares Gemisch an, das mittels eines →Vergasers oder durch →Benzineinspritzung in das Saugrohr gebildet wird. Bei der **inneren G.** saugt der Motor nur Luft an, der Kraftstoff wird in den Brennraum gespritzt und dort aufbereitet.

Gemische, Bez. für Aggregate aus zwei oder mehr chemisch verschiedenen Substanzen, bei deren Bildung keine chem. Reaktionen und keine Wärmetönungen auftreten. Die Komponenten liegen nicht in stöchiometr. Mengenverhältnissen vor, doch können Feststoffe Eutektika, mischbare Flüssigkeiten Azeotrope bilden. G. lassen sich durch physikal. →Trennverfahren (z. B. Filtration, Destillation) in ihre Komponenten zerlegen. In **homogenen G.** können die Komponenten in beliebigen Mengenverhältnissen vorliegen; z. B. ein homogenes Gas-G. ist Luft, homogene Flüssigkeits-G. sind Lösungen, homogene Festkörper Mischkristalle oder Legierungen. (→Gemenge)

Gemma, auch **Alphekka,** Hauptstern (der 2. Größenklasse) im Sternbild Nördliche →Krone, daher auch **Alpha Coronae borealis** genannt.

Genauigkeit, 1) Maschinenbau: Bei Werkzeugmaschinen unterscheidet man Herstell-G. und Arbeits-G. Für die Überprüfung der **Herstell-G.** sind Abnahmevorschriften z. B. nach Schlesinger und Toleranzen nach DIN verbindlich. **Arbeits-G.** beschreibt das Maschinenverhalten unter Lastbedingungen und bestimmt die Genauigkeit der Werkstücke.

2) Mathematik: Angabe zu einer Zahl über die Abweichung vom wahren Wert. Eine Zahl ist auf n Dezimalen (hinter dem Komma) genau, wenn die Abweichung kleiner als $0{,}5 \cdot 10^{-n}$ ist **(absolute G.).** Die G. von Messungen läßt sich durch Wiederholung steigern. Bei geometr. Konstruktionen hängt die G. von den Zeicheninstrumenten und der Lage der Figuren ab.

3) Meßtechnik: Die G. wird bestimmt durch die Meßunsicherheit und die Fehlergrenzen. **Meßunsicherheit** läßt sich durch den ›Vertrauensbereich‹ eines Mittelwerts aus mehreren Einzelmessungen charakterisieren. Das Meßergebnis 10,012 mm ± 2 µm besagt z. B., daß die gemessene Länge mit einer best. Wahrscheinlichkeit zw. 10,010 mm und 10,014 mm liegt. Die **Fehlergrenzen** sind die zugelassenen äußersten Abweichungen der Ist-Anzeige und der Soll-Anzeige (→Toleranz) eines Meßgerätes.

Gene, *Ez. das* **Gen, Erbfaktoren, Erb|anlagen,** Einheiten für die molekulare Grundlage der Vererbung. Die G. liegen in linearer Anordnung auf den Chromosomen. Während früher ein G. mit dem Chromosomenabschnitt gleichgesetzt wurde, der die Information für ein Protein enthält (Ein-Gen-Ein-Enzym-Hypothese), versteht man heute unter G. eine definierte Nucleotidsequenz (Basensequenz) innerhalb der →DNS, bei einigen Viren innerhalb der →RNS, die die Information für ein Produkt oder für eine Funktion enthält. Man unterscheidet **Struktur-** und **Regulatorgene.** Alle Zellen eines Individuums haben denselben G.-Bestand (Genotyp). Die Veränderung eines G. durch Mutation führt zu unterschiedl. Allelen (veränderte Zustände eines Gens, die das zugehörige Erbmerkmal unterschiedlich ausprägen), die sich zueinander dominant oder rezessiv verhalten können.

Bemannte Raumflüge im Rahmen des Gemini-Programms

Name	Besatzung	Start	Zahl der Erdumläufe	Flugdauer (h:min:s)
Gemini 3	V. Grissom, J. Young	23. 3. 1965	3	04:53:00
Gemini 4	J. Mc Divitt, E. White	3. 6. 1965	62	97:56:11
Gemini 5	G. Cooper, C. Conrad	21. 8. 1965	120	190:55:14
Gemini 7	F. Borman, J. Lovell	4. 12. 1965	206	330:35:31
Gemini 6	W. Schirra, T. Stafford	15. 12. 1965	16	25:51:24
Gemini 8	N. Armstrong, D. Scott	16. 3. 1966	7	10:41:26
Gemini 9	T. Stafford, E. Cernan	3. 6. 1966	44	72:21:00
Gemini 10	J. Young, M. Collins	18. 7. 1966	43	70:46:39
Gemini 11	C. Conrad, R. Gordon	12. 9. 1966	44	71:17:08
Gemini 12	J. Lovell, E. Aldrin	11. 11. 1966	59	94:34:31

geneigte Ebene, 1) Mechanik: früher (unexakt) **schiefe Ebene,** eine Ebene, die um den Winkel α **(Neigungswinkel)** gegen die Horizontale geneigt ist (BILD).

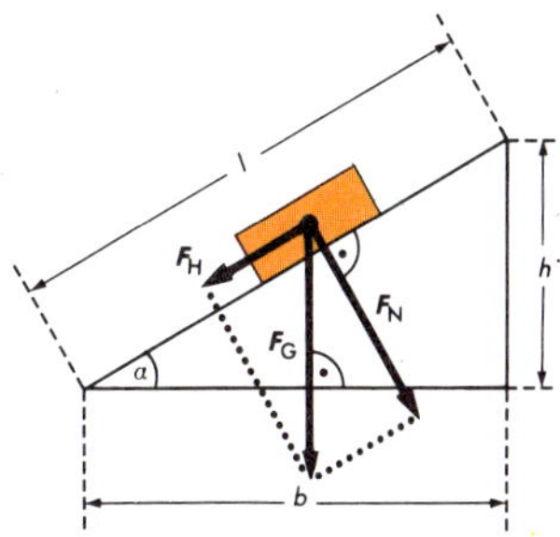

geneigte Ebene 1):
l = Länge,
b = Basis,
h = Höhe,
α = Neigungswinkel

Die **Neigung** N ist der Quotient aus dem überbrückten Höhenunterschied h und der Länge l der g. E.: $N = h/l = \sin\alpha$, die sich von der **Steigung** $S = h/b$ unterscheidet. Die im Schwerpunkt eines auf der g. E. befindl. Körpers angreifende vertikal nach unten gerichtete Gewichtskraft $F_G = mg$ (m = Masse des Körpers, g = Fallbeschleunigung) läßt sich zerlegen in die senkrecht zur g. E. gerichtete **Normalkraft** $F_N = F_G \cos\alpha$ (die den Körper gegen die g. E. drückt und der die Gleitreibungskraft proportional ist) und die parallel zur g. E. gerichtete **Hangabtriebskraft (Hangabtrieb)** $F_H = F_G \sin\alpha$ (die die Abwärtsbewegung des Körpers verursacht). Die g. E. gehört zu den einfachen →Maschinen und gestattet es, bei gegenüber dem senkrechten Hub unveränderter →Arbeit Kraft zu sparen.

2) Wasserbau: oft (nicht korrekt) für **Schräghebewerk,** ein →Schiffshebewerk.

Generalisierung, Kartographie: beim Entwurf einer neuen Karte alle Vorgänge, durch die der Inhalt einer Ausgangskarte beim Übergang in einen kleineren Maßstab oder themenbedingt graphisch umgestaltet wird. Dabei entfällt Unwesentliches (z. B. durch Konturenvereinfachung), Wesentliches bleibt, wird vergrößert oder zusammengefaßt oder geht in höheren Einheiten auf (z. B. Laub- und Nadelwald in Wald).

Generalkonferenz für Maß und Gewicht, die Vollversammlung der bevollmächtigten Vertreter der Signatarstaaten der →Meterkonvention. Sie tritt mindestens alle sechs Jahre zusammen. Ihre Beschlüsse stellen Empfehlungen für die Gesetzgebung der Mitgliedstaaten dar. Die Aufgabe der G. f. M. u. G. ist es, →Einheiten zu definieren und deren Realisierung (beliebig oft wiederholbar) mit der geringstmöglichen Meßunsicherheit sicherzustellen.

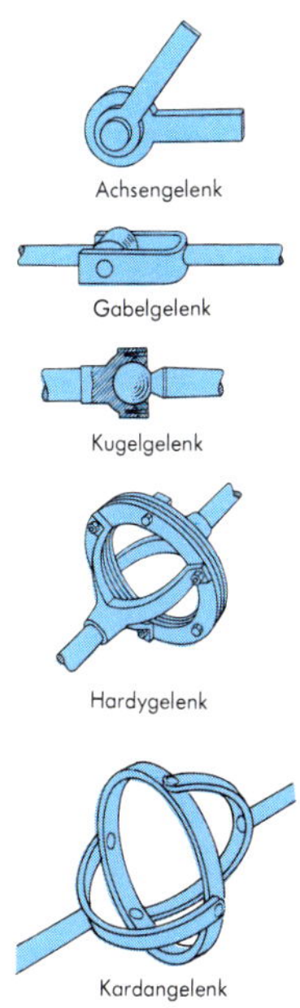

Gelenk 2)

Generalstabskarte, früher die amtl. topograph. Karte im Maßstab 1:100000, →Karte.

Generation, Physik: allg. die Erzeugung von Paaren von →Ladungsträgern mit entgegengesetzter Ladung, speziell die Bildung von Elektron-Loch-Paaren in →Halbleitern. Ggs. →Rekombination.

Generator, 1) elektrische Energietechnik: eine →elektrische Maschine zur Umwandlung mechan. in elektr. Energie.

Gleichstrom-G. werden meist mit konstanter Drehzahl betrieben. Dabei ist die induzierte Spannung dem magnet. Fluß proportional, wenn durch eine **Kompensationswicklung** die Rückwirkung des Belastungsstromes auf das magnet. Feld verhindert wird. Bei **Fremderregung** und bei **Nebenschlußerregung** sind – wenn kein Regler eingreift – der magnet. Fluß und damit auch die induzierte Spannung konstant und von der Belastung unabhängig, doch nimmt die Klemmenspannung infolge des Ohmschen Spannungsabfalls mit wachsendem Belastungsstrom leicht ab. Durch eine zusätzl. **Hilfs-Reihenschlußwicklung** (→Doppelschlußerregung), die eine dem Belastungsstrom proportionale Vergrößerung des magnet. Flusses zur Folge hat, kann der Spannungsabfall kompensiert werden (›harte‹ Belastungskennlinie). Wird die Reihenschlußwicklung umgekehrt angeschlossen, wirkt sie als **Gegen-Reihenschlußwicklung,** und die Klemmenspannung sinkt mit zunehmender Belastung ab (›weiche‹ Belastungskennlinie).

Drehstrom-Synchron-G. werden zur Speisung elektr. Energieversorgungsnetze (Europa 50 Hz, USA 60 Hz) verwendet. Ihre konstruktive Gestaltung hängt von der

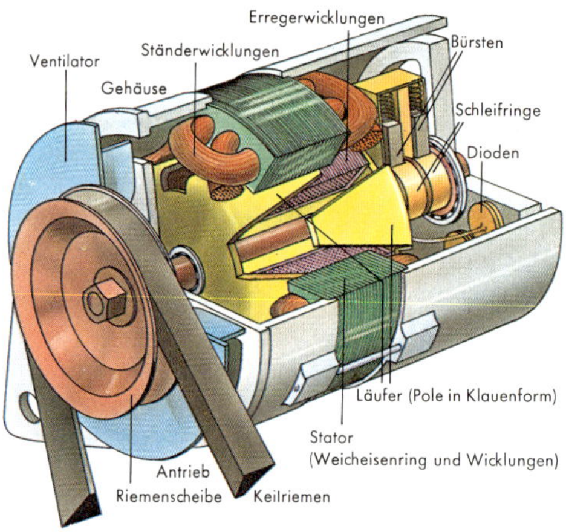

Generator 1): Drehstrom-G. für Kraftfahrzeuge

Art und der Drehzahl der Antriebsmaschine ab. Man unterscheidet: **Wasserkraft-G.** werden von Wasserturbinen angetrieben mit Drehzahlen, die je nach Bauart und Größe der Wasserturbinen und der Fallhöhe des Wassers 60–1500 r/min (r von lat. revolutio ›Umdrehung‹) bei 50 Hz und bis 1800 r/min bei 60 Hz betragen. Je niedriger die Drehzahl, desto größer ist die erforderl. Polzahl. Langsam laufende Wasserkraft-G. werden überwiegend mit vertikaler Welle gebaut, schnellaufende dagegen mit horizontaler Welle. **Diesel-G.** werden von einem Dieselmotor angetrieben mit Drehzahlen im Bereich von 100–1500 r/min bei 50 Hz. Sie werden mit horizontaler Welle gebaut und erhalten ein Schwungrad zum Ausgleich der Drehzahlschwankungen von Kolbenmaschinen. **Turbo-G.** werden von Dampf- oder Gasturbinen angetrieben, meist mit 3000 r/min in Europa und mit 3600 r/min in den USA. Sie besitzen keine ausgeprägten Pole. Der Läufer ist ein langgestreckter, geschmiedeter Stahlzylinder. Der Durchmesser wird durch die Fliehkraft begrenzt. Die Erregerwicklung liegt in Nuten am Umfang verteilt, die durch Messingkeile verschlossen sind. Die Wickelköpfe der Erregerwicklung werden durch Stahlkappen gehalten. Bei Leiter-Innenkühlung mit Wasser in der Ständer- und der Läuferwicklung können Leistungen von 1500 MW erreicht werden. Zur Verringerung der Reibungsverluste wird das Gehäuse großer Turbo-G. mit Wasserstoff – statt mit Luft – gefüllt.

Der G. in Kraftfahrzeugen und Eisenbahnwagen, früher meist **Lichtmaschine** genannt, erzeugt die elektr. Energie für die elektr. Verbraucher und zur Ladung der Batterie. Er ist heute meist ein Drehstrom-G. (früher Gleichstrom-G.), der schon bei Motorleerlauf Leistung abgibt. Der Drehstrom wird durch Dioden gleichgerichtet. Wegen der starken Drehzahlschwankungen muß die Spannung durch einen Regler konstant gehalten werden. Der Antrieb erfolgt meist durch einen Keilriemen.

Einphasige Synchron-G. sind Sonderausführungen zur Speisung von Wechselstrom-Vollbahnen. Andere Sonderausführungen sind die **Mittelfrequenz-G.,** die für Frequenzen bis 25 kHz gebaut werden können.

2) Elektronik: Gerät oder Schaltung zur Erzeugung von Wechselspannungen, besteht im Prinzip aus einem Verstärker(element) mit Rückkopplung zw. Aus- und Eingang. Nach der Kurvenform der erzeugten Spannung lassen sich **Sinus-** (auch häufig als →Oszillator bezeichnet), **Rechteck-, Sägezahn-, Dreieck-** und **Impuls-G.** unterscheiden. G. werden in vielen Bereichen der Elektronik (insbes. Meß-, Sende-, Empfangs-, Computertechnik) eingesetzt, z. B. als →Funktionsgenerator, →Phasenschiebergenerator, →Quarzgenerator, →Rauschgenerator, →Tongenerator, →Zufallsgenerator.

Generatorfahrzeug, Kraftfahrzeug, dessen Motor mit Generatorgas betrieben wird, das von dem auf dem Fahrzeug mitgeführten →Gasgenerator aus festen Kraftstoffen wie Holz, Holzkohle, Torf, Braunkohle, Anthrazit, Schwelkoks erzeugt wird. G. waren bei Mangel an flüssigen Kraftstoffen von Bedeutung.

Generator|gas, Heizgas, das durch Überleiten von Luft über glühenden Koks oder Kohlen erhalten wird (→Gasgenerator). G. enthält 26–29% Kohlenmonoxid und rd. 65% Stickstoff neben Kohlendioxid und Wasserstoff. Der Heizwert ist mit 3500–5600 kJ/m^3 relativ gering. G. wird für chemisch-techn. Prozesse und zum Antrieb von Gasmotoren verwendet.

Generic Names [dʒɪn'erɪk neɪmz, engl.], →Common Names.

Genetik, Vererbungslehre, Teilgebiet der Biologie, das sich mit Struktur und Funktion der →Gene befaßt, d. h. mit Bau, Realisation, Erhaltung, Weitergabe und Veränderlichtkeit (genet. Variation, Mutation) von Erbanlagen. Nach den Forschungsgebieten werden z. B. Cyto- und Molekular-G. von Arbeitsrichtungen wie Strahlen-G., Human-G. und Züchtungsforschung bei Pflanzen und Tieren (angewandte G.) unterschieden. Zu letzterer wird auch die →Gentechnologie gerechnet.

genetischer Code [-ko:d], Molekulargenetik: Verschlüsselung der genet. Information für die Proteinsynthese (→Translation) in der Desoxyribonucleinsäure (DNS) und Ribonucleinsäure (RNS).

Genfer Nomenklatur, auf dem Genfer Chemikerkongreß 1892 verabschiedete Vorschläge für die Namensgebung organisch-chemischer Verbindungen.

Gen|technologie, Genmanipulation. Die Veränderung des Erbguts von Zellen oder Organismen durch Übertragung fremder genet. Information (→DNS) geschieht durch die experimentelle Neukombination von DNS-Segmenten in Form von Genen oder Genteilen mit einem Transportmolekül aus DNS, dem ›Vektor‹, mit dem eine Empfängerzelle infiziert werden kann. Die Übertragung des genet. Materials erfolgt entweder in Form freier DNS (→Transformation) oder über Viren (→Transduktion). Durch die G. können best. DNS-Segmente, z. B. Gene, aus der gesamten genet. Information eines Organismus, dem **Genom**, isoliert werden. Diese Gene können durch Wachstum der Empfängerzellen vervielfacht werden **(Klonierung)**; Genprodukte, die Eiweiße, können in großen Mengen in hoher Reinheit gewonnen und wünschenswerte Genkombinationen hergestellt werden. Da die Klonierung von Genen aus Pflanzen, Tieren und dem Menschen in einer Wirtszelle möglich ist, werden die in der Natur vorhandenen Schranken überwunden, die den Austausch von genet. Informationen zw. verschiedenen Arten verhindern. Klonierte DNS kann in Wirtszellen durch Transcription und Translation in Eiweiße übersetzt werden. So wurden Peptidhormone (Insulin und Somatostatin) synthetisiert. Das Verfahren wird jetzt auch auf die Produktion vieler medizinisch wichtiger Eiweiße ausgedehnt, z. B. von Interferon; die Synthese von Antibiotika, Vitaminen und seltenen pharmakologisch wichtigen Substanzen rückt in den Bereich der Möglichkeiten.

Die Techniken der Molekularbiologie sind als solche ungefährlich. Bedenken hinsichtlich möglicher Risiken entstanden aus der Überlegung, daß sie unerwünschte Ergebnisse oder die Umwandlung existierender Krankheitserreger und die Veränderung ungefährl. Bakterien in Krankheitserreger möglich macht. Deshalb wurden von den einzelnen Staaten Richtlinien festgelegt, die den Umgang mit neukombinierter DNS gesetzlich regeln.

Geobiochemie, →Biogeochemie.

Geochemie, Lehre von der chem. Zusammensetzung und den chem. Veränderungen der →Erde in Raum und Zeit. Sie erforscht Art und Menge der die Gesteine aufbauenden Elemente, ihre Verteilung und Wanderung in den versch. Bereichen der Erde (Böden, Wasser) und Atmosphäre, in Mineralen und Gesteinen. Die G. hat das Ziel, Gesetzmäßigkeiten der Mineral- und Gesteinsbildung und -umwandlung, das Alter von Gesteinen, das vorzeitl. Klima und die Frühstadien der Entwicklung des Lebens auf der Erde zu erforschen. Außerdem liefert sie Grundlagen für die Kosmochemie. Auf Grund der Verteilung in best. Bereichen lassen sich atmophile, biophile, hydrophile, lithophile und siderophile Elemente unterscheiden.

Handbook of Geochemistry, hg. v. K. H. WEDEPOHL u. a., Bd. 1 (Heidelberg 1969), Bd. 2 (ebd. 1978); E. SCHROLL: Analyt. G., 2 Bde. (1975/76); H. J. RÖSLER u. H. LANGE: Geochem. Tabellen ([2]1976); Biogeochemistry of ancient and modern enviroments, hg. v. P. A. TRUDINGER (Heidelberg 1980).

geochemische Prospektion, Aufsuchen von →Lagerstätten z. B. durch Untersuchen von Gesteins-, Boden-, Pflanzen- und Wasserproben. Voraussetzung ist die Migration chem. Elemente und Gase von der Lagerstätte z. B. in Nebengestein, Böden oder Pflanzen.

Geochronologie, Teil der Geologie, der sich mit der Bestimmung des relativen und/oder absoluten (physikal.) Alters von Mineralen und Gesteinen und damit der Erde befaßt. Die **relative Zeitfolge** wird durch →Leitfossilien ermittelt (→geologische Systeme). **Absolute Altersbestimmungen** lassen sich vornehmen durch Auszählen von →Warven, mit Hilfe der →Dendrochronologie oder durch Vergleich der Sedimentationsgeschwindigkeit klast. Sedimente in Gegenwart und geolog. Vergangenheit. Bedeutung haben auch geophysikal. und geochem. Methoden der →Altersbestimmung.

Geodäsie, Vermessungskunde, die Wissenschaft von der Ausmessung und Abbildung der Erdoberfläche. Sie wird in die Erdmessung und die Landesvermessung sowie die Einzelvermessungen unterteilt. In der Erdmessung und der Landesvermessung müssen die Krümmungsverhältnisse und das Schwerefeld der Erde berücksichtigt werden, bei den Einzelvermessungen reicht i. a. eine Horizontalebene als Bezugsfläche für die Lagemessungen aus.

Die **Erdmessung** hat die Figur der Erde und das äußere Schwerefeld im Großen zu erfassen. Sie legt hierzu eine Anzahl von →Festpunkten 2) sowie die äußeren →Niveauflächen einschl. des →Geoids in einem geozentr. räumlichen Koordinatensystem fest. Ferner stellt sie das mittlere Erdellipsoid (→Erde) als optimales Erdmodell bereit. Zur Lösung dieser Aufgaben finden die Verfahren der →Satellitengeodäsie und die Ergebnisse der →Gravimetrie 2) Verwendung, auf den Kontinenten werden daneben die astronom. und geodät. Messungen der Landesvermessung benutzt.

Die **Landesvermessung** (→Landesaufnahme) stellt durch astronom. Ortsbestimmungen, →Triangulation, →Trilateration und →Polygonzüge die auf ein →Referenzellipsoid bezogenen Lagefestpunktfelder und durch →Nivellement sowie trigonometr. →Höhenmessung die auf eine Niveaufläche nahe dem Geoid (→Normal Null) bezogenen Höhenfestpunktfelder bereit.

Die **Einzelvermessungen** legen in Form der topograph., der Kataster- und der Ingenieur-Vermessungen die Detail-

Geochemie: chem. Zusammensetzung der Gesamterde
(Berechnungsversuch von H. S. WASHINGTON; Gew.-%)

39,8	Fe	3,2	Ni	0,39	Na	0,11	P
27,7	O	2,5	Ca	0,23	Co	0,07	Mn
14,5	Si	1,8	Al	0,20	Cr	0,04	C
8,7	Mg	0,64	S	0,14	K	0,02	Ti

Geochemie: chem. Zusammensetzung der Erdrinde
(Lithosphäre, Hydrosphäre und Atmosphäre in Gewichts-%)

49,50	O	1,95	Mg	0,048	S	0,015	Ni
25,80	Si	0,88	H	0,030	N	0,014	Sr
7,57	Al	0,41	Ti	0,029	Rb	0,014	V
4,70	Fe	0,19	Cl	0,028	F	0,0120	Zn
3,38	Ca	0,09	P	0,026	Ba	0,0100	Cu
2,63	Na	0,087	C	0,021	Zr		
2,41	K	0,085	Mn	0,019	Cr		

Geochemie: Mineralzusammensetzung des oberen Teiles der Erdkruste
(in Vol.-%)

Plagioklas	40,2	Glimmer	3,3
Kalifeldspat	17,7	Kalkspat	1,5
Pyroxen, Hornblende, Olivin	16,3	Tonminerale	1,0
Quarz	12,6		96,3
Oxid. Eisenerzminerale	3,7	andere Minerale (etwa 2000 Arten)	3,7
			100,0

formen der Erdoberfläche fest. Dabei dienen die topograph. und photogrammetr. Vermessungen der topograph. Landesaufnahme zur Herstellung der topograph. Landeskartenwerke (Maßstäbe 1:5000 bis 1:200000). Die → Katastervermessungen bilden die Grundlage für die Karten (1:500 bis 1:5000) des Liegenschaftskatasters, die auch in der Planung und Bodenordnung benötigt werden. Ingenieurvermessungen sind bei den verschiedensten bau- und kulturtechn. Projekten notwendig. Bei den Einzelvermessungen werden die Festpunktfelder der Landesvermessung soweit verdichtet, daß anschließend die Einzelobjekte terrestrisch durch Messen oder Absetzen von Winkeln (→ Winkelprisma, → Theodolit) und → Distanzen 2) (→ Tachymeter) sowie Nivellements oder photogrammetrisch aufgenommen werden können.

W. Jordan u. a.: Hb. der Vermessungskunde, 6 Bde., 5 Erg.-Bde. ([10]1956–72); W. Heiskanen u. H. Moritz: Physical geodesy (San Francisco 1967); W. Torge: G. (1975); W. Grossmann: Vermessungskunde, 1 ([15]1976), 2 ([12]1975), 3 ([11]1979).

geodätische Linie, Geodätische, kürzeste Verbindungslinie zweier Punkte auf einer regulären Fläche, in der Ebene Geraden, auf der Kugel Großkreisbögen; ein **geodätisches Dreieck** ist ein aus g. L. gebildetes Dreieck.

Geọden, Bez. für Konkretionen verschiedenster Zusammensetzung in Sedimentgesteinen; urspr. auch für die ›Mandeln‹ der → Mandelsteine.

Geodepression, → Oszillationstheorie.

Geodynạmik, urspr. die Lehre von den auf die Erde wirkenden Kräften. Neuerdings (v. a. seit dem Geodynamic Project 1968) wird der Begriff i. w. S. gebraucht: 1) Die **globale G.** befaßt sich mit den Bewegungen und Eigenschaften des Erdkörpers als Ganzes, so mit der Breitenschwankung, der Erdrotation, den Gezeitenkräften. – 2) Die **kontinentale G.** setzt sich auseinander mit den Bewegungen von Teilen der Erdoberfläche in kontinentalen und regionalen Ausmaßen, z. B. mit der Kontinentalverschiebung, der Plattentektonik, der Gebirgsbildung, mit isostat. Bewegungen. – 3) Die **lokale G.** betrachtet die Bewegung eines best. Ortes auf der Erdoberfläche infolge von Gezeitenkräften, meteorolog. Faktoren u. a. Geodynam. Untersuchungen werden bes. mit geolog., geophysikal., geomorpholog. und physikal. Methoden durchgeführt.

Geo|elẹktrik, Verfahren der angewandten → Geophysik zur Erforschung der Erdkruste und bes. zur Erschließung von Wasser- und Erzvorkommen. Dazu wird direkt oder indirekt – mit Ausnahme des Eigenpotentialverfahrens – die Leitfähigkeit best. Stellen der Erdkruste für den elektr. Strom gemessen. Beim **Eigenpotentialverfahren** werden die beim Kontakt von Grundwasser mit sulfid. Erzen entstehenden galvan. Ströme, bei der **tellur. Methode** die Änderung der Schwingungsvektoren der → Erdströme längs der Erdoberfläche gemessen. Künstl. elektr. Ströme werden benutzt bei der **Widerstandsmethode,** bei der der Spannungsabfall zw. zwei Punkten zur Ermittlung des scheinbaren elektr. Widerstands gemessen wird sowie bei der **elektromagnet. Methode,** die auch vom Flugzeug aus **(Aeroelektrik)** durchführbar ist. Bei letzterer wird Phase und Richtung des sich um einen unterird. Leiter ausbildenden elektromagnet. Feldes gemessen.

Geofaktọren, Begriff der Landschaftskunde für die raumerfüllenden und -gliedernden Erscheinungen und Wirkkräfte der Erdoberfläche oder Erdhülle, wobei z. B. Boden, Atmosphäre, Gewässer **anorgan. G.,** Pflanzendecke, Tierwelt **vitale, nicht geistbestimmte G.,** Menschheit, Einzelpersonen und ihre Werke **geistbestimmte G.** heißen. Je nach der Stärke der geistbestimmten G. werden **Natur-** oder **Kulturlandschaften** unterschieden.

Geofraktụr, bis zum Erdmantel reichender Tiefenbruch, → Lineament.

Gẹogas, Abk. für engl. **geopressurized gas** [dʒi:əʊpr'eʃəraɪzd gæs], Erdgas, das außerhalb normaler Erdgaslagerstätten in Tiefenwässern vorkommt, die, eingelagert in Gesteinen, unter abnorm hohem (im Vergleich zum theoret. hydrostat.) Druck stehen. Diese Wässer sind oft sehr heiß (500 °C und mehr) und enthalten v. a. Methan, das sich bei hohen Drücken und Temperaturen gut in Wasser löst.

Geognosie, veraltet für Geologie, Mineralogie und Lagerstättenkunde; **Geognọst,** Geologe.

Geographie, Erdkunde, Wissenschaft von den Land- und Meeresräumen der Erdoberfläche, entstanden aus dem Bestreben, die Erde und ihre Ressourcen zu erforschen und zu beschreiben. Sie befaßt sich mit der natürl. oder künstl. Umwelt des Menschen. Im Mittelpunkt ihres Interesses stehen die Elemente, Strukturen, Beziehungsgefüge und Prozesse des weltweiten Geosystems Mensch–Erde in räuml. Sicht. Eine genauere Kennzeichnung der Forschungsperspektiven kann durch eine Zusammenstellung geograph. Grundbegriffe oder Kategorien erfolgen; hierher gehören z. B. Entfernung, Richtung, räuml. Verknüpfungszusammenhang, Lage, räuml. Feld, Standortmuster, Standortvergesellschaftung, Interaktionsraum. – Die G. gliedert sich in **Länderkunde (Regionale G.)** und **allgemeine G.** mit den Teilgebieten **phys. G.** oder **Physio-G.** (Geomorphologie, Meeres- und Gewässerkunde, Klima-G., Bio-G.) und **Anthropo-** oder **Sozial-G.** (Bevölkerungs-, Siedlung-, Wirtschafts-, Verkehrs- und polit. G.). Zu diesen klass. Disziplinen ist in den letzten Jahren als moderne Basis die **theoret. G.** hinzugekommen, die vielfach mit quantitativen oder mathemat. Ansätzen arbeitet. Die **angewandte G.** stellt die Beziehungen zw. Wissenschaft und Praxis her.

Die Grundlage aller Forschung in der G. ist die unmittelbare Beobachtung in der Landschaft, die Feldarbeit, die Beschreibung, das Messen, Zeichnen, Photographieren und die kartograph. Fixierung (→ Kartographie). Die mittelbare Beobachtung stützt sich auf Karten, Bilder und Luftbilder, zuverlässige Reise- und Landschaftsbeschreibungen, statist. Quellen öffentlicher oder privater, auch eigener Erhebungen und Befragungen.

Geschichte. Schon in der grch. und röm. Antike befaßte sich die G. nicht nur mit der Beschreibung von Ländern und Küsten, sondern auch mit Erdmessung, kartograph. Darstellung und mit der Frage nach Ursache und Zusammenhängen erdräuml. Phänomene. Herodot, Eratosthenes, Ptolemäus und Strabo haben als Geographen grundlegende Beiträge zum antiken Weltbild geleistet. Im MA. führten arab. Geographen diese antike Tradition fort. Im Zeitalter der Entdeckungen (15. bis 17. Jh.) weitete sich die Kenntnis der Erdoberfläche rasch aus. Im 18. Jh. entsprach die G. den Erfordernissen der Politik durch genaue Staatenbeschreibungen auf statist. Grundlage. Als eine moderne Wissenschaft wurde die G. im 19. Jh. von den dt. Gelehrten A. von Humboldt (Phys. G.) und C. Ritter (Anthropo-G., Länderkunde) begründet.

Westermann Lexikon der G., 4 Bde. (1968–70), Reg.-Bd. (1972); Fischer-Länderkunde, 7 Bde. (1970–78); J. Schmithüsen: Gesch. der geograph. Wiss. (1970); H. Uhlig: Organisationsplan und System der G., in: Geoforum (1970); G. Bahrenberg: Räuml. Betrachtungsweise und Forschungsziele der G., in: Geogr.

Ztschr. (1972); A. HETTNER: Die G., ihre Gesch., ihr Wesen und ihre Methode (London, Nachdr. 1980); Fachbegriffe der G., hg. v. H. KIRSCH, 2 Bde. (1981).

geographische Ko|ordinaten sind die geograph. → Breite 2) und die geograph. → Länge. Beide zus. bestimmen die **geographische Lage** eines Ortes auf der Erdoberfläche.

Geohydrologie, Grundwasserhaushaltskunde, → Hydrogeologie.

Geoid *das,* Äquipotentialfläche des Erdschwerefeldes, die auf den Ozeanen genähert mit der mittleren Meeresoberfläche zusammenfällt und unter den Kontinenten fortgesetzt gedacht werden kann. Das G. dient als Bezugsfläche für die Höhenmessungen. Wegen quasikonstanter Effekte (Strömungen u. ä.) kann die mittlere Meeresoberfläche (Meeresflächentopographie) bis zu 2 m vom G. abweichen.

Geoid|undulation, Geoid|höhe, senkrechter Abstand zw. dem Erdellipsoid (→ Erde) und dem → Geoid, übersteigt kaum 100 m.

Geologenhammer, Hammer für die Feldarbeit des Geologen aus hochwertigem, hartem und zähem Stahl. Die Schlagfläche ist rechteckig, die Finne spitz oder zur Schneide geformt. (BILD Hammer)

Geologenkompaß, Spezialkompaß zur Messung von → Streichen und Fallen von geologischen Flächen, Klüften, Störungen u. a. mit Neigungsmesser (Klinometer), Libelle und Visiereinrichtung.

Geologie, Wissenschaft von Aufbau, Zusammensetzung und Geschichte der Erdkruste und von den Kräften, die die Entwicklung der Erde bestimmen. Die **allgemeine, physikal.** oder **dynamische G.** befaßt sich mit den endogenen und exogenen Kräften und Vorgängen, die die Erdkruste gestalten, die **Tektonik** mit dem Bau der Erdkruste. Die Veränderungen der Erdkruste in geolog. Zeiten untersucht die **histor. G.**, die der Erdoberfläche die **Paläogeographie.** Die **Paläoklimatologie** ist die Wissenschaft von den vorzeitl. Klimaverhältnissen, die **Paläontologie** die der Entwicklung der Lebewelt. In der **regionalen G.** werden die geolog. Verhältnisse best. geograph. Räume dargestellt. Die **angewandte G.** macht die Erkenntnisse der G. für Wirtschaft und Technik nutzbar, z. B. für den Bergbau **(Lagerstättenkunde)**, im Bauwesen **(Ingenieur-G.)**, für die Wasserwirtschaft **(Hydro-G.)** oder für die Land- und Forstwirtschaft **(Bodenkunde).**

Mit dem Aufbau der Planeten befaßt sich die **Kosmo-G.**, mit dem des Mondes die **Lunar-G.** – Pflegestätten der G. sind Hochschulinstitute, geolog. Ämter, geolog. Ges., internat. Geologenausschüsse und -vereinigungen.

Geschichte. Geolog. Fragen wurden seit dem Altertum und MA. erörtert, geolog. Forschung begann aber erst gegen Ende des 18. Jh. Im Laufe der Entwicklung zur Wissenschaft folgten: die Auseinandersetzung zw. ›Vulkanisten‹ (J. HUTTON) und ›Neptunisten‹ (A. G. WERNER), mit Werners ›Geognosie‹ das erste geschlossene Lehrgebäude, durch regionale Untersuchungen von L. VON BUCH, A. VON HUMBOLDT, J. K. FREIESLEBEN, L. PLAIFAIR, G. CUVIER und versch. andere bahnbrechende Ergebnisse. In der Folgezeit verhalfen CH. LYELL und K. VON HOFF dem → Aktualismus zur Geltung. Die zweite Hälfte des 19. Jh. war durch rege Tätigkeit auf allen Gebieten gekennzeichnet: G. BISCHOF begründete die chem. G., A. OPPEL und F. A. QUENSTEDT die Stratigraphie, K. F. NAUMANN, K. H. F. ROSENBUSCH und F. ZIRKEL die Petrographie und E. SUESS die tekton. Forschung.

H. CLOOS: Einführung in die G. (Nachdr. 1963); Lb. der Allg. G., hg. v. R. BRINKMANN, 3 Bde. (1967–74); ders.: Abriß der G., begr. v. E. KAYSER, 2 Bde. ([11]1975–77); Die Entwicklungsgesch. der Erde (bearb. Neuauflage, 1981); R. GRAUBNER: Lexikon der G. (Leipzig 1981); J. F. W. NEGENDANK: G. (1981).

geologische Formation, Grundeinheit der Lithostratigraphie (Gesteinseinheiten, ›Schichten‹), unterteilt in Folge, Paket, Packen, Band, Horizont, Bank usw. Zusammenfassungen von Formationen werden Gruppen, Systeme und Abteilungen genannt. Die lithostratigraph. Einheiten bilden die Grundlage für die abstrahierten Zeiteinheiten. Heute wird häufig die Bez. Formation als geolog. Zeiteinheit durch die Bez. System (→ geologische Systeme) oder → Periode 5) ersetzt.

geologische Karten, hg. von den staatlich-geolog. Ämtern, geben Auskunft über den geolog. Aufbau eines Gebietes. Die Darstellung erfolgt auf der Grundlage topograph. Karten durch zusätzl. Überdruck, dessen Farbton für jedes geolog. System festgelegt ist (durch Zeichen und Buchstaben für weitere Einzelheiten). G. K. werden meist im Maßstab 1:25000 veröffentlicht und schließen Profile und Erläuterungen ein. Erweitert und ergänzt werden die g. K. durch geomorpholog., bodenkundl., hydrogeolog., geophysikal. u. a. Karten. Neben der geolog. Spezialkarte werden von den geolog. Ämtern Übersichtskarten in versch. Maßstäben (1:50000 bis 1 Mio.) herausgegeben. – In **abgedeckten g. K.** ist der unter lockeren Ablagerungen des Quartärs anstehende Untergrund dargestellt.

geologische Orgeln, Erd|orgeln, zylindr., kessel- und schlotförmige Eintiefungen oder Hohlräume an der Erdoberfläche, in Kalkstein, Gips oder verfestigten eiszeitl. Schottern; durch Auslaugung oder Verwitterung entstanden, häufig mit lockerem Schutt angefüllt.

geologische Systeme, früher **geolog. Formationen,** internat. Bez. für die innerhalb einer → Periode 5) durch Ablagerung entstandene Schichtenfolge. Ein g. S. ist durch → Leitfossilien gekennzeichnet. Mehrere g. S. werden zu einer **Gruppe (Ära)** zusammengefaßt und in **Abteilungen (Serien/Epochen)** gegliedert, diese in **Stufen,** die Stufen in **Zonen.** (BILDER S. 188/189)

geologische Thermometer, festliegende Schmelz-, Umwandlungs- oder Entmischungstemperaturen von Mineralen, aus denen sich die Bildungs- und/oder Umwandlungstemperaturen der betreffenden Gesteine erschließen lassen. Auch Eigenheiten der Struktur von Kristallen oder von Gas- und Flüssigkeitseinschlüssen sowie das Auftreten best. Mineralparagenesen (→ Paragenese) sind als g. T. geeignet.

Geomagnetik, Magnetik, Verfahren der angewandten → Geophysik zur Erforschung der obersten Erdkruste. Untersucht werden bes. die Anomalien des normalen → erdmagnetischen Feldes, da sie Besonderheiten des → Gesteinsmagnetismus oder Lagerungsunterschiede der Gesteine anzeigen, die Rückschlüsse bes. auf Erze zulassen. Die **Aeromagnetik** arbeitet vom Flugzeug aus. Als Meßgeräte dienen → Feldwaage und → Magnetometer.

Geomagnetismus, svw. → Erdmagnetismus.

Geomechanik, Wiss., die geotekton. Vorgänge physikalisch-mechanisch zu deuten versucht und in der Fels- und Gebirgsmechanik praktisch angewendet wird.

Geometrie, Teilgebiet der Mathematik, die Lehre von den Eigenschaften der Figuren, unabhängig von deren Lage in der Ebene oder im Raum.

G. in diesem urspr. Sinne heißt **synthetische G.**, weil sie die Figuren als Ganzes behandelt. Neben sie tritt die **analytische G.**, in der die Punkte der Ebene und des Raumes

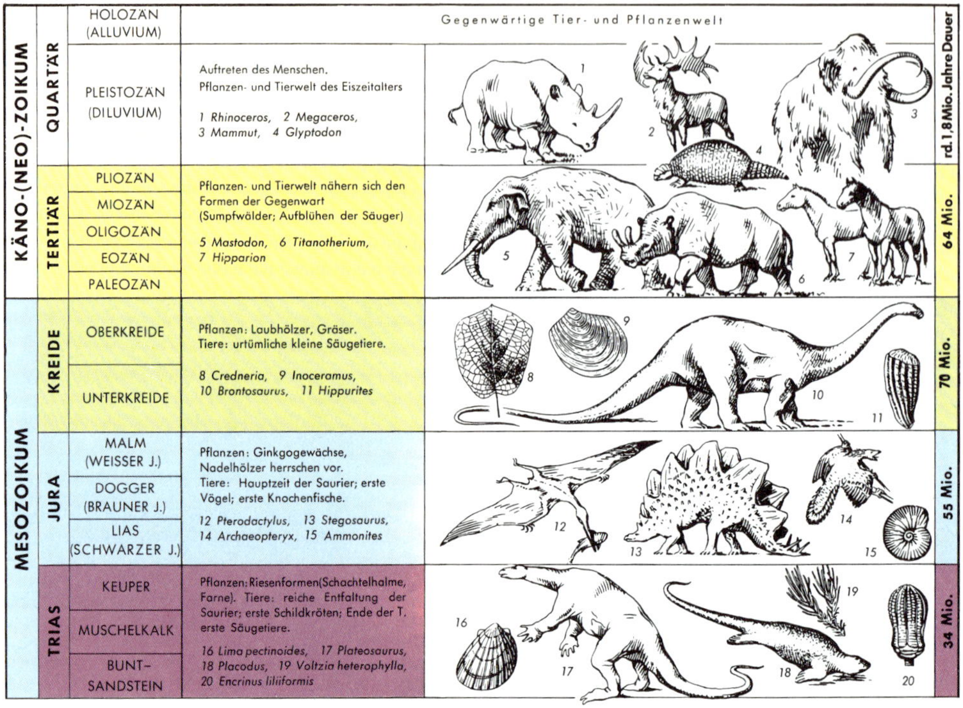

Geologische Systeme

durch Koordinaten bezüglich eines Koordinatensystems, also durch Zahlenpaare und Zahlentripel, festgelegt werden (→ analytische Geometrie). Dieser Zusammenhang zw. G. und Algebra ermöglicht es, entweder die G. auf die Lösung algebraischer Aufgaben anzuwenden oder geometr. Probleme algebraisch zu behandeln.

Ein (synthet.) axiomat. Aufbau der elementaren G. wurde schon um 300 v. Chr. von EUKLID in seinen ›Elementen‹ angegeben. Inhaltlich war diese Theorie des heute als **euklidische G.** der Ebene oder des Raumes bezeichneten Teilgebietes schon recht vollständig. Lücken in der Argumentation, v. a. bezüglich der Anordnung und Stetigkeit, wurden später geschlossen. Begrifflich unterscheidet sich Euklids Darstellung von heutigen axiomat. Theorien wesentlich dadurch, daß Euklid auch die Grundbegriffe (z. B. Punkt: ›etwas, das keine Teile besitzt‹), noch ›erklärt‹. Nach heutiger Auffassung darf den Grundbegriffen keine inhaltl. Bedeutung gegeben werden. In der Darstellung der ebenen euklid. G. durch D. HILBERT (etwas abgewandelt) werden als Grundbegriffe Punkte und Geraden und als Grundbeziehungen Inzidenz, Zwischenbeziehung und die Kongruenz für Strekken verwendet. Die Axiome sind in fünf Gruppen zusammengefaßt: Inzidenz-, Anordnungs-, Kongruenz-, Parallelen- und Stetigkeitsaxiome.

Die große Menge geometr. Sätze läßt sich in folgender Weise ordnen: Man rechnet diejenigen Sätze und Axiome zur **euklidisch-metrischen G.,** die von solchen Eigenschaften der Figuren handeln, die sich nicht ändern bei Bewegungen der Figuren, z. B. Rechtwinkligkeit eines Dreiecks. Zur **affinen G.** gehören analog die Sätze, die von den Eigenschaften der Figuren handeln, die sich nicht ändern bei affinen Abbildungen, also bei solchen Abbildungen der Ebene oder des Raumes auf sich, bei denen wenigstens das Verhältnis der Abstände je zweier Punktepaare auf einer Geraden invariant ist, z. B. Parallelsein zweier Geraden. Die affinen Transformationen bilden, ebenso wie die Bewegungen, eine → Gruppe 2). Bettet man den Raum in den, auch noch die ›unendlich fernen Punkte‹ berücksichtigenden, projektiven Raum ein, so gibt es wieder eine Gruppe von Transformationen, nämlich die Projektivitäten, die zu der **projektiven G.** führen. In dieser spielt das Prinzip der → Dualität eine große Rolle. Die Frage, ob das Parallelenaxiom aus den anderen Axiomen hergeleitet werden kann, wurde erst durch die Entwicklung einer → nichteuklidischen Geometrie **(hyperbol. G.)** z. B. durch C. F. GAUSS, J. v. BOLYAI und N. I. LOBATSCHEWSKI verneinend geklärt. In der hyperbol. G. wird die Verneinung des Parallelenaxioms als Axiom verwendet. Die Entwicklung der projektiven G. ermöglichte es, geometr. Sachverhalte oft sehr übersichtlich darzustellen und Beziehungen zw. geometr. Eigenschaften zu untersuchen. Dies gilt bes. für die analyt. Behandlung der projektiven G., wenn auch komplexe Koordinaten zugelassen sind. Geometr. Eigenschaften können im projektiven Raum u. a. durch Invarianz gegenüber Untergruppen der projektiven Gruppe definiert oder untersucht werden. Systematisch wurde dies von F. KLEIN im ›Erlanger Programm‹ vorgeschlagen.

Verlangt man nicht mehr, daß bei den Transformationen eine Gerade wieder in eine Gerade übergeht, sondern nur noch die Stetigkeit dieser Abbildungen, so kommt man zur → Topologie, die sich mit den Zusammenhangsverhältnissen der Figuren befaßt. – So gehört zu jeder dieser G. eine Gruppe, und es gilt das Prinzip, daß, je weniger Transformationen in einer dieser Gruppen enthalten sind, desto größer die Reichhaltigkeit der Sätze der zugehörigen G. ist.

Die Methode, Transformationsgruppen zur Behandlung geometr. Fragen heranzuziehen, entwickelte sich v. a. bei der analyt. Behandlung der G.; sie hat die G. stark beeinflußt. Sowohl in der Differential-G. als auch in den Grundlagen der G. werden vielfach Gruppen verwendet. Durch die Einführung projektiver oder affiner Räume mit Hilfe von Vektorräumen können damit Methoden der linearen und multilinearen Algebra zur Untersuchung geometr. Fragen verwendet werden. Die Theorie von Bilinearformen wird z. B. zur Untersuchung von Quadriken (Nullstellengebilden von quadrat. Formen) oder zur Einführung und Behandlung von Metriken verschiedener Art herangezogen. Dies ist als weitgehende Verallgemeinerung der Tatsache anzusehen, daß im dreidimensionalen euklid. Raum der Abstand zweier Punkte durch den Satz des Pythagoras berechnet werden kann. Die Untersuchung von Nullstellenmengen algebraischer Gleichungen höheren Grades führte zur **algebraischen G.** In dieser werden heute abstrakte Verallgemeinerungen solcher Gebilde mit neu entwickelten algebraisch. Methoden untersucht.

Die **Differential-G.** entstand aus der analyt. G. durch Verwendung von Methoden der Analysis zur Untersuchung von Kurven und Flächen im dreidimensionalen euklid. Raum. Auf der Grundlage von Ideen von B. RIEMANN entwickelte sich der Begriff der differenzierbaren → Mannigfaltigkeit, der den heutigen Untersuchungen zugrunde liegt. Für diese werden nur Eigenschaften in der Umgebung eines Punktes gefordert, so daß genügend ›Freiheit‹ für das geometr. Verhalten insgesamt bleibt. Durch Zusatzforderungen können viele Phänomene erfaßt werden. So führte Riemann lokal metr. Eigenschaften ein, die eine zusammenhängende Mannigfaltigkeit zu einem metr. Raum machen. Durch die Vielfalt der mögli-

GEOLOGISCHE SYSTEME

PALÄOZOIKUM	PERM	ZECHSTEIN	Pflanzen: erste Nadelhölzer. Tiere: weitere Entfaltung des Wirbeltierstammes	55 Mio.
		ROTLIEGENDES	*21 Platysomus, 22 Palechinus elegans, 23 Stegocephalus*	
	KARBON	OBERKARBON	Pflanzen: erste Wälder (Bärlappe, Schachtelhalme). Tiere: erste Kriechtiere und Lurche.	65 Mio.
		UNTERKARBON	*24 Alloiopteris, 25 Palmatopteris, 26 Sphenopteris* } Farne; *27 Meganeura, 28 Lepidodendron, 29 Cordaites, 30 Sigillaria*	
	DEVON	OBERDEVON	Pflanzen: erste Baumformen (Urfarne). Tiere: erste Insekten; größte Mannigfaltigkeit der Fische	50 Mio.
		MITTELDEVON	*31 Pterichthys, 32 Cupressocrinus, 33 Archaeopteris, 34 Gemündina, 35 Lasanius, 36 Coccosteus, 37 Taeniocrada*	
		UNTERDEVON		
	SILUR (Gotlandium)	OBERSILUR	Pflanzen: Ende des S. erste Landformen (Nacktpflanzen). Tiere: Entwicklung der Panzerfische; erste Landtiere: Gliederfüßler	40 Mio.
		UNTERSILUR	*38 Ophioceras, 39 Omphyma, 40 Acidaspis, 41 Birkenia, 42 Spirograptus*	
	ORDOVIZIUM	OBER-ORDOVIZIUM	Erste Fische bzw. fischähnliche Tiere (Rundmäuler)	65 Mio.
		MITTEL-ORDOVIZIUM	*43 Graptolithenkolonie, 44 Bellerophon, 45 Illaenus, 46 Platystrophia, 47 Caryocrinus*	
		UNTER-ORDOVIZIUM		
	KAMBRIUM	OBER-KAMBRIUM	Leben nur im Meer. Einzige Pflanzen: Algen. Tiere: alle Stämme der Wirbellosen; noch keine Wirbeltiere	70 Mio.
		MITTEL-KAMBRIUM	*48 Paradoxides, 49 Lingulella, 50 Medusites (Quallenabdruck) 51 Orthis, 52 Olenus truncatus*	
		UNTER-KAMBRIUM		
PRÄKAMBRIUM:	PROTEROZOIKUM, erste Spuren des Lebens; ARCHAIKUM, noch ohne Leben		mehr als 2400 Mio. Jahre Dauer	

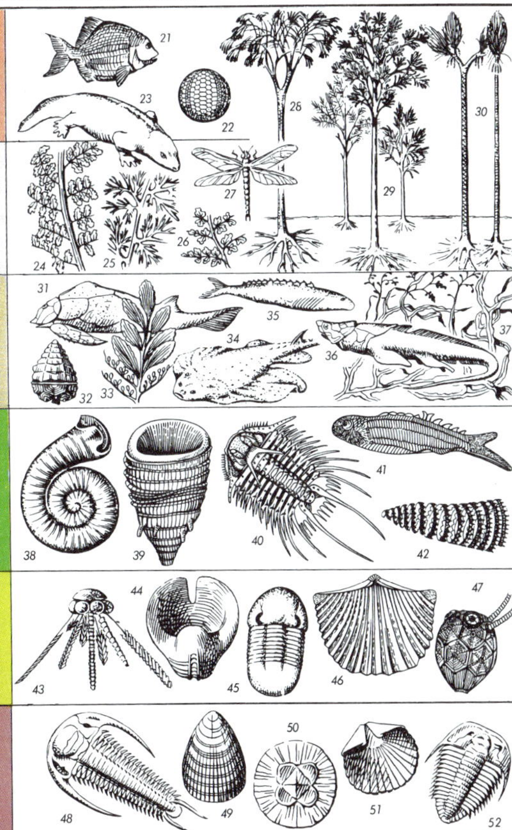

chen lokalen Eigenschaften erhält man verschiedenartigste (metr.) Räume. Die **Riemannsche G.** ist auch Grundlage der Relativitätstheorie. Diese und andere Begriffe wurden weiter verallgemeinert. Die Untersuchung von lokalen Eigenschaften (z. B. Krümmungsverhalten) und ihre Auswirkungen auf die Mannigfaltigkeit als Ganzes (globale Fragen) sind wichtige Fragestellungen der Differential-G. Andere Probleme werden in der Differential-Topologie untersucht.

H. MESCHKOWSKI: Grundlagen der euklidischen G. ([2]1974); D. HILBERT: Grundlagen der G. ([12]1977); R. LINGENBERG: Grundlagen der G. ([3]1978); H. S. M. COXETER: Unvergängl. G. (a. d. Engl., 1981); R. MILLMAN: Geometry (Heidelberg 1981).

geometrische Reihe, unendliche Reihe der Form $\sum_{n=0}^{\infty} aq^n = a + aq + aq^2 + aq^3 + \ldots$, sie konvergiert für $|q| < 1$ und dann gilt $\sum_{n=0}^{\infty} aq^n = a(1-q)^{-1}$; gelegentlich wird auch eine endl. Summe der obigen Form als g. R. bezeichnet, für die Summe von $k+1$ Gliedern gilt dann

$$\sum_{n=0}^{k} aq^n = \frac{a(q^k - 1)}{q-1}.$$

geometrischer Ort, Gesamtheit aller Punkte, die eine best. geometr. Eigenschaft besitzen, z. B. die → Kegelschnitte.

geometrisches Mittel, → Mittelwert.

Geomorphologie, Wissenschaft vom Formenschatz (Relief) der Erdoberfläche; soll die Vielfalt der Einzelformen erkennen, beschreiben und ordnen, ihre Entstehung und Umwandlung klären sowie die Gesetzmäßigkeit ihrer Verbreitung und den Zusammenschluß zu Formengruppen feststellen. Sie ist Teilgebiet der allgemein. Geographie; enge Beziehungen bestehen zur Geologie, Petrographie, Geophysik, Bodenkunde und Klimatologie.

Die **analyt. G.** untersucht alle an der Formung der festen Erdoberfläche beteiligten Vorgänge (Verwitterung, Bodenbildung, Massenbewegungen, Abtragung, Ablagerung) und die dadurch geschaffenen Einzelformen. Da diese meist in Formengruppen auftreten, versucht die **synthet. G.,** sie nach ihren gemeinsamen Zügen zu geomorpholog. Landschaftstypen zusammenzufassen und ein System geomorpholog. Formationen aufzustellen. Die ›geomorphologische Analyse‹ ermöglicht vielfach Aussagen über junge Krustenbewegungen, die geologisch-tektonisch nicht faßbar sind, oder über ehemalige andere geograph., speziell klimat. Verhältnisse (z. B. Moränen als Formen des Eiszeitalters).

Geophon *das,* elektr. Schwingungsaufnehmer für Erdschwingungen in der Erdbebenforschung und für geophysikal. Zwecke (→ Seismik).

Geophysik, Teilgebiet der Physik, das sich mit der Erforschung der physikal. Erscheinungen auf, über und in der Erde mit physikal. Methoden befaßt. Zur G. i. w. S. gehören die Physik der Lufthülle mit den Spezialgebieten → Meteorologie, → Aeronomie und Ionosphärenforschung (→ Ionosphäre); zur G. i. e. S. zählen die → Gravimetrie, die Erdbebenkunde, die Erscheinungen der → Erdwärme, des → erdmagnetischen Feldes sowie der

Geophysik: Schema geophysikalischer Erkundungsmethoden

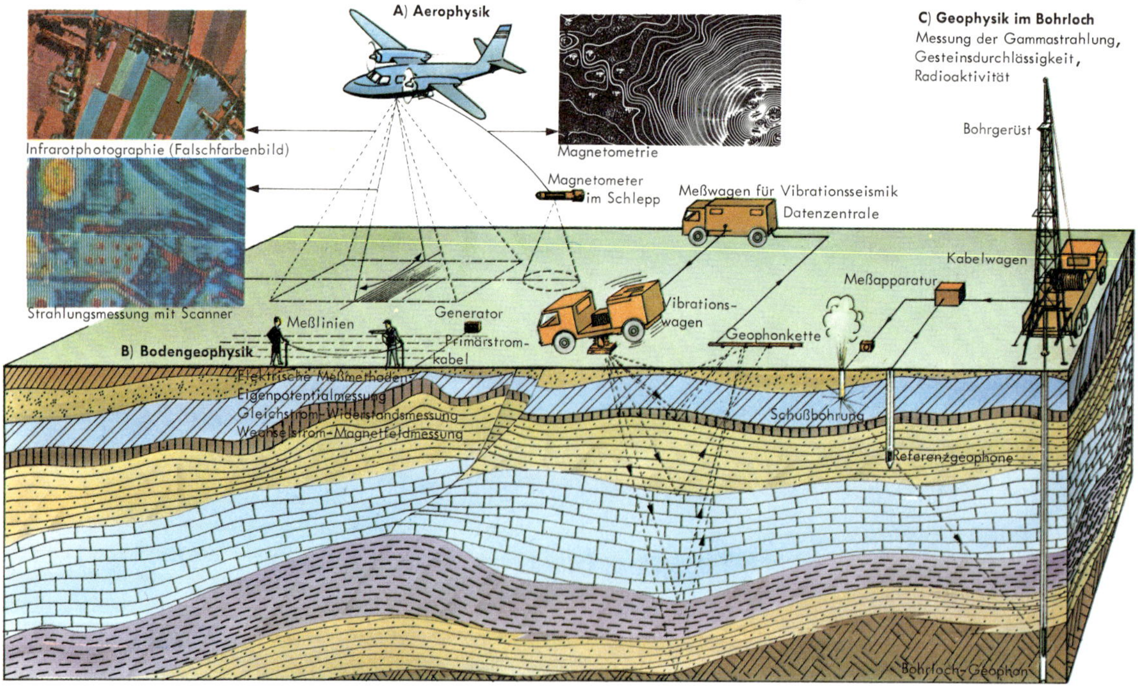

physikal. Aufbau der Erde. In der **angewandten G.** werden die gewonnenen Erkenntnisse für das Aufsuchen von nutzbaren Lagerstätten und wasserführenden Schichten sowie bei Baugrunduntersuchungen nutzbar gemacht (→ Aufschlußverfahren) → Geoelektrik, → Geomagnetik, → Seismik.

W. KERTZ: Einführung in die G., 1 (1969), 2 (1971); G. DOHR: Applied geophysics (Stuttgart 1981).

Geopotential, Potential der → Schwerkraft der Erde, gemessen durch die Arbeit, die gegen die Schwerkraft geleistet werden muß, um die Masseneinheit vom Meeresniveau bis zu einem best. Punkt zu heben. – Das G. wird durch Gebirge, Lagerstätten und andere Unregelmäßigkeiten der Erdkruste beeinflußt, deren Wirkung auf die Schwere mit einem Gravimeter gemessen werden kann. Erdweite Meßwerte zur Bestimmung des G. liefern die Schwankungen der Bahnen künstl. Erdsatelliten. – Eine Fläche gleichen G. ist das → Geoid.

geordnete Menge, Kette, Menge mit einer verbindenden Ordnungsrelation, z. B. die Menge der reellen Zahlen mit der Kleiner-Beziehung (<) als Ordnungsrelation.

geordnetes Paar, ein besonderes → n-Tupel.

Georgi-Glashow-Theorie [-glˈæʃəu-, n. den amerikan. Physikern H. Georgi und S. L. Glashow, *1932], Ansatz zur Vereinigung der starken, schwachen und elektromagnet. → Wechselwirkung.

Geosphäre, Erdhülle, umfaßt die sich berührenden und durchdringenden Teile von Litho-, Hydro- und Atmosphäre (Erde, Wasser, Luft). Mit Leben erfüllt, erstreckt sich innerhalb der G. die → Biosphäre. Die G. ist Forschungsobjekt der Geographie.

geostationäre Umlaufbahn, Synchronbahn, Stationärbahn, Satellitenkreisbahn um die Erde in etwa 36000 km Höhe über dem Äquator. Da die Winkelgeschwindigkeit eines in dieser Höhe befindl. Satelliten mit der irdischen übereinstimmt, hat er über dem Äquator relativ zu Orten auf der Erde stets die gleiche Position; Voraussetzung für Kommunikationssatelliten (→ Satellit).

Geosynklinale, relativ schmaler (einige 100 km Breite), oft sehr langgestreckter, sich über lange Zeit vertiefender, in Schwellen und Tröge gegliederter Meeresraum. In ihm häuft sich der Abtragungsschutt (Sedimentdicke bis > 10000 m) benachbarter Festländer, der **Geantiklinalen.** Durch seitl. Einengung werden die G.-Sedimente gefaltet, so daß G. die Ursprungsstätten von Faltengebirgen sind. Diese **Orthogeosynklinalen** stehen i. Ggs. zu **Parageosynklinalen,** das sind unregelmäßige, mit geringmächtigen Ablagerungen gefüllte epikontinentale Becken. G. stehen wahrscheinlich mit → Lineamenten in Zusammenhang.

Geotechnik, Sammelbegriff für alle Anwendungen der Kenntnisse von Wechselbeziehungen der Geologie mit der Bautechnik (→ Ingenieurgeologie).

Geotektonik, Lehre vom Bau der Erdkruste, von den Ursachen und Mechanismen ihrer Entwicklung und etwaigen Massenverlagerungen in der Tiefe. Untersuchungen darüber werden seit neuerem in internat. interdisziplinärer Zusammenarbeit durchgeführt. Deutung durch versch. **geotekton. Hypothesen:** Schrumpfungs- oder → Kontraktionstheorie, → Erdexpansion, → Pulsationstheorie, → Unterströmungstheorie, → Oszillationstheorie, → Undationstheorie, → Kontinentalverschiebungstheorie, heute bes. die → Plattentektonik.

geotektonischer Zyklus, → Zyklentheorie.

Geothermie, Arbeitsgebiet der Geophysik, das sich mit der physikal. Erscheinung der → Erdwärme befaßt. Mit den Methoden der G. lassen sich vulkan. Gebiete, Wärmeanomalien, u. ä. abgrenzen und eventuell tekton. Störungen feststellen.

Geothermik, svw. die → Erdwärme.

geothermisches Kraftwerk, Vulkankraftwerk, ein → Dampfkraftwerk, dem Dampf aus dem Erdinnern zugeführt wird. G. K. werden in Gegenden mit vulkanischer Tätigkeit errichtet, sie setzen Erdwärme (in Form von heißem Wasserdampf) in elektr. Energie um. Die Erdwärme wird auch zur Warmwasserversorgung und Fernheizung genutzt.

geothermische Tiefenstufe, Maßzahl für die Zunahme der → Erdwärme, ausgedrückt als Tiefe in m in Richtung zum Erdmittelpunkt, in der die Temperatur um 1 °C zunimmt, im Mittel 33 m, in Extremfällen < 10 m in vulkanogenen Gebieten, > 100 m in kristallinen Schilden **(geothermische Anomalien).** Größere Schwankungen sind abhängig von Wärmeleitfähigkeit der Gesteine, Wärmequellen (Magmenherde), Radioaktivität u. a. Einflüssen.

Geotumor, → Oszillationstheorie.

Geowissenschaften, Fachbereich, der sich mit der Erforschung und Lehre von der Erde zw. Erdinnerem und der Außengrenze der Lufthülle befaßt. Zu den G. gehören alle Wissenschaften, die sich mit der Erde als menschenbelebtem und -genutztem Himmelskörper beschäftigen: Geophysik, Mineralogie, Petrologie, Paläontologie, Geologie, Hydrologie, Ozeanographie, Völkerkunde, Geodäsie, Meteorologie und die Geographie, in der sich bis zum Anfang des 19. Jh. die Einheit der aufgeführten Einzelwissenschaften manifestierte.

geozentrisch heißt der Ort, an dem ein Himmelskörper vom Erdmittelpunkt aus gesehen an der Sphäre erscheint, im Unterschied zum heliozentr. Ort. Als **geozentrische Weltsysteme** werden solche Vorstellungen bezeichnet, in denen die Erde als im Zentrum der (endlichen) Welt ruhend angenommen wurde, z. B. das Platon., das Aristotel., das ›Ägyptische‹, das → Ptolemäische Weltsystem und das → Tychonische Weltsystem mit ihren Abwandlungen (→ Astronomie).

Gerade, Grundbegriff der Geometrie, eine ›gerade‹, d. h. nicht gekrümmte, nach beiden Seiten nicht begrenzte Kurve (i. Ggs. zu Strahl und Strecke); zu zwei nicht aufeinanderliegenden Punkten A und B gibt es genau eine G. durch diese beiden Punkte. Es gibt verschiedene Formen von **Geradengleichungen,** die allgemeine Gleichung einer G. in kartesischen Koordinaten hat die Form $Ax + By + C = 0$, ist $B \neq 0$, kann man die Gleichung auf die **Normalform der G.** $y = mx + n$ bringen, $m = \tan \alpha$ bedeutet dabei die Steigerung der G., n den Wert auf der y-Achse, in dem die G. die y-Achse schneidet. Weitere oft gebrauchte G.-Gleichungen sind die → Hessesche Normalform und die → Zweipunkteform.

Die Parameterdarstellung einer G. im Raum durch einen Punkt P des Raumes mit zugehörigem Ortsvektor $\boldsymbol{a}$ und die durch den Vektor $\boldsymbol{b}$ gegebene Richtung lautet $x = \boldsymbol{a} + t\,\boldsymbol{b}$, wobei für den Parameter t gilt $-\infty \leqq t \leqq +\infty$.

gerade Aufsteigung, gerade Absteigung, die Rektaszension (→ astronomische Koordinaten).

gerade Funktion, Funktion $y = f(x)$, für die gilt $f(a) = f(-a)$ für alle a, z. B. ist die Winkelfunktion $y = \cos x$ eine g. F.

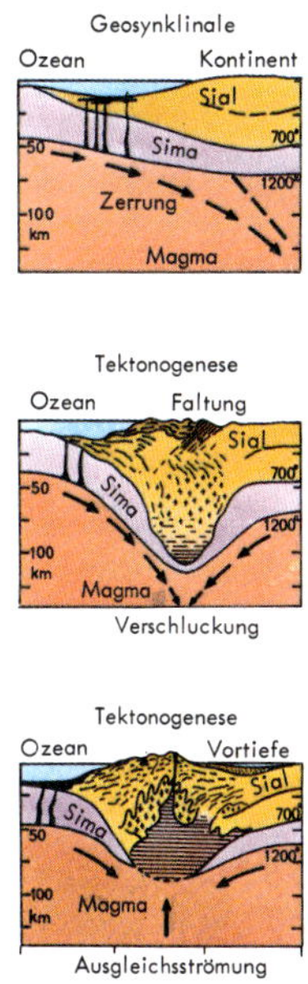

Geosynklinale: Faltung und Aufsteigen der gefalteten Gebirge

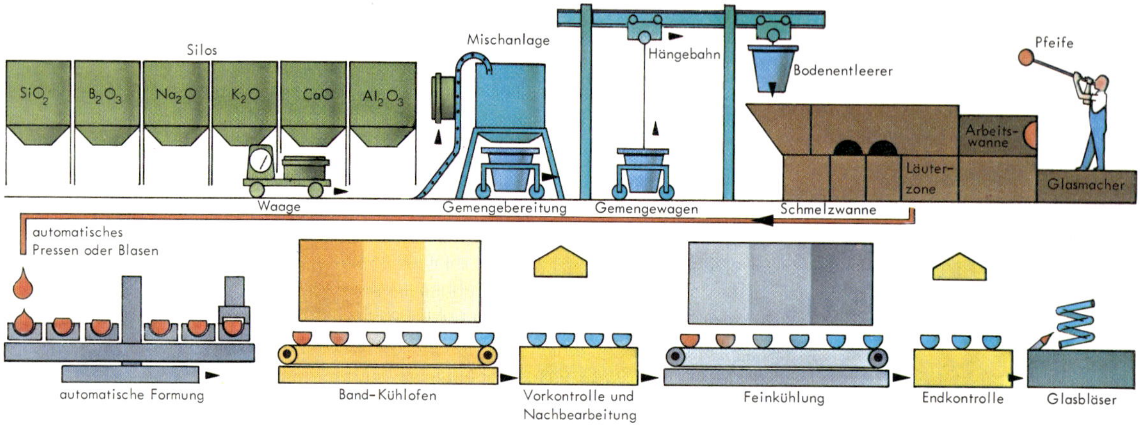

Geräteglas: Herstellung technischer Apparategläser

gerade Zahlen, die durch die Zahl 2 ohne Rest teilbaren natürl. Zahlen; 2, 4, 6, . . .

Geradführung, Mechanismus zur genauen oder angenäherten Führung von Punkten auf einer Geraden. Mathematisch genaue G. arbeiten wegen der notwendigen hohen Zahl von Gliedern und Gelenken praktisch weniger befriedigend als nur angenäherte G. Diese sind meist viergliedrige →Gelenkgetriebe und verwenden Koppelpunkte, deren Bahnen in begrenzten Bereichen praktisch mit einer Geraden zusammenfallen.

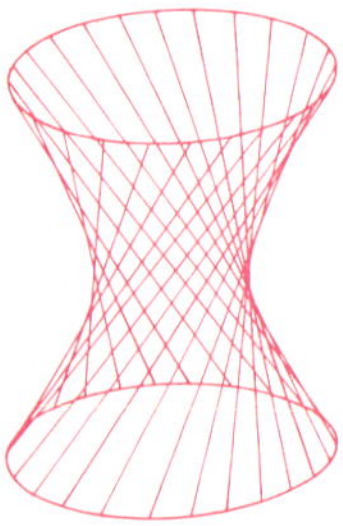

geradlinige Fläche: einschaliges Hyperboloid

geradlinige Fläche, Regelfläche, jede, i. a. gekrümmte, Fläche, die durch die Bewegung einer Geraden im Raum erzeugt wird, z. B. Kegel, Zylinder, einschaliges Hyperboloid.

Geraniol, rosenartig riechender, ungesättigter Terpenalkohol. G. wird aus Palmarosa- oder Citronellöl isoliert und als Riechstoff verwendet. Es ist stereoisomer (→Stereochemie) mit Nerol.

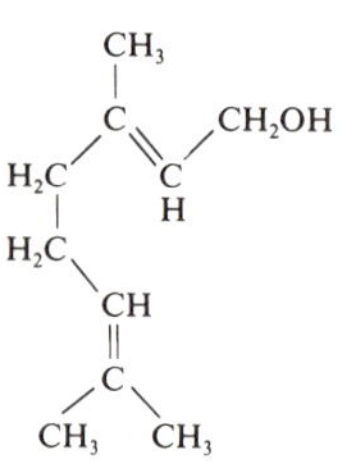

Geraniol

Geräteglas, gegen chem. Angriff und plötzl. Temperaturwechsel widerstandsfähiges Glas für techn. und wissenschaftl. Apparate und Geräte. Einfache G. werden erschmolzen aus Sand-Soda-Kalk-Tonerde oder aus Sand-Pottasche-Kalk. Heute werden fast ausschließlich hochwertige G. verwendet (meist Borosilikatgläser oder Quarzglas).

Gerätesteckvorrichtung, eine →Steckvorrichtung, die es gestattet, ein elektr. Gerät von seiner bewegl. Anschlußleitung zu lösen, gebräuchlich z. B. bei tragbaren Phono-Geräten für wahlweisen Netz- oder Batteriebetrieb. Dabei befinden sich die Steckdose an der Leitung und der Stecker fest am Gerät, damit die Steckerstifte im ungesteckten Zustand nicht unter Spannung stehen können.

Geräteträger, Bauart des →Ackerschleppers mit über der Hinterachse angeordnetem Motor- und Getriebeblock und ein oder zwei davor liegenden Holmen zur wechselweisen Anbringung der verschiedensten Geräte und Maschinen im Blickfeld des Fahrers.

Geräusch, Schallereignis ohne definierte Tonhöhe und Klangfarbe (→Ton, →Klang), hervorgerufen durch nicht periodische Druckschwankungen. Bei der Nachrichtenübertragung die Gesamtheit aller akustisch wahrnehmbaren →Störsignale.

Geräusch|abstand, das in Dezibel (dB) angegebene Verhältnis von Nutzspannung zu Geräuschspannung eines Signals, z. B. bei einem Niederfrequenzverstärker. (→Störsignal)

Geräuschmesser, Gerät zur Lautstärkemessung (→Lautstärke, →Schallpegelmesser).

gerben, Leder aus Tierhäuten in Gerbereien herstellen; i. e. S. die im Äscher enthaarten Häute mit →Gerbstoffen behandeln. Hierbei imprägnieren sich die Fasern des bindegewebigen Teils der Haut mit Gerbstoffen; beim späteren Trocknen bleiben sie getrennt, wofür zusätzlich Lederfettungsmittel wie oxidierte Seetiertrane (→Sämischgerbung) beitragen; auch wäßrige Fettemulsionen werden in die noch nicht getrockneten Häute eingewalkt.

Gerber|träger [n. dem dt. Bauingenieur H. Gerber, *1832, †1912], **Gelenkträger,** über mehrere Stützen durchlaufender Träger mit →Gelenken 1), angewendet bes. im Stahl- und Holzbau. Es sind entweder je ein Gelenk in jedem Feld oder jeweils zwei Gelenke in jedem zweiten Feld so angeordnet, daß entweder die größten Biegemomente oder die Durchbiegungen am kleinsten werden.

Gerb|extrakt, durch Heißauslaugen zerkleinerter Rinden, Hölzer, Früchte oder Blätter von Gerbstoff enthaltenden Pflanzen gewonnener Extrakt. Durch Eindicken erhält man feste G. in Block- oder Pulverform.

Gerbsäuren, pflanzl. Substanzen phenolischer Natur, die sich mit Eisensalzen dunkelviolett oder grün färben, Leim- und Alkaloidlösungen fällen und z. T. als Gerbstoffe der Lederherstellung dienen. Über Gallusgerbsäure →Tannine.

Gerbstoffe, wasserlösliche organ. oder synthet. Verbindungen, mit denen tier. Häute in Leder umgewandelt werden.

Die organischen G. sind die pflanzl. Gerbsäuren, die aus Holz, Rinden, Früchten, Blättern oder Gallen gewonnen werden. Wichtigster Gerbstofflieferant ist das Quebrachoholz. Gleiche wirtschaftl. Bedeutung hat der G. der Rinden einiger schnellwüchsiger Akazien. Die ertragreichste Gerbstoffpflanze Indiens und Ceylons ist der

Baum **Terminalia chebula;** sein Fruchtfleisch enthält bis zu 50% G. In europ. Ländern werden Gerbextrakte aus dem Holz von Eichen und Edelkastanien gewonnen. Weitere organische G. sind Aldehyde und Dialdehyde, die bei der Gerbung mit Seetiertranen entstehen (→ Sämischgerbung). **Synthetische G. (Syntane)** werden bes. aus Phenol, Kresol, Brenzkatechin, Naphtholen und Naphthalin erhalten.

Der wichtigste anorganische G. ist basisches Chromsulfat, $Cr(OH)SO_4$. Während eine Gerbung mit pflanzl. G. oder mit Syntanen bereits ein brauchbares Leder hervorbringt, muß die Chromgerbung durch eine wirksame Emulsionsfettung (→ Licker) ergänzt werden. Besondere Effekte werden durch Aufeinanderfolge von Chromgerbung und pflanzl. oder synthet. Gerbung oder umgekehrt erreicht. Weitere anorgan. G. sind die basischen Sulfate von Zirkonium und Aluminium. Mit Zirkoniumsulfat lassen sich reinweiße, lichtechte Leder herstellen. Aluminiumsulfat dient bes. zur Herstellung von Glacéleder und Pelzen.

Gerinne, Bett eines natürl. oder künstl. Wasserlaufs.

Gerippebau, → Skelettbauweise.

Germanate, Salze die → Germanium im Anion enthalten.

Germanisches Becken, Sedimentationsgebiet (Senkungszone) in Mitteleuropa, in der vom Zechstein bis Tertiär mächtige Sedimente abgelagert wurden.

Germanium, chem. Symbol **Ge,** chem. Element aus der 4. Hauptgruppe des Periodensystems, Ordnungszahl 32 (→ chemische Elemente) mit fünf stabilen natürl. und mehr als zehn radioaktiven Isotopen. G. ist ein sehr sprödes, grauweißes Metall, das bei >500 °C plastisch verformbar ist. An der Luft und gegen nichtoxidierende Säuren beständig, wird es von oxidierenden Säuren in das **G.-Dioxid,** GeO_2, überführt; es bildet mit einigen Metallen niedrig schmelzende Legierungen. G. ist ein → Halbleiter, dessen Eigenschaften durch Dotierung weiter beeinflußt werden können. In der Natur ist G. selten (0,00056% der obersten Erdkruste); es kommt in den Mineralen **Argyrodit,** Ag_8GeSe_6, und **Germanit,** $Cu_3(Fe, Ge)S_4$, vor. In seinen Verbindungen ist G. zwei- und vierwertig. **G.-Wasserstoffe,** Ge_nH_{2n+2} $(n = 1-9)$, entsprechen formal den Kohlenwasserstoffen. Sie sind stabiler als die entsprechenden Silane. Aus G.-Dioxid, GeO_2, und Alkalien entstehen **Germanate,** die in ihrer Zusammensetzung den Silikaten entsprechen.

Gewinnung. G. fällt i. a. als Nebenprodukt bei der Gewinnung anderer Metalle oder als Flugasche an; aus den Aufschluß-Lösungen wird es als G.-Sulfid oder -Oxid ausgefällt und mit konzentrierter Salzsäure in **Germanium(IV)-chlorid,** $GeCl_4$, überführt. Sorgfältig gereinigt, gewinnt man daraus durch Hydrolyse G.-Dioxid, GeO_2, in reiner Form, das im Wasserstoffstrom bei 650 °C zu G.-Pulver reduziert und schließlich in Quarzschiffchen zu kleinen Barren umgeschmolzen wird. Die Hochreinigung für elektron. Zwecke geschieht durch → Zonenschmelzen. Der Reinheitsgrad wird stets nach dem elektr. Widerstand beurteilt. – G. hat als Halbleiter techn. Bedeutung; es wird für Dioden, Transistoren, Photozellen, Sonnenbatterien und, wegen seiner Durchlässigkeit für infrarotes Licht, für opt. Geräte verwendet. G.-Legierungen dienen zum Bau von elektr. Meß- und Schaltgeräten. – Die Halbleitertechnologie begann zunächst mit Bauelementen (Dioden, Transistoren usw.) auf der Basis von G., jedoch wurde inzwischen das G. weitgehend vom → Silicium abgelöst.

G. wurde 1886 von dem dt. Chemiker C. WINKLER entdeckt. Die physikal. Eigenschaften des G. waren als die des **Eka-Silicium** von D. I. MENDELEJEW schon 1870 vorausgesagt worden.

Germanium-Bau|elemente, Halbleiterbauelemente der Elektronik, die aus einem Germanium-Einkristall aufgebaut sind. Sie haben mit der Entwicklung von Silicium-Bauelementen stark an Bedeutung verloren, werden jedoch für einige spezielle Anwendungen bevorzugt eingesetzt, z. B. als Demodulatordiode in der Radio- und Fernsehtechnik.

germanotyp heißt die Bruch- und Bruchfaltentektonik über dem variskisch gefalteten und verfestigten Untergrund Mitteleuropas (auch **saxonische Tektonik)** im Unterschied zu → alpinotyp.

Geröll, durch fließendes Wasser oder durch Brandung gerundete Gesteinsstücke **(fluviatiles** oder **marines G.).** Geröllanhäufungen werden → Schotter genannt.

Geruchverschluß, Einrichtung bei Rohrleitungen, die an Wasserablaufstellen das Austreten von Abwassergasen in das Gebäude verhindert. In seiner einfachsten Form ist der G. ein S-förmig gebogenes Rohr, in dem Wasser bis zur Biegung steht und den Verschluß bildet **(Rohr-G.).** Beim **Flaschen-G.** taucht das Ablaufrohr in die in einem flaschenförmigen Behälter befindl. Sperrflüssigkeit.

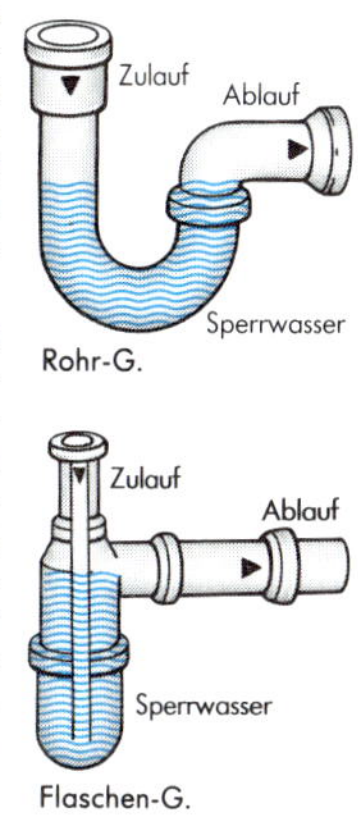

Geruchverschluß

Gerüst, Hilfskonstruktion aus Holz, Leichtmetall oder Stahl, bei Ausführung von Neubauten und Reparaturen an Bauwerken verwendet. **Abgebundene G.** aus verzimmerten Hölzern, **Stangen-G.** aus Rundholzstangen (Rüststangen), ein- oder zweireihig, **Leiter-G.** aus einzelnen hohen Holzleitern, **Stahlrohr-G.** aus Stahlrohren und besonderen Verbindungsstücken, **Rahmen-G.** aus Stahl- oder Leichtmetall-Rahmen, **Bock-G.** aus hölzernen oder stählernen Böcken (Schragen) und darübergelegtem Belag, **Ausleger-G.,** aus dem Bauwerk auskragend, aus Holz- oder Stahlträgern und hölzernem Belag, **Hänge-G.,** fahrbar und nichtfahrbar, an Traggliedern aus Stahl, Drahtseilen oder Ketten hängend, zur Ausbesserung von Türmen oder hohen Gebäuden, **Konsol-G.** aus stählernen Konsolböcken für den Bau von Schornsteinen, **Hängebock-G.,** Spezialgerüste für Dacharbeiten. Eine besondere Art sind die **Schalungs-** und **Lehr-G.** zur Unterstützung von Schalungen, die beim Betonbau die frischen Betonmassen, bei Steingewölben die Gewölbebelastungen aufnehmen.

Gerüstbauweise, Bauweise im Flugzeugbau, → Flugzeug.

Gesamtdruck, Strömungslehre: → Staudruck.

Gesamtheit, statistische G., in der Statistik und deren Anwendungen ein reales oder gedachtes Kollektiv gleichartiger Objekte, an dem gewisse Eigenschaften der Objekte mit best. relativen Häufigkeiten vorkommen und auf das daher die Wahrscheinlichkeitstheorie anwendbar ist; z. B. eine Reihe von Würfen mit einem Würfel oder ein ideales Gas als G. von Molekülen.

gesättigte Kohlenwasserstoffe, die → Alkane.

gesättigte Logik, Elektronik: Bei digitalen → integrierten Schaltungen spricht man von g. L., wenn die internen Transistoren im leitenden Zustand übersteuert, d. h. mit Ladungsträgern in der Basiszone übersättigt werden. Dies hat den Nachteil, daß zum Sperren der Transistoren erst die Basiszone geräumt werden muß, wodurch diese Logikfamilien (z. B. Standard-TTL-Schaltkreise,

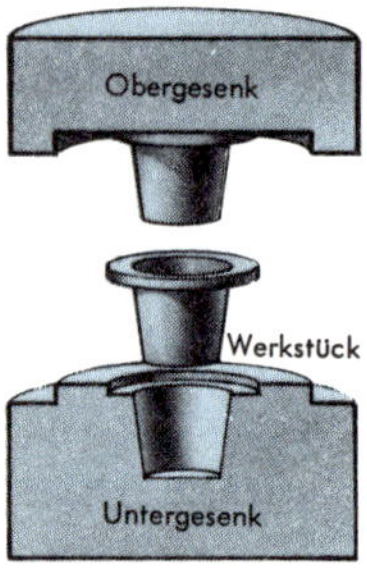

Gesenk 2)

→TTL) deutlich langsamer arbeiten als ungesättigte (z. B. solche in →ECL-Technologie).

Geschäftsflugwesen, Verwendung von firmeneigenen oder Privatflugzeugen **(Geschäftsreiseflugzeuge;** Starrflügelflugzeuge mit Propeller- oder Strahlantrieb sowie Hubschrauber) für Geschäftsreisen in einem nicht planmäßigen Verkehr (Bedarfsverkehr). Gebräuchlich sind gutausgestattete, allwettertaugl. Flugzeuge mit oft großer Reichweite für etwa vier bis zehn Fluggäste. (BILD Flugzeug)

Geschiebe, 1) Geologie: von Gletschern aus ihrem Ursprungsgebiet transportierte Gesteinsbrocken, die oft durch mechan. Beanspruchung kantengerundet abgeschliffen (z. B. **Facetten-G.**) oder gekritzt sind. G. blieben beim Abschmelzen des Eises liegen. Sehr große G. heißen **Findlinge** oder **errat. Blöcke.** G., deren Zusammensetzung auf das Herkunftsgebiet hinweist, dienen als **Leitgeschiebe.** Sie lassen Rückschlüsse auf die Richtung der Eisbewegung zu.

2) Wasserbau: Feststoffpartikel (Schotter, Kies, Sand), die an der Sohle eines Wasserlaufs von derStrömung fortbewegt werden. G. wird im **G.-Fang (Sand-, Kies-, Schotterfang),** einem Staubecken in einem Wasserlauf oder einem Becken, das Bestandteil einer Wasserentnahme ist, ausgeschieden.

Geschirrspüler, Gerät zum Reinigen und Trocknen von gebrauchtem Geschirr. Die in einem Gestell eingesetzten Gegenstände werden vollautomatisch in mehreren Arbeitsgängen behandelt: 1) Vorspülen mit kaltem Wasser, 2) Reinigen bei etwa 60 °C unter Zusatz von Reinigungsmitteln, 3) Zwischenspülen, 4) Klarspülen bei etwa 60 bis 70 °C, 5) Trocknen. Das Geschirr wird von oben und unten gleichzeitig aus sich drehenden Sprüharmen mit starken Wasserstrahlen bearbeitet.

Geschirrspülmittel, →Reinigungsmittel.

Geschlecht, Mathematik: Hilfsbegriff zur Einteilung von Flächen, die Anzahl der Löcher in einer geschlossenen Fläche, z. B. hat die Kugeloberfläche das G.0, ein Torus das G.1. Das G. ist eine topolog. Invariante, d. h., es ändert sich nicht bei eindeutigen (und in beiden Richtungen stetigen) Abbildungen der Kurven oder Flächen.

Geschlechtshormone, Sexualhormone, i. w. S. alle Hormone, die Geschlechtsmerkmale, Sexualität und Fortplanzung beeinflussen. Hierzu gehören bes. die **Gonadotropine,** die die Keimdrüsen geschlechtsunspezifisch stimulieren, das **Prolactin,** das auf Wachstum und Sekretion der Brustdrüse einwirkt, das **Gonadotropin-Releasing-Hormon** [-rɪlˈi:sɪŋ-], das aus dem Hypothalamus stammend die Hirnanhangdrüse zur Produktion der Gonadotropine anregt, und die Hormone der Keimdrüsen (Hoden und Eierstock). I. e. S. versteht man unter den G. nur die **Keimdrüsenhormone;** diese gehören chemisch zu den Steroiden (Sexualsteroide) und lassen sich in männl. **(Androgene)** und weibl. **(Östrogene** und **Gestagene)** unterteilen.

Geschmack, flavour [flˈeɪvə, engl.], **flavor** [-, amerikan.], in der Physik Bez. für die versch. Arten der →Quarks (d. h. für die Eigenschaften, in denen sich die sechs Quarktypen unterscheiden). Die urspr. Theorie benötigte drei G. (›Up‹, ›Down‹, ›Strange‹); die Entdeckung des →Psi-Teilchens zwang zur Einführung des vierten G. (›Charm‹), die Auffindung des →Y-Teilchens zur Einführung des fünften G. (›Bottom‹ oder ›Beauty‹); ein sechster G. (›Top‹ oder ›Truth‹) wird aus Symmetriegründen postuliert, konnte jedoch bisher nicht gefunden werden.

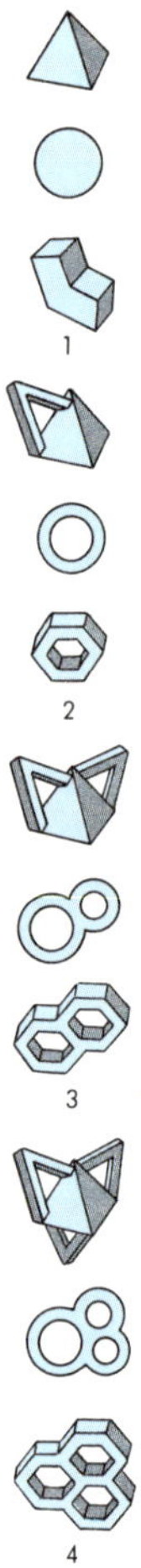

Geschlecht: Beispiele von Figuren mit Geschlecht 0 (BILD 1), 1 (BILD 2), 2 (BILD 3), 3 (BILD 4)

Geschoß, 1) Bauwesen: Stockwerk, Etage, Teil eines Gebäudes.

2) Militärwesen: ein Körper, der aus einer Schußwaffe abgefeuert wird und sich auf einer ballist. →Flugbahn fortbewegt.

Nach ihrer Verwendung können G. eingeteilt werden: 1) **G. für Handfeuerwaffen und Maschinengewehre** bestehen aus dem G.-Mantel aus tiefziehbarem Metall (Messing oder tombakplattiertem Stahl) und einem Weichkern (Hartblei) oder Hartkern (Stahl). Hülsenlose G. befinden sich in Erprobung (→Gewehr). G. für Faustfeuer-, Jagd- und Sportwaffen sind abgerundet, jene für militär. Zwecke spitz. Schrot-G. besitzen kleine Bleikugeln in Papphülsen. 2) **Spreng-G.** bestehen aus der G.-Hülle, dem eingegossenen oder eingepreßten Sprengstoff und dem Zünder. Sie wirken durch das Zerlegen der G.-Hülle in Splitter infolge der Detonation des Sprengstoffes und der Druckwelle (Gasschlagwirkung). 3) **Panzerbrechende G.** sollen gepanzerte Ziele durchdringen und hinter der Panzerung wirken. Wucht-G., kalibergleich oder unterkalibrig, erreichen dies durch ihre kinet. Energie, andere G. durch die Form ihrer Sprengladung, wie Hohlladungs- und Quetschkopf-G. 4) **Sonder-G.,** die nicht eigtl. Gefechtsaufgaben dienen, z. B. Signal-, Rauch-, Zielmarkierungs-, Nebel- und Leucht-G. 5) **Übungsmunition zu Ausbildungszwecken:** Manöver-(Platzpatronen), Exerzier- und Zielübungsmunition.

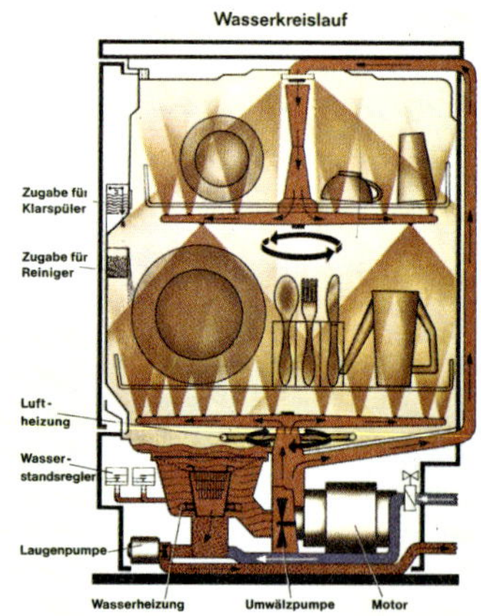

Geschirrspüler: Schema eines Geschirrspül-Vollautomaten

Nach der Art der Stabilisierung im Flug unterscheidet man zw. **drallstabilisierten G.,** die aus gezogenen Rohren gefeuert werden, wobei zur Übertragung des Dralls, außer bei den G. für Handfeuerwaffen, ein oder mehrere Führungsbänder dienen, und **flügelstabilisierte G.,** die aus glatten oder nur mit geringem Drall versehenen Rohren verfeuert werden und im Flug durch ein Leitwerk oder Flügel stabilisiert werden. (BILDER S. 195, 196)

Geschütz, Feuerwaffe, mit der Geschosse verfeuert werden und die wegen ihres Kalibers und Gewichts für den Handgebrauch ungeeignet ist.

Arten. Nach der Länge des G.-Rohres im Verhältnis zum Kaliber (Kaliberlänge) und der Rohrerhöhung unterscheidet man: 1) **Kanonen,** G. mit langen Rohren für

Flachfeuer, große Schußweiten oder zur Bekämpfung von Zielen, die eine gestreckte (rasante) Flugbahn und hohe Anfangsgeschwindigkeit der Geschosse erfordern. 2) **Haubitzen,** G. mit mittlerer Rohrlänge, die für Flach- und Steilfeuer verwendet werden können; geringere Anfangsgeschwindigkeit und Schußweite als Kanonen; die Flugbahn der Geschosse kann durch Änderung der Treibladung den Erfordernissen angepaßt werden. Die Haubitze ist z. Z. die am weitesten verbreitete Artilleriewaffe. 3) **Mörser,** G. mit kurzem Rohr für Steilfeuer; früher bes. schwere Belagerungswaffe, jetzt Bez. für die ehem. Granatwerfer genannten schweren Infanterieunterstützungswaffen mit meist glattem Rohr; geeignet zur Bekämpfung von gedeckten Zielen; Vorderlader; geringe Anfangsgeschwindigkeit.

Nach Gewicht und Kaliber werden die G. in leichte, mittlere, schwere und schwerste G. eingeteilt. Bei Leicht-G. wird der Rückstoß durch besondere Maßnahmen ganz oder z. T. aufgehoben. Beim rückstoßfreien Leicht-G. wird dies durch eine oder mehrere Düsen erreicht, durch die ein Teil der Treibgase nach hinten ausströmt. Beim rückstoßarmen Leicht-G. ist die Patrone so gebaut, daß ein konstanter Niederdruck im Rohr hinter dem Geschoß und ein Hochdruck im Ladungsraum entstehen.

Nach dem Verwendungszweck gibt es eine Unterteilung in Feld-, Gebirgs-, Festungs-, Belagerungs-, Küsten-, Flugabwehr-, Panzerabwehr-, Infanterie-, Flugzeug-, Schiffs-G. u. a.

Nach Art der Beförderung unterscheidet man G. für Pferdezug, G. für Kraftzug, G. auf Selbstfahrlafette, Eisenbahn-G., Bord-G. für Flugzeuge, Panzer, Schiffe und sonstige Fahrzeuge.

Nach Art des Ladens unterscheidet man Vorder-, Hinter-, Einzellader, Maschinen-G. mit automat. Zuführung der Patronen aus Magazinen.

Die Hauptteile eines G. sind: Rohr mit Verschluß, Lafette. Im Rohr wird dem Geschoß die Bewegungsenergie vermittelt und die Abgangsrichtung erteilt.

G.-Rohre werden meist aus schwachlegierten Stählen (Nickel, Chrom, Molybdän) hergestellt. Häufig ist eine Mündungsbremse zum Ablenken der ausströmenden Pulvergase vorhanden. Die Rohre werden geschmiedet, geglüht, durch Drehen und Bohren vorbearbeitet, vergütet, mit 12–64 Drallnuten (Zügen, → Drall 2) versehen und gehont. Nach dem Rohraufbau unterscheidet man Vollrohre aus einem Stück, wie sie bis ins 19. Jh. üblich waren, und Mehrlagenrohre. Bei letzteren werden über ein Seelenrohr Ringe und/oder Mäntel aufgeschrumpft oder dasselbe durch Umwickeln mit Drähten oder Bändern unter Zug verstärkt. Bei Vollrohren kann durch Autofrettage, wobei durch Aufbringen eines hydraul. Druckes im Rohrinnern das Material über die Streckgrenze hinaus belastet wird, die Widerstandsfähigkeit gegen den Gasdruck erhöht werden.

Der **Verschluß** kann als Keilverschluß, waagrecht oder senkrecht (Schubkurbelkeilverschluß, Fallblockverschluß), oder als Schraubverschluß ausgebildet werden. Er schließt das Rohr nach hinten ab. Die Liderung (gasdichter Abschluß) wird bei getrennter Munition durch die Kartuschhülse, bei Patronenmunition durch die Patronenhülse erreicht. G. mit hoher Feuergeschwindigkeit haben automat. oder halbautomat. Verschlüsse.

Das Rohr in der **Rohrwiege** ruht zus. mit der Rohrbremse und der Vorholeinrichtung (Luft- oder Federvorholer) in der Lafette. Seiten- und Höhenrichtmaschine dienen zus. mit der Zieleinrichtung zum Richten des Rohres. Meist ist ein Schutzschild für die Bedienungsmannschaft vorgesehen. Die **Lafette** kann als Kasten- oder Spreizlafette ausgebildet sein und überträgt die beim Schuß auftretenden Kräfte auf den Boden.

Moderne G. werden elektrisch oder durch einen Schlag abgefeuert. Dadurch wird eine Zündvorrichtung gezündet, die ihrerseits die eigtl. Treibladung zündet.

Geschwindigkeit, der Quotient aus dem im Zeitintervall Δt zurückgelegten Weg Δs und der Zeit Δt, $v = \Delta s / \Delta t$, falls die Bewegung gleichförmig ist, d. h. wenn Richtung und Betrag der G. konstant bleiben. Bei ungleichförmiger Bewegung bezeichnet die so definierte G. v die **Durchschnittsgeschwindigkeit (mittlere G.)** in der Zeitspanne Δt. Die **Momentangeschwindigkeit** ergibt sich aus dem Grenzwert des Quotienten $\Delta s / \Delta t$ für $\Delta t \longrightarrow 0$, d. h. als Differentialquotient $v = \mathrm{d}s/\mathrm{d}t$. Die G. ist eine gerichtete physikal. Größe (Vektor). Die Richtung des G.-Vektors entspricht der Bewegungsrichtung und fällt mit der Richtung der Bahntangente zusammen. Dieser Vektor wird auch **Bahn-G.** genannt. Die auf ein festes Koordinatensystem bezogene G. ist die **Absolut-G.** Mit der **Relativ-G.** bewegen sich zwei Körper gegeneinander.

SI-Einheit der G. ist Meter durch Sekunde (m/s); im Verkehr wird auch km/h, in der Seefahrt → Knoten, in der Luftfahrt bei Überschall die → Mach-Zahl verwendet. Für die Umrechnung gilt: 1 m/s = 3,6 km/h; 1 kn = 1,852 km/h; 1 M entspricht ungefähr 340 m/s ≈ 1 225 km/h (in Bodennähe).

Bei der Ausbreitung von Wellen sind Phasen- und Gruppen-G. zu unterscheiden. Mit der **Phasen-G.** pflanzt sich eine Wellenfläche konstanter Erregung fort, während die **Gruppen-G.** diejenige G. ist, mit der sich der Schwerpunkt einer endlich ausgedehnten Wellengruppe und damit die im Wellenfeld enthaltene Energie fortbewegt (→ Wellen).

Die → Lichtgeschwindigkeit c ($c \approx 299\,792$ km/s) bildet nach der → Relativitätstheorie die natürl. obere Grenze aller überhaupt möglichen G., mit denen Materie oder Energie sich bewegen können. Dagegen können Phasen-G. größer als die Licht-G. sein. – Gruppen-G., die klein sind gegen die Licht-G., addieren sich vektoriell; relativist. G., d. h. solche, die mit der Licht-G. vergleichbar sind, nach dem **relativist. Additionstheorem der G.** (→ Relativitätstheorie)

Die G. kann elementar durch die Messung des zurückgelegten Weges und der dazu benötigten Zeit ermittelt werden oder mittels indirekter Methoden, z. B. mit Hilfe des → Doppler-Effekts. (→ Geschwindigkeitsmesser)

Geschwindigkeit von Fahrzeugen. Von prakt. Bedeutung ist allgemein die **Reise-G.** als mittlere G. zw. Start- und Zielpunkt, im Luftverkehr die **Block-G.** (→ Blockzeit). Der Einfluß der **Höchst-G.** ist dabei um so geringer, je kürzer die Strecke und je häufiger G.-Minderung und Aufenthalte sind (im öffentlichen Verkehr besonders auch Anschlüsse und Übergänge).

Verschiedene Geschwindigkeiten in m/s

Wachstum des Haares	0,000 000 003
Schnecke	0,0015
Fußgänger	1,5
Brieftaube, Rennpferd	17
Schall in Luft bei 0 °C und Normaldruck	331,5
Wasserstoffmolekül bei 0 °C und ~ 1 bar	1 843
Erde auf der Bahn um die Sonne .	29 760
Lichtgeschwindigkeit	299 792 458

Schrotpatrone

Pistolenpatrone 9 mm

Parabellum

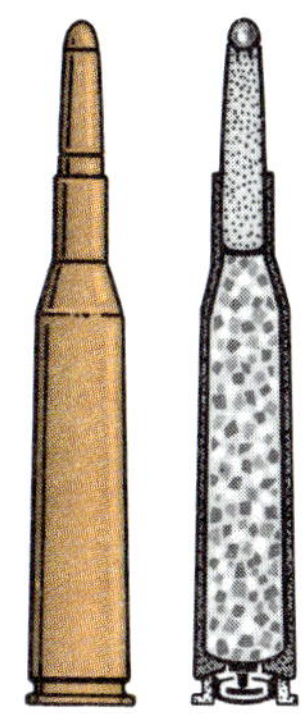
Jagdgewehrpatrone mit Kupferhohlspitze

Geschoß 2) 1 (Handfeuerwaffen)

Bei Eisenbahnen beträgt z. Z. die Höchstgeschwindigkeit für Reisezüge in der Bundesrep. Dtl. 160 km/h, in beschränktem Umfang 200 km/h, für Güterzüge auf Hauptbahnen 120 km/h. Bei Versuchsfahrten wurden 380 km/h erreicht (→ Eisenbahn).

In der Schiffahrt rechnet man bei Binnenschiffen mit 18 ± 6 km/h je nach Berg- oder Talfahrt, bei Seeschiffen mit 16–33 kn bei Frachtern und bis zu 30 kn bei Fahrgastschiffen (1 kn = 1,852 km/h). Im einzelnen beträgt die Reise-G. von Motortrawlern rd. 30 km/h, Tankern 28–32 km/h, Trockenfrachtern 29–38 km/h, Containerfrachtern 46–61 km/h, Kreuzfahrt-Fahrgastschiffen 37–42 km/h, U-Schiffen über Wasser 27–40 km/h, U-Schiffen unter Wasser 22–70 km/h, Flugzeugträgern 53–65 km/h, Kreuzern 55–65 km/h, Zerstörern 55–70 km/h, Schnellbooten 65–85 km/h, Tragflügelbooten 100–150 km/h.

In der Luftfahrt werden besondere → Fluggeschwindigkeiten unterschieden. Die Horizontal-G. von Flugzeugen mit Luftschraubenantrieb liegt zw. 180 und 650 km/h, die von Strahlflugzeugen zw. 500 und 3 500 km/h. Im einzelnen beträgt die Reise-G. von Sportflugzeugen etwa 180–350 km/h, von Geschäftsreiseflugzeugen 300 bis 900 km/h, von Unterschall-Verkehrsflugzeugen 600–1 000 km/h, von Überschall-Verkehrsflugzeugen 2 330 km/h, die Höchst-G. von Kampfflugzeugen 2 000–3 000 km/h, von Langstreckenaufklärern 1 000 bis 3 500 km/h, die Marsch-G. von Transportern 600 bis 1 000 km/h, von Hubschraubern 150–300 km/h. – Über G. von Raumfahrzeugen → kosmische Geschwindigkeiten.

Im Straßenverkehr ist die Leistung der Fahrspur einer Straße (Anzahl der Fahrzeugeinheiten innerhalb eines best. Zeitabschnitts) durch G.-Erhöhung mit Rücksicht auf Sicherheitsabstände nur begrenzt steigerbar. Die erreichbaren Höchst-G. von Kraftfahrzeugen für den Straßenverkehr betragen i. a. nur wenig über 200 km/h, die von Rennwagen bei Rundstreckenrennen bis über 300 km/h; der absolute G.-Rekord eines Kraftfahrzeugs liegt höher als 1 000 km/h.

Geschwindigkeitsdruck, → Staudruck.

Geschwindigkeitsgradi|ent, ein Vektor in Richtung des stärksten Anstiegs der Geschwindigkeit in einem Geschwindigkeitsfeld. Sein Betrag ist gleich dem maximalen Anstieg pro Längeneinheit.

Geschwindigkeitsmesser, 1) Luftfahrzeuge: **Fahrtmesser,** ein → Bordinstrument zur Messung der → Fluggeschwindigkeit. Zur Eigengeschwindigkeits- oder Fahrtmessung dienen Meßfühler, die einen geschwindigkeitsabhängigen Überdruck (→ Staudruck, → Staurohr) oder Unterdruck (→ Venturi-Rohr) messen und an einem in Geschwindigkeitseinheiten geeichten Druckmeßgerät anzeigen. Wird das als Mach-Zahl bezeichnete Verhältnis der Eigengeschwindigkeit zur Schallgeschwindigkeit angezeigt, so heißt das Gerät **Machmeter.** Die Geschwindigkeit über Grund kann bei Bodensicht mit opt. Geräten und ohne Bodensicht mit Dopplerradar oder mit Trägheitsnavigationsgeräten gemessen werden.

2) Über G. bei Schienen- und Kraftfahrzeugen → Tachometer; in der Schiffahrt → Fahrtmeßanlage, → Log.

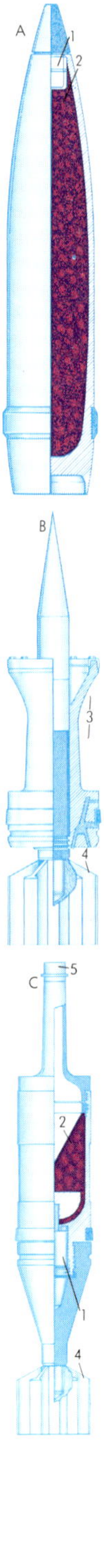

Geschoß 2) 2: A drallstabilisiertes Spreng-G. (Artilleriegranate); B u. C panzerbrechende Geschosse: **B** unterkalibriges, flügelstabilisiertes Wuchtgeschoß mit Treibkäfig (keine Sprengladung); **C** flügelstabilisiertes Hohlladungsgeschoß. – **1** Zünder, **2** Sprengstoff, **3** Treibkäfig, **4** Leitwerk, **5** Aufschlagsensor

Gesenk, 1) Bergbau: → Blindschacht.

2) Umformtechnik: Werkzeug mit zwei- oder mehrteiliger Hohlform zum Warm- oder Kaltumformen unter Hämmern und Pressen. Oberteil (**Ober-G., Stempel**) und Unterteil (**Unter-G.**), die unter Druck gegeneinander bewegt werden, umschließen das Werkstück ganz oder zu wesentl. Teilen und geben ihm dadurch ihre Form (**Gesenkformen**), z. B. beim → Gesenkschmieden. (BILD S. 194)

Gesenkbiegen, Biegen von Blechen zw. Biegestempel und Biegegesenk bis zur Anlage des Werkstückes im → Gesenk 2). G. kann mit → Gesenkdrücken kombiniert werden.

Gesenkdrücken, auch **Nachschlagen, Nachprägen,** dem → Gesenkbiegen nachgeschaltetes Drükken von dünnwandigen Werkstücken in das Gesenk zur endgültigen Formgebung.

Gesenkschmieden, Verfahren des Gesenkformens (→ Gesenk 2) von auf Schmiedetemperatur erwärmten Werkstücken (→ Schmieden). Durch G. werden Stähle, Leichtmetalle, Kupfer, Nickel, Titan, deren Legierungen u. a. bearbeitet. Gesenkschmiedestücke werden im Gewicht von wenigen Gramm (z. B. Teile der Feinwerktechnik) bis zu mehreren Tonnen (Großmaschinenbau) hergestellt.

Gesetz, → Naturgesetze.

Gesetz der großen Zahl, Statistik: Bei Vergrößerung der Zahl der Beobachtungen tritt der Typus der betreffenden Erscheinung stets klarer hervor. Manche sehen im G. d. g. Z. ein unbeweisbares Grundprinzip ähnlich der Kausalität, andere nur einen mathemat. Lehrsatz. (→ Bernoullisches Theorem, → Binomialverteilung)

Gesichtsfeld, bei opt. Instrumenten der meist durch die **G.-Blende** begrenzte sichtbare Bildausschnitt; wird bei Fernrohren im Winkelmaß (**G.-Winkel**) angegeben.

Gesichtskreis, svw. → Horizont 1).

Gesichtslini|e, 1) Astronomie: **Sichtlinie, Visionsradius,** Verbindungslinie zwischen Beobachter und Gestirn.

2) Optik: bewegungsmechanisch definierte Blicklinie, verbindet den Fixierpunkt des Auges in der Außenwelt über den Drehpunkt des Auges mit der Stelle des schärfsten Sehens in der Netzhaut.

Gesichtswinkel, Winkel zw. den Hauptstrahlen, die vom Knotenpunkt der Augenlinse zu zwei Begrenzungspunkten des betrachteten Objekts verlaufen. Der G. bestimmt die Größe des Netzhautbildes (→ Sehwinkel).

Gesperre, Bauelemente in → Sperrgetrieben.

Gespinst, in mechan. Spinnverfahren hergestellter, praktisch endloser Faden (→ Garn). **G.-Fasern,** kurze, längenbegrenzte faserige Gebilde (Fasern i. e. S.), die zum G. versponnen werden.

Gesprächszähler, Gerät zur automat. Gebührenerfassung in Fernsprech-Wählnetzen. Jedem Hauptanschluß ist in der Vermittlungsstelle ein G. zugeordnet, der je Gebühreneinheit durch einen Impuls weitergeschaltet wird (Summenzähler). G. können als Gebührenanzeiger auch beim Teilnehmer und in Nebenstellenanlagen installiert werden.

Gestagene, weibl. Geschlechtshormone.

Gestänge, miteinander verbundene, meist bewegliche Stangen oder Rohre zur Kraftübertragung, z. B. **Schalt-G., Betätigungs-G., Bohr-** und **Förder-G.**

Gesteine, in sich homogene Mineralaggregate, die räumlich ausgedehnte, selbständige geolog. Körper bilden und die Erdkruste und den oberen Erdmantel aufbauen. I. d. R. bestehen die G., zu denen auch Lockermassen (u. a. Kies, Sand) und besondere Bildungen (z. B. Erdöl) gerechnet werden, aus kristallisierten Mineralen einer oder mehrerer Arten. Daneben können natürl. Gläser, organ. Festsubstanzen, Flüssigkeiten und auch Gase an ihrem Aufbau beteiligt sein. Von den über 2000 bekannten Mineralarten sind nur etwa 250 gesteinsbildend; Silikate gehören zu den wichtigsten (TABELLE Geochemie). Im Mineralgehalt eines G. unterscheidet man Haupt- und Nebengemengteile (**Akzessorien,** Anteil < 10%), unter letzteren z. T. wichtige **Übergemengteile.** Der unterschiedl. Mineralbestand von G. mit gleicher chem. Zusammensetzung ist durch abweichende Bildungsbedingungen verursacht.

Außer durch die Zusammensetzung werden G. durch ihr → Gefüge 1) und durch ihre geolog. Lagebeziehungen charakterisiert. Gesteinsbildende Vorgänge unterliegen chemisch-physikal. Gesetzmäßigkeiten und können sich in Raum und Zeit wiederholen; das Alter eines G. kann aus der Lagerungsform, eingeschlossenen Fossilien (relatives Alter) oder durch geochem. Untersuchung (→ Altersbestimmung) bestimmt werden.

Nach den Bildungsbedingungen werden unterschieden: 1) → magmatische Gesteine, 2) → Sedimentgesteine, 3) → metamorphe Gesteine. Die Lehre von den G. ist die → Petrologie.

gesteinsbildende Minerale, in den Gesteinen der Erdoberfläche und der oberen Erdkruste bes. häufig auftretende Minerale. Von mehr als 2000 Mineralen sind nur etwa 250 g. M., weitverbreitet sogar nur rd. 40, darunter Quarz, Feldspate, Glimmer, Pyroxene, Amphibole und Olivine. (TABELLE Geochemie)

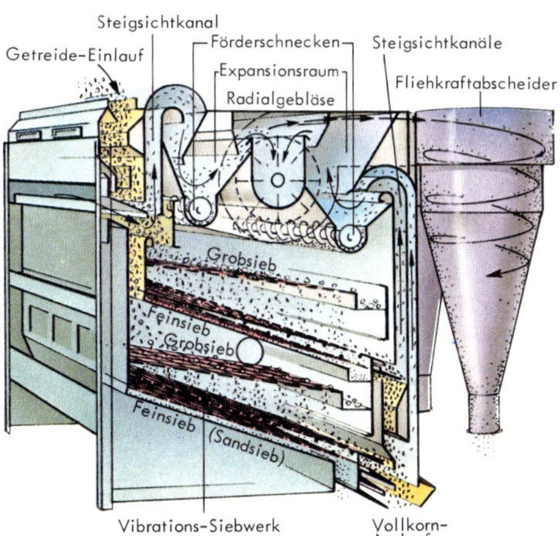

Getreidereinigungsmaschinen:
Schema einer Saatgutreinigungsmaschine

Gesteinsbohrmaschine, Bohrmaschine zur Herstellung von Sprenglöchern z. B. im Berg- und Tunnelbau, die mit Druckluft, selten mit Druckwasser und, bei drehend arbeitenden G., elektrisch angetrieben werden. Nach der Arbeitsweise werden schlagende (→ Bohrhammer), drehende und drehend-schlagende G., vereinzelt auch Vibrations-G. eingesetzt. Kleine G. können von Hand geführt werden oder sind an Bohrstützen oder Spannsäulen befestigt. Größere G. sind auf Bohrwagen oder -lafetten montiert.

Gesteinsfaser, Steinwolle, Gesteinswolle, künstl. Mineralfasern, hergestellt durch Schmelzen und Zerblasen von Sedimentgestein (Kalkstein, Dolomit, Tonschiefer) oder von flüssiger Hochofenschlacke (**Hüttenwolle**), verwendet als hochhitzebeständiges und feuerfestes Isoliermaterial und Schalldämmstoff.

Gesteinsglas, vulkan. Glas, amorphes Erstarrungsprodukt von vulkan. Schmelze, entstanden durch rasches Abkühlen, z. B. Obsidian, Bims- und Pechstein.

Gesteinskunde, 1) svw. Petrographie. **2) Techn. G.,** untersucht mit geolog., petrograph., chem. und physikalisch-techn. Methoden die technologisch wichtigsten Gesteinseigenschaften.

Gesteinsmagnetismus, Zweig der Wiss. vom Erdmagnetismus, in dem die induktive oder remanente (permanente) Magnetisierung der Gesteine behandelt wird. Der größte Teil der Gesteinsminerale ist paramagnetisch, der kleinere Teil dia- oder ferrimagnetisch. Obwohl die wenigen ferrimagnet. Minerale (z. B. Magnetit, Titanomagnetite und Magnetkies) selten mehr als 1–3 Volumenprozent des Gesteins ausmachen, bestimmen sie oft seine Magnetisierung. Gesteine, die vorwiegend aus solchen Mineralen bestehen, sind relativ stark magnetisiert, Sedimente und Granite enthalten meist nur wenige ferrimagnet. Minerale. – Die natürl. remanente Magnetisierung ist bei einigen Gesteinskörpern etwa parallel, bei anderen antiparallel zum heutigen Erdfeld am Ort des Gesteins. Eine befriedigende Deutung dieser Erscheinung steht noch aus. (→ Paläomagnetismus)

Gestell, 1) Hüttentechnik: unterer Teil eines Hochofens.

2) Maschinenbau: der tragende Teil einer Maschine oder Anlage, der feststehende Teil eines → Getriebes.

Gestirne, selbstleuchtende oder Licht reflektierende Himmelskörper, z. B. Sonne, Mond, Sterne.

Gestricke, gestrickte Stoffe, Strickwaren, → Strickerei.

gestrickte Minerale, ästig, feder- oder gitterförmig ausgebildete Minerale; bes. gediegene Metalle sowie Erze.

Gestück, Wasserbau: → Setzpack.

Getreide|reinigungsmaschinen, Saatgutbereiter, in der Landwirtschaft oder in der Müllerei verwendete Maschinen, die die Getreidekörner von Unkrautsamen, Bruchkörnern, Fremdkörnern, Stroh, Spreu u. a. trennen. Infolge der Vielfalt der Trennaufgaben gibt es sehr verschiedenartige Trennverfahren; die wichtigsten lassen sich wie folgt einteilen: 1) Trennen nach Dicke und Breite der Körner mittels Langloch- (Dicke) oder Rundlochsieben (Breite); 2) Trennen nach langen (Getreidekörner) und runden Körnern (Unkrautsamen, Fremdkörner, Bruchkörner) mittels → Zellenausleser (Trieur) oder Schrägbandausleser (schräg geneigtes langsam umlaufendes Band, das lange Körner oben abwirft, runde herunterrollen läßt); 3) Trennen nach aerodynam. Eigenschaften

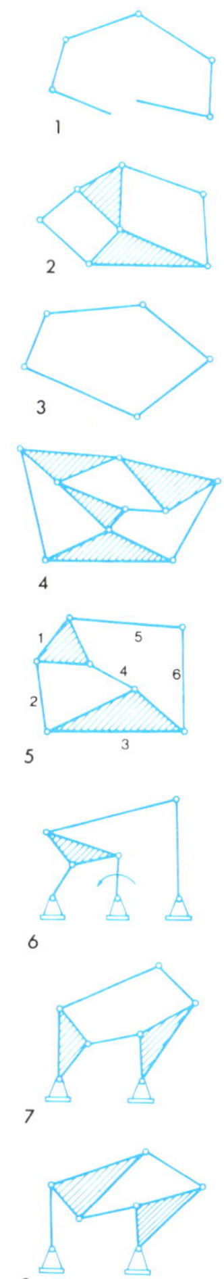

Getriebe 1–8: kinematische Ketten **1** offen, **2** zwangläufig geschlossen, **3** zwanglos geschlossen, f = 2, **4** übergeschlossen, f = 0, **5** sechsgliedrig; durch Feststellung verschiedener Glieder ergeben sich verschiedene Getriebeformen: **6** (Gestell 1, 3), **7** (Gestell 2, 4) und **8** (Gestell 5, 6)

Getriebe 1–8

mit Hilfe von → Windsichtern. – In kombinierten G. sind mehrere Trennverfahren miteinander vereinigt; meist ist mit der Getreidereinigung auch eine Sortierung verbunden. – Unter zahlreichen speziellen G. gibt es z. B. elektromagnet. Saatgutreiniger, die Flachssamen von Unkrautsamen trennen, die vorher mit Hilfe von Stahlpulver magnetisch gemacht wurden (Stahlpulver haftet in den Poren der Unkrautsamen).

Getreidetrocknungs|anlagen, Anlagen zur → Trocknung von Getreide mit erwärmter Luft, um es lagerfähig zu machen. Bauarten: Darren, Bandtrockner, Trommeltrockner, Durchlauftrockner, Satztrockner (→ Belüftung 3).

Getriebe, mechan. Einrichtungen zum Übertragen von Bewegungen und Energien. Ein G. besteht aus mindestens drei Gliedern, wovon eines durch das Gestell festgelegt ist. Man unterscheidet gleichmäßig und ungleichmäßig übersetzende G. Je nach ihren Merkmalen werden sie gegliedert in **Räder-G.** (kraftschlüssiges Reibrad-G., formschlüssiges Zahnrad-G.), **Zugmittel-G.** (kraftschlüssiges Riemen- oder Seil-G., formschlüssiges Ketten-G.), **Schraub-G.**, **Kurbel-G.** (Kurbelschwinge, Schubkurbel-G.), **Kurven-G.**, **Sperr-G.** (Hemm-, Klinkenschaltwerk, Malteserkreuz-G.), → Druckmittelgetriebe, **zusammengesetzte G.**

Die in **Elementenpaaren,** d. h. Gelenken, sich berührenden, gegeneinander bewegl. Getriebeglieder bilden eine **kinematische Kette** (BILDER 1–8). Die Kette ist **geschlossen,** wenn jedes der Glieder mit wenigstens zwei anderen Gliedern der Kette verbunden ist, andernfalls **offen.** Sind die Relativbewegungen der Glieder einer geschlossenen Kette eindeutig bestimmt, d. h., verursachen Lagenänderungen zweier Glieder gegeneinander ganz bestimmte Lagenänderungen aller übrigen Glieder, so ist der Freiheitsgrad der Kette $f = 1$, sie ist **zwangläufig** geschlossen. In einer **zwanglos** geschlossenen Kette mit $f \geqq 2$ sind die Relativbewegungen der Glieder nicht mehr bestimmt, während eine **übergeschlossene** Kette ($f \leqq 0$) eine gegenseitige Beweglichkeit der Glieder ausschließt. Da jedes Glied der Kette Gestell werden kann, erhält man aus einer kinemat. Kette so viele G., wie diese Glieder besitzt. Dabei können einzelne G. kinematisch gleichwertig sein. So erhält man z. B. aus der einen sechsgliedrigen zwangläufig geschlossenen Kette insgesamt drei verschiedenartige G. (BILDER 5–8). Der Wechsel von einem Gestellglied zum anderen heißt **kinematische Vertauschung.**

Periodische G. haben einen ungleichförmigen Bewegungszusammenhang zw. Antriebs- und Abtriebsglied, der aber eine periodische Wiederkehr zeigt, z. B. bei Kurven- und Sperr-G. – Über stufenlose mechan. G. → Kraftwagengetriebe.

In der **G.-Analyse** werden bekannte G. in Aufbau und Bewegungseigenschaften untersucht. Die **G.-Synthese** ermittelt die geeigneten G. für die Verwirklichung vorgegebener Bewegungen. Der Weg hierzu führt über die **Zahlsynthese,** d. h. die Bestimmung der mögl. Getriebeformen, zur **Maßsynthese.** Diese stellt die Konstruktions- und Rechenverfahren bereit.

Die wissenschaftl. Erkenntnisse der Getriebelehre finden zahlreiche techn. Anwendungen **(Getriebetechnik),** insbes. im Maschinen- und Gerätebau, z. B. bei Arbeits- und Kraftmaschinen, bei Steuerungen. (Weitere BILDER S. 197, 199)

O. KRAEMER: G.-Lehre ([7]1978); W. LICHTENHELD: Konstruktionslehre der G. ([5]1979); J. VOLMER: G.-Technik ([4]1980).

Rädergetriebe

Reibradgetriebe (kraftschlüssig)

Zahnradgetriebe (formschlüssig)

Zugmittelgetriebe

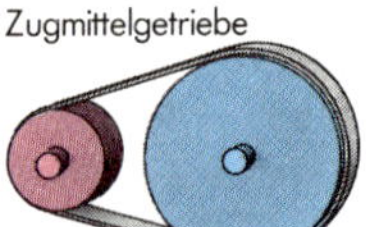

Riemen-, Seilgetriebe (kraftschlüssig)

Kettengetriebe (formschlüssig)

Schraubgetriebe

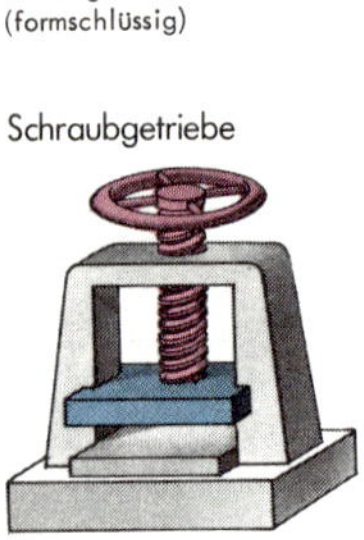

Getriebe 9

Getriebebremse, bei Kraftfahrzeugen eine Band-, Backen- oder Scheibenbremse, die über die Abtriebswelle des Getriebes auf die Räder wirkt.

Getriebe|öle, Schmieröle für Getriebe. G. müssen einen Schmierfilm ausreichender Druckaufnahmefähigkeit bilden, der Zahnflankenberührung und Fressen verhindert. Das wird durch geeignete Viskositäten (für Kraftfahrzeug-G. in → SAE-Viskositätsklassen von 75 W bis 250 festgelegt) und Hochdruckzusätze (z. B. Zinkdialkyldithiophosphate, schwefel- und chlorhaltige Alkane) erreicht. G. müssen gegen Korrosion schützen, dürfen nicht schäumen und Dichtungsmaterialien nicht angreifen.

Getter, Substanz zur chem. oder physikal. Bindung von Restgasen, die nach Beendigung des Pumpvorganges und Abtrennung von der Pumpe in hochevakuierten Gefäßen, z. B. Elektronenröhren, Glühlampen, verbleiben.

Getter-Ionen-Pumpe, Ionen-Getter-Pumpe, eine → Sorptionspumpe.

GeV, Einheitenzeichen für Gigaelektronvolt (→ Elektronvolt).

Geviertschein, eine → Konstellation 1).

Gewässer, alle Ansammlungen von Wasser auf und unter der festen Erdoberfläche, als **stehende G.** (Tümpel, Teich, Weiher, Haff, Lagune, See) und **fließende G.** (Quelle, Rinnsal, Bach, Fluß, Strom), als ober- und unterird., als natürl. und künstl. G., als Süß-, Salz- und Brackwasser. Ihre Wassermengen werden von Klima (Verhältnis von Niederschlag zu Verdunstung), Oberflächenform, Bodenart, Gestein (Versickerung) sowie Zufluß und Abfluß bestimmt (→ Gewässerkunde). Die Selbstreinigungskraft für organ. Verunreinigung, die wesentlich vom Sauerstoffgehalt des Wassers und vom Sauerstoffeintrag abhängt, ist groß bei ständig fließenden oder wassererfüllten G. auf Grund der Lebenstätigkeit des Planktons und des Pflanzen- und Bakterienbesatzes des G.-Bettes und der G.-Ablagerungen.

Gewässer|ausbau, die über eine Unterhaltung hinausgehenden Baumaßnahmen zur wesentl. Umgestaltung eines Gewässers mit dem Ziel, das Bett festzulegen und zu sichern, benachbarte Flächen vor Hochwasser zu schützen, eine günstige Vorflut sicherzustellen und Nutzungen (z. B. Schiffahrt, Kraftgewinnung, Wasserentnahme und -rückgabe, Fischerei, Erholung, Sport) zu ermöglichen (→ Flußregelung, → Stauregelung).

Gewässergüte, beschreibende Größe für die Qualität eines Gewässers. Das → Saprobiensystem beschreibt die G. unabhängig von kurzfristigen Einflüssen (biolog. Beurteilung). Fließgewässer werden außerdem entsprechend ihrer Belastung mit biologisch abbaubaren organ. Stoffen und der damit verbundenen Sauerstoffzehrung in sieben Güteklassen eingeteilt: I = unbelastet bis sehr gering belastet, I–II = gering belastet, II = mäßig belastet, II–III = kritisch belastet, III = stark verschmutzt, III–IV = sehr stark verschmutzt, IV = übermäßig verschmutzt. Stehende Gewässer werden nach der Belastung mit Pflanzennährstoffen (v. a. Phosphat und Nitrat) unterschieden in oligotrophe (nährstoffarme) Seen, mesotrophe (mäßig nährstoffhaltige) Seen, eutrophe (nährstoffreiche) Seen und polytrophe (sehr nährstoffreiche) Seen. (BILD S. 199)

Gewässerkunde, Hydrographie, Lehre von Erscheinungsformen, Eigenschaften, Vorkommen, der Verbreitung und dem Haushalt des Wassers über, auf und unter der Erdoberfläche; Teilgebiet der Geographie (daher auch **Hydrogeographie**) sowie der Geophysik; steht in engem Zusammenhang mit Meteorologie, Geologie, Hydraulik und Hydrodynamik. Ihre Zweige sind: die Flußkunde (→Potamologie), die Seenkunde (→Limnologie), die Quellen- und Grundwasserkunde (→Hydrogeologie), die Lehre von der Geschiebebewegung und Geröllverfrachtung in Flüssen und an Küsten. Das Wasser der offenen Meere behandelt die →Meereskunde (Ozeanographie), das der →Gletscher die Gletscherkunde (Glaziologie). Die G. dient u. a. der Wasserwirtschaft.

R. RÖSSERT: Grundlagen der Wasserwirtschaft und G. ([2]1976); T. GRADL: Leitfaden der Gewässergüte: G., Chemie, Biologie, Recht (1981).

Gewässerschutz, alle Maßnahmen zum Schutz der Gewässer (oberirdische Gewässer und Grundwasser) vor Verunreinigungen, bes. durch Abwässer, Müll u. a. wassergefährdende Stoffe, um das Wasser volkswirtschaftlich optimal nutzen zu können und gesundheitl. Gefahren und Mißstände abzuwenden.

Der **Reinheitsgrad** der Gewässer (→Gewässergüte) ist wichtig für Trink- und Betriebswasserversorgung, Wasserkraftgewinnung, Fischerei, Bewässerung, Wassersport, Schiffahrt, Aufnahme und Abtransport der Abwässer. Zu seiner Feststellung dienen chemisch-physikal. und bakteriolog. Wasseranalysen, ferner biologisch-ökolog. sowie biologisch-physiolog. Methoden (→Gewässeruntersuchung).

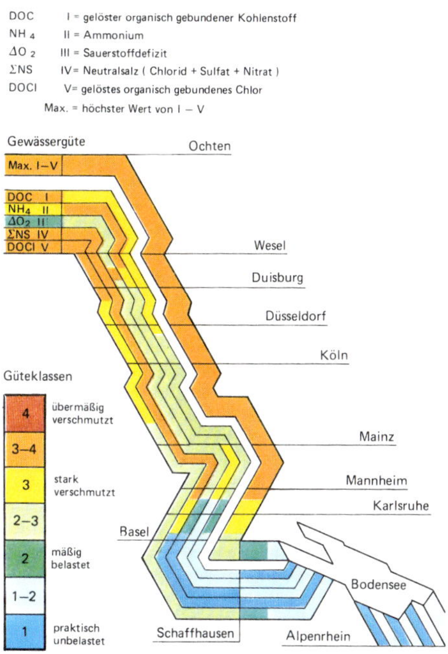

Gewässergüte des Rheins

Der **Reinheitszustand** der Gewässer ist abhängig von den natürl. Verhältnissen im Einzugsgebiet (Größe, Oberflächengestaltung, Niederschlagshöhe, Untergrundschichten, Besiedlungsdichte, Flächennutzung u. a.), von den zugeführten Verunreinigungen, insbes. der Schädlichkeit der Abwässer, vom Sauerstoffgehalt und Selbstreinigungsvermögen des Gewässers. Letzteres hängt ab von der Wassertiefe und Strömungsgeschwindigkeit, der Besiedlung mit Organismen sowie dem Sauerstoffhaushalt.

Bei **Gewässerverunreinigungen** sind von Bedeutung die Sink- und Schwimmstoffe, die Krankheitserreger aus menschl. und tier. Ausscheidungen, zersetzungsfähige Stoffe, chemisch-physikalisch bedenkl. Stoffe, die infolge ihrer giftigen Wirkung oder wegen Ausscheidens ionisierender Strahlen oder infolge hoher Konzentration gesundheitsschädlich sind oder das Selbstreinigungsvermögen schädigen, und solche Stoffe, die von der Selbstreinigung nicht erfaßt werden (Waschmittel-Inhaltsstoffe, Salze, Mineralöle, gewisse Gifte und Pflanzenschutzmittel, radioaktive Stoffe), die die Nutzung des Wassers beeinträchtigen oder die das Wasser oder Wassertiere durch Geruch und Geschmack ungenießbar machen, ferner die →Eutrophierung fördernde Nährstoffe sowie Tatbestände, die zu allgemeinhygienisch-ästhet. Mißständen (Verfärbungen, Geruch, Mücken) Anlaß geben können.

Techn. Möglichkeiten zum G. sind bei oberird. Gewässern die Reinigung (und Desinfektion) oder mengenmäßige Beschränkung der eingeleiteten Abwässer (Abwasserreinigung) und die Verbesserung des Selbstreinigungsvermögens, z. B. durch künstl. Belüftung.

F. MEINCK u. a.: Industrie-Abwässer ([4]1968); K. IMHOFF: Tb. der Stadtentwässerung ([24]1976); A. WÜSTHOFF u. a.: Hb. des Dt. Wasserrechts (1976; Losebl.-Sammlung); Aktuelle Fragen zur Abwasserbehandlung und zum G. (1979); E. HEYN: Wasserversorgung und G. als Gemeinschaftsaufgabe ([5]1980).

Gewässerstufe, natürliche oder künstliche Stufe in einem Gewässer. (→Fallstufe)

Gewässer|untersuchung, biologische Wasseranalyse, dient u. a. zur Feststellung des Verschmutzungsgrades eines Gewässers.

Ökologische Methoden beurteilen die Beschaffenheit eines Gewässers auf Grund der vorhandenen pflanzl. und tier. Lebewesen. Diese dienen als Leitformen (Indikatoren) in dem vierstufigen →Saprobiensystem. Gewisse Pflanzen und Tiere sind an best. Verschmutzungsgrade gebunden und von der chem. Beschaffenheit des Wassers innerhalb enger Grenzen abhängig. Die Bewohner des reinen Wassers heißen **Katharobien,** jene im verschmutzten Gewässer **Saprobien** (oligosaprob, mesosaprob, polysaprob).

Physiologische Methoden: Der **Biomassen-Titer** bestimmt die Wassergüte durch photoelektr. Messung der Trübung von Organismen-Suspensionen best. Testkulturen. Sie werden als Maßstab der in den Wasserproben optimal möglichen Organismenmasse gewertet. Die Trübungsmeßwerte werden nach Eichung des Meßgerätes mit einer bekannten Kieselgur-Suspension als vergleichbarer Äquivalentwert in mg/l Kieselgur angegeben (Algentiter).

Der **A–Z-Test** dient zur toxikolog. Prüfung von Abwässern. Hierbei werden die beiden biochem. Grundreaktionen der Selbstreinigung benutzt, nämlich 1) der bakterielle Abbau organ. Stoffe, gemessen am Sauerstoffverbrauch (Zehrung) und dessen Änderung beim Vorhandensein von Giftstoffen (Zehrungsversuch), und 2) die Assimilation grüner Pflanzen, gemessen an der Sauerstoffproduktion und deren Hemmung unter dem Einfluß der Giftwirkung (Assimilationsversuch).

Gewebe, textiles Flächengebilde mit mindestens zwei sich rechtwinklig kreuzenden Fadensystemen, von denen die Kette senkrecht und der Schuß waagerecht verlaufen (→Weberei). Über gesetzmäßige Fadenverkreuzung →Bindung 2).

Die Qualität eines G. hängt außer von der Bindung ab

Getriebe 10

von Material, Dicke und Art des Garns, der Fadendichte in Kette und Schuß, der Ausrüstung, Appretur, Farbe, Haltbarkeit, Geschmeidigkeit, Steifheit, Festigkeit, dem Griff, Aussehen u. a. Breite und Aufbau, Musterung, Namen oder Bez. der G. sind marktabhängig. Die Namen werden abgeleitet von Bindung, Veredelung, Aussehen, Gebrauchszweck, Material, besonderen Eigenschaften u. a.

Gewebekante, Webkante, Webleiste, Sal|leiste, Egge, Endleiste, der meist glatte seitl. Geweberand, bestehend aus einigen dichter liegenden Kett- und mit diesen abgebundenen Schußfäden. Schmalgewebe (Bänder) besitzen z. T. auch eine Kordel-, Hohl-, Zier- oder Bogenkante.

Gewehr, mit beiden Händen zu bedienende Schulterwaffe.

Je nach dem Verwendungszweck unterscheidet man 1) **Jagd-** (z. T. auch **Sport-)G.:** G., deren Läufe einen Drall aufweisen, heißen **Büchsen** (z. B. Großwildbüchse), solche mit glatten, ungezogenen Läufen **Flinten** (z. B. Schrotflinte). Als **Stutzen** werden kurzläufige G. bezeichnet, bei denen der Schaft bis zur Laufmündung reicht. G. mit zwei Läufen für Kugelschuß werden **Doppelbüchsen,** mit zwei Läufen für Schrotschuß **Doppelflinten,** mit je einem Schrot- und Kugellauf **Büchsflinten** genannt. Bei **Drillingen** sind die beiden oberen Läufe für Schrot-, der untere für Kugelschuß eingerichtet. Diese G. weisen i. a. ein größeres Kaliber auf als jene für militär. Zwecke. 2) **Militär-G.:** heute fast nur vollautomat. Hochleistungswaffen mit einer Einsatzschußweite bis zu 600 m. Sie sind als Vollautomat für Dauerfeuer **(Feuerstöße)** mit einer theoret. Feuergeschwindigkeit zw. 600 und 950 Schuß/min oder als Halbautomat **(Selbstlader)** für gezieltes Einzelfeuer verwendbar. **Scharfschützen-G.** sind mit einem Zielfernrohr ausgestattet. Mit den meisten G. können auch → Gewehrgranaten verfeuert werden. Die Munition wird aus Magazinen zugeführt, die 20–30 Schuß fassen. In Erprobung befinden sich rückstoßarme G. für hülsenlose Munition und mit Magazinen für 50 Schuß. Moderne G. sind vielfach in Blechprägetechnik gefertigt, vielfach gelangen auch Kunststoffe zur Verwendung. 3) **Kleinkaliber-** und **Luft-G.:** für Übungs- und Ausbildungszwecke (z. B. Flobert-G.), besonders als Sportwaffen beim Schießsport. (Weitere BILDER S. 201, 202)

Gewehr 1: Jagd-G.

Gewehrgranate, Granate, die mit oder ohne besondere Vorrichtungen (Schießbecher) mit einem Gewehr verschossen wird, vornehmlich mit Hohlladung zur Panzerabwehr.

Gewicht, 1) Mathematik: Zahl, durch die eine Größe gegenüber anderen stärker oder schwächer berücksichtigt wird (z. B. wird ein Meßergebnis mit einem relativen Fehler von 1% stärker ›gewichtet‹ als ein Meßergebnis mit einem relativen Fehler von 10%). Das arithmet. und geometr. Mittel hat den Gewichtsfaktor 1, werden vor der Mittelwertbildung die einzelnen Größen $x_1, x_2, \ldots, x_n$ mit ihrem G. $a_1, a_2, \ldots, a_n$ multipliziert, so ergibt sich das **gewogene Mittel** als

$$m = \frac{a_1x_1 + a_2x_2 + \ldots + a_nx_n}{n}.$$

2) Physik: die durch Wägung ermittelte → Masse eines Körpers. In der Physik war es üblich, unter G. eines Körpers die Kraft zu verstehen, mit der dieser von einem Himmelskörper (z. B. der Erde) angezogen wird. Für diese Kraft verwendet man heute nur noch die Bez. → Gewichtskraft. G. als Name für Verkörperungen von Masseneinheiten sollte zur Vermeidung von Mißverständnissen nicht verwendet werden, dafür werden die Bez. **Gewichtsstück** oder **Wägestück** empfohlen (nach DIN).

Gewichts|analyse, Gravimetrie, quantitative Bestimmung einer gelösten Substanz, indem diese durch entsprechende Färbungsmittel oder elektrochem. Methoden in eine schwerlösl. Verbindung definierter Zusammensetzung oder ein chem. Element überführt wird. Wenn wie bei der → Elektrogravimetrie ein Metall direkt an der Elektrode abgeschieden wird, so erfolgt die quantitative Bestimmung durch **Differenzwägung,** d. h. Wägung der Elektrode vor und nach der Abscheidung.

Bei chem. Fällungsreaktionen wird ein Niederschlag bevorzugt, der gut filtrierbar und auswaschbar ist (→ Fällung). Der Niederschlag **(Fällungsform)** wird dann in die **Wägeform** gebracht. Fällungs- und Wägeform können, wie beim Silberchlorid (AgCl) oder Bariumsulfat ($BaSO_4$), identisch sein.

Gewichtskraft, Formelzeichen G, F_G, früher auch als → Gewicht 2) bezeichnet, die Kraft, mit der ein Körper von der Erde (→ Schwerkraft) oder einem anderen Himmelskörper angezogen wird. Ihr Betrag ergibt sich aus dem Produkt aus der Körpermasse m und der an seinem Ort herrschenden Fallbeschleunigung g zu $G = mg$. Die G. ist i. Ggs. zur → Masse eine ortsabhängige, gerichtete Größe, da die Fallbeschleunigung infolge der Erdabplattung und ihrer Rotation von den Polen zum Äquator hin abnimmt. Entsprechend der unterschiedl. Fallbeschleunigung auf anderen Planeten ist die G. eines Körpers dort größer oder kleiner als auf der Erde (Mond: $g_M = 1{,}7\ m/s^2$; $G_M \approx 1/6$ der Erd-G.). Die G. wird in → Newton (N) gemessen.

Gewichtslosigkeit, → Schwerelosigkeit.

Gewichts|prozent, Abk. **Gew.-%,** Maßeinheit der → Konzentration.

Gewinde, schraubenförmige Profilierung einer Zylindermantelfläche an einem Bolzen **(Außen-G.,** z. B. bei der **Schraube)** oder einer Bohrung **(Innen-G.,** z. B. bei der **Mutter).** G. werden als typisches mechan. Formelement zur lösbaren Verbindung zweier Teile verwendet und erfüllen je nach Aufgabenstellung die Funktionen der Befestigung, der Kraft- und/oder der Bewegungsübertragung.

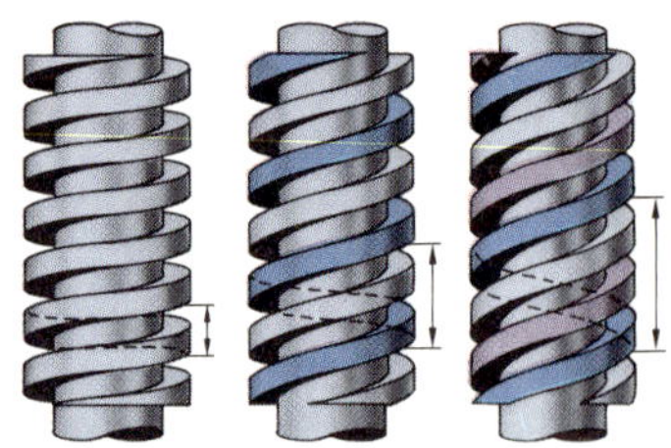

Gewinde 2: ein- und mehrgängige G.

Dementsprechend unterscheidet man den Profilquerschnitt in **Spitz-G.** für Befestigungszwecke, **Trapez-G.** zur Kraft- und Bewegungsübertragung in beiden Richtungen, **Sägen-G.** zur Kraftübertragung in einer Richtung und **Rund-G.** zur Kraft- und Bewegungsübertragung, wenn aus Sicherheitsgründen Kerbwirkung infolge scharfer Ecken zu vermeiden ist. Weitere Merkmale sind die Richtung der G.-Steigung **(Rechts-G., Links-G.)** sowie die Zahl der G.-Gänge **(eingängiges, mehrgängiges G.).**

Die Funktionssicherheit einer G.-Verbindung hängt davon ab, wie genau Schrauben-G. und Muttern-G. zusammenpassen. Erstrebt wird ein Maximum an Flächen-

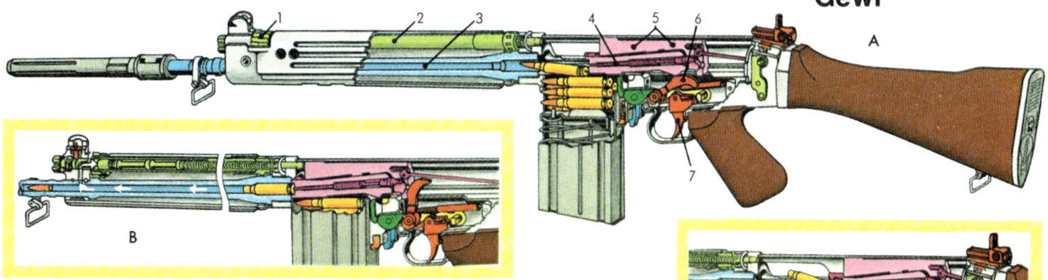

Gewehr 2: halbautomatisches Militärgewehr (für Einzelschuß und Feuerstöße) nach dem Gasdruckladerprinzip; Gesamtlänge 1,13 m, Lauflänge 61,5 cm, Gewicht ungeladen 4,55 kg. **1** Gasregler, **2** Gaszylinder, **3** Rohr, **4** Schlagbolzen mit Feder, **5** Gleitstück mit Feder, **6** Schlaghebel, **7** Abzug. – Vorgang in der Waffe beim Schuß: **A** Einführen der Patrone; **B** die Patrone wird (über Abzug–Schlaghebel–Schlagbolzen) gezündet, ein Teil des Explosionsdruckes wirkt über den Gasregler auf den Gaszylinder; **C** dieser wirft das Gleitstück zurück, dabei wird die leere Patronenhülse ausgeworfen, eine neue Patrone durch die Magazinfeder hochgedrückt und durch die Kraft der Gleitstückfeder (hier nicht sichtbar) ins Rohr geschoben — jetzt wieder Vorgang wie A

berührung zur gleichmäßigen Kraftverteilung auf die im Eingriff befindl. G.-Gänge. Dieser Gesichtspunkt sowie die Forderung nach Austauschbarkeit von Schraube oder Mutter erfordern eine strenge Toleranzangabe für die geometr. Abmessungen.

Kennzeichnende Größen des G. sind der **Nenn-** oder **Außendurchmesser,** der **Flanken-** und **Kerndurchmesser,** die **Steigung,** der **Steigungswinkel** und der **Flankenwinkel.** In Dtl. wird das **metrische G.** bevorzugt, in Großbritannien das **Whitworth-G.** [hwˈɪtwəːθ-]. Die amerikan. Industrie benutzt vorzugsweise das **Sellers-G.** Im Bemühen um Welteinheits-G. entstanden das **Unified Screw Thread** [jˈuːnɪfaɪd skruː θred], Abk. **UST,** mit Zollabmessung für anglo-amerikan. Industrien und das **ISO-G.** für Länder mit metr. Maßsystem. Das ISO-G. tritt an die Stelle des DIN-G. Unterschiede betreffen den Ausrundungsradius am Bolzenkern und Mutterkerndurchmesser.

Gewindeherstellung. Spanende Verfahren bedienen sich bei Handbetrieb des → Schneideisens oder der → Schneidkluppe für Außen-G. und des → Gewindebohrers für Innen-G. Schneideisen und G.-Bohrer können auch maschinell auf **G.-Bearbeitungsmaschinen** eingesetzt werden. Beim **G.-Schneiden** auf der Drehmaschine läuft das Werkstück um, während gleichzeitig der **G.-Meißel,** dessen Form dem G.-Profil entspricht, axial verschoben wird. Dabei sind beide Bewegungen über Getriebestufen derart miteinander gekoppelt, daß die gewünschte G.-Steigung erreicht wird. Die volle G.-Tiefe wird in mehreren Arbeitsgängen hergestellt. Beim **G.-Strehlen** tritt der G.-Strehler an Stelle des Meißels. Beim **Abwälz-G.-Schneiden** erzeugt ein umlaufendes Schneidrad das G. Beim **G.-Fräsen** dreht sich das Werkstück, und ein Scheibenfräser erzeugt das G. Ähnliche Verfahren sind das **Schälen** und **Wirbeln** von G. Das **G.-Schleifen** dient der Feinbearbeitung zur Erzielung größter Maßgenauigkeit und Oberflächengüte.

Die spanlosen Verfahren der G.-Herstellung eignen sich bei weniger hohen Ansprüchen an die Genauigkeit bes. für die Massenfertigung. Weitere Vorteile liegen in der mögl. Werkstoffersparnis und in der Erhaltung der Werkstoff-Faser, die bei der spanenden Bearbeitung zerschnitten wird. Hierdurch ergeben sich höhere Dauerfestigkeiten. Zur Herstellung von Außen-G. dient das **G.-Walzen.** Auf G.-Walzmaschinen wird das Werkstück entweder zw. gerillten Flachbacken durchgerollt oder zw. gerillten, umlaufenden Rollen oder Rollköpfen (daher mitunter **G.-Rollen** genannt) geformt. G.-Herstellung nach Vorwärmung des Werkstücks ist auf besonderen Warm-G.-Walzmaschinen möglich. Innen-G. werden durch **G.-Furchen** hergestellt; die Werkzeuge ähneln den G.-Bohrern, sie besitzen jedoch keine Spannut, und ihr Querschnitt ist dreieckförmig. (Weitere Bilder S. 203)

A. Linek: Spanabhebende Werkzeugmaschinen, 7: G.-Herstellung ([2]1965); H. T. Körsmeier: Die Technologie des Gewindebohrens (1974); E. Widmer: Drehen und Gewindeschneiden (1978); G.-Normen (DIN-Tb., 45, [3]1978).

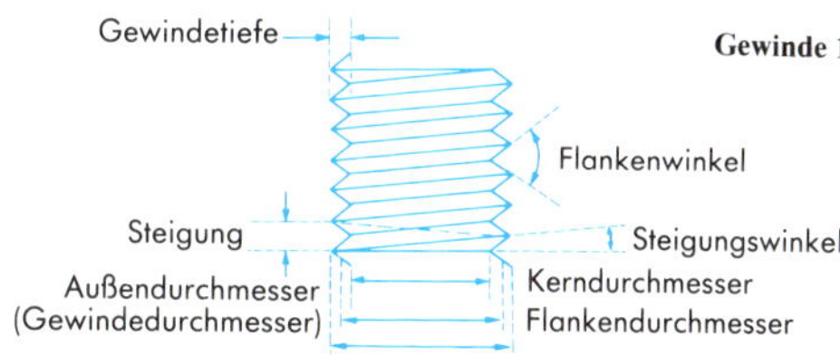

Gewinde 1

Gewindebohrer, Werkzeug zum Erzeugen von Innengewinden (→ Gewinde). Auf einer Schraubenlinie um den Bohrerschaft liegende Zähne schneiden drehend das Gewinde und erzeugen auch den erforderlichen Vorschub. Es gibt **Einschnitt-G.,** die nur einen Arbeitsgang benötigen, und **Satz-G.,** bei denen die Zerspanung auf zwei bis drei G. aufgeteilt ist. G. können von Hand mit **Windeisen,** maschinell auf normalen Bohrmaschinen oder speziellen Gewindebohrmaschinen verwendet werden.

Gewindestift, kopflose Schraube mit Schlitz oder Innensechskant, bei der sich das Gewinde i. Ggs. zur Schaftschraube über den ganzen Bolzen erstreckt.

Gewinnung, Bergbau: das Lösen von nutzbaren Mineralen und Nebengestein aus dem Gebirgsverband; von Hand, durch → Sprengen oder durch **Gewinnungsmaschinen,** die z. B. schälend, schneidend, rammend arbeiten.

Gewirke, gewirkte Stoffe, Wirkwaren, → Wirkerei.

Gewitter, Unwetter mit luftelektr. Entladungen aus einer G.-Wolke (Cumulonimbus, → Wolken) in Form von Blitz mit Donner, begleitet von → Schauern. Voraussetzung für die Entstehung ist starke Labilität (→ Stabilität) bei hoher Luftfeuchtigkeit. Dadurch wird ein Zirkulationssystem ausgelöst mit kräftigen Aufwinden im Zentrum und Abwinden in der Umgebung, auch **Gewitterzelle** genannt, deren Durchmesser in mittleren Breiten 2–8, in den Tropen 4–16 km beträgt. Vertikal entwickelt sie sich gewöhnlich bis zur Tropopause (Lebensdauer etwa eine halbe Stunde).

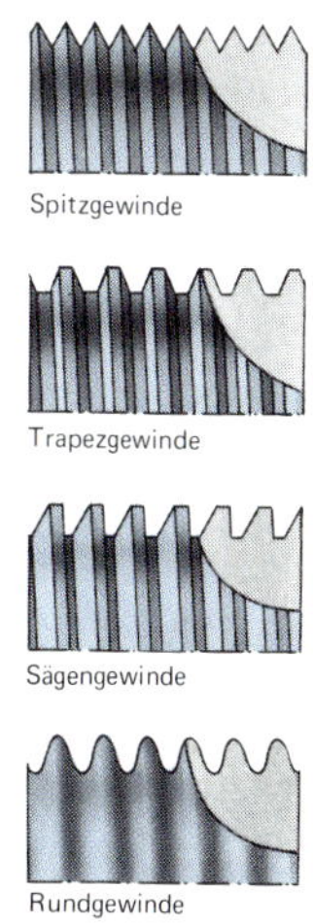

Gewinde 3: Gewindeprofile

Die für G. entscheidende elektr. Ladungstrennung erfolgt an den →Hydrometeoren, die wie →Hagel entstehen. Von außen gesehen zunächst elektrisch neutral, sind in ihrem Innern negative und positive Ladungen so getrennt, daß sie negative Ionen einfangen und/oder beim Gefrieren positiv geladene Eissplitter absprengen. Diese werden durch den Aufwind in den oberen Teil der Wolke getragen, während die großen negativ geladenen Stücke absinken. Es konnte eine Ladungstrennung von 1 Coulomb je km^3 und Minute beobachtet werden. Diese führt dazu, daß eine Wolke oben positiv und unten negativ geladen ist, mit Ausnahme der ›positiven Tasche‹ an der Wolkenbasis, aus der der intensivste Niederschlag fällt. Der leichtere Regen aus dem übrigen Bereich des G. hat negative Ladung. Übersteigt das Spannungsgefälle in der Wolke oder zw. Wolke und Boden die Grenze von 2000–3000 V/cm, so kommt es zum →Blitz, wobei eine Ladungsmenge von rd. 20 Coulomb abfließt.

Ein G. umfaßt stets mehrere Zellen, die sich etwa mit dem Wind in der mittleren Troposphäre verlagern, während der Bodenwind überwiegend zum G. hin gerichtet ist. Nach der Entstehung werden unterschieden: **Wärmegewitter,** warme, feuchte, labile Luft wird durch Einstrahlung der Sonne vom Boden her erhitzt; in den Nachmittagsstunden kommt es dann erst an Berghängen (orograph. G.), später flächenhaft zu G.; bei **Front-G.** löst die Labilität der Kaltfront das G. aus, bes. wenn der Untergrund durch die vorhergehende Witterung erwärmt ist.

Gewehr 3: automatisches Militärgewehr G 11 nach dem Gasdruckladerprinzip, einstellbar für Einzelschuß, 3-Schuß-Feuerstoß und längeren Feuerstoß. Verschossen wird hülsenlose Munition, deren Treibladung zu einem wasserfesten, stabilen Körper verarbeitet ist, der Geschoß und Zündladung aufnimmt; Kaliber 4,7 mm.
OBEN: Außenansicht des G. mit festem optischem Visier; Gesamtlänge 75 cm, Rohrlänge 54 cm, Gewicht ungeladen 4,26 kg (Entwicklungsziel 3,6 kg). UNTEN: schematische Schnittbilder; LINKS: Die rot dargestellten Teile (Rohr, Verschluß, Magazin) sind im Waffengehäuse lafettiert, d. h. sie können beim Rückstoß etwa 10 cm zurückgleiten. MITTE und RECHTS: Funktionsschema des Walzenverschlusses: Anstelle des sonst üblichen längsbeweglichen Verschlusses befindet sich eine drehbare Walze mit dem Patronenlager, das bei zwangsgesteuerter Zuführung einer Patrone aus dem darüberliegenden Magazin (für 50 Patronen) senkrecht zur Schußrichtung liegt. Danach dreht sich die Walze im Uhrzeigersinn um 90°, und die Patrone gelangt in Schußposition. Nach dem Schuß wird die Walze durch Gasantrieb wieder um 90° gedreht und in Zufuhrposition gebracht

Die Zahl der G. ist deutlich von der geograph. Breite abhängig. Das Maximum liegt mit 160 Gewittertagen an den Hängen der trop. Gebirge; mehr als 30 Gewittertage werden in den Alpen, weniger als 15 Gewittertage je Jahr im nördl. Schlesw.-Holst. beobachtet. Im Polargebiet sind G. fast unbekannt. Parallel zur Häufigkeit ändert sich auch das Verhältnis von Wolken- zu Erdblitzen mit einer Relation von 8 : 1 in den Tropen bis 1 : 1 in 60° Breite. Für den globalen Haushalt der →Luftelektrizität sind die G. entscheidende Generatoren zur Aufrechterhaltung des Feldes.

gewogenes Mittel, →Gewicht 1).

Gewölbe, räumlich gekrümmte, massive Raumüberdeckung, die so geformt ist, daß ihre Querschnitte nur auf Druck beansprucht werden (i. Ggs. zum →Bogen 1). G. werden hergestellt durch **Wölben,** d. h. durch (ggf. mörtelloses) Aneinanderfügen der einzelnen Elemente (z. B. Natursteine) auf →Schalung und →Rüstung. G. mit horizontalen Fugen, die durch Vorkragen der einzelnen Steinschichten gebildet werden **(Krag-G.),** sind **unechte** oder **falsche G.** Die G. üben auf ihre Widerlager einen Schub aus.

Gewölbeformen. **Tonnen-G.,** ein G., dessen Querschnitt einen Halbkreis oder ein Kreissegment bildet, es ist meist durch konstruktiv tragende Gurtbögen gegliedert; **Kreuz-G.,** eine Durchdringung zweier sich rechtwinklig kreuzender Tonnengewölbe, bei der vier Kappen zw. diagonalen Graten entstehen **(Kreuzgrat-G.);** bei Verstärkung der Grate durch Rippen entsteht das **Kreuzrippen-G.,** bei Vervielfältigung der Rippen das **Stern-** und **Netz-G.,** bei fächerförmigem Ansatz mehrerer Rippen das **Fächer-G.** Das seltenere **Kloster-G.** (auch **Hauben-G.** genannt) besteht aus Tonnenabschnitten, die sich, von den Wänden eines quadrat. oder mehreckigen Grundrisses getragen, als Wangen wölben; bei rechteckigem Grundriß entsteht das **Mulden-G.** und, wenn dessen oberer Teil durch eine flache Decke ersetzt ist, das **Spiegel-G.** (BILDER S. 204)

Geysẹrit, →Opal.

Gẹysir, Geisir *der,* dt. auch **Geiser,** heiße Quelle in jungvulkan. Gebieten, die in meist regelmäßigen Zeitabständen eine Wasserfontäne ausstößt. Ihr Wasser stammt größtenteils aus dem bodennahen Grundwasser; es gelangt an Spalten und Klüften in die Tiefe und in Speicherräume, wo es durch vulkan. Wärme erhitzt wird. Wegen des Druckes der darüber stehenden Wassersäule kann es bei 100 °C nicht sieden. Erst bei Erreichen der diesem Druck entsprechenden Siedetemperatur wird ein Teil des Wassers ausgeworfen. Diese geringe Druckentlastung genügt, um einen Teil des Wassers in Dampf zu verwandeln, der beim Aufstieg das überlagernde Wasser explosionsar-

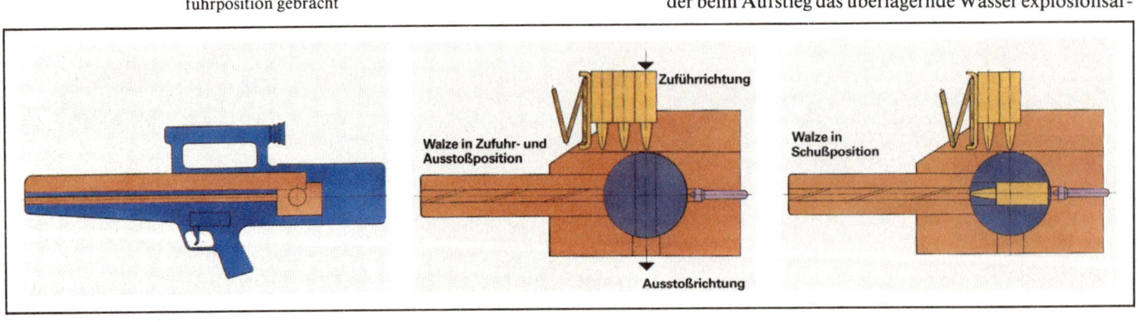

tig mitreißt. Nach dem Ausbruch fließt kühleres Wasser aus dem Grundwasserbereich nach, und der Vorgang wiederholt sich. Viele G. setzen Sinterkrusten **(Geyserit)** in oft bizarren und farbenprächtigen (Eisenlösungen) Formen ab. G. sind verbreitet z. B. in SW-Island und im Yellowstone-Nationalpark (USA).

Gezähe, Bergmannssprache: Werkzeug.

Gezeiten, Tiden, period. Niveau-Schwankungen der festen Erdkruste, des Meeres und der Atmosphäre, die durch das Zusammenwirken der Anziehungskräfte zw. Erde, Mond und Sonne und der mit den Bewegungen dieser Himmelskörper verbundenen Fliehkräfte erzeugt werden.

Gezeitenerzeugende Kräfte. Bei der Bewegung (Revolution ohne Rotation) des Systems Erde–Mond um den gemeinsamen Schwerpunkt S (BILD S. 205) ist die Fliehkraft an allen Punkten der Erde gleich gerichtet und gleich groß. Die Anziehungskraft des Mondes auf der Erde ist dagegen stets auf den Mond gerichtet und von der Entfernung zum Mond abhängig. Sie ist am größten, wo er im Zenit (Z), am kleinsten, wo er im Nadir (N) steht. Anziehungs- und Fliehkraft heben sich nur im Schwerpunkt (E) der Erde auf. An allen anderen Punkten resultieren kleine Restkräfte. Die Vertikalkomponente dieser Kräfte ist gegenüber der Schwerkraft vernachlässigbar klein, die Horizontalkomponente ruft G. hervor. Entsprechende Kräfte treten auf der Erde durch die Bewegung des Systems Sonne–Erde auf. Die insgesamt entstehenden gezeitenerzeugenden Kräfte lassen sich als eine unendl. Summe period. Komponenten, den **Partialtiden,** darstellen. Die vier wichtigsten sind in der Reihenfolge ihrer Bedeutung die halbtägige **Haupt-Mondtide** (Name M_2, Periode 12,42 Std.), die eintägige **Haupt-Deklinationstide** (K_1, 23,93 Std.), die halbtägige **Haupt-Sonnentide** (S_2, 12,00 Std.) und die eintägige **Haupt-Mondtide** (O_1, 25,82 Std.).

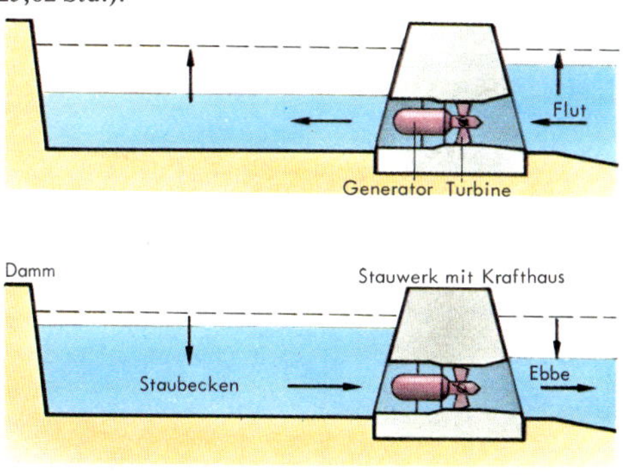

Gezeitenkraftwerk: Funktionsweise eines G.; OBEN Auffüllen des Beckens bei Flut; UNTEN Ausströmen des Wassers bei Ebbe

1) **G. des Meeres:** Jede Partialtide erzeugt im Meer eine period. Bewegung, die ›Gezeit‹ oder ›Tide‹. Namen und Perioden der G. sind dieselben wie die der erzeugenden Partialtiden. Eine G. besteht aus einer period. Wasserstandsschwankung, verbunden mit einer periodisch umlaufenden horizontalen Strömung **(G.-Strom).** Das Steigen des Wasserstandes heißt **Flut,** das Fallen **Ebbe,** die Höhendifferenz zw. Hoch- und Niedrigwasser **Tidenhub.** In den meisten Meeresgebieten dominieren die halbtägigen G. Dabei addieren sich ein bis zwei Tage nach Voll- und Neumond **(Springzeit)** die gezeitenerzeugenden Einflüsse von Mond und Sonne; es ergeben sich bes. starke G., die **Springtiden.** Rund 7,5 Tage nach Springzeit heben sich die Einflüsse von Mond und Sonne teilweise auf **(Nippzeit);** dann sind die G. bes. schwach **(Nipptiden).**

Die maximalen mittleren Springtidenhübe der halbtägigen G. betragen 11 cm in der Ostsee, 4 m an der dt., 6,5 m an der engl. Nordseeküste, 11,5 m im Ärmelkanal (Bucht von St. Malo), 14–15 m im Golf von Maine (Fundybai, die höchsten Werte im gesamten Weltmeer).

Die **G.-Ströme** erfassen die ganze Wassersäule von der Meeresoberfläche bis zum Meeresboden, wodurch dort Reibungskräfte hervorgerufen werden (→ Gezeitenreibung). Die G.-Ströme haben im offenen Ozean eine Größenordnung von 5–10 cm/s. In flacherem Wasser und in Meerengen können sie bedeutend stärker sein: Nordsee (Dt. Bucht) über 1 m/s; im Skjerstadfjord bei Bodø (N-Norwegen) 8 m/s. In → Gezeitenkraftwerken wird die hohe Energie der G. technisch nutzbar gemacht. – Die große Bedeutung der G. für Schiffahrt, Wasserbauwesen u. a. macht eine **G.-Vorhersage** wichtig. Sie wird von hydrograph. Ämtern durchgeführt und in jährlich erscheinenden **G.-Tafeln** veröffentlicht.

2) Die **G. der Atmosphäre** sind sonnen- wie auch mondbedingte Druckwellen. Unter ihnen ist die zwölfstündige G. mit Minimum um 4 und 16, Maximum um 10 und 22 Uhr Ortszeit mit 1,5 mbar Amplitude in den Tropen stets, in Mitteleuropa mit 0,5 mbar nur bei stationärem Hochdruckwetter gut beobachtbar. Die übrigen Frequenzen, bes. die vom Mond ausgehenden, sind auf der Erde unregelmäßig verteilt und nur durch empfindl. statist. Analyse der Meßreihen nachweisbar.

3) **G. der festen Erde (Erdgezeiten):** Auch der feste Erdkörper erfährt durch die Gravitationswirkung von Mond und Sonne eine Deformation, die in Äquatornähe 0,5 m erreichen kann. Überlagert wird dieser primäre Effekt durch Schollenverbiegungen, verursacht durch die Wassermassenverlagerung der Meeresgezeiten, durch atmosphär. Druckschwankungen und thermisch bedingte Bodendeformationen.

R. TOMASCHEK: Tides of the solid earth, in: Hb. der Physik, hg. v. S. FLÜGGE, 48 (1957); G. DIETRICH u. a.: Allg. Meereskunde (^{3}1975).

Gezeitenkraftwerk, Flutkraftwerk, ein → Wasserkraftwerk, das die Energie von Ebbe und Flut ausnützt. An einer Küste mit hohem Gezeitenhub wird bei Flut ein Becken gefüllt. Beim einfach wirkenden G. treibt nur das bei Ebbe rückströmende Wasser die Turbinen an, beim doppeltwirkenden auch das bei Flut einströmende Wasser. Durch Pumpbetrieb beim Füllen kann das Gefälle erhöht werden. Vorläufer: die ›Flutmühlen‹ des Italieners MARIANO (1483). Das erste G. wurde 1966 bei St.-Malo (Frankreich) an der Rance-Mündung in Betrieb genommen, die 24 Rohrturbinen leisten je 10 MW.

Gezeitenreibung, durch die Gezeitenbewegungen hervorgerufene Reibungskräfte; umfaßt die Reibung der ozean. Gezeitenströme am Meeresboden und die innere Reibung der an der Gezeitenbewegung teilnehmenden festen und flüssigen Teile der Erde. Infolge der G. wird die Erddrehung verzögert, so daß in 100 Jahren die Tageslänge um rund $^1/_{600}$ s zunimmt. Aus ihrem Einfluß wird auch eine relative Westdrift der Kontinente abgeleitet.

g-Faktor, der → Landésche g-Faktor.

GFK, Abk. für → glasfaserverstärkte Kunststoffe.

GGA, Abk. für **Groß-Gemeinschaftsantennenanlage,** → GA.

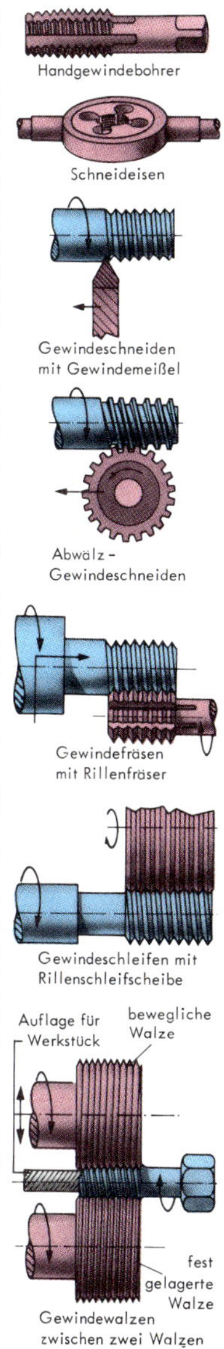

Gewinde 4: Gewindeherstellung

1

2

3

4

5

6

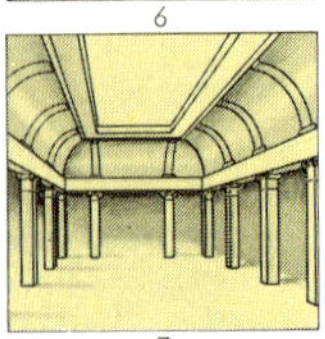
7

Gewölbe:
1 Tonnengewölbe,
2 Kreuzgewölbe,
3 Kreuzrippengewölbe,
4 Sterngewölbe,
5 Klostergewölbe,
6 Muldengewölbe,
7 Spiegelgewölbe

GGG, Abk. für **Gadolinium-Gallium-Granat,** in hochperfekten Einkristallen herstellbares Material, das als Substrat für → Magnetblasenspeicher verwendet wird.

g. g. T., Abk. für den → größten gemeinsamen Teiler.

GHz, Einheitenzeichen für **Gigahertz** (→ Hertz).

Giacobiniden [dʒa-], die → Draconiden.

Gibberelline, Gruppe natürl. Wuchsstoffe in Bakterien, Algen, Moosen, Farnen und höheren Pflanzen. G. greifen in die Regulierung des Streckungswachstums, z. B. der Blütenbildung, ein **(Pflanzenhormone).**

Gibbs-Funktion, Gibbs-Energie [n. dem amerikan. Mathematiker und Physikochemiker J. W. Gibbs, * 1839, † 1903], svw. → freie Enthalpie.

Gibbsit [n. dem amerikan. Mineralogen G. Gibbs, † 1833] *der,* Mineral, → Hydrargillit.

Gibbssche Phasenregel gibt die Anzahl F der in einem im Gleichgewicht befindl. System willkürlich festlegbaren intensiven Zustandsvariablen, wie v. a. Druck, Temperatur, Zusammensetzung, an. F wird auch Zahl der Freiheiten oder Freiheitsgrade genannt. Das 1878 von J. W. Gibbs aufgestellte Gesetz besagt, daß im thermodynam. Gleichgewicht gilt (falls man chem. Reaktionen zw. den Bestandteilen ausschließt): $F = K - P + 2$ (K Anzahl der Komponenten, d. h. der voneinander unabhängigen chem. Bestandteile, P Anzahl der Phasen). Ist $F = 0$, so heißt das System **invariant,** z. B. ist bei reinem Wasser $K = 1$, also $F = 3 - P$, d. h. wenn drei Phasen ($P = 3$; → Tripelpunkt) vorliegen, ist $F = 0$; somit ist sowohl Druck als auch Temperatur festgelegt. Bei zwei Phasen ist $F = 1$ (**univariantes** System), d. h. man kann entweder über den Druck oder die Temperatur willkürlich verfügen, d. h., wenn man z. B. bei einem Gleichgewicht zw. → Dampf und Flüssigkeit die Temperatur frei wählt, so ist der zugehörige Sättigungsdampfdruck eindeutig festgelegt. Bei **divarianten** Systemen ($F = 2$), z. B. nur eine Phase eines Einkomponentensystems, sind Druck und Temperatur innerhalb gewisser Grenzen voneinander unabhängig.

Gicht, Hüttenkunde: der Oberteil von Schachtöfen oberhalb der Beschickungsöffnung. Häufig auch a) das Beschickungsgut, mit dem der Ofen ›begichtet‹ wird; b) die Beschickungsöffnung; c) die **Gichtbühne,** von der aus der Ofen beschickt wird.

Gichtgas, das aus Schachtöfen (Hochöfen) an der → Gicht austretende Gemisch aus Kohlendioxid, Kohlenmonoxid, Stickstoff, Wasserstoff u. a. Das gereinigte G. dient zur Vorwärmung der dem Hochofen zugeführten Luft. Der bei der Reinigung aufgefangene **Gichtstaub** (Koks- und Erzstaub) wird gesintert und dem Hochofenmöller wieder beigegeben.

Gieren, Drehbewegung eines Fahrzeugs (Schiff, Flugzeug, Kraftwagen, Schienenfahrzeug) in der waagerechten Ebene um eine lotrechte Achse, bewirkt durch ein **Giermoment** (Lenkvorgang, Einfluß von Wind, Seegang, Steuerungsungenauigkeit, Spurspiel im Gleis). Die Gierbewegung tritt auch häufig als **Gierschwingung** auf (pendelnde Drehbewegung um die lotrechte Achse). – **Gierfähren** werden in ›Gierstellung‹ durch die Strömung von Ufer zu Ufer bewegt.

Gießen, ein Umformverfahren (→ Fertigungsverfahren), bei dem Metalle oder auch andere Werkstoffe in flüssigem Zustand in vorbereitete Hohlräume, die **Gießformen,** gegossen werden, darin erstarren und so ihre endgültige Form oder eine Form für die nachfolgende Weiterverarbeitung annehmen.

G. von Metall, → Gießerei.

G. von Kunststoffen. Kunststoff-Formteile oder -Halbzeug werden hergestellt, indem man flüssige, pastöse oder aufgeschmolzene Vorprodukte (z. B. → Gießharze, vernetzende Elastomer-Vorprodukte, polymerisierbare Monomere, gelierende Polyvinylchlorid-Pasten) in Gießformen durch chem. Umwandlung oder durch Erkalten zu harten bis gummiartig weichen Körpern erstarren läßt. Im **Rotationsguß** fertigt man Hohlkörper (z. B. Puppen, Behälter) aus PVC-Pasten oder Polyäthylenpulver; dabei läßt man die Formen im Heißluftofen mäßig schnell um zwei Achsen rotieren, damit sich das Material gleichmäßig verteilt. Beim **Schleuderguß** (u. a. für Rohre) mit schnellrotierenden Formen wird die Gußmasse durch Fliehkraft an die Formwand gedrückt.

Gießerei, die Erzeugung von Gußwaren aus Eisen und anderen Metallen.

In der Formerei werden die **Gußformen** hergestellt; das dazu verwendete Material war früher Lehm, heute ist es hauptsächlich **Formsand** (mit der Grundsubstanz Quarz), gebunden jeweils durch Ton oder Zement mit Wasser oder Kunstharz (z. B. Croning-Verfahren), Öl oder Wasserglas als Binder. **Naßguß** ist die Herstellung von kleinen Gußstücken in ungetrocknetem (grünem) Formsand. **Trockenguß** wird in einem Formsand hergestellt, der getrocknet oder gebrannt wird. Die Formen werden angefertigt mit einem Modell, um das der Formsand verdichtet wird, oder mit einer Schablone, mit der die Formmasse modelliert wird. Kerne – die späteren Hohlräume – werden aus Sand mit versch. Bindern hergestellt. Beim **Kokillenguß** werden Kokillen als Gußformen aus Gußeisen oder Stahl benutzt. Die Form muß um so viel größer sein, wie die Schwindung des erstarrenden Metalles ausmacht (Schwindmaß).

I. d. R. wird das Modell in einem Unterkasten und einem Oberkasten eingeformt und dann herausgenommen; darauf werden die Kerne eingelegt und die **Formkästen** wieder zusammengebaut. Beim **offenen** oder **Herd-Guß,** z. B. für Ofenplatten, wird nur die Unterseite der Form einmodelliert und die Form ohne Abdeckung abgegossen. Zur Serienfertigung von Formen dienen Preß-, Sandschleuder- und Rüttelformmaschinen.

Eisen- und Stahlguß. Der **Eisenguß** wird aus **Gußeisen** (mit 2–4,0% Kohlenstoff) hergestellt, das unmittelbar dem Hochofen entnommen (Guß erster Schmelzung) oder aus Gießereiroheisen (→ Eisen), meist unter Zusatz von Schrott, in Kupolöfen oder in elektr. Öfen umgeschmolzen ist (Guß zweiter Schmelzung).

Im **Grauguß** liegt der Kohlenstoff als Graphit in lamellarer Form, der dem Eisen ein graues Bruchaussehen verleiht, in einer ferritisch-perlitischen Grundmasse vor. Ein hoher Phosphorgehalt macht das Eisen dünnflüssig und für Kunstguß geeignet. Gußeisen mit Kugelgraphit enthält Graphit in Kugelform.

Im **Hartguß** ist der Kohlenstoff als Eisencarbid gebunden unter Bildung eines ledeburitischen Gefüges, das dem Eisen eine hohe Härte verleiht. Durch Abgießen in eine eiserne Kokille oder durch Einlegen von Abschreckplatten in die Gußform wird eine gute Ausbildung des Härtegefüges in der Randzone erzielt (Schalen- und Kokillenguß). Beim **Temperguß** wird der Rohguß anschließend geglüht (tempern), danach entsteht ein schmiedbarer Guß.

Nach DIN soll die Zugfestigkeit von Grauguß 100–400 N/mm^2, die von Gußeisen mit Kugelgraphit 400–800 N/mm^2 betragen. Die Dehnung von Grauguß ist gering (unter 1%), die von Gußeisen mit Kugelgraphit erreicht 15%. Hartguß hat eine hohe Verschleißfestigkeit an der

Oberfläche, wie sie bei Walzen und Brechbacken erwünscht ist. Temperguß erhält nach dem Glühprozeß stahlartigen Charakter.

Der **Stahlguß** (Stahlformguß) wird in der Hauptmenge aus einem Stahl mit 0,1–0,5% Kohlenstoff hergestellt. Nach DIN soll die Zugfestigkeit von Stahlguß mindestens 380–700 N/mm² und die Dehnung 12–25% betragen. Daneben gibt es legierten Stahlguß mit veränderten Eigenschaften. Stahlguß wird zur Behebung der Gußspannungen und zur Erzielung eines feineren Gefüges einer Glühbehandlung unterzogen (→ Glühen 2). – Eisen oder Stahl werden in die Formen entweder unmittelbar aus dem Ofen oder mit einer Pfanne gegossen. Das Metall wird entweder von oben in die Form **(fallender Guß)** oder durch einen besonderen Einguß von unten eingegossen **(steigender Guß).** Nach dem **Schleudergußverfahren** werden Rohre und andere zylindr. Hohlkörper durch Eingießen von Gußeisen in rotierende Kokillen unter der Wirkung der Zentrifugalkraft ohne Hilfe eines Kernes hergestellt. Ein weiteres Verfahren ist der → Strangguß.

In der Putzerei werden die rohen Gußstücke bearbeitet, die Kerne ausgestoßen, die Steiger entfernt. Zur Oberflächenbearbeitung dienen v. a. Sandstrahlgebläse, Trommeln und Beizen.

Nichteisen-Metallguß. Unterschieden werden Schwer- und Leichtmetallguß. Die wichtigsten Werkstoffe für den **Schwermetallguß** sind: Zinnbronze, Rotguß und Gußmessing. Sämtl. Form- und Gußverfahren werden angewandt; Zinklegierungen werden fast ausschließlich im Druckgießverfahren verarbeitet. Besondere Vorteile sind u. a. die Korrosionsbeständigkeit und die Verschleißeigenschaften der Werkstoffe. – Der **Leichtmetallguß** umfaßt Aluminium- und Magnesium-Legierungen; diese werden vorzugsweise im Druckguß- oder Kokillengießverfahren verarbeitet. Der besondere Vorzug liegt in dem geringen spezif. Gewicht der Gußstücke (Flugzeug- und Fahrzeugbau).

Unter Feinguß, auch **Präzisionsguß,** werden alle industriemäßigen Gießverfahren verstanden, bei denen die Gießformen mit Hilfe von **verlorenen Modellen** (Wachs, Polystyrol) hergestellt werden (daher auch **Wachsausschmelzverfahren).** Die Modelle werden ungeteilt geformt, so daß die (die Maßgenauigkeit beeinträchtigende) Trennfuge entfällt. Das getrocknete Modell wird in feuerfeste Stoffe eingebettet, anschließend das Modellmaterial ausgeschmolzen oder verbrannt. Möglich ist die übliche Gießweise oder das Schleudergußverfahren.

Geschichte. Der Eisenguß fußt auf den Erfahrungen des Bronzegusses. In China war er im 2. Jh. v. Chr. bekannt, im Abendland seit der ersten Hälfte des 14. Jh., nachdem man durch mit Wasserkraft angetriebene Blasebälge hohe Temperaturen erreichen konnte. Der direkte Guß aus dem Hochofen kam im 15. Jh. auf. Die ersten techn. Gußeisenstücke waren Geschützkugeln (1383), kleine Geschütze (um 1390) und seit dem 15., bes. im 16. Jh., auch Ofenplatten, Dreifußtöpfe u. ä. Als der Kupolofen nach 1800 mit der Verwendung von Koks an Bedeutung gewann, trat das Gießen unmittelbar aus dem Hochofen wieder zurück. R.-A. DE RÉAUMUR entwickelte 1722 den Temperguß. JACOB MAYER in Bochum stellte 1851 Stahlformguß her. Neben Mayer gilt J. C. FISCHER in Schaffhausen als Pionier des Stahlformgusses. Das Gußeisen als Werkstoff begann seit dem 18. Jh. im Maschinenbau und im Bauwesen eine wesentliche Rolle zu spielen. (Weitere BILDER S. 206, 207)

O. JOHANNSEN: Gesch. des Eisens ([3]1953); K. ROESCH u. K. ZIMMERMANN: Stahlguß (1966); Metall. Gußwerkstoffe (DIN-Tb. 1974); Tb. der G.-Praxis, hg. v. E. BRUNHUBER (1977); Gießerei-Lexikon, hg. v. dems. (Neuausg. 1983); Modellbau für G., hg. v. H. BOUFFEE ([4]1977).

Gießharze, → Reaktionsharze, die in Formen vergossen werden und durch Polyaddition (Epoxid- und Polyurethan-G.) oder Polymerisation (ungesättigte Polyester-, Polybutadien- und Silicon-G.) zu vernetzten **G.-Formstoffen** aushärten.

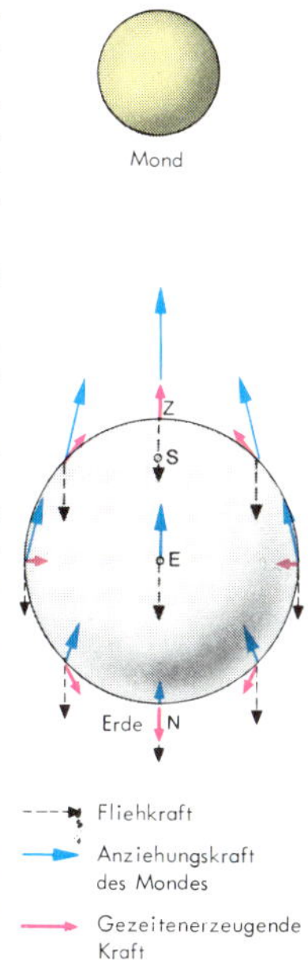

Gezeiten

Gießmaschine, 1) Hüttentechnik: Maschine zum Vergießen des Roheisens.

2) Oberflächenbehandlung: Maschine zum Aufgießen von Flüssigkeitsschichten auf Werkstücke, z. B. von Polyesterlacken auf Möbelplatten.

3) Schriftgießerei: Maschine zum Gießen der Lettern (→ Setzmaschine).

Gifte, Toxika, Schadstoffe, anorgan., organ. oder künstlich hergestellte Stoffe, die bei absichtlicher oder unabsichtlicher Zufuhr zu Gesundheitsschäden oder zum Tod bei Mensch und Tier führen können. Zu den G. i. w. S. zählen auch die von Krankheitserregern, wie z. B. von Bakterien gebildeten Gifte **(Toxine).**

1) Arzneimittel werden zu G., wenn sie in zu hoher Dosis oder in falscher Weise dem Körper zugeführt werden; ebenso Genußmittel, die bei übermäßiger Dosierung als **Genuß-G.** (z. B. Kaffee, Tabak) oder als **Rausch-G.** (z. B. Alkohol) wirken, ferner Stoffe der tägl. Ernährung, wie z. B. Kochsalz. – Für die **Giftwirkung** sind neben der Menge auch die Form des G., in der es wirkt, der Ort der Einwirkung und die Aufnahme (Resorption) maßgebend. G. können örtlich wirken, z. B. nur auf der Haut. Resorptive Wirkungen treten auf, wenn das G. mit dem Blut an giftempfindl. Organe gelangt. Die G.-Wirkung ist irreversibel (durch Gewebszerstörung) oder reversibel, wenn die Schädigung vorübergehend ist. – **Giftung** nennt man die Umwandlung einer ungiftigen chem. Verbindung in eine giftige im Körper selbst.

Die **Giftempfindlichkeit** ist bei Mensch und Tier sehr unterschiedlich, sie ändert sich mit dem Lebensalter und ist verschieden je nach Organ. Die individuelle Überempfindlichkeit kann erbbedingt oder erworben sein, letzteres meist dann, wenn das G. zur Antikörperbildung geführt hat. Die gesteigerte Resistenz, die **Giftfestigkeit,** kann auf einer Immunität oder Gewöhnung beruhen. – Die Lehre von den G. ist die **Toxikologie.**

2) Stoffe, die ein best. Material zerstören oder einen techn., physikal. oder chem. Vorgang hemmen oder zum Stillstand bringen, z. B. **Katalysatorgifte, Neutronengift.**

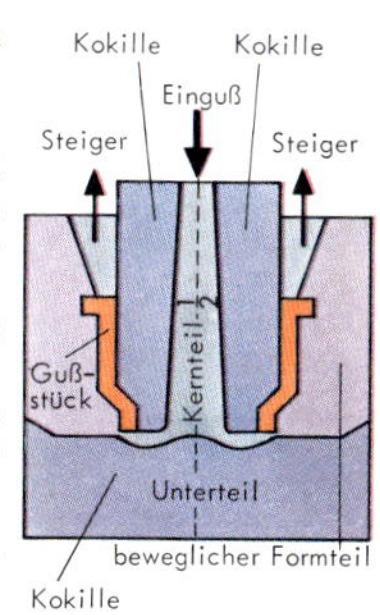

Gießerei 1: Kokillenguß mit mehrteiliger Kokille

Giga, Vorsatzzeichen **G,** ein → Vorsatz vor Einheiten für den Faktor 10^9 (Milliarde); z. B.: 1 Gigahertz = 1 GHz = 10^9 Hz.

Gilbert [ˈgɪlbət, n. dem engl. Naturforscher und Arzt W. Gilbert, * 1544, † 1603] *das,* Einheitenzeichen **Gb,** nicht gesetzl. Einheit der magnet. Spannung im elektromagnet. CGS-System: 1 Gb = 1 Oe · cm = $(10/4\pi)$ A.

gill [dʒɪl], in Großbritannien gebräuchliches Hohlmaß für Flüssigkeiten und feste Stoffe: 1 g. = $^1/_{32}$ gallon = 142,065 cm³; in den USA für Flüssigkeiten, auch im Apothekengebrauch: 1 g. (US) = 118,295 cm³. (ÜBERSICHT Einheiten, angloamerikanische)

Gillung *die,* gerundeter Übergang vom Hintersteven zum auskragenden Heck eines Schiffes.

Ginsburg-Landau-Theorie [n. den sowjet. Physikern W. Ginsburg, * 1916, und L. D. Landau, * 1908, † 1968], 1950 publizierte Erweiterung der → Londonschen

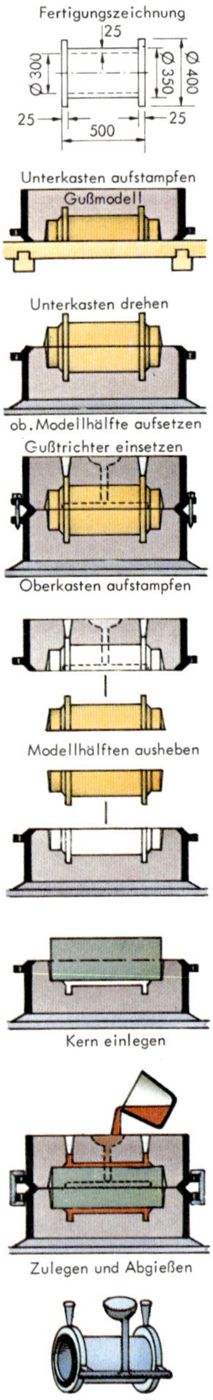

Gießerei 2: schematischer Arbeitsablauf

Theorie für die → Supraleitung. In der G.-L.-T. wird angenommen, daß neben den für die Normalleitung verantwortl. Leitungselektronen im Supraleiter eine geordnete Phase von ›suprafluiden‹ Elektronen existiert, außerdem ist eine räumlich inhomogene Verteilung der supraleitenden Ladungsträger zugelassen. Der → Meißner-Ochsenfeld-Effekt wird durch die Existenz einer positiven Oberflächenenergie *E* für die Grenzflächen zw. supra- und normalleitenden Bereichen erklärt, das Auftreten der Schubnikow-Phase bei → Supraleitern zweiter Art ist darauf zurückzuführen, daß *E* für diese Materialien negativ ist (→ GLAG-Theorie).

Giorgi-System [dʒ'ordʒi-, n. dem ital. Physiker G. Giorgi, * 1871, † 1950], ein → Maßsystem.

Giotto [dʒ'ɔtto], von der ESA vorbereitete → Kometenmission, in deren Rahmen eine europ. Raumsonde im Juli 1985 mit der Trägerrakete → Ariane gestartet werden und am 13. 3. 1986 in weniger als 1000 km Entfernung am → Halleyschen Kometen vorbeifliegen soll. Die Begegnung soll etwa 150 Mio. km von der Erde entfernt stattfinden. Forscher aus zehn Ländern Europas und den USA arbeiten bei der G.-Mission zusammen. Japan und die UdSSR entwickeln ebenfalls Halley-Sonden.

Gipfelhöhe, in einem stationären Flugzustand (→ Flug 1) durch eigene Antriebsleistung erreichbare größte Flughöhe. Da diese nur asymptotisch erreicht werden kann, ist die → Dienstgipfelhöhe von größerer Bedeutung. Durch Umsetzung von Bewegungsenergie in Höhe ist instationär eine noch größere Höhe erreichbar.

Gips *der,* **Selenit,** Mineral $CaSO_4 \cdot 2\,H_2O$, farblos oder weiß, bisweilen gefärbt; H. 1,5 bis 2, D. 2,3; Kristalle oft sehr groß, plastisch biegsam, vollkommen spaltbar **(Marienglas),** dicktafelig, oft krummflächig, zuweilen rosettenartig verwachsen **(Gipsrose);** häufig Zwillingsbildung **(Schwalbenschwanz-Zwillinge);** weiterhin treten feinfaserige **(Fasergips, Atlasspat)** und feinkörnige (→ Alabaster) Aggregate auf. **Stinkgips** ist durch Bitumen verunreinigt. G. kommt vor: a) als konkretionäre Ausscheidung infolge Schwefelkiesverwitterung in Tonen und Mergeln, b) als Verwitterungsprodukt sulfidischer Erze, c) als Verdunstungsrest sulfathaltiger Wässer in Wüsten **(Wüstenrose)** u. v. a., d) als selbständiges Gestein im Bildungsbereich von → Salzlagerstätten, wo er oft neben → Anhydrit mächtige Ablagerungen aus derben bis dichten Aggregaten bildet. – G. wird zu → Baugips und bei der Herstellung von → Zement verarbeitet. – **Gipshut,** → Salzspiegel. (BILDER S. 207, 208)

Gipsbauplatten, leichte Platten aus → Baugips für Wände (Wandbauplatten) und Decken (Deckenplatten).

Gipsform, Hilfsmittel zum Formen keram. Erzeugnisse im Gießverfahren. Die G. saugt aus dem eingegossenen → Schlicker einen Teil des Wassers ab, so daß sich eine Haut bildet, die, nach Ausgießen des Schlickerüberschusses, den gewünschten Gegenstand ergibt.

Gipskartonplatten, aus Gips bestehende Platten, deren Flächen und Kanten mit einem fest haftenden Karton ummantelt sind, für Wand- und Deckenbekleidungen auf Unterkonstruktionen, für Leichtwände, als Trockenputz, als Putzträger. Besondere G. in gelochter Form dienen der Nachhallregulierung, mit Glasfaserbewehrung im Kern für Bauteile mit Brandschutzanforderungen und im Verbund mit Kunstharzschaum **(Gipskarton-Verbundplatten)** für erhöhte Wärmedämmung.

Giraffe, lat. **Camelopardalis,** zirkumpolares → Sternbild am Nordhimmel.

GIRL [g'ə:l-, engl.], Abk. für **German Infrared Laboratory** [dʒ'ə:mən ınfrər'ed ləb'ɔrətrı, engl.], geplantes dt. Infrarotteleskop, das voraussichtlich 1984 mit Spacelab erstmals in den Weltraum geflogen werden soll. Der Hauptspiegel hat einen Durchmesser von 40 cm. Ein im Brennpunkt drehbar angeordneter Spiegel lenkt die Strahlung zu verschiedenen Experimentiergeräten. Mit flüssigem Helium sollen die Empfänger auf einer Temperatur von 2 K, das Teleskop selbst auf 8 K gehalten werden. G. soll der → Infrarotastronomie dienen, aber auch den thermischen Haushalt der Erde untersuchen.

Gismondin, Mineral, ein → Zeolith.

Gitter, 1) Elektrotechnik: durchbrochene und deshalb stromdurchlässige Elektrode, meist Steuerelektrode, in → Elektronenröhren.

2) Kartographie: auf topograph. Karten angebrachtes oder am Rand angedeutetes Netz (Gitternetz, Koordinatennetz) für Kartenbearbeitung und Punktangabe; auf Stadtkarten oft mit Buchstaben und Zahlen für Orientierungszwecke **(Such-G.)** bezeichnet. – **G.-Nord,** Richtung der Netzlinie eines G.

3) Kristallographie: Man unterscheidet zw. reinen **Translations-** oder **Punkt-G.** (→ Elementarzelle), z. B. die Bravaisschen Translationsgitter (→ Bravais-Gitter), und **Raum-G.** (→ Raumgruppe). – I. e. S. bedeutet Raum-G. eine dreidimensionale Anordnung von Gitterpunkten (im Unterschied zu **Linien-** und **Flächen-G.**). Die Bez. **Kristall-G.** wird unterschiedlich verwendet, einerseits synonym zu Raum-G., andererseits zu → Kristallstruktur.

4) Mathematik: Netz von zwei Scharen paralleler Geraden mit jeweils gleichen Abständen **(ebenes Punkt-G.).** Eine Schar von parallelen ebenen G. in gleichen Abständen bildet ein **Raum-G.** Die Schnittpunkte der G.-Geraden heißen **G.-Punkte.** – G. treten in der Theorie der doppeltperiod. Funktionen und in der Zahlentheorie auf.

5) Optik: **optisches G., Beugungs-G.,** System vieler paralleler beugender Spalte mit gleichmäßigen Abständen *d* (*d* = **Gitterkonstante)** zur Untersuchung von Beugungserscheinungen, zur Trennung von eng benachbarten Spektrallinien (→ Spektralapparate) und zur Messung der Wellenlänge von Licht. Die ersten G. für opt. Zwecke wurden von J. v. FRAUNHOFER 1821 hergestellt.

G. werden für durchfallendes Licht auf ebene Glasplatten **(Transmissions-G.,** BILD 1), für reflektiertes Licht auf spiegelnde Oberflächen **(Reflexions-G.)** aufgebracht. Zur Herstellung eines G. werden entweder mit einem Diamantstichel Furchen in eine Oberfläche geritzt (bis 1800 Linien/mm) oder holograph. Interferenzverfahren benutzt (bis 3600 Linien/mm), bei denen durch Überlagerung von zwei Teilbündeln eines Laserstrahls zunächst in einer auf die Oberfläche aufgebrachten Photolackschicht ein Interferenzstreifenmuster erzeugt wird, das durch anschließende Entwicklungs- und Ätzprozesse auf die Substratoberfläche übertragen wird. Eine mechan. **Gitterteilmaschine** muß sehr präzise arbeiten, da bes. periodisch wiederkehrende Teilungsfehler falsche Spektrallinien **(Geister)** ergeben. Hohlspiegel als G.-Träger **(Konkav-G.)** bilden gleichzeitig ab und sind auch im Ultravioletten und im Infraroten (H. A. ROWLAND, 1882), bei sehr flachem Lichteinfall sogar für Röntgenstrahlen (A. H. COMPTON und R. L. DOAN, 1925) brauchbar.

Beim **Echelette-G.** (R. W. WOOD) wird der Hauptteil der Lichtenergie durch treppenartig geformte Gitterfurchen in eine bestimmte Ordnung gelenkt (BILD 2). Bes. großes Auflösungsvermögen hat das **Stufen-G.** (A. MI-

CHELSON, BILD 3). Ein **Kreuz-** oder **Punkt-G.** entsteht, wenn auf dieselbe Platte zwei G. geritzt werden, deren Linien sich schneiden. In Kristallen sind **Raum-G.** mit einer Gitterkonstanten von atomarer Größenordnung verwirklicht. (→ Röntgenstrahlung)

Physikalische Grundlagen. Trifft auf ein G. paralleles monochromat. Licht, so erzeugt jeder Spalt ein Beugungsbild (→ Beugung). Bei der gegenseitigen Überlagerung der Beugungsbilder wird das Licht in den meisten Richtungen durch → Interferenz der abgebeugten Teilwellen ausgelöscht. Ist der Wegunterschied für das von zwei benachbarten Spalten gebeugte Licht ein ganzes Vielfaches n der Wellenlänge des Lichtes λ, also für den Wegunterschied 0λ, λ, 2λ, 3λ usw. (nullte, 1., 2., 3. usw. Ordnung), allg. $n\,\lambda$ (BILD 1), tritt Helligkeit auf. Bei senkrechtem Einfall des Lichtes gilt $\sin \alpha_n = n\lambda/d$ (α_n = Winkel gegen Flächenlot, d = Gitterkonstante, $n = 1, 2, 3$ usw. = Ordnungszahl). Daher wird kurzwelliges Licht weniger abgelenkt als langwelliges, und der Sinus des Ablenkungswinkels ist proportional λ. Die angegebene Beziehung ermöglicht die absolute Messung der Wellenlänge aus einer Längen- und einer Winkelmessung. Die Beugungsmaxima werden um so schmaler und das Auflösungsvermögen um so größer, je mehr Striche das G. hat und je höher die Beugungsordnung ist, in der es benutzt wird. Die Verteilung der Intensität auf die versch. Beugungsordnungen hängt vom Profil der einzelnen Gitterelemente (Furchen) ab. Bei geeigneter Formgebung wird nahezu die gesamte Intensität in eine bestimmte Ordnung gebeugt. (BILDER S. 209)

Gitterbausteine, Atome, Ionen oder Moleküle, die ein Kristallgitter (eine Kristallstruktur) aufbauen.

Gitterbrücke, Brücke mit engmaschiger, gitterartiger Gliederung der Hauptträger.

Gitter|energie, auf ein Mol bezogene Bindungsenergie eines Kristalls, d. h. diejenige Arbeit, die für die Dissoziation des Kristalls in seine Gitterbausteine (z. B. Ionen, Moleküle) gebraucht wird; ein Maß für die Kraft, mit der die Gitterbausteine im Gitter zusammengehalten werden.

Gitterfehler, (Gitter-)Baufehler, (Gitter-)Defekte, svw. → Fehlordnungen in einem → Realkristall.

Gitterkonstante, **1)** Kristallographie: → Elementarzelle.

2) Optik: → Gitter 5).

Gittermast, Mast, dessen Eckstiele fachwerkartig mit Füllstäben verbunden sind, so daß ein sehr tragfähiges Tragwerk entsteht (z. B. Freileitungsmasten).

Gitterschwingungen, kollektive Schwingungen der Atome oder Ionen in einem Kristall um ihre Gleichgewichtslage, die durch die elektrostat. Bindungskräfte vorgegeben ist. In einem Kristall aus N Elementarzellen mit je r Atomen pro Elementarzelle existieren 3 Nr Freiheitsgrade für die Bewegung der Atome, denen $3\,Nr - 6$ ($\approx 3Nr$, da N sehr groß) verschiedene Normalschwingungen entsprechen, die wegen des period. Gitteraufbaus durch das Gitter laufende elast. Wellen darstellen. Bei einem Kristallvolumen von 1 cm^3 gibt es damit etwa 10^{23} Gitterschwingungsmoden, die sich durch ihre Frequenz und Energie sowie durch ihre Wellenlänge und Ausbreitungsrichtung, d. h. ihren → Quasiimpuls unterscheiden. Energie und Quasiimpuls der G. sind gequantelt. Das Energiequant heißt → Phonon. Bei der G. mit der kleinsten Wellenlänge λ_{min} schwingen benachbarte Atome wechselseitig gegeneinander, d. h. λ_{min} ist gleich dem doppelten Atomabstand. In Festkörpern können i. Ggs. zu Gasen und Flüssigkeiten zwei versch. Arten von Wellenbewegungen vorkommen: 1) **Kompressionswellen,** bei denen die Atome parallel zur Fortpflanzungsrichtung der Welle schwingen **(Longitudinalwellen),** 2) **Scherwellen,** bei denen die Auslenkung senkrecht zur Ausbreitungsrichtung erfolgt **(Transversalwellen).**

In Kristallen mit zwei Atomen pro Elementarzelle, z. B. NaCl oder Kristallen mit Diamantgitterstruktur, muß unterschieden werden, ob die benachbarten Atome und die diesen zuzuordnenden Teilgitter gleichphasig oder gegenphasig schwingen. Da die gegenphasige Bewegung in Ionenkristallen mit zwei Ionen verschiedener Ladung schwingende elektr. Dipole erzeugt, die Licht absorbieren oder emittieren können, wird dieser Schwingungstyp als **optische G.** bezeichnet und von den **akustischen G.** unterschieden, bei denen benachbarte Atome gleichsinnig ausgelenkt werden. Es existieren in diesem Fall longitudinale akust. (LA)– und transversale akust. (TA)-Phononen sowie longitudinale opt. (LO)– und transversale opt. (TO)–Phononen. Befinden sich r Atome in der Elementarzelle, so setzt sich das Gitterschwingungsspektrum aus drei akust. und $3(r-1)$ opt. Zweigen zusammen. Die Frequenz der opt. G. ist immer größer als die der akust., da die Abweichung von der mittleren Entfernung benachbarter Atome bei der Schwingung wesentlich größer ist. Durch Kristalldefekte, Fehlstellen oder Fremdatome werden die G. lokal abgeändert, so daß im Phononenspektrum zusätzl. Linien auftreten **(lokalisierte G.).** Die typ. Frequenzen der G. liegen zw. 0 und $3 \cdot 10^{14}$ Hz. Im akust. Frequenzbereich sind Energie und Quasiimpuls zueinander proportional, die Proportionalitätskonstante ist die Schallgeschwindigkeit. Für höhere Frequenzen ist der Zusammenhang komplizierter. Die Abhängigkeit der Phononenenergien vom Quasiimpuls, die **Dispersionsrelation,** kann durch Neutronenstreuung experimentell bestimmt werden.

Zur Anregung der G. muß dem Kristall Energie zugeführt werden, z. B. durch Streuung von Neutronen oder Photonen oder durch Erwärmung. Da alle G. miteinander stark wechselwirken, verteilt sich die Schwingungsenergie sehr schnell auf alle Schwingungsmoden. Am absoluten Nullpunkt sind lediglich die nur quantenmechanisch erklärbaren Nullpunktschwingungen angeregt.

Die Gesamtheit der G. bestimmen die Wärmekapazität (→ Debyesche Theorie) und die Wärmeleitung eines Festkörpers. Die Wechselwirkung der G. mit den Elektronen sind Ursache des elektr. Widerstands. In Supraleitern sind Phononen an der Bildung von → Cooper-Paaren beteiligt. Neben Neutronenstreuung sind Infrarot-, Brillouin- und Raman-Spektroskopie die wichtigsten Methoden zur Untersuchung der G.

Gitterspektroskop, ein → Spektralapparat, der wie **Gitterspektrometer** und **Gitterspektrograph** ein Beugungsgitter (→ Gitter 5) enthält.

Gittertheorie, Teilgebiet der → Kristallographie. (→ Kristall)

Gitterträger, Fachwerkträger mit engmaschig angeordneten, sich kreuzenden Diagonalstäben.

Gittertyp, Art eines der 14 → Bravais-Gitter oder der 230 Raumgitter (→ Raumgruppe); häufig auch synonym zu → Strukturtyp verwendet.

Gittervektor, → Elementarzelle.

Gitterzelle, kurz **Zelle,** svw. → Elementarzelle.

Gitterziegel, Mauerziegel mit senkrechten Luftkanälen (Hochlochziegel) bei gitterförmiger Anordnung der Zwischenstege.

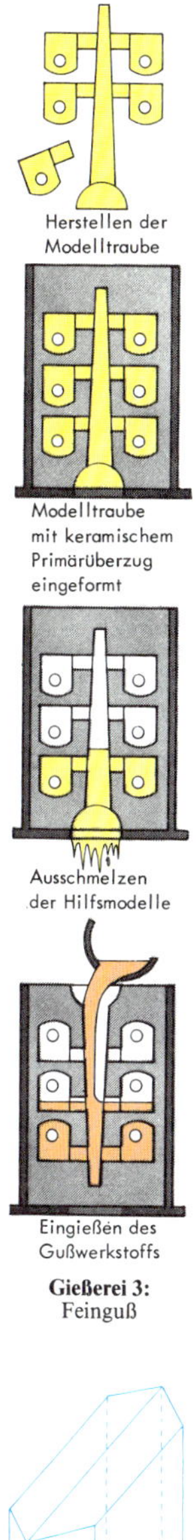

Gießerei 3: Feinguß

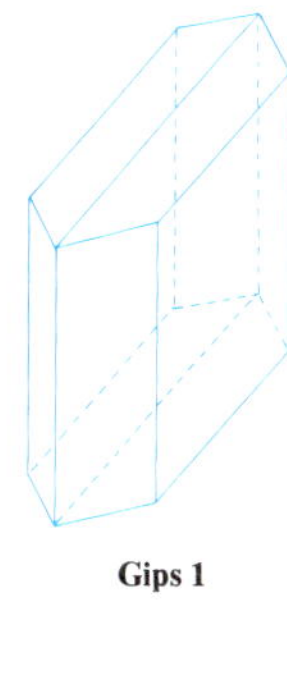

Gips 1

GLAG-Theorie, kurz für **Ginsburg-Landau-Abrikossow-Gorkow-Theorie** [n. den sowjet. Physikern W. L. Ginsburg, * 1916; L. D. Landau, * 1908, † 1968; A. A. Abrikossow, * 1928; L. P. Gorkow, * 1929], auf der → Ginsburg-Landau-Theorie aufbauende phänomenolog. Theorie der Supraleitung auf thermodynam. Basis, mit der die elektromagnet. Eigenschaften von Supraleitern, v. a. auch das Verhalten von Supraleitern zweiter Art im magnet. Feld quantitativ erfaßt werden. A. A. ABRIKOSSOW wendete die Ginsburg-Landau-Theorie erstmals auf Supraleiter zweiter Art an, L. P. GORKOW begründete die GLAG-T. quantentheoretisch und stellte damit die Verknüpfung zur → BCS-Theorie her.

Glan-Thompson-Prisma [glæn t'ɔmsn-, n. P. Glan und S. Ph. Thompson], Polarisationsprisma mit geraden, senkrecht zum Strahl stehenden Endflächen, das im Aufbau und Funktionsprinzip dem → Nicol entspricht aber ein größeres Gesichtsfeld besitzt.

Glanz, opt. Eigenschaft von Licht reflektierenden Oberflächen. Der G. wird definiert als das Verhältnis des spiegelnd reflektierten Lichtes **(Glanzlicht)** zum diffus reflektierten Anteil. Bei sehr glatten Flächen überwiegt die gerichtete Reflexion (hoher G.), bei rauhen Flächen diffuse Streuung (matter G.).

Glanze, metallisch glänzende, meist graue Minerale (Erze), oft mit vollkommener Spaltbarkeit und geringer Härte (2–3); vorwiegend Sulfide von Blei, Kupfer u. a.

Glänzen von Metallen, Erzeugen einer glänzenden Oberfläche auf mechan. (→ Polieren), chem. oder elektrochem. Weg (›elektropolieren‹). Das chem. G. v. M. wird bes. bei Aluminium und seinen Legierungen angewendet, das elektrolyt. G. v. M. (mit Gleich-, selten auch Wechselstrom) bei Stahl, Kupfer und Kupferlegierungen, Aluminium und seinen Legierungen, ferner bei Zinkdruckguß. In beiden Fällen benutzt man vorwiegend Mischungen hochkonzentrierter Säuren verschiedener Zusammensetzung, aber auch – bei Aluminium und dessen Legierungen – alkalische Lösungen mit Zusätzen.

Glanzkobalt, das Mineral → Cobaltin.

Glanzwinkel, Winkel zw. dem primären Röntgenstrahl und dem ›reflektierenden‹ Netzebenensatz eines angestrahlten Kristallgitters, also der Komplementwinkel zum Reflexionswinkel der Lichtoptik.

Glas, 1) anorgan. Schmelzprodukt, das abgekühlt und erstarrt ist, ohne merklich zu kristallisieren. G. ist amorph. Abweichend von der strengen Definition werden die Ausdrücke ›G.‹ und ›glasig‹ (an Stelle von ›glasartig‹) neuerdings verwendet, um gewisse hochpolymere Kunststoffe (Polyacrylharze), amorphe Metalle (→ Glasmetalle) und amorphen → Kohlenstoff (glasiger Kohlenstoff) zu bezeichnen.

Zusammensetzung. Technisch wichtigster **Glasbildner** ist Siliciumdioxid (Bergkristall, Quarzsand, Feuerstein). Daraus werden im techn. Maßstab → Quarzglas und Quarzgut hergestellt. Zur Erniedrigung der Gemenge-Einschmelztemperatur wird der **G.-Schmelzsand** mit Soda, Kalkstein, Dolomit, Pottasche, Glaubersalz, Bleioxid und gewissen silikat. Rohstoffen, z. B. Feldspat, versetzt. Diese Zusätze beeinflussen auch die Glaseigenschaften. Spezif. Eigenschaften werden erreicht durch Zusatz der Glasbildner Phosphorpentoxid und Bortrioxid, die im reinen Zustand keine technisch brauchbaren G. ergeben.

Für die Herstellung von → optischen Gläsern und Laborgefäßen werden hauptsächlich Alkali-Borosilikatgläser verwendet, die durch chem. Oberflächenbehandlung zu → Antireflexglas sowie durch Phasentrennung zu → Vycorglas verarbeitet werden. – Der an vielen (im Alltag verwendeten) G. beobachtbare Grünstich ist auf Verunreinigungen (bes. Eisen) der Glasrohstoffe zurückzuführen. Durch kleine Zusätze von Entfärbungsmitteln **(Glasmacherseife),** z. B. Braunstein, Ceroxid, wird der Grünstich überdeckt. – Arsen- und Antimonoxide werden in geringen Mengen als Läutermittel verwendet. – Hinsichtlich der Rohstoffe für Flach- und Hohlglas ist Dtl. praktisch unabhängig; die Bundesrep. Dtl. verfügt über große Vorräte bester, meist tertiärer Glassande. Die für Spezial-G. benötigten Oxide des Bors und seltene Erden müssen eingeführt werden.

Beispiele von **Glaszusammensetzungen** in Gewichts-%

	Fenster-glas	Geräte-glas	Optisches Schwer-flint-glas	Blau-glas	Photo-tropes Brillen-glas
SiO_2	73,5	81,0	26,9	68,0	21,0
B_2O_3	–	12,2	–	–	5,0
P_2O_5	–	–	–	–	16,0
Al_2O_3	1,0	2,2	–	–	38,0
CaO	10,0	–	–	–	–
MgO	3,5	–	–	–	–
BaO	–	–	–	–	6,0
ZnO	–	–	–	9,5	–
PbO	–	–	71,3	–	–
Na_2O	12,0	3,2	0,5	9,7	5,0
K_2O	–	1,4	1,0	10,0	8,0
As_2O_3	–	–	0,3	0,3	–
CuO	–	–	–	2,5	
AgCl	–	–	–	–	1,0 (CuO, AgCl, F zusammen)
F	–	–	–	–	

Schmelzöfen. Kleine G.-Mengen werden in **Tiegeln** (Platin, Quarzgut, hochfeuerfeste Keramik) und **Häfen** (hochfeuerfeste Keramik) mit Fassungsvermögen von einigen hundert Gramm bis zu 2000 kg erschmolzen. Größere Mengen stellt man in kontinuierlich arbeitenden, aus feuerfesten keram. Steinen aufgemauerten **Schmelzwannen** her, die je nach ihrer Größe sowie je nach Zusammensetzung und Qualität des G. etwa 700 kg bis 600 t pro Tag liefern. Schmelzwannen für opt. G. sind meist in der Läuterzone mit Platin ausgekleidet.

Tiegelschmelzen werden meist in elektrisch beheizten Öfen durchgeführt, Platintiegel werden auch durch Hochfrequenz induktiv erhitzt. Hafenöfen enthalten meist mehrere durch Gas/Luft- oder Öl/Luft-Flammen beheizte Schmelzhäfen. Das Gemenge wird portionsweise in die vorerhitzten Schmelzgefäße eingelegt; nach beendetem Schmelzvorgang wird das G. aus dem Gefäß gegossen oder mit der Glasmacherpfeife entnommen. – In die G.-Schmelzwannen läßt sich das Gemenge an einem Ende (›Doghouse‹) einlegen und am anderen Ende das durchgeschmolzene G. kontinuierlich abziehen. Zur Erhöhung der Wirtschaftlichkeit leitet man in größeren Hafen- und Wannenöfen die heißen Abgase durch ein Gitterwerk feuerfester Steine. In etwa halbstündigem Wechsel werden Gas- und Luftzufuhr umgekehrt, und die Luft wird durch die im Gitterwerk gespeicherte Wärme vorerhitzt (Regenerativ-Verfahren). In zunehmendem Maß verwendet man elektrisch beheizte Wannenöfen, wobei über Elek-

1

2

3

4

Gips 2: **1** Spaltstück (Salzburg, Österreich); **2** Gipsrosette (Flörsheim, Main); **3** Durchkreuzungszwilling (Bex, Schweiz); **4** Fasergips (Metzdorf bei Trier)

troden aus halbleitendem Zinnoxid oder durch wassergekühlte Platin- oder Wolframelektroden Wechselstrom durch die Schmelze geschickt wird. Die Wannenführung läßt sich durch Computer steuern und überwachen.

Schmelzvorgang. Die gemahlenen, meist mit G.-Scherben versetzten Rohstoffe werden gemischt, und das Gemenge wird in einen Hafen oder eine Wanne eingelegt. Die niedrig schmelzenden Gemengebestandteile greifen unter Silikatbildung den höherschmelzenden Sand an. Zugleich entweichen die aus den Rohstoffen freigesetzten Gase, z. B. CO_2 aus den Carbonaten. Die so entstehenden Gasblasen bewirken eine Homogenisierung der Schmelze, die manchmal noch durch mechan. Rühren unterstützt wird. Schmelztemperaturen liegen je nach Glasart bei 1400–1600 °C. Die Formgebung findet bei 900–1200 °C statt. – **Blasen im G.,** blasenförmige, meist gasgefüllte Hohlräume in Glasgegenständen, können entstehen durch unvollständige Entfernung von Restgasen des Schmelzprozesses, Gasabgabe bei Reaktionen der Schmelze mit feuerfestem Material oder Fremdkörpern, durch Niederschlag von geschmolzenen Salztröpfchen beim Abkühlen der Schmelze (Salzblasen) und beim Wiedererhitzen von G.-Gegenständen (›Reboiling‹).

Verarbeitung. Formgebung des zähflüssigen G. geschieht durch → Glasblasen, **Gießen, Walzen** (→ Gußglas, → Spiegelglas, → Floatglas), **Pressen, Ziehen** (→ Glasrohre, → Tafelglas, → Glasfaser), **Schleuderguß** (z. B. Kolben von Fernsehröhren). – Während der Erstarrung entstehen im G.-Gegenstand innere Spannungen, die später zum Bruch führen können (→ Glastränen). Um diese Spannungen auszugleichen, wird der G.-Gegenstand auf die **Entspannungstemperatur** gebracht und dann einer sorgfältig kontrollierten **Kühlung** unterworfen. Dies geschieht meist in kontinuierlich arbeitenden Kühlöfen oder -kanälen. Glasfasern werden nicht gekühlt. Die → Glaskeramik, → Anlaufgläser und → phototropen Gläser werden nach dem Kühlen einer zusätzl. Wärmebehandlung unterworfen. Bei der Glaskeramik vollzieht sich dadurch eine gesteuerte → Entglasung. – Gekühlte G.-Gegenstände können weiterverarbeitet und veredelt werden durch Schneiden, Bohren, Fräsen, Schleifen, Polieren, Kleben, Löten, Verschmelzen, Biegen, Vorspannen, Ätzen, Blasen, Gravieren, Mattieren, Bemalen, Verspiegeln.

Besondere Eigenschaften, die G. von anderen Werkstoffen unterscheidet:

Glasstruktur. Die atomaren Bausteine sind in G. nicht mit der Regelmäßigkeit angeordnet wie in Kristallen. Man kann G. als stark fehlgeordnete Festkörper auffassen, wobei Art und Grad der Fehlordnung von der G.-Zusammensetzung und der Vorgeschichte des Gegenstandes abhängen.

Mechanische Eigenschaften. D.: 2,2 g/cm^3 (für Quarzglas) bis etwa 7 g/cm^3 (hochbleihaltiges G.); Ritzhärte: 5–7 (Mohs-Skala); Druckfestigkeit: 600–1200 N/mm^2 (60–120 kp/mm^2); Zugfestigkeit: 40–90 N/mm^2 (4–9 kp/mm^2), je nach Oberflächenbeschaffenheit und ohne Vorspannung (→ vorgespanntes Glas).

Thermisches Verhalten. G. besitzt keinen definierten Schmelzpunkt, es erweicht allmählich (→ Transformationsbereich); Wärmeleitzahl: etwa 1,3 $W/(m \cdot K)$ $\approx 0{,}003\ cal \cdot cm^{-1} \cdot s^{-1} \cdot grd^{-1}$; linearer Wärmeausdehnungskoeffizient: $(6–150) \cdot 10^{-7}$ pro K.

Chemisches Verhalten. G. ist meist unempfindlich gegen den chem. Angriff mit Ausnahme des Flußsäureangriffs auf Silikatgläser; gewisse Phosphat-G. widerstehen der Flußsäure; hochalkalihaltige Silikat-G. sind wasserlöslich (→ Wasserglas).

Optische Eigenschaften. Brechungsindex: 1,46 bis 2,5 (Arsensulfidglas), Abbesche Zahl: etwa 20–85. Die meisten G. sind farblos; Spezial-G. besitzen gute Infrarot- oder Ultraviolettdurchlässigkeit (→ Filterglas).

Elektrische Eigenschaften. G. sind gute Isolatoren, schwach ionenleitend, Spezial-G. auch elektronenleitend. (Weitere BILDER S. 210, 211)

Geschichte. In Mittel- und Nordeuropa sind importierte Glasperlen aus der frühen und mittleren Bronzezeit gefunden worden. Die ersten G.-Gefäße waren Behälter aus meist blauem G. mit bunter Fadenmusterung, die um einen Sandkern geformt wurden (Sandkerngefäße) und um 1500 v. Chr. in Ägypten und Mesopotamien auftraten. Aus Assyrien sind Keilschrifttexte der Zeit von etwa 1700 bis 700 v. Chr. bekannt, die über Öfen, Schmelzen und G.-Rezepte unterrichten. Kurz vor der Zeitwende wurde in Syrien die Glasmacherpfeife erfunden. Diese Technik wurde von den Römern nach Italien gebracht. Die Römer riefen eine bed. G.-Industrie ins Leben, von ihnen wurde G. zuerst als Fensterfüllung verwendet.

Im Abendland wurde im Mittelalter an verschiedenen Orten Wald-G. erzeugt, ein grünliches oder schwärzliches, blasiges Produkt, das sich bis ins 17. Jh. behauptete. Venedig, das seit dem 13. Jh. eine wichtige G.-Industrie besaß, übernahm im 15. Jh. die Führung in Europa (Neuerfindung des Millefiori- und Faden-G., Emailbemalung). Nördlich der Alpen wurde im 16. Jh. die Emailmalerei beliebt und bildete den Hauptschmuck für das mitteleurop. G. des 17. Jh. Nach 1600 verbreitete sich von Prag aus der G.-Schnitt nach Nürnberg, Böhmen, Schlesien, Thüringen, Hessen und in die Niederlande. Böhmen trat im 17. Jh. mit seinem Bleikristall hervor.

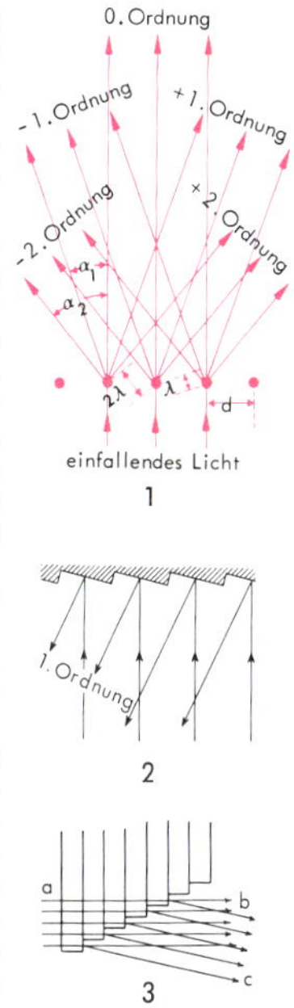

Gitter 5)

Gitter 5): Strichgitter, Transmissionsgitter im Schnitt, **2** Echelettegitter im Schnitt, **3** Stufengitter, a einfallendes Licht, b unabgelenktes Licht, c abgelenktes Licht

Die Glasrezepte blieben lange Zeit fast unverändert und wurden meist geheimgehalten. Erst die Industrialisierung ermöglichte die Massenproduktion von Preßglas. Die Glasschmelzöfen wurden urspr. mit Holz, später (ausgehend von England) mit Kohle beheizt. Im 19. Jh. wurde Gasfeuerung eingeführt. Das Regenerativ-Verfahren wurde 1856 erfunden (F. und W. SIEMENS). Bis in die zweite Hälfte des 19. Jh. gab es im wesentl. zwei Gruppen von G.: Alkali-Kalk-Silikate und Alkali-Blei-Silikate. O. SCHOTT führte systematisch neue Oxide ein, von denen bes. Borsäure zur Herstellung von Geräteglasern und optischen G. wichtig wurde. Die seltenen Erden wurden in den 30er Jahren des 20. Jh. von HUGGINS und SUN als G.-Bestandteile eingeführt. – Maschinelle Herstellungsmethoden und kontinuierl. Schmelzverfahren wurden, beginnend im 19. Jh., bes. in den USA entwickelt.

L. SPRINGER: Lb. der Glastechnik ([5]1964); Glasmaschinen, hg. v. W. GIEGERICH u. W. TRIER (1964); K. H. LIEDEL: G. in der Chemie (1972); H. JEBSEN-MARWEDEL: G. in Kultur und Technik (1976); K. KÜHNE: Werkstoff G. (1976); Tb. G. 1977 (1976); L. B. KLINDT u. W. KLEIN: G. als Baustoff (1977); H. SCHOLZE: G., Natur, Struktur, Eigenschaften ([2]1977). S. LOHMEYER u. a.: Werkstoff G. (1979); H. G. PFÄNDER: Schott-Glaslexikon, bearb. v. H. Schwarz (1980). – V. DEMBLEBY u. F. NEWBY: A bibliography of glass (Dobbs Ferry, N. Y., 1960).

2) Geologie: → Gesteinsglas.

Glasbau, Bauart, die sich zus. mit den modernen Skelettsystemen aus Stahl oder Stahlbeton entwickelt hat: Das Glas bildet die Füllung der vom Skelett gebotenen Wandfelder oder auch eine das Skelett selbst mitumhüllende flächige Außenhaut. Tragende Funktionen vermag das Glas zu übernehmen bei der → Glasstahlbeton-Bau-

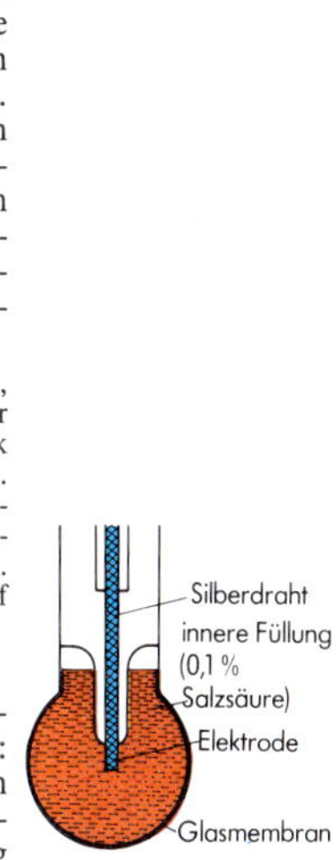

Glaselektrode

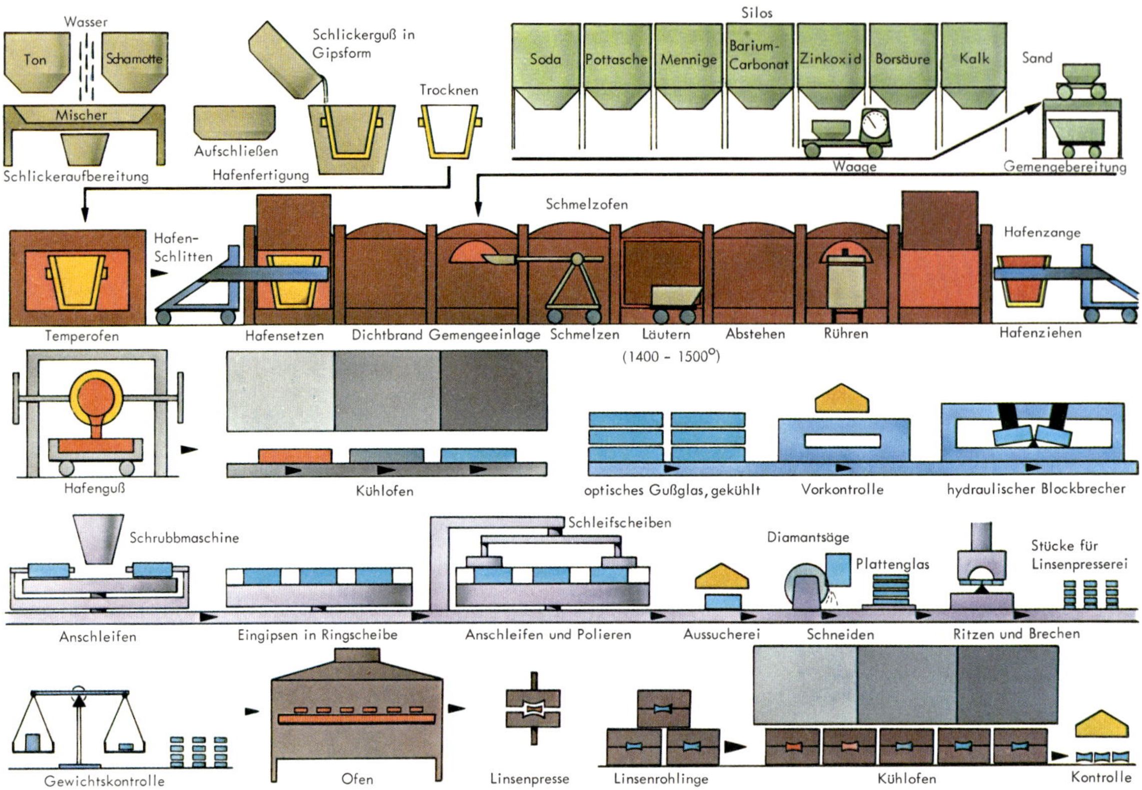

Glas 1) 1: Schema des klassischen Herstellungsverfahrens

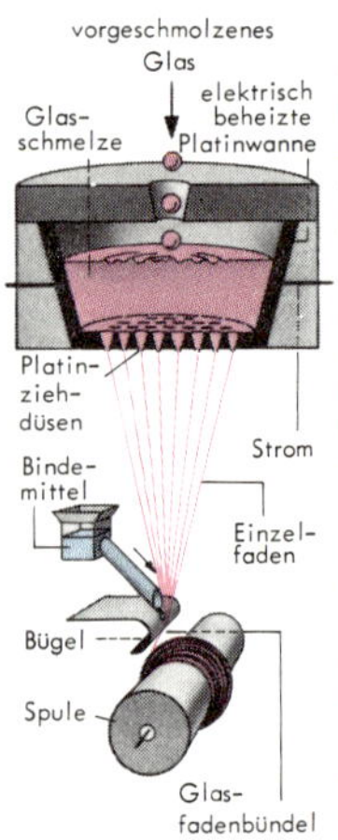

Glasfaser 1: Herstellung von Glasseide nach dem Düsenziehverfahren

weise, unter Verwendung von z. B. → Glasbausteinen. Durch Beschichtung wird die Durchlässigkeit der Glasscheiben für die solare Strahlung auf 40 bis 55% gemindert, wobei die Lichtdurchlässigkeit auf einen Wert zwischen 40 und 65% eingestellt werden kann.

Glasbausteine, durchscheinende, beschränkt durchsichtige, auch farbige, volle oder hohle Glaskörper, die als nichttragende Bauelemente für lichtgebende Außen- und Innenöffnungsabschlüsse dienen. Mittragende (statisch wirksame) G. für Bauteile aus Beton werden → Betonglas genannt.

Glasbiegen geschieht beim Erhitzen von Flach-, Röhren- oder Stabglas auf die Erweichungstemperatur unter leichter Kraftanwendung. Flachglas wird in Formen erhitzt und schmiegt sich auf Grund des Eigengewichtes der Form an. Röhren und Stäbe werden vor der Glasbläserlampe gebogen.

Glasblasen, Technik zur Formung von zähflüssigem Glas, schon im 1. Jh. v. Chr. in Syrien ausgeübt. Man unterscheidet zwei Variationen des G.: 1) Mit der **Glasmacherpfeife,** einem etwa 1–1,5 m langen Eisenrohr mit Mundstück und Holzhandgriff, wird ein Glasposten aus der Schmelze aufgenommen und unter Drehen und Schwenken, auch durch Wälzen auf Holz-, Stein- oder Eisenplatte (Märbeln), zu einem tropfenförmigen → Külbel aufgeblasen, das dann unter mehrfachem Verwärmen mit versch. Werkzeugen in die gewünschte Gestalt gebracht wird. Schon seit der Römerzeit wurde das Külbel auch in Holz- oder Metallformen eingeblasen. Dieses Verfahren wird heute meist maschinell durch Blas- und Preßblasmaschinen ausgeführt. 2) Kleinere Gegenstände und komplizierte Geräte werden vor der Glasbläserlampe aus Rohren geblasen.

Glasbläserlampe, Gebläsebrenner für handwerkl. Glasarbeiten (→ Glasblasen).

Glasdachziegel, Glasdachsteine, aus Glas hergestellte, lichtdurchlässige Dachziegel in allen üblichen Dachziegelformen, ohne und mit Drahteinlage, für fensterlose Dachraumbelichtung.

Glasdruck, das Drucken auf Glas, im direkten Druckverfahren (Siebdruck) oder indirekten Verfahren mit Hilfe eines Gummituchs oder über Druck auf Papier und Abreiben mit Gummiroller auf die Glasfläche wie beim keramischen Druck.

Glas|elektrode, Indikatorenelektrode der elektrochem. Meßtechnik zur Bestimmung des → pH-Wertes von Lösungen. Die G. besteht aus einem sehr dünnen Glaskölbchen, in dessen Innerem sich eine Bezugselektrode

(z. B. Kalomelelektrode) von konstantem Potential befindet. An der in die Lösung tauchenden Außenwand des nur für Wasserstoffionen (H^+) durchlässigen Glaskölbchens stellt sich als Folge von Ionenaustauschvorgängen ein (von der H^+-Ionen-Konzentration abhängiges) Potential ein, das gegen die Bezugselektrode gemessen wird. Auch für einige Metallionen wurden G. entwickelt. (BILD S. 209)

Glasfaser, fadenförmiges Glaserzeugnis, je nach Art und Anwendung etwa 2–100 µm dick. Man unterscheidet: **Glaswatte** und **Glaswolle** (kurzfädig, leicht gekräuselt), meist für Isolationszwecke verwendet; **Glasgespinst** und **Glasseide** (langfädig, spinnbar) für Gewebe (Dekorationsstoffe, Filtertücher, Isolierbänder u. a.), als Vliese, Matten, Stränge für →glasfaserverstärkte Kunststoffe, aus opt. Glas für die opt. Nachrichtenübertragung u. a. Zwecke. An frisch gezogenen G. wurden Zugfestigkeitswerte von mehr als 50 N/mm² (Stahl etwa 10 N/mm²) gemessen. Diese hohe Festigkeit klingt mit der Zeit auf etwa 1 N/mm² ab. G. können durch Überziehen der noch heißen, frisch gezogenen Faser mit einer Kunststoffschutzschicht mit mehr als 10 N/mm² Zugfestigkeit (langfristig) hergestellt werden.

Herstellung. Ursprünglich durch Abziehen eines Fadens von einem vor der Glasbläserlampe erhitzten Ende eines Glasstabes **(Stabziehverfahren).** Beim **Düsenziehverfahren** werden G. aus Bodenöffnungen einer (geschmolzenes Glas enthaltenden) Platinrinne gezogen. Glaswatte und Glaswolle (Stapelfasern) werden im **Schleuder-** oder **Düsenblasverfahren** hergestellt. – **Hohl-G.** kann man nach dem Stabziehverfahren herstellen, indem der Glasstab durch ein Glasrohr ersetzt wird und im Rohr während des Ziehens ein schwacher Überdruck aufrechterhalten wird. – G. mit extrem hoher Lichtdurchlässigkeit für den Einsatz in modernen optoelektron. Nachrichtensystemen müssen einen außerordentlich reinen und gleichmäßigen Produktionsprozeß durchlaufen. **Stufenprofil-G.** werden vorwiegend nach dem Doppeltiegel- oder Doppeldüsenverfahren hergestellt, bei dem zwei Gläser mit unterschiedl. Brechungsindizes aus einem doppelten Platintiegel gezogen werden. Durch Erhitzen verschmelzen die Gläser zu einer Faser. **Gradienten-G.** lassen sich nach dem →CVD-Verfahren herstellen. Dazu wird hochreines Siliciumtetrachlorid ($SiCl_4$) bei etwa 1600 °C in Siliciumdioxid (SiO_2) umgewandelt, das sich aus der Dampfphase auf einem Träger aus Quarzglas niederschlägt. Durch gezielte Dotierung, z. B. mit Germaniumtetrachlorid ($GeCl_4$) oder Borbromid (BBr_3), kann der Brechungsindex abgestuft oder stufenlos verändert werden.

Optische Anwendungen **(Glasfaseroptik).** Durch verbesserte Herstellungsverfahren können bes. dämpfungsarme G. erzeugt werden, die als →Lichtleiter zur Übertragung von Nachrichten und Daten in der →optischen Nachrichtentechnik eingesetzt werden. G. sind außerdem geeignet für optoelektron. Meß- und Datenerfassungssysteme, zu opt. Kopplung elektron. Bauelemente (z. B. Optokoppler, lichtimpulsgesteuerte Thyristoren), zur Bildabtastung, zu speziellen Beleuchtungszwecken u. a. Zur Bildübertragung werden ebenfalls G. benutzt, die aus einem Bündel geordneter Einzelfasern bestehen. Bildleiter werden zur Beobachtung schwer zugängl. Stellen verwendet (Endoskop, Fibroskop), bes. in der Medizin, in zunehmendem Maße auch in der Technik, z. B. zur zerstörungsfreien Werkstoffprüfung. Verschlüsselung und Verfremdung des Bildes ist durch gezieltes Umordnen der Fasern möglich. Spezielle Ausführungen gibt es in Form von Faserplatten für Bildwandler und Bildverstärker. (Weitere BILDER S. 210, 212)

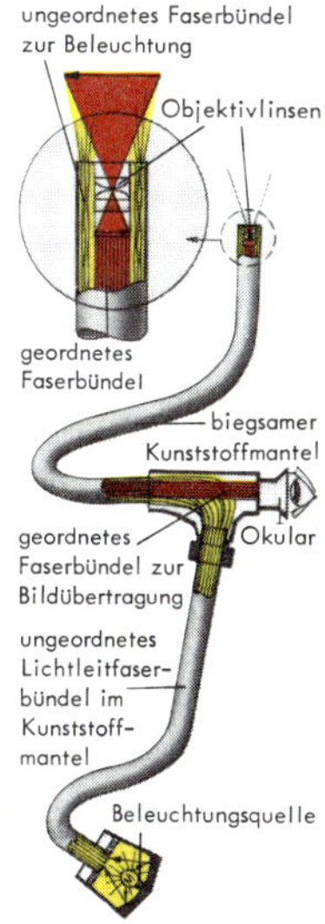

Glasfaser 2

Glasfaser 2: Schematische Darstellung eines in der Medizin verwendeten Endoskops mit Glasfasern. Ähnliche Instrumente werden zur Inspektion schwer zugänglicher Hohlräume in industriellen Produkten verwendet

glasfaserverstärkte Kunststoffe, Abk. **GFK,** Sammelbez. für Kunststoffe, die zur Erhöhung von Festigkeit und Steifheit mit →Glasfasern armiert sind. Aus Glasfasern und **ungesättigten Polyesterharzen** fertigt man, vorwiegend durch Niederdruckpreßverfahren, u. a. Wellplatten, Behälter, Karosserieteile, Boote, Sportgeräte. **Schichtpreßstoffe** aus Glasseidenmatten und ungesättigten Polyesterharzen sind als Hartmatten genormt; in besonderen Fällen bevorzugt man als Bindemit-

Glas 1) 2: LINKS Hafenofen, RECHTS Schmelzwanne

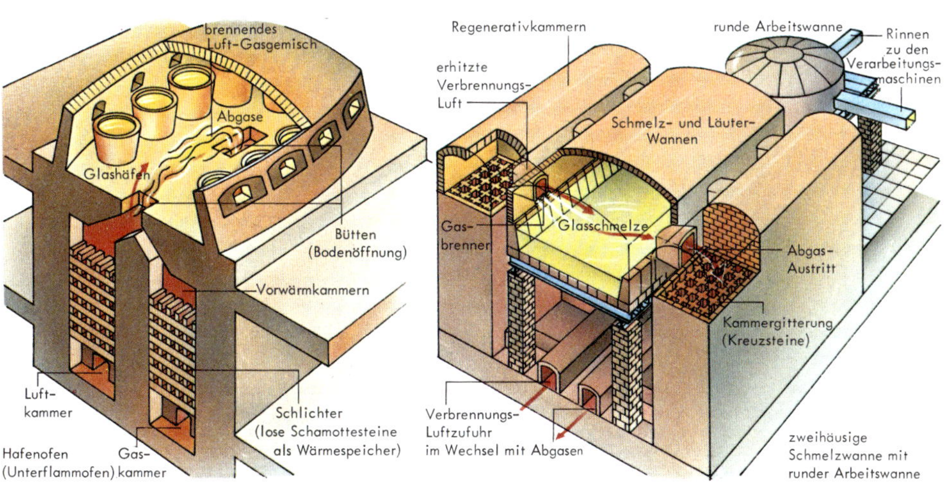

Glaskopf: Brauner G. (Hühnerhord bei Siegen)

tel Phenol-, Melamin-, Epoxid- oder Silikonharz. **Härtbare glasfaserverstärkte Formmassen** auf Basis von Phenol-, Melamin-, Epoxid- oder ungesättigtem Polyesterharz werden durch Pressen, Spritzpressen oder Spritzgießen zu schlagfesten Formteilen verarbeitet. **Thermoplast. glasfaserverstärkte Formmassen** auf der Basis von Polyacetal, Polyamid, Polycarbonat, Polypropylen, Polystyrol u. a. enthalten kurze Glasfasern, aus ihnen werden durch Spritzgießen Formteile mit erhöhter Steifheit und Wärmeformbeständigkeit hergestellt. (→Kohlenstoff-Fasern)

Glasfilter, poröse Körper aus gesintertem Glaspulver mit wirksamer Porengröße von 0,001 bis 0,2 mm; feinere Poren sind möglich. G. werden verwendet in Chemie, Biologie, Pharmazie, Medizin, Nahrungsmittelind. und als Träger für Katalysatoren. G. aus fast reinem Quarzglas werden hergestellt durch Erschmelzen eines Kaliumborosilikatglases, nachfolgender Phasentrennung durch Wärmebehandlung, Auslaugen der Kaliumboratphase. – G. für opt. Zwecke →Lichtfilter.

Glashalbleiter, amorphe (nichtkristalline) anorgan. →Halbleiter, die technisch in **Glashalbleiter-Bauelementen** genutzt werden.

Glashauswirkung, der →Treibhauseffekt.

Glashow-Weinberg-Salam-Theorie [n. den amerikan. Physikern S. L. Glashow, * 1932, S. Weinberg, * 1933, und dem pakistan. Physiker A. Salam, * 1926], die →Weinberg-Salam-Theorie.

Glashütte, industrielle Anlage zur Glasherstellung.

Glaskeramik, keramische Gegenstände, die aus Glasschmelzen geeigneter Zusammensetzung nach glastechn. Verfahren (Ziehen, Pressen, Gießen) geformt werden und in denen durch nachträgl. Wärmebehandlung Kristalle entstehen (→Entglasung). G. besitzt hohe Temperaturwechselbeständigkeit, Festigkeit und die Möglichkeit, die Eigenschaften einer Vielfalt von Anforderungen anzupassen.

Glaskopf, radialstrahliges Mineralaggregat mit meist glänzender, nierig-kugeliger Oberfläche; z. B. **Brauner G.** →Goethit, **Roter G.** →Hämatit, **Schwarzer G.** →Psilomelan, **Grüner G.** →Malachit.

Glaslot, bei niedriger Temperatur erweichendes Glas, das als Pulver zur lötähnl. Verbindung von Gläsern mit Metallen und keram. Stoffen oder von verschiedenartigen Gläsern verwendet wird.

Glasmacherpfeife, Glasbläserpfeife, →Glasblasen.

Glasmetalle, metallische Gläser, glasige Metalle, Drähte oder Bänder, die durch Aufsprühen von Schmelzen, durch →Sputtern oder durch Abscheidung von Metalldämpfen auf mit flüssiger Luft gekühlten Flächen in Schichtdicken bis zu mehreren Millimetern hergestellt werden. Ihre Festigkeit ist bei unverminderter Zähigkeit viel höher als bei Drähten und Bändern, die mit den üblichen Verfahren erzeugt werden.

Man ist heute sicher, daß die G. amorphe Metallphasen sind, die bis zu 400–500 °C stabil bleiben und erst bei höheren Temperaturen in den kristallinen Zustand übergehen. Die Stabilität des Glaszustandes kann in vielen Fällen durch Beimischen von Nichtmetallen (Silicium, Phosphor u. a.) erhöht werden. Der homogene glasartige Aufbau führt zu einer sehr hohen Korrosionsbeständigkeit selbst gegenüber chemisch aggressiven Flüssigkeiten. G. könnten als Material für Seile oder Taue für Seeatmosphäre, als Membranen für Pumpen oder Lautsprecher, als verstärkende Einlage für Kunststoffe und Gummi, z. B. in Autoreifen oder Druckbehältern, eingesetzt werden. Von Interesse sind auch die elektr. und magnet. Eigenschaften. G. sind gute Leiter, ihr spezif. Widerstand ist allerdings höher als der von Metallen. Durch Wahl der Legierungskomponenten lassen sich dia-, para-, ferro- und antiferromagnet. G. herstellen. Ferromagnet. Palladium-Kobalt-Silicium- und Palladium-Eisen-Silicium-Legierungen können leicht magnetisiert und entmagnetisiert werden und könnten zum Bau von Tonköpfen oder magnet. Blasenspeichern für Computer Anwendung finden. G. mit extra hoher magnet. Permeabilität eignen sich für Leistungstransformatoren oder Miniaturmikrophone.

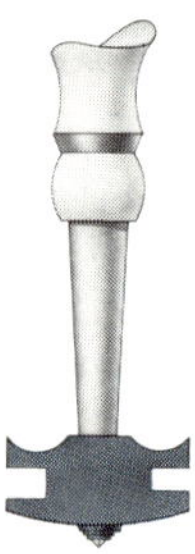

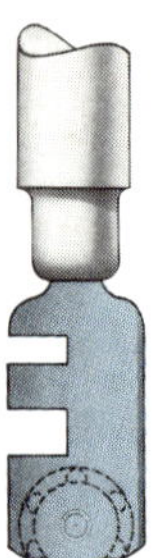

Glasschneiden: Glasschneider, OBEN mit Diamant, UNTEN mit Stahlrädchen

Glasmeteorite, →Tektite.

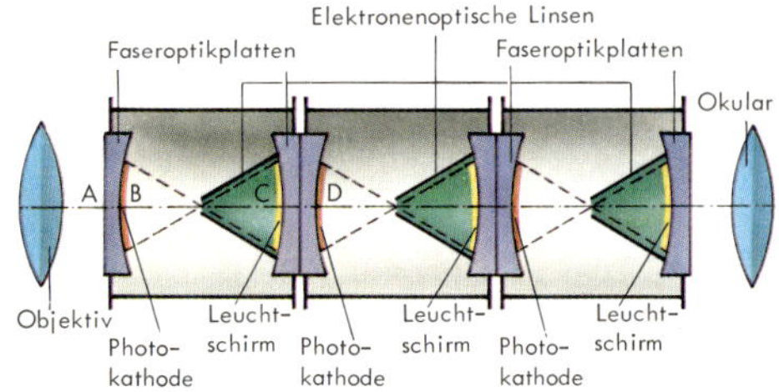

Glasfaser 3: Bildverstärkerröhre. Die Lichtintensitätsverteilung des auf der Fläche ›A‹ abgebildeten Objektes bewirkt eine korrespondierende Emission von Photoelektronen durch die Photokathode ›B‹. Die emittierten Elektronen werden elektronenoptisch auf dem Leuchtschirm ›C‹ abgebildet. Die auf ›C‹ entstehende Lichtverteilung wird gerastert durch die Faseroptikplatten auf die Photokathode ›D‹ übertragen usf. – Die Faseroptikplatten sind gekrümmt, um die Bildfeldwölbung der elektronenoptischen Abbildung auszugleichen

Glas|perlen, kugelige Körper aus Glas mit einer meist durchgehenden Öffnung. **Venezian. G.** oder **Stickperlen** werden aus Glasrohrabschnitten durch Rollen in erhitzten Eisentrommeln hergestellt. Für dickere G. wird Glas mit einem Eisenstab aus einer Schmelze entnommen und gedreht. **Römische Perlen** werden aus Röhren vor der Lampe geblasen und mit einer irisierenden Schicht überzogen. G. werden heute viel als Modeschmuck verwendet. – G. für reflektierende Verkehrszeichen u. ä. werden im Schleuderverfahren oder durch Zersprühen eines Strahles flüssigen Glases hergestellt.

Glasrohre werden aus zähflüssigem Glas hergestellt, von Hand mit Hilfe der Glasmacherpfeife, maschinell nach dem **Danner-Verfahren,** dem **Vello-Verfahren,** bei dem Glas durch eine ringförmige Öffnung abwärts gezogen wird, oder dem **Corning-Verfahren,** bei dem Glas aus der Oberfläche der Schmelze über einer im Speiservorherd angebrachten Blasdüse nach oben gezogen wird. G. finden Verwendung z. B. für wissenschaftl. Geräte, in der chem., elektrotechn. und pharmazeut. Industrie.

Glasschliff, Veredlungs- und Schmucktechnik für Flach- und Hohlgläser. **Prismat. G.** mit nachfolgendem Polieren der Facetten wird v. a. auf →Kristallglas, **Bildschliff** auf Tafel- und Dickglas ausgeführt.

Glas|schmelz|öfen sind Hafenöfen oder Wannenöfen (→Glas). Hafen sind Tiegel, die in Hafenöfen eingesetzt werden (Tiegelöfen). Wannenöfen sind ähnlich gebaut wie Siemens-Martin-Öfen (→Eisen), jedoch mit größerer Schmelzbadtiefe (etwa 1 m).

Glas|schneiden, Zertrennen von Glas mit harten Schneidgeräten. Die Glasoberfläche wird mit einem Diamanten oder Stahlrädchen angeritzt. Durch leichtes Beklopfen oder einseitiges Anheben der Scheibe kommt es zu einem Bruch entlang der Schnittlinie. Sehr dicke Glaskörper werden auch mit rotierenden, am Rand mit Diamanten besetzten Metallscheiben gesägt. (BILD S. 212)

Glas|stahlbeton-Bauweise, Bauweise für lichtgebende und unter bestimmten Voraussetzungen belastungsfähige Raumumschließungen (Decken und Wände) aus Stahlbeton in Verbindung mit bes. geformten Preßglaskörpern. Bei G.-B. i. e. S. dürfen die Gläser als Füllkörper statisch (auf Druck) beansprucht werden. (→Glasbau, →Glasbausteine)

Glas|temperatur, →Kunststoffe.

Glas|tränen, tropfenförmige Glasgebilde mit sehr hoher Druckspannung in der Oberfläche und Zugspannung im Kern. G. zerfallen in feine Teilchen, wenn das Spannungsgleichgewicht durch Abbrechen der Spitze oder Anritzen gestört wird. G. entstehen durch Eingießen von flüssigen Glastropfen in Wasser. (→vorgespanntes Glas)

Glas|übergangs|temperatur, svw. →Einfriertemperatur.

Glasur, glasartiger Überzug auf keram. Gegenständen. Neben der ästhet. Wirkung sorgt die G. für die aus hygien. Gründen nötige Glätte und Härte der Oberfläche. Poröse Erzeugnisse werden durch eine G. wasserdicht. Die Rohmischung besteht aus einer Aufschlämmung von Ton, Quarzmehl und wasserunlösl. Flußmittel in Wasser. Dieser G.-Schlicker wird auf den rohen oder vorgebrannten Scherben durch Tauchen oder Spritzen aufgetragen und mit diesem gebrannt. Die chem. Zusammensetzung – meist in Molanteilen der beteiligten Oxide (Segerformel) angegeben – ist bestimmend für das Schmelzverhalten und für die Wärmeausdehnung. Flußmittel für **hochschmelzende G.** (Porzellan) sind Alkalifeldspate und Kalkspat, für **niedrigschmelzende G.** Bleioxid, Zinkoxid sowie blei- und boroxidhaltige Fritten (→fritten). Die für Steinzeug typische **Salz-G.** entsteht, wenn Kochsalz im Ofen zum Verdampfen gebracht wird. Das frei werdende dampfförmige Natrium bildet mit dem Scherbenmaterial eine dünne Schicht aus Natrium-Aluminium-Silikatglas. Bleioxidhaltige G. werden auf gesundheitsschädl. Bleiabgabe durch Extraktion mit 4%iger Essigsäure geprüft. G. können transparent eingefärbt oder mit nichtschmelzenden Farbkörpern versetzt werden. Kristallausscheidung, Mattierung, Welligkeit, Ablaufeffekte und irisierende Metallbeläge (Lüster) sind weitere Gestaltungsmittel. (→keramische Farben)

Glaswatte, Glaswolle, →Glasfaser.

glatt, dem Anschaulichen entlehnte Bez. für eine Kurve, die keine Knicke und keine Unstetigkeiten hat; eine mathemat. Funktion heißt in einem Intervall **stückweise g.,** wenn sie in diesem Intervall (bis auf endlich viele Sprungstellen) stückweise stetig und auch die Ableitung stückweise stetig ist. Solche (stückweise) g. Funktionen bestimmen (stückweise) **g. Kurven.**

Glattdecker, engl. **flushdecker** [fl'ʌʃdekə], Schiff mit durchlaufendem Oberdeck ohne von Bord zu Bord gehende Aufbauten.

Glatt|eis, homogene, meist durchsichtige Eisablagerung, entsteht durch das Gefrieren unterkühlter Niesel- oder Regentropfen auf Oberflächen, deren Temperatur um oder unter 0 °C liegt; führt zu Straßenglätte und gefährl. Eisansatz an Flugzeugen.

Glättung, Elektrotechnik: Verringerung der Wechselspannungs- (Wechselstrom-)Anteile einer gleichgerichteten Spannung (eines Stromes). Hierzu dienen energiespeichernde Bauelemente (Glättungskondensator, Glättungsdrossel), die in Form von →Siebschaltungen die →Welligkeit je nach Schaltungsaufwand und verwendeter Gleichrichtung verkleinern. Am Netz angeschlossene elektron. Geräte benötigen zur Versorgung eine gleichgerichtete und geglättete Spannung mit geringer Restwelligkeit. Das wird i. a. durch einen Ladekondensator erreicht, dem ein Tiefpaß (RC- oder LC-Glied) nachgeschaltet ist.

Glattwalzen, Glätten und Verdichten der Oberflächen metall. Werkstücke mit polierten Walzen, z. B. Lagerflächen an Wagenachsen, Wellenzapfen bei Uhren, feinmechanische Bauteile.

Glaubersalz [n. dem dt. Chemiker J. R. Glauber, *1604, †1670], Mineral →Mirabilit.

Glaukonit *der,* Mineral, wasserhaltiger →Glimmer stark wechselnder Zusammensetzung; leuchtend grün, kleinkörnig (0,5–1 mm), H. 2–3; entstanden aus Biotit am Meeresboden durch →Halmyrolyse; farbgebender Bestandteil der **Grünsande** und **Grünschlicke;** Leitmineral für Meeresablagerungen.

Glaukophan, Mineral, ein →Amphibol. – **G.-Schieferfazies,** →Mineralfazies.

glazial, das Eis betreffend, vom Eis geschaffen, auch eiszeitlich, in einer Eiszeit **(Glazial)** entstanden. **Glazialbildungen** sind durch →Gletscher oder Inlandeis abgelagerte Gesteine oder durch sie geschaffene Formen (Moränen, Urstromtäler u. a.). **Glazialerosion** heißt die abtragende Tätigkeit der Gletscher und des Inlandeises. – **Glazialzeit,** svw. →Eiszeit.

Glazial|landschaft, eine wesentlich durch ehemalige Gletscher oder Inlandeis geformte Landschaft. Im Kern liegt das glaziale Ausräumungsgebiet mit Eisschliffen, Rundhöckern, kahlen Felsen, Karen und Trogtälern, am Rand das glaziale Aufschüttungsgebiet mit Moränen, errat. Blöcken, Söllen, Sandern, Drumlins, Rinnen- und Eisstauseen; außerhalb des vereisten Gebietes finden sich Urstromtäler u. a. fluvioglaziale Erscheinungen.

glaziär, mittelbar durch Gletscher oder Inlandeis erzeugte Formen und Ablagerungen.

glazigen, vom Eis abgelagert oder geformt.

glaziofluviatil, →fluvioglazial.

Glaziologie, die Gletscherkunde, →Gletscher.

GLCM, Abk. für engl. **Ground Launched Cruise Missile** [graʊnd lɔ:ntʃt kru:z m'ɪsɪl], landgestützter Marschflugkörper, →Cruise missile.

Gleiboden, svw. →Gley.

Gleichdruckpumpe, Gleichdruckkreiselpumpe, eine →Kreiselpumpe mit partiell beaufschlagtem Laufrad.

Gleichdruckturbine, eine →Dampfturbine, →Gasturbine, →Wasserturbine.

Gleichgewicht, urspr. der Zustand der mit gleichen Gewichten belasteten Waage; auch im übertragenen Sinn.

1) Physik: Zustand eines Körpers oder Systems, bei dem wesentl. Größen zeitlich konstant sind und/oder Wirkung und Gegenwirkung sich aufheben.

In der Mechanik Zustand eines Systems von Massen, bei dem sich die an jeder Masse angreifenden Kräfte ge-

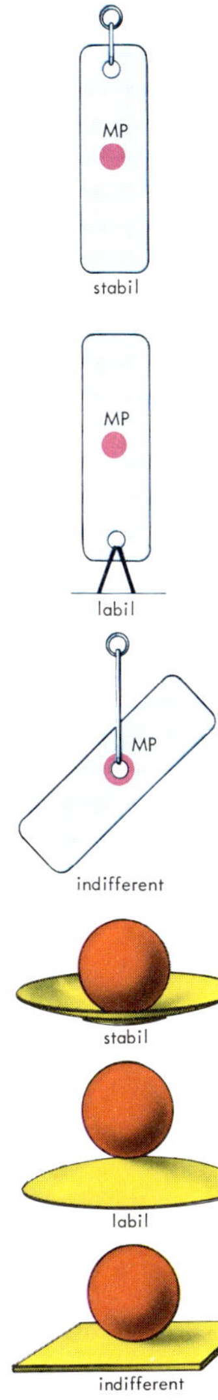

Gleichgewicht 1)

genseitig kompensieren. Beim starren Körper muß im G. außer der Resultante aller Kräfte auch das resultierende Drehmoment gleich Null sein **(statisches G.).** Das G. heißt **stabil,** wenn der Körper nach kleiner Bewegung sich selbst ins G. zurückbewegt, es heißt **labil,** wenn er sich danach weiter aus dem G. entfernt. Ein System, das sich bei Änderung des Zustandes in jedem Punkt eines endl. Bereiches im G. befindet, hat dort ein **indifferentes G.** Körper, die in einem Punkt oder einer Achse gelagert sind, befinden sich im Schwerefeld im stabilen G., wenn der Massenmittelpunkt (MP) unter, im labilen G., wenn der MP über dem Unterstützungspunkt oder der Achse liegt, im indifferenten G., wenn die Achse durch den MP hindurchgeht oder der Körper im MP unterstützt ist (BILDER S. 213). Ein in einer Fläche oder mindestens in drei Punkten unterstützter Körper ist so lange im stabilen G., wie der MP über der Fläche oder dem von den drei Punkten gebildeten Dreieck liegt.

Thermodynamik. Ein makroskop. Reaktionsstillstand in einem abgeschlossenen physikalisch-chem. System (z. B. **Verdampfungs-G.** oder **chem. G.),** der dadurch gekennzeichnet ist, daß mikroskopisch Hin- und Rückreaktion gleich schnell ablaufen **(dynamisches Gleichgewicht;** →Dampf). Das G. ist zu unterscheiden von metastabilen Zuständen, bei denen infolge zu geringer Reaktionsgeschwindigkeit kein Umsatz beobachtet werden kann. Im G. nehmen verschiedene thermodynam. Funktionen Extremwerte an, z. B. die Entropie ein Maximum, die →freie Enthalpie ein Minimum. In einem offenen System kann ein →Fließgleichgewicht auftreten.

2) Umwelt, Biologie: Als **biolog. G.** wird die Erscheinung bezeichnet, daß alle Organismenarten eines best. Lebensraumes durch Fortpflanzung und Tod (Fressen und Gefressenwerden, Konkurrenz) in ihren Individuenzahlen ein annähernd konstantes Verhältnis bilden, durch das die Lebensgemeinschaft unter Ausbildung von Nahrungsketten (z. B. Fichten im Fichtenwald – Fichtenspinner – Schlupfwespen – Rotkehlchen – Sperber) am Leben erhalten wird. Durch Errichtung von Monokulturen oder durch Naturkatastrophen können Massenvermehrungen einzelner Arten (z. B. des Fichtenspinners) und/oder Massenvernichtungen anderer Arten (z. B. der Fichte) einsetzen, die zu schweren Schäden führen können (z. B. Vernichtung der Fichtenwälder).

Gleichgewichtshöhe, barometrisch gemessene Höhe, in der unter den vorhandenen atmosphär. Bedingungen zw. Auftrieb und Gewicht eines Freiballons oder antriebslos schwebenden Luftschiffs Gleichgewicht besteht.

Gleichgewichtskonstante. Betrachtet man eine allg. chem. Reaktion $a\mathrm{A} + b\mathrm{B} \leftrightarrows c\mathrm{C} + d\mathrm{D}$, in der a, b, c, d die ganzzahligen stöchiometr. Koeffizienten und A, B, C, D die verschiedenen Substanzen darstellen, so ist die G. K definiert als:

$$\mathrm{K} = \frac{[\mathrm{C}]^c \cdot [\mathrm{D}]^d}{[\mathrm{A}]^a \cdot [\mathrm{B}]^b},$$

wobei die Klammern Konzentrationen (streng genommen Aktivitäten) symbolisieren. – Für gegebene Bedingungen von Druck und Temperatur stellen sich die Konzentrationen im Gleichgewicht unabhängig von den Ausgangskonzentrationen der Stoffe A–D so ein, daß der dafür charakterist. K-Wert resultiert. Die G. läßt sich aus den →freien Energien der Komponenten berechnen.

Gleichheit. Zwei Größen a und b sind einander gleich bezüglich eines best. Problemkreises, wenn in ihm a durch b und b durch a ersetzt werden können und man schreibt $a = b$, wobei ›=‹ als **Gleichheitszeichen** bezeichnet wird. Die G. hat folgende mathemat. Eigenschaften: 1) $a = a$ **(reflexiv),** 2) wenn $a = b$, dann $b = a$ **(symmetrisch),** 3) aus $a = b$ und $b = c$ folgt $a = c$ **(transitiv).** Die G. ist demnach eine →Äquivalenzrelation. – Mengenlehre: →gleichmächtig.

Gleichlauf, Übereinstimmung von Bewegungs- oder Schwingungsabläufen getrennter Teile. – In Rundfunkempfängern bedeutet G. die Übereinstimmung der Eigenfrequenzen mehrerer Schwingkreise im ganzen Abstimmbereich (erforderlich zur Einknopfabstimmung dieser Kreise), beim Fernsehen die Übereinstimmung der Ablenkung des Elektronenstrahls der Bildröhre des Empfängers mit der Abtastung des Bildes in der Aufnahmeeinrichtung. G.-Fehler bewirken ›durchlaufende‹ Bilder. Der G. wird durch →Gleichlaufsignale bewirkt.

Gleichlaufschaltung, Schaltung bei elektr. Maschinen, die einen Gleichlauf mehrerer, mechanisch nicht miteinander verbundener Wellen (→elektrische Welle 1) bewirkt. Je nach den Anforderungen kann der Gleichlauf winkeltreu sein oder einen einstellbaren Schlupf (z. B. bei Papiermaschinen) zulassen.

Gleichlaufsignale, Synchronisier|impulse, beim Fernsehen kurze Spannungsimpulse, die vom Sender in den Zeiträumen zw. der Übertragung der einzelnen Zeilen und der Teilbilder übertragen werden, um die Ablenkung des Elektronenstrahls in der Bildröhre des Empfängers im Gleichlauf mit der Abtastung des Bildes am Sender zu halten.

gleichmächtig heißen zwei Mengen M_1 und M_2, wenn die Elemente von M_1 bijektiv auf die Elemente von M_2 abgebildet werden können. Endliche Mengen sind g., wenn sie die gleiche Anzahl von Elementen besitzen. Die unendl. Menge der geraden ganzen Zahlen ist z. B. der Menge der ungeraden ganzen Zahlen g., da jede ungerade Zahl (etwa 5) auf ihren Nachfolger (6) abgebildet werden kann.

gleichmäßige Konvergenz, in der Mathematik eine Verschärfung des Begriffs der →Konvergenz 3) von Funktionenfolgen. Eine Folge von Funktionen $(f_n(x))$ in einer Menge M heißt gleichmäßig konvergent auf M gegen eine Grenzfunktion f, wenn es zu jedem beliebig kleinen $\varepsilon > 0$ eine natürliche Zahl $N(\varepsilon)$ gibt, so daß $|f_n(x) - f(x)| < \varepsilon$ für alle $n > N(\varepsilon)$ und (i. Ggs. zur gewöhnlichen [punktweisen] Konvergenz) für alle $x \in M$. Der Begriff der g. K. läßt sich allgemein auf Funktionenräume übertragen.

gleichmäßige Stetigkeit, in der Mathematik eine Verschärfung des Begriffs der →Stetigkeit; eine reelle Funktion $f(x)$ heißt in einem Intervall I gleichmäßig stetig, wenn es zu jedem $\varepsilon > 0$ ein von ε abhängiges $\delta(\varepsilon)$ gibt, so daß $|f(x_1) - f(x_2)| < \varepsilon$ für alle $x_1, x_2 \in I$, für die $|x_1 - x_2| < \delta(\varepsilon)$ gilt. I. Ggs. zur gewöhnl. Stetigkeit hängt $\delta(\varepsilon)$ nur von ε, nicht aber von x_1 und x_2 ab. Der Begriff der g. S. läßt sich allgemein auf topolog. Räume übertragen.

Gleichrichter, Bauelement, Schaltung oder Gerät zur Umwandlung **(Gleichrichtung)** von Wechselstrom (Wechselspannung) in Gleichstrom (Gleichspannung).

1) Bauelemente. Die Gleichrichtung geschieht durch elektron. Bauelemente (i. a. →Dioden, →Thyristoren; früher →Elektronenröhren), die auf Grund ihrer ›Ventilwirkung‹ den Strom in einer Richtung durchlassen, in der anderen hingegen sperren. Dieser Effekt kommt durch die besonderen Eigenschaften des →pn-Übergangs zustande, der sich in allen zur Gleichrichtung eingesetzten Halbleiterbauelementen befindet.

Bis in die 50er Jahre wurden für kleine Sperrspannungen **Kupferxoydul-G.** und für mittlere Sperrspannungen **Selen-G.** aus plattenförmigen Elementen eingesetzt. Für größere Sperrspannungen kamen **Quecksilberdampf-G.** und **Hochvakuum-G.** zur Anwendung. Die Entwicklung auf dem Halbleitersektor führte zur Verwendung von Germaniumdioden und später zu Siliciumdioden; 1958 wurden die ersten steuerbaren Silicium-G. **(Thyristoren)** entwickelt, die ab Mitte der 60er Jahre die Grundlage für die Geräteentwicklung der Leistungselektronik darstellen.

2) G.-Schaltungen. Nach Art der Schaltungsanordnung unterscheidet man zw. **Einweg-G.** (BILD 1), die nur eine der beiden Halbschwingungen einer Periode ausnutzen, und **Zweiweg-G.**, bei der beide Halbschwingungen

Gleichrichter 1:
Einweg-G. in Einwegschaltung;
U_1 : Wechselspannung;
U_2 : gleichgerichtete Spannung;
D : Diode (Gleichrichter);
R_L : Lastwiderstand (Verbraucher);
T : Transformator mit Mittelanzapfung

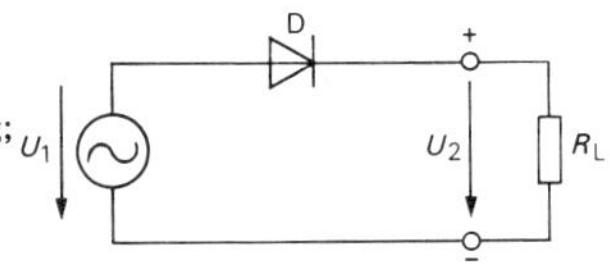

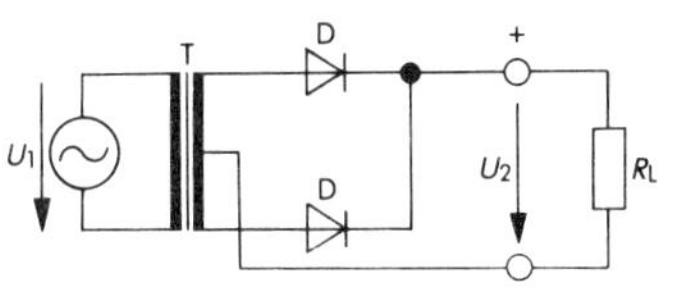

Gleichrichter 2:
Zweiweg-G. in Mittelpunktschaltung

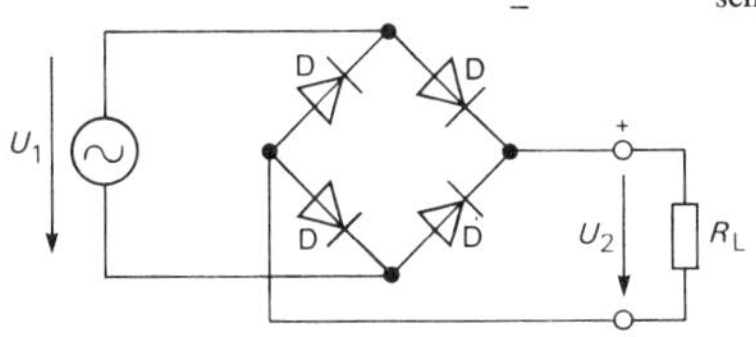

Gleichrichter 3:
Zweiweg-G. in Brückenschaltung

verarbeitet werden. Zu den Zweiweg-Gleichrichterschaltungen zählen die **Mittelpunktschaltung** (BILD 2) und die **Brückenschaltung** (BILD 3; → Brückengleichrichter, z. T. auch als Graetz-Schaltung bezeichnet). Der Einweg-G. stellt die einfachste G.-Schaltung dar, hat dafür jedoch den geringsten Gleichstromanteil, da nur jede zweite Halbwelle einen Beitrag liefern kann. Die Mittelpunktschaltung benötigt einen Transformator mit sekundärseitiger Mittelanzapfung und zwei Dioden, der Brücken-G. kommt ohne Transformator aus, benötigt jedoch vier Dioden. Alle Schaltungen erzeugen aus einer Wechselspannung eine pulsierende Gleichspannung, also eine Mischspannung, die außer dem Gleichspannungsanteil auch Wechselspannungsanteile verschiedener Frequenzen enthält. Da diese i. a. unerwünscht sind, ordnet man der G.-Schaltung eine z.B. aus Ladekondensator und Tiefpaß bestehende Siebschaltung zur → Glättung nach. – Darüber hinaus gibt es noch G.-Schaltungen zur Spannungsvervielfachung, z. B. → Kaskadenschaltung.

3) Geräte. G.-Schaltungen (bes. in Form von Brükkenschaltungen) befinden sich in → Netzgeräten, die der Stromversorgung elektron. Geräte (z. B. Verstärker, Rundfunkempfänger, Taschenrechner, Ladegeräte für Akkumulatoren u. a.) dienen. In der Hochfrequenz-, Sende- und Empfangstechnik werden G.-Schaltungen zur → Demodulation eingesetzt, in der elektr. Energietechnik finden sie als → Stromrichter vielfache Anwendung.

Gleichrichter|effekt, Sperreffekt, Sperrschichteffekt, starke Behinderung des Stromdurchgangs in einer Richtung, der Sperrichtung, bei Metall-Halbleiterübergängen und zw. p- und n-Halbleitern (→ pn-Übergang). Der G. wird u. a. bei Halbleiterdioden zur Gleichrichtung (→ Gleichrichter) ausgenutzt. Der G. wurde 1875 von K. F. BRAUN an einer Metall-Halbleiterkombination entdeckt und von W. SCHOTTKY 1939 gedeutet, daher auch die Bez. **Schottky-Effekt.**

Gleichrichterschaltungen, → Gleichrichter.

Gleichrichtung, → Gleichrichter.

Gleichrichtwert, Mittelwert einer periodisch veränderl. Größe (z. B. Strom, Spannung), der durch Gleichrichtung der Wechselgröße entsteht. Bei einem sinusförmigen Strom (dasselbe gilt sinngemäß auch für Spannungen) stellt der G. den Mittelwert des Betrages des zeitlich veränderl. Stromes $\overline{|i|}$ dar (anschaulich kann man sich dies durch ›Hochklappen‹ der negativen Sinushalbwelle in den positiven Bereich vorstellen). Der G. eines Stromes (einer Spannung) ist um den Faktor $2/\pi = 0{,}637$ kleiner als der Scheitelwert.

Gleichschein, die → Konjunktion 1).

Gleichspannung, elektr. Spannung, die einen stets in die gleiche Richtung fließenden elektr. → Gleichstrom verursacht; Ggs. → Wechselspannung.

Gleichspannungsmessung, Messung von → Gleichspannung mittels → elektrischer Meßgeräte; → Meßtechnik.

Gleichspannungsverstärker, elektron. Schaltung zur Verstärkung eines Gleichspannungssignals (Emitterschaltung). Bei hohen Genauigkeitsanforderungen wird der G. wegen der Temperaturdrift von Transistoren in der Regel als → Differenzverstärker ausgeführt.

Gleichstrom, elektr. Strom, der stets in die gleiche Richtung fließt; im Ggs. zum → Wechselstrom. G. entsteht bei elektrochem. Vorgängen in → Batterien und → Akkumulatoren 1) oder aus Wechsel- oder Drehstrom durch Gleichrichtung. Ändert sich sein Augenblickswert und geht der G. dabei periodisch auf Null zurück, spricht man von **pulsierendem G.** Ist dem G. ein Wechselstromanteil überlagert (z. B. als Restwelligkeit bei einer Gleichrichtung), wird dieser als **Mischstrom** bezeichnet.

G. wird verwendet in elektromotor. Antrieben mit bes. hohen Anforderungen an die Steuerbarkeit der Drehzahl, im Bahnbetrieb (→ elektrische Bahnen), zur Stromversorgung von elektron. Schaltungen und Geräten (→ Elektronik, → Nachrichtentechnik) und zur Energieübertragung in der → Hochspannungs-Gleichstrom-Übertragung.

Gleichstromkopplung, → galvanische Kopplung.

Gleichstrom|maschine, 1) Dampfmaschine mit getrennten Ein- und Auslaßkanälen, in denen der Dampf jeweils in gleicher Richtung strömt.

2) eine → elektrische Maschine, aufgebaut als Gleichstrommotor (→ Elektromotor) oder als Gleichstromgenerator (→ Generator 1).

Gleichstrom|messung, Messung von → Gleichstrom mittels → elektrischer Meßgeräte; → Meßtechnik.

Gleichstrom|motor, ein → Elektromotor.

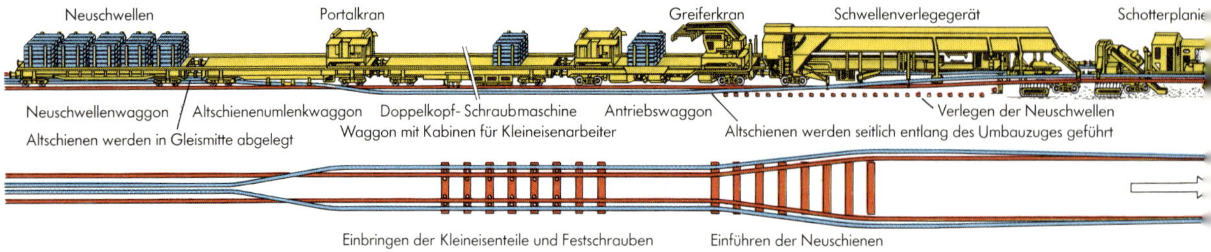

Gleisbau: OBEN zeichnerisch verkürzte Darstellung eines etwa 1 000 m langen, in Fließbandtechnik arbeitenden Gleis-Schnellumbauzuges. Der vordere Teil des Zuges fährt auf den alten Schienen, der mittlere Teil bewegt sich gleislos auf einem Raupenfahrwerk, der hintere Teil fährt bereits auf den neu verlegten Schienen. Personalbedarf des Zuges: etwa 50 Mann; Arbeitsleistung: bis zu 350 m/h. UNTEN schematische Darstellung des Schienenflusses

Gleichstromprinzip, verfahrenstechn. Prinzip, bei dem die Strömungsrichtung zweier Phasen, die miteinander im Stoff- und Wärmeaustausch stehen, gleich ist. Die Triebkraft für den Austausch ist geringer als beim → Gegenstromprinzip, das G. wird nur in Spezialfällen angewandt.

Gleichstromsteller, zu den → Stromrichtern gehörende elektr. Schaltungsanordnung mit → Halbleiterventilen, bei der der Strom einer Gleichspannungsquelle nicht kontinuierlich, sondern in Form von Impulsen rascher Folge (100–400 Hz) und veränderbarer Dauer entnommen wird. Dadurch ist eine praktisch verlustlose Steuerung des Gleichstroms möglich. G. werden z. B. zur Geschwindigkeitssteuerung von Gleichstrombahnen, insbes. für den Nahverkehr (z. B. Schwebebahn in Wuppertal), verwendet.

Gleichstromvormagnetisierung, bei der → magnetischen Aufzeichnung die zusätzliche Speisung des Sprechkopfes mit Gleichstrom zur Erlangung einer höheren Linearität und somit besseren Wiedergabequalität. Die G. erzeugt ein höheres Rauschen als die heute übliche → Hochfrequenzvormagnetisierung.

Gleichung, 1) Astronomie: **G. des Mondes,** eine Störung der Mondbewegung.

2) Mathematik: Ausdruck für eine Gleichheitsbeziehung. Jede Aussage, die von zwei mathemat. Objekten (Zahlen, Funktionen, Vektoren, Mengen u. a.) behauptet, daß sie in einem jeweils zu definierenden Sinn gleich seien, kann formal als G. geschrieben werden; z. B.: Ein Vater, der jetzt viermal so alt ist wie sein Sohn, wird in jünf Jahren dreimal so alt sein wie dieser. Wenn der Sohn x Jahre alt ist, dann lautet die zugehörige G.:

$$3 \cdot (x+5) = 4 \cdot x + 5.$$

Die beiden Seiten einer G. heißen **Terme;** sie bestehen aus **Zeichen** für gewisse feste mathemat. Gegenstände und aus **Variablen,** die an Stelle von Elementen gewisser Grundmengen stehen, derart, daß bei Einsetzung von Elementen dieser Mengen in die Variablen die G. zu einer sinnvollen Aussage wird. Das **Gleichheitszeichen** › = ‹ erzeugt die Relation **Gleichheit,** eine Äquivalenzrelation.

G. in Variablen sind Aussageformen; durch Einsetzung von Elementen der Grundmengen in die Variablen erhält man Aussagen, die entweder wahr oder falsch sind. Manche G. führen für alle Einsetzungen aus den Grundmengen zu wahren Aussagen; dann heißt die G. **Identität** oder **Formel** bezüglich dieser Mengen. Beispiel:

$$(a+b)^2 \equiv a^2 + 2ab + b^2$$

mit *a, b* als reelle Zahlen. Bei Identitäten benutzt man statt = auch ≡. Aus anderen G. erhält man für keine Einsetzung aus der Grundmenge eine wahre Aussage; diese G. sind unerfüllbar bezüglich der Grundmengen. Beispiel: $x = x + 1$ mit x als reelle Zahl. Diejenige Teilmenge der Grundmenge, deren Elemente die G. erfüllen, heißt **Lösungsmenge.**

Man unterscheidet → algebraische Gleichungen, unter diesen wieder → lineare Gleichungen und G. höheren Grades, und transzendente Gleichungen, wie → Differentialgleichungen, → Integralgleichungen, trigonometrische und logarithmische G. – Neben Bestimmungsgleichungen für eine Unbekannte x spielen auch **Systeme von G.,** für mehrere Unbekannte gleichzeitig, eine große Rolle (→ lineares Gleichungssystem). Auch gibt es G., deren Lösungen nicht Zahlen, sondern z. B. Funktionen (→ Funktionalgleichung) oder Matrizen sind. Eine G. kann sinnvoll, aber falsch sein, z. B. $1 = 2$. Sinnlos ist eine G., wenn die in ihr auftretenden Ausdrücke weder definiert sind noch durch die G. definiert werden.

Ungleichungen behaupten die Ungleichheit zweier Objekte. Besondere Ungleichheitsrelationen zwischen Zahlen sind etwa $a < b$ (*a* ist kleiner als *b*) und $a > b$ (*a* ist größer als *b*).

Gleichverteilungs|satz der Energie, Äquipartitionstheorem, Satz der mechan. Wärmetheorie. Auf jeden → Freiheitsgrad (der Translation, Rotation und Schwingung) eines Teilchens, das der Wärmebewegung unterworfen ist, entfällt bei der absoluten Temperatur T im zeitl. Mittel die gleiche Energie, nämlich $k \cdot T/2$ (k = Boltzmann-Konstante). Ein Atom eines einatomigen Gases besitzt nur drei Translationsfreiheitsgrade, ein zweiatomiges Gasmolekül (Hantelmolekül) dazu noch zwei Rotationsfreiheitsgrade, ein mehratomiges, nicht gestrecktes Gasmolekül drei. Demnach ist der Energieinhalt jeweils $3\,kT/2$, $5\,kT/2$ und $6\,kT/2$. Dazu können noch Schwingungsfreiheitsgrade kommen. Auf den festen Körper angewandt, führt der G. d. auf die → Dulong-Petitsche Regel. Einschränkung: Rotationen und Schwingungen nehmen einen dem G. E. entsprechenden Energieanteil erst auf, d. h. werden voll angeregt, wenn $kT/2$ groß ist im Vergleich zu den Rotations- oder Schwingungsquanten, also nicht bei tiefer Temperatur.

Gleichwellenfunk, Betrieb mehrerer Rundfunksender auf derselben Frequenz mit demselben Programm wegen des Mangels an verfügbaren Frequenzen. Die Frequenz der Tochtersender wird dauernd selbsttätig oder

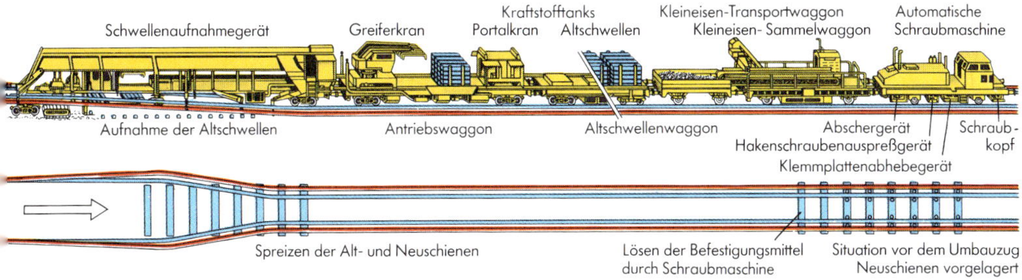

gelegentlich (z. B. einmal täglich oder wöchentlich) mit der Frequenz des Muttersenders verglichen. Im Gebiet zwischen den Sendern liegt ein Verwirrungsgebiet, in dem kein Empfang möglich ist. Deshalb eignet sich der G. nur für schwache Sender, die räumlich weit auseinander liegen oder sich wegen gebirgiger Landschaft nur wenig gegenseitig stören (z. B. Österreich).

Gleichzeitigkeit, eine (Äquivalenz-)Beziehung zw. Ereignissen. In der vorrelativist., Newtonschen Physik wurde vorausgesetzt, daß G. von Ereignissen unabhängig vom Bezugssystem sei entsprechend der Vorstellung, daß die Einteilung aller Ereignisse in vergangene, gegenwärtige und zukünftige einen vom Beobachter und Meßverfahren unabhängigen, ontologisch fundierten Sinn habe. A. EINSTEIN erkannte 1905, daß diese Voraussetzung weder selbstverständlich noch naturgesetzlich begründet ist. Nach der empirisch vielfach bestätigten speziellen → Relativitätstheorie ist G. zwar relativ zu jedem → Inertialsystem z. B. mit Hilfe von Lichtsignalen oder durch langsamen Uhrentransport definierbar, aber vom Inertialsystem abhängig, so daß zwei relativ zu einem Inertialsystem gleichzeitige Ereignisse relativ zu einem anderen Inertialsystem i. a. nicht gleichzeitig sind. Nach der allg. Relativitätstheorie ist G. in inhomogenen Schwerefeldern nur näherungsweise in kleinen Raumzeitbereichen definierbar. (→ Zeit, → Raumzeit, → Zeitdilatation)

Gleis, Fahrbahn der Schienenfahrzeuge, mitunter ›Spur‹ genannt (→ Spurplanstellwerk); beim Eisenbahn-G. Teil des → Eisenbahnoberbaus, bestehend aus Schienen, Schwellen und Schienenverbindungs- und -befestigungsmitteln (Kleineisen). Die Schienen sind im Abstand der Spurweite (→ Eisenbahn) verlegt.

Gleisbau, alle Arbeiten zur Herstellung und Erhaltung des Oberbaus von Schienenbahnen. Bei der Dt. Bundesbahn werden die Oberbauarbeiten unterteilt in Erneuerung, Auswechslung, Durcharbeitung und Kleine Unterhaltung. Reihenfolge und Dringlichkeit der Arbeiten richten sich nach Beanspruchung und Bedeutung der Gleise. Neue Oberbaustoffe werden vornehmlich in Gleise 1. Ordnung, zurückgewonnene und in Schweiß- und Aufarbeitungswerken aufgearbeitete in Gleise 2. Ordnung und die daraus weiterzuverwendenden in Gleise 3. Ordnung eingebaut. Als **Gleiserneuerung** bezeichnet man den vollständigen Ersatz eines Gleises auf mindestens 100 m Länge durch Neustoffe, als **Gleisauswechslung** denselben Vorgang unter Verwendung altbrauchbarer Stoffe, als **Durcharbeitung** die regelmäßige Beseitigung von Lagefehlern und Schäden am Oberbau und als **Kleine Unterhaltung** die zwischenzeitliche, oft örtlich engbegrenzte Mängelbeseitigung. Lagefehler und Schäden am Gleis werden durch → Gleismeßwagen und Ultraschallprüfgeräte regelmäßig kontrolliert und in Meßstreifen aufgezeigt. Der Zustand des Oberbaus ist ein entscheidender Faktor für Eisenbahnbetriebssicherheit, Streckenhöchstgeschwindigkeit, Gleistragfähigkeit, Bequemlichkeit des Fahrens sowie Entstehung von Fahrgeräuschen unter dem rollenden Rad.

Gleisbremsen dienen zur mechan. Geschwindigkeitsregelung der über einen → Ablaufberg in die Richtungsgleise rollenden Eisenbahnwagen. Sie werden unterhalb des Bergrückens als **Tal-** oder **Vorbremsen,** am Anfang der Richtungsgleise als **Richtungs-G.** und in Gefällebahnhöfen (→ Bahnhof) am Ende einzelner Gleisgruppen als **Festhalte-** oder **Abschlußbremsen** angeordnet. Nach der Bauart werden **Hemmschuhauswurfbremsen** (veraltet), **Balken-G., Gummi-G.** und **Wirbelstrombremsen** sowie stempelförmige, in Schienenhöhe hintereinander angeordnete ölhydraulisch betätigte Hubelemente als Laufverzögerer (engl. ›Retarder‹) unterschieden. Die modernen G. können vom Ablaufrechner eines → Stellwerks automatisch gesteuert werden und eine der geforderten Ablaufgeschwindigkeit angemessene Bremskraft entwickeln.

Gleisdreieck, dreieckförmige Verbindung aufeinander zulaufender Eisenbahnstrecken, zugleich Wendemöglickeit von Fahrzeugen in Bahnhöfen als Ersatz für → Drehscheiben.

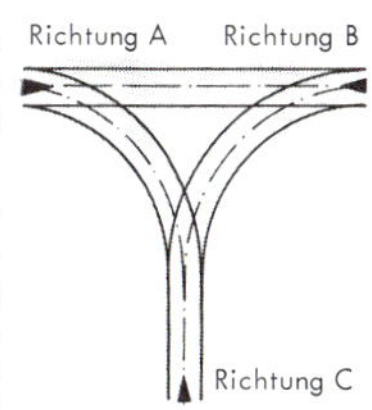

Gleisdreieck

Gleiskettenfahrzeuge, Kettenfahrzeuge, Raupenfahrzeuge, Fahrzeuge, bei denen die Räder zur Verringerung des Bodendrucks auf Gleisketten laufen. Sie werden durch Lenkbremsen oder Lenkgetriebe, bei **Halbkettenfahrzeugen** auch durch die Radachse gelenkt; Verwendung als Geländefahrzeuge bei der Bau-, Land- und Forstwirtschaft und beim Militär (→ Panzer). Sie sind zum Schutz der Fahrbahnoberfläche best. Bedingungen unterworfen.

Gleiskraftwagen, → Draisine 2).

Gleiskreuzung, Durchschneidung zweier Gleise in Schienenhöhe. An den Durchschneidungsstellen sind die Schienen für den Durchgang der Spurkränze unterbrochen, die Radführung wird an diesen Stellen durch Radlenker und Flügelschienen gesichert.

Gleismeßwagen, Fahrzeug zum Überprüfen der → Gleise, mißt die wesentl. Parameter der Gleisgeometrie, wie Längshöhe (getrennt für jede Schiene), Pfeilhöhe (Krümmung), Spurweite, Überhöhung und Verwindung. Als Träger der Meßeinrichtungen dienen die beiden Hauptachsen des Wagens und drei zusätzl. Meßachsen.

Gleis|stopfmaschinen, Maschinen für den → Gleisbau zum Stopfen (Verdichten) des Schotters und Richten eines Gleises.

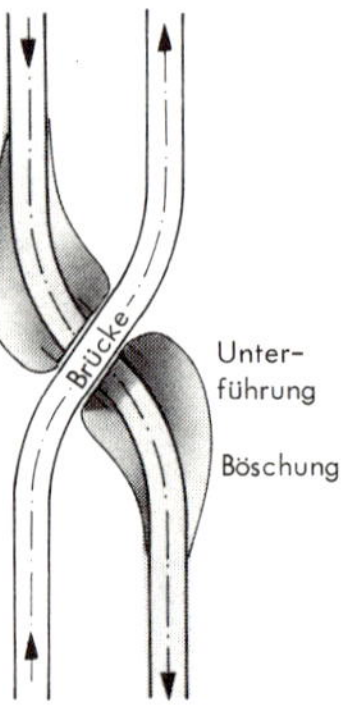

Gleisüberwerfung

Gleis|überwerfung, Vertauschen der Seitenlagen zweier meist parallellaufender Gleise durch ein Kreuzungsbauwerk (Über- oder Unterführung).

Gleisverschlingung, Zusammenziehen zweier Schienenpaare auf gemeinsamen Schwellen, so daß die Gleise ineinandergreifen und jeweils nur einzeln befahren werden können. Anwendung z. B. bei engen Brücken oder Tunneln zur Ersparnis von Ausbaukosten.

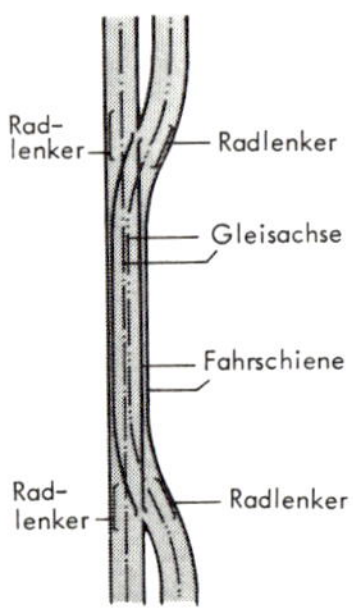

Gleisverschlingung

Gleiswaagen dienen zum Wiegen von Eisenbahnwagen und deren Ladung (meist Brückenwaagen).

Gleiswechselbetrieb, Bez. im →Eisenbahnbetrieb für planmäßige Ausnutzung des linken Gleises einer zweigleisigen Strecke zur Überholung langsamfahrender Züge oder bei Gleissperrungen des rechten Gleises infolge Störungen oder Bauarbeiten. G. erfordert vollständige Ausrüstung jedes Gleises mit Signalen in beiden Richtungen und deren eventuelle Linksaufstellung. Bei manchen ausländ. Bahnverwaltungen (z. B. Belgien, Schweiz) wird im Regelbetrieb links gefahren.

Gleitbauweise, →Gleitschalungsfertigung.

Gleitbeiwert, der →Kraftschlußbeiwert.

Gleitbombe, als →Abstandswaffe eingesetzter antriebsloser Flugkörper (mit aerodynam. Auftriebserzeugung), der ein Ziel im Gleitflug anfliegt. Die Bez. wird bes. für solche Flugkörper verwendet, die durch Anbau von Trag- und Stabilisierungsflächen an konventionelle Bombenkörper entstehen. Bei Ausrüstung mit Lenkvorrichtungen werden sie als →Lenkbomben bezeichnet.

Gleitboot, schnelles Motorboot mit flachem oder V-förmigem Boden, das sich bei höherer Geschwindigkeit infolge dynamischen Auftriebs teilweise aus dem Wasser hebt (verringerte Verdrängung = verringerter Widerstand). Der Gleiteffekt kann durch Stufen im Boden verbessert werden (→Stufenboot).

Gleitbrett, Schuppe, Geologie: aus dem Gesteinsverband abgetrennte Scholle, die gegenüber den Nachbarschollen verschoben ist. (→Schuppung)

Gleit|ebene, Kristallographie: →Gleitung.

Gleiten, Form der →Hangbewegungen.

Gleitflächen, Translationsflächen, Kristallographie: →Gleitung.

Gleitflug, unbeschleunigter Bahnneigungsflug eines Flugzeuges ohne Triebwerksschub, wobei die in Flugrichtung liegende Komponente des Eigengewichts mit dem Luftwiderstand im Gleichgewicht steht. Der Winkel zw. Flugbahn und Horizontalebene heißt **Gleitwinkel,** das Verhältnis von Widerstand zu Auftrieb →Gleitzahl.

Gleitflugzeug, Gleiter, einfaches motorloses Flugzeug mit geringer aerodynam. Güte und schlechter Gleitzahl. Früher zur Anfangsschulung im Segelflug verwendet, heute für sportl. Zwecke (→Drachenfliegen) und für Sonderaufgaben (Raumgleiter).

Gleitkommarechnung, Gleitpunktrechnung, Darstellung und Verarbeitung von Zahlen in halblogarithm. Schreibweise, bes. bei digitalen Rechenanlagen. Dabei ist jede Zahl Z durch Zahlenpaare x und y mit der Bedeutung $Z = x \cdot b^y$ dargestellt. Die **Basis** b hat einen festen, ganzzahligen Wert, meist 10 oder 2; x ist die **Mantisse,** y der **Exponent** oder die **Charakteristik.** In der Rechenanlage sind alle Zahlen **normiert,** z. B. so, daß die höchste von Null verschiedene Ziffer in der Mantisse dicht hinter dem Dezimalkomma folgt: 125 normiert zu $0{,}125 \cdot 10^3$. Bei G. bringt die Rechenanlage jedes Rechenergebnis in dieser Form. Hauptvorteil ist der große beherrschte Zahlenbereich; Nachteile sind die aufwendigen Rechenablaufsteuerungen und das Vortäuschen zu hoher Genauigkeit. (→Festkommarechnung)

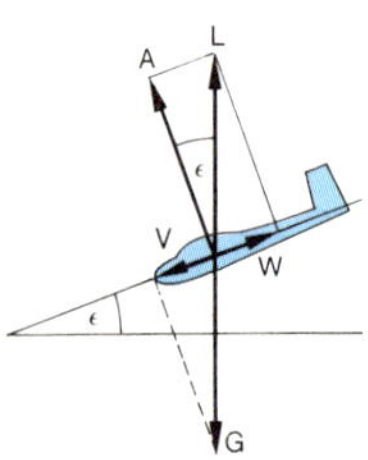

Gleitflug: Kräfte im freien G.; A = Auftrieb, L = Luftkraft, W = Widerstand, G = Schwerkraft, ε = Gleitwinkel, V = Vortriebskraft (in Flugrichtung liegende Komponente von G), Gleitzahl $W/A = \operatorname{tg} \varepsilon$

Gleitmittel, Zusatzstoffe, die bei der Kunststoffverarbeitung die Bildung einer homogenen, fließfähigen Masse fördern und ein Kleben der Schmelze an Maschinenteilen verhindern. Dadurch kann beim Extrudieren und Spritzgießen der Ausstoß erhöht werden. Als G. werden u. a. Paraffine, Fettalkohole und Stearate verwendet.

Gleitmodul, svw. Schubmodul (→Scherung, →Elastizität 1).

Gleitrichtung, Translationsrichtung, Kristallographie: →Gleitung.

Gleitschalungsfertigung, Gleitbauweise, das Erstellen von Türmen, Schornsteinen, Brückenpfeilern, Betonkernen von Hochhäusern u. a. derart, daß eine Schalung durch besondere Zugvorrichtungen kontinuierlich mit dem Betonieren hochgezogen wird und sich immer auf den bereits betonierten Teil abstützt, so daß eine Einrüstung entfällt; auch im Betonstraßenbau.

Gleitschutz, alle Maßnahmen zur Verminderung der Gleitgefahr bei Luftreifen (→Reifen 2). Sie umfassen einerseits die Gestaltung des Reifenprofils und die Zusammensetzung der Gummimischung, andererseits mechan. Hilfsmittel (→Spikes, →Schneeketten).

Gleitspiegel|ebene, zur Gleitspiegelung gehörendes →Symmetrieelement. (→Kristall, Bild)

Gleitspiegelung, eine →Symmetrieoperation, die durch Zusammensetzung einer Spiegelung mit einer Translation entsteht.

Gleitung, Kristallographie: Sammelbegriff für die verschiedenen homogenen, plast. (irreversiblen) Deformationen, die an Einzelkristallen vieler Kristallarten bei gerichteter mechan. Beanspruchung (Druck, Zug) auftreten, ohne daß es zu Absonderungen (Spaltbarkeit) oder zu Änderungen der beobachtbaren Kristalleigenschaften kommt.

a) Bei der einfachen **Blatt-G.** (mechan. Translation) verschieben sich Kristallteile (wie die Karten eines Spielkartenstapels bei einem seitlichen Schlag) gegeneinander um eine von Dauer und Stärke der Beanspruchung abhängige Strecke, und zwar entlang einer bestimmten, dichtbesetzten Netzebene des Kristallgitters **(Translations-, Gleitebene, Gleitfläche)** in Richtung einer best. Gittergeraden **(Translations-, Gleitrichtung).** Hierauf beruhen z. B. das Fließen des Eises im Gletscher oder des Salzes in Salzlagerstätten. Eine Abart der einfachen Blatt-G. ist die **Biege-G.**, die zur ›Fältelung‹ z. B. von Gipskristallen führt. Kombinationen von Blatt- und Biege-G. führen zur Drillung mancher Kristalle.

b) Bei der **Zwillings-G.** (›einfache Schiebung‹) findet die Bewegung nur um einen jeweils festliegenden Betrag statt (gitterabhängige Materialkonstante). Die z. T. blattartig verschobenen und dabei möglicherweise verdrehten Teile bilden ein neues Kristallindividuum mit unverändertem Gitter, das in strenger Zwillingsstellung mit dem nicht bewegten Rest verbunden ist **(Gleitzwillinge,** →Zwillinge).

Viele Kristallarten, bes. die härteren Mineralien, lassen keine G. zu. – Technisch spielt die plast. Verformbarkeit von Kristallen u. a. eine Rolle bei der Metallbearbeitung.

Gleitwegsender, Teil des Instrumentenlandesystems (ILS, → Landeführungssysteme) für die Vertikalführung eines landenden Flugzeuges. Durch eine Spezial-Antennenanordnung wird unter Ausnutzung des Spiegelungseffektes der Ultrakurzwellen an der Erdoberfläche eine vom Aufsetzpunkt auf der Landebahn unter 2,5° geneigte **Gleitebene** abgestrahlt, durch die dem Flugzeugführer Abweichungen vom **Sollgleitpfad** mit hoher Genauigkeit an dem Kreuzzeigerinstrument angezeigt werden.

Gleitzahl, aerodynam. Gütemaß eines Flugzeuges, definiert als Verhältnis von Widerstand zu Auftrieb und damit gleich dem Tangens des Gleitwinkels (→ Gleitflug). Die G. ist abhängig von der Formgebung des Flugzeuges sowie von der Fluggeschwindigkeit; bei der Geschwindigkeit des besten Gleitens hat die G. einen Kleinstwert. Als Bestwerte erreichen Hochleistungssegelflugzeuge derzeit G. von etwa 0,018. Der Kehrwert der G. wird **Gleitverhältnis** genannt; dieses beschreibt für das in ruhender Luft gleitende Flugzeug das Verhältnis von horizontaler Flugstrecke zum zugehörigen Höhenverlust.

Glendonite, sternförmige, walnuß- bis faustgroße Kristallaggregate, bestehend aus Pseudomorphosen überwiegend von Calcit nach Thenardit, die sich im unterkühlten Meerwasser in oder auf der oberen Lage des Meeresbodens bilden. Als fossile Klimazeugen sind G. seit dem Perm bekannt.

Gletscher, in den Tauern **Kees,** in Tirol **Ferner,** Eisströme oder -felder, die sich, der Schwerkraft folgend, langsam an Hängen und Tälern abwärts bewegen. – Das **Nährgebiet** der G. liegt in Firnfeldern oder -mulden der Hochgebirge und Polarländer oberhalb der → Schneegrenze, wo jährlich mehr Schnee fällt als abschmilzt. – Aus dem Neuschnee entsteht durch Setzung und Wasseraufnahme Altschnee, daraus durch Schmelzen und Wiedergefrieren **Firn,** dann unter dem Druck überlagernder Schichten das aus rundl. Körnern bestehende, lufthaltige und daher helle, weißl. **Firneis,** durch Wachstum der Körner und Verdrängen der eingeschlossenen Luft das grünlich bis bläulich schimmernde **Gletschereis.** Der jahreszeitlich (Sommer/Winter) bedingte Wechsel in der Firnschichtung läßt sich in einem Wechsel von bläul. (Blaublätter) und weißl. Schichten erkennen. Das G.-Eis ist unter Druck plastisch und ermöglicht so das ›Fließen‹ des G. abwärts. Einzelne **Gletscherzungen** reichen dabei tief hinab. Die Geschwindigkeit der G.-Bewegung nimmt von den Rändern nach der Mitte hin zu; sie hängt ab von Neigung und Form des Untergrunds, dem Querschnitt des G., der Eismächtigkeit, der Eistemperatur und dem Nachschub aus dem Firngebiet. Bei Alpen-G. liegt die mittlere jährl. Geschwindigkeit zw. 40 und 200 m, im Karakorum und auf Spitzbergen zw. 130 und 800 m, bis mehrere km jährlich in den verengten Auslässen der großen Inlandeismassen.

An Stellen mit Geschwindigkeitsunterschieden der G.-Bewegung treten in den oberen, starren Bereichen des G.-Eises **Gletscherspalten** auf, Längs-, Quer-, Randspalten, am G.-Ende Radialspalten: Sie reichen selten tiefer als 40 m. Bis 100 m tief kann der **Bergschrund** werden, die bis über 30 m breite, das Firnfeld umziehende Spalte an der Grenze zw. bewegtem und am Fels festgefrorenem Eis. Die Abschmelzfuge an der Grenze zw. Fels und Firn heißt **Randkluft.** Über Steilstufen des Untergrunds entstehen Querspalten, die manchmal **Gletscherbrüche** mit Auflösung der G.-Oberfläche in Eis- und Firnzacken und -türme zur Folge haben.

An der **Firnlinie,** unterhalb derer ein G. ausapert, d. h. im Sommer schneefrei wird, folgt das **Zehrgebiet.** Die Akkumulation ist abhängig von der Höhe der Niederschläge (auch Reif), vom Witterungsablauf, vom Relief des Nährgebiets; die Ablation von Sonneneinstrahlung, Luftwärme, Wind, Regen, Schmelzwässern u. a. Sind Akkumulation und Ablation gleich groß, so bleibt der G. stationär; stärkere Akkumulation führt zu einem Eisvorstoß, stärkere Ablation zu Eisrückgang. Größere, langfristige **Gletscherschwankungen** sind meist Folge von Klimaschwankungen. Nach G.-Vorstößen vom Ende des 16. Jh. bis Mitte des 18. Jh. findet fast überall auf der Erde ein allgemeiner Gletscherrückgang **(Gletschersterben)** statt mit einer Verringerung der Eisfläche.

Wo größere Felsblöcke das darunterliegende Eis vor dem Abschmelzen schützen, entstehen **Gletschertische.** In den trop. Hochgebirgen entsteht bei hoher Strahlungsintensität, starker Verdunstung und großer Frostwechselhäufigkeit der **Büßerschnee.** Wo Wasser in Spalten stürzt, werden im Felsuntergrund **Gletschertöpfe** oder **Gletschermühlen** ausgestrudelt. Am Ende der Gletscherzunge, der **Gletscherstirn,** treten die Schmelzwässer wieder zutage, oft als Gletscherbach aus einem **Gletschertor,** das bis 40 m hoch werden kann, und lagern im G.-Vorfeld das mitgeführte Material ab, vom groben Geschiebe bis zur feinsten **Gletschertrübe (Gletschermilch).** Aus eiszeitl. G. traten große Schmelzwasserströme, die das Vorland mit riesigen → Sandern und Schotterfluren bedeckten.

An G.-Typen werden unterschieden: **Inlandeis,** Vereisungen kleineren Ausmaßes sind die Eiskappen oder Eisschilde in Spitzbergen sowie die Plateaugletscher in Norwegen, Island. Bei den **Gebirgsgletschern** ist das Eis dem Relief untergeordnet; daher findet sich bei ihnen eine Reihe von Sonderformen: **Hang-** oder **Gehänge-G.** (meist ohne Gletscherzungen), **Kar-G.** (mit kleinen G.-Zungen), **Tal-G.** (mit deutlichen, oft sehr langen G.-Zungen). Von einem **Eisstromnetz** wird gesprochen, wo Wasserscheiden und Pässe überflutet werden (z. B. Spitzbergen, Alaska, Alpen während der Eiszeit). – Größere G. finden sich fast ausschließlich in den Polargebieten und in Hochgebirgen (bes. mit ozean. Klima). Mit wachsender Trockenheit und Kontinentalität nimmt die Vergletscherung ab. Die größten Eismächtigkeiten sind von Grönland (über 3000 m) und der Antarktis (über 4000 m) bekannt; bei den Gebirgs-G.: Muirgletscher (Alaska) 725 m, Großer Aletschgletscher (Wallis) 800 m.

Wirkungen. Je nach ihrer Größe bewirken die G., bes. das Inlandeis, eine mehr oder weniger starke Einbiegung des Untergrunds durch die Eisbelastung; entsprechend hat sich nach der letzten Eiszeit (durch isostat. Ausgleichsbewegungen, → Isostasie) Skandinavien wieder um 500–600 m, das ehem. Vereisungsgebiet Nordamerikas um 800 m gehoben. Durch glaziale Erosion und Akkumulation geschaffene Formen können ganze Landschaften erfüllen (z. B. Norddeutschland).

Die **Gletscherkunde (Glaziologie)** ist die Lehre von der Entstehung, den Formen, der Wirkung und Verbreitung des Eises auf der Erde. Sie untersucht Gefüge, Bewegung, Haushalt und Oberflächenformen des Eises sowie Abtragung und Aufschüttung durch G.

R. v. KLEBELSBERG: Hb. der Gletscherkunde u. Glazialgeologie, 2 Bde. (1948/49); F. WILHELM: Schnee- und Gletscherkunde (1975); R. C. BACHMANN: G. der Alpen (1978).

Gleukometer, die → Mostwaage.

Gley, Gleiboden, unter Stau- oder Grundwassereinfluß stehender Bodentyp bes. in Niederungen mit einem

Glimmlampe

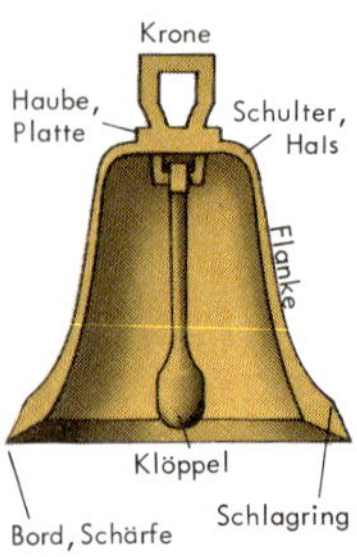

Glocke

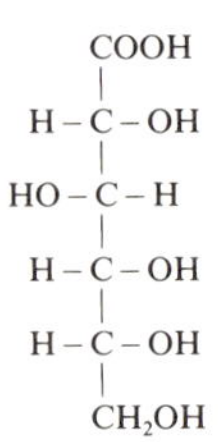
D-Gluconsäure

rostfleckigen Oxidationshorizont unter dem Oberboden und einem darunter folgenden grauen, grünen bis blauschwarzen Reduktionshorizont.

GL-Harze, Handelsname für z. T. glasfaserverstärkte Olefin-Vinylalkohol-Copolymere mit hoher Reißfestigkeit und gutem antistatischen Verhalten.

Gliederfüßer, Arthropoden, artenreicher Stamm der Gliedertiere mit Hautpanzer **(Chitincuticula)** und segmental angeordneten Gliedmaßen. Die Gliederung ist ungleichförmig und oft sind mehrere Glieder zu einem größeren Komplex vereinigt wie **Kopf (Caput), Bruststück (Thorax)** und **Hinterleib (Abdomen).** Die G. werden eingeteilt in: Krebs- und Spinnentiere i. w. S. (Chelicerata), Asselspinnen und Antennaten. Fossil bes. wichtig sind die →Trilobiten.

Gliederkessel, aus gußeisernen Gliedern hergestellter →Heizkessel.

Gliedermaßstab, Gelenkmaßstab, Klappmaßstab, Zollstock, durch Scharniere zusammenlegbarer Maßstab aus Holz, Metall oder Kunststoff mit geringer Meßgenauigkeit.

Glimm|entladung, Form der →Gasentladung.

Glimmer *der,* wichtige artenreiche Gruppe gesteinsbildender Minerale der allgemeinen Zusammensetzung $R^IR^{II}[(OH)_2|AlSi_3O_{10}]$; dabei bedeuten R^I meist K, R^{II} Kombinationen jeweils verschiedener Kationen; ein Teil des OH kann durch F ersetzt sein. Als Schichtsilikate sind alle G. parallel den Schichtebenen sehr gut spaltbar, in dieser Richtung H. 2,5, im übrigen 4; D. 2,7–3,2. Kristalle blättrig bis tafelig, auch kurzsäulig; Aggregate dicht, plattig oder schuppig-körnig. G.-Blättchen sind elastisch biegsam, gut wärmeleitend und von hoher Isolierfähigkeit (Elektrotechnik). G. entstehen primär bei der Erstarrung des Magmas, weiterhin durch pneumatolyt. oder hydrothermale Zersetzung anderer Silikate, ebenso bei der Metamorphose. Sie sind daher in großer Menge in den meisten Magmatiten und Metamorphiten (z. B. Glimmerschiefer) wie auch in manchen Sedimenten (z. B. Sandsteinen) enthalten. Unter best. Bedingungen gehen sie in **Hydroglimmer** über.

Wichtigste G. sind: 1) **Biotit-Gruppe,** dunkle G.: **Phlogopit,** $KMg_3[(OH,F)_2|AlSi_3O_{10}]$, meist gelblich, rötlichbraun oder farblos; **Biotit,** $K(Mg,Fe)_3[(OH)_2|Al,Fe)Si_3O_{10}]$, häufigster G., braun bis schwarz, gebleicht golden schimmernd (›Katzengold‹), im Meerwasser Umwandlung in →Glaukonit; Abarten: eisenarmer **Meroxen,** eisenreicher tiefschwarzer **Lepidomelan,** rotbrauner, manganreicher **Manganophyllit.** 2) **Muskovit-Gruppe,** helle G.: **Muskovit,** $KAl_2[(OH,F)_2|AlSi_3O_{10}]$, meist farblos, silbrig, gelblich, grau (›Katzensilber‹), Kristalle bis 50 cm groß; Abarten: grüner, chromhaltiger **Fuchsit,** weißer bis hellgrüner **Paragonit;** dichte, schuppige Massen heißen **Serizit.** 3) **Lithium-G.: Lepidolith,** weiß, rosa, blaßviolett; **Zinnwaldit,** grau, braun. 4) Gruppe der **Spröd-G.: Margarit,** $CaAl_2[(OH)_2|Al_2Si_2O_{10}]$, perlweiß, hellgrau, rosa; große Härte, Blättchen brechen beim Biegen.

Glimmerschiefer, metamorphe Gesteine der Mesozone (→Tiefengesteine) mit ausgeprägt schiefrigem Gefüge, vorwiegend aus Quarz und Glimmern bestehend; kein oder wenig Feldspat. **Quarz-G.** ist bes. quarz-, **Kalk-G.** kalkspatreich; weitere Abarten: **Granat-G., Staurolith-G., Disthen-G.** Meist sedimentäres Ausgangsmaterial.

Glimmlampe, besondere Art der →Entladungslampe, bei der die Glimmlichtbildung an der Kathode genutzt wird. Die Gasfüllung besteht meist aus 75% Neon und 25% Helium von 1 bis 20 mbar, so daß sie ein rötl. Licht gibt. Bes. kennzeichnend sind geringe Leistungsaufnahme (0,25 bis 5 W), konstante Glimmspannung unabhängig von der Belastung, trägheitsloses Ansprechen, Unempfindlichkeit gegenüber Erschütterungen und lange Lebensdauer. G. werden heute überwiegend verwendet als Betriebsanzeige z. B. von Elektroherden, Heißwassergeräten, Waschmaschinen, Heizlüftern, Lichtschaltern und Drucktastern.

Glimmlicht, negatives Glimmlicht, Leuchterscheinung in der Nähe der negativ geladenen Elektrode (Kathode) bei einer →Gasentladung.

Glimmrelais [-rəlɛ], Kaltkathodenröhre (→Ionenröhren) mit Edelgasfüllung zum Schalten eines Stromkreises. Sie besitzt neben der Hauptanode eine Zündanode, mit der die Zündung für die Hauptentladung eingeleitet wird. Im ungezündeten Zustand ist die Röhre ständig betriebsbereit, ohne Strom zu verbrauchen.

Glitch [glɪtʃ, engl.], Elektronik: störende Spannungsspitze, die beim Betrieb von schnellen Digital-Analog-Umsetzern auftreten kann. G. werden z. B. in dem Augenblick erzeugt, wenn sich das Eingangssignal am Umsetzer ändert.

Globaltektonik, großtekton. Gestaltung der Erdkruste nach den Vorstellungen des →Seafloor-Spreading und der →Plattentektonik.

Globigerinen|schlamm, marines Sediment in 2000–5000 m Tiefe mit einem Kalkgehalt von 40–90%; bedeckt etwa 37% des Meeresbodens.

Globoid *das,* Fläche, die von einer Kreislinie erzeugt wird, die um eine beliebige im Raum liegende Achse rotiert. Raumkurven von G. heißen **globoidale Kurven.** – Der Grundkörper von Schnecken ist bei **G.-Verzahnung (G.-Schnecke,** →Zahnrad) oft ein G.

Globule *die, Mz.* **Globulen,** annähernd kreisrund erscheinende dunkle Nebelmasse in der Milchstraße, d. h. eine Verdichtung in der interstellaren Materie; G. werden als Sterne im frühesten Stadium ihrer Entstehung angesehen (→Sternentwicklung).

Globuline, Gruppe weitverbreiteter Proteine, die im Zell- und Blutplasma, in Milch und Eiern vorkommen. Die **Plasma-G.** transportieren Lipide, die **Immun-G.** binden Antigene. →Plasmaproteine

Globus, *Mz.* **Globen,** Nachbildung der Erde, eines anderen Weltkörpers oder der scheinbaren Himmelskugel durch eine Kugel aus Holz, Metall, Pappe, Preßstoff, Kunststoff oder Glas (∅ meist 20–50 cm). **Erdgloben** sind entweder physikalisch, also topograhisch (darunter auch Reliefgloben) oder thematisch (politisch, klimatisch, geologisch u. a.). **Leuchtgloben** kombinieren zwei Darstellungen. **Himmelsgloben** bilden – entsprechend einer scheinbaren Betrachtung von außen – den Sternenhimmel spiegelbildlich ab. **Induktionsgloben** sind schwarze Kugeln mit oder ohne Gradnetz für Lehrzwecke. – Die Achse des drehbaren G. ist meist wie die Erdachse geneigt; der Rollglobus ist dagegen eine frei bewegl. Kugel.

Glocke, metallenes, gegossenes oder geschmiedetes Instrument in Form eines Kegels, Bienenkorbes oder Kegelstumpfes mit in seinem Innern frei beweglich aufgehängtem Klöppel.

Herstellung. Das klass. Glockenmetall ist eine Legierung aus 78% Kupfer und 22% Zinn. Die Verwendung von zinnfreien Legierungen sowie Eisen und Gußstahl wirkt sich meist negativ auf das Klangbild aus. Ausschlaggebend für die Klangqualität ist neben Material und Gußstruktur v. a. die Rippe (Profil der Glockenwandung). Für jede G. werden als Formteile Kern und Mantel benötigt. Mit Hilfe einer zentriert hängenden Schablone wird zunächst der **Kern** aus luftdurchlässigen, ungebrannten Lehmsteinen aufgemauert, und mit feinen Lehmschichten bis zur endgültigen Form geglättet. Auf den fertigen Kern wird, ebenfalls aus Lehm, die **falsche G.**, isoliert durch Asche, Papier oder Rindertalg, geformt, dann getrocknet und abgehoben. Danach wird der **Glockenmantel** von Hand geformt, getrocknet und abgehoben. Die falsche G. wird vorsichtig entfernt und der Mantel wieder über den Kern gestülpt. Der entstandene Hohlraum wird mit Material ausgegossen.

Durch Verdickung der Wandung bei gleichem Durchmesser wird der Ton höher, durch Vergrößerung des Durchmessers bei gleichem Gewicht tiefer.

Glockenboden, chem. Technik: → Kolonne.

Glockenkurve, Gaußsche Fehlerkurve [n. dem dt. Mathematiker u. Astronomen C. F. Gauß, * 1777, † 1855], beschreibt die → Normalverteilung, bes. bei → Fehlern.

Glockenmühlen, Mühlen zum groben Schroten härterer Stoffe; die Körner werden zw. einem gerippten Kegel und einem ebenfalls gerippten Hohlkegel zerrieben, sie durchlaufen die G. von oben nach unten. Der größere Kegeldurchmesser ist unten.

Glomar Challenger [gl'əʊmɑ: tʃ'ælɪndʒə, engl.], → Tiefseebohrungen.

Glomar Explorer [gl'əʊmɑ: ɪkspl'ɔ:rə, engl.], → Tiefseebohrungen.

Glorie, System von aufeinanderfolgenden, farbigen Ringen, die von einem Beobachter um seinen eigenen Schatten herum an einer Wolke oder an Nebel gesehen werden, die durch Beugung des vom Nebel reflektierten Lichts entstehen. Beobachter in der Luft sehen häufig eine G. rings um den Schatten des Luftfahrzeuges, in dem sie sich befinden. Ein Schatten, der sehr groß erscheint, weil Wolken oder Nebel vom Beobachter nicht weit entfernt sind und dessen Entfernung nicht richtig abgeschätzt werden kann, wird **Brockengespenst** genannt.

Glucagon, Polypeptid, Hormon der Bauchspeicheldrüse, Gegenspieler des → Insulins, wirkt blutzuckererhöhend.

Gluco|corticoide, Nebennierenrindenhormone, die den Kohlenhydrat- und Eiweißstoffwechsel beeinflussen und bes. die Zuckerneubildung (Gluconeogenese) aus Aminosäuren in der Leber fördern.

Gluco|cortico|steroide, → Nebennierenhormone.

Gluconate, Bez. für die Salze und Ester der → Gluconsäure.

Gluconeogenese, Bez. für die enzymgesteuerte Neubildung von Glucose im Organismus durch formale Umkehrung der → Glykolyse.

Gluconsäure, D-Gluconsäure, Hydroxycarbonsäure, die durch fermentative Oxidation von Glucose hergestellt wird. **G.-delta-lacton** dient als leichtes Säuerungsmittel für Lebensmittel, **Calciumgluconat** als Calciumpräparat in der Medizin. (FORMEL S. 220)

Glucosamin, von der Glucose abgeleiteter Aminozucker, der als Baustein des Chitins in der Natur vorkommt.

Glucose, D-Glucose, Dextrose, Traubenzucker, häufigstes Monosaccharid (→ Zuckerarten) mit etwa der halben Süßkraft des Rohrzuckers. G. existiert in einer α- und einer β-Form, die sich in wäßriger Lösung bis zu einem Gleichgewicht ineinander umwandeln. Dieser Vorgang ist mit einer Drehung der Ebene des polarisierten Lichtes verbunden **(Mutarotation).** G. kommt in Früchten und Honig vor und ist Bestandteil von Di- und Polysacchariden (z. B. Rohrzucker, Stärke, Cellulose). Die techn. Herstellung erfolgt durch Hydrolyse (Verzuckerung) von Stärke mit verdünnter Salzsäure und Enzymen (Säure-Enzym-Prozeß) oder nach Verkleisterung der Stärke allein mit Enzymen. Beim Eindampfen der Lösung unterhalb 50 °C entsteht das Monohydrat der α-D-G. (Schmelz-P.: 83 °C). Die wasserfreie Form (α-D-G.-Anhydrid, Schmelz-P.: 146 °C) wird durch Kristallisation oberhalb 50 °C erhalten.

G. ist ein wichtiger Energielieferant der lebenden Zelle. Sie kann vom Körper direkt verwertet werden und dient in reiner Form (Dextropur, Dextro-Energen) zur Steigerung der körperl. Leistungsfähigkeit. Bei der Muskeltätigkeit wird G. zu Milchsäure gespalten. Das Blut eines Erwachsenen enthält im Liter 0,5 bis 1,1 g G. Die Bestimmung im Blut erfolgt überwiegend enzymatisch: G. wird durch Luftsauerstoff und das Enzym Glucoseoxidase zu Gluconolacton oxidiert. Das dabei entstehende Wasserstoffperoxid oxidiert in Gegenwart von Peroxidase einen Farbindikator, dessen Verfärbung im Photometer gemessen wird. Auf dieser Reaktion basieren auch die Urin-Teststreifen zum Erkennen der Zuckerkrankheit.

G. wird durch den Zymasekomplex der Hefe zu Äthanol vergoren. Sie findet als Bestandteil von Lebensmitteln, Infusionslösungen und Tabletten sowie zur Herstellung von Sorbit, Ascorbinsäure, Gluconsäure u. a. Verwendung.

Glucoside, die → Glykoside der Glucose.

Glucosinolate, schwefelhaltige Glykoside, die in Kreuzblütern (Kohlarten, Senf) und Kaperngewächsen vorkommen. Bei der enzymat. Spaltung entstehen Senföle.

Glucuronsäure, D-Glucuronsäure, kristalline Verbindung, die in der Leber durch Oxidation von Glucose gebildet wird. G. dient im Körper zur Entgiftung von Phenol, Benzoesäure u. a. körperfremden Stoffen.

Glüh|emission, glüh|elektrischer Effekt, Richardson-Effekt [r'ɪtʃədsn-, n. dem brit. Physiker O. W. Richardson, * 1879, † 1958], **thermi(oni)sche (Elektronen-)Emission, Edison-Effekt** ['edɪsn-, n. dem amerikan. Erfinder T. A. Edison, * 1847, † 1931], Austritt (Emission) von Elektronen **(Glühelektronen)** aus erhitzten Metall- oder Halbleiteroberflächen als Folge der Wärmebewegung der Elektronen, deren kinet. Energie so weit zunimmt, daß immer mehr von ihnen die Bindungskräfte im Festkörper überwinden. Die Sättigungsstromdichte einer nach diesem Prinzip arbeitenden Glühkathode ist von der Temperatur und der Austrittsarbeit der Elektronen abhängig und wird durch die → Richardson-Gleichung gegeben.

In Hochvakuumröhren (z. B. Elektronenröhren, → Glühkathode) und in Niederspannungs-Entladungslampen (z. B. Leuchtstofflampen) ist es notwendig, die Kathode zu heizen und so einem kleinen Teil der Leitungselektronen eine ausreichende Energie zu geben, um die Austrittsarbeit an der Oberfläche zu überwinden und die Gasentladung in Gang zu halten.

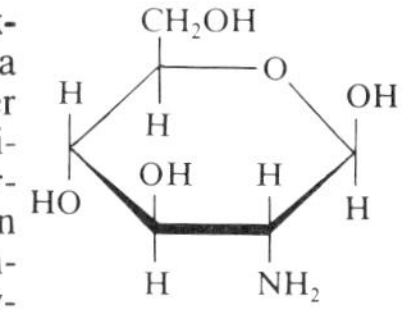

β-D-Glucosamin

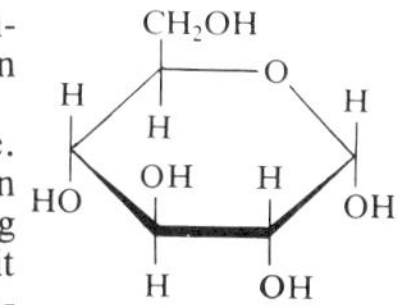

α-D-Glucose
(Haworth-Formel)

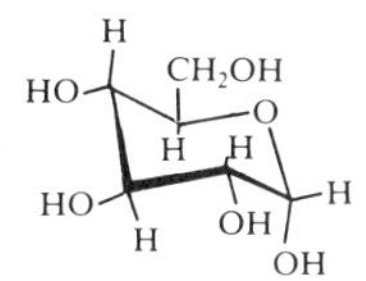

α-D-Glucose
(Konformationsformel)

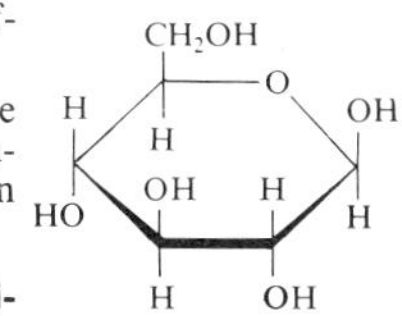

β-D-Glucose
(Haworth-Formel)

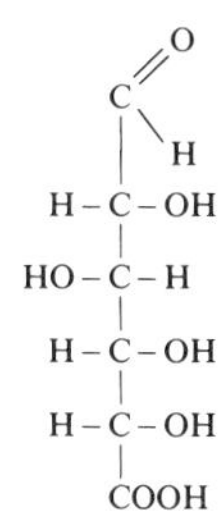

D-Glucuronsäure

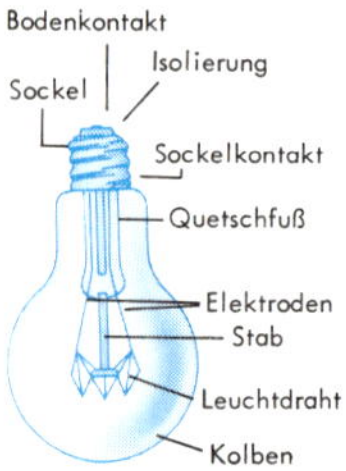

Glühlampe

Glutaminsäure, Mikroaufnahme, etwa 100fach vergr.

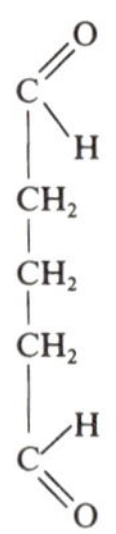

Glutardialdehyd

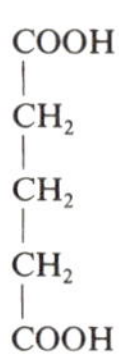

Glutarsäure

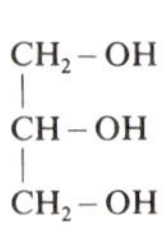

Glycerin

Die G. wurde 1883 von T. A. EDISON entdeckt und 1901 von O. W. RICHARDSON theoretisch gedeutet.

Glühen, 1) Chemie: Laborverfahren zum Zerlegen von Carbonaten, Oxiden u. a., zur aluminotherm. Metalldarstellung, zur Trocknung und Reinigung von analyt. Niederschlägen. Beim G. wird die Substanz in feuerfesten Behältern erhitzt.

2) Metallkunde: eine → Wärmebehandlung, die i. Ggs. zum → Anlassen 2) meist bei Temperaturen oberhalb beginnender Rotglut durchgeführt wird. Das Werkstück wird dabei eine best. Zeit auf der Temperatur gehalten und i. d. R. langsam abgekühlt.

3) Physik: **Glut,** durch Erhitzung bewirktes Leuchten der Körper, beginnt bei festen Körpern bei etwa 400 °C mit der **Grauglut,** geht bei 525 °C in dunkle **Rotglut** über, erreicht bei etwa 1 000 °C die **Gelbglut** und beginnt bei 1 200 °C mit der **Weißglut,** die ihre volle Entfaltung bei etwa 1 600 °C zeigt. Unter 400 °C senden erhitzte Körper nur unsichtbare, aber an ihrer Wärmewirkung nachweisbare infrarote Strahlen aus. Mit zunehmender Temperatur kommt zuerst die sichtbare, dann die ultraviolette Strahlung dazu. Die Stärke dieser Strahlungen wächst mit der Temperatur.

Glühkathode, negative Elektrode in → Elektronenröhren, die unter Ausnutzung der → Glühemission Elektronen aussendet. Die Elektronen werden emittiert entweder von **direkt** durch Stromdurchgang geheizten Draht- oder Bandkathoden aus hochschmelzendem Metall wie Wolfram (heute keine praktische Bedeutung mehr) oder von **indirekt** durch einen gesonderten Heizdraht zum Glühen gebrachten Metallröhrchen, die zur Erhöhung der Emissionsfähigkeit mit Erdalkali-Oxiden (z. B. Bariumoxid) belegt sind. Mit **Oxid-Kathoden,** die erst durch eine besondere Wärmebehandlung formiert werden müssen, läßt sich die → Austrittsarbeit und damit die notwendige Kathodentemperatur weiterhin erniedrigen.

Glühkathodenwandler, der → thermionische Umwandler.

Glühkerze, Starthilfe, v. a. bei Vorkammer- und Wirbelkammermotoren (→ Dieselmotor), bestehend aus einem in einem Kerzengehäuse isoliert eingebauten hitzebeständigen Draht, der während des Startens durch den Strom der Batterie zum Glühen gebracht wird **(Vorglühen)** und dadurch die Verbrennung des Kraftstoffes einleitet.

Glühkopfmotor, Verbrennungsmotor, bei dem der Kraftstoff in eine glühende Einschnürung **(Glühkopf)** des Zylinderkopfes gespritzt wird und sich dort entzündet. Vorteil: Kraftstoffunempfindlichkeit; Nachteil: hoher Kraftstoffverbrauch. G. werden nicht mehr gebaut.

Glühlampe, elektr. Lichtquelle, in der i. a. ein Wolframdraht durch die elektr. Stromwärme auf möglichst hohe Temperatur gebracht wird (Temperaturstrahlung). Die Lichtausbeute glühender Drähte steigt mit wachsender Temperatur stark an. Wolfram, das von allen Metallen den höchsten Schmelzpunkt und den geringsten Dampfdruck hat, erzielt darum die höchste bei G. erreichbare Lichtausbeute. Zur Vermeidung einer Oxidation muß der Leuchtkörper in einem meist mit neutralem Gas gefüllten, gelegentlich auch evakuierten Glaskolben glühen. Die Gasfüllung von knapp 1 bar, bei Allgebrauchslampen Argon mit etwas Stickstoff, ermöglicht höhere Glühtemperaturen und mithin Lichtausbeuten, weil sie die Wolframverdampfung abbremst. In der **Kryptonlampe** reduziert die geringere Wärmeleitung des schwereren Edelgases Krypton die Wärmeverluste des Leuchtkörpers und ergibt so eine gesteigerte Lichtausbeute (bis zu 10% gegenüber den Standardlampen). Nur die 15- und 25-Watt-Lampen für normale Netzspannung sind evakuiert, weil die Glühwendel hier so lang und dünn ist, daß die Wärmeleitung bei Gasfüllung zu hoch wäre.

Herstellung, Aufbau. Bei der Herstellung des Glühdrahtes geht man, anders als bei leichter schmelzenden techn. Metallen, von Wolframpulver aus, das zu Vierkantstäben gepreßt, bei rund 3 000 °C gesintert, dann zu längeren runden Stäben gehämmert, schließlich in zahlreichen Arbeitsgängen zu Drähten von bis zu etwa 20 µm ∅ gezogen wird. Die Bestandteile des Innenaufbaus (hauptsächlich Tellerrohr, Stab, Pumpröhrchen sowie Glaskolben) werden maschinell hergestellt. Die Stromzuführung besteht längs der Einschmelzung aus Eisen-Nikkel-Draht mit Kupfermantel von der gleichen Wärmeausdehnung wie das Glas, weil nur so Undichtigkeiten zu vermeiden sind.

Ausführungsformen. Der bis zu rd. 1 m lange Leuchtdraht wird schraubenförmig aufgewickelt, gewendelt, um ihn im Glaskolben besser unterbringen zu können. Der wesentl. Effekt der Wendelung ist jedoch bei gasgefüllten G. die Reduzierung der bezüglich Wärmeleitung wirksamen Oberfläche, so daß die Lichtausbeute steigt. Bei den Allgebrauchslampen von 25 bis 300 W ist es vorteilhaft, die Wendel nochmals zur **Doppelwendel** zu wendeln. Diese G. haben Anfangslichtausbeuten um 12 lm/W, bei einer mittleren Lebensdauer von 1 000 Brennstunden. Die bei weitem gebräuchlichsten G.-Typen sind die **Allgebrauchslampen,** die in genormten Leistungen für die übl. Netzspannungen geliefert werden (z. B. Hauptreihe 220–230 V: 25; 40; 60; 100; 150; 200; 300; 500; 1 000 W mit Lichtausbeuten bis 16 lm/W). Sie werden mit Klarglas-, innen mattiertem oder Opalglaskolben hergestellt. Von den vielen übrigen Typen gibt es u. a. **Kleinlampen** (für Taschenlampen, Skalenbeleuchtung, Fahrzeuge), **Sonderlampen** (für Photo-, Scheinwerfer-, Projektor-, Signaltechnik). Die überwiegende Infrarotstrahlung wird bei Sonderlampen für Lacktrocknung oder medizin. Bestrahlung ausgenutzt. Bei **Reflektorlampen** ist der Glaskolben teilweise innen verspiegelt und als geeignet geformter Reflektor ausgebildet (Breit- oder Engstrahler); besondere Vorteile (hohe Lichtausbeute, lange Lebensdauer) bietet die → Halogen-Glühlampe.

Geschichtliches. Der eigtl. Erfinder der G. ist der dt.-amerikan. Mechaniker H. GOEBEL (1854). Den ersten techn. Erfolg hatte T. A. EDISON 1878 mit der Kohlefadenlampe. Die weitere Entwicklung führte über den Osmium- und Tantalglühfaden zum gezogenen Wolframglühdraht (1910), zur einfach gewendelten (1913) und für einige Leistungsstufen zur doppelt gewendelten G. (1932).

Glüh|ofen, metallurg. Ofen zur Wärmebehandlung von Metallen oder Legierungen. Die G. werden elektrisch oder durch feste, flüssige oder gasförmige Brennstoffe beheizt. G. mit absatzweiser Beschickung sind **Topf-G., Hauben-G., Herd-G.;** in **Salzbad-G.** wird das Gut in ein heißes Salzbad getaucht. G. mit kontinuierl. Betrieb sind **Durchziehöfen** und **Patentieröfen** für Draht. Soll eine Verzunderung des Glühgutes vermieden werden, wendet man **Blank-G.** an, bei denen das Glühgut unter Schutzgas, z. B. Stickstoff oder Wasserstoff, behandelt wird.

Glühstrumpf, → Gasbeleuchtung.

Gluonen, Bindungsteilchen (→ Feldquanten) der starken → Wechselwirkung. Nach der → Quantenchromodynamik (QCD) sind alle stark wechselwirkenden →Elementarteilchen aus →Quarks aufgebaut, wobei die Quarks von den G. zusammengehalten werden. In der Standardtheorie gibt es acht G. Die ersten Anzeichen für die Existenz von G. und damit eine gewisse Bestätigung für die Vorstellungen der QCD wurden bei Untersuchungen des Zerfalls von →Y-Teilchen am Elektronenspeicherring PETRA des Dt. Elektronen-Synchrotrons gefunden.

Glut, →Glühen 3).

Glutaminsäure, Abk. **Glu,** eine →Aminosäure in Casein und anderen eiweißhaltigen Nahrungsmitteln. Das Amid der G. ist das **Glutamin** (Abk. **Gln** oder **Glu** **(NH_2). Glutamate** sind die Ester und Salze der G. Die Magnesium-, Calcium- und Kalisalze dienen als Kochsalzersatz für diätet. Lebensmittel, das Natriumsalz u. a. als Aromastoff. (BILD S. 222)

Glutar|di|aldehyd, ölige Flüssigkeit, die u. a. als Gerbstoff verwendet wird. (FORMEL S. 222)

Glutarsäure, kristalline →Dicarbonsäure, die im Rübensaft vorkommt. (FORMEL S. 222)

Glutinleime, aus dem in tier. Knochen und Häuten enthaltenen Kollagen hergestellte Klebstoffe **(Knochen-** und **Hautleime).** G. sind weitgehend durch synthet. Klebstoffe ersetzt worden.

Glutwolke, wolkenartige Ansammlung heißer vulkan. Gase bei Vulkaneruptionen, die große Mengen von Feststoffen in Suspension halten. G. sind deshalb schwer und strömen mit hoher Geschwindigkeit hangabwärts, sie richten dabei meist starke Verwüstungen an.

Glyceride, Ester des →Glycerins, wobei je nach Anzahl der veresterten Hydroxylgruppen zw. Mono-, Di- und Tri-G. unterschieden wird.

Glycerin, 1, 2, 3-Propantriol, einfachster dreiwertiger →Alkohol. Die zähflüssige, hygroskop., süß schmeckende Flüssigkeit siedet bei 290 °C unter Zersetzung und ist mit Wasser mischbar. G. kommt in Form von Fettsäureestern (→Glyceride) in Fetten, Ölen und Phosphatiden (z. B. Lecithin) vor. Es entsteht bei der alkohol. Gärung und ist deshalb in kleinen Mengen im Wein enthalten. G. wird durch Fettverseifung oder synthetisch z. B. durch Hydrolyse von →Epichlorhydrin hergestellt. – Verwendung u. a. zur Tabakbefeuchtung, in Hautkosmetika sowie zur Herstellung von Alkydharzen, Polyurethanen und Glycerinnitrat (Nitroglycerin). (FORMEL S. 222)

Glycerin|aldehyd, 2,3-Dihydroxypropion|aldehyd, kristalline Verbindung, die als Bezugssubstanz für die Zuordnung optisch aktiver Verbindungen zur D- oder L-Reihe verwendet wird. (→Stereochemie)

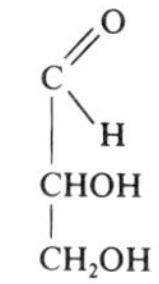

Glycerinaldehyd

Glycerin|trinitrat, das →Nitroglycerin.

Glycidol, 2,3-Epoxy-1-propanol, farblose Flüssigkeit, die durch Epoxidation von Allylalkohol hergestellt werden kann. Durch Veresterung oder Verätherung lassen sich viele Produkte herstellen, die die reaktive Epoxy-Gruppe enthalten (Glycidester und Glycidäther). →Epoxidharze.

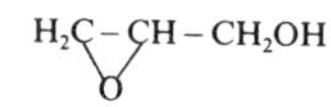

Glycidol

Glycin, Abk. **Gly, Amino|essigsäure,** einfachste Aminosäure von süßem Geschmack; Vorkommen in den meisten Eiweißkörpern, nicht aber in den Proteinen der Milch und in vielen Albuminen. G. wurde früher aus Leim hergestellt, daher alte Bez. **Glykokoll.**

Glykane, die →Polysaccharide.

Glykogen, Leberstärke, wasserlösl. Reserve-Kohlenhydrat, als Speicherstoff für den tier. und menschl. Organismus von gleicher Bedeutung wie die Stärke für die Pflanze. G. entsteht durch glykosid. Verknüpfungen von Glucosebausteinen. Molekulargewicht 1 Mio. **(Muskel-G.)** bis etwa 5 Mio. **(Leber-G.).** Speicherort von G. ist die Leber, Vorkommen auch in allen Organen und den Muskelzellen. Der G.-Abbau im Muskel dient der Energieerzeugung. Die Steuerung des Aufbaus von G. in der Leber wird durch →Insulin, die des Abbaus durch Adrenalin und Glucagon (→Hormone) geregelt.

Glykokoll, veraltete Bez. für →Glycin.

Glykol, →Äthylenglykol. **G.-Dinitrat,** →Nitroglykol.

Glykol|äther, Äther, die sich von Glykolen ableiten. Zu den G. gehören Di-, Tri- und Polyäthylenglykole, die bei der Herstellung von Äthylenglykol als Nebenprodukte anfallen und als Bremsflüssigkeiten, Weichmacher und Lösemittel bei der Aromatenextraktion angewendet werden. Verbindungen mit den Trivialnamen Methylglykol, Äthylglykol, Methyldiglykol u. a. haben Bedeutung als Lösemittel für Lacke, Druckfarben und Kugelschreiberpasten.

Glykoläther

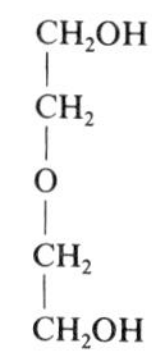

Diäthylenglykol

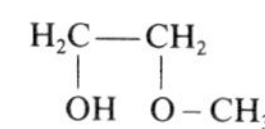

Methylglykol

Glykolsäure, Hydroxy|essigsäure, kristalline Verbindung, die u. a. in unreifen Weintrauben und Zuckerrohr enthalten ist. G. wird durch Hydrolyse von Monochloressigsäure hergestellt und in der Textil- und Leder-Industrie sowie zum Entrosten verwendet.

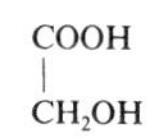

Glykolsäure

Glykolyse, wichtigster enzymat. Abbauweg der Glucose und ihrer Speicherformen, z. B. Glykogen im **Kohlenhydratstoffwechsel.** Nach ihren Erforschern auch **Embden-Meyerhof-Parnas-(EMP-)Weg** genannt. Die dabei entstehende Brenztraubensäure kann zu Milchsäure oder Äthanol bei der anaeroben Gärung oder zu Kohlendioxid und Wasser bei der Atmung abgebaut werden.

Glykoside, organ. Verbindungen, die durch Reaktion der halbacetal. Hydroxylgruppe von Monosacchariden (→Zuckerarten) mit OH-, NH_2- oder SH-Gruppen unter Wasserabspaltung gebildet werden. Stammt die OH-Gruppe ebenfalls von einem Monosaccharid, liegt ein Di- oder Polysaccharid vor. Findet die Reaktion mit einem Nichtzucker (Aglykon) statt, spricht man je nach verbindendem Atom von O-, N- oder S-G. G. werden nach dem beteiligten Monosaccharid als **Glucoside** (von Glucose), **Galactoside** (von Galactose) usw. bezeichnet. – In der Natur liegen viele Pflanzenfarbstoffe (z. B. Anthocyane, Indigo) und Riechstoffe (z. B. Vanillin) als G. vor. N-G. mit besonderer biochem. Bedeutung sind die von der Ribose abgeleiteten Nucleoside (z. B. Adenosin, Uridin). In der Pharmazie angewandte O-G. sind u. a. Strophantin, die Digitalis-G. und verschiedene Antibiotika (z. B. Streptomycin).

Glykoside

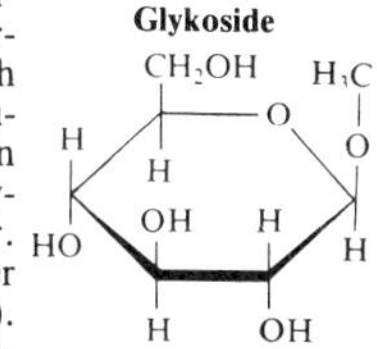

β-Methylglucosid

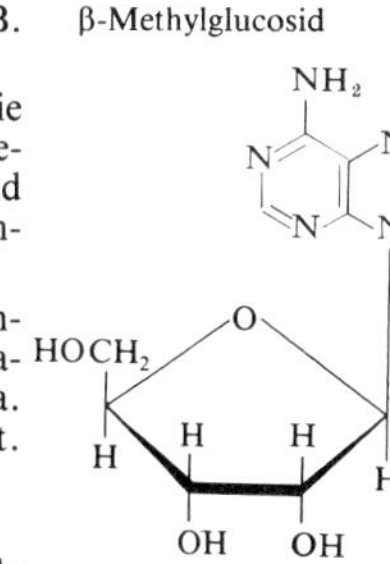

Adenosin

Glyoxal, 1,2-Äthandial, einfachster Dialdehyd. Die gelben Kristalle werden durch Oxidation von Acetaldehyd oder Äthylenglykol hergestellt. Produkte aus G. und Harnstoff dienen zur Knitterfestausrüstung von Baumwolltextilien. (FORMEL S. 224)

Glyoxylsäure, kristalline Verbindung mit Carbonsäure- und Aldehyd-Eigenschaften, die in unreifen Stachelbeeren und Rhabarber vorkommt; G. wird u. a. zur Herstellung von Vanillin und Allantoin verwendet. (FORMEL S. 224)

Glyzerin, →Glycerin.

GMT, Abk. für **Greenwich Mean Time** [gr'ınıdʒ m'i:n taım, engl.], dt. **Mittlere Greenwich Zeit,** iden-

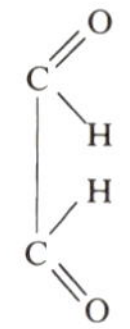

Glyoxal

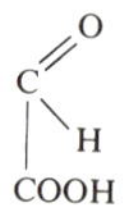

Glyoxylsäure

tisch mit der →Weltzeit. Seit Anfang 1972 werden die Zonenzeiten nicht mehr aus der Weltzeit, sondern aus der koordinierten Weltzeit (→UTC) hergeleitet (→Zeitmessung). Seit Jan. 1982 wird auf Beschluß der Vereinten Nationen und der Internationalen Fernmeldeunion die Zeit von den KW-Sendern der Erde nicht mehr wie bisher in ›GMT‹, sondern in ›UTC‹ angegeben.

Gneis *der,* artenreiche Gruppe metamorpher Gesteine mit deutl. Parallelgefüge und hohem Feldspat-Gehalt. I. d. R. herrschen Kornpflaster von Quarz und Feldspat (vorwiegend Kalifeldspat) gegenüber den lagig eingeregelten Glimmern und den anderen Mineralgemengteilen vor. Die G. werden benannt a) nach dem Metamorphosegrad (Epi-, Meso-, Kata-G.), b) nach dem Ausgangsgestein (z. B. Granit-G.), c) nach besonderen Gemengteilen (z. B. Serizit-G.), d) nach Aussehen und Struktur (z. B. Augen-G., Bänder-G.). Ganz allg. heißen die aus magmat. Gesteinen entstandenen G. **Ortho-G.,** die aus Sedimentgesteinen hervorgegangenen **Para-G.**

Gneis|schale, Granitschale, Bez. für den obersten Teil der Erdkruste; →Erde.

Gnomon *der,* **Schattenstab, Schattenweiser,** ältestes Meßinstrument der Astronomie, ein senkrecht stehender Stab, aus dessen Schattenlänge sich der Höhenwinkel der Sonne über dem Horizont, damit die Mittagslinie und auf ihr die Jahrespunkte, wie Sonnenwenden, und indirekt die Schiefe der Ekliptik (ANAXIMANDER) bestimmen lassen. Nach HERODOT übernahmen ihn die Griechen von den Babyloniern. Aus dem G. entwickelten sich die Sonnenuhren, die auch G. genannt wurden. Die Kunst, solche zu konstruieren, heißt deshalb auch **Gnomonik.**

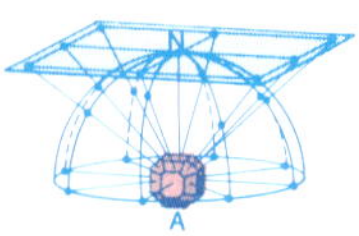

gnomonische Projektion

gnomonische Projektion, nicht winkeltreue Zentralprojektion, die außer als →Kartennetzentwurf auch in der Kristallographie zur Konstruktion von perspektiv. Kristall-Abbildungen verwendet wird. Projektionsfläche ist eine Ebene, die den Nordpol N der Projektionskugel tangiert; sie wird von den Kristallflächen-Normalen geschnitten (Projektionspunkte), die von dem im Innern des Kristalls gelegenen Kugelmittelpunkt **(Augpunkt A)** ausgehen.

Gödelscher Satz [n. dem österr. Logiker und Mathematiker K. Gödel, * 1906, † 1978], Satz zur formalen Zahlentheorie, wonach die Widerspruchsfreiheit eines →Axiomensystems nicht mit den im System selbst geschaffenen Mitteln bewiesen werden kann.

Goethit [n. dem dt. Dichter J. W. v. Goethe, * 1749, † 1832], **Nadel|eisenerz,** Mineral α-FeOOH, hellgelb bis braunschwarz; H. 5–5,5, D. ~4; säulige, nadelige, haarförmige Kristalle, strahlige Aggregate, derb oder dicht. Zuweilen kugelig mit samtartiger Oberfläche und seidigem Bruch **(Samtblende).** G. ist charakterist. Verwitterungsprodukt fast aller Eisenminerale, häufigstes natürl. Fe-Hydroxid und Hauptbestandteil des Brauneisens (→Limonit).

Gold: OBEN G. mit Quarz (Sierra Nevada, USA); UNTEN feinblättriges gediegenes G. auf Nebengestein (Shasta, Kalifornien, USA)

Gold, lat. **aurum,** chem. Symbol **Au,** chem. Element, Edelmetall, Ordnungszahl 79 (→chemische Elemente), ein stabiles natürl. und mehr als 20 instabile künstl. Isotope. Reines G. ist ein rötlich gelbes, sehr weiches (Mohs-H. 2,5), außerordentlich dehn- und walzbares Metall (→Blattgold), das meist in Form von →Goldlegierungen verarbeitet wird. Bei Berührung mit Quecksilber bildet es sofort **Goldamalgam.** G. ist ein typ. Edelmetall und daher sehr reaktionsträge. Es wird von Luft und Säuren nicht angegriffen. Königswasser sowie Kaliumcyanidlösungen (unter Luftzutritt) lösen das Metall. In seinen Verbindungen ist G. v. a. ein- und dreiwertig.

In fein verteiltem Zustand auf weiße Oxide geglüht, gibt es eine rote Farbe **(Goldpurpur).** Durch Verunreinigungen wird die Farbe mit Silber heller, durch Kupfer dunkler. Eine Legierung mit 56% Silber ist rein weiß. Kolloides G. in feiner Verteilung erscheint in verschiedenen Tönungen zw. schwarz, blau, rot und gelb. G. verdampft beim Schmelz-P. in geringem Maß, merklich bei Anwesenheit von Kupfer, Platin u. a., leichter flüchtigen Metallen. Der Dampf ist rötlich. Die elektr. Leitfähigkeit des G. ist 67%, die Wärmeleitfähigkeit 70% von der des Silbers. G. hat infolge seines hohen Atomgewichts eine sehr geringe spezif. Wärme; der lineare Ausdehnungskoeffizient beträgt 0,000014/grd.

Vorkommen. Der mittlere G.-Gehalt der Erdkruste liegt bei nur 0,005 g/t; in bauwürdigen Lagerstätten muß es daher erheblich angereichert sein. Wichtigstes Erzmineral ist das gediegene G.; es kommt vor als **Freigold** (sichtbare Aggregate: Schuppen, Körner, Klumpen) oder fein verteilt in Mineralen wie Pyrit oder Arsenkies. Mineral. G. hat hakigen Bruch; keine Spaltbarkeit. Oft liegt ein gewisser Silbergehalt vor, der im silberreichen G. **(Elektrum)** bis 30% ansteigt. G.- und G.-Silber-Telluride **(Calaverit, Krennerit, Sylvanit, Petzit)** sowie **Nagyagit,** $Pb_5AuTe_4S_{5-8}$, spielen eine wichtige Rolle. – Nach Art der Vorkommen werden unterschieden: 1) G. auf primärer Lagerstätte, **Berggold:** Nach Erstarrung granit. Tiefengesteine reichert sich G. in wäßrigen Restschmelzen des Magmas an. Ausscheidung erfolgt entweder im pluton. Bereich (›alte‹ G.-Lagerstätten) in Form von pegmatitisch-pneumatolyt. oder hydrothermalen Imprägnationen und Gängen (→Erzlagerstätten; z. B. Mother Lode, Kalif.; Berjosowsk/Ural; Kalgoorlie/Australien) oder im subvulkan. Bereich (›junge‹ G.-Lagerstätten) mit oft sehr komplizierter hydrothermaler Lagerstättenbildung (›telescoping‹, u. a. Cripple Creek/Col.; Mexiko, Westsumatra; Siebenbürgen). 2) G. auf sekundärer Lagerstätte, **Seifengold,** entsteht durch Verwitterung goldhaltiger Gesteine und Anreicherung der schweren G.-Partikel an best. Stellen durch Absinken aus dem transportierenden Wasser. G.-Seifen enthalten G. als feinen Staub oder in Form von Blättchen, Körnern oder auch größeren Klumpen (›nuggets‹, z. B. austral. Fund von 236 kg; Sacramento-Tal/Kalif.; Sibirien; Indien; fossile Goldseife: Witwatersrand b. Johannesburg). Im Meerwasser ist G. in so geringer Konzentration enthalten (0,01 mg/m^3), daß eine Gewinnung nicht möglich ist. In Dtl. wurde früher das G. des Rheinsandes **(Rheingold)** gewonnen. Auch einige techn. Elektrolyseschlämme sind für die Gewinnung von G. von Interesse.

Gewinnung, Verwendung. Das einfachste und älteste Verfahren der G.-Gewinnung ist das **Waschen des Freigoldes** aus Seifen, Flußsanden u. a., das auch heute noch gelegentlich ausgeführt wird. – Bei der modernen G.-Gewinnung wird der feingemahlene Erzschlamm mit Quecksilber verarbeitet und das G. durch **Amalgamation** gebunden. Restliches G. wird an amalgamierten Kupferplatten abgeschieden. Nach Abdestillieren des Quecksilbers bleibt relativ reines G. zurück.

Auch durch die 1889 eingeführte **Cyanidlaugung** kann das G. aus Erzen gewonnen werden:

$$4\,Au + 8\,NaCN + 2\,H_2O + O_2 \longrightarrow 4\,Na[Au(CN)_2] + 4\,NaOH.$$

Die komplexen Cyanide werden an Zink, Aluminium, Aktivkohle oder Ionenaustauschern zersetzt. Weiter gereinigt wird das G. meist elektrolytisch, wobei 99,98%iges **Elektrolytgold** entsteht. Erhebliche G.-Mengen werden aus dem →Anodenschlamm erhalten. G. wird u. a. für Schmuckgegenstände und zu Münzzwecken verwendet, meist legiert mit Kupfer oder Silber (→Goldlegierungen, →Dentallegierungen). Außerdem wird G. in der Galvanotechnik, in Legierungen zur Verbesserung der mechan. Festigkeit, in der Elektronik zur Kontaktierung von Halbleiterbauelementen, für Zahnersatz, für keram. Zwecke und zur Herstellung von Goldrubinglas verwendet. – G. gehört zus. mit Kupfer zu den ältesten vom Menschen benutzten Metallen.

Goldbachsche Vermutung [n. dem dt. Mathematiker C. Goldbach, * 1690, † 1764], die noch unbewiesene Aussage, daß sich jede positive gerade Zahl als Summe von zwei Primzahlen darstellen läßt, Beispiele: $12 = 5 + 7$, $30 = 7 + 23$. (→analytische Zahlentheorie)

Goldene Regel der Mechanik, Gesetz von der Erhaltung der Arbeit. ›Um eine best. →Arbeit zu verrichten, muß entweder eine große Kraft längs eines kleinen Weges oder eine kleine Kraft längs eines großen Weges wirken.‹

Goldener Schnitt, lat. **sectio aurea,** auch **stetige Teilung.** Ist eine Strecke AB durch einen Punkt E so geteilt, daß die größere Strecke AE sich so zu der ganzen Strecke AB verhält wie die kleinere Strecke EB zur größeren Strecke AB, so heißt die Strecke stetig oder nach dem G. S. geteilt. Annähernd ist das Verhältnis des kleineren Teils zum größeren wie 5:8. Dieses Teilungsverhältnis findet man in der Kunst häufig (grch. Architektur, Renaissance).

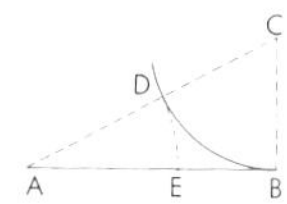

Goldener Schnitt:
$\frac{1}{2} AB = BC = CD$
$AE = AD$
$\overline{AB} : \overline{AE} = \overline{AE} : \overline{EB}$

Goldfisch, Astronomie: das Sternbild →Schwertfisch.

Goldlegierungen besitzen gegenüber reinem Gold eine höhere Härte und bessere Verschleißfestigkeit. Die Farbe läßt keinen Rückschluß auf den Goldgehalt zu. Dieser wird in Tausendteilen, früher in Karat, angegeben (100% Gold = Feingehalt 1000 = 24 Karat). **Feingold** enthält mindestens 99,96% Gold. **Weißgold** ist eine G. mit 5 bis 25% Kupfer, 10–18% Silber, 5–10% Zink, bis zu 2% Mangan und bis zu 5% Nickel, Rest Gold; **Münzgold** enthält 90–99% Gold, 1–10% Kupfer, **Blattgold** 70–99% Gold, 0,3–30% Kupfer, 0,5–5% Silber. G. werden auch in der Zahnmedizin (→Dentallegierungen), als elektr. Kontakte und als Füllhalterfedern verwendet.

Goldpräparate, goldhaltige Substanzen zur techn. Verwendung: **Goldsalz** (Natriumgoldchlorid), **Goldchlorid,** in Photographie, Galvanotechnik, Glas- und Porzellanmalerei; Mischungen dieser Stoffe mit organ. Substanzen und Metallen (z. B. Wismut, Rhodium), wie **Glanzgold** oder **Poliergold,** zum Aufbrennen von Vergoldungen; **Gold-** oder **Cassiusscher Purpur,** eine Mischung von kolloidem Gold und wasserhaltigem Zinndioxid, zum Rotfärben von Glasflüssen; **Echte Goldbronze, Muschel-** oder **Malergold,** reines feinstblättriges Gold.

Goldprobe, Strichprobe, seit dem Altertum ausgeübtes Verfahren zur zerstörungsfreien Ermittlung des Goldgehaltes von Rohgold, Goldmünzen oder Goldschmuck. Durch Reiben der Gegenstände auf der polierten Fläche eines **Probiersteines** (→Kieselschiefer) erhält man einen Strich, dessen Reaktion mit verschiedenen **Probiersäuren** (Mischungen aus Salz- und Salpetersäure) mit den Reaktionen von Goldstrichen bekannter Zusammensetzung verglichen wird.

Goldschnitt, Verzierung (zugleich Staubschutz) der Schnittkanten (meist nur der oberen) eines Buches durch Auflegen von →Blattgold und Glätten zu Matt- oder Hochglanz; heute meist durch →Farbschnitt ersetzt.

Gold-Silber-Scheidung, Trennung von Gold und Silber bei goldhaltigem Silber oder silberhaltigem Gold. Goldhaltiges Silber scheidet man durch Herauslösen des Silbers mit heißer Salpetersäure **(Quartation)** oder heißer konzentrierter Schwefelsäure **(Affination)** oder durch Elektrolyse in Silbernitratlösung **(Möbius-Prozeß);** silberhaltiges Gold durch Überführung des Silbers in flüssiges, auf dem geschmolzenen Gold schwimmendes Silberchlorid durch Chlorgas **(Miller-Prozeß)** oder durch Elektrolyse in Goldchloridlösung **(Wohlwill-Prozeß).**

Goldstein, Mineral, →Aventurin.

Goldtopas, Handelsname für einen durch starkes Erhitzen goldgelb gewordenen Amethyst.

Goldverbindungen. Gold ist in seinen Verbindungen meist drei-, seltener einwertig. Alle G. zersetzen sich beim Erhitzen unter Goldabscheidung. Aus Gold(III)-salzlösungen fällt mit Lauge gelbes, instabiles **Gold(III)-hydroxid,** $Au(OH)_3$, aus, das beim Trocknen in braunes **Gold(III)oxid,** Au_2O_3, oder Goldsäure, $AuO(OH)$, übergeht. Dieses zerfällt oberhalb 150 °C in Au_2O und Au. Mit starken Alkalien entstehen **Aurate,** $[Au(OH)_4]^-$. **Gold(III)chlorid,** $AuCl_3$, entsteht beim Überleiten von Chlor über Gold bei 180 °C in Form roter Nadeln. Aus Lösungen von Gold in Königswasser scheidet sich beim Eindunsten **Tetrachlorogold(III)säure,** $H[AuCl_4] \cdot 4\ H_2O$, als hellgelbe, zerfließl. Nadeln ab. Sie ist Ausgangsmaterial für fast alle G. und wird in der Medizin, Photographie und Galvanotechnik verwendet. – **Goldchloride** werden allein oder in Mischung mit organ. Substanzen u. a. Metallsalzen in der Glas- und Porzellanmalerei verwendet. Mit Kaliumcyanid entstehen die sehr beständigen und farblosen **Tetracyanoaurate,** $[Au(CN)_4]^-$, deren Natrium- oder Kaliumsalze zu den wichtigsten Goldsalzen gehören. Sie entstehen auch bei der Goldgewinnung mittels Cyanidlaugung (→Gold). **Gold-** oder **Cassiusscher Purpur** entsteht aus Lösungen von Goldsalzen mit Zinn(II)chlorid als Adsorptionsverbindung von kolloidem Gold und Zinndioxid. Er dient zur Färbung von Glasflüssen **(Goldrubinglas).**

Golf *der,* engl. **Gulf** [gʌlf], frz. **Golfe** [gɔlf], Einschnitt des Meeres ins Festland, größere Meeresbucht.

Golfstrom, starke →Meeresströmung; Teil des subtrop. antizyklonalen Stromwirbels im Nordatlant. Ozean.

Gon *das,* Einheitenzeichen **gon,** eine gesetzl. Einheit des ebenen Winkels, früher **Neugrad** genannt, ist definiert als der 100ste Teil des rechten Winkels oder auch durch 1 gon = $(\pi/200)$ rad (→Radiant 2).

Gonadotropin-Releasing-Hormon [-rɪl'iːsɪŋ-], Abk. **GnRH,** auch **LH-RH,** ein Neurohormon aus dem Hypothalamus, das die Hirnanhangdrüse zur Bildung von **Gonadotropinen** (luteinisierendes Hormon und follikelstimulierendes Hormon) anregt. (→Geschlechtshormone)

Gonan, das →Steran.

Gondel, am Frei- oder Fesselballon an Seilen hängender Korb oder Kabine; mit der Hülle eines Luftschiffs direkt oder durch Streben verbundener, stromlinienförmig verkleideter Fluggast- und Besatzungsraum; mit Tragflügel oder Rumpf von Luftfahrzeugen durch Streben oder

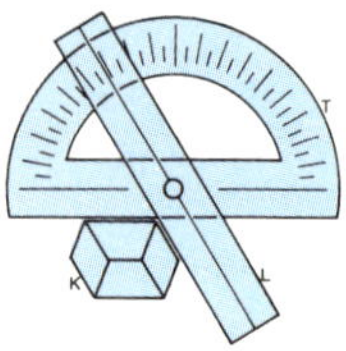

Goniometer 1) 1: Anlege-G.

Pylone verbundener, stromlinienförmiger Bauteil zur Aufnahme der Triebwerke **(Triebwerks-G.).**

Gondwana, ehemaliger Großkontinent der Südhalbkugel, der im Mesozoikum zerfiel (→erdmagnetisches Feld 2), →Plattentektonik) und Teile der heutigen Südkontinente umfaßte; mit eigener Floren- und Faunenentwicklung. (→Brückenkontinent)

Goniometer, 1) Kristallographie: Gerät zum Messen der Winkel zw. ebenen Flächen an Kristallen, Prismen u. a. – Das erstmals 1783 konstruierte **Anlege-G.** oder **Kontakt-G.** (BILD 1) besteht aus einem in Winkelgrade eingeteilten Halbkreis (Transporteur, T) und einem um dessen Mittelpunkt drehbaren Lineal (L). – **Optische G.** oder **Reflexions-G.:** Das **einkreisige G.** (BILD 2) besteht

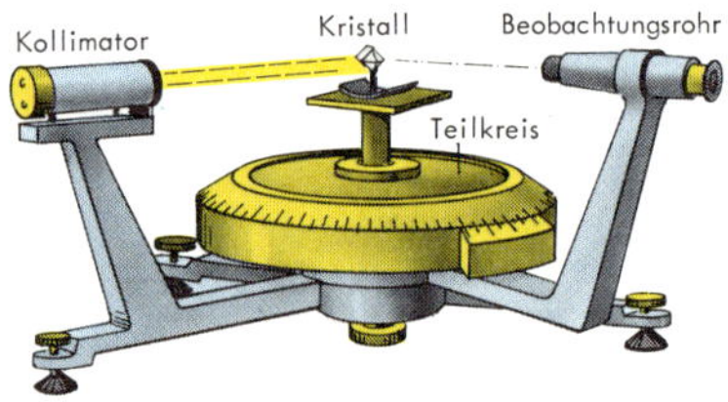

Goniometer 1) 2: einkreisiges Reflexions-G.

aus einem horizontalen Teilkreis, dessen Achse den G.-Kopf mit dem Kristall trägt, sowie aus zwei Fernrohren, dem Kollimator und dem Beobachtungsrohr. Das am Kollimator austretende Licht wird an der in Reflexionsstellung befindl. Kristallfläche reflektiert und im Fernrohr als Lichtsignal abgebildet. Durch Drehen des Kristalls werden alle Flächen nacheinander in Reflexionsstellung gebracht; der Drehungswinkel ist der Winkel zw. den Flächennormalen und wird am Teilkreis abgelesen.

Während hierbei jeweils nur die Winkel zw. den Flächen einer →Zone meßbar sind, kann mit dem **zweikreisigen** oder **Theodolit-G.,** bei dem der Teilkreis mit dem G.-Kopf noch um eine weitere Achse mit Teilkreis drehbar ist, jede beliebige Kristallfläche in Reflexionsstellung gebracht werden.

Bei der Strukturanalyse der Kristalle mit Röntgenstrahlen (→Röntgenstrukturanalyse) werden **Röntgengoniometer** angewendet.

2) Nachrichtentechnik: Teil eines →Funkpeilers, der mit Kreuzrahmen oder →Adcock arbeitet. Es ermöglicht die räuml. Trennung von Bedienplatz und Richtantennen. Das G. besteht aus einem Ferrit-Kreisring, auf dem kreuzförmig zwei Spulenpaare, die Feldspulen, aufgebracht sind, die über Hochfrequenzleitungen von den Richtantennen gespeist werden. Das Kraftlinienfeld im Inneren des Kreisringes ist eine Nachbildung der von einem Sender am Peilort erzeugten Feldverteilung. Zur Richtungsfindung ist innerhalb des Kreisringes eine an einen Empfänger angeschlossene Suchspule angebracht, die in das Empfangsminimum gedreht wird. Durch mechanisch arbeitende G. werden bei →Drehfunkfeuern die Richtcharakteristiken in Umlauf gebracht, bei modernen VOR-Anlagen (→VOR) werden die Kreuzdipol-Antennen elektronisch gesteuert.

Goniometrie, die Lehre von der Winkelmessung und der gegenseitigen Beziehungen von **goniometr. Funktionen** (→Winkelfunktionen).

Göpel, Roßwerk, von Zugtieren betätigter Antrieb für landwirtschaftl. Maschinen, Mühlen, Pumpen, Fördermaschinen (im dt. Bergbau seit dem 15. Jh.); heute nur noch in Entwicklungsländern.

Gossypol, aus Samen und Wurzelrinde des Baumwollstrauches gewonnener gelber giftiger Farbstoff; pharmakologisch wirksam als Antikoagulans und Antioxidans. G. hemmt die Spermiogenese beim Menschen und die Beweglichkeit und Befruchtungsfähigkeit der Spermien. Bei Männern soll G. daher zur Sterilität führen.

Gotlandium, veraltet für →Silur.

G-Parität, Formelzeichen *G,* Elementarteilchenphysik: eine bei starken Wechselwirkungen erhaltene multiplikative Quantenzahl mit Werten ± 1 zur Beschreibung gewisser Zustände von Hadronensystemen. Die Erhaltung der G-P. ergibt Auswahlregeln für Elementarteilchenprozesse,

gr, Einheitenzeichen für →**grain.**

Graben, natürl. oder künstl. längere Bodenvertiefung. – **Grabenbruch,** zw. zwei stehengebliebenen oder gehobenen Schollen an zueinander parallelen Verwerfungen abgesunkener Streifen der Erdkruste, bisweilen unter dem Meeresspiegel, z. B. Jordan-G. mit Totem Meer (793 m u. M.). – **Tiefseegräben,** die v. a. die Umrandung des Pazifischen Ozeans begleiten, sind keine Grabenbrüche im geolog. Sinn.

Graben: gestaffelter Grabenbruch an synthetischen Verwerfungen

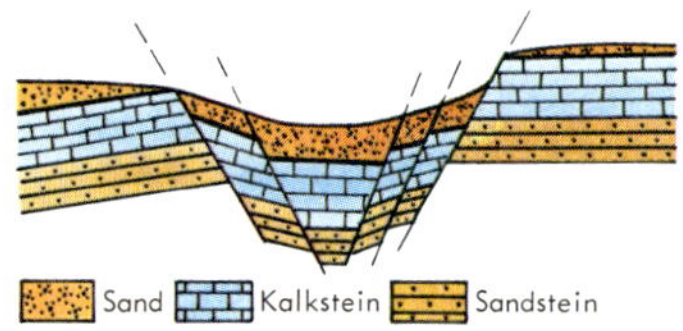

Grabstichel, lat. **Caelum,** ein →Sternbild des südl. Himmels.

grad, Formelzeichen für →**Grad**ient 1).

Grad, 1) Einheitenzeichen °, eine gesetzl. Einheit des ebenen Winkels, früher auch **Altgrad** genannt, definiert als der 90ste Teil des rechten Winkels oder auch durch $1° = (\pi/180)$ rad (→Radiant 2). Über den früheren **Neugrad** →Gon.

2) Einheitenzeichen **grd,** nicht gesetzl. Einheit der Differenzen von Celsius-Temperaturen und damit auch von thermodynam. Temperaturen; 1 grd = 1 K.

3) Einheitenzeichen **°C, °F, °K, °Rank, °R,** Temperaturgrade in den verschiedenen Temperaturskalen (→Temperatur, →Grad Celsius, →Grad Fahrenheit, →Grad Kelvin, →Grad Rankine, →Grad Réaumur). Eine Verwendung von →Vorsätzen ist bei allen Größen mit dem Grad-Zeichen (°) nicht zulässig.

4) Geodäsie: Längen- und Breitengrad (→Gradnetz, →Gradmessung).

5) Mathematik: beim Polynom oder einer →algebraischen Gleichung der Exponent der höchsten Potenz der Unbestimmten (→algebraische Zahlen).

Gradation, 1) Fernsehen: die Abstufung der Helligkeitswerte eines Bildes; wird mit einem →Graukeil gemessen.

2) Photographie: Beziehung zw. Belichtung und der in der photograph. Schicht erzielten →Schwärzung **(Gradationskurve).**

Gradationstemperatur eines Fixsterns ist gleich der Temperatur eines schwarzen Körpers, dessen Spektrum die gleichen relativen Intensitäten zeigt wie das Spektrum des Fixsterns. Da die Oberfläche eines Fixsterns Strahlung nicht wie ein schwarzer Körper emittiert, führt die Bestimmung der G. in verschiedenen Spektralbereichen zu unterschiedl. Werten, die nur einen Anhalt für die wahre Oberflächentemperatur ergeben.

Gradbogen, in Grubenräumen benutztes Gerät zum Messen von Neigungswinkeln: ein Halbkreisbogen mit Gradeinteilung und im Mittelpunkt der Sehne angehängtem Lot.

Grad Celsius [n. dem schwed. Astronomen A. Celsius, * 1701, † 1744], Einheitenzeichen **°C,** gesetzl. Einheit der **Celsius-Temperatur** *t* *(ϑ).* Diese ist definiert durch: $t = T - T_0$ (T thermodynam. → Temperatur, T_0 thermodynam. Temperatur des Eispunktes = 273,15 K). In der **Celsius-Skale** ist ein Grad als der hundertste Teil der Temperaturdifferenz zw. Eispunkt (0 °C) und Siedepunkt (100 °C) bei normalem Atmosphärendruck (1,01325 bar) festgelegt.

grade [greɪd, engl.; grad, frz.], engl. und frz. Bez. für → Gon, eine Einheit des ebenen Winkels.

Grader [gr'eɪdə, engl.] *der,* → Erdhobel.

Grad Fahrenheit [n. dem dt. Physiker D. G. Fahrenheit, * 1686, † 1736], Einheitenzeichen **°F,** empir. angloamerikan. Einheit der Temperatur, in Großbritannien amtlich nicht mehr in Verwendung. Ein °F ist der 180ste Teil der Temperaturdifferenz zw. Eispunkt (32 °F) und Siedepunkt (212 °F). Zw. der Celsius-Temperatur und der Fahrenheit-Temperatur besteht der Zusammenhang:

$$x\,^\circ\mathrm{C} = \left(\frac{9}{5}\,x + 32\right)\,^\circ\mathrm{F} \text{ und } x\,^\circ\mathrm{F} = \frac{5}{9}\,(x - 32)\,^\circ\mathrm{C}.$$

Fahrenheit wählte ursprünglich als 0 °F die Temperatur einer Kältemischung aus Salmiak und Eis und als 100 °F die ›normale‹ Körpertemperatur des Menschen.

Gradient, 1) Mathematik: Abk. **grad,** ein → Vektor, dessen Komponenten aus den partiellen Ableitungen (→ Differentialrechnung) einer differenzierbaren Funktion mehrerer Variabler besteht, geschrieben

$$\operatorname{grad} f = \left(\frac{\partial f}{\partial x}, \frac{\partial f}{\partial y}, \frac{\partial f}{\partial z}\right),$$

wobei $f(x, y, z)$ eine differenzierbare Funktion der Variablen x, y, z ist. Man erhält den G. durch Anwendung des → Nabla-Operators ∇ auf eine differenzierbare Funktion. Geometrisch stellt der G. die Richtung des stärksten Anwachsens von f dar, falls $\operatorname{grad} f(x, y, z) \neq 0$. – Die **Gradiente** ist eine von G. gebildete Linie, die den Verlauf der Achse eines Verkehrsweges im → Höhenplan darstellt.

2) Meteorologie: Maß für die Änderung einer atmosphär. Größe in horizontaler und/oder vertikaler Richtung.

Gradientenfaser, → Lichtleiter.

Gradienten-Index-Profil, der sich stetig (d. h. stufenlos) ändernde Brechungsindex bei → Lichtleitern.

Gradientstrom, → Meeresströmungen.

gradieren, Verfahren zur Konzentrierung und Reinigung geringhaltiger Salzsole aus natürl. Salzvorkommen. In einigen Luftkurorten ist heute noch die Dorngradierung in Gebrauch, bei der die Sole über lange Reiserwände zw. Balkengerüsten läuft, den **Gradierwerken** oder **Gradierhäusern.** Dabei werden Soletröpfchen zerstäubt und Wasser verdunstet.

Grad Kelvin, Einheitenzeichen **°K,** nicht gesetzl. Name der Einheit der thermodynam. Temperatur (→ Kelvin).

Gradmessung, klass. geodät. Methode zur Bestimmung der geometr. Parameter von Erdmodellen (Erdkugel, Erdellipsoid). Aus der Messung von Meridianbogenlängen (Breiten-G.) oder Parallelkreisbogenlängen (Längen-G.) und aus astronom. Ortsbestimmungen lassen sich der Erdradius oder beim Ellipsoid die große Halbachse und die → Abplattung berechnen.

Gradnetz, das Netz der Meridiane oder Längenkreise und der Parallel- oder Breitenkreise eines Weltkörpers, dient auch auf geograph. Karten als Grundlage der Eintragungen. Die Zählung im geograph. G. der Erde beginnt im Meridian von Greenwich und läuft ostwärts und westwärts bis zu je 180° (in der Geodäsie i. a. durchlaufende Zählung von 0° bis 360° in östl. Richtung). Die dazu senkrechte Zählung beginnt im Äquator und läuft in nördl. und südl. Richtung bis je 90° (Pol).

Grad Rankine [-r'æŋkɪn, n. dem schott. Ingenieur W. J. M. Rankine, * 1820, † 1872], Einheitenzeichen **°R** oder **°Rank,** in der Physik der englisch sprechenden Länder bisweilen benutzte Einheit der Temperatur. Ein °Rank ist – wie bei der Fahrenheit-Skale – der 180ste Teil der Temperaturdifferenz zw. Eispunkt (T_R = 491,67 °Rank) und Siedepunkt (T_R = 671,67 °Rank). Der Nullpunkt der **Rankine-Skale** ist der absolute Nullpunkt der Temperatur (0 K). Zw. der thermodynam. Temperatur und der Rankine-Temperatur besteht der Zusammenhang:

$$x\,\mathrm{K} = \frac{9}{5}\,x\,^\circ\mathrm{Rank} \text{ und } x\,^\circ\mathrm{Rank} = \frac{5}{9}\,x\,\mathrm{K}.$$

Grad Réaumur [-reom'yr, n. dem frz. Technologen und Biologen R.-A. Réaumur, * 1683, † 1757], Einheitenzeichen **°R,** veraltete, nicht gesetzl. Einheit der Réaumur-Temperatur. In der **Réaumur-Skale** beträgt der Fundamentalabstand zw. Eispunkt und Siedepunkt 80 Grad, wobei dem Eispunkt die Temperatur 0 °R, dem Siedepunkt die Temperatur 80 °R zugeordnet ist. Zw. der Celsius- und der Réaumur-Temperatur besteht der Zusammenhang:

$$x\,^\circ\mathrm{C} = \frac{4}{5}\,x\,^\circ\mathrm{R} \text{ und } x\,^\circ\mathrm{R} = \frac{5}{4}\,x\,^\circ\mathrm{C}.$$

Grad|tage, Grad|tagzahl, Hilfsgröße zur Vorausberechnung des Heizwärmebedarfs eines Gebäudes. Sie berechnet sich für einen best. Ort als Produkt aus der Anzahl der Heiztage einer Heizperiode und der Temperaturdifferenz zw. Raumtemperatur und mittlerer Außentemperatur (z. B. Berlin + 3,9 °C, Köln + 5,3 °C).

Graetz-Schaltung [n. dem dt. Physiker L. Graetz, * 1856, † 1941], Gleichrichterschaltung, bei der beide Halbschwingungen der Wechselspannung ausgenutzt werden (Zweiweg-Gleichrichterschaltung); heute meist als Brückenschaltung (→ Gleichrichter) bezeichnet.

Graham-Salz [n. dem engl. Chemiker T. Graham, * 1805, † 1869], überwiegend aus linearem **Natriumpolyphosphat** (→ Phosphorverbindungen) bestehendes Salz. Seine in wäßriger Lösung infolge → Hydrolyse sich bildenden Anionen $(H_2P_nO_{3n+1}]^{n-1}$ binden höherwertige Kationen, z. B. Ca^{2+}, durch Ionenaustausch; Verwendung zur Wasserenthärtung (›Calgon‹).

grain [greɪn, engl.], Einheitenzeichen **gr,** in Großbritannien und den USA gebräuchl. Gewichts- und

Granat 1

Granat 1: OBEN Deltoid-Ikositetraeder; UNTEN Kombination aus Granatoeder und Ikositetraeder

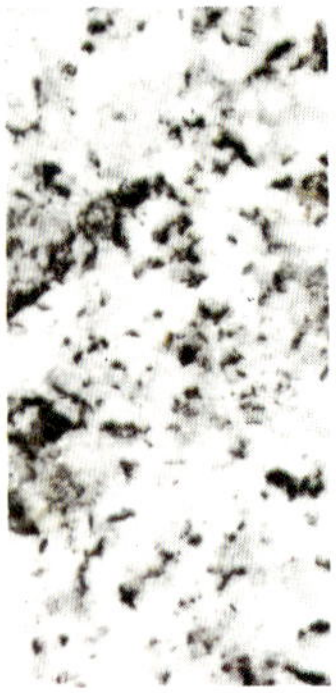

1

2

Granit 1 und 2:
1 Cresciano-G. (Alpensilber) aus Cresciano am St. Gotthard/Schweiz, Tessiner Seite.
2 Gotenrot-G. aus Askaremala/Schweden

Granat 2:
Almandin, Kristall (Deltoid-Ikositetraeder), Tirol, Österreich

Granat 3:
geschliffener G.

Masseneinheit: 1 gr = 1/7000 pound = 64,798910 mg. (ÜBERSICHT Einheiten, angloamerikanische)

Gramm *das,* Einheitenzeichen **g**, gesetzl. Einheit der Masse und des Gewichts: 1 g = 0,001 kg. Früher eine der drei Basiseinheiten des CGS-Systems (→Maßsystem). 1 Mikrogramm = 1 µg = 10^{-6} g = 0,001 mg, 1 Milligramm = 1 mg = 10^{-3} g = 0,001 g, 1 Dezigramm = 1 dg = 10^{-1} g = 0,1 g, 1 Dekagramm = 1 dag = 10 g. (→Kilogramm, →Tonne)

Gramm|äquivalent, veraltete ›individuelle‹ Masseneinheit, der Quotient aus →Grammolekül und →Wertigkeit (→Val).

Grammatit, Mineral, ein →Amphibol.

Gramm|atom, diejenige Masse eines chem. Elements in Gramm ausgedrückt, die numerisch seiner relativen Atommasse entspricht, z. B. ist ein G. Schwefel gleich 32,064 g Schwefel.

Grammkalorie, ältere Bez. für →Kalorie.

Grammolekül, auch **Mol** (nicht identisch mit der Einheit der Stoffmenge →Mol), diejenige Masse einer chem. Verbindung in Gramm ausgedrückt, die numerisch ihrer relativen Molekülmasse entspricht, z. B. ist ein G. Kaliumchlorid (KCl) gleich 74,6 g Kaliumchlorid (bei relativen Atommassen von 39,1 für K und 35,5 für Cl).

Granali|en, kleine, kugelige Körper, die entstehen (granulieren), wenn flüssiges Metall oder flüssige Schlacke in fließendes Wasser gegossen wird.

Granat *der,* wichtige Mineralgruppe der Zusammensetzung $R_3^{II}R_2^{III}[SiO_4]_3$; farblos und viele Farben, aber nie blau, H. 6,5–7,5, D. 3,4–4; Kristalle meist körnig-rundlich, kub. Kristallklasse, oft einzeln, z. T. sehr groß, bis 700 kg, auch als derbe bis dichte Massen. Vorkommen bes. in metamorphen Gesteinen; in kristallinen Schiefern (z. B. Gneis, Eklogit, ›Granatfels‹), mehr noch in kalkig-dolomit. Kontaktgesteinen (z. B. Kalksilikatfelsen); selten in Magmatiten (z. B. **Melanit** nur in Phonolithen), auf Klüften und Erzgängen; sehr häufig angereichert in Seifen und Sanden. – Wegen stark wechselnder chem. Zusammensetzung und z. T. guter Mischbarkeit gibt es viele Abarten, wichtigste sind: **Pyrop** ($R_3^{II}R_2^{III} = Mg_3Al_2$, dunkelrot; **böhm. Granat, Kaprubin), Almandin** (Fe_3Al_2, rot bis schwarz; **gemeiner G.), Spessartin** (Mn_3Al_2, orangegelb bis rot), **Grossular** (Ca_3Al_2, v. a. blaßgrün; Abart roter bis brauner **Hessonit), Uwarowit** (Ca_3Cr_2, smaragdgrün), **Andradit** (Ca_3Fe_2, gelbgrünlich; mit Abarten **Schorlomit** und **Melanit,** beide schwarz, und dem durchsichtig grünen **Demantoid).** – Besonders aus ind. Edelsteinseifen war G. der wichtigste Edelstein der Völkerwanderung und des frühen MA. **(Karfunkel).** Heute werden Pyrope aus Edelsteinseifen Südafrikas (Kaprubin) und Amerikas (Arizonarubin) bevorzugt. (Weiteres BILD S. 227)

Granate, Geschoß der Artillerie (BILD Geschoß).

Granatoeder, der →Rhombendodekaeder.

Granatstern, tiefroter, unregelmäßig veränderl. Stern im Sternbild Kepheus **(My Cephei);** gehört zu den roten Riesensternen (∅ rd. 70 Sonnen-∅).

Granatwerfer, Mörser, →Geschütz.

Granit *der,* weitestverbreitete Gruppe der Tiefengesteine. Mineralbestand: Feldspat, Quarz und Glimmer, dazu untergeordnet gemeine Hornblende, selten Diopsid, akzessorisch Zirkon, Apatit, Erzminerale und Turmalin; nach dem Mineralbestand viele Abarten mit eigenen Namen. – G. sind kieselsäurereiche, helle, graue, gelbl., auch rötl. oder bläul. Gesteine mit hypidiomorph-körniger Struktur; z. T. kugeliges Gefüge **(Kugelgranit).** – G. bildet ausgedehnte Massive, mächtige Stöcke; Ganggesteine granitischer Zusammensetzung **(Granitporphyr,** Aplite und Pegmatite) bilden Lakkolithe und Gänge. Die Absonderung ist bankig; Verwitterung führt häufig zu Vergrusung (→Grus 2), zu Ausbildung typ. ›Wollsack‹-Formen und zu Bildung von Felsenmeeren. (Weitere BILDER S. 229)

Granitisation, Granitisierung, Bildung granit. Gesteine durch Umwandlung vorhandener Gesteinsmassen: durch Alkalimetasomatose (→Metasomatose, →Ichor) oder durch völliges Aufschmelzen von Gesteinen (→Palingenese) und erneute Auskristallisation.

Granitschale, Granitschicht, Bez. für den obersten Teil der Erdkruste, →Erde.

Granodiorit *der,* Tiefengestein ähnlich Granit, jedoch mit mehr Plagioklas als Kalifeldspat; mehr dunkle Gemengteile (Hornblende).

Granophyr *der,* Gestein, ein →Quarzporphyr mit ›mikropegmatit.‹ Verwachsungsgefüge von Quarz und Kalifeldspat in der Grundmasse.

Granulat, rieselfähiges, in Kornform und Korngröße sehr gleichmäßiges und feines Korngemenge, hergestellt in **Granulatoren** durch schonende Zerkleinerung eines gröberen Korns oder durch engeres Klassieren einer breiteren Körnung. G. werden dort benötigt, wo einheitl. Löse- oder Schmelz- oder Umsetzungs-Geschwindigkeiten verlangt werden, z. B. bei Arznei- oder Düngemitteln sowie bei Kunststoffen und deren für die Wiederverarbeitung zurückgewonnenen und zusammengeschmolzenen Abfällen.

Granulation, 1) Astronomie: die unregelmäßig körnige Struktur der Sonnenoberfläche, bestehend aus hellen **Granulen** von 1–2″ Winkeldurchmesser entsprechend rd. 750–1500 km Lineardurchmesser, deren Temperatur sich über die der dunkleren Zwischenräume um 100–200 °C erhebt. Die Lebensdauer eines Granulums beträgt durchschnittlich etwa 8 min. Die G. beweist die unterhalb der Photosphäre stattfindende Wasserstoffkonvektion, denn die hellen Granulen kommen dadurch zustande, daß die aufsteigende Materie heißer und daher heller ist als die abwärts strömende Materie.

2) Optik: die körnige Helligkeitsstruktur, die ein von räumlich kohärentem Licht (z. B. eines Lasers) beleuchteter Streukörper (Mattscheibe, Papier) hat. Das Licht scheint von zahlreichen, ungleichmäßig verteilten Stellen des Streukörpers auszugehen, die nicht mit tatsächl. Strukturkörnern des streuenden Materials identisch sind, während die übrigen Flächenteile dunkel sind. Bei Änderung der Einfallsrichtung des Lichts ändern sich Form und Verteilung der G., sie erscheint in ›wimmelnder Bewegung‹. Überschreitet diese Wimmelbewegung das zeitl. Auflösungsvermögen des Auges, so wirkt der Streukörper gleichmäßig hell beleuchtet. Wellenoptisch ist die G. das Beugungsbild des Streukörpers in kohärentem Licht.

Granulit *der,* metamorphes Gestein der Katazone (→Tiefenstufe); feinkörnig, hell, deutl. Parallelgefüge (Schieferung); Mineralbestand: bes. Feldspat, Quarz, Granat. – **Granulitfazies,** →Mineralfazies.

Granulometrie, Bez. für Methoden zur Untersuchung der Größe und Form körniger Stoffe, z. B. Korngrößenanalyse durch Sedimentations- oder Siebanalyse.

Graph *der,* in anschaulicher Darstellung eine Konfiguration von Punkten und einigen sie verbindenden Kurven. Dabei ist für einen G. nur die Frage von Bedeutung, welche Punktepaare miteinander verbunden sind; weder die Lage der Punkte noch die Gestalt der Kurven werden beachtet. Abstrakt ist daher ein G. einer Menge V, deren Elemente $a, b, c, \ldots$ **Ecken** genannt werden, zusammen mit einer Menge von Paaren $E = (a, b), \ldots,$ **Kanten** genannt. Dabei braucht keineswegs jedes Paar (a, b) von Ecken in dem G. aufzutreten. Zu einem **gerichteten G.** gehört jeweils nur höchstens eines der beiden Paare (a, b) und (b, a). Mitunter versieht man die Kanten noch mit **Multiplizitäten,** denen anschaulich entspricht, daß zwei Ecken durch mehrere Kurven miteinander verbunden sein können.

Die **Graphentheorie** ist Teilgebiet der Kombinatorik, in dem sich Probleme aus verschiedenen Bereichen mathematisch übersichtlich formulieren und daher oft auch lösen lassen. Zum Beispiel gehört das → Vierfarbenproblem zur Graphentheorie. Prakt. Anwendung finden G. zur Verdeutlichung z. B. logischer Zusammenhänge zwischen Begriffen oder zwischen Schlußfolgerungen, von Produktionszusammenhängen in einem Industriewerk, von Schaltungen in elektrotechn. Anlagen, in Arbeitsschemata für das Funktionieren von Rechenanlagen, in Wechselwirkungsschemata zwischen Elementarteilchen (→ Feynman-Graphen).

graphische Darstellung, → Diagramm, → Graph.

graphische Datenverarbeitung, Computergraphik, beschäftigt sich mit der computergestützten Umwandlung von Daten in zeichnerische Darstellungen (z. B. Skizzen, Schaubilder, techn. Zeichnungen), die auf dem Bildschirm eines (Farb-)Monitors sichtbar gemacht werden, und der Umsetzung von graph. Darstellungen in Daten zur Speicherung oder Weiterverarbeitung durch den Computer. Besondere Bedeutung hat die g. D. für den rechnergestützten Entwurf (→ CAD) bei der Entwicklung techn. Geräte und Anlagen, bei der digitalen Bildverarbeitung (z. B. von Fernsehbildern oder auch Photographien), bei der Objekterkennung (z. B. von Flugzeugen und Schiffen) u. a. – Über Verarbeitung von Schriftzeichen → Zeichenerkennung.

graphisches Rechnen, die → Nomographie.

graphische Technik, Gesamtheit aller Verfahren und Gegenstände des graph. Gewerbes: Satztechnik (→ Setzerei), → Reproduktionstechnik, Herstellung von → Druckformen, → Druckverfahren, → Buchbinderei.

Graphit *der,* Mineral, Modifikation des reinen Kohlenstoffs C, undurchsichtig, grau bis schwarzgrau; H. 1, D. 2,26 (rein); meist derb und eingesprengt in blättrigen, schuppigen, strahlig-stengeligen Massen, feinkörnig-dicht als **Graphitoid.** Technisch wird zw. kristallin-blättrigem **(Flinz)** und amorph-erdigem (mikrokristallinem) G. unterschieden. Im Kristallgitter sind die C-Atome in parallelen Netzebenen mit sechseckigen Maschen angeordnet, die leicht übereinandergleiten (›fettiges‹ Anfühlen, Verwendung als Schmiermittel). Diese werden untereinander durch π-Bindungen zusammengehalten. Die daran beteiligten Elektronen haben eine gewisse Beweglichkeit und bewirken die gute elektr. und Wärmeleitfähigkeit in Schichtrichtung. G. wird oberhalb von 500 bis 600 °C langsam oxidiert und sublimiert bei etwa 3 800 °C.

G. ist das Produkt starker Metamorphose und entsteht a) aus der Umwandlung bituminöser und/oder kohliger Ablagerungen, b) aus der bei der metamorphen Umwandlung von Karbonatgesteinen (z. B. Kalken) abgespaltenen Kohlensäure. Letzteres führt zu den wirtschaftlich bed. pegmatit. G.-Gängen und G.-Lagern. Viele Vorkommen sind an kristalline Schiefer, Gneise und Marmore geknüpft. Wichtige Vorkommen: auf Sri Lanka und Madagaskar, in den USA.

Künstl. G. entsteht durch Erhitzen von feinkristallinem Kohlenstoff (Koks) mit Silicium (Quarzsand) auf sehr hohe Temperaturen **(Acheson-Verfahren). Retorten-G.** bildet sich als harte, schwarze Masse bei der therm. Zersetzung kohlenstoffhaltiger Gase. Er besteht aus einem Gemisch kleiner Graphitkriställchen und wird für techn. Elektroden verwendet. G. dient auch als Moderator in Kernreaktoren, als hitzebeständiges Schmiermittel, für Bleistifte, elektr. Widerstände, als Elektrodenmaterial für Gießformen und Ofenauskleidungen in der Metallurgie und als korrosionsbeständiger Werkstoff. (BILDER S. 230)

Graphitstift, der → Bleistift.

Graphostatik, graphische Statik, der Teil der → Statik, der die Lösung der Probleme durch Zeichnung, nicht durch Rechnung sucht. Hilfsmittel ist die Vektoranalysis. Heute ist die Bedeutung der G. gegenüber der rechnenden Statik zurückgegangen.

Graptolithen, ausgestorbene Klasse polypenähnl., koloniebildender Tiere. Schriftartig oder wie die Zähne einer Laubsäge sind ihre zylindr. Skelettbecher (Theken) ein-, zwei- oder vierzeilig an einem geraden oder gebogenen Ast (Rhabdosom) aneinandergereiht. G. lebten vom Oberkambrium bis Unterkarbon und sind für Ordovizium und Silur die wichtigsten Leitfossilien. (BILD S. 230)

Grasmäher, gespanngezogene Mähmaschine, vornehmlich zum Mähen von Gras, heute weitgehend vom → Mähbalken oder vom → Kreiselmäher abgelöst.

Graßmannsche Gesetze [n. dem dt. Mathematiker H. G. Graßmann, * 1809, † 1877], → Farbmischung.

Gras|soden, Rasensoden, Rasenplaggen, Aushub von dichtem, festem Grasbewuchs in quadrat. oder rechteckigen Stücken (etwa 20 × 20 cm), die beiseite gelegt, gepflegt und später wieder verwendet werden können, z. B. zur Belegung von Böschungen.

Grat, 1) Fertigungstechnik: der Werkstoffrand an einem Werkstück, der bei einigen Fertigungsverfahren entsteht. Er muß aus Gründen der Sicherheit und der Funktionserfüllung des Werkstückes durch → Abgraten entfernt werden.

2) Geomorphologie: die ausgeprägte scharfe Kammlinie eines Berges oder Gebirges.

3) Hochbau: ausspringende Kante zweier zusammenstoßender Dachflächen, z. B. am First. Ggs.: → Kehle.

4) Textiltechnik: diagonal verlaufende **(Z-G.** oder **S-G.)** Gewebestruktur infolge versetzter Bindungspunkte, z. B. beim **Köper-G.** (→ Bindung).

Graten, Holzbearbeitung: Herstellung einer **Gratverbindung** zw. zwei senkrecht zueinander verlaufenden Holzflächen, insbes. bei Brettmöbeln und Regalen. Quer zur Faserrichtung der Holzfläche wird eine schwalbenschwanzförmige **Gratnut** eingearbeitet und das mit passendem Schwalbenschwanzprofil versehene Gegenstück eingeschoben. (→ Holzverbindungen)

Gräting *die,* hölzerner Rost- oder Gitterwerkfußboden an Bord von Schiffen.

Grau|erde, ein Bodentyp, → Boden.

Graufilter, Photographie: → Lichtfilter.

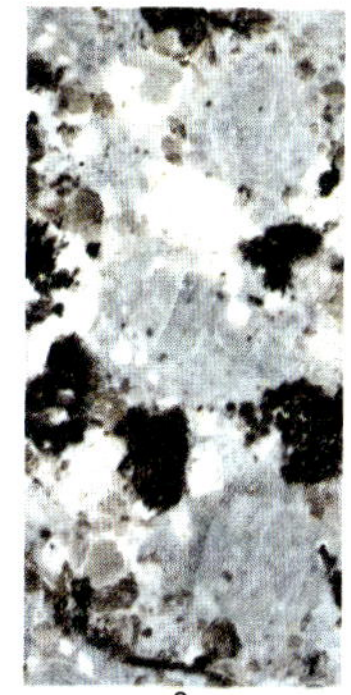
3

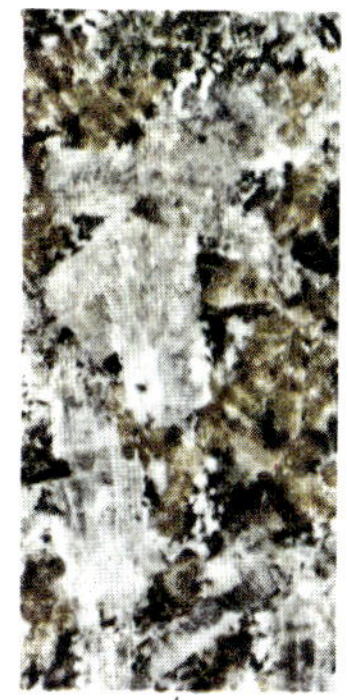
4

Granit 3 und 4:
3 Kleinwendern-G. aus Kleinwendern/Fichtelgebirge.
4 Marron-G. aus Monchique/Portugal

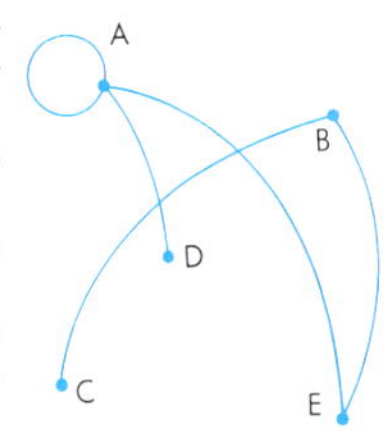

Graph 1

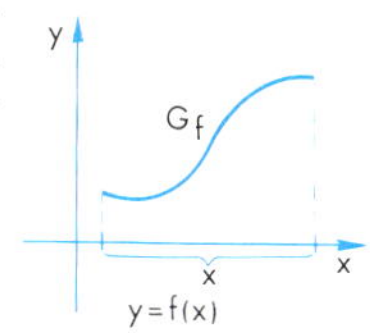

Graph 2

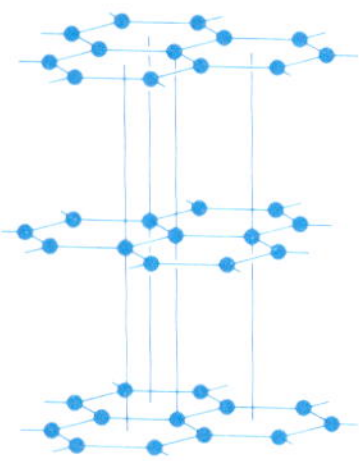

Graphit 1: Anordnung der C-Atome

Graphit 2: G. aus Sri Lanka

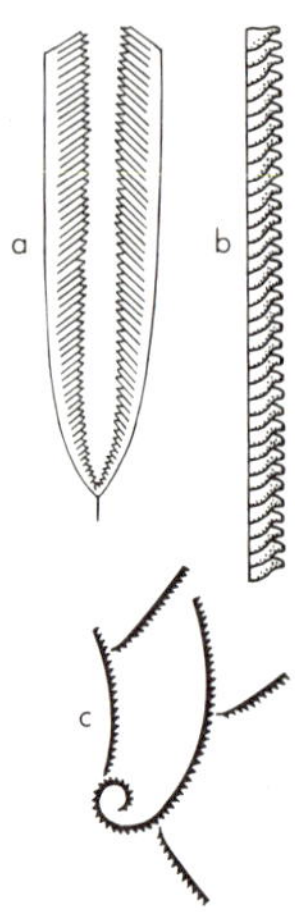

Graptolithen: **a** Didymograptus, **b** Monograptus, **c** Cyrtograptus

Grauguß, Graueisen, Gußeisen mit durch Graphitbestandteile grau gefärbtem Bruchaussehen (→Gießerei).

Graukeil, graues Lichtfilter mit kontinuierlich oder stufenweise zunehmender Absorption; dient zur Bestimmung der →Gradation 1) und der →Schwärzung von photograph. Materialien und als kontinuierl. Verlauffilter, z. B. zum Ausgleich des hohen Beleuchtungskontrastes zw. Himmel und Erde bei Landschaftsaufnahmen.

Graupeln, Form der →Hydrometeore als fallender, fester Niederschlag, kleine Schneekügelchen, die bei **Reif-G.** undurchsichtig und weiß, bei **Frost-G.** noch mit einer dünnen Eisschicht überzogen sind. G. entstehen in hochreichenden Quellwolken.

Grauspießglanz, das Mineral →Antimonit.

Grauwacke, graue, sandsteinartige, z. T. konglomerat., klastische Sedimentgesteine, meist reich an Gesteinsbruchstücken, Feldspatgehalt wechselnd, schlechte Sortierung und Verrundung, stark verfestigt. Bindemittel tonig, kieselig oder kalkig. Verbreitet im Paläozoikum. Früher auch allg. für paläozoische Gesteine.

Gravieren, das Einritzen von Zeichnungen, Schrift, Mustern, Verzierungen auf Gebrauchs-, Zier- und Schmuckgegenständen, Prägewerkzeugen (z. B. für Münzen, Druckplatten) auf Metall, Glas, Stein, Perlmutter u. a., in der Kartographie die Zeichnung einer Karte als Gravur durch eine Schicht auf Kunststoffolie oder Glas. Die Gravur kann erhaben oder vertieft sein. Beim G. wird der Werkstoff mit einem Stichel aus dem Werkstück herausgearbeitet. Das G. mit der **Graviermaschine** ist ein Fräsen mit einem dünnen, ein- oder mehrschneidigen Schaftfräser. Besondere Arten des G. sind das **Tremplieren** und **Ziselieren.** Heute wird das G. vielfach durch →Ätzen 2), →Elektroerosion, →Elektrogravur ersetzt.

Gravimeter, transportables Gerät zur Messung der Schwere (Fallbeschleunigung). Die G. beruhen i. a. auf dem Prinzip der Federwaage; beobachtet werden die durch eine Änderung der Schwere g bewirkte Änderung der Federlänge l oder des Winkels α (BILD S. 231). Nach entsprechender Eichung liefern die G. Schwereunterschiede mit einer Genauigkeit von $\pm 10^{-7}$ m/s². Bei kreiselstabilisierter Aufstellung sind auch Messungen auf Schiffen ($\pm 10^{-5}$ m/s²) und in Flugzeugen ($\pm 10^{-4}$ m/s²) möglich. **Absolut-G.** ($\pm 10^{-7}$ m/s²) benutzen den freien Fall zur Schweremessung. (→Gravimetrie 2)

Gravimetrie, 1) Chemie: die →Gewichtsanalyse.

2) Teilgebiet der Geophysik, das sich mit der durch das Schwerefeld der Erde und der Masse benachbarter Himmelskörper bedingten Schwerebeschleunigung an best. Punkten der Erdoberfläche befaßt. Im Rahmen der Grundlagenforschung werden u. a. Untersuchungen zur Meßtechnik, zur gravimetr. Landesaufnahme, zur Auswertung der Meßergebnisse und über die Gezeitenkräfte angestellt. In der angewandten G. werden Messungen durchgeführt, wobei über die Bestimmung des Geoids enge Beziehungen zur Geodäsie, über die unterschiedliche Gesteinsdichte (→Schwereanomalien) zur Geologie und Lagerstättenforschung bestehen.

Die Bestimmung der **absoluten Schwere** (Fallbeschleunigung) g erfordert eine Zeit- und eine Längenmessung. Sie erfolgt durch Fall- oder Pendelversuche, deren techn. Ausführung außerordentlich schwierig ist, da zahlreiche Störfaktoren auftreten können. Für Geländeaufnahmen haben sich bes. transportable Pendelsysteme bewährt.

Messungen der **relativen Schwere,** d. h. von Schwereunterschieden zw. verschiedenen Punkten der Erdoberfläche im Rahmen geophysikal. Forschungs- und Prospektionsarbeiten, erfolgen mit dem →Gravimeter. Für Messungen zur See wurden **Seegravimeter,** für solche mit dem Flugzeug **A|erogravimeter** entwickelt. Da sich die in sehr verschiedenen Höhen (z. B. im getauchten Unterseeboot oder im Flugzeug) ermittelten Meßwerte nicht unmittelbar miteinander vergleichen lassen, müssen sie auf ein gemeinsames Bezugsniveau, oft auch auf eine vereinfachte Massenverteilung umgerechnet werden. (→Schwerereduktionen, →Normalschwere)

Gravisphäre, der Bereich in der Umgebung eines Himmelskörpers, z. B. der Erde, in dem das Schwerefeld noch merklichen Einfluß auf die Bahn eines Raumflugkörpers ausübt.

Gravitation, Massenanziehung, die Anziehung, die zwei Massen aufeinander ausüben. Bei punktförmigen Massen (Punktmassen, Massenpunkten) ist die Anziehungskraft F **(G.-Kraft)** gemäß der klass. (Newtonschen) Mechanik proportional dem Produkt der beiden Massen m_1 und m_2 und umgekehrt proportional dem Quadrat ihrer Entfernung r **(Newtonsches G.-Gesetz** [nj'u:tən-]):

$$F = f \cdot \frac{m_1 m_2}{r^2}.$$

Die Proportionalitätskonstante f ist die **G.-Konstante** (für sie ist auch das Formelzeichen G verwendbar). Ihr Wert wurde zuerst von H. CAVENDISH (1798) mit einer →Drehwaage bestimmt. Nach neueren Messungen ist $f \approx 6{,}672 \cdot 10^{-11}$ Nm²kg⁻² (ÜBERSICHT Naturkonstanten). Bei ausgedehnten Massen muß die Resultante aller Einzelkräfte zw. den (gedachten) Massenpunkten, aus denen sich die ausgedehnten Massen zusammensetzen, durch Integration ermittelt werden. Bei relativ großem Abstand kann von der Ausdehnung der Körper abgesehen werden. Kugelsymmetr. Körper verhalten sich sogar bei beliebigem Abstand so, als ob ihre Massen in ihren Schwerpunkten vereinigt seien.

I. NEWTON erkannte in der G. den tieferen Grund für die von J. KEPLER aufgefundenen Gesetze der Planetenbewegung und fand gleichzeitig, daß die auf der Erde wirkende →Schwerkraft einen Sonderfall der allgemeinen G. darstellt. Die Newtonsche G.-Theorie konnte jedoch nicht mehr voll befriedigen, als die Physik sich, angeregt durch die Maxwellsche Theorie der elektromagnet. Erscheinungen, von der Annahme einer Fernwirkung lossagte und die tiefere physikal. Gesetzlichkeit in der Nahwirkung sah. In einem ersten entscheidenden Schritt konnte A. EINSTEIN durch die allgemeine →Relativitätstheorie das Grundgesetz der G. als Nahewirkungsgesetz formulieren. Nach dieser in ihren wesentl. Zügen heute allg. anerkannten Theorie ist die G. eine Eigenschaft des Raum-Zeit-Kontinuums, das in seinen geometr. (metrischen) Eigenschaften keineswegs gleichförmig ist, sondern durch die Anwesenheit von Massen innere Strukturänderungen (Raumkrümmung) erfährt. Aus den Gleichungen des resultierenden **metrischen** oder **G.-Feldes** (eines Tensorfeldes) läßt sich das Newtonsche G.-Gesetz als Näherungsgesetz gewinnen. Eine höhere Näherung des umfassenderen G.-Gesetzes gibt eine bis dahin unerklärl. Abweichung der →Periheldrehung des Merkur von der Newtonschen Mechanik richtig wieder. Die Einsteinsche Theorie behauptet auch die Existenz von →Gravitationswellen.

Ein weiterer Schritt, die Verknüpfung von G.- und Quantentheorie, erfordert die Methoden der Quantelung der Wellenfelder. Obwohl von experimenteller Seite keine entsprechende Erfahrung vorliegt, ordnet die heutige theoret. Physik dem G.-Feld die **G.-Quanten** oder **Gravitonen** ebenso zu wie dem elektromagnet. Feld die Lichtquanten. Da die Theorie der quantisierten G., die **Quantengeometrodynamik (QGD),** in ihren Symmetrieeigenschaften mit den Quantenfeldtheorien der anderen →Wechselwirkungen starke Verwandtschaft aufweist, könnte die Vereinigung aller vier Grundkräfte zu einer einzigen Urkraft **(Supergravitation)** gelingen.

Gravitations|aberration, die →Lichtablenkung im Schwerefeld.

Gravitationsdifferentiation, wichtiger Vorgang der gravitativen Trennung bei der Erstarrung eines Magmas. Als G. wird bezeichnet: 1) die Trennung zweier Schmelzen in einem Magma durch Seigerung des spezifisch schwereren Anteils im Weg der tröpfchenförmigen Entmischung im flüssigen Zustand (→Erzlagerstätten); 2) das Absinken bereits gebildeter, spezifisch schwererer Kristalle in der verbleibenden Schmelze während der →Kristallisationsdifferentiation.

Gravitationswellen 1: Gravitationswellendetektor des Max-Planck-Instituts für Physik und Astrophysik, München

Gravitations|instabilität. Ein Gas ist gravitationsinstabil, wenn es darin hinreichend große und massereiche Teilbereiche gibt, die sich unter dem Einfluß ihrer eigenen Schwere zusammenziehen. Die Mindestgröße und -masse solcher Teilbereiche hängt nach J. H. JEANS (1902) von der Dichte, der Temperatur und der chem. Zusammensetzung des Gases ab. Die Bildung von Galaxien, Sternhaufen und Sternen wird auf G. zurückgeführt.

Gravitationskollaps, Zusammenstürzen eines Sterns, tritt ein, wenn der Stern das Ende seiner thermonuklearen Entwicklung erreicht hat und deshalb keinen Druck mehr erzeugt, welcher der eigenen Massenanziehung das Gleichgewicht hält. Dabei können u. U. äußere Schichten des Sterns explosionsartig fortgeblasen werden, so daß der Stern Masse verliert. Nach heutigen Vorstellungen bildet sich nach dem Kollaps je nach der Masse des Rest-Sterns ein **Weißer Zwerg,** ein **Neutronenstern** oder ein **schwarzes Loch.** Es wird angenommen, daß eine →Supernova ein G. ist.

Gravitationskonstante, →Gravitation.

Gravitationslinse, Schwerkraftlinse, Himmelskörper mit hinreichend großer Masse, der durch seine Schwerkraftwirkung das von einem anderen Himmelskörper ausgehende und an ihm vorbeiziehende Licht ähnlich wie eine opt. Sammellinse ablenkt. Solche G. beruhen auf der durch die allgemeine Relativitätstheorie erklärten und experimentell bestätigten →Lichtablenkung im Schwerefeld. An einem 1979 gefundenen Quasarzwillingspaar (zwei scheinbar in unmittelbarer Nachbarschaft liegende Quasare mit völlig gleichen Eigenschaften) konnte gezeigt werden, daß es sich um zwei Bilder ein und desselben Objektes handelt, die durch eine G. hervorgerufen werden. Als solche konnte eine ellipt. Galaxie zw. Quasar und Erde identifiziert werden. Im Einklang mit Berechnungen, daß bei G. mit ausgedehnter Masse drei Bilder und mehr möglich sind, wurden auch Quasardrillinge entdeckt.

Gravitationswellen, die nach der Einsteinschen Theorie der Gravitation sich mit Lichtgeschwindigkeit fortpflanzenden Störungen des Gravitationsfeldes. Die allg. Relativitätstheorie sagt voraus, daß beschleunigte Massen Energie in Form von G. abstrahlen, ähnlich wie beschleunigte elektrisch geladene Teilchen elektromagnet. Wellen aussenden. Die Wechselwirkung dieser G. mit Materie soll jedoch äußerst schwach sein; ihre Intensität soll um so größer sein, je größer die bewegten Massen sind. Erste positive Messungen von J. WEBER (1969) mit Hilfe rauscharmer mechan. Oszillatoren (Aluminiumzylinder) konnten bislang von anderen Arbeitsgruppen nicht bestätigt werden. Der Bau von empfindlicheren Antennen für G. wird weiter verfolgt, eine Empfindlichkeitssteigerung wird von der Abkühlung der Metallkörper auf tiefe Temperaturen (Herabsetzung der störenden Brownschen Molekularbewegung), Verwendung von Antennenmaterialien mit hoher Güte, rausch- und dämpfungsarmen mechano-elektr. Wandlern und rauschärmeren Verstärkern erwartet. Eine neue Entwicklung ist die Laserantenne, bei der die Verschiebung von drei Testmassen mit einem Michelson-Interferometer interferometrisch vermessen wird (BILD). Durch Vielfachreflexion eines Laserstrahls in den Interferometerarmen können Abstände der Testmassen bis zu 150 km simuliert werden. G. müßten sich bei dieser Antenne durch kleine Schwankungen des Interferenzmusters bemerkbar machen. Die Empfindlichkeit der Laserantenne wird z. Z. noch durch seismische Erschütterung und Instabilität der Laseremission begrenzt. I. Ggs. zu den direkten Nachweisversuchen scheint der erste indirekte Nachweis von G. 1978 mit Hilfe des Pulsars 1913 + 16 gelungen zu sein, der mit einer Periode von ungefähr acht Stunden einen anderen Stern umkreist und sich dabei selbst in 59 ms einmal um seine Achse dreht. Die Auswertung der auf der Erde eintreffenden Radiostrahlungsimpulse über einen Zeitraum von vier Jahren ergab eine jährl. Abnahme der Umlaufperiode um 101 ± 20 μs. Der damit verknüpfte Energieverlust des Doppelsternsystems entspricht genau dem von der Relati-

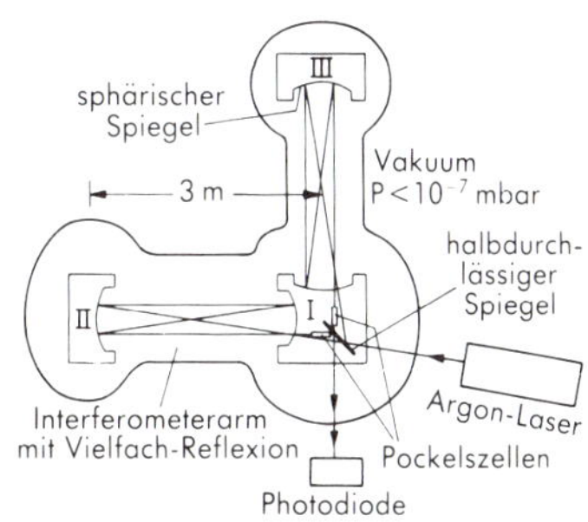

Gravitationswellen 2: Michelson-Interferometer als Laserantenne. Die Verschiebung von drei an Drähten aufgehängten Massen (I, II, III) wird interferometrisch vermessen. Die Laserantenne soll zum Nachweis von Gravitationswellen dienen

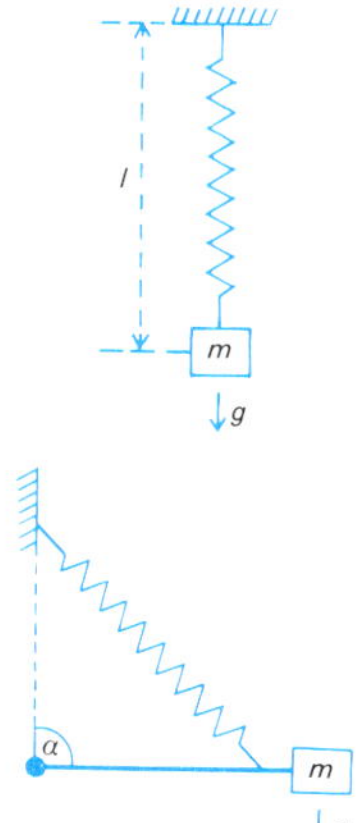

Gravimeter

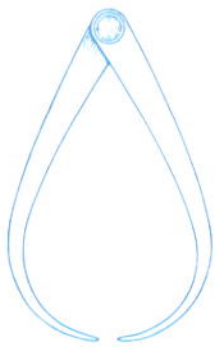

Greifzirkel

vitätstheorie für die Abstrahlung von G. vorausgesagten Wert. Wenn G. einem Doppelstern Energie entziehen, beschreiben die beiden Sterne spiralförmige Bahnen und kommen sich allmählich näher. Eine derartige Abstandsverringerung ist auch für den Doppelstern Z Chamaeleontis, bei dem ein Weißer Zwerg einen anderen Stern im Rhythmus von etwa zwei Stunden umkreist, aus der Messung des Gasflusses zw. den Partnern nachgewiesen worden.

Gravitationswellenastronomie, Teilgebiet der Astronomie, das versucht, durch den Nachweis von → Gravitationswellen Beobachtungen über extreme Massenbewegungen zu gewinnen, die z. B. bei engen Doppelsternsystemen oder den hypothet. schwarzen Löchern auftreten.

Graviton, Feldquant der → Gravitation.

Gravüre, auf photomechan. Weg hergestellte Tiefdruckform und der Druck davon.

Gray [greɪ, n. dem engl. Physiker L. H. Gray, * 1905, † 1965] *das,* Einheitenzeichen **Gy,** SI-Einheit der Energiedosis: 1 Gy = 1 J/kg.

Gray-Code [grˈeɪkəʊd, engl.], ein aus 4-Bit-Einheiten (Codewörtern) aufgebauter → Binärcode mit der besonderen Eigenschaft, daß sich zwei benachbarte Codewörter nur in einer einzigen Binärstelle unterscheiden (BILD). Der G.-C. ist daher bes. für Abtaster (z. B. bei Winkelcodierern) geeignet, da keine Sprünge über mehrere Binärstellen wie bei anderen Binärcodes auftreten. Über die Zuordnung der Dezimalziffern zu den Tetraden des Binärsystems vgl. TABELLE Binärcode.

grd, Einheitenzeichen für → Grad 2).

Greenockit [griː-, n. C. M. Cathcart, Lord Greenock, * 1783, † 1859], Mineral CdS, → Cadmium.

Greenscher Integralsatz [grˈiːn-, n. dem brit. Mathematiker und Physiker G. Green, * 1793, † 1841], Satz über die Beziehung zw. Oberflächenintegralen und Volumenintegralen, es gilt

$$\iint_S \left(W \frac{\partial V}{\partial n} - V \frac{\partial W}{\partial n}\right) \mathrm{d}\sigma = \iiint_T (V\Delta W - W\Delta V)\, \mathrm{d}\tau,$$

wobei S die Oberfläche des dreidimensionalen Gebiets T ist, $\mathrm{d}\sigma$ die Oberflächenelemente, $\mathrm{d}\tau$ die Volumenelemente bedeuten; $\frac{\partial V}{\partial n}$ und $\frac{\partial W}{\partial n}$ sind die partiellen Ableitungen der zweimal stetig differenzierbaren Funktionen V und W in Normalenrichtung und Δ stellt den → Laplace-Operator dar. Der G. I. wird v. a. in der Potentialtheorie und bei Randwertproblemen partieller Differentialgleichungen angewandt.

Greenwich Mean Time [grˈɪnɪdʒ miːn taɪm, engl.], → GMT.

Grège [grɛːʒ, frz.], gehaspeltes, nicht entbastetes Seidengarn; besteht aus drei bis acht Kokonfäden, die nur durch den Seidenbast aneinanderhaften.

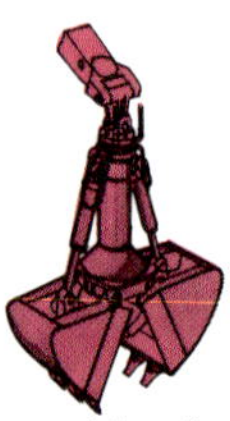

Zweischalengreifer

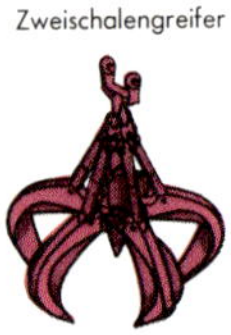

Mehrschalengreifer

Greifer 1) 1

Greifer, 1) Fördertechnik: Gefäß zum Aufnehmen und Heben von Schütt- und Stückgütern; besteht aus zwei oder mehreren Schalen, die durch Seile oder Hydraulik geschlossen oder geöffnet werden. G. werden häufig bei → Baggern oder → Kranen verwendet. (Weitere BILDER S. 233)

2) Textiltechnik: bei Greiferwebmaschinen, Teppichknüpf- und Tuftingmaschinen haken- oder zangenförmige Werkzeuge, die den Faden ergreifen, transportieren, festhalten.

Greiferschaltwerk dient zum schrittweisen Vorwärtsbewegen von gelochten Bändern, insbes. zum Filmtransport bei Filmkameras und Filmprojektoren.

Greifzirkel, Tasterzirkel, Taster, ein Meßzeug zum Übertragen von Dicken- und Abstandsmaßen.

Greinacher-Schaltung [n. dem schweizer. Physiker H. Greinacher, * 1880, † 1974], eine Gleichrichterschaltung zur Spannungsvervielfachung. Die G.-S. besteht aus einer Zusammenschaltung von Kondensatoren und Gleichrichtern (Dioden), sie wird hauptsächlich zur Hochspannungserzeugung (z. B. in Farbfernsehgeräten) verwendet.

Greisen *der,* durch → Pneumatolyse weitgehend umgewandeltes granit. Gestein, in dem die Feldspate fast völlig durch Quarz, Lithiumglimmer, Topas, Zinnstein u. a. verdrängt sind; G. enthalten oft Turmalin, Topas, Zinnstein und Wolframerz.

Grenze, Mathematik: Bez. für die kleinste obere (größte untere) Schranke einer nach oben (unten) beschränkten Menge. Obere G. → Supremum, untere G. → Infimum.

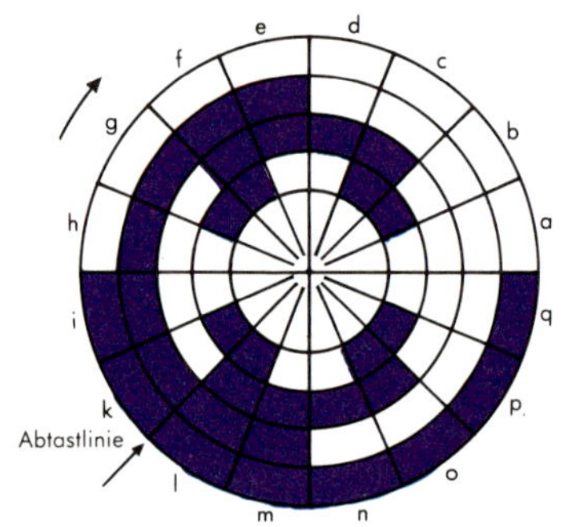

	Codewörter
a	0 0 0 0
b	0 0 0 1
c	0 0 1 1
d	0 0 1 0
e	0 1 1 0
f	0 1 1 1
g	0 1 0 1
h	0 1 0 0
i	1 1 0 0
k	1 1 0 1
l	1 1 1 1
m	1 1 1 0
n	1 0 1 0
o	1 0 1 1
p	1 0 0 1
q	1 0 0 0

Gray-Code: Codierungsscheibe und Zuordnungstabelle für einen 4-Bit G.-C.

Grenz|entfernung, 1) photometrische G., Mindestabstand zw. punktförmiger Lichtquelle und Empfänger, von dem ab der Lichtquelle eine → Lichtstärke 1) zugeordnet werden kann oder von dem ab das → photometrische Entfernungsgesetz anwendbar ist. Die photometr. G. ist zahlenmäßig gleich dem fünf- bis zehnfachen der größten Linearabmessung der Lichtquelle.

2) optische G., Mindestabstand zw. Beleuchtungsoptik (z. B. Scheinwerfer) und Empfänger für die sinnvolle Zuordnung einer Lichtstärke. Die opt. G. kann zahlenmäßig je nach Lage der Lichtquelle in der Optik sehr große Werte annehmen (z. B. Lichtquelle im Brennpunkt eines Parabolspiegels).

Grenzfläche, Fläche zw. zwei Phasen (z. B. zw. flüssiger und gasförmiger Phase eines Stoffes) oder zwei Stoffen, in der sich senkrecht zu dieser Zusammensetzung die physikal. Eigenschaften innerhalb einer Strecke molekularer Größenordnung ändern. Die in G. (auf Grund der beiderseits unterschiedl. Anordnung der Atome oder Moleküle) auftretenden einseitigen Kraftwirkungen haben eine Reihe von **G.-Erscheinungen** zur Folge, z. B. die → Grenzflächenspannung, die v. a. zw. festen und gasförmigen Stoffen auftretende → Adsorption, die zw. festen und flüssigen Stoffen auftretende → Benetzung und

→ Kapillarität oder das Auftreten einer elektr. → Doppelschicht.

Grenzflächenspannung, mechanische Spannung an der → Grenzfläche zweier Phasen, die die Grenzfläche zu verkleinern sucht (→ Oberflächenspannung).

Grenzformel, → Mesomerie.

Grenzfrequenz, 1) Nachrichtentechnik: Frequenz zur Angabe der oberen und ggf. unteren Grenze eines → Frequenzbandes bei Übertragungsgliedern (z. B. Leitung, Verstärker, Filter), Bauelementen (z. B. Transistor) und Wandlern (z. B. Oszillioskop). Die G. ist meist durch den Abfall der Übertragungscharakteristik (z. B. Spannung, Verstärkung) auf den Wert $1/\sqrt{2}=0{,}707$ (bei der Leistung auf die Hälfte) gegenüber einer Bezugsfrequenz (z. B. der Bandmitte) definiert. Dies entspricht einer → Dämpfung von 3 dB. Die Differenz zw. oberer und unterer G. ist die Bandbreite. – Beim → Hohlleiter ist die G. eine vom Wellentyp, dem Querschnitt und dem Dielektrikum abhängige Frequenz, oberhalb der eine Wellenausbreitung möglich ist.

2) Physik: → Bremsstrahlung.

Grenzkohlenwasserstoffe, die → Alkane.

Grenzlehre, Meßtechnik: eine → Lehre, durch die zwei → Grenzmaße festgelegt werden, innerhalb welcher das **Istmaß** eines fertigen Werkstücks liegen muß. Die G. besitzt eine Gutseite und eine Ausschußseite.

Grenzmaße, zwei angegebene Maße, zw. denen das → Istmaß von Werkstücken liegen soll. Das größere der beiden G. heißt **Größtmaß,** das kleinere **Kleinstmaß** (→ Nennmaß, → Toleranz).

Grenzschicht, Strömungslehre: Unter der **hydrodynam. G.** versteht man den Übergangsbereich von der ungestörten Strömung im Inneren einer Flüssigkeit oder eines Gases bis zu der an der Wand haftenden Randschicht, in der die zur Ablösung der Strömung und damit zur Wirbelbildung führenden Vorgänge verlaufen. Die G. ist dabei um so dünner, je kleiner die Zähigkeit des Gases oder der Flüssigkeit ist. Durch → Grenzschichtbeeinflussung kann die Ablösung vermieden werden. Bei der **laminaren G.** findet der Übergang von der an der Wand haftenden Randschicht zur ungestörten Strömung in einer sehr dünnen Schicht statt im Unterschied zur **turbulenten G.**

Bei Hyperschallgeschwindigkeiten tritt in der G. ein starkes Temperaturgefälle auf, das neben dieser Strömungs- G. auch zu einer **Temperatur-G.** führt. Wird beim Flug in der Erdatmosphäre die Mach-Zahl 6 überschritten, dann erhöht sich die Temperatur in der G. so sehr, daß Dissoziation und Rekombination der Luftmoleküle stattfinden und die G. elektrisch leitend wird. Hierauf beruht die Unterbrechung der Funkverbindung beim Wiedereintritt von Raumflugkörpern in die Atmosphäre.

Grenzschichtbeeinflussung, Maßnahmen zur Beeinflussung der → Grenzschicht an Flugzeugtragflügeln mit dem Ziel, durch Vermeidung von Ablösungen den Maximalauftrieb zu vergrößern (→ Hochauftriebsmittel) und den Widerstand zu vermindern. Dies gelingt durch Absaugen der Grenzschicht in das Flügelinnere **(Grenzschichtabsaugung)** oder durch Ausblasen von Luft zur Beschleunigung der Grenzschicht **(Grenzschichtabblasung).** Bei → Pfeilflügeln kann das Abwandern der Grenzschicht zur Flügelspitze und eine dadurch verursachte Ablösung am Außenflügel durch **Grenzschichtzäune** (in Flugrichtung liegende und senkrecht zur Flügeloberfläche stehende Blechstege) verhindert und dadurch das Abkippverhalten des Flugzeuges verbessert werden. (BILD S. 234)

Grenzstrahlen, Buckysche Strahlen [n. G. Bucky], sehr weiche, nur an der Körperoberfläche wirksame Röntgenstrahlen der Wellenlänge 0,5–0,06 nm, bes. zur Behandlung von Hautkrankheiten.

Grenzstruktur, → Mesomerie.

Grenztiefe, Fließtiefe an der Grenze zw. schießendem und strömendem Gerinnedurchfluß. Dabei stellt sich das Energiehöhen-Minimum ein (→ Fließwechsel, → Durchfluß).

Grenzwellenlänge, → Bremsstrahlung.

Grenzwert, Limes, Abk. **lim,** Grundbegriff der Analysis. Der G. ist zunächst für eine → Folge von reellen Zahlen definiert. Eine Folge a_n hat den G. a, wenn es zu jeder noch so kleinen positiven Zahl ε eine von diesem ε abhängende natürl. Zahl N gibt, derart, daß $|a-a_n|<\varepsilon$ für alle $n>N$ richtig ist (→ Cauchy-Folge). Anschaulich bedeutet dies, daß in jeder Umgebung des Punktes a auf der Zahlengeraden unendlich viele Glieder der Folge liegen und außerhalb jeder Umgebung höchstens endliche viele; man sagt auch: in jeder Umgebung liegen fast alle Glieder der Folge. Schreibweise: $a=\lim\limits_{n\to\infty} a_n$; Sprechweise: a_n strebt oder konvergiert mit wachsendem n gegen a. Folgen, die gegen Null streben heißen **Nullfolgen.** Nicht konvergierende Folgen heißen **divergent** (→ Konvergenz 3). Beispiele: Die Folge $a_n=1, \frac{1}{2}, \frac{1}{3}, \frac{1}{4} \ldots$ konvergiert für $n\longrightarrow\infty$ gegen 0, sie ist eine Nullfolge, die Folge $a_n=+1, -1, +1, -1, \ldots$ divergiert.

Die gegebene Definition läßt sich wörtlich übertragen auf Folgen von → komplexen Zahlen oder allg. auf Punktfolgen in einem → Vektorraum. Im letzten Fall hat man den Betrag $|a-a_n|$ zu ersetzen durch $\varrho\,(a, a_n)$, wobei ϱ die → Metrik 1) des Raumes ist.

In Anlehnung an die Definition des G. für Folgen kann man den G. von Funktionen erklären: Gegeben sei eine reelle Funktion $f(x)$, deren Argument x auf irgendeine Weise gegen eine feste Zahl a strebe $(x\longrightarrow a)$. g heißt G. von $f(x)$ für $x\longrightarrow a$, wenn für jede gegen a konvergierende Folge x_n die Folge der Funktionswerte $f(x_n)$ den G. g besitzt. Z. B. konvergiert die Funktion $y=x\cdot\sin\frac{1}{x}$ gegen Null für $x\longrightarrow 0$, während die Funktion $y=\sin\frac{1}{x}$ für $x\longrightarrow 0$ divergiert. – Auch hier beschränkt man sich nicht auf reelle Funktionen, sondern betrachtet Funktionen, deren Definitionsbereich und Wertevorrat metrische Räume sind. Man untersucht ferner das Konvergenzverhalten von Funktionenfolgen (→ gleichmäßige Konvergenz). BILD S. 234

Grenzwinkel, → Totalreflexion.

griechische Buchstaben werden in Naturwissenschaft und Technik für viele → Formelzeichen physikal. → Größen 2) verwendet (ÜBERSICHT S. 234).

Griesel, rauhreifartig überzogene Eisteilchen mit Durchmesser unter 1 mm. G. fällt in kleinen Mengen aus Stratus oder Nebel, nie jedoch aus Schauerwolken.

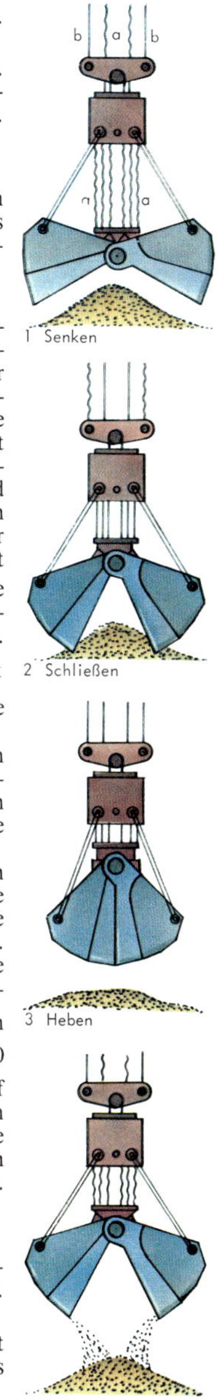

Greifer 1) 2

Greifer 1) 2: Wirkungsweise eines Zweiseilgreifers. **1** Senken; der Greifer wird bei nachgelassenen Schließseilen auf das Fördergut gesetzt (a Schließseile, b Hubseile). **2** Schließen; bei nachgelassenen Hubseilen werden die Schließseile angezogen. **3** Heben; die Hubseile werden angezogen. **4** Entleeren; die Schließseile werden nachgelassen

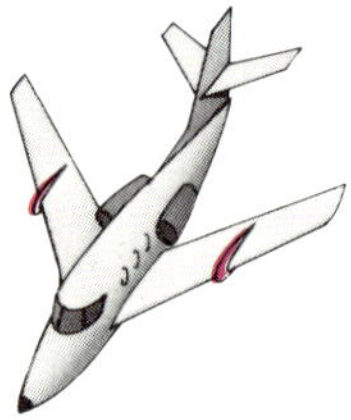

Grenzschicht-beeinflussung: Grenzschichtzaun

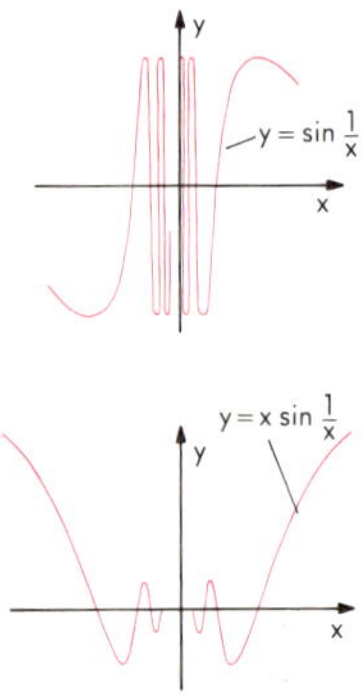

Grenzwert

Grieß, körnige Stoffe, 1) durch Mahlen entstehende Getreideteilchen von 0,2 bis 1,5 mm ∅. 2) Metallkörper von etwa 0,3 bis 5 mm ∅ oder Länge, der durch Verblasen von flüssigem Metall in nadeliger Form, durch Ausrühren oder Schütteln während der Erstarrung entsteht. 3) grobkörniger Sand.

Griff, die beim greifenden Berühren von Textilien auftretende Empfindung der Hand, abhängig von Faserart, Garn, Bindung, Ausrüstung u. a., damit ein Hilfsmittel zur Unterscheidung von Stoffen.

Griffel, Schreibgerät, in der Antike Stift aus Knochen, Elfenbein oder Metall zum Schreiben auf Wachstafeln, später aus Schiefer (Griffelschiefer) zum Schreiben auf Schiefertafeln.

Griffelschiefer, Tonschiefer, der in zwei Ebenen stengelig spaltet.

Griffigkeit, Straßenwesen: der Einfluß, den die Oberfläche einer Fahrbahn durch ihre stoffliche Beschaffenheit und insbes. durch ihre geometr. Feingestalt auf die Größe der maximal vom Reifen auf die Straße abstützbaren Antriebs-, Brems- und Seitenkräfte ausübt.

Grignard-Verbindungen, [griɲ'a:r-, n. dem frz. Chemiker V. Grignard, * 1871, † 1935], magnesiumorgan. Verbindungen, die aus Alkyl- oder Arylhalogeniden und Magnesiumspänen in äther. Lösung hergestellt werden. G.-V. reagieren leicht mit Verbindungen, die aktive H-Atome enthalten (z. B. Wasser, Alkohole), wobei Kohlenwasserstoffe gebildet werden. Verbindungen mit polaren Mehrfachbindungen (z. B. Aldehyde, Ketone, Kohlendioxid) addieren G.-V., wobei die Alkyl- oder Arylgruppe der G.-V. in das Molekül der Verbindung eingeführt wird **(Grignard-Reaktion),** z. B.

$$C_6H_5MgBr + CO_2 \longrightarrow C_6H_5COOMgBr$$

Phenylmagnesiumbromid, Kohlendioxid

$$C_6H_5COOMgBr + H_3O^+ \longrightarrow C_6H_5COOH + H_2O + Mg^{2+} + Br^-$$

Benzoesäure, Wasser

Griquait, Magmatit eklogit. Zusammensetzung; → Erde.

Grob|rechen dient der Vorreinigung des Abwassers vor dem Absetzbecken (BILD Abwasserreinigung).

Grobstaub, Staubfraktion mit Teilchengrößen über 10 µm, → Staub.

Groden, → Marsch.

Großbasis|antennen, Antennen von → Funkpeilern, bes. Dopplerpeilern und VOR-Anlagen, zur Unterdrückung von Peilfehlern, die durch → Mehrwegeausbreitung entstehen. Bei der ungestörten Wellenausbreitung bildet die Wellenfront des Empfangsfeldes (Linien gleicher Phase) im Raum eine Ebene senkrecht zur Fortpflanzungsrichtung; durch Reflexionen aus versch. Richtungen können zusätzl. Störstrahlungen entstehen, die das Empfangsfeld am Peiler überlagern. Es bildet sich eine wellenförmige Phasenfront aus, durch die ›Kleinbasis‹-Peiler (Kreuzrahmen oder Adcock mit einer Ausdehnung kleiner als 1/4 Wellenlänge) je nach Aufstellungsort in diesem verzerrten Feld falsche Einfallsrichtungen anzeigen. G. mit Antennenausdehnungen von mehreren Wellenlängen zeigen dagegen durch Mittelwertbildung über ein längeres Stück der unebenen Phasenfront die Haupteinfallsrichtung (direkter Weg Sender-Peiler) an.

griechische Buchstaben

Name	Zeichen Majuskel	Zeichen Minuskel	Name	Zeichen Majuskel	Zeichen Minuskel
Alpha ...	Α	α	Ny	Ν	ν
Beta	Β	β	Xi	Ξ	ξ
Gamma ..	Γ	γ	Omikron .	Ο	ο
Delta	Δ	δ	Pi	Π	π
Epsilon ..	Ε	ε	Rho	Ρ	ϱ
Zeta	Ζ	ζ	Sigma ...	Σ	σ, ς
Eta	Η	η	Tau	Τ	τ
Theta ...	Θ	ϑ	Ypsilon ..	Υ	υ
Iota	Ι	ι	Phi	Φ	φ
Kappa ...	Κ	ϰ	Chi	Χ	χ
Lambda ..	Λ	λ	Psi	Ψ	ψ
My	Μ	µ	Omega ...	Ω	ω

Größe, 1) Astronomie: → Helligkeit.

2) physikal. G., eine meßbare Eigenschaft eines physikal. Objekts, eines Vorgangs oder Zustands, z. B. Länge, Masse, Energie. Eine G. ist unabhängig von der Einheit, in der sie gemessen wird. Es gilt die Beziehung: ›G. ist Zahlenwert mal Einheit‹. Das bedeutet: Bei großen Einheiten ist der Zahlenwert entsprechend klein und bei kleinen Einheiten entsprechend groß.

Eine Größe kann durch ein → Formelzeichen dargestellt werden, bes. in Gleichungen. Für eine G. mit dem Formelzeichen a kann obige Beziehung in der Form $a = \{a\} \cdot [a]$ dargestellt werden, wobei $\{a\}$ den Zahlenwert und $[a]$ das Einheitenzeichen bedeuten.

Man unterscheidet → Basisgrößen und von diesen **abgeleitete Größen.** Unter einer **Größenart** versteht man die Gesamtheit aller G. einer best. Art, z. B. bei der Größenart Länge die Gesamtheit aller Längen.

Größenklassen, → Helligkeit.

Größen|ordnung, die angenäherte Angabe von Größen durch Zehnerpotenzen, wenn eine genaue Angabe nicht nötig oder nicht möglich ist. Der Ausdruck ›eine G.‹ wird oft gleichbedeutend mit ›eine Zehnerpotenz‹ gebraucht.

Größensystem, ein System von → Größen verschiedener Art, welche zur Beschreibung der quantitativen Zusammenhänge in einem abgegrenzten Gebiet von Naturwissenschaft und Technik (z. B. Mechanik) benötigt werden. Die einem G. zugrunde gelegte Anzahl von → Basisgrößen wird der Grad des G. genannt. Es können verschiedene Größen als Basisgrößen gewählt werden, z. B. im mechan. Dreiersystem (G. vom Grad drei) Länge, Masse und Zeit oder Länge, Kraft und Zeit (→ Maßsystem); es sind jedoch nicht alle Kombinationen von Größen erlaubt.

Größenverhältnis. Der Ausdruck G. wird in der Physik und der Technik eingeschränkt für das Verhältnis zweier gleichartiger Größen verwendet. Von solchen dimensionslosen Größen (→ Dimension 1) können Logarithmen gebildet werden, die dann als **logarithmierte G.** bezeichnet werden. Spezielle logarithmierte G. sind die → Pegel 2) und → Maße 4).

Großer Roter Fleck, Abk. **GRF,** markante, dauerhafte Erscheinung in der Atmosphäre des → Jupiter 1).

Großer Wagen, Teil des Sternbilds Großer → Bär 1).

Größerzeichen, das Zeichen >, das zur abkürzenden Schreibweise bei Ungleichungen verwendet wird (›5 > 4‹).

Große Vereinigung, die vereinheitlichte Theorie

von starken, schwachen und elektromagnet. Kräften (→ Wechselwirkung).

Großkreis, Kreis auf einer Kugel, dessen Mittelpunkt der Kugelmittelpunkt ist.

Großschollentektonik, → Plattentektonik.

Großtafelbau, hochindustrialisierte Bauweise, bei der im ortsfesten Werk (Fabrik) raumgroße Deckenplatten und Wandtafeln mit eingesetzten Fenstern und Türen gebrauchsfertig hergestellt, zur Baustelle transportiert und dort nur noch zusammengesetzt werden. Der G. entwickelte sich in der UdSSR, in Frankreich und Dänemark, bes. seit Mitte der 1950er Jahre, und ist heute allg. verbreitet.

größter gemeinsamer Teiler, Abk. **g. g. T.,** zweier ganzer Zahlen *a* und *b* ist die größte ganze positive Zahl *t*, die *a* und *b* ohne Rest teilt. Beispiel: Der g. g. T. von 60 und 24 ist 12. – Man kann den g. g. T. mit Hilfe des → Euklidischen Algorithmus ermitteln.

gross ton [-tʌ, engl.], svw. → long ton.

Grossular, Mineral, blaßgrüner → Granat.

Großwetterlage, während mehrerer Tage in größeren Gebieten gleichbleibender charakterist. Witterungsverlauf, wie ›Westwetterlage‹: in rascher Folge ziehen Tiefdruckgebiete im Wechsel mit Zwischenhochs von W nach O. – G. werden beim Dt. Wetterdienst für Mitteleuropa nach dem Erscheinungsbild der Bodenwetterkarte festgelegt. Sie dienen der Untersuchung des langfristigen Witterungsverlaufs und der → Klimaschwankungen.

Großwinkelkorngrenze, eine → Korngrenze (→ Realkristall, BILD 8).

Grotthußsches Gesetz [n. dem Naturforscher Ch. J. D. Grotthuß, * 1785, † 1822], Gesetzmäßigkeit der Photochemie, die besagt, daß nur das vom lichtempfindl. Stoff absorbierte Licht photochemisch wirksam wird. Diese Feststellung wurde meist J. W. DRAPER zugeschrieben, daher wird das G. G. auch **Grotthuß-Drapersches Gesetz** genannt.

Grubber, gezogenes → Bodenbearbeitungsgerät zum Auflockern des abgesetzten Bodens und zum Zerkleinern von Schollen und Erdkluten, auch zum Einarbeiten von Dünger und Stroh und zum Ausreißen von Unkraut; besteht aus gegeneinander versetzt (an einem Rahmen) angebrachten starren oder federnden stabilen Zinken; die Zinken können mit unten angebrachten Scharen oder Meißeln versehen sein.

Grube, in Verbindung mit dem Namen (z. B. ›Grube Wolkenhügel‹) ein Bergwerk mit allen zugehörigen Anlagen; i. e. S. die zum Bergwerk gehörigen → Grubenbaue.

Grubenausbau, Tätigkeiten und Mittel zur Offenhaltung von → Grubenbauen mit Hilfe eingebrachter Stützelemente aus Holz, Stahl, Leichtmetall, Beton, Mauerwerk, auch kombiniert. G. kann nicht den Gesamtdruck des überlagernden Gebirges (Gebirgsdruck) auf Dauer tragen, soll aber den Grubenbau für begrenzte Zeit gegen → Nachfall schützen. G. ist überall erforderlich, wo Nebengestein oder Lagerstätteninhalt → gebräch sind, bes. in Steinkohlen-, aber auch in Erzbergwerken, am wenigsten in Salzbergwerken. G. kann starr oder nachgiebig sein. **Starrer G.** wird durch Überlastung zerstört und unwirksam, **nachgiebiger G.** läßt durch Deformation oder Aneinandergleiten seiner Bauelemente eine Verringerung des Querschnitts des Grubenbaues zu, erfüllt aber weiterhin seine Aufgabe.

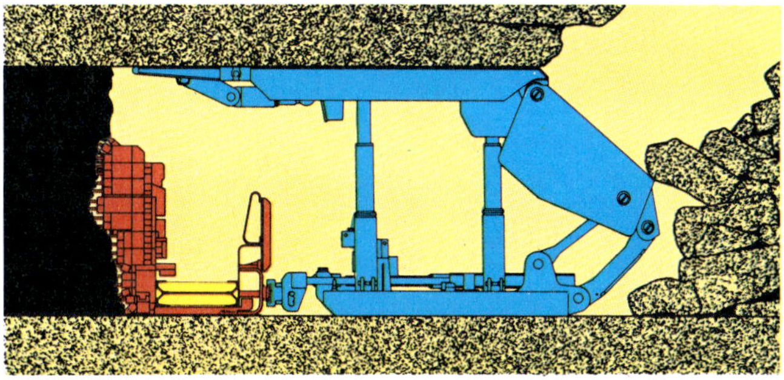

Grubenausbau: Im Schreitausbau wird die Kohle durch Kohlehobel schälend gewonnen und fällt auf einen Kettenförderer, der sie zur Kohleabführstrecke bringt. An den Kettenförderer angehängt ist der das Hangende abstützende Schreitausbau. Nach dem durch hydraulische Einrichtungen bewirkten Vorrücken an die abgebaute Kohlestoßfront bricht das Hangende nach und füllt den frei gewordenen Strebraum wieder zu

Der **Schachtausbau** (für → Schächte und → Blindschächte) geschieht bei rundem oder ovalem Querschnitt mit Mauerwerk, Beton, Stahlbogenprofilen, bei nassen Schächten auch mit plattenförmigen, gekrümmten Segmenten aus Stahl oder Gußeisen (→ Tübbing), bei rechteckigen Querschnitten mit Holz- oder Profilstahlrahmen. Der **Streckenausbau** (→ Strecke) wird mit → Grubenholz, Bogenprofilen verschiedener Form aus Stahl, bei großen Querschnitten (z. B. → Füllort) auch mit Betonformsteinen vorgenommen, der → Ankerausbau schützt gegen Nachfall großer Schalen oder Schichtplatten. Beim **Strebausbau** (→ Streb, → Strebbau) verfährt man vielfältig je nach Verhältnissen: Holzstempel mit Kappen, Holzrahmen, Stahlstempel (Reibungsstempel, zweiteilig mit Schloß), Stahlkappen (→ Türstock), Leichtmetallstempel, Hydraulikstempel, in vollmechanisierten Betrieben selbsttätig schreitender (Schreitausbau), hydraulisch gesteuerter Ausbau aus Ausbauböcken, Ausbaugespannen und Schildausbau.

Grubenbahn, gleisgebundenes Streckenfördermittel in Gruben, Züge aus → Förderwagen, meist durch elektr. oder Druckluft-Lokomotiven, gelegentlich auch durch Seile oder Ketten (Seil-, Kettenbahn) gezogen; Betrieb heute bis zur Vollautomatisierung entwickelt.

Grubenbau, jeder planmäßig hergestellte Hohlraum eines Bergwerks. Die Gesamtheit aller Grubenbaue eines Bergwerks ist das **Grubengebäude.**

Grubenbrand, Feuer oder Schwelbrand unter Tage. Ursachen: Selbstentzündung durch Kohle oder sulfid. Erze u. a. in Bunkern oder im Versatz, Fremdzündung durch Sprengarbeit, Elektrizität, Reibungshitze, Schlagwetter- oder Kohlestaubexplosion; gefährlich wegen Explosionsgefahr und Vergiftung der → Wetter durch Brandgase.

Grubenfunk, Funkfernsprechen in Bergwerken durch Ausnutzung vorhandener Leiter (Fahrdrähte, Rohre, Seile) zur leitungsgerichteten Ausbreitung der Funkwellen. Der G. arbeitet im Lang-, z. T. auch im Längstwellenbereich.

Grubengas, → Methan.

Grubenholz, heute nur noch selten in Gruben verwendetes Ausbaumaterial. Für Schacht- und Blindschachtausbau dienten Harthölzer, für Ausbau in Strecken und

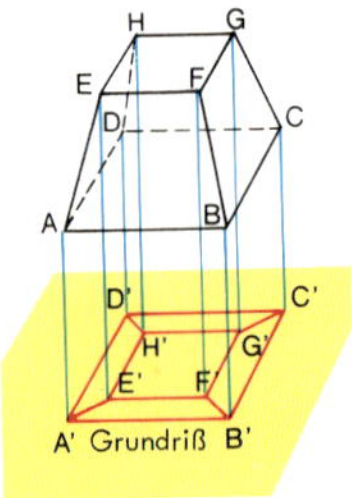

Bildebene

Grundriß eines Gegenstandes

Abbauen langfaserige Weichhölzer (Nadelhölzer). Holz warnt vor dem Bruch durch knackende Geräusche, Stahl dagegen nicht.

Grubenlampe, auch **Geleucht,** tragbare Lampe des Bergmanns. Die Entwicklung ging vom Kienspan über offene Öllampe (Frosch), Acetylenlampe (Acetylengas, C_2H_2, aus Calciumcarbid, CaC_2, und Wasser in der Lampe erzeugt), Benzinlampe (→Wetterlampe) zu elektr. Lampen mit Akkubetrieb.

Grubenstempel, →Grubenausbau, →Türstock.

Grubenwasser, Bergbau: →Wasserhaltung.

Grubenwehr, mit Sauerstoffschutzgeräten ausgerüstete, bes. ausgewählte, ausgebildete und geprüfte Mannschaft zur Rettung, zum Löschen und zur Bergung bei Unglücken in Bergwerken.

Grünbleierz, →Pyromorphit.

Grund|ablaß, verschließbare Öffnung am Fuß einer Stauanlage zum Entleeren des Stauraums.

Grund|anstrich, aus einer Anstrichschicht oder mehreren Schichten geeigneter Anstrichmittel bestehendes Verbindungsglied zw. dem Untergrund und der späteren Anstrichschicht. Der G. kann z. B. auch als Korrosionsschutz dienen.

Grundbau, Teilgebiet des Bauingenieurwesens, das sich mit der Berechnung und Ausführung einer →Gründung sowie – im Zusammenhang damit – mit allen Baugrundfragen befaßt. Grundlage des G. sind Bodenmechanik, Bodendynamik, Ingenieurgeologie, Ingenieurbiologie.

Grund|einheiten, veraltet für →Basiseinheiten.

Grund|eis, an der Flußsohle gebildetes Eis. Da es spezifisch leichter ist als Wasser, steigt es bei wachsender Masse auf. Wenn bei sehr tiefen Wintertemperaturen G. und Oberflächeneis ganz oder teilweise zusammenwachsen, kommt es zum Rückstau des nachdrängenden Wassers und oft zu verheerenden Ausuferungen.

Grundgebirge, veraltet **Urgebirge,** allg. Name für Gebirgsmassen unter dem jüngeren, diskordant auflagernden Deckgebirge; i. d. R. aus metamorphen Gesteinen (fossilfrei, daher nicht näher zu gliedern).

Grundgrößen, veraltet für →Basisgrößen.

Grundkreis, 1) Kristallographie: bei der →stereographischen Projektion der Umrißkreis der Zeichnung, auf und in dem alle Projektionspunkte und -kurven liegen; bei der →gnomonischen Projektion ein Kreis um den Mittelpunkt der Zeichnung, dessen Radius gleich ist dem Abstand der Zeichenebene vom Kristallmittelpunkt.

2) Maschinenbau: bei einem →Zahnrad der Kreis, auf dem sich bei einer Evolventenverzahnung die erzeugende Gerade der Zahnflanke abwälzt.

Grundlast, →Belastung 2).

Grundlastkraftwerk, elektr. Kraftwerk, das für eine dauernd gleichmäßige Belastung verwendet wird, z. B. ein Laufkraftwerk (→Wasserkraftwerk); Ggs.: →Spitzenkraftwerk.

Grundmenge, in der Mengenlehre die Menge vorgegebener Elemente; die Grundlage für weitere Mengenoperationen.

Grund|öl, →Motorenöle.

Grund|operationen, →Verfahrenstechnik.

Grundrechnungsarten, Bez. für die vier Rechenarten →Addition 1), →Substraktion, →Multiplikation, →Division, mit ihrer Hilfe werden die **höheren Rechenarten** wie Potenzieren (→Potenz), Radizieren (→Wurzel) und Logarithmieren (→Logarithmus) erklärt.

Grundriß, vertikales Bild eines Gegenstandes bei einer senkrechten parallelen →Projektion 2). (→Aufriß)

Grundrißdarstellung, Situationsdarstellung, Kartographie: die auf senkrechter Parallelprojektion in die Kartenebene beruhende Lageangabe von Gegenständen durch Umrißlinien, Signaturen, Flächenfarben.

Grundschwelle, in der Sohle eines Wasserlaufs quer zu dessen Fließrichtung angeordnetes →Regelungsbauwerk, das über die Sohle hinausragt. (→Sohlschwelle)

Grundsee, Wogenbildung in flacherem Meer, bei der sich die Kämme infolge der Reibung am Meeresboden überstürzen.

Grundstoffe, 1) die chemischen Elemente.

2) Kohle und Erz als wichtigste Rohstoffe der Industrie **(G.-Industrie);** gelegentlich auch andere Rohstoffe.

Grundton, →Klang.

Gründung, auch **Fundament, Fundamentierung,** in der Schweiz: **Fundation,** der Teil eines Baukörpers, der die gesamten Lasten in den Baugrund überträgt. Die G. wird nach den Lehren des →Grundbaus so ausgebildet, daß das Bauwerk keinen Schaden durch zu große Setzungen und Bodenpressung, durch Grundbruch, Gleiten oder Kippen erleidet. Bei dynamisch beanspruchten Bauwerken (Maschinengründungen), in Erdbeben- und Bergsenkungsgebieten und auf unsicheren Böden (Mooren, Permafrostböden, Halden u. a.) sind besondere G. notwendig.

Flachgründungen sind Bauteile, durch die Gebäudelasten über eine horizontale oder wenig geneigte Sohlfläche in den Boden eingeleitet werden, z. B. durch starre Block- und Streifenfundamente, elastisch nachgebende, biegesteife Bankette, Streifenroste, Platten oder Wannen, biegespannungsfreie Membranplatten (z. B. bei Tankgründungen).

Tiefgründungen sind G., bei denen die Kräfte außer durch die Sohlfläche auch an den Seitenflächen des Gründungskörpers in den Boden eingeleitet werden (Pfahl-, Brunnen-, Schlitzwand-G.). Die **Pfahlgründung,** die häufigste Tief-G., wird im Hoch- und Industriebau, für Maschinenfundamente, Maste, Schornsteine, Türme, Brückenpfeiler, Schleusen, Docks, Tunnels u. a. angewandt. Fertige Pfähle aus Holz, Stahlbeton, Spannbeton, Stahl werden in den Boden eingerammt, eingespült, eingerüttelt, eingepreßt oder eingestellt, oder am Bauort werden Ortpfähle aus Stahl oder Spannbeton im vorbereiteten Hohlraum hergestellt. Die Tragfähigkeit des Pfahls beruht v. a. auf seinem Spitzenwiderstand und seiner Mantelreibung. Die Pfahl-G. besteht gewöhnlich aus Pfahlgruppen; die Pfähle einer Gruppe werden durch eine Stahlbetonkopfplatte verbunden. **Senkkästen (Caissons** [kɛsˈɔ̃, frz.], **Brunnen)** sind vorgefertigte Hohlkörper, die entweder als offene Brunnen durch Ausräumen des Erdreichs aus dem Inneren, Spülen, Pumpen oder als geschlossene Kästen unter Druckluft in den Boden bis auf tragfähige Schichten niedergebracht werden. Sie können im trockenen oder trockengelegten Baugrund, im Boden durch das Grundwasser hindurch oder im offenen Wasser vom Gerüst oder mittels Hubinsel abgesenkt werden. Die **Druckluftgründung** als Sonderfall der Brunnen-G. dient zum Erstellen von Grundkörpern in grundwasserhaltigem Boden, indem nach Art der Taucherglocke eine unten offene Arbeitskammer (Caisson) durch Aushub des Bodens in (unter Überdruck stehender) Luft niedergebracht wird.

G. im offenen Wasser sind Pfahl-, Brunnen- oder **Schwimmkastengründungen.** Die Schwimmkästen aus Stahlbeton, auch aus Beton oder Stahl, sind vorgefertigte Hohlkörper, die schwimmend zur Baustelle gebracht, dort versenkt und auf tragfähige Bodenschichten oder Pfähle abgesetzt werden. Sie werden bei ungünstigen Baustellenbedingungen angewendet (Molen, Leuchttürme), wo ein schneller Baufortschritt erwünscht ist oder serienweise Herstellung möglich ist (Kaimauern).

Sondergründungen sind Erdwandstabilisierungen bei Pfahlwänden und bei durch thixotrope Flüssigkeiten gestützten Erdwänden (Schlitzwände), Bodenverbesserungen, bes. Gefrierverfahren und chem. Bodenverfestigungen durch Injektionen von Zement, Silikaten, Tonen.

R. H. RÜBENER u. W. STIEGLER: Einf. in Theorie und Praxis der Grundbautechnik, 1 (1978), 2 (1981), 3 (1981); Grundbau-Tb., hg. v. U. SMOLTCZYK, 1 ([3]1980), 2 ([3]1981); H. GRASSHOFF u. a.: Hb. Erd- und Grundbau, 1 (1982), 2 (1979).

Grundwasser, unterird. Wasser, das die Hohlräume der Erdrinde zusammenhängend ausfüllt und dessen Bewegung ausschließlich oder nahezu ausschließlich von der Schwerkraft und den durch die Bewegung selbst ausgelösten Reibungskräften bestimmt wird. **Natürl.** oder **echtes G.** stammt von in Poren, Haarrissen, Klüften und Spalten versickerten Niederschlägen, **unechtes G.** aus → Grundwasseranreicherung oder → Uferfiltration über natürl. Zusickerung von → Oberflächenwasser. G. sammelt sich über einer wasserundurchlässigen Schicht, der **G.-Sohle** (G.-Stauer), und füllt bes. Lockersedimente **(G.-Leiter,** -Speicher, -Träger, -Horizont) aus, bildet aber auch in festem Gestein Gerinne (z. B. Höhlenflüsse im → Karst). Die Oberfläche des G. heißt **G.-Spiegel.** Seine Höhe, der G.-Stand, ist natürl. Schwankungen unterworfen; er hängt v. a. von den Niederschlägen, ferner vom Wasserverbrauch der Pflanzen sowie von der Entnahme durch Menschen ab. Zu **G.-Absenkungen** kommt es durch Bergbau, Fluß- oder Bachregelungen u. a. Baumaßnahmen oder G.-Entnahmen, z. B. zur Trinkwassergewinnung. Stehendes G., wie etwa **fossiles G.,** findet sich in mehr oder weniger abflußlosen G.-Becken. Bei geneigtem G.-Spiegel bildet sich ein G.-Strom, der in Lockergesteinen Geschwindigkeiten bis zu 70 m je Tag (Münchner Schotterebene) erreichen kann. – **G.-Stockwerk,** das → Wasserstockwerk.

Grundwasser|anreicherung, künstl. Erzeugung von Grundwasser durch Versickerung oder Einleitung von aufbereitetem Oberflächenwasser zur Stützung eines ausgeglichenen Grundwasserhaushalts.

Grundzahl, 1) Bez. für → Kardinalzahl; 2) die → Basis 6) einer → Potenz oder eines → Logarithmus.

Grundzustand, Zustand geringster Energie eines Moleküls, → Atoms oder Atomkerns. Ggs.: **angeregter Zustand.**

Grünerde, der → Seladonit.

Grünerit, Mineral, ein → Amphibol.

Grüner Strahl, seltene, unter günstigen Bedingungen sichtbare atmosphär. Erscheinung bei Sonnenauf- und -untergang. Die meist grüne, intensive, sehr kurze (2–3 s) Lichterscheinung ist eine Folge der → Dispersion 1) der durch die → atmosphärische Lichtbrechung gebrochenen Sonnenstrahlen, die das Bild der Sonne im grünblauen Licht etwas stärker hebt als im rotgelben; sichtbar wird diese Erscheinung nur dann, wenn das Bild der Sonne im rotgelben Licht noch (bereits) vom Horizont verdeckt ist.

Grünfilter, Photographie: → Farbfilter.

Grünkreuz, im 1. Weltkrieg eingesetzter → chemischer Kampfstoff (Diphosgen); ein Lungengift.

Grünsand, Grünschlick, durch Glaukonit grün gefärbte pelagische Meeressedimente.

Grünschiefer, metamorphe Gesteine der Epizone, grün gefärbt durch Chlorit und Epidot, daneben häufig Quarz und Plagioklas; hervorgegangen aus Gabbro oder äquivalenten Vulkaniten. – **G.-Fazi|es,** → Mineralfazies.

Grünspan, grünes bis blaues, giftiges Gemenge von basischen Kupferacetaten, das bei der Einwirkung von Essigsäure auf Kupfer entsteht. G. wird oft mit → Patina verwechselt.

Grünstein, Handelsname und ältere Bez. für grünl. Gabbros, Diorite, Diabase; i. w. S. → Grünschiefer.

Gruppe, 1) Geologie: das → Ärathem.

2) Mathematik: zentraler Begriff der Mathematik mit vielseitigen Anwendungsmöglichkeiten: Die Verknüpfung je zweier Dinge (zweier Elemente einer Menge G) zu einem dritten, ihnen gleichartigen Ding (einem Element der Menge G) hat oft eine Anzahl immer wieder auftretender Eigenschaften, die das Arbeiten mit diesen Verknüpfungen erleichtern. Z. B. kann man zwei Drehungen des Raumes um einen festen Punkt zu einer dritten Drehung dadurch ›verknüpfen‹, daß man sie hintereinander ausführt. Allg. nennt man eine Menge G irgendwelcher Dinge $a, b, c, \ldots$, für die eine Verknüpfung oder Operation $\circ$, d. h. eine → Abbildung 1) der Menge $G \times G$ der geordneten Paare (a, b) von Elementen aus G in G definiert ist, eine G. $(G, \circ)$, wenn folgende Axiome erfüllt sind:

1) Die Verknüpfung ist assoziativ: Für alle $a, b, c \in G$ gilt $(a \circ b) \circ c = a \circ (b \circ c)$.

2) Es gibt ein Element $e \in G$, so daß für alle $a \in G$ gilt $e \circ a = a \circ e = a$ (e heißt neutrales Element oder Einselement).

3) Für alle $a \in G$ gibt es $\bar{a} \in G$, so daß gilt $a \circ \bar{a} = \bar{a} \circ a = e$ ($\bar{a}$ heißt Inverses zu a, oft mit a^{-1} bezeichnet).

Gilt 4) zusätzlich das Kommutativgesetz ($a \circ b = b \circ a$ für alle $a, b \in G$), so ist die G. **abelsch.**

Beispiele von G. sind die von 0 verschiedenen Brüche p/q bezüglich der gewöhnl. Zahlenmultiplikation, man ersetzt hier das Verknüpfungszeichen $\circ$ durch das Zeichen $\cdot$, Einselement ist die Zahl 1; ebenso bilden die ganzen rationalen Zahlen $0, \pm 1, \pm 2, \ldots$ eine G. in bezug auf die Zahlenaddition und man ersetzt hier das Verknüpfungszeichen $\circ$ durch das Zeichen $+$, das Einselement ist die Zahl 0. Ein Beispiel für eine nichtabelsche G. ist die oben angeführte G. der Drehungen, Beispiele für abelsche G. sind die → zyklischen Gruppen. Eine G. kann aus unendlich vielen oder aus nur endlich vielen Elementen bestehen, wie die Permutationsgruppe oder symmetrische G. von n aufgezählten Dingen $D_1, D_2, \ldots, D_n$, deren G.-Elemente die Vertauschungen in der Reihenfolge dieser Dinge sind. Als die **Ordnung** einer **endlichen G.** wird die Anzahl ihrer Elemente bezeichnet.

Ist $U \subset G$ eine Teilmenge und definiert die Einschränkung der Verknüpfung $\circ$ von G auf U eine Gruppenstruktur auf U, dann heißt U (mit dieser Verknüpfung $\circ$) eine **Untergruppe** von $(G, \circ)$. Dazu ist also nötig, daß für alle $u, v \in U$ auch $u \circ v \in U$ (U abgeschlossen bezüglich $\circ$), daß $e \in U$ und für alle $u \in U$ auch $u^{-1} \in U$ gilt.

In gewissem Sinne sind alle G. solche von Abbildungen. Zwei Gruppen G und G' haben nämlich definitionsgemäß die gleiche algebraische Struktur, wenn man, unabhängig von der Bedeutung der einzelnen G.-Elemente, in beiden

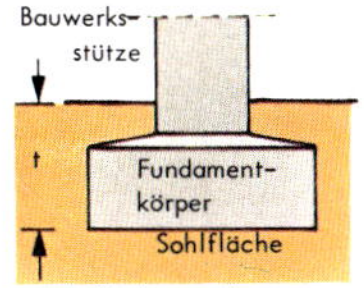

Flachgründung
t = Gründungstiefe (Einbindetiefe)

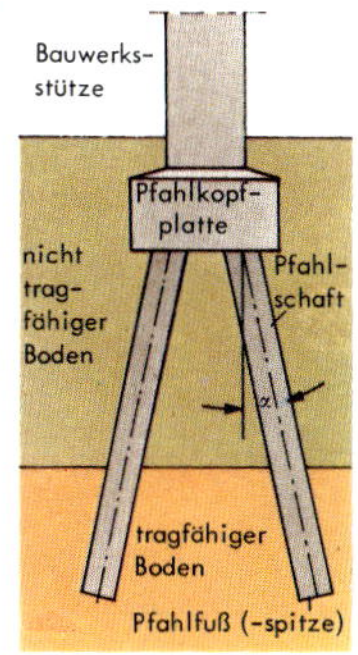

Pfahlgründung
α = Pfahlneigung (meist als Längenverhältnis n : 1)

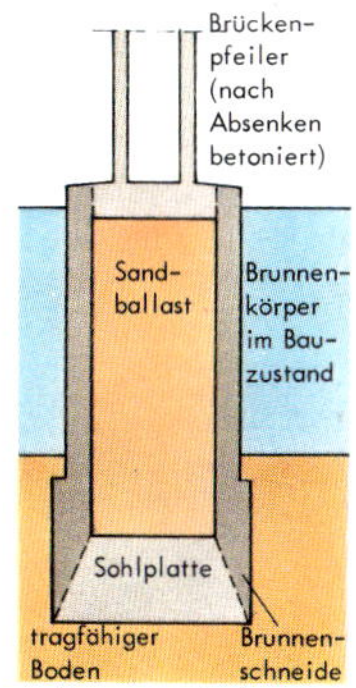

Brunnengründung im Wasser
(Brückenpfeiler)

Gründung

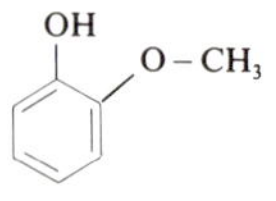

Guajakol

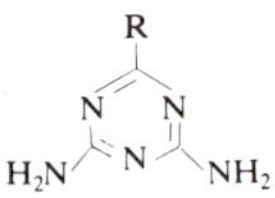

Guanamine

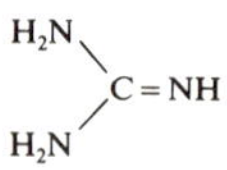

Guanidin

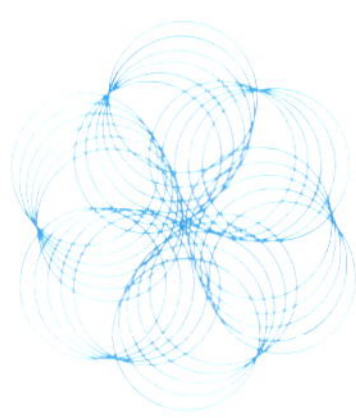

Guilloche

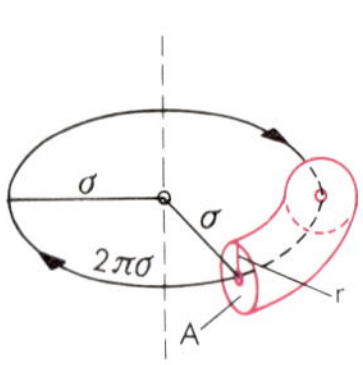

Guldinsche Regeln
für den Torus

G. in der gleichen Art rechnet: präziser ausgedrückt, wenn es eine umkehrbar eindeutige Zuordnungsvorschrift von G auf G' gibt, bei der das Produkt $a \cdot b$ in das Produkt $a' \cdot b'$ der Bildelemente übergeht (→Isomorphismus). Die **Darstellungstheorie** der G. zeigt, daß jede G. einer G. von Abbildungen isomorph ist, so daß man sich bei der Strukturuntersuchung in der **Gruppentheorie** auf solche G. beschränken und die Ergebnisse dann auf jede dazu isomorphe G. übertragen kann. – Wenn die Zuordnung von G auf G' nicht mehr umkehrbar eindeutig, sondern nur noch eindeutig ist, das Produkt $a \cdot b$ aber wieder in $a' \cdot b'$ übergeht, spricht man von einem **Homomorphismus der G.** G auf G'. Die dabei auf das Einselement e' von G' abgebildeten Elemente von G bilden eine in G enthaltene G., eine Untergruppe von G', die sogar ein →Normalteiler N von G ist. Die Bedeutung solcher Normalteiler liegt darin, daß sich nach ihnen, wie nach jeder Unter-G., die Elemente der G. G in Klassen einteilen lassen, wobei a und b zur selben Nebenklasse a gehören, wenn $a \cdot b^{-1}$ in N liegt. Falls die Unter-G. sogar Normalteiler ist, kann man auch für die Menge dieser Nebenklassen eine Verknüpfung repräsentantenweise erklären, die wieder eine G., die **Faktorgruppe** G/N, liefert; in diesem Fall sagt man auch, daß G eine **Erweiterung** der Gruppe N mit einer zu G/N isomorphen G. ist. (→Index 2) – Der **Homomorphiesatz der G.-Theorie** besagt, daß G/N und G' isomorph sind, wobei die Nebenklassen von G/N umkehrbar eindeutig den Elementen von G' entsprechen. Falls es eine Kette $e \in U_1 \subset U_2 \subset \ldots \subset U_n = G$ von Untergruppen U_i von G mit der Eigenschaft gibt, daß jede U_i Normalteiler in ihrem Nachfolger U_{i+1} ist, nennt man G dann **auflösbar**, wenn überdies die zugehörigen Faktorgruppen U_{i+1}/U_i sämtlich abelsch sind. Diese G. sind von großer Bedeutung sowohl in der G.-Theorie als auch in deren Anwendungen, z. B. für die Theorie der →algebraischen Gleichungen (→Galois-Theorie, →Jordan-Hölderscher Satz).

Eine G., deren Trägermenge gleichzeitig eine algebraische Mannigfaltigkeit ist, nennt man eine algebraische G. Eine G. ist topologisch, wenn ihre Trägermenge ein topolog. Raum ist, dessen topolog. Struktur mit der algebraischen Struktur der G. verträglich ist, z. B. die additive G. der reellen Zahlen.

Die Anwendungsgebiete der G.-Theorie sind sehr vielfältig. Außer für die Auflösung algebraischer Gleichungen spielten sie eine große Rolle in C. F. KLEINS Erlanger Programm in der Geometrie, weiter in Quantentheorie, Relativitätstheorie, Theorie der Elementarteilchen.

W. LEDERMANN: Einführung in die Gruppentheorie (1977); H. WEYL: Gruppentheorie und Quantenmechanik (1981).

3) →Periodensystem.

Grüppe, Wasserbau: flacher Graben im Landgewinnungsfeld, im Deichvorland oder im eingedeichten Marschgebiet.

Gruppen|antrieb, →Sammelantrieb.

Gruppengeschwindigkeit, Physik: Geschwindigkeit des Schwerpunktes eines Wellenpaketes (→Welle, →Lichtgeschwindigkeit).

Gruppenschaltung, Installationstechnik: Schaltung von zwei elektr. Stromkreisen derart, daß durch einen Umschalter der eine Stromkreis ein- und gleichzeitig der andere Stromkreis ausgeschaltet wird.

Gruppentafel, Cayleysche Tafel [n. dem brit. Mathematiker A. Cayley, * 1821, † 1895], quadrat. Tabelle, in der zu je zwei Elementen einer →Gruppe 2) das Resultat der Gruppenverknüpfung angegeben wird (BILD Kleinsche Vierergruppe).

Gruppoid, eine Menge G mit einer inneren Verknüpfung (Komposition), d. h. einer Abbildung $G \times G \longrightarrow G$. Fordert man zusätzl. Bedingungen, so erhält man die →Halbgruppen und die →Gruppen 2). – Ist die Verknüpfung assoziativ (kommutativ), so heißt auch das G. assoziatives (kommutatives) G.

Grus, 1) Astronomie: **Kranich,** ein →Sternbild am Südhimmel.

2) Geologie: eckiges Verwitterungsprodukt von körnigen Festgesteinen in Sand- bis Feinkiesgröße, z. B. Schuttmaterial, Kohle u. ä.

GTO-Thyristor, Abk. für **Gate Turn Off-Thyristor** [geɪt təːn ɔf-, engl.], spezieller →Thyristor, der durch einen der Steuerelektrode (›gate‹) zugeleiteten negativen Impuls abgeschaltet werden kann.

Guajakol, 2-Methoxyphenol, gewürzartig riechende Verbindung, die in äther. Ölen und Nahrungsmitteln als Aromakomponente enthalten ist. G. wird aus Brenzcatechin hergestellt und als Zwischenprodukt für die Synthese von Riechstoffen (z. B. Vanillin) sowie als Hustenmittel verwendet.

Guanamine, Derivate des 1,3,5-Triazins. G. und ihre Derivate haben Bedeutung für die Herstellung von **Guanaminharzen,** die für Klebstoffe und Formmassen verwendet werden.

Guanidin, Iminoharnstoff, unbeständige kristalline, stark bas. Verbindung. **G.-Salze** werden vorwiegend aus Dicyanamid, das sich durch Dimerisierung von Cyanamid bildet, und Ammoniumsalzen hergestellt. G. und seine Derivate haben Bedeutung als Sprengstoffe (z. B. Nitro-G.), Pharmazeutika und Vulkanisationsbeschleuniger in der Gummiindustrie.

Guanin, Purinbase der Nucleinsäure, in vielen tier. und pflanzl. Organen; in Haut und Schuppen von Fischen und Reptilien. G. ist eine der Basen des genet. Codes.

Guano, phosphor- und stickstoffreiche Ablagerung von Exkrementen von Seevögeln (auch Fledermäusen) warmer Klimate. Durch Umsatz mit Kalk Bildung von Calciumphosphat. Wichtiger Phosphatrohstoff, wird als Düngemittel abgebaut.

Guanosin, Bestandteil der Ribonucleinsäure; Nucleosid aus Guanin und Ribose. – Im Zellstoffwechsel sind die **G.-Phosphate,** bes. das **G.-Triphosphat (GTP),** wichtig, das im Zitronensäurezyklus entsteht und im Organismus als Phosphatdonator und Energielieferant dient.

Guilloche [gij'ɔʃə, frz.] *die,* ineinander verschlungene Linienraster oder -ornamente auf Gegenständen aus Metall, Elfenbein, Holz u. a. zur Verzierung, auf Banknoten, Wertpapieren, Urkunden zum Schutz gegen Fälschung; hergestellt in Stahlstichmanier mit der Liniengraviermaschine **(Guillochiermaschine),** auch mit Schablonen, photomechanisch oder durch Photomontage.

Guinier-Verfahren [ginj'e-, n. dem frz. Mineralogen A. Guinier, * 1911], Kristallographie: eine →Pulvermethode.

Guldinsche Regeln [n. dem Mathematiker H. C. P. Guldin, * 1577, † 1643], **baryzentrische Regeln,** Regeln zur Berechnung von Oberflächen und Volumina von Rotationskörpern (→Umdrehungskörper):

1) das Volumen V eines Rotationskörpers ist gleich dem Produkt aus der erzeugenden Fläche A und dem Weg $2\pi\sigma$ des Flächenschwerpunkts: $V = 2\pi\sigma A$.

2) Der Flächeninhalt M der Mantelfläche (→Mantel 1) eines Rotationskörpers ist gleich dem Produkt aus dem er-

zeugenden Bogen $l = 2\pi r$ und dem Weg $2\pi\sigma$ des Bogenschwerpunkts: $M = 2\pi\sigma \cdot l$.

gültige Stelle, gültige Ziffer, heißt eine Stelle in einer Dezimalzahl, wenn der Fehler der Zahl höchstens kleiner als die Hälfte des Stellenwertes der betreffenden Stelle ist (→ Genauigkeit 2).

Gummi, → Elastomere.

Gummi arabicum, vorwiegend im Sudan aus der Rinde von Akazien gewonnene farblose bis braune Stücke, die sich in warmem Wasser zu einer zähen, klebrigen Flüssigkeit lösen. G. a. besteht überwiegend aus Salzen des Polysaccharids Arabinsäure. Es hat als Verdikkungs- und Bindemittel nur noch geringe Bedeutung.

Gummidruck, der → Flexodruck.

Gummierung, 1) Beschichtung von Papier (z. B. Briefumschläge) mit Klebstoffen. 2) Korrosionsfeste Beschichtung von metall. Werkstoffen (z. B. Stahl) mit Kautschuk und anschließende Vulkanisation.

Gummilinse, umgangssprachl. Bez. für ein Objektiv mit stufenlos veränderl. Brennweite, → Vario-Objektiv.

Gum-Nebel [n. dem austral. Astronomen C. S. Gum, * 1924, † 1960], 1952 entdecktes scheinbar größtes Objekt am Himmel mit einer Ausdehnung bis zu $40^\circ \times 90^\circ$ am Südhimmel; eine Wasserstoffgaswolke, die Überrest einer vor etwa 11000 Jahren explodierten Supernova ist.

Gunn-Effekt [gˈʌn-, n. dem amerikan. Physiker J. B. Gunn, * 1928], bei n-dotiertem Galliumarsenid (GaAs) 1963 entdeckte Erscheinung, daß oberhalb einer krit. elektr. Feldstärke E_{krit} von etwa 2000 V/cm starke Fluktuationen der elektr. Leitfähigkeit auftreten, die in sehr kurzen Kristallen zu Stromoszillationen im GHz-Bereich führen. Als Halbleiterbauelement werden **Gunn-Dioden** aus sperrschichtfreien n-leitenden GaAs-Einkristallen, die an beiden Enden mit Ohmschen Kontakten versehen sind, im **Gunn-Oszillator** zur Erzeugung von Mikrowellen ausgenutzt. – Der G.-E. ist mit Besonderheiten in der Bandstruktur (→ Bändermodell) des Halbleitermaterials verknüpft, es gibt zwei Leitungsbandminima, von denen das höher gelegene eine schwächere Krümmung aufweist als das untere, d. h., daß die Elektronen in den höheren Zuständen eine größere → effektive Masse haben. In hohen elektr. Feldern können Elektronen soviel Energie und Impuls aufnehmen, daß sie in diese Zustände mit geringerer Elektronenbeweglichkeit gestreut werden, deren therm. Besetzung vernachlässigbar ist. Daher nimmt die Stromdichte oberhalb E_{krit} mit wachsender Feldstärke ab, d. h., die Gunn-Diode besitzt dort einen negativen differentiellen Widerstand. Auf Grund der unterschiedl. Beweglichkeit bilden sich Bereiche von Elektronenverarmung und -anhäufung, verbunden mit schmalen Domänen niedriger und hoher Feldstärke, die durch den Kristall driften. Erreicht eine Hochfelddomäne die Anode, so steigt der Strom kurzzeitig an, während gleichzeitig an der Kathode eine neue Domäne gebildet wird. Die Frequenz des Gunn-Oszillators wird durch die Kristalldicke und die Driftgeschwindigkeit der Elektronendomänen bestimmt.

Gurt, 1) Bautechnik: die obere und untere Begrenzung **(Ober-G.** und **Unter-G.)** eines Vollwand- oder Fachwerkträgers. Die entsprechenden Abschnitte zw. den Knotenpunkten des Fachwerkes sind die **Gurtstäbe.** Bei Walzstahlprofilen heißen die senkrecht zum Steg liegenden Teile G. oder Flansch.

2) Verkehrswesen: → Sicherheitsgurt.

3) Weberei: festes, ein- oder mehrlagig, bis sechsfach gearbeitetes Schmalgewebe aus gröberen Baumwoll-, Bastfaser- oder Chemiefaserzwirnen.

Gurtförderer, Bandförderer, Förderband, Fördermittel für Schütt- und Stückgüter, die auf einem Gurt aus Textilien, Draht, Stahl oder Gummi mit Gewebe oder Stahlcordeinlage meist horizontal transportiert werden.

Gurtgewölbe, oft ungenau **Gurtbogen** genannt, Traggewölbe eines Tonnengewölbes.

Guß, → Gießen, → Gießerei.

Guß|asphalt, Mineralgemisch von abgestufter Körnung, dem im heißen Zustand ein durch Erhitzen dünnflüssiges Straßenbaubitumen zugemischt worden ist. Dieses Gemisch wird im → Straßenbau, aber auch als Balkonbelag u. ä. in heißem Zustand eingebaut. Der Bindemittelgehalt ist so abgestimmt, daß die Hohlräume in der fertigen Schicht voll ausgefüllt sind oder daß ein geringer Überschuß an Bindemitteln vorhanden ist.

Guß|eisen, in Formen vergießbares Eisen mit 2–4% Kohlenstoff. Im Gefüge des G. erscheint der Kohlenstoff v. a. als Graphit, der je nach Verwendungszweck lamellenförmig oder kugelig ausgebildet sein muß.

Gußglas wird als → Flachglas durch Gießen und Walzen auf Stahltischen hergestellt. Dabei können Muster (Ornamentglas) oder Drahtgeflechte (→ Drahtglas) mit eingewalzt werden. Das nicht klar durchsichtige G. kann durch anschließendes Schleifen und Polieren auf beiden Seiten zu planparallelem Spiegelglas verarbeitet werden.

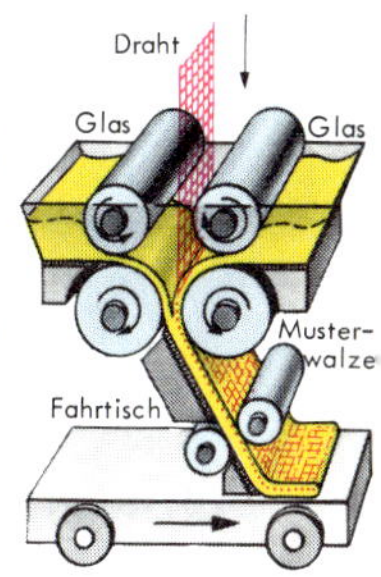

Gußglas: Schema einer Drahtglasmaschine mit Musterprägung

Güte, 1) Elektrotechnik: Maß für die Verstimmung eines verlustbehafteten (also realen) Schwingkreises. Die G. ist um so höher, je geringer die Verluste (angegeben durch den → Verlustfaktor) im Schwingkreis sind. Sie ist definiert als Kehrwert des Verlustfaktors: $Q = 1/\tan\delta$. Hohe G. bedeutet große Resonanzschärfe, d. h. große Steilheit des Stromanstiegs in Resonanznähe. Daher gibt man die G. bei Verstärker- und Filterschaltungen auch als Verhältnis von Resonanzfrequenz zu Bandbreite an.

2) → Qualität.

Gutenberg-Zone [n. dem dt.-amerikan. Geophysiker B. Gutenberg, * 1889, † 1960], Zone des oberen Erdmantels; wird in 40–60 km unter Ozeanen, 80–200 km unter Kontinenten angenommen (BILD Erde).

Güterwagen, → Eisenbahnwagen.

Güteschaltung, → Laser.

Guttapercha, aus dem Milchsaft von Palaquium-Bäumen (Malaysia, Indonesien) gewonnenes Produkt, das i. Ggs. zum Naturkautschuk hart und hornartig ist und bei 70 bis 100 °C in einen plast. Zustand übergeht.

Guyot [gu̯ijˈo, n. dem amerikan. Geographen A. H. Guyot, * 1807, † 1884], untermeer. Kuppe vulkan. Entstehung, mit ebenem Gipfelplateau, häufig im Pazifik.

GW, Einheitenzeichen für **Gigawatt** (→ Watt).

Gy, Einheitenzeichen für → **Gray**.

Gyrator, Übertragungsglied (Vierpol), bei dem der Strom auf der einen Seite proportional zu der Spannung auf der anderen Seite ist, d. h. die Ströme verhalten sich umgekehrt wie die Spannungen: $I_1 : I_2 = U_2 : U_1$. Mit dem G. läßt sich eine am Eingang angeschlossene Kapazität in eine am Ausgang wirksame Induktivität umwandeln. Der G. ist von Bedeutung zur Herstellung großer Induktivitäten hoher Güte und anwendbar bei integrierten Schaltungen. (BILD S. 240)

Gyre *die,* svw. Drehachse (→ Kristall).

Gyro|antrieb, Elektrogyro-Antrieb, Fahrzeugantrieb, bei dem Antriebsarbeit in Form von kinet. Energie eines rotierenden →Schwungrades gespeichert wird. Auf der gleichen Welle mit dem Schwungrad sitzt der Läufer einer Asynchronmaschine, die an Ladestellen als Motor das Schwungrad auflädt und während der Fahrt als kondensatorerregter Asynchrongenerator die Fahrmotoren speist. Die längste Strecke, die zw. zwei Aufladungen von einem mit G.-A. ausgerüsteten Omnibus **(Gyrobus)** zurückgelegt werden kann, beträgt in der Ebene etwa 5–10 km.

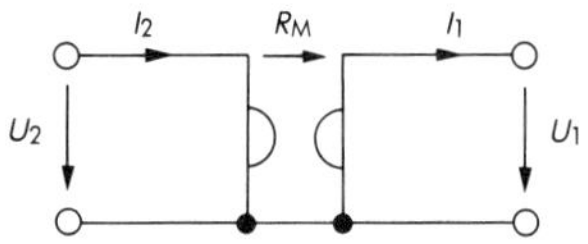

Gyrator: Schaltsymbol; R_M = Gyrationswiderstand

Gyrocon, Hochleistungsverstärkerröhre für m-Wellen, bei der ein mit konstanter Geschwindigkeit umlaufender Elektronenstrahl in einem ringförmigen Hohlraumresonator eine fortschreitende elektromagnet. Welle hoher Leistung influenziert.

gyro|edrische Klasse, gyro|edrische oder **plagi|edrische Hemi|edrie,** veraltet für die pentagonikositetraedrische Kristallklasse. (→Kristall, ÜBERSICHT Symmetrieklassen)

Gyroide *die,* svw. Drehspiegelachse (→Kristall).

gyromagnetische Effekte, kreiselmagnetische Effekte, magneto|mechanische Effekte, die durch die Verknüpfung von atomaren (vorwiegend durch den Spin der Elektronen bestimmten) magnet. Momenten mit mechan. Drehimpulsen bedingten makroskop. Erscheinungen. Eine (mit einer gleichzeitigen Änderung der Magnetisierung eines Körpers verknüpfte) Änderung des mechan. Drehimpulses der Elektronen bewirkt auf Grund des Drehimpulserhaltungssatzes eine Änderung des Drehimpulses des gesamten Körpers. So wird beim **Einstein-de-Haas-Effekt** ein frei aufgehängter Eisenstab durch plötzl. Magnetisierung in Rotation versetzt. Da dieser von A. EINSTEIN und W. J. DE HAAS 1915 nachgewiesene Effekt 1908 von O. W. RICHARDSON vorausgesagt wurde, heißt er auch **Richardson-Einstein-de-Haas-Effekt** [r'ɪtʃədsn-]. Umgekehrt kann ein Eisenstab durch schnelle Rotation um seine Längsachse magnetisiert werden, was 1914 von S. J. BARNETT gezeigt wurde **(Barnett-Effekt,** auch **Richardson-Barnett-Effekt).**

gyromagnetischer Faktor, der →Landésche g-Faktor.

gyromagnetisches Verhältnis, →Larmor-Präzession.

Gyroskop, →Kreisel.

Gyrotron, eine →Laufzeitröhre zur Erzeugung und Verstärkung hoher Leistungen bei cm- und mm-Wellen. Im G. laufen die Strahlelektronen mit der →Zyklotronfrequenz auf Wendelbahnen um und treten dabei mit dem azimutalen elektr. Wechselfeld eines offenen Resonators in Wechselwirkung.

Gyttja, graue bis schwarze, vorwiegend organogene wasserreiche Ablagerung am Boden nährstoffreicher Gewässer bei beschränktem Sauerstoffzutritt und Verwesung der leicht zersetzl. Stoffe. Der Übergang zum →Faulschlamm ist fließend.

H

h, 1) Einheitenzeichen für →Stunde (als Zeitspanne).

2) *h,* Formelzeichen für Höhe und das →Plancksche Wirkungsquantum.

3) physikal. Symbol für das →Helion.

4) Vorsatzzeichen für →Hekto.

^{h}, Einheitenzeichen für →Stunde als Zeitpunkt, in der Astronomie auch als Zeitspanne.

ħ, *ħ,* Formelzeichen für die Größe $h/2\pi$, gesprochen ›h quer‹ (→Plancksches Wirkungsquantum).

H, 1) chem. Symbol für →Wasserstoff.

2) Einheitenzeichen für →Henry.

3) *H,* Formelzeichen für Äquivalentdosis, Enthalphie, magnet. Feldstärke, Hamilton-Funktion, Hubble-Konstante und Heizwert.

H_c, H_c, Formelzeichen für die →kritische magnetische Feldstärke (des Supraleiters).

ha, Einheitenzeichen für →**Hektar**.

Ha, chem. Symbol für das Element Hahnium, →Unnilpentium.

Haar der Berenike, lat. **Coma Berenices,** ein →Sternbild des nördl. Himmels, im Frühjahr sichtbar am Abendhimmel. In ihm liegt der galakt. Nordpol (→astronomische Koordinaten).

Haardraht, dünner Draht, z. B. für Siebe.

Haarkristall, der →Whisker.

Haarlineal, Lineal aus gehärtetem Stahl mit messerartiger Kante, zum Prüfen der Ebenheit von Werkstückkanten und -flächen durch Beobachten des zw. Werkstück und Linealkante sichtbaren Lichtspalts.

Haarnadelkurve, haarnadelförmige, enge Straßenkurve (Wendeplatte), dient in gebirgigem Gelände der Gewinnung von Höhe bei Einhaltung zulässiger Steigungen; auch im Sport, z. B. bei Motorsportbahnen.

Haarrisse, feine, etwa 0,2 mm breite Risse, entstehen bei Putz, Beton, gebranntem Ton dadurch, daß die Oberflächenschichten beim Abbinden oder Brennen rascher schwinden als das Innere. Bei Metallen können sehr viel feinere Risse durch zu rasche, ungleichmäßige oder zu tiefe Abkühlung entstehen.

Haarröhrchen, die →Kapillare.

Haarsterne, seltene Bez. für →Kometen.

Haartrockner, eine → Heißluftdusche, oft in Verbindung mit einer über die Haare zu ziehenden **Trockenhaube,** in die warme Luft geblasen wird.

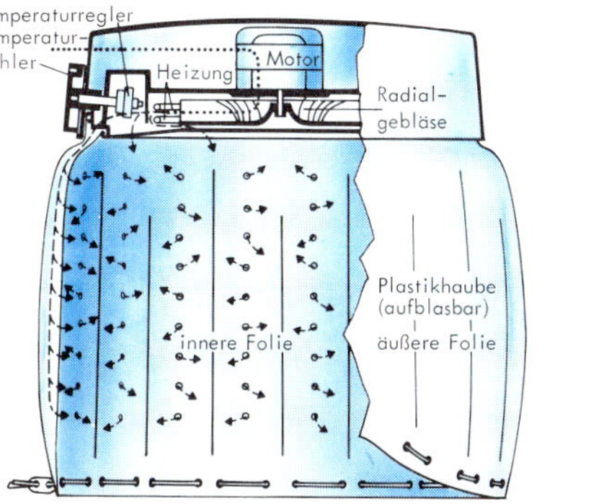

Haartrockner

Haber-Bosch-Verfahren [n. den dt. Chemikern F. Haber, * 1868, † 1934, und C. Bosch, * 1874, † 1940], Verfahren zur techn. Herstellung von → Ammoniak.

Habitus, kurz für → Kristallhabitus.

Hacke, 1) Werkzeug zur Bodenbearbeitung (→ Hackgeräte).

2) Stevensohle, eine bei flachgehenden Schiffen zum Schutz von Propeller und Ruder gegen Grundberührung vom Kiel unter dem Propeller herumgeführte Stahlschiene, die gleichzeitig als unteres Ruderlager dient.

Hackfrucht|erntemaschinen, die → Kartoffelerntemaschinen und → Rübenerntemaschinen.

Hackgeräte, Hand- oder Schleppergeräte zum Beseitigen von Verkrustungen und zum Auflockern des Bodens sowie zur Unkrautbeseitigung; **Schlepper-H.** bearbeiten den Boden zw. den Pflanzenreihen, sie dienen als **Häufler** auch zum Erzeugen von Bodendämmen, die für einige Kulturpflanzen notwendig sind.

Häckselmaschinen, stationäre Maschinen zum Häckseln von Halmgut. Einfache H. bestehen aus Zuführlade, Einziehwalzen und mehreren um eine horizontale Achse rotierenden Schneidmessern, größere H. sind zusätzlich mit einem Wurfgebläse ausgerüstet **(Gebläsehäcksler),** das das Häckselgut in den Lagerraum oder in das Gärfuttersilo fördert; → Feldhäcksler sind fahrbare Gebläsehäcksler, die das Halmgut zusätzlich mähen oder aus dem Schwad aufsammeln.

Hadern, Papierfaserstoff aus Textilabfällen oder gebrauchten Textilien pflanzl. Herkunft wie Baumwolle, Leinen, Hanf.

Hadronen, die stark wechselwirkenden → Elementarteilchen, also Mesonen und Baryonen. Es wird angenommen, daß alle H. (zu denen auch das → Proton und das → Neutron zählt) aus → Quarks aufgebaut sind.

hadronische Atome, → exotische Atome, bei denen ein Hüllenelektron durch ein Hadron ersetzt ist.

Hafen, Landflächen und i. d. R. künstlich geschaffene Wasserflächen mit Einrichtungen zum Liegen, Laden und Löschen von Schiffen sowie zur Schiffsreparatur und Schiffsversorgung. Zu unterscheiden sind: a) nach der Verkehrsart **See-H.** und **Binnen-H.** Ein See-H. besteht oft aus einem offenen Teil, dem **Außen-H.,** und einem geschlossenen Teil, der ebenfalls als **Binnen-H.** bezeichnet wird. b) nach der geograph. Lage oder der Lage am Gewässer **Küsten-H., Insel-H., Flußmündungs-H., Vor-H.** (H. an der Flußmündung, der einem flußaufwärts liegenden See-H. zugeordnet ist), **Lagunen-H., Fluß-H.** und **Kanal-H.;** c) nach der Verbindung zw. H. und Wasserstraße **offener H.** (Wasserstände im H. und in der Wasserstraße ständig ausgespiegelt), **Tide-H.** (offener H. im Tidegebiet, gegen Sturmfluten evtl. durch ein → Sperrwerk geschützt) und **geschlossener H.,** entweder durch eine Schleuse jederzeit zugänglich **(Schleusen-H.)** oder durch ein Dockhaupt abgeschlossen und damit nur begrenzt zugänglich (→ Dockhafen); d) nach der Form **Atoll-H.** (vor der Küste angelegter H. ohne feste Landverbindung), **Parallel-H.,** früher **Lände** (H.-Wasserfläche auf ihrer ganzen Länge nicht durch Bauwerke von der Wasserstraße getrennt), **Dreieck-H.** (dreieckförmige H.-Wasserfläche, die nicht durch Bauwerke von der Wasserstraße getrennt ist), **Molen-H.** (H.-Wasserfläche durch → Molen von der Wasserstraße abgetrennt) und **Stich-H.** (H.-Wasserfläche landeinwärts der Wasserstraße gelegen, durch eine H.-Einfahrt mit ihr verbunden); e) nach dem Zweck, z. B. **Schutz-** oder **Winter-H., Not-H., Liege-H., Handels-H., Industrie-H., Werft-H., Bau-H., Werk-H., Fähr-H., Kriegs-H.** und **Sportboot-H.;** f) nach dem Umschlaggut, z. B. **Massengut-H., Stückgut-H., Container-H., Öl-H., Fischerei-H., Erz-H., Holz-H., Getreide-H.;** g) nach der Verkehrsbedeutung **Lokal-H., Regional-H., Welt-H.;** h) nach Zollgrenzen **Frei-H.** und **Zoll-H.**

Für einen H.-Standort sind v. a. wirtschaftl. und verkehrspolit. Gesichtspunkte bestimmend. Daneben sind die Möglichkeiten für eine gefahrlose Ein- und Ausfahrt, für einen ruhigen H.-Wasserspiegel auch bei Sturm und für eine weitgehende Verhinderung von Feststoffablagerungen im H. von Bedeutung. Die befestigten Ufer sind entweder geböscht (z. B. im Öl-H.), vertikal (als → Kai oder Spundwandbauwerk vorherrschend z. B. bei Stückgutumschlag) oder gebrochen, d. h. im unteren Bereich vertikal, darüber geböscht.

Der Umschlag erfolgt zw. Schiff und Lagerplatz oder Speicher oder beim → kombinierten Verkehr zw. Schiff und Eisenbahn oder Lastkraftwagen oder auch von Schiff zu Schiff, und zwar je nach Art des Umschlagguts mit Kränen, Verladebrücken, Transportbändern, Schüttern (z. B. bei Kohle), Saugluftanlagen (z. B. bei Getreide) oder Druckrohrleitungen (z. B. bei Öl). Die Verwendung von Containern dient der Beschleunigung des Umschlags und der besseren Verstauung der Ladung im Schiff. Daneben spielt bes. im Verkehr über kurze und mittlere Entfernungen der Verkehr mit → Roll-on/Roll-off-Schiffen (Trailer, rollender Umschlag zw. Schiff und Ufer) und mit → Fähren eine wichtige Rolle. H. müssen Straßen- und Bahnanschluß (Gleise bis auf den Kai) besitzen. (BILDER S. 242)

Hb. der europ. Seehäfen, hg. v. H. SANMANN, 10 Bde. (1967–80); J. LÜSCH: Das Buch vom H. (1981); Hb. für H.-Bau und Umschlagtechnik, hg. v. d. Hafenbautechn. Ges. e. V., (1953 ff., bis 1981 26 Bde.). – Jb. der Hafenbautechn. Ges. (seit 1918).

Hafenofen, ein Glasschmelzofen, in dem → Glas 1) in mittelgroßen Mengen erschmolzen wird. Zur Aufnahme des Schmelzgutes wird ein Gefäß **(Hafen)** aus feuerfester Keramik verwendet.

Haff *das,* **Lagune** *die,* durch eine Nehrung oder eine Inselkette vom offenen Meer weitgehend abgeschnürte ehem. Meeresbucht, meist mit Süßwasserzufuhr durch ei-

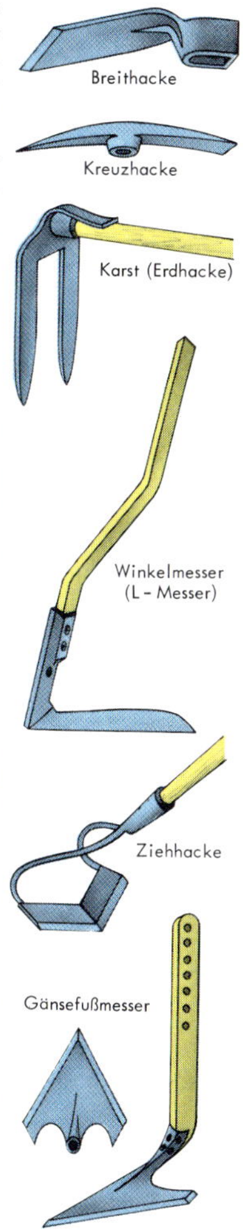

Hackgeräte

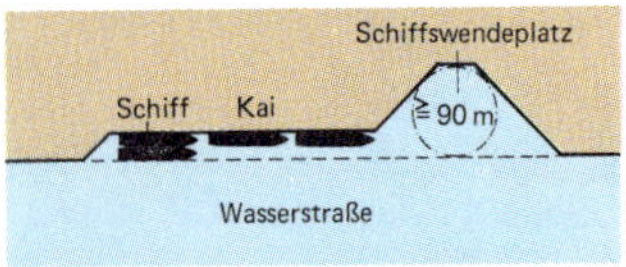

Parallelhafen

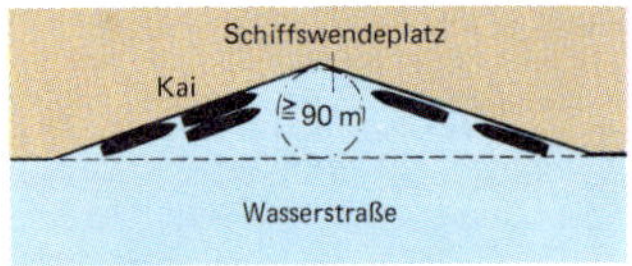

Dreieckshafen

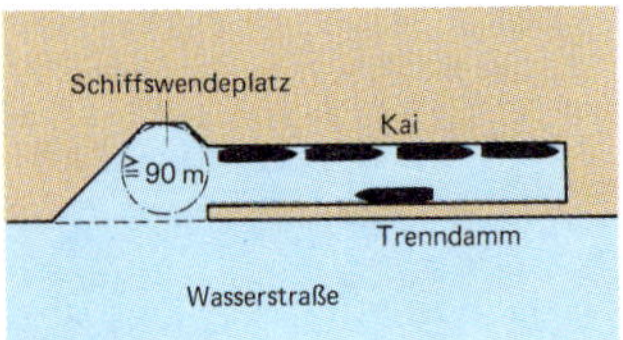

Molenhafen

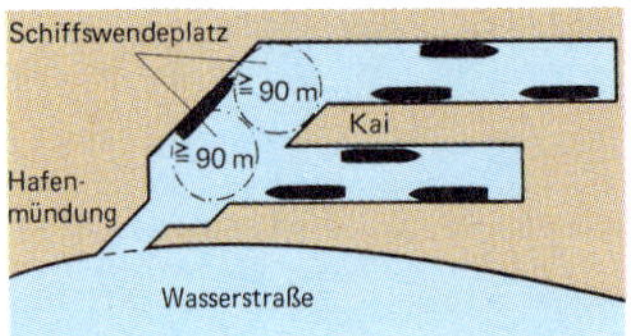

Stichhafen

Hafen:
1 Parallel-H. sind die einfachste H.-Form, gebildet durch eine Erweiterung des Fahrwassers bei entsprechendem Uferausbau; sie bieten kaum Schutz bei Hochwasser und Eisgang. **2** Dreiecks-H. haben bei gleicher Uferlänge lediglich eine größere Wasserfläche als Parallel-H. und können dadurch mehr Schiffe aufnehmen. **3** Molen-H. sind gegen die Wasserstraße durch einen Trenndamm abgegrenzt; Schiffe im Molen-H. sind i. d. R. geschützt vor Hochwasser und Eisgang und gegen vom durchgehenden Verkehr verursachte Wasserbewegungen. **4** Stich-H. mit einer H.-Mündung und einem oder mehreren Becken sind die aufwendigste H.-Form und beanspruchen die größte Geländefläche; dafür bieten Stich-H. die günstigsten Betriebsmöglichkeiten für Schiffahrt, Hafenwirtschaft, Handel und Industrie

nen einmündenden Fluß. Das H. ist mit dem Meer durch schmale, vielfach für die Schiffahrt künstlich offengehaltene Durchlässe (›Tief‹, ›Deep‹ oder ›Gats‹) verbunden und enthält Brackwasser.

Hafnium, chem. Symbol **Hf,** chem. Element der 4. Gruppe des Periodensystems, Ordnungszahl 72 (→chemische Elemente). Von mehr als 20 bekannten Isotopen kommen sechs natürlich vor, wovon fünf stabil sind. Wertigkeit +4. Das chem. Verhalten des H. und seiner Verbindungen ist identisch mit dem des →Zirkons, als dessen Begleiter H. in der Natur vorkommt. Die Trennung von Zirkon kann durch fraktionierte Destillation z. B. der Carbonyle, durch Ionenaustauscher, durch Mikroorganismen oder durch →Extraktion erfolgen. Zur Darstellung des Elements wird das H.-Tetrachlorid, $HfCl_4$, oder das H.-Dioxid, HfO_2, mit Natrium oder Calcium reduziert.

H. findet Verwendung in der Kern- und Hochfrequenztechnik sowie als Legierungsmetall; es wurde 1923 von G. v. HEVESY und D. COSTER entdeckt.

Haftgrundmittel, Reaktions-Primer [-praɪmə, engl.], haftungsvermittelndes und passivierendes Mittel zur Vorbehandlung von Metallen, z. B. **Zweikomponenten-H.** mit Polyvinylbutyral als Bindemittel, Phosphorsäure zur Benetzung und Härtung, Zinktetraoxychromat als antikorrosives Pigment, oder **Eintopf-Primer** auf Kunstharzbasis mit Korrosionsschutzpigmenten. H. werden verwendet bei Karosserie-, Maschinen-, Geräteanstrichen sowie für Bauteillackierungen, meist auf Stahl, Aluminium und Kunststoffen nach DIN. H. sind dünnflüssig, spritz- und streichbar und ergeben sehr geringe Schichtdicken.

Haftreibung, Form der →Reibung; H. als physikalischer Vorgang zwischen Rad und Fahrbahn (Schiene) →Fahrdynamik 2).

Haftschalen, die →Kontaktlinsen.

Haftwasser, →Boden.

Hagel, Eiskugeln oder Eisstücke **(Hagelkörner, Schloße),** die als →Hydrometeore mit Durchmessern von 5 mm oder mehr (darunter Frostgraupeln) in einer Wolke entstanden sind. Ihr Kern ist klar oder weißlich, umgeben von einer mindestens mm-dicken durchsichtigen Eisschicht. H. setzt Graupelbildung voraus, die in Quellwolken (→Wolken) auftritt, deren oberer Teil bei Temperaturen um −15 °C teilweise, bei −40 °C vollständig aus Eisteilchen besteht, während der untere Teil Wassertröpfchen von 0,1–0,01 mm Durchmesser enthält. Diese werden im Aufwind über die 0-°C-Grenze getragen und unterkühlen. Treffen sie in der Höhe auf ein Eisteilchen, frieren sie spontan an diesem an. Wiederholt sich dieser Vorgang, so wird das Teilchen schwerer, beginnt zu sinken, und es entsteht ein **Graupelkorn.** Lagert sich daran Reif ab, kommt es zu **Reifgraupeln.** Häufiger jedoch überziehen sich bei Temperaturen um 0 °C die Graupeln durch eingefangene Tröpfchen mit einer Wasserhaut, die zu einer klaren Eisschicht gefriert. So entsteht zunächst, solange der Durchmesser weniger als 5 mm beträgt, **Frostgraupel,** dann H. Dieser wächst entsprechend der Stärke des Aufwindes und dem Wassergehalt der Umgebung. Wird er mehrfach aufwärts geblasen, so erhält er durch den damit verbundenen Temperaturwechsel einen schalenförmigen Aufbau. Seine endgültige Größe hängt vom Vertikalwind ab. 30 m/s und Eisdichten von 0,6 g/cm^3 ergeben Durchmesser bis zu 7 cm. Stärkste Fälle von H. treten in Lee von Gebirgen der mittleren und subtropischen Breiten auf.

In der Wolke und ihrer Umgebung ist H. eine ernste Gefährdung für die Luftfahrt. Auch die Landwirtschaft wird durch ihn stark geschädigt. Zu ihrem Schutz führt man in stark bedrohten Gebieten Maßnahmen zur Bekämpfung durch. Dazu werden Chemikalien (Silberjodid) in die Wolken eingebracht, die als Kondensationskerne flüssigen Niederschlag auslösen und so Wasser für Hagelbildung entziehen sollen.

Hagelsteine, volkstümlich für zahlreich herabfallende →Meteorite.

Hagen-Poiseuillesches Gesetz [-pwaz'œj-, n. G. H. L. Hagen, * 1797, † 1884, und J. L. M. Poiseuille, * 1799, † 1869], besagt, daß bei laminaren Strömungen durch Röhren mit kreisförmigem Querschnitt vom Innenradius r das je Zeiteinheit $\mathrm{d}t$ den Querschnitt passierende Flüssigkeitsvolumen $\mathrm{d}V$ der Druckdifferenz Δp, der 4. Potenz des Rohrradius direkt, der Rohrlänge l und der dynamischen Viskosität η umgekehrt proportional ist.

$$\mathrm{d}V = \frac{\pi r^4 (p_1 - p_2)}{8\, l \eta}\,\mathrm{d}t,$$

wobei $\Delta p = p_1 - p_2$, p_1 (p_2) Druck am Anfang (Ende) des Rohres. Für stationäre Strömung gilt:

$$V = \pi r^4 \,(p_1 - p_2)\, t / 8\, l \eta .$$

Mit Hilfe des H.-P. G. kann man die Viskosität von Flüssigkeiten durch Strömungsmessungen ermitteln. Infolge der Abhängigkeit von der 4. Potenz des Radius kann z. B. die in den Adern von Lebewesen in einer best. Zeit zu den Organen fließende Blutmenge durch geringfügige Änderung des Radius stark verändert werden.

Hahn, 1) ein →Absperrorgan.

2) Waffentechnik: Teil der Zündungseinrichtung bei

Faust- und Handfeuerwaffen **(Schlag-H.)**; beim Zurückziehen wird die Feder gespannt, die durch den Abzug wieder gelöst wird: Der H. schlägt gegen den Schlagbolzen und zündet dadurch die Patrone.

Hahnium [n. dem dt. Chemiker O. Hahn, * 1879, † 1968], chem. Symbol **Ha,** von amerikan. Forschern vorgeschlagene Bez. für das chem. Element 105; synonyme Bez.: Bohrium, Nielsbohrium, → Unnilpentium.

Haidingersche Lupe [n. dem österr. Geologen W. K. v. Haidinger, * 1795, † 1871], das → Dichroskop.

Haidingersche Ringe, → Interferenz.

Hakenblatt, eine hakenförmige Überblattung; → Holzverbindungen.

Hakenschlagen, Umbiegen der Schichtköpfe bei aufgerichteten Schichten an Hangoberflächen durch Gekriech (→ Hangbewegungen).

Hakenschlüssel, Werkzeug zum Anziehen und Lösen von Rundmuttern, die am Umfang Bohrungen oder axial verlaufende Nuten besitzen.

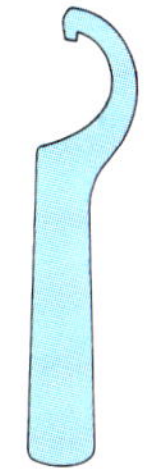

Hakenschlüssel

Halb|acetale, Chemie: sehr unbeständige Verbindungen aus je einem Molekül eines Aldehyds und eines Alkohols. Stabiler sind ringförmige H., wie sie viele Zuckerarten bilden, indem die Carbonylgruppe und eine Hydroxylgruppe desselben Moleküls miteinander reagieren.

Halb|achse, → Ellipse, → Hyperbel.

Halbbild, 1) bei der → Stereoprojektion ein Einzelbild (Rechts- oder Linksbild) eines Stereobildes.

2) beim Fernsehen der Bildanteil, der beim Zeilensprungverfahren aus der Hälfte der Zeilen, die für ein Fernsehbild notwendig sind, besteht. Dabei werden im ersten H. alle ungeradzahligen, im zweiten alle geradzahligen Zeilen übertragen. Zwischen den beiden H. liegt die vertikale → Austastlücke.

halbdurchlässige Wand, semipermeable Membran, poröses Gebilde, das best. Komponenten einer Mischung zurückhält, während andere unbehindert durchtreten können. Tier. Häute, wie sie z. B. zur → Dialyse verwendet werden, stellen eine h. W. dar, ähnlich wie die zur Meerwasserentsalzung verwendeten Celluloseacetat-Membranen. Trennt eine h. W. Lösungen unterschiedl. Konzentration, so werden die durchtrittsfähigen Moleküle versuchen, einen Konzentrationsausgleich herbeizuführen und so den osmot. Druck (→ Osmose) aufbauen.

Halb|element, die → Halbzelle.

Halbgruppe, eine Menge *H* mit einer Verknüpfung (Komposition), d. h. $H \times H \longrightarrow H$, so daß das Assoziativgesetz gilt: für alle $a, b, c \in H$ gilt $(a \cdot b) \cdot c = a \cdot (b \cdot c)$. Fordert man zusätzl. Bedingungen so erhält man eine → Gruppe 2). Beispiel für eine H. sind die natürl. Zahlen ℕ mit der Addition als Verknüpfung.

Halbleiter, Festkörper, deren spezif. elektr. Widerstand bei Zimmertemperatur (typisch 10^{-2}–10^{9} Ω cm) zw. dem von Metallen (etwa 10^{-6} Ω cm) und dem von Isolatoren ($> 10^{14}$ Ω cm) liegt und deren elektr. Leitfähigkeit i. Ggs. zu der von Metallen i. a. mit abnehmender Temperatur kleiner wird, so daß bei sehr tiefen Temperaturen fehlerfreie H.-Kristalle zu Isolatoren werden. Die wichtigsten H.-Materialien sind Silicium (Si) und Germanium (Ge). Neben diesen **Element-H.,** zu denen auch noch Selen (Se) und Tellur (Te) gehören, gewinnen **Verbindungs-H.,** v. a. Verbindungen von Elementen aus der 3. Spalte des period. Systems mit solchen aus der 5. oder der 2. mit solchen aus der 6. Spalte, d. h. die **III-V-Verbindungen** (GaAs, InP, GaP, InSb u. a.) bzw. **II-VI-Verbindungen** (CdS, PbS, PbSe, CdSe, CdTe, ZnS u. a.), immer mehr an Bedeutung. Darüber hinaus sind gewisse Oxide (z. B. Cu_2O) und Carbide (z. B. SiC) halbleitend. Die H.-Eigenschaft ist eng mit der kovalenten Bindung der atomaren Bausteine verknüpft. Si und Ge kristallisieren in Diamantgitterstruktur, Verbindungs-H. haben typischerweise Zinkblendestruktur. Die zahlreichen techn. Anwendungen der H. beruhen auf der charakterist. Eigenschaft, daß ihre elektr. Leitfähigkeit sowohl durch Einbau von Fremdatomen (→ Dotierung), Abweichungen von der stöchiometrischen Zusammensetzung **(Mangel-H.)** oder Gitterfehler als auch durch äußere Einflüsse (Temperatur, Druck, Licht, elektr. und magnet. Felder) über viele Größenordnungen kontrollierbar variiert werden kann.

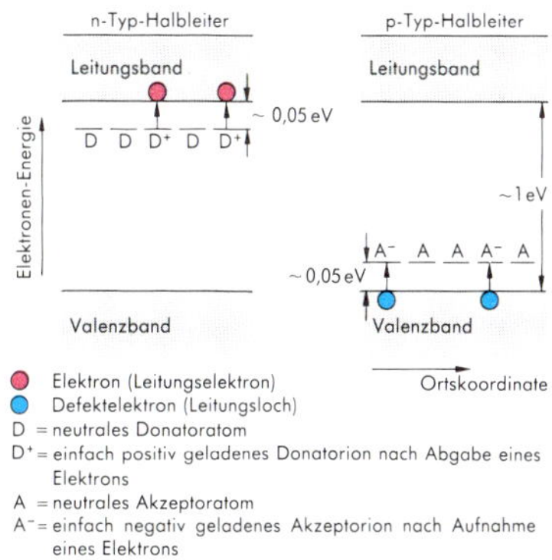

Halbleiter: Energiebänder-Schema von H. mit Störstellenleitung für einen n-Typ-H. (links) und einen p-Typ-H. (rechts)

Das elektr. Verhalten wird durch das → Bändermodell veranschaulicht. In einem H. sind das vollbesetzte Valenzband und das leere Leitungsband durch eine Bandlücke von etwa 1 eV getrennt, so daß das Fermi-Niveau der Elektronen in der Bandlücke liegt. Bei äußerer Energiezufuhr, z. B. in Form von Wärme oder elektromagnet. Strahlung, werden oberhalb einer Schwellenenergie, die in chemisch reinen Einkristallen der Breite der Bandlücke entspricht, Elektronen vom Valenz- ins Leitungsband angeregt **(Generation).** In starken elektr. Feldern können sie auch durch quantenmechanisches Tunneln (Zener-Effekt, innere Feldemission) ohne Energieaufnahme ins Leitungsband gelangen, oder es können einzelne Ladungsträger so stark beschleunigt werden, daß sie durch Stoßionisation weitere quasifreie Ladungsträger erzeugen **(Lawinendurchbruch).** Wichtig für das Verständnis der H. ist, daß sowohl die Leitungselektronen als auch die im Valenzband zurückbleibenden Löcher (→ Defektelektron) einen Beitrag zur elektr. Leitfähigkeit, d. h. zum Ladungstransport, liefern, da sie sich unter dem Einfluß elektr. Felder **(Drift)** oder von örtlichen Unterschieden der Ladungsträgerdichte **(Diffusion)** durch den Kristall bewegen. I. Ggs. zu Metallen haben die quasifreien Elektronen im H. aber nur eine begrenzte Lebensdauer, da sie schließlich wieder von einem unbesetzten Niveau eingefangen werden **(Elektron-Loch-Rekombination).** Diese **Eigenleitung,** die nicht von Störstellen im Kristall abhängt, tritt bei allen H. (und auch bei Isolatoren) ein, wenn die Temperatur so groß wird, daß die therm. Energie der Elektronen der Breite der verbotenen Zone vergleichbar wird. In einem rein eigenleitenden H. **(Eigen-H.)** ist die Konzentration der Elektronen und Löcher gleich groß, die Beweglichkeit, die durch Streuung an Gitterschwingungen (Elektron-Phonon-Stöße), bei sehr tiefen Temperaturen durch Defekte, begrenzt wird, ist aber i. d. R. für Elektronen größer als für Löcher. Bei Temperaturen unterhalb des Bereichs der Eigenleitung werden die elektr. Eigenschaften deutlich von Störstellen (Kristallgitterdefekte oder Fremdatome) bestimmt **(Störstellenleitung, Störleitung).** Beim Einbau eines fünfwertigen Atoms (z. B. Phosphor) in einen Si- oder Ge-Kristall, in dem jedes Atom entsprechend seiner Wertigkeit vier kovalente Bindungen – je eine mit jedem seiner vier nächsten Nachbarn – eingeht, bleibt ein Valenzelektron des Fremdatoms ohne Partner. Es besetzt ein Energieniveau in der Bandlücke nahe an der Leitungsbandunterkante, aus dem es mit geringer Schwellenenergie (etwa 50 meV) ins Leitungsband angeregt werden kann. Im Fall eines dreiwertigen Fremdatoms bildet sich ein Loch, da ein Valenzelektron für die Bindung zu den nächsten Nachbarn fehlt. Dadurch entsteht ein unbesetztes lokalisiertes Elektronenniveau knapp über dem Valenzband, das Elektronen aufnehmen kann. Wegen der geringen Aktivierungsenergie für Ladungsträger aus Störstellen kann bei tiefen Temperaturen die Störstellenleitung schon bei geringer Störstellenkonzentration die Eigenleitung übertreffen. Je nachdem, ob von den Störstellen Elektronen ins Leitungsband abgegeben oder aus dem Valenzband aufgenommen werden (wobei dort bewegl. Löcher zurückbleiben), erhält man zwei Arten von **Störstellen-H.,** nämlich einen **n-Typ-H.** mit Elektronenleitung oder einen **p-Typ-H.** mit Defektelektronenleitung (BILD). Durch → Dotierung des Grundmaterials mit → Akzeptoren oder → Donatoren 2) kann n- oder p-Leitung sowie die Ladungsträgerkonzentration eingestellt werden. Im n-Leiter werden die Elektronen als **Majoritätsträger,** die Löcher als **Minoritätsträger** bezeichnet, im p-Leiter gilt die entsprechende Umkehrung.

Da bei einer best. Temperatur das Produkt aus Elektronendichte n und Löcherdichte p unabhängig von der Störstellenkonzentration einen konstanten Wert annehmen muß **(Massenwirkungsgesetz),** muß z. B. bei Einbau eines Donators die Löcherkonzentration abnehmen, da die Elektronenkonzentration zunimmt. Durch diesen Effekt der **Ladungsträgerkompensation** kann die Gesamtkonzentration der Ladungsträger $n + p$ durch Einbau geeigneter Fremdatome kontrolliert werden. Leitungstyp und Ladungsträgerdichte können experimentell durch Messung des Hall-Effekts bestimmt werden. Durch Kombination von p- und n-H. entstehen Sperrschichten (→ pn-Übergang), deren Eigenschaften die Grundlage der H.-Bauelemente (→ Diode, → Transistor, → integrierte Schaltung) bilden.

In Verbindungs-H. kann der Leitungstyp durch Abweichungen von der Stöchiometrie festgelegt werden. Bleisulfid (PbS) wird z. B. bei Überschuß an Blei n-leitend, an Schwefel p-leitend **(amphotere H.). Amorphe H.,** die in **Glas-H.** und **organische H.** unterteilt werden, besitzen keine wohldefinierte Bandstruktur, da wegen der fehlenden Fernordnung eine Vielzahl von strukturellen Defekten und nicht abgesättigten Valenzen auftreten, denen lokalisierte Elektronenniveaus im Bereich der Bandlücke zuzuordnen sind. Die Halbleitereigenschaften werden dadurch erklärt, daß die Elektronen erst oberhalb einer krit. Zustandsdichte beweglich werden, d. h. der Energielücke im kristallinen H. entspricht eine Beweglichkeitslücke. Inzwischen ist es gelungen, im amorphen Si, das als preiswertes Material für Solarzellen in Frage kommt, durch Einbau von Wasserstoff die unerwünschten Niveaus in der Bandlücke zu unterdrücken, so daß die elektr. Eigenschaften dieses Materials jetzt gezielt durch Dotierung beeinflußt werden können. Durch → Epitaxie können period. Folgen ultradünner kristalliner Schichten (Dicke etwa 10 nm) aus bekannten H.-Materialien, sogenannte **Überstruktur-H.,** mit ganz neuartigen Eigenschaften und Anwendungen in der Optoelektronik aufgebaut werden. Bei **kompositioneller Überstruktur** besteht die Schichtstruktur aus zwei versch. H., z. B. Galliumarsenid (GaAs) und einer Legierung von Gallium- und Aluminiumarsenid. Werden periodisch dünne Schichten mit unterschiedl. Dotierungstyp überlagert, spricht man von **Dotierungsüberstruktur.** Hierbei wird durch die räuml. Trennung von Elektronen und Löchern die Rekombination weitgehend unterdrückt und nahezu verlustfreie Steuerung der Leitfähigkeit möglich.

O. MADELUNG: Grundlagen der Halbleiterphysik (1970); R. PAUL: Halbleiterphysik (1975); V. L. BONČ-BRUEVIČ u. S. G. KALAŠNIKOV: Halbleiterphysik (a. d. Russ., 1982).

Halbleiterbau|elemente, Sammelbezeichnung für alle → Bauelemente der → Elektronik, deren wesentl. Wirkungsweise auf den durch die → Festkörperphysik beschriebenen Gesetzen und Effekten bei der Bewegung von Ladungsträgern in einem → Halbleiter beruht. Man unterscheidet nach der Ausnutzung der physikal. Effekte rein elektr. H. (z. B. → Transistor, → Thyristor, viele → Dioden), thermoelektr. H. (z. B. → Heißleiter), optoelektron. H. (z. B. → Lumineszenzdiode, → Phototransistor, → Solarzelle), magnetoelektr. H. (z. B. → Feldplatte, → Magnetdiode), piezoelektr. H. (z. B. → Piezodiode, → Piezotransistor) und akustoelektron. H. (z. B. → Oberflächenwellen-Bauelemente). Neben diesen diskreten H. werden auch monolithisch → integrierte Schaltungen (z. B. → Operationsverstärker, → Halbleiterspeicher) zu den H. gezählt.

Halbleiterdetektor, Halbleiterzähler, Gerät mit einem Halbleiter als empfindl. Bauelement zur Zählung und Untersuchung geladener Teilchen und Gammaquanten. Diese setzen im Halbleiter, von ihrer Energie und Art abhängig, Elektronen-Loch-Paare frei, die bei angelegter Spannung einen der Teilchenenergie proportionalen Stromstoß erzeugen, der verstärkt und gemessen wird. Halbleitermaterialien: Silicium, Germanium, lithiumgedriftete Halbleiter. H. zeichnen sich aus durch große Genauigkeit, hohe Energieauflösung, kleine Gerätemaße.

Halbleiterkühl|element, (Halbleiter-)Peltier-Element [-pɛltj'e-], Halbleiterbauelement, bei dem der → Peltier-Effekt zur Erzeugung von Kälte ausgenutzt wird. Als Material dienen z. B. Verbindungen von Wismut oder Antimon mit Tellur oder Selen. Wegen des schlechten Wirkungsgrades werden H. nur für Spezialzwecke eingesetzt. – Bei umgekehrter Stromrichtung verhalten sich H. als Heizelemente **(Halbleiterheizelement).**

Halbleiterphysik, Teilgebiet der → Festkörperphysik, das sich mit den physikal. Eigenschaften der → Halbleiter und ihrer theoret. Erklärung aus dem mikroskop. Aufbau (→ Bändermodell) beschäftigt. Daneben befaßt sich die H. mit der Entwicklung von Prozeßtechnologien (→ Kristallzüchtung, → Dotierung, → Epitaxie, → Lithographie 2, → Silicium) für die integrierte Mikroelektronik und Optoelektronik.

Lit. → Halbleiter.

Halbleiterspeicher, Oberbegriff für die in der elektronischen Datenverarbeitung verwendeten →Speicher, die aus halbleitenden Materialien (bes. Silicium) erzeugt werden. H. können im Prinzip aus diskreten Bauelementen aufgebaut werden, sind aber wegen der hohen benötigten Speicherzellendichte stets als →integrierte Schaltungen ausgeführt. Beispiele sind →ROM (Festwert-H.), →EPROM (elektrisch programmierbarer H.), →RAM (Schreib-Lese-H.).

Halbleiterthermometer nutzen den mit der Temperatur veränderl. elektr. Widerstand von Halbleitern als Meßeffekt zur Temperaturmessung aus. Die verwendeten Halbleiter sind meist Gemische von Metalloxiden, oxid. Mischkristallen und reinem Germanium. Ihr Widerstand fällt mit steigender Temperatur um 3–6% je Grad (bei Metallen steigt er um etwa 4‰ je Grad). Der überdeckbare Temperaturbereich reicht von etwa −70 °C bis +180 °C, z. T. bis 300 °C.

Halbleiterventile, Halbleiterbauelemente mit elektr. ›Ventilwirkung‹, die halbleitende Kristalle, bes. Silicium, als Ausgangsmaterial benutzen. Die Ventilwirkung entsteht an Sperrschichten zw. p- und n-dotierten Schichten des Kristalls. Die wichtigsten H. sind Si-Dioden und Thyristoren. Gegenüber diesen geht die Bedeutung der älteren polykristallinen Kupfer(I)-Oxid- und Selenventile (Trockengleichrichter) ständig zurück.

Halbleiterzähler, der →Halbleiterdetektor.

halblogarithmisches Papier, →mathematische Papiere.

Halbmesser, Radius, Verbindungsstrecke eines Punktes einer ebenen Mittelpunktskurve (z. B. Kreis, Hyperbel) oder einer gekrümmten Mittelpunktsfläche (z. B. Kugel, Ellipsoid) mit dem Mittelpunkt der Kurve oder Fläche.

Halbmetalle, chem. Elemente, die im Periodensystem der Elemente im Grenzgebiet zw. den ›links‹ liegenden Metallen und den ›rechts‹ liegenden Nichtmetallen zu finden sind, und die in ihren Eigenschaften eine Mittelstellung zw. diesen beiden Gruppen einnehmen. Zu den H. gehören Bor, Silicium, Germanium, Arsen, Antimon, Selen, Tellur und Polonium. Die elektr. Leitfähigkeit der H. ist bei Raumtemperatur ziemlich klein, nimmt aber mit zunehmender Temperatur und/oder zunehmender →Dotierung stark zu, was die H. als elementare →Halbleiter kennzeichnet.

Halbmond, Phase des →Mondes.

halb|offenes Intervall, ein →Intervall mit den Randpunkten a und b, das nur einen (a oder b) mit enthält. Die positive reelle Zahlenachse mit der Null ist z. B. ein h. I., und man schreibt $[0, \infty)$.

Halb|ordnung, teilweise Ordnung, Ordnung, eine Verallgemeinerung des Größenbegriffs bei den reellen Zahlen. Eine H. ist eine Menge H mit einer auf ihr erklärten Relation R, die folgende Eigenschaften für beliebige Elemente $a, b, c \in H$ besitzt: 1) die Reflexivität, d. h. aRa; 2) die Transitivität, d. h. aus aRb und bRc folgt aRc; 3) die Antisymmetrie, d. h. aus aRb und bRa folgt $a = b$. Die Beziehung ›kleiner – gleich‹ ($\leqq$) für die reellen Zahlen ist eine H.-Relation.

Halbschatten, →Schatten.

Halbschatten|apparat, ein →Polarimeter, dessen Gesichtsfeld in zwei Hälften geteilt ist, deren Licht durch einen Spezial-Polarisator linear so polarisiert wird, daß die Polarisationsrichtungen einen Winkel (den **Halbschattenwinkel**) miteinander bilden. Ein Analysator kann so eingestellt werden, daß beide Gesichtsfeldhälften gleich hell erscheinen. Wird dann zw. Polarisator und Analysator in die eine Hälfte des Strahlengangs eine die Polarisationsebene drehende Substanz gebracht, so muß der Analysator um den Drehwinkel nachgestellt werden, bis beide Gesichtsfeldhälften wieder gleich hell erscheinen. Der H. erlaubt die Bestimmung des Drehwinkels mit einer Genauigkeit von wenigen Bogensekunden.

Halbstoff, in der Papierindustrie gebräuchlicher Oberbegriff für Faserstoffe pflanzl. Herkunft, wie →Zellstoff und →Holzstoff.

Halbtaucher, →Offshore-Technik.

Halbton, bei photograph. Bildern oder Kopiervorlagen der stufenlose Übergang der Helligkeitsabstufungen (Grautöne oder Farbsättigung) ineinander. I. Ggs. hierzu zeigen Strichzeichnungen nur einen dunklen Strich auf hellem Grund (oder umgekehrt).

Halbwertsbreite, bei einer →Spektrallinie die in Wellenlängen-, Wellenzahl-, Energie- oder Frequenzeinheiten gemessene Breite in halber Höhe, die von der →natürlichen Linienbreite, Linienverbreiterungseffekten sowie dem Auflösungsvermögen des Spektralapparats bestimmt wird. Bei einem leuchtenden Gas wächst die H.

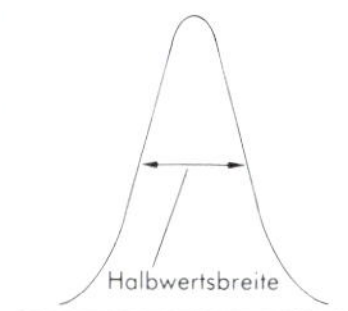

Halbwertsbreite: Intensitätsverlauf in einer Spektrallinie (schematisch) mit eingezeichneter H.

Halbwertsbreite

der emittierten Linien mit wachsender Temperatur (Doppler-Effekt) und steigendem Druck (Druckverbreiterung). Während die Doppler-Verbreiterung auf die größeren Geschwindigkeiten der Atome bei höheren Temperaturen zurückzuführen ist (→kinetische Gastheorie), bewirken die mit dem Druck zunehmenden Stöße der Atome untereinander (oder auch mit den Gefäßwänden) eine Verkürzung der Lebensdauer der angeregten Elektronenzustände. Bei nicht isotroper Verteilung der Geschwindigkeit führt der Doppler-Effekt auch zu einer Linienverschiebung.

Halbwertsdicke, Halbwertsschichtdicke, Dicke eines Absorbers, bei der die Intensität einer Strahlung auf die Hälfte geschwächt wird (BILD). Diese Definition ist nur dann sinnvoll, wenn die Intensität der Strahlung exponentiell abnimmt, z. B. bei Licht, Röntgen- und Gammastrahlung, dagegen nicht bei geladenen Teilchen. Die H. ist eine von der Art und der Energie der Strahlung abhängige Stoffkonstante.

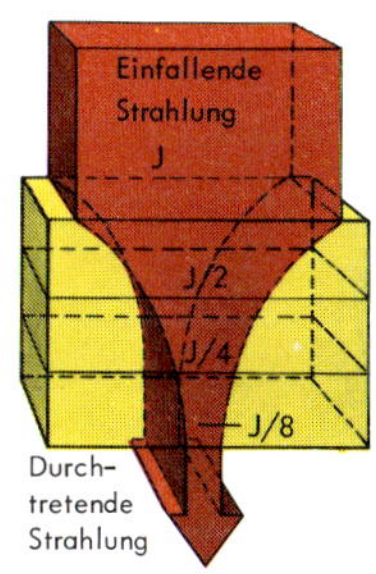

Halbwertsdicke: Nach dem Durchqueren einer Schicht mit der H. nimmt die Intensität jeweils auf die Hälfte des beim Eintritt in die Schicht vorliegenden Wertes ab

Halbwertsdicke

Halbwertsschicht, Schicht eines strahlungsabsorbierenden oder -streuenden Materials, deren Dicke der →Halbwertsdicke entspricht.

Halbwertszeit, Zeitspanne, in der eine (meist exponentiell) abfallende Größe auf die Hälfte des Anfangswertes gesunken ist. U. a. sind definiert:

1) Biologische H., die Zeit, in der eine best. Stoffmenge des pflanzl., tier. oder menschl. Organismus zur Hälfte abgebaut oder ausgeschieden ist.

2) Effektive H., die Zeit T_{eff}, in der die Menge eines in den Körper aufgenommenen Radionuklids auf Grund radioaktiven Zerfalls und biolog. Ausscheidung auf den halben Anfangswert absinkt. T_{eff} läßt sich in grober Näherung nach der Formel $T_{\text{eff}} = (T_{1/2} \cdot T_{\text{b}})/(T_{1/2} + T_{\text{b}})$ berechnen, wobei T_b die für den Ausscheidungsvorgang geltende biolog. H. und $T_{1/2}$ die für den radioaktiven Zerfall geltende physikal. H. ist. T_{eff} dient zur Beurteilung der Strahlenbelastung des Organismus.

3) Physikalische H., Formelzeichen $T_{1/2}$, Zeitspanne, in der von einem radioaktiven Element durchschnittlich die Hälfte einer beliebigen Anfangszahl von Atomen zerfallen ist, d. h. sich in neue Atome umgewandelt hat.

Die H. ist für jede radioaktive Atomart eine charakterist. Konstante, veranschaulicht durch die Steilheit der jeweiligen exponentiellen Zerfallskurve. Mit der Zerfallskonstanten λ (→Radioaktivität) steht die H. in Beziehung: $T_{1/2} = \ln 2/\lambda$. Die H. ist für die einzelnen radioaktiven Nuklide verschieden, für Uran-238 z. B. $4{,}5 \cdot 10^9$ Jahre, für Radium-226 1600 Jahre, für das Thorium-223 nur 0,9 s. Auch instabile Elementarteilchen haben eine H., doch benutzt man bei ihnen häufiger den Begriff der →Lebensdauer 1). Die H. best. radioaktiver Isotope ist wichtig für die →Altersbestimmung.

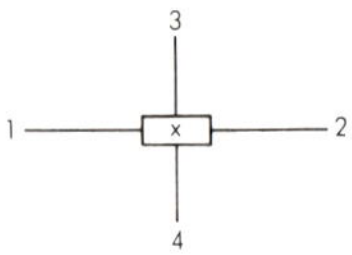

Hall-Generator: Schaltzeichen; 1, 2 Steuerelektroden, 3, 4 Hall-Elektroden

Halbzelle, Halb|element, elektrochemische Elektrode, eine in einen geeigneten Elektrolyten eintauchende Elektrode, z. B. die →Kalomelelektrode.

Halbzeug, techn. Erzeugnisse, die meist durch Schmieden oder Walzen von Roherzeugnissen entstanden und für die Weiterverarbeitung zu Fertigerzeugnissen bestimmt sind. Ihr Querschnitt ist i. a. viereckig mit mehr oder weniger abgerundeten Kanten.

Halde, Anhäufung von bergbaul. oder hüttentechn. Schüttgütern, z. B. von Abraum, Erz, Kohle, Schlacke, zur vorübergehenden oder dauernden Lagerung.

Halit: Spaltstück (Staßfurt, Dt. Dem. Rep.)

Halit *der,* **Steinsalz,** Mineral NaCl (meist etwas KCl enthaltend); farblos, durch Verunreinigungen rot und gelb (Eisenoxide), grau (Bitumen oder Ton) oder blau (kolloidales Natrium) gefärbt; H. 2, D. 2,1–2,2; würfelige Kristalle, z. T. faserige Aggregate; in Lagerstätten körnige Massen. Vorkommen: 1) in sedimentären, z. T. riesigen Salzlagern (→Salzstock), entstanden durch Verdunstung von Salzwasser; meist in Verbindung mit anderen Salzen (z. B. Sylvin, Kieserit) und wechsellagernd mit Anhydrit und Gips; 2) als Bodenausblühung in Trockengebieten und am Rand von Salzseen; 3) als Sublimationsprodukt von Vulkanen. – Verwendung im Haushalt (›Kochsalz‹) und bei vielen techn. Prozessen.

Hall-Effekt [h'ɔ:l-, n. dem amerikan. Physiker E. H. Hall, * 1855, † 1938], ein 1879 von E. H. Hall entdeckter →galvanomagnetischer Effekt. In elektr. Leitern, die sich in einem homogenen Magnetfeld befinden, und in denen senkrecht zum Magnetfeld ein elektr. Strom fließt, entsteht senkrecht zum Magnetfeld und senkrecht zum Strom eine Spannungsdifferenz, die **Hall-Spannung.** Die Größe des H.-E. ist vom Leitermaterial abhängig und wird durch die jeweilige **Hall-Konstante** gekennzeichnet. – Der **normale H.-E.** läßt sich aus der Kraft, die vom Magnetfeld auf die sich im Leiter bewegenden Elektronen ausgeübt wird, verstehen; bei Stoffen mit **anomalen H.-E.** (Halbleiter mit Defektelektronenleitung) ergibt sich eine Spannung mit entgegengesetztem Vorzeichen (BILDER). Der H.-E. verstärkt sich von echten Metallen zu den Übergangsmetallen. Halbleiter können einen noch größeren H.-E. haben. Der H.-E. wurde erst durch die Quantentheorie vollständig gedeutet. (→Hall-Generator)

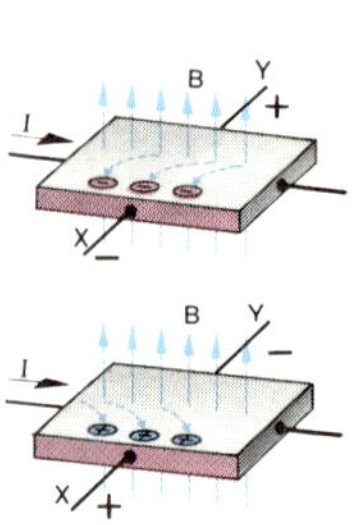

Hall-Effekt: OBEN normaler H.-E. mit Elektronen als Ladungsträger; UNTEN anomaler H.-E. mit Defektelektronen als Ladungsträger; fließt senkrecht zum Magnetfeld *B* der elektr. Strom *I*, so entsteht senkrecht zu beiden zw. den Kontakten X und Y die Hallspannung

Hälleflinta im skandinav. Grundgebirge vorkommende kryptokristalline, meist buntgebänderte, metamorphe Gesteine mit Paralleltextur; entstanden aus Quarzporphyren und Quarztuffen.

Halleyscher Komet [h'ælı-, n. dem engl. Astronomen und Mathematiker E. Halley, * 1656, † 1742], mit bloßem Auge sichtbarer period. →Komet mit einer Umlaufzeit von 76 Jahren. Aus histor. Quellen ist die regelmäßige Wiederkehr bis zurück zum Jahre 239 v. Chr. nachgewiesen; möglicherweise sind chines. Berichte über einen Kometen aus dem Jahre 1058 v. Chr. auf den H. K. zurückzuführen. Bei der Wiederkehr von 1910 hatte der H. K. eine Schweiflänge von etwa 25 Mio. km.

Der H. K. wird bei der Wiederkehr von 1986 am 9. 2. 1986 den sonnennächsten Punkt seiner Bahn erreicht haben. Zu seiner Erkundung plant die Europ. Weltraumorganisation (ESA) die Kometenmission →Giotto. Ähnl. Missionen planen die UdSSR und Japan.

Hall-Generator [h'ɔ:l-], Halbleiterbauelement, das die beim →Hall-Effekt auftretende **Hall-Spannung** ausnutzt. Diese zw. den Randzonen des Kristallplättchens auftretende Spannung hängt sowohl von der Stromstärke und der magnet. Flußdichte als auch von der Dicke und dem Material des H.-G. ab. Meist werden Indiumantimonid (InSb) oder Indiumarsenid (InAs) verwendet, die als dünne Schicht von einigen µm auf ein Trägerplättchen aufgedampft werden. Eingesetzt werden H.-G. z. B. als Magnetfeldsonde zur Ausmessung von magnet. Feldern **(Hall-Sonde),** als Meßglied im Gleichstromwandler, für Modulatoren, kontaktlose Signalgeber.

Halligen, →Inseln.

Halloysit [n. dem belg. Geologen J. B. J. Baron d'Omalius d'Halloy, * 1783, † 1875] *der,* Tonmineral $Al_4[(OH)_8|Si_4O_{10}] \cdot 4\,H_2O$, meist weiß; dicht, erdig; bei Wasserabgabe entsteht **Meta-H.** (ähnlich Kaolinit).

Hallraum, geschlossener, quaderförmiger Raum mit stark reflektierenden Wänden, der in der Aufnahmetechnik dazu diente, bestimmte akust. Effekte zu simulieren; heute wird Hall meist mit mechan./elektr. Einrichtungen (Hallspirale) oder elektron. Schaltungen zur Laufzeitverzögerung (Eimerkettenschaltung) erzeugt.

Hall-Sonde [h'ɔ:l], →Hall-Generator.

Hallwachs-Effekt [n. dem dt. Physiker W. Hallwachs, * 1859, † 1922], der äußere →Photoeffekt.

Halmfestiger, Wachstumsregulatoren, die eine Verkürzung und Verfestigung des Getreidehalmes bewirken. Verwendet wird v. a. Chlorcholinchlorid.

Halmfutter|erntemaschinen, alle Maschinen, die Halmfutter ernten oder das Ernten vorbereiten, wie →Mähmaschinen, →Zetter, →Stengelquetschmaschinen, →Heuwender, →Ballenpressen, →Feldhäcksler u. a. Man unterscheidet heute **Langgutverfahren** (→Halmgutlader, →Ladewagen), **Häckselverfahren** (Gebläsehäcksler, Feldhäcksler), **Preßverfahren** (Ballenpressen) und **Brikettierverfahren** (→Brikett).

Halmgutlader, Heulader, Maschinen zum Aufsammeln und Aufladen von Halmgut auf den angehängten Wagen, bestehen aus Fahrgestell, Aufsammler und Bandförderer; i. Ggs. zum →Ladewagen sind mehrere Personen zum Packen auf dem Wagen erforderlich.

Halmyrolyse *die,* submarine Verwitterung, chem.

Zersetzung von Gesteinen und Mineralneubildung unter Einfluß des Meerwassers (z. B. → Glaukonit).

Halo, 1) Haloerscheinungen, eine Gruppe atmosphärisch-opt. Erscheinungen in Form von Ringen, Bögen, Säulen und Lichtflecken, die durch Brechung und Spiegelung des Lichtes an Eisteilchen in der Atmosphäre hervorgerufen werden.

Am häufigsten ist der **kleine Halo,** ein Lichtring mit einem halben Öffnungswinkel von 22°, mit Sonne oder Mond im Mittelpunkt, gewöhnlich mit einem blaßroten Saum an der Innenseite und in einigen seltenen Fällen mit einem violetten Außenrand. Nicht so hell und seltener ist der **große Halo** (46°). Senkrecht oberhalb und unterhalb von Sonne oder Mond kann die **weiße Lichtsäule** beobachtet werden, die durch Spiegelung an den Seitenflächen von säulenförmigen Eiskristallen entsteht, die mit horizontaler Hauptachse niederfallen. Bisweilen sind an der Außenseite des kleinen oder großen Ringes der **obere** und **untere Berührungsbogen** sichtbar, die den kreisförmigen Halo jeweils in seinem höchsten und niedrigsten Punkt berühren und häufig zu Lichtflecken zusammenschrumpfen. Der **obere Zirkumzenitalbogen** ist ein stark gekrümmter Bogen eines kleinen, horizontalen, in Zenitnähe liegenden Kreises. Der **untere Zirkumzentinalbogen** liegt auf einem flachen, horizontalen Kreis in Horizontnähe. Der **Horizontalkreis (Nebensonnenkreis)** ist ein weißer, horizontal verlaufender Kreis in derselben Winkelhöhe wie die Sonne. An best. Stellen des Horizontalkreises können Lichtflecke beobachtet werden. Diese **Nebensonnen** treten in den meisten Fällen etwas außerhalb des kleinen Ringes auf, gelegentlich in einer Azimutdistanz von 120° von der Sonne **(Nebengegensonnen)** und in sehr seltenen Fällen der Sonne gegenüber **(Gegensonne).** Beim Mond werden die entsprechenden Erscheinungen **Nebenmondkreis, Nebengegenmonde** und **Gegenmond** genannt. Die vor allem von Luftfahrzeugen aus oft sichtbare **Untersonne** erscheint als leuchtend weißer Fleck und ähnelt dem Sonnenbild auf einer ruhenden Wasserfläche.

2) galaktischer Halo, ein etwa kugelförmiges Gebiet, das das ganze Milchstraßensystem umgibt und das locker von kugelförmigen → Sternhaufen und → RR Lyrae-Sternen erfüllt ist. Die Mitglieder des galakt. H. bilden die **Halopopulation.** – Auch bei anderen nahegelegenen Galaxien sind derartige H. nachgewiesen.

Haloforme, Kohlenwasserstoffverbindungen der allg. Formel CHX_3 (X = Chlor oder Brom), bei denen eine krebserzeugende Wirkung vermutet wird. H. entstehen in sehr geringen Mengen bei der Chlorierung von Trinkwasser. Es wird ein Richtwert von 25 µg im Liter als tolerierbare Grenze empfohlen (→ Chloroform).

Halogene, Salzbildner, Gruppe der reaktionsfähigen nichtmetall. Elemente Fluor, Chlor, Brom, Jod und das instabile Astatin in der siebenten Gruppe des Periodensystems. Infolge ihrer starken Elektronegativität verbinden sie sich mit fast allen Elementen. Ihre Metallverbindungen haben den Charakter von Salzen. Mit den übrigen Elementen entstehen mehr oder weniger kovalente Verbindungen (→ chemische Bindung).

Halogen-Glühlampe, eine → Glühlampe mit stark verkleinertem Quarz- oder Hartglaskolben, der einen Halogenzusatz enthält. Die ersten 1958 hergestellten H.-G. enthielten Jod. Später ging man zu chemisch weniger aggressiven und farblosen Bromverbindungen wie Brommethan (CH_3Br) über, die eine maschinelle Fertigung erlaubten. Die im Betrieb von der Wendel abdampfenden Wolframatome verbinden sich in den kühleren Zonen in Kolbennähe mit dem Brom, das bei dieser Temperatur aus der Bromverbindung freigesetzt wird. Das Wolframhalogenid schlägt sich bei den Kolbentemperaturen, die wegen der Kolbenverkleinerung über 250 °C liegen, nicht auf der Wand nieder, sondern bleibt dampfförmig. In Wendelnähe dissoziiert die Wolframverbindung wieder und erzeugt eine Rückdiffusion des Wolframs zur Wendel. So entsteht ein Kreisprozeß, der keine Kolbenschwärzung durch Wolframablagerung aufkommen läßt. H.-G. zeichnen sich folglich aus durch hohe Lichtausbeuten (bis zu 33 lm/W), lange Lebensdauer (bis zu 2000 h), konstanten Lichtstrom während der ganzen Lebensdauer, sehr kleine Abmessungen (Miniaturisierung bis auf 1% des Volumens konventioneller Glühlampen gleicher Leistung). Anwendung hauptsächlich für allg. Beleuchtung, Flutlicht, Photo-, Kinotechnik, Projektoren, Kraftwagenscheinwerfer.

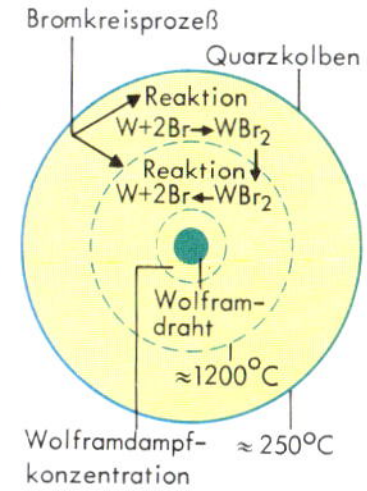

Halogen-Glühlampe: Darstellung eines regenerativen Bromkreisprozesses

Halogen-Glühlampe

Halogenierung, Halogenisierung, Methode zur quantitativen Analyse organ. Moleküle mit Doppel- oder Dreifachbindungen durch Einführung eines → Halogens. Der Halogenverbrauch (vorzugsweise Brom, → Bromierung, → Chlorierung, Jodierung) ist ein Maß für die Menge an organ. Substanz. Heute meist durch andere Methoden ersetzt.

Halogenkohlenwasserstoffe, → Chlorkohlenwasserstoffe, → Chlorfluorkohlenstoffe.

Halogen-Metalldampf|lampe, eine → Metalldampflampe, in welche die für die Lichterzeugung wichtigen metall. Komponenten in Form ihrer Halogenide eingefüllt werden, da diejenigen Metalle, die die höchste Lichtausbeute mit guter Farbwiedergabe kombinieren, im elementaren Zustand keinen ausreichenden Dampfdruck bilden. Deren Halogenide haben außerdem den Vorteil, bei den hohen Betriebstemperaturen des Quarzgefäßes das Quarz chemisch nicht anzugreifen. Bei den erheblich höheren Temperaturen im Inneren des Lichtbogens zersetzen sich die Halogenide, und die Metalle strahlen das erwünschte Atomspektrum ab. 1964 wurden erstmalig der Quecksilberdampflampe Natrium-, Thallium- und Indiumjodid zugesetzt, um das lückenhafte Quecksilberspektrum mit Spektrallinien dieser Metalle zu verbessern. Heute enthalten die H.-M. versch., der jeweiligen Aufgabe angepaßte Mischungen der vorgenannten Zusätze sowie Scandium-, Dysprosium-, Holmium-, Thuliumjodid. Hiermit werden Lichtausbeuten von 100 lm/W und mehr sowie eine ausgezeichnete Farbwiedergabe erreicht.

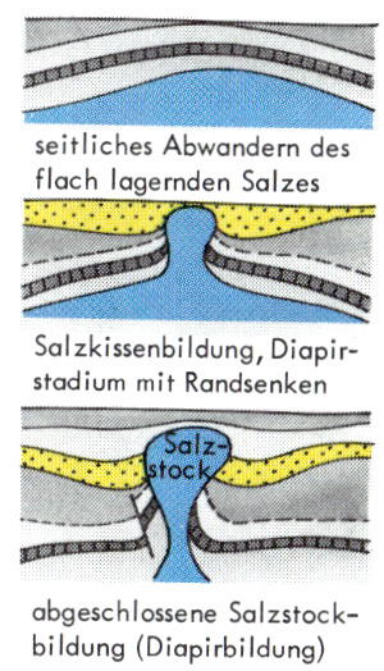

Halokinese: schemat. Darstellung

Halokinese, schwerkraftbedingte Salzwanderung in der Erdkruste, führt zur Bildung von Salzkissen und Salzstöcken (→ Salztektonik).

Halone, Abk. für **halogenated hydrocarbon** [hælədʒən'eɪtɪd haɪdrəʊkɑ:bən, engl.], Kurzbez. für Halogenkohlenwasserstoffe, die als → Feuerlöschmittel verwendet werden.

Halo|population, die → Population des galakt. → Halos 2).

Haltesichtweite entspricht der Wegstrecke, die ein Kraftfahrer benötigt, um bei der Fahrgeschwindigkeit, für die die Straße entworfen ist, das Fahrzeug vor einem Hindernis von geringer Höhe sicher zum Halten zu bringen. Wichtig zur Beurteilung der Sichtverhältnisse.

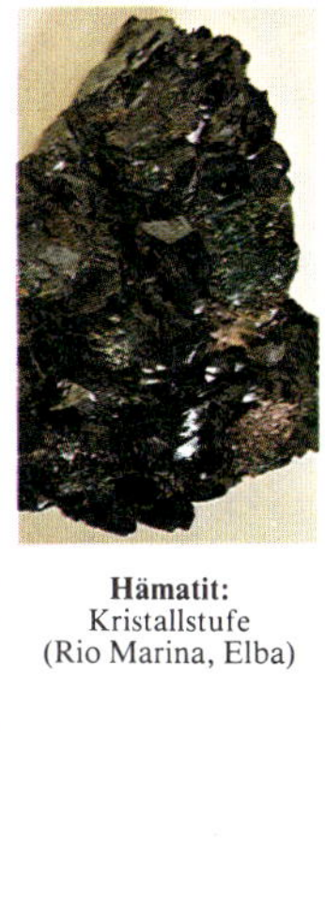

Hämatit: Kristallstufe (Rio Marina, Elba)

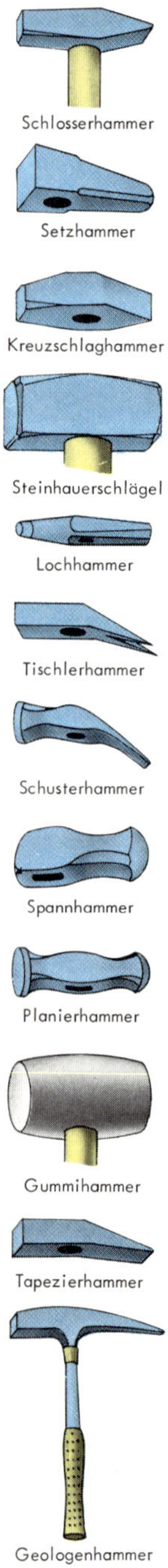

Hammer

Hämatit, Eisenglanz, Mineral α-Fe_2O_3, dunkelgrau bis schwarz, Metallglanz; H. 6,5, D. 5,2 bis 5,3; Kristalle oder derbe und körnige Aggregate in Carnallit und Feldspat als rot durchscheinende Blättchen. Abarten: **Eisenglimmer** (dünntafelig), **Roteisenstein** (rote bis rotbraune dichte Aggregate), **Roter Glaskopf, Blutstein** (feinkörnig, dicht), **Rötel** (erdig). – H. ist ein wichtiges und häufiges Eisenerz und kommt in pneumatolyt. und hydrothermalen → Erzlagerstätten sowie in metamorphen Schiefern vor. Bildung auch durch exogene Umwandlung anderer Eisenminerale. (BILD S. 247)

Hämatoporphyrin, → Hämin.

Hämatoxylin, Farbstoff für mikroskopisch-histolog. Untersuchungen.

Häme, Metallporphyrine, die prosthet. Gruppen von Cytochromen, Hämoglobin u. a. darstellen. Allen ist gemeinsam, daß sie Eisen koordinativ binden.

Hamilton-Funktion [h'æmɪltən-, n. dem irischen Mathematiker W. R. Hamilton, * 1805, † 1865], eine in der → Hamilton-Jacobischen Theorie der Mechanik verwendete Funktion $H = H(q_k, p_k, t)$ der f verallgemeinerten Koordinaten q_k und der f verallgemeinerten Impulse p_k $(k = 1, 2, \ldots, f)$ sowie der Zeit t eines physikal. Systems von Teilchen (Massenpunkten) mit f Freiheitsgraden. Ist $L(q_k, \dot{q}_k, t) = T(q_k, \dot{q}_k, t) - V(q_k, t)$ die → Lagrange-Funktion des (holonomen) mechanischen Systems, dann ist die H.-F. $H(q_k, p_k, t)$ definiert als

$$H = \sum_{k=1}^{f} p_k \dot{q}_k - L,$$

wobei die verallgemeinerten Geschwindigkeiten $\dot{q}_k$ (über die Bestimmungsgleichung der verallgemeinerten Impulse $p_k = \partial L / \partial \dot{q}_k$ als Funktion der q_k und p_k aufzufassen sind.

Hamilton-Jacobische Theorie [h'æmɪltən-, n. W. R. Hamilton und dem dt. Mathematiker C. G. J. Jacobi, * 1804, † 1851], Mechanik: besondere mathemat. Formulierungsweise der mechan. Bewegungsgleichungen, durch die deren Integration wesentlich erleichtert wird. Die anschaul. Unterlage der H.-J. T. ist die Hervorhebung der Analogie zw. mechan. Bahnkurven und gekrümmten Lichtstrahlen, deren tiefe physikal. Bedeutung erst durch die Entdeckung der de Broglieschen Materiewellen sichtbar geworden ist.

In der H.-J. T. spielt die → Hamilton-Funktion H eine wichtige Rolle. In konservativen Systemen hat sie die Bedeutung der Gesamtenergie; in der Quantenmechanik, wo an Stelle der klass. Größen die entsprechenden Operatoren treten, geht sie in den → Hamilton-Operator $\hat{H}$ (Energieoperator) über.

Hamilton-Operator [h'æmɪltən-], der (hermitesche) Operator $\hat{H}$ der Gesamtenergie (daher auch **Energieoperator)** eines quantenmechan. Systems, das er vollständig charakterisiert. Den quantenmechan. H.-O. erhält man aus der klass. Hamilton-Funktion, indem man die darin vorkommenden klassischen Größen (wie Koordinaten, Impulse, Drehimpulse) durch die entsprechenden quantenmechan. Operatoren ersetzt.

Hamiltonsches Prinzip [h'æmɪltən-], **Prinzip der kleinsten Wirkung,** Prinzip, daß das Geschehen in einem physikal. System so abläuft, daß bei kleinstem Aufwand eine optimale Wirkung erreicht wird. Das H. P. ist ein Integralprinzip (→ Extremalprinzipien), nach dem das dynam. Verhalten physikal. Systeme bestimmt werden kann. Die Bewegung eines mechan. Systems von N Massenpunkten kann als Bahn in einem abstrakten Lage- oder Konfigurationsraum dargestellt werden. Das H. P. wählt aus den mit den Bindungen des Systems verträglichen Bahnen (variierte Bahnen) die wirkliche Bahn aus, indem es festlegt, daß die Wirkungsfunktion (auch Wirkungsintegral) S der wirklich durchlaufenen Bahnkurve extremal (i. allg. minimal) ist. Das mit der → Lagrange-Funktion L des Systems zw. den Zeitpunkten t_1 und t_2 gebildete Integral $S = \int_{t_1}^{t_2} L \, \mathrm{d}t$ ist eine Funktion (genauer: ein Funktional) der Bahnkurve im Lageraum.

Hämin, eisenhaltiger Porphinfarbstoff; die braunen, bläulich glänzenden Kristalle werden durch Spaltung von Hämoglobin mit kochsalzhaltigem Eisessig gewonnen.

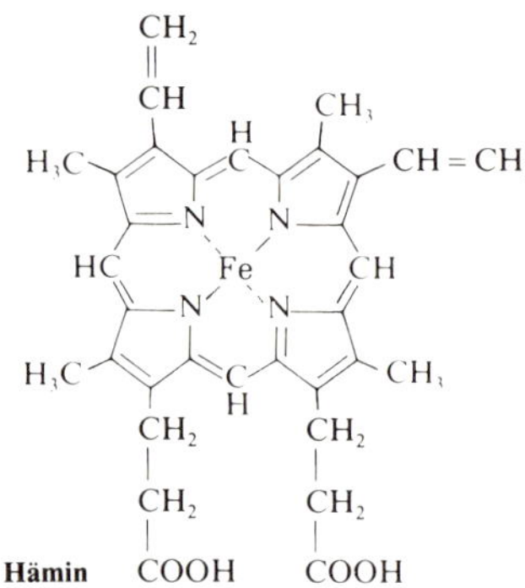
Hämin

H. wird zur Herstellung des eisenfreien **Hämatoporphyrins** verwendet, das in der Pharmazie gegen Depressionen und das Nachlassen der geistigen und körperl. Spannkraft im Alter eingesetzt wird.

Hammada, die Fels- und Steinwüste der Sahara.

Hammer, Schlagwerkzeug, bestehend aus **H.-Kopf** und **H.-Stiel.** Die breite Schlagfläche des Kopfes heißt **Bahn,** die spitze oder schmale Fläche **Finne** oder **Pinne.** Je nach Verwendungszweck unterscheidet man nach Gewicht, Material und Form, z. B. Schlosser-H., Vorschlag-H., Stahl-H., Holz-H., Kupfer-H., Gummi-H., Kunststoff-H. – Über maschinell arbeitende H. → Maschinenhammer, → Bär 2), → Druckluftwerkzeuge.

Hammerbrecher, Hammermühle, Maschine zum Zerkleinern von Stoffen mittels pendelnd an einer rotierenden, horizontalen Welle angebrachten Hämmern, die gegen einen zylindr. Siebrost arbeiten. (→ Brecher)

Hammerschlag, der beim Warmschmieden von Stahl abspringende → Zunder. (Eisenverbindungen)

Hamming-Abstand, Hamming-Distanz [h'æmɪŋ-, n. dem Amerikaner R. W. Hamming], Kennzeichen für die Fehlersicherheit eines → Codes in der Nachrichtentechnik. Der H.-A. gibt bei einem Binärcode an, wieviel Bits eines Codezeichens sich ändern müssen, etwa durch Übertragungsstörungen, um ein anderes im Code benutztes Zeichen zu ergeben. Beispielsweise beträgt der H.-A. im 2-aus-5-Code zwei, denn aus jedem Codezeichen entsteht ein anderes, wenn sich die Informationseinheit von 0 in 1 oder von 1 in 0 ändert. Veränderungen nur eines Bits führen zu unbenutzten Zeichen, die als fehlerhaft erkannt werden können. Ausschlaggebend für die Erkennbarkeit und Korrigierbarkeit von Fehlern ist der **Mindest-H.-A.**, der zw. allen Wörtern eines Codes auftritt. Die Zahl der erkennbaren Fehler ist gleich dem um 1 verminderten Mindest-H.-A.

Hammond-Orgel [h'æmənd-, n. dem amerikan. Erfinder L. Hammond, * 1888, † 1973], Handelsname für ein um 1937 erstmals gebautes → elektrisches Musikinstrument, das für jeden zu erzeugenden Ton einen eigenen elektromechan. Tongenerator besitzt, der aus einer rotierenden, gezahnten Stahlscheibe besteht, die an einer Magnetspule vorbeiläuft und darin eine Wechselspannung induziert. Durch additive Mischung der einzelnen Töne können verschiedene Klänge erzeugt werden.

Hämocyanin, bei Sauerstoffzutritt bläulich gefärbter, sonst farbloser bis schwach gelber kupferhaltiger Bestandteil des Blutes niederer Tiere; spielt die gleiche Rolle wie das Hämoglobin bei Wirbeltieren.

Hämoglobin, Abk. **Hb**, Farbstoff der roten Blutkörperchen, aus dem Eiweiß Globin und dem rotgefärbten Häm bestehend, Mol.-Gew. 67000. Das H.-Molekül besteht aus vier Untereinheiten, vier Häm- an vier Peptidgruppen gebunden, von denen je zwei paarweise gleich sind. Die α-Ketten enthalten 141, die β- und γ-Ketten je 146 Aminosäurereste in best. Sequenz. Abweichungen von der normalen Sequenz bei best. Krankheiten **(Hämoglobinopathien).** F. M. PERUTZ (1962) konnte den räuml. Aufbau des Gesamtmoleküls in seiner Sequenz und Struktur bestimmen (→ Eiweiße). Die Eisenatome der Hämgruppen binden im Lungenkreislauf den Luftsauerstoff unter Bildung von **Oxyhämoglobin** (HbO_2). Das Ausmaß der Sauerstoffbindung und seiner Abgabe in sauerstoffarmem Gewebe wird durch den Sauerstoffdruck in einer Gleichgewichtsreaktion geregelt. Niedere Lebewesen bilden kein H. Mollusken und Tintenfische enthalten in ihrer Hämolymphe kupferhaltige → Hämocyanine.

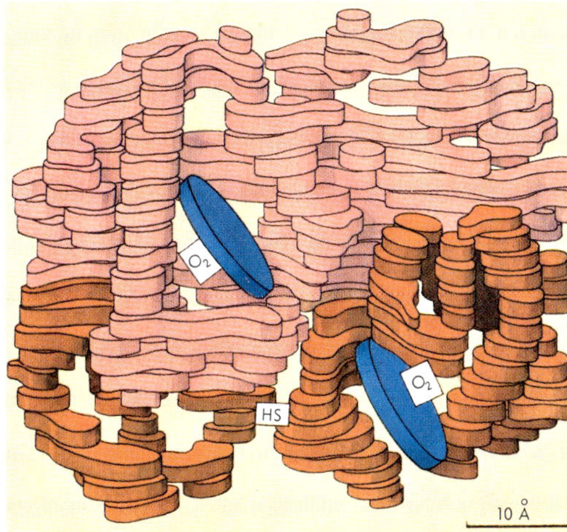

Hämoglobin 1: Vollständiges Modell eines H.-Moleküls. Die blauen Scheiben stellen zwei Hämgruppen dar. In der Mitte unten ist die HS-Gruppe eines Cystin-Restes angedeutet

Handapparat, Teil des Fernsprechers, der die elektroakust. Wandler (→ Mikrophon und → Fernhörer) enthält.

Handbremse, mit Handrad, Hebel oder Kurbel bediente, durch mechan. Übertragungselemente auf die Bremsbacken wirkende Bremse, bei Kraftwagen die Feststellbremse (→ Bremse). Bei der Eisenbahn wirkt sie über Kurbel und Spindel auf die Reibelemente einer Achse oder eines Drehgestells (→ Eisenbahnbremsen).

Handdruck, Abdruck eines Holz- oder Linolschnittes, der ohne Presse, nur durch Abreiben mit Falzbein oder Reiber, hergestellt wird.

Handelsschiff, ein Fahrzeug, das Fahrgäste und Güter aller Art gegen Entgelt über See befördert. Es muß nach den Vorschriften der Klassifikationsgesellschaften erbaut sein, den Vorschriften der Sicherheitsbehörden (z. B. Seeberufsgenossenschaft, Board of Trade) genügen und in das Schiffsregister seines Heimatstaates eingetragen sein. (→ Schiff)

Handfeuerwaffen, Feuerwaffen, die (im Unterschied zum Geschütz) von einer Person getragen und eingesetzt werden. Zu den H. gehören → Gewehre (auch **Langwaffen** genannt), Maschinenpistolen (→ Maschinenwaffen) und → Faustfeuerwaffen (auch **Kurzfeuerwaffen** genannt). Zu den H. werden auch die leichten Formen der rückstoßfreien Waffen (Panzerfaust, Leichtgeschütz) gezählt, sofern sie normale Geschosse und nicht Flugkörper verschießen. – Die Hauptteile einer H. sind: Rohr, Verschluß, Visiereinrichtung, Schaft (Gewehr, Maschinenpistole) oder Griffstück (Pistole, Revolver), Handschutz und Abzugsvorrichtung.

F. W. HOBART: Die Maschinenpistole (1974); K. SCHINMEYER: H. gestern und heute ([2]1974); Y. CADIOU u. A. RICHARD: Die modernen H. (1976); H. P. MUSTER: Revolverlexikon (1976); A. HOFF: Windbüchsen u. a. Druckluftwaffen (1977); G. BOCK, W. WEIGEL u. G. SEITZ: Hb. der Faustfeuerwaffen ([7]1978); H. POPP: Waffenkunde und Schießlehre für Jäger ([4]1979); W. BARTHOLD: Jagdwaffenkunde ([4]1981); R. HENNING: Pistole und Revolver ([6]1982).

Handgranate, Nahkampfwaffe der Infanterie zur Wirkung auf Entfernungen bis zu 30 m. Man unterscheidet **Kugel-, Ei-** und **Stiel-H.** Splitterwirkung: bis zu 20 m im Umkreis.

Händigkeit, die → Chiralität.

Handpresse, zuerst von J. GUTENBERG in Anlehnung an die Weinpresse konstruierte Druckpresse, bis heute im Prinzip fast unverändert geblieben. Der urspr. ganz aus Holz gebauten H. folgten später H. aus Metall. Haupttypen der H. sind die **Spindelpresse** und die **Kniehebelpresse.**

Handrad, radförmiger Maschinenteil mit gelochter Nabe, mit der das H. am Ende einer Welle oder Spindel (z. B. für Ventile, Schieber, Werkzeugmaschinen) befestigt wird. Es dient zum Drehen und Verstellen dieser Elemente von Hand.

Handregeln, Elektrizitätslehre: die **Linke-Hand-Regel** ergibt die Richtung der im magnet. Feld auf einen Stromleiter wirkenden Kraft: Hält man die linke Hand so, daß die magnet. Kraftlinien senkrecht in die (innere) Handfläche eintreten und der Strom in Richtung der Finger fließt, dann gibt der Daumen die Richtung der Kraft an. Die **Rechte-Hand-Regel** ergibt die Richtung des induzierten Stromes in einem im magnet. Feld bewegten Leiter: Hält man die rechte Hand so, daß die magnet. Kraftlinien senkrecht in die (innere) Handfläche eintreten und

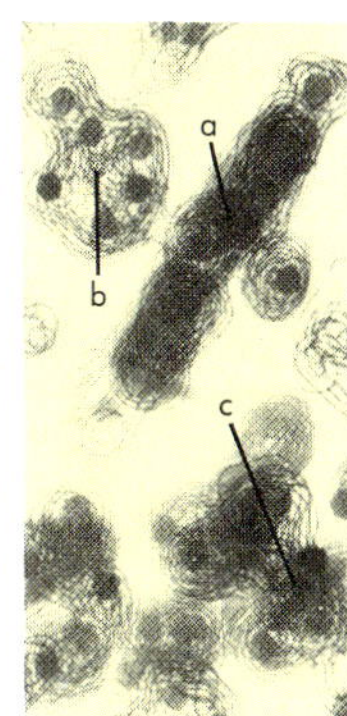

Hämoglobin 2

Hämoglobin 2: Projektion der Elektronendichte eines H.-Moleküls in einer Ebene (Ausschnitt): a die Hämgruppe von der Seite gesehen, am Eisenatom ist rechts ein Wassermolekül gebunden, b Histidin, c Helix von der Seite gesehen mit einigen Seitenketten

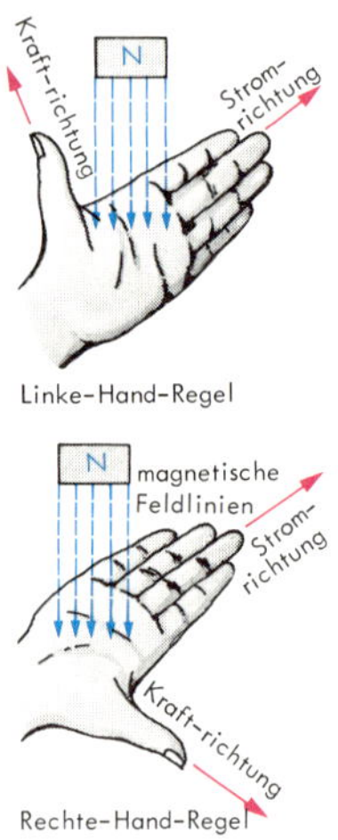

Handregeln

der Daumen in die Bewegungsrichtung des Leiters weist, dann geben die Finger die Richtung des induzierten Stromes an (BILD). – Entsprechende Regeln lassen sich mit Hilfe der zueinander senkrecht gestellten Daumen (D), Zeigefinger (Z) und Mittelfinger (M) der rechten oder der linken Hand aufstellen **(Dreifingerregeln).** Bei der Linken-Hand-Regel ergibt D die Richtung der Kraft, wenn Z in Magnetfeldrichtung und M in Stromrichtung weist, bei der Rechten-Hand-Regel ergibt M die Richtung des Induktionsstromes, wenn Z in Magnetfeldrichtung und D in Bewegungsrichtung weist. Man kann auch die Dreifingerregeln der linken und der rechten Hand zu einer ersten und zweiten Dreifingerregel der rechten Hand zusammenfassen: Hält man Z in Magnetfeldrichtung und D in Richtung der Ursache (Strom oder Bewegung), so ergibt M die Richtung der Wirkung (Bewegung oder Strom). – Die → Rechte-Faust-Regel gibt den Umlaufssinn der geschlossenen magnet. Feldlinien um einen stromdurchflossenen Leiter an.

Handsatz, manuell aus Drucktypen (Einzelbuchstaben) und Blindmaterial hergestellter Satz (→ Setzerei).

Handschuhkasten, dicht verschlossenes Gehäuse, in dem mit Hilfe von außen angebrachter und durch Öffnungen in das Gehäuse hineinreichender Handschuhe giftige, radioaktive und/oder pyrophore Stoffe risikolos bearbeitet werden können.

Handvermittlung, i. Ggs. zum Selbstwählverkehr manueller Aufbau von Fernsprechverbindungen (→ Vermittlungstechnik).

Handwerkszeug, → Werkzeug.

Hanf, 1) Gatt. **Cannabis** der Maulbeergewächse; wird 2–4 m hoch und hat langgestielte, fingerförmige Blätter; wird zur Gewinnung der gleichfalls H. genannten Fasern und des Samens angebaut.

Die Stengelfaser **(Bastfaser, Weichhanf)** des H. dient zur Herstellung von Bindfäden, Schnüren und Seilen sowie von Segeltuch, Gurten, Teppichen. Sie besteht aus zu Bündeln vereinigten Einzelfasern. Die Fasern werden durch Schwingen und Hecheln gewonnen. Die H.-Faser ist weißlich, silber- oder perlgrau, grünlich oder gelblich; je heller, um so besser die Fasereigenschaften.

Der **Hanfsamen** (nüßchenartige Früchte) enthält rd. 32% langsam trocknendes Öl **(Hanf-Öl),** das zur Seifenherstellung und mit Leinöl gemischt als Firnis verwendet wird. Die Rückstände der Ölfabrikation, Preßkuchen und Hanfmehl, sind nährstoffreich und als Kraftfutter geeignet, enthalten aber betäubende Stoffe (harzige Ausscheidungen der weibl. Pflanzen), deren reiche Erzeugung beim Indischen H. zur Gewinnung des Rauschmittels Haschisch genutzt wird.

Hängewerk: 1 Doppeltes Hängewerk für ein Pfettendach; a Streckbalken, b Hängesäulen, c Streben, d Spannriegel. **2** Hängewerkbrücke; a Tragbalken, b Querbalken, c Hängesäulen. **3** Hängesprengwerkbrücke

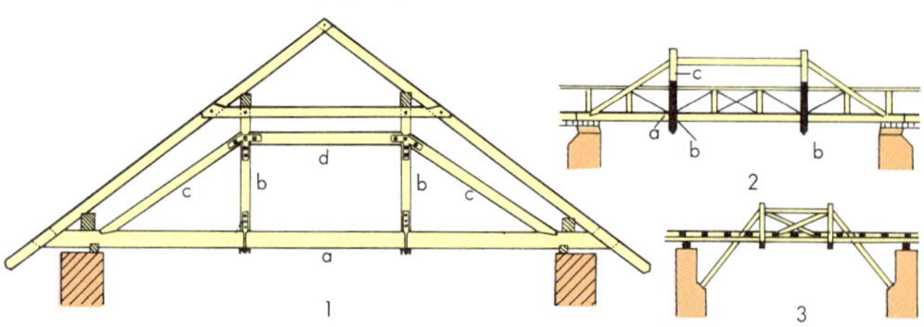

2) versch. Pflanzenfasern **(Hartfasern)** und die Pflanzen selbst, die mit dem H. nicht verwandt sind: u. a. die **Faserbanane,** die die 1–2,5 m lange **Manilafaser** (Manila-H.) oder **Abacá** liefert, aus der Taue, Seile, Netze u. a. hergestellt werden, der **Sisal-H.** (→ Sisal) und **Gambo-H.** (→ Kenaf).

Hang, geneigtes Stück der Landoberfläche. Nach der **Hangneigung** unterscheidet man Steil- und Flachhänge; in Flußtälern mit Mäandern erscheinen Gleithänge und Prallhänge. Übersteile H. (50° und mehr) heißen Wände.

Hang|abtrieb, Hang|abtriebskraft, → geneigte Ebene 1).

Hangbewegungen, die Verlagerung von Gesteinen und Böden an Hängen durch Schwerkraftwirkung. Im einzelnen lassen sich unterscheiden: **Kriechen,** langfristig verlaufende, sich nicht beschleunigende Bewegung ohne ausgeprägte Gleitflächen, dabei kommt es zu → Hakenschlagen (-werfen) und dem talwärts gebogenen Säbelwuchs der Bäume. **Gleiten,** H. miteinander verbundener Massen längs einer oder mehrerer Gleitflächen mit Verbindung zum Liegenden. Das Ergebnis ist die Rutschung **(Bergrutsch). Fließen,** H. in Lockergesteinen, die zu Erd- und Blockströmen (→ Solifluktion) führen. **Fallen,** sehr schnell verlaufende H., wobei die Gesteinsmassen ihren inneren Zusammenhang völlig verlieren, kurzfristig auch den Kontakt mit dem Liegenden; Ergebnis: Fels- und → Bergsturz, Schutthalden.

Hängebahn, Transportmittel mit hochliegender Schiene und daran fahrenden Hängewagen, entweder zur Personenbeförderung (→ Einschienenbahn) oder mit → Hebezeug, das von Hand oder Elektromotoren **(Elektro-H.)** bewegt wird.

Hängebank, Bergbau: Plattform in der Schachthalle, von der aus Personen und Material auf den Förderkorb gelangen, meist einige Meter über Grund. Eine ebenerdige H. heißt **Rasenhängebank.**

Hängegleiter, ein → Gleitflugzeug, in dem der Pilot nicht sitzt, sondern sich durch Auflegen der Arme auf Stützen oder mit einem Gurtgeschirr einhängt und den H. allein durch Verlagerung seines Körperschwerpunktes steuert. (→ Drachenfliegen)

Hangendes, über einer Bezugsschicht lagernde Gesteinsschicht. Bei ungestörter Lagerung von Sedimentgesteinen ist das H. stets jünger als das → Liegende.

Hängewerk, bes. im Holzbau häufig angewendetes Tragwerk zum Überspannen größerer Räume. Die Lasten der Decken (im Hochbau) oder der Fahrbahn (im Brükkenbau) werden an die **Hängesäulen** angehängt.

Hankelsche Funktionen [n. dem dt. Mathematiker H. Hankel, * 1839, † 1873], Bez. für besondere → Bessel-Funktionen.

Hantelnebel, Dumbbellnebel [d'ʌmbel-, engl.], ein mit einem lichtstarken Feldstecher zu beobachtender Planetar. Nebel (M 27) im Sternbild Fuchs. (BILD S. 251)

haploid, → Chromosomen.

Hardcopy [hɑːdkɔpɪ, engl.], Datenverarbeitung: die Ausgabe von Daten und Informationen mit Hilfe eines Druckers oder eines Plotters in Form von gedruckten Texten, Tabellen, Graphiken und dergl.; Ggs.: → Softcopy.

Hard disk [hɑːd dɪsk, engl.], Datenverarbeitung: Magnetplattenspeicher, der fest in ein Computersystem eingebaut ist. Die H. d. ist bes. für die Aufnahme von Programmteilen und Daten geeignet, auf die der Computer häufig Zugriff haben muß.

Hardtop [ha:dtɔp, engl.] *der, das,* steifes Kraftfahrzeugdach, Aufsatzdach für offene Wagen.

Hardware [ha:dweə, engl.], *die,* Sammelbegriff für alle elektron., elektromechan. und mechan. Bauteile, Baugruppen, Geräte und Einrichtungen einer Datenverarbeitungsanlage i. Ggs. zu den Programmen, der → Software.

Harkins-Regel [ha:kınz-, n. dem amerikan. Chemiker W. D. Harkins, * 1873, † 1951]: chem. Elemente mit gerader Ordnungszahl kommen in der Natur häufiger vor als solche mit ungerader.

harmonische Analyse, Fourier-Analyse [furj'e-], mathemat. Verfahren zur Zerlegung eines period. Vorgangs in seine Grundschwingung **(1. Harmonische)** und deren Oberschwingungen **(2., 3. . . . Harmonische).** Dabei ergeben sich Sinusschwingungen mit unterschiedl. Amplituden (Intensitäten) und Phasenlagen. Die Schwingungsdauer (Periodenlänge) der Oberschwingungen ergibt sich durch Halbieren, Dritteln usw. derjenigen der Grundschwingungen. – Grundlage der h. A. ist der mathemat. Satz, daß jede period. Funktion durch eine (endliche oder unendliche) Reihe aus Sinus- und Kosinusfunktionen dargestellt werden kann. Die Amplituden **(Fourier-Koeffizienten)** und Phasen der Partialschwingungen werden durch numer. Integration mit Rechenanlagen oder auch graphisch bestimmt. Falls die Funktion durch einzelne Stützpunkte festgelegt ist, können Näherungswerte für endlich viele Fourier-Koeffizienten berechnet werden. Der **harmonische Analysator** führt die h. A. mechanisch durch, wobei man mit einem Fahrstift die zu analysierende Kurve nachfährt. – Durch die **harmonische Synthese (Fourier-Synthese)** können entsprechend (durch Überlagerung von harmon. Schwingungen) period. Schwingungen mit best. vorgegebenen Eigenschaften aufgebaut werden.

Hantelnebel: Planetarischer Nebel (Messier 27) im Sternbild Fuchs; etwa 1 000 Lichtjahre entfernt

harmonische Folge, Bez. für die Zahlenfolge $1, \frac{1}{2}, \frac{1}{3}, \frac{1}{4} \ldots$; **harmonische Reihe,** die daraus gebildete Reihe $1 + \frac{1}{2} + \frac{1}{3} + \frac{1}{4} \ldots$; diese divergiert; die alternierende harmonische Reihe $1 - \frac{1}{2} + \frac{1}{3} - \frac{1}{4} + \ldots$ konvergiert.

harmonische Funktion, die → Potentialfunktion.

harmonischer Oszillator, schwingungsfähiges System (Oszillator), bei dem die rücktreibende Kraft der Auslenkung aus der Ruhelage proportional ist. Der h. O. führt → harmonische Schwingungen aus.

harmonische Schwingung, Sinusschwingung, eine → Schwingung, bei der die Rückstellkraft der momentanen Auslenkung aus der Ruhelage (Elongation) proportional ist und stets zur Gleichgewichtslage gerichtet ist. Führt ein Massenpunkt eine gleichmäßige → Kreisbewegung aus, so führt sein Schatten eine h. S. aus, wenn man ihn durch paralleles Licht auf eine Ebene senkrecht zur Kreisbahnebene projiziert. Das Weg-Zeit-Diagramm der h. S. ist eine Sinuskurve (daher auch die Bez. **Sinusschwingung).**

harmonisches Mittel, → Mittelwert 4), → harmonische Teilung.

harmonische Synthese, Fouriersynthese [furj'e-], die Umkehrung der → harmonischen Analyse.

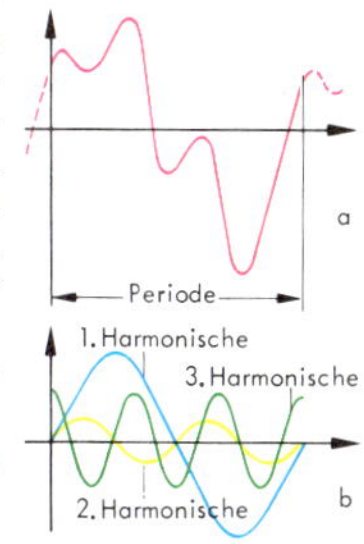

harmonische Analyse

harmonische Analyse: a Teil einer nichtperiodischen Funktion, als Periode aufgefaßt, **b** ihre durch h. A. gewonnenen Harmonischen

harmonische Teilung, Teilung einer Strecke *AB* durch einen inneren Punkt *C* und einen äußeren *D* im gleichen Verhältnis, so daß die Proportion gilt: $AC:CB = AD:DB$, wenn also das → Doppelverhältnis $(A, B; C, D) = -1$ ist. Umgekehrt wird dann auch *CD* durch *A* und *B* harmonisch geteilt. *AB* heißt das **harmonische Mittel** zw. *AC* und *AD*. *A, B, C, D* heißen **harmonische Punkte,** vier durch sie gelegte Strahlen mit dem gleichen Ausgangspunkt heißen **harmonische Strahlen.** Jede beliebige Gerade wird von ihnen wieder in harmon. Punkten A_1, B_1, C_1, D_1 geschnitten. – Die Bez. h. T. ist aus der Musiklehre übernommen. Gibt eine Saite *AD* den Grundton und liefert *AB* die große Terz und *AC* die Quinte dazu, so sind *A, B, C, D* harmonische Punkte.

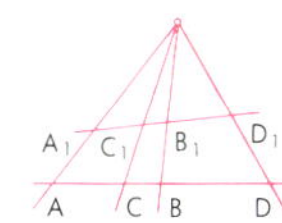

harmonische Teilung

harmonische Töne, → Klang.

Harmotom *der,* Mineral, ein → Zeolith.

Harnisch, 1) Geowissenschaften: an tekton. Störungen durch Reibung von Gestein gegen Gestein in der Bewegungsrichtung geschrammte **(Gleitstriemung, Gleitstreifung, Rutschstreifen)** oder geglättete, z. T. glänzende **(Spiegel-)**Flächen.

2) Weberei: die Gesamtheit der Schnürenverbindung von den Platinen der Jacquardmaschine zu den Weblitzen (→ Jacquard-Weberei).

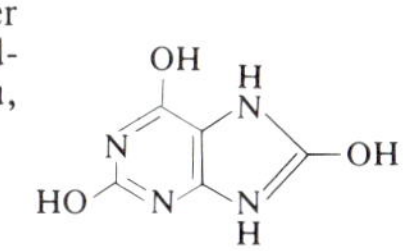

Harnsäure

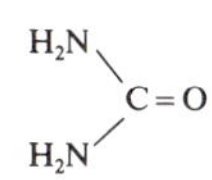

Harnstoff

Harnsäure, 2,6,8-Trihydroxypurin, kristalline, schwach saure, in Wasser schwer lösl. Verbindung. Ihre Salze heißen **Urate.** H. ist das Endprodukt des Eiweißstoffwechsels von Reptilien und Vögeln. Ammoniumurat ist deshalb bis zu 90% in Schlangen- und Vogelexkrementen enthalten. Beim Menschen ist H. das Endprodukt des Purinstoffwechsels, wobei täglich zw. 0,3 und 0,7 g H. mit dem Urin ausgeschieden werden. Als Folge unzureichender Ausscheidung oder erhöhter Purinbiosynthese kann es zu einer Erhöhung des H.-Spiegels (Hyperuricämie) und zu H.-Ablagerungen in Gelenken (Gicht) oder in der Niere (Nierensteine) kommen. – H. wurde 1776 von C. W. SCHEELE in Blasensteinen entdeckt.

Harnstoff, Carbamid, Kohlensäurediamid, farblose Kristalle, die sich in Wasser lösen und bei 132,7 °C schmelzen. Beim Erhitzen zersetzt sich H u. a. zu Biuret. Durch das Enzym **Urease** wird H. in Ammoniak und Kohlendioxid gespalten. Mit unverzweigten Alkanen bildet H. → Einschlußverbindungen. – H. wird technisch aus Ammoniak und Kohlendioxid hergestellt. Dabei entsteht

Harnstoff: Mikro-Aufnahme von H., etwa 100fache Vergr.

Härte 1): Ritz- und Schleifhärte von Mineralen

Mineral	Ritzhärte*) nach F. Mohs 1822	Schleifhärte nach Rosiwal 1896	Mittelwerte nach 8 versch. Methoden (E. Tröger 1954)
Talk	1	0.03	1.08
Gips	2	1.04	2.36
Calcit	3	3.75	6.99
Fluorit	4	4.2	12.1
Apatit	5	5.4	25.7
Feldspat	6	30.8	49.5
Quarz	7	**100**	**100**
Topas	8	146	143
Korund	9	833	342
Diamant	10	117 000	(850)

*) 1 und 2 mit dem Fingernagel ritzbar; 1–4 mit dem Messer ritzbar; 6–10 ritzen Fensterglas.

bei etwa 180 °C und einem Druck von 120 bis 150 bar zunächst Ammoniumcarbamat:

$$CO_2 + 2\,NH_3 \longrightarrow H_2N{-}CO{-}ONH_4,$$

das in einer 2. Stufe z. T. in H. und Wasser gespalten wird:

$$H_2N{-}CO{-}ONH_4 \rightleftharpoons H_2N{-}CO{-}NH_2 + H_2O.$$

Aus der wäßrigen Lösung wird H. meist in Form kleiner Kügelchen (Prills) gewonnen. Etwa 85% der H.-Produktion werden als Düngemittel verwendet, wobei ein möglichst niedriger Biuretgehalt gefordert wird. H. dient darüber hinaus zur Herstellung von Aminoplasten und als Eiweißersatz in Futtermitteln für Wiederkäuer. Im menschl. Körper ist H. das wichtigste Endprodukt des Eiweißstoffwechsels. Aus Aminosäuren abgespaltenes Ammoniak wird in der Leber mit Bicarbonat zu H. umgesetzt. Die tägliche, mit dem Urin ausgeschiedene H.-Menge liegt zw. 20 und 35 g. – H. wurde 1773 von G.-F. ROUELLE im Harn entdeckt. F. WÖHLER stellte 1828 H. erstmalig aus Ammoniumcyanat her und widerlegte damit die Vorstellung, daß organ. Verbindungen nur mit Hilfe von Organismen synthetisiert werden können. – **Carbamoyl-H.,** → Biuret. **Harnstoffharze,** → Aminoplaste.

Harnstoffzyklus, svw. → Ornithinzyklus.

Harsch *der,* **verharschter Schnee,** oberflächlich geschmolzener und wieder gefrorener Schnee.

Härte, 1) bei Feststoffen (Metallen, Mineralen, Natur- und Kunststoffen u. a.) nicht genau definierte Eigenschaft: Widerstand eines Feststoffs gegen elast. oder teilplast. Verformung, z. B. durch Eindringen anderer Körper, oder gegen Zerstörung der Oberfläche (Abrieb). Im elast. Bereich kennzeichnet der Elastizitätsmodul allein, im plast. Bereich der Elastizitätsmodul und die Fließgrenze, bei Zerstörung von sprödem Feststoff der Elastizitätsmodul und die Bruchfestigkeit die Härte. (→ Elastizität 1), → Härteprüfung)

Die H. eines Kristalls ist das Maß des Widerstandes, den er der mechan. Verletzung seiner Oberflächenschichten entgegensetzt. Die H. der Minerale wird nach der zehnteiligen **Mohsschen Härteskala** [n. dem Mineralogen F. Mohs, * 1773, † 1839] bestimmt, in der jeder **H.-Grad** durch ein häufiges Mineral vertreten wird. Jedes in diese H.-Skala eingeordnete Mineral ritzt die vorangehenden und wird selbst von den nachfolgenden geritzt. Da der Abstand der H.-Grade in der Mohsschen Skala ungleichmäßig ist, wurde sie für die Edelsteinkunde und techn. Praxis erweitert.

Steinsalz

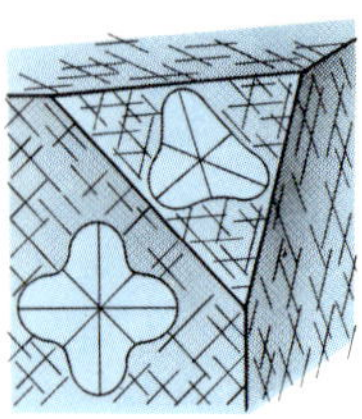

Fluorit

Härte 1): Zusammenhang zw. relativer Ritzhärte (Härtekurven), Spaltbarkeit und Kristallgitter

Neben dieser H.-Bestimmungsmethode werden angewendet: die Hobel-, Schneide-, Drehrad- und die Schleifmethode, die alle mit Sklerometern arbeiten. Damit lassen sich auch die **H.-Anisotropien** von Kristallflächen und damit **H.-Kurven** bestimmen. Die vom Gitterbau abhängige Richtungsabhängigkeit der H. ist z. B. besonders deutlich beim Disthen (in Längsrichtung H. 4,5, in Querrichtung H. 7).

2) Chemie: **H. des Wassers** (Grad Deutsche Härte, Carbonathärte, Kesselstein), → Wasserhärte.

3) H. von Strahlungen: Bez. für die Durchdringungsfähigkeit von Strahlungen (wie Röntgen-, Gamma-, kosmische Strahlung) durch Materie. **Harte** Röntgenstrahlen z. B. haben, i. Ggs. zu **weichen** Röntgenstrahlen, kurze Wellenlängen, hohe Energie und hohe Durchdringungsfähigkeit.

Härten, Härtung, das Hartmachen versch. Stoffe, u. a. auch die → Fetthärtung.

Metallkunde. Eine Steigerung der Härte von Metallen und Legierungen wird durch → Wärmebehandlung, Verformung (→ Verfestigung) oder Zusatz von Legierungselementen (→ Legierungen) erreicht. Neben der → Aushärtung ist jenes H. von Stählen von besonderer Bedeutung, bei der der Stahl bei hoher Temperatur geglüht und abgeschreckt wird. Durch die große Abkühlungsgeschwindigkeit nach einer Glühung im Austenitgebiet (→ Austenit) entsteht statt des → Perlits 2) oder Bainits der sehr harte und spröde → Martensit. Gefüge mit günstigen Zähigkeitseigenschaften erhält man durch nachträgliches → Anlassen des Martensits bei höheren Temperaturen **(Vergüten),** durch Verminderung der Abkühlgeschwindigkeit, durch Abschrecken des Stahls auf Temperaturen oberhalb Raumtemperatur mit anschließender langsamer Abkühlung **(gebrochenes H.)** oder Halten bei dieser Temperatur, bis die Umwandlung abgelaufen ist **(isothermes H.,** → Zeit-Temperatur-Umwandlungs-Diagramm). Durch gebrochenes und isothermes H. werden Spannungsrisse und Verziehen des Werkstückes vermieden. Beim **Einsatzhärten (Oberflächenhärten)** wird nur die Oberfläche des Werkstücks zur Erhöhung der Verschleißfestigkeit behandelt. Durch Glühen in kohlenstoff- oder stickstoffabgebenden Mitteln (→ Aufkohlung, → Nitrieren) läßt man Kohlenstoff oder Stickstoff in die Oberfläche eindringen, um eine harte Oberfläche zu erhalten. Mit **Brennhärten** oder **Flammhärten** und **Induktionshärten** wird die Art der Erwärmung durch Brenner oder Induktionserhitzung bezeichnet. Auch beim Gießen kann durch erhöhte Abkühlungsgeschwindigkeit des Gusses ein H. erzielt werden. Dadurch wird die Graphitausscheidung unterdrückt (Hartguß, weiches Gußeisen).

Kunststoffe. Bei Kunstharzen versteht man unter H. den durch chem. Reaktionen herbeigeführten Übergang aus einem weichen oder durch Wärme erweichbaren Zustand in eine nicht mehr erweich- oder schmelzbare Form. Die gehärteten Produkte sind gegen die Einwirkung von Chemikalien sehr beständig und in organ. Lösungsmitteln nicht löslich. Durch das H. werden i. a. gleichzeitig hohe Härte und mechan. Festigkeit, gutes elektr. Isoliervermögen sowie andere günstige Werkstoffeigenschaften erreicht.

Chemisch beruht das H. auf der Ausbildung räumlich vernetzter → Makromoleküle (→ Vernetzungsreaktionen). **Selbsthärtende Harze** härten durch Weiterreaktion chemisch eingebauter, bes. reaktionsfreudiger Molekülgruppen; zu ihnen gehören z. B. best. Formaldehydkondensate von Phenolen (→ Phenolharze) und die Anfangskondensate der →Aminoplaste. Aber auch durch **Härter,** das sind Stoffe, die die Polymerisation (z. B. Peroxide bei ungesättigten Polyesterharzen), Polykondensation (z. B. Ammoniumchlorid bei Harnstoffharzen) oder Polyaddition (z. B. Amine oder Dicarbonsäureanhydride bei Epoxidharzen) bewirken, können Kunstharze vernetzt werden. So härten z. B. ungesättigte → Polyester infolge einer durch Peroxide ausgelösten Copolymerisation entweder durch mehr oder weniger langes Erwärmen auf etwa 80 bis 200 °C **(Wärmehärtung, Heißhärtung)** oder durch Zusatz von bes. wirksamen oder reaktionsfähigen Härtern schon bei Raumtemperatur **(Kalthärtung, Säurehärtung).** Je nach der chemisch bedingten Härtungsneigung (Reaktivität) der Harze, den verwendeten Härtern und der gewählten Temperatur kann der Härtevorgang von wenigen Sekunden (bei sehr dünnen Schichten) bis zu mehreren Stunden oder Tagen dauern. – Insbes. Preßmassen (→ Formmassen) werden in geschlossenen Formen unter hohem Druck gehärtet. Aber auch das nahezu oder völlig drucklos durchgeführte H. findet weite Anwendung, z. B. beim Oberflächenschutz als Einbrennlackierung, bei Leim- und Klebevorgängen, bei → Gießharzen.

Härtung von elektron. Bauelementen → EMP.

Härte|ofen, Industrieofen, dient beim Härten von Stahl zur genauen Einhaltung best. günstiger Härtetemperaturen. Für gewöhnl. Härtevorgänge verwendet man **Salzbadöfen,** bei denen das zu härtende Werkstück in ein erhitztes Salzbad getaucht wird. Einfachere Härtevorgänge kann man in gewöhnl. Glühöfen durchführen.

Härteprüfung, Werkstoffprüfung für Metalle mittels Eindrücken von Prüfkörpern in ein Probestück oder Bauteil und Ausmessen der dadurch verursachten bleibenden Verformung. Bei anderen Prüfverfahren wird eine Abriebmessung vorgenommen. Prüfkörper sind Kugel, Kegel oder Pyramide.

Brinell-Härte (HB) wird in feststehendem oder bewegl. Härteprüfgerät bestimmt: Eine harte Kugel von festgelegtem Durchmesser D = 10 mm (für kleinere Bauteile, geringere Last, härteren Werkstoff 5 oder 2,5 mm) wird 10 s unter Last $F = 30 \cdot D^2$ kp = 29420 N eingedrückt. Das Verhältnis Prüflast/Fläche des bleibenden Eindrucks wird als HB angegeben, ist aber z. B. bei verformungsfähigem Stahl auch näherungsweise proportional der Fließgrenze und damit der Zugfestigkeit. Brinellhärte kann auch mit speziell hierfür entwickelten Schlagprüfgeräten, die bleibende Eindrücke erzeugen, bestimmt werden.

Vickers-Härte (HV) wird mit gleichen oder ähnlich wirkenden Härteprüfgeräten unter Verwendung einer vierseitigen Diamantpyramide mit Spitzenwinkel 136° unter festgelegter Last von 100, 300 oder 600 N (für Sonderzwecke auch geringer) ermittelt, ebenfalls als das Verhältnis HV = Prüflast/Oberfläche des bleibenden Eindrucks.

Rockwell-Härte (RH) wird durch die bleibende Tiefe des Eindrucks nach Belastung eines Diamantkegels (120° Spitzenwinkel) RH_c oder einer harten Stahlkugel (1/16 Zoll Durchmesser) RH_b als Härtemaß des Werkstoffs bestimmt.

Ritzhärte-Prüfung: Eine Diamantspitze kratzt unter Last einen Strich, dessen Breite Maß der Härte, d. h. Abriebfestigkeit, ist.

Nach dem Verfahren von SHORE wird die relative Rücksprunghöhe eines Hammers mit Diamantspitze bestimmt. Der **Shore-Härte-Prüfer** [ʃɔ:-] für Gummi u. ä. besteht aus einem federbelasteten Stift, dessen (elastische) Eindringtiefe ein Maß für entsprechende Härte (0 bis 100 sh) ist.

Über H. von Werkstoffen bei sehr kleinen Prüflasten → Mikrohärte.

Hartfasern, Fasern aus Blättern (Sisalfaser), Blattscheiden (Manilafaser) oder Früchten (Kokosfaser) monokotyler, tropischer Pflanzen für Seilerwaren, Tauwerk, grobe Gewebe und Matten.

Hartfaserplatte, eine → Holzfaserplatte.

Hartgewebe, Abk. **Hgw,** sind → Schichtpreßstoffe aus kunstharzgetränkten Gewebebahnen. H. aus Phenolharz und Baumwollgewebe dienen als schlagfeste Isolierstoffe in der Elektrotechnik sowie für Zahnräder und Gleitlager.

Hartglas, allg. Bez. für Gläser, die einen Wärmeausdehnungskoeffizienten $\alpha < 6 \cdot 10^{-6}$/K besitzen. Gläser mit größeren α-Werten werden unter dem Begriff **Weichglas** zusammengefaßt.

Hartguß, → Gießerei, → Härten.

Hartley-Bande, Hartley-Bandenspektrum [hˈɑːtlɪ-, n. dem engl. Chemiker W. N. Hartley, * 1846, † 1913], Absorptionsbande (→ Molekülspektrum) des Ozons (Wellenlängenbereich 200–320 nm); durch sie wird in der Atmosphäre ein großer Teil der kurzwelligen gesundheitsschädl. UV-Sonnenstrahlung absorbiert. Wegen der Absorption sind an der Erdoberfläche keine astrophysikal. Beobachtungen im Spektralbereich der H.-B. möglich.

Hartley-Oszillator [hˈɑːtlɪ-, n. R. V. L. Hartley], Oszillatorschaltung, bei der durch Rückkopplung eines Teils der Ausgangsspannung auf den Eingang eine sich selbst erhaltende Schwingung entsteht. Die Rückkopplung erfolgt dabei über eine Spule mit Wicklungsanzapfung **(induktive Dreipunktschaltung).**

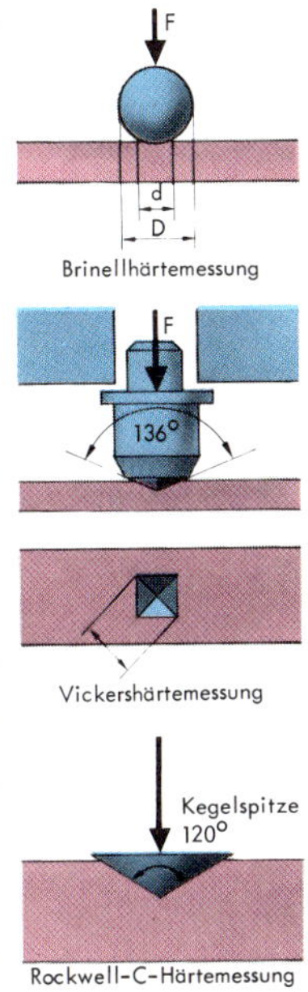

Härteprüfung

Härtling, Monadnock, Erhebung widerstandsfähigerer Gesteine über ihre schneller abgetragene Umgebung.

Hartlot, → Löten.

Hartmangan|erz, der → Braunit.

Hartmann-Strömung, Poiseuille-Hartmann-Strömung [n. dem dän. Physiker J. F. Hartmann, * 1881, † 1951, und dem frz. Arzt und Physiologen J.-L. M. Poiseuille, * 1799, † 1869], tritt beim Strömen von elektrisch leitfähigen Medien in einem äußeren Magnetfeld quer zur Strömungsrichtung auf. Mit stärker werdendem Magnetfeld wird das Geschwindigkeitsprofil immer stärker gegenüber dem parabolischen Profil bei einer Strömung ohne Magnetfeld abgeflacht (BILD), d. h., die Viskosität der Flüssigkeit nimmt im Mittel zu.

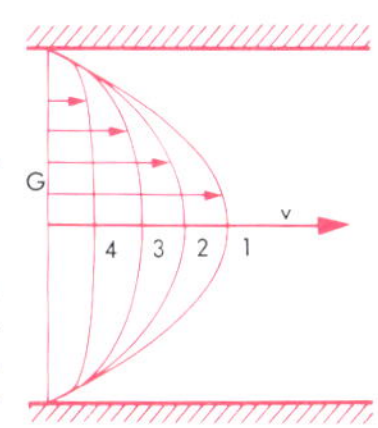

Hartmann-Strömung

Hartmann-Strömung zw. zwei Platten. Die parabolische Kurve 1 zeigt die Geschwindigkeit der Strömung ohne Magnetfeld. Der Abstand jedes Kurvenpunktes von der Geraden *G* ist ein Maß für die Strömungsgeschwindigkeit *v* in diesem Punkt. Den Kurven 2, 3, 4 entsprechen die Strömungsgeschwindigkeiten beim Anlegen immer stärkerer Magnetfelder

Hartmatten, Abk. **Hm,** sind → Schichtpreßstoffe aus Glasseidenmatten und ungesättigtem Polyesterharz v. a. in Form von Tafeln. Sie dienen u. a. als schlagfeste Isolierstoffe in der Elektrotechnik.

Hartmetalle, gegossene oder gesinterte Werkstoffe hoher Härte, bes. Warmhärte, die für stark auf Verschleiß beanspruchte Teile wie Bohrer, Fräser u. a. Schneidwerkzeuge, für Ziehsteine, Glasschneider, Preßmatrizen u. dgl. dienen. Sie bestehen aus Carbiden, Nitriden oder Carbonitriden des Wolframs, Chroms, Molybdäns, Titans oder Tantals, eingebettet in eine Grundmasse eines hochschmelzenden Metalls oder einer hochschmelzenden Legierung (Stähle, Kobalt u. a.).

Hartpapiere, Abk. **Hp,** sind → Schichtpreßstoffe aus kunstharzgetränkten Papierbahnen. Technische H. mit Phenolharz als Bindemittel dienen u. a. als schlagfeste Isolierstoffe in der Elektrotechnik. H. mit Kupferauflage sind Ausgangsmaterial für gedruckte Schaltungen.

Hartree-Fock-Verfahren [hˈɑːtrɪ-, n. dem engl. Physiker D. R. Hartree, * 1897, † 1958, und dem sowjet. Physiker W. A. Fock, * 1898], Näherungsverfahren in der Quantenmechanik zur Berechnung der Wellenfunktion und der Energieniveaus eines Vielelektronensystems (z. B. Elektronen im Atom oder im Festkörper) in der Einteilchennäherung. Man geht von der Existenz von Einelektronen-Wellenfunktionen aus, die als Lösung einer Schrödinger-Gleichung bestimmt werden, bei der die Wechselwirkung mit den anderen Elektronen durch ein mittleres Potential (effektives Einteilchenpotential) angenähert wird. Die Gesamtwellenfunktion wird als Produkt (einfache Hartree-Näherung) oder als antisymmetr. Produkt (Hartree-Fock-Ansatz) der Einelektronen-Wellenfunktionen dargestellt. Dabei kann die antisymmetrische Wellenfunktion auch in der Form einer Determinante (**Slater-Determinante** [slˈeɪtə-]) geschrieben werden. Berechnungen nach dem H.-F.-V. sind sehr aufwendig, weil das effektive Potential einerseits die Bewegung der Teilchen bestimmt, andererseits von dieser abhängt. Daher geht man von einem Satz von Einelektronen-Wellenfunktionen aus, von denen man annimmt, daß sie schon charakterist. Züge der endgültigen Funktionen aufweisen, und berechnet damit das effektive Potential. Dieses wird verwendet, um aus einer Schrödinger-Gleichung einen neuen Satz von Funktionen zu gewinnen, der im allg. eine bessere Näherung als der Ausgangssatz darstellt. Mit diesem neuen Satz wird ein neues effektives Potential berechnet usw. Dieses iterative Verfahren wird so lange fortgesetzt, bis (innerhalb einer vorgegebenen Fehlergrenze) die Elektronen gerade ein solches mittleres Potential erzeugen, das seinerseits die zur Potentialberechnung herangezogenen Wellenfunktionen liefert. Die Lösungen heißen dann **selbstkonsistent,** das iterative Verfahren heißt **Self-consistent-field-Verfahren.**

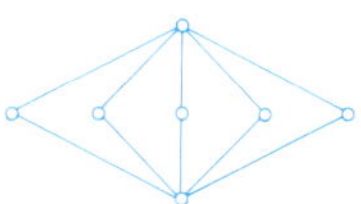

Hasse-Diagramm

Hartsalz, vorwiegend aus Steinsalz, Sylvin und Kieserit bestehendes Salzgestein.

Hartsegmente, → Polyurethane.

Hartspiritus, durch Zusatz geringer Mengen von Seifen, Celluloseestern oder Kieselgur verfestigtes Äthanol.

Hartstoffe, Stoffe mit großer Härte, die v. a. als Schleifmittel und beim Verschleißschutz eine Rolle spielen. Die größte Härte haben die im reinen Zustand durchscheinenden **nichtmetallischen H.,** wie Diamant (Vickershärte = HV: etwa 10000) oder Borcarbid (HV: etwa 3900). **Metallische H.,** wie Wolframcarbid (HV: 1200–2500), Titancarbid (HV: 3000) und Hafniumborid (HV: 3200) zeichnen sich durch metall. Glanz sowie gute elektr. und therm. Leitfähigkeit aus.

Härtung, → Härten.

Harze, technolog. Sammelbegriff für feste, harte bis weiche, organische, nichtkristalline Produkte mit mehr oder weniger breiter Verteilung der molaren Massen. Normalerweise haben H. einen Schmelz- oder Erweichungsbereich, sind im festen Zustand spröde und brechen dann muschelartig. Sie neigen zum Fließen bei Raum-Temperatur – **Natur-H.** sind pflanzl. (z. B. → Kolophonium, → Canadabalsam, → Dammarharz) oder tier. Ursprungs (z. B. → Schellack). Je nach Alter unterscheidet man **rezente H.** (frisch gewonnene) und **fossile H.** (z. B. Bernstein). **Kunst-H.** sind durch Polymerisation, Polyaddition oder Polykondensation gewonnene H. (z. B. → Aminoplaste, → Epoxidharze, → Phenolharze), die ggf. durch Naturstoffe (fette Öle, Natur-H.) modifiziert sind (z. B. → Alkydharze). Als Kunst-H. bezeichnet man auch durch chem. Umsetzungen (Veresterung, Verseifung u. a.) veränderte Natur-H. I. Ggs. zu den Natur-H. kann ein großer Teil der Kunst-H. durch Vernetzung in Thermodure überführt werden. – H. werden z. B. als Bindemittel für Formmassen, Klebstoffe und Lacke sowie zur elektr. Isolation (z. B. als Gießharze) verwendet. (→ Reaktionsharze, → Tränkharze)

Harzsäuren, in Naturharzen (z. B. zu 90% in Kolophonium) enthaltene Carbonsäuren, wie z. B. Abietin- und Pimarsäure. Ihre Salze heißen **Resinate** oder **Harzseifen.** Wasserlösl. Natriumresinate dienen zur Papierleimung. Calcium- und Zinkresinate finden als Bestandteile von Lacken, Druckfarben und Klebstoffen Verwendung.

Hase, lat. **Lepus,** ein → Sternbild des Südhimmels.

Haspel, 1) Teil eines Fördermittels, → Winde.

2) Landtechnik: Vorrichtung zum Zubringen von Halmgut oder Getreide in Mähwerke, Feldhäcksler, Mähdrescher: um eine horizontale Achse laufende rechenartige Leisten mit meist gesteuerten Zinken.

3) Lederfabrikation: großer hölzerner Bottich zum Äschern und Beizen der Häute, die durch Schaufelräder in Bewegung gehalten werden.

4) Spinnerei: auch **Weife,** Windemaschine, die das in verschiedenen Aufmachungen anfallende Garn in Strangform bringt.

Hasse-Diagramm [n. dem dt. Mathematiker H. Hasse, * 1898, † 1979] dient zur Darstellung endl. Verbände und endl. Halbordnungen. Die Elemente eines Verbandes werden dabei durch Punkte wiedergegeben (BILD), einander zugeordnete Elemente durch Strecken miteinander verbunden.

Haufenveränderliche, die → RR Lyrae-Sterne.

Häufigkeit, als Grundbegriff der Wahrscheinlichkeitsrechnung und Statistik die Anzahl eines zutreffenden Merkmals oder eingetroffenen Ereignisses (**absolute H.**) oder deren Anteil an der jeweiligen Gesamtzahl (**relative H.**); letztere wird, wenn die Gesamtzahl genügend groß ist, als Wahrscheinlichkeit aufgefaßt. **Häufigkeitsverteilung** ist die Menge der geordneten Paare von Merkmal oder Ereignis und H., **Häufigkeitspolygon** deren graphische Darstellung.

Häufungspunkt. Ein Punkt P eines topolog. Raumes T ist H. einer Teilmenge $M \subset T$, falls in jeder Umgebung U von P mindestens ein Punkt $Q \in M$ mit $Q \neq P$ liegt. Z. B.:

1 ist H. von $\left\{\frac{1}{2}, \frac{2}{3}, \frac{3}{4}, \quad \ldots n/n+1, \ldots \right\}$.

Häufungsstellenprinzip, → Weierstraßsche Sätze.

Haufwerk, Bergbau und Aufbereitung: körniges Gemenge, aus einer Lagerstätte gewonnener, noch nicht fertig aufbereiteter Rohstoff, z. B. Erz, Kohle.

Haupt, Teil einer Schleuse, der das Schleusentor aufnimmt, bei Binnenschiffsschleusen **Ober-H.** und **Unter-H.,** bei Seeschleusen **Außen-H.** und **Binnen-H.;** zur Unterteilung einer langen Schleusenkammer **Mittel-H.**

Haupt|anschluß, Hauptstelle, Abk. **HA,** unmittelbar mit einem öffentlichen Fernmeldenetz (→Fernsprechen, →Fernschreiben) über eine **H.-Leitung (Amtsleitung)** verbundene Teilnehmereinrichtung (z. B. Sprechstelle). Man unterscheidet **Einzel-** und **Gemeinschaftsanschlüsse,** je nachdem, ob ein oder mehrere Teilnehmer die H.-Leitung gleichberechtigt benutzen können. Für Fernsprechteilnehmer gibt es in der Bundesrep. Dtl. Gemeinschaftsanschlüsse nur als **Zweieranschlüsse** (seit 1976 nur, wenn Einzelanschlüsse, z. B. aus Mangel an Amtsleitungen, unmöglich sind).

I. Ggs. zum H. steht der **Nebenanschluß (Nebenstelle),** eine durch **Nebenanschlußleitung** mit dem H. verbundene Teilnehmereinrichtung. Mehrere Nebenanschlüsse bilden mit dem H. eine **Nebenstellenanlage** (interner Verkehr ohne Benutzung von Amtsleitungen). Bei modernen Nebenstellenanlagen kann im ankommenden Verkehr jeder Teilnehmer über **Durchwahl** erreicht werden.

Haupt|ebenen, zwei Hilfsebenen für die Konstruktion des Strahlenverlaufs bei der opt. →Abbildung 2) mit dicken Linsen oder Linsensystemen, die ohne Bildumkehr im Maßstab 1:1 aufeinander abgebildet werden. Die H. stehen senkrecht auf der opt. Achse, die sie in den **Hauptpunkten** schneiden, von denen aus Gegenstands-, Bild- und Brennweite gerechnet werden.

Haupt|ideal, Bez. für ein →Ideal, das von einem Element a eines kommutativen Ringes R erzeugt wird, man schreibt i. a. für das aus a erzeugte H. (a). Das H. besteht aus allen Ausdrücken der Form $r \cdot a + k \cdot a$, wobei $r \in R$ und k eine ganze Zahl bedeutet.

Haupt|idealring, Bez. für einen →Integritätsbereich mit Einselement, in dem jedes Ideal ein →Hauptideal ist. Z. B. ist der Ring $\mathbb{Z}$ der ganzen Zahlen ein H.

Hauptkomponente, Astronomie: svw. →Hauptstern.

Hauptkristallisation, →Kristallisationsdifferentiation (BILD).

Hauptmeridian, Anfangsmeridian, Meridian, der bei der Einrichtung eines rechtwinkligen Koordinatensystems auf der Erdoberfläche als Abszissenachse dient.

Hauptnenner, das kleinste gemeinsame Vielfache der Nenner einzelner →Brüche 2).

Hauptpunkt, Optik: →Hauptebenen.

Hauptreihe, Bereich im →Hertzsprung-Russell-Diagramm, in dem die meisten Sterne **(H.-Sterne)** liegen (→Sternentwicklung).

Hauptsätze der Thermodynamik, →Thermodynamik.

Hauptstern, Hauptkomponente, massenreichere oder hellere Komponente in einem Doppel- oder Mehrfachsternsystem (→Doppelsterne).

Hauptstrahlen, ausgezeichnete Strahlen, dienen zur Bildkonstruktion bei optischen Abbildungen.

Hauptstrom|motor, Reihenschlußmotor, ein →Elektromotor.

Hauptvermittlungsstelle, Abk. **HVSt,** Fernsprechtechnik: Vermittlungsstelle im Selbstwählverkehr zw. Knoten- und Zentralvermittlungsstelle (→Fernmeldenetz).

Hauptverteiler, Fernsprechtechnik: Trennstelle zw. Teilnehmeranschlüssen und internen Einrichtungen in Vermittlungsstellen.

Hauptwert, bei mehrdeutigen analyt. Funktionen ein eindeutig festgelegter Wertebereich, der dem Definitionsbereich der unabhängigen Variablen entspricht. Z. B. werden die →Arkusfunktionen i. a. auf H. eingeschränkt.

Haus, festes Bauwerk, bes. das →Wohnhaus, i. w. S. auch das aus Wänden und Dach bestehende Gebäude, ohne Rücksicht auf seinen Zweck. – **H.-Bau,** →Hochbau.

Haus|anschluß, die Stelle bei Rohr- und Drahtleitungen, an der öffentl. Versorgungsleitungen mit den Installationsanlagen im Gebäude zusammentreffen. Die Hauseinführungen von Leitungen durch die Gebäudeaußenwand müssen wasser- und gasdicht ausgeführt werden. H. werden i. d. R. in einem gemeinsamen Hausanschlußraum untergebracht.

Hausdorffscher Raum [n. dem dt. Mathematiker F. Hausdorff, * 1868, † 1942], **separierter Raum,** ein topolog. Raum, in dem es zu je zwei verschiedenen Punkten des Raums elementefremde Umgebungen dieser Punkte gibt **(Hausdorffsches Axiom).**

Hauskläranlage, Kleinkläranlage für maximal 500 Einwohner; meistens als Mehrkammerfaulgrube ausgebildet, bei größeren Anlagen auch als →Emscherbrunnen. Der H. können biologische Stufen nachgeschaltet werden; Anwendung findet sie für Einzelgebäude und Hausgruppen, die nicht an ein Kanalisationsnetz angeschlossen werden können.

häusliche Abwässer, Siedlungsabwässer, stellen die Bewertungsgrundlage bei der Ermittlung der Gewässerbelastung durch Abwässer unterschiedlicher Herkunft (→Einwohnergleichwert) dar.

Hausmannit [n. dem Mineralogen J. F. L. Hausmann, * 1782, † 1859] *der,* Mineral Mn_3O_4, schwarz, braun; in metamorphen Kalksteinen und Dolomiten.

Hausschwamm, Echter H., Merulius lacrymans, Art der Basidienpilze, gefährlichster holzzerstörender Pilz im nördl. Europa; kommt in den Tropen nicht vor. Er verursacht Braunfäule und kann bereits bei etwas über 20% Holzfeuchtigkeit leben. Das befallene Holz wird braun und brüchig, so daß man es mit den Fingern zerreiben kann. Der H. zerstört auch Papier, Stroh, textile Gewebe. Seine Myzelstränge können Mauerwerksfugen durchwachsen und so in Nachbargebäude gelangen.

Schutzmaßnahmen. Das Holz muß so eingebaut werden, daß es nach dem Einbau austrocknen kann und trocken bleibt. Sperrung gegen feuchte Bauteile und eindringende Bodenfeuchtigkeit durch Sperrstoffe sowie chemische Schutzmaßnahmen sind notwendig. (→Holzschutz)

Haus|technik, Technische Gebäudeausrüstung, umfaßt alle im Haus installierten techn. Anlagen mit den dazugehörigen Ver- und Entsorgungsleitungen. Hierzu gehören u. a. Anlagen der Sanitär-Installation, der Klimatechnik (Heizung, Lüftung, Klima, Kälte), der Elektrotechnik, der Fördertechnik, der Nachrichtentechnik und spezielle Anlagen der H. wie Küchen-, Wäscherei-, Müllbeseitigungs-, Staubsaug- und Brandschutzanlagen sowie Anlagen der Medienversorgung und Gebäudetechnik.

K. DANIELS: Haustechn. Anlagen (1976); J. REEKER: H. (1979); K. SCHULZ: Sanitäre H. (1980); K. VOLGER: H. (⁶1980); G. LAMPE: Stichwort H. (1982).

Häute, Ausgangsmaterial für die Lederherstellung; Körperdecken der großen Schlachttiere (Rinder, Pferde, Schweine), auch H. von best. Kriechtieren, Lurchen und

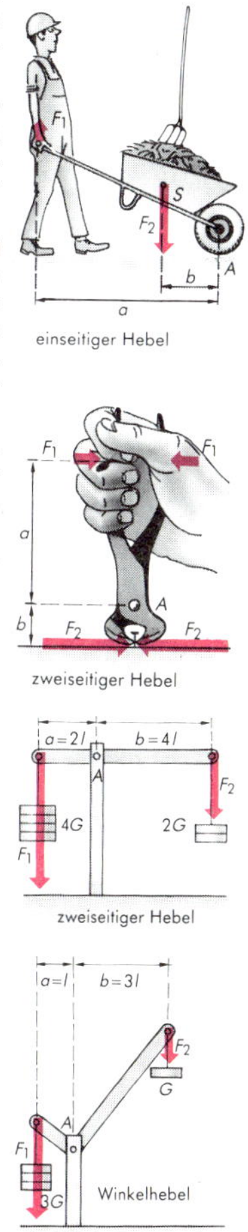

S = Schwerpunkt
A = Drehachse
F_1 = Kraft
F_2 = Gewichtskraft der Last
a = Kraftarm
b = Lastarm
G = Gewichtskraft eines Gewichtsstückes
l = Längeneinheit

Hebel

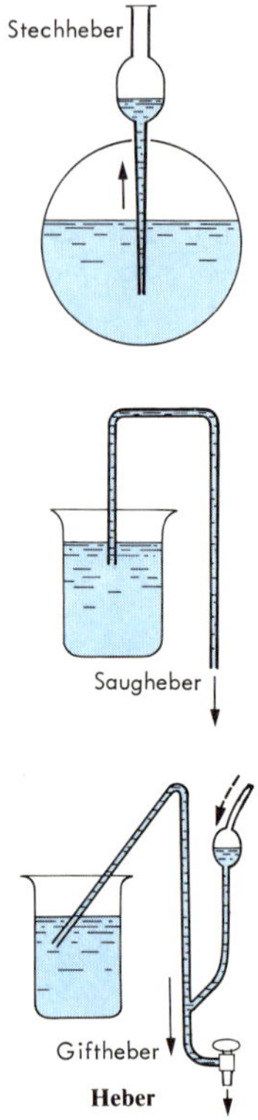

Heber

Fischen. Die Körperdecken kleinerer Schlachttiere heißen Felle. Zur Konservierung werden die H. meist durch Bestreuen der Fleischseite mit festem Salz oder durch Behandeln mit konzentrierter Kochsalzlösung entwässert und mit Salz durchtränkt. Dem Salz sind bakterizide Mittel zugesetzt. Weiteres → Leder.

Hauteffekt, der → Skineffekt.

Hautleime, → Glutinleime.

Hautverhinderungsmittel, Lackadditive, die eine gleichmäßige Trocknung des Anstrichs begünstigen und Haut- und Runzelbildung verhindern. Verwendet werden u. a. Oxime.

Hautwirkung, der → Skineffekt.

Haüyn [haɥ'i:n, n. dem frz. Mineralogen R. J. Haüy, * 1743, † 1822] *der,* Mineral, Feldspatvertreter aus der Gruppe des → Sodalith.

H-Bombe, die Wasserstoffbombe (→ Kernwaffen).

HC, auch **CH,** Umwelttechnik: auch C_xH_x, Abk. für Kohlenwasserstoffe. **HC-Anteil,** Anteil der unverbrannten Kohlenwasserstoffe im → Abgas.

HCB, Abk. für → **H**exa**c**hlor**b**enzol.

HCH, Abk. für → **H**exa**c**hlorcyclo**h**exan.

HD-Öl, Abk. für **Heavy Duty-Öl** [h'evı dj'u:tı-, engl.], ein → Motorenöl mit → Additiven für hohe Beanspruchungen.

HDPE, Abk. für **High Density Polyethylene** [haı d'ensətı pɔlı'eθıli:n, engl.], Polyäthylen hoher Dichte (Hart-Polyäthylen).

HDÜ, Abk. für → **H**ochspannungs-**D**rehstrom-**Ü**bertragung.

HDW, Abk. für **Hebdrehwähler,** → Wähler.

He, chem. Symbol für → Helium.

Head-up Display [he'dʌp dıspl'eı, engl.], → Blickfelddarstellungsgerät.

Heat Pipes [hi:t paıps, engl.] *Mz.,* Wärmerohre, Vorrichtung für den Wärmetransport zur Rückgewinnung von Abwärme oder zur automatischen Kühlung. Schon bei geringen Temperaturunterschieden zwischen den Enden der in sich geschlossenen Wärmerohre werden relativ große Wärmemengen geleitet. H. P. sind teilevakuierte Metallrohre, deren Innenwandungen mit einer porösen Schicht mit Kapillarstruktur ausgekleidet sind. Diese Schicht ist mit einer niedrig siedenden Flüssigkeit getränkt. Am wärmeren Rohrende verdampft die Flüssigkeit und nimmt dabei Verdampfungswärme auf. Am kühleren Ende kondensiert sie und gibt die Verdampfungswärme ab. Durch die Kapillarwirkung der Oberflächenschicht fließt das Kondensat wieder zum wärmeren Rohrende zurück. Schon bei einer Temperaturdifferenz von 3 bis 5 °C können mehrere Kilowatt Wärmeleistung übertragen werden. In Raumflugkörpern sorgen H. P. dafür, daß die der Sonne zugewandte Seite sich nicht übermäßig erwärmt. Mit H. P. können Wärmetauscher gebaut werden, die z. B. der Abluft einer Heizungsanlage Wärme entziehen und kältere Frischluft vorwärmen, dadurch kann der Brennstoffbedarf wesentlich gesenkt werden.

Heaviside-Schicht [h'evısaıd-, n. dem brit. Physiker O. Heaviside, * 1850, † 1925], die → Kenelly-Heaviside-Schicht.

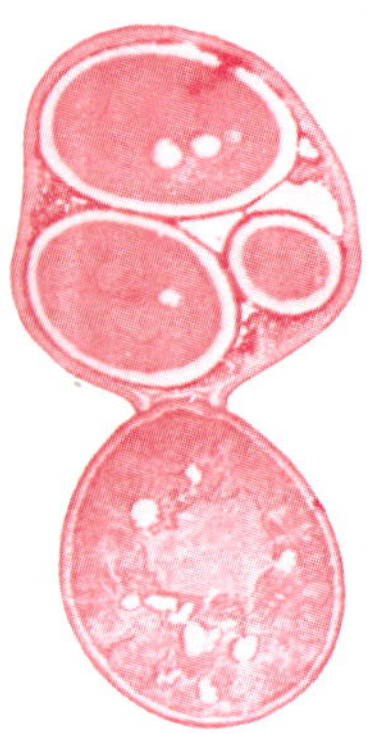

Hefen: elektronenmikroskopische Aufnahme eines Ultradünnschnittes durch eine sprossende Hefezelle mit Sporen

Hebdrehwähler, Fernsprechtechnik: → Wähler.

Hebebaum, starke Holz- oder Eisenstange, ähnlich der Brechstange, dient zum Anheben von Lasten durch Hebelwirkung.

Hebebühne, Plattform oder ähnl. Einrichtung zum Anheben von Lasten, z. B. Kraftwagen, oder als heb- und senkbare Arbeitsbühne (Arbeitskorb).

Hebel, ein um eine Achse drehbarer Körper, meist in Form einer geraden oder gewinkelten **(Winkelhebel)** Stange. Am H. herrscht Gleichgewicht, wenn das Drehmoment aller an ihm angreifenden Kräfte gleich Null ist **(Hebelgesetz).** Beim einfachen geraden H., an dem die Kräfte K und L senkrecht angreifen, muß $Ka = Lb$ sein (Kraft × Kraftarm = Last × Lastarm). In der Form $K:L = b:a$ war das Hebelgesetz schon Archimedes bekannt. Das Hebelgesetz gilt auch bei beliebig angreifenden Kräften und gewinkelten Hebelarmen, wenn man als Hebelarm den senkrechten Abstand zw. Kraftrichtung und Drehachse einsetzt (BILDER S. 255). Der H. gehört zu den einfachen Maschinen; mit ihm lassen sich mit kleinem Kraftaufwand und großem Hebelarm große Kräfte an einem entsprechend kleinen Arm erzeugen (Hebebaum, Brechstange).

Hebemagnet, → Lasthebemagnet.

Heber, Vorrichtung zum Herausheben von Flüssigkeiten aus offenen Gefäßen. Der **Stech-H.** wird durch Saugen mit dem Mund oder mit einem Gummiballon mit Flüssigkeit gefüllt, oben geschlossen und aus der Flüssigkeit gehoben; der äußere Luftdruck hält dem Druck der Flüssigkeitssäule im H., vermehrt um den Gasdruck (Unterdruck) im ungefüllten Teil des H., das Gleichgewicht. Der **Saug-H.** wird mit Flüssigkeit gefüllt und mit dem kurzen Ende in das Gefäß getaucht; dann fließt so lange Flüssigkeit heraus, wie die Ausflußöffnung tiefer liegt als der Flüssigkeitsspiegel im Gefäß. Dabei darf der höchste Teil des H. nur so hoch über dem Flüssigkeitsspiegel im Gefäß liegen, daß der Druckunterschied im kurzen Schenkel nicht größer als der äußere Luftdruck, vermindert um den Dampfdruck der Flüssigkeit, wird, sonst reißt der Flüssigkeitsfaden ab (bei Wasser und normalem Luftdruck etwa 10 m). – **Gift-H.,** eine Sonderform des Saug-H. mit Hahn und besonderem Saugrohr.

Hebeschiff, Spezialschiff zum Heben oder Bergen gesunkener Schiffe o. a. Gegenstände. Die Hebearbeiten werden ausgeführt durch Fluten und Auspumpen von Zellen oder mittels Kraneinrichtungen am Heck.

Hebezeug, Sammelbez. für Fördermittel zum senkrechten Fördern von Lasten wie → Aufzug und → Flaschenzug, die nur eine Vertikalbewegung erzeugen, sowie → Krane, die darüber hinaus horizontale Lastbewegungen ausführen können.

Hechel, Spinnerei: Nadelbrett als Werkzeug zum Öffnen und Reinigen von Bastfasern. Die **Hechelmaschine** mechanisiert diese Arbeit. In der Kammgarnspinnerei ist die **Hechelstrecke** (Gillbox) mit einfachem Nadelstabfeld durch Doppelnadelstabstrecken ersetzt. Wegen der hohen Emissionswerte (Lärm) setzt man an Stelle der Nadelstäbe auch andere Faserführungssysteme wie Nadelstabketten, Ballonwalzen, Zahnscheibenwalzen ein.

Heck, hinteres Ende eines Schiffes, heute meist als das spitz zulaufende **Kreuzer-H.** von Kriegs- und Handelsschiffen oder als das breite, gradflächige oder nur wenig gekrümmte **Spiegel-H.** sehr schneller Schiffe ausgeführt.
Dem Schiff entsprechend bezeichnet man auch das

Hinterende des Luftschiffs, des Flugzeugs und des Kraftwagens als H. Beim Flugzeug wird es normalerweise vom Rumpfende und Leitwerk gebildet. Beim Personenkraftwagen wird die Heckform außer von strömungstechn. Gesichtspunkten v. a. vom Raumbedarf, von den Fertigungsmöglichkeiten und von der ästhet. Wirkung bestimmt. Heute unterscheidet man im wesentlichen: **Fließ-H. (Schräg-H.), Stufen-H., Raketen-H., Abreiß-H.**

Heck|antrieb, Kfz: ein → Hinterradantrieb, bei dem Motor, Kupplung, Getriebe und Achsantrieb in einer Baueinheit hinter dem Fahrgastraum an der Hinterachse angeordnet sind. Dies ergibt kurze Kraftübertragungswege und Fortfall des Kardantunnels.

Heck des Schiffes, lat. **Puppis,** ein → Sternbild des südl. Himmels, Teil des Sternbilds → Schiff Argo.

Hede, → Werg.

Hedenbergit [n. dem schwed. Chemiker L. Hedenberg, 19. Jh.] *der,* Mineral, ein → Pyroxen.

Hefen, mikroskop. kleine Schlauchpilze, die sich durch Sprossung sehr rasch und stark vermehren. Ihre Zellwände bestehen v. a. aus Glucose- und Mannose-Polysacchariden, als Reservestoff ist Glykogen verbreitet; bemerkenswert ist ein hoher Gehalt an Vitaminen der B-Gruppe. H. bauen Kohlenhydrate mittels Gärung zu niedermolekularen Bruchstücken ab und produzieren so Alkohol. Wegen ihres ernährungsphysiolog. Wertes eignen sich H. auch zur Aufwertung von Nahrungsmitteln und zur Herstellung von Spezialprodukten (Kindernahrung), pharmazeut. Präparaten und Futtermitteln. (BILD S. 256)

Hefner-Kerze [n. dem dt. Elektrotechniker F. von Hefner-Alteneck, * 1845, † 1904], Einheitenzeichen **HK,** eine nicht mehr gesetzliche Einheit der Lichtstärke: 1 HK = 0,903 cd.

Heft, 1) gefaltete und geheftete Blätter oder Bogen Papier, meist in leichtem Umschlag.

2) Griff von Handwerkszeugen (Feilen, Schraubendreher) aus Holz oder Kunststoff.

Heft|apparat, Handgerät zum Zusammenfassen von Schriftstücken mit Hilfe von Heft- oder auch Ringklammern; elektrisch betrieben als **Heftautomat.**

Heften, 1) Buchbinderei: das Verbinden mehrerer Papierblätter oder Bogen zu Blöcken, Zeitschriften, Broschüren, Buchblöcken oder Alben sowie gestanzter Karton- oder Pappzuschnitte zu Kartonagen. Geheftet wird auf **Heftmaschinen,** die die gefalzten Bogen mit Faden oder Draht auf oder ohne Heftgaze heften. Die **Heftlade** dient zum H. der einzelnen Druckbogen von Hand. Man unterscheidet H. mittels Draht **(Buchdrahtheftung, Drahtrückstichheftung;** bei Blocks, Abreißkalendern u. a. **Block-** oder **Drahtseitstichheftung),** mittels Faden **(Fadenheftung** bei Schulheften, **Fadenknotenheftung),** Klebstoff **(Klebeheftung),** mittels Metall- oder Kunststoffringen oder -spiralen oder -kämmen **(Ring-, Spiral-, Kammheftung).** (BILDER S. 258, 259)

2) Fügetechnik: eine Verbindung durch einige Schweiß- oder Lötstellen festlegen.

Heilquellen, Heilwässer, Wässer, die aus natürlichen oder künstlich (z. B. durch Bohrung) erschlossenen Quellen stammen und durch medizinisch nachweisbare krankheitsheilende, -lindernde oder vorbeugende Eigenschaften zu Trink- und Badekuren gebraucht werden können. H. zeichnen sich durch einen Gehalt an Mineral- und anderen Stoffen aus, z. B. durch Kohlensäure, Radioaktivität oder höhere Temperatur. Nach chem. und physikal. Eigenschaften werden unterschieden:

A) Wässer, die mehr als 1 g gelöste feste Mineralstoffe je kg enthalten: 1) **Chloridwässer,** a) Natrium-Chloridwässer, Kochsalzwässer (früher ›muriatische Wässer‹); werden bei einem Mindestgehalt von 5,5 g Natrium- und 8,5 g Chlorid-Ionen je kg auch ›Sole‹ genannt; b) Calcium-Chloridwässer; c) Magnesium-Chloridwässer. 2) **Hydro(gen)carbonatwässer,** a) Natrium-Hydro(gen)carbonatwässer (früher ›alkalische Wässer‹); b) Calcium-Magnesium-Hxdro(gen)carbonatwässer (früher ›erdige Wässer‹). 3) **Sulfatwässer,** a) Natrium-Sulfatwässer (früher ›salinische Wässer‹ oder ›Glaubersalzwässer‹); b) Magnesium-Sulfatwässer (früher ›Bitterwässer‹); c) Calcium-Sulfatwässer (früher ›Gipswässer‹); d) Eisen-Sulfatwässer (früher ›Eisenvitriolwässer‹); e) Aluminium-Sulfatwässer (früher ›Alaunwässer‹).

B) Wässer, die unabhängig vom Gesamtgehalt an gelösten festen Mineralstoffen bes. wirksame Bestandteile enthalten: 1) **Eisenwässer** (früher ›Stahlquellen‹); 2) **Arsenwässer;** 3) **Jodwässer** (→ Jodquellen); 4) **Schwefelwässer,** mit Hydrosulfit-Ionen und z. T. freiem Schwefelwasserstoff; 5) **Radonwässer;** 6) **Kohlensäurewässer** oder **Säuerlinge.**

C) Wässer, deren natürl. Temperatur höher ist als 20 °C **(Akratothermen, Thermen, Thermalquellen);** sind sie wärmer als 35 °C, heißen sie ›hyperthermische‹ H.

D) Wässer, die keine der angeführten Voraussetzungen erfüllen (mineralarme kalte Quellen, **Akratopegen),** aber nachweisbare Heilwirkungen haben.

Heisenbergsche Unschärferelation [n. dem dt. Physiker W. K. Heisenberg, * 1901, † 1976], die → Unschärferelation.

Heißdampfkühler dient zur Begrenzung der Temperatur des Dampfes in → Dampferzeugern. Die Temperatur des aus dem → Überhitzer tretenden Dampfes wird mittels Oberflächen- oder Einspritzkühlung geregelt.

heiße Chemie, Teil der Chemie, der sich mit hochradioaktiven Stoffen (etwa ab 10 Curie) und deren chem. Verhalten beschäftigt. Zum Schutz der Personen, die mit diesen Stoffen **(heiße Substanz)** arbeiten sind besondere Schutzvorkehrungen zu treffen **(heiße Laboratorien, heiße Zellen,** → Strahlenschutzzelle).

Heißgasmotor, Stirlingmotor [st'ə:lıŋ-; nach R. Stirling, Anf. 19. Jh.], neben der Dampfmaschine die älteste Wärmekraftmaschine. Der thermodynam. Prozeß des H. besteht idealisiert aus vier Zustandsänderungen: Kompression bei niedriger Temperatur (Isotherme mit Wärmeabfuhr); Wärmezufuhr bei konstantem Volumen (Isochore); Expansion bei hoher Temperatur (Isotherme mit Wärmezufuhr); Wärmeabfuhr bei konstantem Volumen (Isochore). Das Arbeitsgas (heute meist Helium) wird in einem geschlossenen System bei maximalen Arbeitsdrücken von 140 bar zw. einem kalten und einem warmen Raum hin- und hergeschoben; zw. diesen Räumen ist ein Wärmespeicher (Regenerator). Dieser entzieht dem in den kalten Raum strömenden Gas Wärme und gibt sie an das rückströmende Gas wieder ab.

Vorteile des H.: äußere Wärmezufuhr, dadurch kontinuierl. Verbrennung von flüssigen, gasförmigen oder festen Brennstoffen bei hohem Luftüberschuß möglich, schadstoffarmes Abgas, geringe Geräuschentwicklung, guter Wirkungsgrad. Heute noch bestehende Nachteile: hohe Herstellungskosten, ungünstiges Leistungsgewicht und schwierige Leistungsregelung.

Die bis heute weiterentwickelten zwei Bauarten des H.

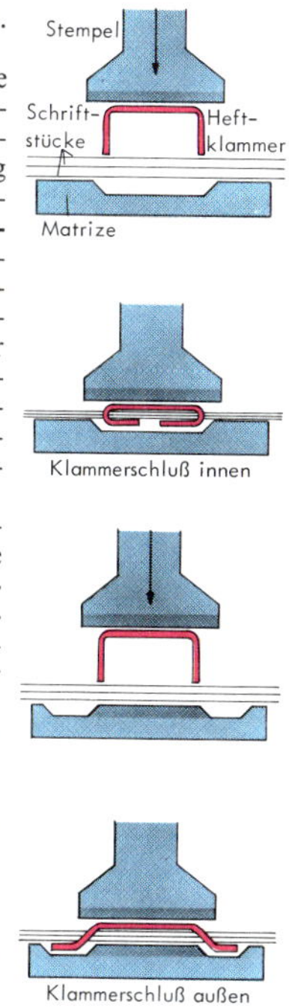

Heftapparat

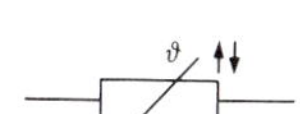

Heißleiter: Schaltzeichen

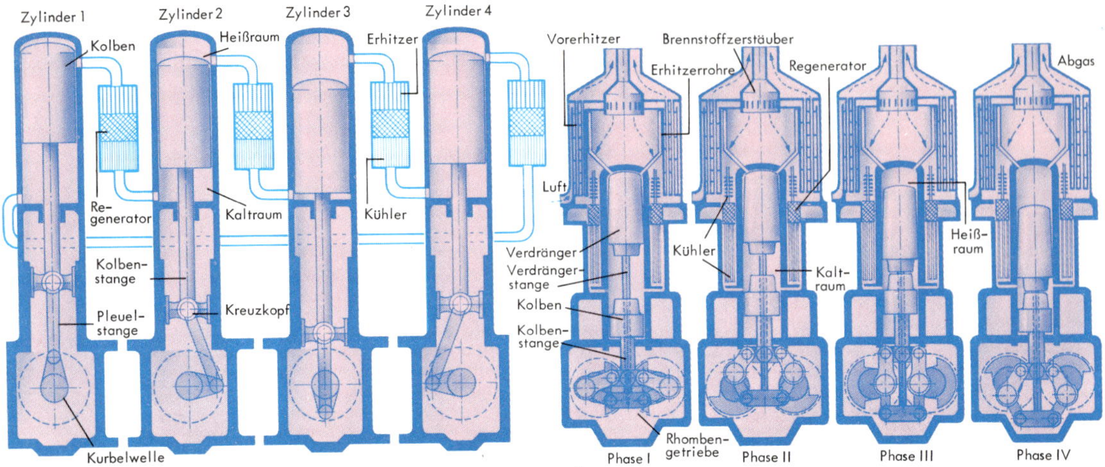

1 2

Heißgasmotor: 1 Prinzip des doppeltwirkenden Motors. In jedem der vier Zylinder befindet sich oberhalb des Kolbens ein heißer und unterhalb ein kalter Raum. Der Heißraum eines Zylinders ist über einen Erhitzer, einen Regenerator und einen Kühler mit dem Kaltraum des nächsten Zylinders verbunden. Da der erste Zylinder mit dem zweiten, der zweite mit dem dritten . . . und der letzte wieder mit dem ersten zusammenarbeitet, ergibt sich ein Zusammenhang zwischen Zylinderzahl und Phasenverschiebung des Kolbens. Bei vier Zylindern beträgt der Phasenwinkel 90°, bei sechs Zylindern 60°. Die Kolbenstange muß durch einen Kreuzkopf geradgeführt werden, damit an ihr der Kaltraum abgedichtet werden kann. Zur besseren Verständlichkeit des Bildes wurde die Bildebene der Kurbelwelle um 90° gedreht. **2** Prinzip des Verdrängermotors mit Rhombengetriebe. Der Heißraum, umgeben von dem Erhitzerteil, befindet sich oberhalb des Verdrängers, der Kaltraum zwischen Verdränger und Kolben. Die Brennerluft durchläuft vor Erreichen der Flamme einen von den Abgasen erhitzten Kanal. Das Rhombengetriebe im Kurbelwellengehäuse sorgt für die richtige Zuordnung der diskontinuierlichen Bewegungen von Kolben und Verdränger. In jedem Zylinder werden folgende vier Phasen durchlaufen: I Kolben in tiefster, Verdränger in höchster Lage; alles Gas befindet sich im kalten Raum. II Verdränger ist in der höchsten Lage geblieben, der Kolben hat das Gas bei niedriger Temperatur komprimiert. III Kolben ist in der höchsten Lage geblieben; Verdränger hat das Gas über Kühler, Regenerator und Erhitzer in den heißen Raum geschoben. IV Das heiße Gas ist expandiert; Verdränger und Kolben sind zusammen in der tiefsten Lage angekommen. Anschließend schiebt der Verdränger (während der Kolben stehenbleibt) das Gas über Erhitzer, Regenerator und Kühler in den kalten Raum, so daß Stellung I wieder erreicht wird

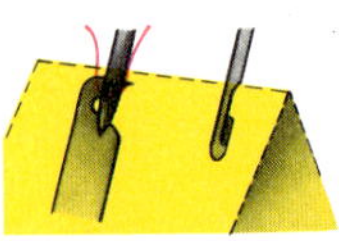
Erfassen der Schlinge

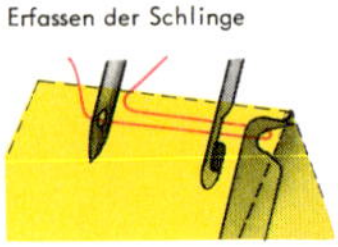
Ausziehen der Schlinge

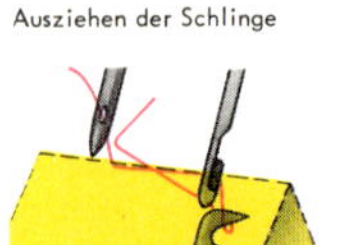
Hochgehen der Nadel

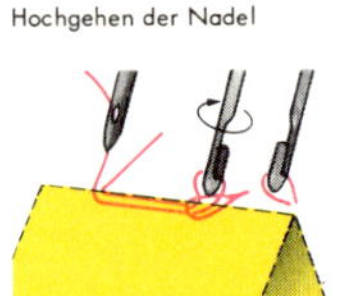
Drehen und Verketten der Schlinge

Heften 1) 1: Fadenheftung mit der Maschine

unterscheiden sich durch die konstruktiven Maßnahmen, mit denen die Volumenänderungen des heißen und des kalten Raumes hervorgerufen werden. Beim **doppeltwirkenden Motor** sind die beiden Räume in verschiedenen Zylindern, beim **Verdrängermotor** in einem Zylinder untergebracht. Der doppeltwirkende H. kann nur als Mehrzylindermotor gebaut werden, der mit einem Rhombengetriebe verbundene Verdrängermotor ist auch als Einzylindermotor möglich.

Heißkühlung, Kühlung von techn. Anlagen mit sehr hohen Temperaturen (z. B. Kernreaktoren) durch hochsiedende Flüssigkeiten (z. B. flüssige Metalle), die viel Wärme aufnehmen und abtransportieren können; für Verbrennungsmotoren nicht mehr angewendet.

Heißlauf, unzulässig hohe Erwärmung von Lagern, Getrieben u. a. infolge nicht ausreichender Schmierung, Kühlung oder anderer Schäden. **Heißläufer,** heißgelaufene Maschine oder Fahrzeug.

Heißleiter, NTC-Widerstand, Abk. für **Negative Temperature Coefficient-Widerstand** [nˈegətɪv tˈemprɪtʃə kəʊɪfˈɪʃənt-, engl.], Halbleiterwiderstand mit großem negativem Temperaturkoeffizienten (etwa – 3%/K). Seine Leitfähigkeit nimmt mit steigender Temperatur, z. B. bei Stromdurchgang, stark zu. **Meß-H.** dienen als Thermometer, **Kompensations-H.** zur Kompensation unerwünschter temperaturabhängiger Widerstandsänderungen, **Anlaß-H.** zur Unterdrückung von Einschaltüberströmen, **Regel-H.** zu Steuer- und Regelzwekken. Ggs.: → Kaltleiter. (BILD S. 257)

Heißluftdusche, Heißlufttrockner, elektrisch betriebener Ventilator, dessen Luftstrom durch einen gesondert schaltbaren Heizkörper erwärmt werden kann.

Heißlufttrocknungs|anlagen, Anlagen zum Trocknen mit stark vorgewärmter Luft. Landwirtschaftliche Güter werden so bei 600–1 000 °C getrocknet, i. Ggs. zur → Belüftung 2). Bei den landwirtschaftl. H. unterscheidet man stationäre und fahrbare H., hinsichtlich der Bauart v. a. Darrentrockner, Bandtrockner, Trommeltrockner und Schnellumlauftrockner.

Heiß|öl-Heizung, Heizungsanlage, bei der an Stelle von Wasser ein Mineralöl als Wärmeträger mit Temperaturen bis zu 250 °C verwendet wird. Anwendung für industrielle Wärmeverbraucher.

heißsiegeln, thermoplast. Schmelzschichten von Packstoffen (z. B. Verbundfolien) durch Heißpressen verbinden; dient z. B. zum Schließen von Verpackungen. (→ Klebstoffe)

Heißwasserbereiter, Boiler, Gerät zur schnellen Erwärmung des Wassers durch Verbrennung von Gas oder mit Hilfe einer elektr. Widerstandsheizung. Die H. werden gebaut als Durchlauferhitzer oder als → Heißwasserspeicher. Beim gasbeheizten **Durchlauferhitzer** drückt beim Öffnen des Warmwasserhahns das Leitungswasser gegen eine gefederte Sperre und öffnet dadurch dem Gas den Weg zum Brenner, wo es von der Dauerzündflamme entzündet wird. Beim elektr. H. wird das Wasser an Heizstäben vorbeigeführt und dabei erwärmt.

Heißwasserheizung, Heizungsanlage mit Heißwassertemperaturen zw. 110 und 180 °C und entsprechend über Umgebungsdruck liegendem Betriebsdruck.

Heißwasserspeicher, Behälter zur Erwärmung und Speicherung von warmem Brauchwasser, beheizt durch die Verbrennung von Heizöl oder Heizgas, durch Heißwasser oder Dampf oder mit Hilfe einer elektr. Widerstandsheizung. Die H. haben gegen Wärmeverluste einen Isoliermantel. (BILD S. 260)

Heizbad, Vorrichtung zur gleichmäßigen Erwärmung kleiner Gefäße im chem. Laboratorium, z. B. durch heiße Luft, in Flüssigkeitsbädern mit Glycerin (220 °C), Paraffin (330 °C) u. a. oder im Sandbad (bis 300 °C).

Heizfaden, der zur Aufheizung der Kathode in einer → Elektronenröhre verwendete Draht.

Heizfläche, wärmeabgebende oder wärmeaufnehmende Oberfläche. Bei Raumheizkörpern oder → Flächenheizungen ist die H. die mit der Raumluft in Berührung stehende Oberfläche. Bei → Heizkesseln ist die H. die feuer- und rauchgasberührte Oberfläche der Wärmeübertragungsteile.

Heizgas, 1) gasförmiger → Brennstoff **(Brenngas)** unterschiedlicher Zusammensetzung und verschieden hoher → Heizwerte (Erd-, Stadt-, Gicht-, Wasser-, Flüssiggas).

2) das bei der Verbrennung entstehende Gas (Mischung aus Stickstoff, Kohlendioxid, Sauerstoff, Wasserdampf, auch Abgas genannt), das als Wärmeträger einen großen Teil der frei werdenden therm. Energie überträgt.

Heizkessel, Wärmeerzeuger mit Feuerungen für feste, flüssige oder gasförmige Brennstoffe, von dem die Wärmeenergie für Heizzwecke bei der Raumheizung, Warmwasserbereitung o. ä. bereitgestellt wird.

Heizkörper, Körper, dessen Innenraum von einem Wärmeträger (Warmwasser, Dampf oder Öl) durchströmt oder in dem elektr. Energie in Wärmeenergie umgewandelt wird. In der Heiztechnik dient der H. der Raumerwärmung.

Heizkostenverteiler, ein Verdunstungsmesser, bestehend aus einem Gehäuse, das zw. den Rippen der Heizkörper angebracht wird und im Inneren ein mit einer Spezialflüssigkeit gefülltes Röhrchen und eine Skale enthält. Die im Lauf einer Heizperiode verdunstende Flüssigkeitsmenge, die durch die Betriebsdauer und die mittlere Heizkörpertemperatur bestimmt ist, wird ermittelt und aus dieser der Heizkostenanteil errechnet.

Heizkraftwerk, ein → Dampfkraftwerk, das außer elektr. Energie auch Wärmeenergie abgibt. Durch Verwertung des heißen Abdampfes für Heizzwecke (→ Fernheizung) wird hohe Wirtschaftlichkeit erzielt.

Heizleiter, besondere elektr. Leiter zur Wärmeerzeugung, z. B. in Elektrowärmegeräten. Je nach den erforderl. Temperaturen, der räuml. Verteilung der Wärmeabgabe und den Einsatzbedingungen werden unterschiedl. Anforderungen an den elektr. Widerstand, die Temperatur- und Korrosionsbeständigkeit, mechan. Festigkeit und Lebensdauer gestellt; daher gibt es eine Vielzahl von H.-Materialien aus Metallen, Legierungen und Nichtmetallen.

Heizlüfter, elektr. Raumheizgerät mit eingebautem Ventilator zur Luftumwälzung im Raum und mit stufenweiser Einstellung der Heizleistung.

Heizmittel, Wärmeträger, erwärmtes Medium, das über Transportleitungen zum Verwendungsort befördert wird, um dort über → Heizflächen Wärme an einen Verbraucher abzugeben.

Heiz|öle, flüssige Brennstoffe aus Erdöl, Schieferöl, Steinkohlen- oder Braunkohlenteerölen, die für Feuerungs- und Brennzwecke geeignet sein müssen. Sie werden nach der Viskosität in die Sorten EL (extraleichtflüssig), L (leichtflüssig), M (mittelflüssig) und S (schwerflüssig) unterteilt. **H. EL** wird aus Gasölfraktionen der Erdöldestillation gemischt und vorwiegend für kleine Heizanlagen (z. B. Haushalte) verwendet. Es muß u. a. folgende Anforderungen erfüllen: Flammpunkt über 55 °C, Stockpunkt höchstens −10 °C, Schwefelgehalt höchstens 0,3 Gew.-% und Heizwert mindestens 42000 kJ/kg. Um die mißbräuchliche Verwendung als Dieselkraftstoff zu verhindern, muß H. EL mit geringen Mengen Furfurol und einem roten Farbstoff gekennzeichnet sein. **H. S** besteht meist aus Rückständen der Erdöldestillation und wird v. a. von Großverbrauchern (chem. Ind., Fernheizwerke, Kraftwerke) eingesetzt. Der Schwefelgehalt darf höchstens 2,8 Gew.-%, der Heizwert muß mindestens 39800 kJ/kg betragen. **H. L** und **H. M** sind Produkte der Braun- und Steinkohlenschwelung und spielen nur eine untergeordnete Rolle.

Heiz|ölsperre, automat. Absperreinrichtung in der Abwasserleitung, die bei Heizölfluß und bei Erreichen eines best. Heizölstandes in der H. verhindert, daß Heizöl in die Kanalisation gelangt. **Heizölabscheider** scheiden beim Durchfluß eines Wasser-Heizöl-Gemischs das Heizöl bis auf eine best. Menge aus (→ Ölabscheider).

Heizregister, aus Rohren zusammengefügter → Heizkörper mit parallel verlaufenden Rohren, die an beiden Enden durch Sammelrohre verbunden sind. Sind die Rohre durch Rohrbögen verbunden und nacheinander durchströmt, so spricht man von einer **Heizschlange.**

Heizstrahler, elektrisch oder gasbeheizter Raumheizkörper, dessen Heizfläche überwiegend gerichtete Wärmestrahlung aussendet. Als **Heizsonne** wird ein H. mit Heizkörper in einem Hohlspiegel bezeichnet.

Heizung, das Erwärmen von Räumen zur Schaffung einer physiologisch günstigen Umgebung mit Hilfe einer Heizanlage, auch die Heizanlage selbst. Die Größe der Anlage und deren Bauelemente wird nach dem Wärmebedarf des Raumes oder Gebäudes ermittelt. Die Berechnung des Wärmebedarfs regelt DIN in Abhängigkeit von der Bauweise und den Raum- und Außentemperaturen für den Auslegungszustand.

Die **Einzelheizung** stellt eine Energieumwandlung in dem zu beheizenden Raum mit Hilfe von offenen (Kamin) oder geschlossenen Feuerstellen oder der elektr. Widerstandsheizung dar. Zu den geschlossenen Feuerstellen **(Ofen)** gehören der Kachelofen und der Dauerbrandofen. Mit Öl beheizte Öfen werden entweder von einem an den Ofen angebauten Tank oder zentral von einem Kellertank mit Brennstoff versorgt. Die in dem Verdampfungsbrenner (→ Brenner) durchgeführte Verbrennung kann von der Außen- oder Raumtemperatur automatisch geregelt werden. – Gasheizöfen können abgasseitig an einen Schornstein angeschlossen sein oder als Außenwandöfen

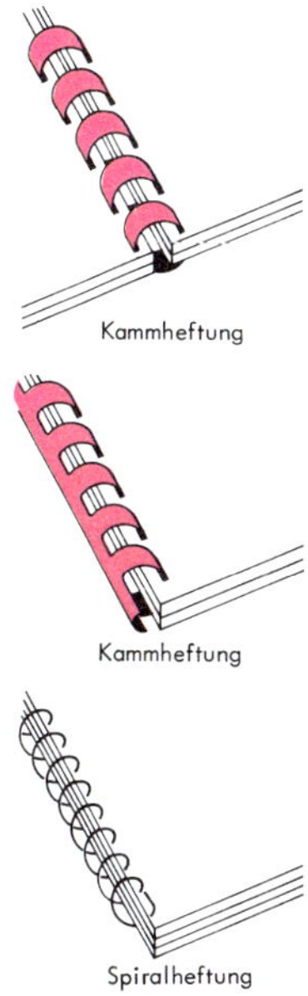

Heften 1) 2

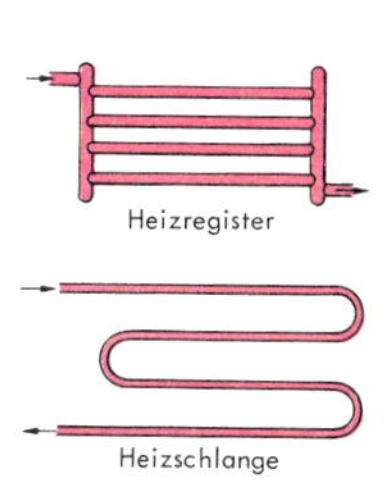

Heizregister

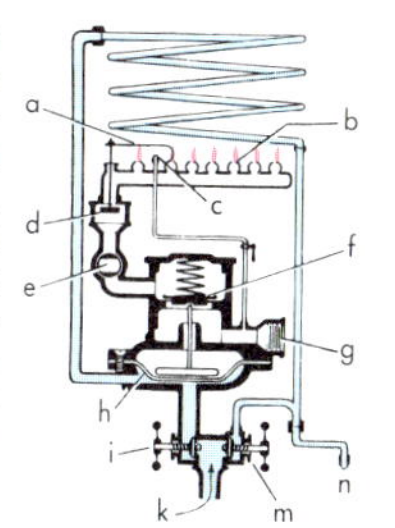

Heißwasserbereiter

Heißwasserbereiter: Durchlauferhitzer. **a** Gassicherung, **b** Brenner, **c** Zündflamme, **d** Sicherheitsventil, **e** Gashahn, **f** Gasventil, **g** Gasanschluß, **h** Membrane, **i** Warmwasserhahn, **k** Kaltwasseranschluß, **m** Kaltwasserhahn, **n** Auslauf

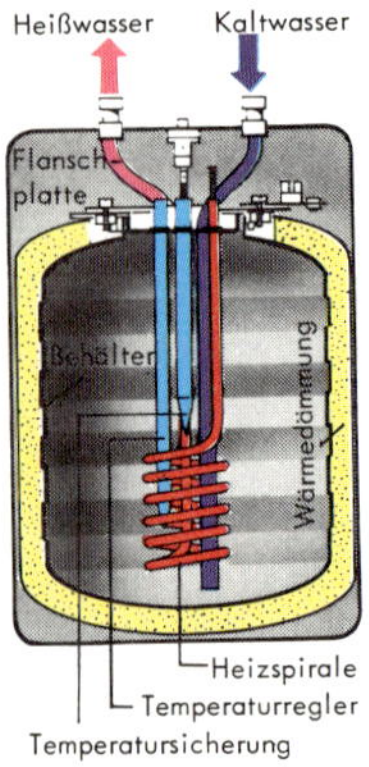

Heißwasserspeicher, elektrisch beheizt

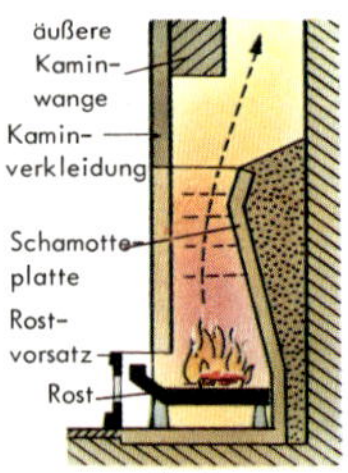

Kamin

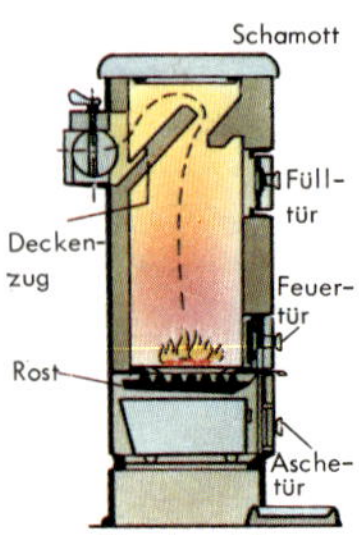

Dauerbrandofen (Allesbrenner)

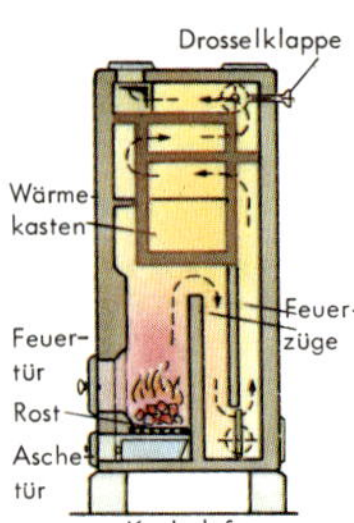

Kachelofen

Heizung 1

das Abgas durch die Außenwand ins Freie geben. Zu den elektr. Heizeinrichtungen gehören →Heizlüfter, elektr. →Heizstrahler und →Elektro-Speicherheizung.

Bei der **Zentralheizung (Sammelheizung)** erfolgt die Energieumwandlung für ein oder mehrere Gebäude (→Fernheizung) zentral, und die Wärme wird den Verbrauchern (Räumen) mit einem →Heizmittel zugeführt. Bei der **Warmwasserheizung** mit Wassertemperaturen zw. 40 und 100 °C wird die Wärme an den Raum über →Heizkörper (→Radiator, →Konvektor) oder über eine →Flächenheizung übertragen. Die Volumenveränderung des Heizwassers gleicht ein →Ausdehnungsgefäß aus. Eine Sonderform der Warmwasserheizung ist die →Etagenheizung oder Stockwerksheizung. – Höhere Heizmitteltemperaturen über 100 °C weisen die →Heißwasserheizung und die **Dampfheizung** auf. Bei dieser wird der in einem →Dampferzeuger erzeugte Wasserdampf oder der →Abdampf durch Rohrleitungen zu den Heizkörpern transportiert, wo er unter Wärmeabgabe kondensiert; das Kondensat fließt zum Kessel zurück. Niederdruck-Dampfheizungen werden bis maximal 0,5 bar und mit einer Dampftemperatur von 100–105 °C, Hochdruck-Dampfheizungen bei 1–3 bar und einer Dampftemperatur von 120–200 °C betrieben. **Niedertemperaturheizungen** verwenden Heizmittel mit sehr niedrigen Temperaturen (etwa 30 bis 60 °C), wie sie bei der →Sonnenheizung oder dem Einsatz von →Wärmepumpen zur H. nur möglich sind. Bei der →Luftheizung wird Warmluft als Heizmittel verwendet.

Geschichte. Herd und Lampen als Einzel-H. sind bereits aus der Altsteinzeit nachweisbar; **Gluttöpfe,** Töpfe, in die man glühende Scheite oder Holzkohlen einlegte, kommen seit der Jungsteinzeit vor. An ihre Stelle traten im Altertum Bronze- oder Tonbecken auf Ständern oder Drei- oder Vierfüßen, auch auf Fahrgestellen. Aus dem Herd entstand in röm. Zeit der **Ofen,** zunächst nur als Back-, Koch- und Brennofen verwendet. Heizöfen finden sich erst seit dem 8. Jh., Kachelöfen in der Schweiz seit dem 9. Jh., seit dem 13. Jh. in Nord-Dtl. gußeiserne Öfen. Die kleinen, runden, eisernen Öfen gehen auf das 17. Jh. zurück. Daneben entwickelte sich aus den Feuerherden in Wandnischen – seit dem 14. Jh. in Italien und etwas später in Dtl. – der **Kamin.**

Als erste Zentral-H. entstand auf röm. Boden seit dem 1. Jh. v. Chr. die **Hypokausten-Luftheizung.** 1784 erbaute J. WATT die erste **Dampfheizungsanlage,** die jedoch erst im 19. Jh. durch den Engländer J. PERKINS (seit 1823) weitere Verbreitung fand; 1830 traten an Stelle der bisher gebräuchl. Rohrleitungen die Rippenheizkörper. **Warmwasserheizungen** wurden 1716 erstmalig in England verwendet. **Gasöfen** wurden zur H. von Wohnungen seit 1830 gebraucht. Das erste **Fernheizwerk** wurde 1880 in Lockport im Staat New York angelegt, um 1900 in Dresden.

Im 20. Jh. ist die Entwicklung der Zentralheizung im wesentlichen gekennzeichnet durch die Einführung der Pumpen-Warmwasserheizung und die Verdrängung der Dampfheizung, die Einführung neuer Heizkörper, die Verbreitung automat. Feuerungen und Regeleinrichtungen, die Verwendung von Luftheizungen mit dem weiteren Ausbau zu Klimaanlagen, die Ausnutzung der Erdwärme, den Einsatz von Wärmepumpen, Verfahren der Wärmerückgewinnung und der Solarenergie. (Weitere BILDER S. 261)

Technik. W. HAEDER u. G. REICHOW: Lexikon der Heizungs-, Lüftungs- und Klimatechnik (1971); H. BÖHME: Die Zentral-H. (1972); Buderus-Hb. für Heizungs- und Klimatechnik ([32]1975); Krupp-Heizungs-Hb. ([4]1975); P. BORSTELMANN: Hb. der elektr. Raum-H. ([5]1975); GABRIELLA HOMONNAY: Fern-H. (1977); Heizungstechnik, hg. v. Arbeitskreis der Dozenten für Heizungstechnik, 1 (1977), 2 (1980); H. BACH u. S. HESSLINGER: Warmwasserfußboden-H. ([2]1979); C. IHLE u. A. BOTZ: Heizungstechnik ([4]1979); H. JÜTTEMANN: Elektrisch heizen und klimatisieren ([2]1979); F. STOHLER: Alternativ-Heizsysteme (1979); P. ALBAN: Heizen ohne Öl (1980); H. LOEWER u. a.: Heiztechnik in Alt- und Neubauten ([2]1980); A. PAULISCH u. B. REICHEL: Heizen mit Umgebungsenergie (1980); Wärmepumpen zur Hausheizung, hg. v. Förderges. Techn. Ausbau (1980); R. BRUCKERT: Sonnenenergie für Haus und Schwimmbad (1981); B. GLÜCK: Strahlungsheizung (1981); H. RECKNAGEL u. E. SPRENGER: Tb. für H. und Klimatechnik ([61]1981); Normen über Sicherheit, Gesetze und Verordnungen für Heizungsanlagen, hg. v. DIN (1981); K. RAPP: Energiesparende Heizungsregelung (1982).

Heizwert, Reaktionswärme, die bei der vollständigen Verbrennung einer bestimmten Brennstoffmenge freigesetzt wird. Dabei ist im Unterschied zum →Brennwert Voraussetzung, daß das bei der Verbrennung gebildete Wasser im gasförmigen Zustand anfällt. Bei festen und flüssigen Brennstoffen unterscheidet man zw. spezifischem (bezogen auf 1 kg Brennstoff) und molarem (bezogen auf die Stoffmenge von 1 mol) H. Bei gasförmigen Brennstoffen wird der H. auf 1 m^3 Gas unter Normbedingungen (0 °C, 1,013 bar) bezogen.

Heizwerte von Brennstoffen

Heizöl EL	42 000–45 000 kJ/kg
Heizöl S	39 800–44 800 kJ/kg
Erdöl	39 000–43 500 kJ/kg
Steinkohlenkoks	29 000–33 500 kJ/kg
Steinkohle	29 000–35 600 kJ/kg
Braunkohlenbriketts	16 000–20 000 kJ/kg
Holz	11 700–16 000 kJ/kg
Torf	9 000–16 300 kJ/kg
Rohbraunkohle	7 500–12 600 kJ/kg
Erdgas	29 000–33 500 kJ/kg
Stadtgas, Koksofengas	14 000–18 500 kJ/kg

Mittlere Heizwerte von Primärenergieträgern

Erdöl	42 200 kJ/kg
Steinkohle	29 300 kJ/kg
Rohbraunkohle	8 200 kJ/kg
Holz	14 650 kJ/kg
Torf	12 600 kJ/kg
Erdölgas	40 730 kJ/kg
Erdgas	32 230 kJ/kg

Hektar *das,* auch *der,* Einheitenzeichen **ha,** gesetzl. Einheit zur Angabe der Fläche von Grund- und Flurstükken: 1 ha = 100 a = 10 000 m^2.

Hekto, Vorsatzzeichen **h,** →Vorsatz vor Einheiten für den Faktor 100, z. B. 1 Hektoliter = 1 hl = 10^2 l = 100 l.

Hektograph, Vervielfältigungsgerät, bei dem eine mit Kopiertinte oder -farbband beschriebene Vorlage auf eine durch Glycerin feucht gehaltene Leimschicht übertragen und der eingedrungene Farbstoff auf ein saugfähiges Papier ›gedruckt‹ wird.

Helanca, Handelsname für ein durch →Texturieren nach dem →Falschdrahtverfahren elastisch gemachtes Chemie-Endlosgarn.

Helgen *der,* Schiffbau: die →Helling.

heliakischer Auf- und Untergang, Astronomie: →Aufgang.

Helianthin, das →Methylorange.

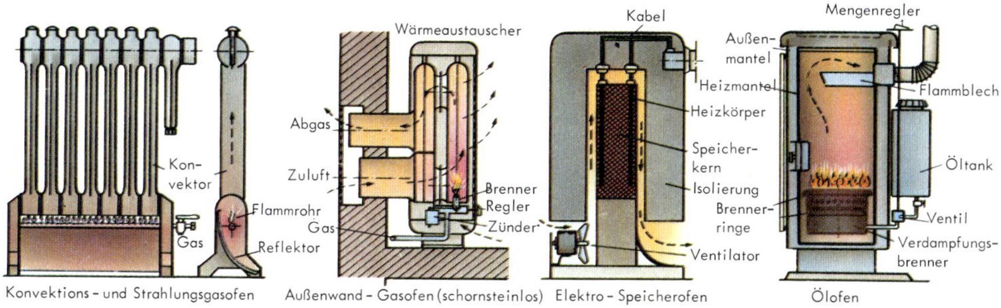

Heizung 2

Helicogyre *die,* die Schraubenachse, → Kristall.

Helikopter, der → Hubschrauber.

Heliodor *der,* hellgelbgrüne, edle Varietät des → Beryll; Färbung durch Uranoxid.

Heliograph, Astronomie: → Spektroheliograph.

Heliographie, Verfahren zur Herstellung von Tiefdruckformen nach Strichbildern durch Aufkopieren der Vorlage auf die mit einer lichtempfindl. Schicht versehene Metallplatte, die entwickelt und geätzt wird.

Heliometer, Fernrohr zum Messen kleiner Winkelabstände am Himmel. Es hat ein längs eines Durchmessers zerschnittenes Objektiv, dessen beide Hälften meßbar gegeneinander bewegt werden können. Das H. wurde im 19. Jh. zu großer Vollkommenheit entwickelt, F. W. BESSEL konnte z. B. mit einem H. die erste Fixsternparallaxe messen, im 20. Jh. jedoch von photograph. Methoden abgelöst.

Helion, Symbol **h,** Heliumkern mit der Nukleonenzahl 3 ($^3He^{2+}$).

Helios, zwei dt.-amerikan. Raumsonden zur Sonnenforschung. **H. 1** wurde 1974, **H. 2** 1976 gestartet. Jede Sonde war für zehn aktive wissenschaftl. Experimente ausgerüstet (davon drei aus den USA) und war für 18 Monate Betriebsdauer ausgelegt. Sie erreichten mehrfach Sonnenannäherung auf nur 0,31 (H. 1) und 0,29 Astronom. Einheiten (H. 2). 1981 endete die erfolgreiche Mission von H. 2. (BILD S. 262)

Helioskop, Astronomie: → Spektrohelioskop.

Heliostat, Astronomie: ein → Siderostat.

Heliotrop, **1)** Geodäsie: *das,* von C. F. GAUSS (1820) erfundenes Spiegelinstrument, das durch Reflexion von Sonnenlicht einen Zielpunkt bei der → Triangulation ausleuchtet; heute i. a. durch Scheinwerfer ersetzt.

2) Mineralogie: *der,* **Blutjaspis,** Mineral, dunkelgrüne, rotgepunktete Varietät des → Chalcedon.

Heliotropin, das → Piperonal.

heliozentrisch, auf die Sonne als Mittelpunkt bezogen. I. Ggs. zum → geozentrischen System bewegen sich im **heliozentr. System** die Erde und die anderen Planeten um die Sonne. Das moderne heliozentr. Planetensystem wurde von N. KOPERNIKUS (**Kopernikan. System**) begründet (→ Astronomie).

Heizung 3

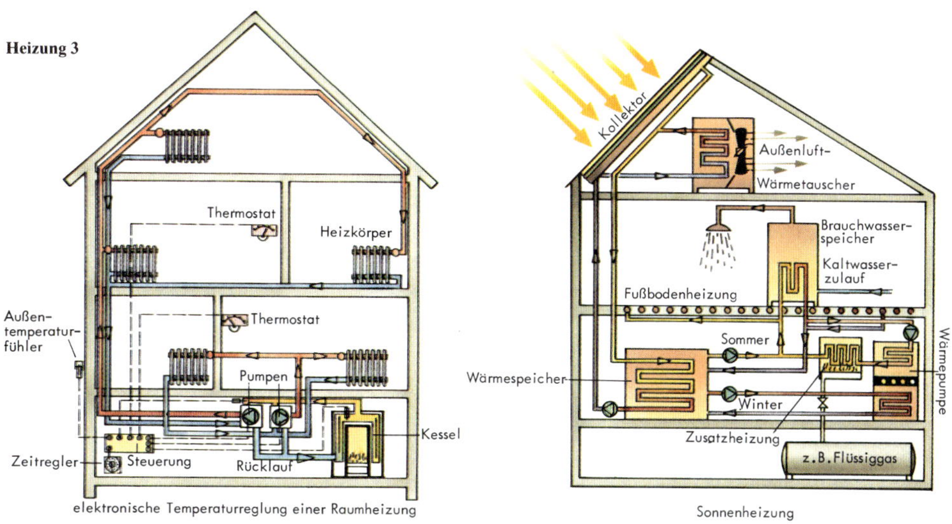

Helium, chem. Symbol **He,** ein → chemisches Element aus der Gruppe der → Edelgase, Ordnungszahl 2. α-Strahlen bestehen aus $^4_2$He-Kernen. H. ist ein geruch- und geschmackloses, reaktionsträges Gas.

He hat eine Reihe von ungewöhnlichen physikalischen Eigenschaften, die hauptsächlich auf reine Quanteneffekte zurückzuführen sind. Als einzige Substanz besitzt es keinen → Tripelpunkt (Dreiphasengleichgewicht) und bleibt bei Normaldruck bis in die Nähe des absoluten Nullpunkts flüssig, da die Nullpunktsenergie der Atome größer ist als die van-der-Waalschen Bindungskräfte in einem He-Kristall. Der Übergang in den festen Zustand wird erst bei Drücken oberhalb 25 bar beobachtet. Festes He ist der weicheste bekannte Festkörper, bei dem sich die Atomabstände und damit viele physikal. Eigenschaften schon bei geringen Druckschwankungen verändern.

Die beiden natürl. Isotope ^{3}He und ^{4}He werden bei 3,2 K bzw. 4,2 K flüssig. Flüssiges ^{4}He tritt in zwei verschiedenen Modifikationen auf: oberhalb des Lambdapunkts von 2,184 K als normalflüssiges He I, unterhalb als supraflüssiges He II. ^{3}He zeigt → Superfluidität erst unterhalb 2,7 mK. Unterhalb 0,8 K trennt sich das natürl. Isotopengemisch in eine superfluide ^{3}He-arme und eine normalflüssige ^{3}He-reiche Komponente. Dieser Effekt erlaubt den Bau einer kontinuierlich arbeitenden Kältemaschine, die eine Endtemperatur von 2 mK erreicht (→ Tieftemperaturphysik).

H. II ist der beste bisher bekannte Wärmeleiter. Obwohl H. neben Wasserstoff das häufigste Element des Universums ist, kommt es auf der Erde nur selten als Zerfallsprodukt radioaktiver Reihen in Uranmineralen vor. Die Atmosphäre enthält 0,0005 Vol.-% H. Technisch nutzbare Vorkommen in Erdgaslagerstätten. – Verwendung als Schutz- und Kühlgas bei verschiedenen techn. Prozessen, mit 20% Sauerstoff als künstl. Atmosphäre (z. B. in Tauchgeräten), zur Erzeugung tiefer Temperaturen und, da unbrennbar, als Kühlmittel, als Testgas für Lecksuchgeräte, zur Füllung von Ballonen und Luftschiffen, Gasthermometern, elektron. Schallgeräten und Hochspannungsröhren u. a. – H. wurde nach spektralanalyt. Nachweisen (P. JANSSEN und J. N. LOCKYER 1868, L. PALMIERI 1882) erstmals 1895 von W. RAMSAY als Element isoliert.

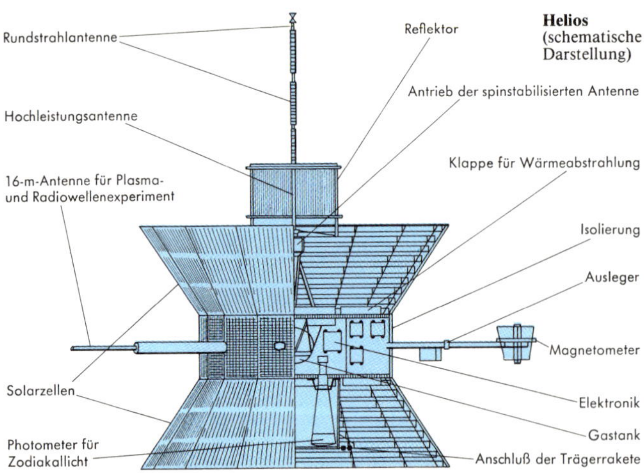

Helios (schematische Darstellung)

Heliumbrennen, Phase der → Sternentwicklung, bei der durch den Aufbau von schwereren Elementen aus Heliumkernen durch → Kernfusion Energie gewonnen wird, wobei der → Salpeter-Prozeß eine entscheidende Rolle spielt.

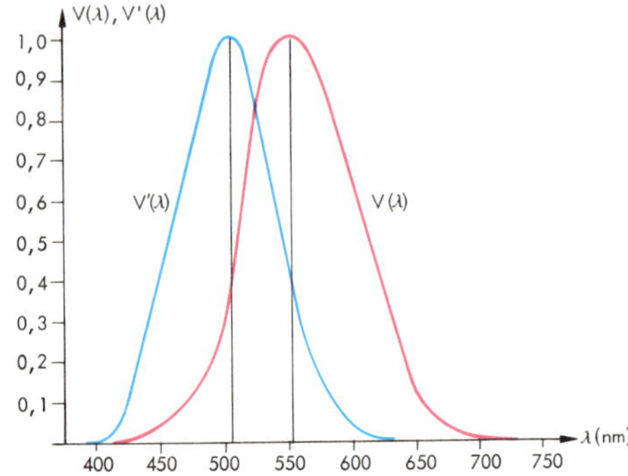

Hellempfindlichkeitskurven: genormte H. für das Tagessehen (V(λ)-Kurve) und für das Nachtsehen (V'(λ)-Kurve)

Heliummethode, Methode zur → Altersbestimmung von Gesteinen durch Vergleich des Uran- (U 235 oder U 238) oder Thoriumgehalts (Th 232) mit der Menge an eingeschlossenem, durch radioaktiven Zerfall gebildetem Helium ($^4_2$He). Genaue Werte erhält man nur bei solchen Mineralen, aus denen kein Helium entweichen konnte.

Helix, Chemie: bevorzugte schraubenförmige Molekularstruktur von Naturstoffen mit Wasserstoffbrückenbindungen; tritt als Sekundärstruktur z. B. bei Eiweißen oder als Doppelhelix bei DNS auf. I. a. haben helicale Strukturen ›Rechtsgewinde‹.

Helizität, Elementarteilchenphysik: Wert des Spins (Eigendrehimpulse) in Bewegungsrichtung bei Elementarteilchenzuständen, in denen diese Spinkomponente und der Impuls scharf definiert sind; ein Maß für die Polarisation eines entsprechenden Teilchenstrahls. **Positive H.** bedeutet veranschaulicht, daß das Teilchen wie eine Rechtsschraube um seine Bewegungsrichtung rotiert, **negative H.** entspricht einer Linksschraube. Bei masselosen Teilchen ist die H. lorentzinvariant, und ihr Betrag ist gleich dem Spin. Bei Neutrinos ist die H. immer negativ, bei Antineutrinos positiv. Bei anderen Teilchen, z. B. Photonen, gibt es Zustände positiver und solche negativer H.; sie entsprechen rechtszirkular oder linkszirkular polarisierter Strahlung. In diesem Fall gibt es auch kohärente Überlagerungen von Zuständen beider H.-Vorzeichen; sie entsprechen linear oder elliptisch polarisierter Strahlung. Zustände mit bestimmter H. treten insbes. beim radioaktiven Betazerfall auf. Ihre Untersuchung hat wesentlich zum Verständnis der schwachen Wechselwirkung und der bei ihr auftretenden Verletzung der → Parität geführt.

Hellbezugswert, in der → Farbmetrik Maß zur Kennzeichnung der → Helligkeit von Körperfarben. Der H. ist gleich dem mit 100 multiplizierten Verhältnis der Leuchtdichte der jeweiligen Körperfarbe zu der Leuchtdichte einer genauso beleuchteten ideal weißen Fläche.

Hell|empfindlichkeitskurven kennzeichnen quantitativ die Hellempfindlichkeit des Auges in Abhängigkeit von der Wellenlänge des Lichtes. Die international für Normalbeobachter genormten V(λ)- und V'(λ)-Kurven bilden die Grundlage der → Photometrie. Die V(λ)-Kurve gilt für Verhältnisse beim Tagessehen **(photopisches Sehen)**, die V'(λ)-Kurve für Nachtsehen **(skotopisches Sehen)**. Im dazwischenliegenden Bereich des Dämmerungssehens gelten Kurven, die zw. der V(λ)- und V'(λ)-Kurve liegen **(mesopisches Sehen)**.

Heller, → Marsch.

Helligkeit, allg. die Stärke oder Intensität einer Lichtempfindung. In der → Farbmetrik ist die H. neben → Farbton und → Sättigung die dritte Eigenschaft zur Charakterisierung einer Farbe. Bei Selbstleuchtern wird die → Leuchtdichte, bei Körperfarben der → Hellbezugswert als Maß für die H. angegeben.

Astronomie. Maß für die Strahlung eines Himmelskörpers. 1) Die **scheinbare H.**, Formelzeichen *m*, ist die H., mit der ein Himmelskörper einem Beobachter auf der Erde erscheint; sie wird in **Größenklassen (Größen)** gemessen, wobei das Zeichen m hinter die Zahlenangabe (bei Dezimalstellen über dem Komma oder Punkt) hochgestellt geschrieben wird. Auch die Abk. mag für magnitudo (›Größe‹) hinter der Zahlenangabe ist üblich. Die scheinbare H. eines Sterns hängt ab von seiner **wahren H.** und von seiner Entfernung. Die heutige Größenklassen-Einteilung geht auf die sechsstufige Einteilung von PTOLEMÄUS zurück: Die hellsten Sterne wurden als Sterne 1. Größe, die lichtschwächsten (mit dem bloßen Auge sichtbaren) als Sterne 6. Größe bezeichnet. Diese recht grobe Einteilung wurde quantifizierbar, indem man die Größenklassen mit den (z. B. mit lichtelektr. Photometern) direkt meßbaren Intensitäten der zur Erde gelangenden Strahlung der Gestirne verknüpfte. Gemäß dem → Weber-Fechnerschen Gesetz der Empfindungsstärke menschl. Sinnesorgane sind die vom Auge empfundenen Helligkeitsunterschiede dem Logarithmus der Intensitätsverhältnisse proportional. Nach einem Vorschlag von N. R. POGSON wurde 1854 die Skale der Größenklassen **(Pogsonsche Helligkeitsskale)** definiert durch

$$m_1 - m_2 = -2{,}5 \lg (I_1/I_2) = 2{,}5 \lg (I_2/I_1),$$

wobei I_1 und I_2 die den Größenklassen m_1 und m_2 entsprechenden Intensitäten sind. Die Auflösung nach dem Intensitätsverhältnis ergibt: $I_1/I_2 = 10^{0{,}4\,(m_2 - m_1)}$. Die Konstante 2,5 wurde gewählt, damit einerseits ältere Helligkeitsangaben gut in diese Skale paßten und andererseits bei Rechnungen glatte Werte herauskommen, z. B. entspricht einer Größenklassendifferenz von $2\overset{\text{m}}{,}5$ ein Intensitätsverhältnis von 1 : 10, der Größenklassendifferenz von 5^{m} (zw. 1. und 6. Größenklasse) entspricht ein Intensitätsverhältnis von 1 : 100. Von einer Größenklasse zur anderen ändert sich die Intensität um den Faktor $10^{0{,}4} = \sqrt[5]{100} = 2{,}512$. Die Eichung der Größenklassenskale wurde urspr. mit Hilfe des Polarsterns, eines Sterns 2. Größe, vorgenommen, dem die scheinbare H. $2\overset{\text{m}}{,}12$ zugeordnet wurde. Da die H. des Polarsterns aber um einige Prozent schwankt, benutzt man heute eine große Anzahl von Sternen **(Polsequenz)**, die um den nördl. Himmelspol gelegen sind, als Eichpunkte. Die Anwendung dieser Skale ergibt für die hellsten Sterne negative Helligkeitswerte, für die Sonne erhält man -27^{m}. Die scheinbare H. kann mittels der visuellen, photograph., photoelektr. oder der thermoelektr. Photometrie (→ Astrophotometrie) bestimmt werden.

2) Die **absolute H.**, Formelzeichen *M*, eines Himmelskörpers ist die scheinbare H., die ein gedachter Beobachter in einer Normentfernung von 10 Parsec von diesem Himmelskörper messen würde. Die absolute H. ist ein Maß für die → Leuchtkraft eines Sterns. Wenn die Entfernung *r* in Parsec bekannt ist, läßt sich die absolute H. aus der scheinbaren gemäß $M = m + 5 - 5 \lg r$ berechnen. Die Größe $m - M$, die nur von der Entfernung abhängt (wenn keine interstellare Absorption vorliegt), heißt **Entfernungsmodul.** Zur Kennzeichnung der absoluten H. wird häufig statt des hochgestellten m ein hochgestelltes M verwendet.

Helligkeitskataloge sind → Sternkataloge, bei denen die genaue Angabe der → Helligkeit der Sterne im Vordergrund steht.

Helling *die,* **Helgen** *der,* betonierter, zum Wasser hin geneigter Montage- und Ablaufplatz für Schiffsneubauten, üblicherweise für Längsablauf (→ Stapellauf), bei schmalen Gewässern auch für Querablauf eingerichtet.

Hell-Schreiber [n. dem dt. Ingenieur R. Hell, * 1901], **Bildschreiber,** Mittelding zw. Druck- und Bildtelegraph: Aus den übertragenen Stromimpulsen wird am Empfangsort segmentweise ein Bild des gesendeten Buchstabens zusammengesetzt. Das heute kaum noch benutzte Verfahren ist wenig störanfällig, v. a. auch im Funkdienst, da keine falschen, sondern höchstens zunehmend unleserliche Buchstaben geschrieben werden.

Helmholtz-Funktion [n. dem dt. Physiker H. L. Helmholtz, * 1821, † 1894], die → freie Energie.

Helmholtz-Resonator, Hilfsmittel der Klanganalyse, bestehend aus einer Hohlkugel aus Metall mit einer Öffnung zum Eindringen des Schalls und einer zweiten Öffnung mit kurzem Ansatzrohr, das ins Ohr eingeführt wird. Enthält der zu analysierende Klang einen Teilton mit einer Frequenz, die mit der Eigenfrequenz des H.-R. übereinstimmt, so wird dieser Teilton verstärkt wahrgenommen.

Helmholtzsche Wirbelsätze, → Wirbel.

Helmholtz-Spulen, Helmholtz-Spulenpaar, Anordnung aus zwei gleichen, flachen Zylinderspulen, die sich parallel und koaxial im Abstand ihres Radius gegenüberstehen und vom gleichen Strom durchflossen werden. H.-S. dienen zur Erzeugung allseitig zugänglicher Magnetfelder, die um den Mittelpunkt des Systems herum über einen größeren Bereich homogen sind. Handelsübliche H.-S. liefern Felder mit magnet. Feldstärken bis etwa 10^5 A/m.

Helmvisiersystem, elektronisch-opt. Hilfsvorrichtung in neuzeitl. Militärflugzeugen, die dem Piloten das Richten von bewegl. Zielerfassungs- und Zielverfolgungssensoren oder Waffen auf ein visuell wahrgenommenes Ziel erleichtern soll. Zu diesem Zweck wird die Sichtlinie des Piloten mit elektron. Auswertegeräten aus der Stellung des Pilotenhelms gegenüber dem Flugzeug ermittelt; Position und Winkelstellung des Helms werden durch opt. oder elektromagnet. Sensoren bestimmt. Hilfskraftsysteme führen die zu richtenden Geräte ohne weiteren manuellen Eingriff der Sichtlinie des Piloten nach und richten sie dadurch auf das anvisierte Ziel aus.

Bei einem anderen H. ist in den Pilotenhelm ein kleines Blickfelddarstellungsgerät integriert (BILD S. 264). Mit dieser Anordnung werden für die Flugführung wichtige Symbole und Informationen auf eine im Helmvisier angeordnete Sichtscheibe (als Kombinationsoptik bezeichnet) projiziert und nicht wie sonst bei Blickfelddarstellungsgeräten üblich auf die Frontscheibe der Cockpitverglasung.

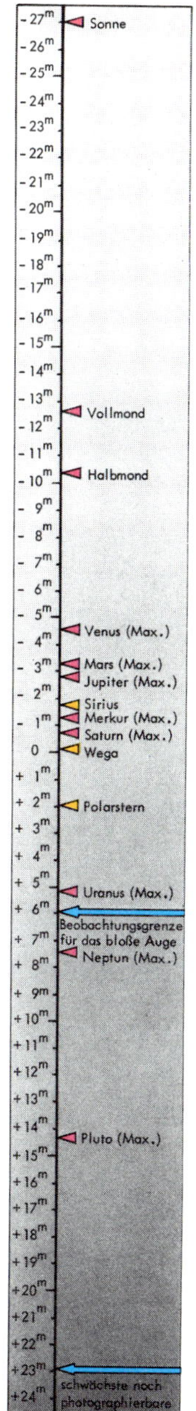

Helligkeit (Astronomie): Skale scheinbarer H.

Hemimorphit: Kristallstufe (New Jersey, USA)

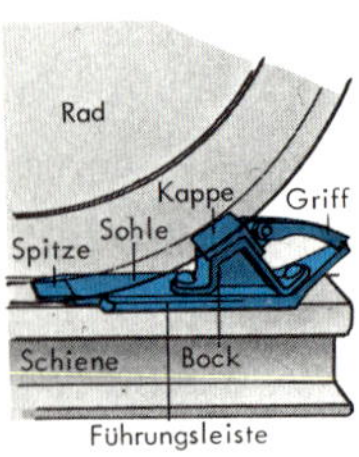

Hemmschuh

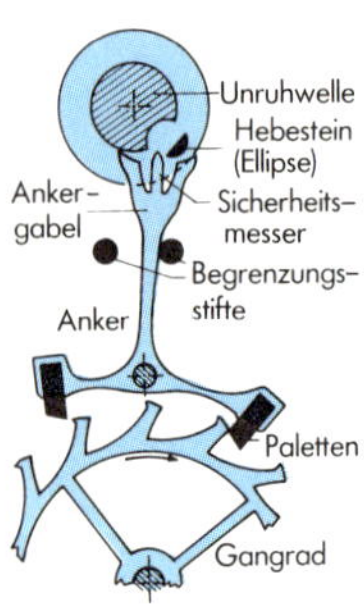

Hemmung

Diese Informationen können somit bei jeder beliebigen Blickrichtung des Piloten wahrgenommen werden.

Hemicellulosen, Polyosen, pflanzl. Polysaccharide, die im Unterschied zur → Cellulose verzweigte Ketten bilden und aus verschiedenen Monosacchariden aufgebaut sind. Der Polymerisationsgrad liegt zw. 50 und 200. **Hexosane** bestehen aus Hexosen (→ Zuckerarten), wie das in Nadelhölzern enthaltene Galactoglucomannan (Grundkette aus Mannose und Glucose, Seitengruppen von Galactose). Die aus Pentosen (z. B. Arabinose, Xylose) aufgebauten **Pentosane** sind z. B. im Roggenmehl enthalten und beeinflussen dessen Backfähigkeit. Die wichtigste H. ist das im Holz von Laubbäumen, Kleie und Stroh enthaltene **Xylan** (Holzgummi).

Hemi|edri|en sind Kristallklassen (→ Kristall, TABELLE Symmetrieklassen) mit der Symmetrie halbflächiger Kristallformen. Bei diesen **Hemiedern** (Halbflächnern) ist gegenüber den vollflächigen Formen nur jede 2. Fläche entwickelt.

Hemimorphie, Bez. von Kristallklassen, z. B. monokline H. für die monoklin-sphenoid. Klasse (→ Kristall, ÜBERSICHT Symmetrieklassen). H. (Halbgestalten, oben und unten) treten beim Polar-(Einseitig-)werden einer Symmetrieachse auf (TAFEL Kristall I, H: Hemimorphit).

Hemimorphit, Kieselzink|erz, farbloses bis hellgrünes oder braunes Mineral $Zn_4[(OH)_2Si_2O_7] \cdot H_2O$; H. 5, D. 3,3–3,5; bildet mit Zinkspat das wichtige Zinkerz → Galmei.

hemipelagisch, Bez. für Meeresablagerungen im Bereich des Kontinentalhanges zw. 200 und 4000 m.

Hemisphäre, Halbkugel, v. a. für Erd- oder Himmelshalbkugel.

Hemmschuh, Eisenbahnwesen: keilförmiges Rangiergerät zum Auflegen auf eine Schiene, um rollende Wagen zum Halten zu bringen.

Hemmung, bei mechan. Uhren zw. Schwingsystem (Pendel, Unruh) und Gehwerk eingeschaltete Vorrichtung, besteht aus dem hin- und hergehenden **Anker** und dem **Hemmungsrad** (Gang-, Anker- oder Steigrad). Die H. hemmt den Ablauf des Räderwerks im Rhythmus der Periodendauer des Schwingsystems, so daß das Zeigerwerk synchron mit dem Schwingsystem abläuft.

Hemmwerk, Hemmschaltwerk, ein → Sperrgetriebe, das die Bewegung (meist Drehbewegung) eines Bauteiles so steuert, daß durch einen geringen Kraftaufwand eines Steuerglieds das Bauteil, an dem eine große Kraft wirkt, abwechselnd freigegeben und gesperrt wird.

Henna, gepulverte Blätter des Cyperstrauches, die einen bräunl. bis rötl. Farbstoff ergeben.

Henry [n. dem amerikan. Physiker J. Henry, † 1797, † 1878] *das,* Einheitenzeichen **H**, abgeleitete SI-Einheit der Induktivität und des magnetischen Leitwertes: $1\ H = 1\ Wb/A = 1\ \Omega \cdot s = 1\ Vs/A$.

Henrysches Gesetz [n. dem engl. Physiker W. Henry, † 1836], Physik: → Absorption 2).

Heparin, hochsulfonierte Mucopolysaccharide mit blutgerinnungshemmenden Eigenschaften.

Heparreaktion, Nachweis von Schwefel in Sulfiten, Sulfaten, Thiosulfaten u. a., bes. als Vorprobe; durch reduzierendes Glühen mit Holzkohlenpulver und Soda entstehen Natrium(poly)-sulfide, die beim Befeuchten mit Wasser auf einem Silberblech einen schwarzen bis braunen Silbersulfid-Fleck erzeugen.

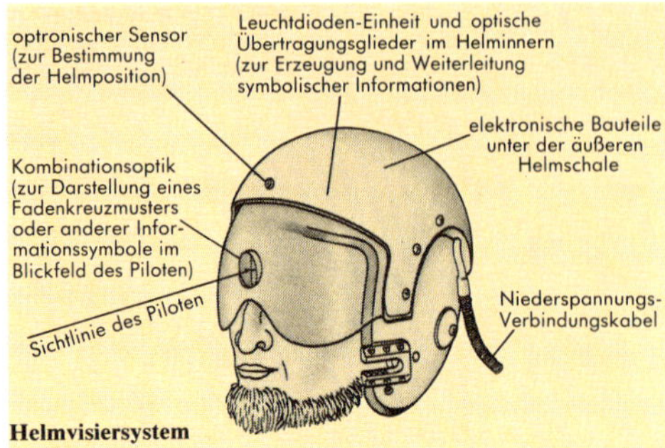

Helmvisiersystem

Heptanal, svw. → Oenanthaldehyd.

Heptane, flüssige Kohlenwasserstoffe aus der Gruppe der → Alkane mit der Summenformel C_7H_{16}, sind in Benzinfraktionen enthalten.

Heptansäure, svw. → Oenanthsäure.

Heptode, eine → Elektronenröhre mit zwei Steuer-, zwei Schirm- und einem Bremsgitter.

Heptose, → Zuckerarten.

HERA, Abk. für **Hadron-Elektron-Ring-Anlage,** → Deutsches Elektronen-Synchrotron.

Herbizide, chem. Unkrautbekämpfungsmittel. **Selektive H.** schädigen Unkräuter, schonen aber Kulturpflanzen. Beispiele sind die → Chlorphenoxyessigsäuren, die nur auf breitblättrige Pflanzen, nicht aber auf Getreide wirken. **Total-H.** töten die gesamte Vegetation (z. B. auf Industrie- und Gleisanlagen) ab. H. lassen sich nach ihrer Wirkung unterteilen: **Photosynthesehemmer** (z. B. Triazine, Harnstoffderivate) hemmen die Fähigkeit der Pflanze, aus Kohlendioxid Kohlenhydrate aufzubauen. **Wuchsstoffe** (z. B. Chlorphenoxyessigsäuren) stören das pflanzl. Wachstum und **Mitosehemmer** (z. B. Carbamate, Anilinderivate) unterbinden die Zellteilung. Je nach Aufnahmeart wird zw. **Boden-H. (Wurzel-H.)** und **Blatt-H.** unterschieden. Einige H. wie Natriumchlorat (Total-H.) und Kalkstickstoff sind lange bekannt. Moderne organ. H. setzten sich seit etwa 1940 durch, um höhere Erträge und niedrigere Lohnkosten in der Landwirtschaft zu erzielen.

Herbst, eine → Jahreszeit.

Herbstfärbung, im Herbst vor dem Laubfall einsetzende Buntfärbung der grünen Blätter. Durch Abbau des Chlorophylls werden die roten Carotinoide und gelben Xanthophylle farbwirksam. Braunfärbung entsteht erst beim Absterben der Blätter durch braune wasserlösl. Farbstoffe. Sonnige Tage und kühle Nächte bewirken lebhaftere Herbstfärbung.

Herbstpunkt, Waagepunkt, Schnittpunkt des Himmelsäquators und der Ekliptik (BILD), in dem die Sonne bei Herbstanfang steht (→ Frühlingspunkt).

Hercules, lat. Name des Sternbildes → Herkules.

Hercules X-1, Abk. **Her X-1,** vom Röntgensatelliten Uhuru entdeckter → Röntgenstern im Sternbild Herkules, der Prototyp einer Klasse von pulsierenden Röntgensternen ist. Her X-1 ist ein Doppelstern, bestehend aus einem rotierenden Neutronenstern und einem blauen Überriesen, von dem Materie auf den Neutronenstern überströmt, dabei wird Röntgenstrahlung ausgesendet.

Herculina *die,* erster → Planetoid, bei dem 1978 Hinweise für die Existenz eines Planetoidenmondes gefunden wurden. Nach den Beobachtungen wird die 243 km große H. in einem Abstand von knapp 1 000 km von einem 45 km großen Objekt umrundet.

Hercynit, Mineral, schwarzer → Spinell.

Herd, 1) Stelle und Gerät aus Steinen oder aus vernikkelten, verchromten oder emaillierten Blechen zum Kochen, Backen und Heizen. Als Heizmittel dienen Holz und Kohlen, Brenngase (Stadt-, Erdgas, Butan, Propan) im Gasherd und elektr. Strom im Elektroherd.

2) Aufbereitung: schwach geneigte Platte zur → Herdaufbereitung.

3) Erdbeben-H., → Erdbeben; **Vulkan-H.,** → Vulkan.

4) beim metallurgischen Ofen der Teil, auf den das Einsatzgut aufgetragen wird.

Herd|aufbereitung, Sortierverfahren (→ Sortierung) zur Trennung der Komponenten eines feinen Mineralgemisches nach seiner Dichte, Korngröße und Kornform. Auf einer schwach geneigten, sich stoßweise bewegenden Fläche **(Herd)** werden die Mineralteilchen mit Hilfe strömenden Wassers je nach ihrer Dichte, Korngröße und Kornform an verschiedenen Stellen ausgetragen. Heute häufig durch die → Flotation ersetzt.

Herdmauer, Sporn, unter die Bauwerkssohle einer Stauanlage herabführende Schürze aus Beton zur Abdichtung des Untergrunds.

Herd|ofen, hüttenmänn. Ofen zur Wärmebehandlung von Metallen, ist je nach der Art des zu verarbeitenden Materials entweder als flache Mulde, z. B. zum Schmelzen, oder als Flachherd zum Erwärmen oder Glühen von Metallen ausgebildet.

Herkules, lat. **Hercules,** ein → Sternbild des Nordhimmels, im Sommer am Abendhimmel sichtbar.

Hermann-Mauguin-Symbole [-mog'ɛ̃-]. Die H.-M.-S. für kristallograph. Symmetrieelemente (z. B. 2 für zweizählige Drehachse, usw., $\bar{1}$ für Inversionszentrum, m für Spiegelebene, $\bar{3}$ für dreizählige Drehinversionsachse, usw., 3/m für dreizählige Drehspiegelachse) dienen ebenso wie die Schoenflies-Symbole zur Kennzeichnung der 32 kristallograph. Punktgruppen (Kristallklassen, → Kristalle, TABELLE Symmetrieklassen) und der 230 Raumgruppen.

Hermes, ein 1937 entdeckter → Planetoid, der im November 1937 bis auf weniger als 800000 km an die Erde herankam; H. ist seither verschollen, da seine Bahn offenbar bei dieser Begegnung stark verändert wurde und ein rd. 250 m großes Objekt über größere Distanzen kaum auffindbar ist; gehört zu den → Apollo-Objekten.

hermitesche Matrix [ɛrm'it-, n. dem frz. Mathematiker C. Hermite, * 1822, † 1901], eine quadrat. → Matrix $A = (a_{ij})$, für deren Elemente gilt $a_{ij} = \overline{a_{ji}}$ für alle i und j. Dabei bedeutet $\overline{a_{ij}}$ die zu a_{ij} konjugiert komplexe Zahl (→ komplexe Zahlen). → Matrizenmechanik.

hermitescher Operator [ɛrm'it-], selbstadjungierter linearer → Operator eines → Hilbert-Raums H, der H auf sich selbst abbildet. H. O. werden in der → Quantentheorie zur Darstellung beobachtbarer physikal. Größen (→ Observable) verwendet.

heronische Formel, heronische Dreiecksformel [n. dem grch. Mathematiker Heron v. Alexandria, 1. Jh. n. Chr.], Formel zur Berechnung des Flächeninhalts F eines Dreiecks mit den Seitenlängen a, b, c;

$$F = \sqrt{s(s-a)(s-b)(s-c)} \text{ mit } s = \frac{a+b+c}{2}.$$

Heronsball, von HERON VON ALEXANDRIA beschriebenes Gefäß mit einer Röhre, in der durch den Druck eingeblasener zusammengepreßter oder darin enthaltener, sich durch Wärme ausdehnender Luft Flüssigkeit hochgetrieben wird. Nach dem Prinzip des H. funktionieren z. B. Spritzflaschen und Parfümzerstäuber.

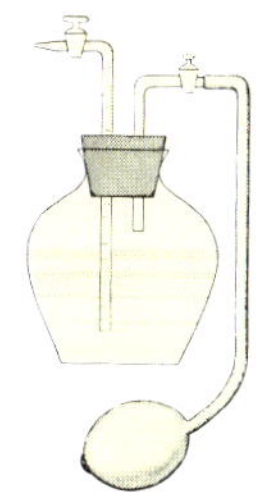

Heronsball

Hertz [n. dem dt. Physiker H. R. Hertz, * 1857, † 1894] *das,* Einheitenzeichen **Hz,** abgeleitete SI-Einheit der Frequenz eines periodischen Vorganges: 1 Hz = 1 s^{-1}; 1 **Kilohertz** = 1 kHz = 10^3 Hz = 1 000 Hz; 1 **Megahertz** = 1 MHz = 10^6 Hz = 1 000 kHz; 1 **Gigahertz** = 1 GHz = 10^9 Hz = 1 000 MHz.

Hertzscher Oszillator, Hertzscher Dipol, → elektromagnetische Wellen.

Hertzsches Prinzip, Prinzip der geradesten Bahn, aus dem → Gaußschen Prinzip des kleinsten Zwanges ableitbares Differentialprinzip der Mechanik, durch das die kräftefreie Bewegung eines skleronomen mechan. Systems ermittelt werden kann.

Hertzsche Wellen, nur noch selten verwendete Bez. für diejenigen → elektromagnetischen Wellen, die mit Geräten der Elektrotechnik erzeugt werden, mit Wellenlängen von einigen km bis etwa 0,1 mm.

Hertzsprung-Russell-Diagramm [h'ɛrdsbroŋ rʌsl-, n. dem dän. Astronomen E. Hertzsprung, * 1873, † 1967, und dem amerikan. Astronomen H. N. Russell,

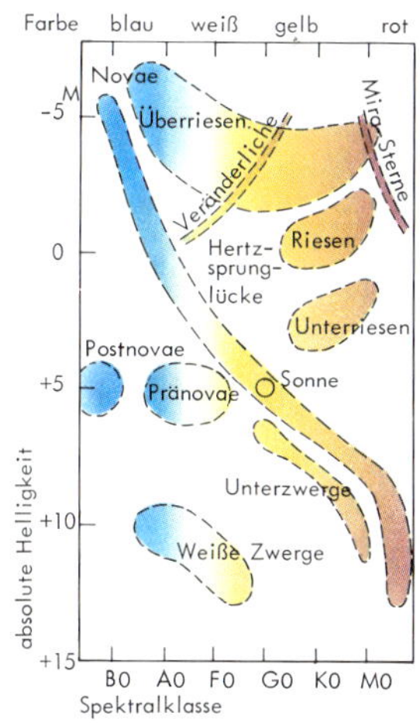

Hertzsprung-Russell-Diagramm

* 1877, † 1957], Abk. **HRD,** Zustandsdiagramm und wichtiges Klassifizierungsschema der Fixsterne, das große Bedeutung für die Theorien zur Erklärung der → Sternentwicklung hat. Es stellt einen Zusammenhang her zw. der absoluten Helligkeit in Größenklassen oder der Leuchtkraft in Einheiten der Sonnenleuchtkraft und dem Spektraltyp oder der effektiven Oberflächentemperatur eines Sterns.

Die meisten Sterne **(Hauptreihensterne)** liegen im HRD auf dem **Hauptast** oder der **Hauptreihe** (auch **Zwerg-**

reihe). Die lichtstarken (absolute Helligkeit -5^M), sehr heißen B-Sterne liegen links oben, die sehr lichtschwachen, rötlichen Zwergsterne rechts unten. – Oben rechts liegen im HRD die **Riesensterne (Riesenast)** verschiedener Leuchtkraft **(Über-** und **Unterriesen),** getrennt von der Hauptreihe durch die **Hertzsprung-Lücke.** – Die unter der Hauptreihe liegenden **Unterzwerge** haben etwa die Spektralklasse von G–M. Ein eigenes Feld bilden die **Weißen Zwerge** mit hoher Oberflächentemperatur, aber sehr geringer absoluter Helligkeit (kleiner Durchmesser) und einer Dichte bis zu mehreren 100 kg/cm^3, was auf entartete Materie hinweist. Novae und andere veränderl. Sterne besetzen weitere Gebiete des HRD.

Dem HRD gleichwertig ist das **Farben-Helligkeits-Diagramm** (FHD), in dem die scheinbare Helligkeit der Sterne zum Farbenindex in Beziehung gesetzt wird. Es wird bes. bei leuchtschwachen oder entfernten Sternen angewendet.

Herzkurve, Mathematik: die → Kardioide.

Herzstück, Eisenbahnbau: Teil einer → Weiche.

herzynisch, SO-NW-Streichrichtung (→ Streichen und Fallen); auch kalkige Fazies im Paläozoikum; in der außerdt. Literatur z. T. für → variskisch gebraucht.

Hesperos, der → Abendstern.

Hessesche Normalform [n. dem dt. Mathematiker L. O. Hesse, * 1811, † 1874], besondere Form der Geradengleichung (→ Gerade), in der man den Abstand eines Punktes von einer Geraden leicht ermitteln kann. Sie hat die Linearform $h(x,y) = x \cdot \cos\varphi + y \cdot \sin\varphi - p$. Hierin bedeuten: x, y die Koordinaten eines Punktes in der euklid. Ebene, $p > 0$ den Abstand einer Geraden vom Koordinatenursprung und $0 \leq \varphi \leq 360°$ den Winkel, den das Lot vom Ursprung auf diese Gerade mit der positiven x-Achse bildet. $h(x,y)$ ist der **orientierte Abstand** des Punktes $P(x,y)$ von dieser Geraden; $h(x,y) = 0$ ist demnach die **Hessesche Gleichung** dieser Geraden. – Entsprechende Gleichungen gibt es für Ebenen.

Hessonit, Mineral, roter bis brauner → Granat.

Hess|sche Strahlung [n. dem österr. Physiker V. F. Hess, * 1883, † 1964], ältere Bez. für die → kosmische Strahlung.

Hetero|aromaten, → heterozyklische Verbindungen.

Hetero|atome, Bez. für in organ. Ring- oder Kettenmoleküle eingebaute Nichtkohlenstoffatome, wie Stickstoff, Sauerstoff und Schwefel (→ heterozyklische Verbindungen).

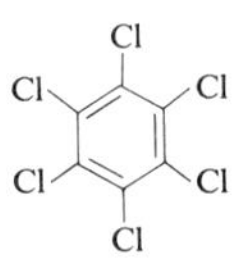

Hexachlorbenzol

heterodesmische Kristallstrukturen, → Kristall.

heterogen, ungleichartig, uneinheitlich aufgebaut; Ggs.: **homogen.** – In **heterogenen Mischungen** sind die einzelnen Bestandteile nicht molekular verteilt (→ homogen), sondern es liegen größere Bezirke unterschiedl. Zusammensetzung unter Ausbildung von Grenzflächen nebeneinander vor (z. B. → Kolloide). – **heterogene Reaktion,** Umsetzung, bei der die beteiligten Stoffe in Mischung vorliegen (→ chemische Reaktionen).

Heterolyse, Vorgang der Spaltung eines Moleküls unter Bildung von zwei entgegengesetzt geladenen Ionen: $AB \longrightarrow A^+ + B^-$.

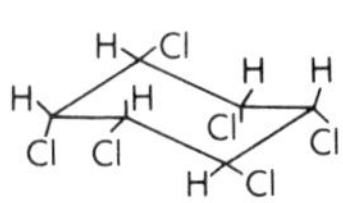

γ-Hexachlorcyclohexan (Lindan)

Heteromorphie, Kristallographie: Abweichung der morphologischen (äußeren) von der strukturellen (inneren) Symmetrie bei Kristallen. Ist die äußere Symmetrie gegenüber der inneren Gittersymmetrie vermindert, liegt **Hypomorphie** vor; den entgegengesetzten Fall nennt man **Hypermorphie.**

heteropolare Bindung, → chemische Bindung.

Heterosphäre, Teil der → Atmosphäre 2).

heterotyp, → Typiebeziehungen.

heterozyklische Verbindungen, ringförmige organ. Verbindungen, die außer Kohlenstoff mindestens ein → Heteroatom als Ringglied enthalten. Besondere Bedeutung haben h. V. mit maximal ungesättigten 5- und 6-Ringen, wie z. B. Thiophen, Pyridin und Pyrimidin. Sie werden häufig als **Heteroaromaten** bezeichnet, da sie ähnliche Eigenschaften wie Aromaten haben. Viele wichtige Naturstoffe (z. B. Chlorophyll, Hämoglobin, Alkaloide und Nucleinsäuren) enthalten heterozykl. Ringsysteme.

Heulandit [n. dem engl. Sammler H. Heuland, * 1777, † 1856] *der,* Mineral, ein → Zeolith.

Heuristik, Lehre von der method. Gewinnung neuer Erkenntnisse durch Verfahren, Modelle, Annahmen, Begriffe, Prinzipien, von denen ein ›heuristischer‹ Gebrauch gemacht wird, indem sie selbst nicht der Begründung, aber der Gewinnung dieser Erkenntnisse dienen.

Heuslersche Legierungen [n. dem Metallurgen F. Heusler, * 1866, † 1947], ferromagnet. Legierungen, die aus den nichtmagnet. Elementen Kupfer und Mangan mit Zusätzen von Aluminium, Arsen, Wismut, Bor, Antimon oder Zinn aufgebaut sind, sie bestehen meist aus 9 bis 10% Aluminium, 9 bis 27% Mangan, im übrigen aus Kupfer.

Heusonde, langstieliges Thermometer zum Einstekken in den Heustock, dessen Temperaturen wegen der Selbstentzündungsgefahr beobachtet werden müssen.

Heuwender, Geräte zum Wenden, Schwadenziehen und Breitstreuen von auf dem Feld liegendem Heu, dessen Trocknung dadurch beschleunigt wird. I. d. R. wird das tagsüber ausgebreitet liegende Heu gewendet; abends wird es in Schwaden zusammengezogen, um Nährstoffverluste während der Nacht zu vermeiden; morgens streut man die Schwaden wieder breit. – Der **Gabel-H.** war gespanngezogen; seine von den Fahrrädern angetriebenen Gabeln ahmten die Bewegung der Handgabeln nach. Bei den noch häufig verwendeten **Sternrad-H.** werden die mit Zinken besetzten Sternräder durch Berührung zw. Zinken und Boden angetrieben. Heute werden v. a. von der Schlepperzapfwelle angetriebene H.-Arten benutzt: **Trommel-H.** mit um die horizontale Achse umlaufenden rechenbesetzten Trommeln; **Ketten-H.** mit zwei quer zur Fahrtrichtung nebeneinander umlaufenden Ketten, die durch Rechen verbunden sind; **Kreisel-H.** mit um eine vertikale Achse umlaufenden zinkenbesetzten Profilleisten.

Hevesy-Paneth-Analyse [hɛvɛʃi-, n. dem ungar. Chemiker G. von Hevesy, * 1885, † 1966, und dem österr. Chemiker F. A. Paneth, * 1887, † 1958], → Radiochemie.

Hexachlorbenzol, Abk. **HCB,** durch vollständige Chlorierung von Benzol gewonnener Chlorkohlenwasserstoff. H. wurde in der Vergangenheit als Fungizid (Saatbeizmittel) verwendet. Wegen bedenklicher Anreicherung in der Umwelt ist die Verwendung in der Bundesrep. Dtl. seit 1977 verboten.

Hexachlorcyclohexan, Abk. **HCH,** Chlorkohlenwasserstoff, der in verschiedenen Isomeren existiert, die sich durch unterschiedliche räuml. Anordnung der H- und Cl-Atome unterscheiden (→ Konformation). Das γ-Isomere wird unter der Bez. **Lindan (Gammexan)** als → Insektizid gegen Boden- und Vorratsschädlinge verwendet (Toxizität LD_{50}: 125 bis 200 mg/kg Ratte). Bes. toxisch ist das β-Isomere.

Hexadecan, das → Cetan. – **Hexadecanol,** der → Cetylalkohol. – **Hexadecansäure,** die → Palmitinsäure.

Hexadezimalsystem, Sedezimalsystem, Zahlensystem mit der Basis $B = 16$, bestehend aus 16 verschiedenen Ziffern mit dem Bildungsgesetz:

$$Z_{16} = \sum_{k=-\infty}^{n} a_k\, 16^k.$$

I. a. verwendet man die Dezimalziffern 0 bis 9 und weiter folgend die Buchstaben A bis F. Der Dezimalzahl 1000 entspricht die Hexadezimalzahl

$$3E8_{16} = 3 \cdot 16^2 + 14 \cdot 16^1 + 8 \cdot 16^0 \triangleq 1000_{10}.$$

Da beim binär codierten H. in Tetradendarstellung keine Pseudotetraden auftreten, hat sich dieses System für die Verschlüsselung der Maschinenbefehle bei Mikroprozessoren bewährt.

Hexaeder *das,* von sechs Vierecken begrenztes Polyeder, von dessen acht Ecken drei Kanten ausgehen. Das **regelmäßige H.**, der Würfel, ist einer der fünf → regelmäßigen Körper.

Hexagon *das,* das → Sechseck.

hexagonal heißt eines der → Kristallsysteme sowie die zwölf zugehörigen Kristallklassen (→ Kristall, ÜBERSICHT Symmetrieklassen) und Kristallformen (TAFEL Kristall I, E 9–20). Das trigonale ist eine Abteilung des hexagonalen Kristallsystems, von dem auch eine rhomboedr. Abteilung abgespalten werden kann.

Hexahydropyrimidin-2,4,6-trion, die → Barbitursäure.

Hexakis|okta|eder, Hex|okta|eder *das,* allg. Kristallform der **hexakisoktaedr. Kristallklasse,** ein von 48 kongruenten ungleichseitigen Dreiecken begrenzter Körper (48-Flächner), die höchstsymmetr. Kristallform (TAFEL Kristall I, E 32).

Hexakis|tetra|eder, Hexatetra|eder *das,* allg. Kristallform der **hexakistetraedr. Kristallklasse,** ein von 24 kongruenten ungleichseitigen Dreiecken begrenzter Körper (TAFEL Kristall I, E 31).

Hexamethyldiammonium|adiapat, das → AH-Salz.

Hexamethylendiamin, 1,6-Diaminohexan, kristalline Substanz, die technisch durch Hydrierung von → Adiponitril hergestellt wird. H. wird überwiegend zu Polyamiden (bes. Nylon 6.6), in geringerem Ausmaß über die Diisocyanate zu Polyurethanen (Schaumstoffe) weiterverarbeitet.

Hexamethylentetramin, das → Urotropin.

Hexane, flüssige Kohlenwasserstoffe aus der Gruppe der → Alkane mit der Summenformel C_6H_{14}, sind in Benzinfraktionen enthalten.

Hexapol|linse, Sechspol|linse, eine Magnetfeldanordnung von sechs abwechselnden Nord- und Südpolen mit abbildenden Eigenschaften (→ Elektronenoptik) für elektrisch neutrale Teilchen mit magnetischen Dipolmomenten (BILD). Von dem Hexapolfeld werden nur Teilchen mit negativer Dipolmomentkomponente μ_z in Richtung der Symmetrieachse (Flugrichtung) fokussiert, für Teilchen mit positivem μ_z wirkt das Feld wie eine Zerstreuungslinse.

Hexatetra|eder, das → Hexakistetraeder.

Hexite, sechswertige Alkohole (Zuckeralkohole) der allg. Formel $HOH_2C-(CHOH)_4-CH_2OH$, die durch Reduktion von Hexosen entstehen. H. sind süß schmeckende kristalline Stoffe. Von besonderer Bedeutung sind Sorbit und Mannit.

Hexogen, Hexahydro-1,3,5-trinitro-1,3,5-triazin, wichtiger hochbrisanter → Explosivstoff, der durch Nitrierung von Hexamethylentetramin hergestellt werden kann. Das weiße Pulver wird in phlegmatisierter Form (→ Phlegmatisieren) gepreßt (für Hohlladungen, Sprengkapseln und zur Detonationsübertragung auf andere Sprengstoffe) oder unphlegmatisiert mit Trinitrotoluol vergossen (z. B. zu Composition B oder mit Aluminiumpulver für Torpedofüllungen). H. zeichnet sich durch hohe Dichte und Detonationsgeschwindigkeit (→ Detonation) aus.

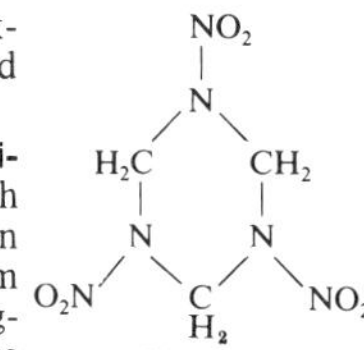

Hexogen

Hexokta|eder, das → Hexakisoktaeder.

Hexosane, → Hemicellulosen.

Hexosen sind → Zuckerarten mit sechs Kohlenstoff-Atomen im Molekül.

Hf, chem. Symbol für → Hafnium.

HF, Abk. für → **H**och**f**requenz.

Hg, chem. Symbol für → Quecksilber.

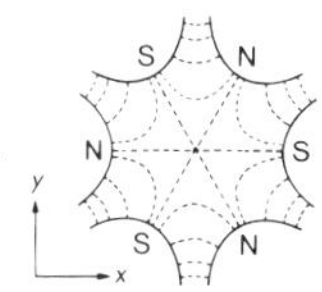

Hexapollinse: Magnetisches Sechspolfeld

H I-Gebiet [zu lesen: ›H-Eins‹], ›kühler‹ Bereich der → interstellaren Materie mit neutralem Wasserstoff (chem. Symbol **H**) und kennzeichnender (21 cm) Radiostrahlung (Dunkelnebel), i. Ggs. zu den heißen **H II-Gebieten,** die leuchtend helle Emissionsnebel bilden (Temperatur 10000 K).

HGÜ, Abk. für → **H**ochspannungs-**G**leichstrom-**Ü**bertragung.

Hiatus, Geologie: Sedementationslücke; → Schichtlücke.

Hiddenit [n. dem amerikan. Mineralogen W. E. Hidden, † 1918] *der,* Mineral, grüner Edelspodumen (→ Pyroxene).

HiFi [engl. h'aɪ fi:, in Dtl. meist h'aɪf'aɪ], Abk. von → **Hi**gh **Fi**delity; allg.: hohe Güte der Wiedergabe.

High [haɪ, engl.], Abk. **H,** Pegelangabe (→ Logikpegel) in digitalen Schaltungen; Ggs.: → Low.

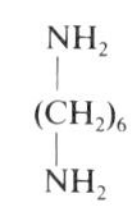

Hexamethylendiamin

High-Com-System [haɪ kɔm-, engl.], elektron. Rauschunterdrückungssystem für Kassettenrecorder, mit dem ein Geräuschabstandsgewinn von etwa 20 dB über den gesamten Frequenzbereich erzielt werden kann.

Hexane

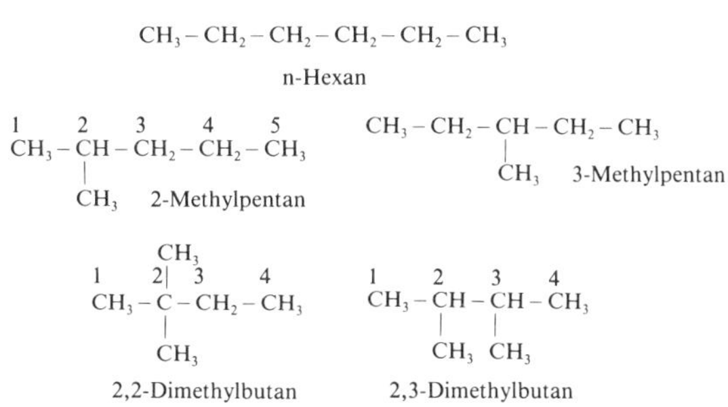

High Fidelity [haɪ fɪd'elɪtɪ, engl.], Abk. **HiFi,** aus dem Angloamerikanischen übernommene Bez. für hohe Wiedergabequalität von Rundfunkempfängern, Plattenspielern und Tonbandgeräten sowie deren Bestandteilen (Mindestanforderungen in DIN 45500).

High-Speed-Photographie [haı spi:d-], engl. Bez. für → Hochgeschwindigkeitsphotographie.

Highway [h'aıweı, engl.], Hauptlandstraße, im angelsächs. Sprachgebrauch die dem Fern- und Schnellverkehr dienenden zwei- bis mehrspurigen Landstraßen, Stadtstraßen und Autobahnen, z. B. Panamerican Highway.

Hilbert-Raum [n. dem dt. Mathematiker D. Hilbert, * 1862, † 1943], mathemat. Begriff, der für die Analysis, insbes. für die Differentialgleichungen, Integraltransformationen, Funktionalanalysis, Reihenentwicklungen nach orthogonalen Funktionen und den fastperiod. Funktionen sowie in der Quantentheorie (→ hermitesche Operatoren im H.-R.) von Bedeutung ist.

Ein H. ist ein → Banach-Raum R, in dem allg. die Norm $x \to \|x\|$ der Vektoren x durch eine positivdefinite Bilinearform (x, y) auf R erklärbar ist, nämlich als die nichtnegative Quadratwurzel aus (x, x). Man kann dann den Kosinus $\cos(x, y)$ des von den beiden Vektoren x und y in R gebildeten Winkels durch $|(x, y)| = \|x\| \cdot \|y\| \cdot \cos(x, y)$ erklären. Dies wiederum erlaubt, von der **Orthogonalität** eines Paares von Elementen aus R zu reden. Jeder H.-R. enthält eine **Basis**, d. h. ein orthogonales System von Vektoren der Norm 1 aus R mit der Eigenschaft, daß deren lineare Kombinationen in R dicht liegen bezüglich der in R durch die Norm eingeführten Topologie. Ähnlich wird der H.-R. über dem Körper der komplexen Zahlen definiert. Beispiele sind: 1) der n-dimensionale euklidisch-metrische Raum mit dem üblichen Skalarprodukt; 2) der Raum der im Sinn von H. L. LEBESGUE meßbaren, komplexwertigen und im Intervall $[a, b]$ erklärten Funktionen mit $(f, g) = \int_a^b f(x) \cdot \overline{g(x)}\, dx$ als Bilinearform, $\overline{g(x)}$ ist dabei die zu $g(x)$ konjugiert komplexe Zahl.

Hilfsflügel, Teil eines Tragflügels (→ Schlitzflügel).

Hiltsche Regel [n. dem Geologen C. Hilt], besagt, daß der Grad der Inkohlung der Steinkohle mit wachsender Tiefe zunimmt, wobei sich die flüchtigen Bestandteile mit um etwa 1,5% je 100 m anreichern.

Himalia, ein Mond des Planeten → Jupiter.

Himbeer|spat, Mineral $MnCO_3$, → Rhodochrosit.

Himmel, Himmelsgewölbe, Firmament, das scheinbare Gewölbe, das sich über der Ebene des Horizonts erhebt und an dem die Gestirne angeheftet zu sein scheinen. Es erscheint dem Betrachter nicht wie eine Halbkugel, da der Abstand zum **Zenit** oder **Scheitelpunkt** (d. h. dem Punkt senkrecht über dem Beobachter) geringer empfunden wird als in Richtung zum Horizont, sondern eher als halbes Rotationsellipsoid mit der kleinen Achse in Richtung zum Zenit. Im Ggs. zum Himmelsgewölbe ist die → Himmelskugel eine gedachte Hilfsgröße der Astronomie.

Infolge der Erdrotation scheint sich der H. in 23 h 56 min 4,09 s einmal um die mit der Erdachse zusammenfallende Himmelsachse zu drehen (→ Sterntag), wobei die Gestirne am Osthorizont auf- und am Westhorizont untergehen. Die in der Nähe des Himmelspols stehenden → Zirkumpolarsterne bleiben immer über dem Horizont. Zw. Auf- und Untergangspunkt eines Gestirns beschreibt dieses am H. oberhalb des Horizontes den **Tagbogen,** unter dem Horizont den **Nachtbogen.**

Himmels|achse, → Himmelskugel.

Himmels|äquator, → Äquator 1), → Himmelskugel.

Himmelsblau, Azur, die blaue Farbe des Himmels, die dadurch zustande kommt, daß das weiße Sonnenlicht an den Molekülen der dunstfreien oberen Luftschichten nach der Rayleigh-Formel proportional zu $1/\lambda^4$ gestreut wird. Blau und Violett haben daher wegen ihrer kürzeren Wellenlängen λ in der Streustrahlung einen größeren Anteil als die übrigen Spektralfarben. Mit Zunahme trübender Teilchen nimmt die weißliche Tönung zu.

Himmelsglobus, verzerrungsfreie, spiegelbildliche kartograph. Darstellung des Sternhimmels und seines Koordinatensystems auf der Oberfläche einer Kugel.

Himmelskarten, die → Sternkarten.

Himmelskugel, Himmelssphäre, Sphäre, gedachte Kugel, an die, vom Beobachter gesehen, die Gestirne projiziert erscheinen. Die **Himmelsachse** (d. h. die ins Unendliche verlängerte Erdachse) durchstößt die H. in den **Himmelspolen.** Der nördl. Himmelspol, der in der Verlängerung Erdmittelpunkt–Erdnordpol liegt, befindet sich z. Z. in der Nähe des → Polarsterns. Die Projektion des Erdäquators auf die H. ist der Himmelsäquator (→ Äquator 1). Die → astronomischen Koordinaten dienen zur Festlegung des astronom. Ortes eines Gestirns an der Himmelskugel.

Himmelskunde, die → Astronomie.

Himmelsmechanik, Astrodynamik, Teilgebiet der Astronomie, behandelt die Bewegungen, die die Himmelskörper unter dem Einfluß der Massenanziehung ausführen. Die einfachste Bewegungsform liegt im **Zweikörper-Problem** vor, dessen Bewegungsgesetze (→ Keplersche Gesetze) sich aus dem Newtonschen Gravitationsgesetz (→ Gravitation) ableiten lassen. Beim **Drei-** und **Mehrkörper-Problem** lassen sich die Bahnen nicht mehr in einer entsprechenden mathemat. Form darstellen (J.-H. POINCARÉ). Beim Planetensystem sind die Verhältnisse insofern einfacher, als hier die Zentralmasse der Sonne alle anderen Massen weit überwiegt. Deshalb ist die Bahn eines Planeten in erster Näherung eine Ellipse, und die Wirkung der anderen Planeten auf ihn läßt sich in Form von Störungen dieser Ellipse berechnen **(Störungsrechnung).** Besondere Schwierigkeiten bereitet der H. die Bewegung des Mondes, weil wegen seiner geringen Entfernung eine hohe Genauigkeit in der Darstellung erzielt werden muß, damit Beobachtung und Theorie übereinstimmen.

Neue Probleme der H. entstanden mit den Erdsatelliten und Raumsonden, ihrer Bewegung im bremsenden Medium der äußersten Schichten der Erdatmosphäre und unter der Anziehungskraft von Erde, Mond und Planeten sowie der Sonne. Die sehr komplizierten Bewegungen werden nach numer. Methoden unter Benutzung elektron. Rechenanlagen untersucht, wobei sehr exakte Werte für die Gestalt der Erde und die Verteilung der Massen im Innern abgeleitet werden können.

M. SCHNEIDER: H. ([2]1981).

Himmels|pole, → Himmelskugel.

Himmelsrichtungen, durch die → astronomischen Koordinaten (BILD) gegebene Einteilung des Horizontes. **Norden** (N) oder **Nordpunkt** und **Süden** (S) oder **Südpunkt** sind durch die Schnittpunkte des → Meridians mit dem Horizont definiert. **Osten** (O) oder **Ostpunkt** (engl. E von East) und **Westen** (W) oder **Westpunkt** sind durch den Schnittpunkt des gegen den Meridian um 90° gedrehten Kreises **(erster Vertikal)** mit dem Horizont erklärt. Eine weitere Einteilung des Horizontes wird durch die nautische Windrose gegeben.

Himmelsspione, volkstüml. Bez. für militär. Erdüberwachungssatelliten (→ militärische Satelliten).

Himmelsstrahlung, die zur Erde gelangende, in der Atmosphäre diffus zerstreute Sonnenstrahlung, deren Anteil an der Globalstrahlung (→ Strahlung) mit der Bewölkung und dem Wasserdampfgehalt der Atmosphäre anwächst. Die H. des wolkenlosen Himmels ist teilweise polarisiert. Die Polarisationsrichtung steht entweder senkrecht (positive Polarisation) oder parallel (negative Polarisation) zu der durch Beobachter, Sonne und anvisierten Himmelspunkt gebildeten Ebene. – Auf dem durch Sonne und Zenit gehenden Großkreis lassen sich drei neutrale Punkte finden, die die Gebiete positiver und negativer Polarisation trennen und selbst unpolarisiertes Licht liefern: zw. Sonne und Horizont der **Brewstersche Punkt** [brˈu:stə-], zw. Sonne und Zenit der **Babinetsche Punkt** [babinˈɛ-] und, auf der Sonne abgewandten Seite, zw. Zenit und Horizont der **Aragosche Punkt.** – Die Polarisation der H. sowie die Lage der drei neutralen Punkte läßt sich durch Rayleigh-Streuung des Sonnenlichts an den Luftmolekülen unter Berücksichtigung der Vielfachstreuung theoretisch berechnen, jedoch zeigen die neutralen Punkte oft durch meteorolog. Vorgänge bedingt Abweichungen von den berechneten Positionen.

Hindernisfeuer, allseitig sichtbare rote Dauerlichtfeuer zur Kennzeichnung von Luftfahrthindernissen (Schornsteine, Türme, Antennenmasten), v. a. im Flughafenbereich.

hinreichend, Logik: → Bedingung.

Hintereinanderausführung von Abbildungen, → Abbildung 1).

Hintereinanderschaltung, Elektrotechnik: → Reihenschaltung.

Hintergrundstrahlung, Drei-Kelvin-Strahlung, 1965 von A. A. Penzias und R. W. Wilson gefundene, aus allen Richtungen mit gleicher Stärke einfallende elektromagnet. Strahlung kosm. Ursprungs. Die H. wurde bisher im Wellenlängenbereich von etwa 1 mm bis 10 cm nachgewiesen und entspricht in diesem Spektralbereich der Strahlung eines → schwarzen Körpers der Temperatur 2,7 Kelvin. Im Standardmodell des expandierenden Weltalls (→ Kosmologie) wird die H. als Anzeichen eines heißen, dichten Anfangsstadiums der Materie des Weltalls gedeutet. Danach ist die H. der durch die Ausdehnung des Weltalls abgekühlte Rest der Wärmestrahlung, die sich mit dem heißen Urplasma im therm. Gleichgewicht befand und von der Materie entkoppelt wurde, als diese so weit abgekühlt war, daß sich aus Elektronen und Atomkernen neutrale Atome bildeten.

Hintermaschine, Drehstrom-Kommutator-Maschine (→ elektrische Maschinen), deren Kommutator mit den Schleifringen eines Drehstrom-Asynchronmotors (→ Elektromotor), des Vordermotors, verbunden ist. Die H. kann mit dem Vordermotor entweder mechanisch gekuppelt sein oder auch mit einer vom Vordermotor unabhängigen Drehzahl betrieben werden. Über die H. ist es möglich, die Drehzahl des Vordermotors und den Leistungsfaktor (cos φ) zu beeinflussen.

Hinterrad|antrieb, Kfz: Antriebsanordnung, bei der die Motortriebkraft auf die Hinterräder übertragen wird, in der früher so genannten Standardbauweise vom vorne liegenden Motor mit Kupplung und Schaltgetriebe über die im Kardantunnel verlaufende Kardanwelle; ähnlich bei Kraftwagen mit Mittelmotor. Bei Heckmotor ergibt der H. eine kompakte Baueinheit (→ Heckantrieb).

Hipparcos, Abk. für **High Precision Parallaxe Collecting Satellite** [haɪ prɪsˈɪʒn pˈærəlæks kəlˈektɪŋ sˈætəlaɪt, engl.], geplanter Astrometriesatellit der Europ. Weltraumorganisation (ESA) zur Herleitung eines Sternkataloges, der die Positionen, Eigenbewegungen, Parallaxen und scheinbaren Helligkeiten von 100000 Sternen umfaßt. Vorgesehener Start gegen Ende 1986.

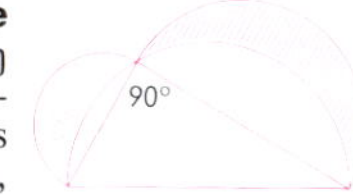

Hippokratische Möndchen

Hippokratische Möndchen [n. dem grch. Mathematiker Hippokrates v. Chios, 5. Jh. v. Chr.], die beiden durch die Halbkreise über den Katheten und den Halbkreis über der Hypotenuse eines rechtwinkligen Dreiecks begrenzten sichelartigen Flächen; die Summe dieser Flächen ist der Dreiecksfläche gleich.

HIPVC, Bez. für schlagfestes → Polyvinylchlorid.

Hirschhornsalz, → Ammonium ...

Histamin *das,* **Imidazolyl-äthyl|amin,** biogenes Amin, das in zerfallenden oder faulenden Eiweißkörpern durch enzymat. Decarboxylierung von Histidin entsteht. Im Organismus weit verbreitet, hat das zu den Gewebshormonen gerechnete H. starke physiolog. Wirkung: Senkung des Blutdrucks, Erweiterung der Kapillaren, Erregung der glatten Muskulatur u. a.

Histidin, Abk. **His,** essentielle Aminosäure, die in Proteinen weit verbreitet ist.

Histogramm, Abbildung einer aus einer Stichprobe gebildeten Treppenfunktion zur Darstellung der Verteilung eines Merkmals. Der Wertebereich der unabhängigen Variablen wird in gleich große Abschnitte eingeteilt, innerhalb derer die abhängige Variable einen konstanten Wert hat. (→ Diagramm)

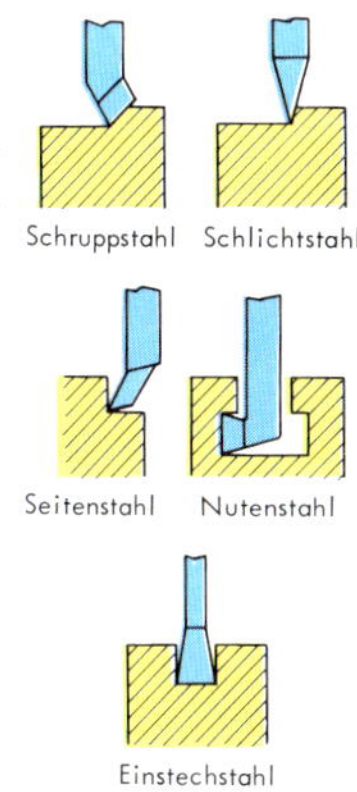

Hobeln 1: Hobelstähle

Hitzdraht|instrument, elektr. Meßgerät, das die Wärmedehnung eines von Strom durchflossenen Metalldrahts mechanisch ausnutzt; wegen der quadrat. → Kennlinie und der geringen Genauigkeit selten verwendet. Beim **Hitzdraht-Anemometer** kühlt sich ein elektrisch geheizter Draht durch ein vorbeiströmendes Gas ab und ändert seinen Widerstand je nach Strömungsgeschwindigkeit. (→ Gasprüfer)

Hitzebeständigkeit, Widerstandsfähigkeit z. B. von Werkstoffen gegenüber hohen Temperaturen, bei Stahl bes. die Beständigkeit gegen Zunderbildung bei Temperaturen etwa oberhalb 550 °C. Die H. wird in erster Linie durch Zusatz von Chrom, Silicium und Nickel erreicht.

Hitzeblitz, bei Kernwaffenexplosionen plötzlich frei werdende Hitzestrahlung, die in der Umgebung alles verbrennt (→ Kernwaffen).

Hitzemauer, Wärmemauer, Bez. für diejenige Fluggeschwindigkeit von Luftfahrzeugen, die langzeitig nicht überschritten werden darf, ohne die Struktur durch

Hitzemauer: Temperaturen in Grad Celsius an einem mit Machzahl 3 in 21 km Höhe fliegenden Überschall-Verkehrsflugzeug

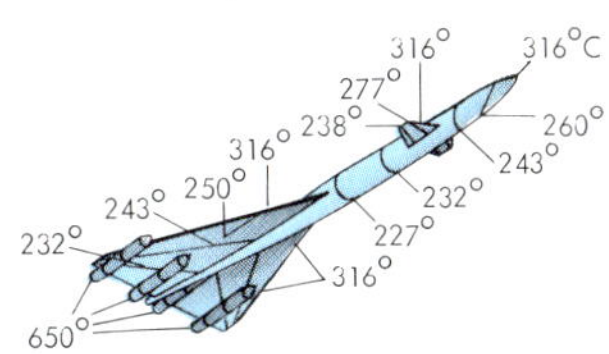

den durch kinet. Erwärmung verursachten Festigkeitsabfall zu gefährden. Die Erwärmung entsteht durch Aufstau und Reibung der umgebenden Luft und ist abhängig von Fluggeschwindigkeit, Temperatur und Dichte der Luft. Bei Verwendung von Aluminiumlegierungen liegt die H.

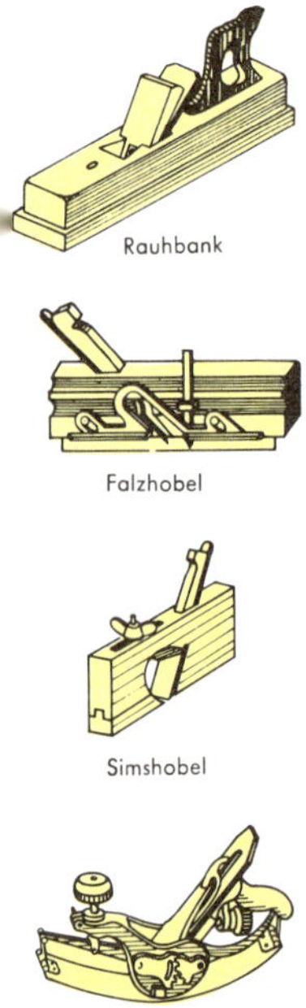

Hobeln 3:
Handhobel

bei Geschwindigkeiten um 2400 km/h, bei Titanlegierungen bei etwa 3000 km/h.

Hitzeschild, Vorrichtung zur Absorption oder Ableitung der Reibungswärme, die beim Eintritt bemannter und unbemannter Raumflugkörper in die Erdatmosphäre oder in andere Planetenatmosphären auftritt. Bei starker Aufheizung erfolgt die Wärmeabfuhr durch →Ablationskühlung oder kapazitive und Strahlungskühlung.

Hitzeschutzkleidung, Gewebe aus Glasseide, Asbest oder imprägnierten Textilien, deren Oberfläche auch mit dünner Metallschicht zur Reflexion der Wärmestrahlen versehen ist. Verwendung im Industriebereich (Metall- und Glashütten) und Feuerwehreinsatz. Es gibt Teilschutz (Kopfhauben, Schürzen, Handschuhe) und Vollschutz (geschlossene Anzüge mit Geräteatmung).

HK, Einheitenzeichen für →**H**efner-**K**erze.

hl, Einheitenzeichen für **Hektoliter** (→ Liter).

HMMWV, → HUMM-vee.

H-Motor, ein →Verbrennungsmotor, zusammengesetzt aus zwei stehenden →Boxermotoren. Die nebeneinanderliegenden Kurbelwellen arbeiten über Zahnräder auf eine Abtriebswelle. Vier Zylinder bilden ein ›H‹.

Ho, chem. Symbol für → Holmium.

Hobeln, Verfahren der spanenden Formgebung zur Herstellung überwiegend ebener Flächen (v. a. von Metall oder Holz) mit großem Längen-Breitenverhältnis.

Das H. von Metall wird ausschließlich maschinell ausgeführt. Dabei nimmt der als Werkzeug in die **Hobelmaschine** eingespannte **Hobelmeißel** vom Werkstück Späne ab, und zwar i. a. nur auf dem Hinhub (Arbeitshub). Beim **Nachform-H. (Kopier-H.)** wird der Hobelmeißel durch ein Modell (Schablone) gesteuert. Beim **Form-H.** hat der Hobelmeißel die Form des zu erzeugenden Profils. Der Hobelmeißel aus Werkzeug-, Schnellarbeitsstahl oder Hartmetall wird u. a. als Schrupp-, Schlicht-, Seiten-, Nuten- oder Einstechstahl ausgeführt.

Die Hobelmaschine erzeugt die Relativbewegungen in Schnitt- und Vorschubrichtung zw. Werkstück und Werkzeug. Die Schnittbewegung führt bei der **Stoßmaschine (Kurzhobler, Shapingmaschine** [ʃ'eɪpɪŋ-]) stets das Werkzeug aus, bei der Tisch-Hobelmaschine stets das Werkstück. Bei der Stoßmaschine gleitet auf dem Gestell ein Stößel, an dessen vorderem Ende das Werkzeug eingespannt ist. Der Stößel wird über eine Kurbelschwinge mechanisch oder über einen Zylinder-Kolben-Antrieb hydraulisch angetrieben. Je nach der Bewegungsrichtung des Stößels unterscheidet man Waagerecht- und Senkrecht-Stoßmaschinen.

Die **Tisch-** oder **Langhobelmaschine** trägt auf dem waagerecht hin- und hergehenden Tisch das Werkstück. Neben dem Tisch, der auf dem Maschinenbett gleitet, sind zwei durch ein Querhaupt verbundene Ständer angeordnet (Doppelständer- oder Portal-Hobelmaschine). Die

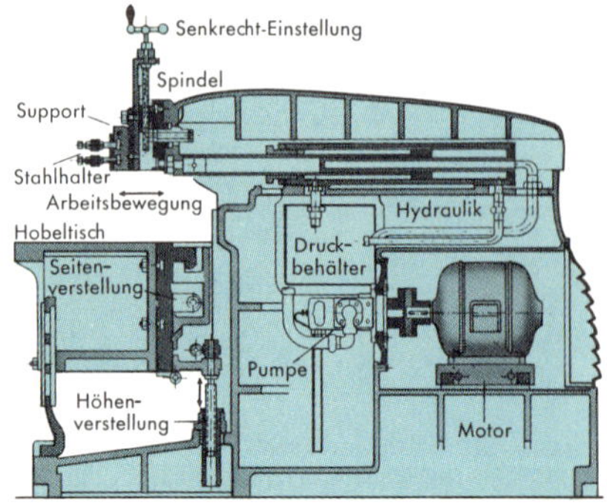

Hobeln 2:
Waagerecht-Stoßmaschine

Ständer tragen einen senkrecht verschiebbaren Querbalken, auf dem ein oder mehrere werkzeugtragende Supporte die Vorschubbewegung ausführen. Sondermaschinen sind die Blechkanten-Hobelmaschine zur Bearbeitung z. B. von Kesselblechen, die Weichenzungen-Hobelmaschine oder die Zahnrad-Hobelmaschine. Zunehmend wichtig werden die kombinierten **Hobel- und Fräsmaschinen;** Hobel- und Fräsverfahren zusammen werden am häufigsten angewendet bei der Herstellung von prismatisch gestalteten Werkstücken. (Weiteres BILD S. 269)

Das H. von Holz wird handwerklich mit dem Hobel und maschinell mit der Hobelmaschine ausgeführt.

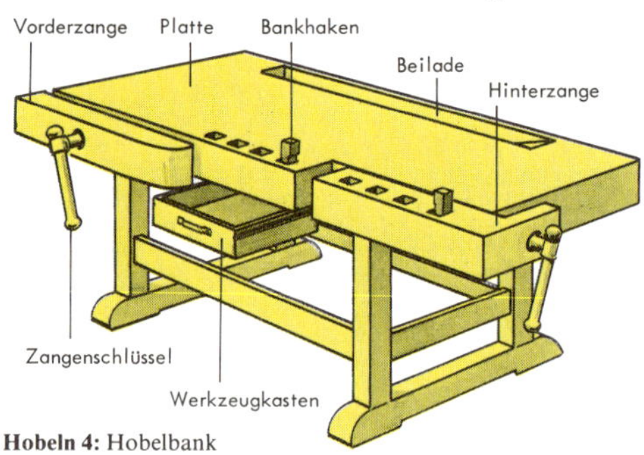

Hobeln 4: Hobelbank

Der **Hobel** besteht aus dem **Hobeleisen,** einer geschliffenen Stahlklinge, die mit einem Holzkeil im **Hobelkasten** aus Holz oder Metall befestigt ist. Beim **Doppel-** oder **Putzhobel** ist auf dem eigentlichen Hobeleisen mit einer Schraube die **Hobeleisenklappe** befestigt, die mit ihrer unteren rechtwinkligen Kante den Hobelspan kurz abbricht und so ein Einreißen der Holzoberfläche verhindert.

Zum Abrichten langer ebener Flächen dient die **Rauhbank,** zum Ausarbeiten muldenförmiger Flächen der **Schiffhobel.** Für grobe Vorarbeiten benutzt man den **Schrupphobel,** zur Feinbearbeitung den **Schlichthobel.** Zur Bearbeitung abgesetzter Flächen dient der **Sims-** oder **Gesimshobel,** zum Anhobeln von Nuten und Federn der **Nut-** und **Federhobel,** zum Ausarbeiten von Profilen der **Kehl-, Karnies-, Stab-** oder **Fassonhobel,** zum Ausstoßen

Hobeln 5:
LINKS Handhobel, RECHTS Hobelmaschine (Elektrohobel)

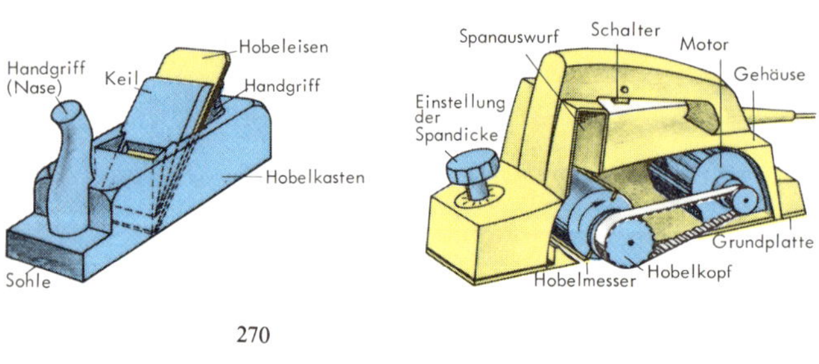

rechtwinkliger Falze der **Falzhobel,** zum Ausstoßen der keilförmigen Schrägen an Gratleisten der **Grathobel,** zum Ausgründen einer keilförmigen Nut der **Grundhobel.** Türfüllungen bearbeitet man mit dem **Plattbankhobel,** die senkrechten Flächen von Vertiefungen mit dem **Wangenhobel,** zu leimende Flächen werden mit dem **Zahnhobel** aufgerauht.

Die **Hobelbank** ist ein Arbeitstisch zum Einspannen hölzerner Werkstücke; kurze Bretter werden in der Vorderzange eingespannt, lange Bretter zusätzlich durch einen Bank- oder Stehknecht gestützt. In der Hinterzange werden meist kleinere Werkstücke eingespannt. Zur flachseitigen Bearbeitung von Brettern spannt man diese zw. versetzbare Bankhaken, wovon der eine in die Hinterzange gesteckt wird.

Die **Hobelmaschine** hat eine umlaufende Messerwelle mit auswechselbaren Streifenmessern. Bei **Abrichthobelmaschinen** ragt die Messerwelle aus einem Schlitz in der waagerechten Fläche des Arbeitstisches verstellbar hervor. Die Werkstücke werden an den Maschinentisch angedrückt und über die rotierende Messerwelle hinweggeschoben.

Die **Dickenhobelmaschine** stellt planparallele Flächen von best. Abstand her, wobei das Holz zw. Walzen geführt wird. Für spezielle Zwecke gibt es Kehlmaschinen, Parkett- und Rundstabhobelmaschinen.

G. Wölfing: Maschinen der Holzindustrie (^{2}1975); G. Bachmann u. a.: Holzbearbeitung (1977); D. H. Bruins u. H. J. Dräger: Werkzeugmaschinen für die spanende Metallbearbeitung, 1 (^{2}1980), 2 (^{2}1980), 3 (1978).

Hoch, kurz für → Hochdruckgebiet.

Hoch|ätzung, Druckerei: Herstellung von Druckplatten für den Hochdruck durch Ätzung (Strichätzung, Autotypie), so daß die Druckfläche erhaben über den übrigen Plattenteilen liegt.

Hoch|auftriebsmittel, aerodynam. Hilfsmittel zur Vergrößerung des →Auftriebs von Flugzeugtragflügeln, wodurch Start- und Landestrecke verkürzt, der Steigwinkel verbessert, die Landeanfluggeschwindigkeit verringert werden. Als H. dienen wölbungs- und flächenvergrößernde Hinterkanten- und Nasenklappen, die bei Start, Landung und bei bestimmten Flugmanövern teilweise oder ganz ausgefahren werden. Durch feste oder ausfahrbare Hilfsflügel an der Flügelvorderkante (→Vorflügel) oder durch →Grenzschichtbeeinflussung kann das auftriebmindernde Abreißen der Strömung zu größeren →Anstellwinkeln hin verschoben werden, was eine weitere Auftriebssteigerung durch Nutzung größerer Anstellwinkel ermöglicht.

Hochbahn, eine im bebauten Stadtgebiet auf Brückenkonstruktionen geführte Eisenbahn, Stadtbahn oder Straßenbahn, soll Freiräume unter dem Gleiskörper schaffen und Verkehrsflächen überbrücken.

Hochbau, im Unterschied zum →Tiefbau das Errichten von Gebäuden, deren Hauptteile über dem Erdboden liegen (Wohnhaus-, Geschäftshaus-, Industriebauten u. a.).

Der H. war Jahrhunderte hindurch ausschließlich als Handwerk auf Erfahrung gegründet und durch die Baustoffe Naturstein, Ziegel und Holz geprägt. Im 19. Jh. begann mit der Verwendung von Stahl, Beton und Stahlbeton eine nachhaltige Veränderung der Bauverfahren durch Mechanisierung, und nach dem 2. Weltkrieg setzte eine zunehmende Industrialisierung des H. durch Vorfertigung und Montagebau ein. Heute wird zw. dem durch Architekten entworfenen, durch das Baugewerbe auszuführenden **einfachen H.** und dem durch Ingenieure konstruierten und durch die ›Bauindustrie‹ auszuführenden **Ingenieur-H.** unterschieden, wobei sich der Architekt im wesentl. auf die funktionelle Planung des Bauwerkes beschränkt. – Vgl. ferner Backsteinbau, Betonbau, Fertigbau, Glasbau, Großtafelbau, Holzbau, Holz-Leimbau, Lehmbau, Nagel-Leimbau, Skelettbau, Spannbeton, Stahlbau, Stahlbeton, Steinbau.

R. Wormuth: Grundlagen der H.-Konstruktion (1977); R. Hungerbühler: Konstruktion im H. (1979); A. Grassnick: Der schadenfreie H., 1 (^{4}1981), 2 (1981); Heinrich Schmitt: H.-Konstruktion (^{9}1981).

Hochbehälter, oberhalb eines Versorgungsgebietes befindlicher Wasserbehälter, dessen freie Wasserspiegelhöhe über der Versorgungsdruckhöhe des Rohrnetzes liegt. Ausführung als **Turmbehälter** (→Wasserturm) oder **Erdhochbehälter.** (→Tiefbehälter)

Hochdecker, Starrflügelflugzeug (Eindecker) mit über dem Rumpf angeordnetem Tragflügel (Ggs.: **Tiefdecker).**

Hochdruck, 1) Druckerei: ein →Druckverfahren wie →Buchdruck oder →Flexodruck.

2) in der Technik Bez. für Drücke zw. etwa 50 und 1 000 bar, über 1 000 bar spricht man auch von **Höchstdruck.** Unter (extrem) hohen Drücken weichen die physikal. Eigenschaften der Materie vom Verhalten bei Normaldruck ab (→Hochdruckphysik). In der Hochdruckchemie begünstigen oder ermöglichen in →Hochdruckapparaten erzeugte hohe Drücke bestimmte chem. Reaktionen.

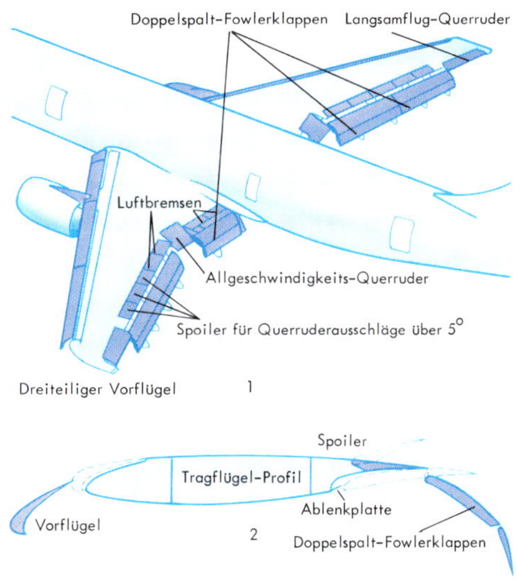

Hochauftriebsmittel: Auftriebsteigernde Klappen am Tragflügel eines Verkehrsflugzeugs; **1** Gesamtansicht, **2** Tragflügelprofil

Hochdruck|apparate, Autoklaven für chem. Reaktionen und Geräte für physikal. Untersuchungen (→Hochdruckphysik) unter hohem Druck. Da bei einem starkwandigen H. die Tangentialbeanspruchung ihren höchsten Wert an der Innenwand erreicht, kann die Druckbelastbarkeit oberhalb eines bestimmten Wertes nicht mehr durch Vergrößerung der Wandstärke gesteigert werden. Um höhere Drücke erreichen zu können, muß die Spannungsspitze an der Innenwand abgebaut werden. Dies geschieht durch Aufeinanderschrumpfen mehrerer Hohlkörper **(Schrumpfautoklav)**, durch Aufwickeln eines Stahlbandes unter Zug auf ein Kernrohr **(Wickelautoklav)**, durch Zusammenschweißen halbrund gebogener Platten mit Spezialverfahren, die eine Vorspannung hervorrufen **(Mehrlagenautoklav)**. Die in der chem. Industrie angewandten und sicher beherrschten Drücke reichen bis 700 bar bei Temperaturen bis 550 °C, bei tieferen Temperaturen bis etwa 1 000 bar in großen Anlagen, in kleineren Anlagen bis 4000 bar. In Laboratoriumsanlagen werden in H. für Gase und Flüssigkeiten Drücke bis 30 kbar in Schrumpfautoklaven erreicht. Besondere **Höchstdruck-Höchsttemperatur-Anlagen**, in denen langzeitig Drücke von 50 bis 70 kbar bei Temperaturen von 2800 °C erreicht werden, sind großtechnisch zur Herstellung synthet. Industriediamanten einsetzbar. H. spielen in der chem. Industrie eine bedeutende Rolle bei der Ammoniaksynthese, der Methanolsynthese, der Kohlehydrierung, der Hydrierung des Butindiols im Rahmen der Butadiensynthese und bei anderen Hydrierungen. Viele Hochdruckreaktionen verlaufen unter einer Volumenverminderung.

Hochdruckchemie, Gebiet der Chemie, das sich mit chem. Reaktionen und dem chem. Verhalten von Stoffen bei höheren Drücken befaßt, wozu → Hochdruckapparate eingesetzt werden. Je nach Druckbereich werden bei techn. Verfahren unterschieden: Niederdruck- (1 bis 10 bar), Mitteldruck- (10 bis 50 bar), Hochdruck- (50 bis 1 000 bar) und Höchstdruckverfahren (>1 000 bar). → Hochdruckphysik.

Hochdruckextraktion, ein → thermisches Trennverfahren.

Hochdruckflüssigkeits|chromatographie, Abk. **HPLC** (engl. **H**igh **P**ressure **L**iquid **C**hromatography), verbesserte Form der → Flüssigkeitschromatographie, bei der sehr feines Trägermaterial verwendet wird. Da hierdurch die Analysenzeiten stark ansteigen, wird unter Einsatz hoher Drucke gearbeitet. Durch Kopplung der H. mit anderen Analysemethoden (z. B. Gaschromatographie und Massenspektrometrie) läßt sich die Aussagekraft einer Analyse wesentlich erhöhen.

Hochdruckgebiet, Hoch, Antizyklọne, Gebiet von mehreren 100–1 000 km Ausdehnung, das horizontal allseits von tiefem Luftdruck umgeben ist, vom Wind antizyklonal, d. h. auf der Nordhalbkugel im Uhrzeigersinn, auf der Südhalbkugel entgegen diesem umströmt, z. B. **Azọrenhoch.** Im Bereich eines H. am Boden bringt horizontale → Divergenz 2) eine Abschwächung bestehender Fronten. Gleichzeitige großräumige, abwärts gerichtete Strömung in der Atmosphäre löst Wolken auf, schafft aber eine bodennahe Inversion, unter der sich bei langsamer Verlagerung des H. Dunst ansammelt, Stratus (→ Wolken) ausbreiten und Nieselregen fallen kann. H. treten stationär über den subtrop. Ozeanen und im Winter über Sibirien auf. In mittleren Breiten ziehen sie meist langsamer nach Osten als Tiefdruckgebiete.

Hochdruck-Klima|anlage, eine → Klimaanlage, bei der aufbereitete Luft mit großer Geschwindigkeit (über 20 m/s) und entsprechend hohem Förderdruck durch die Kanäle transportiert wird.

Hochdruckkraftwerk, ein → Wasserkraftwerk mit einer Nutzfallhöhe von über 50 m.

Hochdrucklampe, eine → Entladungslampe.

Hochdruckmodifikationen, Modifikationen von chem. Elementen oder Mineralen, die unter extremen Temperatur-Druck-Bedingungen im Laboratorium oder in der Natur gebildet werden. So wandelt sich z. B. gelber Phosphor bei rd. 10000 bar Druck und mehreren 100 °C in die H. ›schwarzer Phosphor‹ um, graues Zinn geht bei hohen Drücken in metall. Zinn über. **Hochdruckminerale** wie → Coesit oder → Stishovit entstehen z. B. durch → Stoßwellenmetamorphose.

Hochdruckphysik, Teilgebiet der Physik, das die physikal. Eigenschaften der Materie bei (extrem) hohen Drücken untersucht, wobei die Eigenschaften u. U. sehr stark von denen bei Normalbedingungen abweichen können, z. B. zeigen best. Gase bei hohen Drücken metall. Eigenschaften (→ metallische Gase).

Zur Erzeugung hoher und extrem hoher Drucke für physikal. Untersuchungen verwendet man dickwandige, aus Stahl oder Speziallegierungen (z. B. Carboloy, Widia) hergestellte Zylinder. In den Hochdruckraum (der bis 10 kbar mit Öl, bis 30 kbar mit Isopentan gefüllt ist) wird mit Druckschrauben oder einer hydraul. Presse ein Kolben eingedrückt. Bei Ausübung von Druck auf die Außenwände, Aufbringen von unter starker Vorspannung stehenden Ringen oder stufenweisem Abbau der hohen Druckdifferenz durch Ineinanderschachtelung mehrerer Hochdruckapparate sind Drucke bis etwa 500 kbar erreicht worden.

Opt. Messungen sowie die Untersuchung der Röntgenbeugung an Festkörpern bei Drucken bis zu einigen 100 kbar ermöglicht die **Diamantstempel-Hochdruckzelle,** bei der die winzige Probe in einer druckübertragenden Flüssigkeit in der kleinen inneren Bohrung einer metall. Dichtscheibe liegt. An diese wird von jeder Seite ein Diamantstempel so stark angepreßt, daß sich die Scheibe deformiert und die Flüssigkeit komprimiert wird.

Höchste Drucke (über 10^9 bar) lassen sich dynamisch, d. h. kurzzeitig, mit Hilfe der Stoßwellen von Explosionen erzeugen.

Hoch|energiephysik, Elementarteilchenphysik, Teilgebiet der Physik, das sich mit der Erzeugung und Umwandlung von → Elementarteilchen ineinander bei Stoßprozessen mit sehr hohen Energien sowie der Untersuchung ihrer physikal. Eigenschaften und der charakteristischen Wechselwirkungen beschäftigt.

Erzeugung von Elementarteilchen. Zur Erzeugung eines Elementarteilchens mit der Ruhemasse m bei einem Stoßprozeß ist im Schwerpunktsystem, d. h. in dem Bezugssystem, in dem der Schwerpunkt beider Stoßpartner in Ruhe ist, mindestens die der Ruhemasse äquivalente Energie $E = mc^2$ (c = Lichtgeschwindigkeit) erforderlich. So kann z. B. ein π-Meson nur entstehen, wenn im Schwerpunktsystem Energien von mehr als 140 MeV zur Verfügung stehen; zur Erzeugung eines Antiprotons, das immer nur gleichzeitig mit einem Proton entstehen kann, sind mindestens 2 GeV notwendig. Bezogen auf das Laborkoordinatensystem muß die tatsächl. Energie des stoßenden Teilchens, das auf das ruhende Target [tˈɑ:gɪt] trifft, stets noch erheblich größer sein.

Derartig energiereiche Teilchen sind zwar in der kosmischen Strahlung mit Energien bis zu 10^6 GeV und mehr zu finden, doch macht die äußerst geringe Intensität ein gezieltes Experimentieren äußerst schwierig und aufwendig. Eine systemat. Erforschung der meist außerordentlich kurzlebigen Elementarteilchen setzt die Beherrschung geeigneter Prozesse zu ihrer Erzeugung in hinreichender Anzahl voraus. Die Voraussetzung dafür konnte für weite

Nord- und Süd-Experimentierhalle des 28 GeV-CERN-Protonensynchrotrons in Genf (schemat. Grundriß); **1** π^--Mesonenstrahl (1 GeV/c). **2** π^--Mesonenstrahl (2,5 GeV/c). **3** Teststrahl. **4** K-Mesonenstrahl (1,4–2 GeV/c). **5** π^--Mesonenstrahl (bis 2,5 GeV/c). **6** π^--Mesonen-Teststrahl (veränderl. Energie). **7** Teststrahl für Quark-Experimente. **8** Protonenstrahl von 11 GeV/c für die Speisung des Muonen-Speicherringes. **9** K_2^0-Strahl. **10** Antiprotonen- und K-Mesonenstrahl (800–1200 MeV/c)

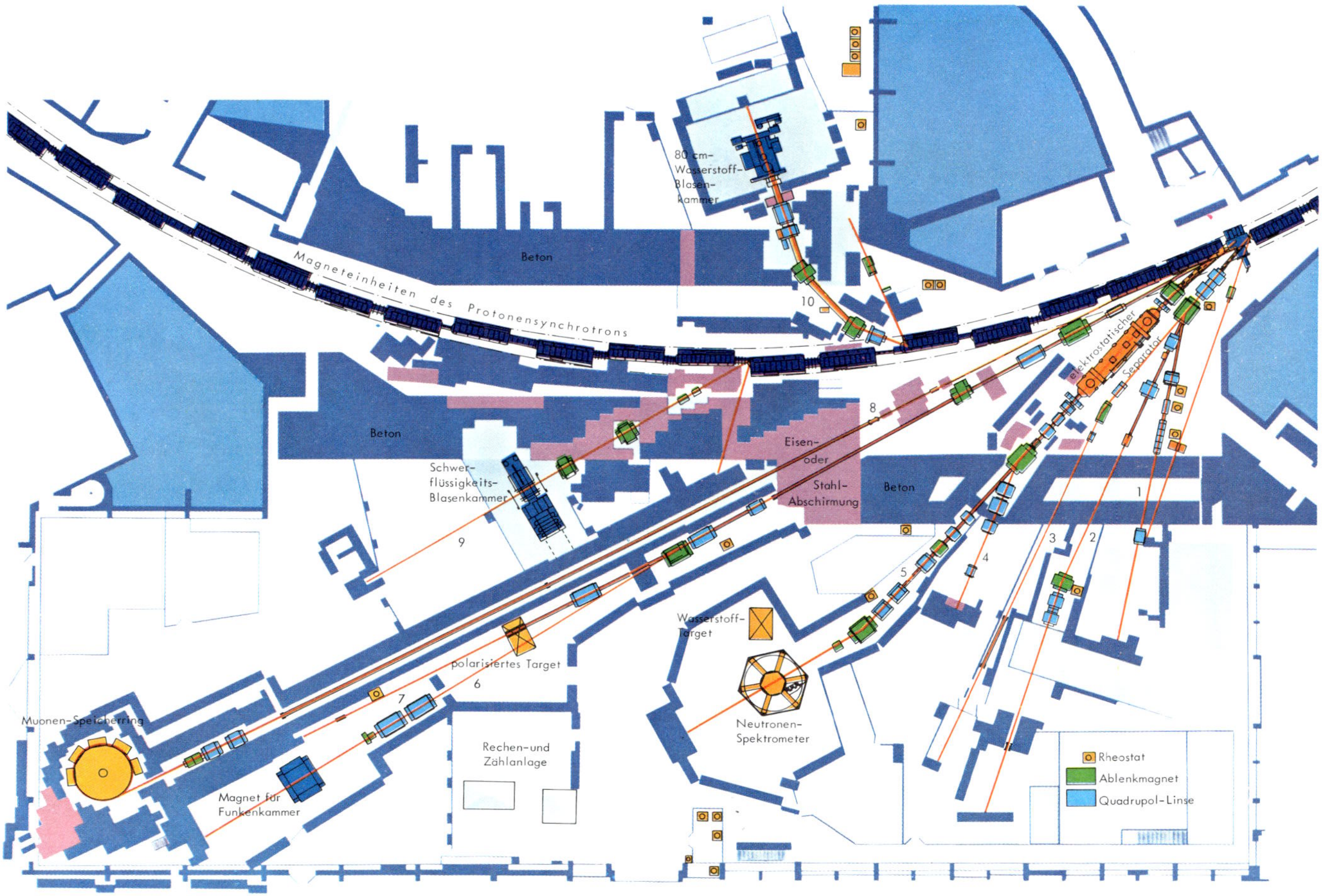

Energiebereiche durch die Entwicklung großer Beschleunigungsanlagen (→ Beschleuniger) erfüllt werden, in denen v. a. Elektronen oder Protonen auf hohe Geschwindigkeiten nahe der Lichtgeschwindigkeit beschleunigt werden. Bei Erreichen der Endenergie wird der Protonen- oder Elektronenstrahl ausgelenkt oder direkt auf ein Target oder auf entgegenlaufende Elementarteilchen (→ Speicherring) geschossen. Beim Aufprall hochenerget. Protonen auf ein Target werden eine Vielzahl von Sekundärteilchen, z. B. π-Mesonen, K-Mesonen, Protonen und Antiprotonen erzeugt. Ein auf ein Target gelenkter Elektronenstrahl erzeugt in erster Linie hochenerget. Photonen (Bremsstrahlung, Gammaquanten), mit denen die Photoproduktion von Elementarteilchen studiert werden kann. Die direkte Erzeugung von Materieteilchen durch die beschleunigten Elektronen ist dagegen sehr viel seltener. Hochenerget. Elektronen haben sich als wirkungsvolles Werkzeug der H. bei der Aufklärung der elektromagnet. Struktur (→ Formfaktoren) der Nukleonen (Proton, Neutron) hervorragend bewährt.

Die beim Stoßprozeß im Target erzeugten geladenen Sekundärteilchen können, falls die Lebensdauer und der Teilchenstrom hinreichend groß sind, durch Ablenkmagnete, magnet. Quadrupollinsen und elektrostat. Separatoren nach den einzelnen Teilchenarten und, falls notwendig, für eine best. Teilchenart nach der Größe der Teilchenenergie sortiert und zu scharf gebündelten Strahlen fokussiert werden, an denen die Elementarteilchen-Eigenschaften untersucht oder mit denen weitere Stoßexperimente zur Analyse der Wechselwirkungen ausgeführt werden können. Die gebündelten Strahlen werden zu diesen Zwecken durch z. T. 50–100 m lange Vakuumröhren zu den Meßapparaten geleitet, die in großer Anzahl um einen Beschleuniger herum angeordnet sind.

Untersuchung der Sekundärteilchen. Bei Experimenten mit energiereichen Elektronen finden Szintillations- und Tscherenkow-Zähler und Halbleiterdetektoren Verwendung, die beim Teilchendurchgang einen elektr. Impuls abgeben, der mit elektron. Zählapparaturen registriert wird. Bei geeigneter Meßanordnung können in derartigen Zählerexperimenten die Winkelverteilung der erzeugten Teilchen sowie ihre Abhängigkeit von der Stoßenergie u. a. physikal. Parametern studiert werden. Die Teilchenspur läßt sich mit Hilfe von Photoplattenstapeln (→ Kernemulsion), → Blasenkammern und → Funkenkammern sichtbar machen; sie zählen zu den wichtigsten Meßgeräten der H. Aus Blasen- oder Funkenkammern-Aufnahmen lassen sich wesentl. physikal. Eigenschaften der Elementarteilchen, wie Masse, Spin, Parität u. a., erschließen. Meist befinden sich die Kammern in einem starken homogenen Magnetfeld; aus der Bahnkrümmung können dann Ladung und Impuls, aus der mittleren Spurlänge die mittlere Lebensdauer bestimmt werden. Große Bedeutung hat auch die Bestimmung der Wahrscheinlichkeit des Eintretens best. Reaktionen in Abhängigkeit von der Energie des eingeschossenen Teilchens (Messung des → Wirkungsquerschnitts der Reaktion), da hieraus Aussagen über die Wechselwirkungskräfte gewonnen werden können.

Sowohl die Beschleuniger als auch viele Nachweisgeräte der H. sind technisch sehr komplizierte Großgeräte

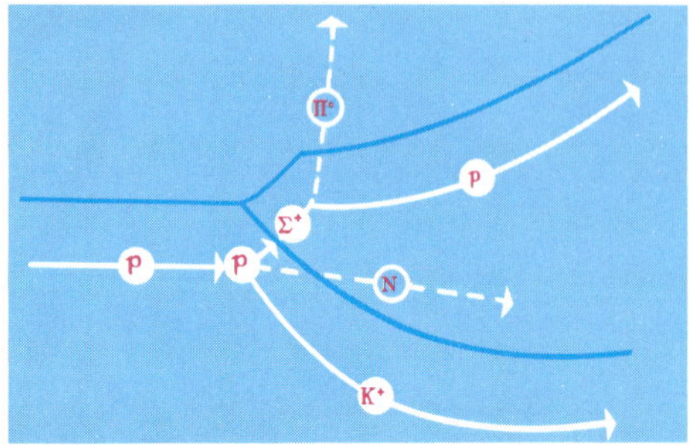

1

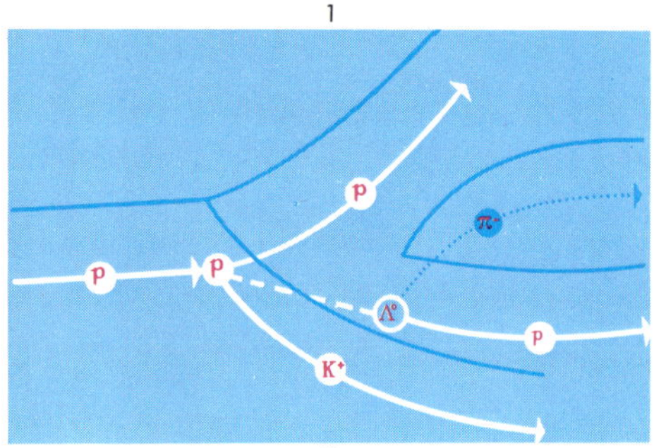

2

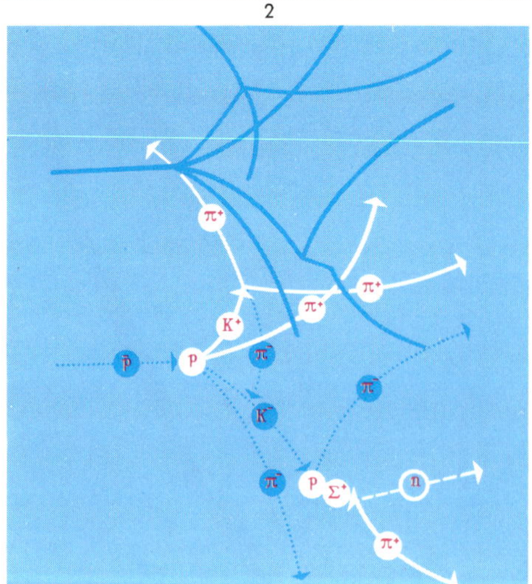

3

Hochenergiephysik 1–3: Beispiele für charakteristische Teilchenspuren in einer Spurenkammer (blau ausgezogene Linien) mit den zugehörigen Deutungen (nach unten versetzte, weiße, unterbrochene oder punktierte Linien). **1** Erzeugung eines Σ^+-Hyperons durch den Stoß eines Protons auf ein Proton. Wegen der Erhaltung der Baryonenzahl entsteht dabei ein Neutron (ohne Spur), wegen der Erhaltung der Ladung ein K^+-Meson. Beim Zerfall des Σ^+-Hyperons entsteht neben einem Proton wegen der Erhaltung des Impulses ein π^0-Meson (ohne Spur). **2** Erzeugung eines Λ^0-Teilchens (ohne Spur) durch den Stoß eines Protons auf ein Proton. Wegen der Ladungserhaltung wird zusätzlich ein K^+-Meson erzeugt, das eine Proton wird lediglich unelastisch gestoßen (gestreut). Das Λ^0-Teilchen zerfällt in ein π^--Meson und ein Proton. **3** Proton-Antiproton-Vernichtung. Es sind folgende Prozesse sichtbar:

$$p + \bar{p} \longrightarrow K^+ + K^- + \pi^+ + \pi^-; \; K^+ \longrightarrow \pi^+ + \pi^+ + \pi^-;$$
$$K^- + p \longrightarrow \Sigma^+ + \pi^-; \; \Sigma^+ \longrightarrow n + \pi^+$$

mit höchsten Präzisionsansprüchen. Durch den Bau dieser Anlagen hat die H. den technolog. Fortschritt auf vielen Gebieten, z. B. Werkstoff-, Hochfrequenz-, Vakuum-, Tieftemperaturtechnik, Magnetbau, Supraleitung, Elektronik und elektron. Datenverarbeitung, beschleunigt.

Die systemat. Forschung in den Hochenergiezentren der Erde hat zur Entdeckung sehr vieler instabiler Elementarteilchen und extrem kurzlebiger Resonanzen geführt und umfangreiches experimentelles Material über ihre Eigenschaften und die Natur der versch. Wechselwirkungen geliefert. Interessante Resultate sind die Verletzung der → Zeitumkehr sowie die Verletzung der → Parität.

Mit neuen Beschleunigern, mit denen immer massereichere Teilchen erzeugt und immer kleinere Strukturen im subatomaren Bereich aufgelöst werden konnten, wurden in den letzten Jahren sprunghafte Fortschritte erzielt. Die Entdeckung neuer → Elementarteilchen hat zu einer Erweiterung der Quark-Hypothese (→ Quarks) geführt und die theoret. Vorstellungen über die starke Wechselwirkung weiterentwickelt (→ Quantenchromodynamik). Einen bedeutenden Erfolg stellt die Zusammenfassung der schwachen und der elektromagnet. Wechselwirkung in einer einheitl. Theorie (→ Weinberg-Salam-Theorie) dar. Darüber hinaus werden Bemühungen zur Zusammenfassung aller → Wechselwirkungen unternommen.

Parallel zum Bau der Teilchenbeschleuniger werden neuartige Detektoren entwickelt mit dem Ziel, die bei den Reaktionen erzeugten z. T. sehr kurzlebigen neuen Teilchen möglichst schnell und möglichst genau zu identifizieren. Die Blasenkammern wurden u. a. ergänzt durch sonische Kammern, Verzögerungsleitungskammern, Stromteilungskammern, Kammern mit Ferritkern, magnetostriktive Kammern, Vidiconkammern sowie Vieldraht-Proportionalkammern und Driftkammern.

E. LOHRMANN: Hochenergiephysik ([2]1981).

Hochfrequenz, Abk. **HF**, Frequenzen von elektromagnet. Schwingungen i. a. zw. 10 kHz und 1 THz, entsprechend einer Wellenlänge von 30 km bis 0,3 mm. Der darin enthaltene Bereich von über 300 MHz wird meist als **Höchstfrequenz** (entsprechend 1 m bis 0,3 mm) bezeichnet (→ Mikrowellen).

Hochfrequenzkinematographie, die → Hochgeschwindigkeitsphotographie.

Hochfrequenz|ofen, → Elektroöfen.

Hochfrequenzspektroskopie, spektroskop. Methoden der Atom-, Molekül-, Festkörper- und Kernphysik, bei denen durch Einstrahlung hochfrequenter elektromagnet. Wellen (Frequenz 1 kHz - 10^{12} Hz) Übergänge zw. verschiedenen Elektronen- oder Kernzuständen induziert werden. Mit den Techniken der H. können eng benachbarte Niveaus, die mit optischen Methoden häufig nur indirekt, d. h. als Differenz zweier Übergänge bei sehr viel höherer Energie im opt. Bereich (Frequenz 10^{14}–10^{15} Hz), nachweisbar und in vielen Fällen gar nicht mehr auflösbar sind, untersucht werden. Die H. liefert detaillierte Informationen über die Struktur von Atomen, Molekülen sowie Festkörpern und erlaubt Präzessionsbestimmungen von elektr. und magnet. Kernmomenten sowie die Untersuchung von dynam. Prozessen. (→ Atomstrahlresonanzmethode, → Kerninduktion, → NMR-Spektroskopie, → Mikrowellenspektroskopie, → Zyklotronresonanz, → Molekülstrahlresonanzmethode)

Hochfrequenztechnik, Teilgebiet der → Elektrotechnik, das sich mit den Grundlagen und den techn. Anwendungsmöglichkeiten hochfrequenter elektromagnet. Schwingungen befaßt. Hierzu gehören sowohl sende- und empfangstechn. Probleme bei der drahtlosen und leitungsgebundenen Nachrichtenübertragung als auch die zu medizinischen Zwecken und zur Wärmeerzeugung entwickelten Verfahren und Geräte.

Hochfrequenztitration, HF-Titration, Radiofrequenztitration, elektrochem. Analysenverfahren, das auf der Messung der Impedanz eines das Probegut enthaltenen Schaltelementes (Meßzelle) beruht. In dieser wird bei der Titration die Impedanz in Abhängigkeit von der zugeflossenen Menge Titrierflüssigkeit beobachtet.

Hochfrequenzverstärker, Gerät zur Verstärkung hochfrequenter Schwingungen kleiner Amplitude, entweder selektiv (nur für eine Frequenz) oder aperiodisch für ein breites Frequenzband. In Empfängern werden **selektive Verstärker** v. a. als Vorverstärker vor Mischstufen und als Zwischenfrequenzverstärker vor Demodulatoren eingesetzt. **Aperiodische Hochfrequenzverstärker** finden in der Meßtechnik und als Antennenverstärker für Gemeinschaftsanlagen Verwendung. Als Verstärkerelemente sind, je nach Frequenz und Leistung, Elektronenröhren, Transistoren, Tunneldioden, Varaktoren und Maser üblich.

Hochfrequenz|vormagnetisierung, bei der magnet. Aufzeichnung die zusätzliche Speisung des Sprechkopfes mit hochfrequenten Schwingungen von 40 bis 120 kHz, die die Linearität der Aufzeichnung verbessern und das Bandrauschen gering halten. (→ Gleichstromvormagnetisierung)

Hochfrequenzwärme, Elektrowärme, die in metall. oder nichtmetall. Stoffen durch Einwirkung elektromagnet. Felder hoher Frequenz entsteht. Bei **induktiver Erwärmung** werden in elektrisch gut leitenden Stoffen durch ein magnet. Wechselfeld Wirbelströme hervorgerufen. Je höher die Frequenz des Wechselfeldes ist, desto mehr drängt es die Wirbelströme zur Oberfläche (Haut- oder → Skineffekt). Auf diese Weise erwärmt sich nur die Oberfläche des Behandlungsgutes. Die induktive Erwärmung wird z. B. beim Oberflächenhärten von Werkzeugen und Zahnrädern angewendet. Bei der gleichmäßigen **dielektrischen Erwärmung** ist das zu erwärmende Gut ein elektr. Nichtleiter und bildet das Dielektrikum einer mit einer Hochfrequenzspannungsquelle gekoppelten Kondensatoranordnung. Dieses Verfahren findet in der Industrie Anwendung zum Trocknen von Holz, Textilien, Keramik u. a., zum Verschweißen von Thermoplasten, zum Leimen, Sterilisieren, Kochen und Braten im → Mikrowellenherd **(Mikrowellenerwärmung).** In der Medizin dient die H. zur inneren Erwärmung von Körperteilen.

Hochgebirge, hohe, bes. aber über die Baumgrenze und Schneegrenze aufragende → Gebirge. Unter den H. sind bes. eindrucksvoll die jungen Faltengebirge. Die H. besitzen, unterschiedlich nach Höhe und Breitenlage, ein dem polaren und subpolaren ähnliches Klima mit kräftiger Luftbewegung, intensiver Sonnenstrahlung, starkem Temperaturwechsel zw. Tag und Nacht. Ihre höheren Regionen sind auch heute noch menschenleer. Im Kaukasus liegt die Siedlungsgrenze bei 2500 m, in Tibet und Bolivien bei 5000 m.

Hochgeschwindigkeitsklopfen, beim Verbrennungsmotor: → Klopfen.

Hochgeschwindigkeits|photographie, Hochfrequenzkinematographie, Kurzzeitphotographie, High-Speed-Photographie [haɪ spi:d-, engl.],

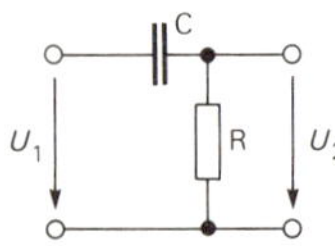

Hochpaß 1: einfachste H.-Schaltung aus Kondensator C und Widerstand R (CR-Glied); U_1 Eingangsspannung, U_2 Ausgangsspannung

Verfahren zur photographischen Momentaufzeichnung von schnell ablaufenden Vorgängen, die das menschliche Auge nicht mehr auflösen kann (Auf- und Durchschlag von Geschossen, Materialverhalten im Über- und Hyperschall, Strömungsaufzeichnungen, Explosionen, Einwirkung von Mikrometeoriten auf die Außenhaut von Raumfahrzeugen u. a.). Die erforderlichen kurzen Belichtungszeiten (Größenordnung von ms und µs) erzielt man bei nicht selbstleuchtenden Vorgängen z. B. durch Verwendung von Funkenblitzgeräten (Leuchtzeiten bis zu wenigen ns), Röntgenblitzgeräten für Vorgänge, die im Innern von Körpern oder Anlagen ablaufen, oder von kurzzeitigen Elektronenemissionen. Bei selbstleuchtenden Vorgängen arbeitet man mit ultraschnellen Kameraverschlüssen: → Kerr-Zelle, Faraday-Verschluß, Bildwandlerverschluß. Entsprechend bewegen sich die Bildwechselzahlen je s (B/s) zw. 10^2 und 10^7 B/s. (→ Zeitdehner)

Hochgeschwindigkeits|umformung, auch **Hochenergie|umformung, Hochleistungs|umformung,** umformendes Fertigungsverfahren, bei dem die notwendige Energie zum Umformen eines Werkstükkes in sehr kurzer Zeit umgesetzt wird. Z. B. Umformen von Blechen durch die Schockwelle nach dem Zünden von Explosivstoffen (→ Explosionsumformung) oder Unterwasser-Funkenentladung (hydroelektr. Umformung) oder durch direkte Einwirkung elektromagnet. Kräfte (Magnetumformung).

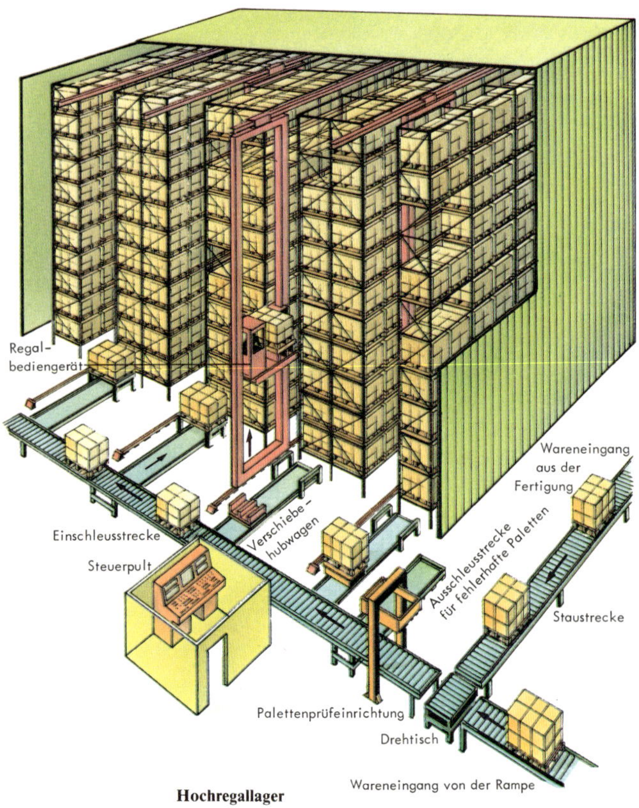

Hochregallager

Hochhaus, ein Gebäude, bei dem der Fußboden mindestens eines Aufenthaltsraumes mehr als 22 m über der festgelegten Geländeoberfläche liegt. – Die Errichtung von modernen H. wurde durch die Entwicklung des Stahl- und Stahlbetonbaus, der elektrisch betriebenen Aufzüge und der techn. Installationen ermöglicht. Als **Punkthaus** wird ein H. mit acht bis vierzehn Geschossen bezeichnet, das um einen mittleren Verkehrsstrang geordnet je Geschoß vier bis fünf Wohnungen mit einem oder zwei Zimmern aufweist.

Geschichte. Im klass. Altertum gab es z. B. in Rom Fachwerkhäuser von über 20 m Höhe. In Arabien und im Großen Atlas stehen heute noch alte H. (aus Lehmziegeln). Die ersten H. der Neuzeit entstanden um 1860 (aus Backstein). Das 1883 von J. W. ROOT errichtete Monadnock-Building in Chicago hatte bereits 17 Stockwerke. Für die späteren H. New Yorks wurde bes. ein Stahlgerüst-Hochbau in Chicago, das ›Home Insurance Building‹ von 1885 (W. LE BARON JENNEY), zum Vorbild (Schule von Chicago). Das lange Zeit höchste Bauwerk der Erde, das ›Empire State Building‹ (102 Stockwerke, 381 m Höhe), wurde 1931 von W. F. LAMP erbaut. 1973 wurde in Chicago der ›Sears Tower‹ mit 443 m Höhe errichtet. In Dtl. entstanden H. in größerer Anzahl erst nach dem 2. Weltkrieg.

H., hg. v. F. RAFEINER, 4 Bde. ([2]1976 ff.); P. DALITZ: H.-Report (1981).

Hochland, → Flachland.

Hochmagnetfeld, sehr starkes Magnetfeld.

Hochofen, Schachtofen zur Gewinnung des Roheisens aus den Erzen (→ Eisen; → Industrieöfen).

Hochofenschlacke, Nebenerzeugnis der Roheisengewinnung im Hochofen. H., eine kalk-tonerde-silikat. Gesteinsschmelze, wird, langsam erkaltet, als kristalline Stückschlacke vorwiegend zu Straßenbaustoffen und Betonzuschlag, schnell gekühlt als glasiger Hüttensand vorwiegend zu Bindemitteln (→ Zement, → Mischbinder) und Mauersteinen (→ Hüttensteine), geschäumt als poriger Leichtzuschlag (→ Hüttenbims) verarbeitet.

Hochpaß, elektr. → Filter mit der Eigenschaft, die tiefen Frequenzen (unterhalb einer best. Grenzfrequenz) zu sperren und die hohen Frequenzen (oberhalb der Grenzfrequenz) durchzulassen; Ggs.: → Tiefpaß. Ein H. läßt sich z. B. aus einem CR-Glied oder einem RL-Glied aufbauen. (Weiteres BILD S. 277)

Hochpolymere, → Makromoleküle.

Hochregal|lager, universell einsetzbares eingeschossiges Stückgutlager (→ Lager 4) mit Höhen zw. 8 und 40 m bei guter Flächen- und Raumnutzung. Die Regale in Stahl oder Betonbauweise dienen der Gutaufnahme, zuweilen zugleich als Stütze für Dach- und Wandverkleidung. Als Bediengeräte dienen Gabelstapler bis 12 m, Stapelkrane, Regalförderzeuge.

Hochsee, das offene, küstenferne → Meer.

Hochspannung, elektr. Spannung – bei Wechselspannung der Effektivwert – mit 1 000 V und mehr gegen Erde. Hauptanwendungsgebiet der H. ist die → elektrische Energieübertragung meist als → Hochspannungs-Drehstrom-Übertragung (HDÜ) und in Sonderfällen die → Hochspannungs-Gleichstrom-Übertragung (HGÜ). Man verwendet H., weil es einfacher und billiger ist, die Verluste infolge hoher Spannung durch geeignete Isolatoren klein zu halten, als die Verluste infolge hohen Stromes (Wärmeverluste) durch vergrößerten Leitungsquerschnitt zu senken. Außer zur Energieübertragung wird H. eingesetzt bei Röntgenanlagen, zur Speisung von Sende- und Fernsehbildröhren, bei Elektronenmikroskopen, Teilchenbeschleunigern, Elektrofiltern bei Entstaubungsanlagen u. a.

Hochspannungs|anzeiger, mit Neon gefüllte Glasröhre mit eingeschmolzenen Elektroden zum Nachweis von Hochspannung an Leitungen und Apparaten sowie als Funkenprüfer zur Prüfung der Zündanlage von Kraftfahrzeugen.

Hochspannungs-Drehstrom-Übertragung, Abk. **HDÜ,** Form der →elektrischen Energieübertragung, dient der weiträumigen Zusammenarbeit von Elektrizitätswerken im Elektrizitätsverbund (→Stromverbund). HDÜ geschieht mittels Freileitungen mit Spannungen von 400 kV und darüber bei Übertragungsstrekken bis zu 1000 km. Bei größeren Strecken wird auf →Hochspannungs-Gleichstrom-Übertragung übergegangen, dgl. bei Kabelstrecken von mehr als 50 km.

Hochspannungs-Gleichstrom-Übertragung, Abk. **HGÜ,** eine →elektrische Energieübertragung mit Gleichspannungen von 100 bis 1000 kV. Vorteile der HGÜ gegenüber einer →Hochspannungs-Drehstrom-Übertragung (HDÜ) sind die Unabhängigkeit von den durch die Gesetze des Wechselstromes bedingten Spannungsschwankungen bei sehr langen Leitungen als Folge von Laständerungen, die einfache Regelung der Übertragungsleistung, die Begrenzung der Kurzschlußleistung und die bessere Ausnützung der Isolation. Der der HGÜ zugeführte Drehstrom wird zunächst gleichgerichtet und am anderen Ende wieder in Drehstrom zurückverwandelt. Anwendungsmöglichkeiten: Übertragung elektr. Energie auf dem Landweg über mehr als 1000 km, Unterquerung von Meeresarmen mittels Kabel, Kupplung von Drehstromnetzen mit verschiedenen Frequenzen.

Hochspannungsmaste, Maste für elektr. Hochspannungs-Freileitungen (→Freileitung 1); bei großen Spannweiten Höhen von über 100 m.

Hochspannungsphotographie, die →Kirlian-Photographie.

Hochspannungs|technik, Teilgebiet der →Elektrotechnik, das sich mit allen Fragen der Erzeugung, der Auswirkung auf Isolierstoffe und der Anwendung von →Hochspannung befaßt. Für die Erzeugung der Hochspannung verwendet man Transformatoren, Stoßspannungsgeneratoren, Hochspannungsgleichrichter und elektrostat. Generatoren (Bandgeneratoren). Bei den Auswirkungen interessieren die Überschlags- und Durchschlagsspannung von Stoffen und Anordnungen, zu den Anwendungen gehören die richtige Bemessung der Geräte (Transformatoren, Hochspannungsschalter, Überspannungsschutzgeräte, Isolatoren, Kabel, Freileitungen u. a.) Die Untersuchungen werden in besonderen Hochspannungslaboratorien durchgeführt.

Hochspeicher, ein hochgelegener Wasserspeicher (Stausee mit Talsperre) für ein Hochdruckkraftwerk (→Wasserkraftwerk) oder ein →Pumpspeicherwerk.

Höchstdruck, in der Technik Bez. für Drücke oberhalb des Hochdruckbereiches (→Hochdruck 2).

Höchstfrequenztechnik, →Mikrowellentechnik.

Höchstgeschwindigkeit, 1) Spitzengeschwindigkeit, die technisch mögliche →Geschwindigkeit von Fahrzeugen. 2) die rechtlich zulässige Geschwindigkeit von Verkehrsmitteln.

Höchstmenge, Gehalt an Pflanzenschutzmitteln in mg Stoff/kg Nahrung, der nach dem Lebensmittelges. in oder auf Lebensmitteln nicht überschritten werden darf. Grundlage für die H. eines best. Pflanzenschutzmittels ist der →ADI-Wert oder – falls dieser Wert niedriger liegt – die Rückstandsmenge, die bei guter landwirtschaftl. Praxis unvermeidbar ist. H. werden auch für →Zusatzstoffe in Lebensmitteln angegeben.

Hochstraße, Straße auf Brücken oder Stützmauern sowie stellenweise auf Dammschüttungen; sie dient in dichtbesiedelten Gebieten zur flüssigen Verkehrsführung in der zweiten Ebene, zur Überwindung von Einschnitten oder Talsenken.

Hochstrombogen, Hochstromkohlebogen, ein →Lichtbogen, in dem bei einer Stromstärke von 100 A und mehr in der scharf gebündelten Entladung Temperaturen von 10000 K und Stromdichte von 50000 A/cm² erreicht werden.

Höchstspannung, bei der →elektrischen Energieübertragung eine →Hochspannung über 400 kV.

Höchststromstärke, die erfahrungsgemäß maximal zulässige Dauerstrombelastung von Leitungen, Kabeln, Sammelschienen und elektr. Geräten. Bei den Leitungen und Kabeln ist die H. nach umfangreichen Messungen vom VDE festgelegt, während bei Geräten, z. B. Drosselspulen, die H. durch die Art der Kühlung beeinflußt wird.

Hochtemperaturchemie, Teilgebiet der Chemie, das sich mit chem. Reaktionen befaßt, die oberhalb 1000 °C ablaufen, z. B. bei metallurg. Prozessen, bei der Verarbeitung von Silikaten oder bei der Herstellung von Carbid. Hohe Temperaturen entstehen in Flammen von Gasbrennern, in Hochstromlichtbogen und in →Plasmabrennern. V. a. sucht man die Temperatur-Bereiche zw. 2000 und 4000 °C technisch nutzbar zu machen, in denen sich manche Reaktionen durchführen lassen, die bei niederen Temperaturen zu langsam vonstatten gehen. Von besonderer Bedeutung ist die H. für die Entwicklung von Hochtemperaturwerkstoffen, z. B. für die Raketentechnik, die Luft- und Raumfahrt sowie die Fahrzeug-Industrie.

Temperaturen in Flammen, Lichtbogen und H_2-Plasmaofen

Bunsenbrennerflamme	1300–1800 K
Wasserstoff-Sauerstoff-Flamme	etwa 2930 K
Acetylen-Sauerstoff-Flamme	etwa 3410 K
Wasserstoff-Fluor-Flamme	etwa 4300 K
Elektr. Lichtbogen (Anode)	etwa 4500 K
Elektr. Hochleistungslichtbogen	35000–50000 K
H_2-Plasmaofen	25 Mio. K

Hochtemperatur|reaktor, Abk. **HTR,** ein →Kernreaktor mit besonders hohen Kühlmitteltemperaturen (bis 1500 K).

Hoch|ufer, Hochgestade, der den Überschwemmungsbereich eines Flusses begrenzende Rand des etwas höher liegenden hochwasserfreien Talbodens.

Hochvaku|um, →Vakuum, →Vakuumtechnik.

Hochveredlung, Bez. für besondere Verfahren zur dauerhaften Verbesserung der Gebrauchs- und Pflegeeigenschaften von Textilien unter Anwendung von **H.-Mitteln,** z. B. Knitterfest-, Krumpfecht-, Wasserabweisendausrüstung (→Appretur).

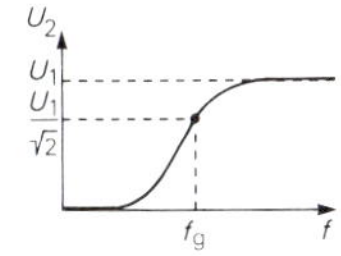

Hochpaß 2: Verlauf der Ausgangsspannung U_2 in Abhängigkeit von der Frequenz f; f_g Grenzfrequenz

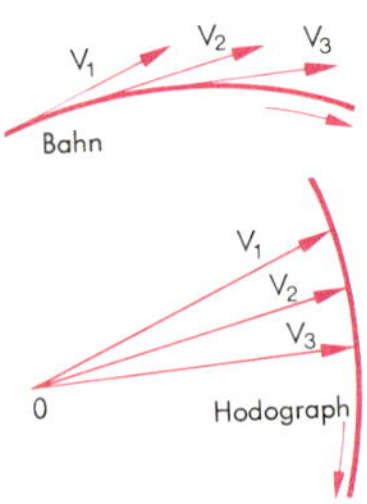

Hodograph

Holzfaserplatten: Hartfaserplatte

Hochwasser, 1) das erhebl. Ansteigen des natürl. Abflusses oder Wasserstandes von Flüssen, Seen und Meeren. Die Ganglinie ist die **H.-Welle,** deren Spitzenwert der **H.-Scheitel.** In Flüssen und Seen kann H. durch starke Regenfälle, Schneeschmelze, Eisstau, Rückstau (eines Nebenflusses durch den Hauptfluß) und Gezeitenstau entstehen. Stürme und → Flutwellen können zu katastrophalem H. im Meer führen. **Hochwasserschutz,** Maßnahmen zur Verhütung von H.-Schäden sind: Baumaßnahmen wie Vergrößerung des Abflußquerschnitts, Beseitigung von Abflußhindernissen und Bau von → Deichen und → Sperrwerken sowie Vorlandgewinnung vor den Deichen; Zurückhaltung von Abflüssen in den Stauräumen von → Talsperren und → Hochwasser-Rückhaltebecken; Entlastung durch zusätzl. künstl. Gerinne; ferner verbesserte Bepflanzung des Einzugsgebiets, Abreißen oder wassersicheres Herrichten gefährdeter Bauten, Einrichten von Warnsystemen, Aufstellen von Katastrophenplänen u. a.

2) Tidehochwasser, in Meeren und Tideflüssen der höchste Wasserstand einer Tidewelle (Dauer etwa 12 h und 25 min).

Hochwasser-Rückhaltebecken, durch talsperrenartige Abdämmung des Flußbettes oder durch Eindeichung neben dem Fluß geschaffener Raum zur vorübergehenden Speicherung von Hochwasser.

Hochzahl, der Exponent, → Potenz.

Hodograph *der,* nach W. R. HAMILTON eine Kurve, die die Änderung des Betrages und der Richtung der Geschwindigkeit eines krummlinig bewegten Massenpunktes darstellt. Der H. wird durch die Endpunkte (Spitzen) der für jeden Zeitpunkt der Bewegung von einem gemeinsamen Punkt aus abgetragenen Geschwindigkeitsvektoren beschrieben (BILD). Die Geschwindigkeit des Bildpunktes auf dem H. ist gleich der Beschleunigung des Massenpunktes auf seiner tatsächl. Bahn. Der H. der ellipt. Planetenbewegung ist z. B. ein Kreis. – **Hodographen-Methode,** Anwendung des H. zur Lösung von Aufgaben der Strömungslehre.

Hodometer, mechanischer Wegmesser, z. B. der Kilometerzähler im Kraftwagen.

Hodoskop, Nachweisgerät für energiereiche Teilchen. Es besteht aus einer Anzahl von nebeneinander angeordneten Vorrichtungen, die den Durchgang eines Teilchens anzeigen. Bringt man mehrere derartige Vorrichtungen in Flugrichtung der Teilchen hintereinander an, so kann man damit die Bahn eines Teilchens nach ihren räuml. Koordinaten je nach Größe der Anzeigevorrichtungen mehr oder weniger genau festlegen.

Hof, Aureole *die,* weißer bis blaßblauer kreisförmiger Schein mit rötl. Rand um Sonne oder Mond, entsteht durch Beugung des Lichts an Wolken- oder Nebeltröpfchen; auch einfacher → Kranz.

höffig ist eine Lagerstätte, die nach Indizien oder Voruntersuchungen abbauwürdig zu sein verspricht.

Hofmaschinen, auf dem Hof, vorwiegend ortsfest einzusetzende → Landmaschinen.

Hofstadter-Versuche [n. dem amerikan. Physiker R. Hofstadter, * 1915], Experimente zur Untersuchung der Streuung hochenerget. Elektronen (Energie mehrere 100 MeV) an Atomkernen, die insbes. Aussagen über die Ladungsverteilung beim Proton und Neutron lieferten.

Höhe, 1) Astronomie: **Elevation.** Die **wahre H.** eines Gestirns ist der Bogen eines Vertikalkreises vom wahren → Horizont 1) bis zum Höhenparallelkreis des Gestirns. Seine größte H. erreicht ein Gestirn im Meridian. Mit **scheinbarer H.** bezeichnet man den Winkel zw. den Richtungen zum Gestirn und zum scheinbaren Horizont, als **korrespondierende H.** die gleiche H. vor und nach dem Meridiandurchgang, als **Zirkummeridian-Höhen** die H. in der Nähe des Meridians. Der Kreis, der alle Orte der Erdoberfläche verbindet, in denen ein Gestirn zur selben Zeit die gleiche H. hat, heißt **Höhengleiche.** Sie entartet auf Seekarten zur gradlinig angenommenen Standlinie.

2) Mathematik: Formelzeichen *h,* senkrechter Abstand eines Punktes von einer Grundlinie oder -fläche; in der Geometrie sind z. B. die H. im Dreieck die Lote der Eckpunkte auf die gegenüberliegenden Seiten.

3) Vermessungskunde, Geodäsie: senkrechter Abstand eines Punktes von einer Bezugsfläche. **Absolute H.:** Abstand vom mittleren Meeresspiegel; **relative H.:** Erhebung eines Berggipfels über seine Umgebung.

Höhen|atemgeräte, Sauerstoff-Inhalationsgeräte, die den beim Fliegen in Freiballonen und Flugzeugen ohne Druckkabine sowie beim Bergsteigen in Höhen über 4000 m beginnenden Sauerstoffmangel durch Zusatz von reinem Sauerstoff aus Flaschen ausgleichen.

Höhenflosse, bei Flugzeugen fester Teil des → Höhenleitwerks.

Höhenforschungsrakete, kleinere, meist mit Feststoff-Raketenantrieb ausgerüstete → Rakete, die vorwiegend Nutzlasten zur Erkundung des erdnahen Raumes zw. 20 und 400 km Höhe befördert. H. stellen oft eine ideale Ergänzung zu Satellitenmessungen dar, z. B. wenn die mit ihnen abgeschossenen Meßkapseln zum Zeitpunkt des Überfluges eines Satelliten vertikale Datenprofile des interessierenden Höhenbereiches liefern. Typische Länge der H. 2–12 m, Durchmesser 0,1–0,6 m.

Höhengleiche, → Höhe 1).

Höhenkreis, Vertikalkreis, Geodäsie: an der Kippachse geodätischer Instrumente zum Messen von Vertikalwinkeln angebrachter Teilkreis.

Höhenleitwerk, eine i. d. R. waagerecht angeordnete Flugzeugbaugruppe zur Erzeugung von Luftkraftmomenten um die Flugzeug-Querachse (v. a. zum Steigen oder Sinken), bestehend aus einer festen **(Höhenflosse)** und einer bewegl. Fläche **(Höhenruder)** oder einer als Ganzes verstellbaren Fläche **(Pendelhöhenruder).**

Höhenlini|en, Höhenschichtlini|en, Isohypsen, Verbindungslinien benachbarter Geländepunkte gleicher Höhe über einer Bezugsfläche (meist Meeresspiegel); ihre senkrechte Projektion in die Kartenebene ergibt das **H.-Bild.** Dieses ist **äquidistant** bei konstantem Höhenunterschied benachbarter H.

Höhenmarken, Höhenbolzen, die zur dauernden Erhaltung der Ergebnisse einer Höhenmessung an Gebäuden oder Pfeilern angebrachten Marken aus Metall oder Kunststoff.

Höhenmesser, 1) Flugüberwachungsgerät zur Bestimmung der Flughöhe. Der **barometr. H.** mißt den in Flughöhe herrschenden Druck und zeigt die zugeordnete absolute Flughöhe auf einer in Höheneinheiten geeichten Skala an. Die Höhendifferenz zum Boden (relative Höhe) wird nur erkennbar, wenn das Gerät durch eine Skalenjustierung auf den herrschenden Bodenluftdruck korrigiert wird. **Elektr. H.** oder **Funk-H.** messen den Bodenabstand direkt durch Aussendung elektromagnet. Impulse, die vom Boden wieder zum Flugzeug reflektiert und ausgewertet werden (bes. geeignet zur Höhenmessung bei Landungen ohne Bodensicht und im Tiefflug).

2) Hypsometer, → Hypsothermometer.

Höhenmessung, Vermessungstechnik: 1) die Ermittlung des Höhenunterschiedes zw. zwei oder mehr Punkten durch → Nivellement, → trigonometrische Höhenmessung oder → barometrische Höhenmessung. Das Nivellement ist das genaueste (mm- . . . cm-Genauigkeit), die barometrische H. das am wenigsten genaue (m-Genauigkeit) Verfahren. 2) die Bestimmung von Punkthöhen mit Hilfe von Tachymetrie (→ Tachymeter) und → Photogrammetrie zur Darstellung des Geländes durch ein → digitales Geländemodell oder → Höhenlinien.

Höhenplan, Längs|profil, zeichner. Darstellung eines längs der Achse eines Verkehrsweges (Straße, Eisenbahn, Wasserweg u. a.) gelegten Schnittes, die alle wesentl. Höhenzahlen für die Beurteilung des Entwurfes und für seine Ausführung enthält, v. a. die Höhenangaben des Geländes und des geplanten Bauwerkes sowie dessen Neigungsverhältnisse.

Höhensatz, Lehrsatz der Geometrie: Im rechtwinkligen Dreieck ist das Quadrat der Höhe h gleich dem Produkt aus den Hypotenusenabschnitten p und q.

Höhenschichten, Höhenstufen, Kartographie: die in Karten kleiner Maßstäbe durch Variation in Farbton und Helligkeit dargestellten Flächen zw. best. Höhenlinien. **H.-Karten** geben einen guten Überblick über die großen Formzusammenhänge. – **Höhenschichtlinien,** → Höhenlinien.

Höhenstrahlung, die → kosmische Strahlung.

Höhenstufen, die → Höhenschichten.

Höhentrog, äquatorwärts gerichtete Ausbuchtung des bes. im Bereich der Tropopause (6–10 km Höhe) ausgeprägten polaren Tiefs. Mit isobarenparalleler Höhenströmung wird auf der Westseite des H. arktische Luft mehrere 1 000 km weit gegen die Subtropen geführt, während auf der Ostseite mit gleicher Intensität Luft aus gemäßigten in höhere Breiten fließt und dabei Wärme, Wasserdampf und Impuls polwärts transportiert. Als Teil der → Rossby-Wellen entsteht ein H. dynamisch, doch beeinflussen die großen Gebirge seine bevorzugte Lage. An seinem Rand bildet sich oft ein → Strahlstrom aus, der in Bodennähe Tiefs auslöst, die mit der Höhenströmung um den H. herumgeführt werden. Orte westlich der Trogachse erhalten dadurch kalte Luftmassen aus NW, östlich der Achse dagegen mildere aus SW.

Höhenwetterkarte, Kartendarstellung der Ergebnisse der prakt. → Aerologie: 1) absolute Topographie, in die für ein best. Druckniveau Windrichtung und -stärke, Temperatur in °C und Geopotential eingetragen werden; 2) relative Topographie, die durch Potentialdifferenz zw. zwei Druckflächen die Temperaturverteilung wiedergibt.

Höhenwind, Wind oberhalb der Bodenreibungsschicht (1 000 bis 1 500 m), folgt mit geringen Abweichungen den Isobaren oder Isohypsen des Luftdruckfeldes, erreicht in den → Strahlströmen seine höchsten Geschwindigkeiten; wichtig für Flugwetterberatung.

Höhenwinkel, der Winkel, den der Zielstrahl zu einem hochgelegenen Zielpunkt mit seiner Projektion in der Horizontalebene bildet. Liegt der Zielpunkt unter der Horizontalen, so spricht man von **Tiefenwinkel.** Mit einem → Theodolit wird i. a. der **Zenitwinkel** (Zenitdistanz) als Winkel zw. der Richtung zum Zenit und der Richtung zum Zielpunkt gemessen.

Hohlblocksteine, großformatige Mauersteine aus Beton (meist aus Leichtbeton), gebranntem Ton (→ Leichtziegel) oder aus → Kalksandstein 1). H. haben ein- oder zweiseitig offene Hohlräume zur Gewichtsverminderung und besseren Wärmedämmung.

Höhle, Hohlraum im anstehenden Gestein. Natürl. H. sind entweder gleichzeitig mit dem Gestein entstanden (**primäre H.,** z. B. Blasen-H. im magmat. Gestein, Riff-H. in Korallenriffen, Tuff-H. in Kalktuffen) oder nachträglich (**sekundäre H.,** z. B. tekton., Versturz-, Auswitterungs- und Wasser-H.). – Die häufigste Art der H., die **Wasser-H.,** entsteht durch mechan. und/oder chem. Tätigkeit des Wassers. Im → Karst bilden sich die größten H., die oft in **H.-Systemen** untereinander verbunden sind. In Kalkgebieten können **Tropfstein-H.** entstehen.

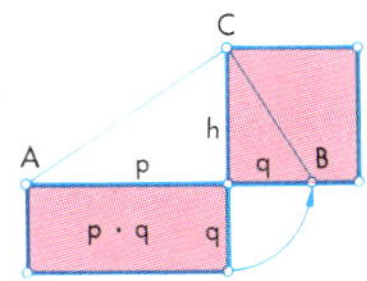

Höhensatz: $h^2 = p \cdot q$

Hohlgewebe, Schlauchgewebe, Stoff aus zwei übereinanderliegenden Geweben, die nur an den Rändern verbunden sind; z. B. für nahtlose Säcke, Schläuche, Dochte.

Hohlglas, alle aus der Glasschmelze nicht platten- oder faserförmig hergestellten Glaserzeugnisse. (→ Glas)

Hohl|ladung, Abk. **HL,** kumulative Ladung eines Sprengkörpers oder Geschosses, dessen dem Zielobjekt zugekehrter Kopf einen trichterförmigen Hohlraum enthält, so daß sich im Augenblick der Zündung die ganze Detonationsenergie auf einen Punkt (die Geschoßspitze) konzentriert. Der scharfgebündelte Gasstrahl übt einen Druck bis zu 10 GPa aus und vermag so auch dicke Panzerplatten zu durchdringen.

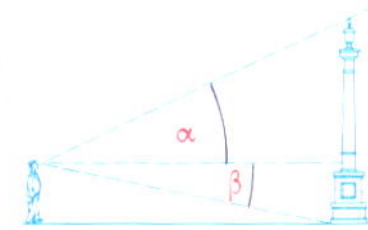

Höhenwinkel (α) und Tiefenwinkel (β)

Hohl|leiter, Mikrowellentechnik: ein → Wellenleiter, bestehend aus einem hohlen metallischen Rohr rechteckigen oder kreisrunden, seltener elliptischen Querschnitts. Überschreitet die zugeführte Hochfrequenzschwingung die → Grenzfrequenz, so breiten sich Hohlleiterwellen aus; unterhalb der Grenzfrequenz klingt die Schwingung aperiodisch ab. Man unterscheidet zwei Gruppen von Feldtypen im H.: 1) magnet. Wellen (H_{mn}-Wellen), bei denen Feldkomponenten in Ausbreitungsrichtung z existieren ($H_z \neq 0$), während die elektr. Feldlinien in transversalen Ebenen verlaufen (TE-Wellen, transversal-elektr. Wellen); 2) elektr. Wellen (E_{mn}-Wellen), bei denen Feldkomponenten in Ausbreitungsrichtung z existieren ($E_z \neq 0$), während die magnet. Feldlinien in Transversalebenen verlaufen (TM-Wellen, transversal-magnet. Wellen). Die Indizes m und n geben an, welche Wellentypen (Moden) sich in einem H. ausbilden können. Beim rechteckigen H. bedeutet m die Anzahl der Halbwellen in x-Richtung (›Breite‹), n die Anzahl der Halbwellen in y-Richtung (›Höhe‹).

Hohlplatten, bei Stahlbrücken niedere plattenförmige Hohlkästen, die nach Aufbringen einer dünnen Verschleißschicht direkt von Straßenfahrzeugen befahren werden können. Bei kleinen Stützweiten dienen sie direkt als Tragwerke, bei großen ersetzen sie die Fahrbahnlängs-

Hohlladung: Wirkungsweise eines Hohlladungsgeschosses: **A** Zünden der Hohlladung, **B** Bildung des hochenergetischen Strahles, **C** Durchschlagen der Panzerung

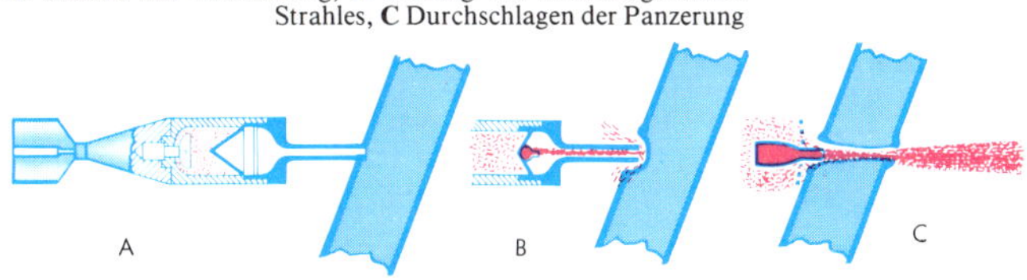

träger und liegen auf Unterstützungsträgern auf. Hauptanwendungsgebiet: Überführung von Autostraßen im Stadtgebiet, Behelfsbrückenbau.

Hohlprägen

Hohlprägen, das Anbringen von Vertiefungen in Blechen oder Folien ohne wesentl. Veränderung der Dicke, z. B. Schriftzüge in Schildern oder versteifende Sicken in Bauteilen aus Blech.

Hohlraumresonator, Mikrowellentechnik: metallisch abgeschlossene (dielektrische) Räume, in deren Innerem elektromagnet. Schwingungszustände existenzfähig sind. Das Frequenzspektrum dieser Eigenschwingungen ist ein diskretes, i. a. nicht harmonisches Linienspektrum. Zur Anregung dieser Eigenschwingungen werden in die Metallwand Öffnungs-(Koppel-)löcher eingebracht, durch die dem Resonator über Leitungen Energie zugeführt wird. Anwendungen: frequenzbestimmende Schwingkreise für Sender, Verstärker und Filter.

Hohlraumstrahlung, elektromagnet. (Temperatur-) Strahlung, die ein ideal → schwarzer Körper aussendet.

Hohlraumversiegelung, Form des Rostschutzes, bes. bei Personenkraftwagen. Dabei wird ein Korrosionsschutzmittel (→ Korrosion) unter Druck in die Hohlräume der Fahrzeugkarosserie gesprüht, wo es einen elast. Film bildet. (→ Unterbodenschutz)

Hohlspiegel, ein gewölbter → Spiegel, bei dem die ›hohle‹ Fläche dem Licht zugewandt ist.

Hohlziegel, → Dachziegel, → Mauerziegel.

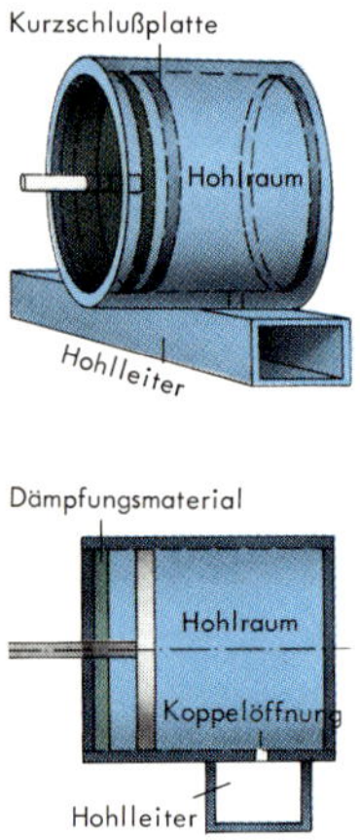

Hohlraumresonator: runder Hohlraumresonator, verbunden mit einem rechteckigen Hohlleiter (OBEN Perspektivansicht, UNTEN Seitenansicht)

Hohmann-Übergang [n. dem dt. Ingenieur W. Hohmann, * 1880, † 1945], Übergangs-Flugbahn (Transfer) eines Raumflugkörpers von einer Planetenumlaufbahn zu einer anderen, die durch den minimalen Energiebedarf gekennzeichnet ist.

Holländer, Maschine in der Papierindustrie zur Stoffaufbereitung, wurde im 17. Jh. in Holland entwickelt, ist weitgehend durch kontinuierlich arbeitende Mahlmaschinen (Refiner) verdrängt.

Holm, 1) Bautechnik: Balken, der auf einer Pfahlreihe liegt und mit den Pfählen verzapft ist; Handleiste des Geländers. Bei Holzbrücken verbindet der oben quer liegende H. die Jochpfosten zum Joch.

2) Flugzeug: in Längsrichtung liegender Hauptträger von Flugzeugbaugruppen; bei Tragflügeln oder Leitwerken durch Biegemomente und Querkräfte, beim Rumpf durch Längskräfte beansprucht.

Holmium, chem. Symbol **Ho,** sehr seltenes, metall. Reinelement aus der Gruppe der → Lanthanoide, Ordnungszahl 67 (→ chemische Elemente). In seinen Verbindungen ist H. dreiwertig. H. kommt meist als Phosphat oder Silikat zus. mit anderen Lanthanoiden vor. Es wird für Magnetpolschuhe verwendet. H. wurde unabhängig von M. DELAFONTAINE und J. L. SORET (1878) und P. T. CLEVE (1879) entdeckt und erst 1940 von W. FORST rein dargestellt.

Holocellulose, → Holz.

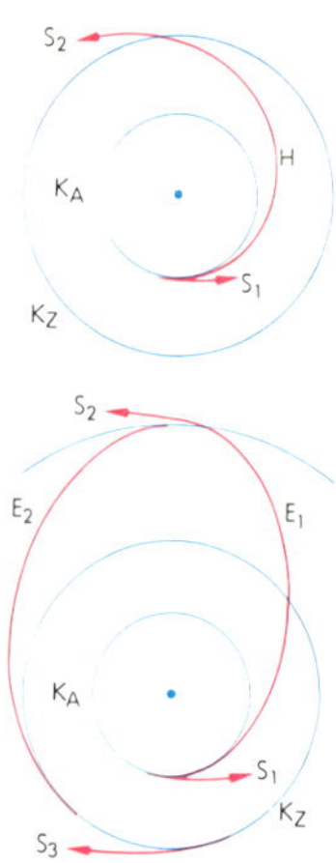

Hohmann-Übergang: OBEN Hohmann-Übergang H von der Ausgangskreisbahn K_A in die Zielkreisbahn K_Z mittels zweier Schubstöße S_1 und S_2. UNTEN Bielliptischer Übergang (E_1, E_2) von K_A in K_Z mittels dreier Schubstöße S_1, S_2, S_3

Holo|edrie, höchstsymmetr. Klasse eines Kristallsystems (→ Kristall, TABELLE Symmetrieklassen). Die jeweils zugehörigen Kristallformen sind die **Holoeder** (Vollflächner).

Holographie, von D. GABOR seit 1948 entwickeltes Verfahren der Bildaufzeichnung und -wiedergabe mit kohärentem Licht, das im Unterschied zur konventionellen Photographie die Speicherung und Reproduktion von Bildern mit dreidimensionaler Struktur ermöglicht. Das Objekt wird mit Licht einer monochromatischen kohärenten Lichtquelle beleuchtet, das an der Oberfläche gestreute oder vom Objekt durchgelassene Lichtbündel mit einem Referenzbündel der gleichen Quelle überlagert. Das entstehende Interferenz-Wellenfeld (→ Interferenz) wird als Intensitätsbild mit einer Photoplatte festgehalten, dem **Hologramm** (BILD 1); während beim normalen photograph. Verfahren nur die Intensitätsverteilung des vom Objekt ausgehenden Lichts am Ort der Photoplatte registriert wird, enthält das Hologramm Informationen über Richtung, Intensität und Phasenlage des vom Objekt kommenden Lichtes, die durch Überlagerung der Objektwelle mit der kohärenten Referenzwelle in eine räuml. Verteilung von Intensitätsmaxima und -minima umgesetzt worden sind. – Zur Wiedergabe wird das Hologramm mit monochromat. kohärentem Licht aus der gleichen Richtung beleuchtet, aus der bei der Aufnahme das Referenzbündel einfiel. Zu beiden Seiten des direkten Bündels entstehen durch Beugung an der Schwärzungsverteilung hinter dem Hologramm im wesentl. zwei Beugungsbündel (→ Beugung) erster Ordnung, von denen das eine ein virtuelles Bild dort liefert, wo sich bei der Aufnahme das Objekt befand; das andere Beugungsbündel erzeugt ein reelles Bild hinter dem Hologramm (BILD 2). Beide Bilder liefern eine dreidimensionale Wiedergabe des Objektes. Das virtuelle Bild kann mit dem Auge in begrenztem Raumwinkel von verschiedenen Seiten aus betrachtet oder mit einer Kamera aufgenommen werden, dabei ändert sich die Perspektive mit der Entfernung. Das reelle Bild läßt sich ohne Linsen direkt photographieren oder auf einem Schirm auffangen.

Holograph. Rekonstruktionen in natürl. Farben ergeben sich, wenn das Objekt bei der Aufnahme des Hologramms gleichzeitig mit verschiedenfarbigem Licht aus mehreren Lasern beleuchtet wird. Zur Aufnahme sind Photoplatten mit einer mehrere mm dicken lichtempfindl. Schicht erforderlich, die auch ein hohes Auflösungsvermögen besitzen müssen. Anwendungstechn. Bedeutung hat die H. erst gewonnen, seit durch Entwicklung der → Laser leistungsfähige, kohärente Lichtquellen zur Verfügung stehen. Sie wird u. a. für Momentaufnahmen schnell ablaufender Vorgänge großer räuml. Tiefe, für die räuml. Darstellung von Strömungsvorgängen in Gasen und Flüssigkeiten, in der Mikroskopie und für künstler. Zwecke eingesetzt.

Die **holograph. Interferometrie,** die den Einsatz interferometr. Meßmethoden zur Untersuchung beliebig geformter, selbst rauher Oberflächen möglich gemacht hat, wird als Präzisions-Prüfverfahren in zahlreichen Industriezweigen benutzt, z. B. bei der Oberflächenprüfung asphär. Spiegeloptiken für große astronom. Teleskope. Im Maschinenbau können damit elast. Verformungen und Schwingungen von Objekten unter Einwirkung von Kräften, Drücken oder Temperaturänderungen durch Überlagerung von zwei kurzzeitig nacheinander aufgenommenen Hologrammen bei der Rekonstruktion in Form eines Interferenzstreifensystems sichtbar gemacht werden. Die Analyse des Streifensystems liefert Informationen für die Optimierung der Konstruktion und die Dämpfung unerwünschter Schwingungen.

Bei der opt. Datenverarbeitung (→ Speicher) sind durch Abspeichern der Information in Form von Volumen-Hologrammen in Kristallen hohe Speicherdichten, schnelle Zugriffszeiten und geringe Störanfälligkeit realisiert worden. Schließlich verspricht die H. ein gutes Hilfsmittel zur automat. Zeichenerkennung zu werden (lesende Maschinen). Außer mit Licht wurden auch mit Mikro- sowie Schallwellen Hologramme hergestellt. Die **akust. H.** kann für die Medizin bedeutsam werden und ferner wichtige Aussagen über Materialfehler (z. B. in dickwandigen Kernreaktorbauelementen) liefern, die mit keiner anderen Methode der zerstörungsfreien Materialprüfung nachzuweisen sind.

M. FRANÇON: H. (a. d. Frz., 1972); M. MILLER: Opt. H. ([2]1978); Holography in medicine and biology, proceedings..., hg. v. G. v. BALLY (1979).

Holokopie, Verfahren zur vollständigen Erfassung des Informationsgehaltes photograph. Schwarzweiß-Negative. Das Negativ wird nach dem Entwickeln und Fixieren gebleicht (Bildung von Silberchloridkörnern). Man erhält so Tonabstufungen, die noch kleinste Belichtungsunterschiede meßbar und kopierbar machen. Anwendungen z. B. in der Astronomie, Spektroskopie und Röntgenphotographie.

holomorph, → analytische Funktion, → Funktionentheorie.

holonom heißen physikal. Bedingungen (Bindungen), durch die die Bewegung eines mechan. Systems eingeschränkt wird und die sich als Gleichung zw. den Koordinaten darstellen lassen. Die Bedingungen, durch die z. B. die Bewegung eines auf einer Fläche rollenden, scharfkantigen Rades eingeschränkt ist, lassen sich nicht in dieser Form darstellen, sie heißen **nicht-holonom.** Wenn in den holonomen oder nicht-holonomen Bedingungsgleichungen die Zeit nicht explizit vorkommt, so heißen sie außerdem **skleronom** (›starr‹), im anderen Fall **rheonom** (›fließend‹).

Holozän, früher **Alluvium,** jüngere Abteilung des → Quartär, einschließlich der geolog. Gegenwart.

Holtex, brisanter, thermoplast. Sprengstoff aus Nitroglycerin, Nitrocellulose und Hexogen oder Nitropenta, der durch Metallseifen in eine gelatinöse Form gebracht wird.

Holz, hartes Gewebe der Pflanzen, bes. der Bäume und Sträucher, sekundäres Dauergewebe der Stämme, Äste und Wurzeln, das durch die nach innen gerichtete Tätigkeit des Kambiums erzeugt wird. H. ist ein wichtiger Rohstoff der Technik und Chemie.

Das Holzgewebe besteht aus Leit-, Stütz- und Speicherzellen, die in der lebenden Pflanze für Wasserleitung, Festigung, Stoffwechsel und Speicherung sorgen. Art, Größe, Form, Verteilung und Zahl dieser Zellen ermöglichen eine H.-Artenbestimmung.

Der Holzkörper eines Stammes, der einen zentralen Markstrang umschließt, läßt Zuwachsschichten, die Jahr(es)ringe, erkennen, bes. gut auf dem senkrecht zur Stammachse geführten Schnitt. Das meist weitlumige **Früh-H.** dient bes. der Leitung, das englumige **Spät-H.** der Festigung. Die jüngsten Jahrringe, in denen im lebenden Baum der Wassertransport erfolgt, bilden das **Splint-H.**; es ist meist heller als der übrige Holzkörper. Ältere Holzteile ohne Wassertransport werden oft durch mineralische oder gummiartige Ablagerungen, durch Harze oder Zellausstülpungen (Thyllen) verstopft **(Kern-H.)**

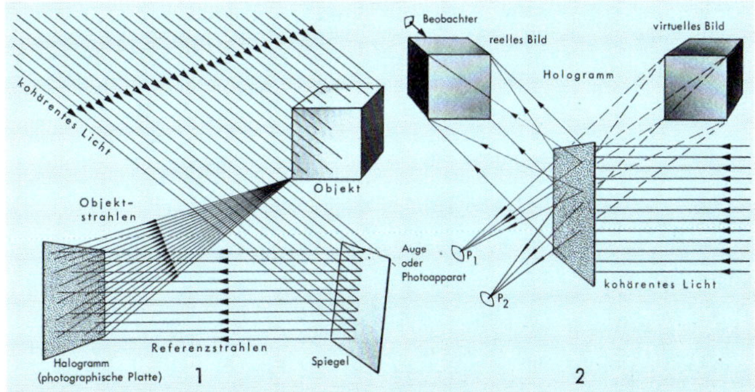

Holographie 1 und 2

und häufig durch Kern- und Holzfarbstoffe dunkel gefärbt **(Farbkern).** Kern-H. kann auch fehlen.

Die Zellen des H. sind mikroskopisch gut zu erkennen. Für Laubhölzer sind die **Gefäßzellen (Tracheen),** die der Wasserleitung dienen und auf dem Schnitt als Poren sichtbar sind, kennzeichnend. Die **Faserzellen (Sklerenchym-** oder **Libriformfasern** bei Laubhölzern; **Tracheiden** bei Nadelhölzern) bilden das Gerüst aller H. und nehmen meist den größten Teil des Holzkörpers ein. Da Nadelhölzer keine Gefäßzellen haben, besorgen die Tracheiden auch die Wasserleitung. Gefäß- und Faserzellen sind langgestreckt und stehen parallel zur Stammachse. Senkrecht dazu liegen die **Holz-** oder **Markstrahlen** als bandartiges Bündel aus **Speicher-** oder **Parenchymzellen** und **Quertracheiden.** In den Markstrahlen werden die gelösten organ. Stoffe aus der Rinde radial in den Holzkörper geleitet und z. T. gespeichert. Die Zellenwand der H.-Zellen besteht aus mehreren Wandschichten: der ligninreichen Mittellamelle als Grenzschicht zw. benachbarten Zellen, der dünnen Primärwand mit einem maschenförmigen Netzwerk aus Cellulosefibrillen, der dicken, zweischichtigen Sekundärwand mit ziemlich parallel zur Zellachse verlaufenden Fibrillen und der Tertiärwand. Aus dem Feinbau der Zellwand und ihren Bestandteilen sowie aus der anatom. Struktur ergeben sich die Eigenschaften der H. und ihre Verwendbarkeit als **Nutzholz** (d. i. alles Rohholz, das nicht zum Verbrennen und Verkohlen dient).

Chemie. Hauptbestandteile der Holzzellwand und ihre Anteile in Hölzern der gemäßigten Zonen sind → Cellulose (30–50%), → Hemicellulosen (15–35%) und → Lignin (20–35%). Cellulose und Hemicellulosen werden zusammen auch als **Holocellulose** bezeichnet. Daneben enthält H. geringe Mengen an Extraktstoffen (z. B. Terpene, Fette, Gerbstoffe) und anorganischen Bestandteilen (Asche).

Physik. Die Rohdichte von H. liegt zw. 0,1 g/cm³ (Balsa) und 1,2 g/cm³ (Pockholz). Mit zunehmender Rohdichte steigen Elastizitätsmodul, Festigkeit und Härte an, während das Wärmedämmvermögen etwas abnimmt. In Faserrichtung treten die höchsten Festigkeitswerte auf. Bei Änderung des Feuchtigkeitsgehaltes im hygroskop. Bereich (unterhalb 30% Holzfeuchtigkeit) ändern sich die Abmessungen (Quellung und Schwindung) und die tech-

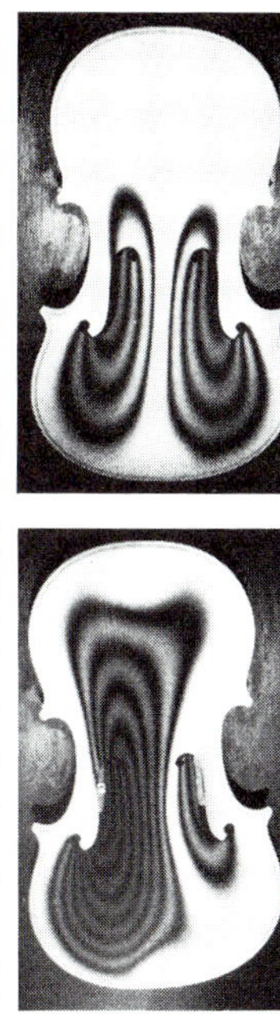

Holographie 3

Holographie 3: Interferenzaufnahmen von schwingenden Geigendecken; OBEN Decke mit f-Löchern ohne Baßbalken, 600 Hz; UNTEN Decke mit f-Löchern, Baßbalken und starrem Stimmstock, 775 Hz

Holz 1-5: **1** Kiefer, **2** Eiche, **3** Douglasia, **4** Lärche, **5** Kirsche,

nolog. Eigenschaften des H. Waldfrisches H. schwindet bei völliger Trocknung in Faserrichtung nur wenige Zehntel Prozent, in radialer Richtung zw. 2 und 6%, in tangentialer Richtung zw. 3 und 10%.

Verwendung. Bis in die Mitte des 19. Jh. war H. wichtigster Energierohstoff als Brennholz zur Wärmeerzeugung und zur pyrolyt. Verarbeitung durch → Holzverkohlung. Noch 1975 dienten über 60% des Weltholzeinschlages als Brennholz (etwa 1,18 Mrd. m^3; → Heizwert). Die hohe Wärmedämmung des H. und das günstige Verhältnis von hoher Festigkeit zu geringem Gewicht sind wesentl. Ursache für die vielfältige Anwendung im Bauwesen (→ Bauholz, → Holzbau). Die besonderen akust. Eigenschaften werden sowohl zur Verbesserung der Raumakustik als auch bei hölzernen Musikinstrumenten genutzt. Aus dem sehr anisotropen Vollholz lassen sich → Holzwerkstoffe mit isotropem Verhalten in Plattenebene und besonderen Eigenschaften herstellen. (Weitere BILDER S. 283, 284)

Vorgeschichtsforschung, → Dendrochronologie.

H. H. BOSSHARD: H.-Kunde, 1 (1974), 2 (1974), 3 (1975); G. BACHMANN u. a.: H.-Bearbeitung (1977); Das große Buch von H., bearb. v. J. SCHWAB (a. d. Engl., 1977); D. KNÖFEL: Stichwort H.-Schutz (1979); G. LANGENDORF u. H. EICHLER: H.-Vergütung (1979); W. NUTSCH: H.-Werkstoffe, 2 Bde. ([3]1979); E. PALUTAN: Nutzhölzer aus aller Welt, 3 Bde. (a. d. Ital., 1979); K.-G. DAHMS: Kleines H.-Lexikon ([3]1980); U. LOHMANN: Hb. H. (1980).

Holzbau, urspr. Bauart in waldreichen Gebieten der gemäßigten Zonen. Die früheste europ. Form ist der **Pfostenbau** aus eingerammten dünnen Rundhölzern mit lehmumhülltem Flechtwerk als Wandfüllung. Seit der jüngeren Steinzeit ist der **Bohlenbau** bekannt, zunächst aus senkrecht stehenden halbierten Stämmen und Brettern, dann mit tragenden Eckverstärkungen **(Bohlenständerbau).** Funde vom → Blockbau lassen sich nicht vor der Bronzezeit nachweisen. Pfosten- und Bohlenständerbau sind Vorgänger des → Fachwerks; eine Sonderform bildet der nordische → Stabbau, eine Mischform das ostdt.-böhmische Umgebinde.

Im **Ingenieur-H.** wurden früher schon einzelne bedeutende Bauten geschaffen, z. B. 1756/58 eine Rheinbrücke bei Schaffhausen mit 119 m Spannweite. In neuerer Zeit Entwicklung wissenschaftl. Grundsätze; nach neueren Verfahren (→ Holz-Leimbau, → Holz-Nagelbau) wurden Industriebauten, Hallen, Holzbrücken u. a. konstruiert. Der Ingenieur-H., aber auch der handwerkliche H. und bes. der Innenausbau haben durch die Entwicklung neuer → Holzwerkstoffe neuen Auftrieb erhalten.

H.-Tb., hg. v. R. v. HALASZ ([7]1974); H. A. LEHMANN u. B. J. STOLZE: Ingenieur-H. ([6]1975); H. RIES: H. (1976); G. WERNER: H., 1 ([2]1979), 2 (1979); K. PRACHT: H.-Systeme ([2]1981); G. DRÖGE u. K. H. STOY: Grundzüge des neuzeitl. H., 1 (1981), 2 (1982).

Holzbearbeitung, i. w. S. jede mechan. Einwirkung auf Holz und Holzwerkstoffe mit dem Zweck, eine bestimmte Form und Beschaffenheit zu erzielen, i. e. S. nur die Erzeugung der Halbfabrikate Masten, Schwellen, Schnittholz, Furniere, Sperrholz, Spanplatten, Holzfaserplatten u. a. vergütetes Holz. Verfahren der H. sind Entrinden, Behauen, Sägen, Spalten, Schneiden, Dämpfen, Biegen, Färben, Trocknen, Hobeln, Fräsen, Drehen, Bohren, Schälen, Abziehen, Furnieren, Leimen, Schleifen, Polieren, Beizen, Vergüten. Wichtigste **H.-Maschinen:** Sägen, Hobel-, Fräs-, Bohr-, Drehmaschinen, die meist auch zur Formgebung von Kork, Bein, Hartkautschuk, Kunststoffen u. ä. geeignet sind.

Holzdestillation, die → Holzverkohlung.

Holzdraht, drahtartiger Holzfaden zur Herstellung von Holzgeweben, 1–3 mm dick, bis zu 10 m lang.

Holz|einschlag, Holzfällung, Baumfällen. Früher waren Axt und Handsäge die gebräuchlichsten Geräte, heute dominiert in der Fälltechnik die Einmann-Motorsäge. Im großflächig betriebenen Holzeinschlag finden zunehmend kombinierte **Holzerntemaschinen** Eingang, die die Arbeitsgänge Zufallbringen (oft mit Fällscheren), Entasten, Ablängen, Entrinden und Rücken mit verschiedenen hydraulisch betriebenen Werkzeugen bewältigen. Bei den teilweise noch üblichen manuellen Verfahren unterscheidet man das **Umschroten** (Axt) und das **Umsägen** (Säge) beim Hieb im Schwachholz von der kombinierten Verwendung von Axt und Säge im Starkholz. Als **Roden** wird das Umlegen des Baumes mit Wurzelstock nach Freilegen der Wurzeln bezeichnet.

Holz|essig, durch → Holzverkohlung gewonnene → Essigsäure. **Roh-H.** ist eine wäßrige Lösung mit etwa 12% Essigsäure, 3% → Holzgeist und 10% gelöstem Teer, aus der durch Azeotropdestillation oder Extraktion reine Essigsäure gewonnen wird.

Holzfärbung, durchgehende Färbung von Holz im Tränkverfahren i. Ggs. zum oberflächl. → Beizen. Die Erzielung bunter Farbtöne ist nur bei hellen Hölzern möglich, weil Eigenfarben des Holzes Fehlfärbungen verursachen würden. In größerem Umfang werden nur Schwarz- und Graufärbung durchgeführt, bes. für Möbel, Musikinstrumente, Zeichengeräte, Parkett und Innenausbau. Bei H. im lebenden Baum verteilt sich die eingespritzte Farbflüssigkeit mit dem Saftstrom.

Holzfaserplatten, plattenförmiger Holzwerkstoff von mindestens 1,5 mm Dicke, hergestellt aus verholzten Fasern. Nach Erweichen der Hackschnitzel durch heiße Feuchtigkeit und/oder milde Chemikalien wird das Holz in Defibratoren zerfasert. Zusätze von Kunstharzen dienen als Bindemittel. – Im Naßverfahren werden die H. ähnlich wie Papier hergestellt. Im neueren Trockenverfahren wird der beleimte Faserstoff erst nach dem Trocknen zu beiderseits glatten H. gepreßt. Die porösen, 8–35 mm dicken, mindestens 230 kg/m^3 schweren **Isolier-** oder **Dämmplatten** dienen zur Wärme- und Schalldämmung, die halbharten H. werden wie → Holzspanplatten verwendet, während die meist 4 mm dicken, über 850 kg/m^3 schweren **Hartfaserplatten** vorwiegend zum Innenausbau und zur Möbelherstellung dienen. **Kunststoffbeschichtete dekorative H.,** z. B. mit Kachelmuster, eignen sich als Wandverkleidung, Ladentischabdeckung u. a. Durch ein Wärmevergütungsverfahren **(Tempern)** können Oberflächenhärte, Festigkeitseigenschaften und Feuchtigkeitsresistenz verbessert werden. **Bitumierte H.** weisen zur Erhöhung ihrer Feuchtigkeitsresistenz einen Mindestgehalt an Bitumen auf. (BILD S. 278)

holzfrei, → Papier.

Holzgas, bei der → Holzverkohlung entstehendes brennbares Gas, das zu etwa 50% aus Kohlendioxid, 33% aus Kohlenoxid, 10% aus Methan und zu je 2% aus Äthylen und Wasserstoff besteht und das einen Brennwert von etwa 9,5 MJ/m^3 hat. H. wird meist zum Beheizen der Verkohlungsretorten verwendet.

Holzgeist, aus dem bei der → Holzverkohlung anfallenden Rohholzessig durch Destillation abgetrennte niedrig siedende Flüssigkeit, die u. a. etwa 45% Methanol, 7% Aceton und 5% Methylacetat enthält.

Holzgummi, das → Xylan.

holzhaltig, → Papier.

Holzkitt, Holz|zement, flüssiges Holz, in der Holzart eingefärbte plastische Masse aus Holzmehl, mineral. Stoffen und Bindemitteln zum Ausbessern von Fehlstellen bei Möbeln. Die Zusammensetzung richtet sich v. a. nach der späteren Weiterverarbeitung (Oberflächenbehandlung).

Holzklebstoffe, Klebstoffe zur Montage von Holzkonstruktionen (z. B. Möbel) und Herstellung von Holzwerkstoffen (z. B. Spanplatten, Sperrholz). Die Glutin- und Caseinleime haben nur noch geringe Bedeutung. Am häufigsten werden Harnstoffharze (→Aminoplaste) in Pulverform oder als Lösung verwendet, die nach Zusatz von Härtern (z. B. Ammoniumchlorid) meist bei höherer Temperatur (Heißleimung) aushärten. Bedeutung haben auch Polyvinylacetat-Dispersionen (→ Dispersionsklebstoffe), Acrylat-, Phenolharz- und Resorcinharz-H.

Holzkohle, durch → Holzverkohlung gewonnener poröser Feststoff mit einem Kohlenstoffgehalt von 80 bis 90% und einem Heizwert von 29 bis 33 MJ/kg. Bes. fest und dicht ist Buchen-H. H. wird zur Herstellung von Aktivkohlen, als chem. Rohstoff (z. B. für Schwefelkohlenstoff, Cyanide), in der Metallurgie und Pyrotechnik sowie zum Grillen verwendet.

Holz-Leimbau, Leimbau, eine Ingenieurholzbauweise (→ Holzbau), die zur Verbindung der tragenden Hölzer Kunstharzleime verwendet, z. B. bei Industriehallen, Dach- und Deckenträgern mit Vollholz-, Sperrholz- oder Hartplattenstegen. Die Verwendung warm härtender Leime ist für die Serienfertigung geleimter Bauteile bes. geeignet. Eine neuere Bauweise ist der **Hetzerbau** (Brettschichtverleimung) für den Hallenbau; z. B. Messehalle in Klagenfurt (1968, Stützweite 96 m) oder Müllverarbeitungsanlage in Wien (1981, Zeltdach von 175 m ∅).

Holzmehl wird durch Mahlen von Sägespänen u. a. Holzspänen gewonnen; Verwendung z. B. als Füllmittel in Kunststoff-Formmassen.

Holz-Nagelbau, Nagelbau, durch Verwendung von Nägeln gekennzeichnete Holzbauart für Hallenbauten und Dachtragwerke (→ Holzbau). Grundlegende Versuche zur Bestimmung der Tragfähigkeit der Nägel durch W. Stoy (1928) ermöglichten den Bau von genagelten Brettbindern, Dreieckbindern und Vollwandträgern.

Holzschliff, der → Holzstoff.

Holzschnitt, ältestes illustratives Druckverfahren, bei dem von Hand aus einer ebenen Holzplatte (Holzstock) alle nicht druckenden Teile herausgeschnitten werden, so daß die Zeichnung erhaben stehenbleibt. Die Druckplatte wird dann eingefärbt und ein Abdruck auf Papier gemacht. Neben der Holzschneidekunst werden auch die Druckplatte und der Abdruck als H. bezeichnet.

Als Holzstöcke dienten bis zum 18. Jh. in der Längsrichtung des Stammes geschnittene und mit dem Schneidemesser bearbeitete Langholzplatten aus Birn- oder Nußbaum. Für den im 19. Jh. bevorzugten **Holzstich** wird Hirnholz (meist Buchsbaum) verwendet. Aus dem Holzstich entwickelte sich der Tonstich, der Halbtöne wiedergibt. Von zwei oder mehr Platten gedruckt werden der **Helldunkelschnitt** und der **Farb-H.** Beim **Weißschnitt** erscheinen in das Holz geritzte Linien weiß auf schwarzem Grund. (Bild S. 285)

Holzschutz, Holzkonservierung, Maßnahmen gegen Wertminderung oder Zerstörung des Holzes durch Holzschädlinge, Feuer sowie Witterungs- und Umwelteinflüsse. Ein wirksamer H. wird durch das Einbringen von → Holzschutzmitteln erreicht: durch **Anstreichen, Sprühen, Tauchen** und **Bohrlochimprägnierung,** durch das **Bandagen-Verfahren** (Imprägnierung von Masten und Pfählen in der Erd-Luft-Zone durch mit Salzgemischen getränkte Bandagen), durch Imprägnierung des Holzes in Druckkesseln (z. B. **Volltränkung, Rüpingsche Spartränkung),** am frisch geschlagenen Rundholz durch das Saftverdrängungsverfahren **(Boucherie-Verfahren, boucherisieren),** das **Trogsaug-** und **Osmoseverfahren** unter Ausnutzung der Diffusionsfähigkeit von wasserlöslichen pastenförmigen Schutzstoffen. Bereits von Holzschädlingen befallenes Holz läßt sich vor weiterer Zerstörung durch bautechn. Maßnahmen, chem. Holzschutzmittel und **Heißluft-Verfahren** (Erwärmung des Holzes auf 80–90 °C) schützen.

Holzschutzmittel, flüssige, pastenförmige, feste oder gasförmige Stoffe, die eine Wertminderung oder Zerstörung von Holz oder Holzwerkstoffen bes. durch Pilze, Insekten oder Meerestiere verhüten oder die Entflammbarkeit herabsetzen. Im Hochbau dürfen nur H. verwendet werden, die ein gültiges Prüfzeichen haben. Zur Kennzeichnung werden Prüfprädikate erteilt, z. B. P = wirksam gegen Pilze, Iv = gegen Insekten vorbeugend wirksam. Wasserlösl. **Holzschutzsalze** sind meist Gemische, die u. a. Fluor-, Kupfer- und Borverbindungen als biologisch aktive Stoffe enthalten sowie Chrom-(VI)-Verbindungen zur Erhöhung der Auslaugebeständigkeit und Ammoniumphosphate als Flammschutzmittel. **Teeröle** werden bereits seit etwa 150 Jahren verwendet. Wegen ihres starken Geruchs können sie nur im Freien (Zäune, Schwellen u. a.) eingesetzt werden. Die größte Bedeutung haben in Lösemitteln gelöste organ. → Fungizide (z. B. chlorierte Phenole) und → Insektizide (z. B. Chlorkohlenwasserstoffe wie Lindan). Als **Begasungsmittel** zur Bekämpfung holzzerstörender Insekten werden Acrylnitril und Blausäure verwendet.

Holzspanplatte, plattenförmiger Holzwerkstoff aus Holzspänen und/oder anderen verholzten Fasermaterialien (z. B. Flachsschäben, Reisstroh), unter Druck und Wärme mit oder ohne Zusatz eines organ. Bindemittels (meist Kunstharz) hergestellt. Bei **Flachpreßplatten,** erzeugt mit beheizten, hydraul. Plattenpressen, liegen die Späne vorzugsweise parallel zur Plattenebene; bei **Strangpreßplatten,** hergestellt nach dem Stopfverfahren als endloses Band in einem Preßkanal, sind sie vorzugsweise senkrecht zur Plattenebene orientiert. H. werden im Möbelbau, für Wand- und Deckenverkleidungen im Innenausbau, als Unterlage für Fußböden und als Konstruktionselemente im Holzbau verwendet.

Holzstoff, Holzschliff, vornehmlich aus harzarmen Nadelhölzern durch mechan. Zerkleinerung gewonnenes Fasermaterial zur Herstellung von holzhaltigen Papieren und Karton. Beim klassischen, 1843 von F. G. Keller erfundenen **Steinschliffverfahren** (Holzschliff) werden entrindete Holzprügel gegen einen aufgerauhten, rotierenden Stein gepreßt. Das in den 1970er Jahren entwickelte **thermomechan. Verfahren** verwendet Hackschnitzel, die nach kurzer Vordämpfung zw. den gerippten, rotierenden Stahlscheiben von ›Refinern‹ (Mahlgeräten) in Einzelfasern zerlegt werden. Zur Beseitigung von Splittern wird die mit Wasser verdünnte Fasersuspension anschließend in mehreren Stufen sortiert.

Holztapete, Echtholztapete, Holzhaut, auf Papier oder Gewebe geleimtes, dünnes Furnier.

Holzteer, schwarzbraune, ölige Flüssigkeit, die bei

6

7

8

9

10

Holz 6–10:
6 Feldulme, **7** Walnuß, **8** Limba, **9** Zebrano, **10** Teak

11

12

13

14

Holz 11-14:
11 Makoré (afrikan. Birnbaum),
12 Mahagoni,
13 Rio Palisander,
14 Makassar (Coromandel)

der → Holzverkohlung anfällt und u. a. als Bindemittel für granulierte Aktivkohle verwendet wird.

Holztrocknung wird bes. bei gestapeltem Schnittholz als **Freilufttrocknung,** sonst vorwiegend als **Kammertrocknung** in belüfteten Räumen bei 60–80 °C durchgeführt. Letztere ist schneller und läßt beliebig niedrige, der Holzverwendung entsprechende Feuchtigkeitsgehalte (z. B. für Parkett 8% Holzfeuchtigkeit) erreichen. Zur **Hochtemperaturtrocknung** dient feuchte Luft von 100–140 °C, zur **Heißdampftrocknung** reiner überhitzter Dampf. Spezialtrocknungsverfahren sind die **Trocknung in heißen Ölen,** die **Hochfrequenz-** und **Vakuumtrocknung.** Furniere werden mit feuchter Luft oder mit Feuergasen bei 80–260 °C in Furniertrocknern (v. a. düsenbelüfteten) entwässert; spezielle Spantrockner entwässern die Späne für Holzspanplatten.

Holzverbindungen, die Zusammenfügung von Hölzern im Zimmermannsbau, Ingenieurholzbau, der Tischlerei und der industriellen Holzbearbeitung durch entsprechende Formung der Berührungsflächen oder besondere Befestigungsmittel oder durch beides.

Zimmermannsbau. 1) Bei der Verbindung sich kreuzender Hölzer (Winkelverbände) werden unterschieden: **Überblattungen** und **Verzapfungen** bei Hölzern, deren Oberflächen in einer Ebene liegen; **Verkämmungen, Verdübelungen, Verklauungen, Zinken (Schwalbenschwanz)** bei Hölzern, deren Oberflächen nicht in einer Ebene liegen. 2) Verbindungen zur Verlängerung von Hölzern (Längsverbände): Liegende Hölzer werden **stumpf aneinandergestoßen** und mit **Eisenschienen** oder **Klammern** verbunden oder an den Enden gerade, schräg oder auf → Gehrung überblattet oder durch Hakenblatt mit **Verkeilung** verbunden. Stehende Rundhölzer werden durch **Pfropfung** (mit Dübeln oder Bandeisen oder eisernen Schuhen) verbunden. 3) Holzverstärkungen (Querschnittverbände) werden ausgeführt, indem man Kanthölzer übereinanderlegt und durch **Dübel, Verzahnung** oder **Verbolzung** miteinander verbindet. 4) Bei den Verbindungen zur Herstellung größerer Flächen (Breitenverbände) für Verschalungen oder Fußböden werden die Bretter oder Bohlen durch Stoß verbunden, stumpf geleimt, gespundet, gefälzt oder gefedert, gedübelt, oft mit Fugendeckleisten versehen.

Im Ingenieurholzbau (→ Holzbau) werden die H. durch Dübel, Bolzen, Nagelung, Nagelplatten (→ Holz-Nagelbau), metallische Holzverbinder sowie durch Verleimen (→ Holz-Leimbau) hergestellt. (BILD S. 285)

Holzvergütung, Maßnahmen zur Verbesserung der Holzeigenschaften, z. B. durch Verdichten, Tränken mit Ölen, Wachsen, Kunstharzen, durch Oberflächenschutz, durch → Beschichten, durch Verarbeiten zu Holzwerkstoffen; H. dient auch als Verfahren zur Erhöhung der Lebensdauer durch Behandlung mit Holzschutzmitteln.

Holzverkohlung, Holzdestillation, therm. Zersetzung von Holz unter Luftabschluß oder Luftmangel zur Gewinnung von → Holzkohle. Rohstoff ist in Europa hauptsächlich Buchenholz, das nach Zerkleinerung in grobe Stücke und Trocknung auf einen Wassergehalt von maximal 18 bis 20% heute meist in kontinuierlich arbeitenden Großraumretorten verkohlt wird. Zur Beheizung dient auf 450 bis 550 °C erhitztes → Holzgas. Bei 100 bis 170 °C wird zunächst Wasser ausgetrieben. Gleichzeitig beginnt der Abbau der thermisch instabilen Hemicellulosen und der Cellulose zu Kohlendioxid, Kohlenoxid u. a. Zw. 200 und 350 °C verläuft die H. exotherm (ohne weitere Wärmezufuhr), wobei u. a. Methanol (aus den Methoxylgruppen der Hemicellulosen und des Lignins), Essigsäure (aus den Acetylgruppen der Hemicellulosen), Holzteer (aus dem Lignin), Wasserstoff, Methan, Äthylen und Reaktionswasser entstehen. Bei einer Endtemperatur von etwa 400 °C verbleibt Holzkohle als Rückstand. 100 kg vorgetrocknetes Buchenholz ergeben etwa 26 kg Holzkohle und 50 kg Rohholzessig (→ Holzessig).

Holzverzuckerung, Verfahren zum hydrolyt. Abbau der Polysaccharide des Holzes (Cellulose, Hemicellulosen) zu einfachen Zuckern (Glucose, → Xylose u. a.) mit Hilfe von Säuren oder Enzymen. Die H. wurde im 2. Weltkrieg in Dtl. technisch durchgeführt, ist jedoch in der westlichen Welt heute ohne Bedeutung.

Holzwerkstoffe, gepreßte und getränkte Vollhölzer, Schichtholz (→ Lagenholz), → Sperrholz, → Holzwolle-Leichtbauplatten, → Holzspanplatten, → Holzfaserplatten.

Holzwolle, 0,5–4 mm breite und 0,03–0,5 mm dicke, i. a. 50 cm lange Holzspäne, die auf der **H.-Hobelmaschine** von einem Holzstück erzeugt werden. H. findet als Verpackungsmittel und zur Herstellung von → Holzwolle-Leichtbauplatten Verwendung.

Holzwolle-Leichtbauplatten, plattenförmiger Holzwerkstoff, hergestellt durch Mischung von Holzwolle mit mineral. Bindemitteln (Magnesitmörtel, Portlandzement, Gips u. a.) und Verpressung des Gemisches zu Platten. H.-L. dienen als Bauplatten für Wärmeisolation und gute Schalldämmung.

Holz|zement, → Holzkitt.

Home-Computer [həʊm kɔmpj'u:tə, engl.], → Personal-Computer.

Homocyclonite, das → Oktogen.

homodesmische Kristallstrukturen, → Kristall.

homogen, gleichartig. Ein Körper oder Stoffgemisch heißt h., wenn es an allen Stellen dieselben Eigenschaften aufweist. Z. B. hat ein **homogenes Gestein** einheitl. Gefügemerkmale.

homogene Funktion, eine Funktion mehrerer Variabler, für die gilt:

$$f(tx_1, tx_2, tx_3, \ldots tx_n) = t^n \cdot f(x_1, x_2, x_3, \ldots x_n)$$

für alle reellen t und alle x_i ($i = 1, \ldots, n$) des Definitionsbereichs.

homogene Koordinaten, → projektive Geometrie.

homogenes Gleichungssystem, → lineares Gleichungssystem.

Homogenisieren, Homogenisation, chem. Technik: Herstellen einer einheitl. Mischung aus unterschiedl. Bestandteilen. Nicht mischbare Flüssigkeiten unterschiedl. Dichte werden durch Verkleinerung der Tröpfchengröße der dispergierten Phase zu einer stabilen Emulsion homogenisiert. Durch Mischen werden Feststoffgemenge homogenisiert, z. B. Erze auf einen gleichmäßigen Metallgehalt gebracht, Sande auf einen gleichmäßigen Körnungsaufbau. Milch wird durch eine gleichmäßig feine Zerteilung der Fetttröpfchen und eine Bildung von Fett/Casein-Komplexen vor dem Aufrahmen geschützt.

Homologe, Chemie: strukturell sehr eng verwandte Stoffe, z. B. die im Periodensystem untereinander stehenden Elemente (Edelgas, Halogen u. a.) mit oft sehr ähnlichen Eigenschaften: **homologe Elemente.**

homologe Reihen, Gruppen von chemisch verwandten Stoffen, deren Glieder sich jeweils um einen Bau-

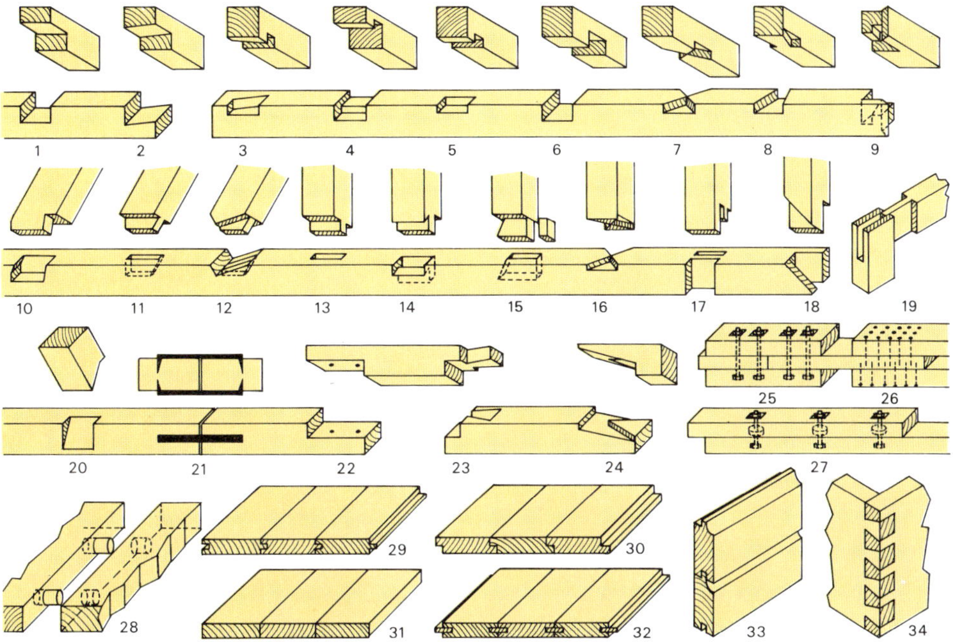

Holzverbindungen: Überblattung und Verkämmung; **1** einfache Überblattung, **2** schräge Eckblattung, **3** einseitig schräger Kamm, **4** hakenförmige Überblattung (Hakenblatt, Hakenkamm), **5** einseitig gerader Kamm, **6** rechtwinklige Überschneidung (Kreuzband), **7** Kreuzkamm, **8** schwalbenschwanzförmiger Kamm, **9** verdeckter Eckkamm, **10** Anblattung (Aufblattung, Gegenblattung). Verzapfungen; **11** Jagdzapfen, **12** Versatzung, **13** einfacher gerader Zapfen, **14** Brustzapfen, **15** schwalbenschwanzförmiger Zapfen mit Keil, **16** Kreuzzapfen, **17** Blattzapfen, **18** Gehrungsblatt, **19** offene Zapfen- und Schlitzverbindung. Verklauung; **20** Achterklaue (Geißfuß). Verlängerung (Stoß) liegender Hölzer; **21** mit Stahlkammern (Druckstoß), **22** gerader Blattstoß, **23** Stoß mit schwalbenschwanzförmiger Überblattung, **24** schräger Blattstoß mit Verzahnung. Holzverstärkungen; **25** Schraubenbolzen, **26** Nägel, **27** Verschraubung und eingepreßte Ringdübel. Brettverbindungen; **28** gedübelte Fuge, **29** gespundet, **30** gefälzt, **31** stumpf geleimt, **32** gefedert, **33** gespundet mit Auskehlung für Regenablauf (bei Verschalungen), **34** offene Zinkung

stein (z. B. eine CH_2-Gruppe) voneinander unterscheiden; h. R. bilden z. B. die → Alkane und → Carbonsäuren.

Homolyse, Spaltung einer homöopolaren Verbindung derart, daß jeder Spaltpartner anteilmäßig sein Bindungselektron behält, wobei reaktionsfähige → Radikale entstehen: X-Y ⟶ X· + ·Y.

Homomorphismus, Abbildung f einer Menge A mit der Verknüpfung ›$\circ$‹ in eine Menge B mit der Verknüpfung ›$*$‹, die verträglich ist mit den gegebenen Verknüpfungen, d. h. für alle Elemente $a, b \in A$ gilt: $f(a \circ b) = f(a) * f(b)$. Bildet man z. B. die Menge der natürlichen Zahlen $\mathbb{N}$ mit der Verknüpfung › + ‹ auf die Potenzen zu einer festen Basis a ab (mit der Verknüpfung ›·‹), so ist diese Abbildung f ein H., denn es gilt $f(n+m) = a^{n+m} = a^n \cdot a^m = f(n) \cdot f(m)$. Sind die Mengen A und B spezielle algebraische Strukturen, spricht man von **Gruppen-H., Ring-H.** u. a. Über den **Homomorphiesatz der Gruppentheorie** → Gruppe 2).

Besondere H. sind u. a. der → Automorphismus, der → Endomorphismus, der → Isomorphismus.

Homöomorphismus, umkehrbar eindeutige, stetige Abbildung eines topolog. Raumes in einen anderen, so daß auch die Umkehrfunktion stetig ist.

homöopolare Bindung, → chemische Bindung.

homöotype Kristallstrukturen, → Typiebeziehungen.

Homopolymere, Unipolymere, Polymere, bei denen i. Ggs. zu den → Copolymeren am Aufbau der Polymerkette nur eine regelmäßig wiederkehrende Struktureinheit beteiligt ist, z. B. Polyäthylen, Polyacrylnitril.

Homosphäre, Teil der → Atmosphäre 2).

homothetisch, Geowissenschaften: → Verwerfung.

Homotopie, grundlegender Begriff der → Topologie. Zwei stetige Abbildungen f_1 und f_2 eines topolog. Raumes R in einen topolog. Raum S sind zueinander **homotop,** wenn sie sich stetig ineinander deformieren lassen, d. h. wenn es eine stetige Abbildung F des topolog. Produktraumes $R \times I$ von R mit dem abgeschlossenen Einheitsintervall $I = [0, 1]$ der reellen Zahlen in den Raum S mit der Eigenschaft gibt, daß $F(a,0) = f_1(a)$ und $F(a,1) = f_2(a)$ für alle $a \in R$ gilt, F wird als H. oder Deformation von f_1 in f_2 bezeichnet. Zwei topolog. Räume R_1 und R_2 sind homotop zueinander, wenn eine Abbildung f_1 von R_1 in R_2 und eine Abbildung f_2 von R_2 in R_1 existiert, so daß die zusammengesetzten Abbildungen $f_2 f_1$ und $f_1 f_2$ homotop den ident. Abbildungen von R_1 auf sich und von R_2 auf sich sind. Dies führt zu einer Klasseneinteilung der topolog. Räume in Homotopietypen. Ein

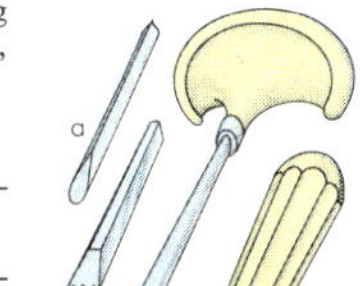

Holzschnitt: Holzschnittgeräte; **a–c** Stichel für Holzstich, **d–g** für Holzschnitt und Holzbildwerke, **e** Geißfuß, **f** Hohleisen, **g** Flacheisen

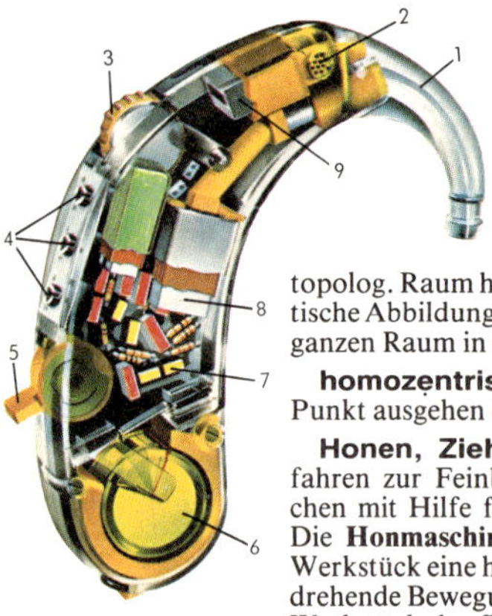

Hörgerät:
Schnittbild eines Hinter-dem-Ohr-Gerätes, das mit Hilfe eines Adapters in eine Hörbrille verwandelt werden kann; **1** Anschlußwinkel, **2** Schalleintrittsöffnung, **3** Verstärkungssteller, **4** Anpaßsteller, **5** OTM-Schalter (Aus, engl. **O**ff, **T**elephon, **M**ikrophon), **6** Batterie, **7** Verstärker, **8** Hörer, **9** Mikrophon

topolog. Raum heißt zusammenziehbar, wenn seine identische Abbildung homotop ist zu einer Abbildung, die den ganzen Raum in einen seiner Punkte abbildet.

homozentrisch sind Strahlenbündel, die von einem Punkt ausgehen oder in einem Punkt zusammenlaufen.

Honen, Ziehschleifen, spanendes Fertigungsverfahren zur Feinbearbeitung von metallischen Oberflächen mit Hilfe feinkörniger Schleifkörper (Honsteine). Die **Honmaschine** erteilt dem **Honwerkzeug** und dem Werkstück eine hin- und hergehende und gleichzeitig eine drehende Bewegung, so daß eine Art Kreuzschliff auf der Werkstückoberfläche entsteht. Für höchste Oberflächengüten wird das **Feinhonen (Feinziehschleifen, Superfinish, Schwingschleifen)** angewendet. Erreichbar sind Oberflächengüten mit Rauhtiefen unter 0,001 mm.

Jb. Schleifen, H., Läppen und Polieren, hg. v. E. SALJÉ, 50 (1981).

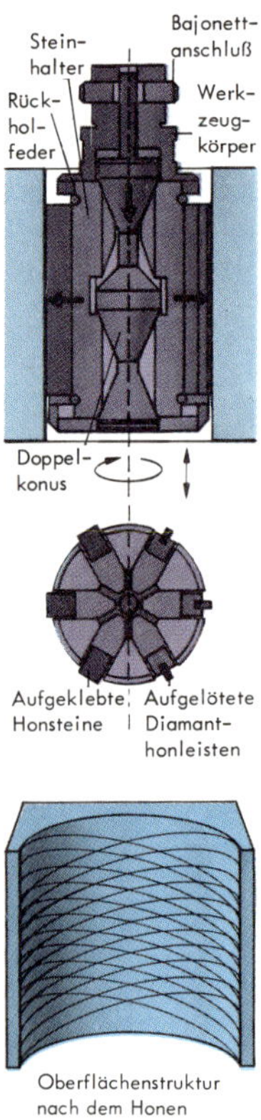

Honen

Honigblende, Mineral, gelber bis bernsteinfarbener → Sphalerit.

Honigstein, → Mellithsäure.

Hookesches Gesetz [hʊk-, n. dem engl. Physiker R. Hooke, * 1635, † 1703]. Jeder mechan. Deformation eines Körpers wirken rücktreibende Kräfte entgegen, die zunächst proportional mit der Deformation wachsen. So sind bei der longitudinalen elast. Ausdehnung die → Dehnung ε und die Normalspannung σ einander proportional, $\sigma = E \cdot \varepsilon$. Die Proportionalitätskonstante E heißt **Elastizitätsmodul.** Die beim Spannen einer Feder auftretende, rücktreibende Kraft (→ Rückstellkraft) F ist der jeweiligen Federdehnung x proportional, $F = D \cdot x$. Der Proportionalitätsfaktor D hängt von der Beschaffenheit der Feder ab und heißt **Federkonstante.**

Hörbarkeitszonen. Nimmt die Lufttemperatur nach der Höhe hin zu, so werden nach oben gehende Schallwellen, z. B. nach einer starken Explosion, durch Brechung und Totalreflexion seitlich bis zum Erdboden zurückgekrümmt. Es bildet sich eine ringförmige **Zone des Schweigens,** die die Hörbarkeit in eine innere und eine äußere Zone trennt.

Hörbereich, der Frequenzbereich elast. Schwingungen, die vom menschl. Ohr als Schall (Hörschall) wahrgenommen werden können (→ Hören).

Hörbrille, ein → Hörgerät.

Horde, rechteckiger Behälter mit durchbrochenem Boden zum Lagern oder Trocknen landwirtschaftl. Güter. In den **Hordenschüttlern** (→ Strohschüttler) von Mähdreschern werden mehrere nebeneinanderliegende schwingende H. zum Ausschütteln von Getreidekörnern verwendet.

Hören, das Wahrnehmen von Schallwellen (→ Schall). Das **Hörorgan (Gehörorgan)** der Wirbeltiere und des Menschen ist das → Ohr. Die vom Ohr aufgenommenen akust. Reize werden in Nervenerregungen umgewandelt und bis in die Großhirnrinde weitergeleitet, wo sie in best. Gebieten zu Erregungen führen. Der **Hörbereich** des menschl. Ohres umfaßt Frequenzen von etwa 16 Hz (u. U. ist auch der unter 16 Hz liegende → Infraschall wahrnehmbar) bis etwa 16 kHz (BILD). Die **obere Hörgrenze** liegt bei Jugendlichen über diesem Mittelwert (etwa 24 kHz) und sinkt im Alter bis auf 5000 Hz. Die größte Empfindlichkeit liegt zw. 1000 und 4000 Hz. Die **Hörschwelle (Hörbarkeitsschwelle)** eines Tones von 1000 Hz, bei der die Hörempfindung einsetzt, liegt bei einem Schalldruck von 0,0002 μbar $= 2 \cdot 10^{-5}$ Pa. Wird bei 1000 Hz der Schalldruck größer als 1 mbar = 100 Pa wird das H. als Schmerz empfunden, die **Schmerzschwelle (Schmerzempfindungsschwelle)** wird überschritten. Die Zeit, die ein Ton auf das Ohr wirken muß, um die Tonhöhe zu erfassen, liegt zw. $2 \cdot 10^{-2}$ und $2 \cdot 10^{-3}$ s, es genügen also etwa 1 bis 20 Schwingungen. Wegen der logarithm. Empfindlichkeit des Ohrs für Unterschiede der Lautstärke wird anstelle des absoluten Schalldrucks p der relative **Schalldruckpegel** L_p mit der Einheit Dezibel (dB) angegeben. Zw. L_p und p besteht die Beziehung $L_p = 20 \log p/p_0$ dB. Als Bezugswert dient der Schalldruck der Hörschwelle, $p_0 = 2 \cdot 10^{-4}\,\mu$bar. Die Schmerzschwelle bei einem 1 kHz ($p = 1$ mbar) entspricht einem Schalldruckpegel von 134 dB. Einer Verzehnfachung des absoluten Schalldrucks entspricht somit eine Zunahme des Schalldruckpegels um 20 dB. Werden Hör- und Schmerzschwelle über der Frequenz aufgetragen, erhält man zw. beiden Kurven die → Hörfläche (Hörfeld, BILD). Darin befindet sich der **Musikbereich** und der

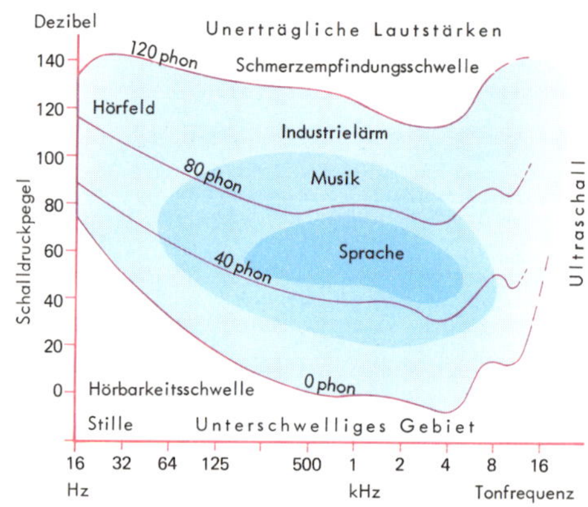

Hören:
Hörfläche des Menschen mit Kurven gleicher Lautstärke

noch engere **Sprechbereich.** Die Gesamtzahl der unterscheidbaren reinen (d. h. einfachen Sinusschwingungen entsprechenden) → Töne wird auf 340000 geschätzt. Bei gleichzeitiger Darbietung von zwei reinen Tönen wird bei geringem Frequenzunterschied nur ein Ton wahrgenommen, der in der Lautstärke mit der Differenzfrequenz schwankt (Schwebung). Bei größeren Frequenzunterschieden hört man wegen der im Bau des Gehörorgans begründeten Verzerrungen → Kombinationstöne. Geräusche setzten sich im Unterschied zu Tönen und → Klängen aus Teilschwingungen zusammen, die in einem regellosen Frequenzverhältnis zueinander stehen. Ist die akust. Energie auf das ganze Spektrum oder einen größeren Teil davon gleichmäßig verteilt, spricht man vom weißen Rauschen.

Das → Richtungshören ist nur mit beiden Ohren möglich, da es im wesentl. auf der Zeit-, Phasen- und Intensitätsdifferenz beider Gehöreindrücke beruht.

Hörfläche, die von den Kurven der Hörschwelle und der Schmerzschwelle begrenzte Fläche im Schalldruckpegel-Frequenz-Diagramm des menschl. → Hörens (BILD).

Hörfunk, → Rundfunk.

Hörgerät, Hör|apparat, Hörhilfe, Vorrichtung zum Ausgleichen verminderten Hörvermögens bei Schwerhörigen durch Verstärkung des zum Ohr gelangenden Schalldrucks. Die heute benutzten elektron. H. wandeln den Schall in elektr. Schwingungen um; diese werden verstärkt und wieder in Schall umgesetzt. Elektronische H. bestehen aus Mikrophon, Verstärker, Hörer und Stromquelle.

Arten. Bei **Taschengeräten** enthält ein Kästchen Mikrophon, Verstärker, Stromquelle und Bedienungselemente (Verstärkungsregler, Ein- und Umschalter); mit ihm ist durch eine flexible elektr. Leitung ein Einsteckhörer verbunden, der in den äußeren Gehörgang gesteckt wird. **Kopfgeräte** gliedern sich in Hinter-dem-Ohr-Geräte, Hörbrillen und im Ohr zu tragende H. Bei den **Hinter-dem-Ohr-Geräten (HdO-Geräten)** befinden sich sämtl. Bauteile einschließlich des Hörers in einem kleinen Gehäuse, das hinter der Ohrmuschel getragen wird. Der Schall gelangt über einen Hörschlauch unmittelbar zum Trommelfell. Ähnlich ist die **Hörbrille** aufgebaut. Bei den **im Ohr zu tragenden Geräten** sind Mikrophon, Verstärker, Hörer und Stromquelle zu einer Einheit zusammengefaßt, die direkt in den Gehörgang gesteckt wird. Sämtl. Kopfgeräte ermöglichen, wenn sie an beiden Ohren getragen werden, auch → Richtungshören.

Wirkungsweise. Bei fast allen H. wird der vom Hörer abgegebene Schall dem Trommelfell durch die Luft zugeführt (Luftleitung). Nur in besonderen Fällen wird ein spezieller Hörer verwendet, der den Schädelknochen zu Schwingungen anregt und so den Schall direkt dem Innenohr zuleitet (Knochenleitung). BILD S. 286

Horizont, 1) Gesichtskreis, Kimm, der Kreis, der einen ebenen Teil der Erdoberfläche von dem Himmelsgewölbe darüber abzugrenzen scheint und in dessen Mittelpunkt sich der Beobachter befindet. Dieser **scheinbare H.** schließt die **Horizontalebene** ab und teilt die Himmelskugel in zwei Hälften. Wegen der atmosphär. Strahlenbrechung kann der Beobachter etwas mehr als eine Himmelshalbkugel überblicken. Der dabei entstehende **natürliche H.** liegt also unterhalb des scheinbaren H. **(Kimmtiefe).** Die Aussichtsweiten sind 27 km bei 50 m, 38 km bei 100 m und 120 km bei 1000 m Erhebung über die Erde. Der **wahre** oder **geozentr. H.** wird durch eine Ebene definiert, die parallel zum scheinbaren H. durch den Erdmittelpunkt geht, also um den Erdradius gegen diesen verschoben ist. Entfernte Gestirne, z. B. Fixsterne, erscheinen von beiden H. aus in gleicher Höhe. Bei den näheren Körpern des Planetensystems unterscheiden sich die Höhen über beiden H. dagegen um den Betrag ihrer → Parallaxe.

2) → Künstlicher Horizont.

3) Bodenkunde: Schicht des Bodenprofils, → Boden.

4) Geologie: kleinste geolog. Zeiteinheit, gekennzeichnet durch einheitliche Fauna **(Fossil-H.)** oder best. Gesteine.

Horizontal|ablenkung, Fernsehen: die horizontale Ablenkung des Elektronenstrahls in der Bildröhre des Empfängers und der Abtaströhre des Senders. Sie wird gesteuert über die → Ablenkspulen, die von der Zeilenablenkschaltung mit sägezahnförmigem Strom gespeist werden. Die **Horizontalfrequenz,** die Zahl der in der s abgetasteten Zeilen, beträgt nach der europ. Norm mit 625 Zeilen je Bild und 25 Bildern je s 15625 Hz. Zur Herstellung des Gleichlaufs von Sender und Empfänger wird die entsprechende Anzahl Horizontalimpulse als Gleichlaufzeichen zugleich mit dem Bildinhalt übertragen.

Horizontal|intensität, in der Geophysik bisher Formelzeichen *H*, Horizontalkomponente B_{xy} der gesamten Flußdichte *B* des erdmagnet. Feldes (oder Horizontalkomponente H_{xy} der magnet. Feldstärke des erdmagnet. Feldes): $\boldsymbol{B}_{xy} = \boldsymbol{B}_x + \boldsymbol{B}_y$; B_x (bisher *X*) Komponente, positiv nach Norden; B_y (bisher *Y*) Komponente, positiv nach Osten.

Horizontalpendel, Pendel mit fast vertikaler Drehachse, das zur Messung geringer Neigungen des Erdbodens, von Lotschwankungen und Gezeiten des Erdkörpers sowie als Seismograph zur Aufzeichnung horizontaler Bodenbewegungen dient.

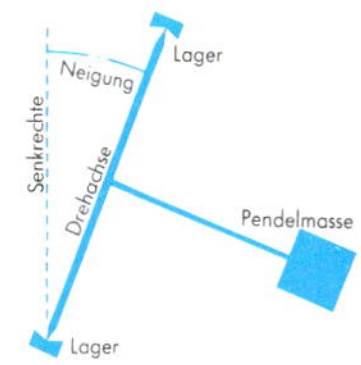

Horizontalpendel

Horizontalverschiebung, Geowissenschaften: **Seiten-** oder **Transversalverschiebung,** horizontale oder flachgeneigte Bewegung längs eines steil einfallenden Bruches. Kurze H. sind **Blattverschiebungen,** große **Paraphoren.**

Horizontalwinkel, Winkel, dessen Schenkel in einer Horizontalebene (Projektionsebene, Bildfläche) liegen.

Horizontsystem, Horizontalsystem, ein astronom. Koordinatensystem (→ astronomische Koordinaten).

Hörkopf, Bez. für den magnet. Tonabnehmer in Tonbandgeräten, der die → magnetische Aufzeichnung zur Weiterverarbeitung (z. B. Wiedergabe über einen Lautsprecher) in elektr. Spannungen umwandelt.

Hormone, *Ez. das* **Hormon,** im lebenden Organismus gebildete, in kleinsten Mengen wirksame Stoffe, die Stoffwechsel, Fortpflanzung und Wachstum steuern; gemeinsam mit dem Nervensystem dienen sie der Informationsübertragung zw. verschiedenen Zellen und Organen. Ihren Angriffspunkt haben die H. i. d. R. in Zellen, die spezif. Haftstellen **(Rezeptoren)** für die entsprechenden H. besitzen. Die H.-Wirkung kommt dadurch zustande, daß z. B. über eine best. Substanz (›zweiter Bote‹) genetisch festgelegte Stoffwechselschritte der Zelle aktiviert werden und so von der Zelle ein neues H., Enzym oder sonstigen Aufgaben dienendes Protein gebildet wird oder die Durchlässigkeit der Zellmembran für best. Stoffe verändert wird. Viele H. wirken unabhängig, andere stehen in Wechselbeziehungen zueinander und beeinflussen sich über Rückkoppelungsmechanismen. Eine zentral übergeordnete Stellung im H.-System nehmen der Hypothalamus und die Hirnanhangdrüse ein.

Nach dem Bildungsort unterscheidet man: 1) in **endokrinen Drüsen** gebildete H., die direkt in die Blutbahn abgesondert werden (innere Sekretion) und mit dem Blut, z. T. an Transporteiweiße gebunden, an den Wirkungsort (Erfolgsorgan) gelangen. 2) **Neurohormone,** die im Zwischenhirn von Nervenzellen gebildet werden (Neurosekretion); hierbei werden elektr. (Nerven-)Impulse in chem. (Hormon-)Signale umgewandelt. 3) **Gewebshormone,** die von einzelnen Zellverbänden, z. B. des Magen-Darm-Kanals, gebildet werden und von den → Überträgersubstanzen nicht immer scharf abzugrenzen sind.

Chemisch sind die H. Steroide (z. B. Geschlechts-H.), Aminosäureabkömmlinge (z. B. Schilddrüsen-H.), Eiweißkörper (Peptide und Proteine; z. B. H. der Hirnanhangdrüse) und Fettsäureabkömmlinge (Prostaglandine). → Geschlechtshormone, → Peptidhormone

Viele H. sind heute synthetisch herstellbar. Durch chem. Abwandlung eines H.-Moleküls werden verstärkte oder ganz neue Wirkungen eines H. erzielt. Als Arzneimittel (Hormonpräparate) finden H. zur Behandlung von Ausfallserscheinungen Verwendung (z. B. Insulin bei Zuckerkrankheit), werden best. Wirkungen zur Behandlung anderer Krankheiten ausgenutzt (z. B. entzündungshemmende Wirkung der Glucocorticoide), oder sie werden zur Diagnose oder zur Regulation der Fortpflanzung (›Anti-Baby-Pille‹) benutzt.

H. kommen nicht nur im Organismus von Mensch und Wirbeltieren vor (i. d. R. nicht artspezifisch), man kennt sie u. a. auch bei Insekten. Bei Pflanzen spricht man von **Phytohormonen** (→Gibbereline, →Pheromone).

Hornblende, wichtiges Mineral aus der Gruppe der →Amphibole; Hauptbestandteil und namengebend für viele Gesteine wie **H.-Gabbro, H.-Schiefer, H.-Fels.**

Horner-Schema [n. dem engl. Mathematiker G. Horner, * 1786, † 1837] dient zur bequemen Berechnung der Funktionswerte einer ganzen rationalen Funktion $f(x) = a_n x^n + a_{n-1}x^{n-1} + \ldots + a_1 x + a_0$ und ihrer Ableitungen, wobei Koeffizienten a_k und Variable x beliebige Zahlen oder Elemente eines Körpers sind. In dem Verfahren zur Ermittlung des Funktionswertes an der Stelle x_0 schreibt man die Koeffizienten $a_n, a_{n-1}, \ldots a_1, a_0$ zunächst in folgendes Schema

$$\text{(I)}\quad \begin{array}{ccccc} a_n & a_{n-1} & a_{n-2} & \ldots\, a_1 & a_0 \\ & + & + & + & + \\ & a_n x_0 & b_1 x_0 & b_{n-2}x_0 & b_{n-1}x_0 \\ a_n & b_1 & b_2 & \ldots\, b_{n-1} & b_n \end{array}$$

Die Summe $a_{n-1} + a_n x_0$ liefert den Koeffizienten b_1, $a_{n-2} + b_1 x_0$ liefert b_2 usf., letztlich bildet $a_0 + b_{n-1}x_0$ den Koeffizienten b_n, der gleich dem Funktionswert an der Stelle x_0 ist. Beispiel 1: $f(x) = 2x^3 + x^2 - 13x + 6$, gesucht ist der Funktionswert an der Stelle $x_0 = 3$. Das H.-S. liefert

$$\text{(II)}\quad \begin{array}{cccc} 2 & 1 & -13 & 6 \\ & + & + & + \\ & 2\cdot 3 & 7\cdot 3 & 8\cdot 3 \\ 2 & 7 & 8 & 30 \end{array} = b_n = f(3)$$

Beispiel 2: Gesucht ist in derselben Gleichung der Funktionswert an der Stelle $x_1 = \frac{1}{2}$: Anwendung des H.-S. liefert

$$\text{(III)}\quad \begin{array}{cccc} 2 & 1 & -13 & 6 \\ & + & + & + \\ & 2\cdot \frac{1}{2} & 2\cdot \frac{1}{2} & -12\cdot \frac{1}{2} \\ 2 & 2 & -12 & 0 \end{array} = b_n = f(\tfrac{1}{2}).$$

Die anderen Nullstellen der Gleichung erhält man durch Lösen der Gleichung von Grad $(n-1)$:

$$a_n x^{n-1} + b_1 x^{n-2} + \ldots b_{n-2}x + b_{n-1} = 0;$$

im obigen Beispiel ist diese Gleichung also $2x^2 + 2x - 12 = 0$ mit den Nullstellen 2 und -3.

Durch Wiederholung des H.-S. mit den Ausgangskoeffizienten $a_n, b_1, \ldots, b_{n-1}$ erhält man den Wert der Ableitung an der Stelle x_0. Beispiel: Den Wert der Ableitung $f'(x)$ der Funktion $f(x) = 2x^3 + x^2 - 13x + 6$ an der Stelle $x_0 = 3$ liefert das H.-S. (vgl. System II) zu

$$\begin{array}{ccc} 2 & 7 & 8 \\ & + & + \\ & 2\cdot 3 & 13\cdot 3 \\ 2 & 13 & 47 \end{array} = f'(3).$$

Hornfels, durch →Kontaktmetamorphose entstandenes, dichtes, muschelig-splittrig brechendes, ungeschiefertes, meist graues oder bräunlich-schwarzes Gestein mit granoplast. Gefüge, z. T. auch Porphyroblasten. Abhängig vom Ausgangsmaterial bilden sich unterschiedl. Kontaktminerale, z. B. in ehemaligen Tonschiefern Cordierit und Andalusit, in Mergeln u. a. Grossular und Wollastonit. – **H.-Fazies,** →Mineralfazies.

Hornsilber, Mineral AgCl, der →Chlorargyrit.

Hornstein, dichtes Kieselgestein, undurchsichtig, unrein gefärbt, hornartiger Bruch. Unreine Abart des →Jaspis; entsteht durch Sammelkristallisation von Kieselsäure in Sedimenten (z. T. lagig), u. a. auch bei Verkieselung von Quarzporphyr und Holz.

Hornstrahler, Mikrowellenantenne in Form einer pyramiden- oder trichterförmigen Erweiterung eines Hohlleiters.

Horologium, lat. Name des →Sternbilds Pendeluhr am Südhimmel.

Horrebow-Talcott-Methode [h'ɔrəbəu-t'ɔlkət-, n. P. Horrebow, * 1679, † 1764, und A. Talcott, * 1797, † 1883], Verfahren zur Bestimmung der geograph. Breite mit dem Zenitteleskop. Man mißt die Differenz der Zenitdistanzen zweier zenitnaher Sterne, die kurz hintereinander durch den Meridian gehen, der eine nördlich, der andere südlich vom Zenit. Die um die Summe der Deklinationen beider Sterne vermehrte Differenz ist gleich der doppelten geograph. Breite.

Hörsamkeit, →Raumakustik.

Hörschall, Schall im engeren Sinn, der →Schall im Frequenzbereich des menschl. →Hörens.

Hörschwelle, →Hören.

horsepower [h'ɔ:spauə], Einheitenzeichen **hp,** eine in Großbritannien und den USA noch gebräuchl. Einheit der Leistung; 1 hp = 550 ft·lbf/s = 745,6998716 W. (ÜBERSICHT Einheiten, Angloamerikanische Einheiten)

Horst, Geologie: vielfach längl., von Verwerfungen begrenzte Scholle der Erdkruste, deren geolog. Bau gegenüber ihrer Umgebung eine höhere Lage erkennen läßt.

Horst: durch Aufpressung entstandener H., von jüngeren Sedimenten abgedeckt

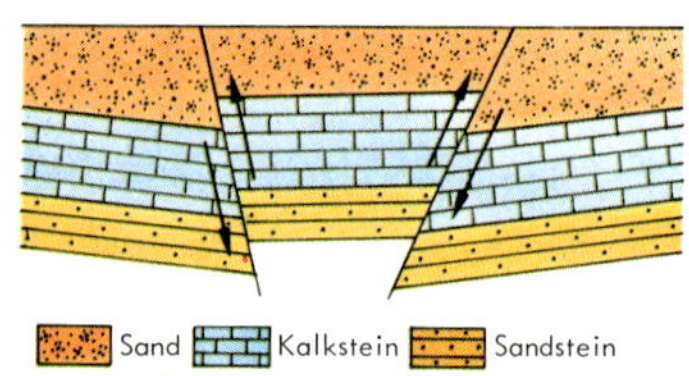

Solange ein H. durch die Abtragung noch nicht eingeebnet wurde, bildet er auch morphologisch eine Aufragung, meist ein **Horstgebirge** (z. B. der Harz). Ein **Halbhorst** ist nur einseitig von Verwerfungen begrenzt.

Hortonolith, Zwischenglied des →Olivin.

Hot Brine [hɔt braın, engl.], →Erzschlämme.

Hot-Carrier-Diode [hɔt k'æriə-, engl.], →Schottky-Diode.

Hot-Dry-Rock-Verfahren [hɔt draı r'ɔk-, engl.], Verfahren zur Gewinnung von →Erdwärme.

Hotmelts [h'ɔtmelt, engl.] *das,* Sammelname für Werkstoffe auf der Grundlage von Paraffinen, Wachsen, Harzen, →Elastomeren und Thermoplasten, die bei normaler Temperatur fest sind, beim Erwärmen einen thermoplast. Bereich durchlaufen und in flüssige Schmelzen übergehen. H. sind heißsiegel- und heißklebefähig. Die Erzeugnisse (Verpackungen, Beschichtungen, Klebstoffe) sind glanzbeständig, gas-, aroma- und fettdicht.

Hot spot [hɔt spɔt, engl.] *der,* **1)** Geologie: örtl. Aufschmelzungszone im Erdmantel unterhalb der Lithosphäre, die sich geologisch langzeitig durch stärkere vulkan. Aktivität an der Erdoberfläche bemerkbar macht, z. B. Island und Hawaii-Inseln.

2) Physik: lokale Anregung in Elementarteilchen und Atomkernen (›heißer Punkt‹).

Hourdis|steine, Hourdis|platten [urd'i-, frz.], Tonhohlplatten für den Einschub als Decke zw. Trägern **(Hourdisdecke).**

Hovercraft [h'ɔvəkrɑ:ft, engl.], das → Bodeneffektfahrzeug.

Howescher Träger [hau-], Fachwerkbinder mit Druckschrägen (auch gekreuzten Diagonalen) und Zugvertikalen. Bei Ausführung des Trägers aus Holz bestehen die Vertikalen aus Rundstahl mit beiderseitigen Muttern.

hp, Einheitenzeichen für →**h**orse**p**ower.

HPLC, Abk. für **High Pressure Liquid Chromatography** [haɪ pr'eʃə l'ɪkwɪd krəʊmət'ɔgrəfɪ, engl.], die → Hochdruckflüssigkeitschromatographie.

HTGR, Abk. für **High Temperature Gas cooled Reactor** [haɪ t'emprɪtʃə g'æsku:ld rɪ'æktə, engl.], gasgekühlter Hochtemperaturreaktor.

H-Theorem, theoretisch begründete Aussage der statist. Mechanik über die Richtung freiwillig verlaufender Prozesse (→Thermodynamik); seine Ableitung beruht auf Gesetzen der Mechanik und Statistik (L. BOLTZMANN, 1872). Es besagt: Weicht die Geschwindigkeitsverteilung der Atome eines idealen Gases von der → Maxwellschen Geschwindigkeitsverteilung ab, so geht sie unter der Wirkung der Zusammenstöße zw. den Teilchen im Verlauf der Zeit in diese Verteilung über.

HTR, Abk. für **Hochtemperaturreaktor,** ein → Kernreaktor (BILD).

Hub, der Weg, den der Kolben einer Kolbenmaschine zw. dem oberen und unteren → Totpunkt zurücklegt.

Hub|balken|ofen, Hub|ofen, Industrieofen zur Erwärmung meist großer Werkstücke. Der Ofenboden ist in Längsrichtung in den Festherd und in periodisch bewegte Balken eingeteilt, die das Wärmgut vom Herd abheben und durch den Ofen transportieren.

Hubble-Effekt [hʌbl-, n. dem amerikan. Astronomen E. Hubble, * 1889, † 1953], die von Hubble 1929 entdeckte Tatsache, daß die Spektrallinien weit entfernter Galaxien nach dem roten Ende des Spektrums (d. h. zu größeren Wellenlängen) hin verschoben sind und zwar um einen der Entfernung der betreffenden Galaxie proportionalen Betrag. Deutet man die → Rotverschiebung als durch den → Doppler-Effekt verursacht, so bedeutet dies, daß sich alle Sternsysteme vom Milchstraßensystem entfernen **(radiale Fluchtbewegung)** und zwar um so schneller, je weiter sie von diesem entfernt sind. Zw. der (aus der Rotverschiebung und ihrer Deutung als Doppler-Verschiebung abgeleiteten) Fluchtgeschwindigkeit v und der Entfernung r eines Sternsystems besteht der lineare Zusammenhang $v = H \cdot r$, H ist die **Hubble-Konstante.** Die Proportionalität der Radialgeschwindigkeit zum Abstand vom Milchstraßensystem bedeutet, daß die Bewegung keinen ausgezeichneten Mittelpunkt hat, sondern relativ zu jeder Galaxie eine radiale Expansion ist. Es handelt sich also um eine gleichmäßige Ausdehnung des Systems der Galaxien. Hubble bestimmte H auf Grund unzureichender Entfernungsangaben zu etwa 500 km/s je Megaparsec Distanz; heute ist ein Wert von 55 km/s je Megaparsec gebräuchlich; daraus ergibt sich ein Weltalter von etwa 18 Mrd. Jahren. Bei Quasaren sind Rotverschiebungen auf mehr als das 4,5fache der normalen Wellenlänge beobachtet worden, was einer Fluchtgeschwindigkeit von mehr als 90% der Lichtgeschwindigkeit entspricht.

Hubdeckenbau, engl. **Lift Slab** [lɪft slæb], Hochbau: Bauweise, bei der die Decken der einzelnen Geschosse am Boden übereinander betoniert und dann entlang von Stützen auf die gewünschte Stockwerkhöhe als Ganzes hochgezogen werden.

Hubgebläse, bislang nur selten verwendetes Triebwerk für → Senkrechtstartflugzeuge, das mittels eines ummantelten Gebläserades einen Luftstrom vertikal abwärts beschleunigt und so bei Start und Landung den Auftrieb liefert; in Rumpf oder Tragflügel eingebaut, im Horizontalflug durch Klappen abgedeckt.

Hub|insel, → Offshore-Technik.

Hubkarren, Gabelhubwagen, manuell oder elektrisch angetriebenes → Flurfördermittel mit mechanisch oder hydraulisch heb- und senkbarem Lastträger mit geringer Hubhöhe zum Unterfahren und Aufnehmen von → Paletten oder von auf Böcken liegenden Stücken. Der Lastträger ist eine Plattform oder eine zweizinkige Gabel. Größere Hubhöhe hat der → Gabelstapler.

Hubkolbenmaschine, eine Maschine mit Kolben, Pleuelstange und Kurbelwelle als Hauptteilen. Der im Zylinder geführte Kolben bewegt sich zw. den Totpunkten hin und her (→ Hub). Die gradlinige Bewegung des Kolbens wird durch ein Schubkurbelgetriebe (→ Kurbelgetriebe) in eine rotierende Bewegung umgewandelt.

Hubkolbenpumpe, einfachwirkende Kolbenpumpe (→ Verdrängerpumpe) mit Druckventil im Kolben, verwendet als Schwengelpumpe und Bohrlochpumpe.

Hubmagnet, der → Lasthebemagnet.

Hübnerit [n. dem dt. Metallurgen A. Hübner, 19. Jh.], Mineral, → Wolframit.

Hubraum, Hubvolumen, der von dem → Kolben 2) einer Kolbenmaschine bei einem → Hub im Zylinder verdrängte Raum, angegeben in cm³ bei kleinen Maschinen, in l bei größeren. Der gesamte H. einer Kolbenmaschine setzt sich aus den H. aller Zylinder zusammen.

Hubschrauber, Helikopter, ein → Drehflügler, bei dem durch den Umlauf von einer oder (seltener) mehreren **Hubschrauben (Rotoren)** um eine nahezu senkrechte Achse aerodynamisch eine Kraft **(Rotorschub)** erzeugt wird, deren senkrechte Komponente den Auftrieb liefert. Durch eine Steuerung (Anstellwinkelverstellung) der Flügel-(Rotor-)Blätter kann die Richtung des Rotorschubes aus der Senkrechten ausgelenkt werden, wodurch eine Horizontalkomponente auftritt, die als Vortriebskraft dienen, den H. aber auch rückwärts oder seitwärts bewegen kann.

Die Rotoren werden von Kolben- oder Turbinentriebwerken mechanisch angetrieben **(Wellenantrieb)** oder durch die Reaktion auf an den Flügelblattenden tangential austretende Gasstrahlen in Umlauf versetzt **(Reaktionsantrieb).** Bei Ausfall des Antriebes kann der H. durch Blattwinkelverstellung in den Tragschrauberzustand gebracht (→ Autorotation) und noch sicher gelandet werden. Beim Wellenantrieb wirkt ein Reaktionsmoment auf den Rumpf des H., das diesen um seine Hochachse zu drehen versucht und das durch gegenläufige Rotoren oder durch einen Heckrotor mit horizontaler Achse ganz oder

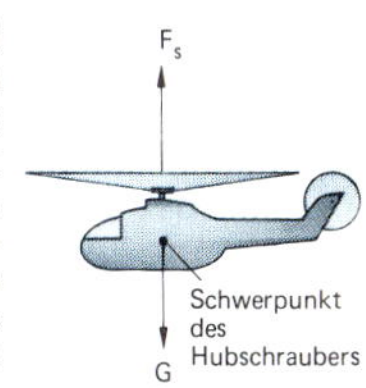

stationärer Schwebeflug

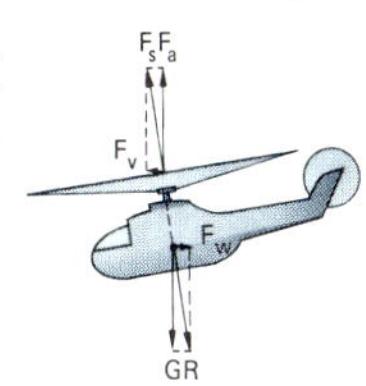

stationärer Vorwärtsflug

Hubschrauber

1

2

3

4

Hubschrauber: 1 MIL Mi-12, sowjetischer schwerer Transport-H. (1983 größter H. der Erde), 4 Gasturbinen mit je 4780 kW (6500 PS), Rotordurchmesser je 35 m, max. Startgewicht 105000 kg, max. Nutzlast 35380 kg, 6 Mann Besatzung. **2** Hughes AH-64, amerikan. zweisitziger Kampf-H., bes. zur Panzerbekämpfung, 2 Gasturbinen mit je 1130 kW (1540 PS), Rotordurchmesser 14,63 m, max. Startgewicht 7900 kg, Bewaffnung: eine 30-mm-Kanone, 8 Panzerabwehr-Lenkwaffen. **3** Boeing Vertol CH-47 Chinook, mittelschwerer Transport-H. der US-Army, 2 Gasturbinen mit je 2760 kW (3750 PS), Rotordurchmesser je 18,29 m, max. Startgewicht 20865 kg, Nutzlast 10600 kg oder 33 bis 44 Soldaten, 2 Mann Besatzung. **4** MBB-Kawasaki BK 117, dt.-japan. Gemeinschaftsentwicklung, acht- bis zwölfsitziger Mehrzweck-H., gelenkloser Rotorkopf, Rotordurchmesser 11,00 m, 2 Gasturbinen mit je 441 kW (600 PS), maximales Startgewicht 2800 kg

nur teilweise ausgeglichen (Drehmomentausgleich) und somit zur Steuerung um die Hochachse genutzt werden kann. Steuerung um die anderen Achsen sowie Steigen oder Sinken werden durch zyklische und durch kollektive Anstellwinkeländerung der Rotorblätter bewirkt, die zu diesem Zweck um die Blattlängsachse drehbar am **Rotorkopf** angeschlossen sind. Zur Verbesserung der Flugeigenschaften und der Beanspruchungsverhältnisse der Blattwurzel erfolgt dieser Anschluß mit Gelenken **(Gelenkrotor)** oder mit elast. Gliedern **(gelenkloser Rotor,** fälschlich oft als Starrotor bezeichnet).

Die von der Fluggeschwindigkeit unabhängige Auftriebserzeugung erlaubt Senkrechtstart und -landung sowie den Schwebeflug. Durch seine besonderen Flugeigenschaften kann der H. Aufgaben erfüllen, die mit Starrflügelflugzeugen nicht zu bewältigen sind, ist jedoch gegenüber diesen durch geringere Reichweite und Geschwindigkeit sowie höhere Anschaffungs- und Betriebskosten (bei vergleichbarer Größe) benachteiligt.

H. werden im zivilen und militär. (Heeresflieger, Luftwaffe) Bereich für besondere Transportaufgaben (Personen- und Lastentransport zw. unvorbereiteten oder engumgrenzten Start- und Landeplätzen, Lastaufnahme oder -absetzen im Flug bei fehlender Landemöglichkeit), für Überwachungs- und Beobachtungsaufgaben (auch im Schwebeflug) sowie für Sonderaufgaben eingesetzt, z. B. im Luftrettungsdienst, in der Landwirtschaftsfliegerei, als fliegender Kran, in der Panzer- und U-Boot-Bekämpfung (→ Kampfhubschrauber).

Entwicklung. Der erste frei fliegende H. wurde 1907 von P. CORNU, Frankreich, gebaut. Die wenige Wochen zuvor geflogene Konstruktion von L. BRÉGUET bedurfte der Stabilisierung vom Boden aus mit Hilfe von Stangen. Der erste einwandfrei lenkbare und leistungsfähige H. (Fw 61) entstand 1936 nach Entwürfen von H. FOCKE, Dtl. Noch im 2. Weltkrieg fand der H. militär. Verwendung durch die USA; danach weltweit eingeführt.

M. J. H. TAYLOR: Die H. der Welt (a. d. Engl., 1978); N. WILKE: Flugtheorie für H. (1978); R. BESSER: Technik und Gesch. der H., 2 Bde. (1982); K. v. GERSDORFF u. K. KNOBLING: H. und Tragschrauber (1982).

Hubschrauberträger, von Seestreitkräften verwendeter Schiffstyp, dessen Flugdeck als Start- und Landeplattform für Hubschrauber dient, die zur U-Boot-Bekämpfung sowie zum Einfliegen von Luftlandetruppen bei Landungsoperationen eingesetzt werden. H. sind meist umgebaute kleinere → Flugzeugträger.

Hub-Schub-Triebwerk, ein Turbinen-Luft-Strahltriebwerk für → Senkrechtstartflugzeuge, das durch Richtungsänderung des Abgasstrahles die Hubkraft für Start und Landung und die Schubkraft für den Horizontalflug liefern kann; Änderung der Schubrichtung durch schwenkbare Austrittsdüsen oder durch Ausleitung des Gasstrahles aus dem Schubrohr nach unten mit Hilfe verstellbarer Klappen. (→ Hubtriebwerk)

Hub|senk|tor, → Schleuse.

Hubstapler, ein → Gabelstapler.

Hubstrahler, ausschließlich durch den Schub von Strahltriebwerken getragenes und lagestabilisiertes Luftfahrzeug (keine aerodynamische Auftriebserzeugung). H. sind Senkrechtstartgeräte und sind schwebeflugfähig; bislang nur als Forschungs- und Versuchsgeräte verwendet (→ Schwebegestell).

Hubtor, → Schleuse.

Hubtriebwerk, Turbinen-Luft-Strahltriebwerk für → Senkrechtstartflugzeuge mit vertikal abwärts gerichtetem Abgasstrahl, das die für Start, Landung und Übergangszustände erforderliche Hubkraft liefert, während die Schubkraft für den Horizontalflug durch ein zusätzl. Schubtriebwerk erzeugt wird. Da die H. nur kurzzeitig in Betrieb sind, können sie bes. einfach und leicht gebaut werden. Aus Sicherheitsgründen wird die gesamte erforderliche Hubkraft auf mehrere Einzeltriebwerke aufgeteilt. (→ Hub-Schub-Triebwerk)

Hubverhältnis, Verhältnis von Kolbenhub zu Zylinderdurchmesser einer Hubkolbenmaschine. Ein H. von 1 wird **quadratisch,** >1 **unterquadratisch** (langhubig), <1 **überquadratisch** (kurzhubig) genannt. Kurzhubige Verbrennungsmotoren haben kleine mittlere Kolbengeschwindigkeiten, geringe Bauhöhe, Platz für große Ventile (gute Zylinderfüllung bei hohen Drehzahlen). Nachteil: höhere Kolben- und Lagerkräfte, flacherer Brennraum mit erhöhten therm. Wandverlusten und vorzeitigem Verbrennungsende.

Huckepackverkehr, Transport von Lastzügen, Sattelanhängern und Wechselaufbauten auf Eisenbahnwaggons. Ziel ist die Kombination der flexiblen Flächenbedienung auf der Straße mit dem billigeren Schienentransport über weite Strecken.

Hügel, → Berg.

Hülle, Mathematik: → Berührung.

Hüllkurve, die → einhüllende Kurve.

Hülse, allg. Hülle aus Papier, Blech, Kunststoff; Kerntechnik: **Brennstoffhülse,** → Brennelement.

Hum, → Karst.

Hume-Rothery-Regel [hju:m r'ɔðərɪ-, n. dem brit. Metallurgen W. Hume-Rothery, * 1899, † 1968], **Valenzelektronenkonzentrationsregel,** 1927 von W. HUME-ROTHERY aufgestellt: Intermetall. Verbindungen mit best., konstantem Verhältnis der Anzahl der Valenzelektronen zu der der Atomrümpfe (β-Strukturen 3:2, ε-Strukturen 7:4, γ-Strukturen 21:13) weisen jeweils den gleichen Strukturtyp auf **(Hume-Rothery-Phasen).**

humid, feucht. **Humidität,** Feuchtigkeit, als klimat. Maß der Grad des Überwiegens der mittleren Niederschläge über die Verdunstung im Jahr oder in einzelnen Monaten. Im **humiden Klima** sind die Niederschläge größer als die Verdunstung. **Vollhumid** sind Gebiete mit ausreichenden Niederschlägen zu allen Jahreszeiten, **semihumid** Gebiete, in denen die Verdunstung in bis zu sechs Monaten die Niederschläge übertrifft.

Huminstoffe, Bodenkunde: dunkle amorphe organ. Kolloide, die bes. Wasserbindung, Gefügebildung und Nährstoffaufnahme des Bodens bewirken und dessen Wärmehaushalt regulieren.

Humit [n. dem engl. Geologen A. Hume, * 1748, † 1838] *der,* Mineral, → Norbergit.

HUMM-vee [h'ʊmvi:, engl.], übliche, mundgerechtere Abk. statt **HMMWV** für **High Mobility Multi-purpose Wheeled Vehicle** [haɪ məb'ɪlɪtɪ m'ʌltɪ p'ə:pəs hwi:ld v'i:ɪkl, engl.], die offizielle Bez. für den in Entwicklung befindl. leichten amerikan. Mehrzweck- und Geländewagen, der den → Jeep ablösen soll.

Humolith, Synonym für Kohlengestein (Torf-, Braun- und Steinkohle).

Humus, Gemisch abgestorbener tier. und pflanzl. Stoffe (Ausnahmen: z. B. Wurzeln, frische Waldstreu), die Ab-, Um- und Aufbauprozessen unterliegen oder unterlegen haben (→ Huminstoffe). H. ist für die Bodenfruchtbarkeit von großer Bedeutung; er kommt vor u. a. als Mull, Moder, Roh-H., Anmoor, Torf. Die H.-Bildung ist abhängig von klimat., edaph. (vom Erdboden abhängigen) und biolog. Faktoren.

Hund, Astronomie: das → Sternbild **Großer H.** (lat. **Canis maior)** steht etwas südlich vom Äquator und ist im Winter am Abendhimmel sichtbar. Sein Hauptstern, der → Sirius, auch **Hundsstern,** ist der am hellsten erscheinende Fixstern. Der **Kleine H.** (lat. **Canis minor),** ein Sternbild der Äquatorzone, ist ebenfalls im Winter am Abendhimmel sichtbar.

hundredweight [h'ʌndrədweɪt], auch **centweight** [s'entweɪt], Einheitenzeichen **cwt,** noch gebräuchl., in Großbritannien eine Gewichts- und Masseneinheit: 1 cwt = 112 lb = 50,802345 kg, wird in den USA **long hundredweight** genannt zum Unterschied vom **short hundredweight** [ʃɔ:t-]; 1 sh cwt = 100 lb = 45,359237 kg. Diese Einheit wiederum heißt in Großbritannien → cental. (ÜBERSICHT Einheiten, Angloamerikanische Einheiten)

Hunds|tage, Hitzeperiode von Ende Juli bis Ende August.

Hunger|steine, große Steine oder Felsen, die nur bei niedrigem Wasserstand im Flußbett sichtbar werden.

Hupe, das Horn der Kraftfahrzeuge. Bei der **elektrischen H.** befinden sich vor den Polen eines Elektromagneten eine fest eingespannte Membran und ein Unterbrecher. Es werden zwei verschiedene Systeme verwendet: Beim **Aufschlaghorn (Tellerhorn)** setzt die Membran einen Schwingteller in kräftige Schwingungen; beim **elektropneumat. Horn (Fanfare)** versetzt die Membran (ohne Schwingteller) eine auf sie abgestimmte Luftsäule in Schwingungen.

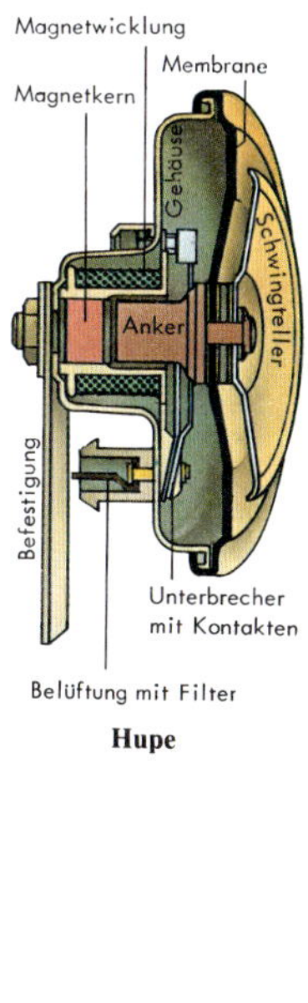

Hupe

Hurrikan *der,* Bez. für → tropische Wirbelstürme im amerikanisch-karib. Raum, treten bes. von Juli bis Okt. auf; meist mit individuellen Namen benannt.

Hut, Geologie: **Eiserner Hut,** → Oxidationszone, **Salzhut** und **Gipshut,** → Salzspiegel.

Hütte, 1) Hüttenwerk, Industrieanlage zur Gewinnung und teilweisen Weiterverarbeitung nutzbarer Metalle oder zur Herstellung keram. Produkte (Eisen-, Blei-, Kupfer-, Glas-, Ziegel-H.). Die **Eisenhüttenkunde** umfaßt die Metallurgie von Stahl und Eisen, die **Metallhüttenkunde** die Metallurgie der Nichteisenmetalle, die **Silikat-** oder **Gesteinshüttenkunde** die Wissenschaft und Technik der grobkeram. Industrie: feuerfeste Steine, Zement, Glas, Steinzeug (Montanindustrie).

2) beim Schiff die → Poop.

Hüttenbims, Schaumschlacke, durch Wasser oder Dampf geschäumte und zerkleinerte Hochofenschlacke mit offenporiger Oberfläche und gedrungen kantiger Kornform. H. wird vorwiegend als → Leichtzuschlag für → Beton verwendet.

Hüttensteine, früher **Hochofenschlackensteine,** Mauersteine aus granulierter → Hochofenschlacke (Hüttensand) und anorgan. Bindemitteln (Zement, Baukalk).

Hüttenwerk, → Hütte 1).

Hüttenwolle, früher **Schlackenwolle, Schlakkenfaser,** meist aus → Hochofenschlacken nach dem Düsenblasverfahren (→ Glasfaser) erblasene Mineralfasern, verwendet als Dämmstoff.

Huygenssches Prinzip [h'œjxəns-, n. dem niederländ. Physiker Ch. Huygens, * 1629, † 1695], Satz der Wellenlehre, bes. der theoret. Optik: Jeder in einem isotropen Medium von einer Wellenfront getroffene Punkt

Huygenssches Prinzip

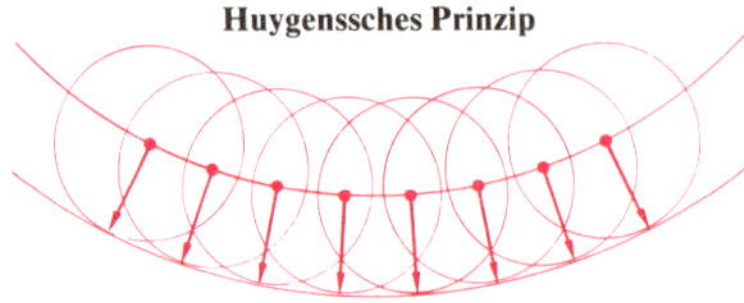

kann als Zentrum (Ausgangspunkt) einer kugelförmigen Elementarwelle aufgefaßt werden, die sich mit gleicher Geschwindigkeit und Wellenlänge ausbreitet wie die Ursprungswelle. Die Einhüllende aller Elementarwellen ist die neue Wellenfront (BILD). Die Berücksichtigung der Interferenz der Elementarwellen entsprechend ihren verschiedenen Gangunterschieden (nach A. J. FRESNEL) lieferte als **Huygens-Fresnelsches Prinzip** eine vollständigere Beschreibung der Ausbreitungserscheinungen, z. B. nach → Reflexion, → Beugung oder → Brechung.

Hybridflügel

HVSt, Abk. für **Hauptvermittlungsstelle,** → Fernmeldenetz.

Hyaden, Regengestirn, mit bloßem Auge sichtbarer offener Sternhaufen im Sternbild Stier von etwa 350 Sternen in der Umgebung des Sternes Aldebaran, der selbst aber nicht dazugehört, sondern ein Vordergrundstern ist.

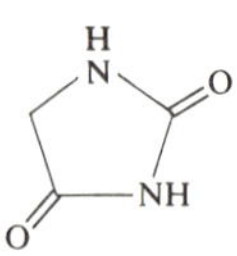

Hydantoin

Hyalit, Mineral, wasserheller, glasglänzender → Opal.

Hyalo|siderit, Zwischenglied des → Olivin.

Hybrid|antrieb, Fahrzeugantrieb, bei dem mehrere (meist zwei) Antriebsarten im Wechsel oder nebeneinander wirken. Der Nutzen liegt im Betrieb der jeweils wirtschaftlichsten oder umweltfreundlichsten Antriebsart. Eine Möglichkeit bietet im → Elektrofahrzeug die Verbindung von Verbrennungsmotor, Elektromotor (auch als Generator zu betreiben) und wiederaufladbarer Batterie. – **Hybrid-Raketenantrieb,** Kombination zw. Flüssigkeits- und Feststoff-Raketenantrieb (→ Rakete).

Hybridflügel, Strake-Flügel [streɪk-, engl.], bei militär. Hochleistungsflugzeugen zunehmend verwendete Flügelform, die als Kombination eines nur mäßig gepfeilten Geradflügels mit einem stark gepfeilten Deltaflügel verstanden werden kann. Die in der Nähe des Rumpfes weit zur Rumpfspitze vorgezogenen Flügelvorderkanten (engl. ›strakes‹) erzeugen bei großen Anstellwinkeln ein stabiles Wirbelsystem, das die Eigenschaften des Tragwerks wesentlich verbessert.

Hybridantrieb in Einstranganordnung: B Verbrennungsmotor, E Elektromotor (als Generator schaltbar), T Treibachse. Bei Fahrt mit Verbrennungsmotor sind beide Kupplungen K_1 und K_2 eingerückt, der Elektromotor läuft leer oder liefert Strom in die (nicht dargestellte) Akkumulatorbatterie. Bei Stadtfahrt mit Elektromotor ist Kupplung K_1 ausgerückt. Bei Fahrzeugstillstand kann Kupplung K_2 aus-, K_1 eingerückt werden (Stromerzeugung durch E zum Laden der Batterie)

Hybridmotor, Verbrennungsmotor mit charakterist. Merkmalen von Otto- und Dieselmotor, z. B. beim FM-Verfahren (→ Dieselmotor).

Hybridrechner, ein Computer, der sowohl mit analogen als auch mit digitalen Schaltkreisen ausgestattet ist. Dadurch verbinden sich die Vorteile eines Analogrechners (z. B. einfache Darstellung mathemat. Funktionen) mit denen eines Digitalrechners (z. B. hohes Speichervermögen, große Genauigkeit).

Hybridschaltung, elektron. Schaltkreis, der sich von monolithisch erzeugten → integrierten Schaltungen durch seinen Herstellungsprozeß unterscheidet. Eine in → Dickfilmtechnologie oder in → Dünnfilmtechnologie hergestellte H. enthält neben dem Trägerplättchen und verbindenden Leiterbahnen Widerstandsschichten und Einzelbauelemente, die zusammengefügt eine best. Funktion erfüllen.

Hydantoin, 2,4-Di|oxo|imid|azolidin, kristalline heterozykl. Verbindung, die in Melasse vorkommt. H. wird u. a. zur Synthese von Aminosäuren verwendet. Seine Derivate (z. B. Phenytoin, Ethotoin) haben Bedeutung als Antiepileptika.

Hydra, lat. Name für das Sternbild (Weibl.) → Wasserschlange.

Hydrant, Wasserentnahmestelle zur Brandbekämpfung und Straßenreinigung aus dem öffentl. Versorgungsnetz. Die Abstände zw. den H. betragen 80–100 m. Ausführung als **Unterflur-H.** (mit einem Deckel verschlossener Anschluß unter dem Straßenniveau, Wasserentnahme mit Standrohr), **Überflur-H.** (gußeiserne Säulen am Straßenrand, Anschluß- und Fallmantel-H.), **Wand-H.** in Gebäuden. (BILD S. 293)

Hydrargillit *der,* Mineral γ-$Al(OH)_3$, weiß; H. 2,5–3, D. 2,3–2,4; ein Schichtsilikat; selten sechseckige tafelige Kristalle, meist in radialstrahligen oder schuppigen Aggregaten als Bestandteil der Bauxite und Laterite. Weitere Modifikationen des $Al(OH)_3$: **Gibbsit** und **Nordstrandit.**

Hydratation, Anlagerung von Wasser an Ionen oder polare Moleküle. Sie führt bei Mineralen häufig zu Volumenvermehrung, z. B. Quellen von Gips oder von Tonen oder zur Sprengung des Gesteins durch **H.-Druck** bestimmter Kluftminerale. (→ Solvatation)

Hydratationswärme, Bindungswärme, der Unterschiedsbetrag zw. Lösungswärme und der Wärme aus dem Kristallisationsvorgang. Sie entsteht bei gebrannten Bindemitteln wie Kalk, Gips, Zement durch den durch den Wasserzusatz hervorgerufenen chem. Vorgang der Hydratation.

Hydratcellulose, Cellulosehydrat, nicht ganz einheitliche Bez. für aus Lösung regenerierte Cellulose (z. B. Cellophan, Viskosefasern). H. quillt mit Wasser stärker als native (natürl.) Cellulose (z. B. Baumwolle).

Hydrate, chem. Verbindungen, die durch Anlagerung von Wasser, meist an Kationen, entstehen **(Hydratation).** Der allg. Fall der Anlagerung von Dipolmolekülen des Lösungsmittels heißt → Solvatation. Die Bindung in den H. beruht v. a. auf polaren Kräften und ist um so stärker, je größer das Dipolmoment des Lösungsmittelmoleküls ist. Wassermoleküle wirken als Folge ihrer gewinkelten Struktur ebenfalls als elektr. Dipole, die in wäßrigen Salzlösungen von deren Ionen angezogen werden. Bei der Bildung von H. wird **Hydratationsenergie** frei. Das in festen

H. gebundene Wasser **(Kristallwasser)** wird bei best. Temperaturen abgegeben, wobei definierte H. mit best. Wassergehalt entstehen können. Die Abgabe von Wasser aus einem H. bei normaler Temperatur heißt **Verwitterung.**

hydratisch, svw. → allitisch.

Hydratisierung, chem. Reaktion, bei der Wasser an reaktionsfähige Verbindungen angelagert wird und Umkehrung der → Dehydratisierung. Die H. hat techn. Bedeutung für die Herstellung von Alkoholen, z. B. von → Äthylenglykol aus Äthylenoxid oder von Isopropylalkohol aus Propylen in Gegenwart von sauren Katalysatoren (z. B. Phosphorsäure, saure Ionenaustauscher):

$$\underset{\text{Propylen}}{CH_2=CH-CH_3} + \underset{\text{Wasser}}{H_2O} \longrightarrow \underset{\text{Isopropylalkohol}}{CH_3-CHOH-CH_3}$$

Enzymat. H. spielen auch beim Stoffwechsel eine Rolle.

Hydraulic-Fracturing-Verfahren [haɪdrˈɔːlɪk fræktʃərɪŋ-, engl.], → Erdwärme.

Hydraulik, urspr. ein Teilgebiet der Strömungslehre, umfaßt die Lehre und techn. Anwendung imkompressibler Flüssigkeiten in Rohren **(Rohr-H.),** Gerinnen und porösen Stoffen. Heute versteht man unter H. bes. die techn.

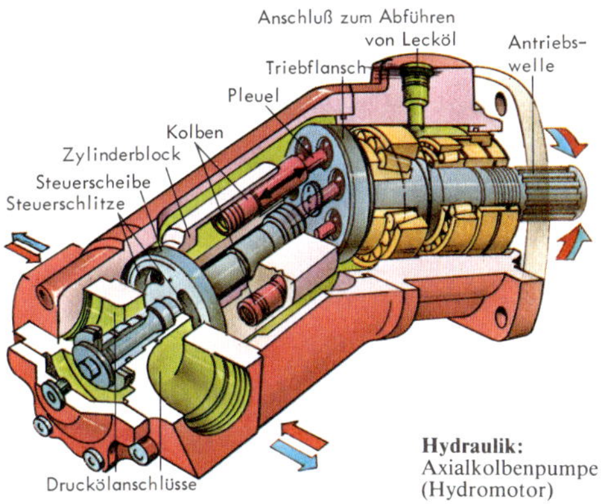

Hydraulik: Axialkolbenpumpe (Hydromotor)

Verfahren und Anlagen zur Kraftübertragung mittels Flüssigkeiten in geschlossenen Leitungssystemen. Diese Kraftübertragung und ihre Vorrichtungen dienen als **hydraul.** oder **hydrostat. Antrieb** (→ Druckmittelgetriebe). Wegen der korrosiven Eigenschaften des Wassers verwendet man spezielle → Hydraulikflüssigkeiten als Übertragungsmedium **(H.-Öl).**

Jeder H.-Antrieb baut sich aus den zu einem Kreislauf geschalteten Grundelementen auf: Pumpe, Druckleitung, Steuer- und Regelorgane und Verbraucher **(H.-Motor, H.-Zylinder)** sowie Hilfsgeräte. Zur Erzeugung hydraul. Energie und ihrer Rücktransformation in mechanische dienen Verdrängerpumpen vielfältiger Bauart, überwiegend Zahnrad-, Flügel-, Radial- und Axialkolbenpumpen und -hydromotoren sowie H.-Zylinder. Die meisten Bauarten gestatten eine stufenlose Verstellung des Volumenstromes.

Die hydraul. Kraftübertragung wird vielfältig angewendet, z. B. in hydraul. Pressen, zur Erzeugung der Vorschubbewegung in Arbeitsmaschinen, zur Betätigung von Kippeinrichtungen, von Hebezeugen (Gabelstaplern), Baggern, von Steuer-, Regel-, Antriebs- und Bremsvorrichtungen von Fahrzeugen.

Die Energieübertragung hydrostat. Antriebe beruht auf der Verschiebungsarbeit der unter hohem Druck (2–300 bar und mehr) stehenden Flüssigkeit bei Strömungsgeschwindigkeiten von 5 bis 8 m/s (i. Ggs. zur kinetischen Energieübertragung in hydrodynam. Antrieben). Vorteile der H.: hohe Energiedichte, dadurch große erreichbare Kräfte bei kleinen Abmessungen, kontinuierliche Steuer- und Regelbarkeit, keine kraftverzehrenden Übertragungselemente (Zahnräder, Gelenkwellen), große Freizügigkeit bei der Wahl des Energietransportweges (Rohrleitungen). Nachteile: Elastizität des Übertragungsmediums und der im Kreislauf verwendeten Bauteile (Schläuche), Abhängigkeit der Viskosität des Öles von Temperatur und Druck, unvermeidlicher Schlupf durch Leckagen, so daß eine präzise Koppelung von Bewegungen wie durch mechan. Getriebe nicht erreichbar ist. Diese Nachteile können in gewissen Grenzen bei **elektrohydraul. Servoantrieben** umgangen werden. Diese verbinden die Feinfühligkeit und Reaktionsgeschwindigkeit elektr. Systeme mit der hohen Energiedichte hydraul. Antriebe und dienen insbes. in Werkzeugmaschinen zu Positionierungsaufgaben. Elektr. Steuerimpulse werden in Servoventilen umgesetzt, wobei i. a. der elektr. Impuls an einem ausbalancierten hydraul. System unter Ausnutzung einer Drosselwirkung verstärkt wird. Durch unmittelbare Kopplung von Servoventil und H.-Motor lassen sich Genauigkeiten von 0,5 bis 2 μm erreichen.

D. u. F. FINDEISEN: Öl-H. ([3]1978); D. WILL: Einführung in die H. und Pneumatik ([2]1981); G. BAUER: Öl-H. ([3]1982).

Hydraulikflüssigkeiten, Flüssigkeiten, die zur Energieübertragung in hydrostat. und hydrodynam. Systemen verwendet werden (→ Hydraulik). Neben der Energieübertragung dienen H. zur Kühlung, Schmierung und zum Korrosionsschutz. Die größte Bedeutung haben **Mineralöle,** die durch Additive (Antischaummittel, Antioxidantien, Korrosionsinhibitoren u. a.) dem jeweiligen Verwendungszweck angepaßt werden. **Bremsflüssigkeiten** für hydraul. Kraftfahrzeugbremsen bestehen aus Glykolen, Glykoläthern oder Glycerin. Als schwerentflammbare H. für Hydraulikanlagen an Hochöfen, in Gießereien u. a. werden Öl-Wasser-Emulsionen, Lösungen von Glykolen in Wasser oder Halogenkohlenwasserstoffe verwendet.

hydraulische Förderung, Rohr- oder Trogförderung von Schüttgütern, z. B. Kohle, durch strömendes Wasser oder Salzlösungen; Fördermengen bis zu 300 t/h und Förderstrecken bis zu 400 km. (→ Pipeline)

hydraulische Presse, Vorrichtung zur Erzeugung großer Kräfte, bei der von der Tatsache Gebrauch gemacht wird, daß der mit Hilfe eines Kolbens auf eine Flüssigkeit ausgeübte Druck im Innern der Flüssigkeit überall gleich groß ist. Wirkt der Druck $p = F_1/A_1 = F_2/A_2$ auf einen Kolben mit der größeren Querschnittsfläche A_2, so entsteht eine größere Kraft F_2 als die Kraft F_1, die an einem Kolben mit der kleineren Querschnittsfläche A_1 aufgebracht werden muß, um den Druck p zu erzeugen (BILD Presse).

hydraulischer Widder, → Stoßheber.

hydraulische Steckdose, Kupplungsstück zum Ankuppeln von Ölhydraulikschläuchen.

hydraulische Zusätze, Hydraulite, pulverförmige Stoffe mit latent hydraulischen (festigkeitsbilden-

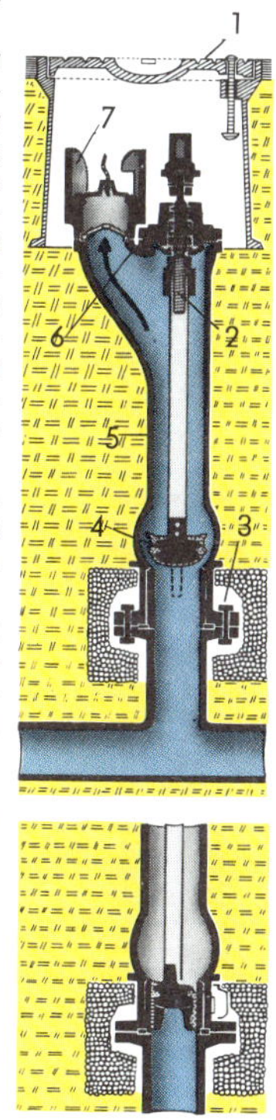

Hydrant

Hydrant: Unterflurhydrant, OBEN geöffnet, UNTEN geschlossen. **1** Straßenkappe, **2** Spindel, **3** Entwässerungsöffnung, **4** Kolbenventil, **5** Mantelrohr, **6** Stopfbüchse, **7** Schlauchanschluß (Klaue)

den) Eigenschaften (feingemahlene Hochofenschlacke, Traß, Flugasche, Ziegelmehl, puzzolanische Gesteinsmehle); bei der Herstellung von Zement und Beton verwendet.

Hydrazin:

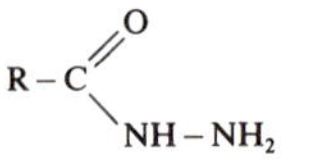

Carbonsäurehydrazid

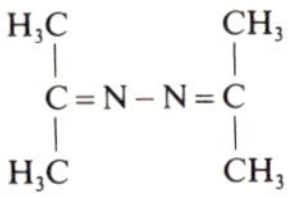

Dimethyl-Ketazin

Hydrazin, Diamid, H_2N-NH_2, farblose, an der Luft rauchende, mit Wasser mischbare Flüssigkeit. H. zersetzt sich in der Wärme und unter dem Einfluß von Metallkatalysatoren. Es reagiert basisch und bildet **Hydraziniumsalze** mit den Kationen $N_2H_5^+$ und $N_2H_6^{2+}$. Durch →Kondensation 1) mit Aldehyden und Ketonen bilden H. und seine Alkyl- und Arylderivate **Hydrazone.** Verbindungen mit Metallen sowie mit Carbon- und Sulfonsäuren heißen **Hydrazide.** – H. ist ein starkes Reduktionsmittel. Nach dem **Raschig-Verfahren** wird H. aus Natriumhypochlorit und Ammoniak über Chloramin als Zwischenprodukt hergestellt:

$$NaOCl + NH_3 \longrightarrow ClNH_2 + NaOH$$
$$NaOH + ClNH_2 + NH_3 \longrightarrow N_2H_4 + NaCl + H_2O$$

Eine Weiterentwicklung des Raschig-Verfahrens ist die Synthese in Gegenwart von Aceton **(Bayer-Verfahren),** bei der Dimethyl-Ketazin als Zwischenprodukt auftritt. H. kommt meist als 64%ige wäßrige Lösung **(H.-Hydrat)** oder als Dihydrazinsulfat, $(N_2H_5)_2SO_4$, in den Handel. – H., das früher überwiegend als Raketentreibstoff technisch genutzt wurde, wird heute hauptsächlich als Korrosionsschutzmittel für Kesselspeisewasser verwendet. Daneben dient es als Zwischenprodukt für die Herstellung von Pharmazeutika, Herbiziden (Triazine) und Treibmitteln für Kunststoffe (Schaumstoffe).

Hydrazoverbindungen:

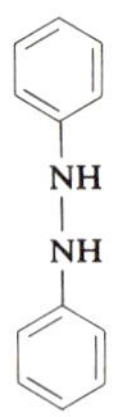

Hydrazobenzol

Hydrazoverbindungen, organ. Verbindungen mit der Atomgruppierung $-NH-NH-$. **Hydrazobenzol** ist eine kristalline Verbindung, die durch Reduktion von Nitrobenzol erhalten wird.

Hydride, Verbindungen des Wasserstoffs mit anderen Elementen. Mit Nichtmetallen entstehen meist **flüchtige H.** mit kovalenter Bindung, z. B. Ammoniak, NH_3, Wasser, H_2O, Schwefelwasserstoff, H_2S, mit Metallen **salzartige, elektrovalente H.** (mit **Hydridion** H^-), z. B. Natriumhydrid, NaH. **Metallartige H.** bilden sich reversibel bei der Aufnahme von Wasserstoff durch best. Legierungen (Eisen-Titan, Magnesium-Nickel u. a.). In diesen H. können höhere Wasserstoffdichten erreicht werden als in flüssigem Wasserstoff. Sie sind deshalb für die Speicherung von Wasserstoff als Energieträger (Hydridspeicher) interessant.

Hydrierstähle, legierte Sonderstähle für den Bau von Gefäßen, in denen chem. Reaktionen unter hohem Wasserstoffdruck durchgeführt werden können. H. heißen auch **druckwasserstoffbeständige Stähle.**

Hydrierung, Anlagerung von Wasserstoff an chem. Verbindungen (→Addition 2). I. Ggs. zur →Dehydrierung wird die H. durch hohen Druck und niedrige Temperaturen (Raumtemperaturen bis etwa 400 °C) begünstigt. Zur Aktivierung des Wasserstoffs sind Katalysatoren erforderlich (meist Übergangsmetalle wie Platin, Nickel oder Kupfer). Als Reaktoren dienen häufig →Festbettreaktoren oder Rührkessel, wobei der pulverförmige Katalysator in der zu hydrierenden Flüssigkeit suspendiert ist. – Von techn. Bedeutung sind z. B. die H. von Benzol zu →Cyclohexan, von Nitrobenzol zu →Anilin, von Fettsäuren zu Fettalkoholen, von ungesättigten Fettsäuren zu gesättigten (Fetthärtung) und von Adiponitril zu Hexamethylendiamin. Die H. von Kohlenmonoxid führt je nach Katalysator zu →Methanol, Kohlenwasserstoffen (→Fischer-Tropsch-Synthese) u. a. Produkten. Die hydrierende Raffination von Erdölprodukten wird meist als →Hydrotreating bezeichnet. Durch →Kohlehydrierung können flüssige Kraftstoffe erzeugt werden.

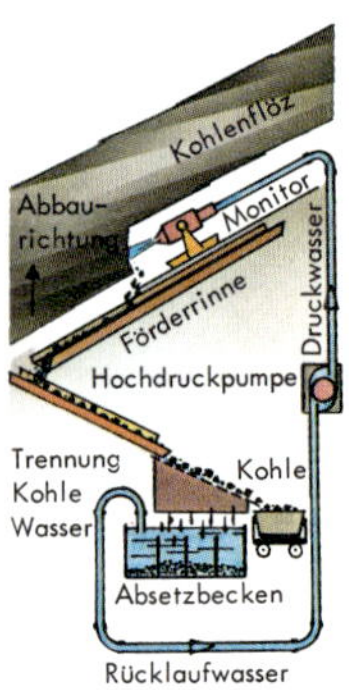

Hydroabbau

Hydro . . ., Vorsilbe, die in der Chemie meist die Gegenwart von Wasserstoff ausdrückt, z. B. Hydroperoxid, Hydrochinon.

Hydro|abbau, Hydrogewinnung, Bergbau: Lösen von Lagerstätteninhalt durch Druckwasser in Verbindung mit Brechwerkzeugen. Ein Wasserstrahl wird aus Wasserwerfern mit Drücken bis zu 700 bar gegen die Abbaufront gerichtet, hinterschneidet den Abbaustoß, von dem das freigeschnittene Material (meist Kohle) durch in den Schnitt eindringende keilförmige Brechwerkzeuge abgedrückt wird. Gelöstes Material wird durch abfließendes Wasser mitgerissen und/oder auf den Strebförderer geladen.

Hydro|aromaten, hydro|aromatische Verbindungen, Bez. für teilweise hydrierte aromat. Verbindungen; z. B. →Tetralin.

Hydrochinon, p-Dihydroxybenzol, organ. Verbindung, aus →Chinon durch Reduktion mit schwefliger Säure, nach neueren Verfahren durch Alkylierung von Benzol zu p-Diisopropylbenzol gebildet, das zu H. oxidiert wird. H. wird als Entwicklersubstanz in der Photographie, außerdem mit seinen Derivaten als Antioxidans und Polymerisations-Inhibitor verwendet.

Hydrochlorierung, chem. Reaktion, bei der Chlorwasserstoff an Mehrfachbindungen angelagert wird (→Addition 2). Ein Beispiel ist die H. von Acetylen zu Vinylchlorid:

$$HC \equiv CH + HCl \longrightarrow H_2C = CHCl.$$

Hydrocracken, Verfahren zur Spaltung von Kohlenwasserstoffen in Gegenwart von Wasserstoff, z. B.

$$CH_3-CH_2-CH_2-CH_2-CH_2-CH_3 + H_2$$
$$\longrightarrow CH_3-CH_2-CH_2-CH_3 + CH_3-CH_3.$$

Das Verfahren, das für die Umwandlung von hochsiedenden Erdölfraktionen in Benzin u. a. verwendet wird, läuft bei Temperaturen zw. 275 und 400 °C und Drücken zw. 70 und 220 bar an bifunktionellen →Katalysatoren 1) ab. H. ist mit höheren Kosten verbunden als →Cracken, es liefert aber i. Ggs. zu diesem schwefelfreie, gesättigte Produkte.

Hydro|de|alkylierung, chem. Verfahren zur Abspaltung von Seitenketten aromat. Ringe in Gegenwart von Wasserstoff. Die H. kann bei 600 bis 800 °C rein thermisch oder bei 500 bis 600 °C in Gegenwart von Katalysatoren durchgeführt werden. Techn. Bedeutung hat v. a. die H. von Toluol zu Benzol:

$$C_6H_5-CH_3 + H_2 \longrightarrow C_6H_6 + CH_4.$$

Hydrodynamik, die Lehre von den Bewegungsgesetzen der Flüssigkeiten und, solange die Kompressibilität keine Rolle spielt, auch der Gase, ein Teilgebiet der →Hydromechanik und der →Strömungslehre.

hydrodynamisches Paradoxon, die Erscheinung, daß eine bewegl. Platte i. a. nicht abgestoßen, sondern angezogen wird, wenn man durch eine in der Mitte durchbohrte parallel befindl. zweite Platte eine Flüssigkeit oder ein Gas zw. die Platten einströmen läßt. Das h. P. läßt sich dadurch erklären, daß der stat. Druck im strömenden Medium kleiner ist als der Außendruck.

Hydro|erdbau, das Lösen, Fördern und der Einbau von Böden durch Wasser im Spülverfahren. Der Boden wird an der Entnahmestelle durch Druckwasserstrahl gelöst, unter weiterem Wasserzusatz in Rohrleitungen oder

Rinnen zur Einbaustelle befördert und dort abgelagert; Anwendung bes. bei Deichbauten und bei der Landgewinnung.

Hydroformylierung, die → Oxo-Synthese.

Hydrogen . . ., Präfix für die Bez. saurer → Salze in der anorgan. Chemie; z. B. Natriumhydrogencarbonat $NaHCO_3$.

Hydrogeologie, Zweig der angewandten Geologie, der sich mit der lagerstättenkundl. Erforschung des Grundwassers befaßt (Zusammenhänge zw. Wassereinzugsgebiet, unterird. Wasserwegen und den Austrittsstellen). In der **Grundwasser-Bilanzkunde** wird die mengenmäßige Grundwasserbildung festgestellt und erklärt, in der **Grundwasser-Speicherkunde** werden die Gesteine des Untergrundes als Speicher und Leiter und in der **Grundwasser-Gütekunde** die aus der Zusammensetzung des durchflossenen Untergrundes sich ergebende Beschaffenheit gewertet. Wichtige Anwendungsgebiete: Trink- und Brauchwassergewinnung, Beurteilung der Wasserverhältnisse des Baugrunds im Bergbau und bei der Beseitigung von Abwässern. (→ Grundwasser)

Hydroglimmer, Gruppe von Mineralen, die aus Glimmern durch Verlust von Alkalien und Aufnahme von Wasser entstehen (→ Vermiculite).

Hydrographie, die → Gewässerkunde.

Hydrolakkolith, der → Pingo.

Hydrolasen, Gruppe von Enzymen, die Substrate zu hydrolysieren oder die umgekehrte Reaktion zu katalysieren vermögen, z. B. → Esterasen.

Hydrologie, die Lehre von den oberirdischen Binnengewässern (mit den unterirdischen befaßt sich die → Hydrogeologie); umfaßt die **Seenkunde** (Limnologie) und die **Flußkunde** (Potamologie; → Fluß) und ist eng verbunden mit der Gletscherkunde. Aufgabe der H. ist es, die Bildung der Binnengewässer sowie ihre physikal., chem. und biolog. Verhältnisse zu erforschen. I. w. S. wird die H. mit der → Gewässerkunde gleichgesetzt.

T. DRACOS: H., eine Einführung (1980); R. KELLER: H. (1980).

Hydrolyse, Spaltung kovalenter Verbindungen (→ chemische Bindung) durch Wasser. Die H. spielt bes. in der organ. Chemie eine große Rolle, wo sie durch Säuren, Basen oder Enzyme katalysiert wird. Beispiele sind die H. (Verseifung) von Estern (z. B. Fetten) nach folgendem Schema

$$\underset{\text{Ester}}{RCOOR'} + \underset{\text{Wasser}}{H_2O} \rightleftharpoons \underset{\text{Carbonsäure}}{RCOOH} + \underset{\text{Alkohol}}{R'OH}$$

sowie die H. von Glykosiden (zu Zuckern u. a.) und Eiweißstoffen (zu Aminosäuren). Von den anorgan. Verbindungen unterliegen bes. Halogenide von Nichtmetallen (z. B. Bortrifluorid, Siliciumtetrachlorid) leicht der H., z. B.

$$\underset{\text{Silicium-tetrachlorid}}{SiCl_4} + \underset{\text{Wasser}}{4\,H_2O} \longrightarrow \underset{\text{Ortho-kieselsäure}}{Si(OH)_4} + \underset{\text{Salzsäure}}{4\,HCl}$$

Nach älteren Theorien wird auch die Protolyse von Ionen in wäßriger Lösung als H. bezeichnet. Diese Reaktionen bewirken, daß z. B. eine Natriumcarbonatlösung basisch, eine Ammoniumchloridlösung sauer reagiert.

hydromagnetische Wellen, die → magnetohydrodynamischen Wellen.

Hydromechanik, Teilgebiet der Kontinuumsmechanik, umfaßt die mathemat. Behandlung der Gleichgewichtszustände (→ Hydrostatik) und der Strömungsgesetze (Hydrodynamik) von Medien bei vernachlässigbarer Kompressibilität, bes. der Flüssigkeiten. In der → Hydraulik wird die H. technisch angewandt.

Hydrometeore, durch → Kondensation 2) oder → Sublimation atmosphär. Wasserdampfes entstandene Teilchen, gleichgültig, ob am Boden oder in der freien Atmosphäre gebildet oder vom Boden wieder aufgewirbelt; in flüssiger Form Durchmesser bis zu 7 mm, gefroren bis zu 140 mm (→ Hagel).

Hydronfarbstoffe, echte Teerfarbstoffe, die vom Carbazol abzuleiten sind; ihr Hauptvertreter ist das **Hydronblau,** ein blauer → Schwefelfarbstoff.

Hydronium, ältere Bez. für das Oxonium-Ion, → Oxoniumverbindungen.

Hydroper|oxide, Bez. für organ. Verbindungen der allg. Formel R – O – OH; die Benennung erfolgt durch das Präfix **Hydroperoxy . . .** H. bilden sich häufig bei der Autoxidation und bei der Reaktion organ. Verbindungen mit Ozon (Oxygenierung).

Hydrophan, ein → Opal.

hydrophil, wasserliebend, von Wasser gut benetzbar, wasseranziehend, Feuchtigkeit aufnehmend. – **hydrophile Elemente,** chem. Element der → Hydrosphäre.

hydrophob, wassermeidend, wasserabweisend, wasserdicht.

Hydrophon, ein → Seismograph für Messungen auf See, das im Wasser schwimmt oder auf dem Meeresboden deponiert wird.

hydropneumatische Federung, Kfz: → Federung und Dämpfung.

Hydropulsor, ein → Stoßheber mit rotierendem Schaltrad.

Hydrosole sind → Kolloide, die Wasser als Dispersionsmittel enthalten.

Hydrosphäre, die Wasserhülle der Erde; umfaßt außer den Meeren die Gewässer des Festlands sowie die im Eis gebundenen und in der Luft vorhandenen Wassermengen; bildet nicht, wie Atmosphäre und Lithosphäre, einen geschlossenen Bereich, hängt aber durch den allg. Wasserkreislauf zusammen.

Hydrostatik, die Lehre vom Gleichgewicht der Kräfte in ruhenden Flüssigkeiten. Die Grundlage der H. bildet

Hydrostatik 1: hydrostatisches Paradoxon

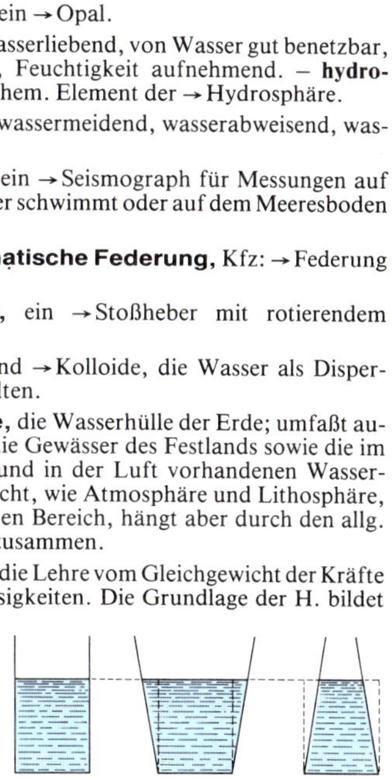

die Erfahrungstatsache, daß der Druck im Innern einer nicht der Schwerkraft unterworfenen Flüssigkeit **(hydrostat. Druck)** an jeder Stelle gleich (isotrop) ist **(Grundgesetz der H., Pascal-Gesetz).** Im Schwerefeld ist der Druck

Hydrostatik 2: Versuchsanordnung zum Beweis des hydrostatischen Paradoxon; gleicher Bodendruck (Druck, den eine Flüssigkeit in einem Gefäß auf dessen Boden ausübt) bei versch. Gefäßformen bei gleicher Wasserhöhe (hydrostat. Paradoxon). Bei dem dargestellten Versuch zum hydrostat. Paradoxon werden die unten offenen Gefäße durch die linke Waagschale abgeschlossen. Dabei ist für jedes der drei Gefäße mit gleicher Bodenfläche bei gleicher Wasserhöhe dieselbe Gewichtskraft notwendig, um gerade ein Ausfließen des Wassers zu vermeiden

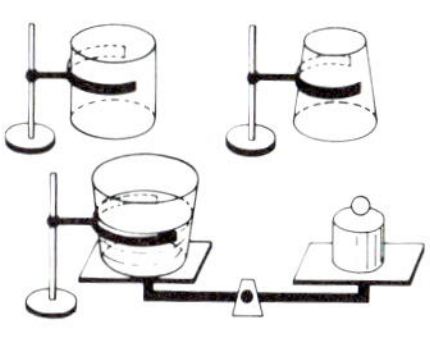

p in einer ruhenden Flüssigkeit **(Schweredruck)** außer von der Dichte der Flüssigkeit ϱ, der Fallbeschleunigung des Schwerefelds g und des Luftdrucks p_L ($p = \varrho g h + p_L$) nur von der Höhe h der Flüssigkeitssäule über der betrachteten Stelle abhängig. Deshalb wirkt auf den Boden verschieden geformter Gefäße die gleiche Kraft, wenn sie gleiche Grundflächen besitzen und bis zur gleichen Höhe mit derselben Flüssigkeit gefüllt sind **(hydrostatisches Paradoxon**; BILD). In → kommunizierenden Röhren stellt sich daher überall dieselbe Flüssigkeitshöhe ein. Eine techn. Anwendung findet das Grundgesetz der H. in der → hydraulischen Presse.

hydrostatische Waage dient zur Bestimmung der Dichte fester Körper mit Hilfe des statischen → Auftriebs. Zunächst wird die Gewichtskraft F_G des Körpers mit der unbekannten Dichte ϱ außerhalb einer Flüssigkeit (mit der bekannten Dichte ϱ_F) gemessen. Dann ermittelt man den Auftrieb F_A durch Messung der um den Auftrieb verminderten Gewichtskraft des Körpers in der Flüssigkeit. Auf Grund des Archimedischen Prinzips läßt sich ϱ dann gemäß $\varrho = \varrho_F F_G / F_A$ berechnen.

hydrothermal, → Erzlagerstätten.

Hydrotreating [h'aɪdrəʊtri:tɪŋ, engl.], hydrierende Raffination von Erdölfraktionen, v. a. zum Zwecke der Entschwefelung. Das Verfahren wird bei Temperaturen zw. 250 und 350 °C und Drücken zw. 25 und 50 bar meist in Gegenwart von kobalt- und molybdänhaltigen Katalysatoren durchgeführt. Dabei werden organ. Schwefelverbindungen in Kohlenwasserstoffe und Schwefelwasserstoff umgewandelt, z. B.

$$\underset{\text{Äthanthiol}}{CH_3-CH_2-SH} + H_2 \longrightarrow \underset{\text{Äthan}}{CH_3-CH_3} + H_2S.$$

H. wird in großem Umfang angewandt, um den Schwefelgehalt von Heizöl EL zu reduzieren.

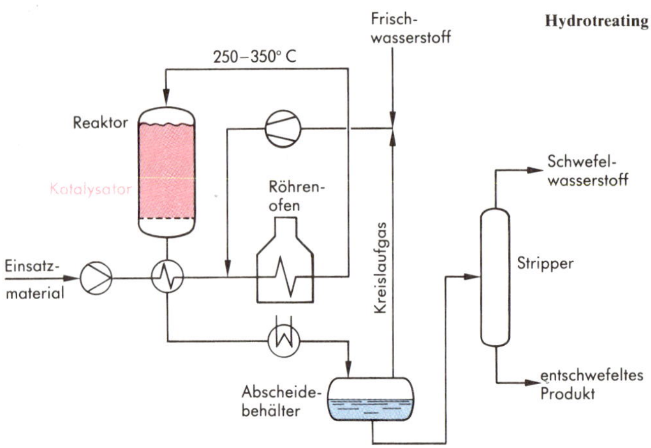

Hydrotreating

Hydrotropie, Erscheinung, daß in reinem Wasser schwer- oder unlösliche organ. Verbindungen (z. B. Anilin, Phenol, höhere Alkohole) sich in konzentrierten Lösungen von Alkalisalzen best. organ. Säuren (aromat. Sulfo- oder Carbonsäuren, höhere Fettsäuren) ohne chem. Reaktion gut lösen. Die Oberflächenspannung des Wassers wird durch die Alkalisalze herabgesetzt, so daß die schwerlösl. Stoffe gelöst, dispergiert oder emulgiert werden (Wasch- und Textilhilfsmittel). Genutzt u. a. zur Herstellung von Azofarbstoffen und Zellstoff.

Hydroxide, Verbindungen von vorwiegend metall. Elementen mit Hydroxid-Ionen. H. der Metalle mit niederer Wertigkeit sind häufig löslich und bilden basisch reagierende Lösungen, z. B. Natriumhydroxid, NaOH. Metalle mit mittlerer Wertigkeit (2–4) bilden schwerlösl. H., die teils basisch, teils amphoter reagieren, z. B. Aluminiumhydroxid, $Al(OH)_3$. H. der Metalle höchster Wertigkeit (5–7) sowie von Nichtmetallen verhalten sich sauer und können häufig nicht mehr zu den H. i. e. S. gezählt werden. – Organ. Verbindungen mit der OH-Gruppe werden als **Hydroxyverbindungen** bezeichnet. In Komplexverbindungen wird der (OH^-)-Ligand mit **Hydroxo-** bezeichnet, zum Beispiel Natriumhexahydroxostannat, $Na_2[Sn(OH)_6]$.

Hydroxid-Ion, Bez. für das einfach negativ geladene Ion OH^-. Es bildet sich z. B. beim Lösen von Alkalihydroxiden (z. B. NaOH) in Wasser oder bei der Protolyse von Salzen schwacher Säuren, z. B.

$$\underset{\text{Natriumacetat}}{CH_3COO^- + Na^+} + \underset{\text{Wasser}}{H_2O} \rightleftharpoons \underset{\text{Essigsäure}}{CH_3COOH} + Na^+ + OH^-$$

Das H. wirkt als starke Base.

Hydroxy . . ., Bez. für die einbindige funktionelle Gruppe –OH **(Hydroxylgruppe)** in systemat. Namen von organ. Verbindungen; früher meist als **Oxy . . .** bezeichnet.

Hydroxy|benz|aldehyd, 2-H., das → Salicylaldehyd.

Hydroxy|benzo|esäure, 2-H., svw. → Salicylsäure.

Hydroxy|benzol, svw. → Phenol.

Hydroxy|bernsteinsäure, die → Apfelsäure.

Hydroxy|carbonsäuren, organ. Säuren, die eine oder mehrere Hydroxylgruppen enthalten, z. B. Milch-, Wein-, Zitronen- und Salicylsäure.

Hydroxy|essigsäure, die → Glykolsäure.

Hydroxyl|amin, $HO\text{-}NH_2$, farblose, hygroskop., in Wasser lösliche Kristalle. Freies H. ist instabil und kann sich beim Erhitzen explosionsartig zersetzen. Als schwache Base bildet H. mit Säuren relativ beständige Salze. Mit Aldehyden und Ketonen werden → Oxime gebildet. H. wird nach dem modifizierten Raschig-Verfahren durch Reduktion von Ammoniumnitrit mit Schwefeldioxid und anschließende Hydrolyse des als Zwischenprodukt gebildeten Disulfonats hergestellt:

$$\underset{\text{Ammoniumnitrit}}{NH_4NO_2} + \underset{\text{Ammoniak}}{NH_3} + \underset{\text{Schwefeldioxid}}{2\,SO_2} + \underset{\text{Wasser}}{H_2O} \longrightarrow \underset{\text{Ammoniumhydroxylamindisulfonat}}{HON(SO_3NH_4)_2}$$

$$HON(SO_3NH_4)_2 + 2\,H_2O \longrightarrow \underset{\text{Hydroxylaminsulfat}}{NH_2OH \cdot H_2SO_4} + \underset{\text{Ammonsulfat}}{(NH_4)_2SO_4}$$

Daneben hat die Hydrierung von Stickstoff (II)-oxid in Gegenwart von Schwefelsäure techn. Bedeutung. Über 97% des produzierten H. werden zu → Caprolactam weiterverarbeitet.

Hydroxy|naphthaline, → Naphthole.

Hydroxy|naphthalinsulfonsäuren, → Naphtholsulfonsäuren.

Hydroxy|propionsäure, **α-Hydroxy|propionsäure**, die → Milchsäure.

Hydrozinkit, Zinkblüte, Mineral, $Zn_5(OH)_6(CO_3)_2$, weiß bis blaßgelb; derb, erdig, krustig, selten winzige Kristalle; Verwitterungsprodukt des Galmeis, örtl. Zinkerz; Abart: u. a. grüner bis blauer, kupferhaltiger **Aurichalzit.**

Hydrus, lat. Name für das Sternbild (Männl.) →Wasserschlange.

Hygrometer, Instrument zur Bestimmung der →Luftfeuchtigkeit. Da ein allg. einsetzbares Meßprinzip nicht existiert, herrscht eine große Typenvielfalt. Gebräuchlich sind u. a. 1) die von H. B. DE SAUSSURE 1783 beschriebenen **Haar-H.** Als Meßelement dienen entfettete menschl. Haare, die einzeln, als Bündel oder in mehreren Bündeln **(Haarharfen)** eingesetzt werden. Ihre Längung bei zunehmender relativer Luftfeuchte wird auf einen Zeiger, bei einem Hygrographen auf eine Schreibfeder, bei elektr. H. auf ein Potentiometer übertragen; 2) H., die anstelle von Haaren eine Goldschlägerhaut (→Blattgold) verwenden; 3) H., bei denen der mit steigender relativer Feuchte zunehmende elektr. Widerstand eines Kohlefilms direkt erfaßt wird; 4) Lithiumchlorid-H., bei denen der Sättigungsdampfdruck über einer LiCl-Lösung gleich dem Dampfdruck der Umgebung ist. Die Temperatur, bei der das eintritt, ist der Taupunkts-Temperatur der Luft proportional. Sie stellt sich in der Lösung ein, wenn an diese eine elektr. Spannung angelegt wird, da unterhalb des Gleichgewichtes durch hygroskop. Wasseraufnahme der Widerstand abnimmt und so der Heizstrom steigt, bis die genannte Temperatur erreicht ist. Dieses Meßverfahren wird neben →Aspirationspsychrometern an den amtl. Wetterstationen eingesetzt.

hygroskopisch, Feuchtigkeit aufnehmend. **Hygroskopische Stoffe** sind solche, die aus Gasen Wasser aufnehmen, z. B. viele Salze (Calciumchlorid), Säuren (Schwefelsäure, Phosphorpentoxid), organ. Stoffe (wie Holz oder Haare). Dabei ist der Quotient aus dem Wasserdampfdruck des hygroskop. Stoffes, der im Gleichgewichtszustand gleich dem der umgebenden Luft ist, und dem Sättigungsdampfdruck reinen Wassers gleicher Temperatur praktisch nur vom Wassergehalt des Stoffes abhängig, so daß dieser z. B. zur Messung der relativen Luftfeuchtigkeit benutzt werden kann. – Hygroskop. Stoffe werden als Trockenmittel verwendet.

Hyl *das,* Einheitenzeichen **hyl,** nicht gesetzl. und nur selten benutzte Einheit der Masse im techn. →Maßsystem: $1\,\text{hyl} = 1\,\text{p}\cdot\text{s}^2/\text{m} = 9{,}806\,65\,\text{g}$.

Hyoscin, das →Scopolamin.

Hyper|atome sind →exotische Atome mit →Hyperkernen.

Hyperbel *die,* Geometrie: ebene Kurve, ein →Kegelschnitt, der entsteht, wenn ein gerader Doppelkreiskegel durch eine nicht durch die Spitze gehende Ebene geschnitten wird, die mit der Kegelachse einen kleineren Winkel als die halbe Kegelweite bildet. – Die H. hat zwei Symmetrieachsen; eine (die Hauptachse) schneidet sie in den Scheiteln S_1 und S_2, die andere ist die Mittelsenkrechte der Strecke S_1S_2. Beide Symmetrieachsen schneiden sich im Mittelpunkt M der H. Die Senkrechte in S_1 auf MS_1 schneidet auf den Asymptoten die lineare Exzentrizität e ab; die Senkrechte schneidet die Asymptote im Abstand b von der Hauptachse. Die Brennpunkte F_1 und F_2 erhält man, wenn man die Strecke e von M aus auf der Hauptachse abträgt. Für alle H. gilt die wichtige Beziehung: $a^2+b^2=e^2$. Alle Punkte der H. haben die Eigenschaft, daß die Differenz ihrer Entfernungen von den Brennpunkten stets $2a$ ist, wobei a als **Halbachse** bezeichnet wird. Die von den Asymptoten und Tangenten gebildeten Dreiecke haben alle den gleichen Flächeninhalt $a\cdot b$ mit der Strecke MP (P Berührungspunkt der Tangente) als Seitenhalbierende. Mit dem Symmetrieachsensystem als Koordinatensystem lautet die Gleichung der H.: $x^2/a^2 - y^2/b^2 = 1$. Eine H. heißt gleichseitig, wenn $a=b$ ist; dann stehen die Asymptoten aufeinander senkrecht; mit ihnen als Koordinatenachsen lautet die Gleichung der H.: $2xy=a^2$.

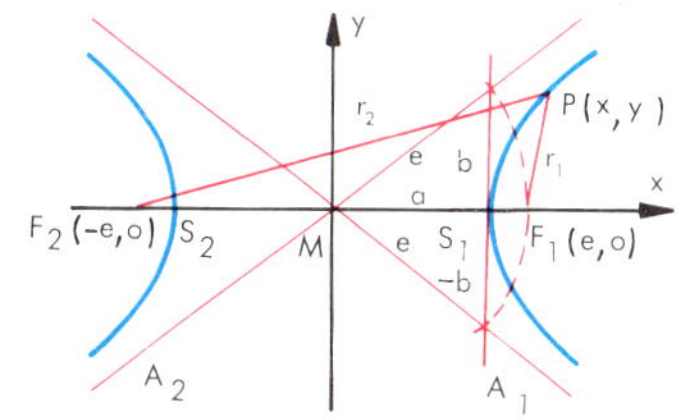

Hyperbel

Hyperbelfunktionen, zusammenfassende Bez. für die Funktionen cosh, coth (auch cth), sinh, tanh, die man als Potenzreihen und als Summen und Differenzen von Exponentialfunktionen definieren kann, wobei gilt

$$\sinh x = x + \frac{x^3}{3!} + \frac{x^5}{5!} + \ldots = \frac{1}{2}\,(e^x - e^{-x})$$

$$\cosh x = 1 + \frac{x^2}{2!} + \frac{x^4}{4!} + \ldots = \frac{1}{2}\,(e^x + e^{-x})$$

$$\tanh x = \frac{\sinh x}{\cosh x} = \frac{e^x - e^{-x}}{e^x + e^{-x}}$$

$$\coth x = \frac{\cosh x}{\sinh x} = \frac{e^x + e^{-x}}{e^x - e^{-x}}$$

Die Umkehrfunktionen der H. sind die →Areafunktionen. Mit den →Winkelfunktionen besteht der einfache Zusammenhang: $-i\sin(ix) = \sinh x$; $\cos(ix) = \cosh x$, mit $i=\sqrt{-1}$.

Hyperbelnavigationsverfahren werden in der Luft- und Seefahrt für Lang- und Mittelstrecken eingesetzt (→Funkortung).

hyperbolische Geometrie, →nichteuklidische Geometrie.

Hyperboloid, Fläche zweiter Ordnung, die durch Ebenen in Hyperbeln, Ellipsen und Parabeln geschnitten wird. Man unterscheidet das **einschalige H.** (BILD geradlinige Fläche) und das **zweischalige H.** Auf den einschaligen H. liegen zwei Scharen von Geraden.

Hyperfeinstruktur, die über die →Feinstruktur hinausgehende, zusätzl. Aufspaltung der Spektrallinien von Atomen und Molekülen infolge der H. der Energieniveaus, die auf zwei verschiedenen Erscheinungen beruht: 1) Die Wechselwirkung der Hüllenelektronen mit den Kernmomenten (magnet. Dipolmomente, elektr. Quadrupolmomente) bewirken Aufspaltungen und Ver-

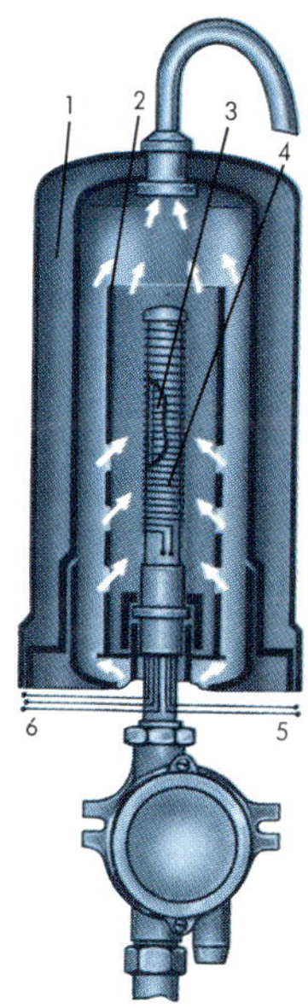

Hygrometer

Hygrometer: Perspektivschnitt eines Lithiumchlorid-Hygrometers; **1** Schutzgehäuse mit Kunststoffschnorchel; **2** Leitblech zur Führung der Luftzirkulation; **3** Widerstandsthermometer zur Bestimmung der Gleichgewichtstemperatur; **4** Bifilare Heizdrahtwicklung auf mit LiCl getränktem Gewebe; **5** Anschluß der Heizspannung; **6** Anschluß des Widerstandsthermometers an die Meßbrücke (Pfeile deuten den vorgesehenen Luftstrom durch das Gerät an)

schiebungen in den Spektren einzelner Atome **(Hyperfeinwechselwirkung).** 2) Die **Isotopieverschiebung** (die zu einer Vielfachheit der Linien entsprechend der Zahl der Isotope des betreffenden Elements führt) tritt dagegen nur bei Isotopengemischen auf.

Hyperfiltration, → Membranverfahren.

Hyperfläche, $(n-1)$-dimensionale Punktmenge im n-dimensionalen Raum. Eine durch eine lineare Gleichung in den Koordinaten des n-dimensionalen Raumes beschriebene H. nennt man **Hyperebene.**

Hyperfragment, der → Hyperkern.

hypergeometrische Funktion, durch die **hypergeometr. Reihe**

$$F(\alpha, \beta, \gamma, z) = 1 + \frac{\alpha \cdot \beta}{\gamma} \frac{z}{1} + \frac{\alpha(\alpha+1)\beta(\beta+1)}{\gamma(\gamma+1)} \frac{z^2}{2!} + \dots$$

$$(\alpha, \beta\, \gamma \in \mathbb{C};\ \gamma \neq 0, -1, -2, \dots)$$

definierte Funktion. Die Reihe konvergiert für $|z| < 1$ absolut. Sie genügt der linearen partiellen **hypergeometr. Differentialgleichung**

$$z(1-z)y'' + [\gamma - (\alpha + \beta + 1)z]y' - \alpha\beta y = \gamma.$$

Durch geeignete Wahl der drei freien Parameter α, β, γ ergeben sich viele wichtige spezielle Funktionen.

hypergol, Eigenschaft von Raketentreibstoffkombinationen, die beim Zusammentreffen in der Brennkammer selbstzündend sind. **Hypergole** benötigen also keine Fremdzündung. Bekannteste Beispiele: → UDMH mit Salpetersäure, Flüssigwasserstoff mit Flüssigsauerstoff.

Hyperion, ein Mond des Planeten → Saturn.

Hyperkerne, Atomkerne, die außer den Nukleonen (Protonen und Neutronen) ein → Hyperon enthalten. Die Lebensdauer der H. liegt im Bereich von 10^{-10} s entsprechend der von Hyperonen. H. können sich eine vollständige Elektronenkonfiguration zulegen, d. h., es können sich **Hyperatome** bilden, die zu den → exotischen Atomen zu zählen sind.

hyperkomplexes System, K-Algebra, Mathematik: eine Weiterentwicklung der → komplexen Zahlen. Diese lassen sich auffassen als Ausdrücke der Gestalt $a \cdot 1 + b \cdot i$, wobei a, b reelle Zahlen sind und i die Quadratwurzel aus -1 bezeichnet. Durch Angabe der Multiplikation der Basiselemente 1 und i: $1 \cdot 1 = 1$, $1 \cdot i = i = i \cdot 1$, $i \cdot i = (-1) \cdot 1$, und durch die Forderung des Distributivgesetzes ist die Multiplikation für alle komplexen Zahlen erklärt; sie genügt dem → Assoziativgesetz. An Stelle der nur zwei Basiselemente 1 und i treten im h. S. endlich viele Basiselemente $\beta_1, \beta_2, \dots, \beta_n$, an Stelle der reellen Zahlen a und b als Koeffizienten treten Elemente $a_1, a_2, \dots a_n$ aus einem beliebigen Körper K, z. B. dem der rationalen Zahlen. Für die Ausdrücke $a_1 \cdot \beta_1 + \dots + a_n \cdot \beta_n$ (Elemente des h. S., im einfachsten Fall **hyperkomplexe Zahlen),** die sich in naheliegender Weise (koeffizientenweise) addieren lassen, kann man wieder eine Multiplikation erklären durch Angabe einer Multiplikationstafel für die n Basiselemente $\beta_1, \beta_2, \dots, \beta_n$. Falls diese Multiplikation assoziativ ist, spricht man von einem h. S. Jedes h. S. ist ein → Ring.

Die h. S. lassen sich in Geometrie und Physik mitunter erfolgreich anwenden, um kompliziertere Strukturen zu schildern.

Hyperladung, Formelzeichen Y, ladungsartige Quantenzahl zur Beschreibung der Elementarteilchen. Sie ist die Summe aus Baryonenzahl B und Strangeness S $(Y = S + B)$.

Hypermorphie, Kristallographie: → Heteromorphie.

Hyperonen, instabile Elementarteilchen mit Massen oberhalb der Nukleonenmasse. Sie gehören zur Gruppe der Baryonen (→ Elementarteilchen). H. kommen in der Höhenstrahlung vor und werden in Beschleunigern künstlich erzeugt. Sie gehören zusammen mit den Kaonen zu den ›seltsamen‹ Teilchen, da sie eine von Null verschiedene Seltsamkeit (Strangeness) besitzen.

Hyper|oxid, 1) → Peroxide. – 2) **H.-Ion,** das Ion O_2^-, z. B. in Alkaliverbindungen (KO_2); früher als **Superoxid-Ion** bezeichnet.

Hyper|raum, → Metagalaxis.

Hyperschall, mechan. Wellen (Schallwellen) mit Frequenzen über 10^9 Hz. Wie der → Ultraschall ist auch der H. unhörbar. **Hyperschallwellen** treten in Festkörpern als thermisch angeregte → Gitterschwingungen auf. In Flüssigkeiten treten neben stark gedämpften Transversalwellen überwiegend Longitudinalwellen auf. Die künstl. Erzeugung von H.-Wellen gelingt in mit Metallschichten bedampften nichtleitenden Festkörpern durch Umwandlung von elektr. oder Spinwellen in mechan. Wellen.

Hyperschallströmung, → Gasdynamik.

Hypersensibilisierung, Verfahren zur Erhöhung der Empfindlichkeit eines photograph. Materials durch spezielle Behandlung kurz vor der bildmäßigen Belichtung, z. B. durch kurze diffuse Hochintensitätsbelichtung oder durch Erwärmen. (→ Sensibilisierung)

hypersonisch, etwa oberhalb fünffacher Schallgeschwindigkeit liegend (→ Gasdynamik), technisch nur schwer nutzbarer Geschwindigkeitsbereich.

Hypersthen *der,* Mineral, ein → Pyroxen.

hyp|idiomorph, Kristallographie: → idiomorph.

Hypochlorite, → Chlorverbindungen.

Hypoid-Getriebe, Kegelschraubgetriebe, Kegelradgetriebe mit zueinander versetzen Achsen der Kegelräder. Diese Anordnung ergibt durch Gleiten der Zahnflanken ruhigen Lauf und ermöglicht die Verlängerung der Antriebswelle; für Achsantriebe von Kraftfahrzeugen allg. verwendet.

Hypokausten *Mz.,* antike Zentralheizungsanlage, bei der Heißluft durch Hohlräume unter den Fußboden und durch Tonröhren in die Wände geleitet wurde; in röm. Bädern u. a. Bauten üblich, auch noch im Mittelalter. Mitunter auch Bez. für die heutige → Fußbodenheizung.

Hypolimnion, Tiefenschicht stehender Gewässer unterhalb der → Sprungschicht.

Hypomorphie, Kristallographie: → Heteromorphie.

hypophyse|otropes Peptidhormon, → Neurohormone.

Hypotenuse, im rechtwinkligen Dreieck die größte Seite.

Hypoxanthin, Sarkin, 6-Hydroxypurin, weitverbreitete Purinbase; z. B. in Muskel, Blut, Harn (bes. bei Leukämie) und als Bestandteil der Nucleinsäuren vieler Organismen in Form des Nucleosids → Inosin.

Hypozentrum, Herd eines → Erdbebens.

Hypozykloide, zykl. Kurve (→ Zykloide), man erhält sie, wenn ein Kreis auf der Innenseite eines anderen Kreises abrollt. (→ Epizykloide)

hypsographische Kurve, hypsometrische Kurve, eine graph. Darstellung, die den Anteil der einzelnen Höhenstufen am Relief der Erde (einschl. der Meeresböden) veranschaulicht. Sie zeigt zwei Hauptniveaus: den

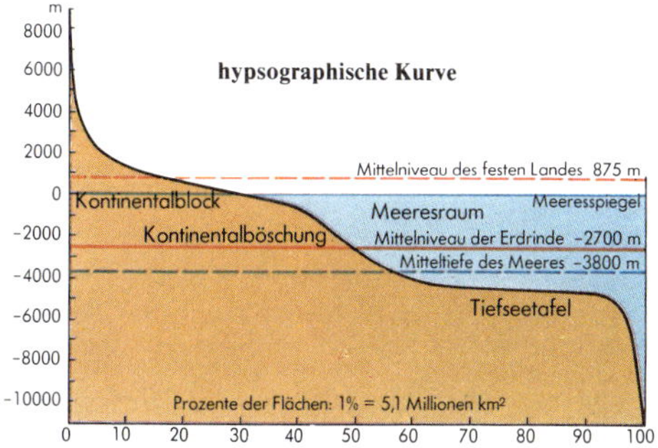

Kontinentalblock mit dem Schelf (35% der Erdkruste) um den Mittelwert +875 m und die Tiefseetafel (abyssische Region, 56%) um den Mittelwert −3800 m; sie sind verbunden durch die Kontinentalböschung (aktische Stufe, 9%). Höhen von über 3500 m und Tiefen von unter 6000 m haben nur geringen Anteil.

Hypsometer, Höhenmesser, → Hypsothermometer.

Hypsometrie, wenig gebräuchl. Bez. für Höhenmessung, nach A. von Humboldt ›vergleichende Höhenkunde‹ aus Höhenangaben in Karten und Profilen. Als **hypsometr. Farben** gelten die Farben für → Höhenschichten, als **hypsometr. Karten** solche, die nur oder überwiegend eine Geländedarstellung enthalten.

Hypsothermometer, Siedethermometer, Hypsometer, Siedebarometer, Thermometer, dessen Meßbereich zw. 90 und 102 °C liegt und sehr fein geteilt ist, so daß mit einer Genauigkeit von $\pm 10^{-3}$ °C abgelesen werden kann. Das H. dient zur Messung der Siedetemperatur des Wassers, woraus der Luftdruck und, auf Grund der Barometerformel, die Ortshöhe ermittelt werden kann.

Hysterese, Hysteresis, 1) Physik: nicht eindeutige, von der Vorgeschichte abhängige Beziehung zw. zwei physikal. Größen, a) **magnetische H.,** die nichtlineare und vom vorangegangenen Zustand abhängige Beziehung zw. der Magnetisierung ferromagnet. Stoffe (→ Ferromagnetismus) und der erregenden magnet. Feldstärke. Bei unmagnet. Material wird mit wachsender Feldstärke H zunächst die **Neukurve** 0-A **(Null-, jungfräul. Kurve)** durchlaufen (Bild). Bei A ist die **Sättigungsmagnetisierung,** der Maximalwert der Magnetisierung M, erreicht. Nimmt H wieder auf Null ab, so bleibt eine Restmagnetisierung B **(Remanenz).** Um M auf Null zu bringen, muß H in entgegengesetzter Richtung bis C **(Ko|erzitivfeldstärke, Koerzitivkraft)** gesteigert werden. Bei weiterer Steigerung von H wächst M in entgegengesetzter Richtung bis zur Sättigung A'. Läßt man H abnehmend negative und schließlich wieder positive Werte annehmen, so wird der untere Teil der **H.-Schleife** $A' - B' - C' - A$ durchlaufen.

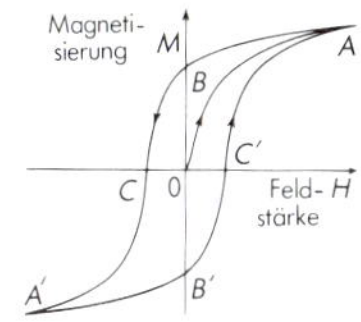

Hysterese:
Hysteresisschleife eines Ferromagneten

Die magnet. H. ist dadurch zu erklären, daß zur Umorientierung der → Elementarmagnete, d. h. der → Weißschen Bezirke eine Mindestkraft notwendig ist. Bei großen Feldstärken, also großen Kräften, sind schließlich alle Bezirke ausgerichtet (Sättigung). Die Temperaturbewegung reicht aber nicht aus, um nach Abschalten des Feldes die Ausrichtung aller Bereiche wieder rückgängig zu machen. Die bleibende Ausrichtung (Remanenz) läßt sich nur durch äußere Kräfte aufheben. – Bei Transformatoren und Drosseln mit Eisenkern entstehen **H.-Verluste** (Erwärmung des Eisens), die mit der von der Schleife eingeschlossenen Fläche wachsen.

b) Weniger leicht zu beobachten ist die **di|elektrische H.** von Stoffen, deren molekulares Dipolmoment nicht verschwindet. Die von einem äußeren Feld in einem Dielektrikum erzeugte Polarisation klingt nach Abschalten des Feldes mit einer Exponentialfunktion e^{t/t_0} ab. Die Zeitkonstante t_0, die **Relaxationszeit,** ist ein Maß für die Dauer dieses zeitl. Nachhinkens. – Bei einem Ferroelektrikum ergibt die Abhängigkeit der elektr. Polarisation P von der elektr. Feldstärke E in Analogie zur magnet. H. ebenfalls eine H.-Schleife.

c) Ähnl. Erscheinungen zeigen sich bei elast. Wechselbeanspruchungen **(elastische H., Nachwirkung).** Bes. bei kautschukelast. Kunststoffen wird nach Aufhören einer elast. Beanspruchung die ursprüngl. Form nicht sofort vollständig wiederhergestellt, so daß die Abhängigkeit der Dehnung von der mechan. Spannung ebenfalls eine H.-Schleife durchläuft.

2) Elektronik: bei Kippschaltungen, z. B. dem Schmitt-Trigger, die Differenz der Ansprechspannungen.

Hz, Einheitenzeichen für → Hertz.

I

i, Zeichen für die imaginäre Einheit; $i = \sqrt{-1}$ (→ komplexe Zahlen).

I, 1) internationales chem. Symbol für → Jod.

2) I, Formelzeichen für elektr. Stromstärke, Lichtstärke, Ionenstärke, Isospin.

3) Zeichen für die → römische Ziffer 1.

I_c, I_c, Formelzeichen für die → kritische Stromstärke (des Supraleiters).

Iapetus, Japetus, ein Mond des Planeten → Saturn.

IC, → integrierte Schaltung.

ICAO, Abk. für **International Civil Aviation Organization** [ɪntənˈæʃnl sˈɪvɪl eɪvɪˈeɪʃn ɔ:gənaɪzˈeɪʃn, engl.], internat. Zivilluftfahrt-Organisation der Vereinten Nationen; gegr. 1944, Sitz: Montreal; fördert durch Empfehlungen und Normen die wirtschaftl. und techn. Entwicklung des internat. Luftverkehrs sowie der Flugsicherung, Flugnavigation und des Luftrechts.

Icarus, 1948 entdeckter → Planetoid, der sich der Sonne bis auf 28 Mio. km nähern kann, gehört zu den → Apollo-Objekten.

ICBM, Abk. für **Intercontinental Ballistic Missile**

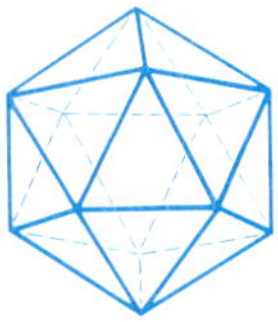

Ikosaeder

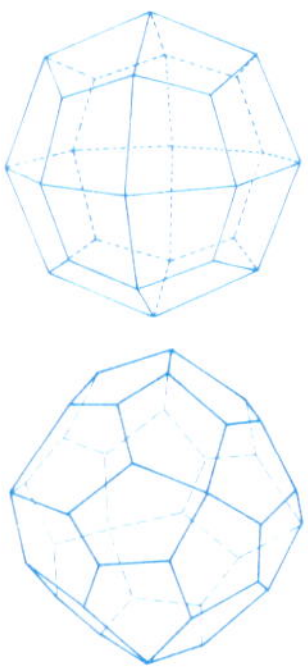

Ikositetraeder: OBEN Deltoid-I., UNTEN Pentagon-I.

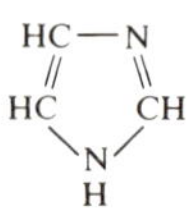

Imidazol

Imide:

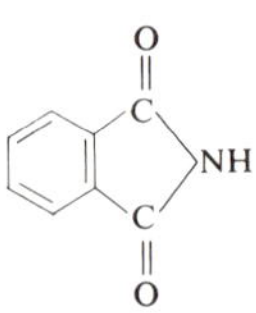

Phthalimid

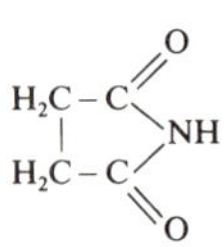

Succinimid

[ɪntəkɔntɪn'entl bəl'ɪstɪk m'ɪsɪl, engl.], → Interkontinentalrakete.

Ichno|logie, die Lehre von den Lebensspuren (Bauten, Fährten, Spuren) die v. a. als **Paläo|ichnologie** oder **Palichnologie** für die Deutung fossiler Lebensspuren Bedeutung hat.

Ichor, hypothet. gasreiche Schmelzlösung, die die Bildung granit. Gesteine durch Umwandlung vorhandener fester Gesteine bewirkt hat.

Ichse, Ixe, Bautechnik: in Österreich Bez. für die → Kehle.

Ichthyolschiefer, bituminöse dunkle Mergel (10–15 cm mächtig) der alpinen Trias Nordtirols (Seefeld). Abbau für pharmazeutische Präparate **(Ichthyol).**

Ideal, Mathematik: Teilmenge eines → Ringes, die mit a und a' stets auch $a-a'$ sowie $a \cdot r$ und $r \cdot a$ enthält, wobei r ein beliebiges Element des Ringes sein darf; ist neben $a-a'$ nur $r \cdot a$ ($a \cdot r$) in dem I. enthalten, so ist es ein **Linksideal (Rechtsideal).** Für I. kann man eine Multiplikation definieren und dann in Ringen algebraischer Zahlen jedes I. als Produkt von Primidealen darstellen.

Idealkristalle, hypothet. Idealbilder der Kristalle, im Unterschied zu den in der Natur auftretenden → Realkristallen.

Identität, Mathematik: 1) Bez. für eine → Gleichung 2), die für den gesamten Definitionsbereich der beschriebenen Variablen gilt; $(a+b)^2 = a^2 + 2ab + b^2$ gilt z. B. für alle reellen Zahlen a und b, man schreibt

$$(a+b)^2 \equiv a^2 + 2ab + b^2$$

und spricht von **identisch** oder **identisch gleich.**

2) Bez. für die **identische Abbildung** i einer Menge M auf sich, für i gilt: $i(x) = x$ für alle $x \in M$.

Identitäts|abstand, Identitätsperiode, Kristallographie: → Bravais-Gitter.

identiv, → Relation.

idioblastisch heißen bei der Gesteinsmetamorphose neu- oder umkristallisierte Minerale **(Blasten)** mit arteigener wohl ausgebildeter Kristallform. Ggs.: xenoblastisch.

idiochromatisch heißen Minerale, deren Farbe auf der Absorption best. Wellenlängen des weißen Lichts durch stoffeigene chem. Bestandteile beruht. Ggs.: **allochromatisch.**

idiomorph heißen Kristalle mit wohlausgebildeter, arteigener Kristallform. Wachstumsbehinderung oder spätere Verdrängung führt zu **hypidiomorpher** (nur z. T. eigengestaltiger) oder **xenomorpher** (fremdgestaltiger) Ausbildung.

I. E., Abk. für → **I**nternationale **E**inheiten 2).

IEC, Abk. für **International Electrotechnical Commission** [ɪntən'æʃnl ɪl'ektrəʊt'eknɪkl kəm'ɪʃn], dt. **Internationale Elektrotechnische Kommission,** Sitz: Genf, gegr. 1906, erarbeitet internat. Bestimmungen über Größenbestimmungen, Formelzeichen und elektrotechn. Erzeugnisse.

IEC-Bus, Datenverarbeitung: vom → IEC genormter → Datenbus.

IFF-Gerät, Abk. für **Identification Friend or Foe** [aɪdentɪfɪk'eɪʃn frend ɔ: fəʊ, engl.], Freund-Feind-Kennungsgerät, elektron. Gerät an Bord von Militärflugzeugen zur Erkennung eigener Flugzeuge, das auf best. funktechn. Abfragesignale vereinbarte codierte Antwortsignale zurückstrahlt. Nicht antwortende Flugzeuge gelten als feindlich.

IFR, Abk. für **Instrument Flight Rules** ['ɪnstrʊmənt flaɪt ru:lz, engl.], Instrumentenflugregeln (→ Instrumentenflug). Ggs.: VFR (→ Sichtflug).

Ignimbrit *der,* **Schmelztuff,** kieselsäurereiches vulkan. Gestein, aus einer Grundmasse von verschmolzenen Glaspartikeln mit Kristallbruchstücken und gröberen Fragmenten (Lapilli). I. nehmen oft große Areale ein und sind aus → Glutwolken entstanden.

Ignitron, steuerbare → Ionenröhre mit geheizter Quecksilberkathode.

IG-Verfahren, Verfahren der → Kohlehydrierung.

IIL, Abk. für → **i**ntegrierte **I**njektions**l**ogik.

IIR, Abk. für **Isobutylene-Isoprene Rubber** [aɪsəʊbj'u:tɪli:n 'aɪsəʊpri:n r'ʌbə, engl.], der Butylkautschuk, → Kautschuk.

Ijolith, ein Tiefengestein, → magmatische Gesteine.

IK, Einheitenzeichen für → **I**nternationale **K**erze.

Ikonoskop, Bildaufnahmeröhre mit photoelektr. Speicherung zur Aufnahme von Fernsehbildern, eine Weiterentwicklung stellt die **Super-I.** dar. Beide haben für das heutige Fernsehen keine Bedeutung mehr.

Ikosaeder, von 20 gleichseitigen kongruenten Dreiecken begrenztes Polyeder (Zwanzigflächner); einer der fünf → regelmäßigen Körper; der I. ist keine natürl. Kristallform.

Ikosi|tetraeder, von 24 Flächen begrenztes Polyeder (Vierundzwanzigflächner), z. B. das → Deltoidikositetraeder und das → Pentagonikositetraeder.

I²L, I²L-Technologie, Abk. für **Integrated Injection Logic** [ɪntɪgr'eɪtɪd ɪndʒ'ekʃən l'ɔdʒɪk, engl.], die → integrierte Injektionslogik, ein spezielles Herstellungsverfahren zur Erzeugung bipolarer integrierter Schaltungen.

I³L, I³L-Technologie, Abk. für **Isoplanar Integrated Injection Logic** [aɪsəʊpl'eɪna: 'ɪntɪgreɪtɪd ɪndʒ'ekʃn l'ɔdʒɪk, engl.], isoplanare integrierte Injektionslogik, spezielles Herstellungsverfahren zur Erzeugung von bipolaren Schaltkreisen in → integrierter Injektionslogik (I²L), wobei zusätzliche Isolationsverfahren aus der → Planartechnik verwendet werden. Vorteile gegenüber I²L: größere Packungsdichte, kürzere Schaltzeiten, Kombination von analogen und digitalen Schaltungen auf einem Chip möglich.

Ile, Abk. für **Isoleucin,** → Aminosäuren.

Ilgner-Umformer [n. K. Ilgner, * 1862, † 1921], ein Umformer in Leonard-Schaltung für drehzahlregelbare Gleichstrommotoren, bei denen starke Belastungsstöße auftreten. Um diese vom speisenden Netz fernzuhalten, wird der Antriebsmotor des Umformers (ein Drehstrom-Asynchronmotor) mit einem Schwungrad gekuppelt und erhält außerdem einen erhöhten Schlupf. I.-U. werden angewendet zum Antrieb von Walzenstraßen und Fördermaschinen.

Illit *der,* urspr. Bez. für eine Hauptkomponente der Böden von Illinois, heute Mineralname der **Hydromuskovite** (→ Hydroglimmer), z. T. heißen auch Umbildungsprodukte von Feldspat zu Kaolin sowie gewisse Tonsubstanzen I. Häufig in marinen Tonen.

illuvial, natürl. Anreicherung von Stoffen durch chem. Ausfällen oder mechan. Festhalten in Böden **(Illuvial-** oder **B-Horizont;** → Boden).

Ilmenit *der,* **Titan|eisen,** Mineral $FeTiO_3$, eisenschwarz bis schwärzlichbraun, undurchsichtig, matter Glanz; H. 5–6, D. 4,5–5; derb oder körnig. Häufig abweichende Zusammensetzung durch Beimengung von $MgTiO_3$, $MnTiO_3$ und bes. Fe_2O_3 (Hämatit), mit dem I. bei hohen Temperaturen Mischkristalle bildet, die sich bei sinkender Temperatur in Hämatit- und I.-Linsen entmischen. Gleiches gilt für Fe_3O_4 (Magnetit). – I. ist das wichtigste Titanmineral; Vorkommen in bas. Gesteinen und deren Pegmatiten sowie auf alpinen Klüften.

ILS, Abk. für **Instrument Landing System** ['ɪnstrumənt l'ændɪŋ s'ɪstɪm, engl.], ein → Landeführungssystem, das von der ICAO weltweit standardisiert ist.

Immissionswerte (TA Luft 1974)

Stoff	Einheit	Langzeit-einwirkung IW 1	Kurzzeit-einwirkung IW 2
Staubniederschlag	g/m^2 je Tag	0,35	0,65
Schwebstaub (<10 µm) .	mg/m^3	0,10	0,20
Chlor	mg/m^3	0,10	0,30
Chlorwasserstoff	mg/m^3	0,10	0,20
Fluorwasserstoff	mg/m^3	0,0020	0,0040
Kohlenmonoxid	mg/m^3	10,0	30,0
Schwefeldioxid	mg/m^3	0,140	0,40
Schwefelwasserstoff ...	mg/m^3	0,0050	0,010
Stickstoffdioxid	mg/m^3	0,10	0,30
Stickstoffmonoxid	mg/m^3	0,20	0,60

imaginäre Einheit, → i, → j.

imaginäre Zahlen, Bez. für die → komplexen Zahlen $z = a + ib$, deren **Imaginärteil** $b \neq 0$ ist; ist außerdem ihr **Realteil** $a = 0$, nennt man z **rein imaginär.**

Imhoff-Tank [n. dem dt. Ingenieur K. Imhoff, * 1876, † 1965], andere Bez. für den → Emscherbrunnen.

Imhoff-Trichter, Gerät zur Ermittlung des Sinkstoffgehaltes im → Abwasser; Anwendung z. B. bei der Planung von Kläranlagen.

Imidazol, kristalline, basische → heterozyklische Verbindung, die als Baustein in einigen Naturstoffen (z. B. Purine, Histidin) vorkommt. I. und seine Derivate sind Zwischenprodukte für Pflanzenschutzmittel, Pharmaka und Farbstoffe. (FORMEL S. 300)

Imide, Derivate von Dicarbonsäuren, bei denen die OH-Gruppen beider Carboxylgruppen durch eine NH-Gruppe ersetzt sind. Von Bedeutung sind Phthalimid, das von der Bernsteinsäure abgeleitete → Succinimid und die temperaturbeständigen → Polyimide. (FORMELN S. 300)

Imine, chemische Verbindungen, die die Iminogruppe = NH enthalten.

Iminoharnstoff, das → Guanidin.

Immersion, 1) Astronomie: Eintritt eines Himmelskörpers in den Schatten eines anderen.

2) Geowissenschaften: Höchststand des Meeresspiegels bei der → Transgression.

3) Optik: die Verwendung einer Flüssigkeit mit möglichst hoher Brechzahl im Raum zw. der Frontlinse eines Mikroskop-Objektivs oder -Kondensors sowie dem Deckglas des mikroskop. Präparats zur Erhöhung der numer. → Apertur und damit des Auflösungsvermögens (BILD).

Immersionsmethode, die → Einbettungsmethode.

Immission, die Einwirkung von Luftverunreinigungen, Geräuschen, Licht, Wärme, Strahlen und vergleichbaren Faktoren auf Menschen, Tiere, Pflanzen oder Gegenstände. Der öffentlich-rechtl. Immissionsschutz wird durch das → Bundes-Immissionsschutzgesetz sowie Technische Anleitungen (→ TA Lärm, → TA Luft) und verschiedene ergänzende Verwaltungsvorschriften geregelt.

Immissionskenngrößen, aus den Ergebnissen der → Immissionsmessung rechnerisch ermittelte Zahlenwerte, die mit den → Immissionswerten verglichen werden können und so eine Beurteilung der → Immission ermöglichen. Unterscheidung nach Langzeit- (I1) und Kurzzeitwerten (I2).

Immissionsmessung, die Erfassung von → Immissionen nach Art und Größe durch geeignete Meßgeräte und -verfahren. (→ Luftüberwachung, → TA Lärm, → TA Luft)

Immissionswerte, in der → TA Luft festgelegte Werte für Langzeit- (IW 1) und Kurzzeiteinwirkungen (IW 2) von Luftverunreinigungen. Die I. beziehen sich auf die Einzelwirkung der jeweiligen Stoffe mit Ausnahme der Stäube unter 10 µm Korngröße und des Schwefeldioxids, deren kombinierte Einwirkung berücksichtigt wird.

Immun|elektrophorese, klinisch-chem. Analysenmethode, mit der v. a. → Plasmaproteine nachgewiesen werden. Die I. ist eine Kombination von → Elektrophorese und → Antigen-Antikörper-Reaktion.

Impaktite *Mz.,* Gesteinsgläser, die beim Aufprall von Riesenmeteoriten aus ird. Material (z. B. Sandstein) durch → Stoßwellenmetamorphose erschmolzen wurden **(Kraterglas).** Sie unterscheiden sich von den → Tektiten u. a. durch den oft hohen Gehalt an Mineraleinschlüssen. – **Impaktstrukturen** sind meist kraterförmige, geomorpholog. Formen, die beim Aufschlag von größeren → Meteoriten auf die Oberfläche der Erde oder anderer Himmelskörper gebildet werden. (→ Astroblem)

IMPATT-Diode, Abk. von **Impact Avalanche Transit Time** ['ɪmpækt 'ævəlɑ:nʃ tr'ænzɪt taɪm, engl.], eine Lawinenlaufzeitdiode, die elektr. Schwingungen im Mikrowellenbereich (bis etwa 300 GHz) erzeugen kann. Dazu wird die im Innern des Halbleiterkristalls durch Stoßionisation ausgelöste Ladungsträgerlawine ausgenutzt, deren Laufzeit durch die Länge der zu durchlaufenden schwach dotierten Raumladungszone bestimmt wird.

Impedanz, der → Scheinwiderstand des Wechselstromkreises.

Impedanzwandler, elektr. Schaltung zur Transformation eines Wechselstromwiderstandes. Dies kann durch die Zwischenschaltung eines Transformators (Transformation mit dem Quadrat des Windungszahlenverhältnisses) oder durch eine Verstärkerschaltung (Anodengrundschaltung oder Kollektorschaltung) erfolgen. Man verwendet auch die Bez. Kathodenfolger oder Emitterfolger, weil die Ausgangsspannung der Eingangsspannung nachfolgt. Der I. wird als Emitterfolger aufgebaut, um z. B. einen niedrigen Lastwiderstand in einen hohen Eingangswiderstand zu verwandeln, der die Signalquelle nicht belastet.

Impfen, Chemie: Einbringen eines Kristallkeimes eines gleichen oder chemisch nahe verwandten Stoffes oder die Spur einer festen Substanz in eine unterkühlte

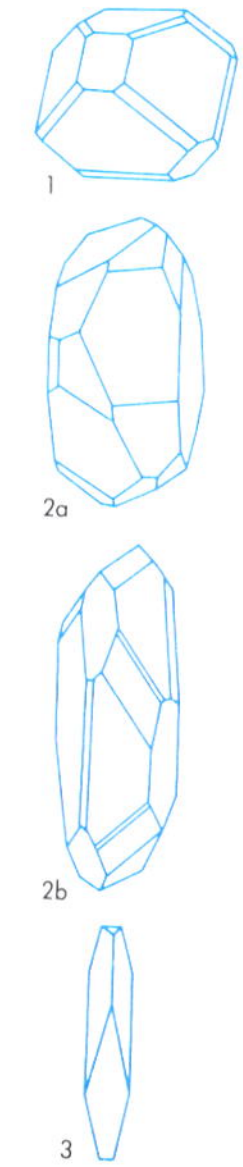

Ilmenit:
1 rhomboedrisch,
2a und **2b** tafelig,
3 Crichtonit

Ilmenit 4:
Schwarze Kristalle in grünlichem Serpentin

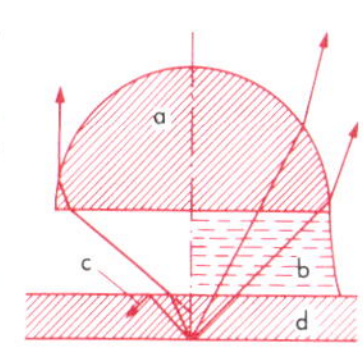

Immersion 3)

Immersion 3): a Linse, b Immersionsflüssigkeit, c total reflektierter Strahl, d Deckglas

Schmelze oder übersättigte Lösung, um deren Auskristallisieren zu beschleunigen.

Implikation, Logik: Verknüpfung zweier Aussagen A und B durch ›wenn, dann‹ zu einer Aussage $A \Rightarrow B$, die genau dann falsch ist, wenn A wahr und B falsch ist. (→ Wahrheitsfunktionen)

implizit, Bez. für Gleichungen und Funktionen mehrerer Variabler, die (i. Ggs. zu den → explizit geschriebenen) nicht nach bestimmten Variablen aufgelöst sind. Die durch die Gleichung $f(x_1, x_2, \ldots, x_n, y) = 0$ gegebene Funktion f ist eine **implizite Funktion** der Variablen $x_1, x_2, \ldots, x_n, y$, die nach y aufgelöst werden kann und man erhält $y = f(x_1, x_2, \ldots, x_n)$. Vielfach hängen die Variablen $x_1, x_2, \ldots, x_n$ von einem Parameter (etwa der Zeit t) ab, die Funktion $f(x_1, x_2, \ldots, x_n)$ ist dann i. von diesem Parameter abhängig.

Implosion, knallartiges Zusammenfallen eines evakuierten Behälters (z. B. Bildröhre), wobei alle Splitter zunächst in den Innenraum, danach nach außen fliegen.

Imprägnation, Geologie: Füllung von Gefügehohlräumen in Gesteinen durch infiltrierende Substanzen (z. B. Erdöl, Erzlösungen), bes. die diffuse Verteilung von Erzmineralen (oft auf feinen Klüften) durch Einwirkung von pneumatolyt. Dämpfen oder hydrothermalen Lösungen, wobei oft Bestandteile des Gesteins zersetzt oder verdrängt werden (→ Verdrängungslagerstätten).

Imprägnieren, das Aufbringen von gelösten, dispergierten oder emulgierten Substanzen auf feste Stoffe (Holz, Textilien, Papier), um sie gegen Fäulnis zu schützen, schwer entflammbar oder mottensicher, wasserabweisend zu machen oder vor tier. (Insekten), pflanzl. (Pilze) Schädlingen, bakteriellem Abbau u. a. schädigenden Einflüssen (Chemikalien, Witterung) zu schützen.

Impuls, 1) allg. kurzzeitiger stoßartiger Vorgang und damit im Zusammenhang stehende Größen, z. B. bezeichnete man v. a. bei kurzzeitig wirkenden Kräften (Schlag, Stoß) den → Impulsübertrag, d. h. die Änderung der Bewegungsgröße als I.

Physik: **Bewegungsgröße,** Formelzeichen p, Produkt aus der Masse m und der Geschwindigkeit v eines Körpers: $p = m \cdot v$. Dabei ist der Betrag des I. gleich dem Produkt aus m und dem Geschwindigkeitsbetrag v, seine Richtung gleich der Geschwindigkeitsrichtung. In der Nähe der Lichtgeschwindigkeit ist die relativist. Massenänderung zu berücksichtigen (→ Relativitätstheorie). Jedem Körper mit I. kann eine → Materiewelle mit dem Wellenvektor $\boldsymbol{k}$ gemäß der De-Broglie-Beziehung $p = \hbar \boldsymbol{k}$ ($\hbar = h/2\pi$, h = Plancksches Wirkungsquantum) zugeordnet werden. Auch elektromagnet. Strahlung wie Licht hat einen I., der sich z. B. bei der Reflexion des Lichts als → Strahlungsdruck bemerkbar macht. (→ Impulssatz)

2) Elektronik: elektr. Signal, das aus einem kurzzeitigen Spannungs- und Stromstoß besteht. Die Kurvenform (d. h. der zeitliche Verlauf) des I. kann grundsätzlich einen beliebigen Verlauf haben, doch werden für die meisten Anwendungen (→ Impulstechnik, ferner Meßtechnik, Übertragungstechnik, Steuerungstechnik) klar definierte Impulsformen (insbes. der Rechteck-I.) benötigt. Das Frequenzspektrum solcher I. enthält Schwingungen vieler Frequenzen (→ harmonische Analyse). Die Anzahl der im Spektrum enthaltenen Frequenzen ist abhängig von der Steilheit der Impulsflanken. Diese Steilheit ist als Anstiegszeit oder Abfallzeit (gemessen in µs) definiert, d. h. als die Zeit, in der der I. von 10% auf 90% seines Endwertes ansteigt oder von 90% auf 10% abfällt. Die Erzeugung und Anwendung elektrischer I. und Impulsfolgen ist für die Elektronik und die Übertragungstechnik von besonderer Wichtigkeit. Zur digitalen Übertragung von Nachrichten und Daten lassen sich I. modulieren, sie dienen also als Träger der Informationen. Große Bed. hat die → Puls-Code-Modulation, außerdem gibt es (je nach dem, ob die Amplitude, Breite, Phase oder Frequenz verändert wird) die I.-Amplitudenmodulation, I.-Breitenmodulation, I.-Phasenmodulation und I.-Frequenzmodulation.

Impuls-Echo-Methode, 1) Verfahren der Radarastronomie zur genauen Entfernungsbestimmung, z. B. mittels Laserimpuls zw. Mond und Erde über einen auf der Mondoberfläche installierten Laserreflektor.

2) Werkstoffprüfung: zerstörungsfreies Werkstoffprüfverfahren, die Ermittlung von Rissen und Werkstoffehlern mittels Ultraschallimpulsen.

Impulserhaltungssatz, der → Impulssatz.

Impuls|erzeugung, → Impulstechnik.

Impulsformerschaltungen, → Impulstechnik.

Impulsgenerator, Impulsgeber, elektron. Schaltung oder Gerät zur Erzeugung von Strom- und Spannungsimpulsen, z. B. als → Taktgenerator in elektron. Steuerungen oder bei der digitalen Datenverarbeitung. In der Meßtechnik werden I. als Signalquellen eingesetzt, z. B. zur Prüfung digitaler Schaltkreise und Baugruppen. Die vom Generator erzeugten Rechteckimpulse sind i. a. einstellbar, typische Werte sind 20 ns bis 2 s für die Periodendauer (entspricht einem Frequenzbereich von 0,5 Hz bis 50 MHz), 10 ns bis 1 s für die Impulsbreite und 6 ns bis 0,5 s sowohl für die Anstiegs-, als auch für die Abfallzeit der Impulsflanken.

Impulshöhen|analyse, Messung von Teilchen- oder Strahlungsenergie in der Atom- und Kernphysik mit Hilfe eines **Impulshöhenanalysators.** Die einfallenden Teilchen erzeugen in einem Zählrohr Impulse, deren Höhe (Amplitude) ein Maß für die Energie ist. Durch geeignete Filter (Diskriminatoren) läßt sich die registrierbare Impulshöhe einstellen **(Einkanal-Impulshöhenanalysator, Einkanalanalysator).** Werden verschiedene Impulshöhen über einen Analog-Digital-Wandler besonderen Meßkanälen zugeordnet, entsteht ein **Vielkanal-Impulshöhenanalysator, Vielkanalanalysator** (bis 20000 Kanäle, Totzeiten 10 bis 100 µs). Die Auswertung erfolgt meist über einen angeschlossenen Computer.

Impulsmoment, svw. → Drehimpuls.

Impuls|satz, Impulserhaltungssatz. In abgeschlossenen Systemen, auf die von außen keine Kräfte wirken, ist der Gesamtimpuls zeitlich konstant (→ Impuls, → Erhaltungssätze). Das Auftreten eines Rückstoßes (z. B. bei Raketen) folgt unmittelbar aus dem I.

Impuls|schallpegelmesser, Meßgerät zur gehörrichtigen Messung von Schallereignissen kurzer Dauer (unter 0,2 s).

Impuls|technik, die Technik der Erzeugung, Formung, Verstärkung und Anwendung von elektr. → Impulsen mittels elektron. Schaltungen. Zur **Impulserzeugung** werden → Kippschaltungen (z. B. Multivibratoren) verwendet, die Kippschwingungen in Form von Rechteckimpulsen erzeugen können. Die Grundfrequenz der Rechteckschwingungen wird durch frequenzbestimmende Bauelemente innerhalb der Schaltung festgelegt, sie kann aber auch durch Synchronisierung von außen bestimmt werden. Impulsfolgen (oft **Pulse** genannt) können, i. Ggs. zu den Kippschaltungen auch durch **Impuls-**

formerschaltungen erzeugt werden, die aus sinusförmigen oder anderen Eingangsspannungen best. Impulse formen können. Hierfür sind → Begrenzerschaltungen (mit Dioden oder Transistoren), → Integrierglieder, → Differenzierglieder und → Schmitt-Trigger geeignet. Die Anwendung der I. bildet die Grundlage für die elektron. Datenverarbeitung, außerdem werden Impulse in der Nachrichtentechnik (Fernsehen, Telegraphieren, Fernschreiben u. a.), zur Fernübertragung von Meßwerten und Steuerbefehlen (Fernwirktechnik), in der Steuerungs- und Regelungstechnik, bei Zählschaltungen u. a. verwendet. Elektr. Impulse können drahtgebunden (z. B. auf Fernmeldekabeln, Lichtwellenleitern) oder drahtlos übertragen werden. Zu diesem Zweck sind verschiedene Codierungs- und Modulationsverfahren entwickelt worden, von besonderer Bedeutung ist die → Puls-Code-Modulation.

Impulsübertrag, der bei einem Stoß übertragene Impuls. In der klass. Mechanik ist der I. Δp gleich dem **Kraftstoß** $F \cdot \Delta t$, d. h. dem Produkt aus der Kraft F und der Zeit Δt ihrer Einwirkung. Falls sich die Kraft zeitlich ändert, gilt

$$\Delta p = \int_{t_1}^{t_2} F \,\mathrm{d}t,$$

wenn der I. zw. den Zeitpunkten t_1 und t_2 stattfindet.

in, Einheitenzeichen für → inch.

In, chem. Symbol für → Indium.

INA, Abk. für **I**nternationale → **N**ormal**a**tmosphäre.

inch [ɪntʃ], Einheitenzeichen **in,** in Großbritannien und den USA noch gebräuchl. Längeneinheit entsprechend dem ehemaligen dt. Zoll; 1 in = 25,4 mm (vereinheitlichter Wert). ÜBERSICHT Einheiten, Angloamerikanische Einheiten.

Inchromieren, Chromieren, Chromisieren, die Anreicherung der Oberfläche eines Werkstückes aus best. Stählen mit Chrom durch Glühen in gasförmigen, flüssigen oder festen, Chrom abgebenden Stoffen, wobei Chrom in die Grundwerkstoffoberfläche eindiffundiert und sich hochchromhaltige, korrosionsbeständige Überzüge ergeben. Sie enthalten an der Oberfläche etwa 30% Chrom. Beim I. in der Gasphase arbeitet man mit chromhaltigen Substanzgemischen, die bei Temperaturen zw. 1 050 und 1 200 °C flüchtige Chromverbindungen bilden. Diese reagieren mit Stahl z. B. wie folgt:

$$CrCl_3\ \text{(Dampf)} + Fe \longrightarrow Cr + FeCl_3\ \text{(Dampf)}.$$

Chromchlorid bildet sich z. B. aus Chrompulver und Ammoniumchlorid. – Es können auch Teile in **Inchromierungspulver** eingepackt werden, das aus Chrompulver und Ammoniumchlorid oder -jodid besteht und mit nicht reaktionsfähigen Pulvern, z. B. aus Aluminiumoxid, verdünnt wird. – Bei Temperaturen zw. 1 000 und 1 300 °C diffundiert Chrom unter Schutzgas in die Oberfläche ein.

Indan, flüssiger Kohlenwasserstoff, der im Steinkohlenteer enthalten ist.

Indanthrenfarbstoffe, sehr beständige Küpenfarbstoffe der Anthrachinonreihe, deren erster Vertreter, Indanthrenblau, 1901 von R. BOHN aus einer Alkalischmelze von β-Aminoanthrachinon bei 200–250 °C dargestellt wurde. Später übertrug man in Dtl. die Bez. I. auch z. B. auf bes. echte indigoide Farbstoffe (→ Indigo). – Die Strukturformeln der zur Anthrachinonreihe gehörenden I. enthalten große Ringsysteme. – Mit. I. können Fasern jeder Herkunft gefärbt und bedruckt werden. – Die Bez. **indanthrenfarbig** umfaßt auch solche Stoffe, die mit gleich hoch echten Farbstoffen anderer Gruppen, z. B. der Naphthol-AS-Reihe (→ Azofarbstoffe), gefärbt sind.

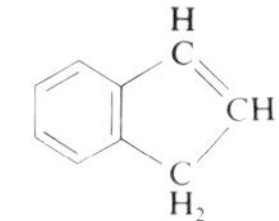

Inden

Inden, farblose Flüssigkeit, die im Steinkohlenteer enthalten ist und zur Herstellung von **I.-Cumaron-Harzen** (für Klebstoffe, Lacke, Druckfarben und Kautschuk) verwendet wird.

Indeterminismus, das Gegenteil des Determinismus. Die Entwicklung der Atomphysik und Quantentheorie hat zu der Einsicht geführt, daß die Reaktionen der einzelnen Atome, Elektronen u. a. nicht durch kausal (→ Kausalität) determinierende Gesetze beherrscht sind, nach denen jedes Geschehen zwangsläufig vorausbestimmt wäre, sondern nur statistischen Gesetzen unterliegen. Ein von einer bestimmten Einwirkung betroffenes Atom hat eine Reihe verschiedener (streng gesetzmäßig bestimmter) Reaktions-Möglichkeiten, und zu jeder gehört eine (ebenfalls streng gesetzmäßig bestimmte) Wahrscheinlichkeit des Vollzugs gerade dieser Möglichkeit. Hierdurch ergibt sich als Folgerung das streng determinierte Reagieren großer Mengen gleichartiger Atome oder Moleküle, weil deren Durchschnittsreagieren durch die statistischen Naturgesetze eindeutig bestimmt ist. Die Begründung dafür, daß diese statist. Gesetze wirklich ursprüngliche Naturgesetze sind und nicht etwa bloße Auswirkungen einer noch unbekannten tieferliegenden kausalen Gesetzlichkeit, ist noch Gegenstand der Diskussion; → Komplementarität.

Index, 1) allg. Kennzeichen (Zahl oder Buchstabe) zur Unterscheidung zusammengehöriger Dinge, z. B. zur Unterteilung eines Oberbegriffs oder zur Kennzeichnung besonderer Zustände einer physikal. Größe, für die jeweils das gleiche → Formelzeichen festgelegt ist. Indizes werden meist in kleinerer Schrift neben das zu Kennzeichnende tief oder hoch gesetzt, z. B. die Normfallbeschleunigung g_n; die drei Komponenten eines Vektors x_1, x_2, x_3; Isotope einer Atomart ^{238}U, ^{235}U.

2) Mathematik: **Index einer Untergruppe,** Begriff der Gruppentheorie (→ Gruppe 2), die Anzahl der → Nebenklassen, in die eine Gruppe G nach einer Untergruppe U zerfällt. Ist G eine endl. Gruppe der Ordnung n, U eine endl. Untergruppe der Ordnung m, so gilt für den I. i der Untergruppe $U: i = \frac{n}{m}$, man schreibt auch $i = (G:U)$. Unendl. Gruppen können sowohl endl. als auch unendl. I. haben.

Index-Ellipsoid, Kristallographie: → Indikatrix 1).

Indexminerale, Minerale, die sich bei der Gesteinsmetamorphose nur in einem begrenzten Druck-Temperatur-Bereich bilden und daher den jeweiligen Metamorphosegrad anzeigen.

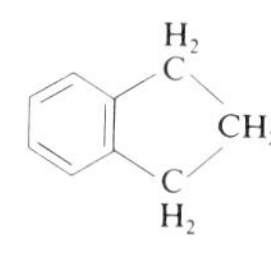

Indan

Indexregister, Register bei elektron. Datenverarbeitungsanlagen, das zur Bildung und zur Änderung der Adressen herangezogen wird. Je nach Anlage gibt es mehrere I. Urspr. diente das I. der Verarbeitung von Vektoren und Matrizen.

Indianer, lat. **Indus,** ein → Sternbild am Südhimmel.

Indican, Glucosid zahlreicher Pflanzen, das früher zur Herstellung von → Indigo diente.

Indigo, in Wasser unlösliches dunkelblaues Pulver, das schon im Altertum als lichtechter Farbstoff verwendet wurde. Im Zellsaft zahlreicher Pflanzen (Indigofera-Arten, Isatis tinctoria = Färberwaid) ist das Glucosid **Indican** enthalten, das durch Gärung in Glucose und → Indoxyl gespalten werden kann. Indoxyl, das heute synthetisch aus Phenylglycin hergestellt wird, läßt sich durch Oxidation in I. überführen. – I. ist ein Küpenfarbstoff, der durch Reduktion (z. B. mit Natriumdithionit) zu schwach gelbl., löslichem Leuko-I. (Indigweiß) reduziert wird.

Indigo

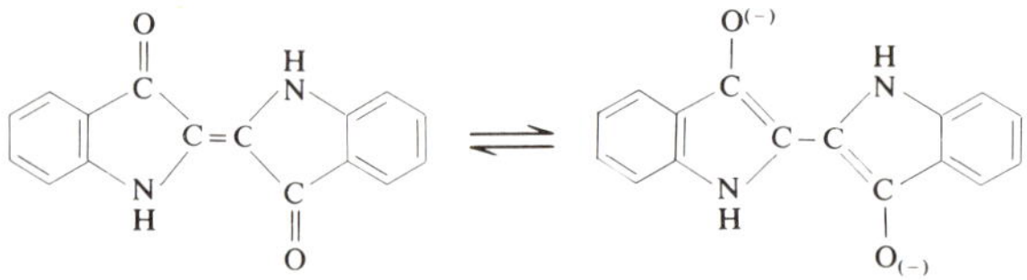

Indigo Leukoindigo

Nach dem Tränken der Faser mit der wäßrigen Lösung des reduzierten (verküpten) I. wird durch Oxidation an der Luft die blaue Färbung erhalten. – I. ist nach dem 1. Weltkrieg zunehmend von echteren Farbstoffen abgelöst worden. Der Modetrend zu weniger reibechten blauen Farbstoffen (Blue Jeans) hat zu einem erneuten Aufschwung der I.-Produktion geführt.

Indikator, Maschinenbau: Gerät zum Aufschreiben des Druckverlaufs in Zylindern von Kolbenmaschinen in Abhängigkeit vom Kolbenweg. Das **I.-Diagramm** ist ein Druck-Volumen-Diagramm. – Für langsam laufende Maschinen (z. B. Dampfmaschinen) können mechan. Geräte verwendet werden. Bei schnellaufenden Maschinen (z. B. Verbrennungskraftmaschinen) wird der Druck meist mittels piezo-elektr. Geber auf Oszillographen registriert, und zwar meist über der Zeit, d. h. Drehwinkel statt Kolbenweg.

Indikatorfarbstoffe, Stoffe, die Zustandsänderungen in chem. Systemen durch Farbwechsel anzeigen. Sie dienen v. a. in der Maßanalyse zur Anzeige des Äquivalenzpunktes. – **Säure-Base-Indikatoren** (pH-Indikatoren) sind schwache organ. Säuren oder Basen, die bei Abgabe oder Aufnahme eines Protons die Farbe ändern, z. B. Methylorange:

$$\mathrm{H\,In} \rightleftharpoons \mathrm{In^-} + \mathrm{H^+}$$

Indikatorsäure (rot) Indikatorbase (orange)

Farbänderung tritt jeweils in einem best. pH-Bereich auf, z. B.

		pH-Umschlagsbereich	
Methylorange	rot	3,1 bis 4,4	orange
Methylrot	rot	4,4 bis 6,2	gelb
Phenolphthalein	farblos	8,2 bis 9,8	rotviolett

Metallindikatoren (z. B. Eriochromschwarz T) bilden mit Metallionen gefärbte Komplexverbindungen. Die Färbung von **Redoxindikatoren** (z. B. Ferroin, Diphenylaminsulfonsäure) schlägt beim Erreichen eines best. Redoxpotentials um. **Adsorptionsindikatoren** zeigen bei Fällungstitrationen den Endpunkt durch charakterist. Färbung des Niederschlages an (z. B. Fluorescein oder Eosin bei Silberhalogenidniederschlägen).

Indikator|organismen, Organismen, die durch Häufung oder Abnahme ihres Vorkommens oder Veränderung bestimmter physiologischer Eigenschaften Hinweise auf spezifische Umweltbedingungen geben können, z. B. Flechten, Graskulturen, Mikroorganismen u. a. (→Saprobiensystem, →Bioindikatoren)

Indikatorpapier, mit Indikatorlösung getränktes Filterpapier, meist zur pH-Messung einer Lösung.

Indikatrix *die,* **1)** Kartographie: die Verzerrungsellipse, die sich bei →Kartennetzentwürfen durch Abbildung eines kleinen Kreises ergibt.

2) Kristallographie: **Fletchersche I.** [fl'etʃə-, n. dem engl. Mineralogen L. Fletcher], **Index-Ellipsoid,** die opt. Bezugsfläche in einem Kristall, die man erhält, indem man in jeder mögl. zur Wellennormalen eines sich ausbreitenden Lichtstrahls senkrechten Richtung eine Strecke abträgt, die dem Brechungsindex für Licht mit dieser Schwingungsrichtung proportional ist. (→Kristalloptik)

3) Mathematik: Kegelschnitt, der die Art der →Krümmung einer Fläche beschreibt.

4) Optik: dreidimensionaler Graph in Polarkoordinaten für die räuml. Verteilung der von einem Punkt oder Körper ausgehenden Lichtstärke. Die Entfernung eines Graphenpunktes vom Koordinatenursprung (d. h. der Quelle) ist dabei ein Maß für den in seine Richtung gestrahlten Lichtstrom.

indirekte Adressierung, EDV: →Adressieren.

Indium, chem. Symbol **In**, ein →chemisches Element, Ordnungszahl 49, mit mehr als 30 künstl. und 2 natürlich vorkommenden stabilen Isotopen (113, 115); silberweißes, glänzendes, sehr weiches, bei Raumtemperatur an der Luft beständiges Metall der 3. Hauptgruppe des Periodensystems. Es gehört zu den seltenen Elementen der Erdrinde (10^{-5}%); in der Natur als Begleiter der Zinkblende und in anderen oxid. und sulfid. Schwermetallmineralen. – Verwendung mit Phosphor, Antimon und Arsen für Halbleiter, für korrosionsbeständige Überzüge **(Indiumplattierung)** und als Legierungspartner in Lagermetallen und Dentallegierungen; Darstellung durch Elektrolyse seiner Salze, die aus Zwischenprodukten der Zinkverhüttung entstehen.

In den I.-Verbindungen tritt I. überwiegend dreiwertig auf. Gelbes **Indiumoxid,** In_2O_3, entsteht beim Verbrennen von Indiummetall bei höherer Temperatur; wird zur Glasherstellung verwendet. **Indium(III)chlorid,** $InCl_3$, sublimiert bei 418 °C und ist hygroskopisch; dient zur Galvanisierung, **I.-Antimonid,** InSb, wird in der Halbleitertechnik und für Infrarotdetektoren und -filter

Indikatorfarbstoffe: Farbtabelle für Universalindikatorstäbchen von pH 0 bis pH 14; rechts unverwendetes Stäbchen

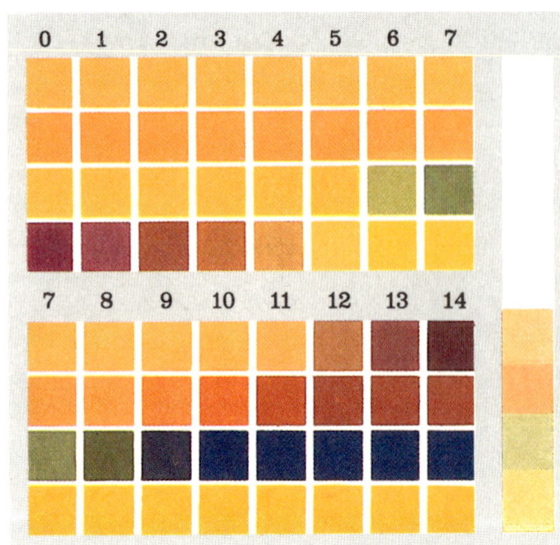

verwendet, **I.-Arsenid,** InAs, u. a. in der Lasertechnik und für Hall-Generatoren. – I. wurde 1863 von R. REICH und TH. RICHTER in Freiberger Zinkblende entdeckt.

Indizes, *Mz.* von → Index. In der Kristallographie Zahlentripel **(Weißsche I., Millersche I.)** oder -quadrupel **(Bravaissche I.** [brav'ɛ-]), durch die die Lage von Kristallflächen im jeweiligen Achsensystem beschrieben wird (→ Millersche Indizes).

Indol, kristalline → heterozyklische Verbindung, die in Steinkohlenteer, Jasmin- und Orangenblütenöl sowie als Eiweißabbauprodukt in Fäkalien vorkommt. I. wird in Parfümmischungen sowie zur Herstellung von Wachstumsregulatoren und Tryptophan verwendet.

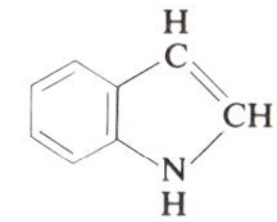

Indol

Indoxyl, eine → heterozyklische Verbindung, die als Zwischenprodukt bei der Herstellung von → Indigo Bedeutung hat.

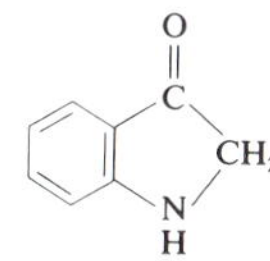

Indoxyl

Induktanz, der → induktive Widerstand (Blindwiderstand) im Wechselstromkreis.

Induktion, 1) Elektrizitätslehre: a) **elektromagnetische I.,** Wechselwirkung zw. Magnetismus und Elektrizität. Das **Induktionsgesetz** (M. FARADAY 1831) lautet: Umschließt eine Leiterschleife ein magnet. Feld und damit einen → magnetischen Fluß **(Induktionsfluß)** Φ, so erzeugt jede zeitl. Änderung des Flusses $\mathrm{d}\Phi/\mathrm{d}t$ in der Leiterschleife eine **induzierte elektr. Spannung** U und es gilt: $U = -\mathrm{d}\Phi/\mathrm{d}t$. Bei einem geschlossenen Leiterkreis fließt ein Strom, der **Induktions-Strom.** Die Änderung des Induktionsflusses kann durch eine Änderung der magnet. I. $\boldsymbol{B}$ (→ magnetische Flußdichte) bei ruhender Schleife oder durch eine Bewegung der Leiterschleife, bei der sich der sie durchsetzende Fluß ändert, hervorgerufen werden.

Das Induktionsgesetz wird technisch u. a. angewandt beim → Transformator, beim → Generator 1) und beim elektrodynam. → Mikrophon.

Fließt ein zeitlich veränderl. Strom I in einer Spule, so kann das erzeugte veränderl. magnet. Feld auf den ursprüngl. Strom in der Spule zurückwirken **(Selbstinduktion);** es wird eine Spannung induziert. Der **Selbstinduktionskoeffizient** L (meist **Induktivität** genannt, auch **Selbstinduktivität, Induktionskoeffizient)** gibt den Zusammenhang zw. der induzierten Spannung U und der Stromänderung $\mathrm{d}I/\mathrm{d}t$ an: $U = -L\mathrm{d}I/\mathrm{d}t$. Die Einheit der Induktivität ist das → Henry: $1\ \mathrm{H} = 1\ \mathrm{Vs/A}$. Beim Transformator gibt der Koeffizient M die **Gegeninduktivität,** den Zusammenhang zw. der Änderung des Primärstromes $\mathrm{d}I_1/\mathrm{d}t$ und der Sekundärspannung U_2 an: $U_2 = -M\mathrm{d}I_1/\mathrm{d}t$. Die I. ist eine Folge der engen Wechselbeziehungen zwischen elektr. und magnet. Feldern. Bewegen sich elektr. Ladungen relativ zu einem magnet. Feld, so wird auf sie eine Kraft senkrecht zur Bewegungsrichtung und zur Richtung des Feldes ausgeübt (Lorentz-Kraft), die die Ladungen trennt oder zumindest eine der Ladungsarten (meist die negative, die Elektronen) bewegt. Die Anhäufung oder der Mangel von Ladungen an den Enden des Leiters ist mit dem Auftreten einer Spannung verbunden. Nach der **Lenzschen Regel** nimmt der I.-Strom diejenige Richtung an, durch die die ihn erzeugende Bewegung gehemmt wird.

b) **magnetische I.,** die → magnetische Flußdichte

c) **elektrostatische I.,** früher manchmal für → Influenz.

2) vollständige I., mathemat. Beweisverfahren dafür, daß eine Menge $\{A(n),\ n = 1, 2\ \ldots\}$ von Aussagen für alle natürl. Zahlen n richtig ist. Die Schreibweise $A(n)$ deutet an, daß die Aussage von der natürl. Zahl n abhängt. Das Beweisprinzip mit vollständiger I. besagt: Ist 1) $A(1)$ richtig **(I.-Anfang)** und kann man 2) **(I.-Schritt, I.-Schluß)** die Implikation: wenn $A(k)$ richtig, so $A(k+1)$ richtig, für beliebige k nachweisen, dann ist für alle natürl. Zahlen n die Aussage $A(n)$ richtig. Grundlage der Beweismethode sind entsprechende Eigenschaften der natürl. Zahlen.

Beispiel (Bernoullische Ungleichung): $A(n)$ sei die Aussage: Für alle reellen Zahlen $a > -1$ gilt $(1+a)^n \geqq 1 + n \cdot a$.

1. (I.-Anfang): $(1+a)^1 = 1 + a$ ist richtig.

2. (I.-Schritt): Aus $(1+a)^k \geqq 1 + k \cdot a$ folgt $(1+a)^{k+1} = (1+a)^k(1+a) \geqq (1 + k \cdot a)(1+a) = 1 + (k+1) \cdot a + k \cdot a^2 \geqq 1 + (k+1) \cdot a$, weil $k \cdot a^2 > 0$ ist $(k > 1)$, also ist $(1+a)^{k+1} \geqq 1 + (k+1) \cdot a$ bewiesen.

Induktionsapparat, der → Funkeninduktor.

Induktionsfluß, der → magnetische Fluß. (→ Induktion)

Induktionsgesetz, die 2. Maxwellsche Gleichung (→ Maxwellsche Theorie), wurde erstmalig von M. FARADAY für Leiter im Magnetfeld aufgestellt (→ Induktion) und von J. C. MAXWELL für das elektromagnetische Feld erweitert.

Induktionshärtung, Oberflächenhärtung (→ Härten) von Stählen durch Erwärmung des Metalls. Zur Energieübertragung wird hierfür das elektromagnet. Wechselfeld einer Spule verwendet.

Induktionskonstante, die → magnetische Feldkonstante.

Induktionsmotor, ein Wechsel- oder Drehstrom-asynchronmotor (→ Elektromotor).

Induktions|ofen, → Elektroöfen.

induktive Bau|elemente der Elektronik/Elektrotechnik: → Spule.

induktive Kopplung, Übertragerkopplung, Elektronik: Verbindung zweier Verstärkerstufen mit Hilfe von induktiven Bauelementen (Spule, Übertrager). Bei der i. K. werden nur Wechselspannungen übertragen, die Stufen sind also i. Ggs. zur → galvanischen Kopplung gleichstrommäßig voneinander getrennt. Verwendet wird die i. K. häufig bei Zwischenfrequenzverstärkern in Rundfunkgeräten, wo die einzelnen Stufen durch Bandfilter miteinander gekoppelt sind.

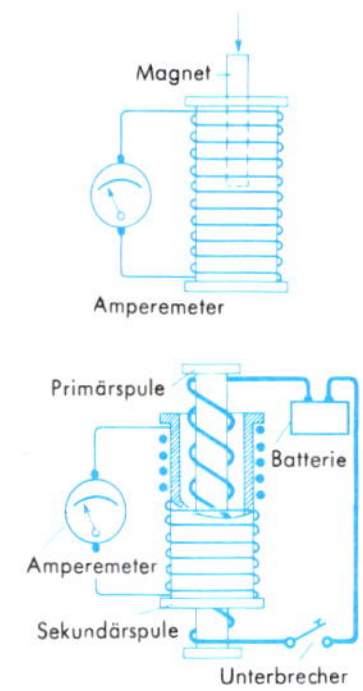

Induktion 1)

Induktion 1): OBEN Erzeugung eines Induktions-Stromes durch Bewegung eines Magnetstabes in einer Spule, UNTEN durch Öffnen und Schließen eines Gleichstromkreises durch einen Unterbrecher; in der Sekundärspule entsteht ein Wechselstrom

induktiver Widerstand, der → Blindwiderstand einer Spule, der durch Selbstinduktion (→ Induktion 1) entsteht. Hervorgerufen wird der i. W. durch die Selbstinduktionsspannung (erzeugt von dem die Spule durchfließenden → Wechselstrom), die der angelegten Spannung entgegenwirkt und somit dem Strom einen Widerstand entgegensetzt. Die Phasenverschiebung zw. Strom und Spannung beträgt bei einer idealen Spule 90°, d. h. der Strom eilt der angelegten Spannung um 1/4 Periode nach. Die Größe des i. W. X_L einer Spule hängt von ihrer Induktivität L und der Frequenz f des Wechselstromes ab: $X_L = 2\,\pi f \cdot L = \omega \cdot L$ (mit Kreisfrequenz $\omega = 2\,\pi f$).

Induktivität, → Induktion 1).

Induktor, der rotierende Teil eines Synchrongenerators, der das Magnetfeld zur Induzierung der Spannung in der Ständerwicklung liefert.

Induline, Gruppe von violetten, grauen bis blauen Azinfarbstoffen; sie sind spritlöslich und werden durch

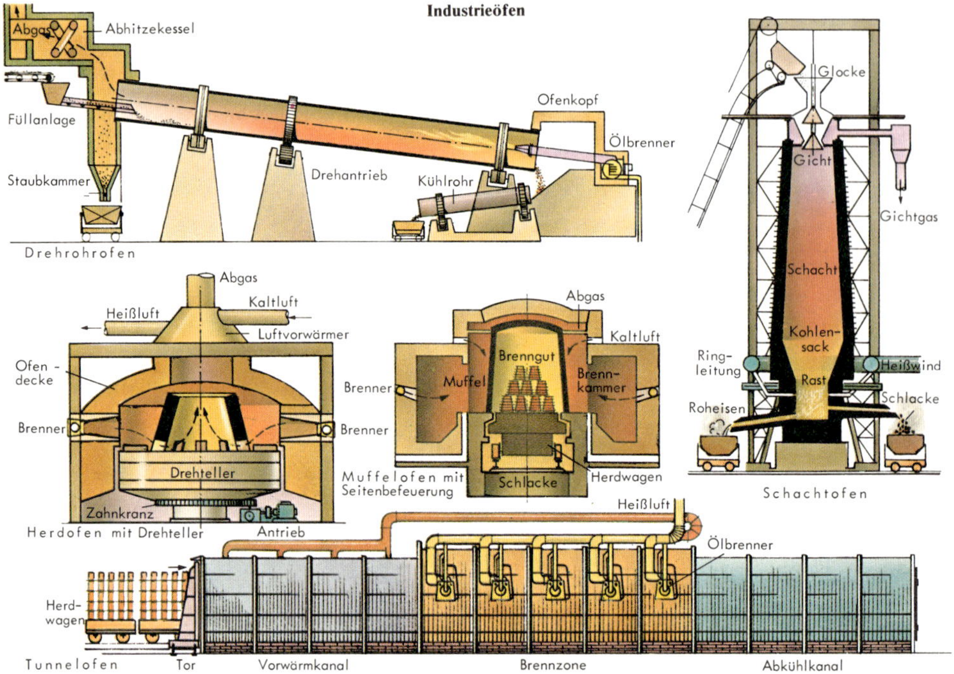

Industrieöfen

chem. Einführen der Sulfogruppe in wasserlösl. Farbstoffe überführt. I. dienen zur Herstellung von Spritlakken, zum Färben von Seide, Wolle u. a.

Indus, Indianer, ein →Sternbild am Südhimmel.

Indusi, Abk. für **induktive Zugsicherung,** →Zugbeeinflussung.

Industrieabfälle, →Abfallstoffe gewerblicher und industrieller Herkunft.

Industrieabwässer, Bez. für →Abwässer von Industriebetrieben, die je nach Produktionsbereich mit schwerabbaubaren Substanzen, Salzen, →Abwärme u. a. belastet sein können. (→Gewässergüte, →Gewässerschutz)

Industrielärm, störende Schallemissionen von techn. Anlagen und Geräten in Industrie und Gewerbe. Rechtl. Regelungen zum Schutz vor I. finden sich in der VDI-Richtlinie 2058, in der →TA Lärm sowie in verschiedenen Verwaltungsvorschriften zum →Bundes-Immissionsschutzgesetz (z. B. für Baumaschinen). Grundsätzlich müssen genehmigungsbedürftige Anlagen in Hinsicht auf die Begrenzung der Schallemission dem Stand der Technik entsprechen.

Industrie|öfen, in der Industrie verwendete Öfen, in denen Roh- und Werkstoffe (Erze, Metalle, Glas, Keramik, Gummi, Kunststoffe u. a.) irgendeine Form der Wärmebehandlung durchlaufen. I. werden eingeteilt nach Industriezweigen (z. B. Eisenhüttenwesen, keramische Industrie, chemische Industrie), nach der Art der durchzuführenden Behandlung (z. B. Schmelzen, Glühen, Härten, Schweißen, Rösten, Sintern, Gaserzeugung, Trocknen), nach der Art der Beheizung (feste, flüssige, gasförmige Brennstoffe, elektr. Beheizung), nach der Bauform (→Schachtofen, →Drehrohrofen, →Tunnelofen, →Herdofen, →Muffelöfen, →Elektroöfen).

R. JESCHAR: Industrieofenbau als Forschungsgebiet der Verfahrenstechnik, in: Bergbauwiss., 17 (1970); Hb. der Elektrowärme (1972); J. H. BRUNKLAUS: I., Bau und Betrieb ([4]1979).

Industrie|roboter, universell einsetzbare Automaten mit mehreren Achsen, deren Bewegungsmöglichkeiten

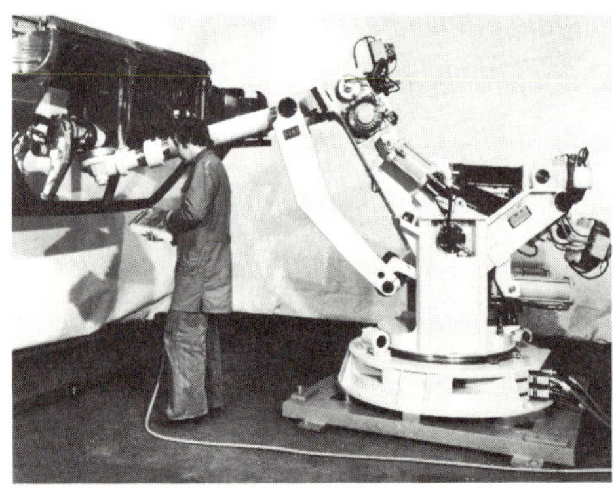

Industrieroboter: Einsatzfall Punktschweißen

i. a. durch einen oder mehrere Arme realisiert werden, die an ihrem Ende mit weiteren Gelenken ausgerüstet sein können. Ihre Bewegungen müssen hinsichtlich Bewegungsfolge, Wegen und Winkeln ohne mechanischen Eingriff in die Steuerung programmierbar sein; sie können sensorgeführt sein. I. sind mit Greifern, Werkzeugen, Meßmitteln oder anderen Fertigungsmitteln ausrüstbar und können Handhabungs- oder andere Fertigungsaufgaben ausführen. Die Entwicklung begann um 1965 in den USA mit dem Ziel, in der industriellen Produktion die Handhabung von Werkstücken (Be- und Entladen von Arbeitsmaschinen, Montage- und Prüfaufgaben) und Werkzeugen (Punktschweißzangen, Schweißbrenner, Lackierpistolen u. a.) zu automatisieren. Der Aufbau von I. gliedert sich in den Mechanismus für i. a. vier bis sechs Freiheitsgrade der Bewegung, die Antriebe für die verschiedenen Bewegungsrichtungen und deren Steuerung, die Meßsysteme für die jeweiligen Positionen sowie die der jeweiligen Aufgabenstellung angepaßten Greifer oder Werkzeuge.

Der Schwerpunkt der gegenwärtigen Entwicklung liegt auf der Steigerung der Bewegungsgeschwindigkeit und -genauigkeit durch Verbesserung der Kinematik und dem Einsatz von CNC-Steuerungen sowie im Untersuchen von Sensoren zur Kommunikation mit der Umwelt. Optische, akustische und tastende Sensoren befähigen den I. zur Werkstückerkennung und -vermessung sowie zu Prüf- und Überwachungsaufgaben und erweitern den Einsatzbereich z. B. in der Montagetechnik.

Voraussetzung für den Einsatz von I. ist, daß auch alle übrigen Funktionen, die bisher vom Menschen während des Handhabungsablaufes noch zusätzlich wahrgenommen werden mußten, automatisiert sind (→ Manipulator, → Roboter, → Telemanipulator).

H. J. WARNECKE u. R. D. SCHRAFT: I. (1979).

induzierter Widerstand, derjenige Widerstandsanteil eines Tragflügels, der durch die aerodynam. Auftriebserzeugung verursacht wird. Am Flügel entsteht Auftrieb, wenn der Druck auf der Oberseite geringer ist als auf der Unterseite. An den Flügelenden stellt sich dann eine diesem Druckgefälle folgende Ausgleichsströmung ein, die sich mit der Parallelströmung in Flugrichtung überlagert und die von den Flügelspitzen abgehende Randwirbel bildet. Die zur Überwindung des i. W. geleistete Arbeit stellt die zur laufenden Erzeugung dieser Randwirbel benötigte Energie dar.

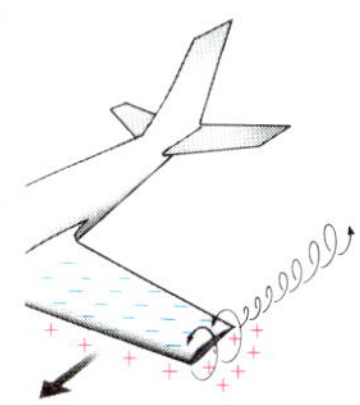

induzierter Widerstand

inert, untätig, unbeteiligt; träge. – **Inerte Stoffe** werden von Chemikalien nicht angegriffen und greifen umgekehrt andere Stoffe nicht an (z. B. Porzellan, Glas, Graphit, Edelmetalle, V2A-Stahl, Kunstharze).

Inertgas, Schutzgas, Gas, das eine unerwünschte Reaktion von Materialien mit der Atmosphäre verhindert. I. spielen u. a. in der Sicherheitstechnik (Reduktion des Sauerstoffgehaltes in Behältern für brennbare Flüssigkeiten), Lebensmitteltechnik (Lagerung und Verpakkung von oxidationsempfindl. Lebensmitteln) sowie in der Metallgewinnung und -verarbeitung (z. B. Schutzgasschweißen) eine Rolle. Als I. werden v. a. Argon, Stickstoff und Kohlendioxid verwendet.

Inertialnavigation, → Trägheitsnavigation.

Inertialsystem, Bezugssystem, in dem keine Trägheitskräfte auftreten, in dem also ein kräftefreier Massenpunkt in Ruhe bleibt oder sich geradlinig mit konstanter Geschwindigkeit bewegt. Jedes System, das sich relativ zu einem I. geradlinig und gleichförmig bewegt, ist ebenfalls ein I. Dieses **Relativitätsprinzip** gilt für die klass. Mechanik als Folgerung aus den Newtonschen Bewegungsgleichungen. Nach A. EINSTEIN bleibt es auch dann gültig, wenn schnell bewegte Körper (z. B. Elektronen) die Anwendung der Gesetze der speziellen → Relativitätstheorie erforderlich machen. Dabei weichen allerdings die mathemat. Beziehungen zw. den in zwei verschiedenen I. durchgeführten Orts- und Zeitmessungen von den Verhältnissen der Newtonschen Mechanik ab (→ Lorentz-Transformation).

Infiltration, Eindringen oder Einsickern flüssiger oder gasförmiger Stoffe z. B. in Gesteinsporen und Hohlräume.

Infimum, untere Grenze, Abk. **inf.** M sei eine Teilmenge der reellen Zahlen $\mathbb{R}$, die eine untere Schranke besitzt, d. h., es gibt $a \in \mathbb{R}$ mit $a \leqq m$ für alle $m \in M$. Eine untere Schranke a_0 heißt größte untere Schranke oder I. von M, wenn für alle unteren Schranken a gilt $a \leqq a_0$. Bezeichnung: $a_0 = \inf M$. (→ Supremum)

Infinitesimalrechnung, zusammenfassend für → Differentialrechnung und → Integralrechnung. Nach dem **Hauptsatz der I.,** auch **Hauptsatz der Differential- und Integralrechnung,** ist das Differenzieren einer Funktion die Umkehrung des Integrierens.

Influenz, Elektrizitätslehre: Trennung elektr. Ladungen auf einem Leiter unter dem Einfluß eines elektr. Feldes auf Grund der von felderzeugenden Ladungen ausgeübten Coulomb-Kräfte. Bei elektr. Leitern geht die Ladungstrennung so weit, daß nach Zweiteilung eines influenzierten Körpers an geeigneter Stelle beide Teile entgegengesetzt aufgeladen sind (BILD). In einem Nichtleiter tritt nur molekulare Dipolbildung (→ Polarisation) auf.

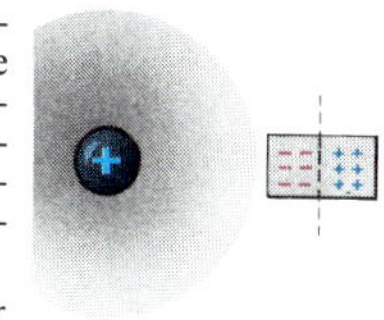

Influenz
bei elektr. Leitern

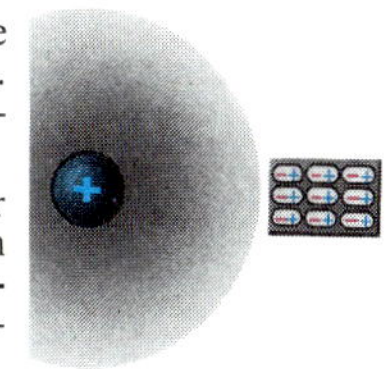

Influenz
bei Nichtleitern

Influenzkonstante, die elektrische Feldkonstante (→ Elektrizität).

Influenzmaschine, die Influenzelektrisiermaschine (→ Elektrisiermaschinen).

Informatik, engl. **Computer Science** [kɔmpjˈuːtə sˈaɪəns], Wissenschaftsgebiet, das sich mit der grundsätzl. Verfahrensweise der Informationsverarbeitung durch elektronische Datenverarbeitungsanlagen und allg. Methoden der Anwendung solcher Verfahren befaßt. Hauptziel ist, Strukturen und Beschreibungsmöglichkeiten von Informationsverarbeitungssystemen und -prozessen zu finden (→ Informationstheorie), wobei die Effektivität eine große Rolle spielt. Die I. bildet die Grundlage für die Entwicklung von problemorientierten → Programmiersprachen; **Computerarchitektur** und **-technologie, Automatisierung** u. a. sind einige Disziplinen der I.

A. SCHULZ: I. für Anwender (1973); V. CLAUS: Einf. in die I. (1975); Lexikon der I. und Datenverarbeitung, hg. v. H. J. SCHNEIDER (1980); Programmiersprachen und Programmierentwicklung, hg. v. H. WÖSSNER (1982).

Information, allg. die formulierte Unterrichtung nicht nur von Menschen, sondern auch von Organismen oder techn. Einrichtungen über Sachverhalte, Ereignisse oder Abläufe. In der Technik und den Naturwissenschaften wird I. vielfach als Synonym für → Nachricht benutzt und stellt im wissenschaftl. Sinn eine gegenüber Masse und Energie eigenständige Entität dar (N. WIENER). Die → Informationstheorie versteht darunter ein Maß, das den Zeichen einer Nachricht zugeordnet wird: Der Informationsgehalt I_i eines Ereignisses x_i (z. B. das Auftreten eines Zeichens x_i) ist der Logarithmus des Kehrwertes der Wahrscheinlichkeit $p(x_i)$ für sein Eintreten:

$$I_i = \log \frac{1}{p(x_i)}.$$

Häufige Ereignisse haben geringen, seltene dagegen hohen Gehalt an I. Bei k gleichwahrscheinlichen Zeichen ei-

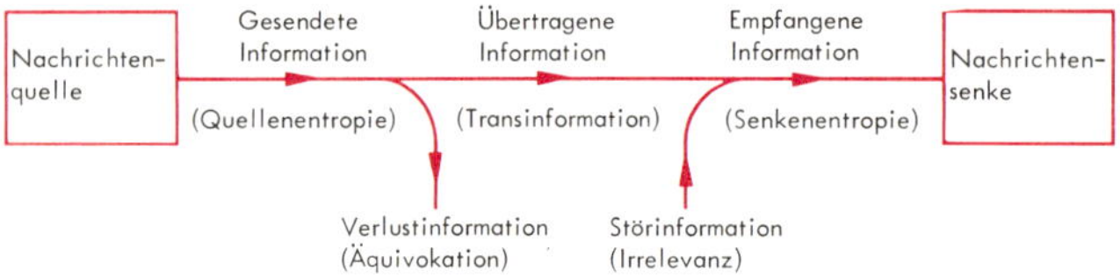

Informationstheorie:
informationstheoretisches Modell eines Nachrichtensystems

ner Nachrichtenquelle ist $p(x_i) = 1/k$ und $I_i = \log k$ für alle $i = 1 \ldots k$. Verwendet wird meist der Logarithmus zur Basis 2, woraus sich als Pseudoeinheit für die I. das bit ergibt. I. ist danach ein rein techn. Maß, das nur an die Wahrscheinlichkeit, nicht aber an den Sinngehalt einer Nachricht gebunden ist.

Informationssystem. Ein I. dient der Beschaffung, Verarbeitung, Speicherung und Übermittlung von Informationen zur Befriedigung eines Informationsbedarfs. Hierunter fallen sowohl die personellen I. unter Benutzung einfacher Sachmittel (z. B. Karteien) als auch die rechnerunterstützten I. (Mensch-Maschine-Systeme). Computer als Komponenten von I. ermöglichen dabei durch hohe Operationsgeschwindigkeit, große Speicherkapazität mit schneller Zugriffsmöglichkeit eine bisher nicht erreichbare Anpassungsfähigkeit, Wirtschaftlichkeit und Komplexität von I.

Informationstheorie, mathemat. Theorie, die mit Hilfe formaler Modelle und objektiver Definitionen die Grundlagen für ein klares Verständnis, für die Meß- und Vergleichbarkeit sowie für die theoret. Grenzen der Informationsübertragung geschaffen hat. Als Begründer gilt (neben N. WIENER, → Statistische Nachrichtentheorie) C. E. SHANNON mit Arbeiten aus den Jahren 1948/49 (aufbauend auf Vorarbeiten von H. NYQUIST und K. KÜPFMÜLLER 1924, R. V. L. HARTLEY 1928, R. WHITTACKER 1935 u. a.).

Wichtigster Aspekt der I. ist die quantitative Festlegung des Begriffes → Information auf Grund ihres prinzipiell zufälligen (stochastischen) Charakters. Das mathemat. Modell ist eine wahrscheinlichkeitstheoret. Abstraktion vom physikal. Modell eines Übertragungssystems (→ Nachrichtenübertragung), das durch die Angabe des Zeichenvorrates (→ Nachricht) und der Verbundwahrscheinlichkeit für gesendete und empfangene Zeichen beschrieben wird:

Die **Nachrichtenquelle** ist durch **Zeichenvorrat** und **Zeichenstatistik** definiert (k unterscheidbare Zeichen x_i mit Auftrittswahrscheinlichkeiten $p(x_i)$ und ggf. mit statist. Bindungen zw. aufeinanderfolgenden Zeichen). Daraus läßt sich die Entropie, d. h. der mittlere Gehalt an Information pro Zeichen, angeben. Die maximal mögliche Entropie ergibt sich bei gleichwahrscheinl. Zeichen zu $\log k$ und wird **Entscheidungsgehalt** genannt. Die Differenz zur tatsächl. Entropie ist die → Redundanz (Weitschweifigkeit). Sie braucht, da sie nichts zum Informationsgehalt beiträgt, nicht übertragen zu werden; man kann sie durch → Codierung beseitigen. Andererseits kann Redundanz zur Fehlererkennung und Fehlerkorrektur dienen und wird daher oft der Nachricht absichtlich hinzugefügt.

Durch unterwegs eindringende Störungen tritt **Verlustinformation** (Äquivokation, d. h. Mehrdeutigkeit) auf, die vom Empfänger (Nachrichtensenke) nicht erkennbar ist. Die übertragene ›Transinformation‹ ist um diesen Betrag kleiner und wird beim Empfänger durch die zusätzl. **Störinformation** (Irrelevanz, d. h. Unwichtigkeit) überlagert (BILD).

Auf Grund der quantitativen Erfaßbarkeit dieser Größen lassen sich Systeme miteinander vergleichen und die erreichbaren theoret. Grenzen angeben. Die beiden grundlegenden Theoreme besagen, daß man (auch bei redundanten Quellen) nicht mehr Binärentscheidungen übertragen muß, als die Quellenentropie angibt, und daß man bis zu einem maximal erreichbaren Wert der Transinformation, der ›Kanalkapazität‹, beliebig störungsarm übertragen kann. Beides ist (z. T. nur in theoret. Grenzfällen) durch Codierung erreichbar. Ziel praktisch realisierter Systeme ist es, diesen Grenzen möglichst nahe zu kommen.

C. E. SHANNON: A mathematical theory of communication, in: Bell System Technical Journal, 27 (1948); ders.: Communication in the presence of noise, in: Proceedings of the Institute of Radio Engineers, 37 (1949); ders. u. W. WEAVER: Mathemat. Grundlagen der I. (a. d. Amerikan., 1976); Statist. Nachrichtentheorie und ihre Anwendungen, hg. v. V. KEMPE u. N. AHLBEHRENDT (Berlin-Ost 1981); G. FRITZSCHE: Informationsübertragung, Wissenspeicher (1981).

Informationsverarbeitung, Aufnahme und Weiterleitung von Informationen zur Aufbereitung an eine zentrale Speicher- und Auswerteeinrichtung. Das Ziel ist, das für einen Anwendungsbereich Wesentliche herauszuarbeiten und wirksam zu machen. Z. B. werden im Zentralnervensystem der Lebewesen die von Sinnesorganen eintreffenden Informationen ausgewertet, um für den Gesamtorganismus zweckmäßige Reaktionen, etwa Muskelbewegungen, einzuleiten. Wichtigste Form der I. mit techn. Mitteln ist die elektron. Datenverarbeitung mit Hilfe von Computern, die durch hochintegrierte Speicher- und Logikbaugruppen sowie durch problemorientierte Programmiersprachen große Mengen von Informationen aus allen Bereichen der Wissenschaft, Technik und Wirtschaft verarbeiten können.

Infrarot, Abk. **IR,** früher auch **Ultrarot,** Abk. **UR,** Kurzbezeichnung für → Infrarotstrahlung.

Infrarot|astronomie, Beobachtung des Himmels im Bereich der Infrarotstrahlung, die am Erdboden auf Grund der atmosphär. Absorption nur sehr begrenzt empfangen werden kann. Infrarotteleskope stehen daher bevorzugt auf hohen Bergen in trockenem Klima, wo die Wasserdampfabsorption gering ist; so steht das größte Infrarotteleskop der Erde (Spiegeldurchmesser 3,8 m) auf dem 4205 m hohen Vulkan Mauna Kea, dem höchsten Berg der Insel Hawaii. Eine Besonderheit ist das an Bord eines Flugzeuges installierte ›Kuiper Airborne Observatory‹ der NASA mit einem 91-cm-Infrarotteleskop. Mitte der 80er Jahre soll ein großes Infrarotteleskop (→ GIRL) in ein Erdumlaufbahn gebracht werden (→ Satellitenastronomie). Mit Hilfe der I. läßt sich eine Fülle von Informationen über diejenigen Himmelskörper gewinnen, die im infraroten Spektralbereich stark strahlen, deren sichtbares Licht aber durch interstellare Dunkelwolken verschluckt wird, z. B. Gas- und Staubnebel, neu entstehende Sterne oder auch der Zentralbereich unseres Milchstraßensystems.

infrarotdurchlässiges Glas, Abk. **IR-Glas,** wird im Vakuum oder in wasserfreier Schutzgasatmosphäre erschmolzen. I. G. sind z. B. Quarzglas, Calcium-Aluminatgläser, Germanatgläser, Arsensulfidgläser. Verwendung in der Fernphotographie, der Steuerungstechnik, in Nachtsichtgeräten.

Infrarot|heizung, eine → Strahlungsheizung.

Infrarotlenkung, passives →Zielsuchverfahren für militär. Flugkörper, bei dem die Infrarotstrahlung (z. B. vom Wärme erzeugenden Antrieb) eines zu bekämpfenden Zieles von Sensoren (Thermoelemente, Bolometer, Photodetektoren) im Zielsuchkopf aufgenommen und zur kontinuierl. Korrektur des Steuerkurses auf das Ziel zu ausgewertet wird, bis eine Kollision erfolgt. Der Hauptvorteil der I. gegenüber aktiven (Radar-)Zielsuchverfahren besteht darin, daß der Angriff im Zielobjekt nicht festellbar und schwer störbar ist.

Infrarotpeiler, Wärmepeiler, einfachste Form der Nutzbarmachung therm. Unterschiede zw. einzelnen Objekten (z. B. Hügel, Bäume, Menschen) zur Orientierung bei Nacht. Dies geschieht durch passive, d. h. Wärmestrahlung empfangende Abtastung der Umgebung (→Infrarotlenkung), wobei jedem einzelnen Empfängerelement mit seinen Detektoren ein bestimmter kleiner Raumwinkel des zu untersuchenden Bereiches zugeordnet ist, aus dem es Wärmestrahlung empfängt. Speziell im militär. Bereich dienen I., in Kombination mit hochauflösenden, lichtverstärkenden Sichtgeräten, der nächtlichen Zielentdeckung und -darstellung.

Infrarotphotographie, photograph. Aufnahmeverfahren unter Verwendung von Materialien, die für nahes Infrarotlicht (etwa 700–900 nm) sensibilisiert sind. Da diese Materialien auch für sichtbares Licht empfindlich sind, verwendet man bei der Aufnahme Rot- oder Schwarzfilter. Anwendungsmöglichkeiten: Ausschaltung von Dunst und atmosphär. Störungen bei Landschaftsaufnahmen, unbemerktes Photographieren mit Infrarotblitz, Ausnutzung des unterschiedl. Remissionsverhaltens vieler Stoffe bei Infrarot- und Tageslicht (wichtig für Botanik, Mineralogie, Medizin, Kriminalistik). Der für Grün, Rot und Infrarot sensibilisierte Infrarotfarbfilm ist wichtiges Hilfsmittel in der Land- und Forstwirtschaft, da er zw. gesundem und krankem Grün unterscheiden kann. (→Falschfarbenphotographie)

Infrarot|spektroskopie, IR-Spektroskopie, Methode der instrumentellen Analytik zur qualitativen und quantitativen chem. Analyse organ. und anorgan. Verbindungen sowie zur Strukturaufklärung. Gemessen werden die Energiedifferenzen, die bei innermolekularen Schwingungen auftreten. Das IR-Spektrum erlaubt direkte Aussagen über Vorhandensein best. funktioneller Gruppen (Keton, Säure, Ester, Alkohol u. a.). Die sichere Identifizierung eines Moleküls ist allerdings meist nur durch Vergleich mit einem ›sauberen‹ Spektrum (gemessene Reinsubstanz) möglich, v. a., wenn es sich um kompliziertere organ. Moleküle handelt.

Infrarot|stern, 1) Stern geringer Oberflächentemperatur; 2) von einer Materiewolke umgebener oder in einer stark absorbierenden interstellaren Wolke befindlicher Stern. (→Infrarotastronomie)

Infrarotstrahlung, IR-Strahlung, Wärmestrahlung, elektromagnet. Strahlung, die sich unterhalb der Empfindlichkeitsgrenze des Auges (Wellenlänge 760 nm) bis zum Mikrowellenbereich (1 mm) erstreckt und in **nahes** (NIR: 760 nm bis 2,5 µm), **mittleres** (MIR: 2,5–25 µm) und **fernes IR** (FIR: 25–1 000 µm) unterteilt wird. – **Infrarotstrahler** emittieren sowohl kontinuierl. als auch selektive Spektren, oft zusammen mit sichtbarer Strahlung. Nur bei Absorption wird die I.-Energie in Wärme umgewandelt. So ist für den Wärmehaushalt der Erde die I.-Absorption durch Wasserdampf, Kohlendioxid und Ozon in der Atmosphäre wesentlich. – Nachgewiesen und gemessen wird die I. durch therm. Empfänger (Vakuumthermometer, Thermosäule, Bolo- und Radiometer), photoelektr. Elemente (Photozelle, und -elemente) und infrarotsensibilisiertes Filmmaterial. Angewendet wird sie in der Wärme-, Trocknungs- und Heizungstechnik, in der Mikroskopie, Photographie, Photometrie und Spektroskopie, für Steuerungseinrichtungen (z. B. Fernbedienung von Fernsehgeräten), Sicherungsanlagen (z. B. Infrarotlichtschranken), zur Nachrichtenübertragung (→optische Nachrichtentechnik, →Optoelektronik) und für Beobachtungs-, Ortungs- und Tarnzwecke sowie bei der →Thermographie.

Infraschall, niederfrequente Druckschwankungen (unter 16 Hz), die bei kleinen Amplituden unhörbar sind. Früher wurde angenommen, daß unterhalb von 16 Hz keine Hörempfindung möglich sei. Tatsächlich reicht der →Hörbereich bis etwa 1–2 Hz herab. I. tritt auf z. B. bei Erdbeben- und Bodenschwingungen (Maschinen, Wind, Meeresbrandungen) und Temperaturspannungen der Erdoberfläche.

Ingenieurbau, Teilgebiet der Bautechnik, betrifft die Bauten, die v. a. durch technisch-konstruktive und statische Gesichtspunkte geprägt werden (Brücken, Stahl- und Stahlbetonskelettbauten, Hochhäuser, Türme, Industriebauten, Hallen, Wasserkraftanlagen, Talsperren).

Ingenieurgeologie, Teilgebiet der angewandten Geologie in Bauwesen und Technik, befaßt sich mit Boden-, Fels-, Hydro- sowie Schnee- und Eismechanik.

Ingenieurvermessung, Teilgebiet der →Geodäsie, umfaßt die Vermessungen bei der Planung, Ausführung und Überwachung von Bauwerken.

Ingenieurwissenschaften, technische Wissenschaften, die aus der systemat. theoret. Bearbeitung techn. Probleme entstandenen wissenschaftl. Disziplinen, die an Universitäten, Techn. Hochschulen und Fachhochschulen gelehrt werden (z. B. Bauingenieurwesen, Maschinenbau, Elektrotechnik, Bergbau und Hüttenwesen, Kernenergietechnik, Raumfahrttechnik, Datenverarbeitung und -übertragung, Verfahrenstechnik, Kunststofftechnik). I. benutzen naturwissenschaftl. Erkenntnisse und treiben selbst Grundlagenforschung; in den techn. Disziplinen spielt zusätzlich das Moment der Konstruktion (von der Erfindung bis zur Entwicklung) eine besondere Rolle. Die Technikwissenschaften unterscheiden sich von den vorrangig auf Erkenntnisse zielenden Naturwissenschaften dadurch, daß sie darüber hinaus eine prakt. Realisierung anstreben, die für die Naturwissenschaften meist nur als Bewährungskriterium für Theorien von Bedeutung ist.

Ingression, langsames Eindringen des Meeres in festländ. Senkungsräume, ein Sonderfall der →Transgression.

Inhalt, Verallgemeinerung des Begriffs Länge einer Strecke auf zwei **(Flächen-I.)** oder drei **(Raum-I.)** Dimensionen. Die wesentlichste Forderung dabei ist, daß kongruente Figuren den gleichen I. haben. Definiert man den I. eines Rechtecks als Produkt seiner Kantenlängen, so geht aus BILD 1 und 2 hervor, daß der I. eines Parallelogramms das Produkt seiner Grundlinie g und seiner Höhe h und daß der I. eines Dreiecks $\frac{1}{2}g \cdot h$ ist. Im dreidimensionalen Raum geht man analog vom I. eines Quaders mit den Kantenlängen a, b und c aus: $I = a \cdot b \cdot c$.

Zur allg. Definition des I. gelangt man, wenn man eine Punktmenge M durch ein Netz ganz in ihr liegender kongruenter Quadrate bestmöglich ausschöpft (BILD 3) und

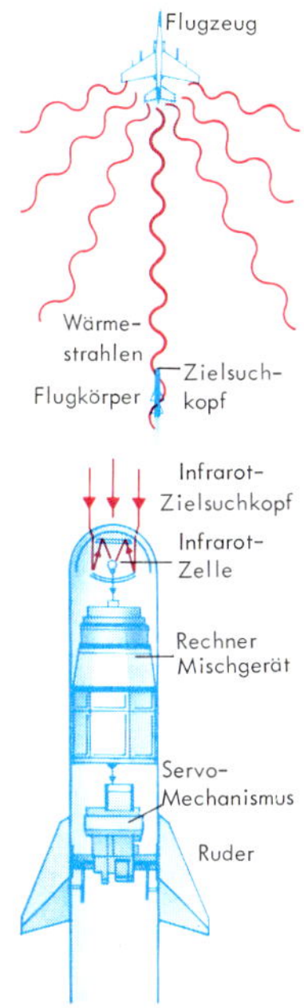

Infrarotlenkung

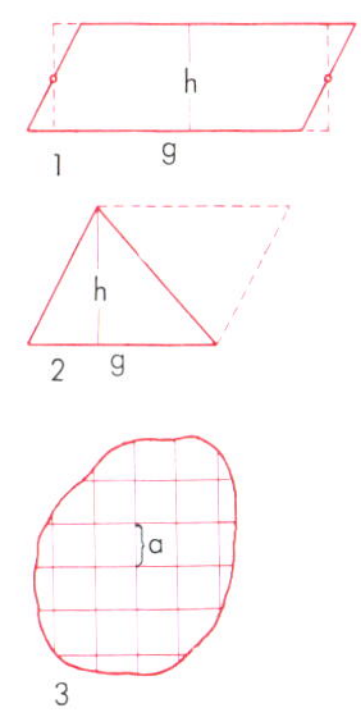

Inhalt

andererseits sie mit Quadraten überdeckt. Die beiden Anzahlen der benötigten Quadrate, multipliziert mit dem Quadrat der Kantenlängen a des Grundquadrates, ergeben die Zahlen $\underline{I}(a)$ oder $\bar{I}(a)$. Läßt man für a alle positiven reellen Zahlen zu, so ist das → Supremum $\underline{I}$ der Menge $\{\underline{I}(a)\}$ der **innere I.** der Punktmenge M und das → Infimum $\bar{I}$ der Menge $\{\bar{I}(a)\}$ der **äußere I.** von M. Falls $\underline{I} = \bar{I}$ gilt, bezeichnet man diese Zahl als den **Jordanschen I.** von M. Der so definierte I. ist ein reelles Funktional F (Abbildung der Menge der Mengen, die einen I. besitzen in die Menge $\mathbb{R}$ der reellen Zahlen), für das gilt:

1. $F(\emptyset) = 0$;
2. $F(M) \geqq 0$, wenn $M \neq \emptyset$;
3. $F(M_1 \cup M_2) = F(M_1) + F(M_2)$, wenn $M_1 \cap M_2 \neq \emptyset$

($\emptyset$ ist die leere Menge). In höheren Dimensionen geht man analog vor. Der Begriff des Jordanschen I. wird in der → Maßtheorie verallgemeinert, so daß auch Mengen ein Maß besitzen, die keinen Jordanschen I. haben.

Inhibitoren, Stoffe, die in geringer Konzentration chem. Reaktionen hemmen (negative Katalysatoren). Als Radikalfänger wirken z. B. Phenolderivate, die als **Oxidations-I.** (→Antioxidantien) verwendet oder Monomeren (z. B. Styrol) zugesetzt werden, um eine vorzeitige Polymerisation bei der Herstellung oder Lagerung zu verhindern. Große Bedeutung haben auch **Korrosions-I.** (→ Korrosionsschutz).

inhomogen, 1) Mathematik: → lineares Gleichungssystem.

2) Physik: I. heißt ein Körper, der in verschiedenen Raumteilen verschiedene Beschaffenheit (Dichte, chem. Zusammensetzung, opt. Verhalten u. a.) besitzt, z. B. die meisten Feststoffe. – Bei einem **inhomogenen Feld** hat der Feldvektor nicht in allen Feldpunkten gleiche Richtung und gleichen Betrag.

Initialisierung, Datenverarbeitung: Herstellen eines definierten Anfangszustandes vor Beginn eines Programmablaufs; z. B. müssen Magnetplattenspeicher und Disketten mit bestimmten Kenndaten versehen werden, bevor sie zum ersten Mal eingesetzt werden.

Initialsprengstoffe, Sprengstoffe, die sich durch relativ schwachen Stoß oder durch Funken zur Explosion bringen lassen und die in Sprengkapseln zur Initiierung anderer Sprengstoffe angewendet werden. Wichtige I. sind Bleiazid und Knallquecksilber.

Initiatoren, in der Chemie Stoffe, die bereits in geringer Konzentration eine chem. Reaktion einleiten. I. Ggs. zu Katalysatoren werden I. dabei nicht regeneriert. Für radikal. Polymerisationen werden I. verwendet, die beim Erwärmen in Radikale zerfallen (z. B. Dibenzoylperoxid, Azodiisobuttersäurenitril).

Injektion, 1) Bautechnik: Einpressen von hydraul. oder bituminösen Bindemitteln in den Baugrund zur Bodenverfestigung oder in Bauwerke zu deren Restaurierung u. ä.

2) Geowissenschaften: Eindringen magmat. Schmelzen oder Lösungen in Gesteinsfugen und Spalten; die Stoff- und Wärmezufuhr kann dabei zu Gesteinsumwandlungen durch Umkristallisation führen **(Injektionsmetamorphose).**

3) Halbleitertechnik: die Erhöhung der Dichte der jeweiligen Minoritätsträger gegenüber dem Gleichgewichtsfall; z. B. werden bei Belastung einer Halbleiterdiode in Flußrichtung über die Sperrschicht Elektronen vom n-Teil in den p-Teil und Löcher vom p-Teil in den n-Teil des Halbleiters getrieben (injiziert). Da üblicherweise die I. zu räumlich unterschiedl. Dichte der Minoritätsträger führt, treten als Folge Diffusionsströme auf.

Injektionslogik, Halbleitertechnik: → integrierte Injektionslogik.

injektiv, Mathematik: → Abbildung 1).

Injektor, eine → Dampfstrahlpumpe für Versorgungs-Pumpenanlagen.

Injektorschleuse, einfache Schleuse zur pneumat. Förderung von Gütern in Druckleitungen; besteht aus einer Düse mit darüber angebrachtem Zuführtrichter und einem anschließenden Diffusor. Der von einem Gebläse erzeugte statische Druck wird an der engsten Stelle der Düse in dynam. Druck umgesetzt, so daß das Gut aus dem Trichter in die Düse einströmen kann. Der Diffusor verwandelt einen Teil des stat. Drucks in dynam. Druck zurück, so daß eine Förderung des Gutes möglich ist.

Ink Jet Printing [ɪŋk dʒet prˈɪntɪŋ, engl.], → Farbstrahldruckverfahren.

Inklination, 1) Astronomie: die → Neigung 1).

2) Geophysik: Formelzeichen I, Winkel zw. der Richtung des magnet. Feldvektors des erdmagnet. Feldes und der Horizontalebene, positiv nach unten.

Inklusion, Mengenlehre: Bez. für die Teilmengenrelation ›$\subset$‹ (→ mathematische Zeichen).

Inkohlung, diagenet. Umbildung von pflanzl. Substanz zu → Kohlen unter biochem. Anreicherung von Kohlenstoff. Die I. wird durch Wärme- und Druckwirkung **(Thermometamorphose)** gefördert. Bei jungen Kohlen kennzeichnet der Wassergehalt, sonst der Gehalt an flüchtigen Bestandteilen (Abnahme der leichtflüchtigen Bestandteile) den **Inkohlungsgrad,** der chemisch, genauer aber unter dem Mikroskop durch Reflexionsmessung am → Vitrit (Glanzkohle) bestimmbar ist. Die **Inkohlungsstufen** ergeben den Rang der Kohlen (Torf, Braunkohlen, Flamm-, Gasflamm-, Gas-, Fett-, Eß-, Magerkohlen, Anthrazit, Graphit). Der **Inkohlungsgradient** bezeichnet die Zunahme der I. auf je 100 m Teufe.

inkommensurabel, Größen, deren Maßzahlverhältnis keine rationale Zahl ist, z. B. haben eine Quadratseite und die zugehörige Diagonale kein (noch so kleines) gemeinsames Maß.

inkompressibel heißen Körper, deren Volumen durch äußeren Druck nicht (nennenswert) verringert werden kann. Zu ihnen gehören v. a. flüssige Körper.

Inkreis, Kreis, der alle Seiten eines konvexen Polygons von innen berührt. (BILD Dreieck)

Inkrement, kleiner Zuwachs einer Größe (Ggs.: → Dekrement). – Datenverarbeitung: Bei schrittweise arbeitenden Maschinen (z. B. **Inkrementkurvenzeichner**) ist das I. die kleinste Schrittweite. **Inkrementalrechner,** digitale Rechengeräte, die den Bereich der unabhängigen Veränderlichen schrittweise durchlaufen, um dadurch kontinuierlich verlaufende Vorgänge näherungsweise nachzubilden. **Inkrementspeicher,** ein Speicher, der Daten erfaßt, sobald ein Wertzuwachs über einen Toleranzwert hinausgeht.

Inkrustation, 1) störende Ablagerung von Kalk u. a. unlöslichen Verbindungen auf Textilien und Waschmaschinenteilen. Die I. wird durch Natriumtriphosphat oder Zeolithe im Waschmittel verhindert.

2) Krustenbildungen um Fossilien, Gerölle oder an Klüften durch chem. Ausscheidung z. B. von Kalk.

Inkugel, Kugel, die alle Flächen eines konvexen Polyeders von innen berührt.

Inland|eis, Binnen|eis, geschlossene Eisdecke in den Polarländern, mit einer Mächtigkeit bis über 4000 m (Antarktis). Unter dem I. verschwindet das Erdrelief (daher keine Oberflächenmoränen, jedoch mächtige Grundmoränen). Nur an den Rändern ragen einzelne Berge **(Nunatak)** aus dem Eis auf; hier löst sich das I. in Gletscherzungen auf, aus denen, wo sie ins Meer reichen, durch Abbrechen (Kalben) Eisberge entstehen. Infolge der ungeheuren Belastung durch die Eismassen kommt es zu Einbiegungen des Untergrunds, die mehrere hundert Meter erreichen können (Grönland).

In-Line-Bildröhre [ɪnl'aɪn-, engl.], Fernseh-Farbbildröhre mit drei nebeneinander in einer waagerechten Ebene **(in-line)** angeordneten Kathoden. Die Anordnung dient bei großem Ablenkwinkel zur Verringerung des Aufwandes für die →Konvergenz. Die Löcher der →Schattenmaskenröhre und die Farbtripel des Leuchtschirms sind hierbei streifenförmig ausgebildet.

Innenboden, Doppelboden, zweiter Boden eines Schiffes zum Schutz gegen Wassereinbruch. Der Raum zw. I. und →Außenhaut 2) wird meist für Brennstoff, Frisch- und Ballastwasser u. a. genutzt.

Innenpolmaschine, eine →elektrische Maschine, bei der sich das Polsystem im Läufer befindet; üblich bei Synchronmaschinen.

Innensenke, Senke innerhalb eines →Orogen, Sedimentationsgebiet für die Abtragungsmassen eines sich heraushebenden Gebirges; häufig mit Kohlen und Vulkanismus (→Molasse).

Innentaster, Gerät mit einem festen und einem bewegl. Meßstift zum Messen der Innenmaße hohler Werkstücke.

Innenwiderstand, der innere Widerstand einer Spannungsquelle (z. B. Batterie), an dem bei Belastung durch einen Verbraucher ein Teil der erzeugten Spannung abfällt. Bei großer Belastung (kleiner Lastwiderstand) fließt ein hoher Strom, der auch einen hohen Spannungsabfall am I. zur Folge hat. Dadurch sinkt die Klemmenspannung ab. Um bei Laständerung eine möglichst konstante Spannung zu behalten, strebt man bei Spannungsquellen einen I. an, der klein gegenüber dem Lastwiderstand ist.

Innenwinkel, der von zwei aneinanderstoßenden Seiten eines konvexen Vielecks nach innen gebildete Winkel, der →Nebenwinkel des zugehörigen →Außenwinkels.

innere Energie, Formelzeichen *U*, die gesamte in einem thermodynam. System enthaltene Energie, die nur vom inneren Zustand des Systems abhängt. Meßbar ist nur die Änderung der i. E. ΔU, die sich additiv aus der zu- oder abgeführten Wärme ΔQ und der zu- oder abgeführten Arbeit ΔW zusammensetzt: $\Delta U = \Delta Q + \Delta W$ (1. Hauptsatz der →Thermodynamik); zugeführte Wärmemengen und Arbeitsbeiträge werden positiv gerechnet, abgeführte negativ. Die i. E. ist eine thermodynam. →Zustandsgröße. Bei idealen Gasen ist die i. E. nur von der Temperatur abhängig.

innerer Punkt, Punkt einer Teilmenge *M* eines topologischen Raumes *T*, wenn *M* eine ganze →Umgebung dieses Punktes enthält.

inneres Produkt, das →Skalarprodukt.

innere Umwandlung, innere Konversion, Vorgang der Energieabgabe eines angeregten Atomkerns durch die Aussendung eines die Anregungsenergie fortführenden Gammaquants mit unmittelbar darauf folgender vollständiger Energieabgabe des Gammaquants an ein Hüllenelektron des Atoms. An Stelle des Gammaquants wird vom Atom ein Elektron **(Konversionselektron)** ausgesandt, dessen kinet. Energie um die Bindungsenergie des Elektrons geringer ist als die Energie des Gammaquants. Je nachdem, ob dabei ein Elektron der K-, L- oder M-Schale das Atom verläßt, spricht man von **K-, L-** oder **M-Umwandlung.**

Innertropische Konvergenz|zone, engl. **Intertropical Convergence Zone** [ɪntətr'ɔpɪkl kənv'ə:dʒəns zəʊn], Abk. **ITC,** 1) Tiefdruckzone, in der über den tropischen Ozeanen NO- und SO-Passat zusammentreffen; Bereich der **Kalmen.** Die durch Konvergenz ausgelöste →Konvektion läßt hochreichende Gewitterzellen entstehen. In ihnen verwandelt die Kondensation von Wasserdampf, der aus dem Meer der Passatzone stammt, latente in potentielle Energie, die die allgemeine →Zirkulation der Atmosphäre antreibt. 2) Grenze zwischen nord- und südhemisphärischer Zirkulation der Atmosphäre. Über Atlantik und Pazifik mit 1) identisch, ist die ITC über den Kontinenten weit zur jeweiligen Sommerhalbkugel hin verschoben (→Monsun). Dabei befindet sich der tiefe Druck am Boden oft mehrere Breitengrade weiter polwärts als das für die ITC typische Niederschlagsgebiet.

Inosin *das,* Nucleosid aus Hypoxanthin und Ribose in N-Glykosidbindung. Durch Phosphorylierung am Riboseteil entsteht **Inosinsäure,** ein Nucleotid, das frei im Muskelgewebe auftritt.

Inosite *Mz.,* 1,2,3,4,5,6-Cyclohexanhexole, acht cis-trans-Isomere (→Isomerie 1). Der **myo-I. (meso-I., Bios I)** ist im Tier- und Pflanzenreich verbreitet, frei oder als Hexaphosphorsäure-Ester **(Phytinsäure).** Deren schwerlösl. Calciumsalz kann die Aufnahme des zur Knochenbildung nötigen Calciums durch den Darm herabsetzen. **Inositphosphatide** befinden sich in den Zellmembranen und bes. im Gehirn.

Inosite:

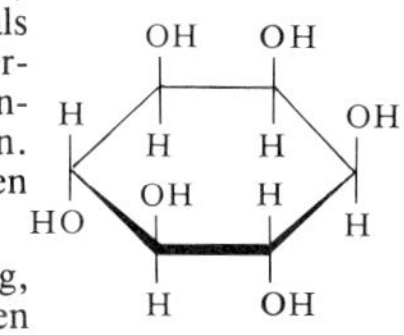

myo-Inosit, $C_6H_{12}O_6$

Input [ɪnpʊt, engl.], Datenverarbeitung: Eingang, Eingangsinformation, Eingangsgröße, Eingabedaten (z. B. für einen Computer). Ggs.: Output.

Insektenfangleime, Leime für Leimringe an Obstbäumen und für Fliegenfänger. I. bestehen aus Terpentinöl, Wachs, Leinöl, Honig u. a.

Insektenhormone, chem. Verbindungen mit Hormonwirkung, v. a. solche, die Häutungsvorgänge der Insekten regulieren; bes. bekannt ist das Ecdyson.

Insektizide, Insektenbekämpfungsmittel. I. werden in der Hygiene (z. B. zur Bekämpfung von typhusübertragenden Läusen oder Malariamücken), im Pflanzenbau und im Vorratsschutz (z. B. zum Schutz von Getreidevorräten vor Kornkäfern) eingesetzt. I. sind je nach Art der Aufnahme Fraß-, Kontakt- oder Atemgifte. Bis etwa 1940 wurden nur anorgan. Substanzen (z. B. Calciumarsenat gegen Kartoffelkäfer) und einige Naturstoffe (z. B. Nicotin gegen Blattläuse) verwendet. Mit der Einführung von →DDT konnten krankheitsübertragende Insekten und landwirtschaftl. Schädlinge auf breiter Basis bekämpft werden. Nachteile von DDT und anderen Chlorkohlenwasserstoffen (z. B. →Aldrin, →Chlordan, →Dieldrin, →Hexachlorcyclohexan) sind die schlechte biolog. Abbaubarkeit und die Anreicherung in tier. Fettgewebe. In vielen Ländern gibt es deshalb für diese I. Anwendungsbeschränkungen und Verbote. Der erste Phosphorsäureester, der Bedeutung als I. erlangte, war → Parathion (E-605), das trotz seiner Giftigkeit auch heute noch verwendet wird. Phosphorsäureester sind z. B. Wirkstoffe mit den → Common Names Malathion, Dimethoate und Chlorfenvinphos. Carbamate werden seit 1958 mit Einführung des → Carbaryls als I. verwendet. Phosphorsäureester und Carbamate sind biologisch abbaubar. – Neue Entwicklungen streben größere Selektivität und Umweltfreundlichkeit an. Dazu gehören krankheitsauslösende Mikroorganismen (z. B. Bacillus thuringiensis gegen Kohlweißlingraupen), chem. Substanzen mit Hormonwirkung, die die Entwicklung von Insekten (z. B. die Häutung) hemmen oder auch artspezif. Duftstoffe (Pheromone), die das Anlocken von Insekten zum Zwecke der Vernichtung ermöglichen.

Inselberge, Berge oder Berggruppen, die sich unvermittelt aus den Flachlandschaften der trop. und subtrop. Savannen erheben. Die steilen, oft wandartigen Hänge entstehen durch Insolationsverwitterung. Der scharf abgesetzte Bergfuß bleibt erhalten, weil die Schuttmassen infolge der Flächenspülung (Regenzeit) abtransportiert oder flächenhaft ausgebreitet werden.

Inseln, rings von Wasser umgebene Landstücke, jedoch nicht die → Kontinente. In Flüssen oder Seen liegende I. heißen oft **Wört** oder **Werder,** kleinere I. werden auch **Eiland,** die aus Marschland aufgebauten I. der dt. Nordseeküste **Halligen,** die Felsbuckelinseln der skandinav. Küsten **Schären** genannt. I. treten meist gesellig auf, in Gruppen **(Archipel)** oder in Reihen **(Inselkette).** Nach ihrer Lage unterscheidet man **kontinentale (Schelf-)I.** in Nähe der Festländer von **ozean. (Tiefsee-)I.** inmitten der Ozeane. Erstere sind entweder abgetrennte ehem. Festlandsteile oder neu entstanden (durch junge Hebung, vulkan. Ereignisse, Anschwemmung, Riffbau); letztere sind Korallenbauten oder vulkan. Ursprungs (die Vulkan-I. Hawaii baut sich aus 5000 m Meerestiefe bis über 4000 m ü. M. auf). – Kontinentale I. zeigen meist allg. geolog. und biolog. Verwandtschaft mit dem benachbarten Festland. Aus biolog. und geolog. Verschiedenheiten und Übereinstimmungen läßt sich die Zeit der Trennung feststellen. Japan, Neuseeland, Neukaledonien, Madagaskar, die Kanaren, Madeira haben viele endemische (nur ihnen eigene) Pflanzenformen entwickelt.

Inseln der Kernstabilität. Kernphysik: dem ›Stabilitätsgebirge‹ vorgelagerte ›Inseln‹ von (hypothet.) → superschweren Elementen. Trägt man in einem Koordinatensystem als x-Achse die Neutronenzahl N und als y-Achse die Protonenzahl Z auf, so erhält man, wenn man in z-Richtung die Bindungsenergie der Atomkerne aufträgt, ein riffartiges Stabilitätsgebirge in einem ›Meer der Instabilität‹, da stabile Atomkerne in grober Näherung nur für $Z \approx N$ existieren. Bes. hohe ›Gipfel‹ erhält man für die → magischen Zahlen, v. a. für den Kern mit $Z = 82$, $N = 126$.

Insequenz, Bez. für langzeitige Sedimentationsunterbrechung; → Schichtlücke.

Insetting-Verfahren, Einführung schon bedruckter Papierbahnen (z. B. mit bunten Inseraten oder Bildern) in die Rotationsmaschine für Zeitungsdruck. Das (meist bessere) **Insetterpapier** kann in großen Auflagen zentral bedruckt werden und läuft dann durch die Zeitungsdruckmaschine, die für einen solchen Druck nicht geeignet ist, wohl aber die Rückseite des Insetterpapiers für Zeitungsdruck nützt.

in situ, in natürl. Lage, an urspr. Stelle, an Ort und Stelle. **In-situ-Vergasung,** svw. → Untertagevergasung.

Insolation, direkte Einstrahlung von der Sonne (→ Strahlung) ohne Behinderung durch Wolken und Horizont. Bes. in ariden Gebieten bewirkt starker Wechsel von I. und Abkühlung die **Insolationsverwitterung,** die vom grusigen Gesteinszerfall bis zur Abschuppung mehrerer Meter dicker Gesteinsschalen führen kann.

Installation, in der Haustechnik die Verlegung, Instandsetzung und Instandhaltung aller Rohr- und Drahtleitungen sowie der angeschlossenen Verbrauchseinrichtungen für Gas, Wasser, Abwasser, Heizung, Kühlung, Lüftung und Elektrizität.

Die **Sanitär-I.** umfaßt die Ver- und Entsorgungsanlagen des sanitären Bereichs (Gas, Wasser, Abwasser; → Installationszelle). Die **Elektro-I.** schließt alle Leitungen und Anlagen der Stromversorgung (Starkstrom, Schwachstrom, Beleuchtung; → Installationsrohr), der Fernmeldetechnik und den Blitzschutz ein.

Installationsrohr, Rohr zur Verlegung und zum Schutz elektr. Leitungen. Je nach Verlegung ›auf Putz‹ oder ›unter Putz‹ und je nach Beanspruchung (Extremfall: Einbettung in Stampf- oder Rüttelbeton) werden starre oder flexible, dick- oder dünnwandige Metall- oder Kunststoffrohre verwendet. Letztere müssen zur Verlegung ›auf Putz‹ (Kennzeichen ›A‹) aus flammwidrigem Material (Kennzeichen ›CF‹) gefertigt sein. Metallrohre müssen isolierend ausgekleidet sein, wenn die Leitung nicht doppelt isoliert ist.

Installationszelle, in der Sanitär-Installation ein für best. Zwecke zusammengebautes Element, in dem alle Rohre mit ihren Abzweigungen und Anschlußstücken und die Sanitär-Objekte (WC, Waschbecken u. a.) enthalten sind. Die I. wird als vorgefertigte Einheit in den Bau eingefügt. – Wenn lediglich die Rohrbündel und Anschlüsse zu einem Bauelement zusammengefaßt sind, spricht man von einem **Installationsblock.**

Instanton *das.* I. sind → Solitonen, die auf ein kleines Gebiet in Raum und Zeit beschränkt sind, also nur an einem best. Ort und nur zu einem best. Zeitpunkt existieren. I. sind keine Objekte oder Teilchen, sondern Ereignisse, d. h. quantenmechan. Übergänge zw. verschiedenen Zuständen anderer Teilchen. I. werden z. B. in der Elementarteilchentheorie zur Deutung best. Phänomene herangezogen.

instrumentelle Analytik, Zweig der analyt. → Chemie, der die Abhängigkeit physikal. Parameter (Absorption, Emission und Transmission von elektromagnet. Strahlung, magnet. Moment, Siedepunkt, Dampfdruck u. a.) von der chem. Zusammensetzung eines Stoffgemisches zu dessen qualitativer und quantitativer Analyse ausnutzt, wobei sowohl der Gehalt an Elementen als auch an Molekülverbindungen bestimmt werden kann. Gegenüber der chem. Analytik, die auf chem. Reaktionen basiert, zeichnet sich die i. A. durch die um viele Größenordnungen höhere Nachweisempfindlichkeit (Konzentrationen im ppb- bis ppm-Bereich) und den geringen Substanzbedarf (Analysen können noch an Proben von 10^{-11} g ausgeführt werden) aus. Dies hat zur weitverbreiteten Anwendung der i. A. in allen Zweigen der Chemie, Biologie, Geologie, Mineralogie, Archäologie, klin. Chemie, Pharmakologie, Toxikologie, Rechtsmedizin, Kriminalistik und Umweltanalytik geführt.

Die i. A. arbeitet u. a. mit folgenden Methoden: Atomabsorptionsspektroskopie (→ Spektralanalyse), → Elektronenspinresonanzspektroskopie, → Flammenphotometrie, → Gaschromatographie, → Spektroskopie,

→Massenspektrometrie, →NMR-Spektroskopie und →Röntgenfluoreszenzanalyse.

Instrumentenflug, die Führung eines Luftfahrzeuges unter Überwachung durch eine Flugsicherungsstelle nach Maßgabe best., von Bodensicht unabhängiger Flugüberwachungs- und Navigationsinstrumente, nach deren Anzeige der Pilot die Lage des Flugzeugs beurteilt und es steuert (→Bordinstrumente, →Flugnavigation). Die für den I. erforderliche Ausrüstung, die auch Nachrichtenübermittlungsgeräte einschließt, ist in den **Instrumentenflugregeln,** engl. **Instrument Flight Rules** [ˈɪnstrʊmənt flaɪt ruːlz], Abk. **IFR,** vorgeschrieben. Der I. ist erforderlich bei Unterschreitung best. Mindestwerte für die Flugsicht sowie in Sichtflugbeschränkungsgebieten (z. B. in Flughafennähe), aus Sicherheitsgründen üblich bei nahezu allen Flügen der kommerziellen Luftfahrt.

Instrumentenlandesystem, Abk. **ILS,** →Landeführungssysteme.

Insulin *das,* ein Hormon, das in den B-Zellen der Langerhansschen Inseln der Bauchspeicheldrüse aus einer Vorstufe, dem **Proinsulin,** gebildet wird. I. ist ein Protein relativ niedrigen Molekulargewichtes (5 750) und wird daher den Peptidhormonen zugerechnet. Mit Zinkionen finden Assoziationen unter Ausbildung höherer Molekulargewichte statt **(Zinkinsulin,** kristallisierbar). Die Reihenfolge der 51 Aminosäuren des einfachen Moleküls und ihre Anordnung in zwei durch Disulfidbrücken verknüpften Ketten sind durch die Arbeiten von F. SANGER bekannt, die Totalsynthese gelang 1963. Die I. verschiedener Tierarten unterscheiden sich nur geringfügig. – I. ist das einzige blutzuckersenkende Hormon und beeinflußt den gesamten Stoffwechsel. I.-Mangel führt zur Zuckerkrankheit und ihren Folgeerkrankungen. I. ist auch an der Regulierung des Aufbaus von Glykogen, Fetten und Proteinen beteiligt. – Die aus der Bauchspeicheldrüse von Rindern und Schweinen gewonnenen **I.-Präparate** werden im Tierversuch auf ihre blutzuckersenkende Wirkung hin standardisiert. 1 mg reines, kristallisiertes Rinder-I. entspricht 27 I. E. (Internationale Einheiten).

Integral, →Integralrechnung.

Integralbauweise, vorzugsweise in der Luftfahrttechnik gebräuchl. Bauweise, bei der auch größere Bauteile durch Fräsen, chem. Abtragung sowie Strang- oder Gesenkpressen aus einem vollen Materialblock hergestellt werden (→Flugzeug). Ggs.: **Differentialbauweise** (Herstellung des Bauteils durch Zusammenfügen einzelner Bauelemente).

Integralgleichungen spielen in der mathemat. Physik und bei techn. Problemen eine große Rolle. In ihnen wird eine Funktion $f(x)$ durch eine Gleichung definiert, in der f unter dem Integralzeichen auftritt, z. B.

$$\lambda \int_a^b K(x, t) \cdot f(t)\, dt = f(x).$$

Hierbei ist der **Kern** $K(x, t)$ eine vorgegebene Funktion. I. a. ist die Gleichung nicht für alle Zahlen λ lösbar. Diejenigen, für die die I. sich lösen läßt, werden Eigenwerte der I., ihre zugehörigen Lösungen Eigenfunktionen genannt.

Integralphotometrie, Messung der Helligkeit eines Himmelskörpers innerhalb eines breiteren Spektralbereichs (Ggs. →Spektralphotometrie). Die früher benutzten opt. Vergleichsverfahren sind heute fast ganz von objektiven Verfahren mit verschiedenen Arten von Photozellen verdrängt worden. Mit Lichtfiltern werden best. isophote Wellenlängen (→Isophoten) ausgesondert.

Integralrechnung, Teilgebiet der →Analysis. Sie entstand aus den Bemühungen, einer Figur F (BILD 1), gebildet aus dem Teil der x-Achse von a bis b, den Vertikalen in a und b und einem Kurvenstück, das durch eine reelle beschränkte Funktion f auf dem abgeschlossenen Intervall $[a, b]$ beschrieben wird, eine reelle Zahl als Flächeninhalt zuzuordnen. Dabei geht man davon aus, daß ein Rechteck mit den Kantenlängen l und k den Inhalt $l \cdot k$ erhält.

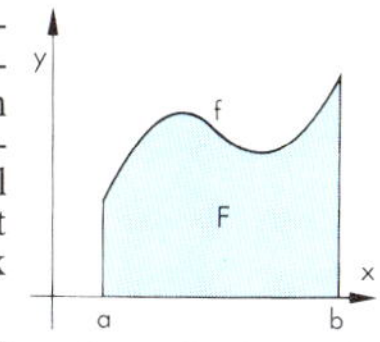

Integralrechnung 1

Die Grundidee, die zum Begriff des **Riemannschen Integrals** führte, besteht darin, die Figur F durch Figuren anzunähern, die Vereinigungen von achsenparallelen Rechtecken sind, und zwar solchen, die F ›umfassen‹, und anderen, die in F ›enthalten‹ sind (BILD 2), falls die Kurve

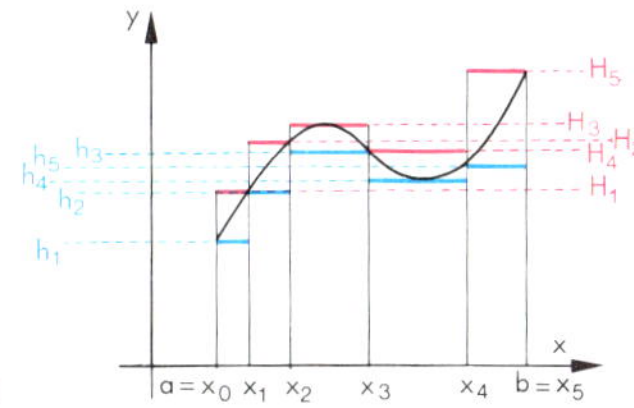

Integralrechnung 2

oberhalb der x-Achse verläuft. Man unterteilt das Intervall $[a, b]$ durch Teilpunkte $a = x_0 < x_1 < x_2 \ldots < x_n = b$ und benutzt im halboffenen Intervall $[x_{i-1}, x_i) := \{x \mid x_{i-1} \leqq x < x_i\}$ ein Rechteck mit oberer Begrenzung bei $y = H_i$ so, daß für alle x dieses halboffenen Intervalls $[x_{i-1}, x_i)$ gilt $f(x) \leqq H_i$, entsprechend ein solches mit $h_i \leqq f(x)$. Das bedeutet: Definiert man durch $T(x) := H_i$ und $t(x) := h_i$ für $x \in [x_{i-1}, x_i)$ **Treppenfunktionen** T und t auf $[a, b)$, so gilt für alle $x \in [a, b): t(x) \leqq f(x) \leqq T(x)$. Anschaulich verläuft also die zu f gehörende Kurve zw. den Bildern der Treppenfunktionen t und T. Die Vereinigung aller Rechtecke, welche zu T gehören, hat den Flächeninhalt

$$O_T = \sum_{i=1}^{n} H_i (x_i - x_{i-1})$$

(Obersumme), die Vereinigung der zu t gehörenden Rechtecke hat den Inhalt

$$U_t = \sum_{i=1}^{n} h_i (x_i - x_{i-1})$$

(Untersumme). Verläuft die Kurve oder ein Teil unterhalb der x-Achse, so werden gemäß den Ausdrücken für O_T und U_t die Rechteckflächen, die unterhalb der x-Achse liegen, negativ gezählt. Durch immer feiner werdende Einteilungen des Intervalls $[a, b]$ und Bildung aller möglichen Treppenfunktionen T und t zu allen möglichen solchen Einteilungen nach obigem Muster wird F möglichst gut von ›oben‹ und von ›unten‹ durch Vereinigungen von Rechtecksflächen angenähert.

Für die zugehörigen Ober- und Untersummen gilt stets $U_t \leqq O_T$. Das →Infimum der Obersummen O_T setzt man dem **Darbouxschen Oberintegral** [darbˈu-] $\overline{\int_a^b} f(x)\,dx$ gleich, die reelle Zahl $\underline{\int_a^b} f(x)\,dx$, das →Supremum der Untersumme U_t, heißt **Darbouxsches Unterintegral.** Stimmen beide Werte überein, so heißt die beschränkte Funktion $f: [a, b] \longrightarrow \mathbb{R}$ **Riemann-integrierbar.** Der gemeinsame Wert wird mit $\int_a^b f(x)\,dx$ bezeichnet und heißt (bestimmtes) **Integral** von f (über $[a, b]$). f wird **Integrand** genannt. Z. B. sind alle Funktionen, die bis auf endlich viele Stellen in $[a, b]$ stetig sind und alle monotonen Funktionen integrierbar. Es sind aber nicht alle reellen Funktionen integrierbar. Integrierbare Funktionen haben folgende Eigenschaften:

Linearität: Sind f, g integrierbar und $\alpha, \beta \in \mathbb{R}$, so ist $\alpha f + \beta g$ integrierbar und es gilt:

$$\int_a^b [\alpha f(x) + \beta g(x)]\mathrm{d}x = \alpha \int_a^b f(x)\mathrm{d}x + \beta \int_a^b g(x)\mathrm{d}x.$$

Positivität: Ist f integrierbar und gilt für alle $x \in [a, b]$ $f(x) \geqq 0$, so ist $\int_a^b f(x)\mathrm{d}x \geqq 0$.

Monotonie: Gilt für alle $x \in [a, b]$ $f(x) \leqq g(x)$ und sind f und g integrierbar, so gilt:

$$\int_a^b f(x)\mathrm{d}x \leqq \int_a^b g(x)\mathrm{d}x.$$

Intervalladditivität: Ist $c \in [a, b]$, so gilt:

$$\int_a^b f(x)\mathrm{d}x = \int_a^c f(x)\mathrm{d}x + \int_c^b f(x)\mathrm{d}x.$$

Mittelwertsatz der I.: Ist f stetig, so gibt es γ mit $a < \gamma < b$, so daß gilt:

$$\int_a^b f(x)\mathrm{d}x = f(\gamma)\,(b-a).$$

Ist $f\colon [a, b] \longrightarrow \mathbb{R}$ integrierbar, so kann durch

$$(*)\; F(x) := \int_a^x f(t)\mathrm{d}t$$

eine Funktion auf $[a, b]$ definiert werden (oft **unbestimmtes Integral** genannt). Ist f zusätzlich stetig auf $[a, b]$, so gilt der **Hauptsatz der Differential- und Integralrechnung:** F ist für alle $x \in [a, b]$ differenzierbar (→ Differentialrechnung) und es gilt

$$(\ddagger)\; F'(x) = f(x).$$

Eine Funktion F mit der Eigenschaft (‡) heißt **Stammfunktion** von f. Der Hauptsatz der Differential- und Integralrechnung besagt also, daß man mit Hilfe des Integrals vermöge (∗) eine Stammfunktion für eine stetige Funktion f erhält. Andererseits unterscheiden sich zwei Stammfunktionen auf $[a, b]$ nur durch eine additive Konstante, so daß man mit Hilfe einer beliebigen Stammfunktion F das Integral durch

$$\int_a^b f(x)\mathrm{d}x = F(b) - F(a)$$

bestimmen kann.

Differentiation und Integration sind für stetige Funktionen ›entgegengesetzte‹ Bildungen. Daher können Ergebnisse der Differentialrechnung zur Herleitung von Integrationsregeln herangezogen werden. Es gelten:

Partielle Integration: Sind f und g differenzierbar mit stetigen Ableitungen, so gilt:

$$\int_a^b f(x)\,g'(x)\mathrm{d}x = [f(b)g(b) - f(a)g(a)] - \int_a^b f'(x)g(x)\mathrm{d}x.$$

Substitutionsregel: Ist $\varphi\colon [\alpha, \beta] \longrightarrow [a, b]$ eine Abbildung mit φ' stetig, so gilt:

$$\int_\alpha^\beta f(\varphi(t))\,\varphi'(t)\,\mathrm{d}t = \int_{\varphi(\alpha)}^{\varphi(\beta)} f(x)\,\mathrm{d}x.$$

Integrale für Funktionen mehrerer Veränderlicher werden durch Verallgemeinerung der obigen Vorgehensweise definiert. Unter gewissen Bedingungen können solche Integrale auf die sukzessive Ausführung von Integralen einer Veränderlichen zurückgeführt werden **(iterierte Integrale).**

Geschichte. Vorläufer der von NEWTON und LEIBNIZ entwickelten I. sind die → Exhaustionsmethoden. Die heute benutzte symbol. Schreibweise stammt von Leibniz, das Wort Integral von J. BERNOULLI (1690). Im 20. Jh. verallgemeinerte H. L. LEBESGUE (→ Lebesguesches Integral) die I. auf eine große Klasse von Funktionen, die i. S. von B. RIEMANN nicht mehr integrierbar sind. Weitergehende Untersuchungen führten zur → Maßtheorie.

Lit.: → Analysis

Integraltank, Kraftstoffbehälter in Flugzeugen, der durch Abdichtung von ohnehin vorhandenen Hohlräumen der Flugzeugzelle (vorzugsweise von Flügelabschnitten) gebildet wird. Da der I. gesondert eingebaute Kraftstoffbehälter ersetzt, trägt er zur Minderung des Flugzeuggewichts bei.

Integrand, → Integralrechnung.

Integraph, ein → Integriergerät.

Integration, Mathematik: 1) Berechnung eines Integrals (→ Integralrechnung); 2) Lösen einer → Differentialgleichung.

Integrationsgrad, Elektronik: bei einer → integrierten Schaltung die Angabe über die Anzahl von Bauelementen pro Flächeneinheit. I. d. R. gibt man die Zahl der Transistorfunktionen pro → Chip an und unterscheidet **SSI-** (engl. ›Single Scale Integration‹: 50 Transistorfunktionen pro Chip), **MSI-** (›Medium Scale Integration‹: 500 Transistorfunktionen pro Chip), **LSI-** (›Large Scale Integration‹: 5000 Transistorfunktionen pro Chip) sowie **VLSI-** (›Very Large Scale Integration‹: über 50000 Transistorfunktionen pro Chip) Ausführungen. Die Abgrenzungen sind allerdings nicht einheitlich definiert. Der I. heutiger Chips kann bereits die Größenordnung von 100000 Transistorfunktionen pro Chip überschreiten. Die technolog. Möglichkeiten zur Erhöhung des I. sind damit jedoch noch nicht ausgeschöpft. Es werden durch Verfeinerung der Bauelementestrukturen insbes. bei MOS-Schaltungen Strukturbreiten um 1 µm angestrebt, was die Unterbringung von etwa 1 Mio. Transistorfunktionen pro Chip ermöglicht.

Integrator, das → Integriergerät.

integrierbar, → Integralrechnung.

Integriergerät, Integrator, mathemat. Instrument, das zu einer gegebenen Funktion (Kurve) das Integral (Integralkurve) aufzeichnet (→ Integralrechnung). Der **Integraph** zeichnet die Integralkurve auf, falls man einen Fahrstift längs der Ausgangskurve führt. Dabei wird die Steigung der Integralkurve mittels eines Schneidenrads gewonnen, dessen Richtung sich nach dem y-Wert der Ausgangskurve richtet. Der erste Integraph dieser Art stammt von B. ABDANK-ABAKANOWICZ (1886). Das **Planimeter** liefert das Integral auf einer Meßrolle, von der Meßwerte punktweise abgelesen werden können.

Mechanische I. haben Kugeln und Walzen oder Reibradgetriebe, **elektr. I.** arbeiten als Analog- oder Digitalrechner. Bei den Analogrechnern wird die Beziehung $u(t) = \frac{1}{C}\int i(t)\mathrm{d}t$ zw. der Spannung $u(t)$ und dem Ladestrom $i(t)$ eines Kondensators der Kapazität C ausgenutzt. Bei den digitalen I. wird die Integration durch die Summierung möglichst vieler y-Werte (→ Inkrement) angenähert, die durch digitale Meßeinrichtungen erfaßt werden.

Integrierglied, Übertragungsglied (Vierpol), dessen Ausgangsspannung proportional dem Zeitintegral der Eingangsspannung ist. Diese Bedingung erfüllt z. B. ein

→ RC-Glied (Tiefpaß) im Frequenzbereich $f \gg 1/(2\pi RC)$ oder ein Verstärker mit kapazitiver Rückführung.

integrierte Injektionslogik, Abk. **IIL** oder **I²L** (gesprochen I-Quadrat-L), auch **MTL** genannt (Abk. für ›merged transistor logic‹, engl. ›Verschmolzene-Transistor-Logik‹), bipolare Aufbauweise integrierter Schaltungen für digitale Anwendungen, aus jeweils zwei ineinandergeschobenen (›verschmolzenen‹) komplementären bipolaren Transistoren bestehend, von denen für die einfachste log. Funktion des Inverters der eine vertikal (T_2: Schichtenfolge in BILD 1 b von oben: n-Kollektor, p-Basis, n-Emitter), der andere horizontal (T_1: Schichtenfolge von links: p-Emitter, n-Basis, p-Kollektor) angeordnet ist und die einen p-Bereich gemeinsam haben. Der Emitter-Kontakt von T_1 heißt auch Injektor. Transistor T_2 hat meist mehrere Kollektoren. Vorteile gegenüber TTL-Schaltkreisen: Herstellung in einfacher Silicium-Bipolar-Technologie ohne Widerstände, mit geringem Platzbedarf (etwa 100 log. Funktionen pro mm^2) und geringer Verlustleistung (etwa 10^{-5} W pro aktives Bauelement), darin unipolarer CMOS-Logik vergleichbar, im Hinblick auf Schnelligkeit (Verzögerungszeit pro log. Funktion etwa 20 ns) und Pegel der Versorgungsspannung (< als 1 V) überlegen.

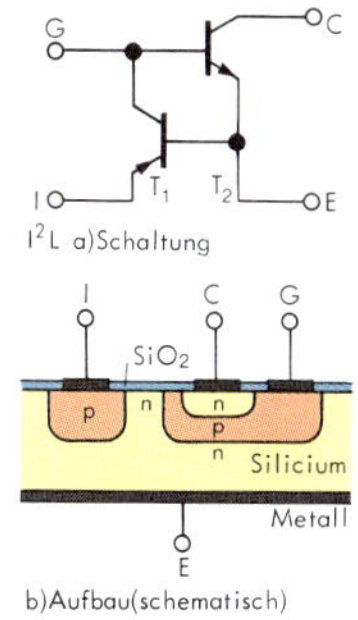

integrierte Injektionslogik

integrierte Optik, Gebiet der Optik, das sich mit der Realisierung integrierter opt. Festkörperschaltkreise beschäftigt, die entsprechend den integrierten Schaltkreisen der Elektronik durch Miniaturisierung der opt. Bauelemente (wie Linsen, Prismen, Spiegel u. a.) hergestellt werden. Die Entwicklung von rein optisch arbeitenden integrierten Bausteinen (z. B. Verstärker, Modulatoren, Filter) für die Nachrichtenübertragung mit Hilfe von Lichtimpulsen (→ optische Nachrichtentechnik) ermöglicht eine direkte Signalaufbereitung und Regenerierung der Lichtimpulse ohne vorherige Umwandlung in elektrische Signale.

Als Grundbauelemente dienen dielektr. **Wellenleiter,** die in ein Material mit kleinerem Brechungsindex (Substrat) eingebettet sind, so daß in den Wellenleitern die Lichtwellen durch Totalreflexion geführt werden. Man unterscheidet zweidimensionale Dünnschichtleiter (Schichtdicke < 1 μm), in denen sich eine opt. Welle sowohl längs als auch quer ausbreiten kann, und **Streifenleiter,** bei denen die Streifenbreite im Bereich weniger Lichtwellenlängen liegt, so daß die Ausbreitung der Welle nur noch in Längsrichtung möglich ist. Durch Aufspaltung eines Leiters in zwei oder mehrere Leiter lassen sich opt. Kanäle verzweigen oder zusammenführen. – Durch Dickenänderung oder Änderung der Dielektrizitätskonstanten der lichtführenden Schichten lassen sich miniaturisierte Bauelemente der Optik wie Linsen, Prismen und Gitter bilden. – Bei paralleler Führung mehrerer Wellenleiter in geringem Abstand ist eine Kopplung zw. benachbarten Wellenleitern möglich, da das außerhalb des Lichtleiters exponentiell abfallende elektromagnet. Feld der Lichtwellen in das umgebende Dielektrikum eindringt und dadurch von einem benachbarten Wellenleiter aufgenommen werden kann. Das Kopplungsverhältnis kann durch Ausnutzung elektroopt. oder piezoelektr. Effekte, die den Brechungsindex des die Leiter trennenden Materials bzw. den Leiterabstand beeinflussen, gesteuert werden. – Filter, die Licht einer best. Frequenz aus einem Frequenzspektrum aussortieren, bestehen aus zwei parallelen Wellenleitern, zw. denen ein kreisförmiger Leiter **(Ringresonator)** angeordnet ist, der auf Grund seiner Abmessungen auf eine wohldefinierte Frequenz abgestimmt ist. Breitet sich in einem Wellenleiter Licht mit versch. Frequenzen aus, so kann nur Licht mit der Resonanzfrequenz des Rings in den Ring und von diesem dann in den zweiten Wellenleiter gekoppelt werden.

Als Wellenleiter sind alle dielektr. Materialien geeignet, die im in Frage kommenden Spektralbereich des Lichtes transparent sind. Da das Licht in integrierten opt. Bauelementen nur kurze Wege zurücklegen muß, ist es ausreichend, wenn die Dämpfung Werte von etwa 1 dB/cm nicht überschreitet. Für die Fernübertragung der opt. Signale stehen wesentlich verlustärmere Glasfasern als → Lichtleiter zur Verfügung.

Zu den Bauelementen der I. O. gehören u. a. die Lichtsender und Verstärker, die die Frequenz und die Amplitude der Welle bestimmen, alle Modulatoren, Schalter und Ablenkelemente, mit denen unter Ausnutzung elektroopt., magnetoopt. oder akustoopt. Effekte in Einkristallen, die in den Wellenleiter oder das Substrat integriert sind, die Phase, Polarisation oder Ausbreitungsrichtung durch Ansteuerung von außen beeinflußt werden kann.

Die wichtigsten Verfahren zur Herstellung der dünnen Wellenleiterschichten auf einem geeigneten Substrat sind Aufdampfen, Sputtern, Epitaxie und Kristallisation aus Lösungen. Die Strukturen der integrierten opt. Schaltkreise werden mit den urspr. für die Halbleitertechnologie entwickelten Methoden der Photolithographie und der Dotierung (zur Variation des Brechungsindex) hergestellt.

integrierte Schaltung, integrierter Schaltkreis, engl. **Integrated Circuit** [ˈɪntɪgreɪtɪd sˈəːkɪt], Abk. **IC,** elektron. Baustein, der die aktiven und passiven Bauelemente (z. B. Transistoren, Widerstände, Kondensatoren) einer elektron. Schaltung in einem Halbleiterkristall (→ Halbleiter) zusammengefaßt enthält; er wird daher auch **monolithische Schaltung** (d. h. aus einem Block bestehend), **integrierte Halbleiterschaltung** oder **Festkörperschaltung** genannt. Ein IC besteht aus dem auf einen isolierten Träger aufmontierten → Chip, den mit den Bondstellen (→ Bonden) des Kristallplättchens verbundenen Außenanschlüssen und dem Gehäuse. Die meistverwendeten Bauformen sind das → Dual-in-line-Gehäuse aus Kunststoff und das zylindrische Metallgehäuse mit kreisförmig angeordneten Anschlüssen. Zur Herstellung des Chips für ein IC werden die Fertigungsverfahren der → Planartechnik verwendet, die durch verfeinerte Methoden der → Lithographie 2) eine zunehmende Miniaturisierung der Schaltung ermöglichen. Ebenso konnten verbesserte Verfahren zur → Dotierung (z. B. Ionenimplantation) der durch → Epitaxie erzeugten halbleitenden Kristallschichten den → Integrationsgrad, der die Zahl der

integrierte Optik: a Grundbauelement mit Wellenleiter, **b** Richtungskoppler, **c** Filter mit Ringresonator

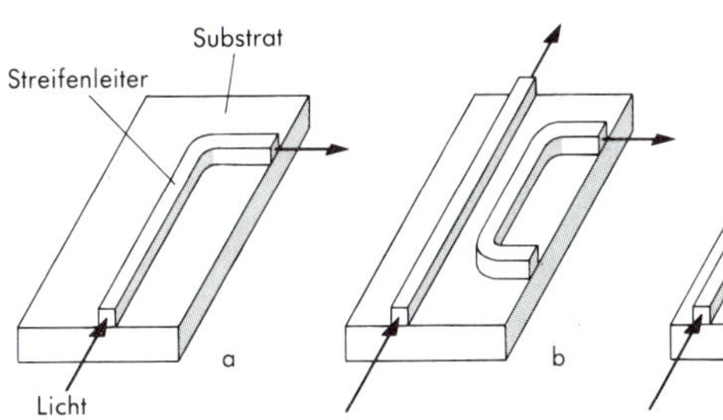

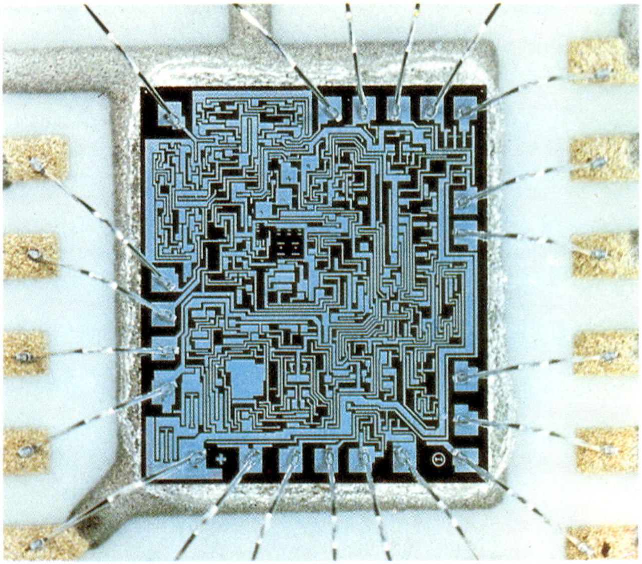

integrierte Schaltung 1: Ansicht eines mit Kontaktdrähten versehenen Chips vor der Verkapselung

aktiven Bauelemente je IC angibt, erheblich steigern. VLSI-Schaltungen bestehen schon aus mehreren 100000 Bauelementen je Chip.

Man unterscheidet **digitale** und **analoge ICs** nach dem Verwendungszweck, **bipolare** und **unipolare ICs** nach dem Aufbau der aktiven Bauelemente (Transistoren). Wichtigste Ausführungsart von bipolaren ICs sind die Schaltungen in Transistor-Transistor-Logik (→TTL) für analoge und digitale Verwendungszwecke, von Bedeutung für Rechneranwendungen ist die →integrierte Injektionslogik (**IIL** oder **I²L**) und die bes. schnelle →ECL-Technologie. Unipolare ICs sind **MOS-Schaltungen** (→MOS-Technologie) v. a. für digitale Verwendungszwecke, in p-Kanal- und n-Kanal-Technologie für digitale Schaltkreise (z. B. Mikroprozessoren, Halbleiterspeicher), in →CMOS-Technologie für Anwendungen mit geringstem Leistungsverbrauch (digitale Armbanduhren, Satelliten-Elektronik), aber auch als analoge ladungsgekoppelte Schaltung (→CCD).

integrierte Schaltung 2:
Übersicht über die verschiedenen Schaltkreistypen

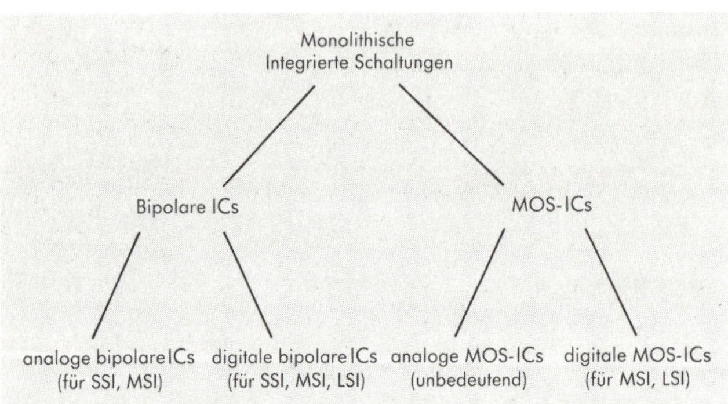

Die Entwicklung von ICs begann um 1960 mit dem Ziel, die elektr. Parameter (z. B. Schaltzeiten, Grenzfrequenz) elektron. Schaltungen zu verbessern, den Platzbedarf zu verringern und die Herstellungskosten zu senken. ICs können als Weiterentwicklung von →Hybridschaltungen angesehen werden, die wiederum eine Verbesserung der →gedruckten Schaltung (Leiterplatte) darstellen.

E. KÜHN: Hb. integrierte Schaltkreise (1980); H.-J. FISCHER: Transistor- und Schaltkreistechnik (1981).

Integritätsbereich, Bez. für einen kommutativen Ring ohne →Nullteiler, z. T. wird auch die Existenz des Einselements gefordert. Ein Beispiel für einen I. mit Einselement ist der Ring der ganzen Zahlen $\mathbb{Z}$.

INTELSAT, Abk. für **International Telecommunications Satellite Consortium** [ɪntən'æʃnl telɪkəmju:nɪk'eɪʃnz s'ætəlaɪt kəns'ɔ:tjəm, engl.], internat. Organisation für Bau und Betrieb eines weltweiten Systems von →Nachrichtensatelliten, 1964 in Washington von 14 Staaten unter Führung der USA gegründet (heute 106 Mitgliedstaaten). Die Staaten sind durch ihre Post- und Fernmeldeverwaltungen (z. B. die Bundesrep. Dtl. durch die Dt. Bundespost) oder durch private Fernmeldeunternehmen vertreten, so die USA durch die →COMSAT. Die Satelliten werden von der NASA gegen Kostenerstattung gestartet. Der erste, INTELSAT I, war →Early Bird (vgl. auch ÜBERSICHT S. 317). Die gegenüber der Vorgängerserie um die doppelte Leistungsfähigkeit gesteigerten INTELSAT V arbeiten sowohl im Frequenzbereich 4–6 GHz als auch im 11–14-GHz-Band. Die ausgeschriebene Serie INTELSAT VI soll die nächste Generation weltumspannender Nachrichtensatelliten der 1990er Jahre sein.

INTELSAT V

Intensität, Physik: Leistung einer Strahlung (Welle, Quanten, Teilchen) pro Flächeneinheit, auf die sie auftrifft (Einheit: W/m²). Die Messung kann direkt durch Bestimmung der Energie pro Zeit und Fläche, Beobachtung der Amplitude oder indirekt durch die Wirkungen der Strahlung, z. B. Absorption, Erwärmung, Schwärzung, Ionisation, geschehen. Die I. einer elektromagnet. Welle kann als Mittelwert vom Betrag des →Poynting-Vektors definiert werden.

intensive Größen eines physikal. Systems ändern sich bei Zerlegung des Systems nicht (z. B. Temperatur, Druck), i. Ggs. zu **extensiven Größen,** die sich aus den Beiträgen einzelner Teilsysteme zusammensetzen (Energie, Masse u. a.).

Entwicklung der INTELSAT-Satelliten
(Bei steigendem Gewicht und steigender Kapazität sanken die Kosten pro Sprechkanal drastisch)

	INTELSAT I	INTELSAT II	INTELSAT III	INTELSAT IV	INTELSAT IV-A	INTELSAT V
Zahl im Orbit	1	4	8	8	6	15*)
Erster Start	1965	1967	1968	1971	1975	1980
Masse	39 kg	240 kg	1 500 kg	732 kg	863 kg	950 kg
Kapazität (Fernsprechkreise) . . .	240	240	1 200	4 000	6 000	12 000
Investitionskosten je Kanal/Jahr	$ 32 500	$ 11 400	$ 2 000	$ 1 200	$ 1 100	$ 800

*) geplant.

Interband|übergang, Übergang eines Elektrons oder Defektelektrons in einem Festkörper in einen unbesetzten Zustand in einem anderen Elektronenband (Ggs. → Intrabandübergang).

Interceptor [ıntəs'eptə, engl.] *der,* →Abfangjäger.

Interface ['ıntəfeıs, engl.], **Schnittstelle,** der Übergang zw. techn. Einrichtungen einer größeren Anlage, z. B. zw. der Zentraleinheit und den Peripheriegeräten oder zw. dem Rechenwerk und dem Arbeitsspeicher eines Computers. Zur Anpassung der einzelnen Baugruppen und Geräte untereinander dienen **I.-Einrichtungen,** die Hilfsfunktionen an der logischen Grenzlinie zweier Systeme ausführen. Einheitliche (genormte) **I.-Bedingungen** gestatten, z. B. Peripheriegeräte (Drucker, Plotter) unterschiedlicher Bauweise und verschiedener Herstellerfirmen an eine zentrale Datenverarbeitungsanlage anzuschließen.

Interferenz, Überlagerungserscheinung, die auftritt, wenn zwei **(Zweistrahl-I.)** oder mehr **(Mehrstrahl-I.)** Wellenzüge dasselbe Raumgebiet durchlaufen. Im Punkt P eines Wellenträgers addieren sich in jedem Augenblick die momentanen Auslenkungen, und P führt die resultierende Schwingung R aus. Haben dabei die Wellenzüge gleiche Wellenlänge λ, gleiche Polarisation (oder zumindest eine gemeinsame Polarisationskomponente) und eine feste Phasenbeziehung, d. h. sind die beiden Bündel miteinander kohärent, so führt die Überlagerung zur I. (im Unterschied zur → Schwebung). Die resultierende Schwingung von P ist von der Phasendifferenz $\Delta\varphi$ der Einzelwellenzüge und ihren Amplituden A_1 und A_2 abhängig (BILD 1). Kommen diese auf verschiedenen Wegen vom gleichen Emissionszentrum oder von zwei gleichphasig schwingenden Zentren, so bewirkt der von ihnen bis P entstandene Unterschied der zurückgelegten Wege, der **Gangunterschied** $\Delta l = l_1 - l_2$, ihre Phasendifferenz $\Delta\varphi$. Ist $\Delta l = k \cdot \lambda$ (k ganzzahlig), so ist $\Delta\varphi = 0$, zwei Wellenberge treffen zusammen, und es erfolgt maximale Verstärkung **(I.-Maximum),** die Amplitude der resultierenden Schwingung ist gleich der Summe der Einzelamplituden. Ist $\Delta l = (2k-1)\frac{\lambda}{2}$, so ist $\Delta\varphi = \pi$ (oder 180°), die Wellenzüge kommen gegenphasig in P an, Wellenberg trifft auf Wellental, es erfolgt maximale Schwächung, für $A_1 = A_2$ Auslöschung; die neue Amplitude ist gleich der Differenz der Einzelamplituden **(I.-Minimum;** BILD 2). Die Ausbildung stehender → Wellen bei der Reflexion ist ein typ. I.-Effekt.

I. tritt bei jeder Art von Wellen auf, also bei elektromagnet., akust., elast. und Materie-Wellen. Daher ist Schwächung beim Zusammentreffen zweier Strahlungen ein zwingender Nachweis für den Wellencharakter der Strahlung (z. B. bei Licht oder Röntgenstrahlen). Bei den elektromagnet. Wellen ist im Bereich der Rundfunkwellen der ungleichmäßige Empfang des Gleichwellenrundfunks etwa in der Mitte zw. zwei Gleichwellensendern auf I. zurückzuführen. Der **Schwund,** engl. **Fading** [f'eıdıŋ], entsteht durch I. zweier Wellenzüge desselben Senders, die auf verschiedenen Wegen etwa als Boden- und als Raumwelle unter schwankenden Störungseinflüssen zum Empfänger gelangen.

I. bei Lichtwellen. Da bei normalen therm. Lichtquellen die angeregten Atome weitgehend unabhängig voneinander nur während der etwa 10^{-8} s langen Lebensdauer der angeregten Elektronenzustände Licht best. Wellenlänge aussenden, gehen von ihnen einzelne, nicht zusammenhängende Wellenzüge (Wellenpakete) mit statistisch wechselnden Phasenbeziehungen aus, deren Länge als **Kohärenzlänge** gemäß der Lichtgeschwindigkeit etwa 3 m beträgt. Daher kann herkömml. Licht nur dann zur I. gebracht werden, wenn es von einer Emissionsquelle über verschiedene Wege so zusammengeführt wird, daß Δl kleiner als die Kohärenzlänge ist (→ Fresnelscher Spiegelversuch). I. Ggs. zur normalen spontanen Lichtemission ist die stimulierte Emission eines → Lasers räumlich und zeitlich kohärent.

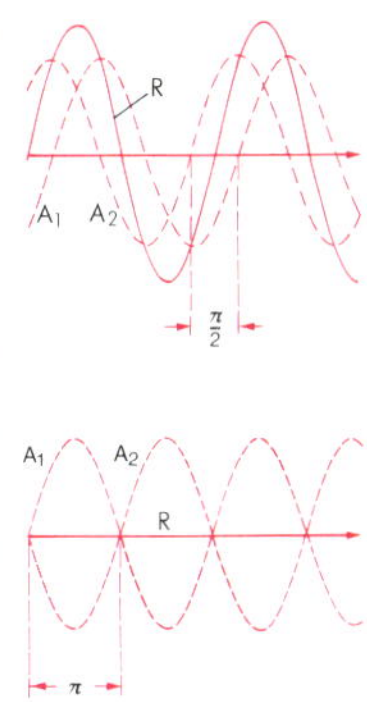

Interferenz 1 und 2

Interferenz 1 und 2: Interferenz zweier Wellenzüge mit verschiedener Phasendifferenz (π/2 und π); A_1, A_2 = Wellenzüge, R = resultierender Wellenzug

Beispiele für I. Bei Beleuchtung eines schmalen Spalts, eines Doppelspalts oder eines → Gitters ergeben sich auf einem dahinter befindl. Lichtschirm dunkle und helle, bei weißem Licht auch farbige Streifen. Preßt man eine Glaslinse gegen eine ebene Glasplatte, so beobachtet man um die Berührungsstelle herumlaufende helle, dunkle und farbige konzentr. Ringe **(I.-Farben),** die **Newtonschen Ringe** [nj'u:tn-]. Sie entstehen durch I. der beiden Lichtbündel, die an der Vorder- und Rückseite des Luftraums zw. Platte und Linse reflektiert werden **(Kurven gleicher Dicke).** Dieselbe Erscheinung läßt sich an glasgerahmten Dias oder dünnen Ölfilmen beobachten. Ähnlich entstehen die **Farben dünner Blättchen.** Konzentr. I.-Ringe beobachtet man auch bei I. an einem sehr dünnen (wenige μm) planparallelen Glimmerblatt durch Reflexion an der Vor- und Rückseite, wenn die reflektierten monochromat. Strahlen auf dem rückwärtigen Schirm, gegen den die Lichtquelle abgedeckt ist, aufgefangen werden. Bei entsprechender opt. Anordnung ergeben alle Strahlen mit gleichem Neigungswinkel im Blättchen – ge-

Interferenz 3

Interferenz 3: Modelldarstellung zweier sich überlagernder Kreiswellenzüge gleicher Amplitude durch Aufeinanderlegen zweier Glasscheiben mit je einer konzentr. Kreisschar. Man sieht deutlich die auf Hyperbeln liegenden Maxima (weiß) und Minima (schwarz)

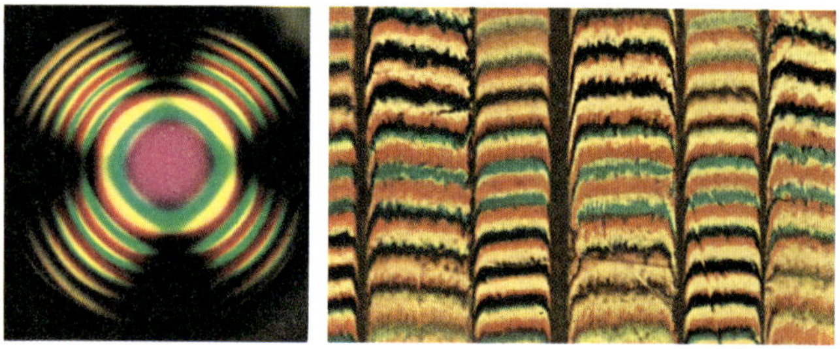

Interferenz 4: LINKS Interferenzfigur einer Quarzplatte in divergentem polarisiertem Licht; RECHTS Interferenzaufnahme in weißem Licht: Rauhigkeitsuntersuchung einer Werkstückoberfläche

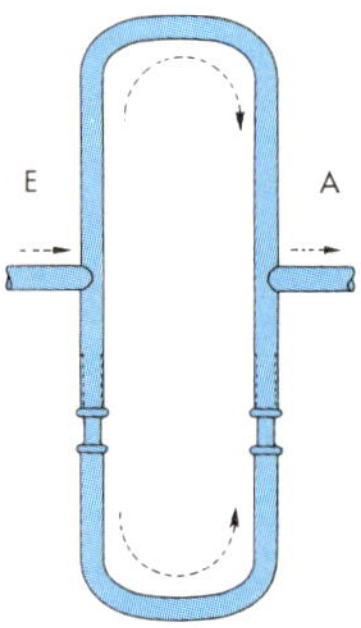

Interferenzrohr

gen dessen Oberflächen – einen zusammenhängenden Interferenzstreifen, d. h. hier einen gleichfarbigen Kreis **(Kurven gleicher Neigung, Haidingersche Ringe).**

Prakt. Anwendung findet die I. bei → Interferometern, Komparatoren, Refraktometern, → Gittern 5) (→ Beugung) sowie bei der → Holographie. I. werden mit polarisiertem Licht an doppelbrechenden Kristallen beobachtet. Röntgenstrahlen erfahren I. und Beugung an räuml. Kristallgittern, Materiewellen (Elektronen-, Atom- und Neutronenstrahlen) an Kristalloberflächen (Kreuzgittern) und an räuml. Kristallgittern.

Interferenzfilter, schmalbandiges → Lichtfilter hoher Transmission. Im Prinzip ein → Fabry-Perot-Interferometer mit festem, sehr kleinem Spiegelstand, das durch sukzessives Aufdampfen eines dielektr. Spiegels, einer sehr dünnen Abstandsschicht (opt. Dicke meist $\lambda/2$ auch λ, $3/2\lambda$, 2λ oder $5/2\lambda$, λ = Wellenlänge, die das I. bei senkrechtem Einfall durchläßt) und schließlich eines zweiten dielektr. Spiegels auf ein transparentes Substrat hergestellt wird. Durch Neigen des I. kann das Transmissionsmaximum zu kürzeren Wellenlängen verschoben werden.

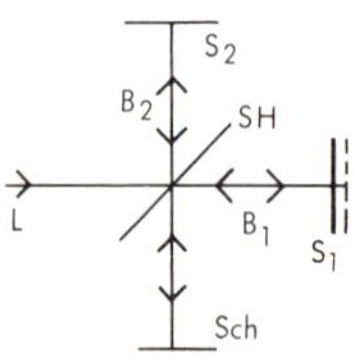

Interferometer 1:
Michelson-I.

Interferenzrohr, Quinckesches Rohr [n. dem dt. Physiker G. H. Quincke, * 1834, † 1924], posaunenartig verstellbares Rohr zur Bestimmung von Schallwellenlängen (BILD). Der Ton wird von E aus über zwei Wege geführt. Bei A ergibt sich durch Interferenz Schallauslöschung, wenn der zu messende Weglängenunterschied ein ungeradzahliges Vielfaches der halben Wellenlänge ist. Das Prinzip wird auch bei Auspuffschalldämpfern angewendet.

Interferenzspektrometer, → Spektralapparate.

Interferenzverfahren, sehr genaue Verfahren zur Bestimmung von Dichtewellen in Gasen und durchsichtigen Körpern, z. B. bei → Explosionswellen, durch opt. Messungen der Phasenverschiebung, z. B. mit dem Interferometer.

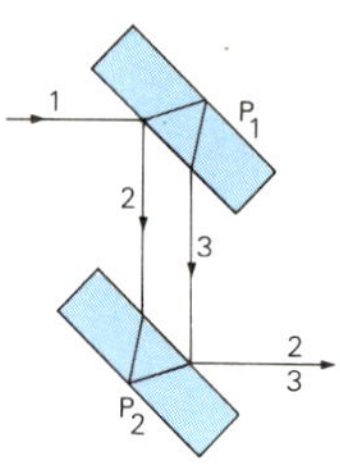

Interferometer 3:
Jamin-I.

Interferometer, opt. Instrumente, in denen ein Lichtbündel in zwei **(Zweistrahl-I.)** oder mehrere **(Vielstrahl-I.)** Teilbündel zerlegt wird, die nach Durchlaufen verschiedener opt. Wegstrecken wieder überlagert und zur → Interferenz gebracht werden. Da das Interferenzmuster vom Verhältnis des opt. Gangunterschieds der Teilbündel zur Lichtwellenlänge sowie vom Einfallswinkel und dem Brechungsindex des Mediums zw. den Spiegeln abhängt, erlauben I. Präzisionsmessungen von Längenunterschieden (→ Komparator 2), kleinen Winkeln, Brechungsindizes (Interferenz-Refraktometer, → Refraktometer) und Wellenlängen (Interferenzspektrometer, → Spektralapparate). Außerdem werden I. zur Untersuchung der Güte von ebenen oder gekrümmten Flächen, der opt. Homogenität von planparallelen Platten und als → Lichtfilter verwendet.

Das einfachste **Zweistrahl-I.** ist das **Michelson-I.** [m'aɪkəlsn-] (BILD 1), bei dem das von einer Lichtquelle L kommende Lichtbündel am halbdurchlässigen Spiegel SH in die Strahlenbündel B_1 und B_2 getrennt wird. Diese werden durch die Spiegel S_1 und S_2 in sich reflektiert und in SH noch einmal in zwei Teilbündel zerlegt, von denen je eins zur Quelle zurückläuft. Auf dem Schirm Sch erscheint die eine Fläche in die andere gespiegelt. Ist das benutzte Lichtbündel divergent, so entsteht ein System von konzentr. dunklen und hellen Ringen oder Streifen, deren Position wechselt, wenn der parallel zu seiner Normalen verschiebbare Spiegel S_1 bewegt wird. Durch Abzählen der period. Helligkeitswechsel lassen sich z. B. die Wellenlänge des verwendeten Lichts (Fourier-Spektrometer, → Spektralapparate), Dicken-, Brechzahl- und Frequenzänderungen bestimmen. – Das **Twyman-Green-I.** [tw'aɪmən gr'i:n-] ist ein abgewandeltes Michelson-I. für die Prüfung von Plan-, Konvex- und Hohlspiegeln, Prismen und opt. Systemen. → Mach-Zehnder-Interferometer (BILD 2) und **Jamin-I.** (BILD 3) verwenden zwei separate Strahlteiler (P_1, P_2) zur Aufspaltung des einfallenden Lichts und zur Vereinigung der Teilbündel. Sie haben zwei Ausgänge mit komplementärer Abhängigkeit der Intensität vom opt. Gangunterschied. Jeder I.-Arm wird vom Licht nur einmal durchlaufen. Sie werden in erster Linie als Interferenzrefraktometer sowie zur Untersuchung von Strömungsvorgängen und zum Nachweis von opt. Inhomogenitäten (Schlieren) benutzt.

Vielstrahl-I. liefern eine wesentlich höhere Meßgenauigkeit als Zweistrahl-I., da die Schärfe der Interferenzstreifen mit der Zahl der interferierenden Teilbündel anwächst. Die bekanntesten sind das → Fabry-Perot-Interferometer und die → Lummer-Gehrcke-Platte.

Auch das **Plan-Probeglas** der Optiker aus Glas oder Quarz zur Bestimmung der Ebenheit einer Fläche basiert auf Vielstrahlinterferenz. Verlauf und Abstand der Interferenzstreifen geben Aufschluß über die Oberflächengestalt des Prüfstückes. Dasselbe Prinzip wird sinngemäß auf **Radien-Probegläser** und **sphär. Flächen** angewendet.

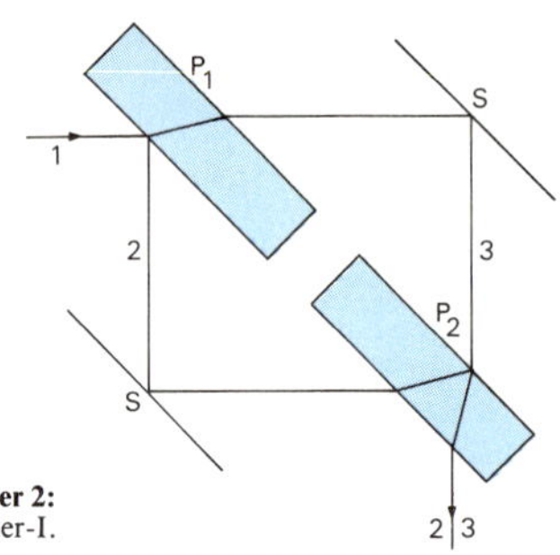

Interferometer 2:
Mach-Zehnder-I.

In der Astronomie werden I. als Zusatzgeräte zum Fernrohr verwendet, um die scheinbaren Durchmesser von Fixsternen messen zu können. Im **Michelsonschen Stern-I.** oder **Phasen-I.** interferieren zwei Lichtwellenzüge der Strahlungsquelle miteinander. Wegen der Anfälligkeit wird dieses Gerät allerdings kaum mehr verwendet. – Das **Intensitäts-** oder **Korrelations-I.** nutzt die in best.

Weise korrelierten Intensitätsschwankungen zweier von einer Lichtquelle ausgehenden Wellenzüge, die von zwei benachbarten Teleskopen aufgenommen werden. Der Abstand dieser Teleskope voneinander und der Winkeldurchmesser der Strahlungsquelle bestimmen den Korrelationskoeffizienten.

Interferometrie, Meßverfahren, die auf der → Interferenz beruhen und mit Hilfe von → Interferometern durchgeführt werden. Ein modernes Verfahren der Astronomie ist die → Speckle-Interferometrie.

Interferon *das,* ein Eiweißkörper, der von Körperzellen gebildet wird, nachdem sie von vermehrungsfähigen Viren infiziert wurden oder auch nur mit inaktivierten Viren in Berührung kamen. Das von solchen Zellen abgegebene I. wirkt nicht unmittelbar zerstörend auf das Virus, sondern nichtinfizierte, mit I. zusammenkommende Zellen erwerben die Eigenschaft, eindringenden Viren die Vermehrung in der Zelle zu verwehren. – Der Einsatz von I. zur Behandlung von Viruskrankheiten und für die Krebstherapie steckt noch in den Anfängen.

intergalaktische Materie, → interstellare Materie.

Interglazial *das,* **Interglazialzeit, Warmzeit,** wärmere Klimaperiode zw. zwei Glazialen (Kaltzeiten), mit einem Rückgang der Vergletscherung verbunden. (→ Eiszeit)

Interkontinentalrakete, engl. **Intercontinental Ballistic Missile** [ɪntəkɔntɪn'entl bəl'ɪstɪk m'ɪsɪl], Abk. **ICBM,** gelenkte → Raketenwaffe sehr großer Reichweite (etwa 8000–12000 km) für strateg. Angriffsaufgaben (gegen großflächige Bodenziele). Die Bewegungsbahn besteht aus einem Flugbahnast (Start bis Brennschluß des Triebwerks) und einem anschließenden Wurfbahnast (antriebsloser Flug, daher oft **ballist. Flugkörper** genannt). Während früher fast ausschließlich Flüssigkeitsraketentriebwerke verwendet wurden, überwiegen heute die besser lagerfähigen und schneller einsatzbereiten Feststofftriebwerke (→ Rakete). Die → Flugbahn wird durch Steuerung der Brenndauer des Triebwerks sowie durch Auslenkung der Schubkraft (Schubvektorsteuerung) beeinflußt. Die erforderl. Steuerbefehle werden i. d. R. durch ein Trägheitsführungssystem gebildet (→ Eigenlenkung). Durch Kernsprengköpfe (häufig ungelenkte oder gelenkte Mehrfachsprengköpfe) wird auch bei den durch die große Zielentfernung bedingten Abweichungen vom Zielpunkt noch eine ausreichende Waffenwirkung erreicht. I. werden meist aus ortsfesten Anlagen gestartet, die durch Verbunkerung (unterird. Startsilos) gegen Feindeinwirkung geschützt sind. Daneben wird ein Schutz durch Mobilität erwogen, d. h. durch ständige Verlegung zw. verschiedenen Abschußstellungen.

Interkosmos, multinationales wissenschaftl. Forschungssatellitenprogramm vorwiegend osteurop. Länder, unter maßgebl. Mitwirkung der UdSSR. Beginn 1968 mit dem Start von Kosmos 261 (→ Kosmos 2); beteiligte Länder: UdSSR, Bulgarien, Ungarn, Dt. Dem. Rep., Polen, Rumänien, ČSSR, Mongolei, Kuba und (erstmals bei I. 16; 1976) Schweden. Darüber hinaus auch das gesamte gemeinsame Raumfahrtprogramm dieser Länder. Über internat. Besatzungen in der bemannten Raumfahrt vgl. ÜBERSICHT Sojus.

intermediäre Bosonen, intermediäre Vektorbosonen, → Vektorboson.

intermetallische Verbindungen, von mehreren Metallen gebildete Mischkristalle mit so engem Konzentrationsbereich, daß sich ein best. Atomverhältnis angeben läßt, z. B. $AuCu_3$ als i. V. zw. einem Atom Gold (Au) und drei Atomen Kupfer (Cu). Die meist sehr spröden i. V. finden v. a. in der Halbleitertechnik Anwendung, z. B. Verbindungen von Elementen der dritten Gruppe mit solchen der fünften Gruppe des Periodensystems, wie Galliumarsenid, Indiumantimonid.

Intermodulation, die Bildung von Kombinationsfrequenzen; eine unerwünschte Modulation von Schwingungen verschiedener Frequenz in Übertragungsgliedern mit nichtlinearer Kennlinie (Diode, Transistor, Mikrophon, Lautsprecher). Durch I. entstehen Summen- und Differenzfrequenzen (→ Kombinationsfrequenzen), die in einer elektroakustischen Anlage das Klangbild verfälschen und in einem Hochfrequenzverstärker (z. B. Antennenverstärker) Störeffekte verursachen.

Internationale Einheiten, 1) **Einheiten des Internationalen Einheitensystems,** kurz als → SI-Einheiten bezeichnet.

2) Abk. **I. E.,** von der Weltgesundheitsorganisation u. a. festgelegte Maßeinheiten für biochemisch wirksame Substanzen: a) bei Hormonen, Vitaminen, Antibiotika u. a. eine Wirkstoffmenge, die auf Referenzpräparate bezogen ist, die an Hand ihrer biolog. Wirkung (z. B. in Tierversuchen) standardisiert sind; b) bei Enzymen die Substanzmenge, die unter genau definierten Bedingungen (Zeit, Temperatur u. a.) eine best. Stoffmenge (Substratmenge) umsetzt (→ Katal).

Internationale Elektrotechnische Kommission, → IEC.

Internationale Kerze, Einheitenzeichen **IK,** nichtgesetzl. Einheit der → Lichtstärke: 1 IK = 1,019 cd.

Internationales Einheitensystem, frz. **Système International d'Unités** [sist'ɛ:m ɛ̃tɛrnasjɔn'al dynit'e], Abk. **SI,** wird von den → SI-Einheiten gebildet.

Internationale Weltkarte 1:1000000, 1891 von dem dt. Geographen A. PENCK angeregtes, heute von der UNO betreutes Kartenwerk der Erde. Die von den einzelnen Staaten herausgegebenen Kartenblätter erfassen bereits weitgehend die Landflächen der Erde.

International Organization for Standardization [ɪntən'æʃnl ɔ:gənaɪz'eɪʃn fɔ: stændədaɪz'eɪʃn, engl.], Abk. **ISO,** früher **International Standardizing Organization** [- st'ændədaɪzɪŋ -], die nach dem 2. Weltkrieg gegr. Normungsgemeinschaft, Nachfolgerin der seit 1926 arbeitenden **International Federation of the National Standardizing Associations** [-fedər'eɪʃn ɔv ðə næʃnləsəʊsɪ'eɪʃnz], Abk. **ISA.** Zweck der ISO ist die Förderung der Normung auf internat. Basis, um den Austausch von Gütern und Dienstleistungen zu erleichtern und die Zusammenarbeit auf wissenschaftl., techn. und wirtschaftl. Gebieten zu entwickeln. Unter Mitwirkung der in ihr vertretenen nationalen Normenorganisationen werden internat. Normen erarbeitet, z. B. ISO-Passungssystem, ISO-Gewinde.

International Union of Pure and Applied Chemistry [ɪntən'æʃnl j'u:njən ɔv pjʊə ænd əpl'aɪd k'emɪstrɪ, engl.], → IUPAC.

Interniden, → Orogen.

interplanetar, zw. den Planeten, im Raum des Sonnensystems befindlich.

interplanetare Materi|e, Staubteilchen, Protonen und Elektronen, die einen etwa linsenförmigen Raumteil um die Ekliptikebene mit der Sonne im Mittelpunkt über die Erdbahn hinaus ausfüllen. Die i. M. wird im → Zodia-

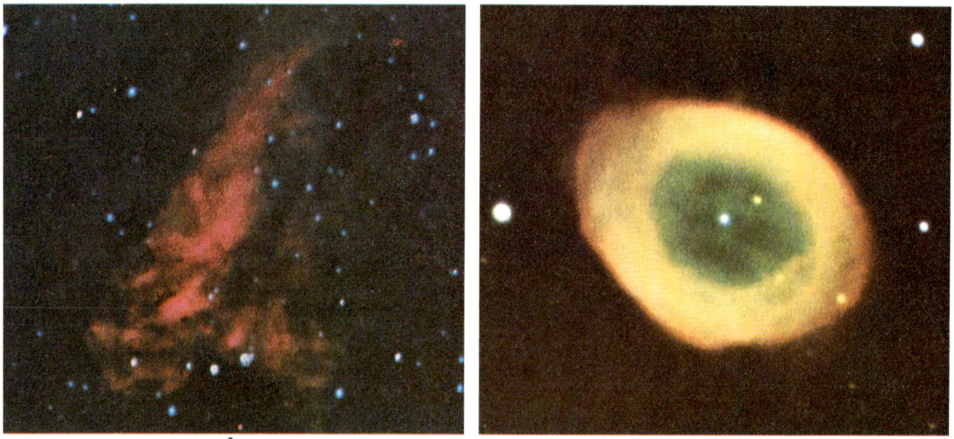

interstellare Materie: 1 Omeganebel (Messier 17) im Sternbild Schütze, Emissionsnebel. Leuchtende und dunkle Gas- und Staubmasse; etwa 3 500 Lichtjahre entfernt. **2** Ringnebel im Sternbild Leier, ein planetarischer Nebel, der durch einen kleinen, sehr heißen Stern in seinem Zentrum zum Leuchten angeregt wird, Emissionsnebel; etwa 5 600 Lichtjahre entfernt

kallicht sichtbar. Quellen der i. M. sind die → Kometen und der → Sonnenwind.

interplanetarer Flug, Flug innerhalb des Sonnensystems. Bisher wurden Merkur, Venus, Mars, Jupiter und Saturn mit Raumflugkörpern angeflogen. Anfang 1986 soll Voyager 2 (USA) dem Planeten Uranus begegnen, 1989 möglicherweise Neptun.

interplanetares Magnetfeld, mit dem → Sonnenwind verbundenes, in ihm ›eingefrorenes‹ Magnetfeld, das dadurch entsteht, daß in der Sonne vorhandene Magnetfelder beim Ausstoßen von Materie im Plasma (Protonen und Elektronen) des Sonnenwindes mitgeführt werden. Das i. M. ist stark veränderlich; in der Nähe der Erdbahn beträgt es 10^{-4} bis 10^{-5} Gauß.

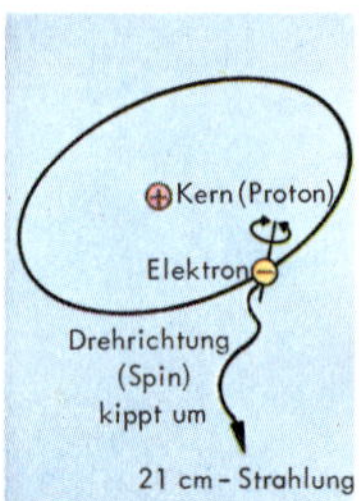

interstellare Materie 3: Entstehung der 21-cm-Strahlung

interplanetare Szintillation, unregelmäßige Intensitätsschwankungen von kosm. Radioquellen mit kleinen Winkeldurchmessern. Es werden Perioden von einigen Zehntelsekunden bis zu mehreren Sekunden bes. im Meterwellen- und langen Dezimeterwellen-Bereich beobachtet. Die i. S. wird durch turbulente Strömungen in der → interplanetaren Materie hervorgerufen, die durch den Sonnenwind verursacht werden.

Interpolation, die näherungsweise Bestimmung eines Funktionswertes $f(x)$ an der Stelle x, wenn die Funktionswerte $f(x_1), f(x_2), \ldots, f(x_n)$ für $x_1, x_2, \ldots, x_n$ bekannt sind. I. a. wird die I. mit Hilfe von Polynomen durchgeführt, die für $x_1, x_2, \ldots, x_n$ die Funktionswerte $f(x_1), f(x_2), \ldots, f(x_n)$ annehmen müssen und daher eine Näherung der Funktion darstellen. Liegt die I.-Stelle x zw. x_1 und x_n, so spricht man von I., liegt sie außerhalb, von → Extrapolation. (→ Spline-Interpolation)

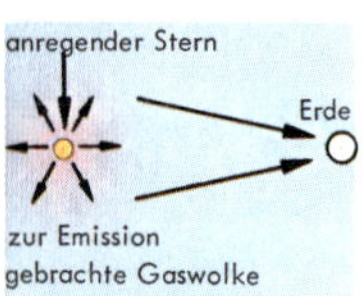

interstellare Materie 4: Emissionsnebel

Interpreter [ɪntˈəːprɪtə, engl.], Datenverarbeitung: Programm, das eingegebene Befehle sofort in die Maschinensprache übersetzt und den Ablauf von Unterprogrammen bewirkt. Die interpretierende Arbeitsweise ist bes. für dialogorientierte Programmiersprachen (z. B. → BASIC) geeignet. Eine andere Arbeitsweise bietet der → Compiler, der das Programm erst abarbeitet, nachdem alle Anweisungen übersetzt wurden.

Interrupt [ɪntərˈʌpt, engl.], Datenverarbeitung: Befehl zur Unterbrechung des Programmablaufs. Bevor der Computer den Ablauf jedoch abbricht, werden noch die gerade in der Ausführung befindlichen Befehle abgearbeitet und der Programmzustand in Registern festgehalten.

Intersertalgefüge, Gefügetyp der Ergußgesteine, bei dem die Zwischenräume zw. leistenförmigen Feldspatkristallen von glasiger oder feinkörniger Grundmasse erfüllt sind.

Interstadial, relativ kurze Erwärmungsphase innerhalb einer Eiszeit, in der i. Ggs. zum Interglazial nur kälteliebende Pflanzen und Tiere vorkommen.

interstellar, zw. den Fixsternen befindlich.

interstellare Extinktion, interstellare Absorption, Auslöschung oder Schwächung der von Sternen ausgehenden Strahlung durch die im Raum zw. den Sternen vorhandene interstellare Materie. Die Gesamtabschwächung enthält einen selektiven Anteil, der durch → Rayleigh-Streuung hervorgerufen wird. Der → Farbexzeß rührt von dieser **selektiven Extinktion** her.

interstellare Materi|e, staub- und gasförmige kosm. Materie, die den Raum zw. den Sternen teilweise ausfüllt und im Milchstraßensystem und auch in anderen Sternsystemen vorkommt, als **intergalakt. Materie** mit bed. geringerer Dichte auch im Raum zw. den Sternsystemen. Die i. M. des Milchstraßensystems beträgt etwa 10% seiner Masse und ist längs der galakt. Ebene konzentriert.

Die i. M. des Milchstraßensystems besteht zu etwa 1% aus staubförmiger Materie (Metall- und Graphitkörner) von der Größenordnung der Wellenlänge des sichtbaren Lichtes ($\approx 0{,}6$ µm), während der Rest gasförmig ist und überwiegend Wasserstoff und Helium enthält. Die mittlere Dichte des interstellaren Staubes beträgt etwa 10^{-26} g/cm³, die langen Lichtwege bewirken trotz der geringen Dichte eine (mit wachsender Entfernung zunehmende) Absorption und Streuung des Sternlichts. Die Abschwächung ist selektiv, im Blauen größer als im Roten, und infolge weit ausgebreiteter Magnetfelder mit einer teilweisen → interstellaren Polarisation des Lichtes verbunden. Der → Farbexzeß als Maß für die Verfärbung und die Absorption stehen in enger Beziehung zueinander. Stellen bes. großer Abschwächung treten als → Dunkelwolken in Erscheinung. Staubförmige i. M. kann, wenn sie von benachbarten Sternen beleuchtet wird, im reflektierten Sternlicht sichtbar werden **(Reflexionsnebel).** Die mittlere Dichte der gasförmigen Materie ist etwa hundertmal höher als die des Staubes (10^{-24} g/cm^3, was 1 Wasserstoffatom/cm^3 entspricht) und kann in interstellaren Wolken sogar Werte um 10^{-22} bis 10^{-21} g/cm^3 erreichen; über weite Bereiche zw. den Sternen ist dieser Wasserstoff neutral (HI-Gebiet) und sendet eine Radiostrahlung bei 21,1 cm Wellenlänge aus, die 1945 aus theoret. Überlegungen vorausgesagt und 1951 entdeckt wurde. Die Analyse der 21-cm-Linie ermöglichte den Radioastronomen die Bestimmung der Struktur des Milchstraßensystems. In der Nähe von heißen Sternen wird der Wasserstoff ionisiert (HII-Gebiet) und sendet dann opt. Strahlung aus **(Emissionsnebel,** → Gasnebel). Nach neueren Ergebnissen der Satellitenastronomie scheinen darüber hinaus große Mengen i. M. in Form von Wasserstoffmolekülen (H_2) vorzuliegen, die im opt. Bereich nicht zu beobachten sind.

Helle Nebel waren bereits um 1811 bekannt, ihre Verbreitung wurde jedoch erst mit der Einführung der Photographie zu Beginn des 20. Jh. erkannt. Auch Ausmaß und Verbreitung der Dunkelwolken gingen erst aus photograph. Aufnahmen hervor. Die interstellare Linienabsorption erlaubte erstmals eine Abschätzung der Dichte der i. M.: aus der Entfernung eines Sternes und der Intensität der → interstellaren Spektrallinien kann man die Materiedichte zw. Stern und Erde ermitteln. Die Radioastronomie führte seit den 60er Jahren zur Entdeckung von mehr als 50 versch. Molekülarten innerhalb der i. M., darunter zahlreiche organische Verbindungen; bis dahin hatte man angenommen, daß die energiereiche Strahlung heißer Sterne solche Verbindungen zerstören würde. Offenbar wirkt die i. M. selbst jedoch als ausreichendes Filter. Die Entstehung der Moleküle ist noch ungeklärt. Möglicherweise bilden sie sich an der Oberfläche der Teilchen des interstellaren Staubes.

Die i. M. gilt heute als der ›Rohstoff‹ für die Entstehung neuer Sterne. Darauf deuten v. a. die Nachbarschaft von interstellaren Gaswolken und jungen Sternhaufen sowie die enge Verknüpfung der räuml. Verteilung der i. M. mit der Spiralstruktur des Milchstraßensystems hin.

interstellare Polarisation, die partielle Polarisation des Sternenlichts (bis etwa 7%), wobei der elektr. Vektor der Lichtwellen vorzugsweise parallel zur Milchstraßenebene schwingt. Es gibt einen statist. Zusammenhang zw. Polarisationsgrad einerseits und Abstand und Farbexzeß andererseits ebenso, wie er mit wachsender Winkeldistanz der Sterne von der Milchstraßenebene abnimmt. Das Anwachsen der i. P. mit der Verfärbung (Rötung) der Sterne wird gedeutet als Folge der Ausrichtung von länglichen interstellaren Staubteilchen in einem **interstellaren Magnetfeld** von einigen Millionstel Gauß Stärke.

interstellarer Flug, Flug zu einem anderen Fixstern, bisher noch nicht verwirklicht. (→ interplanetarer Flug)

interstellares Gas, der gasförmige Bestandteil der → interstellaren Materie.

interstellare Spektral|lini|en treten als zusätzl. Absorptionslinien in Sternspektren auf. Sie rühren her von den Gasen, die das Sternenlicht auf dem Weg zum Beobachter durchläuft.

Intervall, Mathematik: alle reellen Zahlen zw. zwei Zahlen a und b. Je nachdem, ob die Randpunkte a und b zum I. gehören heißt das I. **abgeschlossen** (symbolisch $[a, b]$ oder $I = \{x \in \mathbb{R} \mid a \leqq x \leqq b\}$), **offen** (symbolisch $]a, b[$ oder (a, b) für $I = \{x \in \mathbb{R} \mid a < x < b\}$) und **halboffen** $]a, b]$ oder $(a, b] := \{x \in \mathbb{R} \mid a < x \leqq b$ sowie $[a, b[$ oder $[a, b) := \{x \in \mathbb{R} \mid a \leqq x < b\}$.

Intervallschachtelung, Folge von abgeschlossenen Intervallen $i_n = [a_n, b_n]$ ($n = 1, 2, 3, \ldots$); a_n und b_n sind rationale oder reelle Zahlen, für die gilt: Für jedes n sind $a_n \leqq a_{n+1} < b_{n+1} \leqq b_n$ und $b_n - a_n$ Glieder einer Nullfolge (gegen Null konvergierende → Folge). Beispiel: **Heronischer Algorithmus** mit $a_{n+1} = \dfrac{2a_n\, b_n}{a_n + b_n}$ (harmon. Mittel) und $b_{n+1} = \dfrac{a_n + b_n}{2}$ (arithmet. Mittel). Wegen $a_{n+1}\, b_{n+1} = a_n\, b_n = \ldots = a_1\, b_1$ (für alle n) und $\lim a_n = \lim b_n = x$ ist $x = \sqrt{a_1 b_1}$. Diese I. definiert z. B. für $a_1 = 1$ und $b_1 = 2$ die irrationale Zahl $\sqrt{2}$; für sie gilt u. a.:

$$a_4 = \frac{816}{577} < \sqrt{2} < \frac{577}{408} = b_4 \text{ oder}$$

$$1{,}414211 \ldots < \sqrt{2} < 1{,}414216 \ldots$$

Die I. hat für den Aufbau des Zahlensystems dieselbe Bedeutung wie der → Dedekindsche Schnitt.

Intervallschaltung, bei Kraftfahrzeugen Schaltstellung des Scheibenwischers z. B. für Nieselregen, bei der die Wischbewegung erst nach einer, häufig in der Dauer einstellbaren Pause einzeln wiederholt wird.

Intoxikation, → Vergiftung.

Intraband|übergang, Übergang eines Elektrons oder Defektelektrons in einem Festkörper unter Energie- und/oder Impulsaufnahme oder -abgabe in einen anderen freien Zustand im gleichen Elektronenband (→ Bändermodell), der sich vom Ausgangszustand durch eine andere Energie und/oder einen anderen Wellenvektor unterscheidet. (Ggs.: → Interbandübergang)

Intrinsic-Dichte, intrinsische Trägerdichte, Formelzeichen n_i, die Elektronenzahldichte n_0 der frei bewegl. Elektronen im Leitungsband (→ Bändermodell) eines Eigenhalbleiters im thermodynam. Gleichgewicht, welche (als Folge der statistisch gleich stark gegeneinander wirkenden Prozesse der Generation und Rekombination) mit der Lochzahldichte p_0 der frei bewegl. Löcher im Valenzband übereinstimmt; es gilt also $n_i = n_0 = p_0$ (Neutralitätsbedingung). Die I.-D. ist für verschiedene Halbleiter unterschiedlich und hängt stark von der Breite der Bandlücke und der Temperatur ab.

intrinsisch, intrinsic, Bez. für eigenleitend, wird im Zusammenhang mit → Halbleitern verwendet, z. B. nennt man die Eigenleitfähigkeit eines Halbleiters, d. h. die Leitfähigkeit eines Halbleiters ohne Störstellen, auch **i. Leitfähigkeit.** Eigenhalbleiter, d. h. Halbleiter ohne Störstellen, werden auch als **Intrinsic-Halbleiter,** die Ladungsträgerdichten des Eigenhalbleiters als Intrinsic-Dichte bezeichnet.

Intrusivgesteine, beim Eindringen von Magma in einen Gesteinsverband (Intrusion) gebildete Tiefengesteine und/oder subvulkan. Gesteine. Wichtige **Intrusivkörper:** Batholith, Lakkolith, Gang.

Intuitionismus, Mathematik: Der I. beruht auf dem Standpunkt, daß ein mathemat. Objekt X nur dann existiert, wenn ein Konstruktionsverfahren für X angegeben werden kann. Daher werden nicht mehr alle log. Prinzi-

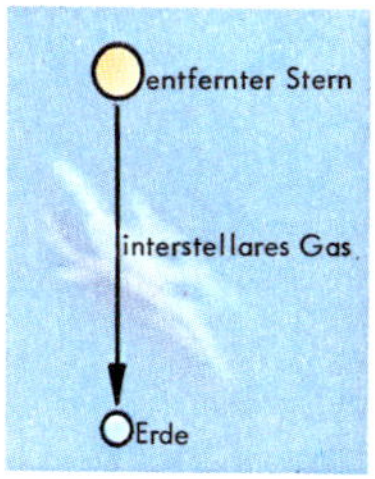

interstellare Spektrallinien: Entstehung interstellarer Absorptionslinien

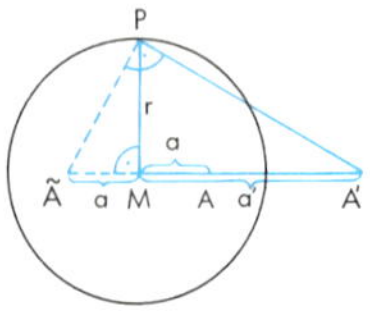

Inversion 4)

pien, die sonst in der Mathematik verwendet werden, als zulässig anerkannt. Z. B. darf das ›tertium non datur‹ (für eine ›Aussage‹ A ist entweder A oder Nicht-A richtig) ebensowenig verwendet werden wie die Methode des Beweises durch Widerspruch (um P zu beweisen, nimmt man Nicht-P als richtig an und leitet daraus einen Widerspruch her). Durch diese und andere Beschränkungen, die sich aus dem obigen Grundsatz ergeben, sind viele mathemat. Sätze, z. B. solche, die Existenzaussagen enthalten, ohne daß ein Konstrukstionsverfahren angegeben werden kann, keine Sätze der intuitionist. Mathematik.

Intuskrustation, Ausfüllung und Ersatz abgestorbener pflanzlicher und tierischer Körper durch mineralische Ausscheidungen, z. B. Kieselhölzer.

Inulin, Polysaccharid, das sich hauptsächlich aus Fructose-Molekülen aufbaut und in den Wurzelknollen von Dahlien und Artischocken als Reservestoff vorkommt.

Inundation, 1) Überschwemmung; **I.-Gebiet,** das den Überschwemmungen ausgesetzte Gebiet längs der Gewässer. 2) Geologie: Synonym für → Immersion 2).

Invariante, 1) Gegenstand der Mathematik (z. B. ein Winkel), der sich nicht ändert bei jeweils näher festzulegenden Abbildungen oder Transformationen des Gegenstandes.

2) Physik: physikal. Größe, die sich bei bestimmten mathemat. Operationen nicht ändert (→ Erhaltungsgröße). In bezug auf eine Koordinatentransformation ist jeder Skalar eine I., d. h. i. Ggs. zu den Komponenten eines Vektors oder Tensors eine vom benutzten Koordinatensystem unabhängige Größe. – Die I. der universellen Symmetrietransformationen sind mit globalen Erhaltungssätzen verbunden. – **Adiabatische I.,** → Adiabatensatz.

invariantes System, → Gibbssche Phasenregel.

invariante Untergruppe, der → Normalteiler.

Invarianz, Unveränderlichkeit von physikal. oder mathemat. Größen (→ Invariante) oder Eigenschaften bei bestimmten Operationen, wie Abbildungen oder Transformationen, z. B. sind die Newtonschen Bewegungsgesetze invariant gegenüber einer → Galilei-Transformation, aber nicht invariant gegenüber einer → Lorentz-Transformation. – **CPT-Invarianz,** → CPT-Theorem.

inverse Funktion, die → Umkehrfunktion.

inverse Matrix. Ist A eine quadrat. → Matrix 2), deren → Determinante von Null verschieden ist, dann gibt es eine Matrix A^{-1}, für die gilt $A \cdot A^{-1} = A^{-1} \cdot A = E$, wobei E die Einheitsmatrix bedeutet. A^{-1} ist dann die i. M. zu A.

inverses Element. Ist a ein Element einer → algebraischen Struktur A mit der Verknüpfung $\circ$ und dem → Einselement e, dann heißt ein Element $a_r^{-1} \in A$ das **rechtsinverse Element** von a, wenn gilt $a \circ a_r^{-1} = e$, ein Element $a_l^{-1} \in A$ heißt **linksinverses Element** von a, wenn gilt $a_l^{-1} \circ a = e$. Wenn es zu a die Elemente a_r^{-1} und a_l^{-1} gibt und $a_r^{-1} = a_l^{-1}$, so nennt man $a^{-1} = a_r^{-1} = a_l^{-1}$ i. E. zu a.

Inversion, 1) Chemie: a) Bez. für eine Umkehr der → Konfiguration chem. Verbindungen.

b) Bez. für die Spaltung von Saccharose in ein Gemisch aus Glucose und Fructose, die mit einer Umkehr der Drehung der Ebene des polarisierten Lichtes von rechts nach links verbunden ist.

2) Geologie: a) **inverse Lagerung,** → Überkippung; b) → Reliefumkehr; c) Umwandlung von Senkungs- in Hebungsgebiete.

3) Kristallographie: **Spiegelung an einem Punkt,** eine → Symmetrieoperation. (TAFEL Kristall I, A)

4) Mathematik: a) **Spiegelung am Kreis, Abbildung durch reziproke Radien,** eine Abbildung f, die jedem Punkt A im Innern eines Kreises einen Punkt $A' = f(A)$ außerhalb zuordnet, derart, daß das Produkt der Abstände der Punkte vom Kreismittelpunkt gleich dem Quadrat des Kreisradius ist. Daraus folgt u. a., daß die Punkte der Kreislinie auf sich selbst abgebildet werden. – Im rechtwinkeligen Dreieck gilt: Das Produkt der Hypotenusenabschnitte ist gleich dem Quadrat der Höhe, also $a \cdot a' = r^2$. – Zur Konstruktion der Zeichnung (BILD): Wählt man A und verbindet A mit dem Kreismittelpunkt M, so verlängert man AM um sich selbst über M hinaus auf $\tilde{A}$ und errichtet in M die Senkrechte, die den Kreis in P schneidet. Die Senkrechte in P auf der Geraden $\tilde{A}P$ schneidet die Verlängerung von MA über A hinaus im Spiegelpunkt A'.

b) → Permutation.

5) Meteorologie: Temperaturumkehr in der Atmosphäre, d. h. Zunahme der Temperatur mit der Höhe, bes. im Winter bei ruhiger Luft in Gebirgsbecken durch nächtl. Strahlungsverlust der Erdoberfläche **(Boden-I.).** Daneben gibt es **Absink-I.** (bes. im Polargebiet, in der Passatzone, über kaltem Wasser) in 500–1 500 m Höhe. In jeder I. ist der vertikale Luftaustausch unterbunden; unter ihr reichern sich Dunst und Staub an und führen in Großstädten und Industriegebieten zu Luftverschmutzung.

Inversions|dreh|achse, die → Drehinversionsachse.

Inversionsdrehung, die → Drehinversion.

Inversions|temperatur, → Joule-Thomson-Effekt.

Inversions|zentrum, Symmetriezentrum, zur Inversion gehörendes → Symmetrieelement.

Invertase, eine → Hydrolase aus Pilzen, Hefen und Pflanzen, die Saccharose spaltet. Die I. kann durch Anilin, Pyridoxal und Zink-Ionen gehemmt werden. (→ Saccharose)

Inverter, 1) Analogtechnik: gegengekoppelter Operationsverstärker, bei dem der Rückkopplungswiderstand gleich dem Eingangswiderstand ist. Für diesen Fall ergibt sich für die Ausgangsspannung $U_a = -U_e$ (U_e = Eingangsspannung).

2) Digitaltechnik: Schaltung zur Signalumkehr (→ NICHT-Glied). Der I. kehrt an seinem Ausgang den eingangsseitig anliegenden Logikpegel um, er bildet also das Komplement zu der ursprüngl. Information.

Invertseifen, kationenaktive → Tenside.

Invertzucker, Gemisch von gleichen Anteilen Traubenzucker und Fruchtzucker, das aus Rohrzucker durch → Inversion 1) entsteht; z. B. im Honig. Verwendet in der Medizin, Nahrungsmittel-Ind. und Brauerei. (→ Saccharose)

Involution, projektive Abbildung p eines Büschels auf sich selbst, wobei $p(p(A)) = A$ für alle Elemente A des Büschels gilt, auch allgemein gebraucht für eine Abbildung, die, zweimal angewendet, das Ursprüngliche ergibt, z. B. die Spiegelung an einer Geraden.

Inzidenz *die,* einfachste Beziehung zw. geometr. Gebilden, das Zusammenfallen zweier Punktmengen; z. B. spricht man von I., wenn eine Gerade in einer Ebene liegt. Mengentheoretisch ausgedrückt liegt I. zw. zwei Punktmengen vor, wenn sie einen nichtleeren Durchschnitt haben.

ABKÜRZUNGEN

Endungen oder Wortteile werden zur Raumersparnis weggelassen, wo sie ohne Schwierigkeiten ergänzt werden können, z. B. elektron. für elektronisch(e), chem. für chemisch(e). Das Stichwort ist in seinem Artikel mit dem Anfangsbuchstaben abgekürzt.

An Zeichen werden verwendet * geboren, † gestorben, ∅ Durchmesser, > größer als, < kleiner als; weitere mathematische Zeichen sind in der Tabelle zum Stichwort **mathematische Zeichen** in Band 3, Abkürzungen von Einheiten beim Stichwort **Einheiten** in Band 1 in einer Übersicht zusammengestellt.

Abk.	Abkürzung
allg.	allgemein
Bd., Bde.	Band, Bände
bed.	bedeutend
begr.	begründet(e)
bes.	besonders
best.	bestimmt(e)
Bez.	Bezeichnung
BRT	Bruttoregistertonne
Bundesrep. Dtl.	Bundesrepublik Deutschland
bzw.	beziehungsweise
D.	bei Mineralen Dichte in g/cm³
dgl.	dergleichen, desgleichen
d. h.	das heißt
dt.	deutsch
Dt. Dem. Rep.	Deutsche Demokratische Republik
Dtl.	Deutschland
ebd.	ebenda
eigtl.	eigentlich
evtl.	eventuell
Ez.	Einzahl
frz.	französisch
gegr.	gegründet
Ges.	Gesetz
Gesch.	Geschichte
ggf.	gegebenenfalls
Ggs.	Gegensatz
grch.	griechisch
H.	bei Mineralen Härte nach Mohs
Hb.	Handbuch
Hg.	Herausgeber
hg. v.	herausgegeben von
i. a.	im allgemeinen
i. d. F. v.	in der Fassung von
i. d. R.	in der Regel
i. e. S.	im engeren Sinn
i. Ggs.	im Gegensatz
Ind.	Industrie
internat.	international
i. S.	im Sinn
ital.	italienisch
i. w. S.	im weiteren Sinn
Jahrtsd.	Jahrtausend
Jb.	Jahrbuch
Jh.	Jahrhundert
lat.	lateinisch
Lb.	Lehrbuch
Lit.	Literatur
MA	Mittelalter
Mio.	Million(en)
Mrd.	Milliarde(n)
Mz.	Mehrzahl
n.	nach
N	Norden
nat.	national
n. Br.	nördliche(r) Breite
n. Chr.	nach Christi Geburt
NN	Normal Null
NO	Nordosten
NRT	Nettoregistertonne
NW	Nordwesten
O	Osten
ö. L.	östliche(r) Länge
rd.	rund
S	Süden
S.	Seite
s. Br.	südliche(r) Breite
Schmelz-P.	Schmelzpunkt
Siede-P.	Siedepunkt
SO	Südosten
svw.	soviel wie
SW	Südwesten
Tb.	Taschenbuch
Temp.	Temperatur
u. a.	und andere, unter anderem
u. ä.	und ähnlich(e)
UdSSR	Sowjetunion
ü. M., u. M.	über (unter) dem Meeresspiegel
urspr.	ursprünglich
USA	Vereinigte Staaten
usf., usw.	und so fort, und so weiter
u. U.	unter Umständen
u. v. a.	und viele(s) andere
v. a.	vor allem
v. Chr.	vor Christi Geburt
Verf.	Verfahren
versch.	verschieden(e)
vgl.	vergleiche
v. Gr.	von Greenwich
VO	Verordnung
Vol.	Volumen
W	Westen
w. L.	westliche(r) Länge
z. B.	zum Beispiel
z. T.	zum Teil
zus.	zusammen
zw.	zwischen
z. Z.	zur Zeit
⁴1982	4. Auflage 1982

Das Bildquellenverzeichnis für alle Bände befindet sich am Ende von Band 5.

HINWEISE FÜR DEN BENUTZER

Reihenfolge und Schreibung der Stichwörter

Die Stichwörter folgen einander nach dem Abc. Für das Einordnen gelten alle **fett** gedruckten Buchstaben, auch wenn das Stichwort aus mehreren Wörtern besteht; Ziffern und Zeichen werden nicht mit alphabetisiert. Unterstichwörter sind in **halbfetter Schrift** gesetzt.

Die Umlaute ä, ö, ü werden behandelt wie die einfachen Buchstaben a, o, u; also folgen z. B. aufeinander **Coleọpter, Cölestịn, Colibakterien.** Ae, oe, ue werden wie getrennte Buchstaben behandelt, auch wenn sie wie ä, ö, ü gesprochen werden; z. B. folgen aufeinander: **Cọenzym R, Coesịt, Coffeịn.**

Getrennte Aussprache zusammenstehender Buchstaben wird in Zweifelsfällen durch senkrechten Strich angezeigt, z. B. **Des|aminierung, De|sorption.**

Folgen mehrere Stichwörter, die nach der gleichen Person benannt sind, aufeinander, so stehen die biographischen Angaben (* geboren, † gestorben) i. a. nur beim ersten dieser Stichwörter, vgl. z. B. **Cauchy-Folge, Cauchy-Riemannsche Differentialgleichung, Cauchysche Integralformel . . .**

Wörter, die man unter **C** vermißt, suche man unter **K, Tsch** oder **Z,** bei **Dsch** vermißte Wörter unter **Tsch,** bei **J** vermißte unter **Dsch** oder **I,** bei **Y** vermißte Wörter unter **J;** ebenso im umgekehrten Fall.

Wörter aus Sprachen mit **nichtlatein. Schrift** erscheinen als Stichwörter in einer der Aussprache (z. B. Russisch) angepaßten Umschrift.

Wenn man ein zusammengesetztes Wort nicht im Abc findet, schlage man seine Teilwörter nach.

Der Verweisungspfeil → fordert auf, das dahinterstehende Wort oder den zusammengesetzten Begriff nachzuschlagen; das Zeichen ⇨ verweist auf Artikel, die in einem weiteren Zusammenhang mit dem betreffenden Stichwort stehen.

Betonung und Aussprache

Wo beim Stichwort Zweifel über die Betonung auftreten können, ist diese durch einen Punkt unter dem betonten Laut angegeben, z. B. **Dispẹnser, Geometrịe.**

Die Aussprache (und Betonung) von fremdsprachlichen oder schwierigen Wörtern und Namen steht in eckiger Klammer hinter dem Stichwort, z. B. **Flight Level** [flaɪt lˈevl]. Sie wird nach dem Internationalen Lautschriftsystem der Association Phonétique Internationale bezeichnet. Die verwendeten Zeichen bedeuten:

a = helles a, dt. Bl*a*tt
ɑ = dunkles a, dt. w*a*r, engl. Ch*a*nt, B*a*rn d*a*nse
ã = nasales a, frz. C*an*c*an*
ʌ = dumpfes a, engl. Dr*u*ms
β = halboffener Reibelaut b, span. Ha*b*anera
ç = deutscher I*ch*-Laut
ð = stimmhaftes engl. th, engl. *the*
æ = breites ä, engl. B*a*nd, J*a*zz
ɛ = offenes e, dt. f*e*tt, frz. Ari*e*tte
e = geschlossenes e, dt. B*ee*t frz. coul*é*
ə = dumpfes e, dt. all*e*
ɛ̃ = nasales e *Im*promptu
γ = geriebenes g, Se*g*uidilla
i = geschlossenes i, dt. W*ie*se
ɪ = offenes i, dt. b*i*n, engl. Mus*i*c
ĩ = nasales i, portugies. *I*nfante
ɫ = dunkles l, poln. Lutos*ł*awski
ʎ = lj, ital. Imbro*gl*io
ŋ = deutscher ng-Laut, dt. la*ng*e, engl. So*ng*
ɲ = nj-Laut, frz. Carma*gn*ole
ɔ = offenes o, dt. K*o*pf
o = geschlossenes o, dt. T*o*r
ɔ̃ = nasales o, frz. Chans*on*
ø = geschlossenes ö, dt. H*ö*hle
œ = offenes ö, dt. H*ö*lle
œ̃ = nasales ö, frz. *un*
s = stimmloses s, dt. wa*s*
z = stimmhaftes s, dt. *s*ingen
ʃ = stimmloses sch, dt. *Sch*uh
ʒ = stimmhaftes sch, frz. *j*our
θ = stimmloses th, engl. *th*eatre, span. Zar*z*uela
u = geschlossenes u, dt. K*u*h
ʊ = offenes u, dt. b*u*nt, Ha*u*s
ũ = nasales u, portugies. At*um*
v = deutsches stimmhaftes w, dt. *W*ald, *V*ariation
w = halbvokalisches w, engl. *w*ell
x = deutscher Ach-Laut, dt. Da*ch*
y = deutsches ü
ɥ = konsonantisches y, frz. S*ui*te
: bezeichnet Länge des vorhergehenden Vokals, z. B. blu:z = Blues
ˈ bezeichnet Betonung und steht vor dem *Vokal* der betonten Silbe, z. B. alm ˈãd = Allemande

b d f g h j k l m n p r t geben in den meisten Sprachen etwa den Lautwert wieder, den sie im Deutschen haben. Im Englischen wird ›r‹ weder wie ein deutsches Zäpfchen-r noch wie ein gerolltes Zungenspitzen-r gesprochen, sondern mit der Zungenspitze an den oberen Vorderzähnen oder am Gaumen gebildet.